CW00522511

ISBN 978-0-332-72622-9
PIBN 11232550

For support please visit www.forgottenbooks.com

VERHANDLUNGEN

des Vereins

zur

Beförderung des Gewerbfleißes.

Vierundachtzigster Jahrgang.

1905.

In 10 Lieferungen mit 2 lithographischen Tafeln, 1 Autotypie-Tafel und 216 in den Text gedruckten Abbildungen.

Redakteur: Prof. Dr. W. Wedding.

Berlin.

Verlag von Leonhard Simion Nf.

1905.

Inhaltsverzeichnis
des vierundachtzigsten Jahrgangs der Verhandlungen.

173319

I. Angelegenheiten des Vereins.

Namensverzeichnis der Mitglieder vom 1. Januar 1905.

Ehren-Mitglieder.

Solvay, Erneste, Fabrikant, Brüssel.
Wedding, H., Dr., Geheimer Bergrat und Professor, Berlin W. 35, Genthiuerstr. 13, Villa C.
Reuleaux, Franz, Dr., Prof., Geheimer Reg.-Rat, Berlin, Ahornstr. 2.
Frank, Adolph, Professor Dr., Chemiker und Civil-Ingenieur, Charlottenburg, Berlinerstraße 26.

Vorstand.

Vorsitzender: Unterstaatssekretär Wirkl. Geheimer Rat *Fleck,* Exzellenz, Charlottenburg, Fasanenstr. 27.
Erster Stellvertreter: Geheimer Bergrat Professor Dr. *H. Wedding,* Berlin W. 35, Genthinerstr. 13, Villa C.
Zweiter Stellvertreter: Professor Dr. *G. Kraemer,* Berlin W. 35, Flottwellstr. 7.
Kassenführer: *Zwicker,* Generalkonsul, Berlin C. 19, Gertraudtenstr. 16.

Einheimische Mitglieder.

v. *Adelson*, Kaufmann, W. Leipzigerstr. 124.
Akkumulatoren-Fabrik, Aktien-Gesellschaft, NW. Luisenstr. 31a.
Aktien-Gesellschaft für Anilin-Fabrikation, SO. Lohmühlenweg 141/142.
Aktien-Gesellschaft für Fabrikation techn. Gummiwaaren (C. Schwanitz & Co.), N. Müllerstr. 171a/172.
Akt.-Gesellsch. *Johannes Haag*, Maschinen- und Röhrenfabrik, SW. Mittenwalderstr. 56.
Akt.-Gesellschaft *Schaeffer & Walcker*, SW. Lindenstr. 18.
Alexander-Katz, Paul, Dr., Rechtsanwalt und Privatdozent a. d. Kgl. Techn. Hochschule, W. Leipzigerstr. 39.
Altmann, A., Fabrikbesitzer, SW. Königgrätzerstr. 109.
Andrée, H., Ingenieur, ständiger Assistent am elektrotechnischen Laboratorium der Technischen Hochschule zu Berlin, Charlottenburg, Berlinerstraße 151.
Antrick, O., Dr., Direktor der chem. Fabrik auf Aktien (vorm. E. Schering) Charlottenburg, Schillerstr. 127.
Architekten-Verein, W. Wilhelmstr. 92/93.
Arndt, H., in Firma Arndt & Marcus, SO. Elisabeth-Ufer 29.
Arnheim, Carl, in Firma S. J. Arnheim, N. Badstr. 40/41.
Arnhold, E., Kommerzienrat, W. Französischestr. 60/61.
Aschrott, Siegm., Kommerzienrat, Bankier, W. Bellevuestr. 12.
Bachstein, Hermann, Eisenbahnbau- und Betriebs-Unternehmer, SW. Großbeerenstr. 89.
Backhaus, W., Fabrikbesitzer, in Firma A. Wunderlich Nachf., W. Karlsbad 15.
Beermann, H. & O., in Firma C. Beermann. SO. 36, Vor dem schlesischen Tor,
Behrend, O., Kaufmann, W. Kurfürstenstr. 97.

Behrend, M., Kommerzienrat, Charlottenburg, Hardenbergstr. 13.
Behrendt, F., Bildhauer und Professor am Kunstgewerbe-Museum, SW. Großbeerenstr. 76.
Behrendt, G., Geheimer Regierungsrat, SW. Großbeerenstr. 7.
Behrens, E., Kommerzienrat, N. Pankstr. 15.
Bein, Dr., gerichtl. Chemiker, SW. Königgrätzerstr. 43.
Benas, Th., Dr., Chemiker, W. Potsdamerstraße 23a, Ecke Viktoriastraße.
Benser, Emil, Charlottenburg, Grolmannstraße 34.
Bergmann, E., vorm. L. Oberwarth Nachf., S. Stallschreiberstr. 23a.
Beringer, A., Ingenieur, Charlottenburg, Sophienstr. 21.
Beringer, E., Kommerzienrat, Charlottenburg, Sophienstr. 18.
Berliner Aktien-Gesellschaft für Eisengießerei u. Maschinenfabrikation in Charlottenburg, Franklinstr. 6—10.
Berlin-Anhalter Maschinenbau-Akt.-Ges., Charlottenburg, Kaiserin Augusta-Allee 27.
Berliner Gußstahlfabrik und Eisengießerei Hugo Hartung, Akt.-Gesellschaft, NO. Prenzlauer-Allee 41.
Berliner Lampen- und Bronzewaaren-Fabrik, vormals C. H. Stobwasser & Co., A.-G, SO. Reichenbergerstr. 156.
Bernhard, L., Fabrikbesitzer, NW. Haidestraße 55/57.
Berthold, H., Kommerzienrat, Grunewald, Hubertus-Allee 42/44.
Bialon, R., Kommerzienrat, Fabrikbesitzer, in Firma C. Hummel, Maschinenfabrik u. Eisengießerei, N. Johannisstraße 1a.
Bibliothek der General-Steuerverwaltung, C. Am Festungsgraben 1.
Bibliothek der Königl. Techn. Hochschule, Charlottenburg. Berlinerstr. 151.

Bierotte, Max, W. Dörnbergstr. 1, Vertreter der Verlagsbuchhandlung R. Oldenbourg in München.

Bilharz, O., Ober-Bergrath a. D., W. Lutherstraße 7/8.

Bing, S., W. Kronenstr. 29.

Bischoff, C., Dr., NW. Werftstr. 20.

Blanckertz, Rudolf, NO. Georgenkirchstr. 44.

Bleistein, M., in Firma J. Schmidt, W. Genthinerstr. 3.

Blenck, E., Präsident des Kgl. statistischen Büreaus, SW. Lindenstr. 28-

Bluhm, E., Mitglied des Vorstandes der Akt.-Gesellschaft F. Butzke & Co., S. Ritterstr. 12.

Böhler, Gebrüder, & Co., N. Chausseestraße 28 b.

Börner, O., in Firma Börner & Herzberg, Fabrikbesitzer, Kgl. Hoflieferant, SW. Bernburgerstr. 14.

Börnstein, E., Dr. phil., W. Steglitzerstr. 27.

Bohm, A., Baumeister und Direktor der Deutsch. Baugesellschaft, W. Jägerstraße 27.

von Boehmer, Kaiserl. Regierungsrat, Groß-Lichterfelde, Dahlemerstr. 70a.

Bolle, A., Fabrikant, S. Ritterstr. 14.

Bork, Wilhelm, Geh. Baurat, Mitglied der Königlichen Eisenbahn - Direktion, SW. Tempelhofer-Ufer 28.

Borsig, Conrad, } Kommerzienräte und
Borsig, Ernst, } Fabrikbesitzer, Chausseestraße 6.

Brand, Albano, Dr. phil., Professor, Privat-Dozent an der Technischen Hochschule, Gr.-Lichterfelde, Potsdamerstraße 12.

Brandholt, Max, Fabrikant, W. Kurfürstendamm 216.

Brunzlow, Carl, Fabrikbesitzer, NO. Neue Königstr. 15.

Bücherei des Instituts für Gährungsgewerbe, N. Seestr. 4.

Budde, E., Dr., Prof., Direktor von Siemens & Halske, Akt.-Ges., Charlottenburg, Berlinerstr. 54.

Budnik, Oskar, Inhaber der Firma Joh. Jacobi & Sohn in Graudenz, W. Kurfürstendamm 13.

Bueck, H. A., Generalsekretär, Geschäftsführer des Centralverbandes deutscher Industrieller, W. Karlsbad 4a.

Büsing, Joh., Baurat, Direktor, Westend - Charlottenburg, Nußbaum-Allee 1—3.

Busley, C., Geheimer Regierungsrat, Prof., NW. Kronprinzen-Ufer 2.

Butzke, F. & Co., Akt.-Gesellsch. f. Metall-Industrie, S. Ritterstr. 12.

Caro, G., Dr. jur., Kommerzienrat, W. Unter den Linden 3a.

Caspari, P., Dr., W. Mattbäikirchstr. 4.

Chrambach, Carl, Direktor, W. Kurfürstendamm 247.

Claus, H., Kommerzienrat, General-Direktor des Eisenhüttenwerks Thale, Aktien-Gesellschaft zu Thale a. H., W. Margaretenstr. 7.

Clemm, F., Dr., W. Französischestr. 32.

Clefs, E., i. Fa. H. Kirchhoff, Zehlendorf, Stubenrauchstr. 9.

Cohn, E., Hoflieferant, W. Leipzigerstr. 88.

Conrad, C., Kgl. Münz-Direktor, C. Unterwasserstr. 2.

Cramer, R., Baurat und Civilingenieur, SW. Königgrätzerstr. 101.

Croner, Bernhard C., Kaufmann u. Handelsrichter, C. Neue Friedrichstr. 9.

Dalchow, Ingenieur und Redakteur, NW. Marienstr. 17.

Dampfkessel - Revisions - Verein „Berlin", NW. Alt-Moabit 98.

Darmstädter, Dr., Fabrikbesitzer, W. Landgrafenstr. 18a.

Deisler, R., in Firma Kuhnt & Deisler, NW. Luisenstr. 31a.

Delbrück, L., Bankier, W. Mauerstr. 61/62.

Delbrück, E., Geheimer Regierungsrat, W. Eislebenerstr. 13.

Dernburg, B., Direktor der Bank für Handel und Industrie, W. Schinkelplatz 1/2.

Deutsch, F., Kommerzienrat, Direktor der Allg. Elektr.-Ges., NW. Schiffbauerdamm 22.

Deutsche Waffen- und Munitionsfabriken, NW. Dorotheenstr. 43/44.

Dihlmann, Karl, Direktor und Vorstandsmitglied der Siemens-Schuckert-Werke, Akt.-Ges., W. Tauenzienstraße 7a.

Dopp, F., Fabrikbes., N. Eichendorffstr. 20.

Douglas, Graf, Dr., Bergwerksbesitzer, W. Bendlerstr. 15.

Dümmler, K., Architekt, Charlottenburg, Grolmannstr. 15.

Eckelt, J. L. C., Zivil-Ingenieur, N. Chausseestraße 19.

Königliche Eisenbahn-Direktion Berlin, W. Schöneberger Ufer 1—4.

Eisner, H., Kommerzienrat, NW. Charlottenstraße 43.

Elkan, Theodor, Dr., Chemiker, W. Kurfürstenstr. 131.

Elster, J., Fabrikbes., NO. Neue Königstr. 67.

Ende & Deros, Kronleuchter-Fabrik, S. Gitschinerstr. 74.

Fehlert, C., Zivil-Ingenieur und Patentanwalt, NW. Dorotheenstr. 32.

Fels, Julius, Ingenieur, NW. Alt Moabit 82a.

Fernandez-Krug, P., Dr., Groß-Lichterfelde, Marienplatz 8.

Fischer, P., Geh. Regierungsrat und Abteil-Vorsitzender im Kaiserl. Patentamt, Charlottenburg, Orangenstr. 10.

Fleck, C., Exzellenz, Wirkl. Geheimer Rat, Unterstaatssekretär im Ministerium der öffentl. Arbeiten, Charlottenburg, Fasanenstr. 27.

Fleck, R., in Firma C. L. P. Fleck Söhne, Reinickendorf-Berlin.

Flohr, C. (vorm. Theodor Lißmann), N. Chausseestr. 28b.

Frank, Georg, in Firma David & Co., C. An der Fischerbrücke 14.

Frenkel, H., Kommerzienrat, in Firma Jacquier & Securius, W. Thiergartenstr. 14.

Frentzel, A., Geh. Kommerzienrat, SO. Michaelkirchstr. 15.

Freund, Wirkl. Geheimer Rat, Exzellenz, W. Lutherstr. 19b.

Frey, H., Ingenieur und Direktor der Norddeutschen Eiswerke, Aktien-Gesellschaft, Rummelsburg-Berlin.

Freystadt, Wilhelm, Fabrik., Gr.-Lichterfelde, Jungfernstieg 22.

Fricke, A., Inh. der Firma Fricke & Stiller, NW. Stromstr. 47.

Friedeberg, Alfred, Zivil-Ingenieur, N. Oranburgerstr. 18.

Friedeberg, E., Hofjuw. Sr. Maj. des Kaisers, NW. Unter den Linden 42.

Friedeberg, F. W., Besitzer der Märkischen Eisengießerei in Eberswalde, NW. Unter den Linden 42.

Friedlaender, Benedikt, Dr., W. Regentenstraße 8.

Friedlaender, Fritz, Kommerzienrat, W. Unter den Linden 8.

Fürstenberg, James, Prokurist d. Fa. Leonhard Simion Nf., SW. Wilhelmstr. 121.

Gallenkamp, Dr., Geh. Ober-Finanzrat, Vice-Präsident des Reichsbank-Direktoriums, Charlottenbg., Fasanenstr. 12.

Garbe, Geheimer Baurat und Mitglied des Königl. Eisenbahn-Direktoriums und des Kaiserl. Patentamtes, SW. Tempelhofer Ufer 28.

Gary, Max, Professor, Ingenieur und Vorsteher der Abteilung für Baumaterialienprüfung, Groß-Lichterfelde-West, Potsdamer-Chaussee.

Gebauer, Fr., Fabrikbesitzer, NW. Beußelstraße 44d am Stadtbahnhof.

Gelpcke, Max, Dr., Rechtsanwalt u. Notar, W. Mohrenstr. 66.

Genest, W., General-Direktor der Akt.-Ges. Mix & Genest, Gr.-Lichterfelde-O., Boothstr. 16.

Gentsch, Wilhelm, Kaiserl. Regierungsrat u. Mitglied des Patentamtes, Charlottenburg, Grolmanstr. 39.

George, Rud., Bankier, W. Charlottenstr. 62.

Gerschel, Hugo, Dr., NW. Marienstr. 19/22.

Glaser, F. C., Geh. Kommissionsrat, SW. Lindenstr. 80.

Glaser, L., Reg.-Baumeister a. D., Patentanwalt, SW. Lindenstr. 80.

Goldberger, L. M., Geh. Kommerzienrat und Handelsrichter, W. Markgrafenstraße 53/54.

Goldschmidt, M., Dr., Charlottenburg, Meineckestr. 6.

Goldschmidt, O., Dr., N. Johannisstr. 20.

de Grahl, Gustav, Ingenieur und Prokurist d. Fa. Franz Marcotty, Friedenau, Sponholzstr. 47.

Firma *Georg Grauert* in Stralau - Berlin, Alt-Stralau 67.

Grengel, H., Ingenieur und Fabrikant, N. Koloniestr. 12.

Gronert, C., Patentingen., NW. Luisenstr. 42.

Große, Fr. E., Glashüttenbesitzer, NW. Paulstr. 5.

Große Berliner Straßenbahn in Berlin, W. Leipziger Platz 14.

Grove, D., Fabrikbes., SW. Friedrichstr. 24.

Grünfeld, Heinr., in Firma Landeshuter Leinen- und Gebild-Weberei F. Grünfeld in Landeshut i. Schles., W. Leipzigerstr. 25.

Güterbock, Gustav, W. Victoriastr. 33.

Habermann, R., Ingen., SO. Manteuffelstr. 80.

von der Hagen, O., Geh. Ober-Reg.-Rat u. vortr. Rat im Königl. Ministerium f. Handel u. Gewerbe, Charlottenburg, Kantstr. 162.

Hahn, Oscar, W. Hohenzollernstr. 9.

Hammacher, Friedrich, Dr. jur., W. Kurfürstenstr. 115/116.

Königl. Ministerium für Handel und Gewerbe, W. Leipzigerstr. 1

Hartmann, H., Dr., Ingen., NW. Brückenallee 10.

Hartmann, K., Prof., Geb. Reg.-Rat und Senatsvorsitzender im Reichs-Versicherungsamt, Dozent a. d. Techn. Hochsch., Charlottenburg, Fasanenstraße 29.

Hartmann, W., Professor, Dozent a. d. Techn. Hochschule, Charlottenburg, Augsburgerstr. 64.

Haslinde, Heinrich, Kaufmann, W. Motzstraße 89.

Hafse, Max & Co., Maschinenfabrik, N. Lindowerstr. 22.

Hauptner, Rudolf, Fabrikbesitzer, NW. Luisenstr. 53.

Hausbrand, E., Ingenieur, SO. Görlitzer Ufer 9.

Hausmann, W., Justizrat, SO. Köpenickerstraße 73.

Haufs, Carl, Wirkl. Geh. Ober-Regierungsrat, Präsident des Kaiserl. Patentamtes, W. Uhlandstr. 167.

Hecht, H., Dr., Regierungsrat, Privat-Dozent an der Kgl. Techn. Hochschule, NW. Kruppstr. 6, Tonindustriezeitung.

Hecker, Emil, Kommerzienrat, W. Tiergartenstr. 6a.

Heckmann, Georg, W. Maaßenstr. 29.

Heckmann, P., Kommerzienrat, Fabrikbes., SO. Görlitzer Ufer 9.

Heinecke, A., Dr., Geh. Reg.-Rat, Direktor der Königl. Porzellan-Manufaktur, NW. Wegelystraße.

Held, Robert, in Firma C. Lorenz, S. Prinzessinnenstr. 21.

Henniger, Max, Fabrik. in Neu-Weißensee, König-Chaussee 44.

Hensel & Schumann, Hoflieferanten, C. Niederwallstr. 34.

Herbig, R., in Firma Friedr. Siemens & Co., SW. Tempelhofer Ufer 22.

Herter, Adolf, Inh. d. Firma Held & Herter, W. Kurfürstendamm 211.

Hertzer, Dr., Geheimer Regierungs-Rat, Prof. an der Königlichen Technischen Hochschule, W. Frobenstraße 14.

Herz, S., Kaufmann, NW. Dorotheenstr. 1.

Herzberg, A., Baurat u. Ingen., Wilmersdorf-Berlin, Landhausstr. 23.

Herzfeld, A., Dr., Professor, Grunewald-Berlin, Gillstr. 12.

Hildebrand, Theodor } in Firma Theod.
Hildebrand, Richard } Hildebrand & Söhne,
N. Pankstr. 18.

Hillerscheidt & Kasbaum, Masch.-, Eisenbahnbau- und Kunstschmiedewerk, N. Schönhauser Allee 44.

Hinkel, Fr. W., O. Schillingstr. 12—14.

Hirsch, Johannes, Chemiker, W. Pfalzburgerstraße 82.

Hirsch & Sohn, Aron, NW. Roonstr. 2.

Hirschmann, B., in Firma Deutsche Kabelwerke vorm. Hirschmann & Co., Akt.-Ges., W. Linkstr. 25.

Hirschwald, H., Königl Hoflieferant, Inhaber des Hohenzollern Kunstgewerbehauses, W. Leipzigerstr. 13.

Hjarup, P., Fabrikbesitzer, N. Prinzen-Allee 24.

Hock, M., Disponent, W. Neue Winterfeldtstraße 39.

Hofmann, Carl., Geheimer Reg.-Rat W. Potsdamerstr. 134.

Hoering, Paul, Dr., W. Bendlerstr. 14.

Hörmann, A., Geheimer Bergrat und Prof. a. d. Techn. Hochschule, Charlottenburg, Passauerstr. 41.

Holtz, Dr. med., Kommerzienrat, NW. Brücken-Allee 8.

Holz, Emil, Ingenieur, Charlottenburg, Hardenbergstr. 11.

Hopf, Ministerialdirektor im Reichsamt des Innern, W. Corneliusstr. 1.

Hoppe, H., Fabrikbesitzer, N. Gartenstraße 9—12.

Hoppe, P., Fabrikbesitzer, Westend - Charlottenburg, Eichen-Allee 14.

Hundhausen, Rudolf, Ingen. und Direktor, Grunewald-Berlin, Humboldtstr. 41.

Ide, Hermann, Königl. Hoflieferant und Fabrikbesitzer, NO. Greifswalderstraße 132/133.

Ihne, E., Geheimer Hofbaurat und Hof-Architekt Sr. Majestät des Kaisers, NW. Pariser-Platz 6a.

Italiener, Oskar, Chef-Redakteur u. Verleger der Zeitschrift: „Techn. Centralblatt für Berg- und Hüttenwesen etc.", NW. Claudiusstr. 14.

Jablonski, M., Generalsekretär des Vereins zur Förderung der Moorkultur im Deutschen Reiche, Berlin-Friedenau, Lauterstr. 12/13.

Jacob, E., Kommerzienrat, in Firma Jacob & Valentin, W. Kurfürstenstr. 114.

Jacoby, J. & A., C. Spandauerstr. 9.

Jaeger, H., Geh. Ob.-Reg.-Rat u. vortr. Rat im Königl. Ministerium f. Handel u. Gewerbe, Groß-Lichterfelde, Ringstraße 1.

Jaffé, B., Dr., Fabrikbesitzer, W. Kurfürstenstraße 129.

Jaffé, F., Königl. Baurat, W. Neue Winterfeldtstr. 28.

Firma *Janeck & Vetter,* SW. Teltowerstr. 17.

Jarislowsky, Adolf, i. Fa. Jarislowsky & Co., C. An der Schleuse 5a.

Jeserich, P., Dr., Vereid. Gerichts- u. Steuer-Chemiker, Charlottenburg, Fasanenstraße 21.

Jezewski, A., Ingenieur und Direktor, NW. Mittelstr. 9 I.

Jordan, P., Direktor der Allg. Elektr.-Ges., W. Tiergartenstr. 26a.

Joseph, Bernhard, S. Ritterstr. 26.

Junghann, Otto, Bergrat, Generaldirektor d. Vereinigten Königs- u. Laurahütte Akt.-Ges., W. Tiergartenstr. 26a.

Jüngst, C., Geh. Bergrat, W. Kurfürstendamm 214.

Junk, Jos., Ingenieur, SW. Ritterstr. 59.

Kampffmeyer, Th., Baumeister u. Ingenieur, S. Märkischer Platz 1.

Katz, Edwin, Dr., Justizrat, Rechtsanwalt, W. Französischestr. 14.

Keferstein, C., Kommerzienrat, NW. Brücken-Allee 8.

Keyling, L., Kommerzienrat, Direktor, N. Gartenstr. 47.

Kirchner, W., Ingen., Friedenau, Fregestr. 25.

Knöfler, O., Dr., Charlottenburg, Kantstr. 151.

v. Knorre, G., Dr., Prof. an der Königl. Technischen Hochschule, Charlottenburg, Goethestr. 82.

Koehlmann, C. A., Fabrikbesitzer, Charlottenburg, Kantstr. 134.

Kollmann, Jul., Dr., Ingenieur, W. Meierottostr. 6.

Königsberger, L., Fabrikbesitzer, SW. Beuthstraße 12.

Kopetzky, Wilhelm, Kommerzienrat, W. Behrenstr. 59.

Koppel, Arthur, Fabrikbesitzer, C. Neue Friedrichstr. 38/40.

Kraemer, G., Dr., Prof. u. Fabrik-Direktor, W. Flottwellstr. 7.

Krause, Max, Baurat und Direktor von A. Borsig, Berg- und Hüttenverwaltung (Borsigwerk Ober-Schl.), N. Chausseestr. 6.

Kremser, H., NW. Lessingstr. 49.

Krüger, J., Direktor der deutschen Gasglühlicht-Aktien-Gesellschaft, SW. Alte Jacobstr. 139/143.

Krug, Karl, Dr., Privatdozent an der Kgl. Bergakademie, NW. Klopstockstr. 21.

Kühnemann, Fr., Kommerzienrat, N. Elsasserstraße 22.

Kunheim, Erich, Dr. phil., Fabrikbesitzer, Niederschöneweide-Berlin.

Lachmann, E., Dr. jur., Justizrat, Fabrikbesitzer, W. Bendlerstr. 9.

Lachmann, G., in Firma G. Hornemann, SW. Neuenburgerstr. 7.

Lachmann, Norbert, Ingen., O. Blumenstr. 65.

Lachmann, P., Dr. jur., Fabrikbesitzer, W. Thiergartenstr. 3.

Landau, H., Kommerzienrat, W. Wilhelmstraße 71.

Landau, S., Inhaber der Firma Leonhard Simion Nf., Verlagsbuchhandlung, SW. Wilhelmstr. 121.

Landolt, H., Geh. Reg.-Rat und Professor an der Universität, NW. Albrechtstraße 13/14.

Lange, Ch., Ingenieur, Charlottenburg, Rankestr. 34.

Lange, Otto, Direktor, Alt-Moabit, NW. Turmstr. 3.

Lehmann, Alfred, Fabrikbesitzer, W. Nollendorf-Platz 3.

Lehmann, Anton u. Alfred, Akt.-Gesellsch. Niederschöneweide.

Leichter, J. L., Kommerzienrat und Fabrikbesitzer, SW. Schützenstr. 31.

Leinhaas, A., Papier-Großhandlung, SW. Zimmerstr. 49.

Leist, C., Prof., Dozent a. d. Königl. Techn. Hochschule, Charlottenburg, Fasanenstr. 81.

Leman, A. Dr., Prof. u. Mitgl. d. Phys.-techn. Reichsanstalt, Gr.-Lichterfelde West, Ringstr. 37.

Lemp, J., Mitinh. d. Firma Schmöle & Co. C. Breitestr. 5.

Lender, Rudolf, Fabrikbesitzer, in Firma Dr. Graf & Co., Friedrichsberg-Berlin, Gürtelstr. 14.

Lentz, Joh., Fabrikant, N. Große Hamburgerstr. 2.

Leo, Rudolf, Dr., Magistratsrat, W. Lützow-Ufer 13 III.

Leonhard, H., Dr. philos. u. med., Arzt, W. Lichtenstein-Allee 1.

Lessing, C. R., Geheimer Justizrath, NW. Dorotheenstr. 15.

Levin, Hugo, Kaufmann, W. Königin Augustastr. 42.

Lewinsohn, L. L., Ingenieur, Schöneberg-Berlin, Motzstr. 34.

Liebermann, C., Dr., Geh. Reg.-Rat, Prof. an der Kgl. Techn. Hochschule, W. Matthäikirchstr. 29.

von Liebermann, Fritz, Dr., W. von der Heydtstraße 17.

Liebreich, O., Dr., Geh. Reg.-Rat, Prof. an der Universität, NW. Neustädtische Kirchstr. 9.

Lipmann, Simon, Rentier, W. Thiergartenstraße 18.

Lipmann, Ernst, Reg.-Baumeister a. D., NW. Karlstr. 18.

Liblich, A., Holzhändler, SO. Bethanien-Ufer 6.

Löwe, J., Kommerzienrat, General-Direktor, W. Bellevuestr. 11a.

Ludewig, H., Prof. an der Kgl. Techn. Hochschule, Charlottenburg, Spandauerstraße 7.

Lürmann, F. W., Dr. ing. Hüttentechnisches Bureau, W. Unter den Linden 16.

Maas, A., & Co., S. Inselstr. 9.

Maether, E., Maschinenbau-Anstalt, SO. Wrangelstr. 131.

Magistrat zu Charlottenburg.

Mamroth, P., Direktor der Allgemeinen Elektrizitäts-Gesellsch., NW. Schiffbauerdamm 22.

Mantler, Heinrich, Dr., Direktor des Wolffschen Telegraphen-Bureaus, SW. Charlottenstr. 15b.

Marcolly, Franz, Kaufmann, Schöneberg-Berlin, Hauptstr. 140.

Marggraff, A., Stadtrat, C. Rosenthalerstraße 46/47.

Marggraff, Johannes, Apothekenbesitzer, C. Rosenthalerstr. 46/47.

Markfeldt, H. A., NW. Unter den Linden 48/49.

Martens, A., Prof., Geh. Reg.-Rat, Direktor des Kgl. Material-Prüfungs-Amts, Groß-Lichterfelde West, Fontanestraße.

v. Martins, C. A., Dr., Direktor, W. Voßstraße 8.

von Mendelssohn-Bartholdy, E., Geh. Kommerzienrat, W. Jägerstr. 53.

v. Mendelssohn, Robert, Bankier, W. Jägerstraße 51.

Mengers, M., Fabrikbesitzer, SO. Köpenickerstraße 19/20.

Mengers, Walter, Fabrikbesitzer, W. Lennéstraße 9.

Mengers, P., Fabrikbesitzer, W. Kurfürstendamm 8.

„Metallindustrielle Rundschau", Fachorgan für die Blech-, Metall-, Maschinen-, Werkzeug- u. Beleuchtungs-Industr., Installation u. Elektrotechnik, *Ludw. Elsner,* S. Prinzenstr. 26.

Meyen, H., & Co., Silberwarenfabrik, S. Sebastianstr. 20.

Meyer, Alexander, Dr. jur., Berlin-Friedenau, Fregestr. 66.

Meyer, C. W., Direktor, W. Neue Ansbacherstr. 7.

Meyer, Diedrich, Reg.-Baumeister, W. Charlottenstr. 43.

Meyer, Hermann, in Firma Emanuel Meyer, N. Prinzen-Allee 54/56.

Meyer, Paul, Dr., Ingenieur, N. Lynarstr. 5/6.

Michaelis, W., Dr., Cementtechniker, NO. Friedenstr. 19.

Mill, Carl, Dipl.-Ing., Charlottenburg, Pestalozzistr. 26 III.

Mintz, Maximilian, Ingenieur, W. Unter den Linden 11.

Mittag, R., Ingenieur im Kais. Patentamt, Zehlendorf, Machnowerstr. 20.

Möbius, Th., Ingen. u. Kgl. Hofzimmermeister, NW. Flensburgerstr. 7.

Möller, G., Dr., W. Friedrich Wilhelmstr. 19.

Moeller, J., Kommerzienrat, i. Fa. Moeller & Schreiber, NW. In den Zelten 6.

Mosse, R., Verlagsbuchhändler, SW. Jernsalemerstr. 46/47.

Müller, Albert, Fabrikbesitzer, Charlottenburg, Hardenbergstr. 13.

Müller, Richard, Fabrikbesitzer, in Firma Schwintzer & Gräff, S. Sebastianstraße 18.

Münch, Reinhold, Dr., Chemiker und Fabrikbesitzer, NW. Stromstr. 51.

„Nachrichtendienst" des Kuratoriums der Zentralstelle für wissenschaftlich-technische Untersuchungen i. Berlin, NW. Neustädtische Kirchstr. 9.

Naglo, E., Fabrikbesitzer, SO. Eichenstr. 2.

Naß, Georg, Dr., Lehrer an der Artillerie- und Ingenieurschule und an der Militärtechnischen Akademie, Charlottenburg, Mommsenstr. 78 IV.

Necker, K., Fabrikant, i. F. Necker & Co., SO. Adalbertstr. 69.

Netter, Karl Leop., Fabrikbesitzer, i. F. Wolf, Netter & Jacobi, SW. Lindenstr. 5.

Neuberg, Ernst, Ingenieur, NW. Rathenower-straße 24.

Neudeck, H., Fabrikbes., C. Joachimstr. 3.

Neuhaus, H. J., Dr., Wirkl. Geh. Ober-Reg.-Rat, Ministerialdirektor, W. Victoria Luise-Platz 9 III.

Neumann, Ferdinand, Kaufmann, SW. Leipzigerstr. 51.

Nieberding, Exzellenz, Staatssekretär, W. Voßstr. 4/5.

Niedenführ, Hugo, Chemiker, W. Kurfürsten-damm 139 I.

Nolte, J., Direktor, NW. In den Zelten 18a.

Oppenheim, Franz, Dr., W. Bellevuestr. 15.

Otto, M., Kaufmann, Inhaber der Firma G. Bormann Nachf., C. Brüderstr. 39.

Pasch, M., Kgl. Hofbuchhändler, SW. Ritter-straße 50.

Paschke, Reg.-Rat a. D., W. Köthenerstr. 22.

Pataky, C., Herausgeber und Eigentümer des „Metallarbeiter", S. Prinzenstr. 100.

Pataky, Wilhelm, Ingen., W. Rankestr. 5.

Peters, Th., Dr.-Ing., Baurat, Direktor des Vereins deutscher Ingenieure, W. Charlottenstr. 43.

Philipsthal, A., Kaufmann, W. Stülerstr. 13.

Pintsch, Jul., Geheimer Kommerzienrat, O. Andreasstr. 72/73.

Pintsch, R., Geh. Kommerzienrat, O. Andreas-straße 72/73.

Pitsch, A., Fabrikbesitzer, Neuendorf und Berlin, W. Oberwallstr. 9.

Posen, H., W. Unter den Linden 5.

Pufahl, O., Dr., Professor, W. Luitpold-straße 9.

Rading, G., Mitbesitzer d. Fa. Henniger & Co., SW. Alte Jakobstr. 106.

Rakenius, C., in Firma Rakenius & Co., SW. Zimmerstr. 98.

Rasche, P., Hof-Steinmetzmeister, in Firma P. Wimmel & Co., Charlottenburg, Kantstr. 123.

vom Rath, A., Bankier, W. Victoriastr. 6.

Rathenau, E., Geh. Baurat, Generaldirektor der allg. Elektrizitäts-Gesellschaft, NW. Schiffbauerdamm 22.

Rathgen, F., Dr. Professor, Chemiker an den Königl. Museen in Berlin, C. Kleine Präsidentenstr. 7 II.

Ravené, Louis, Kommerzienrat, C. Wall-straße 5.

Ravoth, M., Baumeister, W. Dörnbergstr. 7.

Reh, A., Bergwerksdirektor, Groß-Lichter-felde, Potsdamerstr. 23.

Reichenheim, J., Fabrikbesitzer, W. Rauch-straße 21.

Reimarus, C., Dr., Direktor der chemischen Fabrik auf Aktien (vorm. E. Sche-ring), Charlottenburg, Knesebeck-straße 36.

Reinhold, H., Inh. d. Fa. Westphal & Rein-hold, N. Südufer 24/25.

Reuß, M., Geh. Bergrat u. vortr. Rat im Königl. Handelsministerium, W. Pariserstr. 3.

Rietschel, H., Geh. Reg.-Rat, Prof. an der Königlich Technischen Hochschule, Grunewald bei Berlin, Bettina-straße 3.

Robolski, H., Geh. Reg.-Rat, Direktor im Kaiserlichen Patentamte, Friedenau, Saarstr. 19.

Rohrbeck, H., Dr., Kaufmann, NW. Karl-straße 24.

Rösing, B., Dr., Geh. Reg.-Rat, Groß-Lichterfelde, Gerichtstr. 9.

Rosenberg, Hermann, Generalkonsul und Geschäftsinh. der Berliner Handels-gesellschaft, W. Thiergartenstr. 19.

Rosier, P., Fabrikbesitzer, O. Schilling-straße 12.

Rudeloff, M., Professor und stellvertretender Vorsteher des Königlichen Material-Prüfungs-Amts in Gr.-Lichterfelde West, Fontanestraße.

Rütgers, Jul., Kaufmann, W. Kurfürsten-straße 134.

Russell, E., General-Konsul, Geschäfts-inhaber der Diskonto-Gesellschaft, Charlottenburg, Uhlandstr. 196.

Sarnow, Dr., Friedenau bei Berlin, Niedt-straße 25.

Sauerbrey, Hütteningenieur, Charlottenburg, Wallstr. 62.

Schadwill, Dr., Reg.-Rat im Kaiserlichen Patentamt, Friedenau bei Berlin, Handjerystr. 13.

Schaefer & Hauschner, Hoflieferanten, SW. Friedrichstr. 233.

Schaper, H., Hof-Goldschmied, W. Potsdamerstr. 8.

Schappach, Albert, W. Markgrafenstr. 48.

Schickler, Gebr., Bankiers, C. Gertraudtenstraße 16.

Schier, Julius, in Firma Eduard Dreisler, S. Ritterstr. 22.

Schimmelpfeng, W., i. Fa. Auskunftei W. Schimmelpfeng, W. Charlottenstr. 23.

Schimming, G., Direktor der Gasanstalten, NO. Am Friedrichshain 13.

Schirmer, R., Bildhauer, W. Schaperstr. 38.

Schlickeysen, C., Fabrikbesitzer, Rixdorf bei Berlin, Bergstr. 103.

Schloifer, Ed., Ingenieur, Vertreter von Friedr. Krupp Akt.-Ges. Grusonwerk in Magdeburg-Buckau für Berlin und die Provinz Brandenburg, Abt. Zivilindustrie, SW. Dessauerstraße 38.

Schmidt, C., H. H., W. Kleiststr. 37.

Schneevogl, O., Fabrikbesitzer, N. Pankstraße 19/20.

Schöne, Dr., Exzellenz, General-Direktor der Königl. Museen, W. Thiergartenstraße 27a.

Schomburg, H., i. Fa. H. Schomburg & Söhne, NW. Alt-Moabit 95/96.

Schrader, K., Eisenbahn-Direktor a. D., W. Steglitzerstr. 68.

Schröder, Leopold Eugen, Dr. jur., Hofjuwelier, W. Leipzigerstr. 35.

Schultz, G. A. L., Zimmermeister, SO. Brückenstr. 13a.

Schulz, R., Marienfelde b. Berlin.

Schulze, F. F. A., Fabrikbesitzer, N. Fehrbellinerstr. 47.

Schürmann, Eduard, i. Fa. D. Vollgold & Sohn, SO. Köpenickerstr. 72.

Schwanitz, C., Fabrik techn. Gummiwaren, N. Müllerstr. 179 B.

Schwafs, A., Bankier, Charlottenburg, Joachimsthalerstr. 9 I.

Seel, Wilhelm, Direktor der Aktien-Gesellschaft für Gas-, Wasser- und Elektrizitäts-Anlagen, NW. Altonaerstraße 7.

Seligsohn, A., Dr., Justizrat, Rechtsanwalt und Notar, NW. Neustädt. Kirchstraße 11.

v. Siemens, A., Fabrikbesitzer, ⎫ SW. Aska-
v. Siemens, Carl H.,   ⎬ nischer
v. Siemens, Wilh., Fabrikbesitzer, ⎭ Platz 3.

Siemens-Schuckert-Werke, G. m. b. H., Charlottenburger Werk, Charlottenburg, Franklinstr. 29.

Simonis, E., Fabrikant, N. Oranienburgerstraße 38.

Sinell, Emil, Ingenieur, SW. Lindenstr. 16.

Slaby, Dr., Geheimer Regierungs-Rat, Professor an der Königl. Technischen Hochschule, Charlottenbg., Sophienstraße 33.

Sorge, Richard, Ingenieur, Lankwitz, Mozartstraße 28—31.

Spengler, F., Ingenieur und Fabrikant, SW. Alte Jakobstr. 6.

Spindler, W., Färberei in Spindlersfeld.

Sponholz, M., N. Exerzierstr. 6.

Sponnagel, F., Fabrikbesitzer, NW. Luisenplatz 8.

Sprenger, Dr., Geh. Ober-Reg.- u. vortr. Rat im Reichsamt des Innern, W. Eichhornstr. 6.

Springer, Fried., Verlagsbuchhändler, N. Moubijouplatz 3.

Sputh, E., Professor und Architekt, SW. Hedemannstr. 3.

Stückel, Albert, Bankier, W. Voßstr. 6.

Stavenhagen, A., Dr., Prof. an der Königlichen Bergakademie, Grunewald bei Berlin, Humboldtstr. 5.

Steger, Regierungsrat, Charlottenburg, Schillerstr. 23.

Stephan, O., Rentier, W. Wilhelmstr. 44.

Stercken, W., Kaiserlicher Regierungs-Rat, Groß-Lichterfelde, Bismarkstr. 6.

Stersel, Carl, in Firma Schulz & Sackur, SW. Wilhelmstr. 121.

Stieger, Ministerial-Direktor, Wirklicher Geheimer Ober-Regierungsrat, W. Potsdamerplatz 4—6.

Stimming, Max, Inhaber der Firma Stimming & Venzlaff, W. Lietzenburgerstraße 2.

Stobwasser, Hermann, Fabrikbesitzer, SW. Zossenerstr. 60.

Stock, R. & Co., SO. Zeughofstr. 6/7.

Stoll, E., Regierungs-Rat und Mitglied des Kais. Patentamts, Groß-Lichterfelde, Bellevuestr. 14.

Sy, A., i. Fa. Sy & Wagner, Hof-Goldschmied, W. Kronenstr. 28.

Tannenbaum, Pariser & Co., Fabrikbesitzer, C. Spandauerstr. 72.

Technische Bureau der Aktiengesellschaft „Lauchhammer", W. Leipzigerstr. 109.

Techow, Königl. Baurat, Steglitz-Berlin, Kaiser Wilhelmstr. 14.

Tessmer, R., Zeitungsverleger, SW. Charlottenstr. 84.

Treitel, L., Dampfmühlenbesitzer, SW. Alte Jakobstr. 20.

Valentin, Julius, Kommerzienrat, W. Rauchstraße 7.

von Velsen, Gustav, Oberberghauptmann, Ministerial-Direktor i. Ministerium für Handel und Gewerbe, W. Kurfürstendamm 224.

Venzky, A., Stadtrat, Fabrikbesitzer, i. Fa. Stadion, Brecht & Co., SW. Krausenstr. 39.

Verein deutscher Zellstoff-Fabrikanten, C. Neue Friedrichstr. 53/54.

Verein der deutschen Zucker-Industrie, W. Kleiststr. 32 II.

Verein „Hütte" in Charlottenburg, NW. Bachstr. 4.

Vereinigte Königs- und Laurahütte, W. Französischestr. 60/61.

Vogel, Otto, Fabrikant für Brauerei- und Kellerei-Utensilien, O. Andreasstraße 37.

Vorstand des Verbandes deutscher Müller u. Mühlen-Interessenten, W. Bülowstraße 100.

Wachler, Dr., Oberbergrat a. D., W. Fasanenstr. 96.

Wagner, Max, Patentanwalt, NW. Schiffbauerdamm 29 a.

Wallich, Hermann, Konsul, W. Bellevuestraße 18 a.

Wedding, W., Geh. Reg.-Rat, W. Lützow-Platz 2.

Wedding, W., Dr., Prof., Dozent a. d. Techn. Hochschule, Gr.-Lichterfelde Ost I, Wilhelmstr. 2.

Wehage, H., Prof., Dozent an der Kgl. Technischen Hochschule, Reg.-Rat und Mitglied des Kaiserl. Patentamts, Friedenau-Berlin, Menzelstraße 33.

Weigelt, C., Dr., Direktor und Professor, NW. Dorotheenstr. 60.

Weigert, M., Dr., Stadtrat, W. Kielganstraße 2.

Weigert, Paul, W. Kurfürstendamm 36.

Weitzmann, Theodor, Fabrikbesitzer, Zeblendorf, Grunewaldstr. 3.

Wentzel, Otto, Generalsekretär, W. Sigismundstr. 4.

Werner, J. H., Hof-Juwelier Sr. Majestät des Kaisers u. Königs, W. Friedrichstraße 173.

Westphal, M., Civil-Ingenieur, N. Oranienburgerstr. 23.

Wichelhaus, W., Dr., Geh. Reg.-Rat, Prof. an der Universität, NW. Bunsenstraße 1.

Wilhelm, Hermann, Geh. Reg.-Rat, Direktor im Kaiserlichen Patentamte, NW. Spenerstr. 10 III.

Wille, M., Kaiserlicher Regierungsrat und Mitglied des Kaiserlichen Patentamts, Halensee, Georg Wilhelmstraße 18/19.

2*

Wilm, Paul, Königl. Hof-Juwelier, in Firma
H. J. Wilm, C. Jerusalemerstr. 25.
Windler, Max, Fabrikbesitzer, N. Friedrich-
straße 133a.
Winkelmann, C., Fabrikbesitzer, NW. Alt-
Moabit 91/92.
Winkler, Siegfried, Hüttendirektor W. Mark-
grafenstr. 53/54.
Wirth & Co., Patentanwälte, NW. Luisen-
straße 14.
Witt, O. N., Dr., Geh. Regierungsrat, Pro-
fessor an der Königlich Techni-
schen Hochschule, NW. Siegmunds-
hof 21.

Witte, F., Maschinenfabrikant, SW. Schöne-
bergerstr. 4. Wohnung: Kaiserin
Augustastr. 71.
Wolde, G., Ingenieur, i. Fa. O. Titel & Wolde,
N. Schwartzkopffstr. 17 l.
Zeifs, Aug., Kommerzienrat, inhaber der
Firma Zeifs & Co., W. Leipziger-
straße 126.
Ziebarth, Geh. Regierungsrat, Mitglied des
Kaiserlichen Patentamts, W. Pariser-
straße 9.
Zimmermann, C., Holzhändler, W. Rauch-
straße 26.
Zuckermandel, L., W. Jägerstr. 59/60.

Auswärtige Mitglieder.

Aachener- und Münchener Feuer-Versiche-
rungs-Gesellschaft in Aachen.
Abbe, E., Professor Dr., in Jena.
Aktien-Gesellschaft für Brückenbau, Tief-
bohrung und Eisenkonstruktionen
in Neuwied a. Rh.
Aktien-Gesellschaft für Eisenindustrie und
Brückenbau, vorm. J. C. Harkort
in Duisburg.
Aktien-Gesellschaft f. Kartonagen-Industrie
in Dresden.
Aktien-Gesellschaft Lauchhammer in Grö-
ditz bei Riesa.
Aktien-Gesellschaft Lauchhammer in Lauch-
hammer.
Aktien-Gesellschaft Lokalbahn Gotteszell-
Viechtach in Viechtach in Nieder-
Bayern.
Aktien-Gesellschaft Schalker Gruben- und
Hütten-Verein in Gelsenkirchen.
Aktien-Gesellschaft Siegener Dynamit-
Fabrik in Förde bei Grevensbrück.
Aktiengesellschaft für Uhrenfabrikation in
Lenzkirch.
Adt, Gebrüder, in Forbach i. Lothringen.
Alberti, Gebr., Maschinenspinnerei-Besitzer
in Waldenburg.
Albrecht, Fritz, Fabrikbesitzer in Neuhal-
densleben.

Alexander-Katz, B., Dr., Patenanwalt, i. F.
Patent- und techn. Bureau Richard
Lüders in Görlitz und Berlin.
Firma Althaus, Pletsch & Co. in Attendorn.
Andreae, V., Prokurist der Firma Jung
& Simons in Schedewitz b. Zwickau
in Sachsen.
Annener Gußstahlwerk-Aktien-Gesellschaft
in Annen.
Anthon & Söhne, in Flensburg.
Architekten- u. Ingenieurverein in Lübeck.
Armbrüster, Gebr., in Frankfurt a. M.
Haupt-Artillerie-Werkstatt in Deutz.
Königl. Bayerische Artillerie-Werkstätten
München.
Haupt-Artillerie-Werkstatt in Spandau.
Direktion der Kaiserlichen Artilleriewerk-
statt in Straßburg i. E.
Auer, E. W., Direktor der Anglo-Swiss cond.
Milk Co. — Fabrik Rickenbach bei
Lindau-Bayern.
v. Bach, C., Kgl. Württemberg. Dr.-Ing., Bau-
direktor und Prof. des Maschinen-
Ingenieurwesens an der Technischen
Hochschule Stuttgart.
Badische Anilin- und Soda-Fabrik in Lud-
wigshafen a. Rh.
Gräfl. v. Ballestrem'sche Güter-Direktion
in Ruda.

Bandhauer, O., Direktor der Westdeutschen Versicherungs-Aktien-Bank i. Essen.

Bartels, C., Söhne, Maschinenfabrik u. Eisengießerei in Oschersleben.

Barthels, Ph., in Barmen.

Basse & Selve, in Altena.

Baude, Hermann, Direktor der Wilamowitz-Uehring'schen Zuckerfabr. in Szymborze bei Montwy.

Firma Gebr. Bauer, Inhaber Konsul Ernst Bauer und Otto Bauer in Breslau.

Bauermeister, L., zu Deutsche Grube bei Bitterfeld.

Baumgärtel, Ernst und Otto, in Firma E. C. Baumgärtel & Sohn in Langenfeld i. V.

Baur, H., Dr., Berghauptmann in Dortmund.

Königlich Bayrische General-Bergwerks- u. Salinen-Administration in München.

Bayerisches Portlandcementwerk Marienstein, Akt.-Ges. in Marienstein in Oberbayern.

Beckhaus, Friedr. Wilh., Eisengießerei und Maschinen-Fabrik in Boizenburg a. d. Elbe.

Beckmann, G., Direktor der Königsberger Zellstoff-Fabrik, A.-G. in Königsberg i. Pr.

Beckmann, Otto, in Godesberg.

Benckiser, Dr. August, Inhaber der Firma Gebr. Benckiser, Eisenwerke in Pforzheim.

Benemann, Carl, Oberingenieur in Posen.

Benis, H., Chemiker in Wien.

Kgl. Sächs. Berg-Akademie zu Freiberg i. S.

Königl. Bergakademie zu Clausthal.

Bergbau-Akt.-Ges. Ilse zu Grube Ilse N.-L.

Bergedorfer Eisenwerk in Bergedorf.

Bergischer Bezirksverein Deutscher Ingenieure in Elberfeld.

Bergischer Gruben- und Hütten-Verein in Hochdahl.

Kaiserl. Bergrevieramt Elsaß in Straßburg.

Bergische Werkzeug-Industrie, Emil Spennemann in Remscheid.

Fürstl. Bergverwaltung in Braunfels.

Bergwerks-Verein Friedrich-Wilhelmshütte in Mülheim a. d. Ruhr.

Bernhardt, F. A., Stückfärberei und Appretur-Anstalt in Zittau.

Bethcke, L., Geheimer Kommerzienrat in Halle a. S.

Bibliothek der Bergschule in Eisleben.

Bibliothek der Königl. Technischen Hochschule in Aachen.

Bibliothek der Herzogl. Techn. Hochschule in Braunschweig.

Allgemeine Bibliothek der Großherzoglich Techn. Hochschule in Darmstadt.

Bibliothek der Königlich polytechnischen Schule in Dresden.

Bibliothek der Stadt Elberfeld in Elberfeld.

Bibliothek der Universität in Göttingen.

Bibliothek der Technischen Hochschule in Hannover.

Bibliothek d. Großherzogl. Polytechnikums in Karlsruhe.

Bibliothek d. Techn. Hochsch. in München.

Bibliothek der Techn. Hochschulen in Prag.

Bibliothek der Königl. Technischen Hochschule in Stuttgart.

Kaiserl. Landes- u. Universitäts-Bibliothek in Straßburg i. E.

Königl. und Universitäts-Bibliothek in Königsberg i. Pr.

Bielefelder Maschinenfabrik, vorm. Dürkopp & Co. in Bielefeld.

Bienert, T., in Dresden-Plauen.

Bischoff, F., in Duisburg.

Bismarckhütte bei Schwientochlowitz O.-S.

Bode, Fr., Civil-Ingenieur in Dresden-Blasewitz.

Boecker-Philipp Sohn, Fr., in Hohenlimburg.

C. H. Böcking & Dietzsch, in Malstatt.

Böcking, Rud., Kommerzienrat in Hallbergerhütte bei Brebach a. d. Saar.

Böker, M., Kommerzienrat, Direktor der Bergischen Stahl-Industrie-Gesellschaft in Remscheid.

Böttinger, Henry T., Dr., Direktor der Farbenfabriken, vormals Fr. Bayer & Co. in Elberfeld.

Boldt & Vogel in Hamburg.

Bonner Bergwerks- und Hütten - Verein, Cementfabrik bei Obercassel bei Bonn.

Bracht, L., in Greiffenberg i. Schles.

Brauer, E., Prof. in Karlsruhe.

Brauer, Richard, i. Fa. A. Brauer in Lüneburg.

Breiding, Carl & Sohn, in Soltau.

Brendler, J. T., in Reichenau in Sachsen.

Briegleb, Hansen & Co., Eisengießerei und Maschinenfabrik in Gotha.

Brinkmann, O. & Co., Maschinenfabrik und Eisengießerei in Witten a. d. Ruhr.

Bröfsling, C., Stadtrat in Breslau.

Brügmann, W., Gerant d. Aplerbeckerhütte in Dortmund.

Brune, Ernst, in Firma Brune & Kappesser Schrauben- und Mutternfabrik in Essen a. d. Ruhr.

Bruns, Gustav, i. Fa. J. C. C. Bruns, in Minden i. W.

Bücklers, Louis, in Düren a. Rh.

Buderussche Eisenwerke in Wetzlar.

Bürgermeisteramt in Hagen i. Westf.

Bunte, H., Dr., Geheimer Hofrat, Professor an der Technischen Hochschule in Karlsruhe.

Busch, H., Dr., Rechtsanwalt in Krefeld.

Calmon, Alfred, in Hamburg.

Calow, Th., in Bielefeld.

Cassler, Johann, Kommerzienrat, in Firma Gebrüder Simon in Aue-Sachsen.

Centralstelle f. wissenschaftlich-technische Untersuchungen, G. m. b. H., in Neubabelsberg bei Potsdam.

Chemische Fabrik Griesheim — Electron Frankfurt a. M. in Griesheim a. M.

Claes, in Firma Claes & Flentje in Mühlhausen i. Th.

Firma *E. J. Clauss* Nachflg., Baumwoll-Feinspinnerei und Zwirnerei in Plaue.

Commichau, Rudolf, in Firma Gebr. Commichau, Maschinen-Fabrik Magdeburg-Sudenburg.

Königl. u. Herzogl. Kommunion-Hüttenamt in Oker.

Concordia, Chemische Fabrik auf Aktien in Leopoldshall.

Continental Caoutschouc- und Guttapercha-Compagnie in Hannover.

Cosack, Adolf, in Neheim a. Ruhr.

Firma *Cotty* Nachf., Teppichfabrik. Inhaber *Ernst Kaufmann* u. *Franz Sachs* in Springe.

Crefelder Straßenbahn-Aktien-Gesellschaft in Crefeld.

Crépin, E., Kaiserlicher Gewerberat in Colmar i. Els.

Danco Erben, G. m. b. H., frühere Firma Carl Danco, Dortmund.

Fr. David Söhne, Schokoladenfabrik. Inhaber *Ernst David* in Halle a. S.

Delitsch, Gottfried in Edinburg.

Delius, C., Geheimer Kommerzienrat in Aachen.

Delmenhorster Linoleum-Fabrik, in Delmenhorst.

Deutsche Sprengstoff-Aktien-Gesellsch. in Hamburg.

Deutscher Beton-Verein in Biebrich a. Rhein.

Deutsch - Österreich. Mannesmannröhren-Werke in Düsseldorf.

Dickertmann, Gebr. in Bielefeld.

Dietrich, Oskar, i. Fa. Gebr. Dietrich in Weißenfels.

Direktion der Königl. Preuß. Baugewerkschule in Posen.

Königl. Bergwerks - Direktion zu Saarbrücken.

Königl. Direktion der Pulverfabrik in Hanau.

Direktion der Kgl. Fachschule für die Kleineisen- u. Stahlwaren-Industrie in Schmalkalden.

Königl. Eisenbahn-Direktion in Breslau.

Königl. Eisenbahn-Direktion Cöln.

Königl. Eisenbahn-Direktion in Elberfeld.

Königl. Eisenbahn-Direktion in Essen.

Königl. Eisenbahn-Direktion Frankfurt a. M.

Königl. Eisenbahn-Direktion Kattowitz in O.-Schl.

Königl. Eisenbahn-Direktion in Münster i. W
Königl. Eisenbahn-Direktion St. Johann-
Saarbrücken.
Direktion der Façoneisen-Walzwerk L.
Mannstaedt & Co. Aktien-Gesell-
schaft in Kalk bei Köln.
Direktion des Feuerwerks-Laboratoriums
in Siegburg (Rheinprovinz).
Königl. Eisenbahn-Direktion in Erfurt.
Königl. Eisenbahn-Direktion zu Bromberg.
Betriebs-Direktion der oberschles. Koks-
werke und chem. Fabriken, Aktien-
Gesellschaft, Zabrze O.-S.
Direktion der Akt.-Gesellsch. „Phönix" in
Laar bei Ruhrort.
Direktion der Ilseder Hütte in Gr. Ilsede
b. Peine in Hannover.
Direktion der Aktien-Gesellschaft Peiner
Walzwerke in Peine.
Direktion der technologischen Sammlung
der Universität zu Halle a. d. Saale.
Direktion der Vereinigungs-Gesellschaft für
Steinkohlenbau im Wurmrevier in
Kohlscheid.
Döhner, E., in Firma H. D. Wilke Nachf.,
Letmathe.
Doelts, Professor in Clausthal im Harz.
Donnersmarckhütte, Oberschlesisches Eisen-
und Kohlenwerk in Zabrze.
Dornbusch, C., Fabrikbes. der Maschinen-
fabrik und Eisengießerei „Schlott-
wilz" in Schlottwitz bei Dresden.
Drerup, M., Ingenieur in Beckum i. Westf.
Dresdner Dynamit-Fabrik, Aktien-Ge-
sellschaft in Dresden.
Dresler's Drahtwerk, G. m. b. H., Crenz-
thal i. W.
Dreyer, Rosenkranz & Droop in Hannover.
Dücker & Co., Betonbaugesellschaft in
Düsseldorf.
Düsseldorfer Maschinenbau-Akt.-Gesellsch.,
vorm. J. Losenhausen in Düsseldorf-
Grafenberg.
Duisburger Kupferhütte in Duisburg.
Dukas, D. J., Direktor der Akt.-Ges. für
Bürsten-Industrie in Striegau i. Schl.

Dunker, J. W., in Werdohl.
Dyckerhoff & Söhne, Fabrikbesitzer in Amöne-
burg bei Biebrich a. Rh.
Dynamit-Aktien-Gesellschaft, vormals
A. Nobel & Co. in Hamburg.
Earnshaw, I. E. & Co., Maschinenfabrik
und Eisengießerei in Nürnberg.
Eckermann, G., Oberingenieur des nord
deutschen Vereins zur Ueberwachung
von Dampfkesseln in Altona a. E.
Firma *Edler & Krische,* Geschäftsbücher-
Fabrik in Hannover.
Eger, E., Inhaber der Harburger Salpeter-
fabrik in Harburg a. Elbe.
Ehrhardt, Geheimer Baurat in Düsseldorf.
Eichmann, Carl, in Züllichau.
Eicken & Co. in Hagen i. Westfalen.
Eidgenössisches Polytechnikum in Zürich.
Eiermann, M., Königl. bayer. Kommerzien-
rat in Fürth.
Eintrachthütte, Akt.-Gesellsch. in Eintracht-
hütte per Schwientochlowitz O.-Schl.
Eisenhütten- u. Emaillierwerk Tangerhütte
— *Franz Wagenführ* in Tangerhütte.
Eisen-Industrie zu Menden u. Schwerte,
Aktien-Ges. in Schwerte.
Eisenwerke *Hirzenhain & Lollar,* Akt.-Ges.
in Lollar-Oberhessen. Main-Weser-
Hütte.
Eisenwerk vorm. Nagel & Kaemp, Aktien-
Gesellschaft, in Hamburg.
J. F. Eisfeld, Pulver- und pyrotechnische
Fabriken in Silberhütte-Anhalt, Post
Harzgerode.
Elektrizitäts Akt.-Ges., vorm. W. Lahmeyer
& Co. in Frankfurt a. M.
Elektrizitäts-Gesellsch. Gelnhausen m. b. H.
in Gelnhausen.
Elektrotechn. Fabrik Rheydt, Max Schorch
& Co. in Rheydt.
Elmorés-Metall-Aktien-Gesellschaft in
Schladern a. d. Sieg.
Engel, Bergwerks-Direktor in Miesbach in
Oberbayern.
Engelcke, Max, in Firma Engelcke & Krause
in Halle a. S.

Engelhardt, G., Fabrikbesitzer, Inhaber der Firma *G. Engelhardt & Co.* in Cassel.
Engelhorn, F., Mannheim-Waldhof.
Erbsälzer Kollegium zu Werl und Neuwerk.
Ergang, Otto, Fabrikbesitzer in Magdeburg.
Faber, A. W., in Stein bei Nürnberg.
Königlich Preußische höhere Fachschule für Textilindustrie (Webeschule) in Crefeld.
Kgl. Preuß. Fachschule für die Bergische Kleineisen- u. Stahlwaren-Industrie in Remscheid.
Farbenfabriken vorm. *Friedr. Bayer & Co.* in Elberfeld.
Farbwerke, vorm. *Meister Lucius & Brüning,* in Höchst a. M.
Farbwerk Mühlheim, vorm. *A. Leonhardt & Co.*, in Mühlheim a. Main.
Feistkorn, Fr. Otto, in Gera (Reuß).
J. Ferbeck & Co., Inhaber *C. Weishaar,* Fabrikschornsteinbau, Feuerungsanlagen und Fabrik feuerfester Produkte in Forst bei Aachen.
Feuer-Versicherungs-Anstalt der Bayr. Hypotheken- u. Wechselbank i. München.
Fener-Versicherungsbank für Deutschland in Gotha.
Feustel, O., Fabrikbes. in Reichenbach i. Vogtl.
Fikentscher, Fr. Chr., in Zwickau.
Königl. Württemb. Finanz-Ministerium in Stuttgart.
Fitzner, R., in Laurahütte O.-S.
Fitzner, W., Königl. Kommerzienrat in Laurahütte, Ob.-Schles.
Flachsspinnerei *Meyerotto & Co.* in Suckau bei Neustädtel, Reg.-Bez. Liegnitz.
Foerster, Direktor d. Zuckerfabrik i. Anklam.
Främbs & Freudenberg, Maschinenbauanstaltsbesitzer in Schweidnitz.
Frankfurter Versicherungs-Gesellschaft Providentia in Frankfurt a. M.
Freienwalder Chamottefabrik Henneberg & Co. in Freienwalde a. O.
Freylag, A., in Haspe.
Friedenthal, Ernst, in Friedenthal - Gießmannsdorf.

Friedheim, Dr., Professor, Direktor des anorganischen Laboratoriums der Universität Bern.
Friedlaender, Immanuel, in Neapel, Vornevo Via Luigia, San Felice.
Friedrichs, Robert, Dampfziegelei in Gotha.
Friemann & Wolf, Maschinenfabrik in Zwickau.
Fritzsche, jun., H., i. F.: Schimmel & Co. in Miltitz bei Leipzig.
J. Fröhlich & Ph. Baumkauff in Braunschweig.
Funcke & Elbers in Hagen i. W.
Füllner, H., in Warmbrunn.
Fürst, Dr., Berghauptmann, in Halle a. S.
Gasapparat- und Gußwerk-Aktien-Gesellschaft in Mainz.
Gasmotoren-Fabrik Deutz in Deutz.
Städt. Gas- und Wasserwerk in Worms.
Gastell, Gebrüder, in Mombach bei Mainz.
Gebhardt, Albert, in Thiengen, Amt Waldshut.
Gehrckens, C. O., in Hamburg.
Generaldirektion der Grafen *Hugo, Lazy, Arthur Henckel von Donnersmarck* in Carlshof bei Tarnowitz.
Generaldirektion der Königl. Württembergischen Staatseisenbahnen in Stuttgart.
Gerhardt, W., Maschinenfabrik und Eisengießerei in Lüdenscheid.
Germania, Maschinenfabrik in Chemnitz.
Gesellschaft für Stahlindustrie mit beschränkter Haftung in Bochum.
Gesellschaft zur Beförderung der Künste und nützlichen Gewerbe in Hamburg.
Gewerbehalle in Kassel.
Gewerbekammer in Bremen.
Gewerbekammer zu Lübeck.
K. k. technologische Gewerbe-Museum in Wien.
Gewerbliche Tagesschule in Aachen.
Großherzogl. Centralstelle für die Gewerbe in Darmstadt.
Königl. Centralstelle für Gewerbe und Handel in Stuttgart.
Central-Vorstand des Gewerbevereins für Nassau in Wiesbaden.

Gewerbeverein für Aachen, Burtscheid und Umgegend in Aachen.
Gewerbeverein in Dortmund.
Gewerbeverein in Dresden.
Gewerbeverein in Elbing.
Gewerbeverein in Erfurt.
Gewerbeverein in Gera.
Gewerbeverein in Waldenburg i. Schl.
Gewerkschaft Gießener Braunstein - Bergwerke vorm. Fernie in Gießen.
Gewerkschaft Ludwig II in Stafsfurt.
Gewerkschaft Quint zu Quint bei Trier.
Firma *Gilardoni Frères* in Altkirch i. Els.
Firma *G. A. Glafey* in Nürnberg.
Göpfert, in Firma Schreiber & Neffen, Glasfabrik in Prencsin, Pepliy in Ungarn.
Goldschmidt, K., Dr., Fabrikbesitzer in Essen a. d. Ruhr.
Gosebruch, W., Dr., in Kiel, Ringstr. 77.
Goslich, Dr., in Stettin.
Gottlob, S., k. k. Regierungsrat in Pilsen.
Gräflich Rittbergsches Eisenhüttenwerk Wilhelminenhütte in Modlau.
Grau, Bernhard, Hüttendirektor des Gräflich Guido Henkel Donersmarckschen Koks- und Eisenwerks „Kraft" in Kratzwieck bei Stettin.
Grillo, J., Kommerzienrat in Düsseldorf.
Firma *Nic. Grosman & Co.* in Kalscheuren, Post Köln a. Rh.
Grofs, W., in Heidelberg.
Grundhoff, Carl, Bergwerksdirektor in Meggen a. d. Lenne.
van Gülpen, M., in Mülheim a. Rh.
Güttler, H., Kommerzienrat, Besitzer des Arsenik-, Berg- und Hüttenwerks „Reicher Trost" in Reichenstein in Schlesien.
von Guilleaume, Th., Kommerzien-Rat in Köln a. Rhein.
Gußstahl-Werk Witten in Witten an der Ruhr.
Gutehoffnungshütte, Akt.-Verein für Bergbau u. Hüttenbetrieb in Oberhausen in Rheinland.
Haack, B., Baurat in Eberswalde.
Verhandl. 1905.

Haase, Georg, Königl. Kommerzienrat und Brauereibesitzer in Breslau.
Hadfield, R. A., Hecla Works in Sheffield-England.
Haedicke, Direktor der Königl. Fachschule zu Siegen.
Hallström, F., Kommerzienrat, in Nienburg a. d. Saale.
Hammerfahr, E., Mitinhaber d. Firma: Gottl. Hammerfahr in Solingen-Foche.
Hammerstein, Carl, i. F. C. Robert Hammerstein in Merscheid, Rheinpr.
Handelskammer in Breslau.
Handelskammer zu Graudenz.
Handelskammer zu Kiel.
Handelskammer zu Köln.
Handelskammer zu Leipzig.
Großherzogl. Hessische Handelskammer in Offenbach a. M.
Handelskammer in Solingen.
Handels- und Gewerbekammer in Ravensburg-Württemberg.
Handels- und Gewerb-Verein in Potsdam.
Handwerkskammer Dortmund.
Haniel & Lueg in Düsseldorf-Grafenberg.
Harpener Bergbau Akt.-Ges. in Dortmund.
Harrafs, Max, Kommerzienrat, in Böhlen in Thüringen.
Hartmann, Ernst, Fabrikbesitzer in Langschede a. d. Ruhr.
Hartmann & Braun, Fabrikbesitzer in Bockenheim-Frankfurt a. M.
Hasenclever, Moritz, in Remscheid.
Hafslacher, Geheimer Bergrat in Bonn.
Haubold, C. G., jr., in Chemnitz.
Heckel, G., Drahtseilfabrik in St. Johann-Saarbrücken.
Heddernheimer Kupferwerk, vorm. F. A. Hesse Söhne in Heddernheim bei Frankfurt a. M.
Firma *J. Heilmann & Co.* in Mülhausen in Elsaß.
Heimberger, Ludw., in Spremberg.
Hemmer, L. Ph., in Aachen.
Henckels, Alb. & E., in Langerfeld b. Barmen.
Henckels, J. A., in Solingen.

Henschel, Fabrikbesitzer in Cassel.

Firma *Hertwig & Co.*, in Katzhütte i. Thür.

Hertz, *G.*, Direktor der Stader Saline, G. m. b. H. in Campe bei Stade.

Hertzfeld & Victorius, in Graudenz.

Herzogl. Sächsisches Staats-Ministerium in Gotha.

Firma Gebr. *Heubach* in Lichte bei Wallendorf, S.-M.

Heumann, *F.*, in Firma L. Steinfurt in Königsberg i. Pr.

Heyligenstaedt, *L.*, in Gießen.

Hiby, *Wilhelm*, Fabrikbesitzer in Düsseldorf.

Hildebrand, *G.*, in Weinheim, Baden.

Hilgenstock, *O.*, Direktor in Dahlhausen an der Ruhr.

Hittorf, *W.*, Professor in Münster.

Hobrecker, *F.*, in Hamm.

Höfert, *J.*, in Magdeburg-Buckau.

Hoerder Bergwerks- und Hütten-Verein in Hoerde i. W.

Hoesch, *Walter*, in Kreuzau bei Düren.

Höveler & Dieckhaus in Papenburg.

Hoffmann, *Oswald*, in Firma August Hoffmann in Neugersdorf i. S.

Hoffmann, *R.*, Kommerzienrat in Hirschberg i. Schl.

Hofmann, *J. G.*, Fabriken-Kommissarius in Breslau.

„Hohenzollern", Aktien-Gesellschaft für Lokomotivbau, in Düsseldorf-Grafenberg.

Holst, *A.*, Professor, Direktor d. Technikums in Mittweida.

Holzmann, *Philipp & Co.*, G. m. b. H. in Frankfurt a. M.

Hommel, *Hermann*, Kommerzienrat, Kgl. Schwedisch-Norweg. Vize-Konsul, Werkzeugfabrikant in Mainz.

Howaldt, *Gebrüder*, in Kiel.

Hoyermann, *G.*, Fabrikbesitzer in Hannover.

Hubaleck & Co. in Weißenthurm a. Rh. bei Coblenz.

Hübner, *E.*, Geh. Kommerzienrat, Inhaber der Firma Wegelin & Hübner in Halle a. d. S.

Huebner, *R. A.*, in Schwarzburg i. Thür.

Hülsenberg, *H. A.*, Fabrikbesitzer und Ingenieur in Freiberg i. S.

Huesmann, *R.*, Metallgießereibesitzer in Hamburg.

Kgl. Württ. Hüttenamt in Wasseralfingen.

Huldschinskysche Hüttenwerke, Akt.-Ges. in Gleiwitz-Bahnhof.

Hundhausen, *J.*, Dr. in Zürich.

Hurlin, *R.*, in Stargard i. P.

The Institution of Mechanical Engineers in London SW. Storeys Gate.

Isabellen-Hütte, G. m. b. H. in Bonn am Rhein.

Isphording, *Ed.*, Mitinhaber der Firma Schnepper & Isphording, Dampfsägewerk u. Holzhandlung en gros in Hamm i. Westf.

Janke, Kaiserlicher Marine-Baurat a. D., Generaldirektor der Akt.-Gesellsch. Ferrum, vorm. Rhein & Co. zu Kattowitz-Zawodzie.

Janssen, *William*, Trikotwirkerei in Chemnitz i. S.

Jellinghaus, *Th.*, in Camen.

Jobst, *H.*, Bergdirektor in Gersdorf, Bezirk Zwickau.

Jüptner von Jonstorff, *Hans*, Baron, Prof. an der k. k. technischen Hochschule in Wien III, Reisnerstr. 37.

Jürgensen, *R.*, Dr., Prag.

Junkers, *H.*, Professor an der Technischen Hochschule zu Aachen.

Jute-Spinnerei und Weberei Hamburg, Harburg.

M. Kahn Söhne in Mannheim.

Kallab, *F. V.*, Chemiker in Offenbach a. M.

Firma *Kalle & Co.*, Fabrik von Teerfarben und chem. Produkten in Biebrich a. Rhein.

Kanisz, *A. W.*, in Wurzen i. S.

Kannengießer, *Louis*, Königl. Kommerzienrat in Mülheim a. d. Ruhr.

Kast, *H.*, Prof. Dr., i. Karlsruhe-Mühlburg.

Kauffmann, *Georg*, Dr., Fabrikbesitzer in Wüstegiersdorf, i. Schles.

Vorsteheramt der Kaufmannschaft in Danzig.

Vorsteheramt der Kaufmannschaft in Königsberg i. Pr.

Kausch, Carl, Holzhändler in Neunkirchen bei Saarbrücken.

Keetman, Th., Vorstand der Duisburger Maschinenbau - Aktien - Gesellschaft in Duisburg.

Keferstein, F. W., Papierfabrikbesitzer in Sinsleben bei Ermsleben.

Keil, Karl, Professor in Eltville a. Rh.

Kelemen Mano, Ingenieur u. Patentanwalt in Budapest.

Kick, Fr., Professor in Wien.

Gebrüder Kiefer, Baugeschäft in Duisburg a. Rhein.

Kiefselbach, C., i. Fa. Sack & Kießelbach in Rath bei Düsseldorf.

Kircheis, E., Fabrikbesitzer in Aue.

Firma *Theodor Kirsch & Söhne* in Gehren in Thüringen.

Kisker, Ed., in Halle in Westf.

Klein, Dr., Landeshauptmann in Düsseldorf.

Klein, J., Kommerzienrat in Frankenthal.

Klemm, Max, Kommerzienrat in Forst i. d. L.

Gebr. Klingenberg in Detmold.

Klotz, C., Dr., in Höchst a. M.

Knövenagel, A., Maschinen-Fabrikant und Senator in Hannover.

Köchy, Professor in Aachen.

Köhler, Hermann, Nähmaschinenfabrikant in Altenburg i. S.

Kölnische Feuerversicherungs - Gesellschaft Colonia in Köln.

J. C. König & Ebhardt in Hannover.

Körting, Gebr., in Hannover.

Köster, Chr. Friedr., in Neumünster, Holst.

von Korn, Heinrich, in Breslau.

Wilh. Kramer & Co., Granitw. i. Jauer i. Schl.

Krantz, Hermann, Betr.-Direkt. in Augsburg.

Kratzsch, A., Fabrikant in Gera, Reuß.

Krause, G., Professor, Dr., in Köthen.

Krawinkel, Leopold, in Bergneustadt.

Krenzler, Gustav, Flechtmasch.-Fabrikant in Unter-Barmen.

Krey, Dr., Fabrikdirektor in Granschütz bei Weißenfels a. d. Saale.

Krieg, O., Papierfabrik-Direktor i. Eichberg.

Krimping, C., Ober-Ingenieur in Breslau XIII. Gutenbergstr. 3 II.

Kröncke, C., Teilhaber der Firma Bremer Stahlrohr-Fabrik Menck, Schultze & Co. in Bremen.

Kromschroeder, E., in Osnabrück.

Krueger, J. G., Inhaber der Elisabethhütte in Brandenburg a. H.

Krupp, Arthur, in Berndorf, Nied.-Oesterr.

Firma *Friedrich Krupp* in Essen a. Ruhr.

Firma *Friedrich Krupp-Grusonwerk* in Magdeburg-Buckau.

*Krupp*sches Stahlwerk, vormals Asthöwer & Co. in Annen.

Kruse, C. A., Fabrikbesitzer, Inh. der Fa. Kruse & Beyring in Unter-Barmen.

Küsel, W., Chemiker in Solvayhall bei Bernburg.

Kuhlo, E., Generaldirektor der Armaturen-und Maschinen-Fabrik, vorm. J. A. Hilpert in Nürnberg.

v. Kulmiz, Eugen, Ritterguts- und Fabrikbesitzer in Firma Handelsgesellschaft C. Kulmiz zu Ida- u. Marienhütte, Post Saarau bei Breslau.

Fa. *Kummerlé, Emil*, in Brandenburg a. H.

Kufs, Hermann, Fabrikbesitzer in Cottbus.

Kux, W., Nachf., Fabrikbesitzer in Halberstadt.

Laederich & Co., Kommanditgesellsch. a. A. in Mülhausen i. E.

Lahusen, Carl, in Delmenhorst.

Lambrecht, W., Fabrik meteorol. Instrumente in Göttingen.

Lange, A., Kommerzienrat in Auerhammer bei Aue in S.

Langen, C. J., Kommerzienrat in Grevenbroich.

Leder, R., Fabrikant, i. Fa. Rudolph Leder Hartgußwerk und Maschinenbauanstalt in Quedlinburg.

Lederfabrik Hirschberg, vorm. Heinrich Knoch & Co., in Hirschberg (Saale).

Lefeldt & Lentsch, Maschinenfabrik in Schöningen (Braunschweig).

Lehmann, C. F., Granitwerk - Besitzer in Striegau.

Lehmann, L. B., Fabrikbesitzer in Firma J. M. Lehmann in Dresden-Löbtau.

Leistner. J. G., in Chemnitz.

Leistner, Rud., Architekt u. Mosaikfabrikant in Dortmund.

Leitzmann, Regierungs- und Baurat in Hannover.

Leppert, Rich., in Limbach i. Sachsen.

Leuchs, J. G., Chemiker in Mögelsdorf bei Nürnberg.

Leuner, O., Mechan. Institut in Dresden. Techn. Hochschule.

Liebeherr, C. H. & Co., in Breslau.

Lieu, Georg, Fabrikbesitzer, in Firma Peter Lieu in König i. O.

Lilliendahl, Thomas, Kommerzienrat, Geschäftsführer d. Fa. J. G. R. Lilliendahl in Neudietendorf.

Linde, C., Dr., Professor an der Techn. Hochschule in München.

Lindemann, Otto, Amtsvorsteher in Westerwohld bei Nordhastedt in Holst.

Lindner, G., Professor in Karlsruhe i. B.

Lohmann & Soeding in Witten an der Ruhr.

Lokomotivfabrik Hagans in Erfurt.

Lommel, G., Inhaber der Firma Lommel & Nacke in Striegau.

Loß, Carl, Fabrikbesitzer in Wolmirstedt, Bezirk Magdeburg.

Lothringer Portland - Cement - Werke in Metz.

Lübecker Maschinenbau - Gesellschaft in Lübeck.

Lülbers, H., Direktor der Akt.-Ges. für Maschinenbau und Eisenindustrie in Varel a. d. Jade.

Lürding, B. F., in Hohenlimburg.

Lützeler, Theodor, Röhren und Armaturen. Mülheim a. Rhein.

Maack, G., Maschinenfabrikbesitzer in Köln-Ehrenfeld.

v. Maffei, Hugo, Ritter, Reichsrat in München.

Magdeburger Straßen - Eisenbahn - Gesellschaft in Magdeburg.

Magdeburger Verein für Dampfkesselbetrieb in Magdeburg.

Magistrat der Königlichen Haupt- u. Residenzstadt Breslau.

Magistrat in Danzig.

Magistrat in Dortmund.

Magistrat in Frankfurt a. M.

Magistrat in Frankfurt a. O.

Magistrat in Kattowitz.

Magistrat der Königlichen Haupt- u. Residenzstadt Königsberg i. Pr.

Magistrat der Stadt Magdeburg.

Magistrat in Posen.

Mannesmann, jr., R., Ingen. in Remscheid.

Mansfeldsche kupferschieferbauende Gewerkschaft in Eisleben.

Marggraff, Carl, Fabrikbesitzer in Wolfswinkel bei Eberswalde.

Märkischer Bezirks-Verein deutscher Ingenieure in Frankfurt a. O.

Märkisch-Westfälischer Bergwerks-Verein in Letmathe.

Marthaus, A., in Oschatz.

Firma *M. Martin*, Maschinenfabrik und Eisengießerei in Bitterfeld.

Maschinenfabrik Baum in Herne in Westf.

Kgl. höhere Maschinenbauschule in Aachen.

Königl. höhere Maschinenbauschule in Altona a. Elbe.

Kgl. höhere Maschinenbauschule in Breslau.

Kgl. höhere Maschinenbauschule in Einbeck.

Maschinenbau-Anstalt Humboldt in Kalk bei Köln.

Königl. Maschinenbau- und Hüttenschule Duisburg.

Königl. höhere Maschinenbauschule i. Hagen.

Maschinenbauschule Magdeburg.

Maschinenfabrik Augsburg in Augsburg.

Maschinenfabrik „Deutschland" in Dortmund.

Maschinenfabrik Gritzner, A.-G. in Durlach.

Massenez, J., General-Direktor in Wiesbaden.

Matthes & Weber, Aktien-Gesellschaft in Duisburg.

Mauser, P., Kommerzienrat in Oberndorf a. Neckar.

Mayer, Joh., in Köln a. Rh.

Mehler, C.; Kommerzienrat, Fabrikbesitzer in Aachen.

Meier, R., Direktor u. Ing. in Gerlafingen (Solothurn) Schweiz.

Aktien-Gesellschaft, vorm. *H. Meinecke*, Wassermesserfabrik und Werkstatt für Eisenkonstruktionen in Carlowitz bei Breslau.

Meinicke, Bergrat in Clausthal a. Harz.

Merkel & Kienlin in Eßlingen a. Neckar.

Merzenich, J., Tuchfabrikant in Aachen.

Messerschmidt, L. H., Fabrikbesitzer in Harburg a. E.

Metallwarenfabrik vorm. *Fr. Zickerick* in Wolfenbüttel.

Meurer, G., Cossebaude bei Dresden.

Meyer, O., Direktor der Dortmunder Akt.-Gesellschaft für Gasbeleuchtung in Dortmund.

F. Meyer & Schwabedissen, Maschinenfabrik in Herford.

Meyer, O. E., Professor, Dr. in Breslau.

Meyer, Jos. L., in Papenburg.

Michels, Gustav, Geh. Kommerzienrat in Köln.

Michelsen, C. H., Direktor der Bremer Tauwerk-Fabrik, A.-G., vorm. C. H. Michelsen in Grohn-Vegesack bei Bremen.

Mühlau, F., & Söhne i. Düsseldorf-Derendorf.

Möller, K. & Th., Maschinenfabrik in Kupferhammer b. Brackwede.

Möller, M., Prof. der Technischen Hochschule in Braunschweig, Geysostraße 1.

Mönkemöller, P., Ingenieur, in Firma Bonner Maschinenfabrik und Eisengießerei in Dottendorf bei Bonn.

Monforts, A., Maschinenfabrik in München-Gladbach.

Mook, Karl, in Eisenach.

Müller, Dr., Direktor der Portland-Cement-Fabrik Rüdersdorf in Kalkberge Rüdersdorf a. d. Ostbahn.

Müller, Gebr., in Mochenwangen b. Ravensburg i. Württemberg.

Müller, Wilhelm, Inhaber der Firma J. Müller Wwe. in Gladenbach, Bez. Frankfurt a. M.

Müser, Robert, Generaldirektor der Harpener Bergbau-Akt.-Ges. in Dortmund.

Mundlos, H. & Co., Nähmaschinenfabrik in Magdeburg-N.

Muthmann, W. & Sohn, in Elberfeld.

Naeher, J. E., Fabrikbesitzer in Chemnitz.

v. d. Nahmer, W., Generaldirektor, Besitzer des Alexanderwerks in Remscheid.

Naumann, A., Geh. Hofrat, Professor, Dr. in Gießen.

Nees, A. & Co., in Aschaffenburg.

Neukirch Fr., Civilingenieur und Maschinen-Inspekt. d. german. Lloyd i. Bremen.

Neumann, F. A., in Eschweiler.

New-York-Hamburger Gummi-Waaren-Compagnie in Hamburg.

Niethammer, A., Geheimer Kommerzienrat in Kriebstein bei Waldheim.

Nimax, Generaldirektor der Reusbacher Mosaik- und Platten-Fabrik, G. m. b. H., in Ransbach (Westerwald).

Nischwitz, Joh., in Niesky.

Noelle, Gebr., in Lüdenscheid.

Königl. Sächs. Baugewerken- und Tiefbauschule in Zittau.

Königl. Ober-Bergamt in Bonn.

Königl. Ober-Bergamt in Breslau.

Königl. Westfäl. Ober-Bergamt in Dortmund.

Königl. Ober-Bergamt in Halle a. d. S.

Königl. Ober-Bergamt in Klausthal.

Oberbilker Blechwalzwerk, G. m. b. H., in Düsseldorf-Oberbilk.

Königl. Sächs. Oberhüttenamt in Freiberg i. Sachsen.

Obermeyer, A., in Barmen-Rittershausen.

Oberschlesische Eisen-Industrie, Aktien-Gesellschaft für Bergbau u. Hüttenbetrieb in Gleiwitz.

Oberschlesischer Bezirksverein deutscher Chemiker in Schwientochlowitz Ob.-Schlesien.

v. *Oechelhaeuser*, *W.*, Generaldirektor in Dessau.

Oehler, *K.*, Anilinfarben-Fabrik in Offenbach a. M.

Oppelt, *Eugen*, Dr. in Linz a. Rh.

Oschatz, *F. L.*, in Meerane.

Osnabrücker Kupfer- und Drahtwerk-Akt.-Gesellschaft in Osnabrück.

Ost, *H.*, Dr., Professor an der Technischen Hochschule in Hannover.

Ostermann, *T.*, in Meppen.

Oswald, Bergassesor a. D. in Coblenz.

Dr. *C. Otto & Co.*, G. m. b. H. in Dahlhausen a. d. Ruhr.

Otto & Schlosser, Baumeister in Meißen.

Paetsch, *Theodor*, Steingutfabrikant in Frankfurt a. O.

Papierfabrik Sacrau, G. m. b. H. in Czulow, Kreis Pleß.

Patzschke, *Rud.*, Direktor der J. D. Weickertschen Piano-Filzfabrik in Wurzen.

Paul, *D. F.*, Tuchfabrik in Lengenfeld i. V.

Petroleum-Raffinerie, vorm. Aug. Korff in Bremen.

Petry-Dereux, Dampfkesselfabrik in Düren.

Petschke, *August*, in Magdeburg.

Pfenning, *C. A.*, in Barmen-Rittershausen.

Pflug, *Friedrich*, Fabrikant und Gutsbesitzer in Baltersbacherhof, Post Ottweiler.

Pforte, *Ernst*, in Firma Noblée & Thöre in Harburg a. d. Elbe.

Pick, *S.*, Dr., Direktor der k. k. chem. Ammoniak-Sodafabrik in Szcząkowa i. Galizien.

Pinzger, *L.*, Professor an der Technischen Hochschule in Aachen.

Pohlig, *J.*, Ingenieur, Allein-Konzessionär für den Bau Ottoscher Drahtseilbahnen in Köln.

Pohlschröder & Co., Dortmunder Geldschrank-Fabrik in Dortmund.

Polte, Ingenieur u. Fabrikbesitzer in Magdeburg-Sudenburg.

Polytechnischer u. Gewerbverein in Königsberg i. Pr.

Polytechnische Gesellschaft in Posen.

Polytechnische Gesellschaft in Stettin.

Polytechnischer und Gewerbeverein, Allenstein O.-Pr.

Polytechnischer Verein in Neusalz a. d. Oder.

Polytechnischer Verein in Stralsund, p. Adr. Bibliothekar *G. Rüstig*, Jakobiturmstraße 11.

Polytechnischer Verein in Tilsit.

v. *Pompéry*, *Elemér*, Ingenieur und Mitglied des Kgl. ungarischen Patentamtes in Budapest.

Portland-Cement-Fabrik Blaubeuren, *Gebr. Spohn — Georg Spohn.*

Portland-Cement-Fabrik „Germania", Akt.-Gesellsch. in Lehrte.

Königl. Porzellan-Manufaktur Meißen.

Post, *A.*, in Firma J. C. Post Söhne in Hagen-Eilpe i. W.

Precht, *H.*, Dr., Professor, Direktor des Salzbergwerks Neu-Staßfurt-Löderburg b. Staßfurt.

Preibisch, *R.*, Dr., in Reichenau b. Zittau.

Probst, *A.*, Kommerzienrat in Immenstadt in Bayern.

Prüßing, *Paul*, Dr., in Schoenebeck a. d. Elbe.

Firma *William Prym*, G. m. b. H. in Stolberg (Rheinland).

Pulverfabrik Pniowitz, G. m. b. H. in Pniowitz i. O.-Schl.

Pyrkosch, *Emil*, Fabrikbes. und Stadtrat in Ratibor.

Prillas, Maschinenfabrikant in Brieg.

Quellmalz, *E.*, in Firma Sächs. Bankgesellschaft Quellmalz & Co. in Dresden.

Radeberger Exportbierbrauerei in Pichelsdorf.

Rasselsteiner Eisenwerks-Gesellschaft in Rasselstein bei Neuwied.

Rath der Stadt Chemnitz.

Rather Dampfkesselfabrik, vorm. M. Gehre, Akt.-Ges. in Rath bei Düsseldorf.

Königl. Regierung in Aachen.

Königl. Regierung in Arnsberg.

Königl. Regierung in Aurich.

Königl. Regierung in Düsseldorf.

Königl. Regierung in Gumbinnen.

Königl. Regierung in Koblenz.
Königl. Regierung in Köln.
Königl. Regierung in Lüneburg.
Königl. Regierung in Magdeburg.
Königl. Regierung in Merseburg.
Königl. Regierung in Münster.
Königl. Regierung in Schleswig.
Königl. Regierung in Stade.
Königl. Regierung in Stettin.
Fürstl. Lippesche Regierung in Detmold.
Reinecker, *J. E.*, Werkzeugfabrikant in Chemnitz-Gablenz.
Reinhardt, *G. E.*, Maschinenfabrik in Leipzig-Connewitz.
Reis, *Julian*, Dr., in Firma Gebrüder Reis, Kunstwollfabrik Heidelberg.
Reuther, *Carl*, Inhaber der Firma Bopp & Reuther in Mannheim.
Rexroth, *F.*, in St. Johann a. Saar.
Rheiner Maschinenfabrik von Windhoff & Co. in Rheine i. W.
Rheinische Metallwaaren- und Maschinenfabrik in Düsseldorf.
Rheinische Linoleumwerke in Bedburg.
Rheinische Stahlwerke in Ruhrort.
Ribbert, *Moritz*, in Hohenlimburg.
Richter, *C. F.*, in Brandenburg a. H.
Richter, Dr., Königlich Bayerischer Kommerzienrat in Rudolstadt.
*Riebeck*sche Montan-Werke, Aktien-Gesellschaft in Halle a. S.
Riedel, *R.*, Geh. Kommerzienrat in Halle a. S.
Riefler, *Cl.*, Fabrik mathemat. Instrumente in Nesselwang und München.
Rieppel, *A.*, Dr., K. Baurat und Fabrik-Direktor in Nürnberg.
Ritter, *W.*, Maschinenbau-Anstalt in Altona.
Rittershaus & Blecher in Barmen.
Röchling, *Carl*, Kommerzienrat i. Saarbrücken.
Röck, *Anton*, Kommerzienrat, Inhaber der Firma „Kristallglasfabrik Wilhelm Steigerwald pp." in Ludwigsthal, Bayern.
Röthe, *F.*, Eisengießerei u. Maschinen-Bauanstalt von Hoddick & Röthe in Weißenfels a. S.

Rombacher Hüttenwerke in Rombach in Lothringen.
Rose, *F.*, Dr., Professor an der Universität in Straßburg i. E.
Rositzer Zucker-Raffinerie i. Rositz (Sachsen-Altenburg).
Rofsbach, *F. A.*, in Plauen i. Vogtl.
Rost, *C. E. & Co.*, Maschinenfabrikbesitzer in Dresden.
H. Rost & Co., Guttapercha- und Gummiwaaren-Fabriken in Hamburg-Harburg.
Rube, Königl. Regierungs- und Gewerberat in Liegnitz.
Rückert, *H.*, Direktor der norddeutschen Zucker-Raffinerie in Frellstedt in Braunschweig.
Rühmkorff, *F. G.*, Fabrikbes. in Hannover.
Runge, *Ph. O.*, Mitinhaber der Firma Max Fränkel & Runge in Spandau.
Rufs-Suchard & Co. in Lorrach in Baden.
Sachs, *Conrad*, Staniolfabrikant in Eppstein im Taunus.
Sachsenberg, *Gebr.*, Fabrikanten in Rofslau.
Sächsische Gußstahlfabrik in Döhlen. Post Deuben bei Dresden.
Sächsischer Privatblaufarbenwerks-Verein in Niederpfannenstiel bei Aue im Erzgebirge.
Sächs.-Thüring. Portland Cement-Fabrik Prussing & Co. i. Goeschwitz S.W.
Salineuverwaltung der Saline Neusulza bei Stadtsulza.
Königl. Salzamt in Inowrazlaw.
Samson, *Gustav*, in Cottbus.
Sattler, *W.*, Kaufmann und Fabrikunternehmer in Schweinfurt.
Sauer, *Hans*, Ingenieur, i. Fa. J. R. Sauer & Sohn, Gewehrfabrik in Suhl in Thüringen.
Sauerbrey, *G.*, Maschinenfabrik, Kesselschmiede, Eisen- und Metallgießerei in Staßfurt.
Schacht, *W.*, Fabrikant in Weißenfels an der Saale.
Schade, *W.*, Fabrikbesitzer in Plettenberg i. W.

Schäfer, C., Dampfkesselfabrikant in Cörne b. Dortmund.

Schäfer, Julius, Direktor in Düsseldorf.

Schaeffer & Budenberg, Maschinen-Fabrik in Buckau b. Magdeburg.

Scheller, J. G., & Giesecke in Leipzig.

Schichau, F., Schiffsbauwerft in Elbing.

Schiffs- und Maschinenbau-Aktien-Ges. vorm. Gebr. Schultz in Mannheim.

Schieß, E., Kommerzienrat in Düsseldorf-Oberbilk.

Freiherr *von Schleinitz*, Hauptmann a. D., Vorstand der Oberschl. Akt.-Ges. für Fabrikation von Lignose etc., Pulverfabrik Kriewald, Post Nieborowitz·O.-Schl.

Schlesische Cellulose- und Papierfabriken, Akt.-Ges. in Cunnersdorf b. Hirschberg i. Schlesien.

Schlikker, F., Kommerzienrat, in Osnabrück.

von Schlittgen, Generaldirektor, Major a. D. in Marienhütte-Kotzenau in Schles.

Schlösser, A., in Firma Schlösser & Sohn in Elberfeld.

Schlutius, Johannes, Fabrikbesitzer in Karow i. Mecklenburg.

Schmidt, M., Direktor der Maschinenbau-Aktien-Gesellschaft vorm. Starke & Hoffmann, Hirschberg i. Schles.

Schmidt, R., Baugewerkmeister in Saarbrücken.

Schmöle, R. & G., Messingwerk in Menden.

Schniewind, Heinrich, Geh. Kommerzienrat in Elberfeld.

Schoeller Alex. & Co., G. m. b. H. in Jülich.

Schoellersche Kammgarn-Spinnerei, Breslau.

Schönawa, A., in Hoffnungshütte b. Ratiborhammer, Ob.-Schl.

Schoenemann, L., Cigarrenfabrik in Eschwege.

Schönfeld, Fr., Dr., Kommerzienrat in Düsseldorf.

Schöppe, O., Telegr.-Fabrikant in Leipzig.

Schott, F., in Heidelberg.

Schotte, Adolf, Fabrikbesitzer in Zörbig, Postbez. Halle a. d. S.

Schramberger Uhrfederfabrik, G. m. b. H., in Schramberg i. Württemberg.

Schröder, Emil, Kaufmann in Stettin.

Schroedersche Papierfabrik in Golzern i. S.

Schroers, Karl, Rhedereibesitzer in Duisburg.

Schuler, L., in Göppingen (Württemberg).

Schulte ter Hardt, Hermann, in Bottrop i. W.

Schultz, C. H., Schaumwein-Fabrikant in Rüdesheim a. Rh.

Schürmann, Ed., Eisenwerk Coswig i. S.

Schütte, F., Fabrikbes. in Heisterholz a. Weser.

Schütz, G. A., Maschinenfabrik, Eisen- und Metallgießerei in Wurzen i. Sachsen.

Schwalbe, C. E., Spinnerei-Maschinenfabrik in Werdau i. S.

von Schwarz, J., in Nürnberg-Ostbahnhof, Fabrik für Gasbrenner aus Speckstein, Isolatoren und artistische Fayencen.

Schweig, Joseph, Glashüttenbesitzer in Weifswasser i. L.

Schweizer, Emil, Mitinhaber der Firma H. A. Erbe, Löffelfabriken in Schmalkalden in Thüringen.

Schwenk, E., Cementfabrik i. Ulm a. d. Donau.

Sehmer, Th., Maschinenfabrikant in Schleifmühle b. Saarbrücken.

Seiler, Christoph, Ingen. u. Theilh. d. Fa. Joh. Balth. Stieber & Sohn in Nürnberg.

Siber, Direktor in Bredow-Stettin.

Sieber, F., Ingenieur i. F. Schmeißer & Schulz, Fabrikbesitzer in Neustadt-Dosse.

Sieglen, F. W., Ingenieur und Direktor in Stendal 2.

Siemens, Bergrat, Generaldirektor der Werscheu-Weißenfelser Braunkohlen-Akt.-Ges. in Halle a. d. Saale.

Sieverts, Rud., Inhaber der Hamburg-Bergedorfer Stuhlrohr-Fabrik in Bergedorf bei Hamburg.

Silesia, Verein chemischer Fabriken in Saarau i. Schles.

Simonis, Engelbert, Direktor der Königsbacher Brauerei, A.-G. in Coblenz.

Simons, Ludwig, Tuchfabrikbesitzer in Neumünster in Holstein.

Smreker, O., Ingenieur in Mannheim.
Sommerguth, Königlicher Eisenbahn - Bauinspektor, Königsberg i. Pr.
Sönnecken, F., Schreibwarenfabrikant in Bonn-Poppelsdorf.
Specht, A., Ingenieur in Hamburg.
Speck, Johannes, mechan. Baumwoll-Weberei in Mühlhofen a. Bodensee.
Spiegelberg, Eduard, in Hannover.
Spohn, Gebr., in Ravensburg.
Sprengstoff-Aktien-Gesellschaft Carbonit in Hamburg-Nobelshof.
Springorum, Direktor der Vaterländ. Feuerversicherungs-A.-G. in Elberfeld.
Königl. Technische Staatslehranstalten in Chemnitz.
Staffel, Louis, Papierfabrikant in Witzenhausen.
Firma *Hermann Stärker* in Chemnitz.
Starcke, Carl, i. Fa. Rud. Starcke in Melle.
Steckner, Emil, Kommerzienrat, i. Fa. Reinhold Steckner in Halle a. d. Saale.
Stein, H., Dipl. Ingenieur, Teilhaber d. Firma *A. Stein & Co.* in Köln a. Rh., Hansaring 133.
Steinbeck, F., Fabrikbesitzer in Rostock.
Steinkohlenwerk Vereinigte Glückhilf-Friedenshoffnung zu Hermsdorf, Rg.-Bez Breslau.
Steinle, O., in Quedlinburg.
Steinsalzbergwerk Inowrazlaw, Abt. Sodafabrik, in Montwy bei Inowrazlaw.
Steinway & Sons, Pianofabrik in Hamburg.
Stettiner Chamotte-Fabrik, Akt.-Ges. vorm. Didier in Stettin.
Firma Gebr. *Stettner*, Papierfabrik in Düren i. Rheinland.
Stock, M., Inh. d. F. Stock & Rothermundt, Maschinenfabrik in M.-Gladbach.
Stoewer, Bernh., Fabrikbesitzer in Stettin.
Fürstl. Stolbergsches Hüttenamt zu Ilsenburg.
Stollwerck, P. J., in Köln.
Straus & Co., Bettfedernfabriken in Canustadt in Württemberg.
Strobel, Eugen, in Leipzig.
Verhandl. 1905.

Strobel, F. W., in Chemnitz.
Stroof, J., Dr., in Frankfurt a. M.
de Stuckle, Henry W., General - Direktor in Dieuze.
Stumm, Gebr., Hüttenbes. in Neunkirchen.
Sturm, Reinhold, Fabrikdirektor in Freiwaldau, Bez. Liegnitz.
Stutzer, Robert, Dr., Direktor der Zuckerfabrik Güstrow in Mecklenb.
Sudenburger Maschinenfabrik und Eisengießerei A.-G. in Magdeburg.
Sulzer, Gebr., in Winterthur.
von Swaine jr., Freiherr *Richard*, in Glücksbrunn bei Schweina, Sachs.-Mein.
Tänzler, Emil, Direktor in Delmenhorst in Oldenburg.
Teichert, Ernst, Ofen- u. Porzellanfabrikant in Cölln-Meißen.
Firma *G. H. Thyen*, Schiffsbau, Trockendock, Maschinenfabrik, Kesselschmiede in Brake (Oldenb.).
Thomass, Carl, Fabrikbes. in Dresden-A.
Tiele-Winckler, Graf, in Moschen.
Toepffer, Albert Eduard, Kommerzienrat in Stettin.
Tonnar, F., Ingenieur in Dülken.
Traun, H., Dr., Senator, Inh. d. Harburger Gummi-Kamm-Cie. in Hamburg.
Treuherz, Hans, Ingenieur, Hannover.
Türck, Karl Wilh., Herausgeber u. Redakt. der deutschen Metall - Industrie-Zeitung in Remscheid.
Uebel, Gebr., mech. Weberei in Netzschkau i. V.
Uhlhorn jr., *D.*, Ingenieur in Grevenbroich.
Uhlich, E., Inh. d. F. Bernsdorfer Eisen- u. Emaillirwerk in Bernsdorf (Ob.-L.).
Ulmann, R., Fabrikbesitzer, Hildesheim.
Undeutsch, H., Oberbergrat, Professor an der Bergakademie in Freiberg i. S.
Union-Akt.-Ges. für Bergbau, Eisen- und Stahl-Industrie in Dortmund.
Union Clock Company m. b. H. in Furtwangen.
Union-Gießerei (*A. Ostendorf*) in Königsberg i. Pr.

Unruh & Liebig, Maschinenbau-Anstalt in Leipzig-Reudnitz.

Usinger, F. J., Baumeister in Mainz.

Utzschneider & Co. in Saargemünd.

Vater, Günther, in Firma Schäfer & Vater in Rudolstadt i. Thür.

Ventzki, A., in Graudenz.

Berg- und Hüttenmännischer Verein Oberschlesiens in Kattowitz, Ob.-Schl.

Technischer Verein in Frankfurt a. M.

Verein deutscher Eisenhüttenleute in Düsseldorf.

Verein für die bergbaulichen Interessen im Oberbergamtsbezirk Dortmund in Essen a. d. Ruhr.

Verein für Technik und Industrie in Barmen.

Vereinigte Breslauer Oelfabriken - Aktien-Gesellschaft in Breslau.

Vereinigte Fabriken landwirtschaftlicher Maschinen, vormals Epple & Buxbaum in Augsburg.

Vereinigte Gummiwaren-Fabriken Harburg-Wien, vorm. Menier, *J. N. Reithoffer*, in Hannover-Linden.

Vereinigte Köln-Rottweiler Pulver-Fabriken in Köln.

Vereinigte Köln-Rottweiler Pulverfabriken in Rottweil.

Vereinigte Thüringer Metallw.-Fabriken Akt.-Ges. in Mehlis in Thüringen.

Vereinigte Thüringische Salinen, vorm. Glenck'sche Salinen-Akt.-Gesellsch. in Heinrichshall bei Köstritz.

Verein zur Förderung überseeischer Handelsbeziehungen in Stettin.

Verkaufs-Syndikat der Kaliwerke in Leopoldshall-Stafsfurt.

Villeroy & Boch, in Mettlach bei Trier.

Voegele, J., Fabrikbesitzer in Mannheim.

Vogt, J., Eisen- und Metallwerke in Niederbruch bei Maasmünster im Elsaß.

Voigt, O., Kommerzienrat, Fabrikbesitzer in Neuwerk bei Oelze.

Vollgold, Dr. *E.*, in Hüttenwerk Torgelow.

Vopelius, Dr. *M.* in Sulzbach bei Saarbrücken.

Vorstand d. Kommission für Förderung der Industrie u. Gewerbe des Industrie- und Kultur-Vereins in Nürnberg.

Vorster, Theodor, Dr., Direktor der chem. Fabrik Buckau, Aktien-Gesellschaft in Magdeburg.

Vorsteher der Kaufmannschaft in Stettin.

Wuchtel, D., Masch.-Fabrikant in Breslau.

Währer, E., in Stetten bei Loerrach.

Waffenfabrik Mauser, Aktien-Gesellschaft, in Oberndorf am Neckar.

Wagner, Günther, in Hannover.

S. Wallach & Co., Bleicherei, Färberei, Druckerei u. Appretur i. Mülhausen.

v. Wallenberg-Pachaly, G., in Breslau.

Gebrüder *Wandesleben*, G. m. b. H., in Stromberger Neuhütte.

Wandsbecker Lederfabrik, Akt.-Ges. in Hamburg-Wandsbeck.

Wartenberg, E., Fabrikbes. in Eberswalde.

Weber, F. M., Fabrikbesitzer in Weblitz-Schkeuditz.

Websky, E., Dr., Kommerzienrat in Wüstewaltersdorf in Schles.

Weilerbacher Hütte in Weilerbach, Post Echternschebrück b. Trier.

Werder, Jakob in Nürnberg.

Wessel, C., Kommerzienrat in Bernburg.

„Westfälische Union", in Hamm, Westf.

Westfälischer Drahtindustrie-Ver. in Hamm.

Westfälische Stahlwerke in Bochum.

Westphal, Carl. in Langenfelde b. Hamburg.

Westphal, Gebrüder, Kellinghusen i. Holst.

Wickingsche Hobel- und Sägewerke, G. m. b. H., in Düsseldorf.

Wicküler-Küpper, Brauerei-Akt.-Gesellschaft in Elberfeld.

Wieland & Cie., Messingfabrik in Ulm a. D.

Firma *W. Wiersdorff*, Hecker & Co., Zuckerfabrik in Gröningen bei Magdeburg.

Wiersdorff, Meyer & Co., Zuckerfabrik in Wegeleben.

Wihard, H. & F., in Liebau i. Schles.

„Wilhelmshütte", Aktien-Gesellschaft für Maschinenbau in Waldenburg.

Wilke, C. G., in Guben.

Firma *Hermann Windel* in Brackwede.
Firma *C. Jul. Winter* in Camen i. Westf.
Wirth, Edmund, Fabrikbes. in Sorau, N.-L.
Wislicenus, Dr. phil., Prof. d. Chemie a. d. Kgl. Sächsischen Forst-Akademie in Tharandt.
Wittenburg, E., in Erstein i. E.
Wolf, R., Kommerzienrat, Maschinenfabrikant in Magdeburg-Buckau.
Wolff, E., Fabrikbes. in Essen an der Ruhr.
Wolff, G., Geh. Regierungsrat, Dr., Gewerberat i. Straßburg i. Els.
Wolfrom, W., Ingenieur in Magdeburg-Wilhelmstadt.
Firma *Hermann Wünsches* Erben i. Ebersbach i. S.
Wüst, Fritz, Dr., Professor an der Königlichen Technischen Hochschule in Aachen.
Wulff, Th., Ingenieur in Bromberg.
Wulff, Wilh., i. Fa. C. Wulff in Wriezen.
Wunder, J., in Nürnberg.

Wunder, G., Direktor der städt. Gasanstalten in Leipzig-Connewitz.
Wuppermann, H., in Pinneberg, Holstein.
Firma *Theodor Wuppermann,* Walzwerk u. Façonschmiede i. Schlebusch, Bahnhof b. Köln a. Rh.
Württemberg. Portland-Cement-Werk zu Lauffen a. Neckar.
Zahnräderfabrik Augsburg, vorm. Joh. Renk, Aktien-Gesellschaft in Augsburg.
Zander, A. H., in Stettin.
Zeise, Th., in Ottensen.
Zimmerlin, Forcart & Co., Schappe-Spinnerei in Zell i. W., Baden.
Zschörner, P., in Blumenthal-Hannover.
Zuckerfabrik Alt-Jauer in Alt-Jauer.
Zuckerfabrik Frankenthal, Akt.-Ges. in Frankenthal (Pfalz).
Zucker-Raffinerie Hildesheim, G. m. b. H., in Hildesheim.
Zwirnerei und Nähfadenfabrik „Göggingen" in Göggingen, Bayern, Schwaben.

1905.

Der Technische Ausschufs.

Vorsitzender: *Wirklicher Geheimer Rat C. Fleck,* Exzellenz, Charlottenburg, Fasanenstraße 27 [I.]

Erster Stellvertreter: *Geh. Bergrat Professor Dr. H. Wedding,* W. 35, Genthiner-
straße 13, Villa C.

Zweiter Stellvertreter: *Professor Dr. G. Kraemer,* W. 35, Kurfürstenstr. 134.

Mitglieder.

I. Abtheilung für Chemie und Physik.

Vorsitzender: *Frank, A.,* Dr., Professor, Chemiker und Zivil-Ingenieur, Charlottenburg, Berlinerstr. 26 [II.]

Schriftführer: *v. Knorre,* Dr., Professor, Charlottenburg, Goethestr. 82 [III.], vom
1. 4. 05 ab Gr.-Lichterfelde-West, Zehlendorferstr. 26.

Behrend, M., Kommerzienrat, Charlottenburg, Hardenbergstr. 13.

Beringer, E., Kommerzienrat, Charlottenburg, Sophienstr. 18.

Börnstein, E., Dr., Privatdozent an der
Königl. Techn. Hochschule zu Berlin,
W. 35, Steglitzerstr. 27.

Bork, Geheimer Baurat, Mitglied der
Königl. Eisenbahn-Direktion, Berlin
SW. 46, Tempelhofer Ufer 28.

Darmstädter, L., Dr., Fabrikbesitzer, W. 62,
Landgrafenstr. 18a.

Elkan, Th., Dr., Chemiker, W. 62, Kurfürstenstr. 131 [I.]

Friedlaender, Immanuel, W. 10, Regentenstraße 8, z. Z. Neapel, Vounevo Villa
Luigia San Felice.

Heinecke, Dr., Geheimer Regierungsrat,
NW. 23, Wegelystr.

Jeserich, Dr., Gerichts-Chemiker, Charlottenburg, Fasanenstr. 21 [II.]

Kraemer, G., Dr., Professor, W. 35, Kurfürstenstr. 134.

Leman, Dr., Professor, Mitglied der Physik.
technischen Reichsanstalt, Groß-
Lichterfelde W., Ringstr. 37.

Liebermann, Dr., Geheimer Regierungs-
Rat, Prof., W. 10, Matthäikirchstr. 29.

von Martius, Dr., Fabrikbesitzer, W. 9,
Voßstr. 8.

Möller, G., Dr., W. 10, Friedrich-Wilhelm-
strafse 19.

Nolte, Generaldirektor, NW. 40, In den
Zelten 18a [III.]

Oppenheim, Fr., Dr., Direktor, W. 9, Belle-
vue-Straße 15 [II.]

Pufahl, Dr., Prof., W. 30, Luitpoldstr. 9.

Rösing, Dr., Geheimer Reg.-Rath, Groß-
Lichterfelde (Anh. Bahn), Gerichts-
strafse 9.

Sarnow, Dr., Friedenau, Niedtstr. 25.

v. Siemens, A., Fabrikbesitzer, SW. 46,
Askanischer Platz 3.

Sprenger, M., Dr., Geh. Ober-Regierungsrat und vortragender Rat im Reichsamt des Innern, W. 9, Eichhornstraße 6 III.

von Velsen, Oberberghauptmann und Ministerialdirektor, W. 15, Kurfürstendamm 224.

* *Wedding, W.*, Dr., Prof., Groß-Lichterfelde-Ost, Wilhelmstr. 2.

* *Witt, O. N.*, Dr., Geh. Regierungsrat u. Prof., NW. 23, Siegmundshof 21 III.

Auswärtige Mitglieder.

Bunte, Dr., Geh. Hofrat, Prof., Karlsruhe.

Pick, Dr., Direktor der k. k. chemischen Ammoniak-Sodafabrik in Szczakowa in Galizien.

Precht, H., Dr., Professor, Direktor in Neu-Stalsfurt.

* *Rose*, Dr., Professor in Straßburg im Elsaß.

Selve, Geh. Kommerzienrat in Altena i. W.

Stroof, J., Dr., in Frankfurt a. M., Untermainkai 66.

II. Abtheilung für Mathematik und Mechanik.

Vorsitzender: * *Wedding, W.*, Geh. Regierungs-Rat, Ingenieur, W. 62, Lützowplatz 2 II.
Schriftführer: * *Stercken, W.*, Kaiserl. Regierungsrat a. D., Gr. Lichterfelde (Anhalter Bahn), Bismarckstr. 6.

* *Beringer, A.*, Ingenieur, Charlottenburg, Sophienstr. 21.

Blanckertz, R., Fabrikbesitzer, NO. 43, Georgenkirchstr. 44.

* *Blum, E.*, Kgl. Baurat u. Generaldirektor, NW. 87, Kaiserin Augusta-Allee 27.

v. Boehmer, Kaiserl. Regierungsrat, Groß-Lichterfelde, Dahlemerstr. 70a.

Büsing, J., Baurat, Westend, Nußbaum-Allee 1—3.

Busley, C., Geheimer Regierungsrat und Prof., NW. 40, Kronprinzenufer 2 pt.

* *Cramer, R.*, Zivil-Ingenieur u. Königl. Baurat, SW. 46, Königgrätzerstr. 101.

Fehlert, Civil-Ingenieur und Patentanwalt NW. 7, Dorotheenstraße 32.

Fischer, P., Geh. Regier.-Rat, Abteilungsvorsitzender im Kaiserl. Patentamt, Charlottenburg, Orangenstr. 10.

* *Freund*, Excellenz, Wirklicher Geheimer Rat, W. 62, Lutherstr. 19 I.

* *Garbe*, Geheimer Baurat und Mitglied der Königl. Eisenbahn-Direkt. und des Kaiserl. Patentamts, SW. 46, Tempelhofer Ufer 28 III.

Gary, M., Prof., Ingenieur, Groß-Lichterfelde West, Potsdamer-Chaussee.

Gentsch, Kais. Regierungsrat und Mitglied des Patentamtes, Charlottenburg, Grolmanstr. 39 III.

* *Glaser, L.*, Regierungs-Baumeister a./D. und Patentanwalt, SW. 68, Lindenstr. 80.

Habermann, R., Ingenieur, SO. 36, Manteuffelstr. 80.

* *Hartmann, W.*, Prof., W. 50, Augsburgerstraße 64 III.

* *Herzberg*, Baurat und Ingenieur, Wilmersdorf-Berlin, Landhausstr. 23.

* *Hoppe, P.*, Fabrikbesitzer, Westend-Charlottenburg, Eichen-Allee 14.

Holz, Emil, Ingenieur, Charlottenburg, Hardenbergstr. 11.

Jäger, Geheimer Ober-Regierungsrat und vortragender Rat im Königl. Handelsministerium, Groß-Lichterfelde, Ringstraße 1.

* *Jordan, P.*, Direktor, W. 10, Thiergartenstraße 26a.

* *Kirchner*, Ingenieur, Steglitz, Postbezirk Friedenau, Fregestr. 52.

*Krause, M., Direktor und Baurat, N. 4, Chausseestr. 6.

*Ludewig, Prof., Charlottenburg, Spandauerstr. 7.

*Martens, A., Geheimer Regierungsrat, Prof., Groß-Lichterfelde-West, Fontanestraße.

Neuberg, E., Ingenieur, NW. 23, Klopstockstraße 21.

*Peters, Dr.-Ing., Baurat, NW. 7, Charlottenstr. 43 II.

Pintsch, J., Königl. Geheimer Kommerzienrat, W. 10, Thiergartenstr. 4a L.

Rathenau, E., Geh. Baurat, Generaldirektor der Allgem. Elektriz.-Ges., NW. 6, Schiffbauerdamm 22.

*Reuleaux, Dr., Prof., Geb. Regierungsrat, W. 62, Ahornstr. 2.

*Rudeloff, M., Prof., Groß-Lichterfelde-West, Fontanestraße.

Schimming, Direktor, NO. 43, Am Friedrichshain 13 L.

v. Siemens, W., Geheimer Regierungsrat, SW. 11, Askanischer Platz 3.

*Slaby, Dr., Prof., Geh. Regierungsrat, Charlottenburg, Sophienstr. 33.

*Wedding, Dr., Professor, Geh. Bergrat, W. 35, Genthinerstr. 13, Villa C.

*Wehage, Kaiserl. Regier.-Rat und Professor, Friedenau, Menzelstr. 33.

*Wille, M., Kaiserl. Regierungsrat, Halensee, Georg Wilhelmstr. 18/19.

*van den Wyngaert, Direktor, W.57, Bülowstraße 100.

Auswärtige Mitglieder.

*Beckmann, Fritz, Königl. Kommerzienrat in Solingen.

*Böker, M., Direktor in Remscheid.

*Brauer, Hofrat, ordentlicher Professor der Großherzoglich Badischen Technischen Hochschule in Karlsruhe in Baden.

*Haack, R., Ingenieur und Königl. Baurat, Eberswalde, Schicklerstr. 1.

*Hafslacher, Geheimer Bergrat in Bonn.

*v. Oechelhaeuser, Dr.-Ing., General-Direktor in Dessau.

III. Abtheilung für Kunst und Kunstgewerbe.

Vorsitzender: fehlt z. Z.

Schriftführer: *Hertzer, Dr., Geheimer Regierungsrat, Professor, W. 30, Frobenstr. 14.

*Conrad, Königl. Münzdirektor, C. 19, Unterwasserstraße 2.

*Hoermann, Geheimer Bergrat, Prof., W. 50, Passauerstr. 41.

*Sputh, E., Professor und Architekt, SW. 46 Hedemannstr. 3.

Sy, Alfred, in Firma Sy & Wagner, Hofgoldschmiede, W. 56, Werderstraße 7.

*Wilm, P., Hof-Juwelier, C. 19, Jerusalemerstraße 25 IL.

IV. Abtheilung für Manufaktur und Handel.

Vorsitzender: *Stephan, O., Rentier, W. 8, Wilhelmstr. 44.

Schriftführer: Fischer, P., Geh. Regierungsrat, Abteilungsvorsitzender im Kaiserl. Patentamt, Charlottenburg. Orangenstr. 10.

Alexander-Katz, Paul, Dr., Rechtsanwalt u. Privatdozent, W.8, Leipzigerstr.39.

*Blenck, Präsident des Königl. statist. Bureaus, SW. 68, Lindenstr. 28.

*Fleck, C., Excellenz, Wirkl. Geh. Rat, Charlottenburg, Fasanenstr. 27[L].

Genest, W., Ingenieur, Generaldirektor der Akt.-Ges. Mix & Genest, Groß-Lichterfelde O., Boothstr. 16 pt.

*Hartmann, K., Senatsvorsitzender im Reichsversicherungsamte, Geh. Regierungsrat und Professor, Charlottenburg, Fasanenstr. 29.

Hausmann, W., Justizrat, SO. 16, Köpnickerstr. 73.

Haufs, Wirklicher Geheimer Ober-Regierungsrat und Präsident des Kaiserl. Patentamtes, NW. 6, Luisenstr. 32—34, oder W. 15, Uhlandstr. 167/168.

Henniger, M., Fabrikbesitzer in Neu-Weißensee b. Berlin.

Ide, H., Königl. Hoflieferant, NO. 55, Greifswalderstr. 134 u. 135.

*Katz, Dr., Edwin, Justizrat, W. 8, Französischestr. 14[LL].

Landau, S., Inhaber der Firma L. Simion Nf., SW. 48, Wilhelmstr. 121.

*Lewinsohn, L., Ingenieur, Schöneberg, Motzstr. 34.

*Möller, J., Kommerzienrat, NW. 40, In den Zelten 6.

Schomburg, H., Fabrikbesitzer, NW. 21, Alt Moabit 95.

Venzky, A., Königl. Kommerzienrat und Stadtrat, Fabrikbesitzer, W. 35, Schöneberger Ufer 22 pt.

*Weigert, M., Stadtrat, Dr., W. 62, Kielganstr. 2.

Auswärtiges Mitglied.

Fürst, Dr., Berghauptmann in Halle a. S., Friedrichstr. 13.

*bedeutet ständige Mitglieder.

Kuratoren der v. Seydlitz-Stiftung.

1. Wirklicher Geheimer Rat C. Fleck, Excellenz, Charlottenburg, Fasanenstr. 27[L].
2. Geheimer Regierungsrat, Ingenieur W. Wedding, W. 62, Lützowplatz 2[II].

Kuratoren der Weber-Stiftung.

1. Präsident des Kgl. statist. Büreaus Blenck, Vorsitzender, SW. 68, Lindenstr. 28.
2. General-Konsul Zwicker, Schatzmeister, C. 19, Gertraudtenstr. 16.
3. Justizrat W. Hausmann, SO. 16, Köpnickerstr. 73.
4. Senatsvorsitzender im Reichsversicherungsamte, Geheimer Regierungsrat Prof. K. Hartmann, Charlottenburg, Fasanenstr. 29.
5. Rentier O. Stephan, W. 66, Wilhelmstr. 44.
6. Geh. Bergrat Professor Dr. H. Wedding, W. 35, Genthinerstr. 13, Villa C.

1905.

Verzeichniſs

der dem Verein als Frei- oder Tausch-Exemplare regelmäſsig zugehenden Schriften.

1. *Abhandlungen, Wissenschaftliche, der Physikalisch-technischen Reichsanstalt.* Berlin.
2. *Amtsblatt der Königl. Eisenbahn-Direktion zu Berlin.* Berlin.
3. *Amtsblatt der Königl. Eisenbahn-Direktion zu Stettin.* Stettin.
4. *Atti della R. Accademia dei Lincei.* Roma.
5. *Badische Gewerbezeitung.* Organ der Großherzogl. Landes-Gewerbehalle und der Badischen Gewerbevereine. Redigirt von H. Meidinger. Karlsruhe.
6. *Bayerisches Industrie- und Gewerbe-Blatt.* Hrsg. vom Ausschusse des polytechn. Vereins in München. München.
7. *Bericht über die Ergebnisse des Betriebes der für Rechnung des Preußischen Staates verwalteten Eisenbahnen.* Berlin.
8. *Blatt für Patent-, Muster- und Zeichenwesen.* Hrsg. vom Kaiserl. Patentamt. Berlin.
9. *Bulletin de la Société industrielle de Mulhouse.* Mulhouse et Paris.
10. *Bulletin de la Société d'encouragement pour l'industrie nationale.* Paris.
11. *Chemiker- und Ingenieur-Korrespondenz usw.* verbunden mit „Technische Sachverständigen-Zeitung". Hrsg. Dr. Werner Hefter. Berlin.
12. *Gewerbeblatt aus Württemberg.* Stuttgart.
13. *Gewerbeblatt für das Großherzogthum Hessen.* Darmstadt.
14. *Hannoversches Gewerbeblatt.* Hannover.
15. *Ingenieur, De.* Orgaan van het Kon. Institut van Ingenieurs. — Van de Vereeniging van Delftsche Ingenieurs. Hoofdredacteur: R. A. van Sandick. 18e Jaargang, 1903. 's-Gravenhage.
16. *Iron Age (The).* New-York.
17. *Jahrbuch der Schiffbautechnischen Gesellschaft.* 3. Jahrg., 1902. Berlin.
18. *Jahres-Berichte der Königl. Preuß. Regierungs- und Gewerberäte.* Berlin.
19. *Journal of the Franklin Institute etc.* Philadelphia.
20. *Maschinen-Konstrukteur, Der praktische.* Gesammtausgabe in Verbindung mit Uhland's Wochenschrift für Industrie und Technik. Hrsg. von W. H. Uhland. Leipzig, Berlin, Wien.
21. *Meddelelser fra Carlsberg Laboratoriet.* Udgivne ved Laboratoriets Bestyrelse Kjøbenhavn.

22. *Metallurgie.* Herausgeber: W. Borchers, Aachen. Halle a. S.
23. *Mitteilungen, Amtliche, aus den Jahres-Berichten der mit Beaufsichtigung der Fabriken betrauten Beamten.* Zusammengestellt·im Reichsamt des Innern. Berlin.
24. *Mitteilungen aus den Königl. technischen Versuchsanstalten zu Berlin.* Berlin.
25. *Mitteilungen vom Verband deutscher Patentanwälte.* Hrsg. vom Vorstand. Berlin.
26. *Moniteur Scientifique, Le.* Journal des sciences pures et appliquées etc. Fondé et dirigé par le Dr. Quesneville. Paris.
27. *Nachrichten für Handel und Industrie.* Zusammengestellt im Reichsamt des Innern. Berlin.
28. *Oesterreichische Zeitschrift für Berg- und Hüttenwesen.* Redaktion: H. Höfer und v. Ernst. Wien.
29. *Official Gazette, The, of the United States Patent Office.* Washington.
30. *Patentblatt.* Berlin.
31. *Proceedings of the Royal Institution of Great Britain.* London.
32. *Repertorium der technischen Journal-Literatur.* Herausgegeben im Kaiserl. Patentamt Berlin.
33. *Report (Annual) of the Board of Regents of the Smithsonian Institution.* Washington.
34. *Statistik der im Betriebe befindlichen Eisenbahnen Deutschlands, nach den Angaben der Eisenbahn-Verwaltungen bearb. im Reichs-Eisenbahn-Amt.* Berlin.
35. *Technisches Centralblatt für Berg- und Hüttenwesen, Maschinen-Fabriken und das Baufach,* früher „*Der Gewerbefreund*". Redakteur: Oskar Italiener. Berlin.
36. *Welt, Die, der Technik.* Eine technische Rundschau für die Gebildeten aller Stände. (Hervorgegangen aus dem „Polytechnischen Zentralblatt".) Amtliches Organ der Polytechnischen Gesellschaft zu Berlin. Redaktion: Regierungsrat Max Geitel. Berlin.
37. *Wochenschrift des Niederösterreichischen Gewerbe-Vereins.* Wien.
38. *Zeitschrift des Oberschlesischen Berg- und Hüttenmännischen Vereins.* Hrsg. vom Oberschlesischen Berg- und Hüttenmännischen Verein etc. Kattowitz.
39. *Zeitschrift des Oesterreichischen Ingenieur- und Architekten-Vereins.* Wien.
40. *Zeitschrift für angewandte Chemie.* Organ des Vereins deutscher Chemiker. Im Auftrage des Vereins herausgegeben von Prof. Dr. B. Rassow. Leipzig.

Bekanntmachung
über die Verleihung von Stipendien der Jubiläum-Stiftung.

Die von dem Verein zur Beförderung des Gewerbfleißes verwaltete Jubiläum-Stiftung hat den Zweck, strebsamen jungen Technikern, Maschinenschlossern, Groß-mechanikern und dergl. die Ausbildung auf einer technischen Mittelschule, z. B. Fach-schule für Mechaniker und Elektrotechniker bei der Handwerkerschule in Berlin, Königliche Technische Mittelschule in Dortmund, Fachschule für die Stahlwaaren-und Kleineisen-Industrie in Remscheid durch Gewährung von Stipendien zu erleichtern, welche 300 $\mathcal{M}$ für das Jahr betragen und im Wege der Konkurrenz verliehen werden.

Für die Zeit vom 1. April d. Js. ab kann die Verleihung einiger Stipendien erfolgen. Bewerbungen sind bis zum 1. März d. Js. an das Bureau des Vereins — Charlottenburg, Berlinerstraße 151 — zu richten.

Der Bewerber hat nachzuweisen:

1. ein Lebensalter von nicht unter 18 und nicht über 26 Jahren,
2. die Befähigung zum Eintritt in die von ihm gewählte technische Mittelschule,
3. eine genügende praktische Ausbildung,
4. die Unterstützung der Bewerbung durch ein Mitglied des Vereins zur Beförderung des Gewerbfleißes.

Das Stipendium wird für die Dauer des planmäßigen Unterrichts in der Schule verliehen. Es wird entzogen, wenn das halbjährlich einzureichende Zeugnifs Fortschritte nicht erkennen läfst.

Berlin, im Januar 1905.

Der Verein zur Beförderung des Gewerbfleifses.

II. Abhandlungen.

Kurvenführungen im Werkzeugmaschinenbau.

Von Dipl. Ing. Siegfried G. Werner.

Einleitung.

Im neueren Werkzeugmaschinenbau bemerkt man das Streben[*], die sogen. Zusatzmechanismen möglichst zu vervollkommnen. Zu ihnen rechnet man auch die Einrichtungen bezw. die selbständigen Mechanismen, welche die Bearbeitung der Werkstücke nach Bogenlinien gestatten (Balligdrehen von Riemenscheiben, Pleuelstangen u. dergl.). Bisher neigte man in der Praxis meist dahin, sich zu diesem Zweck der sogen. Leitkurven zu bedienen. Diese sind, besonders dann, wenn es sich um Massenfabrikation handelt, gewiß mit Vorteil zu verwenden. Man muß allerdings ihre Nachteile, schnelle Abnutzung und kleineres Verwendungsbereich mit in den Kauf nehmen. Die Ursache ihrer Beliebtheit liegt besonders in der Einfachheit des nötigen Zusatzapparates und der bequemen Handhabung. Daß aber ein Bedürfnis nach Mechanismen vorliegt, die vor den Leitkurven den Vorzug der größeren Allgemeinheit besitzen, zeigt die Literatur, besonders der amerikanischen technischen Zeitschriften.

In der vorliegenden Arbeit sind nun eine Reihe derartiger Mechanismen besprochen. Ein Teil gestattet nur die Bearbeitung nach kleinen Kreisbögen. Das Prinzip derselben hat sich im Laufe der Jahre nicht geändert, nur die Form.

Die erste derartige Führung ist von Whitelaw[**] angegeben worden. Neueren Ursprunges ist nur der als Mechanismus No. v besprochene Apparat, der von einzelnen Firmen als Zusatzmechanismus bei Hobelmaschinen mitgeliefert wird[***].

Eine zweite Gruppe der Führungen bewegt die Stahlspitze in flachen Bahnen. Diese Mechanismen können benutzt werden zum Balligdrehen von Riemenscheiben (No. VI, VII, VIII, IX), von Pleuelstangen (No. VIII), zum Bearbeiten von Koulissen und ähnlichen Aufgaben der Werkstättenpraxis (No. IX). Für diese Führungen sind in der vorliegenden Arbeit Formeln auf zeichnerischem und analytischem Wege abgeleitet, die zur Aufstellung von Tabellen benutzt werden können. An Hand derselben hat dann die Einstellung des Apparates für den betr. Fall durch den Arbeiter zu erfolgen.

[*] s. u. a. Friedrich Ruppert, Aufgaben und Fortschritte des deutschen Werkzeugmaschinenbaues. Zeitschrift d. V. d. I. 1902. S. 457.
[**] s. Polyt. Zentralblatt. 1858. S. 1131.
[***] s. American Machinist. 1902. S. 721.

Der für die Entwicklung der Formeln eingeschlagene graphische Weg stützt sich auf eine von Herrn Prof. Hartmann angegebene Methode, die davon ausgeht, daß die im Maschinenbau verwendeten Kurven durch Bewegung als Bahnen entstehen. Auf Grund dieser dynamischen Auffassung kann ein Weg begangen werden zur Feststellung des Krümmungsradius der Bahn an beliebiger Stelle[*]).

Die Mechanismen No. XII und XIII ermöglichen genaue elliptische Arbeit, No. XIV liefert ovale, No. XV führt die Stahlspitze auf Bahnen, die den Cassinischen Kurven ähneln.

I. Mechanismen, welche die Stahlspitze im Kreisbogen von kleinem Radius führen.

Der Bewegungsvorgang ist bei diesen Mechanismen stets leicht zu übersehen. Ihr Anwendungsgebiet ist beschränkt, da das den Bogen bestimmende Element (meist ein Schwinghebel) nur innerhalb gewisser Grenzen verstellbar ist. Die hier beschriebenen Mechanismen sind typische Vertreter dieser Klasse von Führungen; sie werden in der Praxis in den verschiedensten Abarten benutzt.

Mechanismus No. I. (s. Fig. 1.)[**])

Diese Einrichtung kann an jeder gewöhnlichen Drehbank getroffen werden. Der Querschieber wird, z. B. durch Herausnehmen seiner Mutter, in seiner Führung

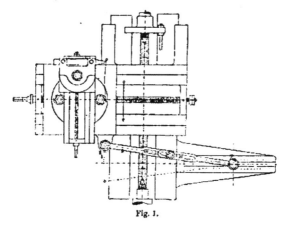

Fig. 1.

reibeweglich gemacht. Er erhält seine Relativverschiebung durch die Stange S, die mit ihrem einen Ende den an ihm befestigten Bolzen Z_1 umgreift und andererseits um den

[*]) s. Z. d. V. d. I. 1883. S. 95 u. ff.
[**]) s. Civ.-Ing. Bd. XVII. Tafel 19.

am Bett verstellbar angeordneten Zapfen Z_1 schwingen kann. Jeder Punkt des Querschiebers beschreibt bei der Längsbewegung der Supportplatte als Bahn der absoluten Bewegung einen Kreisbogen, der dem von Z_1 durchlaufenen kongruent ist. Die Stange S ist in ihrer Länge verstellbar, damit der Radius des von der Stahlspitze am Werkstück beschriebenen Kreisbogens.

Dieser Mechanismus wird vielfach benutzt, so z. B. in den Vereinigten Staaten zum Abdrehen der Granatenspitzen.[*] Der Drehpunkt Z_1 ist dort längs des Bettes verschiebbar angeordnet.

Mechanismus No. II. (s. Fig. 2.)[**]

Auch dieser Mechanismus ist an jeder gewöhnlichen Drehbank bequem anzubringen. Die Schraubenspindel, welche das Stichelhaus bewegt, wird herausgenommen·

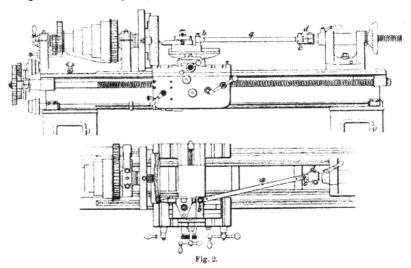

Fig. 2.

Der Oberschlitten wird in seiner Führung dadurch frei beweglich. Bei der Längsbewegung der Supportplatte erfährt er eine Relativverschiebung durch die schwingende Bewegung einer Stange a, die mit ihrem einen Ende den am Oberschlitten angebrachten Bolzen b umgreift. Den Drehpunkt der Stange bildet der Bolzen c, der durch ein Klemmstück d an der Reitstockspindel befestigt ist. Wird der Querschlitten des Kreuzschlittens bewegt, so beschreibt die Stahlspitze am Werkstück einen Kreisbogen vom

[*] siehe American Machinist, 1898, 720.
[**] Zeitschrift für Werkzeugmaschinenbau 1902, S 6.

Radius *a*. Der Span wird durch das Handrad des Reitstockes angestellt; der Vorschub kann selbsttätig, wie beim Plandrehen erfolgen.

Mechanismus No. III. (s. Fig. 3.)*)

Diese Führung dient dazu, erhaben kugelförmige Flächen zu bearbeiten.

Die erforderliche Verschiebung der Stahlspitze wird von einem Schlitten *k* abgeleitet, der durch die Stange *l* mit dem Bettschlitten starr verbunden ist. An *k*

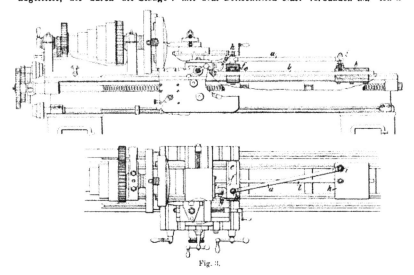

Fig. 3.

ist die Stange *a* durch den Bolzen *i* drehbar befestigt. Ihr anderes Ende umgreift den Bolzen *h* des Schiebers *f*. Dieser gleitet in der Geradführung *e* und umfaßt gabelförmig die Rolle *g*, welche am Querschieber angebracht ist. Der Bolzen *i* bewegt sich längs des Bettes. Also gleiten die Endpunkte der Stange *h i* auf den Schenkeln eines rechten Winkels (Cardanproblem). Daher wird die Stahlspitze im Kreisbogen vom Radius *a* am Werkstück entlang geführt.

Bei Drehbänken, deren Planzug durch Zugspindel und Schneckengetriebe bewerkstelligt wird, kann der Vorschub selbsttätig erfolgen, da die Schnecke auf der Zugspindel verschiebbar ist.

Mechanismus No. IV. (s. Fig. 4.)**)

Diese Einrichtung wird benutzt, um den Innenkranz eines Rades gewölbt auszudrehen.

---

*) Zeitschrift für Werkzeugmaschinenbau 1902. S. 6.
**) American Machinist 1902, 27.

Auf dem Bolzen *b* sitzt ein Arm *a*, der den Stahl *s* hält. Der Arm ist durch die Stange *r* mit dem Schlitten verbunden, dessen Hin- und Herbewegung die Stahlspitze einen Kreis beschreiben läßt.

Mechanismus No. V. (s. Fig. 5.)[*]

Die durch Fig. 5 dargestellte Einrichtung ist bestimmt, an Hobelmaschinen das Bearbeiten konkaver Oberflächen zu ermöglichen. Sie ist besonders geeignet für die Zwecke der Massenfabrikation, leicht montierbar und demontierbar und in den verschiedensten Abarten gebräuchlich.

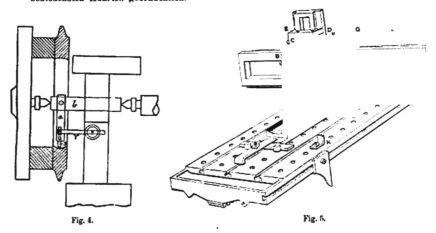

Fig. 4.   Fig. 5.

An der Lyra wird ein Zahnsegment *B* befestigt, mit dem eine Schnecke *C* in Eingriff steht. Diese sitzt auf der Welle *F*, die in einem Gleitstück gelagert ist. Am einen Ende von *F* ist ein Sperrrad angeordnet, das durch die Doppelklinke *J* umgedreht wird, wenn die Stange *H* bei der Hin- und Herbewegung des Tisches gegen die Knaggen *K* stößt. Die Muttern *a*, welche die Lyra halten, sind nur so fest angezogen, daß gerade noch eine Drehung möglich ist.

II. Mechanismen, welche die Stahlspitze auf flachen Bögen führen.

Mechanismus No. VI (von Krause).[**]

1. Beschreibung des Mechanismus. (s. Fig. 6.)

Auf den Wangen ist eine Platte befestigt, in deren Schlitz ein Bolzen Z_1 festgestellt werden kann. Dieser ist der Drehpunkt für einen Schubkurbelmechanismus,

---

[*] American Machinist 1899, 93.
[**] Civ.-Ing. Bd. XVII, Tafel 21.

von dessen Pleuelstange die Relativverschiebung des Querschiebers der Supportplatte
abgeleitet wird. Jeder Punkt der Pleuelstange beschreibt bei der hin- und hergehenden
Bewegung der Supportplatte Bögen, die Stücke von Ovalen sind. Diese sind um so
flacher gekrümmt, je näher der Punkt Z_2 der Pleuelstange, mit dem der Querschieber

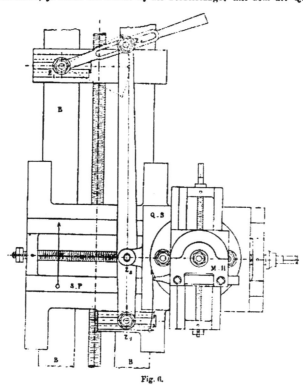

Fig. 6.

verbunden ist, dem Punkte Z_1, in dem die Schubstange an der hin- und hergehenden
Supportplatte befestigt ist, liegt. Außerdem übt die Länge des Kurbelarmes ihren
Einfluß auf die Krümmung der Bahnen aus. Dieser ist daher in seiner Länge verstell-
bar gemacht durch Zwischenschaltung eines Stangenschlosses.

Fig. 6, der Veröffentlichung von Prof. Hartig[*] entnommen, zeigt die Anordnung

*) Civ.-Ing. Bd. XVII, Tafel 21.

der Führung an einer Drehbank älterer Art. In der dargestellten Form verringert der Mechanismus die Spitzenhöhe und ist beim Arbeiten an der Planscheibe im Wege. Der Apparat ist daher besser hinter der Bank anzuordnen.

Der Mechanismus kann nur benutzt werden zur Erzeugung kürzerer flacher Kurven an Werkstücken, eigentlich nur zum Balligdrehen von Riemenscheiben. Für die Einstellung hat Prof. Hartig eine Formel angegeben, welche die Überhöhung des verlangten Bogens als gegeben annimmt. Es ist vorteilhafter vom Krümmungsradius des Bogens auszugehen, da zwischen diesem und der verstellbaren Größe R (Kurbelarm) des Mechanismus eine einfache lineare Beziehung besteht, die im folgenden auf graphischem und analytischem Wege abgeleitet ist.

2. Untersuchung des Mechanismus.

Der Mechanismus, den Fig. 7 schematisch darstellt, ist ein Schubkurbelgetriebe. Punkt 1 ist der Drehpunkt des Kurbelarmes 12. Punkt 3 der Schubstange bewegt sich geradlinig.

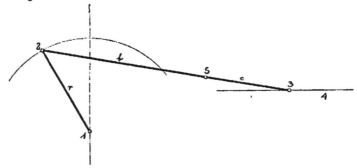

Fig. 7.

Ganz allgemein werde zunächst die momentane Krümmung der Bahn eines beliebigen Punktes der Stange 23 für eine beliebige Stellung des Mechanismus aufgesucht. (Fig. 8.)

Der Pol $\mathfrak{P}$, um den sich 23 momentan dreht, ergibt sich als Schnittpunkt der in 2 und 3 auf den Geschwindigkeitsrichtungen errichteten Lote. Um diesen finde die drehende Bewegung des Systems mit einer beliebigen Winkelgeschwindigkeit $w = \operatorname{tg} \vartheta$ statt. Die Geschwindigkeiten der Punkte 2 bezw. 3 sind dann entspr. den Längen ihrer Polstrahlen

$$v_2 = r_2 \cdot w \quad (r_2 = \mathfrak{P}\,2)$$
$$v_3 = r_3 \cdot w \quad (r_3 = \mathfrak{P}\,3).$$

Die Geschwindigkeitsrichtung des Punktes 5 steht senkrecht auf dem Polstrahl $\mathfrak{P}\,5$, die Größe der Geschwindigkeit ist

$$v_5 = r_5 \cdot w.$$

Bei der Bewegung dreht sich der Polstrahl r_2 um 1 mit der Winkelgeschwindigkeit $w_2 = \operatorname{tg} \vartheta_0 = \dfrac{v_2}{r}$ ($r = 12$ in Fig. 8).

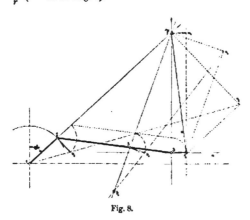

Fig. 8.

Der Polstrahl r_3 ($\mathfrak{P}\,3$) bewegt sich geradlinig mit der Geschwindigkeit v_3. Es
ergeben sich daher die Komponenten der Polwechselgeschwindigkeit

$$u_2 = r_2\,w_2\,(r_2 = \mathfrak{P}\,2) = r_2 \cdot \operatorname{tg}\vartheta_0$$

und

$$u_3 = v_3.$$

In den Endpunkten dieser Komponenten errichte man Senkrechte, deren Schnittpunkt die Größe und Lage von u bestimmt. Diese hat in Bezug auf den Polstrahl r_5
die Komponente u_5. Verbindet man deren Endpunkt mit dem von v_5, so erhält man im
Schnittpunkt dieser Geraden mit dem Polstrahl r_5 den Krümmungsmittelpunkt 5_0 der
Bahn des Punktes 5.

Dieser Weg vereinfacht sich bedeutend, wenn man auf die Mittellage zurückgeht.

Ein bekannter Satz der Phoronomie spricht aus, daß die Endpunkte der
Geschwindigkeiten aller Punkte einer Geraden auf einer Geraden liegen. Dieser Satz
werde angewendet auf die durch Punkt 1 parallel zur Stange 23 gezogene Gerade 13′
(s. Fig. 9). Sämtliche Punkte der Stange 23 haben dieselbe Geschwindigkeit v in der
Mittellage. Der momentane Drehpol liegt im ∞. Der Polstrahl des Punktes 2 dreht
sich um 1; also hat 1 die Geschwindigkeit 0. Punkt 3′ als Punkt des Polstrahles von
3 hat die Geschwindigkeit $v_3′ = v_3 = v$. Verbindet man nun den Endpunkt von $v_3′$ mit
1 durch eine Gerade, so liegen auf dieser die Endpunkte sämtlicher Geschwindigkeiten
der Geraden 13′. Also hat der Punkt 5′ die Geschwindigkeit $v_5′$*).

---

*) Um die flachen Schnitte zu vermeiden, empfiehlt es sich, die Geschwindigkeiten in die betr. Pol-
strahlen umzuklappen.

Nach dem Hartmannschen Satz schneidet nun die Gerade durch die Endpunkte der Geschwindigkeiten v_2 und v_3' den Polstrahl von 5 im momentanen Krümmungsmittelpunkt 5_0 der Bahn des Punktes 5.

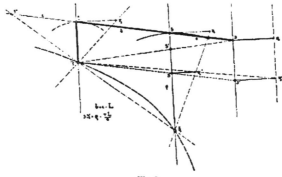

Fig. 9.

Nun läßt sich an Hand der Fig. 9 eine Formel für den Krümmungsradius aufstellen. Es verhält sich

$$\frac{v_1}{v_3'} = \frac{\varrho}{\varrho - r} \quad \text{und} \quad \frac{r - v_3'}{r} = \frac{c}{l}$$

mit $v_2 = r$ gewählt

$$v_3' = \frac{r(\varrho - r)}{\varrho};$$

eingesetzt

$$r - \frac{r(\varrho - r)}{\varrho} = \frac{r c}{l},$$

daraus

$$\varrho = r \cdot \frac{l}{c}.$$

Auf analytischem Wege ergibt sich die gleiche Formel.

Entspr. den in Fig. 10 eingetragenen Bezeichnungen und $b + c = l$, ergibt sich

$$x = r \sin \beta \pm b \,(\cos \varphi - \cos \alpha)$$
$$y = a + c \sin \varphi$$

Mit

$$\sin \varphi = \frac{r \cos \beta - a}{l}$$

und

$$\cos \varphi = \sqrt{1 - \left(\frac{r \cos \beta - a}{l} \right)^2},$$

$$\sin \alpha = \frac{r-a}{l},$$

$$\cos \alpha = \sqrt{1 - \left(\frac{r-a}{l}\right)^2}$$

$$x = r \sin \beta \pm b \left[\sqrt{1 - \left(\frac{r \cos \beta - a}{l}\right)^2} - \sqrt{1 - \left(\frac{r-a}{l}\right)^2} \right]$$

und

$$y = a + \frac{c}{l}(r \cos \beta - a).$$

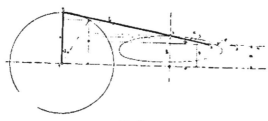

Fig. 10.

Die vom Punkt 5 beschriebene Kurve ist unsymmetrisch und zwar ist die Asymmetrie gekennzeichnet durch das in der Gleichung für x vorkommende Glied

$$\pm b \left[\sqrt{1 - \left(\frac{r \cos \beta - a}{l}\right)^2} - \sqrt{1 - \left(\frac{r-a}{l}\right)^2} \right].$$

Nach Bildung von $\frac{dy}{dx}$ und $\frac{d^2y}{dx^2}$ erfolgt die Einsetzung in die Formel für den Krümmungsradius

$$\varrho = \pm \frac{\left[1 + \left(\frac{dy}{dx}\right)^2\right]^{\frac{3}{2}}}{\frac{d^2y}{dx^2}}.$$

Es ergibt sich für die Mittellage, d. h. $\beta = 0$

$$\varrho = \frac{r \cdot l}{c}.$$

Betrachtet man c als variabel, so gilt für sämtliche Punkte der Stange 23 in der Mittellage des Kurbelarmes

$$\varrho \cdot c = l \cdot r = \text{konst.},$$

d. h. die Krümmungsmittelpunkte der Bahnen sämtlicher Punkte liegen auf einer gleichseitigen Hyperbel, deren Achsen die Stange 23 und der Polstrahl des Punktes 3 sind (s. Fig. 9 und 11). Verzeichnet man den zugehörigen Ast der Hyperbel, so erkennt man (Fig. 11), daß die Bahn der Stahlspitze konvex wird, sobald der Anschlußpunkt 5 über 3 hinaus angeordnet wird.

Verlängert man die Stange 23 über 2 hinaus um $53 = c$ und verbindet diesen Punkt $5'''$ (s. Fig. 9) mit dem Krümmungsmittelpunkt 5_0 durch eine Gerade, so schneidet

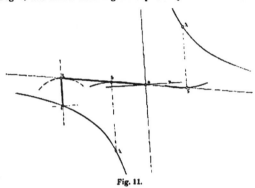

Fig. 11.

diese auf dem Polstahl von 2 den Punkt 1 ab, damit die Länge des Kurbelarmes r; denn es ist

$$5_0 5 = \varrho = \frac{r \cdot l}{c} \quad \text{(s. Fig. 9).}$$

Für den praktischen Gebrauch dieser Führung ist auf Grund der Formel für ϱ eine Tabelle aufzustellen, welche für eine Reihe häufiger vorkommender Werte des Krümmungsradius die entsprechenden Längen des Kurbelarmes enthält. An Hand derselben hat dann der Arbeiter die Einstellung vorzunehmen.

Da die von der Stahlspitze beschriebene Bahn asymmetrisch ist, kann dieser Mechanismus für absolut genaue Kreisbogenbearbeitung nicht verwendet werden. Er ist aber brauchbar für das Balligdrehen der Riemenscheiben; denn die Asymmetrie kann in hierbei zulässigen Grenzen gehalten werden. Es sei z. B. für eine Riemenscheibe von 30 cm Breite der Krümmungsradius der Wölbung 2,25 m. Der Mechanismus besitze eine Stangenlänge $l = 1,5$ m und $c = 0,5$ m, dann ist der Kurbelarm $r = \frac{2,25 \cdot 0,5}{1,5}$ $\left(\text{entspr. } \varrho = \frac{rl}{c}\right) = 0,5$ m zu bemessen. Der Ausschlagwinkel $\beta = 30°$ gewählt.

Die Asymmetrie ergibt sich hierfür aus

$$\pm h \left[\sqrt{1 - \left(\frac{r \cos \beta - a}{l}\right)^2} - \sqrt{1 - \left(\frac{r - a}{l}\right)^2} \right]$$

zu $\qquad\qquad 0,233$ mm.

Dieses Maß von Asymmetrie kann unbedenklich zugelassen werden bei Riemenscheiben.

Mechanismus No. VII. (s. Fig. 12.)*)

Auch diese Führung ist schon seit längerer Zeit bekannt. Sie wird aber wenig mehr verwendet, weil sie dem Mechanismus unserer heutigen Drehbänke nur schwer einzufügen ist und in der Mittellage die Spitzenhöhe verkleinert. Eine Spezialbank der Firma Hessenmüller in Ludwigshafen a. Rh. verwendet das Prinzip dieser Führung und besitzt diese Mängel nicht, da sie den Mechanismus vor dem Bett anordnet. Dadurch wird aber der Platz des Arbeiters sehr eingeengt.

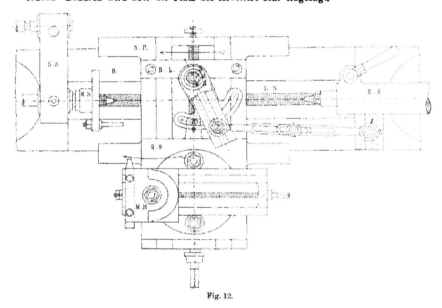

Fig. 12.

Gegenüber dem unter No. VI besprochenen Mechanismus von Krause besitzt diese Führung keine Vorteile bez. der Krümmung der erzeugten Bahnen. Sie ist dagegen in der Anordnung bedeutend verwickelter und gestattet nur das Arbeiten mit kleinen Spänen wegen der im Bogenschlitz auftretenden Reibung. Außerdem ist sie in der Einstellung empfindlicher; denn bei dem Krauseschen Mechanismus besteht zwischen dem Krümmungsradius und dem verstellbaren Glied ein lineares Verhältnis, hier ein quadratisches. Mit dem Mechanismus No. VI hat dieser den Nachteil gemeinsam, daß die Bahnen asymmetrisch sind. Nur in dem Falle, daß die Führungsstange 12 (s. Fig. 13) unendlich lang gewählt wird, sind die Bahnen symmetrisch. — Die Hessen-

*) Civ. Ing. Bd. XVII, Tafel 21.

müllersche „Spezialbank für das Balligdrehen von Riemenscheiben" liefert stets symmetrische Arbeit. Dies wird dadurch erreicht, daß vor und hinter der Bank ein gleicher Mechanismus angeordnet ist, von denen jeder eine Stahlspitze für sich bedient. Beide arbeiten gleichzeitig von entgegengesetzten Seiten bis zur Mitte der abzudrehenden Scheibe.

1. Beschreibung des Mechanismus.

Am Querschieber QS (s. Fig. 12) der Bank ist ein Zapfen O angeordnet, der in einem Bogenschlitz gleiten kann. Dieser Schlitz ist in einem Bügel eingeschnitten, der mit einem Hebel MN aus einem Stück hergestellt ist. Der Hebel ist um M drehbar und mit einem Längsschlitz versehen, in dem das eine Ende einer Lenkerstange NZ festgestellt werden kann. Deren anderes Ende ist am Reitstock befestigt. Der Krümmungsmittelpunkt des Bogenschlitzes liegt nicht in M, sondern entweder zwischen M und dem Schlitz (s. Fig. 12) oder der Bogen ist flacher gekrümmt, als der zu M konzentrische Kreis; der Mittelpunkt liegt über M hinaus. Schließlich kann der Bogenschlitz auch in einen geraden Schlitz übergehen.

Durch die Bewegung der Leitspindel schreitet die Supportplatte geradlinig fort. Dabei erfährt der Hebel MN eine Drehung um M wegen der unveränderlichen Länge der Stange NZ. Der Querschieber und mit ihm der Drehstahl bewegt sich nach dem Arbeitsstück hin. Die Bahn der Stahlspitze wird daher eine flache Kurve sein, die ihre konkave Seite dem Werkstück zukehrt. Die Verschiebung des Querschiebers wird 0, wenn der Mittelpunkt des Bogenschlitzes mit M zusammenfällt. Das Werkstück wird zylindrisch abgedreht. Rückt M_1 über M hinaus, so wendet die beschriebene Bahn ihre konvexe Seite dem Werkstück zu (s. Fig. 16).

2. Untersuchung des Mechanismus.

Das Schema der Führung zeigt Fig. 13. Der Bogenschlitz ist durch eine Kurbel ersetzt. Der Apparat besteht aus einem Kurbelmechanismus 1 2 3 4, an dem im Punkte 5 eine Stange 56 angeschlossen ist. Punkt 6 befindet sich stets senkrecht unter Punkt 3, der auf einer Geraden 4 gleitet. —

Von Prof. Hartig ist auch für diesen Mechanismus eine komplizierte Formel angegeben worden, aus der die für die Einstellung erforderliche Länge 32 berechnet werden kann: Sucht man aber auch hier einen Zusammenhang zwischen der verstellbaren Größe

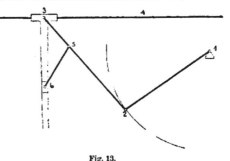

Fig. 13.

und dem Krümmungsradius des verlangten Bogens, so ergibt sich eine einfache Formel.

Die Einstellung des Mechanismus hat in der Mittellage zu geschehen. Für diese ergibt sich auf phoronomischen Wege des Krümmungsradius der Bahn des Punktes 6 wie folgt:

Der Pol $\mathfrak{P}$ für die Bewegung der Stange 23 (s. Fig. 14) fällt mit 2 zusammen. Erteilt man 3 die Geschwindigkeit v_3, so bewegt sich der Pol senkrecht zum Normal-

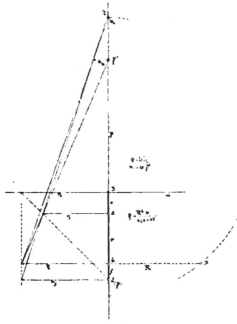

Fig. 14.

strahl $\mathfrak{P}$ 3 mit der gleich großen Geschwindigkeit u_3. Punkt 5 als Punkt des Strahles p (s. Fig. 14) besitzt die Geschwindigkeit

$$v_3 = (r + f) \cdot \operatorname{tg} \vartheta$$

Nach dem Hartmannschen Satz trifft die Verbindungslinie von u_3 und v_3 den Normalstrahl im Krümmungsmittelpunkt 5_0 der Bahn des Punktes 5.

Punkt 6 besitzt die Geschwindigkeit $v_6 = v_3$. Die Stange 56 dreht sich momentan um den Pol $\mathfrak{P}'$, der auf p durch die Verbindungslinie der Endpunkte von v_5 und v_6 abgeschnitten wird. Der Normalstrahl p dreht sich um 5_0, also hat $\mathfrak{P}'$ die Geschwindigkeit u_6 senkrecht zu dessen Richtung. Verbindet man den Endpunkt von u_6 mit dem von v_6 durch eine Gerade, so schneidet diese den Strahl p im momentanen Krümmungsmittelpunkt 6_0 der Bahn von 6. — An Hand der Fig. 14 ergibt sich eine einfache Formel für den Krümmungsradius $\varrho = 66_0$. $\vartheta = 45°$ gewählt, dann ist

$$v_3 = u_3 = v_6 = R \text{ und } r_3 = r + f.$$

Aus ähnlichen Dreiecken folgen die Verhältnisse

$$\frac{\varrho}{m} = \frac{R}{R - u_6}; \quad \frac{m}{R} = \frac{r}{R - (r + f)}$$

$$R - (r + f) = e. \text{ also } m = R \cdot \frac{r}{e}$$

und

$$\frac{m + f}{r + f} = \frac{R - u_6}{e}$$

oder

$$R - u_6 = \frac{e \left[\dfrac{R\,r}{e} + f \right]}{r + f}$$

$$= \frac{(e + r + f)\,r + f \cdot e}{r + f}$$

$$R - u_6 = e + r;$$

daher

$$\varrho = \frac{R^2 \cdot r}{e\,(e + r)}$$

Auf analytischem Wege ergibt sich die gleiche Formel.

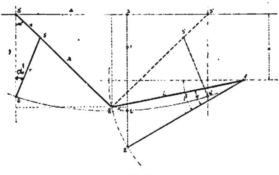

Fig. 15.

Entsprechend den Bezeichnungen der Fig. 15 ergibt sich

$$x = R \sin \alpha \pm x_0$$

$$y = e \cos \alpha + \sqrt{r^2 - e^2 \sin^2 \alpha}$$

Darin ist

$$x_0 = L \cos (\beta - \varphi) - L \cos \beta$$

also

$$x = R \sin \alpha \pm L \left[\cos (\beta - \varphi) - \cos \beta \right]$$

Nun ist

$$L \sin (\beta - \varphi) = R \cos \alpha - a$$

und

$$\cos (\beta - \varphi) = \sqrt{1 - \left(\frac{R \cos \alpha - a}{L} \right)^2}$$

$$\sin \beta = \frac{R - a}{L}$$

$$\cos \beta = \sqrt{1 - \left(\frac{R - a}{L} \right)^2}$$

Demnach ist die Gleichung der Bahn ausgedrückt durch

$$x = R \sin \alpha \pm L \left[\sqrt{1 - \left(\frac{R \cos \alpha - a}{L} \right)^2} - \sqrt{1 - \left(\frac{R - a}{L} \right)^2} \right]$$

$$y = e \cos \alpha + \sqrt{r^2 - e^2 \sin^2 \alpha}$$

Das in dem Werte für x enthaltene Glied kennzeichnet die Asymmetrie der Kurve

$$\pm L \left[\sqrt{1 - \left(\frac{R \cos \alpha - a}{L} \right)^2} - \sqrt{1 - \left(\frac{R - a}{L} \right)^2} \right]$$

Aus den obigen Gleichungen für x und y ist nun $\frac{dy}{dx}$ und dann $\frac{d^2 y}{dx^2}$ zu bilden. Nach Einsetzen dieser Werte in

$$\varrho = \pm \frac{\left[1 + \left(\frac{dy}{dx} \right)^2 \right]^{\frac{3}{2}}}{\frac{d^2 y}{dx^2}}$$

ergibt sich für $\alpha = 0$, d. i. die Mittellage

$$\varrho = \frac{R^2 r}{e (e + r)}$$

Für den speziellen Fall kann man bei gegebenem ϱ aus dieser Formel R berechnen oder graphisch nach Fig. 14 verfahren:

Die Größe $e \cdot \frac{e + r}{r}$ ist eine Konstante des Mechanismus. Sie wird von 6 aus nach unten, ϱ nach oben abgetragen. Über $\varrho + e \cdot \frac{e + r}{r}$ schlage man dann einen Halbkreis. Das in 6 errichtete Lot bis zur Peripherie ist dann R.

Es ist aber vorteilhafter, die Einstellung dem Arbeiter an Hand einer Tabelle zu überlassen, die man auf Grund der Formel

$$\varrho = \frac{R^2 \cdot r}{e (e + r)}$$

für eine Reihe häufiger vorkommenden Krümmungsradien berechnet hat.

Rückt der Anschlußpunkt 5 über 6 hinaus, so ist e negativ zu nehmen. Die Formel lautet dann

$$\varrho = -\frac{R^2 \cdot r}{e(r-e)}$$

Die Bahn ist also entgegengesetzt gekrümmt, wie vorhin (s. Fig. 16).

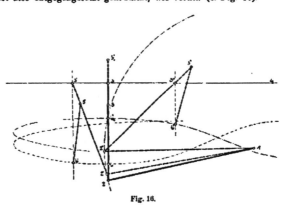

Fig. 16.

Wird der Radius des Bogenschlitzes $r =$ der Exzentrizität e gemacht, so wird für die Mittellage

$$\varrho = \frac{R^2}{2\,r}$$

Wie schon erwähnt, werden die Kurven symmetrisch, wenn $L = \infty$ gemacht wird. Für den speziellen Fall, daß außerdem $r = e$ ist, ergibt sich als Bahn eine Ellipse:

Für $L = \infty$ ist $x_0 = 0$ daher

$$x = R \sin \alpha$$
$$y = e \cos \alpha + \sqrt{r^2 - e^2 \sin^2 \alpha}$$

und mit $r = e$

$$x = R \sin \alpha$$
$$y = r \cos \alpha + r \cos \alpha = 2\,r \cos \alpha$$
$$\frac{x^2}{R^2} + \frac{y^2}{(2\,r)^2} = 1$$

d. i. eine Ellipse, deren Krümmungsradius für die Mittellage

$$\varrho = \frac{R^2}{2\,r} \cdot \text{ ist.}$$

Dieser Fall hat aber praktisch keine Bedeutung, denn bei der durch Fig. 12 dargestellten Anordnung läßt sich die Geradeführung von N ausführbar nicht einrichten. Eher wäre dies schon bei der Hessenmüllerschen Anordnung möglich.

Die nutzbaren Drehlängen hängen von den Öffnungen des Bogenschlitzes ab. Bezeichnet für eine beliebige Stellung des Apparates γ den Ausschlagwinkel des Bogenschlitzes aus seiner Mittellage, α' den Winkel zwischen y und r (s. Fig. 15), so besteht die Beziehung

$$\gamma = \alpha + \alpha'.$$

γ kann im äußersten Falle $= \gamma_0$, der halben Bogenöffnung des Schlitzes sein. Hierin liegt die Begrenzung der Drehlänge.

Es sei z. B. eine Riemenscheibe von 30 cm Breite, deren Kranz nach einem Radius von $\varrho = 2{,}25$ m gewölbt ist, mit einem Mechanismus zu bearbeiten, welcher die Exzentrizität $e = 2$ cm, $r = 16$ cm besitzt und dessen Bogenschlitz eine Öffnung $2\gamma_0 = 120°$ hat.

Die erforderliche Einstellung R ergibt sich aus der Formel für ϱ zu

$$R = \sqrt[]{\frac{\varrho \cdot e \cdot (e + r)}{r}} = 22{,}5 \text{ cm}$$

Vernachlässigt man in der Gleichung für x das asymmetrische Glied, so ist

$$x = R \sin \alpha, \text{ also } \sin \alpha = \frac{x}{R}$$

Fig. 15 ergibt, daß

$$\frac{\sin \alpha}{\sin \alpha'} = \frac{r}{e}, \text{ also ist } \sin \alpha' = \frac{e}{r} \sin \alpha.$$

Der verlangten Drehlänge von 30 cm entspricht eine größte Abszisse $x = 15$ cm; demnach ist

$$\sin \alpha = \frac{15}{22{,}5} = 0{,}6675$$

$$\alpha = \sim 41° 50'$$

und

$$\sin \alpha' = \frac{e}{r} \cdot \sin \alpha = \frac{2}{16} \cdot 0{,}6675$$

$$= 0{,}0834$$

$$\alpha' = 4° 47'$$

Da

$$\gamma = \alpha + \alpha' = 46° 37'$$

kleiner ist als $\gamma_0 = 60°$, dem möglichen Ausschlag des Mechanismus, so ist der Apparat für den gegebenen Fall verwendbar.

Eine der besprochenen ähnlichen Einrichtung kann benutzt werden, um die Stahlspitze auf einer Hyperbel zu führen. Sie ist durch Fig. 17 dargestellt.

Der Zapfen N wird in dem geraden Schlitz, der am Stahlhalter festgeschraubt ist, festgestellt. Er ist an seinem unteren Ende so ausgebildet, daß er in dem Längsschlitz des Hebels MN gleiten kann. Statt des in Fig. 17 angegebenen Bogenschlitzes

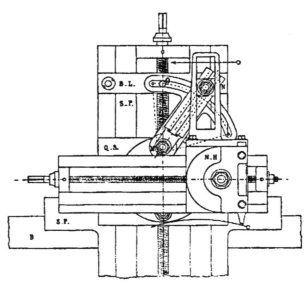

Fig. 17.

ist ein gerader Schlitz zu verwenden, der
senkrecht zum radialen Schlitz eingeschnitten
ist. Die Betätigung des Mechanismus geschieht
von Hand. Der Oberschlitten wird bewegt,
der Längsschlitten ruht.

     Das Schema des Mechanismus zeigt
Fig. 18.

     Punkt N bewege sich um das Stück y
bis in die Mittellage des Hebels. Gleichzeitig
hat sich MN um N gedreht und der Punkt O
ist um das Stück x in der Richtung MO fort-
geschritten. Die tatsächliche Bahn des Punktes
N ist also durch eine Kurve K dargestellt.
In Bezug auf ein rechtwinkliges Achsensystem
$X - X$, $Y - Y$, hat der Punkt O der Bahn die
Koordinaten x und y, wenn sich der Hebel MN
um den Winkel α gedreht hat. Mit Bezug auf
die Figur bestehen dann die Beziehungen

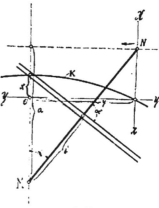

Fig. 18.

$$\sin \alpha = \frac{y}{\sqrt{y^2 + a^2}}$$

$$\cos \alpha = \frac{b}{b + x}$$

$$\sin^2 \alpha + \cos^2 \alpha = 1 = \frac{y^2}{y^2 + a^2} + \frac{b^2}{(b + x)^2}$$

oder
$$a^2 x^2 - b^2 y^2 + a^2 2 b x = 0$$
$$a^2 (x^2 + 2 b x + b^2) - b^2 y^2 = a^2 b^2$$
$$a^2 (x + b)^2 - b^2 y^2 = a^2 b^2$$

d. i. die Gleichung einer Hyperbel.

    Diese Anordnung gestattet daher, an Werkstücken hyperboloidische Begrenzungen zu bearbeiten. Läßt man den Stahl von der entgegengesetzten Seite angreifen, so kann man Rotationshyperboloide herstellen. Die abgeleitete Gleichung Hyperbel enthält die zur Einstellung erforderlichen Dimensionen.

    Diese Führung hat sehr unter der Reibung des Bolzens O im geraden Schlitz zu leiden. Die Bedingung dafür, daß bei der äußersten Schrägstellung des Schlitzes kein Klemmen eintritt ist gegeben durch

$$\operatorname{tg} (90 - \alpha) > \mu$$

oder entsprechend den Bezeichnungen der Fig. 18.

oder
$$\operatorname{tg} (90 - \alpha) = \frac{b}{\sqrt{(b + x)^2 - b^2}} > \mu$$

$$x^2 + 2 b x < \frac{b^2}{\mu^2}$$

$$x < - b \pm b \sqrt{1 + \frac{1}{\mu^2}}$$

$$x < b \left[\frac{1}{\mu} \sqrt{1 + \mu^2} - 1 \right]$$

    Hieraus ergibt sich nach Einsetzung des gewählten Wertes für μ die erreichbare Wölbung x, z. B. für trockenes Gleiten $\mu = 0{,}5$

$$x < 1{,}24 \, b.$$

Das entspricht einem äußersten Ausschlagwinkel, der sich aus

$$\cos \alpha = \frac{b}{b + x} \quad \text{zu } 63° 35'$$

ergibt.

Mechanismus No. VIII. (s. Fig. 19.)[*]

(D.R.P. No. 67 078.)

    Dieser Apparat wird von der Werkzeugmaschinenfabrik vorm. Petzschke & Glöckner, A.G. in Chemnitz geliefert. Die Querbewegung des Supportes wird der Hauptsache nach durch ein Exzenter erreicht, das sich in einer Schleife bewegt. Für Plandrehbänke und ähnliche Drehbänke liefert die Firma einen besonderen Support,

_____

[*] Zeitschrift für Werkzeugmaschinenbau 1898, 131.

dessen Prinzip mit der in Fig. 19 dargestellten Einrichtung übereinstimmt, welche an einem gewöhnlichen Drehbanksupport angebracht werden kann.

Beschreibung des Mechanismus.

An der Supportplatte *o* wird die Platte *p* befestigt. Diese trägt die Welle *q* mit dem Kegelrade *r* und die Welle *s* mit dem anderen Kegelrade und dem Exzenter *b*. Dies greift zwischen die Leisten einer Platte *l*, die am Schlitten *m* angebracht ist. Je

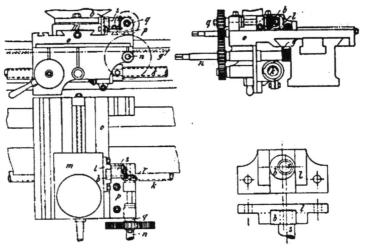

Fig. 19.

nach der Breite und der gewünschten Pfeilhöhe des Bogens, den die Stahlspitze bearbeiten soll, werden Wechselräder von bestimmtem Übersetzungsverhältnis auf die Welle *q* und die Welle *n* des in die Zahnstange *g* am Bette eingreifenden Getriebes gesetzt.

Bei der Drehung der Leitspindel *k* wird der Support in üblicher Weise längs verschoben. Gleichzeitig wird durch die Zahnstange *g* die Welle *n* umgedreht, dabei erfährt dann durch die beschriebene Übertragung der Schlitten *m* samt Drehstahl eine Verschiebung.

Je länger der Bogen ist, z. B. bei Pleuelstangen, um so langsamer muß die Querverschiebung vor sich gehen. Daher wird die Übertragung zwischen *n* und *q* in solchen Fällen durch ein Schneckengetriebe bewerkstelligt.

Dieser Mechanismus hat gegenüber den beiden No. VI und No. VII viele Vorteile: er nimmt wenig Platz ein, kann an jeder gewöhnlichen Drehbank leicht montiert

und demontiert werden und hat wenig unter Abnutzung zu leiden; denn ihr ist nur das
Exzenterstück unterworfen, während bei den beiden Schubkurbelmechanismen der Ver-
schleiß mehrerer Bolzen die Güte der Arbeit ungünstig beeinflußt. Für die Übersetzung
sind die Wechselräder der Bank verwendbar.

Es empfiehlt sich auch hier, für eine Reihe von Krümmungsradien die erforderlichen Übersetzungen tabellarisch festzulegen.

Mechanismus No. IX. (s. Fig. 20.)*)

Dieser Apparat wird z. B. in Eisenbahnwerkstätten benutzt, um nach großen
Kreisbögen zu hobeln. Tatsächlich beschreibt der Stahl am Werkstück im allgemeinen

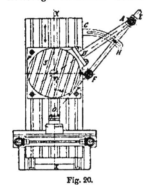

keine Kreisbögen, sondern Kardioiden, wie die folgende Untersuchung ergibt. Nur dann nämlich, wenn
der Stahl bei einer bestimmten Neigung der Führungsstange AF (s. Fig. 20) genau im Schnittpunkt von
deren Längsachse mit der Längsbewegungsrichtung
$H-H$ der Mittellinie des Tisches steht, wird das
Werkstück im Kreisbogen an der Stahlspitze vorbeigeführt. Sollten z. B. die Gleitflächen einer Kulisse
mit einer Aufspannung bearbeitet werden, so würden,
da eine Querverschiebung des Stahles notwendig ist,
die Gleitflächen nach Kardioiden statt nach Kreisbögen
gehobelt werden**). Diese Führung ist daher brauchbar, wenn das Profil des Werkstückes nach einem
großen Kreisbogen zu bearbeiten ist; sie ist es aber
nicht mehr, wenn an einem Werkstück mehrere Flächen
zu hobeln, zu stoßen oder zu fräsen sind***), deren

Fig. 20.

Bögen konzentrisch sind. Es sei denn, man korrigiere die Aufspannung in der Weise,
wie es auf Seite 61 angegeben ist.

1. Beschreibung des Mechanismus.

Fig. 20 zeigt den Mechanismus im Grundriß. Am Bette der Hobelmaschine
wird eine Führungsstange entweder unbeweglich oder um einen Bolzen drehbar beseitigt. Im letzteren Falle kann jede beliebige Neigung der Stange durch ihre Feststellung auf dem Bogenstück GH erreicht werden. Bei Hobelmaschinen wird auf deren
Tisch eine Bodenplatte p aufgespannt, welche in ihrer Mitte einen Bolzen O_1 besitzt.
Um diesen dreht sich eine Scheibe S, die mit gewöhnlichen Spannnuten versehen ist,
und an die seitlich die Lenkerstange AD angeschraubt ist. Deren freies Ende wird
mittelst einer Hülse an der Stange EF geführt.

---

*) Dinglers Polyt. Journal 1886, Bd. 259, S. 444.
) S. Seite 58.   *) S. Seite 60.

Bei der geradlinigen Längsbewegung des Tisches wird das auf der Aufspannplatte S befestigte Arbeitsstück an dem bei O in gewöhnlicher Weise befestigten Stahl im Bogen vorbeigeführt.

Durch entsprechende Einrichtung bei A kann die Länge AO_1 veränderlich gemacht werden. Wie sich später[*]) zeigen wird, empfiehlt es sich, die Löcher der Schrauben p als längliche Schlitze auszuführen, damit eine Querverschiebung der Bodenplatte innerhalb bestimmter Grenzen möglich ist.

Bei Stoßmaschinen ist nur die Anbringung der Führungsstange am Bett und die Befestigung der Lenkerstange an dem ohnehin schon wagerecht drehbaren Aufspanntische der Maschine notwendig, um bei selbsttätiger geradliniger Schaltung nach Bogen von großen Halbmessern stoßen zu können. Die Kreuzschaltung hat von Hand zu erfolgen und erfordert die ganze Aufmerksamkeit des Arbeiters.

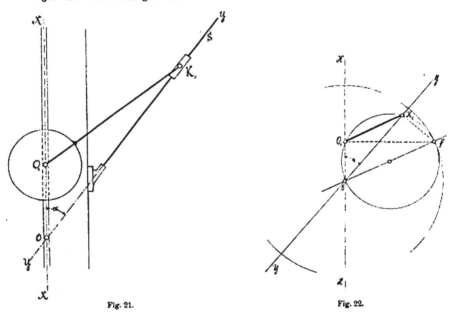

Fig. 21.   Fig. 22.

2. Untersuchung des Mechanismus.

Die schematische Figur 21 zeigt in O_1 den Mittelpunkt der das Werkstück tragenden Scheibe. K_1, der Endpunkt der an der Scheibe befestigten Führungsstange

---

[*]) S. Seite 62.

Verhandl. 1903.

gleitet auf der Stange S. Es handelt sich nun darum, zu untersuchen, welche Bahnen von einem Punkte der Scheibe an der in O befindlichen Stahlspitze vorbei beschrieben werden.

Die Bewegung besteht in dem Gleiten einer Geraden $O_1 K_1$ mit ihren Endpunkten auf zwei anderen Geraden $X-X$ und $Y-Y$. Zur Untersuchung wende ich das Prinzip der Phoronomie vom „Wechsel des Beobachtungsortes" an, d. h. ich lege die Gerade $O_1 K_1$ fest und denke mir durch ihre Endpunkte die Schenkel eines Winkels gleitend (s. Fig. 22).

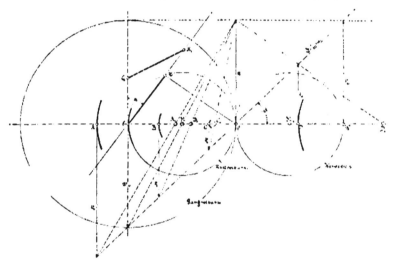

Fig. 23.

Dies ist die Umkehrung des Kardanproblems. Sämtliche, mit dem Scheitel O des Winkels fest verbundenen Punkte beschreiben bei der Bewegung Kardioiden, O selbst durchläuft einen Kreis. Der Pol $\mathfrak{P}$ wird gefunden durch Errichten der Lote in den Punkten O_1 und K_1 auf den Bewegungsrichtungen. Als Rastpolbahn ergibt sich ein Kreis über $O\mathfrak{P}$ als Durchmesser, als Gangpolbahn ein solcher mit $O\mathfrak{P}$ als Radius. Punkt O habe die Geschwindigkeit v_0, er bewegt sich auf dem kleinen Kreise (s. Fig. 23); der Krümmungsmittelpunkt seiner Bahn liegt in M. Verbindet man den Endpunkt von v_0 mit M, so ergibt sich die Polwechselgeschwindigkeit u^*). Durch die Annahme von v_0 ist gleichzeitig die Winkelgeschwindigkeit der Drehung des Systems um den momentanen Pol $\mathfrak{P}$ zu $w = 1$ (denn tg ϑ = tg $45° = 1 = w$) festgesetzt.

---

*) Anwendung des „Hartmannschen Satzes".

Zur besseren Einsicht in das Wesen des Mechanismus sind nun in der Fig. 26 für verschiedene Punkte A, B, C usw., die mit der Gangpolbahn fest verbunden gedacht sind, die Bahnen und die zugehörigen Krümmungsmittelpunkte A_0, B_0, C_0 usw. aufgesucht worden. Den jeweiligen Wert der Geschwindigkeit erhält man stets durch Ziehen des Lotes im betreffenden Punkt bis zur ϑ-Linie. Der Krümmungsmittelpunkt ergibt sich dann, wenn man den Endpunkt der betreffenden Geschwindigkeit mit dem Endpunkt von u verbindet. So wurden die Punkte A_0, B_0, C_0, D_0, E_0 als Krümmungsmittelpunkte der Bahnen erhalten, die von den mit der Gangpolbahn fest verbunden gedachten Punkte A, B, C, D, E durchlaufen werden.

Man erkennt, daß die Krümmung schnell abnimmt nach $\mathfrak{P}$ hin, dann wieder wächst und in einem Punkt W, dessen Geschwindigkeit $v_w = u$ ist, unendlich groß wird. Dieser Punkt beschreibt also eine gerade Linie. Er ist der Wendepunkt der Kardioiden-

schar. Punkte, die über W hinaus liegen, beschreiben Bahnen entgegengesetzter Krümmung. Dasselbe gilt von sämtlichen Punkten,
die auf der Peripherie eines über $\mathfrak{P}W$ als
Durchmesser beschriebenen Kreises, des sogenannten Wendekreises, liegen. Im Punkte $\mathfrak{P}$
ist die Krümmung $= 0$. Dort befindet sich
also ein Rückkehrpunkt der Punktbahn.

Wegen der schnellen Änderung der
Krümmungen wird es sich nicht empfehlen,
den Mechanismus zur Erzeugung von Kreisbögen mit einer anderen Einstellung des
Stabes, als der im Schnittpunkt der Mittellinie $X—X$ und der Linie EF*) zu benutzen.
Die Annäherung des betreffenden Kreisbogens
durch einen Kardioidenbogen würde sich nur
auf ein kurzes Stück erstrecken.

Die Einstellung der Führung, wenn
die Bearbeitung nach einem genauen Kreis-

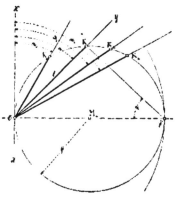

Fig. 24.

bogen zu erfolgen hat, ist sehr bequem. Angenommen, es sei ein Kreisbogen vom Radius ϱ zu beschreiben (Fig. 24). Dann denke man sich den Apparat so eingestellt, daß Punkt O_1 mit Punkt O zusammenfällt. Die Lenkerstange liegt dann in ihrer ganzen Länge über der Führungsstange. Das Lot, in ihrem freien Endpunkt K errichtet, muß, sich mit dem, in O auf $X—X$ errichteten, im Pole $\mathfrak{P}$ schneiden. Das ist nur möglich wenn OK und $\mathfrak{P}$ auf der Peripherie eines Kreises liegen. Dieser Kreis (die Rastpolbahn) ist aber nach dem Vorhergehenden gleichzeitig die Punktbahn von O. Daher ergibt sich folgendes, sehr einfaches Verfahren:

Der Mechanismus werde in die Grundstellung gebracht, von O aus nach rechts der Radius ϱ abgetragen (s. Fig. 24) und um M der Kreis geschlagen. Besitzt der Me-

*) S. Fig. 54.

chanismus eine Lenkerstange, deren Länge unveränderlich ist, so nehme man diese in den Zirkel und schlage einen Bogen von O aus. Dieser schneidet den Kreis um M in K und der von der Sehne OK mit der Richtung $X—X$ eingeschlossene Winkel ist derjenige, unter welchem die Führungsstange geneigt einzustellen ist, damit das Werkstück an der Stahlspitze vorbei einen Kreisbogen vom Radius ϱ beschreibt.

Ist die Neigung der Führungsstange dagegen unveränderlich, die Länge der Lenkerstange aber variabel, so ziehe man unter dem konstanten Winkel α die Linie OY (Fig. 24), welche die erforderliche Länge der Lenkerstange in der Sehne OK enthält.

Aus der Fig. 24 ergibt sich für ϱ die Formel

$$\varrho = \frac{l}{2 \sin \alpha}$$

Zum gleichen Resultat führt folgende Überlegung:

Die Stange OK gleitet mit ihren Endpunkten auf den Schenkeln eines festen Winkels α. Befindet sich in O eine Stahlspitze, so wird von dieser in dem mit OK

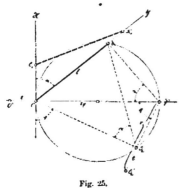

fest verbundenen Werkstück eine Bahn eingegraben. Dieselbe Bahn wird von Punkt O als Scheitel des festen Winkels α beschrieben, wenn dieser so bewegt wird, daß seine Schenkel stets durch die Endpunkte der Stange OK gleiten: O durchläuft die Peripherie eines Kreises. Betrachtet man diejenige Lage der Stange als Nulllage, in der sie mit OY (Fig. 25) zusammenfällt, so ergibt sich als Bahn ein Kreis vom Durchmesser

$$2\varrho = \frac{l}{\sin \alpha}$$

Fig. 25.

dessen Mittelpunkt auf der in O auf OH errichteten Senkrechten liegt. Die Bahn eines beliebigen anderen mit O fest verbundenen Punktes, z. B. O' (s. Fig. 25) ist, mit Bezug auf $\mathfrak{P}$ als Koordinatenanfangspunkt, gekennzeichnet durch die Gleichung

$$r = 2\varrho \cos \varphi + l$$

d. h. die Polargleichung einer Kardioide.

Wie zu Beginn der Besprechung dieser Führung schon erwähnt wurde, ist es nicht richtig, die Gleitflächen eine Kulisse oder ähnliche Aufgaben der Werkstättenpraxis mit einer Aufspannung zu bearbeiten, wenn Fertigarbeit verlangt wird. In der Quelle wird z. B. für eine Kulisse vom mittleren Radius $\varrho = 800$ mm, einer Schlitzbreite (in der Mitte gemessen) $= 30$ mm und einer Sehnenlänge von 160 mm eine Verengung des Schlitzes nach den Enden zu um 0,30 mm ausgerechnet. Eine derartige Bearbeitung würde aber den Anforderungen der heutigen Werkstättenpraxis nicht mehr genügen.

Eine absolut genaue Herstellung ist aber mit einer geringen Änderung möglich.

Angenommen, die Kulisse sei so aufgespannt, daß ihre Mittellinie beschrieben wird, wenn die Führungsstange bei einer Länge der Lenkerstange $= OK$ unter dem Winkel α geneigt eingestellt ist. Dann bearbeitet der Stahl genau die linke Gleitfläche

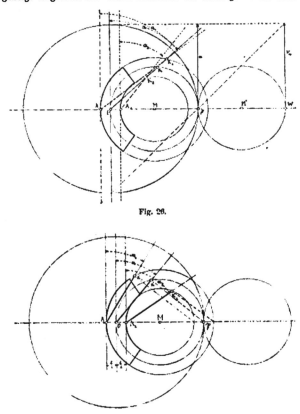

Fig. 26.

Fig. 27.

nach einem Kreisbogen vom Radius MA_1 (s. Fig. 26), wenn die Bodenplatte mit der Aufspannscheibe S um die Strecke OA_1 nach links verschoben wird, die Lenkerstange eine Länge $= OK_1$ und die Führungsstange eine Neigung α_1 erhält. Entsprechend erfolgt die Bearbeitung der rechten Gleitfläche nach einem genauen Kreisbogen vom

Radius MA_2, wenn die Bodenplatte um OA_2 aus der Mittellage verschoben und die Länge der Lenkerstange $= OK_2$ gemacht wird, bei einer Neigung α_2 der Führungsstange gegen die Längsbewegungsrichtung des Tisches. Dasselbe erreicht man bei konstanter Länge der Lenkerstange $= l$ mit den sich aus Fig. 27 zu α_1 und α_2 ergebenden Neigungen der Führungsstange, beziehungsweise bei konstanter Neigung α derselben mit den entsprechenden Längen l_1 und l_2 der Lenkerstange.

In den beiden ersten Fällen müssen die Schrauben p in länglichen Schlitzen angeordnet werden, in jedem Falle aber die Anschlußpunkte F und G so ausgebildet werden, daß eine entsprechende Verschiebung derselben möglich ist.

Man braucht nicht von der Mittellage auszugehen, sondern kann sofort für die eine Gleitfläche einstellen, sodaß für die Bearbeitung der anderen nur eine Verschiebung erforderlich ist.

Das Bogenstück GH (s. Fig. 20) wird vorteilhaft mit einer Gradeinteilung versehen. Arbeitet die Führung mit konstanter Neigung, so können statt der Grade sofort die Krümmungsradien und zugehörigen Längen der Lenkerstange aufgeschlagen werden. Im allgemeinen empfiehlt es sich, dem Mechanismus eine Tabelle beizufügen, welche die der Formel

$$\varrho = \frac{l}{2 \sin \alpha}$$

entsprechenden Werte enthält.

Soll die Führung benutzt werden, um konzentrische Kreisbogenprofile zu bearbeiten, so kann man die der Verschiebung entsprechenden Längen und Winkel nach Fig. 27 konstruieren oder berechnen, aus den Beziehungen, welche diese Figur ergibt

$$\frac{OK}{A_1 K_1} = \frac{2\varrho \sin \alpha}{2 \left(\varrho + \frac{b}{2} \right) \sin \alpha_1}$$

und

$$\frac{OK}{A_2 K_2} = \frac{2\varrho \sin \alpha}{2 \left(\varrho - \frac{b}{2} \right) \sin \alpha_2}$$

Die Führung ist für Fräs- und Stoßmaschinen geeigneter als für Hobelmaschinen. Bei diesen wird das Wendestück mit der großen Schnittgeschwindigkeit an der Stahlspitze vorbeigeführt und durch die Richtungsänderung der Bewegung tritt Druckwechsel ein, der die Arbeit des Stahles ungünstig beeinflußt. Bei Fräs- und Stoßmaschinen findet die Bewegung im Zusammenhang mit der Schaltbewegung statt, also bedeutend langsamer.

Mechanismus No. X. (s. Fig 28.)[*]

Das Prinzip dieser Führung ist das gleiche wie das des Mechanismus No. IX

Der Scheitel eines festen Winkels (dessen Öffnung verstellbar ist) ist durch den Bolzen Z_1 mit dem in seiner Führung frei beweglichen Querschieber verbunden. Bei der Hin- und Herbewegung des Supports gleiten die Schenkel des Winkels durch die

*) Civ. Ing. Bd. XVII, Tafel 19.

Punkte Z_2 und Z_2'. Nach dem Vorigen ist es klar, daß sich dann Z_1 und mit ihm die Stahlspitze auf einem Kreisbogen bewegt, dessen Radius

$$\varrho = \frac{e}{\sin \alpha}$$

ist. (S. Fig. 29.)

Der Mechanimus ist auch den heutigen Drehbänken bequem einzufügen, etwa an Stelle der Konusschiene; seiner Verwendung ist aber eine Grenze gezogen durch die an den Bolzen Z_2 und Z_3 auftretenden Reibungsverhältnisse*) und die Längen der Stangen $Z_1 Z_3$ bezw. $Z_1 Z_2'$. Es empfiehlt sich, an Stelle des einfachen Bolzens Z_1 bezw. Z_2' Hülsen anzuordnen, die drehbar sind, und durch die die Stangen gleiten.

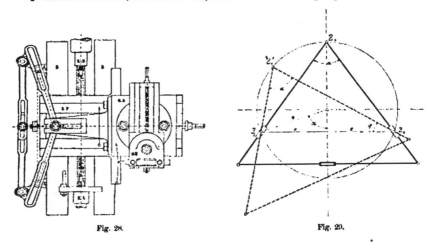

Fig. 28.   Fig. 29.

Zusammenfassende Betrachtungen über die im Abschnitt II besprochenen Mechanismen.

Für den praktischen Gebrauch ist von den in diesem Abschnitt besprochenen Führungen nur die von der Firma Petzschke & Glöckner A.-G. in Chemnitz ausgeführte zu empfehlen. Sie gestattet die Bearbeitung von Bögen bis zur vollen Drehlänge der Bank und jede Überhöhung ist durch das gleiche Exzenter, die gleiche Führungsplatte und entsprechende Wechselräder erreichbar. Die ganze Anordnung ist einfach, nimmt wenig Raum ein und kann an jeder gewöhnlichen Drehbank angebracht werden. Nach Gebrauch ist sie bequem zu demontieren. Sie ist die einzige der besprochenen Führungen, die für das Balligdrehen von Pleuelstangen brauchbar ist.

---

*) Es muß stets sein $\operatorname{ctg} \varphi > \mu$ (s. Fig. 29).

Demgegenüber haben die beiden Schubkurbelmechanismen die Nachteile, daß sie im allgemeinen asymmetrische Arbeit liefern, den Arbeitsraum einengen, in der Anordnung verwickelter sind und nur kurze Drehlängen gestatten. Auch sind sie dem Mechanismus unserer heutigen Drehbänke nur schwer einzufügen und eigentlich nur zum Balligdrehen von Riemenscheiben zu verwenden. Die mit ihnen erreichbaren Resultate sind bequemer durch Benutzung einer Schablone zu erhalten. Ihre verwickelte Anordnung und Bedienung entspricht daher nicht ihrer Leistung.

Der als Mechanismus No. X besprochene Apparat kann an Stelle der Konusschiene angeordnet werden, engt aber den Platz hinter der Bank ein, gestattet nur kurze Drehlängen und leidet unter der Reibung an den Gleitbolzen.

Das Prinzip der Anordnung No. IX kann angewendet werden bei Fräs- und Stoßmaschinen, während es, wie auf Seite 62 näher erläutert ist, für Hobelmaschinen nicht geeignet ist. Bei der Bearbeitung von Kulissen und ähnlichen Aufgaben der Werkstattpraxis mit dieser Führung entstehen keine konzentrische Profile. Die dabei auftretenden Fehler können in der auf Seite 61 u. ff. angegebenen Weise beseitigt werden. Die Differenzen sind zwar nur gering. Es wird aber vorzuziehen sein, die Führung nur zu verwenden, um die Kulisse vorzufräsen. Die Fertigmaße gibt man dem Werkstück dann auf der Schleifmaschine mittels einer der einfachen, im Abschnitt I beschriebenen Vorrichtungen.

III. Mechanismen, welche die Bearbeitung der Werkstücke nach Ellipsen gestatten.

Die gewöhnliche Ellipsendrehbank, deren Prinzip das des Ovalwerkes von Leonardo da Vinci ist, besitzt schwerwiegende Mängel. Das Arbeitsstück muß die verwickelte Bewegung allein ausführen, kann daher nicht zentrisch unterstützt werden. Die bei größerer Umdrehungszahl der Planscheibe auftretenden Zentrifugalkräfte beanspruchen die Aufspannung und die Planscheibe sehr ungünstig, rufen Erschütterungen hervor, welche die Güte der Arbeit stark beeinflussen. Und doch wird sie in der Praxis viel verwendet mangels einer besseren Konstruktion. Einen großen Fortschritt stellt die als Mechanismus No. XI besprochene Ellipsendrehbank dar, bei der das Werkstück zentrisch aufgespannt wird und die Querverschiebung vom Werkzeughalter ausgeführt wird.

Mechanismus No. XII.*)

Die in Fig. 30, 31 und 32. dargestellte Ellipsendrehbank gestattet das Abdrehen von elliptischen Zylindern von beliebiger Länge. Sie kann durch entsprechende Einrichtung des Schlittens R_1 auch zum Innenausdrehen bis zu beschränkter Tiefe verwendet werden.

Die Wirkungsweise der Maschine gründet sich auf das Kardanproblem. Dies zeigt bekanntlich, daß jeder Punkt einer Geraden Ellipsen beschreibt, wenn sie mit zwei Punkten stets auf zwei festen Geraden gleitet, die unter beliebigem Winkel gegeneinander geneigt sind. Hier ist dieser Winkel = 90° und die Bewegung in folgender Weise modifiziert:

*) Zeitschrift für Werkzeugmaschinenbau 1901, S. 321.

Die Scheibe D wird in Rotation versetzt und der Punkt P gezwungen, sich auf einer geraden Linie zu bewegen. Der Weg, den P dabei zurücklegt, ist ≐ der Differenz der großen und kleinen Achse der Ellipse. Denkt man sich in P einen Schreibstift

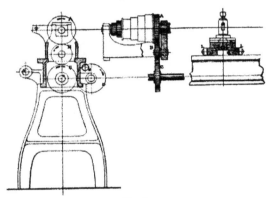

Fig. 30.

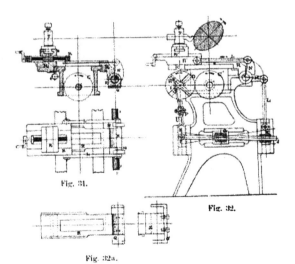

Fig. 31.

Fig. 32.

Fig. 32a.

und auf der Scheibe D ein Blatt Papier, so würde bei der Rotation der Scheibe der Stift auf dem Papier eine Ellipse genau wie beim gewöhnlichen Kardanproblem beschreiben.

Die hin- und hergehende Bewegung wird nun bei dieser Ellipsendrehbank auf den Stahl übertragen. Dieser beschreibt daher am rotierenden Werkstück eine Ellipse. Je nach der gewünschten Form hat die Einstellung der Stange HJP zu erfolgen.

Beschreibung der Anordnung.

Fig. 31 zeigt einen Querschnitt durch das Bett der Bank, Fig. 30 eine Ansicht des Spindelstockes und Fig. 32 eine Seitenansicht.

Die rotierende Bewegung des Rades D wird durch BCC_1 von einem auf der Hauptspindel angeordneten Rade A abgeleitet, wodurch sich D im umgekehrten Sinne, aber mit gleicher Tourenzahl wie A dreht. (A, C, C_1 sind gleich große Zahnräder.) Am Rade D ist eine Scheibe befestigt, die mit zwei, sich rechtwinklig kreuzenden Schlitzen versehen ist, in denen sich Gleitklötze bewegen. An diese ist mit Zapfen die Stange PJH angeschlossen. Auf deren freien Ende ist durch Klemmschrauben ein Gleitschuh an beliebiger Stelle feststellbar, der seinerseits wieder auf einem anderen Gleitschuh drehbar befestigt ist. Letzterer wird auf einer Führungsstange festgeklemmt, die mit dem in senkrechter Bahn beweglichen Schlitten E ein Stück bildet. An E schließt sich ein Hebel FJ an, der durch den Schuh bei G und den bei K gleitend hindurchgeht. Bei der Auf- und Abbewegung von E wird der Schlitten bei K in seiner Führung bewegt. Sein Hub kann durch entsprechende Einstellung des Drehpunktes G verändert werden.

An K angeschlossen ist eine Stange L, die den Hebel M in schwingende Bewegung versetzt. M ist auf eine Schaltwelle r aufgekeilt, die mit durchlaufender Nut und Feder versehen ist und sich längs der ganzen Bank erstreckt. Auf ihr verschieben sich die Krummhebel N, die durch Vermittlung der Feder die Pendelbewegung der Schaltwelle r mitmachen. Ein Faßstück Q, das in Fig. 32a gesondert dargestellt ist, wird am Schlitten R befestigt. Es umfaßt die Krummhebel und zwingt sie, die Bewegung des Schlittens mitzumachen.

Der Kreuzschlitten R ist mit allem (nicht gezeichneten) Zubehör ausgerüstet zum selbsttätigen Vorschub durch die Leitspindel s oder von Hand. Die Lage der Leitspindel ist in Fig. 31 erkennbar. Auf R gleitet der Schlitten R_1 in Richtung quer zur Längsachse des Bettes. Er erhält seine Bewegung von den Hebeln N durch die Stangen L_1. Das Oberteil R_2 wird durch Schraube und Kurbel bewegt und trägt den Stahlhalter T. Die Spanstärke ist also unabhängig von der, die Ellipsenform bestimmenden Bewegung des Schlittens einstellbar.

Die Fehler, welche die Kreisbewegung der Hebel ergibt, heben sich auf, da die Hebel M und N im rechten Winkel zu einander stehen und die Längen L und L_1 der Stangen gleich sind.

Zur Einstellung wird das Rad D fixiert und die Länge PH so bemessen, daß sie sich zur großen Achse der Ellipse verhält, wie JH zur kleinen. Den Drehpunkt ordnet man so an, daß der Schlitten bei K einen Weg beschreibt, der gleich der Differenz der Achsen der verlangten Ellipse ist.

Die Stahlspitze muß, wie beim Konisch- und Gewindedrehen, stets genau in einer Horizontalebene mit der Achse des Drehkörpers liegen.

Durch Feststellen des Rades D und Ausschalten des Rades B wird die Bank zu einer gewöhnlichen Drehbank für Kreiszylinder. Es ist daher möglich, mit dieser Bank an einem Werkstück ohne Umspannung runde und elliptische Dreharbeit zu leisten. Dies kann mit Vorteil z. B. beim Abdrehen von Daumenscheiben geschehen.

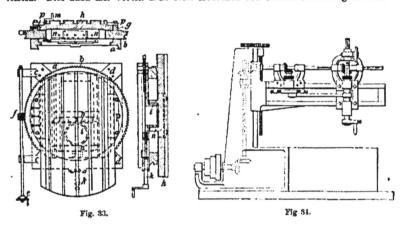

Fig. 33.   Fig 34.

Mechanismus No. XII. (s. Fig. 33.)[*]

Diese Vorrichtung dient zum Ausfräsen von Ellipsen. Ihr Prinzip ist das des Ovalwerkes[**]. Sie wird auf dem oberen Supportschlitten a einer horizontalen oder vertikalen Fräsmaschine befestigt.

Die Schnecke f steht im Eingriff mit einem am Supportring b angebrachten Zahnkranz. b wird durch die Rundführungen c und d gehalten; c dienen als Lager für die Schneckenspindel.

Zwischen seitlich am Supportring angebrachten Leisten g gleitet eine als Supportschlitten ausgebildete Spannplatte h, die durch die Platten p gegen Abheben gesichert ist.

Im eigentlichen Arbeitstisch der Fräsmaschine ist ein durch die Spindel k verstellbarer Zapfen i angebracht. Diesen umgreifen zwei Leisten n der Spannplatte.

Der Arbeitsvorgang ist folgender: Die lange Achse der Ellipse wird auf dem Werkstück angerissen und dies auf der Spannplatte befestigt. Der Zapfen i wird um

---

[*] Zeitschrift für Werkzeugmaschinenbau 1902, S. 280.
[**] Von Leonardo da Vinci.

9*

die halbe Achsendifferenz der Ellipse aus dem Mittelpunkt des Supportringes verstellt. Der Ring wird durch die Schnecke langsam gedreht. h möchte diese Bewegung mitmachen, wird aber allmählich durch die Leisten e aus dem Mittel herausgeschoben. Dabei wird die elliptische Bewegung ausgeführt.

Daß Apparate in der Praxis für elliptische Bearbeitung Verwendung finden, die tatsächlich gar keine Ellipsen, sondern ihr ähnelnde Kurven beschreiben, zeigen die beiden folgenden Mechanismen.

Mechanismus No. XIII. (s. Fig. 34.)[*]

Die durch Fig. 34 dargestellte Maschine ist in den Vereinigten Staaten patentiert worden, als eine Vorrichtung, die das Ausbohren elliptischer Löcher gestattet.

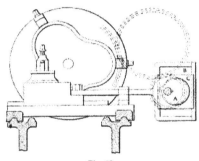

Fig. 35.

Beschreibung des Mechanismus.

Die Bohrspindel ist an einem, in seiner Horizontalführung freibeweglichen Schlitten gelagert. Sie wird um gedreht durch ein Kegelräderpaar, von denen das eine an dem am Schlitten befestigten Bock gelagert und auf der Längswelle durch Nut und Feder befestigt ist.

Die Bohrspindel wird gleichzeitig hin- und herbewegt durch eine Pleuelstange, die mit ihrem anderen Ende an einer Kurbelscheibe sitzt, welche durch ein zweites Kegelräderpaar die gleiche Umdrehungszahl wie die Bohrspindel durch das erste erhält. Der Abstand der Stahlspitze von der Achse der Bohrspindel soll gleich dem kleinen halben Durchmesser der Ellipse, der Hub der Bohrspindel gleich der Differenz der großen und kleinen Achse sein.

Die bekannten Fehler der Kreisbewegung verursachen, daß die Stahlspitze in der Tat am Werkstück keine Ellipsen beschreibt, sondern Ovale. Dies spielt aber bei den Aufgaben, für die dieser Apparat verwendet werden kann[**], keine Rolle, da genaue Arbeit allein schon wegen der, durch die exzentrische Lagerung des Stahles hervorgerufenen Erzitterung ausgeschlossen ist.

Mechanismus No. XIV. (s. Fig. 35.)[***]

Dieser Apparat soll die Bearbeitung von Werkstücken nach Ellipsen, Dreiblatt, Vierblatt usw. gestatten.

---

[*] American Machinist 1900, 865.
[**] z. B. Ausschruppen von Mannlöchern.
[***] American Machinist 1898, 415.

Beschreibung des Mechanismus.

Eine zwischen der Welle der Planscheibe und der des Exzenters a eingeschaltete Zahnradübersetzung ruft durch den Kurbelschleifenmechanismus CB eine hin- und hergehende Bewegung des Stahlhalters hervor. Je nach der Größe der Übersetzung[*] des Zahnradgetriebes soll die Stahlspitze am Werkstück einen exzentrischen Kreis, eine

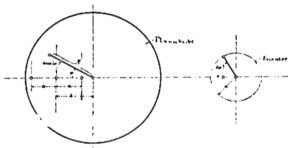

Fig. 36.

Ellipse usw. beschreiben. Tatsächlich beschreibt aber bei der Übersetzung 1:2 kein Punkt des Werkstückes an der Stahlspitze vorbei eine Ellipse, sondern für diesen Fall sind die erzeugten Kurven 6. Grades[**]. Ihre Form ähnelt der der Kassinischen Kurven. Die Untersuchung auf Wendepunkte zeigt, daß die Bahn symmetrisch ist, und drei Wendepunkte in jeder Hälfte besitzt. Der Mechanismus ist daher unbrauchbar für die Bearbeitung nach Ellipsen.

---

[*] 1:1, 1:2, 1:3 usw.

[**] Die Gleichung der Bahn ergibt sich aus folgender Überlegung:

Die Mittellage der Stahlspitze sei um b vom Mittelpunkt der Planscheibe entfernt. Der Radius des Exzenters und damit der Ausschlag der Stahlspitze nach jeder Seite $= a$. Dann ergibt sich der Fahrstrahl der beschriebenen Bahn mit Bezug auf Fig. 36 zu

$$\varrho = b \pm a \cos 2\varphi$$

oder da

$$x = \varrho \cos \varphi$$
$$y = \varrho \sin \varphi$$
$$\sqrt{x^2 + y^2} = \varrho = b \pm a (\cos^2 \varphi - \sin^2 \varphi)$$
$$= b \pm a \cdot \frac{x^2 - y^2}{x^2 + y^2}$$

und also die Gleichung der Bahn

$$(x^2 + y^2)^{3/2} = b (x^2 + y^2) \pm a (x^2 - y^2),$$

die der der Lemniskate ähnlich gebildet ist.

IV. Kleinere Technische Mitteilungen.

Die Koksproduktion der Vereinigten Staaten.
Von Hütteningenieur Bruno Simmersbach.

Der kürzlich erschienene Jahresbericht der United States Geological Survey bringt aus der Feder Eduard W. Parkers die nachstehenden Mitteilungen über die Entwicklung des amerikanischen Kokereiwesens im Jahre 1903. Danach zeigt die Koksproduktion zwar der Menge nach eine geringe Abnahme gegenüber dem Vorjahre, jedoch ist der Wert derselben ein höherer. Ebenso hat sich im Laufe des Jahres die Zahl der Koksöfen beträchtlich vermehrt und zu Beginn des Jahres 1904 standen noch eine ganze Reihe weiterer Koksöfen im Bau. Die amerikanische Statistik umfaßt, ebenso wie unsere deutsche Koksstatistik — England hat keine Koksstatistik — nur den für metallurgische Zwecke in Betracht kommenden Koks, ausschließlich also des Gaskoks. Als zu Beginn des Jahres 1882 erstmalig eine derartige Koksstatistik in Amerika aufgestellt wurde, kannte man dort nur die sogenannten Bienenkorbkoksöfen; während der letzten zehn Jahre hat sich jedoch in Amerika eine stetige und bemerkenswerte Steigerung des Baues von modernen europäischen Koksöfen mit Nebenproduktengewinnung geltend gemacht. Der amerikanische Koks aus diesen Öfen zeichnet sich durch einen hohen metallurgischen Effekt aus, obwohl er in vielfachen Fällen nicht als das Hauptprodukt gilt, sondern den Nebenprodukten dann der Hauptwert zugemessen wird. Da dieser Koks aus den modernen Öfen rasch überall Eingang bei den verschiedensten Industrieen gefunden hat, so sahen sich die Besitzer alter Bienenkorbkoksöfen genötigt, ihren Koks in eine Form zu bringen, welche ihn zu Hausbrandzwecken an Stelle von Anthrazit tauglich machte. In dem großen Streikjahr 1902 wurden denn auch gleich beträchtliche Mengen Koks in dieser Weise abgesetzt, doch liegt eine genaue Statistik über diese Sonderverwendung nicht vor.

Die Kokskohle, welche in Amerika zur Verwendung kommt, stammt von fünf der vorhandenen sieben großen Fettkohlenvorkommen, nämlich 1. von dem Appalachischen Steinkohlenfeld mit den großen Kokskohlenvorkommen von Pennsylvanien, Virginia, West-Virginia, Ohio, Georgia, Alabama, Tennessee und Ost-Kentucky; 2. von dem inneren östlichen Kohlenfeld, welches die Kohlenvorkommen der Staaten Illinois, Indiana und West-Kentucky umfaßt; 3. von dem inneren westlichen Feld Arkansas

Texas und Indianer-Territorium; 4. Felsengebirge mit den Vorkommen in Colorado, Neu-Mexico, Utah, Montana, Süd-Dakota und Wyoming; 5. die Kohlenfelder am Stillen Ozean, die im Staate Washington Kokskohle führen. Die Kohle von Michigan hat sich für die Herstellung von Koks nicht bewährt. Ein ganz beträchtlicher Teil der amerikanischen Koksproduktion wird in Staaten hergestellt, die selbst überhaupt gar keine Kohlenlager besitzen. Als solche Staaten sind zu nennen: Massachusets, New York, New Jersey und Wisconsin. Während des Jahres 1903 wurde bei West-Duluth im Staate Minnesota eine Ofenanlage von 50 Retortenöfen gebaut; ebenso sind in den Staaten Michigan und Maryland Kokereien im Bau begriffen, doch werden dieselben mit Kokskohle aus anderen Staaten der Union beschickt werden. Mit Ausnahme von fünf Bienenkorbkoksöfen im Staate Wisconsin, sind alle Anlagen, die außerhalb der Kokskohlenfelder liegen, nach dem System der modernen Retortenkoksöfen gebaut. Ende des Jahres 1903 stand auch noch eine Anlage von 80 modernen Koksöfen bei Milwaukee im Bau.

Die Produktion des Jahres 1903 hat, wie bereits erwähnt, etwas abgenommen gegenüber dem Jahre 1902, in welchem die Nachfrage nach Koks, allerdings wegen der lebhaften Beschäftigung in der Eisenindustrie und dem Mangel an Anthrazitkohle infolge des Streiks, besonders hoch war. Die Koksproduktion erreichte 1902 25 401 730 t und 1903 25 262 360 t[*]).

Wenn man die außergewöhnlichen Umstände bedenkt, welche die Koksproduktion des Jahres 1902 sich so erheblich steigern ließen, so muß man das Festhalten an dieser hohen Ziffer unter den normalen Verhältnissen des Jahres als besonders bemerkenswert betrachten. Gegenüber dem Jahre 1901 mit einer Koksproduktion von 21 795 883 t ist das Jahr 1903 als normal anzusehen. Trotz der etwas geringeren Menge zeigt der Wert der Koksproduktion doch eine Steigerung. Es betrug nämlich der Gesamtwert der Koksproduktion des Jahres 1903 66 459 623 $ gegenüber 63 339 167 $ im Jahre 1902; also ein Mehr von 3 120 456 $ oder über 5 %. Diese Wertsteigerung war durch die außergewöhnlichen Verhältnisse des amerikanischen Marktes in den ersten Monaten des Jahres 1903 bedingt, die ihrerseits wieder noch als eine Folge des turbulenten Jahres 1902 sich erweisen. Eine faktische Notwendigkeit zur Höherbewertung der Koksproduktion des Jahres 1903 liegt also im Grunde gar nicht vor.

Infolge der lebhaften Nachfrage nach Koks im Jahre 1902 wurde der Neubau von Kokereien ganz energisch in die Hand genommen und so standen während des Jahres 1903 über 10 000 moderne Koksöfen im Bau. Die Gesamtzahl der Koksöfen in den Vereinigten Staaten betrug Ende des Jahres 1902 69 069 und stieg durch Zunahme um 10 118 auf 79 187 am Ende 1903. Während des Jahres 1902 standen 1945 Öfen außer Betrieb, so daß also 67 124 Koksöfen im Feuer standen, die 25 401 730 t Koks ergaben, d. h. 378,4 t Koks pro Ofen. Im Jahre 1903 betrug die Zahl der kaltstehenden Öfen 1999 im Jahresdurchschnitt, so daß also 77 188 Koksöfen betrieben wurden. Dieselben erzeugten insgesamt 25 262 360 t Koks oder 327,3 t pro Ofen.

Von den 77 188 Koksöfen des Jahres 1903 standen 1956 Öfen mit Gewinnung

[*]) Es sind hier stets short Tonnen verstanden.

von Nebenprodukten im Feuer. Dieselben erzeugten 1 882 394 t Koks oder pro Ofen im Mittel 962,4 t — fast das Dreifache des amerikanischen Gesamtdurchschnitts an Ausbringen. Nach Abzug der Zahl dieser Nebenproduktenöfen von der Gesamtziffer ergibt sich, daß im Jahre 1903 75 232 Bienenkorbkoksöfen in Betrieb standen, deren Erzeugung 23 379 966 t Koks erreichte, d. h. pro Ofen 311 t.

Am Ende des Jahres 1902 standen 6275 neue Koksöfen in Bau, von denen 1335 oder 21 % mit Nebenproduktengewinnung ausgerüstet werden sollten. Die Zahl dieser Nebenproduktenöfen stieg von 1165 in 1901 auf 1663 in 1902 und auf 1956 in 1903 und das Koksausbringen derselben von 1 179 900 t in 1901 auf 1 403 588 t in 1902 bis auf 1 882 394 t in 1903. Während des Jahres 1902 stammte 5,5 % des gesamten amerikanischen Koksausbringens aus Nebenproduktenöfen; im Jahre 1903 schon 7,4 %.

In bezug auf die einzelnen Staaten und Territorien verteilt sich die Koksproduktion des Jahres 1903 in folgender Weise:

Staat oder Territorium	Zahl der Anlagen	Zahl der Koksöfen	Verbrauch an Kokskohle t	Koksproduktion t	Wert des Koks pro t $
Alabama	39	8 764	4 483 942	2 693 497	2,83
Colorado	16	3 455	1 776 974	1 053 840	2,98
Georgia	2	500	146 086	85 546	4,306
Indianer-Territorium	5	286	110 058	49 818	4,57
Kansas	9	91	30 503	14 194	3,54
Kentucky	7	499	247 950	115 362	2,65
Minnesota	1	—	—	—	—
Missouri	2	8	3 004	1 839	3,15
Montana	4	555	82 118	45 107	6,80
New Mexico	2	126	18 613	11 050	2,85
Ohio	8	440	211 473	143 913	3,07
Pennsylvania	212	40 092	23 706 455	15 639 011	2,49
Tennessee	16	2 439	1 001 356	546 875	3,12
Utah	2	504	—	—	—
Virginia	16	4 251	1 860 225	1 176 439	2,315
Washington	6	256	73 119	45 623	4,71
West-Virginia	136	15 613	4 347 160	2 707 818	2,094
Illinois	5	155			
Indiana	1	36			
Maryland	1	200			
Massachusetts	1	400			
Michigan	2	75	1 306 707	932 428	3,40
New Jersey	1	100			
New York	3	40			
Wisconsin	1	228			
Wyoming	1	74			
	500	79 187			

Am Ende des Jahres 1903 standen 1335 Öfen mit Gewinnung der Nebenprodukte im Bau oder mehr wie 20 % der zu jenem Zeitpunkte im Bau befindlichen Gesamtzahl an Öfen.

Zur Herstellung von 1 882 394 t Koks aus den Nebenproduktenöfen wurden im Jahre 1903 2 605 453 t Kokskohle verbraucht, so daß sich also ein mittleres Koksausbringen von 72,25 % ergibt. Dieses Verhältnis kann in Bienenkorbkoksöfen bei weitem nicht erreicht werden. Das Gesamtausbringen sämtlicher amerikanischer Koksöfen an Koks betrug 64 % der aufgewandten Kokskohle. Die erste Koksofenanlage mit Nebenproduktengewinnung wurde 1893 bei Syracuse gebaut. Ende des Jahres 1903 standen in zehn Staaten ungefähr 2000 solcher Öfen im Betriebe. Von den 1335 neuen Öfen des Jahres 1903 verteilen sich 250 Koksöfen auf drei neue Staaten. Wenn die sämtlichen 3291 Nebenproduktenöfen Nordamerikas im Betrieb stehen werden, so beträgt, bei 1000 Tonnen Jahresausbringen pro Ofen, ihre Beteiligung an der Gesamtproduktion des Jahres 1903 13 % gegen tatsächlich erreichte Beteiligung in 1903 mit 7,4 % und 1902 mit 5,8 %. — Man sieht also, daß die Nebenproduktenkoksöfen in Amerika rasch zunehmen.

Zur Kenntnis der Förder- und Lagermittel für Sammelkörper.

Zu dem auf S. 288 des Sitzungsberichtes vom 5. Dezember 1904 abgebildeten und auf S. 289 beschriebenen Saugebagger der Firma F. Schichau, Elbing, sei bemerkt, daß die in der zweiten Hälfte des Monats Dezember vorgenommenen Probebaggerungen in gutem Boden 5000 chm/st ergaben, so daß sich der Raummeter geförderten Bodens, selbst wenn man Verzinsung und Amortisation des Baggers mitrechnet, auf kaum 3 Pfennig stellt. Übrigens waren die Herstellungskosten des Baggers seiner Zeit leider wesentlich zu niedrig angegeben.

Dresden, im Januar 1905.

M. Buhle.

II. Abhandlungen.

Über Gleichgewichtszustände bei der Reduktion der Eisenerze.

Von Dr. Hermann Mehner.

Als die einfachste Darstellung chemischer Prozesse bieten sich die stöchiometrischen Formeln, z. B.

$$Fe\,O + C\,O = Fe + C\,O_2 \text{ oder}$$
$$Fe_3\,O_4 + C\,O = 3\,Fe\,O + C\,O_2$$

Unter diesen Formeln wird verstanden, daß das Kohlen-Oxyd das Eisen-Oxdul zu metallischem Eisen reduziere und selbst dabei zu Kohlensäure werde.

Nun ist aber bekannt, daß Kohlensäure auf das Eisen als Oxydationsmittel wirkt und daß infolgedessen die stöchiometrische Gleichung richtig wäre

$$Fe + C\,O_2 = Fe\,O + C\,O.$$

Die erste Gleichung gibt also jedenfalls kein Bild der Tatsachen, die letzte Gleichung gibt es aber ebensowenig, denn das Eisen-Oxydul wird ja tatsächlich von Kohlenoxyd reduziert.

Nun ist beobachtet, daß die Reduktion bei einem gewissen Kohlensäuregehalt nicht mehr weiter geht, ebenso, daß zwar die konzentrierte Kohlensäure das Eisen oxydiert, daß aber schließlich ein Zustand kommt, in welchem das Eisen in der mit Kohlenoxyd verdünnten Kohlensäure beständig bleibt.

Eine Darstellung der Vorgänge in ebenso einfacher Weise, wie die stöchiometrischen Formeln sie geben, ist also ausgeschlossen, trotzdem sind die Gesetze derselben genügend einfach, um durch eine schematische Darstellung ihren Ausdruck zu finden, einen Ausdruck, welcher die Veränderungen und Zustände für alle Verhältnisse gleichzeitig darstellt.

Im folgendem sollen die Reduktionsgesetze der Eisenerze ermittelt und dargestellt werden, dazu ist es aber zweckmäßig, diese Gesetze, welche nicht nur die Chemie des Eisenhüttenwesens, sondern die chemischen Erscheinungen überhaupt beherrschen, an Verbindungen abzuleiten, die bereits seit lange und in letzter Zeit sehr genau untersucht sind, nämlich an Kohle, Kohlensäure und Kohlenoxyd, während unsere Kenntnis über die Reduktion der Eisenerze erst in letzter Zeit eine zur Aufstellung der erwähnten Gesetze genügende Erforschung erfahren hat und zur völligen Durchdringung aller Umstände noch weiterer Vervollständigung bedarf.

Man kennt vom Generatorbetrieb her, daß das gewöhnliche Verbrennungsprodukt der Kohle, die Kohlensäure, sich in Kohlenoxyd verwandeln läßt, wie man sich auszudrücken pflegt, durch Kohlenüberschuß. Der Vorgang $CO_2 + C = 2CO$ ist die wohlbekannte Grundlage der Generatorgasfeuerung und wird in größtem Maßstabe praktisch vollzogen. Dabei kommt es nun vor, daß das erstrebte Produkt, abgesehen von zugemischtem Luftstickstoff, ein möglichst reines Kohlenoxyd von entsprechend hohem Brennwerte, nicht auftritt, sondern ein sogenanntes armes Gas, welches wenig Kohlenoxyd und viel Kohlensäure enthält. Mit der Praxis nicht vertraute Chemiker glauben in diesem Falle, es sei ein Luftüberschuß vorhanden und beschränken den Zug; die Folge ist eine Verschlimmerung des Übels, die Kohlensäure vermehrt sich. Derartig unverständliche Erscheinungen am Generator haben ihre Aufklärung durch das Laboratoriums-Experiment gefunden. Von Wichtigkeit hierfür waren besonders die Arbeiten von Naumann in Giessen und seinen Schülern. J. Lang z. B. schickte Kohlensäure durch ein glühendes Rohr voll Kohlenstoff in geeigneter Form. Er bekam von 634—703° C. nur sehr geringe Reduktion, 82 % CO_2 und 18 % CO wurden durch die Analyse gefunden, obgleich dieselbe Gasmenge viele Male hin und her geleitet wurde und jeder Mangel von Kohlenstoff ausgeschlossen war; es war im Gegenteil ein großer Überschuß vorhanden. Bei nur zweimaligem Überleiten war das Ergebnis nicht viel schlechter.

Es zeigt sich also hier die Erscheinung, daß die stöchiometrisch vorhandene Möglichkeit der Reduktion nicht in Wirklichkeit zu einer Reduktion führt. Die Neigung zur Verbindung und Umsetzung hört auf, nachdem eine gewisse Menge Kohlenoxyd gebildet ist; man sagt, die Reaktion geht nicht zu Ende, sie ist unvollständig, es bildet sich ein Gleichgewichtszustand heraus.

Dem Anorganiker, welcher mit Säuren, Basen, Fällungen usw. zu arbeiten pflegt, erscheint ein derartiger Vorgang ungewohnt; derselbe steht aber keineswegs vereinzelt da und ist in der organischen Chemie ganz gewöhnlich. Das klassische Beispiel dafür ist die Esterbildung.

Alkohol und Essigsäure verbinden sich nicht, wie Ätznatron und Salpetersäure mit stürmischer Reaktion bis zum völligen Aufbrauch der Reagentien, falls dieselben in richtigem stöchiometrischen Verhältnis vorlagen. Wenn man Alkohol und Essigsäure in molekularen Mengen zusammenbringt, so bildet sich zwar Aethylacetat und Wasser, aber die Umsetzung hört auf, wenn $^2/_3$ der aus dem Molekulargewicht berechneten stöchiometrischen Menge, $^2/_3$ von der zu erwartenden Menge dieser Produkte gebildet sind.

Klassisch ist diese Erscheinung, weil sie durch grundlegende Untersuchungen hervorragender Forscher aufgeklärt worden ist und das vollkommene Analogon für den zu behandelnden Generatorvorgang gibt. Es ist daran besonders wichtig, daß die gegenseitige Einwirkung äquivalenter Mengen von bereits gebildeten Aethylacetat und Wasser, welche in reinem Zustande zusammengebracht werden, genau zu demselben Ende führt. Es finden sich in dem Gemisch schließlich $^2/_3$ der stöchiometrischen

Menge wie man kurz sagt, $^2/_3$ Molekül Aethylacetat und Wasser und das andere Drittel ist zu Alkohol und Essigsäure geworden.

Genau so ist es bei der Reduktion der Kohlensäure durch Kohle. Das Ergebnis von J. Lang, welcher von Kohlensäure und Kohle ausging, wird genau so gefunden, wenn man von reinem Kohlenoxyd ausgeht; das Kohlenoxyd spaltet sich, es verläuft der Prozeß $2\,CO = CO_2 + C$, aber nicht zu Ende, sondern er bleibt bei derselben prozentischen Menge der Umsetzung stehen, wie der entgegengesetzte von Lang (zur wirklichen Ausführung des Experimentes bedient man sich des Zusatzes von Katalysatoren, weil der Vorgang sonst ein äußerst langsamer ist).

Oben war bei der Zusammensetzung des Kohlenoxyd-Kohlensäuregemisches die Temperatur des Experimentes angegeben worden und zwar deshalb, weil die Beobachtung gezeigt hat, daß zu jeder Temperatur bei der Kohlensäure-Reduktion ein anderer Gleichgewichtszustand gehört. So fand J. Lang bei einer ungefähr bei 1000° liegenden Temperatur noch 2 % Kohlensäure und klärte damit ohne weiteres auf, daß ein schlechter Gang des Generators zunächst an niedriger Temperatur desselben liegt und deshalb nicht durch Beschränkung des Zuges, sondern durch Verschärfung desselben in erster Linie zu bekämpfen ist. Um einige Zahlen zu geben, seien neuere Untersuchungen herangezogen, die von Boudouard im Laboratorium L'e Chateliers mit feineren Hilfsmitteln ausgeführt worden sind.

Er erhielt

		CO₂	CO
bei	650°	61 %	39 %
	800°	7 -	93 -
	950°	4 -	96 -

In diesem Verhältnis stellt sich also die Kohlensäure zum Kohlenoxyd ein, unabhängig vom Kohlenüberschuß, unabhängig von der Zeitdauer, unabhängig von dem Umstande, ob man 100 prozentige Kohlensäure oder 100 prozentiges Kohlenoxyd als Ausgangsstoff anwendet. —

Man könnte sich mit der Feststellung dieser Tatsachen als Einzeltatsachen begnügen, es ist aber möglich, einen inneren Zusammenhang derselben zu finden und dieser ergibt sich, wenn man die ganze Erscheinungsgruppe wirklich im Zusammenhange betrachtet und nicht die bloße Umwandlung des Stoffes aus demselben herausnimmt. Man muß die sogenannten Nebenerscheinungen beachten, welche in der Chemie gewöhnlich geringere Wertschätzung finden, als die Umwandlung der Stoffe. Bei der Umsetzung von Kohlensäure mit Kohlenstoff zu Kohlenoxyd wird zunächst Wärme verbraucht, die Reaktion kostet beiläufig 40 000 Wärmeeinheiten. Diese Erscheinung hat wegen ihrer praktischen Wichtigkeit größere Würdigung erfahren. Sehr wenig pflegt man sich aber um den Umstand zu kümmern, daß bei diesem Vorgang auch das Volumen sich ändert. Die vollkommene Umsetzung würde zur Verdoppelung desselben führen oder, was nach dem Mariotteschen Gesetz dasselbe bedeutet, es würde bei Verhinderung der Volumenvergrößerung der doppelte Druck erzeugt werden.

Wo Wärme und Volumänderungen vorkommen, hat man im ersten und zweiten Hauptsatz der mechanischen Wärmetheorie einen Rahmen, in dessen Grenzen sie sich bewegen. Weil sich die Erscheinungen in diesen Rahmen einfügen müssen, ergeben sich Bedingungen, Beziehungen derselben, die zu den „rein chemischen" hinzutreten.

Der Satz, daß Wärme und mechanische Arbeit äquivalent sind und in ihrer Summe unveränderlich, ist sehr geläufig. Der zweite ist ein weniger gewöhnliches Werkzeug naturwissenschaftlicher Überlegung, aber ebenso wichtig und ebenso gewiß.

Er gibt an, welche Wärmemenge bei einer Zustandsänderung äußersten Falles im Sinne des ersten Hauptsatzes in mechanische Arbeit verwandelt werden kann und beruht auf der Erfahrung, daß die Wärme nicht „von selbst" von niederer zu höherer Temperatur übergeht. Wird diese Erfahrungstatsache als grundsätzliche Eigenschaft der Natur angesehen, gleich der Erfahrung, daß das Wasser nicht „von selbst" bergauf läuft, d. h. ohne Verbindung mit einer anderen Änderung in der Natur, so braucht man nur die Leistung eines zwischen zwei gegen Temperaturen ohne alle Wärmeverluste arbeitenden, daher vollkommen umkehrbaren Wärmemotors, der mit einem vollkommenen Gase läuft, ermitteln, um die höchstmögliche Leistung der Wärmeverwandlung zu haben.

Dieser Motor ist die Carnotsche Maschine der Physiker, sein thermodynamisches Substrat, das ideale Gas, ist so vollständig in allen hier in Betracht kommenden Eigenschaften bekannt, daß sich die Arbeitsleistung der aufgeweudeten Wärmemenge und der Verbleib der Wärme angeben läßt. (Die Lehrbücher der Physik zeigen die Einzelausführung der Untersuchung.) Würde nun eine andere Substanz als das ideale Gas mehr Wärme in Arbeit verwandeln, so könnte man damit eine zweite Carnotsche Maschine umgekehrt, d. h. im Sinne der Eismaschine laufen lassen, um unter Aufwand, Verwandlung, der gewonnenen Arbeit mehr Wärme auf die Ausgangstemperatur hinaufzubringen, als vorher heruntergeflossen war. Dann würde durchaus keine Änderung mehr vorhanden sein, außer der, daß eine Wärmemenge niederer Temperatur sich in eine solche von höherer verwandelt hat.

Das widerspricht der grundsätzlichen Eigenschaft der Wärme.

Sollte es eine Substanz geben, welche in der Carnotschen Maschine trotz der vollkommenen Umkehrbarkeit bei der Arbeit und Wärmeübertragung weniger als das ideale Gas leistet, für welches die Leistung gefunden wurde, so brauchte man diese nur zum motorischen Betrieb der Maschine anwenden und den wärmehebenden Eismaschinenbetrieb mittels des idealen Gases führen, um in denselben Widerspruch mit der grundsätzlichen Natur der Wärme zu geraten.

Es ist also ganz gleichgültig, mit welcher Substanz eine umkehrbare, d. h. ohne Vergeudung von Arbeitsfähigkeit laufende thermodynamische Maschine betrieben wird. Ob sie Luft, Wasserdampf, Kohlensäure, Quecksilber oder Eisenstangen auf den Kolben wirken läßt, immer leistet sie an Wärmeverwandlung gleich viel, die Leistung hängt nur von den Temperaturen ab.

Diesem Bewußtsein entspringt es, von einem thermodynamischen Substrat zu sprechen, anstatt von einem Treibmittel, wie die Maschinenbauer tun. Das Treibmittel treibt gar nichts, die daran zeitweilig hängende Wärmeeigenschaft, die durch seine Masse fließende Wärmemenge, ist das Agens.

Dieses Substrat ist thermodynamisch ein Treibmittel, gar nicht besser und mehr, wie die Pleuelstange mechanisch ein Treibmittel ist, es modelt eine Energie.

Es ist Carnots unermeßliches Verdienst, die sogenannte Dampfkraft und andere Wärmemaschinenkräfte als ganz abstrakte und allgemeine Eigenschaft der Wärme, der Wärme allein, erkannt zu haben.

Unermeßlich ist dieses Verdienst, nicht in rhetorischer Wendung, sondern in greifbarer Wirklichkeit, weil die ganze neuere Physiko-Chemie, deren Entwickelung noch nicht abzusehen ist, diese Erkenntnis als einen Tragfeiler ihres überwältigenden Baues hat.

Auch die Einsicht in das Generatorgleichgewicht beruht darauf.

Will man nämlich das Geheimnis ergründen, wie der stoffliche Umsatz zwischen Kohle, Kohlensäure und Kohlenoxyd, wie die Temperaturbedingung dafür, wie der Wärmeumsatz und wie die Volumänderung dabei ihrem Wesen nach zusammenhängen, so braucht man sich nicht mit heißem Bemühen zu quälen, ins Innere der Natur zu dringen. Man tut das System in die Carnotsche Maschine und hat nach zwei Zügen das Resultat.

In der Ausführung würde also die Umsetzung von CO_2 mittels C in $2CO$ bei einer gewissen Temperatur zu vollziehen und bei einer anderen rückgängig zu machen sein, ferner müßten die chemischen Substanzen von der ersten zur zweiten Temperatur und schließlich nach der entgegengesetzten Verwandlung von der zweiten zur ersten gebracht werden. Alle Prozesse wären in mechanischer und thermischer Hinsicht vollkommen umkehrbar zu führen.

Würde nun CO_2 auf C ohne weiteres einwirken, etwa bei 800° C., so wäre der Vorgang sicher nicht umkehrbar. Die Reaktion würde unter Wärmeverbrauch und Volumvermehrung vor sich gehen; der Reaktionsraum ließe sich dabei allerdings auf konstanter Temperatur halten, z. B. durch äußere Heizung, wie beim Dampfkessel, die mechanische Arbeit der Volumvergrößerung ließe sich durch einen Kolben mit konstantem, der inneren Spannung gleichen Drucke abnehmen, aber wenn man die zugeführte Wärme wieder wegnehmen und die gewonnene mechanische Arbeit durch Zurückpressung des Kolbens wieder in gleicher Weise zurückgeben wollte, so würden sich nicht wieder Kohle und Kohlensäure bilden, man würde nicht das Widerspiel, das Spiegelbild des Vorganges haben, sondern würde etwas ganz anderes bekommen.

Umkehrbar sind chemische Vorgänge nur im Gleichgewichtszustand.

Bringt man aber bei 800° 7% CO_2 und 93% CO mit Kohlenstoff zusammen, also im beobachteten Verhältnis des Gleichgewichts, so tritt keine Reaktion ein; die CO_2 wird nicht reduziert, denn das Gleichgewichtsverhältnis bezeichnet eben das Ende der Reduktion.

Die einfache Vorschrift zur Erkenntnis: „man tue das chemische System in die Carnotsche Maschine", ist also nicht so einfach auszuführen.

Die physikalische Chemie hat aber einen Weg gefunden, die Generatorgleichung in umkehrbarer Weise zu verwirklichen und so die höchstmögliche Arbeitsleistung dabei zu ermitteln. (van't Hoff; Nernst.)

Man entnimmt dem Reaktionsraum, in welchem chemisches Gleichgewicht hergestellt ist, zweimal die molekulare Menge CO, z. B. 2 Kilomol = 2 mal 28 kg mittels Cylinders und Kolbens in mechanisch umkehrbarer Weise und unter der Bedingung, daß der Kolben nur den Druck erfährt, welchen das CO allein im Reaktionsraum ausübt, den dazu bestehenden CO_2-Druck aber nicht mit. Würde man den Cylinder unmittelbar durch eine gewöhnliche Einströmungsöffnung mit dem Reaktionsraume verbinden, so würde die CO_2 mit auf den Kolben drücken, man muß ein Filter zwischen bringen, welches die CO_2 zurückhält. Dafür benutzt man die von van't Hoff so erfolgreich verwendete halbdurchlässige Wand. Eine solche wäre ein Eisenblech, durch welches bei der Glühhitze das CO diffundiert, bis auf beiden Seiten derselbe Druck herrscht, andere Gase aber nicht. Diese Verwirklichung der halbdurchlässigen Wand mittels Eisen ist im gegebenen Falle nun nicht ohne weiteres allgemein anwendbar, wegen der Gegenwart und zersetzenden Wirkung der CO_2 auf dasselbe, aber es ist nicht die Bedingung der theoretischen Untersuchungsmethode, daß die technisch brauchbare halbdurchlässige Wand schon für den besonderen Fall gefunden ist (die wärmeundurchlässige Wand und Bank des Carnotschen Cylinders ist ja auch noch nicht gefunden). Man nimmt an, man hätte sie, ebenso eine solche für CO_2 und C, und vermag dann in anschaulicher Weise die Arbeitsleistung der einzelnen Stoffe getrennt zu behandeln.

Mittels solcher Wände entfernt man also $2\,CO$ und führt gleichzeitig, damit sich das Gleichgewicht im Reaktionsraume nicht ändert, CO_2 und C zu.

Somit nimmt die Carnotsche Maschine der Thermo-Chemiker folgende Form an:

In einem Vorratsraume befindet sich Kohlensäure mit dem Drucke P. Es ist ein Reaktionsraum gegeben, in diesen ist eingeschlossen bei der absoluten Temperatur T (beispielsweise 800° C.) das im Gleichgewicht befindliche Gemisch von CO_2, CO und etwas C, also ein idealer Generator, CO_2 mit dem Drucke p, CO mit dem Drucke p'. Es ist ferner gegeben ein Raum mit einem Vorrat von CO unter dem Drucke P', sowie ein Vorrat von Kohlenstoff, alles von der absoluten Temperatur T. Aus dem Kohlensäurevorrat wird mittels Cylinders und Kolbens die molekulare Menge, ein Kilomol Kohlensäure unter dem konstanten Drucke P entnommen. Damit dies möglich ist, muß der Vorratsraum entweder unendlich groß sein, oder eine Kohlensäurequelle enthalten, welche bei Entnahme das Gas mit der Spannung P nachliefert. Bei der Entnahme wird die Arbeit Pv gegen den Kolben geleistet. Nun wird die Verbindung gelöst und die Kohlensäure auf denjenigen Druck gebracht, mit welchem sie an dem Gesamtdrucke im Reaktionsraum beteiligt ist. Dieser Partialdruck war p. Bei der Volumänderung erfährt der Kolben eine Arbeitsleistung, die der Physiker und theoretische Maschinenbauer ohne weiteres angeben kann, es ist die Arbeit auf der Isotherme für Gase (denn die Kohlensäure läßt sich für den vorliegenden Fall als Gas behandeln), ist also $RT\,ln\cdot\dfrac{P}{p}$, worin R die Gaskonstante ist. Darauf wird der Cylinder nach dem

Reaktionsraume gebracht und auf die für Kohlensäure halbdurchlässige Stelle der Wand gesetzt. Nunmehr wird die Kohlensäure durch Niederdrücken des Kolbens in den Reaktionsraum befördert, in den sie der Voraussetzung nach unter Überwindung gerade des Partialdruckes einfließt. Dann wird die Arbeit pV verbraucht, wenn V das Volumen ist, welches die Kohlensäure zuletzt angenommen hatte. Nach den Gasgesetzen ist $Pv = pV$ und daher bleibt als Arbeit übrig $RT\ln\dfrac{P}{p}$.

In gleicher Weise und gleichzeitig schafft man mit einem anderen Cylinder und Kolben zwei Kilomol Kohlenoxyd aus dem Reaktionsraume heraus, indem man den Cylinder an die für CO halbdurchlässige Wandstelle setzt und zwar mit der Geschwindigkeit, wie die zwei Kilomol CO aus dem Kilomol CO_2 entstehen, bringt diese mit dem Partialdrucke p' aufgenommene Gasmenge auf den Druck des Vorratsraumes P' und schiebt nachher dieselbe in den Vorratsraum hinüber. Das kostet die ganz der vorigen Rechnung entsprechende Arbeit zweimal, also ist einzusetzen $-2RT\ln\dfrac{P'}{p'}$.

Jetzt wäre nun noch für genügend Kohlenstoff zu sorgen. Man müßte, um das Volumen ungeändert zu lassen, ein Kohlenbrikett von 12 Kilogramm in den mathematisch-chemischen Ofen schieben. Das kann man tun, braucht es aber nicht. Wenn man sich nach der Kohlenkammer begibt, wird man beobachten, daß diese von idealer Reinheit ist. Die Luft, wie jedes fremde Gas, ist ausgepumpt, das Vakuum ist höher als in der Glühlampe und es würde absolut sein, wenn nicht über dem glühenden Kohlenstoff dessen gesättigten Dampf stünde.

Dieser Dampf von sehr geringem Druck — erst in sehr viel höherer Temperatur als 800° C. wird der Druck bekanntlich merkbar — dieser ist es, den man für den Experimentier-Generator mit Vorteil zur Beschickung verwendet, um die Arbeitsfähigkeit desselben zu finden. Man saugt davon 12 Kilo in einen Cylinder — das Volumen erinnert allerdings an Weltkörper — und verfährt wie oben. Da zeigt sich, daß die Arbeit gleich Null ist, denn der glühende Kohlenstoff der Vorratskammer hat genau dieselbe Dampfspannung, wie der im gleich warmen Generator. Nach Daltons Gentz ändert die Gegenwart der anderen Gase im Generator nichts daran. Da kann man sich Umstände sparen und von der Kohlenkammer ein Rohr nach der Kohlendampfdurchlässigen Stelle des Generators legen. Läuft dann die Reaktion, so verdampft fester C, weil C-Dampf in den Generator übertritt; Arbeit wird dabei aber nicht geleistet und nicht verzehrt, denn das Volumen des ganzen Systems bleibt ungeändert.

Dieselbe Erscheinung hat man aber auch, wenn man in den Generator einen Kohlenvorrat legt und, um den Gasdruck von CO_2 und CO konstant zu halten, im Maße des C-Verzehrs den Gasraum verkleinert, etwa durch einen Tauchkolben. Schließlich kann man den Tauchkolben aus C machen, das wäre dann die Einführung des vorgeschlagenen 12 Kilobriketts.

Was man also auch tun möge, es hat sich ergeben, daß unter der Bedingung des unveränderten Partialdruckes der Generatorgase, daß unter den Gleichgewichtsbedingungen aus dem festen Kohlenstoff keine Arbeit zu bekommen ist.

Die gesamte Arbeit der chemischen Reaktion ist also

$$R\,T\,ln\,\frac{P}{p} - 2\,R\,T\,ln\,\frac{P}{p'}.$$

Dieser Ausdruck läßt sich anders gestalten — das ist rein arithmetisch — er gibt, wenn die 2 unter den ln kommt, und die Gleichgewichtsdrucke des reagierenden Systems vereinigt werden:

$$R\,T\,ln\,\frac{P}{p_1^2} - R\,T\,ln\,\frac{p_1^2}{p}.$$

Zur Bequemlichkeit können die Ausgangsdrucke der Reagentien alle = 1 gesetzt werden, sie bezeichnen dann den Nullpunkt der zu messenden Arbeitsfähigkeit, das erste Glied des Ausdrucks wird dadurch Null und es bleibt also als physikalische Arbeitsmöglichkeit:

$$R\,T\,ln\,\frac{p_1^2}{p}.$$

Diese Arbeit ist auf umkehrbarem Wege erlangt worden, daher ist es möglich, die Reaktion unter Wiederaufwendung der Arbeit und unter Bewegung der Wärme in umgekehrter Richtung vollkommen rückgängig zu machen und den ursprünglichen Zustand wieder herzustellen. Die chemische Umsetzung würde sich dabei wieder in dem Reaktionsraume vollziehen, ohne daß darin die geringste Veränderung des Gleichgewichtes einträte und man hätte schließlich aus zwei Kilomol Kohlenoxyd ein Kilomol Kohlenstoff und ein Kilomol Kohlensäure von gleicher Temperatur hergestellt. Die bei dem Vorgange zu erlangende Energie ist dasjenige, was Helmholtz mit dem Namen „freier Energie" belegt hat. Dieselbe ist bei chemischen Vorgängen das Nämliche, wie die auftretende chemische Energie, falls so etwas existieren sollte, denn man brauchte nur anzunehmen, es würde bei einer gewissen Art der Verwandlung von Kohlensäure in Kohlenoxyd noch mehr chemische Energie als die auf dem umkehrbaren Wege gefundene auftreten, so brauchte man nur nach vollzogener Reaktion mit Hilfe der auf umkehrbarem Wege nötigen Energie, welche das Äquivalent eines Teiles der chemischen wäre, den Prozeß rückgängig zu machen und bekäme so genau den ursprünglichen Zustand, außerdem einen Rest chemischer Energie oder deren Äquivalent in irgend einer Form. Das Verfahren ließe sich beliebig oft wiederholen und würde also dazu dienen können, eine unbegrenzte Menge von Energie aus dem System Kohlensäure-Kohle herauszuziehen: eine mit dem Gesetz der Erhaltung der Energie unvereinbare Vorstellung.

In dieser bei einer umkehrbaren chemischen Umsetzung zu gewinnenden freien Energie hat man auch das Maß der chemischen Verwandtschaft. Wenn die chemische Verwandtschaft etwas ist, so doch dasjenige, wonach sich die chemischen Reaktionen richten. Diese müssen in ihrem Sinne verlaufen und sie können nicht verlaufen, wenn sie gegen diese Verwandtschaft verlaufen würden. Nach dieser Auffassung ist beim beweglichen Gleichgewicht die Verwandtschaft befriedigt und wird wieder erzeugt, wenn man die Stoffe von dem Gleichgewicht entfernt. Sie hat dann die Größe angenommen, welche der Mindest-

aufwand zur Herstellung des vom Gleichgewicht abweichenden Zustandes darstellt.
Dieser Mindestaufwand ist identisch mit der freien Energie. Wenn man anstatt
chemischer Verwandtschaft sagen würde, physikalische Arbeitsfähigkeit auf
dem Wege stofflicher Änderung, so würde man die Naturbetrachtung sehr
klären und vereinfachen, aber auch, wenn man einen dunklen metaphysischen Begriff
einer hinter den sichtbaren und meßbaren Vorgängen steckenden chemischen Verwandtschaft beibehalten will, und gerade dann, wird man mit Bewunderung ersehen,
daß die Begründer der neueren physikalischen Chemie dieses metaphysische Etwas
messen gelehrt haben. Sie messen es genau wie die Elektrizität gemessen wird, an
ihren Wirkungen, magnetischen, kalorischen, mechanischen, ohne ihr sogenanntes
inneres Wesen zu kennen. Diese Wendung „Maß der chemischen Verwandtschaft" ist
ein Ausdruck der Nachgiebigkeit und Anpassung gegen bestehende Vorstellungen,
denn es dürfte wohl für Naturwissenschaftler das Richtige sein, die Naturkräfte nur
in ihren äußeren Eigenschaften zu beobachten und zu messen. Die Eigenschaften, die
sich nicht äußern, brauchen den Naturforscher nicht zu kümmern, damit mag der
Metaphysiker sein Dasein füllen.

Der in Vorstehendem gegebene und erläuterte Begriff der quantitativen Feststellung der chemischen Energie ist etwas ausführlicher zu behandeln gewesen, weil
er zum Verständnis der Vorgänge bei der Eisenreduktion, auf welche die Betrachtung
der Generatorgleichung zielt und von welcher sie zugleich einen unentbehrlichen Teil
bildet, gebraucht werden muß.

Es sei noch bemerkt: Man war früher der Meinung, die bei chemischen Umsetzungen auftretende Wärmemenge, die Wärmetönung, sei das Maß der chemischen
Verwandtschaft und hielt sich dazu durch eine Fülle nicht ganz scharfer Beobachtungen bei niederer Temperatur für berechtigt. Indessen zeigt der Generatorvorgang ohne weiteres und zeigen eine Menge anderer chemischer Prozesse in hoher
Temperatur, daß die Wärmetönung ein Maß der Verwandtschaft gar nicht sein kann,
weil die Umsetzung unter gewissen Umständen ebenso leicht gegen den Sinn der
Wärmetönung verläuft, als unter anderen Umständen mit demselben. —

Nun zurück zur Arbeitsgleichung. Die bei dem vollzogenen Prozesse gewonnene
Arbeit war $RT \ln \dfrac{p_1^2}{p}$. Hierin ist R, wie bereits erwähnt, die Gaskonstante, d. h.

die üblicher Weise durch $\dfrac{p_0 v_0}{273}$ bezeichnete Größe aus dem Gay Lussac Mariotteschen
Gesetz. Um eine greifbare Vorstellung der erlangbaren Energie zu geben, sei darauf
hingewiesen, daß $p_0 v_0$, ein Produkt aus Druck und Volumen, die Arbeit vorstellt,
welche die Herstellung eines Gases bei Null Grad und dem Normaldruck von einer
Atmosphäre liefern würde. Somit erhielte man in Zahlen, da jedes Kilomolekül den
Raum von 22,4 cbm einnimmt und da der Druck der Atmosphäre auf 1 qm = 10 335 kg ist

$$\frac{10\,335 \cdot 22,4}{273}$$

also 847,6 mkg oder, wenn die Energie in Wärmemaßen ausgedrückt wird,

$$\frac{847,6}{425} = 1,994 \text{ Wärmeeinheiten}$$

(nahezu gleich 2 C.), Die absolute Temperatur von 800° C. ist 1073, der Kohlenoxyddruck p' ist 93, der Kohlensäuredruck p ist 7, es kommt also unter den ln die Zahl $2\,ln\,93 - ln\,7 = 7{,}1100$; in Ausrechnung ergibt das 15 236,6 Cal.

Die gefundene Arbeitsgröße zeigt uns eine Eigentümlichkeit des Gleichgewichtes. Angenommen, der Kohlensäuredruck würde bei derselben Temperatur 100 mal so groß gemacht und der Kohlenoxyddruck $\sqrt{100} = 10$ mal so groß, so würde die Arbeit bei der chemischen Reaktion vom Normaldruck aus nicht anders ausfallen und da diese dem Verfahren nach, weil dieses umkehrbar ist, die höchstmögliche Arbeit ist, so wären die Gase auch bei dem veränderten Druckverhältnis wieder im chemischen Gleichgewicht. Das geht auch noch aus einer anderen Überlegung hervor. Wenn nämlich bei dem zweiten Druckverhältnis das Gleichgewicht noch nicht erreicht wäre, so könnte man das chemische System in den ursprünglich wirklichen Gleichgewichtszustand überführen und dabei noch eine Arbeit gewinnen; diese Arbeit läßt sich leicht ausrechnen; der einfachste Weg dazu ist im gegebenen Falle, daß man über den Normaldruck zurückgeht und dann den Arbeitsdruck auf dem ursprünglich und ausführlich behandelten Wege erreicht. Man sieht ohne weiteres, daß die Arbeit beim Übergange zum Normaldruck und auf der zweiten Hälfte des Weges vom Normaldruck weg sich aufhebt. Es ist also bereits in dem Zustande der Partialdrucke 10 p_1 und 100 p vollständiges chemisches Gleichgewicht. Dieses Gleichgewicht ist demnach immer vorhanden, wenn der Bruch $\dfrac{p_1{}^2}{p}$ derselbe ist. Es gibt also für eine Temperatur nicht ein Gleichgewicht, sondern eine unendliche Menge, nicht einen Punkt des Gleichgewichts, falls man in üblicher Weise den Druck p und p_1 in einem rechtwinkeligen Koordinatensystem darstellt, sondern eine Kurve des Gleichgewichtes.

Im vorliegenden Falle ist diese Kurve besonders einfach. Der Ausdruck $\dfrac{p_1{}^2}{p} = k$ gibt die bekannte Scheitelgleichung der Parabel ($\mathfrak{Y}^2 = 2\,p\mathfrak{X}$). Wie gezeigt worden war, ändert sich der Gleichgewichtsdruck mit der Temperatur, es gibt also für jede Temperatur eine solche Parabel; man kann die Gleichgewichte in einer Kurvenschar darstellen.

Eine praktische Anwendung des Gleichgewichtsgesetzes ergibt sich ohne weiteres für den Generatorbetrieb. Die Untersuchung der Kohlensäure-Reduktion ist mit reinem Gas ausgeführt worden. Mischt man der Kohlensäure Stickstoff zu, z. B. diejenige Menge, welche bei der Kohlensäurebildung durch Verbrennung mit atmosphärischer Luft hinzutritt, so ist der Kohlensäuredruck herabgesetzt. Der Stickstoff reagiert nicht mit, er ist ein indifferentes Verdünnungsmittel, aber der Partialdruck der reagierenden Gase ist auf den fünften Teil gesunken, wenn die CO-bildung eben beginnt, auf den dritten Teil, wenn nur CO gebildet wird und bei einem mittleren Generatorgang auf etwa $\frac{1}{4}$. Soll Gleichgewicht hergestellt werden, so muß der Bruch $\dfrac{p_1{}^2}{p}$ wieder denselben Wert bekommen. Der Kohlenoxyddruck sinkt also nicht so stark wie der Kohlensäuredruck, sondern z. B. nur auf den Wurzelviertenteil, auf die Hälfte, in einem Falle, wo der Kohlensäuredruck auf den vierten Teil sinkt. Die Umsetzung geht also weiter.

Umgekehrt würde es sein, wenn man einen Generator unter höherem Drucke arbeiten ließe, man kame dann sehr bald auf Drucke, bei denen recht schlechte Gase gebildet werden, falls man nicht die Temperatur über die gebräuchliche Generator-Temperatur hinaus steigert. —

Die Bedingung für die Änderung des Partialdruckes mit dem Gesamtdruck bei dem Gleichgewichte ist schon früher bekannt geworden. Gouldberg und Waage haben in ihrem Massenwirkungegesetz bereits die Erkenntnis erschlossen, daß für den Gleichgewichtszustand im vorliegenden Falle das Quadrat des Kohlenoxyddruckes, dividiert durch den Kohlensäuredruck, eine Konstante sein muß. Die Thermo-Dynamik hat jetzt auf einfacherem Wege den Satz bestätigt und in anschaulicher Weise die Ursache für seine Geltung dargelegt.

Wenn man sich der Ableitung der Arbeitsformel erinnert, so wird man sich überzeugen, daß in genau derselben Weise andere Gleichgewichtszustände zwischen Gasen behandelt werden können und man wird ohne weiteres einsehen, daß sich ein Unterschied nur in der Form des Ausdruckes für die Konstante k ergeben wird, wenn mehr oder weniger Moleküle in Reaktion treten.

Für jedes Molekül tritt ein Partialdruck ein, also für zwei Moleküle Kohlenoxyd derselbe Druck zweimal. Hätte man Wasserstoff in zwei Molekülen, Kohlenoxyd in einem Molekül als Produkt, so würde man das Quadrat des Wasserstoffdruckes und den einfachen Kohlenoxyddruck in den Zähler zu setzen haben; ganz entsprechend wird der Nenner gebildet und somit ist bei der Betrachtung des Generatorgleich-gewichtes die allgemeine Erkenntnis für die Gleichgewichte zwischen Gasen gefunden worden. Dieselbe wird bei der Behandlung der Reduktion der Eisenerze durch Kohlen-oxyd unter Bildung von Kohlensäure ihre wichtigste Anwendung erfahren.

Nachdem nun der erste Zug der Carnotschen Maschine, die isothermische Expansion bereits recht wertvolle physikalisch-chemische Einsichten gebracht hat, soll zum Vollzug der übrigen Operationen geschritten werden. Das würde sein die adiaba-tische Expansion, die isothermische Kompression und schließlich die adiabatische Kompression, welche alle Substanzen auf den Ausgangszustand der ersten Operation zurückführt.

Es hat sich nun gezeigt, daß die Carnotsche Maschine der Chemiker ein noch umständlicheres Ding als diejenige der Physiker ist und nachdem die letztere bereits sichergestellt hat, daß die Arbeitsleistung für eine gegebene Temperaturdifferenz, eine endliche oder unendlich kleine, ganz und gar unabhängig von dem Substrat ist, so steht das Ergebnis der Untersuchung schon von vornherein fest und man kann ohne weiteres davon Gebrauch machen.

Es ergibt sich für den Zusammenhang zwischen der Temperaturänderung und der in das System eintretenden Wärmemenge Q einfach

$$d A = Q \frac{d T}{T}.$$

A war $R T ln k$, dann ist

$$\frac{d A}{d T} = R ln k + R T \frac{d ln k}{d T}. \qquad (1)$$

11*

Nach dem ersten Hauptsatze ist nun die Änderung der inneren Energie gleich der geleisteten Arbeit

$$U = A.$$

Wird bei dem Prozeß noch Wärme aufgenommen, so ist diese natürlich von der Arbeit in Abzug zu bringen, wir haben

$$U = A - Q. \tag{2}$$

Führt man die innere Energie in den zweiten Hauptsatz ein, so substituiert man

$$Q = A - U$$

und bekommt

$$\frac{dA}{dT} T = A - U. \tag{3}$$

Das ist eine Gleichung für die Arbeit und zwar eine zweite, die erste hatte sich bei der ersten Operation der Carnotschen Maschine ergeben. Infolge dieser zwei Ausdrücke für dieselbe Arbeit läßt sich die Beziehung der übrigen vorkommenden Größen zwischen einander unmittelbar geben, algebraisch gesprochen: aus den beiden Gleichungen läßt sich die Arbeit eliminieren und man erhält unter Berücksichtigung der Gleichung 1

$$\underline{RT\ln k} + RT^2 \frac{d\ln k}{dT} = \underline{RT\ln k} - U. \tag{4}$$

Die unterstrichenen Werte heben sich heraus.

Die Verschiebung der inneren Energie U ersieht man bei chemischen Vorgängen aus der Wärmetönung, dabei ist aber die Wärmetönung bei der Umsetzung so zu messen, daß keine äußere Arbeit geleistet wird, sie sei q. So erhält man für die Verschiebung des Gleichgewichtes mit der Temperatur die Beziehung

$$RT^2 \frac{d\ln k}{dT} = -q. \tag{5}$$

Wenn sich q mit der Temperatur so wenig ändert, daß man es als konstant behandeln kann, so gibt die Gleichung integriert

$$\ln k = -\frac{q}{R}\frac{1}{T} + B. \tag{6}$$

Die Integrationskonstante B läßt sich durch Subtraktion zweier benachbarter Werte wegschaffen.

Die Integration ist hier gestattet, denn die Wärmetönung von rund 40 000 Kal. (minus!) wächst zwischen 650 bis 950°, wie sich aus der spezifischen Wärme ergibt, um

0,008 Kal. für   1°
1,2   -   -   150°
2,4   -   -   300°

also gegenüber 40 000 Kal. eine durchaus einflußlose Größe.

Man kann also aus zwei Beobachtungen oder besser aus einigen die Größe k, das Verhältnis der Partialdrucke und für einen normalen Gesamtdruck diese selbst berechnen.

Das ist für das Kohlenoxyd-Gleichgewicht in ähnlicher Weise von Boudouard geschehen. Ich gebe die Resultate:

Temperatur		$p(CO_2)$	$p_1(CO)$
450	ber.	0,98	0,02
500	-	.. 95	.. 5
550	-	.. 89	.. 11
600	-	.. 77	.. 23
650	gefunden	.. 61	.. 30
	ber.	.. 61	.. 89
700	-	.. 42	.. 68
750	-	.. 24	.. 76
800	gefunden	.. 7	.. 93
	ber.	.. 10	.. 90
850	-	.. 6	.. 94
900	-	.. 35	.. 965
925	-	.. 3	.. 97
950	gefunden (Methode!)	.. 4	.. 96
	ber.	.. 15	.. 985
1000	-	.. 07	.. 998
1050	-	.. 04	.. 996

Diese Tabelle ist auch in der Figur in der punktierten Linie rechts dargestellt, in der Weise, daß die Ordinaten die Prozente an vorhandener Kohlensäure anzeigen, von unten nach oben abnehmend, und die Abszissen die Temperaturen.

Wollte man auch den Gehalt an Kohlenoxyd darstellen, so wäre es nötig, in die dritte Dimension zu gehen, man bekommt dann ein Modell für die Gleichgewichtszustände, in welchem man außerdem sehr leicht für jede Temperatur die Verschiebung des Gleichgewichtes mit dem Druck zeigen läßt, durch Ausführung der früher erwähnten Parabel.

Das abgeleitete Gesetz für die Abhängigkeit der Konstante k von der Wärmetönung und der absoluten Temperatur ist (in entsprechender Form) ganz allgemein und bezieht sich nicht nur auf Kohlenoxyd und Kohlensäure. Man kann die Ableitung für beliebig viele gasförmige Stoffe wiederholen und auf Grund der Untersuchungen van't Hoffs über den osmotischen Druck sogar für Lösungen. Über die Form, welche k annimmt, ist schon oben gehandelt worden.

Temperaturen.

Durch die vorstehende Untersuchung ist also ein Ausdruck für die Reaktion der als unrichtig erkannten stöchiometrischen Gleichung $CO_2 + C = 2 CO$ gefunden, er besteht in der Gleichgewichtskurve und soll angedeutet werden durch ein aus zwei entgegengesetzten Halbpfeilen gebildetes Gleichheitszeichen, das gelesen werden kann: im Gleichgewicht mit, also $CO_2 + C \rightleftarrows 2 CO$.

Nach der Betrachtung des Kohlenoxyd-Gleichgewichtes sind auch die folgenden Formeln leicht verständlich

$$FeO + CO \rightleftarrows Fe + CO_2 \qquad\qquad (Ia)$$

$$Fe_3 O_4 + CO \rightleftarrows 3 FeO + CO_2 \qquad\qquad (IIa)$$

Daß sich bei den angegebenen Reaktionen Gleichgewichte herausstellen, ist schon lange qualitativ bekannt, es liegen auch einige ältere Untersuchungen über den Einfluß der Temperatur auf das Gleichgewicht vor, eine eingehende und genaue Bearbeitung haben die Gleichgewichte neuerdings von Baur und Glaessner erfahren. Auch diese Untersuchung wird noch Ergänzungen erhalten müssen, indessen bietet sie bis jetzt die größte Sicherheit und genug Daten, auf die man sich stützen kann.

Die genannten Forscher haben festgestellt, welches Konzentrationsverhältnis CO zu CO_2 bei verschiedenen Temperaturen mit FeO und Fe, bei einer anderen Versuchsreihe mit $Fe_3 O_4$ und FeO im Gleichgewicht ist. Sie brachten in ein einseitig geschlossenes Porzellanrohr, welches sich elektrisch heizen und auf konstanter Temperatur halten ließ, ein Porzellanschiffchen, das einmal mit einem Gemenge von FeO und $Fe_3 O_4$, ein ander Mal mit Fe und FeO beschickt war. Wurde die Substanz im Rohre mit Kohlenoxyd behandelt und wurde nach genügend langer Einwirkung dieses analysiert, so ergab sich eine bestimmte Kohlensäure-Beimischung, wurde sie mit Kohlensäure behandelt, und dieses Gas später analysiert, so ergab sich die gleiche Zusammensetzung und das Gas dieser Zusammensetzung war den Versuchsbedingungen nach mit der Substanz im Schiffchen im Gleichgewicht. Auf diese Weise wurde für Temperaturen von 330—990° die Untersuchung ausgeführt. Die graphische Darstellung der Ergebnisse findet sich in den ausgezogenen Kurven der Figur, welche schon Erwähnung gefunden hat.

Die obere Kurve stellt das Kohlensäure-Gleichgewicht mit Fe und FeO dar, die untere das Gleichgewicht mit FeO und $Fe_3 O_4$ (die Figur ist entnommen aus dem Bericht der Forscher, Zeitschrift für physikalische Chemie 43, S. 354, welchem auch weitere Angaben dieser Abhandlung entstammen. Vergl. auch „Stahl und Eisen" 1903 Seite 556). Die Kurven zeigen einen eigentümlichen Gang, denn sie haben Maxima und Minima.

In den Schaulinien ist das Verhältnis zwischen Eisen und Eisenoxydul oder zwischen Eisenoxydul und $Fe_3 O_4$ nicht angegeben. Es gibt nämlich für feste Körper kein solches Gleichgewichts-Verhältnis. Das Gleichgewicht wird durch keines der möglichen Mischungsverhältnisse gestört. Die Ursache davon ist schon angedeutet, vielleicht aber noch nicht bemerkt worden, bei der Darstellung der im Reaktionsraum für CO_2, CO und C aus dem festen Kohlenstoff zu erlangenden Arbeit. Diese Arbeit war unter allen Umständen gleich Null und zwar deshalb, weil die Konzentration des

Kohlenstoffes durch die Temperatur allein bestimmt war. Man kann es so ausdrücken: Ein fester Körper liefert einen gesättigten Dampf — gleichgültig von welcher noch so kleinen Spannung — und ist somit immer in unveränderlicher wirksamer Menge im Reaktionsgemisch. Dementsprechend findet sich auch die Spannung oder die Konzentration des festen Körpers nicht in der Arbeitsformel. Sowie aus Kohlenstoff ist auch aus Eisen oder einem Eisenoxyd bei einem Gleichgewicht keinerlei Arbeit zu bekommen, ein Einfluß der Mengenänderung auf die freie Energie ist nicht vorhanden.

Die von Baur und Glaessner ermittelten Gleichgewichtskurven geben die Grundlage für die Beurteilung des Verhaltens der Eisenerze bei den Reduktionsprozessen, wenn man untersucht, welchen Einfluß es haben muß, sobald zu dem Kohlenoxyd-Kohlensäure-Gleichgewicht in dem Gase noch Kohlenstoff hinzukommt.

Wenn Kohlenstoff, Kohlenoxyd und Kohlensäure sich nebeneinander befinden, so müssen die vorher ausführlich behandelten Bedingungen der Konzentration erfüllt sein. Diese Bedingungen sind in der rechts punktierten Linie für Atmosphärendruck dargestellt. Die linke Linie gibt den veränderten Zustand, wenn der Druck auf ¼ Atmosphäre gesunken ist. Derselbe Prozentsatz von Kohlensäure über dem Kohlenstoff, wie er über den Eisenverbindungen sich herausstellt, ist aber nur bei 2 Temperaturen vorhanden, nämlich bei denen, welche dem Schnittpunkte der punktierten Linie mit den ausgezogenen entsprechen, nämlich bei 685 und bei 645° C. Brächte man in das Gasrohr von Baur und Glaessner, welches das Schiffchen mit Reagens enthält, etwas Kohlenstoff bei diesen Temperaturen, so würde keine Reaktion eintreten, man könnte diesen Kohlenstoff dem Reagensgemisch im Schiffchen beliebig nähern, könnte ihn mit dem Gemisch auch in Berührung bringen, noch dazumengen, es würde keine Veränderung erfolgen.

Da sich die Kohle und das Eisenoxydgemisch einzeln mit dem Gasgemenge im Gleichgewicht befinden, so müssen sie nämlich auch untereinander im Gleichgewicht sein. Wollten sie aufeinander reagieren, so wäre dadurch das Gleichgewicht gegen das Gasgemenge gestört. Letzteres würde sich von selbst wieder herstellen, sodaß freie Energie zur Umsetzung gelangt. Die Störung könnte sich wiederholen durch die Reaktion der festen Körper, und so könnte ein Vorgang bei konstanter Temperatur unter Arbeitsleistung ohne Ende weiterlaufen, was eine physikalische Unmöglichkeit ist. (In der Phasenlehre heißt diese Erkenntnis der Satz von der Vertretbarkeit der Phasen.)

Anders würde es, wenn bei einer Temperatur unter 685° Kohle zu dem Gemisch von Fe und FeO gebracht wird (obere Kurve links). Wählen wir 600° als Temperatur, so würden zur Erfüllung des Generator-Gleichgewichtes ungefähr 77 % Kohlensäure notwendig sein. Das Eisen-Eisenoxydulgleichgewicht hat aber nur etwa 40 % Kohlensäure, somit ist freie Energie vorhanden, welche unter den gegebenen Bedingungen der Beweglichkeit zu einer Reaktion führen muß. Das Gleichgewicht würde nun durch Veränderung in dem Gasgemisch allein nicht wieder herstellbar sein, denn wie man auch die Menge des einen Bestandteiles auf Kosten des anderen ändern möge, niemals ist ein Verhältnis denkbar, bei welchem der Kohlensäuregehalt sowohl 77 als 40 % ist und sobald er anders ist, muß eine Reaktion eintreten.

Nun könnte man sich denken, der das Gleichgewicht störende Kohlenstoff könne durch die Kohlensäure oxydiert werden, dann würden aber infolgedessen weniger als 40 % Kohlensäure vorhanden sein. 40 % Kohlensäure oxydieren jedoch den Kohlenstoff nicht, noch weniger % oxydieren ihn erst recht nicht, denn sie vermehren sich gerade auf Kosten von Kohlenoxyd. Dieser Prozeß wäre also gegen den Sinn der chemischen Kräfte.

Reduktion von Eisenoxydul durch Kohlenoxyd ist auch nicht möglich, denn das würde mehr Kohlensäure geben, als 40 %, was der Gleichgewichtsbedingung widerspricht. Die Gleichgewichtsbedingung drückt ja aus, daß mehr als 40 % Kohlensäure auf Eisen oxydierend wirken und Eisenoxydul bilden. Die Reduktion des Eisenoxyduls durch Kohlenstoff vermehrt das Kohlenoxyd, vermindert also die Konzentration der Kohlensäure. Das widerspräche sowohl der Bedingung für das Eisengleichgewicht, als der für das Generatorgleichgewicht. Dieselbe Reduktion unter gleichzeitiger Kohlensäure- und Kohlenoxydbildung in solcher Weise, daß dem Eisengleichgewicht genügt wird, würde dem Generatorgleichgewicht nicht genügen und den Widerspruch nicht beseitigen.

Das einzige, was möglich ist, das ist, daß sich aus den Gasen noch mehr Kohle bildet, die dabei entstehende Kohlensäure das Eisen oxydiert unter Entwicklung von neuem Kohlenoxyd, und daß der Prozeß solange weiter geht, bis das ganze Eisen aufgezehrt ist und dadurch das Generatorgleichgewicht mit 77 % Kohlensäure erfüllbar wird.

Der Vorgang ergibt sich ganz von selbst aus dem Verhalten der Gase. Denkt man sich in einer abgeschlossenen Röhre mit dem Eisengleichgewicht an einem Ende die Oxydbeschickung, an dem anderen einige Stücke von festem Kohlenstoff, so ist über dem festen Kohlenstoff mit dem Gasgemisch ohne weiteres eine Reaktion gegeben, die erst bei 77 % Kohlensäure, d. h. bei einem Kohlensäuredruck von 77 % des Atmosphärendruckes, ihr Ende findet. Auf der anderen Seite steht Kohlensäure mit 35 %. Es ist selbstverständlich, daß sich die Kohlensäure vom hohen Druck nach dem Orte des niederen hinbewegt. An der Röhrenseite des Eisengleichgewichts tritt dieser Bewegung nichts entgegen. So ist das Gleichgewicht gestört und die freie Energie, welche in das System gekommen ist, oxydiert das Eisen. An diesem Ende sind 65 % Kohlenoxyd vorhanden, während am Kohlenende nur 23 % sind. So bewegt sich das Kohlenoxyd nach der Stelle geringerer Spannung, vermehrt dort die Spannung, d. h. liefert eine verfügbare freie Energie, welche sich in der Umsetzung zu Kohlensäure und Kohlenstoff entfaltet. Dieser Vorgang kann erst aufhören, wenn das Eisen verzehrt ist.

Die chemische Umsetzung, welche angeblich durch eine chemische Verwandschaft bedingt wird, deren Größe und Art sich von außen aber nicht erkennen läßt, ist also auch hier, wie überall, die einfache Folge der physikalischen Arbeitsmöglichkeit auf dem Wege stofflicher Änderung.

So vernichtet also die Kohle bei Temperaturen unter 685 ° das Dasein des Eisens in der Gesellschaft reagierender Stoffe. (Zu diesem Schlusse gelangt man in kürzerer Weise mittels der sogenannten Phasenlehre. Dieser Beweis ist aber nur überzeugend, wenn die Bekanntschaft mit der Phasenlehre vorausgesetzt werden kann.)

Wenn man zu dem aus Eisenoxyduloxyd und Eisenoxydul mit den Generatorgasen bestehenden Gleichgewicht festen Kohlenstoff zusetzt bei einer Temperatur, die niedriger ist, als 645°, beispielsweise wieder bei 600°, so würden von dem Eisengleichgewicht 60 % Kohlensäure verlangt werden, von dem Generatorgleichgewicht 77 %. Die Verhältnisse liegen ganz ähnlich wie vorher und zur Beseitigung des Widerspruchs wird das Eisenoxydul verbrannt und das Generatorgleichgewicht setzt sich durch. Die Menge des Kohlenstoffes vermehrt sich dabei. Die Ursache dazu liegt wieder in den Verhältnissen, welche aus den Gleichgewichtskurven abgelesen werden können. Gleichzeitig vermindert sich das Volumen, weil aus 2 Volumen Kohlenoxyd 1 Volumen Kohlensäure entsteht und das ist durch die Gasanalyse von den Experimentatoren bestätigt worden.

In anderer Weise löst sich der Widerspruch zwischen den Gleichgewichtsbedingungen bei Temperaturen über 685°. Hier erfordert das Eisengleichgewicht mehr Kohlensäure, als das Generatorgleichgewicht. Bei 800° hätte das Eisengleichgewicht der oberen Kurve etwa 35—40 % Kohlensäure, das Generatorgleichgewicht hat aber nur 7 % Kohlensäure. Infolgedessen tritt die Reaktion ein, bei welcher die Kohle verschwindet, nämlich die Kohlensäure oxydiert die Kohle zu Kohlenoxyd und setzt das solange fort, bis die Kohle aufgebraucht ist. Es entsteht dabei eine Volumvermehrung, wie sich experimentell bestätigte.

Baur und Glaeßner haben noch eine weitere Beobachtung gemacht.

Links von der Kurve des Generatorgleichgewichtes wurde, wie erwähnt, das Eisen verzehrt, es wird Eisenoxydul aus demselben. Läßt man nun der Reaktion den Lauf, so tritt, falls die Temperatur unter 645° liegt, Eisenoxyduloxyd auf, und schließlich ist auch das Eisenoxydul verschwunden. Es ist dies ein Oxydationsprozeß, welcher durch die Konzentration der Kohlensäure hervorgerufen wird, welche die Reduktionswirkung des Kohlenoxydes übertrifft.

Anders rechts von der Boudouardschen Kurve, also bei höherer Temperatur. Da wird das bei dem Verschwinden der Kohle gebildete Kohlenoxyd reduzierend wirken und man beobachtet zuerst das Auftreten von Eisenoxydul, dann von metallischem Eisen. Es ergibt sich also, daß Kohle neben Eisenoxyduloxyd und einem Gase von bestimmtem Gehalt an Kohlensäure und Kohlenoxyd nur bis 645° dauernd beständig ist, bei Temperaturen von 645—685° nur mit Eisenoxydul und oberhalb 685° nur noch mit metallischem Eisen.

Die vorstehenden Betrachtungen erlauben einige praktische Folgerungen. Es kommt beim Hochofenbetriebe vor, daß die Gichten hängen bleiben und es hat sich dabei gezeigt, daß sich eine Menge Kohlenstoff in denselben ansammelt. Dieser Kohlenstoff (Osann, Stahl und Eisen 22, 258) entsteht sicherlich nur unter 685°, denn oberhalb 685° ist die Kohle unbeständig, wird aufgebraucht. $Fe\,O + C$ geben $Fe + C\,O$.

Nach den Untersuchungen von Baur und Glaeßner kann man die Oxydationsstufen des Eisens nach ihrer Reduzierbarkeit in eine Reihe ordnen, falls man die Reduzierbarkeit mißt an dem geringsten Gehalt von Kohlenoxyd, den das Gas haben muß, um noch reduzierend zu wirken. Demnach ist $Fe_3 O_4$ leichter und $Fe\,O$ schwerer reduzierbar. Das erstere ist aber am schwersten bei etwa 500 ° zu reduzieren, wo die untere Gleichgewichtskurve ihr Maximum hat, bei höherer aber auch niederer Temperatur leichter. Das Eisenoxydul ist am leichtesten bei dem Minimum der oberen Gleichgewichtskurve bei 700 ° reduzierbar und bei höherer Temperatur schwieriger. Bei diesen Reduktionen wird der Gleichgewichtszustand nach einer gewissen Zeit bis auf unmerkliche Abweichungen erreicht. Baur und Gläßner analysierten die Gase, um sicher zu gehen, nach einer Einwirkubg von 15—25 Stunden. Hätten sie eben so viele Tage oder Jahre gewartet, so hätten sie auch nicht mehr CO umgesetzt, das ist eben der Sinn des Gleichgewichtsbegriffes. Hierdurch erklärt sich, weshalb die Erhöhung des Hochofens über ein gewisses Maß hinaus keinen Vorteil bringt. Haben die Gase Zeit gehabt, den Gleichgewichtszustand zu erreichen, so führt die durch Erhöhung des Ofens bewirkte verlängerte Einwirkung nicht zu weiterer Ausnutzung des Kohlenoxyds. Der zu jeder gegebenen Temperatur gehörige Ausnutzungsgrad bleibt bestehen, auch wenn man den Ofen bis in den Himmel baut.

Es sei noch darauf verwiesen, daß das Eisenoxydul eine ganz beschränkte Existenzmöglichkeit hat. Ist nämlich Kohle zugegen, so könnte es nur zwischen 645 und 685 ° bestehen, denn oberhalb 685 ° wird es reduziert und unter 645 ° wird es, wie man oben sah, merkwürdigerweise oxydiert.

Diese Temperaturspanne von 40 ° verschiebt sich durch die Verdünnung der Gase, denn die Untersuchung ist mit reinem Gase gemacht worden. Die Zumischung hat auf das Generatorgleichgewicht einen gewissen Einfluß, der für die Herabsetzung des Partialdruckes auf $^1/_4$ in der Figur angegeben ist. Auf das Eisengleichgewicht hat sie keinen Einfluß, denn im Zähler und Nenner des Bruches, welcher den Wert der Konstanten angibt, erscheinen die Drucke in gleicher Potenz, eine Folge der in der Reaktion auftretenden Molekülzahl. Da die Untersuchung mit reinen Substanzen geführt ist, so ist es sehr leicht möglich, daß durch die Einflüsse der Praxis diese kleine Spanne der Existenzmöglichkeit vollkommen zum Verschwinden gebracht wird, sodaß tatsächlich im Hochofen kein Eisenoxydul vorkommen würde.

Eine völlige Klärung hierüber können nur weitere experimentelle Arbeiten auf diesem physikalich chemischen Gebiet bringen. Dieselben sind auch noch aus einem anderen Grunde nötig. Es hatte sich bei dem Generatorgleichgewicht eine einfache Beziehung zwischen der Reaktionswärme und der Gleichgewichtskonstante ergeben. Diese Beziehung gilt selbstverständlich auch für das Eisengleichgewicht. Macht man indessen die Probe mit den bekannten Reaktionswärmen, so werden die Forderungen aus der Theorie nur teilweise bestätigt. Das bedeutet nun unmöglich, daß die Theorie falsch ist. Die einfache Ableitung der Gleichung zwischen der Konstante und der Reaktionswärme, welche weiter nichts als die Anwendung allgemeiner und sicherer Sätze der Physik ist, läßt diesen Gedanken nicht zu, ebensowenig erlaubt das die unzählbar oft gefundene Bestätigung des van't Hoffschen Satzes in ganz anderen Gebieten der Chemie.

Erfahrung und Theorie gehen auseinander, weil die Erfahrung noch unvollständig ist.

Besonders fühlbar macht sich zuerst der gänzliche Mangel der Erfahrung über die Wärmekapazität des Eisenoxyduls.

Man kann nämlich aus der van't Hoffschen Gleichung nicht nur die Reaktionswärme des ganzen Umsetzungsvorganges berechnen, sondern auch die Bildungswärme für FeO und Fe_2O_4, um dann die Rechnungen unter Gebrauch der genannten Wärmekapazität zu prüfen.

Die Gleichung

$$q = -RT^2 \frac{d \ln k}{dT}$$

gibt intregiert für die Mitte zweier nicht weit entfernten Temperaturen unter der bei dem Generatorgleichgewicht genannten Voraussetzung

$$\ln k_2 - \ln k_1 = \frac{q}{R}\left(\frac{1}{T_2} - \frac{1}{T_1}\right),$$

oder wenn man der Rechnung halber gemeine Logarithmen einführt

$$q = \frac{-4{,}584\,(\log k_2 - \log k_1)\,T_1\,T_2}{T_2 - T_1}.$$

Die Gleichgewichtskonstante gibt hier einfach die Gasanalyse,

$$k = \frac{\%\,CO_2}{\%\,CO}.$$

Damit findet man z. B. für eine Wärmetönung bei 835° von $FeO + CO = Fe + CO_2$

$$q_{835} = \frac{-4{,}584\left(\log\frac{32}{68} - \log\frac{36}{64}\right)(810+273)(860+273)}{50} = +8724.$$

Nun kann man dieselbe Wärmetönung berechnen, wenn man die kalorimetrische Messung bei 17° zu Grunde legt und die Wärmemenge hinzufügt, welche die Reagenzien vermöge ihrer Wärmekapazität bei 835° in den Reaktionsraum mitbringen, aber die Wärmemenge abzieht, welche sie wegen der Wärmekapazität zur Aufrechterhaltung ihres heißen Zustandes mitnehmen. Diese Rechnung gibt erheblich weniger.

Dabei ist nun mangels einer Messung die theoretische, d. h. nach Kapp extrapolierte Molekularwärme des Eisenoxyduls mit 10,4 eingesetzt und als konstant behandelt. Wahrscheinlich ist diese größer und wächst mit der Temperatur. Für jede Wärmeeinheit über 10,4 bringt man das FeO 816 Cal. in die Reaktion, so daß die Abweichung von der Rechnung nach van't Hoff weniger schroff wird.

Auch in die Gleichung $Fe_2O_4 + CO = 3\,FeO + CO_2$ geht die fragliche Molekularwärme als wichtiger Posten ein und deshalb ist deren Messung dringend nötig für die wissenschaftliche Beherrschung des Eisengleichgewichts.

Bei der Untersuchung der Eisengleichgewichte stößt man auf den für die Auffassung der chemischen Verwandtschaft wichtigen Fall, daß die Wärmetönung für eine wirklich sich vollziehende Reaktion gleich Null ist. Dort, wo die Eisenlinien in der Figur ein Maximum oder Minimum haben, ist der CO_2-Gehalt unabhängig von der

12*

Temperaturänderung, deshalb auch der CO-Gehalt und somit der Koeffizient k und auch $ln\,k$. Dadurch wird

$$d\,ln\,k = 0,\ \text{das heißt}$$
$$q = 0.$$

Dieser Umstand gibt das Mittel zur theoretischen Berechnung der oben erwähnten Bildungswärme von $Fe\,O = Fe_3\,O_4$.

$$Fe\,O + CO = Fe + CO_2$$
$$x\quad 26\,150\qquad 93\,500$$

werden die unter den Formeln stehenden Wärmemengen (Bildungswärmen) links verbraucht, rechts gewonnen ($C =$ Diamant, für die Differenz übrigens ohne Einfluß), zusammen sind sie null.

Daraus folgt x, die Bildungswärme des Eisenoxyduls $= 67\,350$ bis $680°$ und konstantem Druck.

Die Umrechnung mittels der Molekularwärme auf $17°$ und konst. Volumen gleich $65\,890$, während Le Chatelier in der Bombe $64\,600$ gemessen hat.

Die Ableitung aus dem Gleichgewicht liefert also die Bildungswärme 1200 Kal., d. h. gegen 2% des Wertes zu hoch und würde sie vermutlich bei gemessener statt extrapolierter Molekularwärme von $Fe\,O$ noch höher liefern.

Immerhin zeigt sich, daß die schwierige Experimentaluntersuchung des Eisengleichgewichts im ganzen ein wahres Bild der Erscheinung gegeben hat; von ihrer Wiederholung und Erweiterung ist völlige Klarheit zu erhoffen. Mehrere Umstände sprechen dafür. Möglicherweise kommen noch andere Reaktionen vor, die bis jetzt keine Berücksichtigung erfahren haben; es wäre zu untersuchen, ob es andere Oxyde gibt; wie die Löslichkeit des Kohlenoxydes in Eisen sich verhält; und dann, für die weitere Einsicht in den praktischen Reduktionsgang des Hüttenmannes, welche Einflüsse die Gegenwart der Schlacken, die Anwesenheit von anderen Metalloxyden usw. hat. Die vorstehende Abhandlung wird zum Verständnis der hierüber in den Fachzeitschriften zu erwartenden Berichte befähigen.

Was da vorliegt ist ein reiches Feld von Arbeit, aber ein lohnendes, denn schon die grundlegende Untersuchung von Baur und Glaeßner hat mittels der neueren thermo-chemischen Methode mit einem Schlage eine Fülle von Einsichten gebracht, die auf dem Wege der älteren Experimental-Chemie auch durch ungeheure Mühe und Sorgfalt nicht zu erreichen gewesen waren.

Brückenträger als Raumfachwerke.

Von Dipl.-Jng. Dr. W. Schlink,
Privatdozent an der Techn. Hochschule zu Darmstadt.

Einleitung.

Zur Berechnung von Brückensystemen, die in Wirklichkeit Raumfachwerke sind, denkt man sich dieselben aus ebenen Fachwerken zusammengesetzt, von welchen die Hauptträger nur durch senkrechte Lasten, die Windverbände durch horizontale Lasten beansprucht werden. Daß diese Methode nicht streng richtig, daß vielmehr selbst bei statisch bestimmten ebenen Hauptträgern das ganze System unter Voraussetzung der gewöhnlichen Ausführung statisch unbestimmt ist, ist bekannt. Diese Unbestimmtheit wird durch die meistens angebrachten Querversteifungen noch wesentlich erhöht.

Im allgemeinen wird sich allerdings eine Kraftverteilung ergeben, die mit der gewöhnlichen Annahme übereinstimmt, doch können auch andere Spannungsverhältnisse eintreten, was besonders Herr Föppl in seinem grundlegenden Werke „Das Fachwerk im Raume"[*] betonte. Dasselbe bietet eine Fülle von wichtigen Untersuchungen und Anregungen und weist ausdrücklich auf die Bedeutung der räumlichen Brückenträger hin. In neuerer Zeit veröffentlichte Herr Müller-Breslau eine Abhandlung[**] über diesen Gegenstand, indem er für die Berechnung des Windverbands als Teil eines statisch unbestimmten Raumfachwerkes den Maxwell'schen Satz über die Gegenseitigkeit der Verschiebungen benutzt.

Da statisch unbestimmte Systeme mancherlei Nachteile aufweisen, ist es von Bedeutung, solche Raumsysteme statisch bestimmt anzuordnen, wie dieses auch bei den ebenen Trägern durch Einfügung von Gelenken geschieht. Aufgabe dieser Arbeit ist es nun, systematisch zu entwickeln, in welcher Weise ein Brückenträger als statisch bestimmtes Raumsystem derartig ausgebildet werden kann, daß die Berechnung im wesentlichen, vor allem bezgl. der Hauptträger, auf diejenige von ebenen Fachwerken hinausläuft. Es werden der Reihe nach Raumfachwerke betrachtet, die den ebenen Trägern auf 2 Stützen und den durchgehenden Balkenträgern, sowohl bei oben- wie untenliegender Fahrbahn, entsprechen, während die Bogenbrücken einer weiteren Arbeit vorbehalten bleiben. Die verschiedenen Systeme werden nur mit Hilfe von ganz

[*] Leipzig 1892.
[**] Zeitschr. für Bauw. 1901.

elementaren Grundlagen hergeleitet, um die Klarheit der Systeme recht vor Augen zu
führen. Ein völlig durchgerechnetes Beispiel zeigt, daß die geringe Mehrarbeit gegenüber der üblichen Berechnungsweise keine Schwierigkeiten bietet.

Um Wiederholungen zu vermeiden, mögen folgende Begriffe vorausgeschickt
werden:

1. Ein Flechtwerk ist ein aus lauter Dreiecken gebildetes räumliches Stabsystem, das einen inneren Raum umschließt.

2. Jedes im Raum feste Auflager, d. h. ein solches, das in keiner Richtung
verschieblich ist, kann durch 3 von der Erde auslaufende Stützungsstäbe ersetzt
werden, die nicht in einer Ebene liegen dürfen, sonst aber beliebige Lage haben
können.

3. Jedes Kurvenlager, also ein solches, das nur eine Beweglichkeit in einer
Richtung besitzt (Rollenlager, Stelzenlager), kann dargestellt werden durch 2 Stützungsstäbe, die in einer Ebene senkrecht zur Gleitbahn liegen.

4. Ein Flächenlager (Kugellager), welches Bewegungsfreiheit auf einer
Fläche (Ebene) hat, kann ersetzt werden durch einen Stützungsstab, der in die
Normale der Fläche fällt, also bei horizontaler Lagerfläche senkrecht im Raume steht.

5. Erdfachwerk ist ein starres Stabsystem, das an die Stelle der Erde
treten kann, und von dessen Knotenpunkten aus die Stützungsstäbe laufen. (In den
Figuren ist das Erdfachwerk nur angedeutet, und zwar stets durch strichpunktierte
Linien).

§ 1. Allgemeines über Raumsysteme, die den ebenen Trägern auf
2 Stützen entsprechen.

Ein Brückensystem der gewöhnlichen Form, welches oben und unten von
ebenen Fachwerken, den Windverbänden, auf beiden Seiten von eben solchen, den
Hauptträgern, begrenzt ist, und in seinen Endfeldern Diagonalen enthält (also die Fahrbahn oben besitzt) stellt ein Flechtwerk dar, denn der ganze Mantel ist aus Dreiecken
gebildet. Damit dasselbe einen räumlichen Fachwerksträger liefert, ist es mit der
Erde durch Lager mit 6 Lagerbedingungen, oder also durch 6 Stützungsstäbe, zu verbinden, die sich in allgemeiner Lage befinden, vor allem nicht von derselben Geraden
getroffen werden dürfen. Sie können z. B. nach Fig. 1 angeordnet werden, sodaß a ein
festes Lager, b ein Kurven-(Linien-)lager mit Gleitrichtung ab darstellt und c ein Flächen-
(Ebenen-)lager. Die 6 Lagerbedingungen auf die 4 Punkte a, b, c, d zu verteilen, ist bei
horizontaler Auflagerungsfläche nicht möglich, da alsdann die Stützungsstäbe eine solche
Lage besitzen, daß sie alle dieselbe Gerade schneiden.

Gewöhnlich wird das Brückensystem in der Weise gestützt, daß die Lager a
und b absolut fest sind, während sich c und d nur auf Geraden, in der Längsrichtung,
bewegen können. Die Auflager sind demnach durch 10 Stützungsstäbe (Fig. 2) zu
ersetzen, stellen 10 Auflagerbedingungen dar, und es besitzt infolgedessen das gestützte
System scheinbar 4 Stäbe zu viel, wäre 4 fach statisch unbestimmt. Da sich aber die
Punkte a und b, bezw. c und d auch ohne die Stäbe ab, cd infolge ihrer Auflagerung
nicht gegeneinander verschieben können, so haben sie keinen Zweck und können fort-

gelassen werden und somit ist das System bei der angegebenen Stützung (wenn die Stäbe ab und cd als Versteifungsstäbe angesehen werden), nur zweifach unbestimmt.

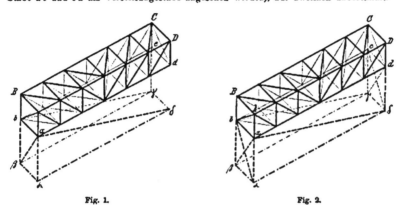

Fig. 1.   Fig. 2.

Der ebene Hauptträger zeigt in seiner Ebene 1 festes und 1 bewegliches Lager. Es braucht nun keineswegs ein Raumsystem nach Fig. 2 gelagert zu werden, damit die ebenen Hauptträger die gewöhnliche, ebene Lagerung aufweisen. Würden die für die

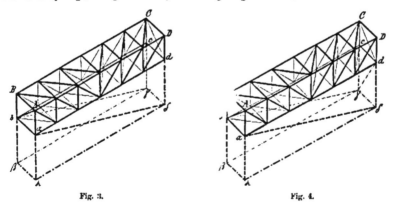

Fig. 3.   Fig. 4.

ebenen Hauptträger eingeführten, ebenen Stützungsstäbe (2 für ein festes, 1 für ein bewegliches Lager) beibehalten, so entstände ein bewegliches Raumsystem: es stellen ja die Stützungen in a und b Kurvenlager, in c und d Kugellager dar, und das ganze System kann sich in Richtung ab verschieben (Fig. 3).

Damit das Raumsystem ein stabiler Träger wird, der für die ebenen Hauptträger die gewöhnliche ebene Lagerung aufweist, ist ein weiterer Stützungsstab notwendig. Derselbe muß eingezogen werden als Diagonalstab im Endfeld des Stützen-
geschosses, z. B. $a\beta$ (oder $b\alpha$), dann stellt a ein festes Lager dar, b ein Kurvenlager mit
Gleitrichtung ab, c und d Ebenenlager. Wird statt $a\beta$ der Stab $d\gamma$ eingezogen (Fig. 4),
so tritt an die Stelle des Ebenenlagers in d ein Kurvenlager ein mit Gleitrichtung ad
(Fig. 5). Bei beiden Anordnungen ist in der Ebene $ad\delta\alpha$ der Punkt a fest, dagegen d
beweglich, ebenso ist b für die Ebene $bc\gamma\beta$ fest und c beweglich. Es würden also die
ebenen Hauptträger die gewöhnliche ebene Lagerung des Balkens auf 2 Stützen aufweisen. Infolge der 7 Stützungsstäbe ist dieser Raumträger einfach statisch unbestimmt.

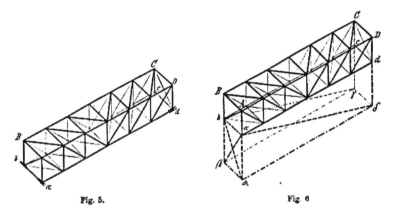

Fig. 5.   Fig. 6

Bei der ersterwähnten Lagerung kann eine Stabvertauschung vorgenommen
werden, indem an die Stelle von ab ein Stützungsstab $b\alpha$ tritt. Das ganze System
(Fig. 6) ist immer noch einfach statisch unbestimmt (da sich die Stabzahl nicht geändert hat), es ruht aber nun auf 8 Stützungsstäben: a und b feste Lager, c und d
Flächenlager. Werden die Lager b und c vertauscht, so darf natürlich der Stab ab
nicht entfernt werden, da sich sonst a gegen b verschieben könnte, und es enthält der
so entstandene Träger (Fig. 7) einen Stab mehr wie Fig. 6, er ist zweifach statisch
unbestimmt. Die Hauptträger weisen wiederum als ebene Systeme ein festes (a-bezw. c)
und ein bewegliches (d bezw. b) Lager auf.

Je nach der Verteilung der Stützungsstäbe können andere Lageranordnungen
eintreten, die für die ebenen Hauptträger immer wieder die gewünschte Lagerung
darstellen. Die betrachteten Stützungen entsprechen aber nicht der gewöhnlich ausgeführten; bei dieser sind vielmehr, wie oben erwähnt, 2 feste und 2 Linienlager
vorhanden. Dasselbe wird aus Fig. 7 dadurch erhalten, daß man zunächst Stab $c\beta$

mit $b\gamma$ vertauscht, dann ab mit ab und cd mit $d\gamma$. Dieses System ist also auch zweifach statisch unbestimmt (Fig. 8).

Um die so erhaltenen statisch unbestimmten Systeme statisch bestimmt zu machen
sind 1 bezw. 2 Stäbe zu entfernen. Im ersteren Fall kann, wie leicht einzusehen, etwa
der senkrechte Stab über b, oder auch die Diagonale eines Endfeldes entfernt werden.
Aber beim zweifach statisch unbestimmten Fachwerk (Fig. 7 und 8) dürfen nicht beide

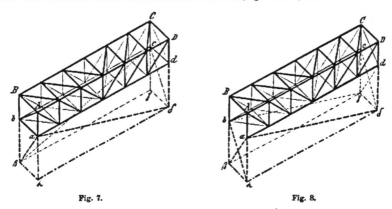

Fig. 7.   Fig. 8.

Enddiagonalen fehlen*). Um nun klar zu erkennen, welche Stäbe bei den verschiedenen
Systemen der Fig. 4—8 fortgenommen werden dürfen, denke man sich an Stelle der
ebenen Fachwerke mit der Reihe von Feldern in den 4 Mantelflächen die einfachst
mögliche Form, also nur je 1 Feld mit 1 Diagonale (Fig. 9). Das so entstandene System
ist ein spezieller Fall der allgemeinen Brückenfachwerke, und es können die nun zu
entwickelnden Resultate auf letztere übertragen werden.

§ 2. Raumsysteme, die den ebenen Trägern auf 2 Stützen entsprechen.

Wird in dem einfach statisch unbestimmten System eine Enddiagonale Dc fortgenommen (Fig. 9), so bleibt ein statisch bestimmtes Stabsystem übrig; denn das so
entstandene System ist nach dem 1. Bildungsgesetz hergestellt: a liegt durch 3 Stäbe
feet, dann sind weiter angeschlossen: b durch 2 Stützungsstäbe und den Stab ab; d durch
einen Stützungsstab und die Stäbe bd und ad, ferner durch je 3 Stäbe die Punkte
A, B, C, D. Ausgehend von einem Flechtwerk auf 6 Stützungsstäben in a, b, c kann
man also sagen: die Enddiagonale kann mit einem neuen Stützungsstab in d vertauscht werden.

---

*) vgl. Föppl, Das Fachwerk im Raume.

Statt dieser Enddiagonale kann aber auch die obere Diagonale fortgenommen werden, da das in Fig. 10 dargestellte System wiederum stabil ist. Es ist ebenfalls nach dem 1. Bildungsgesetz hergestellt, indem der Reihe nach durch 3 Stäbe festgelegt sind die Knotenpunkte a, b, d, c, A, B, C, D. Aus demselben Grunde kann auch eine seitliche Diagonale entfernt werden.

In beiden Systemen Fig. 9 und 10 kann eine weitere Stabvertauschung zwischen dem Stab ab und einem Stützungsstab $b\alpha$ eintreten. Man erhält dann ein System Fig. 11, welches in 2 festen Lagern und 2 Kugellagern gestützt ist, und bei dem der Verbindungsstab zwischen den Punkten a und b fehlt. Letzterer kann aber nachträglich

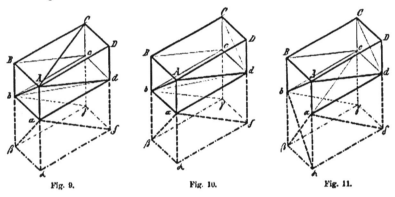

Fig. 9.   Fig. 10.   Fig. 11.

doch wieder eingezogen werden, indem er zur Versteifung der beiden Auflager gegeneinander dient, also 2 Erdpunkte miteinander verbindet. Man erkennt: Ein räumliches Brückensystem, das in 2 festen und 2 Kugellagern gestützt werden soll, kann dadurch statisch bestimmt gemacht werden, daß entweder eine Enddiagonale oder eine obere Diagonale fortgenommen wird.

Man kann gleich hinzufügen, daß auch eine untere Diagonale entfernt werden darf. Das so erhaltene System (Fig. 12) ist allerdings nicht nach dem einfachsten Bildungsgesetz hergestellt. Um nun zu zeigen, daß es starr ist, geht man zweckmäßig von dem Satz aus: Beim Fehlen von äußeren Kräften muß sich in allen Stäben eines starren Systems mit $3n - 6$ Stäben die Spannung Null ergeben. Daß dies in Fig. 12 der Fall, ist leicht zu erkennen.

Von dem System mit 7 Stützungsstäben, z. B. Fig. 10, gelangt man zu einem System mit 8 Stützungsstäben, das bezüglich der ebenen Lagerung der Hauptträger mit der gewöhnlichen übereinstimmt, indem man bd fortnimmt und dafür etwa cd einzieht. Es kann demgemäß bei einem System, das nach Fig. 13 gestützt ist, entweder eine Enddiagonale und ein unterer Stab, oder ein oberer und ein unterer Stab entfernt werden. Anstelle der oberen oder unteren Diagonale kann auch ein Gurtstab entfernt werden. Das so entstandene System (Fig. 13) ist sicher stabil, denn es ist nach dem einfachen Bildungsgesetz hergestellt: a ist durch 3 Stützungsstäbe festgelegt, dann sind weiter durch 3 Stäbe angefügt, die nicht in einer Ebene liegen: b, c, d, A, B, C, D. Bei einem derartig gelagerten System dürfen aber nicht beide Enddiagonalen entfernt werden, da sonst ein verschiebliches System entstehen würde. Die Anordnung nach Fig. 13 zeichnet sich durch eine gewisse Gleichmäßigkeit der Stabverteilung aus, da im oberen und unteren Feld die Diagonale fehlt.

In dem System der Fig. 13 kann eine weitere Stabvertauschung vorgenommen werden, indem etwa $b\alpha$ an die Stelle von ab und $d\gamma$ für cd eintritt. Man bekommt

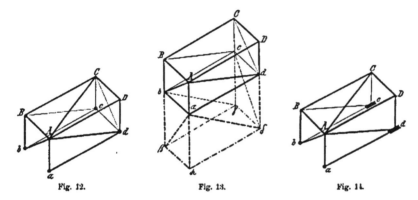

Fig. 12.   Fig. 13.   Fig. 14.

auf diese Weise ein Raumsystem mit 10 Stützungsstäben, als 2 festen und 2 Rollenlagern, gelangt so zu der gewöhnlichen Lagerung (Fig. 14). Die Lager a und b, bezw. c und d, die sich nicht gegeneinander verschieben können, dürfen wiederum durch einen Stab, der zur Versteifung dient, verbunden werden. Bei derartigem System fehlt im oberen und unteren Feld die Diagonale, während die seitlichen Begrenzungen erhalten bleiben.

Nun ist es aber ganz einerlei, ob die oberen Ebenen der Mantelflächen nur je 1 Feld, oder eine ganze Reihe besitzen, da der Charakter des Flechtwerks hierdurch nicht geändert wird. Wenn in den horizontalen ebenen Systemen mit nur 1 Diagonale diese weggenommen werden darf, dann ist dies erst recht möglich in den ebenen Windverbänden mit mehr Feldern. Man erhält das Resultat: Ein System mit 2 festen und 2 Rollenlagern (10 Stützungsstäben) kann dadurch statisch bestimmt gemacht werden, daß im oberen und unteren Windverband je ein Gitterstab entfernt wird (Fig. 15); dagegen ein System mit 2 festen und 2 Kugellagern (Fig. 16) durch Entfernung einer oberen oder einer unteren Diagonale.

13*

Es wurde absichtlich in den vorhergehenden Ausführungen die Möglichkeit der
Entfernung von seitlichen Diagonalen oder Gurtstäben weiter nicht beachtet, weil die
Hauptträger als ebene Fachwerke unverändert bleiben, also die Gestalt haben sollen,
wie sie der gewöhnlichen Berechnung zu Grunde liegt; nun sind aber beim Balken auf
2 Stützen alle Stäbe nötig. Sind aber alle Stäbe des Hauptträgers vorhanden, so
verhält sich derselbe tatsächlich wie das ebene System auf 2 Stützen, einerlei ob das
Raumsystem auf 7, 8 oder 10 Stützungsstäben ruht, soferne nur der eine Endpunkt des

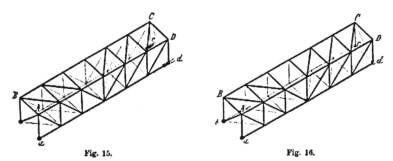

Fig. 15.   Fig. 16.

Hauptträgers in dessen Längsrichtung unbeweglich, der andere in dieser Richtung verschieblich angeordnet ist. Das ganze Raumsystem verhält sich gegen lotrechte Lasten
so, wie dies immer angenommen wird, dagegen erhalten durch wagrechte Kräfte nicht
nur die Windverbände, sondern auch die Hauptträger Spannungen. Aber die wirkliche Berechnung läuft doch, wie in § 6 gezeigt wird, auf diejenige von ebenen Fachwerken hinaus.

Es sei ausdrücklich darauf hingewiesen, daß nicht etwa in einem Windverband zwei Diagonalen entfernt werden dürfen, denn sonst bekommen nicht alle Stäbe
eindeutige Spannungen.

§ 3. Raumträger, die den ebenen Balkenträgern auf mehr Stützen entsprechen.

Es liege ein Parallelträger auf 3 Stützen vor: das mittlere Auflager ist fest, die
beiden Endlager sind beweglich; der ebene Hauptträger besitzt demnach 4 Stützungsstäbe. Das durch derartige Hauptträger gegebene Raumsystem muß zur sicheren Unterstützung auf mindestens 9 Stützungsstäben ruhen. Damit die Lageranordnung für die
ebenen Hauptträger die übliche, ebene Lagerung darstellt, kann das eine Lager a
völlig fest, das andere b als Kurvenlager mit Gleitrichtung ab ausgebildet werden,
während c, d, e, f Ebenenlager sind (Fig. 17). Wenn alle Stäbe des Flechtwerks vorhanden sind, ist das System 3fach statisch unbestimmt, soferne keine Querversteifungen
vorliegen. Es müssen zwecks Erhaltung eines statisch bestimmten Trägers 3 Stäbe

entfernt werden. Um zu erkennen, welche Stäbe dies sein dürfen, geht man am besten wieder von dem einfachsten Raumsystem aus, das zwischen den Lagern in allen Mantelflächen nur je 1 Feld besitzt. (Fig. 18). Es dürfen sicher 2 seitliche und 1 obere Diagonale entfernt werden, denn das in Fig. 18 dargestellte System ist nach dem 1. Bildungsgesetz aufgebaut: *a* liegt durch 3 Stäbe fest, dann ist *b* angefügt durch 2 Stützungsstäbe und einen Fachwerksstab, weiter sind nacheinander durch 3 Stäbe angeschlossen: *c, d, e, f, C, D, A, B, E, F.* An die Stelle der seitlichen Diagonale kann auch ein Gurtstab entfernt werden, da auch das so entstandene System nach dem einfachen Bildungsgesetz aufgebaut ist.

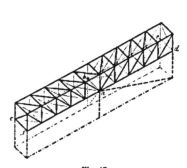

Fig. 17.

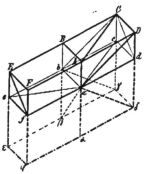

Fig. 18.

Sofern über dem mittleren Lager keine Querversteifung vorhanden ist, wie bis jetzt angenommen, darf im oberen Windverband nur 1 Diagonale entfernt werden. Wohl aber kann die Diagonale im 2. oberen Felde gegen diejenige der Querversteifung vertauscht werden, so daß dann im oberen Horizontalträger 2 Diagonalen fehlen. Es ändern sich also die Verhältnisse wesentlich durch Anbringung einer Querversteifung.

Für den durchlaufenden Balkenträger über 2 Öffnungen findet sich demnach folgendes Resultat:

Ein durchlaufender Träger mit 1 festen, 1 Rollen- und 4 Kugellagern kann dadurch statisch bestimmt gemacht werden, daß beim Fehlen der Querversteifung ein Gitterstab im oberen Windverband, je 1 Stab in den Hauptträgern entfernt, dagegen beim Vorhandensein einer Querversteifung je ein Stab im oberen Windverband zwischen Mittel- und Endpfeiler und je ein Stab der Hauptträger weggenommen wird.

Da in jedem Hauptträger ein Stab fortzunehmen ist, so stellen dieselben einen statisch bestimmten Ebenenträger dar. Das Raumsystem verhält sich gegen lotrechte Belastung so, wie es die übliche Annahme lehrt: es werden nur die ebenen Hauptträger beansprucht.

Für den Raumträger können nun verschiedenartige Lagerungen gebildet werden, die für die ebenen Hauptträger die gewöhnliche ebene Stützung aufweisen; es kann z. B. in Fig. 18 ein Stab in *a* fortgenommen, dafür ein Stab mehr in c angeordnet werden, so daß c ein Kurvenlager mit Gleitrichtung c *e* darstellt, (Fig. 19). Weiter kann man einen Stab des eigentlichen Stabsystems, z. B. eine untere Diagonale mit einem Stützungsstab in *f* vertauschen, so daß das in Fig. 20 angegebene System entsteht: *a* festes Lager, *b* Kurvenlager mit Gleitung senkrecht zur Achse, *f* Gleitung parallel der Achse, c, *d* und *e* Ebenenlager. Das so entstandene System, bei dem 1 obere und 1 untere Diagonale fehlen und 2 seitliche Stäbe, ist sicher starr, denn *a, b, c, d* ist unverschieblich gelagert, weiter sind *f, e* durch 3 Stäbe angeschlossen, und der Teil

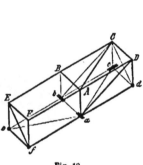

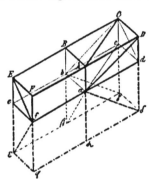

Fig. 10.   Fig. 20.

oberhalb des festliegenden Ringes ist gerade so gebildet wie derjenige in Fig. 18. Der obere und untere Windverband haben bei diesem System eine sich entsprechende ebene Fachwerksform. Wird im System der Fig. 20 die Diagonale a c mit dem Stützungsstab c *d* vertauscht, so entsteht ein Raumsystem auf 11 Stützungsstäben, in dem 5 Stäbe fehlen: 1 Diagonale des oberen Windverbandes, 2 des unteren, je ein Stab in jedem Hauptträger. Das so entsandene System ist in seiner einfachsten Gestalt (Fig. 21) wieder nach dem gewöhnlichen Bildungsgesetz aufgebaut, ist also starr. Auch in dieser Anordnung kann wie oben eine Stabvertauschung zwischen Querdiagonale und einem weiteren Stabe des oberen Windverbandes vorgenommen werden.

In dem Träger nach Fig. 21 kann schließlich der Stab *ef* mit *εφ* und *cd* mit *γd* vertauscht werden, ebenso *ab* mit *bα*, so daß das System nach Fig. 22 entsteht. Damit gelangt man zu der in der Praxis ausgeführten Lagerung: jeder Hauptträger ist gestützt in einem festen und 2 Rollenlagern. Die Stäbe *ab, cd, ef*, die tatsächlich vorhanden, sind als Versteifungsteile zwischen den Lagern aufzufassen, die nicht zum Fachwerk gehören, und es müssen demnach im Raumsystem der gewöhnlichen Ausführung bei 14 Lagerbedingungen 5 Stäbe entfernt werden, damit es statisch bestimmt

wird. Also das gewöhnliche System über 2 Öffnungen ohne Querversteifungen stellt ein fünffach statisch unbestimmtes Raumsystem dar, während
die ebenen Hauptträger einfach unbestimmt sind. Um das Raumsystem statisch bestimmt zu machen, können entfernt werden: 1 Stab in jedem Hauptträger,
2 Stäbe im unteren und 1 Stab im oberen Windverband (Fig. 23). Ist die
Mittelquerdiagonale vorhanden, so ist außer diesen Stäben noch ein weiterer Stab des
oberen Windverbandes, und zwar im anderen Öffnungsteil fortzunehmen.

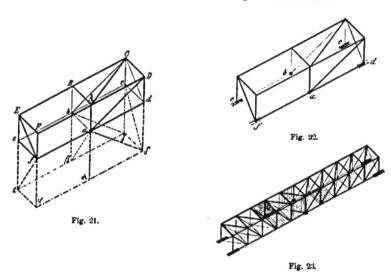

Fig. 22.

Fig. 21.

Fig. 23.

Verfolgt man die Verhältnisse für Raumträger über mehr Öffnungen, so ergibt
sich folgendes: Bei gewöhnlicher Lagerung (ohne Berücksichtigung der Verbindungsstäbe
zwischen den Auflagerpunkten) und beim Fehlen von Querversteifungen, ist ein Raumträger über 1 Öffnung zweifach statisch unbestimmt, zu entfernen ist je 1 Stab des
oberen Windverbandes (o. W.) und unteren Windverbandes (u. W.); über 2 Öffnungen:
fünffach statisch unbestimmt; zu entfernen: 1 Stab o. W., 2 u. W. und je 1 Stab von beiden
Hauptträgern (H); über 3 Öffnungen: achtfach statisch unbestimmt; zu entfernen: 1 Stab
o. W., 3 u. W., je 2 im H; über 4 Öffnungen: elffach statisch unbestimmt; zu entfernen:
1 Stab o. W., 4 u. W., je 3 im H.

Allgemein findet sich demgemäß: Ein über n Öffnungen verlaufender Balkenträger ist als Raumträger betrachtet bei der gewöhnlichen Lagerung
(die Stäbe zwischen den gelagerten Punkten als nicht vorhanden aufgefaßt!) und beim Fehlen von Querversteifungen ein $(3n-1)$fach statisch un-

bestimmtes System. Um es bestimmt zu machen, können entfernt werden:
1 oberer Stab, $(n-1)$ Stäbe in jedem Hauptträger und n Stäbe des unteren
Windverbandes. Ist über den $(n-1)$ Zwischenlagern je eine Querdiagonale
vorhanden, so ist der Raumträger $(4n-2)$ fach unbestimmt, und es können
entfernt werden: $(n-1)$ Stäbe in jedem Hauptträger; in jeder Öffnung ein
Stab des oberen und unteren Windverbandes, im ganzen also je n.

Wie schon oben beim Träger über 2 Öffnungen gezeigt, können nun die Kurvenlager durch Flächenlager ersetzt werden, so daß nur die beiden festen Lager a und b
erhalten bleiben. Es sind demnach $2 \cdot 3 + 2 \cdot n = 2n + 6$ Stützungsstäbe vorhanden, also
$2n$ zu viel; da aber der Stab zwischen den beiden festen Lagern a, b als nicht vorhanden
betrachtet werden kann, so ist der Raumträger $(2n-1)$ fach unbestimmt.

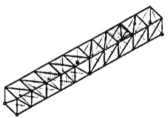
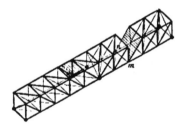

Fig. 24.   Fig. 25.

Wird der Raumträger über n Öffnungen nur auf 2 festen, im übrigen
auf Kugellagern gestützt, so ist das System $(2n-1)$ fach statisch unbestimmt. Zur Herstellung eines bestimmten Raumfachwerkes dürfen entfernt werden: 1 Stab des oberen Windverbandes und $(n-1)$ Stäbe in jedem
Hauptträger (Fig. 24). Sind über den $(n-1)$ Zwischenpfeilern Querdiagonalen vorhanden, so sind in jeder Öffnung 1 Stab des oberen Windverbandes und je $(n-1)$ Stäbe der Hauptträger fortzunehmen (Fig. 25).

Es geht aus diesen Betrachtungen hervor, daß die Raumsysteme in den Hauptträgern gerade so viel Stäbe verlieren, als es bei den gewöhnlichen ebenen durchlaufenden Balkenträgern nötig ist, damit sie statisch bestimmt werden, daß aber im übrigen
noch weitere Stäbe fehlen müssen, um statisch bestimmte Raumsysteme zu schaffen.
Derartige Systeme können völlig genau berechnet werden, und stets werden bei senkrechter Belastung nur die ebenen Hauptträger beansprucht.

In allen Systemen von durchlaufenden Raumträgern sind mindestens 3 Stäbe
zu entfernen: 1 oberer Stab und 1 Stab in jedem Hauptträger. Man kann nun dieselben
in einem Felde des horizontalen Teiles fortnehmen und erhält so ein räumliches Gelenk (Achsengelenk) und damit ein vollständiges Analogon zu dem ebenen Gelenk-
träger. Während beim ebenen, durchlaufenden Träger ein Stab fortgenommen werden

muß und so ein Gelenk entsteht, um das sich die beiden Teile gegeneinanderdrehen, ist beim Raumsystem ein ganzes Feld, also 3 Stäbe, fortzunehmen, und es entsteht ein räumliches Gelenk, indem sich die beiden Trägerteile um die Achse *m n* drehen können. **Damit ist der Raumträger (Fig. 25) als eine Erweiterung des gewöhnlichen, ebenen durchlaufenden Trägers dargestellt.** Man kann auf diese Weise stets von einem Raumsystem über *n* Öffnungen übergehen zu einem solchen über (*n*+1) Öffnungen, indem man in der neuen Öffnung dieses Achsengelenk einführt; wie hierbei der Träger über *n* Öffnungen ausgebildet, ist ganz unwesentlich. Ist der neue Teil auf 2 Rollenlagern gestützt und zwischen dieser und der vorhergehenden Öffnung keine Querversteifung (Diagonale) vorhanden, so sind 3 Stäbe zu entfernen, ist aber die Querdiagonale angebracht: 4 Stäbe. Raht dagegen der neue Teil auf 2 Kugellagern und fehlt die Querdiagonale, so sind 2 Stäbe fortzunehmen und bei vorhandener Querdiagonale 3 Stäbe (Fig. 25).

Das Anbringen der Querdiagonalen besitzt den Vorteil, daß immer die auf eine Öffnung wirkende Windbelastung durch die Querdiagonalen direkt in die betreffenden Lager geleitet wird. Fehlen jedoch die Querdiagonalen, so pflanzt sich der Winddruck ohne Unterbrechung durch den ganzen oberen Windverband fort und wird erst von den Endlagern aufgenommen.

§ 4. Träger mit untenliegender Fahrbahn.

Es sollen hier nur die Fälle behandelt werden, bei denen der Träger eine solche Höhe hat, daß der obere Windverband vollständig angelegt werden kann, also nur die beiden Enddiagonalen zu fehlen haben. Wären die beiden Enddiagonalen vorhanden, so wären 6 Stützungsstäbe nötig. Infolge des Nichtvorhandenseins der Enddiagonalen müssen irgendwie 2 neue Stäbe eingezogen werden. Man könnte zunächst daran denken, die Lager in den 4 Punkten *a b c d* derart anzuordnen, daß sie 8 Stützungsstäben entsprechen, aber ein derartiges System ist, wie oben erwähnt, nicht stabil, und es ist darum eine andere Anordnung notwendig.

Ein Flechtwerk, welches in 4 Punkten gelagert werden soll, bedarf mindestens 7 Stützungsstäbe. Um das so entstandene einfach unbestimmte System bestimmt zu machen, kann man eine Enddiagonale wegnehmen. Von diesem Fall mit 7 Stützungsstäben möge ausgegangen und zunächst wiederum der einfache Fall betrachtet werden, daß jede Begrenzungswand nur eine Diagonale enthält. Die untere Ebene *a b c d* (Fig. 26) liegt völlig fest; ein weiterer Punkt *A* kann nun angeschlossen werden durch die Stäbe *a A, d A* und einen weiteren Stab *A* α_1, der nach der festen Erde läuft, aber mit *A a* und *A d* nicht in einer Ebene liegt. Nachdem so *A* festgelegt, können die weiteren Punkte *B*

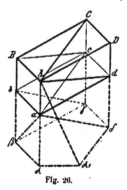

Fig. 26.

C, D durch je 3 Stäbe angefügt werden. Der Stab *A* α_1 (Seitenstab) ist ebenfalls als Stützungsstab aufzufassen, so daß also das Raumsystem durch 8 Stützungsstäbe mit der Erde verbunden ist. Dieser Seitenstab $A\,\alpha_1$ kann natürlich auch senkrecht zur Ebene $A\,a\,d\,D$ angeordnet und alsdann durch ein Kugellager ersetzt werden, welches an einer vertikalen seitlichen Wand angebracht ist und so ausgeführt werden muß, daß es sowohl Zug wie Druck überträgt. Um nun eine symmetrische Anordnung von 2 Seitenlagern in A und B zu erreichen, kann man das Prinzip verwenden, das auch bei den Gegendiagonalen in Betracht kommt: Statt einer Diagonale in einem viereckigen Feld anzuordnen, die Zug und Druck überträgt, können 2 Diagonalen eingezogen werden, von denen jede bei Druck ausbiegt, so daß jeder Stab nur Zug aufzunehmen vermag. Ähnliche Erwägungen kann man hier anstellen: Der Stab $A\,\alpha_1$ kann sowohl gezogen, wie gedrückt werden; werden nun statt des einen Seitenstabs deren 2 angewendet, welche schlaff sind (Fig. 27), so können beide nur Zug übertragen. Würde

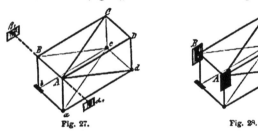

Fig. 27.   Fig. 28.

etwa bei einer bestimmten Belastung $B\,\beta_1$ Druck bekommen, so tritt einfach der Stab $A\,\alpha_1$ mit Zug ein und umgekehrt. Ersetzt man die Stäbe durch Lager, so ändern sich die Verhältnisse insofern, als die Lager am bequemsten als Drucklager konstruiert werden. Man ersetzt darum das eine Lager, das Zug und Druck aufnehmen kann, durch 2 solche (Fig. 28), die nur Druck übertragen können, also nicht verankert sind. Erhält nun etwa das Lager B einen Zug, so lehnt sich der Träger gegen das Lager A und dieses tritt in Wirksamkeit*).

Ein Brückenträger, dessen Enddiagonalen fehlen, der aber im übrigen von lauter Dreiecken umgeben ist, kann, um statisch bestimmt zu werden, auf 4 Lagern mit 7 Bedingungen gestützt und außerdem noch festgelegt werden durch 2 Seitenstäbe oder Seitenlager, die nur einseitige Beanspruchung übertragen können.

Um eine derartige Seitenlagerung an beiden Trägerenden zu erhalten, ist eine weitere Stabvertauschung vorzunehmen: ein Fachwerksstab, z. B. die obere Diagonale zu entfernen und ein neuer Seitenstab einzufügen (Fig. 29). Das System ist sicher stabil, da es nach richtigem Bildungsgesetz aufgebaut ist: a, b, c, d, A, B, C, D. Die Seitenstäbe können wiederum senkrecht zur Hauptträgerebene angeordnet und dann ersetzt werden durch ein Paar von Seitenstäben oder Seitenlagern mit nur einseitiger

*) Vergl. Föppl, Das Fachwerk im Raume.

Übertragungsfähigkeit: Ein Brückenträger mit untenliegender Fahrbahn, bei
dem eine Winddiagonale fehlt, ist in 2 festen Lagern (Stab ab als über-

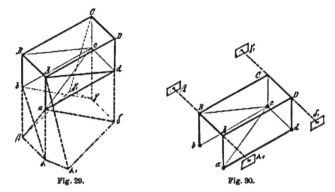

Fig. 29.   Fig. 30.

flüssig anzusehen!) und 2 Kugellagern, sowie 2 Paaren von Seitenlagern
zu stützen.

Diese Anordnung (Fig. 30) würde derjenigen von Fig. 10 entsprechen, nur sind
jetzt die beiden Enddiagonalen gegen die Seitenlager vertauscht. Man kann nun wieder

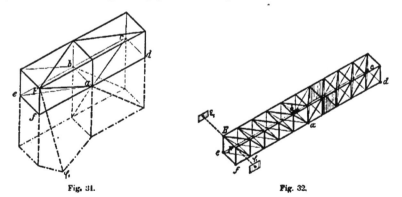

Fig. 31.   Fig. 32.

neue Stabvertauschungen vornehmen, ganz wie dies in § 2 geschah, und kommt schließlich
zu der gewöhnlichen Lagerung mit 2 festen und 2 Rollenlagern: Bei der gewöhnlichen Lagerung ist in einem Trägersystem, dessen Enddiagonalen fehlen,

14*

im oberen und unteren Windverband je 1 Stab zu entfernen und 2 Paare von Seitenlagern oder Seitenstäben einzuführen.

Es lassen sich die Verhältnisse leicht verfolgen für Träger über mehr Öffnungen. Man geht aus von dem Fall, daß der Träger auf 9 Stützungsstäben gelagert ist, bezw. beim Fehlen des Stabes ab, auf 10. Werden nun 1 Enddiagonale und je 1 Stab der Hauptträger entfernt, so entsteht ein statisch bestimmtes System. Um die andere Enddiagonale auch fortschaffen zu können, muß wieder ein freier Stab eingefügt werden (Fig. 31 und 32). Soll die Seitenlagerung an beiden Brückenenden ausgeführt werden, so ist ein weiterer Stab zu entfernen. Es findet sich im allgemeinen: **Ein Raumträger über n Öffnungen, der auf 2 festen, im übrigen auf Kugellagern ruht, und dessen Enddiagonalen fehlen, kann dadurch statisch bestimmt gemacht werden, daß in jedem Hauptträger $(n-1)$ Stäbe, sowie 1 Stab des oberen Windverbandes entfernt, und 2 Paare von Seitenlagern eingeführt werden.**

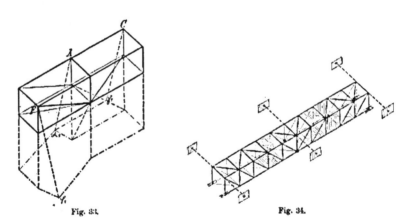

Fig. 33.   Fig. 34.

Eine Änderung des Systems läßt sich dadurch erreichen, daß auch über den Zwischenlagern solche Seitenlager eintreten. Für jedes Zwischenlagerpaar ist dann ein weiterer Stab im oberen Windverband zu entfernen, aber derart, daß in jeder Öffnung nur eine obere Winddiagonale fehlt (Fig. 33).

Man kann nun gerade so, wie in § 3 die verschiedensten Lagerungen einführen, um statisch bestimmte Raumfachwerke zu erhalten. Der Unterschied gegenüber den früheren Systemen ist nur der, daß jetzt stets an die Stelle einer Querdiagonale (einerlei ob End- oder Mitteldiagonale) ein Paar von seitlichen Stäben oder Seitenlagern tritt (vergl. z. B. Fig. 34).

§ 5. Berechnung eines statisch bestimmten räumlichen Brückenträgers.

Um den Gang der Berechnung für die verschiedenen Raumsysteme kennen zu lernen, soll ein Brückenträger der gewöhnlichen Lagerung über einer Öffnung durchgerechnet werden. Die Stäbe zwischen den Auflagern sind als nicht vorhanden anzusehen, und das Raumsystem ist durch Wegnahme einer Diagonale im oberen und unteren Windverband statisch bestimmt gemacht. Die Hauptträger und Windverbände mögen je 4 Felder besitzen (Fig. 35). Die festen Auflager sind durch 3, die Rollenlager durch 2 Stützungsstäbe ersetzt, deren Richtungen senkrecht zu einanderstehen.

Wirken nur lotrechte Kräfte, so treten nur in den Hauptträgern Spannungen auf. Um dies einzusehen, geht man von Punkt 3 (oder Punkt 2) aus, dessen Stäbe alle mit Ausnahme von 33' in einer Ebene, der lotrechten Ebene, liegen. Wirkt nun in 3 eine ganz beliebige Kraft, P_3, so kann die Spannung in 33' leicht gefunden werden, denn P_3 und 33' liefern eine bestimmte Resultante in der Ebene (P_3 33'), welche mit derjenigen von den Spannungen in 32, 3III, 34 Gleichgewicht halten muß. Diese letztere Resultante (R_v) liegt in der vertikalen Ebene. Da sich beide Resultanten aufheben müssen, so müssen sie in dieselbe Richtung fallen, also in die Schnittlinie der lotrechten

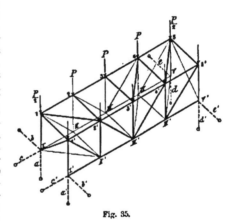

Fig. 35.

Ebene und der Ebene (P_3 33'); es liegt demnach in dieser Schnittlinie die Resultante R_v. Indem man nun die Kraft P_3 zerlegt in 33' und R_v, erhält man die Größe der Spannung in 33'; kurz ausgedrückt, kann man sagen: die Kraft P_3 ist in die Richtung 33' und in die lotrechte Ebene zu zerlegen. Wenn nun in 3 eine lotrechte Kraft wirkt (Fig. 35), so tritt in 33' keine Spannung auf, da ja die äußere Kraft in die lotrechte Ebene fällt.

Dieselbe Betrachtung liefert für Knotenpunkt 3' die Spannung Null in 3'4, da die wirkende lotrechte Kraft zu zerlegen ist in die Richtung 3'4 und die lotrechte Ebene. Weiter findet sich aus demselben Grunde der Wert Null für die Spannungen in 44', 4'5, 55' und 22', 2'1 und 1'1. Nun kann man zu Knotenpunkt 5 übergeben: da in 4'5 und 55' die Spannung Null herrscht, so ergiebt sich auch für 5 V' die Spannung Null, weil die übrigen Stäbe in der lotrechten Ebene liegen. Dasselbe gilt für 1'I.

Faßt man nun die unteren Knotenpunkte ins Auge, so erkennt man sofort, daß sämtliche Stäbe des unteren Windverbandes ebenfalls die Spannung Null haben: am Knotenpunkt III liegen alle Stäbe mit Ausnahme von III III' in der lotrechten Ebene; da aber keine äußere Kraft wirkt, so kann in III III' keine Spannung auftreten. Ebenso ist keine Spannung vorhanden in den Stäben III' IV, IV IV', IV' V und II III', II' I, und auch in den Auflagestäben b, e', b', e ergibt sich die Spannung Null. Damit ist gefunden, daß bei lotrechter Belastung nur in denjenigen Stäben und Stützungsstäben Spannungen auftreten können, die in der lotrechten Hauptträgerebene liegen. Für den vorderen Hauptträger hat demnach die Berechnung nach Fig. 36 zu erfolgen, d. h. geradeso, wie es allgemein geschieht.

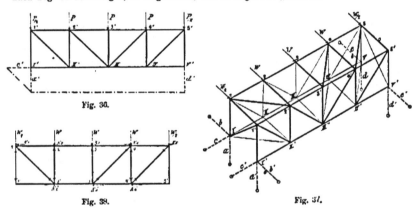

Fig. 36.

Fig. 38.

Fig. 37.

Wesentlich anders gestalten sich die Verhältnisse bei horizontaler Belastung, welche bei diesem Beispiel als gleichmäßig verteilt eingeführt werden soll. Die Windverbände sind jetzt, für sich betrachtet, keine stabilen ebenen Fachwerke mehr, und es werden durch horizontale Kräfte auch die Hauptträger beansprucht. Es möge zunächst die Wirkung des Winddruckes auf die oberen Knotenpunkte betrachtet und hierfür in erster Linie diejenigen Stäbe aufgesucht werden, deren Spannung Null ist. Das sind vor allem die Gitterstäbe des unteren Windverbandes: Am Knotenpunkt III (Fig. 37) wirkt keine äußere Kraft, alle Stäbe mit Ausnahme von III III' liegen in einer Ebene, also tritt in III III' keine Spannung auf, während die übrigen Stäbe bestimmte Spannungen besitzen können. Aus demselben Grunde ergibt sich der Wert Null für die Spannungen in III' IV, IV IV', IV' V und II III', II' I. Ferner tritt die Spannung Null auf in 5 5', da dieses wiederum der einzige Stab ist, der nicht in der lotrechten Ebene liegt und ebenso in b' und e.

Im System der übrigen Stäbe sind keine Knotenpunkte vorhanden, an denen nur 3 nicht in einer Ebene liegende Stäbe zusammentreffen; trotzdem bietet die

Spannungsermittelung keine Schwierigkeit, weil die Stäbe so verteilt sind, daß sich alle unbekannten Spannungen mit Ausnahme einer einzigen in einer Ebene befinden. Man beginne mit Knotenpunkt 3 (Fig. 37). Als Kräfte wirken an diesem Punkte der Winddruck W, die Spannung in $33'$ und diejenigen von den Stäben der lotrechten Wand. Die Kraft W ist demnach zu zerlegen in die Linie $33'$ und die lotrechte Ebene; da aber $33'$ in die Richtung von W fällt, so ist $33' = W$, während die Resultante K_2 (Fig. 38) der übrigen Spannungen gleich Null ist. Ebenso findet sich entsprechend $22' = W_2$ und $K_2 = 0$, wenn K_2 die Resultante der Stäbe $21_,$, $2\,\mathrm{II}$, $2\,\mathrm{III}$ darstellt. Man gelangt nun zu Knotenpunkt $3'$. Bekannt ist $33'$, unbekannt $3'\,4$ und die Resultante K_3' der Spannungen, welche sich in der vorderen Hauptträgerwand befinden. Diese Resultante K_3' muß in der Schnittlinie der Ebene $(33', 43')$ und der lotrechten Wand liegen, also in der Richtung des Obergurts. Es ist demgemäß das ebene Kräftepolygon von $33'$, $3'\,4$ und K_3' zu zeichnen, da ja um den Knotenpunkt $3'$ herum Gleichgewicht herrschen muß. In entsprechender Weise finden sich bei 4 mittels eines Kräftepolygons die Werte $44'$ und K_4, da ja W_4 und $3'\,4$ bekannt sind, dann bei $4'$ die Größen für $4'\,5$ und K_4' usw. So werden alle Spannungen der Gitterstäbe des oberen Windverbandes ermittelt, und es ergibt sich:

$$K_2 = 0 \qquad K_2' = W \cdot \cot \alpha \qquad 22' = -W \qquad 33' = -W$$

$$K_3 = 0 \qquad K_3' = W \cdot \cot \alpha \qquad 2'\,1 = -\frac{W}{\sin \alpha} \qquad 3'\,4 = \frac{W}{\sin \alpha}$$

$$K_4 = W \cdot \cot \alpha \qquad K_4' = 2\,W \cdot \cot \alpha \qquad \qquad 44' = -2\,W$$

$$4'\,5 = -\frac{2\,W}{\sin \alpha}$$

Am Knotenpunkt 1 hat die Resultante von $\dfrac{W}{2}$ und $12'$ Gleichgewicht zu halten mit der Spannung in $11'$ und der Resultanten K_1 von $1\,\mathrm{I}$, $1\,\mathrm{II}$, 12, die in der Linie 12 liegen muß, es findet sich demgemäß:

$$K_1 = W \cdot \cot \alpha \qquad 11' = W + \frac{W}{2} = -1{,}5\,W.$$

Im Knotenpunkt $1'$ wirkt als bekannte Kraft die Spannung in $11'$; die Resultante P_1' der Spannungen $1'\,\mathrm{I}'$, $1'\,\mathrm{II}'$, $1'\,2'$ liegt in der Richtung $1'\,\mathrm{I}'$, als der Schnittlinie von den Ebenen $(11', \mathrm{I}\,1')$ und der lotrechten Wand, und es muß darum die Kraft $11'$ im Gleichgewicht mit der Kraft P_1' und der Spannung in $1'\,\mathrm{I}$; es ermitteln sich nach Fig. 39b die Spannungen:

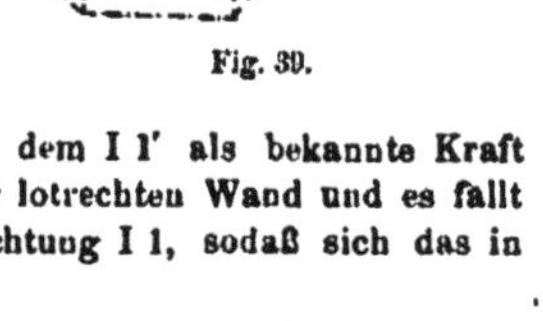

Fig. 39.

$$\mathrm{I}\,1' = \frac{1\frac{1}{2}\,W}{\cos \beta} \qquad P_1' = 1{,}5\,W \cdot \operatorname{tg} \beta.$$

Nun kann man zu Knotenpunkt I übergehen, an dem $\mathrm{I}\,1'$ als bekannte Kraft angreift. Mit Ausnahme von b liegen alle Stäbe in der lotrechten Wand und es fällt deshalb die Resultante P_1 ihrer Spannungen in die Richtung $\mathrm{I}\,1$, sodaß sich das in Fig. 39c dargestellte Kräftepolygon konstruiren läßt:

$$P_1 = \mathrm{I}\,1' \cdot \sin \beta = 1{,}5\,W \cdot \operatorname{tg} \beta \qquad b = \mathrm{I}\,1' \cdot \cos \beta = 1{,}5\,W.$$

Es fehlen noch die Knotenpunkte 5 und V'. An ersterem Punkt wirken als bekannte Kräfte die Spannung in 4'5 und $W_3 = -\frac{W}{2}$, während in 55' keine Spannung vorhanden ist; unbekannt sind die Spannungen in 5 V' und in den in einer Ebene liegenden Stäben 54, 5 IV, 5 V. Man kann demgemäß wiederum 4'5 und $\frac{V}{2}$ zerlegen in die Richtung 5 V' und die hintere lotrechte Wand. Statt dies direkt auszuführen, verfährt man zweckmäßiger derart, daß man zunächst die Spannung 4'5 in 2 Komponenten (Fig. 40) zerlegt, von denen die eine in Richtung 45 fällt (K_3), die andere

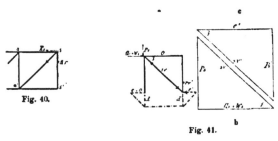

Fig. 40.

Fig. 41.

in 55' (Q_3); erstere kommt nur für die lotrechte Wand in Betracht, letztere dagegen muß Gleichgewicht halten zusammen mit $\frac{V}{2}$ der Kraft in 5 V' und einer Kraft P_3 in der Richtung 5 V. Aus dem Kräftepolygon Fig. 41b findet sich:

$$Q_3 + W_3 = 2{,}5\,W. \qquad\qquad P_3 = 2{,}5\,W \cdot \operatorname{tg} \beta. \qquad\qquad 5\,V' = -\frac{2{,}5\,V}{\cos \beta}.$$

Die Resultante der 3 Spannungen 54, 5 IV und 5 V ist dann gegeben durch diejenige der beiden Kräfte K_3 ($= -K_3$) und P_3.

Schließlich ist noch Knotenpunkt V' in Betracht zu ziehen. Da die unbekannten Spannungen mit Ausnahme von derjenigen in e' in der lotrechten Ebene liegen, so muß die Spannung in 5 V' Gleichgewicht halten mit derjenigen in e' und der Resultanten P'_V von d' und 5'V' (Fig. 41c):

$$P'_V = 5\,V' \cdot \sin \beta = 2{,}5 \cdot W \cdot \operatorname{tg} \beta. \qquad\qquad e' = -5\,V' \cdot \cos \beta = -2{,}5\,W.$$

§ 6. Fortsetzung.

Es fehlen nun noch die Spannungen von all denjenigen Stäben, die in den Hauptträgern liegen. Um den vorderen Hauptträger zu betrachten (also die Wand, an welcher der Wind nicht angreift), lege man einen Flächenschnitt, welcher den oberen und unteren Windverband, die beiden Endfelder und die Stützungsstäbe der vorderen Wand trifft. Die an diesem Teil wirkenden Kräfte müssen im Gleichgewicht stehen; dann muß sich auch das auf irgend eine Ebene, z. B. auf die Hauptträger.

ebene projizierte Kräftesystem im Gleichgewicht befinden. Die Projektion der Kräfte
$1'$ I und $11'$ stimmt mit P_1' in der Größe überein, hat aber umgekehrtes Vorzeichen,
ebenso die Projektion der Kräfte $12'$ und $22'$ mit K_2 bis auf das Vorzeichen usw. Es
wird demgemäß der ebene Hauptträger mit den in Fig. 42a angegebenen Kräften erhalten. Daß die eingeführten äußeren Kräfte richtig sind, ist ohne weiteres ersichtlich:
es liefern z. B. die Kräfte der lotrechten Ebene um $3'$ herum die Resultante K_3', also
müssen sie mit umgekehrtem K_3' im Gleichgewicht stehen. Man hat es jetzt mit
einem ebenen Fachwerk zu tun, bei dem man zunächst die Spannungen in den
Stützungsstäben, also die Auflagerreaktionen, ermitteln wird, damit man ein freies
Fachwerk erhält.

c' findet sich aus der Bedingung, daß die Summe der horizontalen Kräfte verschwinden muß:

$$c' = K_3' + K_4' - K_2' = K_4' = 2W \cdot \cot \alpha.$$

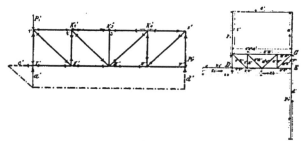

Fig. 42.

d' wird zweckmäßig aus der Momentengleichung für den Punkt $1'$ (Fig. 42a)
gefunden; es möge zunächst d' als Zugspannung eingeführt werden:

$$d' \cdot l - K_2' \cdot h + K_3' \cdot h + K_4' \cdot h + P_V' \cdot l = 0$$
$$- d' = P_V' + K_4' \cdot \frac{h}{l} = 2{,}3 \, W \cdot \operatorname{tg} \beta + 2W \cdot \cot \alpha \, \frac{h}{l},$$

wenn h die Trägerhöhe und l die Trägerlänge angibt.

Da für d' ein negativer Wert gefunden wurde, so herrscht tatsächlich eine
Druckspannung, d. h. die Lagerreaktion geht nach oben.

a' kann nun aus der Momentengleichung für den Punkt V' oder aus der Bedingung ermittelt werden, daß die Summe der Vertikalkräfte verschwindet; man erhält:

$$a' = P_1' - K_4' \cdot \frac{h}{l} = 1{,}5 \, W \cdot \operatorname{tg} \beta - 2W \cdot \cot \alpha \cdot \frac{h}{l}.$$

Die Resultante von c' und a' ist die in I' wirkende Lagerreaktion, die Spannung
in d' die Lagerreaktion in V'. Nachdem so alle äußeren Kräfte bekannt, läßt sich ihr
Kräftepolygon und damit der Kräfteplan aller Spannungen aufzeichnen (Fig. 42b).
Obergurt und Untergurt der unbelasteten Hauptträgerwand erhalten demnach Zug-

spannungen (mit Ausnahme von $4'5'$). Das Rechteck $DE \times EG$ ist ähnlich dem Rechteck des Hauptträgers, indem ja $ED = K_4'$ und $EG = \dfrac{h}{l} \cdot K_4'$ ist, ebenso wie die Höhe h gegeben ist durch $h = l \cdot \dfrac{h}{l}$. In dieses Rechteck fügt sich der Kräfteplan der Gitterstäbe des Hauptträgers ein.

Um die Spannungen des hinteren Hauptträgers, also derjenigen Wand zu finden, an welcher der Wind angreift, ist wiederum ein Flächenschnitt zu legen, der diesen Träger mit seinen Stützungsstäben vom übrigen System lostrennt. Projiziert man nun die Wand mit allen angreifenden Kräften (d. h. den Windkräften und den durchschnittenen Stäben) auf eine Ebene parallel zu derselben, so erhält man ein ebenes gestütztes System, an dem die projizierten Kräfte im Gleichgewicht stehen (Fig. 43a). Die Spannungen der Stützungsstäbe werden in entsprechender Weise, wie oben gefunden:

$$c = K_3 = -2\,W \cdot \cot \alpha$$
$$-d \cdot l + P_3 \cdot l + K_3 \cdot h = 0$$
$$d = P_3 + K_3 \cdot \frac{h}{l} = 2{,}5\,W \cdot \operatorname{tg}\beta + 2\,W \cdot \cot\alpha \cdot \frac{h}{l}$$
$$-P_1 \cdot l + a\,l + K_3 \cdot h = 0$$
$$a = P_1 - K_3 \cdot \frac{h}{l} = 1{,}5\,W \cdot \operatorname{tg}\beta - 2\,W \cdot \cot\alpha \cdot \frac{h}{l}.$$

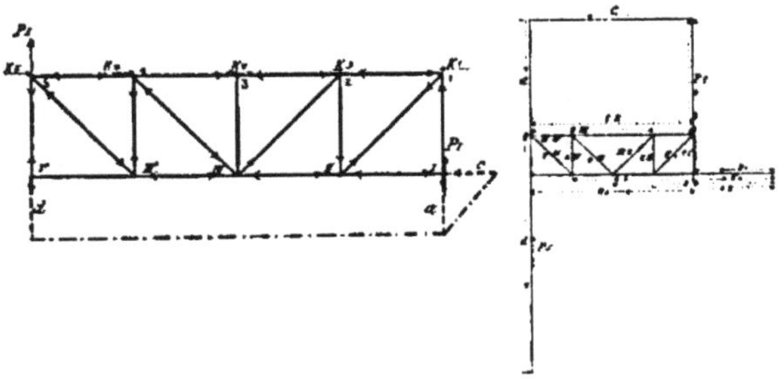

Fig. 43.

Man kann mit diesen Größen den Cremonaschen Kräfteplan für den hinteren Hauptträger aufzeichnen und damit die Spannungen finden (Fig. 43 b).

Betrachtet man nun die Spannungsverhältnisse in beiden Hauptträgern infolge des Winddrucks in den oberen Knotenpunkten, so erkennt man: in beiden Hauptträgern erhalten sowohl die Gurt- wie Gitterstäbe Spannungen; in dem Hauptträger, an dem der Wind nicht angreift (Fig. 42), treten im Obergurt und Untergurt Zugspannungen auf, dagegen in der Wand, an welcher der Wind angreift, hat Obergurt und Untergurt Druckspannungen. Da nun durch die lotrechte Belastung der Obergurt Druck, dagegen der Untergurt Zug bekommt, so ist zur

Ermittlung der maximalen Beanspruchung für den Obergurt derjenige Hauptträger in Betracht zu ziehen, an dessen oberen Knotenpunkten der Wind angreift,
für den Untergurt die Seite, an der der Wind nicht angreift.

Als ungünstigste Beanspruchung infolge des oberen Winddrucks ergibt sich
demnach aus den Kräfteplänen Figg. 42b und 43b:

für den Untergurt: I' II' $= c' = + 2\,W \cdot \cot\alpha$;   für den Obergurt: $12 = -1{,}5\,W \cdot \cot\alpha$

II' III' $= \quad = + 1{,}5\,W \cdot \cot\alpha$; $23 = 34 = -2\,W \cdot \cot\alpha$

III' IV' $= \quad = + 0{,}5\,W \cdot \cot\alpha$; $34 = -2\,W \cdot \cot\alpha$

IV' V' $= 0$ $45 = -1{,}5\,W \cdot \cot\alpha$.

Würden bei einer Windverbandsanordnung gemäß Fig. 44 nach der gewöhnlichen
Auffassung die Spannungen berechnet, so würden von den Hauptträgern überhaupt
nur die Obergurte Spannungen erhalten, und zwar der Obergurt, an dem die Kräfte
angreifen, Druckspannungen, der andere Obergurt Zugspannungen. Nur die ersteren

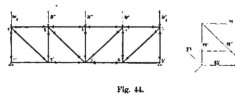

Fig. 44.

kommen in Betracht. Die ungünstigsten Beanspruchungen infolge Winddrucks oben
sind nach dem Kräfteplan Fig. 44b:

für den Obergurt: $12 = -1{,}5\,V \cdot \cot\alpha$ für den Untergurt: I II $= 0$

$23 = 34 = -2\,W \cdot \cot\alpha$ II III $=$ III IV $= 0$

$45 = -1{,}5\,W \cdot \cot\alpha$ IV V $= 0$.

Für die übrigen vom Winddruck betroffenen Stäbe ergibt sich nach der gewöhnlichen Annahme:

$$1\,2' = \frac{1{,}5\,W}{\sin\alpha} \cdot \left(\frac{W}{\sin\alpha}\right)$$ $$1\,1' = -2\,W \cdot (-1{,}5\,W')$$ $$1'\,1 = + 2\,\frac{W}{\cos\beta} \cdot \left(1{,}5\,\frac{W'}{\cos\beta}\right)$$

$$2\,3' = \frac{0{,}5\,W}{\sin\alpha} \cdot (-\ldots)$$ $$2\,2' = -1{,}5\,W' \cdot (-W)$$ $$5\,V' = -2\,\frac{W}{\cos\beta} \cdot \left(-2{,}5\,\frac{W}{\cos\beta}\right)$$

$$3'\,4 = \frac{0{,}5\,W}{\sin\alpha} \cdot \left(\frac{W'}{\sin\alpha}\right)$$ $$3\,3' = -1\,W' \cdot (-W)$$

$$4'\,5 = \frac{1{,}5\,W}{\sin\alpha} \cdot \left(\frac{2\,W'}{\sin\alpha}\right)$$ $$4\,4' = -1{,}5\,W' \cdot (-2\,W').$$

Die in Klammern beigefügten Werte sind die des räumlichen Systems; sie unterscheiden sich also unbedeutend von den erstgenannten Größen.

Tatsächlich wird der Winddruck an den oberen und unteren Knotenpunkten
wirken; es ist demnach noch die letztere Belastung zu betrachten. Es ergibt sich
zunächst, daß alle Gitterstäbe des oberen Windverbandes die Spannungen Null haben,

15*

da oben keine Kräfte wirken sollen. Infolgedessen treten auch in den Enddiagonalen
$5V'$ und $1'I$ keine Spannungen auf und ferner nicht in b' und e'.

Die Spannungen in den Gitterstäben des unteren Windverbandes werden nun
genau so gefunden, wie diejenigen des oberen bei nur oben wirkenden Horizontallasten,
und man erhält wiederum bestimmte Kräfte K_2 und K_2'. Am Knotenpunkt I (Fig. 45)
ist dann Gleichgewicht herzustellen zwischen $I\,II'$ und den unbekannten Kräften b und
K_1. Entsprechendes gilt von Knotenpunkt V. Es ergibt sich:

$$b = \frac{W}{2} + 1\,II' \cdot \sin \alpha = \frac{W}{2} + \frac{W}{\sin \alpha} \cdot \sin \alpha = 1{,}5\,W$$

$$e = \frac{W}{2} + V\,IV' \sin \alpha = \frac{V}{2} + \frac{2\,W}{\sin \alpha} \cdot \sin \alpha = 2{,}5\,W.$$

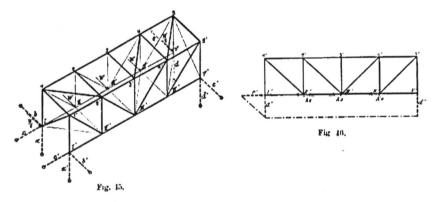

Fig. 45.

Fig 46.

Denkt man sich die vordere Wand mit ihren Stützungsstäben durch einen
Flächenschnitt losgelöst und das so entstandene Gebilde auf die Hauptträgerebene pro-
jiziert, so bekommt man einen ebenen Träger (Fig. 46), auf den die angegebenen
Kräfte wirken. Für die Stützungsstäbe findet sich sofort:

$$a' = d' = 0 \qquad c' = K_1' + K_2' - K_2' = K_1' = 2\,W \cdot \cot \alpha$$

und hieraus für die Stäbe der Wand, an welcher der Wind nicht angreift:

$$I'\,II' = c' = 2\,W \cdot \cot \alpha$$
$$II'\,III' = c' + K_2' = 3\,W \cdot \cot \alpha$$
$$III'\,IV' = II'\,III' - K_2' = 2\,W \cdot \cot \alpha$$
$$IV'\,V' = III'\,IV' - K_1' = 0.$$

Alle übrigen Stäbe erhalten keine Spannung. Der Untergurt an der nicht
belasteten Seite wird demnach gezogen, und es werden demgemäß in demselben
die durch lotrechte Kräfte erzeugten Spannungen vergrößert.

In dem hinteren Hauptträger findet sich bei Loslösung desselben vom ganzen System (Fig. 47), daß die Gitterstäbe und Obergurtstäbe keine Spannung erhalten, und der Untergurt Druck bekommt. Die Größe desselben ist von keiner Bedeutung. Nach der gewöhnlichen Berechnung treten im Untergurt des Hauptträgers, an dem der Wind nicht angreift, Zugspannungen auf von der Größe:

$$\text{I' II'} = 0 \qquad\qquad \text{III' IV'} = 1{,}5W \cdot \cot \alpha$$
$$\text{II' III'} = 1{,}5W \cdot \cot \alpha \qquad\qquad \text{IV' V'} = 0.$$

Tatsächlich ist der nach der gewöhnlichen Annahme vorliegende untere Windverband als gestütztes ebenes System statisch unbestimmt; während derselbe, losgelöst vom vorliegenden Raumsystem, einen statisch bestimmten ebenen Träger darstellt (Fig. 48).

Wirkt gleichzeitig Winddruck an den oberen und unteren Punkten, so treten im Untergurt der unbelasteten Seite Spannungen auf, die sich aus den angegebenen

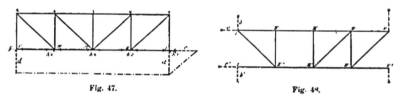

Fig. 47.   Fig. 48.

durch einfache Addition bestimmen, dagegen am Obergurt der belasteten Seite Druckspannungen, die nur durch den oberen Winddruck hervorgerufen werden. Die Spannungen, die durch Winddruck nach der gewöhnlichen Annahme erhalten werden, unterscheiden sich von denjenigen, wie sie bei diesen Systemen auftreten, im Obergurt nur wenig, sind dagegen im Untergurt wesentlich geringer. Da der Wind von beiden Seiten kommen kann, so ist natürlich die Maximalspannung für die hintere und vordere Wand tatsächlich die gleiche.

Man erkennt aus diesem Beispiel allgemein: Die erwähnten statisch bestimmten Raumsysteme verhalten sich gegen lotrechte Belastung so, wie gewöhnlich angenommen wird; aber durch horizontale Belastung werden nicht nur die Gurtungen, in deren Ebene der Wind wirkt, in Spannung versetzt, sondern auch die übrigen Stäbe der Hauptträger, und besonders ungünstig hierbei die Untergurtstäbe beansprucht.

Für den hier angegebenen symmetrischen Belastungsfall läßt sich das System so konstruieren, daß bei Winddruck immer nur die betreffenden Gurtungen in Spannung versetzt werden; man hat hierzu einfach eine ungerade Anzahl von Feldern anzuordnen und im mittleren Felde der Windverbände die Diagonale fortzunehmen; dann heben sich die Kräfte K_i gegenseitig auf, es werden der Pfosten V 5 bezw. I' I' und damit die Gitterstäbe spannungslos.

Zur Dimensionierung eines Brückenträgers genügt es natürlich nicht, nur auf die gleichmäßig verteilte Winddrucklast (ruhende Last) Rücksicht zu nehmen, sondern es muß auch untersucht werden, ob nicht durch bestimmte Stellung der mobilen Windlast (gegen das Verkehrsband) größere Spannungen auftreten. Da die Berechnung der Spannungen des Raumsystems auf diejenige von ebenen Stabgebilden zurückgeführt wurde, so ist auch die Frage nach den Maximalspannungen im wesentlichen eine solche der ebenen Fachwerkstheorie, weshalb hier von einer weiteren Ausführung abgesehen werden soll.

Die Berechnung anders gelagerter Raum-Brückenträger über einer oder mehreren Öffnungen läßt sich in ganz ähnlicher Weise durchführen. Man erhält in allen diesen Systemen eine vollständig klare Spannungsverteilung, wie sie bei der angegebenen Ausführung auch in Wirklichkeit eintreten muß.

Darmstadt, im September 1904.

Druck von Leonhard Simion Nf. in Berlin SW.

II. Abhandlungen.

Von den Einflußlinien eines durch zwei Zugstangen und eine Strebe verstärkten Fachwerks.

Von G. Ramisoh,

Professor an der höheren Maschinenbauschule in Breslau.

I.

Im ersten Hefte 1903 haben wir auf Seite 55 die Kraft K, welche in der Zugstange $\overline{AG}$ wirksam ist, berechnet. Wir wollen jetzt voraussetzen, daß sämtliche Teile des Systems von demselben Stoffe sind und es nimmt jetzt die Formel 17, weil jedes $E = E_1 = E_2$ ist, folgende Gestalt an:

$$K = - \frac{\Sigma \frac{S_0 \cdot s}{F \cdot r} \cdot k}{\frac{2h}{F_1} + \frac{4g}{F_2} \cos^2 \alpha + \Sigma \frac{k^2 \cdot s}{r^2 \cdot F}}$$

und nun ist die **statisch unbestimmte Kraft unabhängig** von dem Stoffe, woraus das System besteht, geworden. Man multipliziere noch Zähler und Nenner der rechten Seite dieser Gleichung mit F_0, und es soll F_0 eine beliebige Fläche bedeuten, ferner setze man:

$$F_0 \cdot \left(\frac{2h}{F_1} + \frac{4g}{F_2} \cdot \cos^2 \alpha + \Sigma \frac{k^2 \cdot s}{r^2 \cdot F} \right) = g_0$$

und es wird

$$K = - \frac{\Sigma \frac{S_0 \cdot s \cdot k}{r} \cdot \frac{F_0}{F}}{g_0}$$

und es bedeutet g_0 eine Strecke, welche von vornherein bestimmt werden kann, wenn außer dem Gerippe des Systems sämtliche Querschnitte seiner Teile bekannt sind. Wir müssen deswegen g_0 auch als bekannt voraussetzen.

In Fig. 1 möge nun das Fachwerk mit P allein belastet sein und diese Last soll vom linken und rechten Auflagerdruck beziehungsweise die Abstände p_0 und p_4 haben. Es sind dann die Auflagerdrücke in A und B beziehungsweise

$$A_0 = \frac{P \cdot p_b}{l}$$

und

$$B_0 = \frac{P \cdot p_a}{l}.$$

Beide Auflagerdrücke sind senkrecht zu $\overline{mn}$ gerichtet, wenn wie wir nunmehr voraussetzen wollen, nicht nur P, sondern auch jede andere Last, welche auf dem Fachwerk sich befinden wird, senkrecht zu $\overline{mn}$ gerichtet sein soll. Ferner bemerken wir, daß das bewegliche Auflager erhalten bleiben muß, weil wir es sonst mit einem zweifach statisch unbestimmten Systeme zu tun hätten, wenn neben dem Auflager A auch das Auflager B fest bleiben sollte. Was nun die Strecke k anbelangt, so ist sie jetzt der Abstand eines Knotenpunktes entweder von der Zugstange $\overline{GB}$ oder $\overline{GA}$, je nachdem der Knotenpunkt links oder rechts von DG sich befindet.

Wir nennen C_a den Knotenpunkt, wenn er rechts und C_b, wenn er links von der Last P sich befindet, ferner x_a den Abstand des Punktes C_a vom rechten Auflagerdruck und x_b den Abstand des Punktes C_b vom linken Auflagerdruck. Ist ferner r der Abstand des Knotenpunktes C_a vom Stabe MN, so entsteht in demselben die Spannkraft: $\frac{A_0 \cdot x_a}{r}$, welche von P hervorgerufen wird. Also hat man mit Rücksicht auf den Wert für A_0 die Spannkraft:

$$S_0 = \frac{P \cdot p_b \cdot x_a}{r \cdot l} \qquad (1)$$

Ebenso nennen wir r den Abstand des Knotenpunktes C_b von dem Stabe $\overline{UF}$, es entsteht in demselben die Spannkraft: $\frac{B_0 \cdot x_b}{r}$, welche ebenfalls von P hervorgebracht wird, und man hat mit Rücksicht auf den Wert für B_0

$$S_0 = \frac{P \cdot p_a \cdot x_b}{r \cdot l}. \qquad (2)$$

Selbstverständlich sind weder die Werte von r, noch die Werte von S_0 in den beiden Gleichungen (1) und (2) einander gleich; denn sie habe ihre vorher schon festgesetzte Bedeutung.

Entweder die eine oder die andere Gleichung kann man für sämtliche Stäbe des Fachwerks bilden und erhielte dann:

$$K = - \frac{P}{g_0 \cdot l} \cdot \left\{ p_b \cdot \Sigma x_a \cdot \frac{s \cdot k}{r^2} \cdot \frac{F_0}{F} + p_a \cdot \Sigma x_b \cdot \frac{s \cdot k}{r^2} \cdot \frac{F_0}{F} \right\}.$$

Die Summen beziehen sich zusammen auf sämtliche Stäbe des Fachwerks, also auch auf die Wandglieder. Berücksichtigen wir nun dieselben, so sind in den Summen positive und negative Glieder enthalten, welche übrigens einen kleinen Beitrag zur Ermittelung von K bieten. Es ist deswegen üblich, die Wandglieder unberücksichtigt zu lassen, was mit der Annahme auch übereinstimmt, daß man sie als nicht formveränderlich, also starr ansieht. Indem wir also blos die Gurtstäbe berücksichtigen, so ergeben sich beide Summen in der letzten Gleichung nur aus Gliedern von gleichem Vorzeichen bestehend.

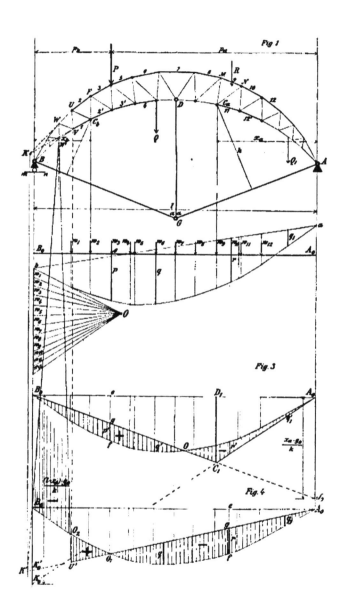

Fig. 1

Fig. 3

Fig. 4

Wir verstehen unter γ irgend ein Gewicht und setzen für jeden Gurtstab:

$$\gamma \cdot \frac{s \cdot k}{r^2} \cdot \frac{F_n}{F} = w, \qquad (3)$$

so wird:

$$K = -\frac{P}{g_0 \cdot \gamma} \cdot \left\{ \frac{p_0}{l} \cdot \Sigma x_a \cdot w + \frac{p_a}{l} \cdot \Sigma x_b \cdot w \right\}. \qquad (4)$$

Hier bedeutet w auch ein Gewicht, welches man für jeden Gurtstab von vornherein berechnen kann und man ist gewohnt, dasselbe mit „elastischem Gewichte" zu bezeichnen.

Wie man sieht, so ist das elastische Gewicht jedes Stabes vollständig unabhängig von der Last P und läßt sich sofort berechnen, wenn die Querschnitte aller Stäbe der Konstruktion bekannt sind. Wir müssen daher auch die elastische Gewichte aller Stäbe als bekannt voraussetzen. In dem Knotenpunkte nun, welcher dazu dient um mittels der Ritterschen Schnittmethode die Spannkraft des betreffenden Stabes zu ermitteln (falls die Stäbe GA, $\overline{GB}$ und $\overline{GD}$ fehlen), denke man sich das elastische Gewicht parallel zur Last P, also senkrecht zu $\overline{mn}$ gerichtet angebracht. Übersichtlicher ist es jedoch, wenn wie es in Fig. 2 geschehen ist, ein einfacher Balken $\overline{A_0B_0}$ hingezeichnet, und genau unter dem betreffenden Knotenpunkte mit dem bezüglichen elastischen Gewicht belastet wird. Der Einfachheit wegen sollen nur die stark ausgezogenen Gurtstäbe in Fig. 1 als elastisch angenommen werden, jedoch wird man in der Praxis das elastische Gewicht jedes Gurtstabes benutzen müssen. So ist w_1 das elastische Gewicht, welches von dem mit 1 benannten Untergurtstab herrührt; dagegen bedeutet w_2 die Summe der elastischen Gewichte, welche an den beiden Stäben 2 und 2' herrühren. Die Verbindungslinie der beiden Knotenpunkte F und C_1 fällt nämlich mit der Kraftlinie von w_2 zusammen, weshalb die elastischen Gewichte von den Stäben 2 und 2' addiert werden dürfen. Diese, so wie sämtliche anderen elastischen Gewichte stehen senkrecht zum Balken $\overline{A_0B_0}$ und sind gleich gerichtet, weil wie wir in der vorigen Arbeit gesehen hatten, infolge der Formänderungen aller Gurtstäbe eine Vergrößerung der Entfernung der Punkte A und G geschieht. Weiter ist w_3 die Summe der elastischen Gewichte, welche von den Stäben 3 und 3' herrühren. Auf solche Weise sind die übrigen elastischen Gewichte w_4, w_5 usw. bis w_{12} entstanden und an gehöriger Stelle als Gewichte des Balkens $\overline{A_0B_0}$ angebracht worden.

Für diese Gewichte w_1, w_2 usw. bis w_{12} zeichne man mit einem Polabstande, welche gleich γ sein soll, das Kraft- und Seileck und zwar letzteres mit der Schlußlinie $\overline{ab}$. Man bezeichne jetzt die Strecke auf der Kraftlinie von P zwischen dem Seileck und der Schlußlinie mit p, so ist nach der graphischen Statik $p \cdot \gamma$ das Biegungsmoment im Punkte e des Balkens $\overline{A_0B_0}$; dasselbe ist jedoch nach der Formel von Heinzerling auch:

$$\frac{p_b}{l} \cdot \Sigma a_a \cdot w + \frac{p_a}{l} \cdot \Sigma x_b \cdot w,$$

so daß man zunächst hat:

$$\frac{p_0}{l} \cdot \Sigma x_a \cdot w + \frac{p_a}{l} \cdot \Sigma x_b \cdot w = p \cdot \gamma$$

und dann nach Formel (4)

$$K = - P \cdot \frac{p}{g_0}.$$

Würde man für irgend eine andere Last, z. B. Q in Fig. 1 die Sache wiederholen, so bliebe das Seileck unverändert und ist die Strecke auf der Kraftlinie dieser Kraft zwischen Seileck und Schlußlinie q, so ergibt sich nunmehr:

$$K = - Q \cdot \frac{q}{g_0}.$$

Bildet man auf gleiche Weise für die Lasten R und Q_1 die betreffenden Strecken zwischen Seileck und Schlußlinie, die sogenannten Ordinaten und nennt sie beziehungsweise r und q_1, so rufen sie in dem Stabe $\overline{AG}$ die Kräfte $-\frac{Rr}{g_0}$ und $\frac{Q_1 \cdot q_1}{g_0}$ hervor. Alle vier Lasten erzeugen demnach die statisch unbestimmte Kraft:

$$K = -\frac{1}{g_0} \cdot (P \cdot p + Q \cdot q + R \cdot r + Q_1 \cdot q_1)$$

im Stabe $\overline{AG}$.

Aus diesem Grunde ist das Seileck die Einflußlinie zur Bestimmung der Kraft K im Stabe $\overline{AG}$ mit dem Divisor g_0. Sie ist hauptsächlich dann von Bedeutung, wenn sich mit dem Fachwerk bewegliche Lasten befinden, um mit Probieren rasch für die ungünstigste Laststellung den Größtwert von K zu ermitteln. Die Fläche, welche von dem Seileck und der Schlußlinie begrenzt wird, nennt man die Einflußfläche der Kraft K. Ist ihr Inhalt J und b die gleichmäßig verteilte Belastung für die Längeneinheit, so wird von ihr in der Stange die Kraft:

$$K = -\frac{b \cdot F}{g_0}$$

hervorgebracht. Dieselbe Einflußlinie und Einflußfläche gelten auch für die andere Zugstange $\overline{GB}$ und die Strebe $\overline{DG}$. Im ersten Falle ist wiederum g_0 der Divisor, im letzteren Falle jedoch $\frac{g_0}{2\cos\alpha}$, weil die in $\overline{DG}$ wirkende Kraft gleich $2K\cos\alpha$ ist.

II.

Nunmehr gehen wir dazu über, die Einflußlinie und Einflußfläche für irgend einen Gurtstab, z. B. den Stab $\overline{MN}$ in Fig. 1 zu bilden. Zu dem Zwecke zeichne man vor allen Dingen die Einflußlinie zur Ermittelung von K, also das Seileck in Fig. 3 noch einmal hin, jedoch am vorteilhaftesten mit einer horizontalen Schlußlinie $\overline{A_0B_0}$ und es ist darin z. B. die Ordinate unter P nämlich $\overline{ef} = p$. Die übrigen Ordinaten q, r und q_1, so wie jede andere müssen ihre Längen beibehalten, so daß die Übertragung des Seilecks sehr einfach auszuführen ist.

Nach der Formel 18a ist die Spannkraft im Stabe $\overline{MN}$ gleich

$$S = S_0 + K \cdot \frac{k}{r}$$

und nach Formel 4 ergibt sich:

$$S_0 = P \cdot \frac{p_b}{l} \cdot \frac{x_a}{r}.$$

und dann ist

$$K = -P \cdot \frac{p}{g_0},$$

wenn nur die Last P auf dem Fachwerk sich befindet. Wir haben deswegen:

$$S = P \left\{ \frac{p_b}{l} \cdot \frac{x_a}{r} - \frac{k}{r} \cdot \frac{p}{g_0} \right\}$$

womit die Spannkraft des statisch unbestimmten Systemes zunächst berechnet ist. Wir geben ihr die Form:

$$S = \frac{P}{r} \cdot \frac{k}{g_0} \cdot \left\{ \frac{p_b}{l} \cdot \frac{x_a}{k} \cdot g_0 - p \right\}.$$

Um nun die Einflußlinie auf Grund dieser Gleichung zu bestimmen, muß man in Fig. 3 auf denselben Seiten von $\overline{A_0 B_0}$, wo sich das Seileck befindet in der Verlängerung von $\overline{A A_0}$ die Strecke:

$$\overline{A_0 J_0} = \frac{x_a g_0}{k}$$

und ziehe $\overline{J_0 B_0}$. Diese Gerade trifft die Ordinate $e\overline{f}$ in g und es ist:

$$\overline{g e} : \overline{e B_0} = \overline{J_0 A_0} : l$$

oder auch:

$$\overline{g e} = p_b \cdot \frac{x_a \cdot g_0}{k l}$$

also wird hierdurch:

$$S = \frac{P}{r} \cdot \frac{k}{g_0} \cdot (\overline{g e} - p).$$

Man setze:

$$g e - p = p'$$

und hat

$$S = \frac{P}{r} \cdot \frac{k}{g_0} \cdot p'.$$

Aus dieser Gleichung folgt, daß die Fläche, welche von $\overline{J_0 B_0}$ und dem Seileck begrenzt wird, Einflußfläche zur Bestimmung der Spannkraft im Stabe $\overline{MN}$ ist. Es gilt jedoch die Einflußfläche so lange, als die Last links vom Knotenpunkte Q oder im Knotenpunkte C_a selbst sich befindet. Liegt nämlich die Last rechts von C_a auf dem Fachwerkträger, so ist die Strecke $B_0 K_0$ in Fig. 3 auf der Verlängerung von $\overline{B B_0}$ gleich $\frac{(l - x_a) \cdot g_0}{k}$ zu machen und $\overline{K_0 A_0}$ zu ziehen. Diese Linie und den Rest des Seitecks begrenzen dann die Einflußfläche, wenn die Last rechts von C_a auf dem Fachwerk sich befindet. Die beiden Geraden $\overline{A_0 K_0}$ und $\overline{B_0 J_0}$ treffen sich in einem Punkte, den wir C_1 nennen und dieser Punkt liegt auf dem Lote zu $A_0 B_0$, welches verlängert durch den Punkt C_a geht, wie man leicht mathematisch nachweisen kann. Es ist also einfacher von C_a zu $\overline{A_0 B_0}$ das Lot zu konstruieren, den Schnittpunkt mit der vorher gegangenen Geraden $\overline{B_0 J_0}$ mit C_1 zu bezeichnen und $\overline{A_0 C_1}$ zu ziehen um die Einflußfläche zu finden, anstatt K_0 noch besonders zu zeichnen. Die Einflußfläche wird also begrenzt von den Strecken $\overline{B_0 C_1}$, $\overline{A_0 C_1}$ und dem Seileck. Die Einflußfläche hat $\frac{r \cdot g_0}{k}$ zum Divisor. Sind also die Ordinaten für Q, R und Q_1 in derselben beziehungsweise q', r' und q_1', so rufen diese Kräfte die Spannkräfte

$$\frac{Q}{r} \cdot \frac{k}{g_0} \cdot q_1', \quad \frac{R}{r} \cdot \frac{k}{g_0} \cdot r' \text{ und } \frac{Q_1}{r} \cdot \frac{k}{g} \, r_1'$$

hervor. Doch erkennen wir, daß die Ordinaten der Einflußfläche von verschiedenen Vorzeichen sind. Es sind nämlich p' und q' vom gleichen und r' und q_1' vom entgegengesetzten Vorzeichen.

Um dies zu deuten, bedenke man, daß die Spannkraft S_0 in $\overline{MN}$ eine Druckkraft ist; die Kraft K erzeugt jedoch eine Zugkraft, und weil $eg < p$ ist, so bedeutet die von P hervorgebrachte Spannkraft in $\overline{MN}$ eine Zugkraft. Ebenso wird von Q eine Zugkraft erzeugt und die Kräfte R und Q_1 bringen Druckkräfte in $\overline{MN}$ hervor. Alle vier Kräfte erzeugen also in dem Stabe MN die Spannkraft

$$S = \frac{1}{r} \cdot \frac{k}{g_0} \cdot (P \cdot p' + Q \cdot q' - R \cdot r' - Q_1 \cdot q_1')$$

und je nachdem diese Summe positiv, negativ oder Null ist, ergibt sich die Spannkraft in dem Stabe als Zug, Druck oder ist gar nicht vorhanden. Wirkt im besonderen eine Einzellast über dem Schnittpunkte 0 vom Seiteck und $\overline{B_0 J_0}$ in Fig. 3, so wird von ihr gar keine Spannkraft im Stabe MN erzeugt, welche Größe diese Einzellast auch haben möge. Man gibt nun der Fläche zwischen B_0 und 0 das positive Vorzeichen und der Fläche von 0 bis A_0 das negative Vorzeichen, was aussagt, daß je nachdem eine Einzellast innerhalb des ersten oder des zweiten Flächenteiles auf dem Fachwerke wirkt, in $\overline{MN}$ eine Zug- oder Druckspannung hervorgebracht wird.

Wir nennen f_1 den ersten und f_2 den zweiten Flächenteil und wie vorhin b die gleichmäßig verteilte Belastung für die Längeneinheit. Dieselbe erzeugt nun in $\overline{MN}$ die Spannkraft

$$S = \frac{k}{g_0 r} (f - f') \cdot b$$

und ist eine Zug- oder Druckkraft oder auch gar nicht vorhanden, je nachdem f größer als f' oder f kleiner als f' oder endlich $f = f'$ ist.

Befindet sich auf dem Fachwerke eine bewegliche Belastung, so wird man um die größte Zug- und die größte Druckspannkraft in $\overline{MN}$ zu ermitteln, die Belastung entweder nur zwischen B_0 und 0 oder zwischen A_0 und 0 so lange verschieben, bis man tatsächlich die Maximalwerte erhält. Auf gleiche Weise wie für die Spannkraft des Gurtstabes $\overline{MN}$, kann man die Einflußfläche für die Spannkraft eines jeden anderen Gurtstabes darstellen. Es muß dies für jeden einzelnen Gurtstab geschehen, die Darstellung der Einflußflächen ist sehr einfach, namentlich dann, wenn man das Seiteck auf mechanischem Wege vervielfältigen kann.

Noch ist zu bemerken, daß die Lasten in Knotenpunkten und nicht auf den Stäben des Fachwerks wirken dürfen, wie es ja auch in der Praxis stets geschieht. Wenn auch in der Fig. 1 die Lasten so dargestellt worden sind, als wenn sich einzelne auf den Gurtstäben und nicht in den Knotenpunkten befinden, so soll dies bedeuten, daß sie sich auf dem Längsträger, welcher durch Querträger mit dem Hauptträger an den Knotenpunkten befestigt ist, befinden, also in Wirklichkeit auch in den Knotenpunkten des Hauptträgers wirken. — Liegt nämlich die Last auf einem Stabe des Fachwerks, so wird derselbe auch auf Biegung beansprucht und weil die Einflußlinie nur zur Ermittelung der Zug- oder Druckspannungen der Stäbe dienen, so sind sie zur Bestimmung von Biegungsspannungen ganz wertlos, also nicht zu gebrauchen und müssen zu dem Zwecke erst andere Arten von Einflußlinien gefunden werden.

III.

Nun gehen wir dazu über, die Einflußlinie und Einflußfläche zur Ermittelung der Spannkraft in einem Wandgliede darzustellen und wählen dazu den Stab $U V$. Zunächst zeichne man mit einer horizontalen Schlußlinie $\overline{A_0 B_0}$ in Fig. 4 das Seileck aus Fig. 2 hin, ferner fälle man, nachdem man den Schnittpunkt K von $\overline{U W}$ und $V \overset{\cdot}{C}$ in Fig. 1 gebildet hat, von ihm aus die Lote auf $\overline{V W}$ und auf $\overline{B G}$, die man beziehungsweise mit r_0 und k benennt. Die Spannkraft in $U V$ sei S, und fehlen die Stäbe $\overline{G B}$, $\overline{G A}$ und $\overline{G D}$, so nennen wir sie S_0 und hat die Gleichung:

$$S = S_0 + K \cdot \frac{k}{r_0},$$

welche auf Seite 56 der erwähnten Abhandlung als Formel 18a sich befindet. Es möge nur die Last R auf dem Fachwerk sich befinden, welche vom rechten Auflager den Abstand ϱ hat, so wird im Stube $\overline{V U}$ hierdurch die Spannkraft

$$S_0 = \frac{R \cdot \varrho}{l \cdot r_0} \cdot p_h'$$

hervorgebracht, wenn p_h' der Abstand des Punktes K vom linken Auflagerdruck ist.

Weiter ist, wie wir bereits erwähnt hatten,

$$K = R \cdot \frac{r}{g_0},$$

also entsteht:

$$S = \frac{R}{r_0} \cdot \left(\frac{\varrho \cdot p_h'}{l} - \frac{k}{g_0} \cdot r \right),$$

d. h.

$$S = \frac{R \cdot k}{r_0 \cdot g_0} \cdot \left(\frac{\varrho \cdot p_h'}{l \cdot k} \cdot g_0 - r \right)$$

und es ist in Fig. 4 die Strecke $\overline{e f} = r$.

Man zeichne auf der Geraden $\overline{B B_0}$ in Fig. 4 einen Punkt K_0' so hin, daß

$$B_0 K_0' = \frac{p_h' \cdot g_0}{k}$$

ist; und zwar sollen sich das Seileck und K_0' auf derselben Seite von $\overline{A_0 B_0}$ befinden. Man ziehe dann $\overline{A_0 K_0'}$ und nenne g den Schnittpunkt dieser Geraden mit $\overline{ef}$, so ist $\triangle A_0 eg \sim \triangle A_0 B_0 K_0'$, woraus folgt:

$$\frac{\overset{.}{e}\,\overset{\frown}{g}}{\varrho} = \frac{B_0\overset{\frown}{K_0}{}'}{l},$$

also wird::

$$\overline{e\,g} = \varrho \cdot \frac{K_0' \, H_0}{l} = \frac{\varrho \cdot p_b \cdot g_0}{l \cdot k}.$$

und ferner

$$S = \frac{R \cdot k}{r_0 \cdot g_0} \cdot (\overline{e\,g} - r).$$

Da: $\overline{e\,g} - r = -\overline{g\,f}$ ist, und wenn $\overline{g\,f} = r'$ gesetzt wird, so hat man:

$$S = -\frac{R \cdot k}{r_0 \cdot g_0} \cdot r'.$$

Wegen des negativen Vorzeichens ist die Spannkraft eine Druckkraft. Man erkennt, daß die Linie $\overline{A_0 K_0'}$ und das Seiteck die Einflußfläche zur Bestimmung der Spannkraft in $\overline{UV}$ begrenzen. Jedoch gilt diese Einflußfläche nur für den Teil $A\,U\,C_i$ des Fachwerks. Befindet sich nämlich die Last auf dem Teile $B\,W\,V$ des Fachwerks, so ist wohl das Seiteck ebenfalls Begrenzung der Einflußfläche, statt $A_0\,K_0'$ tritt aber eine andere Linie ein, welche man ähnlich, wie diese darstellt; einfacher findet man sie jedoch, wenn man den Schnittpunkt K' von $A_0\,K_0'$ mit den Parallelen durch den Punkt K in Fig. 1 zu $B\,B_0$ bildet und K' mit B_0 verbindet. Diese Verbindungslinie ist dann die andere Begrenzung der Einflußfläche.

Es läßt sich dies auch auf kinematischem Wege erklären: Entfernt man den Stab $\overline{UV}$, so entsteht eine zwangläufige kinematische Zylinderkette, und darin ist der Punkt K gemeinschaftlicher Punkt der Teile $A\,U\,C_i$ und $B\,W\,V$ als Glieder der kinematischen Kette. Wirkt also im Punkte K eine Last, so kann sie zu dem einen oder zu dem anderen Gliede gehörig angesehen werden; daher müssen sich die betreffenden Begrenzungen im Punkte K' treffen. Letztere Begrenzungslinie muß durch B_0 gehen; denn wenn in B eine Last wirkt, so wird in dem Stabe UV keine Spannkraft hervorgebracht. Wir sind jedoch mit der Ausführung der Einflußfläche noch nicht fertig; denn es kann sich eine Last auf dem Stab $U\,W$ oder $V\,C_i$ befinden. Wir müssen dies daher noch berücksichtigen. Auf jedem dieser Stäbe kann nämlich eine Last sich befinden und man bekommt dafür auch die Einflußfläche, obgleich jeder der Stäbe auf Biegung beansprucht wird. Es wäre aber ganz unrichtig, die Einflußfläche darzustellen, wenn die Last auf dem Stabe UV_i sich befindet. Liegt nun die Last nur auf dem Stabe $\overline{UW}$, so lege man durch U die Parallele zum Auflagerdruck, welche mit $\overline{K'B_0}$ den Punkt W' gemeinschaftlich hat und ferner dazu die Parallele durch U, welche $\overline{A_0 K_0'}$ in U' trifft und zieht $\overline{U'W'}$, man hat dann folgende Begrenzungen für die ganze Einflußfläche zur Ermittelung der Spannkraft in $\overline{UV}$, erstens das Seiteck und zweitens die drei Geraden $\overline{B_0 W'}$, $\overline{W'U'}$ und $\overline{U'A_0}$. Jedoch darf sich die Last nicht auf den Stäben $\overline{V C_i}$ und $\overline{UV_i}$, aber sonst beliebig auf dem Fachwerke befinden. Daß übrigens die drei Stangen $\overline{GD}$, $\overline{GA}$ und $\overline{BG}$ auch nicht belastet sein dürfen, erklärt sich aus der ganzen Untersuchung. — Die Richtigkeit der zuletzt gegebenen Auffindung der Linie $W'U''$ findet auf kinematischem Wege am klarsten seine

Begründung, indem man sich die Last auf $\overline{UW}$ in Komponenten zerlegt denkt, die in W und U wirken. Zu bemerken sei hierbei, daß diese Komponenten durchaus nicht parallel zur betreffenden Last sein brauchen, sie können auch beliebig gerichtet sein; nur müssen sie sich mit ihr in einem Punkte treffen. Auf ähnlichem Wege findet man die Endlinie der Einflußlinie, wenn die Last auf $\overline{VC_i}$ sich befindet. Wenn also gestattet wird, daß Lasten auf den Stäben $\overline{WU}$ und $\overline{VC_i}$ sich befinden, so ist letztere Endlinie und $W''U''$ zu gebrauchen; also hat die Einflußfläche dann eine Linie mehr. Es gilt überhaupt allgemein folgender Satz: Entfernt man den Stab, für den man die Einflußlinie darstellen will, so wird eine zwangläufige kinematische Kette daraus und entsteht dann für jedes Glied eine besondere Einflußlinie. Hier zerfällt durch Entfernung des Stabes $\overline{UV}$ die kinematische Kette in die vier Glieder, nämlich das Glied $AUCB$, das Glied BWV und die Stäbe $\overline{WU}$ und $\overline{VC_i}$, also sind vier Linien erforderlich, wie wir auch gesehen hatten.

Auf ähnliche Weise kann man die Einflußfläche für jedes Wandglied darstellen. In Fig. 4 sind zwei Nullpunkte O_1 und O_2 außer A_0 und B_0. Befinden sich also Lasten über O_1 und O_2, so wird in $\overline{UV}$ keine Spannkraft ausgeübt, wie groß auch die Lasten sein mögen. Liegt die Last zwischen B_0 und O_2 oder zwischen O_1 und A_0, so entsteht in $\overline{UV}$ eine Druckkraft, daher das negative Vorzeichen in der Zeichnung. Befindet sich dagegen die Last zwischen O_1 und O_2, so entsteht in dem Stabe $\overline{UV}$ eine Zugkraft, was wir durch das positive Vorzeichen in Fig. 4 angedeutet haben. Noch einmal betonen wir dabei, daß sich für die Einflußlinie in Fig. 4 die Last überall, nur nicht auf den Stäben $\overline{UV}$ und $\overline{VC_i}$ befinden darf, ferner müssen alle Lasten senkrecht zu $\overline{mn}$ gerichtet sein; denn andernfalls haben die Einflußlinien keine Bedeutung. Wie zu verfahren sein wird, wenn die Lasten beliebig gerichtet sind, soll in einem späteren Aufsatze erledigt werden.

Über Kleben und Klebstoffe.

Von Dr. Fritz Krüger.

Außer der im Text angegebenen wurde noch folgende Literatur benutzt:
F. Dawidowsky: Die Leim- und Gelatine-Fabrikation. Dr. H. Fleck: Die Fabrikation chemischer Produkte aus tierischen Abfällen. Eduard Valenta: Die Klebe- und Verdickungsmittel. S. Lehner: Die Kitt- und Klebemittel. Beilstein: Handbuch der organischen Chemie. Dr. J. Wiesner: Die Rohstoffe des Pflanzenreichs. O. Saare: Die Fabrikation der Kartoffelstärke. L. E. Andés: Gummi arabicum und dessen Surrogate. Dr. B. Tollens: Kurzes Handbuch der Kohlehydrate. Ladislaus von Wagner: Die Stärkefabrikation. Dr. W. Bersch: Die Fabrikation von Stärkezucker und Dextrin. Arthur Meyer: Untersuchungen über die Stärkekörner.

Theorie des Klebens.

Der Zweck des Klebens ist, feste Körper gleicher oder verschiedener Beschaffenheit — ohne Anwendung mechanischer Hilfsmittel, wie Schrauben, Nieten u. dergl. — so fest aneinander haften zu machen, daß sie ohne Anwendung von Gewalt oder chemischer Behandlung nicht voneinander getrennt werden können, daß sie also gewissermaßen eine körperliche Einheit bilden.

Über das Verbinden von verschiedenen Körpern zu einem Ganzen heißt es im Karmarsch-Fischer[1]):

„Zwei oder mehrere Körper können zu einem Ganzen auf drei Wegen verbunden werden, nämlich:

Durch gegenseitige Anziehung derselben,

durch zwischen ihnen auftretende Reibung,

durch Ineinandergreifen der Gestalten.“

Für die Vereinigung durch Kleben kommt nur der erste Satz in Betracht und darüber werden dann folgende Ansichten entwickelt:

Nach der herrschenden Anschauung beruht der Zusammenhang fester und flüssiger Körper auf der gegenseitigen Anziehung ihrer (kleinsten) Teilchen; daher treten zwei Körper miteinander in feste Verbindung, sobald man sie einander so weit nähert, daß ihre Oberflächen sich — wenigstens zum Teil — nackt berühren. Dem Einwand, daß eine Hand durch etwaiges Betasten keine Verbindung mit einem Gegenstand eingehe, wird dadurch begegnet, daß in einem solchen Anfassen nicht die Bedingungen des nackten Berührens erfüllt seien. Bekanntlich verdichten alle festen Körper, namentlich die Metalle, mit Begier Gase auf ihrer Oberfläche, deshalb sei jeder Körper, welcher einige Zeit mit der Luft in Berührung war, mit einer Schicht verdichteter Gase umgeben, welche in unmittelbarer Nähe der Oberfläche des festen Körpers fast ebenso dicht sei, wie der feste Körper selbst, in einiger Entfernung jedoch kaum dichter, als die umgebende Luft. Daraus folge, daß die bedeckenden Gasschichten erst entfernt werden müssen, ehe zwei Körper in nackte Berührung treten können; durch

---

[1]) Karmarsch-Fischer, Mechanische Technologie 6. Aufl. Bd. I S. 441 f.

17*

Druck allein aber lasse sich das nicht erreichen, weil, wie erwähnt, die Gasschicht an der Berührungsstelle ungefähr die Dichte des festen Körpers habe. Um eine nackte Verbindung zu ermöglichen, sei es notwendig, die Gasschicht und auch etwaige andere Ablagerungen zu beseitigen; aber auch ferner, daß die zu vereinigenden Flächen sich genau decken; d. h.

„daß die eine das genaue Spiegelbild der anderen ist."

Durch mechanische Bearbeitung sei eine derartige Übereinstimmung nicht zu erreichen, sondern nur dadurch, daß die Flächen sich gegenseitig gestalten.

Diese Verbindungsart sei deshalb nur dann verwendbar, wenn mindestens einer der Körper bildsam genug sei, oder so bildsam gemacht werden könne, daß die betreffende Fläche sich an diejenige des gegenüberliegenden Körpers eng anschmiegen lasse.

Daraus ergibt sich folgende Einteilung:

   a) beide einander gegenüberliegenden Flächen sind weich oder werden erweicht;

   b) nur einer der Körper ist weich oder erfährt die notwendige Erweichung; man kann auch dem weichen Körper zwei oder mehrere nicht weiche gegenüberlegen.

   c) Die Flächen beider zu verbindenden Körper sind zu wenig bildsam, um ein vollständiges gegenseitiges Anschmiegen zu gestatten; man benutzt einen dritten bildsamen Körper zur Ausfüllung des zwischen den beiden ersteren bleibenden Hohlraumes.

Zur letzteren Kategorie gehörte das Kleben (Leimen). Bei demselben werde der mit Klebstoff getränkte Pinsel, Schwamm usw. mit einigem Druck über die betreffende Fläche geführt und zwar meist mehrfach, um die Gasschicht zu entfernen, die große Verwandtschaft der tropfbaren Flüssigkeit zum festen Körper fördere lebhaft die Beseitigung der Gasschicht, welche, zu Blasen zusammengedrängt, häufig deutlich zu erkennen sei. Die Verbindung werde deshalb eine verhältnismäßig sehr feste.

Um zu großes Schwinden beim Trocknen zu verhüten, soll man der Flüssigkeit (dem Klebstoff) auch hygroskopische Stoffe, wie Chlorkalzium, Chlormagnesium usw. zusetzen.

So entstehe schließlich in der Klebstoffschicht das genaue Spiegelbild der gegenüberliegenden zu klebenden Flächen und damit seien die Bedingungen für eine dauernde feste Vereinigung erfüllt.

Andere huldigen der Ansicht, daß infolge des Entfernens aller Luft vermittels des Klebstoffes lediglich ein luftleerer Raum, ein volles Vakuum zwischen den Klebeflächen erzeugt werde und daß der Luftdruck allein die Körper aneinander haften mache. Absolut und in jedem Falle ist dieser Standpunkt nicht zu verwerfen; es würde damit auch die Tatsache in Übereinstimmung sein, daß schlecht gereinigte Flächen kaum fest aneinander geklebt werden können; jedoch diese Erklärung genügt häufig nicht. Zunächst müßte jeder Klebstoff, so lange er noch feucht ist, ebenso gut oder sogar noch besser kleben, als nach dem Trocknen, da das Vakuum dann sicher am vollkommensten ist, und doch weiß jeder, der sich je mit Kleben beschäftigt

hat — und wer hat es wohl nicht getan? — daß die Klebstoffe erst mit dem Trocken-
werden fest haften und daß viele erst nach mehr oder weniger langer Zeit ihre volle
Kraft erlangen. Ferner könnte dann die Klebfestigkeit nie größer sein, als dem Luftdruck entspricht, also 1 kg für das Quadratcentimeter Klebfläche. Durch Versuche
wurde aber z. B. für Leim folgende Klebfestigkeit für das Quadratmillimeter nachgewiesen[1]):

	Hirn auf Hirn	Ader gegen Ader
bei Rotbuche . . .	1,50 kg	. . . 0,78 kg
- Weißbuche . . .	1,01 -	. . . 0,70 -
- Eiche	1,22 -	. . . 0,55 -
- Tanne	1,05 -	. . . 0,24 -
- Ahorn	1,00 -	. . . 0,63 -

Durchweg stellt sich, also die Klebkraft so hoch, daß die alleinige Wirkung des
Vakuums sie nicht genügend erklärt.

Bei dem Kleben auf glatten nicht porösen Flächen, wie Metall, Glas usw. mag
der Luftdruck eine nicht unbedeutende Rolle spielen, wichtiger aber sind diejenigen
Eigenschaften des Klebstoffes, welche ihn befähigen trotz ziemlich dicker Lösung die
feinsten Unebenheiten, Risse und Poren auszufüllen, und so mit dem betreffenden
Körper gewissermaßen ein einheitliches Ganze zu bilden. Bekanntlich dringt Leim bei
Glas und Porzellan sogar in Risse ein, die mit bloßem Auge nicht zu erkennen sind
und es ist häufig nicht möglich, denselben wieder zu entfernen, ohne die Oberfläche
des Glases und Porzellans mitzunehmen.

Man benutzt dieses Verfahren bekanntlich zur Erzeugung der sogenannten
künstlichen Eisblumen auf Glas, indem man
dasselbe mit einer Schicht guten Leims überzieht, feste Leinwand aufdrückt und letztere
nach dem Trocknen mit Gewalt abreißt, wobei teilweis das Glas am Leim und der Leinwand fest haften bleibt, sodaß das Glas nachher ziemlich tief eingeätzt erscheint.

Auf ähnliche Weise sind die Zeichnungen auf einem Uhrglas entstanden, das
durch Fig. 1 zur Anschauung gebracht wird.
Auf demselben war eine Leimlösung eingetrocknet, beim Abheben derselben haftete
ein Teil der Glasoberfläche fest daran und
am Uhrglase zeigten sich die blumenähn-
lichen Zeichnungen.

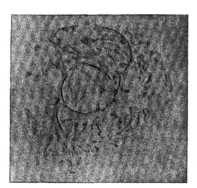

Fig. 1.

Fasrige oder auch hygroskopische
Stoffe (gebr. Gips) durchtränkt der Klebstoff vollständig oder doch in der Oberfläche
derartig, daß ein mechanisches Loslösen ausgeschlossen ist. Bleibt dagegen der Kleb-

[1]) Karmarsch-Fischer, Handbuch der mechan. Technologie 6. Aufl. Bd. II S. 698.

stoff nur auf der Oberfläche haften, so wird er, mit nur ganz wenigen Ausnahmen, nie
gut wirken, die Klebkraft ist dann eine vorübergehende: nachdem ein gewisser Grad
von Trockenheit erreicht ist, läßt sie nach und mit fortschreitendem Trocknen nimmt
sie ab, bis sie schließlich ganz aufhört und es nur eines geringen Anstoßes bedarf, um
ein Auseinanderfallen zu bewirken. Man kann das häufig beobachten bei Holzgegen-
ständen oder bei Büchereinbänden, bei denen schlechter Leim, oder bei Etiketten, Briefmarken u. dergl., bei denen minderwertige Gummisurrogate zur Verwendung kamen.

Der Erfolg des Klebens ist nicht allein von der Güte des angewendeten Klebstoffes, sondern auch von der Geschicklichkeit und Sorgfalt des Klebenden abhängig.
Ein zuviel und ein zu wenig des Klebstoffes sind da gleich nachteilig, sowohl in Bezug
auf den Kostenpunkt als auch hinsichtlich der Haltbarkeit. Schlecht gereinigte, mit
Staub, Schmutz, Fett behaftete Klebeflächen können trotz besten Materials das Zusammenkleben ganz verhindern. Dann endlich kommt es noch wesentlich darauf an,
die mit dem Klebstoff richtig behandelten Gegenstände in richtiger Weise aneinander zu
fügen und miteinander zu vereinigen, damit die Klebekraft zu voller Wirkung kommt.

Ein guter Klebstoff muß folgende Eigenschaften haben:

1. er muß sich ziemlich leicht lösen, dabei eine genügend dicke viskose und
streichfähige Flüssigkeit bilden;

2. er muß nach dem Aufstreichen sein Lösungsmittel ohne Schwierigkeit und
schnell wieder abgeben;

3. er muß bis zu einem gewissen Grade hygroskopisch sein, d. h. er darf
nicht so weit eintrocknen, daß er zu Pulver zerfällt, sondern er muß auch nach dem
praktischen Trocknen eine zusammenhängende, auch in dünnsten Schichten feste
Masse bilden;

4. er muß eine gewisse Verwandtschaft zu den zu klebenden Körpern zeigen,
d. h. er muß in sie eindringen und sich mit ihnen unlösbar vereinigen.

Da die Klebstoffe unter sich ganz verschieden sind, da sie ferner den verschiedensten Zwecken und Stoffen dienen, hat sich noch keine einheitliche Methode zu
ihrer Untersuchung bilden lassen. Eine chemische Prüfung läßt in den meisten Fällen
im Stiche, da sie nur konstatiert, ob Beimischungen oder Verfälschungen stattgefunden
haben; sie hat also nur für den Handel, nicht für die Verwendung Wert: eine gute
Verfälschung liefert häufig einen besseren Klebstoff als eine schlechte Fabrikation.

Die Klebstoffe sind meist organischen, tierischen oder pflanzlichen, Ursprungs
und jeder von ihnen ist in einer großen Anzahl physikalisch wohl verschiedener aber
chemisch übereinstimmenden Abarten im Handel zu finden, so daß Unterschiede un-
verfälschter Produkte durch die Analyse nicht gefunden werden können. Infolgedessen
geschieht die Prüfung meist derartig, daß sie sich nach dem wahrscheinlichen oder
beabsichtigten Gebrauch richtet: je näher sich die Untersuchung diesem anpaßt, desto
richtiger erscheinen die Ergebnisse. Selbstverständlich werden sich unter solchen Umständen häufig große Meinungsverschiedenheiten über den Wert von Prüfungsmethoden
unter den einzelnen Prüfern nicht vermeiden lassen.

Über Kleben und Klebstoffe. 135

Handelt es sich z. B. um Klebstoffe für Holz auf Holz, so wird man am besten geeignete Hölzer in passender Weise durch das Klebemittel verbinden und die Stücke dann derartigen Behandlungen und Angriffen unterwerfen, denen sie im ordnungsmäßigen Gebrauch ausgesetzt sind. Auf diesem Prinzip basiert z. B. eine der ältesten Leimprüfungsmethoden, nämlich die sogenannte „Leistenmethode". Danach stellt man sich aus dem zu untersuchenden Leime in üblicher Weise — durch Quellen und Lösen in der Wärme — seine Leimlösung her, leimt zwei Brettstücke an ihren abgehobelten schmalen Seiten, den Leisten, aneinander und läßt sie eingespannt so lange Zeit trocknen, bis der Leim vollständig abgebunden hat, was einige Tage dauert. Dann wird das eine Brett, aber so daß die Leimfuge frei bleibt, in den Schraubstock gespannt und solange mit dem Hammer kräftig gegen das andere Brett geschlagen, bis entweder Holz oder Fuge sich trennen, in ersterem Falle ist der Leim gut, im anderen schlecht.

Für den Leimverbraucher selbst mag gewöhnlich diese rohe Probe genügen, obgleich sie voller Unsicherheiten und Mängel steckt; sie berücksichtigt z. B. nicht die Herstellung der Leimlösung, die Größe der Klebefläche, die Kraft und Zahl der geführten Schläge, die eigene Festigkeit des Holzes, die Trocken- und Abbindezeit der Leimlösung: es kommen also nur ungemessene und z. T. unmeßbare Kräfte zur Anwendung und es ist daher diese Art der Untersuchung nicht geeignet, um darauf ein präzises Urteil über die Güte und Brauchbarkeit eines Klebstoffes, z. B. eines Leimes zu begründen.

Besser ist die Methode von Post. In ihrer Ausführung werden 250 g Leim mit 500 ccm Wasser gequellt im Dampfbade erwärmt, bis das Gesamtgewicht der Lösung noch ⅚ vom ursprünglichen, nämlich 416⅔ g beträgt. Dann schneidet man zwei Hölzer (je ein hartes und ein weiches) von 420 mm Länge und 40 qmm Querschnitt in der halben Länge durch, leimt die je erhaltenen 210 mm langen Stücke gleicher Art an den Stirnflächen mittels obiger Leimlösung aneinander und trocknet 72 Stunden bei 17—20°. Die zusammengeleimten, getrockneten Hölzer werden 180 mm von der Leimfuge entfernt durchbohrt und derartig auf einem Tische befestigt, daß die Fuge frei und genau 10 mm vom Tischrande entfernt ist. Im Bohrloch wird eine Wagschale aufgehängt und belastet, zunächst mit 25 kg, und dann werden von 5 zu 5 Minuten je 5 kg nachgegeben bis ein Abbrechen in der Fuge erfolgt. Je mehr Belastung dazu erforderlich ist, desto besser ist der Leim, und wenn man als Gegenprobe einen anerkannt guten Leim als Normalleim verwendet, erhält man direkt Zahlen für die Klebfestigkeit des geprüften Leimes.

Um dabei ganz sicher zu gehen und genaue Zahlen zu erhalten, wird man die Probe für jeden Leim mehrfach wiederholen, da selbst gleichartige Hölzer häufig nicht gleiche Struktur und gleiches Verhalten gegen Leim zeigen.

Der Leim.

Von allen Klebstoffen ist der Leim von jeher der am meisten angewendete: schon die alten Griechen kannten und benutzten ihn, denn Herodot und Aristoteles nannten ihn ἡ κόλλα, welche Bezeichnung sich noch im Französischen (la colle) erhalten hat.

Der Leim, oder genauer der tierische (animalische) Leim, zum Unterschiede vom Pflanzenleim, findet sich im Tierkörper sehr verbreitet, zwar nicht fertig gebildet, aber auf einfache Weise aus den „leimgebenden Substanzen" erhaltbar. Solche leimgebende Substanzen sind: das Bindegewebe, die Haut, Sehnen, Ringfaserhaut, Venen, Lymphgefäße, seröse und fibröse Häute, Knorpel, Knochen, Fischblase, Fischschuppen usw. Man unterscheidet zwei Gattungen:

1. Knorpelleim (Chondrin).
2. Knochenleim (Gluten).

. Das **Chondrin** gewinnt man durch Kochen der permanenten oder eigentlichen Knorpel, der Knochen, bevor sich darin die Kalksalze abgelagert haben, der Hornhaut des Auges und vieler erkrankten Gewebe. Es ist löslich in heißem Wasser und bildet damit beim Erkalten eine Gallerte. Rein wird es erhalten durch Fällen seiner wässrigen Lösung mit Alkohol, Umlösen in heißem Wasser, wieder Ausfällen und schließlich Trocknen; es bildet dann eine schwach gelbliche, durchscheinende elastische Masse, quillt in kaltem Wasser stark auf, ohne sich zu lösen; die gequollene Masse löst sich aber leicht in der Wärme. Bei vorsichtigem Erhitzen schmilzt das Chondrin ohne Zersetzung, bei höherer Temperatur verkohlt es unter Ausstoßung schwerer, übel nach verbrannten Federn riechender Dämpfe, wobei sich Schwefelammon, Cyanammon, Ammoniumkarbonat, Methylamin, Pyridinbasen usw. bilden. Die wässrige Lösung des Chondrins wird durch geringen Zusatz von Säuren gefällt, der Niederschlag ist im Überschuß des Fällungsmittels löslich, ebenso fällen Alaun, Bleiessig und Bleizucker.

Beim Kochen mit Salz- oder Schwefelsäure entstehen u. a. Leucin und ein gährungsfähiger linksdrehender Zucker.

Das Chondrin besteht aus:

Kohlenstoff	50,0 %
Wasserstoff	6,0 -
Stickstoff	14,4 -
Sauerstoff	29,0 -
	100,0 %

Da seine Klebekraft nur gering ist, hat das Chondrin kaum Anwendung als Klebmittel gefunden, im Gegensatz zum **Glutin** (Knochenleim), dem Klebstoff Κατ' ἐξοχήν. Die prozentuelle Zusammensetzung des Glutins ist:

Kohlenstoff	49,3
Wasserstoff	6,0
Stickstoff	18,3
Sauerstoff	25,8
	100,0

Daneben ist auch stets eine geringe Menge Schwefel vorhanden.

In seinen Eigenschaften hat es Viele Ähnlichkeit mit dem Chondrin, und man kann es auf gleiche Weise, wie dieses, durch wiederholtes Fällen mit Alkohol und Umlösen in heißem Wasser rein erhalten, es ist dann durchsichtig, hart, farblos, ohne Geruch und Geschmack, neutral, unlöslich in Alkohol und Äther, löslich in Glycerin, stark links drehend. In kaltem Wasser quillt es auf, dabei sein mehrfaches Gewicht an Wasser aufnehmend, die gequollene Masse schmilzt beim Erwärmen zu einer dicken Flüssigkeit, die sich mit Wasser in jedem Verhältnis mischen läßt und beim Erkalten zu einer steifen Gallerte gesteht (Wasser mit 1% Leim wird beim Erkalten noch gallertartig). Durch längeres Kochen geht die Fähigkeit der Gallertbildung verloren, ebenso durch Zusatz konzentrierter Essigsäure; verdünnte Mineralsäuren und Alkalien verhindern an und für sich das Gelatinieren nicht. Bleizucker und Bleiessig scheiden Glutin aus seinen Lösungen nicht ab, dagegen tut es Quecksilberchlorid unb besonders Gerbsäure.

Durch Kochen mit Säuren (Salz-, Schwefelsäure) oder Alkalien wird das Glutin unter Bildung von Ammoniak, Leucin, Glykokol und anderen Produkten zersetzt. Bei der trocknen Destillation zerfällt es in ähnlicher Weise wie Chondrin.

Läßt man auf Glutin unter Erwärmen verdünnte Salzsäure, Salpetersäure, Essigsäure, Oxalsäure, Citronensäure, Weinsäure längere Zeit einwirken, so gelatiniert es beim Erkalten nicht mehr, auch wenn nachher die betreffenden Säuren neutralisiert oder gefällt werden. Die Klebekraft wird dadurch allerdings geschwächt, bleibt aber noch in ziemlichem Maße bestehen, falls die Einwirkung der Säuren nicht zu weit getrieben wurde.

Ozon zersetzt Leimgallerte und mißt man diesem vielfach die Schuld bei, wenn bei drohenden Gewittern die unfertigen Leime in den Fabriken umschlagen und verderben. (?)

Versetzt man eine einigermaßen konzentrierte Leimlösung mit kohlensaurem Kali oder Natron, mit neutralen weinsauren oder mit leicht löslichen schwefelsauren Salzen, so wird der Leim als solcher unverändert gefällt oder ausgesalzen, ähnlich dem Vorgange bei dem bekannten Aussalzen der Anilinfarben; Chloride und Chromate dagegen fällen nicht. Mit verdünnten Säuren versetzter Leim gelatiniert auf Zusatz von Chlornatrium.

Lösliche Kieselsäure verhält sich gegen Leim ähnlich wie Gerbsäure, welche noch eine wässerige Lösung von 0,005 % Leimgehalt fällt. Eine Leimlösung mit wenig Kaliumbichromat versetzt, bleibt im Dunkeln löslich, wird aber durch Belichtung unlöslich.

Das Glutin bildet den Hauptbestandteil von drei wichtigen Leimsorten:
1. dem Lederleim oder Hautleim, 2. dem Knochenleim, 3. dem Fischleim.

Der Lederleim.

Der Lederleim wird, wie der Name andeutet, aus Lederabfällen gewonnen, namentlich aus den Abfällen der Gerbereien. Die Gerber schneiden vor dem Einbringen der Häute die zum Leder nicht geeigneten Teile, wie beim Kalb und Schaf die Kopfteile, Unterschenkel, Füße, eingerissene Ränder der Bauchteile, beim Rind die Ohren, Schwanz, Fußstücke usw. ab. Sehr gesucht sind die Abgänge der Weißgerberei und der Pergamentfabrikation, besonders die Kalbsköpfe. Schweinsleder, Hasen- und Kaninchenfelle liefern einen hellen aber wenig festen Leim. Der Leim von Leder älterer ausgewachsener Tiere ist fester und besser, als der von jungen.

Die Haut- und Lederabfälle werden gewöhnlich gleich vom Gerber einer Konservierung unterworfen, indem er sie im sogenannten Kalkäscher kalkt und dadurch etwa noch anhaftende Fette verseift, die Fleischreste entfernt und die Gewebe lockert und schwellt. Das Kalken geschieht in Gruben, die mit Kalkmilch von einem Gehalt von ungefähr 2 % Kalziumhydroxyd gefüllt sind. In diesen werden die Häute eingeweicht und sie bleiben darin 2—3 Wochen, in welcher Zeit die Kalkmilch öfters erneuert werden muß.

Nach genügender Kalkung wird das Leder in fließendem Wasser gewaschen und dann an der Luft getrocknet, um etwa noch vorhandenen Ätzkalk in Karbonat überzuführen. Dies geschieht, weil der Ätzkalk in der Wärme auf Leim einwirkt (das Karbonat infolge seiner Unlöslichkeit nicht) und die Festigkeit und Güte des fertigen Produktes beeinträchtigt.

Teilweis benutzt man anstatt des Kalkes mit Vorteil verdünnte Natronlauge; diese gestattet nämlich infolge ihrer Löslichkeit und stärkeren Einwirkung, die Zeitdauer des Verseifens und Schwellens abzukürzen, auch läßt sie sich durch Waschen leicht aus der Haut entfernen.

Nach solcher Vorbereitung wird das Leimgut häufig in Holzgefäßen mit schwefliger Säure behandelt. Dieses Verfahren wurde bereits 1864 von W. Gerland für Knochenleim vorgeschlagen und dann von Dr. Terne in Cambridge auch für Lederleim benutzt.

Das Schwefeldioxyd bleicht und lockert die leimgebenden Gewebe und man erhält bei dem darauf folgenden Ausschmelzen des Leimes, „dem Versieden", klare, fast wasserhelle Leimbrühen. Das Versieden geschieht heut meistenteils in geschlossenen Gefäßen durch Einleiten von Dampf. Die zuerst austretenden Brühen geben den besten Leim, die letzten dünnen Brühen, deren Eindampfen zu kostspielig wäre, benutzt man zu frischen Ansätzen.

Nach dem Ausschmelzen werden die Brühen zunächst geklärt, gewöhnlich, indem man sie in Holzgefäßen absetzen läßt und nach einigem Stehen nur die klare Flüssigkeit abzieht und weiter verarbeitet, oder es werden mittels Filtration zunächst die groben Unreinigkeiten entfernt und die übrigen, durch das Filter gegangenen, welche Brühe und Leim trübe machen würden, durch geringen Zusatz von Eiweiß oder Alaun, oder durch Filtration über Knochenkohle entfernt: es ist das unbedingt notwendig, wenn man auf helle Gelatine arbeitet.

Schließlich werden die dünnen Leimbrühen am vorteilhaftesten im luftverdünnten Raum — in dem „Konzentrator" — unter Benutzung von Abdampf als Heizmittel so weit eingedampft, daß sie nach dem Erkalten zu einer steifen Gallerte gestehen. Ist dieser Punkt erreicht, so läßt man die Masse in Kühlgefäße, in denen sie möglichst schnell, ev. unter Beihilfe von Eis, abgekühlt wird; es geschieht dies einesteils der Zeitersparnis wegen, anderenteils weil die warme Leimgallerte sehr zum Umschlagen und zur Fäulnis neigt. Die steife Gallerte wird dann mittels des „Leimhobels" in Tafeln geschnitten und auf Rahmen, die mit Netzen bespannt sind, getrocknet. Namentlich zu Beginn des Trocknens muß darauf geachtet werden, daß die Temperatur in den Trockenräumen nicht zu hoch steigt, damit die Leimtafeln nicht schmelzen und von den Netzen herabfallen und damit auch nicht die Ränder zu schnell trocknen. In diesem Falle nämlich ziehen sie sich stärker zusammen, als die übrige Masse und verursachen dadurch ein Verwerfen und Verziehen der Tafeln, Nachteile, die bei der Verpackung und beim Verkauf sich geltend machen, da stark verzogener Leim oder auch Bruchleim — bei sonst gleicher Güte — niedriger im Preise steht, als regelrechte glatte Tafeln.

Infolge der Schwierigkeiten beim Trocknen des Leimes hat man versucht, dasselbe zu umgehen. Wie vorher erwähnt, lassen sich Leimlösungen durch lösliche Sulfate unverändert, also auch unbeschadet ihrer Bindekraft, aussalzen. Der Fabrikant Stalling in Dresden fällt nun seine Leimlösungen durch Zusatz von Ammoniumsulfat; der Niederschlag enthält dann, außer geringen Mengen des Fällungsmittels, noch ca. 18 % Wasser, er wird mit einer Gallerte, die 80—90 % Wasser enthält, zusammen geschmolzen und es resultiert dann eine Masse, die im Durchschnitt 2,5 % Ammoniumsulfat und 53,5 % Wasser enthält. Das Produkt erscheint unter dem Namen Kernleim im Handel.

Der Knochenleim.

Der Hautleim zeichnet sich vor den anderen Leimsorten durch besondere Klebfestigkeit aus; wenig nach steht ihm darin der Knochenleim.

Rohmaterialien sind hier die Knochen der Tiere. Dieselben werden zunächst in grobem Zustande durch Extraktion mittels Benzin, Schwefelkohlenstoff oder Kohlenstofftetrachlorid entfettet, dann — nach Verdampfung des Extraktionsmittels — mittels Stampfwerke oder Knochenbrecher in erbsengroße Stücke zerbrochen und mit Schwefeldioxyd behandelt. Früher — zum Teil auch jetzt noch — laugte man die gebrochenen Knochen mit verdünnter Salzsäure so lange aus, bis sie durchscheinend geworden waren, dabei ging der phosphorsaure Kalk in Lösung, der dann durch Eindampfen gewonnen wurde. Aus dem zurückbleibenden Leimgut wurde die Salzsäure durch Waschen in fließendem Wasser entfernt und darauf der Leim versotten und weiter verarbeitet, wie es bereits beim Hautleim beschrieben wurde.

Jetzt geschieht die Aufschließung meist durch Schwefeldioxyd, sei es, nach dem Vorschlag von Gerland, in wässeriger Lösung, sei es nach dem D. R.-P. No. 79 156 von W. Grillo und Dr. M. Schroeder. Nach letzterem werden lufttrockene Knochen längere Zeit dem SO₂-Gase in geschlossenen Räumen ausgesetzt, dabei sollen die Knochen 10—12 % ihres Gewichtes an SO₂ aufnehmen; zu trockene Knochen müssen vor der Behandlung angefeuchtet werden. Die schweflige Säure soll in folgender Reaktion auf das Kalziumphosphat wirken:

$$Ca_3(PO_4)_2 + SO_2 + H_2O = Ca_2H_2(PO_4)_2 + CaSO_3.$$

Es entstehe also zitratlösliches Di-Kalziumphosphat, während die Leimmasse intakt bleibe. Die Knochen werden dabei leicht spröde und lassen sich leicht auskochen, wobei man sehr helle aber trübe und saure Brühen erhält, die durch Kalkmilch genau neutralisiert werden müssen, wodurch sie gleichzeitig klar und leicht filtrierbar werden.

Die Rheinischen Gelatine-Werke zu Hamborn,· welchen auch das Patent No. 79 156 gehört, haben dieses Verfahren durch das D. R.-P. No. 144 398 vervollkommnet und weiter ausgebildet: es werden hier die zuerst trocken mit SO_2 behandelten Knochen mit Wasser überrieselt und dann unter einem Drucke von $1^1/_2-2$ Atmosphären bei gewöhnlicher Temperatur weiter mit SO_2 gesättigt. Dabei wird die Bildung von unlöslichem $CaSO_3$, welches leicht die Knochen inkrustiert und die weitere Einwirkung hindert, vermieden, die Reaktion vollzieht sich im Sinne folgender Gleichung:

$$Ca_3(PO_4)_2 + 4 H_2O + 4 SO_2 = CaH_4(PO_4)_2 + 2 Ca(HSO_3)_2,$$

d. h. Mono-Kalziumphosphat und Kalziumbisulfit finden sich in wässeriger Lösung, die Leimmasse ist intakt. Letztere wird dann sorgfältig gewaschen und verkocht, während aus der sauren Lösung der Kalksalze nach Zusatz von soviel Schwefelsäure, als dem Kalkgehalt im Kalziumbisulfit entspricht, durch Erwärmen die überschüssige SO_2 ausgetrieben wird und von neuem zur Verwendung kommt. Dabei scheidet sich Kalziumphosphat in feinster Verteilung und sehr rein ab, und zwar zitratlöslich, so daß es leicht als „Futtermehl" oder als „Superphosphat" in handelsübliche Form gebracht werden kann. Das Verfahren soll gut und ökonomisch arbeiten, da die SO_2 immer im Kreislauf der Fabrikation bleibt.

Gelatine ist ein sehr reiner, wasserklarer Leim, bei dessen Herstellung größte Sorgfalt und Klärung angewendet werden muß. Das beste Produkt erhält man aus Kalbsköpfen. Die Fabrikation hat aber — namentlich in neuerer Zeit — so große technische Fortschritte gemacht, daß es jetzt möglich ist, auch aus Haut oder aus Knochen eine tadellose, für alle Zwecke genügende Ware herzustellen.

Fischleim.

Die Darstellung des Fischleimes oder der Hausenblase ist eine höchst einfache. Als Rohstoffe dafür kommen die Schwimmblasen verschiedener Fische, namentlich aus der Familie des Hausen und des Störs in Betracht. Die Schwimmblasen werden der Länge nach aufgeschnitten, in heißem Wasser eingeweicht, bis man die äußere Muskelhaut abstreifen kann, von dieser, sowie von Blut, Fett und sonstigen Anhängseln befreit und an der Luft getrocknet; als beste gilt die russische Hausenblase, weitere Produktionsstätten sind Nordamerika, die Hudsonsbay, Ostindien, Brasilien, auch Norddeutschland.

Der Gebrauch der Hausenblase als Klebstoff ist nicht bedeutend, und das, was unter dem Namen „Fischleim" mit meist recht großer Reklame verkauft wird, ist in den besten Fällen löslich gemachter Haut- oder Knochenleim.

Der äußeren Form nach unterscheidet man:

1. Blätterhausenblase;
2. Ringel- oder Klammerhausenblase;
3. Bücherhausenblase.

Für den Gebrauch als Klebstoff weicht man die Hausenblase in kleinen Stücken 24 Stunden in kaltem Wasser, gießt den Überschuß desselben ab und löst in warmem Wasser, wobei vollständige Lösung eintreten soll, welcher, um sie haltbar und zähflüssig zu machen, 10 % Alkohol zugesetzt wird. Handelt es sich darum, Metalle mittels Hausenblase zusammenzukleben, so wird zur Lösung 1 % Salpetersäure innig zugemischt. Damit werden die zu klebenden Flächen bestrichen, kräftig zusammengedrückt und stehen gelassen, bis der Klebstoff trocken ist. Der Zusatz der Salpetersäure hat dabei den Zweck, die Metalloberfläche anzuätzen und rauh zu machen, damit der Klebstoff besser daran haftet.

Auch aus Fischabfällen, wie Gräten und Schuppen, wird Leim dargestellt, dieselben werden zunächst gut mit Wasser ausgelaugt, mit Chlorkalk gebleicht, dann mit schwefliger Säure behandelt, schließlich gelinde gekocht und die erhaltenen Leimbrühen in üblicher Weise verarbeitet.

Erwähnt, als zum tierischen Leim gehörig, sei schließlich noch der Fibrinleim, der aus Blut hergestellt wird und als Surrogat für Hausenblase dient; mit „künstlicher Hausenblase" bezeichnet man den Leim, den man aus Därmen, namentlich aus denen der Schafe und Ziegen, gewinnt.

————————

Die Verwendung des tierischen Leimes ist eine recht ausgedehnte und mannigfache; außer als Klebstoff, als welcher er namentlich in der Tischlerei und Holzindustrie große Dienste zu leisten hat, wird er noch gebraucht zur Herstellung von Schmirgel-, Glas- und Sandpapier, als Schlichtemittel in der Wollwaren-Fabrikation, zum Leimen guter Schreibpapiere, bei der Darstellung der Zündhölzer als Bindemittel für den Satz; in Vereinigung mit Glycerin und Zucker zur Herstellung der Farbwalzen an den Druckerpressen, in Verbindung mit Chromoxyden zur Erzeugung von Druckwalzen für die Zeugdruckerei usw.

Für die Holzindustrie ist bisher noch kein anderer Klebstoff gefunden worden, der im stande wäre, den Leim auch nur annähernd zu ersetzen, denn kein anderer haftet so gut zwischen Holz und bindet so stark und für so lange Zeit, wie Leim. Ebenso hat er — trotz vieler mit großer Reklame angepriesenen Surrogate — in der Buchbinderei das Feld behauptet; viel verwendet wird er in der Lederindustrie und bei der Herstellung der geknoteten und geschorenen Teppiche zum Festhalten der Wollfasern an der Unterlage.

Der Leim bietet den großen Vorteil, daß er wenig Zeit zum Abbinden gebraucht, so daß man an einem baldigen Weiterbearbeiten oder einem In-Gebrauchnehmen der geleimten Gegenstände nicht gehindert ist.

Bei seinen Vorzügen hat aber der Leim auch seine Mängel: am unbequemsten ist es, daß er in kaltem Wasser unlöslich ist, daß er also erst durch Erwärmen zum Gebrauch fertig gemacht werden muß. Die Herstellung der Leimlösungen, so einfach sie ist, geschieht, sowohl im Haushalt als im Gewerbe, nicht selten auf falsche Weise, nämlich durch Erwärmen auf direktem Feuer!

Diese Methode ist ganz zu verwerfen, zunächst im Interesse des Leimes selbst, dann im Interesse des Verbrauchers und seiner Mitmenschen. Durch längeres oder starkes Erhitzen geht die Klebekraft des Leimes immer mehr zurück und schließlich ganz verloren, andererseits sind die bekannten „Leimtiegel", wie sie allgemein üblich

sind, mit Recht sehr verrufen: es läßt sich beim Erwärmen über direktem Feuer nicht
gut verhindern, daß der Leim im Tiegel anbrennt und dann, mit seinem Geruch nach
verbrannter Wolle oder Federn, die Luft verpestet, und ist einmal angebrannter Leim
im Tiegel, so erscheint der Geruch bei jedem Gebrauch — auch ohne weiteres An-
brennen — wieder, es sei denn, daß der ganze alte Inhalt des Tiegels beseitigt und
letzterer einer gründlichen Reinigung unterzogen wird. Am richtigsten bringt man den
Leim zum Gebrauch in Lösung, indem man ihn in der notwendigen Menge Wasser
quellen läßt und ihn dann im Wasserbade, wozu jedes Gefäß mit heißem Wasser dienen
kann, löst: alle oben gerügten Übelstände sind dann vermieden.

Empfehlenswert ist aber dabei, von dem gequellten Leim nicht zu große Vorräte
zu halten, da die Leimgallerte sehr zum Faulen und Verwesen neigt. (Nebenbei bemerkt sei, daß ein in Fäulnis übergegangener Leim sehr gute Verwendung als Pflanzen-
und Blumendünger finden kann.) Zur Herstellung von Leimlösung haben sich die Gefäße bewährt, in denen Leimtopf und Wasserbad vereinigt sind, und bei denen das
Wasser durch eine kleine Gasflamme erwärmt wird; dieselben haben namentlich in
vielen Buchbindereien Eingang gefunden.

Beim Auftragen achte man darauf, daß die Leimlösung nicht zu dick, die
Leimmenge nicht zu groß sei: sie soll sich beim Zusammendrücken der Klebeflächen
nicht herauspressen. Nach dem Aufstreichen drücke man die Hölzer schnell und
kräftig zusammen und lasse sie entweder eingespannt oder belastet stehen, bis der
Leim nicht nur erkaltet, sondern auch einigermaßen getrocknet ist.

Beim Zusammenleimen von Hirnhölzern zieht der Leim leicht in das Holz ein,
so daß ein gegenseitiges Haften nicht eintritt; dem begegnet man dadurch, daß man
beide Klebeflächen rasch mit heißem Leim bestreicht, auf die eine ein dünnes Gewebe,
z. B. Gaze oder auch Seidenpapier, legt, die andere stark aufpreßt und unter Erhaltung
des Druckes trocknen läßt. Auch wird empfohlen [1], erst mit dünnem Leimwasser das
Holz zu tränken, und dann schnell heiß zu leimen, oder das Holz vor dem Leimen mit
Knoblauch (!) zu reiben, oder mit Spiritus zu befeuchten. Die zu leimenden Hölzer
selbst sollen in jedem Falle vor dem Gebrauch angewärmt werden.

Untersuchungsmethoden [2].

Es erscheint selbstverständlich, daß man bei dem bedeutenden Werte, der sich
im Leimverbrauch beziffert, nach Wegen gesucht hat, den Wert des Leimes vor seiner
Verwendung durch schnelle Untersuchung oder Prüfung zu fixieren, doch ist es unbestritten, daß keine der bisher angewendeten Methoden einwandsfrei ist und absolut
sichere Resultate gibt.

Graeger versucht aus dem Glutingehalt den Wert des Leimes zu ermitteln: er
löst dazu eine gewogene Menge des zu untersuchenden Produktes in Wasser und setzt
so lange Tanninlösung zu, als dadurch noch ein Niederschlag hervorgerufen wird,
filtriert diesen ab, wäscht, trocknet bis zum konstanten Gewicht und wägt. Er be-

---

[1] O Lueger, Lexikon der gesamten Technik, Bd. 6, S. 134.
[2] Vgl. E. Valenta, Klebe- und Verdickungsmittel.

rechnet daraus den Glutingehalt, indem er annimmt, daß 100 Teile gerbsaurer Leim 42,77 % Glutin enthalten, und fand er so den Glutingehalt verschiedener Leimsorten zu 68—81 %. Hierzu ist zu bemerken, daß die Leimfällungen mittels Tannin keineswegs konstante Zusammensetzung zeigen, daß auch die Umwandlungsprodukte des Leimes — auch die nicht mehr klebenden — teilweis durch Gerbsäure aus ihren Lösungen gefällt werden, so daß häufig der auf diese Weise untersuchte Leim besser erscheinen wird, als er ist.

Lippowitz beurteilt die Güte des Leimes nach der Festigkeit der Gallerte: er quellt dazu 5 g desselben mit Wasser in einem kleinen Becherglase, löst mit warmem Wasser auf 50 g und läßt 12 Stunden bei 18° stehen. Auf die so entstandene Gallerte läßt er dann einen Metallstab beistehend skizzierter Form (Fig. 2) wirken, welcher am unteren Ende nietkopfartig verstärkt ist und am oberen Ende ein Schälchen trägt, welches mit Schrot belastet werden kann. Der Stab geht senkrecht in einer Führung. Die Belastung geschieht nun so lange, bis das untere Ende die Oberfläche der Gallerte zerreißt: das Belastungsgewicht vergleicht er dann mit demjenigen eines auf gleiche Weise ermittelten notorisch guten Leimes und zieht daraus seine Schlüsse.

Fig. 2.

Schattenmann geht von der Wassermenge aus, die eine Leimprobe beim Quellen aufnimmt: er legt die genau gewogene Menge Leim in überschüssiges Wasser von 15°, läßt 24 Stunden ziehen, schüttet das nicht aufgenommene Wasser ab, trocknet die Gallerte zwischen Fließpapier und wägt: je mehr Wasser aufgenommen wurde, desto besser soll der Leim sein.

Weidenbusch formt Stäbchen aus gebranntem Gips (je 1 g Gips und 1 g Wasser) mit oben 6 und unten 7½ mm Durchmesser und trocknet diese über Chlorkalzium. Dann löst er Leim, der vorher bei 100° bis zu konstantem Gewicht getrocknet wurde, in Wasser zu einer 10prozentigen Lösung, tränkt darin bei Wasserbadtemperatur obige Stäbchen während 1—2 Minuten, läßt auf einer Glasplatte abtropfen und trocknet schließlich bei 100°. Die so präparierten Gipsstäbchen kommen wagerecht in einen Metallring, der mit 2 Einschnitten zum Einlegen derselben versehen ist; in der Mitte, die durch ein Zeichen am Ringe markiert ist, wird mittels Haken ein Schälchen am Stabe befestigt und dieses so lange vorsichtig mit Quecksilber gefüllt, bis der Bruch des Stäbchens erfolgt. Das Belastungsgewicht — je größer desto besser — gestattet einen Schluß auf die Güte der Leimprobe.

Cadet hat eine sehr einfache aber auch sehr unsichere Methode vorgeschlagen: er trocknet den Leim in gewogener Menge — bei 100° bis zu konstantem Gewicht —, wägt wieder und setzt die trockene Masse während einer bestimmten Zeit der feuchten Luft aus; die aufgenommene Wassermenge soll dann die Güte des Leimes erkennen lassen.

Jettel[1]) stellt folgende Anforderungen an einen guten Leim:

') Lunge. Chemisch-technische Untersuchungsmethoden, 5. Auflage. Band 2, S. 523 ff.

Die Farbe soll gelblich bis hellbraun, aber nicht zu dunkel sein; er darf keine Feuchtigkeit aus der Luft anziehen, also nicht hygroskopisch sein. Der Bruch muß glasartig glänzend und nicht splittrig sein, denn letzterer deutet auf unvollkommen geschmolzene sehnige Teile. In kaltem Wasser soll der Leim nur aufquellen und selbst nach 48stündigem Stehen nicht zerfließen, aber in gequollenem Zustande bei 48—50° schmelzen. Der Leim darf auf der Zunge — auch bei längerem Anhauchen — nicht salzig und nicht sauer schmecken.

Legt man ein genau gewogenes Stück Leim 24 Stunden in kaltes Wasser, läßt ihn dann wieder trocknen und wägt, so ist er desto besser, je näher er seinem ursprünglichen Gewicht kommt. Die Einschätzung des Leimes richtet sich im übrigen nach der beabsichtigten Verwendung, jedoch soll er stets neutral und gut trockenfähig sein.

Kißling[1] schlägt folgenden Untersuchungsgang vor:

1. Bestimmung des Wassergehaltes: der Leim wird mittels einer Holzraspel geraspelt und davon werden auf einem großen Uhrglas 2—3 g abgewogen und im Trockenschrank bei 110—115° bis zur Gewichtskonstanz getrocknet. Das Raspeln ist notwendig, weil größere Stücke bei obiger Temperatur ihr Wasser nicht vollständig abgeben, und weil eine höhere Temperatur leicht Zersetzung verursachen könnte; das Wägen muß schnell geschehen, weil der meiste Leim noch so feucht ist, daß er — in feiner Verteilung — beim Stehen an der Luft Wasser verliert. (Verfasser wägt im geschlossenen Wägegläschen und trocknet im heizbaren Vakuumexsikkator im luftverdünnten Raum bei ungefähr 110°).

2. Aschengehaltsbestimmung: geschieht am besten mit obiger getrockneter Probe im Platintiegel. Da der Leim eine sehr schwer verbrennbare Kohle liefert, so muß dieselbe wiederholt mit Salpetersäure oder Ammoniumnitratlösung befeuchtet und weiter geglüht werden. Die Asche gibt auch meist Anhalt dafür, ob ein Haut- oder Knochenleim vorliegt. Ersterer hinterläßt — infolge des Kalkens — eine alkalisch reagierende pulverige Asche, die aus Ätzkalk besteht, letzterer dagegen eine geschmolzene neutrale Masse, in der man Phosphorsäure und Chlor nachweisen kann.

3. Säuregehalt: 30 g Leim werden mit 80 g Wasser im Rundkolben einige Stunden gequellt und daraus durch Destillation mit Wasserdampf die flüchtigen Säuren abgetrieben. Sobald 200 cc überdestilliert sind, wird die Destillation unterbrochen und mittels 1/10 Normal-Alkali titriert. Ist schweflige Säure vorhanden, so ist es empfehlenswert, titriertes Alkali vorzulegen und den Überschuß durch Normalsäure zurückzumessen.

4. Trockenfähigkeit: Die obige, von flüchtigen Säuren befreite Lösung wird auf 150 g gebracht und am Rückflußkühler im kochenden Wasserbade erwärmt: von der heißen Lösung bringt man 10 cc in ein wagerecht am staubfreien Orte aufgestelltes Uhrglas von 10 cm Durchmesser derartig, daß sich außerhalb der runden Gallertenscheibe kein Leim am Uhrglase befindet. Die Temperatur soll dabei möglichst gleichmäßig gehalten werden. In den nächsten Tagen wird dann das Fortschreiten des Trocknens der Gallerte vom Rande der Scheibe aus mit zwei gleichzeitig und gleich-

---

[1] Chem. Ztg. 1887, S. 691.

artig hergestellten bekannten Leimproben, einer guten und einer schlechten, beobachtet und verglichen.

5. Bestimmung von Fremdstoffen, d. h. solcher Bestandteile, welche sich in einer genügend dünnflüssigen Gallerte ungelöst zu Boden setzen: Diese Art der Bestimmung ist nur eine annähernde und schätzungsweise im Vergleich zu einer andern bekannten Probe. Verwendet wird dazu der Rest der Lösung von No. 4, welche auf 1000 cc mit heißem Wasser verdünnt wird und dann — im graduierten Cylinder — 24 Stunden stehen bleibt. In den meisten Fällen ist der Bodensatz gering, zuweilen jedoch nicht unbeträchtlich und dann für die Klebefähigkeit sehr schädlich, sobald er aus organischen Stoffen besteht.

6. Geruch: Die Hautleime riechen im allgemeinen angenehmer, als die Knochenleime, zuweilen ist kalt der Geruch gering, bei der heißen Gallerte jedoch widerlich.

Kißling[1] betont später, daß alle Apparate zur Bestimmung der Klebkraft von Leimen — so auch der von Horn in der Zeitschrift „Die Chemische Industrie" 1887, S. 297 beschriebene, der ersten an ein Prüfungsverfahren zu stellenden Anforderung — nämlich unter gleichen Versuchsbedingungen auch annähernd gleiche Resultate zu geben, nicht entsprechen, wie er es an seinem eigenen Apparate erfahren habe: es sei daher die Bestimmung der Trockenfähigkeit vorzuziehen.

Nach den Untersuchungen von Fels[2] ist die Konsistenz der Gallerte gleichstehend seiner Qualität und seiner Bindekraft. Nicht die Aufnahmefähigkeit für Wasser, nicht die Bruchprobe sei zuverlässig, sondern nur die Zähflüssigkeit; er bestimmt deshalb:

1. die Feuchtigkeit durch Trocknen von 1—2 g geraspelten Leim während 2 Stunden bei 100°;

2. er stellt eine Probegallerte her, indem er 100 g Leim während 24 Stunden mit 400 g Wasser in einem Becherglase quellt, dann im Wasserbad löst und so verdünnt, daß eine Gallerte mit 15 % absolutem Trockengehalt entsteht, und

3. mißt er bei 30° die Viskosität dieser Gallerte gegen Wasser mittels des Engler'schen Viskosimeters.

Zur Bestimmung des Fettgehaltes verwendet Dr. W. Fahrion[3] 10 g zerkleinerten Leim, erwärmt ihn unter fortwährendem Rühren auf dem Wasserbade zusammen mit 40 cc einer 8prozentigen alkoholischen Natronlauge in einer Porzellanschale so lange, bis aller Alkohol verjagt ist, nimmt den Rückstand mit Alkohol auf und verdampft nochmals zur Trockne. [Bleibt beim Lösen in Alkohol ein Rückstand so ist er anorganischer Natur; derselbe ist in Salzsäure löslich.] Man löst dann zur Abscheidung der Fettsäuren in verdünnter Salzsäure, erhitzt ½ Stunde fast bis zum Kochen und schüttelt nach dem Erkalten mit Äther im Scheidetrichter aus, läßt absetzen und verdunstet die abgeschiedene Ätherlösung, welche die Fettsäuren und die

[1] Chem. Ztg. 1889, S. 1667.
[2] Chem. Ztg. 1897, S. 56, 70. 1898, S. 376.
[3] Chem. Ztg. 1899, S. 43, 452.

flüssigen Oxyfettsäuren enthält; die ungelöst gebliebenen festen Oxyfettsäuren werden in warmen Alkohol gelöst und zur Trockne verdampft, und schließlich der Rückstand von Alkohol und Äther gewogen, verascht und wieder gewogen: die Differenz zwischen beiden Wägungen ist Fett.

Kißling[1]) schüttelt die salzsaure Leimlösung mit Petroläther aus, verdampft zur Trockne und erhält so die Fette direkt. Auch er[2]) hält die Bestimmung des Glutingehaltes durch Fällung mittels Tannin für unbrauchbar und beschreibt dann[3]) ein Verfahren und einen Apparat zur leichten Bestimmung des Schmelzpunktes einer Leimgallerte.

Da beide — Verfahren und Apparat von Kißling — Anwendung in der Leim-Technik gefunden haben, sei der betreffende Absatz hier wiedergegeben:

„Ein aus Kupfer- oder Weißbleich gefertigter Behälter hat als Inhalt — die Füllung soll bis zu einer in ³/₄ der Höhe befindlichen Marke erfolgen — Wasser von 50°, das als Wärmequelle dient. Mittels einer kleinen Heizflamme wird diese Wärme während der Versuchsdauer konstant erhalten. Der Boden eines auf den Behälter deckelartig aufzusetzenden Gefäßes bedeckt eine Asbestscheibe, auf der ein ringförmiger Körper für die das Thermometer und die Leimproben enthaltenden kleinen Glascylinder liegt. Das Gefäß ist von einer Glasplatte bedeckt. Die Außenwandungen des Apparates werden zweckmäßigerweise mit Asbest bekleidet.

Die Arbeitsmethode gestaltet sich folgendermaßen: In kleine Kolben bringt man je 15 g der zu prüfenden Leimproben und 30 g destilliertes Wasser, setzt ein enges ca. 1 m langes Steigrohr auf, läßt über Nacht stehen und erwärmt dann im kochenden Wasser bis zur völligen Lösung des Leimes, die durch andauerndes Rundschwenken des Kolbens möglichst beschleunigt wird. Mit den lauwarmen Leimlösungen beschickt man nun die mit einer ringförmigen Marke versehenen, hinsichtlich der Größe genau gearbeiteten Glascylinder, verschließt diese mit Korken und stellt sie in einen Behälter, dessen Boden ein Messingsieb bildet, über dem zwei mit je 7 Löchern versehene Zwischenböden angebracht sind. In der Mitte befindet sich der das Thermometer enthaltende Cylinder, dessen Füllung aus einer konzentrierten (1:1) Lösung besten Lederleimes besteht.

Den so beschickten Behälter läßt man während einer Stunde in Wasser stehen, dessen Temperatur auf 15° gehalten wird. Nachdem so das Thermometergefäß und die Probecylinder auf gleiche Temperatur gebracht sind, legt man sie schnell in den, wie oben angegeben, vorbereiteten Thermostaten und ermittelt den Schmelzpunkt der Leimgallerte. Als solcher gilt der Wärmegrad, bei dem die lotrechte Oberfläche der Gallerte sich deutlich zu neigen beginnt. Je höher der Schmelzpunkt, desto höher der Glutingehalt; überdies

[1]) Chem. Ztg. 1896, S. 20, 698.
[2]) Zeitschr. f. angew. Chemie 1903, Heft 17.
[3]) Chem. Ztg. 1901, S. 25.

gibt diese einfache Methode unmittelbar Auskunft über den Festigkeitsgrad der Leimgallerte."

Um etwaige Beimischungen oder Verfälschungen durch andere Klebstoffe zu finden, macht Dr. Evers[1]) folgende Vorschläge:

Dextrin und Gummi findet er in bekannter Weise durch Fehling'sche Lösung, Kleber ist in jeder Hinsicht dem tierischen Leim sehr ähnlich, er gibt mit Tannin eine starke gelatinöse bis käsige Fällung, mit wenig Alamiumsulfat keinen oder nur einen geringen Niederschlag, mit Bleiessig keine Veränderung. Er ist in Wasser im allgemeinen schwer quellbar.

Beim Kochen mit Natronlauge und Versetzen mit Bleiessig gibt animalischer Leim einen weißen oder schwach grauen, Pflanzenleim dagegen — infolge seines Schwefelgehaltes — einen schwarzen Niederschlag. Eine sichere Probe sei folgende: etwa 1 g des zu untersuchenden Leimes wird in 10 cc Wasser, event. unter Zugabe eines Tropfens Natronlauge gelöst, einige Gramm Kochsalz oder Magnesiumsulfat zugesetzt, dabei bleibt tierischer Leim klar[2]), Pflanzenleim wird voluminös oder gelatinös gefällt.

Zweier weiterer Leimprüfungsmethoden wurde bereits im Vorhergehenden Erwähnung getan.

Flüssiger Leim.

Der Leim kann als „Universalklebemittel" bezeichnet werden, er klebt — bei richtiger Behandlung derartig gut, daß er von keinem andern Klebstoff übertroffen wird, und er ist geeignet in allen Fällen, in denen überhaupt geklebt wird, für Holz auf Holz, Papier auf Holz, Papier auf Metall oder Glas, Stoff auf Metall, Holz, Glas, Papier auf Papier, Pergament usw. usw., aber er hat doch für seine Verwendung, namentlich im sog. Hausbedarf, einige Unbequemlichkeiten an sich: er ist nicht sofort gebrauchsfertig. Um mit ihm zu kleben, muß der Leim erst in Wasser längere Zeit geweicht und dann durch Erwärmen gelöst werden, endlich muß er warm verbraucht werden, da er beim Erkalten nicht flüssig bleibt, sondern gelatiniert; dementsprechend wiederholt sich das Erwärmen bei jedem Gebrauch. Diese Unbequemlichkeit erscheint um so größer, als man gewöhnlich dann, wann geleimt werden soll, keine Gelegenheit zum Anwärmen des Leimtopfes, — und umgekehrt — ist diese vorhanden — keine Zeit zum Leimen hat.

Um diesen Übelständen zu begegnen hat man schon frühzeitig versucht, den Leim auf chemischem Wege derartig zu bearbeiten, daß er dauernd flüssig bleibt, ohne seine Klebkraft zu verlieren. Es ist auch gelungen, dieses Ziel mit mehr oder minder gutem Erfolge zu erreichen, ja, wenn man den Anpreisungen der Fabrikanten nur einigermaßen glauben will, übertrifft der flüssige Leim — gleichviel unter welchem wohlklingenden Namen er in den Handel gebracht wird —, alles andere an Klebekraft.

---

[1]) Chem. Ztg. 1899, S. 31, 333.

[2]) Anm. d. Verfassers: „Magnesiumsulfat" dürfte wohl ein Druck- oder Schreibfehler sein und dafür Magnesiumchlorid gelesen werden, denn alle leicht löslichen Sulfate fällen tierische Leimlösungen, auch wenn sie alkalisch sind, es könnte demnach obige Lösung nicht klar bleiben.

Dazu sei von vornherein vorbemerkt, daß es nach eigenen Versuchen des Verfassers ausgeschlossen ist, den tierischen Leim in einen bleibend flüssigen Zustand zu versetzen, ohne die Klebfestigkeit erheblich zu schwächen, aber es lassen sich Präparate erzeugen, welche die übrigen flüssigen Klebstoffe an Klebvermögen nicht nur erreichen, sondern noch übertreffen, und welche auch für alle in Betracht kommenden Verwendungszwecke selbst für Leimen von Holz, geeignet sind. Nur darf man nicht glauben, daß alles das, was unter dem Namen „flüssiger Leim" mit irgend einem Zusatz verkauft wird, auch Leim ist oder enthält, in den bei weitem meisten Fällen ist es ein Stärkepräparat, das mit Leim nur den Namen gemein hat.

Zur Herstellung flüssig bleibender Leime sind mancherlei Vorschläge gemacht worden, namentlich soll durch Einwirkung von Salpetersäure ein Präparat gewonnen werden bei dem — angeblich — die ursprüngliche Klebekraft des Leimes erhalten bleibt (!)

Nach Dumontin löst man 1 kg Kölner Leim in 1 l Wasser versetzt mit 200 g Salpetersäure von 36° Bé. und erwärmt, bis das Aufbrausen und die Entwickelung roter Dämpfe vorüber ist. Ein derartig präparierter Leim hat für die meisten Zwecke genügend Klebekraft, er reagiert aber, wie fast alle mittels Säure hergestellten Leimpräparate sauer, und er ist daher nicht zum dauernden Kleben, namentlich nicht für Papier zu empfehlen, da schließlich jede Säure, selbst Essigsäure, Papier angreift und brüchig macht.

Weitere Vorschriften sind noch:

Man löse Gelatine oder guten Kölner Leim in der ihm gleichen Menge starken Essigs auf und gebe ¼ davon Alkohol und wenig Alaun zu. (Das so hergestellte Produkt ist viel im Handel).

Einen vorzüglichen flüssigen Leim erhält man, wie vom Verfasser erprobt ist, auf folgende Weise:

100 t guter Leim werden in 200 t Wasser zunächst gequellt, dann durch Erwärmen gelöst, und mit 1 bis 2 % Chlorzink, welches zu einer klaren Lösung gebracht ist, versetzt. Das Ganze wird dann so lange im Wasserbade digeriert (nicht kochen!!), bis eine Probe nach dem Abkühlen nicht mehr gelatiniert. Reagiert der zum Ansatz verwendete Leim alkalisch oder enthält er Sulfite — beides kommt ziemlich häufig vor, da entweder die Leimbrühe mit Ätzkalk geklärt oder das Leimgut mit Schwefligsäuregas gebleicht und aufgeschlossen wurde — so ist soviel Salzsäure zuzusetzen, bis die Leim-lösung neutral reagiert oder SO_2 vollständig frei gemacht ist. Ein zuviel von Salzsäure ist aber unter allen Umständen zu vermeiden, da die Salzsäure wohl das Gelatinieren beseitigt, aber auch die Klebekraft schwächt, ja bei wenig zu langer Einwirkung vollständig beseitigt. In den meisten Fällen werden — um einen guten kalt löslichen Leim zu erzielen, 12—14 Stunden Erwärmen im Wasserbade notwendig sein. Das so erhaltene Produkt reagiert neutral oder nur schwach sauer und ist — infolge seines Gehaltes an Chlorzink sehr gut haltbar und für fast alle Zwecke, auch für Malerarbeiten — verwendbar. Für den gewöhnlichen Gebrauch ist die Lösung so einzustellen, daß sie 20—25 % trocknen Leim enthält. Ist es notwendig eine ganz neutrale Leimlösung zu verwenden, so ist nur ein genaues Neutralisieren mit Sodalösung oder Zusatz von

frisch gefülltem Kalziumkarbonat notwendig, das dabei entstehende Chlornatrium oder Chlorkalzium hindert bei keinerlei Verwendung. Das gefällte Zinkkarbonat und der event. Überschuß des Kalziumkarbonats setzen sich ziemlich schnell zu Boden und es kann daher die klare Leimbrühe leicht abgezogen werden; jedoch beeinträchtigt es auch keineswegs die Güte, Verwendbarkeit und Klebekraft des Präparates, wenn die Beimischungen und Fällungen daraus nicht entfernt werden; dieselben dienen dann als Füllkörper und man erhält Produkte, welche dem „russischen Dampfleim" gleichen.

Zu beachten ist, daß neutralen Leimlösungen ein Desinfektionsmittel zugemischt werden muß, wenn Faulen und Verderben derselben nicht eintreten soll; Formaldehyd ist aber unter allen Umständen zu vermeiden, denn derselbe bildet — unter Vernichtung des Klebevermögens — auch mit löslichen Leimen unlösliche Verbindungen; Borax wirkt fast gar nicht, Borsäure, selbst in gesättigter Lösung, nicht auf die Dauer; gut bewährt haben sich Karbolsäure, Salicylsäure und Salicylsäureester und namentlich Kampher, welcher in einem kleinen Stück zur Lösung gegeben wird.

Sind größere Mengen Leimlösungen aufzubewahren, so läßt man am besten jedes Desinfektionsmittel bei Seite und überschichtet die Lösung mit einer kleinen Menge Benzol, Toluol oder Xylol oder auch flüssigem Vaseline; Toluol wird in den meisten Fällen am geeignetsten sein, weil sein Siedepunkt genügend hoch liegt, um nicht schnell zu verdunsten, und auch niedrig genug, um nicht dauernd am Präparat zu haften. Durch Hahn oder Heber kann man dann die Lösungen unter der Schutzschicht nach Bedarf abziehen.

Die Toluolschutzschicht empfiehlt sich auch für viele andere leicht durch Fäulnis oder Gährung zersetzbare Stoffe, Nahrungsmittel natürlich ausgenommen. Die Wirkung ist absolut sicher.

Einigermaßen konzentrierte Leimlösung halten sich in offenen Gefäßen besser, als in geschlossenen: in geschlossenen Gefäßen[1]) nämlich ist der Raum über dem Leim dauernd mit Feuchtigkeit gesättigt, es bildet sich dann keine feste Haut und Sporen und Bazillen finden Gelegenheit sich festzusetzen und sozusagen Wurzel zu schlagen. In offenen Gefäßen dagegen entsteht · sehr bald infolge von Verdunstung des Lösungswassers ein glatter Hautüberzug auch auf verhältnismäßig dünnen Lösungen. Diese Haut verhält sich, wie trockener Leim, der kein Nährboden ist. Gleichzeitig ist sie noch ein Schutz gegen allzu schnelle Verdampfung des Lösungsmittels, so daß sich die Lösungen auch so aufbewahrt lange in gebrauchsfähiger Konzentration erhalten.

Es gibt noch so manche Vorschrift zur Erzeugung flüssigen Leimes, die hier besonders aufzuführen nicht notwendig erscheint: es dürfte genügen, darauf hinzuweisen, daß sie fast durchweg auf Einwirkung einer Säure oder eines sauren Salzes auf gelösten Leim in der Wärme beruhen und sind da besonders noch Oxalsäure, Wein-

---

[1]) Als geschlossene Gefäße sind schon lose zugedeckte und auch enghalsige zu betrachten, offene sind hier solche, in denen der Luft ungehindert freier Zutritt gewährt ist, wie Schalen, Bechergläser, Standfässer usw.

säure, Zitronensäure, Salzsäure, Zinkvitriol mit Salzsäure usw. in Vorschlag gebracht worden.

Der Vollständigkeit halber sei noch die Zusammensetzung einiger Leimpräparate erwähnt, die im Haushalt vielfach Anwendung gefunden haben, nämlich:

Mundleim für Etiketten: Hausenblase 25 Teile

Zucker 12 „

Wasser 36

oder: Heller Leim oder Gelatine 24 „

Zucker 13 „

arabisches Gummi 3

Wasser 50

Syndetikon[1]): (klebt, leimt, kittet alles!!) es werden 4 Gewichtsteile Zucker in 12 Gewichtsteilen Wasser heiß gelöst, 1 Teil gelöschter Kalk eingerührt, und eine Stunde unter Ersatz des verdampfenden Wassers gekocht. Man läßt absetzen und gibt zur klaren Brühe 3 Teile guten Leim. Nach 24 stündigem Stehen wird auf 100° erwärmt.

Kaseïnleim, Pflanzenleim.

Zu den animalischen Klebstoffen gehört auch das Kaseïn. Da der Kleber oder Pflanzenleim diesem in chemischer Hinsicht und im ganzen Verhalten sehr nahe steht, sei auch letzterer hier gleich angefügt.

Das für technische Zwecke verwendete Kaseïn stammt durchweg aus der Kuhmilch, welche nach Nencki[2]) 3,5 % davon enthält. Bleibt Milch sich selbst überlassen, so gerinnt sie, d. h. das Kaseïn wird durch die aus dem Milchzucker infolge von Gährung entstandene Milchsäure ausgefällt. Auch Lab, die Schleimhaut des vierten Kälbermagens fällt das Kaseïn, als Fällungsmittel wirkt dabei ein Ferment, das Labzymogen. Man kann dasselbe der Schleimhaut u. a. durch Glyzerin entziehen und durch Alkohol fällen; 1 Teil dieses reinen „Lab" vermag 70 000 bis 80 000 Teile Kaseïn zu koagulieren[3]).

Um das Milchkaseïn rein darzustellen, verdünnt man nach Hammarsten[4]) die Milch mit der vierfachen Menge Wasser gibt soviel Essigsäure zu, daß davon in der Flüssigkeit 0,075—0,10 % vorhanden sind, zerreibt den erhaltenen und abfiltrierten Niederschlag unter Wasser, löst ihn in sehr verdünntem Alkali, filtriert, fällt wieder durch Essigsäure, wäscht mit Wasser den Niederschlag aus, verreibt ihn fein mit Alkohol von 97 %, filtriert und wäscht mit Äther. Das so erhaltene Produkt enthält dann:

Kohlenstoff   53,00

Wasserstoff   7,10

Stickstoff   15,70

Phosphor   0,85

Sauersoff   22,75

Schwefel   0,78

[1]) Vergl. S. Lehner, Kitte und Klebemittel S. 75.
[2]) Berichte d. deutsch. chem. Ges. 1875, (8) 1048.
[3]) Hammarsten, Jahresberichte Tierchemie 1881 (11) 165.
[4]) Jahresberichte Tierchemie 1877 (7) 159.

Das reine Kasein ist schneeweiß und aschenfrei, es reagiert gegen Lackmus schwach sauer und löst sich nur spurenweis in Wasser, dagegen leicht in Alkalien und in alkalisch reagierenden Salzen, wie Borax, Wasserglas, Soda usw., ferner in Fluornatrium, Ammonium- und Kaliumoxalat. Kasein löst sich auch in starken Säuren. Die Alkalisalze werden durch Kochsalz gefällt.

Die Verbindungen des Kaseins mit alkalischen Erden sind nach dem Zusammenbringen zunächst in Wasser löslich, werden aber in kurzer Zeit vollständig unlöslich.

Kasein findet als Kitt, namentlich für Steingut, Porzellan, auch Marmor eine ziemlich weitgehende Verwendung, und zwar löst man dazu dasselbe mit dünner Kalkmilch. Da die Lösung als solche sich nicht hält, läßt sie sich nicht vorrätig herstellen, sondern muß frisch verwendet werden. Man streicht beim Kitten den Kasein-Kalkbrei auf die zu kittenden Stellen, preßt gut zusammen und läßt erhärten. Der Kitt widersteht den üblichen Einflüssen sehr gut.

Nach einer andern Vorschrift löst man Kasein in Ammoniak zu einer dickligen Flüssigkeit, streicht damit die zu kittenden Flächen an und läßt trocknen, darauf überstreicht man mit Kalkmilch, preßt gut zusammen und überläßt die verbundenen Gegenstände sich selbst bis zum vollen Erhärten.

Als eigentlicher Klebstoff hat das Kasein wenig Verwendung gefunden, da die Bindekraft des Leimes erheblich größer ist; jedoch findet man auch hier und da alkalische Kaseinlösungen in Gebrauch, so empfiehlt Schützenberger[1] folgende Lösung: In 28 l lauwarmes Wasser werden erst 1 kg Ammoniak (20 %) und dann 7½ kg Kaseinpulver eingetragen und bis zur Lösung des letzteren gerührt.

Der Karton der Spielkarten, welcher aus 3 bis 4 Lagen Papier gebildet ist, wird häufig mittels Kasein zusammengeklebt.[2]

Man erhält einen recht gut klebenden, aber nach dem Abbinden nicht ganz unlöslichen Klebstoff, der in mancher Hinsicht Leim ersetzen kann, den Vorzug besitzt, kalt angewendet werden zu können, und der besonders für Holz, Kartonnagen, Galanterie- und Lederwaren geeignet ist, wenn man 2 Teile Kasein mit 1 Teil Borax in Wasser zu einem dicken Brei verrührt.

Auch eine Anzahl Patente[3] haben die Verwendung des Kaseins als Klebstoff zum Gegenstande und zwar gewöhnlich in Verbindung mit Kalk und Wasserglas, auch unter Zusatz von Alaun, Zucker oder Gerbstoff. Nach dem D.R.P. No. 132 895 wird durch gegenseitige Einwirkung oder Zumischung von Kasein, Leinölfirnis, Rizinusöl, Alaunlösung, Kandiszucker, Dextrin und Wasserglas ein Klebstoff erzeugt, der nach den Angaben des Erfinders unerreicht und unübertrefflich und für alle Verwendungszwecke geeignet ist.

Der Kleber oder Pflanzenleim findet sich im Mehle der Getreidearten, namentlich des Weizens und der Gerste. Aus ersterem kann man ihn gewinnen, indem man das Mehl zu einem festen Teig knetet und mittels eines feinen Wasserstrahls das Stärke-

---

[1] Otto N. Witt, Chemische Technologie der Gespinnstfasern, S. 352.
[2] Papierzeitung 1904, S. 2615.
[3] D.R.P. No. 20 281, 37 074, 60 156, 63 042, 116 355, 132 895, 156 299.

mehl wegschlemmt, wobei der Kleber als zähe klebrige Masse zurückbleibt. Derselbe
ist leicht löslich in verdünnten Alkalien, er wird aber aus seiner Lösung durch
genaue Neutralisation mit Säuren wieder gefällt. Auch in verdünnter Salzsäure ist
Kleber löslich, aber daraus fällbar durch Neutralisation oder durch Zusatz von
Salzen. Seine Zusammensetzung ist:

$$
\begin{array}{ll}
\text{Kohlenstoff} & 53{,}4 \\
\text{Wasserstoff} & 7{,}1 \\
\text{Stickstoff} & 15{,}6 \\
\text{Sauerstoff} & 22{,}8 \\
\text{Schwefel} & 1{,}1 \\
\end{array}
$$

Der Kleber wird hauptsächlich als Nahrungsmittel verbraucht, als Klebstoff hat
er nur eine einseitige Verwendung gefunden, nämlich unter dem Namen „Schusterpapp"
oder „Wienerpapp" in der Schuhwaren- und Lederindustrie, besonders zum Festkleben
der Brandsohlen, und er ist so Gegenstand einer nicht unbedeutenden Fabrikation
geworden.

Die Herstellung geschieht meist durch Gärung aus Gerstenschrot, welches
zunächst mit heißem Wasser zu einem dicken Brei angerührt und dann einige Tage
bei 30—40° in Gärung gehalten wird, wobei für gute Ableitung der entstehenden
übelriechenden Gase gesorgt werden muß. Die Gärung wird dann rechtzeitig durch
Temperaturherabsetzung oder durch ein Desinfektionsmittel unterbrochen und die entstandene dickflüssige Masse zu dünnen, schellackähnlichen Blättchen eingetrocknet.

Für den Gebrauch läßt man den Papp erst in Wasser quellen und bringt ihn
dann durch Anwärmen zu einer klebrigen milchigtrüben dicken Lösung.

Vegetabilische Klebstoffe.

Die Klebstoffe, welche uns das Pflanzenreich liefert, gehören im allgemeinen
in die Reihe der Kohlehydrate; sie werden fast ausnahmslos in kalter wässriger
Lösung verwendet. Die Klebekraft ist nicht so groß, wie bei den Leimen, auch sind
sie nicht so allgemeiner Anwendung fähig. Man kann sie, soweit sie als Klebemittel
in Betracht kommen — ihre Verwendung für Appretur- und Schlichtzwecke soll hier
unberücksichtigt bleiben — als Papierklebstoffe bezeichnen, d. h. es handelt sich in den
meisten Fällen um Kleben von Papier entweder auf Papier oder auf andere Gegenstände.

Die wichtigste Repräsentanten dieser Klasse sind: das arabische Gummi und
die Stärke mit ihren Abkömmlingen.

Das arabische Gummi.

Schon die alten Ägypter gebrauchten das arabische Gummi, und zwar zur
Herstellung von Malerfarben, wozu es bekanntlich in den Wasserfarben heut noch
dient, wenigstens ist Krall der Ansicht, daß „Ânte von Punt" damit identisch sei;
auch die alten Griechen kannten es und nannten es τὸ Κόμμι (indecl.), woraus sich
dann unsere Bezeichnung „Gummi" ableitete. Hippokrates verwendete es in seinen
Medikamenten und Herodot nennt es als einen Bestandteil der Tinte. Die Römer

benutzten es wenig, auch im Mittelalter war die Verwendung gering, in neuerer und neuester Zeit dagegen ist sie sehr bedeutend.

Otto N. Witt[1]) bezeichnet das arabische Gummi als das vollkommenste Verdickungsmittel, dessen Lösungen in der Wärme und Kälte fast gleiche Viskosität zeigen, beim Erkalten und längerem Stehen nicht gelatinieren und die Fähigkeit besitzen, die Kapillarität wässriger Flüssigkeiten aufzuheben. — Diese dem arabischen Gummi als Schlichte- und Appreturmittel nachgerühmten Eigenschaften kommen ihm in gleichem Maße auch als Klebstoff zu. Trotz aller Anstrengungen und Versuche ist es bisher nicht möglich gewesen, ein Surrogat zu finden oder herzustellen, welches das arabische Gummi in Klebkraft und Klebdauer, Gleichmäßigkeit und Sparsamkeit im Gebrauch, Haltbarkeit der Lösungen erreicht, geschweige denn übertrifft. Die Lösungen werden beim Stehen wohl sauer, verlieren aber nicht ihre Klebkraft; eingetrocknet lassen sie sich leicht durch kaltes Wasser wieder verdünnen oder lösen, ohne daß ihre Verwendbarkeit Einbuße gelitten hätte.

Das arabische Gummi ist ein Erzeugnis der heißen Zone. Im vorliegenden Falle bezeichnet aber der Name keineswegs das Heimatland, denn Arabien hat bisher wenig Gummi verschifft, noch weniger produziert, fast alleiniger Lieferant war bisher Afrika. Die Bezeichnung „Arabisches Gummi" ist ein — wenigstens in Deutschland — allgemein gebräuchlicher Sammelname für alle diejenigen Gummis, welche als Klebstoffe Verwendung finden; im Handel macht man allerdings nach dem Orte der Herkunft oder der Verschiffung größere Unterschiede, abgesehen von den verschiedenen Qualitäten der einzelnen Gummiklassen selbst. Die Klebgummis sind direkte Naturprodukte.

Nach Wiesner entstehen die Gummis durch chemische Metamorphose aus ganzen Geweben, und nicht, wie man früher annahm, als Sekretionsprodukte. Besonders die Zellwände verwandeln sich unter Einfluß eines spezifischen diastatischen Fermentes in Gummi.

A. B. Frank[2]) hält die Gummibildung im Holzkörper der Laubbäume für analog dem Entstehen der Harze in den Nadelhölzern, verursacht durch eine Verletzung der Gewebe und durch das Bestreben der Pflanze, einen luftdichten Verschluß für die durch die Verwundung geöffneten Holzgefäße zu schaffen. Der Gummibildung verfallen das Holz, das Mark, die Markstrahlen, die Rinde und zwar in normaler Beschaffenheit, oder nach vorheriger Bildung eines pathologischen Gewebes. Da die Gummis stets in der Peripherie der Organe hervortreten, fließen sie in der Regel über die Rinde herunter, seltener tropfen sie ab.

Die Klebgummis stammen fast ausschließlich von Akazienarten; man unterscheidet zunächst arabisches, Senegal-, Cap- und neuholländisches Gummi, neben einigen im Konsum weniger ins Gewicht fallenden anderen Sorten, und zwar nennt man arabisches Gummi solches, welches aus dem Nordosten von Afrika stammt, das westliche Afrika liefert das Senegalgummi, Südafrika das Capgummi. In neuester Zeit ist auch Mittelasien als Lieferant aufgetreten und sollen namentlich aus den Ländern,

[1]) Chem. Technologie der Gespinnstfasern, S. 327.
[2]) Berichte der deutsch. bot. Ges. II. (1884) S. 321.

welche die Bagdadbahn durchschneidet, seit Eröffnung dieser Bahn ungeheure Quantitäten arabischen Gummis nach Hamburg verfrachtet worden sein.

Obige Gummis sind im Äußeren etwas verschieden, aber in allen wesentlichen physikalischen und chemischen Eigenschaften übereinstimmend.

Zu den arabischen Gummis werden noch gezählt das Magador-Gummi aus Nordafrika, und das Geddahgummi, welches in Aden verschifft wird. Das arabische Gummi wird auch als Nilgummi bezeichnet, weil die Länder am Oberlauf des Nil an seiner Produktion hervorragend beteiligt sind; es zerfällt' in folgende Unterarten: Kordofan-, Sennaar-, Suakin-, Geddah- und Somali-Gummi. Das erstere gilt für die beste Sorte; es besteht meist aus rundlichen Körnern bis zu 2 cm Durchmesser, ist blaßweingelb, in seltenen Fällen fast farblos und wasserklar, mit vielen Rissen durchklüftet. Es wird im Bezirk Bara gewonnen und kommt von Kordofan den Nil abwärts nach Alexandrien und Triest, das für ihn den Hauptstapelplatz bildet, in letzter Zeit aber durch Hamburg erhebliche Konkurrenz erleidet. Ehe es an den Konsumenten gelangt, wird es durch Auslese, Siebung usw. einer Reinigung und Klassifikation unterworfen.

Das Sennaargummi besteht aus kleinen meist blaßgelben Körnern, das Suakingummi wird auf der Hochebene von Takka gewonnen, es bildet gelbe und rote Stückchen, klein bis staubig. Das Geddahgummi zeichnet sich durch große Klebkraft aus, ist honiggelb bis braunrot; sein Ursprungsland ist Afrika aber in den Handel kommt es vom arabischen Hafen Geddah aus.

Von historischem Werte ist das Somaligummi, da es nachweisbar das älteste technisch verwertete Gummi ist, es kommt unter dem Namen „Sumgh" in Ziegenfellen verpackt nach Berbera an der britischen Somaliküste, von dort über Aden in den Handel.

Das Senegalgummi stammt durchweg aus Senegambien und ist sein Stapelplatz Bordeaux. Man unterscheidet bei ihm drei Hauptarten:

I. Gomme du bas du fleuve, bestehend teils aus runden gelben bis hellbraunen, teils aus dicken wurmförmigen hellen Stücken verunreinigt mit Sand und Rinde.

II. Gomme du haut du fleuve (auch Gomme de Galam genannt); es ist verhältnismäßig sehr rein und reich an weißen dünnen ast- und wurmförmigen Stücken.

III. Gomme friable au Salabreda, helle wurmförmige leicht zerbrechliche Stücke.

Das Senegalgummi kommt als Rohware nicht in den Handel; es wird vorher nach Form, Größe, Reinheit der Stücke sortiert und erhält man so gomme blanche, blonde, petit blanche, vermicillée, fabrique, boules naturelles, de Galam en sorte, baquaques et marons; ferner gomme gros grabeaux, moyens grabeaux, menus grabeaux, poussière grabeaux.

Die übrigen Gummis (Capgummi, ostindisches, mexikanisches usw.) sind als Klebstoffe von keiner großen Bedeutung, auch in ihren Eigenschaften den bisher beschriebenen Arten im Verhalten recht ähnlich, sodaß ein näheres Eingehen auf dieselben unterbleiben kann; das australische Gummi (wattle gum) ist leicht und vollständig in Wasser löslich, die Lösung schmeckt süß.

Auch in den deutschen afrikanischen Kolonien hat man Versuche gemacht, Gummi zu ernten, so namentlich in Angra Pequena, Groß-Namaqualand und Usumbara, jedoch sind die Urteile über Güte und Verwendbarkeit noch einander widersprechend. Hartwich hält diese Gummis für recht brauchbar, während Wördehoff und Schnabel entgegengesetzter Ansicht sind, nach Thoms sind sie nur zum Teil in Wasser löslich und die Reichsdruckerei gibt an, daß sie für ihre Zwecke nicht verwendbar seien. [1]

Wiesner teilt die Gummiarten ein in:

1. Arabinreiche (Akaziengummi, Feroniagummi, Acajougummi),
2. Cerasinführende, Gemenge von Arabin und Cerasin (Kirsch-, Pflaumen-, Aprikosen-, Mandel-Gummi),
3. Bassorinführende (Traganth-, Kutera-, Bassorah-, Cocos-, Chagual-, Moringa-Gummi),
4. Cerasin- und Bassorinführende (Gummi von Cochlospermum gossipium).

Diese Einteilung begründet er auf die Zusammensetzung der Gummiarten, aus welchen bisher nur die drei Körper Arabin, Cerasin und Bassorin als wesentliche Bestandteile isoliert worden sind.

Als Klebstoffe werden nur die arabinreichen Gummis gebraucht, während die andern, namentlich die bassorinführenden, in Folge ihrer Eigenschaft, mit Wasser keine Lösungen zu geben, sondern zu einem dicken homogenen Schleim aufzuquellen, als Verdickungsmittel für den Zeugdruck, sowie in Appretur- und Schlichtemassen eine vielseitige Verwendung finden.

Die wässerigen Lösungen der Gummiarten reagieren gegen Lackmus schwach sauer, zeigt sich eine stark saure Reaktion, so stammt sie nicht vom Gummi, sondern von Schwefelsäure, die sich beim Bleichen und Reinigen des betr. Gummis durch Behandeln mit schwefliger Säure gebildet hat und nicht genügend entfernt ist. Die natürlichen Gummis sind nicht einheitliche chemische Individuen, sondern sie haben mehr oder minder große Beimengungen von Asche (0,8—4,9 %), Gerbstoff, Trauben-Zucker, Farbstoffen und Stickstoffverbindungen. Die Asche besteht aus Kalium-, Kalzium- und Magnesiumsalzen. Die Gerbstoffe erkennt man durch die Eisenreaktion, den Zucker durch den Geschmack und mittels der Fehlingschen Lösung.

Die eigentlichen Gummistoffe erhält man am sichersten durch Dialyse der mit Essigsäure angesäuerten und filtrierten Lösung und nachfolgende fraktionierte Fällung der im Dialysator zurückgebliebenen Masse mit Alkohol in Gegenwart von etwas Säure. Neutrale oder salzfreie Lösungen werden durch Alkohol nur zum Teil oder garnicht gefällt. In das Dialysat gehen die ascheliefernden Bestandteile; die Stickstoffverbindungen und ein Teil der Farbstoffe finden sich in den ersten Alkoholfällungen, die andern Farbstoffe und die Gerbstoffe bleiben in den letzten Mutterlaugen. Der so gereinigte Körper ist mit dem Namen Arabin, Araban, oder auch Arabinsäure bezeichnet worden und glaubte man damit eine chemische Verbindung in den Händen zu haben, der Neubauer [2]

[1] Wiesner, Rohstoffe des Pflanzenreichs. 1900, S. 96.
[2] Journ. prakt. Chem. 62, S. 193.

20*

die Zusammensetzung $C_{12}H_{22}O_{11}$ bei 100° oder $C_6H_{10}O_5$ bei 120—130° zuerteilt. Es erscheint aber immerhin zweifelhaft, ob es einheitliche Körper sind, zumal das optische Verhalten des „Arabins", selbst wenn es aus gleichartigen Sorten Gummi, aber verschiedener Herkunft hergestellt wurde, nicht constant ist, sondern verschiedenes Drehungsvermögen zeigt; und da ferner das chemische Verhalten nicht ganz übereinstimmt, so liegt wahrscheinlich ein Gemenge ähnlich konstituierter Verbindungen von Glycosido-Gummisäuren vor. Beim Behandeln mit kochender verdünnter Schwefelsäure liefert das Arabin Glykosen u. zw. aus der Gruppe der Pentosen ($C_5H_{10}O_5$) Arabinose, der Hexosen ($C_6H_{12}O_6$) Galaktose, selten Mannose (Holzgummi liefert nur Xylose). Die entstandenen Mengen von Arabinose und Galaktose variieren selbst bei gleichartigen Sorten aber verschiedener Herkunft innerhalb weiter Verhältnisse.

Erwärmt man Arabinsäure mit einer gesättigten Lösung von Phloroglucin in 20 % iger Salzsäure, so erhält man eine cochenille- bis kirschrote Färbung, später einen dunklen Niederschlag, der aber bei rascher Abkühlung nicht eintritt. Die klare rote Lösung zeigt im Spektrum, genau zwischen den Frauenhoferschen Linien D und E einen charakteristischen dunklen Streifen. — Salzsaure Orcinlösung färbt Arabinlösungen in der Kälte blauviolett, beim Erwärmen erst rötlich dann wieder blauviolett werdend, schließlich fallen blaugrüne Flocken aus, deren alkoholische Lösung einen Absorptionsstreifen zwischen C und D, fast auf D, zeigt.

Arabinose liefert beim Kochen mit 12 % iger Salzsäure Furfurol, mit Salpetersäure vom spez. Gewicht 1,15—1,20, über Galaktose als Zwischenprodukt, Schleimsäure. Da 100 Teile Galaktose rund 75 Teile Schleimsäure liefern, kann man aus letzterer berechnen, wieviel Galaktose (im Gegensatz zur Arabinose) aus dem untersuchten Gummi gebildet worden war.

Neben Furfurol entstehen noch Laevulinsäure, Ameisensäure und Huminsubstanzen; neben Schleimsäure, Oxalsäure und wahrscheinlich — Mannozuckersäure, Trioxyglutarsäure und Zuckersäure.

Durch Einwirkung von Schwefelsäure hat O'Sullivan[1]) eigentümliche Gummisäuren erhalten, und zwar aus links- und rechtsdrehenden Gummis von der Zusammensetzung $C_{22}H_{34}O_{22}$, die Säuren sind isomer, die aus Geddahgummi dreht stark rechts, und wird mit Geddinsäure bezeichnet; die aus arabischem Gummi, die Isogeddinsäure, ist optisch inaktiv.

In Wasser nicht vollständig lösliche Gummiarten hinterlassen beim Filtrieren einen gequollenen, froschlaich- oder gallertartigen Rückstand; löst sich derselbe unter Abscheidung von Kalziumkarbonat auf Zusatz von Soda, so ist er Cerasin, bleibt er unlöslich, Bassorin.

Die physikalischen Eigenschaften, wie Form und Größe der einzelnen Stücke, ihre Härte, Farbe, Geschmack und Löslichkeit sind den verschiedenen Arten und Sorten je nach der botanischen Provenienz und nach den klimatischen Verhältnissen der Entstehung sehr verschieden und wenig charakteristisch. Gute Sorten lösen sich fast vollständig im gleichen Gewicht Wasser und zwar ebenso leicht in kaltem, wie in

---

[1]) Chem. Centralbl. 1890, S. 316, 584. 1892 I. S. 137.

warmem, andere hinterlassen einen gequollenen Rückstand. Die Lösungen aller Akaziengummis wirken diastatisch: sie führen Stärkekleister in Dextrin über[1]); deshalb sind auch Gummilösungen, wie die der Enzyme und diastatischen Fermente, stark schäumend, außer wenn sie stark gekocht wurden und daher nicht mehr diastatisch wirken. Die diastatische Kraft des Gummis geht aber nicht so weit, daß Stärke in Zucker verwandelt wird, ja diese Umwandlung wird durch arabisches Gummi sogar verhindert[2]).

Die Akaziengummis bilden gewöhnlich runde oder in die Länge gezogene Körner; die besten und hellsten Sorten (Kordofan und Gomme friable) zeigen äußerlich zahlreiche tiefe Risse und Sprünge, so daß sie trübe und undurchsichtig erscheinen; die geringeren dunklen Sorten sind seltener und dann oberflächlich zerrissen, sie haben eine zitzen- oder warzenförmige Oberfläche; das australische Gummi ist glatt mit groben netzförmigen Sprüngen, die langen Stücke des Senegalgummi besitzen häufig eine mikroskopisch feine zarte Längsstreifung.

Arabisches Gummi hat die Härte — Steinsalz und muschligen Bruch; es läßt sich leicht pulvern, in Wasser quillt es erst schwach auf, dann löst es sich zu einer klaren, schleimigen, sauer reagierenden Flüssigkeit. Es ist löslich in Glycerin, aber nicht in Alkohol und Äther.

Rein weiße oder farblose Gummistücke kommen nicht vor, die besten Sorten sind zwar nahezu farblos, haben aber stets einen Stich ins Gelbe; in den meisten Fällen ist die Farbe blaßgelb und hellbräunlich rot, Chagualgummi und Feroniagummi sind topasgelb; geringe Sorten sind zirkonrot bis tiefbraun. Ein und derselbe Baum liefert helles und gefärbtes Gummi. Die meisten Sorten sind durchsichtig oder doch durchscheinend, mit Glasglanz und scheinbarer Doppelbrechung. Der Strich — auch der dunklen Abarten — ist gewöhnlich weiß und sind daher die Pulver stets hell bis weiß. Die Dichte ist infolge eingeschlossener Luftblasen nicht gleichmäßig.

Alle Gummiarten sind geruchlos; der Geschmack ist fade, schleimig, oft süßlich, bitter oder zusammenziehend; die in Wasser löslichen sind hygroskopisch und vereinigen sie sich gepulvert in vollständig mit Wasserdampf gesättigter Luft zu einer homogenen leimartigen Masse.

Bemerkenswert ist das Verhalten gegen Chloralhydrat. Flückiger[3]) zeigt, daß eine konzentrierte wässerige Lösung von Chloralhydrat die sonst in allen Lösungsmitteln unlösliche Stärke auflöst. R. Mauch[4]) fand, daß das arabische Gummi gegen Chloralhydrat sich ebenso verhalte und Wiesner[5]) bemerkt dazu, daß alle in Wasser löslichen Gummiarten sich in einer 60prozentigen Chloralhydratlösung innerhalb 24 Stunden vollkommen lösen. Das gilt auch für Gummi von Prosopis juliflora, das in Wasser einen gequollenen Rückstand hinterläßt. Bei den cerasinreichen Sorten bleibt

[1]) Wiesner, Das Gummiferment. Wiener Sitzungsber. 1885, S. 92.
[2]) Dr. B Toilens, Handb. der Kohlenhydrate, 1898, S. 215
[3]) Pharmaceut. Chemie, 2. Auflage S. 1888. Vgl. Schaer, Bericht d. V. Internationalen Kongresses f. ang. Ch. Bd. IV, S. 45.
[4]) Inaug.-Dissertation Über physik.-chem. Eigensch. des Chloralhydrats, Strafsburg 1898.
[5]) Rohstoffe 1900, I. Bd., S. 59.

nach mehrtägiger Einwirkung von Chloralhydrat unter einer klaren Lösung ein klarer
Satz von gequollenem Gummi; die bassorinreichen Arten (Traganth) geben wolkig ge-
trübte Lösungen, die noch nach Tagen unklar sind, und Gummis, welche aus Arabin,
Cerasin und Bassorin bestehen, geben eine gequollene Masse, darüber eine wolkige
Schicht, über der eine klare Lösung steht. Das Chloralhydrat ist also geeignet, durch
e i n e Operation zu entscheiden, welchen Ursprungs ein Gummi ist.

Es findet sich häufig die Angabe, daß die wässerigen Gummilösungen nach
Beseitigung allen Zuckers die Polarisationsebene nach links drehen, und zwar soll es
eine 50prozentige Lösung um 5° tun. Das trifft aber nicht uneingeschränkt zu, so
drehen Feroniagummi (Flückiger) und Mogadorgummi (Wiesner) nach rechts und
hat es sich gezeigt, daß alle Gummis, welche verhältnismäßig wenig (bis 20,7 %)
Schleimsäure bilden, in wässeriger Lösung nach rechts drehen, dagegen diejenigen,
welche über 21% (bis 38,3%) Schleimsäure geben, nach links.

Das Einsammeln des Gummis, „die Gummiernte", findet in den verschiedenen
Produktionsgebieten nicht gleichzeitig und nicht gleichartig statt. In Nordost-Afrika
wird im November geerntet. Das Gummi fließt dort in kleinen Tropfen aus und trocknet
allmählich; es entsteht während der Regenzeit zwischen Juli und Oktober und wird
dann infolge der heißen Ostwinde, welche das rasch eintrocknende Rindengewebe bersten
machen, zum Ausfließen gebracht; eine kleine Nacherente erfolgt im Monat März. Die
Einsammlung geschieht durch die Eingeborenen von Hand direkt vom Stamme, durch
Auflesen der abgefallenen Stücke vom Boden und durch Abbrechen mittels eines
scheeren- oder löffelartigen Instrumentes. Soweit bekannt, erntete man bislang nur
Gummi, das freiwillig aus den Bäumen trat. Erst in neuester Zeit soll man durch An-
bohren und Anschneiden der Bäume das Austreten des Gummis unterstützt und durch
Auffangen desselben die Aberntung rationeller und den Ertrag besser und gleichmäßiger
gestaltet haben. Im Somalilande geschah allerdings schon von jeher die Gewinnung
des Gummis durch Anschnitt der Bäume und Unterlegen einer Bastbinde unter die
Wunde. Die Ernte dauert dort von April bis September und dieses Gummi kommt,
in Ziegenfellen verpackt, unter dem Namen Sumgh (es ist das die nachweisbar zuerst
benutzte Gummisorte) nach der Küste, wo es von den Eingeborenen noch sortiert wird
in die guten Sorten „Wordi" (feinkörnig) und „Adad" (grobkörnig) und in „Djerjun"
(schlecht) und „Lerler" (gering).

Im Senegalgebiet finden sich die ausgedehntesten Bestände an Gummibäumen
in den Oasen von Sabel el Tataela und El Hiebar; die erstere lieferte die höher ge-
schätzten hellen Gummis, die letztere die roten oder grauen. Die Bäume werden selten
über 10m hoch. Im November reißt die Rinde der Bäume, das Gummi tritt aus, fließt
über die Rinde, fällt ab, erhärtet, wird gesammelt und in Säcken aus gegerbten Ochsen-
fellen nach Galam geschafft.

Im allgemeinen kommen die Gummis, so wie sie gewonnen werden — nur
mechanisch sortiert in den Handel und werden bei den Handelsnotierungen die Namen,
der Ursprungsländer mit der näheren Sortenbezeichnung, wie sie vorher aufgeführt
wurden, gebraucht; im deutschen Handel wird außerdem noch in gummi arabicum
„electissimum vel albissimum" — „electum" — „flavum" — „in granis" unterschieden.

Diese alten Apothekerbezeichnungen sind immer noch vielfach gebräuchlich, obgleich der Gummiverbrauch weit über den Apothekenvertrieb hinausgewachsen ist.

Da die weißen oder hellen Gummis am höchsten eingeschätzt werden, hat man Versuche und Vorschläge gemacht, die dunklen Sorten zu bleichen; so empfahl Picciotto im Jahre 1848 in einem englischen Patente für diesen Zweck die Behandlung einer wässerigen Gummilösung mit schwefliger Säure. Nach geschehener Einwirkung wird die überschüssige SO_2 durch Erhitzen abgetrieben (und in einen frischen Ansatz geleitet). Der Rest davon und die entstandene Schwefelsäure wird mittels kohlensauren Kalk oder Baryt entfernt, abfiltriert und das Filtrat durch Eindampfen konzentriert.

Derselbe Erfinder verwendet dann 1866 nach einem anderen englischen Patent frisch gefälltes Tonerdehydrat zum Blank- und Hellmachen von Gummilösungen: dasselbe wird zugesetzt, reißt die Farbstoffe und Unreinigkeiten mit nieder und man erhält durch Filtrieren klare Lösungen.

Beide Verfahren haben große Nachteile; um Gummilösungen filtrieren zu können, müssen sie — selbst bei Anwendung von Filterpressen — dünn sein, und zwar so dünn, daß sie ohne Eindicken nicht verbraucht werden können. Konzentrierte Brühen setzen sich infolge ihrer schleimigen Beschaffenheit so dicht an die Filter, daß bald jedes Filtrieren aufhört.

Das Eindampfen der Brühen geht infolge des starken Schäumens sehr langsam und erfordert viel Brennmaterial und in den Rückständen, namentlich im Tonerdehydrat, bleibt ein erheblicher Prozentsatz Gummi sitzen und geht vollständig verloren. Dagegen hat es sich gut bewährt, wenigstens bei nicht zu dunklen Sorten, die Gummistücke während längerer Zeit dem direkten Sonnenlicht auszusetzen und erzielt man dabei so helle Produkte, daß sie unbeanstandet fast in allen Fällen verwendet werden können.

Bei den guten Klebeigenschaften des Gummi arabicum und bei seinen, wenigstens bis vor kurzer Zeit, hohen Preisen und bei dem häufigen Mangel der guten Sorten[1]) ist es erklärlich, daß nicht nur auf Ersatzmittel gesonnen wurde, sondern daß die im Handel befindlichen Marken vielfach Verfälschungen, sei es durch Beimengung geringer oder unbrauchbarer Gummis, sei es durch Zusatz von Surrogaten ausgesetzt waren und sind. Es ist daher empfehlenswert, die Gummis zum Zwecke des Einkaufs oder der Verwendung zu untersuchen, die Untersuchung wird sich im allgemeinen nach drei Richtungen zu erstrecken haben, sie wird sein eine physikalische, eine chemische und eine dem Verwendungszweck analoge.

[1]) Infolge der Unruhen im Sudan, Abessinien, Somaliland und den anderen gummiliefernden Ländern waren die Zufuhren, wenn nicht ganz ausbleibend, häufig recht gering und nicht genügend; das Senegalgummi wurde dem guten arabischen — in vieler Beziehung allerdings ohne Grund — nicht gleichwertig erachtet, konnte außerdem auch in der Menge nicht genügen, so daß sich das Cordofangummi, und zwar die sogenannte Fabrikware, lange Zeit auf einem Preise von 80—90 $\mathcal{M}$ für 100 kg hielt. In letzter Zeit sind aber die Verhältnisse in Afrika geordnetere geworden. Da ferner durch sorgfältigere Behandlung bessere Ernten erzielt wurden, und namentlich da die neu eröffnete Bagdadbahn neue Gummigebiete erschloß, in denen sich große Vorräte angesammelt hatten, so wurden so ungeheure Quantitäten sogenannten Cordofangummis auf den Markt geworfen, daß die Preise in Hamburg z. Z. bei großen Bezügen auf 42 $\mathcal{M}$ für 100 kg gesunken sind. Es ist das ein Preisstand, bei dem unter Berücksichtigung der Klebkraft jede Verwendung von Surrogaten, wozu gewöhnlich Stärkepräparate benutzt werden, ausgeschlossen erscheint, denn Kartoffelstärke kostet heute 27-28 $\mathcal{M}$ und Dextrin 36 $\mathcal{M}$ und darüber für 100 kg.

Die Prüfung wird zunächst eine mikroskopische sein: man ersieht aus den beigemengten Unreinigkeiten, Holz- und Rindenstückchen meist den Ursprung[1]) des Präparates, aber auch so manche Verfälschung wird sichtbar, namentlich etwa zugesetztes Dextrin, dem die feinen Risse auf der Oberfläche und im Körper fehlen. Löst man dann eine Probe in kaltem Wasser, so muß eine dicke fast klare schwach opalisierende Lösung resultieren, die weder zähe noch gallertartig (Kirschgummi u. dergl.) ist. Nicht zu konzentrierte Gummilösungen schäumen beim Kochen und Durchschütteln stark (Dextrinlösungen tun das nicht). Zumischung von Dextrin findet man häufig durch den Geruch; aber die Dextrinfabrikation hat derartige Fortschritte gemacht hat, daß sie jetzt auch geruchfreie Dextrine in den Handel bringt, und da mancher Fabrikant von Gummisurrogaten außerdem seine Erzeugnisse durch Parfümieren geruchlos macht, so ist diese Probe nicht genügend sicher und man findet Dextrin am Besten mit der Fehlingschen Probe durch Kochen mit einer alkalischen Lösung von weinsaurem Kupferoxyd. Die Handelsdextrine enthalten stets Zucker und eine erhebliche Reduktion zu Kupferoxydul ist somit ein sicherer Beweis einer Fälschung mit Dextrin. Als häufige Verfälschung dient das Bdeliumgummi[2]), dieses fühlt sich fettig an und bleibt beim Kauen zwischen den Zähnen kleben, außerdem entwickelt es beim Erhitzen im Röhrchen oder bei der trockenen Destillation Ammoniak.

Reine Gummilösungen werden durch Eisenchlorid gelatinös gefällt; löst man daher eine Probe in Wasser im Verhältnis von 1:2 und gibt 5—8 Tropfen einer konzentrierten Eisenchloridlösung zu, so gelatiniert die Lösung, wenn einigermaßen Arabin darin vorhanden ist; ist daneben Dextrin vorhanden, so tritt beim Schütteln mit Wasser eine weißliche Trübung ein, bei reinem Gummi bleibt die Gallerte unverändert. Sind feste Stücke zu untersuchen, so bringt man eine Anzahl derselben in ein kleines Becherglas und schüttet darüber soviel einer Eisenchloridlösung, bereitet aus gleichen Teilen einer solchen von 1,00—1,04 spez. Gew. und Wasser, daß der Boden des Glases damit bedeckt ist. Nach Verlauf von 1 Minute kleben die Gummistückchen fest am Boden, die Dextrinstückchen nicht, und man kann auf diese Weise annähernd schätzen, wie groß der Dextrinzusatz ist. Ein weiteres Reagenz auf Dextrin ist eine salpetersaure Lösung von Molybdaensauren Ammon, welche es blau oder grün färbt: Bleiessig fällt Arabinsäure, aber nicht Dextrin. Nach Hager prüft man auf folgende Weise: 15 Tropfen einer offizinellen Eisenchloridlösung werden mit 15 Tropfen einer kalt gesättigten Ferridcyankaliumlösung, 5 Tropfen Salzsäure 1,165 und 60 cc Wasser gemischt; 3 cc dieser Lösung werden mit 6 cc der zu prüfenden (20 %igen) Gummilösung versetzt: bei reinem Gummi entsteht eine klare gelbe, dickliche Lösung, welche sich 8—10 Stunden unverändert hält, bei Anwesenheit von Dextrin färbt sie sich bald oder nach einiger Zeit blau.

Auf die Färbungen von Gummi mit verschiedenen Phenolen in saurer Lösung wurde früher schon hingewiesen.

Um Gummi und Leim zu unterscheiden oder zu trennen, bedient man sich der Gerbsäure oder des Tannins: nur letzterer wird aus seinen Lösungen dadurch gefällt.

---

[1]) Die Holzteilchen sind bei arabischem Gummi meist rötlich, bei Senegalgummi schwärzlich gefärbt (vergl. Lunge, Untersuchungsmethoden. 17. Aufl. Bd. II S. 5:9).

[2]) Dieses Gummi, das kaum klebt, ist das gebräuchlichste Verfälschungsmittel für Gummi arabikum.

Unter Umständen kann es sich darum handeln, nachzuweisen, ob arabisches oder Senegalgummi, oder ein Gemisch beider vorliegt. Für diesen Fall sei darauf hingewiesen daß ersteres aus linsen- bis wallnußgroßen, durchsichtigen, glänzenden und spröden Stücken besteht, während Senegalgummi größere, durchsichtige, runde oder wurmförmige Gebilde, die häufig mit großen Lufträumen durchsetzt sind, zeigt. Beide Gummiarten sind in Wasser fast vollkommen löslich, bis auf etwaige mechanische Verunreinigungen, wie Holz, Rinde, Sand. Versetzt man die wässerige Lösung mit Kalilauge und einige Tropfen Kupfersulfat, so erhält man einen bläulichen Niederschlag, der bei arabischem Gummi beträchtlicher ist, sich zusammenballt und an die Oberfläche steigt, während er beim Senegalgummi — an und für sich geringer — klein flockiger und dauernd in der Flüssigkeit verteilt ist; die Niederschläge lösen sich beim Erwärmen kaum, Reduktion findet auch beim starken Kochen nicht statt[1]. Kocht man arabisches Gummi längere Zeit mit verdünnter Kali- oder Natronlauge so färbt sich die Lösung schön bernsteingelb (auch bei Dextrin), die Lösung des Senegalgummi bleibt fast ungefärbt.

Über die Wertbestimmung von Gummi arabikum liegt eine eingehende Arbeit von O. Fromm[2] vor, welche derselbe im Laboratorium der Reichsdruckerei ausgeführt hat, und zwar handelt es sich dabei um Vergleiche der verschiedenen Gummisorten des Handels. Fromm geht bei seinen Versuchen stets von einer Gummilösung vom spez. Gew. 1,035 bei 15° aus, welche einem Gehalt von annähernd 10 % lufttrockenem Gummi oder einem absolutem Gehalt von ca. 8,49 % im Durchschnitt entspricht. Die Lösung war erst durch Musselin, dann über Watte filtriert, wobei neben Verunreinigungen noch die nur quellbaren Anteile zurückgehalten werden. Der Filterrückstand wird mit Wasser in einen graduierten Zylinder gespritzt und dort der Ruhe überlassen; nach einiger Zeit wird das Volumen des ungelöst Gebliebenen abgelesen. Von der klaren Lösung werden dann die Viskosität, der Säuregrad, das Drehungsvermögen, das Verhalten gegen Reagentien und die Klebfähigkeit bestimmt.

Die Viskosität wurde mittels des Englerschen Viskosimeters bei 20°, wobei Wasser = 1 gesetzt wurde, bestimmt und schwankte von 1,8 bis 2,4, hielt sich in der Regel in der Nähe der Zahl 2.

Der Säuregrad wurde durch Titration mit ¹/₁₀ oder ¹/₂₀ Normal Alkali, wobei Phenolphtaleïn als Indikator diente, ermittelt; als Säuregrad wurde die Zahl der ¹/₁₀ Natronlauge in Kubikzentimetern angegeben, welche auf 50 cc der Gummilösung verbraucht wurden[3] und wobei als mittlerer Wert etwa 2,1 gefunden wurde. Beim längeren Stehen der Lösung in offenen Gefäßen trat eine langsame Erhöhung der Säurezahl ein.

Die Bestimmung des Drehungsvermögens geschah mittels des 1 dm Rohres und wurden die gefundenen Zahlen direkt notiert: In den meisten Fällen wurde negative

[1] Anm. Dextrin gibt unter gleichen Bedingungen mit Kupfersulfat auch einen bläulichen Niederschlag, der sich — in der Wärme — nicht in der Kälte — zu einer dunkelblauen klaren Flüssigkeit löst und beim Kochen vollständig reduziert wird.
[2] Zeitschr. f. analyt. Chem. XL (1901). S. 143 ff.
[3] Vergl. hierzu: Zeitschr. f. analyt. Chem. 40 (1901). S. 408. Dr. Karl Dietrich in Helfenberg „zur Wertbestimmung von Gummi arabikum".

Drehung bis auf — 3°, meist zwischen —2° und — 3° liegend (also $[\alpha]_D = -23°$ bis — 24°) beobachtet, selten positive Drehung.

Verhalten gegen Reagentien: Alle normalen Gummiarten werden auch in verdünnten Lösungen durch Bleiessig verdickt, und alle geben mit Fehlingscher Lösung eine geringe Reduktion.

Bei der Ermittelung der Klebfähigkeit wurde das von Dalén[1]) angegebene Prinzip zu Grunde gelegt. Nach diesem wird Saugpapier von bekannten Festigkeitseigenschaften mit der Klebstofflösung getränkt, getrocknet und von neuem auf Festigkeit geprüft. Die Zunahme der Festigkeitszahlen ergibt dann die Größe der Klebfähigkeit.

In der Reichsdruckerei wird das Verfahren noch angewendet und dienen zur Ausführung Papierstreifen von 18 cm Länge und 15 mm Breite. Es werden zunächst größere Stücke aus dem Papier geschnitten (10 × 30 cm) und diese mit der Gummilösung getränkt. Dazu wird die Lösung auf eine horizontale Glasplatte gegossen, auf die Oberfläche derselben das Saugpapier gelegt und nach dem Vollsaugen der einseitig anhaftende Gummiüberschuß durch vorsichtiges Ziehen über eine scharfe Glaskante abgestrichen. Dann wird in einem Trockenraum bei einer mittleren Feuchtigkeit von 65 % getrocknet, und schließlich die zum Zerreißen dienenden Streifen ausgeschnitten und unmittelbar nach dem Herausnehmen aus dem Trockenschrank mit einem Schopperschen Apparat zerrissen.

Die gummierten Streifen zeigen dabei eine erhebliche Vergrößerung der Festigkeit, etwa auf den doppelten Wert. Für die Berechnung derselben subtrahiert man von der mittleren Bruchbelastung der gummierten Streifen diejenige des Papiers selbst; ferner ermittelt man die Menge Gummi, welche im Durchschnitt von einem Streifen aufgenommen wurde, welche man sich — getrennt vom Papier — als ein 15 mm breites und 18 cm langes Band trocknen Gummis denken kann. Aus der Zunahme der Bruchlast und dem Gewicht des aufgenommenen Gummis läßt sich dann die Länge berechnen, die ein solches Gummiband haben müßte, wenn sein Gewicht dieser Zunahme gleich sein soll.

Fromm (l. c.) bemerkt darüber:

„Die auf diese Weise berechneten Zahlen haben die Bedeutung von Reißlängen; aber nicht solcher Reißlängen, die angeben, wie lang der Streifen sein muß, um unter eigener Last zu zerreißen, sondern solcher, die sich beziehen auf die beiden Kräfte, die bei der Verwendung der Klebstoffe in Frage kommen: der Kohäsion der Teilchen des Klebstoffes unter einander und der Adhäsion an den zu verklebenden Stoff."

„Die sich nach diesem Rechnungsverfahren ergebenden Reißlängen werden nach Kilometern angegeben. Sie sind im Vergleich zu den Reißlängen von Papier sehr hoch, und schwanken nach der Qualität des Gummis etwa zwischen 9 und 15 km."

---

[1]) Mitteil. a d. Kgl techn. Versuchsanstalten. 1894. S. 149.

Auf Grund seiner Versuche kommt Fromm zu folgendem Schluß:

„Man kann die an ein Gummi von hoher Klebfähigkeit zu stellenden Anforderungen durch Zahlen etwa so abgrenzen, daß man von ihm die Erfüllung folgender Bedingungen verlangt: Seine Lösung vom spez. Gew. 1,035 soll bei 20° eine Viskosität von mindestens 2,0 und im 1 dm Rohr eine negative optische Drehung von wenigstens 2° 30′ zeigen; 50 cc derselben sollen zu ihrer Sättigung mindestens 2,1 cc Zehntelnormalalkali verbrauchen; die Lösung soll Bleiessig verdicken und alkalische Kupferlösung nicht erheblich reduzieren.“

Als Klebstoffe finden die Gummis fast ausschließlich ihre Anwendung für Papier, so namentlich für Briefmarken, Briefumschläge, Etiketten, und im Haushalt, soweit sie hier nicht durch Surrogate verdrängt sind. Am besten verwendet man Lösungen von 19—21° Bé, die allen Anforderungen hinsichtlich Streichfähigkeit, Klebkraft und Klebfestigkeit genügen. Beim Kleben ist es anzuempfehlen, gerade so viel Gummi aufzustreichen, als es für den betr. Zweck erforderlich ist, da sich sonst Mängel bemerkbar machen. So sind z. B. die Schweizer Briefmarken mit Klebstoff überladen; in Folge dessen dauert es zu lange, ehe die Marke am Briefumschlag klebt; sie „rutscht“ leicht. Kommt es in besonderen Fällen darauf an, auf glatte Gegenstände, wie Glas, Metall usw. zu kleben und dabei eine bessere Klebfestigkeit zu erzielen, die auch dem Einfluß von Feuchtigkeit einigermaßen widersteht, so erreicht man dies durch Zusatz eines guten animalischen löslichen Leimes zum Gummi. Der Leim hat zu den starren Körpern eine größere Verwandtschaft als Gummi und er läßt sich, nachdem er trocken geworden, nicht so leicht durch kaltes Wasser wieder in Lösung bringen; ein solcher Zusatz empfiehlt sich also auch für Briefumschläge, deren unbefugte Öffnung man erschweren will. Ein Zusatz von 3—10 % flüssigen Leims ist genügend.

Um Gummilösungen zäher und zugkräftiger zu machen, wird ein Zusatz von Borax empfohlen. Zur Vermeidung des Durchschlagens, das bei concentrierten Gummilösungen häufig beobachtet wird, versetzt man dieselben mit Aluminiumsulfat oder Alaun; letztere Mischung wird auch im Handel mit „vegetabilischer Leim“ bezeichnet. Calciumnitrat ist für diesen Zweck auch in Anwendung gebracht worden.

Zu beachten ist, daß wenn mit Gummi geklebte Gegenstände absolut trocken werden, die Klebekraft vollständig nachläßt und leicht Trennung in den Klebeflächen eintritt.

Die Stärke.

Trotz seiner idealen Eigenschaften als Klebstoff zeigt die Verwendung des arabischen Gummis für uns doch mancherlei Schattenseiten, zunächst kann es nicht im Inlande erzeugt werden und der Verbraucher ist daher genötigt, seinen Bedarf durch Import zu decken.

Die Zufuhren in Europa richten sich aber nicht allein nach der recht zufälligen Ernte, sondern sie sind auch abhängig von etwaigen Unruhen oder Kriegen in den betreffenden Gegenden; sie sind also nicht gleichmäßig, infolgedessen auch die Preise, namentlich für gute Marken recht schwankend. Die Ernteplätze liegen auf weite

Entfernungen auseinander; das Gummi wird von Eingeborenen gesammelt, in Traglasten zur Küste transportiert, dort lediglich nach dem Aussehen von Hand sortiert und schließlich verschifft. Nachsortierungen wiederholen sich bis zum Verbrauch noch einigemal und es ist ausgeschlossen, daß dabei weder an gleichmäßige Qualität noch an Sauberkeit und Reinlichkeit gedacht werden kann. Irgend eine nachträgliche Reinigung oder Desinfektion findet kaum statt. Wenn man nun bedenkt, daß mit Gummilösung bestrichene Sachen, z. B. Etiketten, Briefmarken noch vielfach geleckt werden, so sieht man, daß durch dieselbe sehr leicht die verschiedensten Krankheitserreger verbreitet und übertragen werden können.

Ein von diesen Mängeln freier Ersatz des arabischen Gummis, der aber natürlich in seinen guten Eigenschaften dem letzteren nicht nachstehen dürfte, wäre daher höchst erwünscht. Es sind schon viele Versuche, einen solchen Ersatz zu finden, gemacht worden und schien und scheint der gegebene Rohstoff dafür die Stärke zu sein.

Trotz aller Bemühungen haben diese Versuche noch keinen ganzen Erfolg gezeitigt; es ist aber nicht ausgeschlossen, daß das erstrebte Ziel noch erreicht wird. Dann würden die Millionen, die jetzt für arabisches Gummi ins Ausland wandern, im Lande bleiben, die aktive Handelsbilanz würde also erheblich verbessert, man käme zu eigener Unabhängigkeit hinsichtlich des Bezuges und ein großes Absatzgebiet für die heimische Landwirtschaft würde erschlossen. Die Stärke wird zum größten Teile aus Kartoffeln gewonnen und sind die mehlreichen Sorten, also die auf Sandboden gewachsenen am besten dazu geeignet. Gerade der Teil der Landwirtschaft, der infolge schlechten Bodens keine Körnerfrüchte bauen kann, würde für seine Produktion eine glatte Verwendung und damit auch einen entsprechenden Preis finden. Wenn man nun berücksichtigt, daß zu 100 K. Stärke ungefähr 800 K. Kartoffeln gebraucht werden, so erscheint es ohne Weiteres einleuchtend, daß für eine solche neue Fabrikation viele Millionen Zentner Kartoffeln notwendig sein würden, ohne daß deren bisheriger Verwendung in anderer Beziehung oder auf anderem Gebiet Abbruch getan würde.

Die Stärke wurde schon von den Griechen und Römern gebraucht und anscheinend war die damalige Herstellung der jetzigen ähnlich, dafür spricht wenigstens die Bezeichnung τὸ ἄμυλον, von ἄμυλος ungemahlen (Dioskorides); natürlich wurde sie damals ausschließlich aus Weizen gewonnen und nach Plinius sollen die Einwohner von Chios das Herstellungsverfahren erfunden haben. „Amylum" wird auch heute noch zuweilen für „Stärke" gebraucht.

Die Stärke gehört zu den am meisten verbreiteten Körpern im Pflanzenreiche; sie findet sich nicht nur in allen Pflanzen, sondern auch in allen Teilen der Pflanze; in den Wurzeln, Wurzel-Knollen und -Zwiebeln, Stengeln, im Holz, in der Rinde, in den Blättern, Blüten, Früchten und Samen, besonders aber in den Getreidekörnern, in den Leguminosen, in den Wurzelknollen, in den Früchten der Roßkastanien, Eichen und Buchen. Sie ist hauptsächlich abgelagert in den Parenchymzellen, wohin sie nach ihrer Bildung in den grünen Pflanzenteilen gelangt. Die einzelnen Stärkekörner bestehen aus mikroskopisch kleinen Körperchen, sie sind fast stets geschichtet, d. h. sie bestehen aus mehrfachen um einen oder auch um mehrere Kerne geordneten Lagen. Dieser scheinbare Kern ist zuweilen hohl (Schleidens „Zentralhöhle"). Die Dichte der Schichten nimmt von innen nach außen, der Wassergehalt von außen nach innen zu. Trocken erscheint die Stärke als weißes, glänzendes, im Sonnenlichte glitzerndes Pulver, das zwischen den Zähnen knirscht. Angefeuchtete Stärke läßt sich zusammenballen, sie verliert aber diese Eigenschaft, wenn man sie nach einander mit kaltem Wasser, Alkohol und Äther wäscht. Sie ist in reinem Zustand geruchlos, geschmacklos, unlöslich in Wasser, Alkohol und Äther, löslich in einer konzentrierten wässerigen Chloralhydrat-lösung. Ihr spez. Gewicht ist = 1,53. Unter dem Mikroskope zeigt sich die Stärke doppelbrechend, so daß man bei Anbringung von zwei Nicols ein schwarzes und nach Einschaltung eines Gipsplättchens, ein farbiges Interferenzkreuz sieht.

Die chemische Zusammensetzung der Stärke ist $(C_6 H_{10} O_5)_n$, wobei n wenigstens = 4 ist (Tollens); nach Brown und Heron[1]) ist die wahrscheinliche Formel der löslichen Stärke 10. $C_{12} H_{20} O_{10} = C_{120} H_{200} O_{100}$.

Die Größe der Stärkekörner ist in den verschiedenen Pflanzenarten nicht gleich, sie schwankt nach Fritzsche zwischen 0,073 bis 0,00366 mm, nach Payen von 0,5 bis 0,0054 mm. Den kleinsten Durchmesser haben die Körner von Chenopodium Quinoa, nämlich 0,001—0,002 mm, den größten die der Kartoffel 0,1—0,185 mm.

Abgesehen von der Größe zeigen die Stärkemehlkörner der verschiedenen Pflanzen auch abweichende Struktur und Form, so daß meist eine mikroskopische Untersuchung ausreicht, um die Herkunft eines Stärkemehls zu bestimmen; chemisch jedoch sind alle Sorten identisch, wenn sie auch für Verwendung in der Industrie mancherlei Verschiedenheiten und besondere Eigentümlichkeiten zeigen.

Im lufttrocknen Zustande enthält Stärke (die übliche Handelsware) noch ungefähr 18 % Wasser, von dem die Hälfte im Vakuum, die andere Hälfte bei 120° entweicht; absolut trocken bildet sie dann ein leicht bewegliches Pulver, das begierig Wasser aus der Luft aufsaugt (bis 10 %), bei längerem Verweilen an trockner Luft wieder bis 18 %, an feuchter Luft bis 35,7 %. Läßt man feuchte Stärke, wie sie bei der Fabrikation erhalten wird, abtropfen, so enthält sie noch 45,45 % Wasser, sie heißt dann „grüne" Stärke. Streut man Stärke auf eine 100° heiße Platte, so verändert sie sich nicht, wenn sie nur 18 % Wasser enthält, diejenige mit 35,7 % Wasser schmilzt scheinbar, d. h. sie verkleistert. Solche Stärke läßt sich nicht durch ein feines Sieb sieben, aber mit den Händen zusammenballen. Wirft man grüne Stärke auf eine 140 bis 150° heiße Platte, so schwillt sie plötzlich auf.

Die technische Stärke enthält bis 0,8 % Asche und sie reagiert — je nach Art der Herstellung und Reinigung — sauer oder alkalisch.

Die Stärkefabrikation ist, abgesehen von den dabei gebrauchten umfangreichen und komplizierten Maschinen und Apparaten, in ihren Grundlagen eine höchst einfache, als die gebräuchlichsten Rohstoffe kommen dabei in Betracht:

Kartoffeln mit einem mittleren Stärkegehalt von 16,50 % [2])
Weizenmehl - - - - - 68,70 -
Mais - - - - - 77,77 -
Reis - - - - - 82,50 -

[1]) Ann. Chem. 100 S. 242.　　　　[2]) nach Krocker, Ann. Chem. Pharm. 58 S. 217.

Die Kartoffeln werden mittels geeigneter Maschinen fein zerrieben und über Siebe geschlämmt: auf den Sieben bleiben die Unreinigkeiten, Schalen usw. die „Pülpe", während die Stärke als „Stärkemilch" durchgeht, sich absetzt, dann, durch Filtrieren und Schleudern vom Wasser befreit, als grüne Stärke, oder getrocknet, als Kartoffelstärke, Kraftmehl oder Satzmehl in den Handel kommt.

Weizen und Mais werden zunächst in Wasser eingeweicht, zwischen Walzen zerquetscht und zerrieben und sich selbst überlassen, bis durch die bald eintretende saure Gährung der Kleber in Lösung gegangen ist; dann wird die Stärke herausgeschlämmt und aufgearbeitet.

Reis unterliegt einer ähnlichen Vorbereitung, nur wird dann der Kleber mit dünner Natronlauge ($^1/_8$ bis $^1/_2$ % NaOH) in Lösung gebracht und dann die Stärke herausgewaschen. Der Zusatz des Ätznatrons muß natürlich höchst vorsichtig gemacht werden, damit nicht ein Quellen der Stärkekörner eintritt.

Da die Stärke nach dem Schlämmen infolge ihres hohen spez. Gewichtes sich schnell zu Boden setzt, so lagern sich die immer noch vorhandenen Unreinigkeiten auf ihrer Oberfläche ab; diese werden mittels Abschaben entfernt, wobei sich nicht vermeiden läßt, daß ein erheblicher Teil der Stärke mitgenommen wird: diese kommt dann unter dem Namen „Schabestärke" in den Handel und ist sie demgemäß natürlich billiger, als die reine Stärke, aber für viele Zwecke dieser in Wirkung gleichstehend.

Die technische Stärke ist meist gelblich gefärbt; sie wird deshalb, um ihr ein rein weißes Aussehen zu geben, häufig mit Ultramarin überfärbt.

Bemerkt sei, daß Maizena, Maizenin, Mondamin nur Handelsnamen für Mais-Stärke sind.

Die Stärke ist ein sehr reaktionsfähiger Körper, der sich leicht in andere Verbindungen und Formen überführen läßt, die alle eine technische Verwendung gefunden haben. Da von jeher das Rohmaterial leicht zugänglich war, so sind viel Arbeiten über die Stärke und ihre Umwandlungsprodukte ausgeführt worden, ja man kann Tollens vollständig beipflichten, daß wenige Prozesse so viel bearbeitet wurden, wie diese, trotzdem ist aber noch sehr wenig Klarheit in die dabei stattfindenden Vorgänge gebracht worden, und das hat auch noch seine Geltung unter Berücksichtigung der neuesten Arbeiten auf diesem Gebiete. Man kennt nur den Vorgang: Stärke — lösliche Stärke — Dextrin — Maltose — Zucker. Von diesen kommen als Klebstoffe in Betracht die Stärke selbst in Form von Kleister, die lösliche Stärke und die Dextrine, sei es für sich, sei es miteinander oder mit anderen Körpern gemischt.

Rührt man Stärke mit kaltem Wasser (12—15fache Menge) zur Milch an, so findet keine Einwirkung statt, erwärmt man dann, so fangen bei 50° die Körner an zu schwellen, platzen und bilden schließlich den bekannten Kleister, eine homogene, gallertartige — je nach dem Wassergehalt mehr oder minder dickflüssige Masse. Die Verkleisterungstemperatur ist nicht für alle Stärkearten die gleiche, sie liegt nach Lippmann für

Roggen	bei	50—55°
Weizen	-	65—67,5°
Roßkastanie	-	56,2—58,7°
Kartoffel	-	58,7—62,5°
Reis	-	58,7—61,2°
Mais	-	55,0—62,5°

Um einen gut streichfähigen Kleister herzustellen, rührt man das Stärkemehl mit kaltem Wasser zur Milch an und gießt diese in feinem Strahle und unter fortwährendem Rühren zur erforderlichen Menge kochenden Wassers — oder man gießt unter gleichen Bedingungen das kochende Wasser zur Stärkemilch. Das Rühren wird bis zum Erkalten fortgesetzt, um Klumpenbildung und Entstehung einer zu steifen nicht streichfähigen Gallerte zu vermeiden.

Der Kleister ist nicht eine Stärkelösung, die Stärke findet sich darin nur in äußerst feiner Verteilung. Streicht man nämlich Kleister auf eine poröse Unterlage, z. B. auf unglasierte Tonteller (Scherben), so wird das Wasser aufgenommen und die Stärke bleibt als hornartige Masse zurück, die wieder Kleister bilden kann. Durch Gefrieren verliert der Kleister vollständig seine Klebkraft: beim Auftauen scheidet sich eine elastische Masse ab, die, filtriert, abgepreßt und getrocknet, sich zu einem äußerst feinen Pulver verreiben läßt, sich mit Wasser nicht verkleistert, aber als Puder und Unterlagen für Schminken verwendet wird.

Kleister hat große Neigung sauer zu werden; um dem vorzubeugen, setzt man ein Desinfektionsmittel, meist Karbolsäure oder Salicylsäure — auch Formaldehyd, Borsäure u. dergl. zu.

Als Klebstoff wird der Kleister gebraucht in solchen Fällen, in denen eine stoffliche Füllung erwünscht ist, namentlich im Haushalt, beim Tapezieren der Wände, zum Aufziehen von Bildern und Photographieen, für Kartonnage-Arbeiten, in der Leder- und Schuhwaren-Industrie. Die Klebkraft ist relativ, namentlich unter Berücksichtigung der Ausgiebigkeit — gut und da Kleister nach dem Eintrocknen in kaltem Wasser unlöslich ist, auch für Gegenstände brauchbar, die zeitweilig der Feuchtigkeit ausgesetzt sind, natürlich nur dann, wenn dabei Schimmelbildung oder sonstige Zersetzung vermieden wird.

Zur Erhöhung der Bindekraft löst man in dem heißen Wasser, das zur Kleisterbildung gebraucht wird, etwas Leim auf. Um das Sprödewerden des Kleisters beim Trocknen einzuschränken, empfiehlt sich ein geringer Zusatz von „dickem" Terpentin, und um ihm Zähigkeit zu verleihen, sowie auch, um beim Tapezieren von Wänden das Abseifen zu ersparen, ein Zusatz einer neutralen Harzseife, also einer Auflösung von Colophonium in Soda oder Alkali.

Zur Prüfung einer Stärke auf ihren Wert als Kleister werden 3 g derselben mit 100 cc Wasser auf dem Wasserbade vollständig verkleistert und nach dem Erkalten eine Glasplatte von 2,5 cm Durchmesser in den Kleister eingesenkt; je langsamer das Einsinken erfolgt, desto besser ist der Kleister und auch die Stärke. Selbstverständlich muß stets die gleiche oder eine congruente Glasplatte zur Prüfung benutzt werden.

W. Thompson [1]) empfiehlt folgendes Prüfungsverfahren: In einem geschlossenen zylindrischen mit Rührer versehenen Gefäße wird die Stärke mit dem 6 fachen Gewicht Wasser im kochenden Wasserbade unter fortwährendem Rühren innerhalb 5 Minuten verkleistert. Nach dem Abkühlen läfst man eine 250 mm lange und 6 mm dicke an beiden Enden zugespitzte Eisenspindel aus 300 mm Höhe in den Kleister fallen und beobachtet die Einsenktiefe. Jeder Versuch wird achtmal wiederholt und aus dem Durchschnitte der einzelnen Beobachtungen der Wert der Stärke gefolgert.

Ein aus Mehl (gewöhnlich Roggenmehl) bereiteter Kleister besitzt stärkere Klebkraft als solcher aus Stärke.

Durch Chemikalien erleidet die Stärke in verschiedener Richtung Umwandlungen, und es entstehen Produkte, die vielfach als Klebstoffe und als Ersatz von arabischem Gummi Verwendung gefunden haben. Zu berücksichtigen sind hier die Einflüsse von Wasser, Salzen, Alkalien, Säuren und der Diastase.

Erhitzt man Stärke mit Wasser auf Temperaturen über 130° so tritt Lösung ein, und, falls freie Säure in den Stärkekörnern vorhanden ist, auch Bildung von Dextrin und Zucker.[2]) Arthur Meyer fand, daß Stärkekleister durch Erhitzen unter Druck bei 110° anfängt klar zu werden, bei 138° eine klare nicht opalisierende Lösung bildet, bei 145° noch nicht zersetzt wird, dagegen bei 160° Gelbfärbung zeigt; beim Erkalten scheidet sich die Stärke in mikroskopisch kleinen zähflüssigen Tröpfchen wieder ab.

Im Jahre 1856 fand Béchamp, daß Chlorzinklösung bei gewöhnlicher Temperatur Stärke zum Quellen bringe und daß in der Wärme die Masse sich verflüssigt, fast gleichzeitig beobachtete Pair ein ähnliches Verhalten bei Zusatz von Zinnchloridlösung, Flückiger benutzte 1861 Chlorcalcium. Kapsch spricht die quellende Wirkung 1862 allen Haloidsalzen zu und Meusel hat eingehende Studien darüber angestellt und gefunden, daß außer obigen noch die wasserlöslichen Rhodansalze, Kaliumtartrat, Natriumnitrat, Natriumacetat die genannte Eigenschaft besitzen. In bezug auf Chlorcalcium bemerkt er, daß die Wirkung erst bei einer Lösung mit einem Gehalte von 30 % eintritt, aber höher konzentrierte Lösungen in der Kälte nicht mehr wirken.

Ganz hervorragend wirksam ist Calciumnitrat eine 2 % ige Stärkelösung in 1 T Calciumnitrat und 1,4 T Wasser, durch Schlagen hergestellt, erscheint fast homogen und läßt sich leicht filtrieren.

Für technische Zwecke hat man namentlich Calciumchlorid und Magnesiumchlorid in Benutzung gezogen, aber man läßt diese Salze nicht allein in der Kälte, sondern auch in der Wärme einwirken um ein vollständig homogenes Präparat zu erhalten. Im Allgemeinen löst man das Chlorid zunächst in kaltem Wasser und gibt dann unter fortwährendem Rühren die Stärke ein; nachdem so eine zarte Milch gebildet ist, erwärmt man allmählich zum Kochen, ohne während dieser Zeit das Rühren zu unterbrechen. Ist eine gleichmäßige in der Wärme dünnflüssige Lösung entstanden, so läßt man erkalten. Die erhaltenen Produkte sind entweder zähflüssig oder wachsähnlich consistent, sie lassen sich leicht mit warmem Wasser verdünnen und besitzen auch nach der Verdünnung starkes Klebevermögen.

[1]) Dinglers polyt. Journ. 261 (1886) S. 88.
[2]) Soxhlet, Centralblatt für Agriculturchemie 1881 S. 554.

Die so hergestellten Magnesiumverbindungen findet man als wesentlichen Bestandteil fast aller Schlichte- und Appreturmittel für Baumwolle, Leinen und gemischte Gewebe, die Lösungen der Stärke in Chlorcalcium außerdem noch für Klebezwecke namentlich in der Dütenfabrikation und beim Kleben von Beuteln aus Pergamin:[1]) sie kleben genügend fest und schlagen nicht durch. Es dürfte noch interessieren, daß die deutsche Reichspost vielfach die Chlorcalcium-Ware zum Aufkleben der Gepäckzettel auf die Gepäckstücke benutzt.

Für gleiche Zwecke dient auch die Stärkegallerte, die man erhält, wenn man Stärke mit verdünnter Kali- oder Natronlauge behandelt. Es entsteht dabei ein billiger für viele Zwecke ausgezeichneter Klebstoff, der namentlich nach dem schnell erfolgenden Trocknen große Wetterbeständigkeit zeigt, weshalb er gern zum Aufkleben der Etiketten und Versandzettel auf solche Gegenstände benutzt wird, die während der Reise im Freien ungeschützt sind, z. B. auf Eisenbahnwaggons, auf Cementfässer u. dergl. Auch als Malerleim wird er vielfach verwendet, häufig allerdings derartig, daß man nicht Stärke, sondern Roggenmehl als Rohmaterial benutzt, weil dann der vorhandene Kleber die Klebfestigkeit noch vergrößert. Rücksicht ist aber darauf zu nehmen, daß die Alkalität geeignet ist, manche Farbstoffe zu verändern oder zu zerstören, es ist deshalb die Verwendung nicht überall angezeigt.[2]) Das Präparat bildet einen ziemlich umfangreichen Fabrikationsartikel und kommt es unter den verschiedensten Namen, wie Neuleim, Collodin, Kaltleim, Grosolin, Grosokol, Apparatine, Arabil, Universalleim, Japanleim, Hydrofugicolle usw. in den Handel.

Die Fabriken betrachten das Herstellungsverfahren im allgemeinen als ein Geheimnis. Die Fabrikation beruht auf der Beobachtung, daß Stärke mit einer 2 % igen oder stärkeren Ätzalkalilösung in der Kälte behandelt zu einem dicken durchscheinenden Kleister aufschwillt. Zur Darstellung schlemmt man die Stärke zunächst in kaltem Wasser auf und gibt unter starkem Rühren oder Schlagen nach und nach soviel Ätznatronlauge von 40° Bé zu, bis die Gesamtmenge NaOH 2 bis 3 % ausmacht. Das Rühren muß so kräftig sein, daß Klumpenbildung vermieden wird und so lange fortgesetzt werden, bis eine durchsichtige homogene Gallerte entstanden ist, die sich mit kaltem Wasser leicht verdünnen läßt.

Kocht man die alkalische Gallerte während 2 Stunden, so entsteht eine helle wasserklare Lösung von löslicher Stärke, die nach dem Erkalten keinen Kleister mehr bildet, versucht man vorsichtig zu neutralisieren, so bleibt die Lösung einige Tage klar, dann setzt sich aber die lösliche Stärke unter Trübung ab; durch Erwärmen erhält man wieder eine klare Lösung. Auch die alkalische Masse wird, falls man sie neutralisiert, nach kurzer Zeit trübe und die Klebekraft geht stark zurück.

---

[1]) Ein dem Pergamentpapier ähnlicher Stoff, der viel zum Einpacken von Eßwaren, Zigarren usw. benutzt wird.

[2]) In Folge seiner Alkalität ist dieses Präparat nicht geeignet als Appreturmittel für Stoffe, welche Wolle oder Seide enthalten, da das Ätzkali bekanntlich diese Fasern stark angreift. Trotzdem wird es selbst in Fachschriften, gerade für diesen Zweck besonders empfohlen. Dem Verfasser sind Fälle bekannt, in denen durch Verwendung dieses Appreturmittels großer Schaden entstanden ist, den schließlich der empfehlende Lieferant tragen mußte.

Fällt man die alkalische Gallerte mit Alkohol, dekantiert ab, löst den Niederschlag in wenig Wasser und fällt wieder mit Alhohol, so erhält man einen weißen
amorphen Körper von der Zusammensetzung $C_{21}H_{39}O_{20}K$ (oder Na), woraus Tollens
schließt, daß im Stärkemoleküle wenigstens 24 C enthalten sind[1].

Lösliche Stärke.

Läßt man Säuren auf Stärke einwirken, so kann man unter geeigneten Be-
dingungen einen vollständigen Abbau derselben über die lösliche Stärke die Dextrine,
Maltose bis zur Dextrose erzielen. Das erste entstehende Produkt ist die lösliche
Stärke; dieselbe gleicht im Äußeren dem Ausgangsprodukt, dessen Zusammensetzung
sie auch noch hat, aber sie verkleistert sich nicht mehr, sondern löst sich in warmem
Wasser zu einer klaren filtrierbaren Flüssigkeit.

Mit Jod färbt sie sich, die sich beim Erkalten pulverförmig abscheidet, gleich
der Stärke, blau. Als Klebstoff hat sie bisher kaum Anwendung gefunden, höchstens
in ähnlicher Form, wie Stärkekleister. Da aber ihre Anwendung in der Appretur und
daher auch ihre Fabrikationsmenge im fortwährenden Steigen begriffen ist, so soll sie
auch hier kurz behandelt werden.

Die lösliche Stärke entsteht aus gewöhnlicher Stärke durch kurze Einwirkung
konzentrierter Säuren in der Kälte oder verdünnter bei erhöhter Temperatur. Siemens
& Halske[2] erzeugen sie, indem sie Stärke mit Chlor und Ozon behandeln. Das
Arbeiten mit Chlor, sei es naszierend, sei es als solches, stellen in verschiedener Weise
noch unter Patentschutz: Otto N. Witt und Siemens & Halske[3] (das Verfahren
arbeitet gut), Siemens & Halske[4] (Königswasser oder eine Säure und Chlor), Hermann Kindscher[5] (behandelt zuerst mit Chlorgas und erhitzt dann auf 100°).

Dr. Friedr. Fol[6] mischt lufttrockene Stärke mit festen Säuren, z. B. Oxalsäure, Weinsäure, Borsäure, und erwärmt auf 80°, bis eine Probe in heißem Wasser
löslich ist. Vorgeschlagen sind noch Persulfate[7] und flüchtige organische Säuren[8],
wie Ameisensäure und Essigsäure, die, nachdem sie bei 115° genügend eingewirkt haben,
durch Abdestillieren zurückgewonnen werden sollen.

Erwähnt seien noch die Verfahren von Bellmas[9], nach dem Stärke mit 1- bis
3prozentiger Schwefel-, Salz- oder Salpetersäure bei 50—55,5° behandelt wird, und das
von J. Kantorowitz & M. Neustadt[10], welche die früher erwähnte ätzalkalische
Stärke neutralisieren, mit Magnesiumsulfat fällen und mit Wasser waschen. Die Er-

[1] Pfeiffer und Tollens, Ann. Chem. 210, S. 288.
[2] D. R.-P. No. 70012.
[3] D. R.-P. No. 88447.
[4] D. R.-P. No. 103399 und 103400.
[5] D. R.-P. No. 119588.
[6] D. R.-P. No. 119265.
[7] D. R.-P. No. 133301.
[8] D. R.-P. No. 137330.
[9] D. R.-P. No. 110975.
[10] D. R.-P. No. 88408.

finder geben an, daß die Bindekraft einer 10prozentigen heißen wässerigen Lösung derselben „beinahe ebenso groß sei, als die des tierischen Leimes." (l)

Wie weit diese Verfahren Anwendung gefunden haben, läßt sich nicht feststellen.

Dextrin.

Wird die Einwirkung der Säuren weiter gesteigert, so entstehen die Dextrine,
die allerdings auch auf anderem Wege[1] aus Stärke erzeugt werden können.

Dextrin ist gleich der Stärke zusammengesetzt, seine Konstitution ist auch
noch nicht bekannt. Es wurde 1810 von Bouillon-Lagrange und fast gleichzeitig
von Vauquelin gefunden, indem sie Stärke rösteten. Dieses Herstellungsverfahren
wurde ursprünglich in eisernen Kesseln oder Trommeln, später auf Blechen im Back-
ofen ausgeführt (Dingler 1820). Payen zeigte 1834, daß die Temperatur von 200 bis
210° die günstigste sei. Die Bezeichnung „Dextrin" rührt von Biot und Persoz her,
die diesen Namen zuerst 1833 wegen der starken Rechtsdrehung, die diese Körper im
polarisierten Licht zeigen, gebrauchten. Der Name ist dann auch beibehalten worden.
Mit wenig Ausnahmen geschieht die technische Darstellung der Dextrine auf trockenem
Wege, durch Rösten der Stärke, nachdem dieselbe zweckentsprechend vorbereitet worden
ist, indem sie mit Wasser, das mit ganz wenig Salz- oder Salpetersäure angesäuer
war, befeuchtet und bei mäßiger Temperatur getrocknet wurde. Je nachdem man
weißes oder gelbes Dextrin erzeugen will, nimmt man Temperaturen von 125—220°.
Dextrin wird in sehr großem Maßstabe erzeugt.

Unsere Kenntnis der Dextrine ist in wissenschaftlicher Hinsicht eine recht geringe, man kennt nur ihre prozentuale Zusammensetzung, weiß, daß sie nach rechts
drehen und dabei nicht mehr Stärke und noch nicht Zucker sind. Nach der Färbung
oder Nichtfärbung mit Jod und nach ihrer Polarisation hat man eine ganze Reihe verschiedener Dextrine aufgestellt.

Man unterscheidet: Amylodextrine, Erythrodextrine und Achroodextrine. Sie
sind wohl alle noch Gemenge mehrerer Körper, die sich in ihren Eigenschaften sehr
nahe stehen, ihre chemische Konstitution ist, wie erwähnt, nicht aufgeklärt. Die Jodreaktion differiert bei den Dextrinen von blauviolett, durch rot, braunrot bis zur Farb-
losigkeit, die Drehung von 209° bis 156°. Die Amylodextrine mit violetter Jodreaktion
und starker Drehung sind in Wasser sehr schwer löslich, die Achroodextrine leicht.
Diese verschiedenen Dextrine sind aber bisher nur im wissenschaftlichen Laboratorium durch mühsame fraktionierte Fällung erhalten worden, in der Technik dagegen
unterscheidet man nur die beiden Gattungen: das weiße und das gelbe Dextrin.

Das erstere ist löslich in heißem Wasser, scheidet sich aber beim Erkalten
wieder ab und zeigt in chemischer Hinsicht alle Eigenschaften der Stärke, von der es
neben „löslicher Stärke" und Dextrin nicht unbeträchtliche Mengen unverändert enthält.
Es besitzt ziemlich großes Klebevermögen, aber seine Verwendbarkeit als Klebstoff ist
beschränkt und unbequem wegen der Unlöslichkeit in kaltem Wasser.

---

[1] Nämlich durch Rösten.

22*

Das gelbe Dextrin ist sehr leicht in Wasser löslich, jedoch klebt es nicht besonders gut. Mit Jod reagiert es nicht mehr und das Drehungsvermögen ist verhältnismäßig gering. Es gehört also zu den Achroodextrinen.

Alle Handelsdextrine haben den Nachteil, daß sie schlecht riechen und unangenehm schmecken; sie sind für Klebezwecke, bei denen noch „geleckt" wird, unbrauchbar. Außerdem schimmeln ihre Lösungen sehr leicht oder sie gehen in Gährung über, wobei sie ihre Klebkraft vollständig verlieren.

Außer durch Rösten lassen sich die Dextrine auch mit Hilfe von verdünnten Säuren in der Wärme erzeugen, nur sind da die Ausbeuten gewöhnlich schlechter, weil es unmöglich ist, die Reaktion so zu unterbrechen, daß nicht auch wesentliche Mengen Zucker entstehen. Ja, man findet die Ansicht vertreten, daß der Zucker nicht aus dem Dextrin, sondern daß beide Körper sich zu gleicher Zeit aus der Stärke bilden. Das Verfahren wird selten und dann zur Erzeugung von flüssigen Klebstoffen angewendet, für trockene wäre es zu teuer, weil eingedampft werden müßte. Von Säuren werden dabei wohl nur Salzsäure und Schwefelsäure, hauptsächlich aber Oxalsäure angewendet, auch sind schweflige Säure, Milchsäure und als Ersatz für letztere Buttermilch empfohlen worden.

Um lösliche Klebstoffe zu erhalten, kann man auch die Stärke durch Diastase in Dextrin umwandeln, wobei die Diastase genau so wie die verdünnten Säuren wirkt, nur daß die Umwandlung der Stärke nicht bis zur Dextrose, sondern bis zur Maltose erfolgt. Man glaubt, daß die Diastase-Dextrine besser kleben, als die durch Rösten oder durch Säuren erzeugten.

Die Dextrine finden für Klebzwecke große Anwendung, obgleich ihn Klebkraft auch nicht entfernt an die des arabischen Gummis heranreicht, sie sind aber billig und bequem im Gebrauch. Wie alle Stärkeklebstoffe haben sie die Eigentümlichkeit, daß sie einige Zeit nach ihrer Verwendung — in den dünnen Schichten in denen geklebt wird — zu Pulver eintrocknen und dann kaum noch halten, aber man wird Dextrin auch nicht für Sachen benutzen, die lange Zeit haltbar sein sollen. Je leichter die Dextrine in Wasser löslich sind, desto schlechter kleben sie.

Den Mangel an Klebedauer sollen nun häufig die schönen Namen ersetzen, die man den Handelsprodukten gibt; ich lasse nur eine kleine Auslese folgen, da alle aufzuführen unmöglich ist, zumal fortwährend neue Bezeichnungen auftauchen: im allgemeinen wird man das Richtige treffen, daß, wenn ein neuer schöner Name für einen Klebstoff erscheint, damit Dextrin gemeint ist. Handelsnamen für Dextrin sind: Röstgummi, Gomme d'Alsace, British gum, American gum, Germaniagummi, Arabingummi, Gommeline, Leiogomme usw. usw.

Häufig finden sich — namentlich in den gelöst in den Handel gebrachten Dextrinen Zusätze, entweder um die Lösungen haltbarer und zäher zu machen, so Borax, Borsäure, Magnesiumchlorid, oder auch um die Klebekraft zu erhöhen: dann Leim oder arabisches Gummi.

Den Dextrinen in chemischer Hinsicht sehr nahe steht ein Klebstoff, der nach dem D. R. P. 141 753 von der Firma Ferd. Möhlau & Söhne in Düsseldorf-Derendorf hergestellt wird und nach seinem Erfinder C. D. Ekman unter dem Namen Ekmangummi in den Handel gebracht wird. Das Produkt zeichnet sich in vieler Beziehung vor den sonstigen Stärkeklebstoffen aus.

Zur Herstellung wird die Stärke unter guter Kühlung, bezw. unter Vermeidung jeglicher Temperaturerhöhung mit Schwefelsäure von ungefähr 80 % Monohydrat u. zw. auf 2 Teile Stärke 1 Teil Schwefelsäure in geeigneten Apparaten sorgfältig zusammengeknetet, und bleibt sich dann selbst überlassen, bis beginnende Zuckerbildung nachweisbar ist. Darauf wird in wenig Wasser gelöst, mit kohlensaurem Kalk die Säure neutralisiert, filtriert und das Filtrat im Vacuum auf die gewünschte Konsistenz eingedampft.

Man erhält so das „Ekmanrohgummi" als spröde, trockne, glasige Masse, ähnlich dem festen Gummi arabikum, oder als syrupöse Flüssigkeit. Letztere bildet die gewöhnliche Handelsware mit einem spec. Gew. von 21—25° Bé.

Das Ekmangummi löst sich leicht und klar schon in kaltem Wasser; es ist geruch- und geschmacklos, vollkommen neutral und nicht hygroskopisch.

Als chemisches Individuum läßt sich das Ekmangummi nicht charakterisieren, jedenfalls ist es ein Gemenge verschiedener Körper, es dreht wie die Dextrine, das polarisierte Licht nach rechts, u. zw. die technischen Produkte um 180—210°.

Die klaren Lösungen des Ekmangummi werden selbst bei hoher Konzentration nicht trübe, über 60 %ige höchstens opak; leichtes Anwärmen genügt dann, um sie wieder hell zu machen.

Jod färbt die Lösungen rotviolett bis rot, Ammoniummolybdat mit wenig Salpetersäure ist ohne Einwirkung, es sei denn daß bei der Fabrikation die Einwirkung der Schwefelsäure zu weit gegangen ist, dann tritt eine geringe Blaugrünfärbung ein: Ammoniakalisches Bleiacetat fällt einen weißen Niederschlag, der sich im Überschuß des Gummis leicht und vollständig wieder auflöst.

Säuert man eine Lösung von Ekmangummi z. B. mit Salzsäure oder Essigsäure an, versetzt mit Tannin und erwärmt schwach, so fällt nachher Ammoniak im Überschuß sofort einen dicken flockigen Niederschlag, der in kaltem Wasser kaum, in viel kochendem Wasser schwer löslich ist.

Ekmangummi ist in Alkohol unlöslich und wird dasselbe aus seinen wässrigen Lösungen durch starken Alkohol vollständig gefällt, in reiner Form bildet der Niederschlag ein feines, weißes, selbst in kaltem Wasser leicht lösliches Pulver ohne Geruch und Geschmack. Beim Veraschen hinterläßt das Gummi nur sehr wenig Rückstand.

Das Ekmangummi hat außer zum Kleben noch eine andere interessante Anwendung gefunden, nämlich die zum Reinigen alter Ölgemälde[1]). Herr H. C. Hempel, Konservator der städtischen Gemäldegallerie in Düsseldorf hat seit 6 Jahren Versuche gemacht, gereinigte Ölgemälde mit einer dünnen Schicht Gummi arabikum zu überziehen, um sie gegen die Einwirkung der Luft zu schützen. Diese Versuche waren erfolgreich, doch gibt der saure Charakter des Gummi arabikums zu Bedenken Veranlassung. Es hat sich nun gezeigt, daß das Ekmangummi sich nicht nur für den gleichen Zweck, sondern auch zur Ablösung gerissenen Firnißüberzuges alter Bilder, sofern Holz oder

---

[1]) Privatmitteilung des Herrn Emil Möhlau.

Leinwand, worauf sie gemalt sind, nicht bereits durch Feuchtigkeit oder sonstige Einflüsse gelitten haben, ganz besonders eignet.

Dazu werden die betreffenden Gemälde durch Waschen mit feinstem Schwamme von allen lose anhaftenden Staubteilchen befreit, dann mit Klebegummilösung vollständig eingerieben. Nach dem in wenigen Minuten erfolgten Trocknen dieses Uberzuges reibt man das Bild mit einem sehr wenig mit Gummilösung befeuchteten Schwämmchen ab. Die durch den ersten Überzug zum Absplittern gebrachten Firnißschüppchen haften nun an dem Schwämmchen; sie werden natürlich sofort ausgewaschen und so weiter gearbeitet, bis das ganze Bild in voller Reinheit und ursprünglichen Frische erscheint. Nachher überzieht man noch mit Ekmangummi, läßt vollständig trocknen und wäscht mit reinem Wasser ab. Sollten noch einzelne Ölausschwitzungen an der Oberfläche des Bildes vorhanden sein, so nimmt man dieselben mit sehr schwachem Spirituswasser weg und überzieht nochmals mit Gummilösung. Je nach Stärke des Überzuges kann man das Bild hochglänzend oder mattglänzend erscheinen lassen.

Es ist wohl selbstverständlich, daß das Verfahren nur von sachverständiger Seite ausgeführt werden kann und darf, da der Beweis noch nicht erbracht ist, daß dasselbe für jedes Ölgemälde geeignet ist, denn es ist sehr gut denkbar daß andere Bilder — je nach Alter und Malweise eine andere Behandlungsweise erfordern, wenn sie nicht Schaden leiden sollen.

Seine Hauptverwendung findet Ekmangummi in der Appretur, namentlich für Seide und Halbseide, und im Zeugdruck.

Der chemische Nachweis von Stärke und Dextrin ergibt sich schon aus dem Vorhergehenden: Stärke wird durch Jod blau gefärbt, Dextrin erkennt man, außer an seinem eigentümlichen Geruche, auch durch sein Verhalten gegen alkalische Kupferoxydlösung. Verfälschungen kommen bei dieser Klebstoffklasse kaum vor, dagegen mancherlei Zusatz, die eine Verbesserung der Klebkraft oder der Haltbarkeit bezwecken. Derartige Zusätze ersterer Art sind Gummi arabicum und löslicher Leim. Das arabische Gummi erkennt man namentlich an den bekannten Phenol-Färbungen in salzsaurer Lösung, den Leim durch sein Verhalten gegen Gerbsäure[1]). Etwa zugesetzte desinfizierende Mittel sind ohne Belang für die Klebkraft, man findet sie meist schon durch den Geruch (Phenol, Lysol, Formaldehyd), sonst durch die Asche (Borax, Borsäure, Fluorverbindungen).

• Ganz wichtig aber ist die Prüfung der Klebeigenschaften dieser Klasse und zwar genügt da nicht die Bestimmung der Klebkraft allein, auch nicht ein Vergleich mit der Klebkraft von Klebstoffen derselben Gattung, es müssen vielmehr die betreffenden „Kunstgummis" mit einem als besonders gut erkannten arabischen Gummi als Typ verglichen werden, da die beschriebenen Stärkeabkömmlinge andere bisher bewährte Klebstoffe, namentlich das arabische Gummi, verdrängen sollen. Für diesen Zweck sind die bisher üblichen Verfahren nicht ausreichend, denn sie sind immer nur

---

[1]) Auch kalt löslicher Leim wird aus seinen Lösungen durch Tannin gefällt; es erscheint mir nicht ausgeschlossen, daß sich auf dieser Beobachtung eine Methode zur Bestimmung von Gerbstoffen begründen läßt und denke ich darüber s. Z. zu berichten.

für eine Gattung Klebstoffe brauchbar. Es ist ja sicher, daß das Verfahren von Fromm[1]) für Gummi arabikum genügend gute Resultate liefert, und daß es auch für Dextrin nicht versagen würde, aber für Vergleiche verschiedener Klassen ist es nicht geeignet, da diese sich nie gleichartig gegen Saugpapier verhalten und schon Dalén[2]), von dem das Prinzip des Fromm'schen Verfahrens zuerst angewendet wurde, sagt, daß es der Versuchsanstalt trotz vieler ausgeführter Versuche nicht gelungen sei, eine einwandsfreie Prüfungsmethode zu ermitteln.

Bei den bedeutenden Werten, die im Handel und in der Fabrikation der Klebstoffe angelegt sind, wäre es ja sehr erwünscht, eine Untersuchungsmethode zu besitzen, die in kurzer Zeit und ohne große Mühe den Wert eines derartigen Produktes erkennen läßt, es erscheint aber infolge der großen Verschiedenheiten der in Betracht kommenden Körper fast ausgeschlossen, daß eine solche einfache Methode jemals gefunden wird. Infolgedessen wird man einen zu prüfenden Klebstoff in mehrfacher Richtung und im Vergleich mit einem anerkannten Typ prüfen müssen und diese Prüfung kann nach meinem Ermessen nur dann annähernd sichere Resultate ergeben, wenn sie sich eng an den wahrscheinlichen oder sicheren Gebrauch anpaßt, und dabei auch die Einflüsse berücksichtigt, die nach dem Kleben zur Einwirkung kommen, denen also die Klebfläche widerstehen soll.

Es wird meist eine recht umfangreiche Prüfung stattzufinden haben, zumal in jedem Falle auch der Normal-Klebstoff mit untersucht werden muß. Etwas vereinfacht wird dadurch das Verfahren, daß es sich ausschließlich um Papierklebstoffe handelt. Anläßlich der Prüfung eines Klebstoffes auf seine Verwendbarkeit hielt ich es für notwendig, folgendes dabei zu beachten: 1. die Klebfestigkeit der glatten Fläche; 2. die Knitterfestigkeit; 3. die Feuchtigkeitsfestigkeit.

Daneben mußten auch Streichfähigkeit, Viskosität und etwaige Azidität und Alkalität berücksichtigt werden. Auch die eigene Festigkeit, wie sie sich aus der Probe mittels Saugpapier ergibt, ist ein wertvoller Beitrag zur Beurteilung. Als Vergleichstyp diente mir eine 21° Bé schwere klare Lösung eines guten arabischen Gummis. Zu den Versuchen wählte ich glatte Schreib- und Briefpapiere, und zwar legte ich besonderen Wert darauf, daß sie zähe und fest waren, so daß die eigene Festigkeit größer war, als die der zu prüfenden Klebstoffe, damit nicht ein Trennen im Papier, sondern stets ein solches in der Klebfläche eintrat. Mittels eines weichen breiten Haarpinsels wurde so viel Gummilösung möglichst gleichmäßig aufgetragen, daß die Gesamtmenge trockenen Gummis annähernd 20 g für das Quadratmeter gestrichener Fläche ausmachte. (Eine absolute Genauigkeit und Gleichmäßigkeit ließ sich leider beim Streichen mit der Hand nicht erzielen.

Da mir ein Schopperscher Apparat nicht zur Verfügung stand, konstruierte ich mir zur Prüfung der Klebfähigkeit einen anderen, wie er umstehend skizziert ist (Fig. 3).

Auf einer schweren eisernen Grundplatte a wurde eine runde eiserne Stange b senkrecht zur Platte befestigt, an dieser war mittels der Doppelmuffe c eine gleiche

[1]) a. a. O.
[2]) Mitteilungen aus den königl. technischen Versuchsanstalten 12 (1894) S. 149.

Eisenstange d angebracht. Dieselbe war beliebig nach allen Richtungen parallel zur Grundplatte verschiebbar. An d hing der leichte Modellflaschenzug ef, dessen Schnur l noch über die feste Rolle i führte und welche am untern Ende eine Schale k zur Aufnahme der Belastung trug. Diese Schale k war mit der losen Flasche f und dem Papierträger g im Gleichgewicht. Der Flaschenzug hatte sechsfache Übersetzung. Die

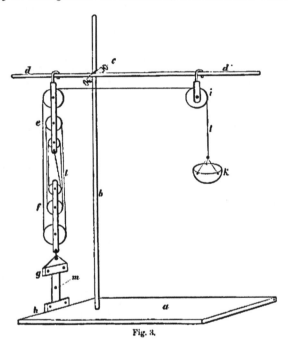

Fig. 3.

untere lose Flasche f trug eine Klammer g aus 2 Messinglatten bestehend, in die das eine Ende des zu prüfenden Klebestreifens m bequem eingespannt werden konnte Parallel zu dieser Klammer befand sich am Fuße des Stativs eine gleichartige unbewegliche Klammer h, um das andere Ende von m festzuhalten. Die Schale k wurde nach dem Einspannen des Prüfungsstreifens so lange mit Schrotkörnern belastet, bis eine Trennung der Klebefläche oder des geklebten Stoffes erfolgte; aus dem Gewichte der Belastung kann man dann einen Schluß auf die Klebekraft ziehen.

Den Flaschenzug als Angriffskraft wählte ich deshalb, damit der Angriff auf die Streifen nicht ruckweise, sondern allmählich und gleichmäßig stattfand.

Die Versuche wurden folgendermaßen ausgeführt:

Die zu prüfende Klebstofflösung wurde in gleichmäßiger Schicht in 10 cm breiter Fläche auf Papier gestrichen, ein anderes gleichartiges oder ungleichartiges Papier darauf gelegt, also damit zusammengeklebt und unter geringer Belastung einige Tage gelassen, bis die Klebung vollständig trocken war. Über die Klebefläche standen genügend breite nicht geklebte Ränder des Stoffes vor. Aus dem Papier wurden dann Streifen m mit einer 5 cm breiten und 2 cm langen Klebefläche geschnitten, diese Streifen mit den ungeklebten Enden und zwar das eine in g, das andere in h eingespannt und die Schale k bis zur Trennung oder Zerreißung der Streifen belastet.

Durch verschiedenartige Aufhängung des Flaschenzuges konnte die Angriffsrichtung auf die Klebestreifen beliebig verändert und auch so die Trennung scheerend, oder reißend oder schräg, halbscheerend, halb reißend bewirkt werden.

Bei anderen Versuchen wurden Papiere auf viereckigen glatten Holzklötzchen befestigt, je 2 solcher Klötzchen mit 1 qcm großer Klebefläche zusammengeklebt, und diese Fläche mittels des beschriebenen Apparates getrennt.

Jedoch konnten bei letzterer Versuchsanordnung verwertbare Resultate nicht erhalten werden, weil selbst bei ganz schlechten Klebstoffen und sehr festem Papier (z. B. Watman-Papier) nie ein Trennen der Klebfläche, sondern stets ein solches in der Papierschicht erfolgte. Ebenso erging es bei Zerreißversuchen von Streifen, die an den Enden zusammengeklebt waren und in entgegengesetzter Richtung durch die Kraft beansprucht wurden, wie Fig. 4 andeutet, auch hier riß anstatt der Klebfläche stets das Papier, selbst festes Pergamentpapier, auf dem selbst ein guter Klebstoff kaum klebt.[1])

Fig. 4.

Die erhaltenen Werte finden sich in folgender Tabelle, wobei ich darauf aufmerksam mache, daß die „Mittelwerte" und „Trennwerte" aus einer größeren Zahl Bestimmungen genommen und auf Gummi arabikum berechnet sind, wobei letzteres = 100 eingesetzt wurde.

Bezeichnung	Viskosität bei 15° $H_2O = 1$	Festes Haufpapier Treungewicht in Gramm für 5 cm Kleblänge				Trennwert für 1 cm arab. Gummi = 100	Watmanpapier Trennwert arab. Gummi = 100	Prüfung auf Feuchtigkeitsfestigkeit Minuten	Wert bei arab. Gummi = 100	Bemerkungen
		höchst	niedrigst	Mittel	1 cm					
Arabisches Gummi . . .	4,60	5075	5025	5050	1010	100	100	11,0	100	Die Tabelle zeigt, daß durch irgend eine einfache Bestimmung kein Schluß auf Klebfestigkeit verschiedenartiger Klebstoffe gezogen werden kann, da jede Veränderung der Versuche auch eine Aenderung des Klebewertes anzeigt. Eine Relation der Werte unter sich läßt sich nirgends erkennen.
Dextringelb, Superior 1—2	1,40	1650	1600	1625	325	32,18	6,70	1,0	9,1	
" " 3	1,40	1600	1500	1550	310	30,60	9,52	1,0	9,1	
" Ia . . .	1,50	1900	1850	1875	375	37,13	5,87	1,0	9,1	
" weifs (stark)	1,60	3500	3350	3400	680	67,93	30,75	5,2	45,5	
" (schwach) . .	1,60	2650	2600	2625	525	51,98	30,12	10,0	90,9	
" Ia . . .	1,60	2100	2050	2075	415	41,09	21,41	8,0	72,7	
Ikmangummi roh . . .	1,50	2150	2050	2100	420	41,58	16,90	3,75	34,1	
?ongummi roh	2,70	5050	—	5050	1010	100,0	39,22	8,2	74,5	
" kristallisiert .	1,80	3050	3000	3025	605	59,90	26,66	10,0	90,9	

[1]) Auch Dalén verzeichnet l. c. ähnliche Ergebnisse.

Auf **Knitterfestigkeit** wurde derart untersucht, daß die zusammengeklebten Papierstreifen solange in der Hand zusammengedrückt und gepreßt wurden, bis sie einen homogenen Klumpen bildeten, worauf nach erfolgtem Glätten die Trennung durch den Apparat in beschriebener Weise erfolgte.

Der Einfluß der **Feuchtigkeit** auf die Klebungen ergab sich beim Auflegen von Klebestücken (je 2 zusammengeklebte Papiere in Briefmarkengröße) auf Wasser von 30° C. je länger es dauerte bis man durch einfachen Fingerdruck die zusammengeklebten Stücke trennen konnte, desto besser war der Klebstoff. Die Zeit wurde durch eine Sekunden-Uhr kontroliert.

Klebstoffe anderer Herkunft.

Es finden sich noch einige Klebstoffe im Gebrauch, die sich in die bisher behandelten nicht einreihen lassen, nämlich die aus den Sulfitablaugen der Cellulosefabriken dargestellten und die anorganischen.

Schon seit Bestehen der Sulfitcellulosefabrikation in Deutschland, die wir dem Prof. Dr. A. Mitscherlich in Freiburg i. Br. verdanken, wurden die dabei entstehenden Ablaugen höchst lästig empfunden, umsomehr als sie sich nur schwer beseitigen ließen, denn die Behörde untersagten bald das Ablassen derselben in kleine Flüsse, und manche sonst günstig gelegene Cellulosefabrik ist daran zu Grunde gegangen oder hat den Betrieb einstellen müssen, weil es ihr nicht möglich war ihre Ablaugen wegzuschaffen. In diesen Laugen steckt außerdem ein nicht unerheblicher Teil des Holzwertes, der bisher ungenutzt blieb. Wenn man berücksichtigt, daß lufttrocknes Holz nur ungefähr 50 % Zellstoff enthält, und daß die andern 50 % als sog. „inkrustierende Substanzen" in die Ablaugen wandern; ferner, daß eine große Cellulosefabrik täglich gegen 200 000 kg Zellstoff fabriziert, so ist es erklärlich, daß Fabrikanten und Chemiker bemüht waren, die besagten Übelstände zu beseitigen und unter Unschädlichmachung der Ablaugen daraus verwertbare und wertvolle Produkte zu gewinnen. Im Hinblick auf das billige und fast unerschöpfliche Rohmaterial erscheint die Lösung dieser Aufgabe recht aussichtsvoll, aber das gesteckte Ziel ist noch längst nicht erreicht, soviele Vorschläge auch gemacht worden sind. Als einer der ersten und eifrigsten war Mitscherlich[1]) selbst auf diesem Gebiete tätig und er hat auch entschieden die besten Resultate von allen Bearbeitern desselben zu verzeichnen.

Nach dem einen Verfahren unterwirft Mitscherlich die Ablaugen einer Osmose unter Benutzung des Gegenstromprinzips und entfernt dadurch die anorganischen Salze und einen Teil der organischen Beimengungen, den Rückstand konzentriert er durch Eindampfen und benutzt ihn dann als Bindemittel für Kohlenklein, um daraus Briketts zu formen. Das Verfahren hat sich bewährt, ist aber der Frachtverhältnisse wegen nur da anwendbar, wo Cellulose- und Brikettfabrik räumlich nicht weit voneinander getrennt sind.

Des weiteren löst Mitscherlich Keratinsubstanzen, also Horn, Hufe, Klauen, Haare durch Erhitzen mit Wasser unter Druck und fällt die Lösung durch Zusatz von

---

[1]) Vergl. D.R.P. No. 4179, 31420, 54200, 72101, 72362, 82498, 86651, 93944, 93945.

Cellulosebrühen. Keratin und der Gerbstoff der Laugen vereinigen sich dabei zu einer stark klebenden geruchlosen Masse, welche sich leicht in fixen oder kohlensauren Alkalien löst. Dieses vom Erfinder „Gerbleim" genannte Produkt findet in Verbindung mit Tonerdesalzen eine gute Verwendung zum Leimen von Schreibpapieren, und sind die damit hergestellten Papiere, wie Verfasser sich überzeugt hat, gut durchgeleimt. Das Verfahren ist seit dem Jahre 1893 in Hof in Bayern im Großbetriebe und werden z. Z. monatlich ca. 10 Waggons Gerbleim dort hergestellt, die ihren Absatz in Deutschland, Finnland und Schweden finden. Der Preis stellt sich auf 15 ℳ für 100 kg ab Fabrik, jedoch klagt der Fabrikant, daß erhöhte Frachtsätze den Absatz erschweren. Der Erfinder empfiehlt für andere Klebezwecke, als für Papierleimung sein Fabrikat nicht besonders.

C. D. Ekman,[1]) der noch früher als Mitscherlich in Deutschland, die Sulfit-cellulose-Industrie in Schweden begründet hat, stellt aus deren Ablaugen ein Appretur-mittel für Gewebe her, indem er sie im Vakuum auf 34° Bé eindampft und mit Magnesiumsulfat versetzt, wobei sich ein weißer Körper abscheidet, der getrocknet wird, und dem Ekman den Namen „Dextron" gegeben hat. Aus den Mutterlaugen vom Dextron erhielten Crosh & Bevan[2]) durch Fällen mit animalischem Leim ein in Wasser nicht, dagegen in Alkalien lösliches Produkt, das sie unter dem Namen Gelalignosin als zum Leimen von Papier geeignet empfahlen und in den Handel brachten. Dasselbe steht jedenfalls dem Mitscherlichschen Gerbleim sehr nahe.

Dr. Anton Nettl[3]) stellt aus Sulfitablauge einen Klebstoff her, indem er zunächst SO_2 und SO_3 entfernt und nach Zusatz einer dem vorhandenen Gerbstoff entsprechenden Menge von Kalium- oder Natriumchlorat unter Druck erhitzt, bis das Schäumen vorüber ist und die Flüssigkeit ruhig siedet, und aller Gerbstoff in Gallussäure und Zucker übergeführt ist; dann wird weiter Chlorat zugegeben und gekocht bis die Füssigkeit „schön lichtrotgelb" geworden ist. Ist dieser Punkt erreicht, wird genau neutralisiert, filtriert, noch heiß mit einer Lösung von 10—30% tierischem oder 5—20% Pflanzenleim versetzt und in der Luftleere eingedampft. Es soll so ein Produkt von großer Klebkraft, geruchlos und leicht löslich in Wasser entstehen, das Leim, Gummi, Dextrin usw. für die meisten Zwecke ersetzen kann. Verfasser konnte leider von diesen gerühmten Eigenschaften nur die leichte Löslichkeit in Wasser bestätigen, dagegen gab das Präparat eine intensiv dunkle Lösung, die noch vollständig den Geruch der Celluloselauge zeigte, die Klebkraft war gering. Vielleicht ist aber das Präparat zum Leimen von Papier verwendbar.

Eine interessante Anwendung haben die Celluloseablaugen noch beim Eisenguß gefunden, nämlich beim Herstellen der Formen für den Schablonenguß, wenn es sich um das Gießen großer Stücke handelt. Der Sand wird mit der Lauge — anstatt mit Wasser — befeuchtet und dann die Form hergestellt, welche dadurch erheblich stabiler wird. Durch Verwendung der Cellulosebrühen sollen die Gußstücke, infolge der in den

---

[1]) D.R.P. 81 643.
[2]) Engl. Pat. 1548/1881.
[3]) D.R.P. 149 461.

Laugen enthaltenen organischen Bestandteile, außerdem eine vorzügliche Gußhaut erhalten und Fehlgüsse sollen viel seltner werden. Da diese Anwendung der Laugen doch schließlich in einem Zusammenkleben der einzelnen Sandkörner besteht, sei sie hier auch erwähnt.

Für einige wenige Klebezwecke wird Wasserglas und Ways Mineralt gummi benutzt. Letzteren erhält man (nach Valenta), wenn man Aluminiumphosphat in Schwefelsäure oder in Phosphorsäure bis zur Sättigung auflöst.

Die „Kaltleime", „Kunstgummis", überhaupt die flüssigen Klebstoffe kommen meist in einer Aufmachung in den Kleinhandel, die wohl für den Verkäufer vorteilhaft ist, die dem Verbraucher aber recht häufig Unbequemlichkeiten und Verdruß verursacht, nämlich in kleinen enghalsigen Flaschen, in denen ein mit einer Blechkappe versehener Pinsel steckt. Will man nun kleben, so bleibt beim Herausziehen des Pinsels am Halse der Flasche eine nicht unerhebliche Menge des Klebstoffes zurück, am Pinsel aber noch genügend, um einen zu starken Aufstrich zu verursachen oder zu klecksen. Steckt man den Pinsel wieder ein, so wird durch den Klebstoff am Flaschenhalse auch der Pinselhalter eingeschmiert. Bei öfterem Gebrauch bildet sich schließlich

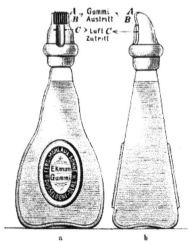

Fig. 5.

am Pinsel und am Flaschenrande eine dicke Kruste, häufig läuft auch noch das Gummi außen an der Flasche herab und trocknet dort ein. Auf diese Weise wird das Kleben zu einer Last und ein bedeutender Teil des Klebstoffes wird seiner Bestimmung entzogen. Um diesen Übelständen zu begegnen, hat Herr Emil Möhlau-Düsseldorf eine Flasche mit eigentümlichem Verschluß konstruiert, welche den Pinsel beseitigt, das Gummi vor dem Eintrocknen schützt und ein vollständiges Aufbrauchen des Klebstoffes ermöglicht.

Aus nebenstehender Skizze (Fig. 5a und b) ersieht man Einrichtung und Gebrauch der Flasche: Über den engen, mit einer Wulst versehenen Flaschenhals ist eine eigentümlich geformte Kautschukkappe fest aufgezogen; diese letztere trägt einseitig von der Wulst bis zur geriefelten „Gummilippe A, in der Mitte eine Verstärkung, an deren Seiten bei C je eine kleine Öffnung -- nach dem Prinzip des bekannten „Bunsenventils" angebracht ist. Am oberen Ende der Verdickung findet sich eine gleichartige aber breitere Ventileinrichtung B.

Bei Nichtgebrauch sind sämtliche Öffnungen geschlossen; will man kleben, so drückt man die Gummilippe A gegen das zu bestreichende Papier, dadurch öffnen sich

B und C und es tritt, da C den Lufteintritt in die Flasche ermöglicht bei B Gummilösung aus und verteilt sich in die Rillen von A und zwar ist der Austritt nur so stark,
daß er gerade zum Aufstrich genügt. Sobald man mit dem Streichen aufhört, also der
Druck nachläßt, schließen sich die Ventile von selbst.

Der Verschluß arbeitet gut, sparsam und stets sauber.

Die Flasche wurde zunächst für den Vertrieb von Ekmangummi in Aussicht
genommen, selbstverständlich leistet sie auch bei den andern flüssigen Klebstoffen
gleich gute Dienste. Die einzelnen Teile derselben sind gesetzlich geschützt.

Auf meine Bitte wurde ich durch Mitteilungen und durch Überlassung von
Mustern mehrfach unterstützt und sage ich an dieser Stelle folgenden Herren und
Firmen dafür meinen Dank:

Herrn Professor Dr. A. Mitscherlich, Freiburg i./Br.
Herrn Dr. Anton Nettl, Prag,
Herrn Ferd. Sichel, Limmer vor Hannover,
Herrn Carl Conrad, Kyritz,
Herrn Gros & Co., Rixdorf,
Herrn Ferd. Möhlau & Söhne, Düsseldorf-Derendorf,
Stärke-Zuckerfabrik A.-G. vorm. C. A. Köhlmann & Co., Frankfurt-Oder,
Dresdner Neuleimfabrik, Dresden,
Klebstoffwerke „Collodin", Mainkur,
Wezels Keratin-, Leim- und Farbenfabrik, Leipzig.

Charlottenburg, im Dezember 1904.

Druck von Leonhard Simion Nf. in Berlin SW.

II. Abhandlungen.

Die Flächen II. Ordnung in den mathematischen Getrieben.
Ein System der Raumgetriebe.

Von Joh. Torka, Ingenieur,
Berlin-Friedenau.

Im Schlußabsatz meiner Arbeit: „Die Kegelschnitte im Kurbelgetriebe", welcher in dieser Zeitschrift[1] gedruckt worden ist, habe ich einen Weg angedeutet, wie das „räumliche Gelenkviereck" behandelt werden müßte, um neue Eigenschaften desselben zu entdecken. Vorliegende Abhandlung bildet die Durchführung dieses Gedankens und stellt daher eine Fortsetzung jenes Aufsatzes dar.

Auch hier werden die „räumlichen maschinellen Getriebe" oder räumlichen Maschinengetriebe ebenso wie dort die „ebenen Maschinengetriebe" als Verkörperungen von zugehörigen „mathematischen Getrieben" aufgefaßt. Diese sind nämlich die Grundgebilde für Maschinengetriebe insofern, als jedes mathematische Getriebe auf mannigfache Weise verkörpert werden kann, wofür auch schon die vielen bekannten Formen der benutzten Kreuzgelenkkupplungen ein treffliches Beispiel bei den Maschinengetrieben liefern. Allen diesen im Maschinenbau allgemein üblichen beweglichen Kupplungen liegen aber nur sehr wenige räumliche mathematische Getriebe zu Grunde, welche im nachfolgenden als Abarten des „räumlichen Gelenkviereckes" dargestellt sind.

Hier unterlasse ich nicht, darauf hinzuweisen, daß bis jetzt von den „räumlichen Maschinengetrieben" überhaupt nur sehr wenige bekannt sind, und daß von diesen wenigen Getrieben überdies im Maschinenbau nur selten das eine oder das andere Anwendung findet. Es liegt dies wohl daran, daß die räumlichen Maschinengetriebe einerseits durch räumlich bewegte „ebene" Maschinengetriebe leicht ersetzbar sind, und daß andererseits auch die großen Kosten ihrer Herstellung in Betracht gezogen werden müssen.

Im allgemeinen sind die Herstellungskosten um so geringer, je weniger zu bearbeitende Organe das fragliche Getriebe hat. Deswegen werden „räumliche Maschinengetriebe" mit nur wenigen zu bearbeitenden Gliedern, von denen es doch eine ganze

---

[1] Vgl. Verhandlungen d. Vereins z. Beförderung d. Gewerbfleißes 1904, S. 225 u. ff

Reihe gibt, wenn sie erst allgemein bekannt geworden sein werden, auch Aussicht haben, im Maschinenbau vielfach Anwendung zu finden.

Die räumlichen Getriebe oder Raumgetriebe unterscheiden sich von den ebenen Getrieben dadurch, daß wenigstens eines ihrer Systeme in bezug auf ein beliebiges andere derselben räumlich beweglich sein muß, d. h. daß die Punkte dieses Systems in dem beliebig gewählten anderen Systeme des Getriebes Raumkurven durchlaufen müssen. Bei den ebenen Getrieben beschreiben dagegen die Punkte eines beliebigen Systemes (Gliedes des Getriebes) in jedem anderen Gliede desselben nur ebene Kurven.

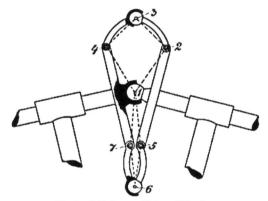

Fig. 1. G. P. Fenners Universal-Kupplung.

Jedes ebene und räumliche Getriebe ist im Raume beweglich, der nicht zugleich ein System (Glied) des Getriebes ist. Bei den räumlich bewegten ebenen Getrieben durchlaufen die Punkte ihrer Glieder in jenem Raume zwar räumliche Kurven; sie bleiben aber ebene Getriebe.

Als Beispiel für die räumlich bewegten ebenen Getriebe kann jede transportable Maschine gelten, die auch nur ein einziges ebenes Getriebe enthält. Ein anderes sehr packendes Beispiel hierfür bildet die G. P. Fennersche Universal-Kupplung der Fig. 1, welche aus den beiden um den Punkt 1 bewegten Gelenkdeltoïden 1, 2, 3, 4 und 1, 5, 6, 7 besteht und zum Gegenstande des amerikanischen Patentes 545 353 vom 27. Aug. 1895 gemacht worden ist.

Diejenigen Raumgetriebe, die sich auf das räumliche Gelenkviereck mit seinen Abarten stützen, sind die einfachsten und führen zu einem System von Getrieben.

Bis jetzt hat es noch niemand unternommen, die räumlichen Getriebe in ein System zu bringen, selbst in den bekannten Werken von F. Reuleaux, nämlich: „Theoretische Kinematik", 1895, und „Die praktischen Beziehungen der Kinematik zur Geometrie und Mechanik", 1900, sind nur einige räumliche Maschinengetriebe erwähnt.

Burmester hat zwar im ersten Bande seiner Kinematik[1]) schon im Jahre 1887 einen zweiten Band angekündigt, der die räumlichen Getriebe, allerdings von anderen Gesichtspunkten aus, behandeln sollte. Dieser zweite Band ist aber bis zum heutigen Tage noch nicht erschienen.

Das „System von räumlichen Getrieben", wie ich es im nachstehenden darstellen werde, schließt sich an meine Systematisierung der ebenen Getriebe innigst an. Um aber diese Einordnung der räumlichen Getriebe in ein System zeigen zu können, gilt es zunächst, neue geometrische Eigenschaften des räumlichen Gelenkviereckes zu entdecken und diejenigen Bedingungen festzustellen, unter welchen ein Gelenkviereck ein räumliches Getriebe, im besonderen ein „räumliches Kurbelgetriebe" ist. Schließlich wird unter Entwicklung von Abarten des genannten Kurbelgetriebes das eigentliche System von Raumgetrieben aufgestellt.

Das „allgemeine räumliche Gelenkviereck" entsteht aus dem bekannten geometrischen räumlichen Vierecke dadurch, daß in letzterem die Seiten durch starre Raumsysteme und die Ecken durch „Gelenkpunkte", oder kurzweg durch „Gelenke" ersetzt werden. In einem solchen Gelenkvierecke können die starren Seiten in ihrer unendlichen Ausdehnung sowohl als „Träger" als auch als „Drehachsen" derjenigen starren Raumsysteme betrachtet werden, denen sie angehören. Dabei sind in dem allgemeinen räumlichen Gelenkvierecke nicht nur die Seiten in bezug auf einander nach Belieben beweglich, sondern auch die starren Raumsysteme (Glieder) um ihre in die Viereckseiten gefallenen Drehachsen beliebig drehbar.

Damit nun aus diesem Gebilde ein derartiges „mathematisches Getriebe" werde, daß es gewisse geometrische Gebilde zu erzeugen vermag, muß diese doppelte Willkür in der Beweglichkeit seiner Glieder gegen einander zu einer gesetzmäßigen gemacht werden. Dies kann am einfachsten durch Einschränkung der noch beliebigen Beweglichkeit des einen oder des anderen Gliedes geschehen, d. h. man kann das Gelenkviereck zur Führung eines besonderen starren Raumsystemes benutzen, oder man muß die entsprechenden Glieder desselben zwingen, nur solche Bewegungen zu machen, welche geometrisch oder analytisch definierbar sind.

Die Kurbel des Raumes führt einen Punkt auf eine Kugelfläche, deren Radius gleich der Kurbellänge ist und deren Mittelpunkt mit dem Drehpunkt der Kurbel zusammenfällt. Der Kurbeldrehpunkt bildet den Gelenkpunkt oder das Gelenk zweier mit einander gelenkig verbundenen starren Raumsysteme. Die Beweglichkeit des einen dieser beiden Systeme in bezug auf das andere besteht in einer „beliebigen Drehung" um das beiden Systemen gemeinsame Gelenk.

Jeder Punkt des einen Systems durchläuft dabei in dem anderen eine Kugelfläche deren Radius gleich dem Abstande des Punktes von jenem Gelenk ist. Jede Gerade des einen Systems umhüllt im anderen eine Kugelfläche, und es schafft auch jede Ebene des einen in dem anderen der beiden Systeme eine Kugelfläche als Hüllgebilde. Die Abstände des Gelenkes von der Geraden und der Ebene sind hierbei gleich den Radien der erzeugten Hüllkugelflächen.

[1]) S. L. Burmesters Lehrbuch der Kinematik 1888, Schluß des Vorwortes.

Auch diese Radien können als räumliche Kurbeln gelten, welchen die Aufgabe obliegt, eine Gerade oder eine Ebene so zu führen, daß sie Kugelflächen umhüllen. Hierbei kann übrigens die bewegte Ebene auch als ein Strahlenbüschel angesehen werden, dessen Zentrum mit dem bewegten Endpunkte der räumlichen auf der Ebene senkrechten Kurbel zusammenfällt. Die von letzterer geführte Gerade kann also auch als ein Strahl des in Rede stehenden Strahlenbüschels hingestellt werden.

Der eine Kugelfläche umhüllende Strahl kann bei seiner Bewegung beliebige Regelflächen als eigene Spuren hinterlassen. Alle diese Regelflächen berühren dann aber die von dem Strahl erzeugte Kugelfläche in gewissen sphärischen Kurven, welche auch der Endpunkt der Führungskurbel jenes Strahles durchläuft.

Es liegt auf der Hand, daß bei zwei gelenkig miteinander verbundenen starren Raumsystemen jede andere als die gerade Linie oder eine beliebige krumme Fläche des einen in dem anderen Systeme nicht nur Kugel-, sondern auch andere Flächen erzeugen wird, was hier jedoch nicht weiter verfolgt werden soll.

Bei dem Gelenkviereck des Raumes sind vier starre Raumsysteme (Glieder) durch vier Gelenke paarweise miteinander so verbunden, daß jedes Glied in bezug auf jedes andere so beweglich ist, daß nicht nur die schon besprochene Beweglichkeit zweier miteinander gelenkig verbundener Glieder zwischen jedem Paare der Glieder erhalten bleibt, sondern daß auch noch die einander gegenüberliegenden Glieder in bezug aufeinander beweglich sind.

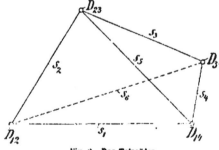

Fig. 2. Das Tetraëder.

Zu allen nur möglichen Gelenkvierecken mit doppelter Beweglichkeit gelangt man am einfachsten mittels des Tetraëders, welches bekanntlich 4 Ecken und 6 Kanten besitzt und den einfachsten mathematischen Körper bildet.

In Fig. 2 seien D_{12}, D_{14}, D_{34} und D_{23} die 4 Ecken eines Tetraëders, welchem die 6 Kanten s_1, s_2, s_3, s_4, s_5 und s_6 eigen sind. Zur Bildung eines räumlichen Gelenkviereckes aus dem Tetraëder können immer nur vier seiner Kanten verwendet werden. Die Mannigfaltigkeit der Wahl von je vier der in Fig. 2 gezeichneten 6 Kanten ist aber ebenso groß, wie die Anzahl von Kombinationen 4. Klasse ohne Wiederholung bei 6 Elementen. Derartiger Kombinationen gibt es, wie bekannt, 15. Unter diesen sind aber nur drei vorhanden, welche ein räumliches Gelenkviereck ergeben, dessen Glieder wirklich alle gegeneinander beliebig beweglich sind, nämlich:

1. s_1 s_2 s_3 s_4,
2. s_1 s_2 s_3 s_6 und
3. s_2 s_4 s_5 s_6.

Die übrigen 12 Gruppen von Kanten liefern je ein „Gelenkdreieck", dessen Seiten bekanntlich gegeneinander unbeweglich sind, so daß also hier die betreffenden drei Glieder drei in ein und derselben Ebene fest liegende Drehachsen besitzen, welche mit den Dreiecksseiten zusammen fallen; das vierte Glied jeder Gruppe besitzt dann in der einen oder anderen Ecke des Drehachsendreieckes seinen Gelenkpunkt. Es liegt dann tatsächlich ein Gebilde vor, welches aus zwei gegeneinander um ein Gelenk „beliebig" beweglichen Gliedern besteht; die drei Glieder, welche die drei Dreiecksseiten zu Drehachsen haben, können nämlich leicht dadurch zu einem einzigen Gliede vereinigt werden, daß man ihre Drehbarkeit gegeneinander aufhebt, (z. B. bei einer Verkörperung durch ein Kegelrädergesperre).

Die unter 1—3 aufgeführten Kombinationen der Tetraëderkanten liefern dagegen der Reihe nach die in den Figuren 3—5 gezeichneten räumlichen Gelenkvierecke, bei denen jedes Glied in bezug auf jedes andere willkürlich beweglich ist. Die völlige Willkür in der Beweglichkeit der Glieder des räumlichen Gelenkviereckes gegeneinander ist freilich eine durch die Längen der Viereckseiten innerhalb gewisser Grenzen durchaus eingeschränkte. Schon diese kleine Beschränkung in der sonst beliebigen Beweglichkeit des vorliegenden geometrischen Gebildes genügt aber, um es zu einem „mathematischen" Führungsgetriebe für ein fünftes Raumsystem zu machen, wie ich später zeigen werde.

Andere mathematische Getriebe werden aus dem räumlichen Gelenkviereck dadurch erhalten, daß man die Seiten desselben zwingt, bestimmte innerhalb ihres Beweglichkeitsgebietes gelegene Regelflächen als Spuren zu bestreichen. Dabei ist besonders festzuhalten, daß die Viereckseiten stets die Drehachsen derjenigen starren Raumsysteme sind, von welchen sie als Träger aufgefaßt werden. Es ist daher auch bei dieser Gruppe von mathematischen Raumgetrieben die freie Beweglichkeit des einen Gliedes in bezug auf jedes andere der noch vorhandenen übrigen drei Viereckseiten immerhin noch eine große, und zwar hauptsächlich bezüglich der Drehungen der vier starren Raumsysteme um die Viereckseiten als Achsen.

Die in Fig. 3, 4 und 5 dargestellten und aus dem Tetraëder abgeleiteten räumlichen Gelenkvierecke unterscheiden sich nur dadurch voneinander, daß in jedem von ihnen ein anderes Paar von den drei Paaren von Gegenkanten des Tetraëders fehlt. In Fig. 3 fehlen nämlich die Kanten s_5 und s_6, in Fig. 4 die Kanten s_3 und s_4 und in Fig. 5 die Kanten s_1 und s_2. Die genannten Kanten, durch welche jedes räumliche Gelenkviereck zu einem Tetraëder ergänzt werden kann, ändern ihre Lagen während der Bewegungen ihres Gelenkviereckes. Ich will sie daher die „veränderlichen Tetraëderkanten" nennen.

Eine Verkörperung eines räumlichen Gelenkviereckes in Fig. 6 bildet das bekannte Horizontalpendel von L. Hengler und Fr. Zöllner[1]). Dasselbe ist hier nur

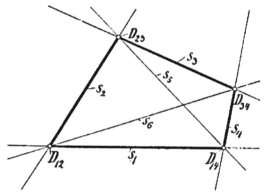

Fig. 3. 1. räumliches Gelenkviereck.

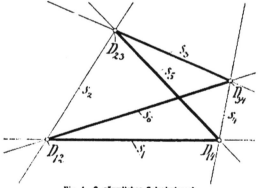

Fig. 4. 2. räumliches Gelenkviereck.

schematisch gezeichnet. Die vier Kugelgelenke desselben sind den Gelenken in Fig. 5
entsprechend bezeichnet. Das in einer schiefen Ebene pendelnde starre Stangen-

---

[1]) S. W. Valentiners Handwörterbuch d. Astronomie, 1898, Bd. 2, S. 28 u. 29.

system s_3 wird durch Zugstangen (auch Schnüre) s_2 und s_4 so gestützt, daß die Gelenke D_{23} und D_{14} auf Kugelflächen sich bewegen, was besonders dann tatsächlich geschieht,

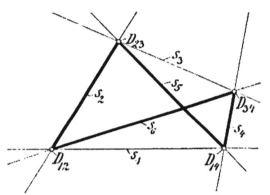

Fig. 5. **3. räumliches Gelenkviereck.**

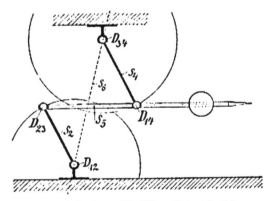

Fig. 6. **L. Henglers und Fr. Zöllners Horizontalpendel.**

wenn auf die pendelnde Gewichtsstange außer der Schwerkraft auch noch irgend welche anderen Kräfte einwirken. Alsdann müßte dieses Pendel zutreffend ein „räumliches Pendel" oder kurzweg ein „Raumpendel" genannt werden. Ein Horizontalpendel ist

diese Vorrichtung überhaupt nicht, denn die Pendelstange s_3 pendelt um die Verbindungslinie der Stützpunkte D_{12} und D_{34} als Drehachse, wenn die Vorrichtung nur der
Schwerkraft überlassen wird. Damit aber auch dann eine tatsächliche Pendelbewegung
entsteht, muß diese Drehachse $D_{12}\,D_{34}$ außerhalb der Lotrechten und der Schwerpunkt
außerhalb der Drehachse liegen.

Indem schließlich die freien Drehungen der Glieder des räumlichen Gelenkviereckes um seine Viereckseiten zu bestimmten zulässigen gesetzmäßigen Drehungen
des einen in bezug auf jedes andere Glied gemacht werden, ist jede freie, d. h. willkürliche Beweglichkeit in demselben beseitigt. Alsdann kann in dem geschaffenen mathematischen Getriebe jeder Punkt des einen in jedem anderen der noch vorhandenen drei
Glieder analytisch und zeichnerisch ganz bestimmte Bahnen durchlaufen. Ebenso kann
jede Linie des einen in jedem anderen Gliede eine eindeutig bestimmte Fläche als ihre
eigene Spur schaffen. Schließlich wird auch noch jede Fläche des einen in jedem der
noch übrigen drei Glieder eine ganz bestimmte und unveränderliche andere Fläche als
Hüllgebilde erzeugen.

Mathematische Raumgebilde der in Rede stehenden Art nenne ich „bahnenläufige Raumgetriebe". Jede Verkörperung eines bahnenläufigen räumlichen Getriebes
liefert ein „maschinelles Raumgetriebe", welches ich nach Reuleaux[1]) ein „zwangläufiges" nenne. Ein wesentlicher Unterschied zwischen einem mathematischen und
dem ihm entsprechenden maschinellen Raumgetriebe liegt darin, daß die zu den Verkörperungen benutzten festen Stoffe nur Annäherungen an die mathematischen starren
Raumsysteme sind.

Das räumliche Gelenkviereck, von dem hier ausgegangen wurde, kann auf unendlich viele Arten zu einem bahnenläufigen Raumgetriebe gemacht werden, wie später
gezeigt werden wird. Hier muß noch darauf hingewiesen werden, daß es nicht nur
bahnenläufige Getriebe des Raumes in dem Sinne gibt, wie bis jetzt festgehalten worden
ist, daß nämlich jedes Glied in bezug auf jedes andere des Getriebes bahnenläufig ist.
Es sind vielmehr auch noch räumliche Getriebe denkbar, in welchen nur zwei (oder
auch mehrere) Glieder in bezug aufeinander bahnenläufig sein, während die übrigen
Glieder noch eine gewisse freie Beweglichkeit haben. Es liegen dann mathematische
Getriebe vor, welche ich „teilweis bahnenläufige Raumgetriebe" nenne. Verkörperungen
derartiger Getriebe mögen „teilweis zwangläufige Maschinengetriebe" heißen.

Bei einem teilweis bahnenläufigen Gelenkviereck können entweder zwei oder
drei Glieder in bezug aufeinander bahnenläufig sein. Mehr als drei bahnenläufige
Glieder in bezug aufeinander sind nur bei Getrieben mit mehr als vier Gliedern
möglich.

Die Entwicklung eines Systems der Getriebe nach der Anzahl ihrer Glieder
ist zweckmäßig und auch durchführbar. Es wird daher mit der Behandlung der zweigliedrigen Raumgetriebe begonnen werden.

----

[1]) S. F. Reuleaux Theoretische Kinematik, 1875, S. 90 u. 507.

Das räumliche Gelenkviereck kann ebenso wie das ebene zu einem zweigliedrigen Getriebe auf dreierlei Arten zurückgeführt werden. Die eine davon ist folgende: Wird in dem Gelenkviereck nach Fig. 3 das Glied s_1 z. B. festgehalten, dann kann die noch freie Beweglichkeit seiner Glieder in bezug aufeinander sofort leichter übersehen werden. Das feststehende Glied s_1 (starres räumliches System) mag hierbei als Träger aller geometrischen Gebilde, welche von den Punkten, Linien und Flächen der beweglichen Glieder s_2, s_3 und s_4 in ihm als Bahnen, Spuren und Hüllgebilde erzeugt werden, die Bezeichnung „Bildraum oder Bildsystem" erhalten. Infolge der Gelenke D_{12} und D_{14} können die Punkte, Linien und Flächen der Glieder s_2 und s_4 in dem Bildraum s_1 nur sphärische Kurven als Bahnen bezw. Kugelflächen als Hüllgebilde schaffen. Die Gelenkpunkte D_{23} und D_{34} werden sich z. B. nur auf Kugelflächen bewegen können, welche D_{12} und D_{14} zu Mittelpunkten und die Strecken $D_{12} D_{23}$ bezw. $D_{14} D_{34}$ zu Radien besitzen. Dagegen werden die Gelenkpunkte D_{23} und D_{34}, welche einen konstanten Abstand voneinander besitzen, zwar auf den beiden in Rede stehenden Kugelflächen zu bleiben gezwungen sein, je einer von ihnen kann aber eine beliebige unbeschränkte sphärische Bahn auf seiner Kugel durchlaufen, während gleichzeitig das Gebiet für die sonst noch willkürliche Bahn des anderen Gelenkes auf dessen Kugelfläche schon eine innerhalb gewisser Grenzen liegende Beschränkung durch jene sphärische Bahn erfährt. Das Glied s_3 selbst, als starres Raumsystem nicht aus dem Auge gelassen, ist in seiner sonst willkürlichen Beweglichkeit nur insoweit beschränkt, als von einer einzigen Achse desselben zwei feste Punkte D_{23} und D_{34} gezwungen sind, auf zwei sowohl ihrer Größe als auch ihrer Lage in bezug aufeinander nach unveränderlichen Kugelflächen zu bleiben.

Die Systeme s_2 und s_4 bilden zwei räumliche Kurbeln und können als Führungssysteme (Führungsglieder) für das System s_3 (bewegtes Glied) des Gelenkviereckes betrachtet werden. Die Führungsglieder können, ohne die Beweglichkeit des Gliedes s_3 irgendwie zu beeinträchtigen, durch die beiden Kugelflächen ersetzt werden, auf welchen die Gelenke D_{23} und D_{34} zu bleiben gezwungen sind. Die beiden Kugelflächen, „Führungs-Kugelflächen" genannt, haben in dem Bildraume (System s_1) die Punkte D_{12} und D_{14} zu ihren Mittelpunkten und besitzen eine unveränderliche Lage zueinander. Nimmt z. B. der Gelenkpunkt D_{34} eine ganz bestimmte Lage auf seiner Kugel (mit dem Mittelpunkt D_{14}) ein, dann kann sich der Punkt D_{23} auf der eigenen Kugelfläche (mit dem Mittelpunkt D_{12}) noch auf einem Kreise bewegen, welcher der Grundkreis eines geraden Kreiskegels ist.

Hierbei ist der Punkt D_{34} die Spitze dieses Kegels, während die Strecke $D_{34} D_{23}$ den Mantel desselben bestreicht. Die Punkte D_{12}, D_{14} und D_{34} sind hier die Ecken eines unveränderlichen Dreiecks, und es ist auch das Dreieck $D_{12} D_{23} D_{14}$ unveränderlich. Während aber ersteres seine Lage im Bildraume nicht ändert, läßt sich das Dreieck $D_{12} D_{23} D_{34}$ um die Seite $D_{12} D_{34}$ nach Belieben drehen. Dabei erzeugt aber nicht nur die Dreiecksseite $D_{34} D_{23}$, sondern auch die Seite $D_{12} D_{23}$ einen Kegelmantel. Beide Kegelmäntel haben die Diagonale $D_{12} D_{34}$ zu ihrer gemeinschaftlichen Achse und den vom Punkte D_{23} durchlaufenen Kreis zum gemeinsamen Grundkreis. Dieses Kegelpaar verändert seine Gestalt und die Größe des gemeinschaftlichen Grundkreises gleich-

zeitig mit der Änderung der Gestalt der Dreiecke $D_{12}\,D_{23}\,D_{34}$ und $D_{12}\,D_{14}\,D_{34}$, was bei
unveränderlicher Länge der Seiten des gerade vorliegenden Gelenkviereckes, nur durch
die veränderliche Tetraëderkante s_4 möglich ist.

Dieses Kegelpaar nenne ich ein „Begleitkegelpaar des räumlichen Gelenkvierecks". Außer diesem gibt es noch ein zweites Begleitkegelpaar des Raumvierecks,
welches von den Seiten $D_{14}\,D_{34}$ und $D_{34}\,D_{23}$ des Dreiecks $D_{14}\,D_{23}\,D_{34}$ bei einer Drehung
um die Diagonale $D_{14}\,D_{23}$ erzeugt wird, was dann geschieht, wenn nur die Ecke D_{23}
auf ihrer Führungskugelfläche mit dem Mittelpunkt D_{12} festgestellt wird. Da nun jede
Seite des Gelenkvierecks festgestellt werden kann, d. h. jedes der vier (diesen Seiten
entsprechenden) starren Seitensysteme zu einem Bildraume gemacht werden kann, so
sind im allgemeinen räumlichen Gelenkviereck acht Begleitkegelpaare vorhanden, d. h.
ebenso viele wie Begleitvierecke in einem allgemeinen ebenen Gelenkviereck.

——————

Eine andere Art der Entstehung der Begleitkegelpaare wird bei dem räumlichen
Gelenkviereck auch noch auf folgende Weise erhalten: In der zuletzt betrachteten Fig. 3
kann das Gelenk D_{34} als Mittelpunkt einer Kugelfläche angesehen werden, welche den
Abstand der Punkte D_{34} und D_{23} zum Radius hat. Diese Kugelfläche schneidet die
bereits bekannt gewordene feststehende Führungskugelfläche mit dem Mittelpunkt D_{12}
und dem Radius $D_{12}\,D_{23}$ in einem Kreise, welcher der Grundkreis desjenigen Begleitkegelpaares ist, das von dem Dreieck $D_{12}\,D_{23}\,D_{34}$ bei seiner vollen Umdrehung um die
veränderliche Tetraëderkante $D_{12}\,D_{34}$ erzeugt wird.

Zu jeder Lage des Gelenkes D_{34} auf der Führungskugel mit dem Mittelpunkt D_{34}
und dem Radius $D_{34}\,D_{23}$ gehört ein anderes Begleitkegelpaar. Die Grundkreise aller
dieser Begleitkegel liegen immer auf der Führungskugel mit dem Mittelpunkt D_{12} und
dem Radius $D_{12}\,D_{23}$. Die Ebenen dieser Grundkreise sind gleichbedeutend mit den
jedesmaligen Durchschnittsebenen der feststehenden Führungskugel mit dem Mittelpunkt D_{12} und der beweglichen Kugel mit dem Mittelpunkt D_{34} und dem Radius $D_{23}\,D_{34}$.
Bei der Bewegung der zuletzt genannten Kugel umhüllt die Ebene, in welcher der
Grundkreis des Begleitkegelpaares liegt, eine Fläche, und zwar muß dabei das Gelenk D_{34} alle Punkte der Führungskugel mit dem Mittelpunkt D_{14} durchlaufen haben.
Diese Hüllfläche ist für die Feststellung der Eigenschaften eines räumlichen Gelenkvierecks von der größten Bedeutung, da sie sowohl für das eine als auch für das
andere Begleitkegelpaar des Gelenkvierecks in bezug auf ein und dasselbe Bildsystem
unveränderlich ist.

Die Gleichung dieser Hüllfläche soll daher zunächst ermittelt werden.

In Fig. 7 ist ein dem räumlichen Gelenkviereck gemäß Fig. 3 entsprechendes
ebensolches Viereck parallelperspektivisch dargestellt. Von den Gelenken D_{12}, D_{14}, D_{34}
und D_{23} desselben ist D_{12} gleichzeitig zum Nullpunkt eines rechtwinkligen Koordinatensystems gewählt worden. Dabei möge die Viereckseite, welche dem Gliede s_1 angehört,
in die positive X-Achse gelegt sein, so daß also das Gelenk D_{14} in diesem Koordinaten-
achsenteil sich befindet. Die Längen der Viereckseiten mögen die in Fig. 7 eingezeichneten Werte a, b, c und d haben, und zwar so, daß die Führungskugel für das Ge-

lenk D_{23} den Wert b als Radius besitzt, während die Führungskugel für das Gelenk D_{34} den Radius gleich a hat. Für die bewegliche Kugel mit dem Mittelpunkt D_{34} bleibt der Wert d als deren Radius übrig, wenn die Viereckseite von der Länge c festgestellt ist und ihr starres Raumsystem zum Bildraum gemacht wurde. Die beiden anderen Koordinatenachsen sind in Fig. 7, wie üblich, mit Y und Z bezeichnet worden. Von den beiden Führungskugeln ist nur die mit dem Radius b und dem Mittelpunkte D_{13} durch einen punktierten Kreis K_1 in ihrem Umriß angedeutet; dagegen ist von der zweiten Führungskugel mit dem Radius a nur der Mittelpunkt D_{14} und ein Oberflächenpunkt D_{34} derselben zu sehen.

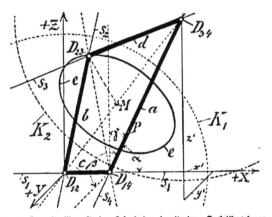

Fig. 7. Doppelt ellipsoidisches Gelenkviereck mit einem Begleitkegelpaar.

Die Koordinaten des Punktes D_{34} sind mit $x^1 y^1 z^1$ bezeichnet. Die Richtungswinkel des Radius der Führungskugel nach dem Punkt D_{34}, welches zugleich der Mittelpunkt der beweglichen Kugel vom Radius d ist, mögen, den Koordinatenachsen X, Y, Z entsprechend, die Werte α, β, γ haben. Der Durchschnittskreis der beweglichen Kugel, deren Umriß der punktierte Kreis K_2 ist, mit der Führungskugel K_1 ist als Ellipse e in Fig. 7 gezeichnet, und es schneidet die Ebene dieses Kreises die veränderliche Tetraëderkante D_{13} D_{34} des Gelenkvierecks in dem Punkt M. Unter den gemachten Bezeichnungen lautet zunächst die Gleichung der Führungskugel mit dem Radius b, deren Mittelpunkt in dem Koordinatenursprung liegt, also:

$$x^2 + y^2 + z^2 = b^2. \tag{1}$$

Werden die Koordinaten irgend eines Punktes der beweglichen Kugel, welche in D_{34} ihren Mittelpunkt hat und den Radius d besitzt, in bekannter Weise mit $x\ y\ z$

bezeichnet, dann ist die Gleichung dieser Kugel in den gewählten rechtwinkligen Koordinaten zunächst folgende:

$$(x - x')^2 + (y - y')^2 + (z - z')^2 = d^2.$$

Aus Fig. 7 sind aber für die Mittelpunkts-Koordinaten der beweglichen Kugel leicht folgende Werte abzulesen:

$$\left.\begin{array}{l} x' = c + a \cos \alpha \\ y' = a \cos \beta \\ z' = a \cos \gamma \end{array}\right\}, \qquad (2)$$

so daß also die obige Kugelgleichung folgende Form annimmt:

$$(x - c - a \cos \alpha)^2 + (y - a \cos \beta)^2 + (z - a \cos \gamma)^2 = d^2. \qquad (3)$$

Durch Ausrechnung der Quadrate der Bi- und Trinome dieser Gleichung und unter Berücksichtigung der Gleichung 1) erhält man leicht folgende Gleichung:

$$(x - c) \cos \alpha + y \cos \beta + z \cos \gamma = \frac{a^2 + b^2 + c^2 - d^2 - 2 c x}{2 a} = C, \qquad (4)$$

wenn gesetzt ist

$$C = \frac{a^2 + b^2 + c^2 - d^2 - 2 c x}{2 a}. \qquad (4a)$$

Es darf auch nicht übersehen werden, daß zwischen den Richtungswinkeln einer Linie im Raume immer besteht die Gleichung

$$\cos^2 \alpha + \cos^2 \beta + \cos^2 \gamma = 1. \qquad (5)$$

Aus den Gleichungen 4 und 5 folgen leicht folgende Werte:

$$z^2 \cos^2 \gamma = [C - y \cos \beta - (x - c) \cos \alpha]^2 \qquad (6)$$

sowie

$$z^2 \cos^2 \gamma = z^2 - z^2 \cos^2 \alpha - z^2 \cos^2 \beta \qquad (7)$$

Durch Gleichsetzen der rechten Seiten der beiden letzten Gleichungen und nach einer gehörigen Reduktion entsteht die Gleichung:

$$\left.\begin{array}{l}[(x - c)^2 + z^2] \cos^2 \alpha + 2 (x - c) y \cos \alpha \cos \beta + \\ + (y^2 + z^2) \cos^2 \beta - 2 C (x - c) \cos \alpha - 2 C y \cos \beta \end{array}\right\} = z^2 - C^2 \quad (8)$$

Die partielle Differenzierung dieser Gleichung nach den beiden Parametern α und β, was die Bestimmung der gesuchten Hüllfläche möglich macht, führt zu folgenden zwei Gleichungen:

$$[(x - c)^2 + z^2] \cos \alpha + (x - c) y \cos \beta - C (x - c) = 0 \qquad (9)$$
$$(x - c) y \cos \alpha + (y^2 + z^2) \cos \beta - C y = 0 \qquad (10)$$

Aus diesen Gleichungen 9 und 10 lassen sich für $\cos \alpha$ und $\cos \beta$ leicht folgende Werte berechnen:

$$\cos \alpha = \frac{C (x - c)}{(x - c)^2 + y^2 + z^2} \qquad (11)$$

$$\cos \beta = \frac{C y}{(x - c)^2 + y^2 + z^2} \qquad (12)$$

Werden diese beiden gefundenen Werte in die Gleichung 8 eingesetzt, nachdem der gleiche Nenner in beiden gleich N gesetzt worden ist, d. h.:

$$N = (x - c)^2 + y^2 + z^2, \tag{13}$$

dann entsteht zunächst die Gleichung:

$$\left.\begin{aligned}C^2 (x - c)^2 [(x - c)^2 + z^2] + 2 C^2 y^2 (x - c)^2 + \\ + C^2 y^2 (y^2 + z^2) - 2 C^2 N (x - c)^2 - 2 C^2 N y^2\end{aligned}\right\} = N^2(z^2 - C^2). \tag{14}$$

Diese Gleichung kann leicht in folgende Form gebracht werden:

$$C^2 \left[[(x - c)^2 [(x - c)^2 + y^2 + z^2] + y^2 [(x - c)^2 + y^2 + z^2]]\right] = N^2 (C^2 - z^2),$$

oder
$$C^2 [(x - c)^2 + y^2] = N (C^2 - z^2). \tag{15}$$

Wird in der letzten Gleichung für N der Wert aus Gleichung 13 substituiert, dann entsteht die Gleichung

$$C^2 [(x - c)^2 + y^2] = [(x - c)^2 + y^2 + z^2] (C^2 - z^2),$$

welche auf folgende Form leicht reduziert werden kann:

$$C^2 - z^2 = (x - c)^2 + y^2, \text{ oder}$$
$$(x - c)^2 + y^2 + z^2 = C.$$

Durch Einführung des Wertes von C in die letzte Gleichung aus der obigen Gleichung 4a entsteht dann endlich die Gleichung:

$$4 a^2 (x - c)^2 + 4 a^2 y^2 + 4 a^2 z^2 = [a^2 + b^2 + c^2 - d^2 - 2 cx]^2. \tag{16}$$

Dies ist aber die Gleichung einer Rotationsfläche zweiter Ordnung in den gewählten rechtwinkligen Koordinaten. Diese gefundene Fläche ist das Hüllgebilde der Ebene des Schnittkreises e (Fig. 7) und hat die X-Achse zu ihrer Rotationsachse. Sie wird von derjenigen Ebene umhüllt, in welcher sich die feststehende Kugelfläche mit dem Radius b und dem Mittelpunkt D_{12} und die bewegliche Kugelfläche vom Radius d und dem Mittelpunkt D_{34} immer schneiden, während das Gelenkviereck seine sonst willkürlichen Bewegungen ausführen.

Die gefundene Fläche II. Ordnung ist vollständig identisch mit derjenigen Rotationsfläche, welche von der Nebendiagonale des entsprechenden Begleitvierecks eines „ebenen Gelenkvierecks" dadurch als Hüllgebilde erzeugt werden würde, daß die Nebendiagonale in allen ihren Lagen um die festgehaltene Viereckseite als Drehachse herumbewegt werden würde, d. h. also auch, sie ist identisch mit der Rotationsfläche des im ebenen Gelenkviereck gefundenen Hüllkegelschnittes der Nebendiagonale, welcher die X-Achse zur Drehachse hat. Wird nämlich in der Gleichung 16 die Koordinate $z = 0$ gesetzt, dann nimmt sie folgende Gestalt an:

$$4 a^2 (x - c)^2 + 4 a^2 y^2 = [a^2 + b^2 + c^2 - d^2 - 2 cx]^2. \tag{17}$$

Dies ist aber die schon bei dem ebenen Gelenkviereck entwickelte Gleichung des Hüllkegelschnittes[1]) der genannten Nebendiagonale vom Begleitviereck. Dieser Kegelschnitt bildet demnach auch die Mediankurve der gefundenen Rotationsfläche II. Ordnung.

Das fragliche Verhältnis zwischen der Rotationsfläche hier und dem Hüllkegelschnitt dort wird auch noch völlig klar, wenn im Hinblick auf Fig. 7 das beachtet

[1]) s. Verhandlungen 1904, S. 238, die Gl. 6.

wird, was schon oben gesagt worden ist. Nur die Änderung der Lage des Punktes D_{24} auf seiner Führungkugel mit dem Radius a und dem Mittelpunkt D_{14} ist maßgebend für die Änderung der Stellung der Hüllebene des Durchschnittskreises e im Raume. Das Begleitkegelpaar mit dem gemeinschaftlichen Grundkreise e bleibt für jede Lage des Punktes D_{24} der Gestalt nach unverändert, indem dann die freie Beweglichkeit des Gelenkvierecks auf das Bestreichen der Kegelmantelflächen des Begleitkegelpaares seitens der Viereckseiten b und d beschränkt wird. Damit ist aber eine Lagenänderung der Ebene des Kreises e im Raume nicht verbunden. Übrigens ist auch noch zu beachten, daß die Viereckseiten b und d, während sie die Mäntel der Begleitkegel bestreichen, zweimal in die Ebene der Seiten a und c hineinfallen und dabei dann mit letzteren zusammen ein ebenes Gelenkviereck bilden.

Bei dem auf diese Weise zu einem ebenen Gelenkviereck gewordenen räumlichen Gelenkviereck gelten in bezug auf die Meridiankurve der Rotationsfläche II. Ordnung alle Resultate, welche dort schon ausführlich besprochen worden sind, und welche hier nur so weit wiederholt werden sollen, als sie zu einer richtigen Beurteilung der Eigenschaften des räumlichen Gelenkvierecks von Bedeutung sind.

Bei dem räumlichen Gelenkviereck schneidet die Rotationsfläche II. Ordnung ihre Rotationsachse, d. h. die X-Achse, in zwei Punkten, deren Abstände x_0 und x_∞ von dem Koordinaten-Nullpunkt D_{12} aus der Gleichung 16 für $z = 0$ und $y = 0$ zu berechnen sind und folgende Werte besitzen:

$$x_0 = [(a+c)^2 + b^2 - d^2] : 2\,(a+c) \qquad (18)$$

$$x_{00} = [(a-c)^2 + b^2 - d^2] : 2\,(c-a). \qquad (19)$$

Dagegen schneiden die Y- und Z-Achse die fragliche Rotationsfläche in gleichen Abständen von dem in Rede stehenden Nullpunkt D_{12} des Koordinatensystems. Diese Abstände ergibt die Gleichung 16, wenn in ihr entweder $x = 0$ und $z = 0$, oder $x = 0$ und $y = 0$ gesetzt werden. Diese gleichen Abstände der Schnittpunkte, welche mit $y_0 = z_0$ bezeichnet sein mögen, ergeben sich dann aus den Gleichungen:

$$y_0 = z_0 = [a^4 + c^4 + (b^2 - d^2)\,(2\,a^2 + 2\,c^2 + b^2 - d^2)] : 4\,a^2. \qquad (20)$$

Für die Gestalt der gefundenen Rotationsfläche sind (hier für die Flächen wie dort für die Hüllkurven) nur die Längen der Seiten des Gelenkvierecks maßgebend. Die Fläche wird hier nämlich:

        Für $a = c$ ein Rotationsparaboloïd,

        - $a > c$ - Rotationsellipsoïd und

        - $a < c$ - Rotationshyperboloïd.

Da in *Fig.* 7 die Gelenkviereckseite a größer als die Seite c gewählt worden ist, wird hier die Ebene des Kreises e ein Rotationsellipsoid als Hüllgebilde schaffen. Von diesem Ellipsoïd liegt der eine Brennpunkt in dem Gelenk D_{14}, was aus den Gleichungen 16—19 leicht festgestellt werden kann.

Der Schnittpunkt der Ebene des Kreises e mit der Gelenkviereckseite a ist ein Punkt P der Meridiankurve des Rotationsellipsoïdes mit der Gelenkviereckseite a; derselbe ist zugleich der Berührungspunkt der Kreisebene (e) mit dem Rotationsellipsoïd der

Gleichung 16. Es ist nämlich bei dem ebenen Gelenkviereck nachgewiesen worden, daß die Nebendiagonale eines Begleitvierecks einen Kegelschnitt umhüllt[1]) und ihr Berührungspunkt auf der beweglichen Gelenkviereckseite liegt, welche dem Begleitviereck nicht angehört. Im Voranstehenden ist aber dargetan worden, daß der Schnittpunkt P der Seite a, Fig. 7, mit der Ebene des Kreises e für eine bestimmte Lage des Punktes D_{14} unveränderlich ist. Die Unveränderlichkeit dieses Schnittpunktes bleibt erhalten, wenn die Viereckseite a einen Kegelmantel um die X-Achse mit dem Winkel $2a$ an der Spitze D_{14} bestreicht. Alsdann wandert die Ebene des Kreises e mit der Viereckseite a mit und behält dabei den unveränderlichen Schnittpunkt P mit ihr, so daß dieser Punkt hierbei einen Kreis durchläuft, dessen Mittelpunkt in der X-Achse liegt. Die Bewegung des Schnittpunktes P erfolgt in der Richtung der Senkrechten zur Viereckseite a, d. h. in der Richtung einer Linie, welche in der Ebene des Kreises e liegt und zur Seite a senkrecht steht. Die Ebene des Kreises e berührt demnach ihre Hüllfläche II. Ordnung in dem Punkt P, welcher zugleich der Meridiankurve dieser Fläche angehört.

Diese Meridiankurve stimmt aber völlig überein mit dem Hüllkegelschnitt der Nebendiagonale des Begleitvierecks eines „ebenen Gelenkviereckes" mit den Seiten a, b, c und d, welchen Kegelschnitt ich in jener ersten Arbeit ausführlich besprochen habe. Es kann daher die durch die Gleichung 16 definierte Rotationsfläche II. Ordnung auch in der Weise erzeugt werden, daß das räumliche Gelenkviereck zunächst in ein ebenes Gelenkviereck verwandelt wird, daß dann der Hüllkegelschnitt der Nebendiagonale eines Begleitvierecks desselben erzeugt und schließlich dieser Hüllkegelschnitt um seine Hauptachse (hier X-Achse) gedreht wird.

Natürlich werden den zwei Begleitvierecken bei einem ebenen Gelenkviereck hier auch zwei Begleitkegelpaare entsprechen, so daß also auch hier bei dem räumlichen Gelenkviereck jede gemeinschaftliche Grundebene jedes der zwei vorhandenen Kegelpaare eine Rotationsfläche II. Ordnung umhüllen wird.

In Fig. 7 ist $a > b > c$ gewählt worden. Es liegt also ein räumliches Gelenkviereck vor, welches dem ebenen Gelenkviereck nach Fig. 14[2]) meiner ersten Arbeit entspricht. Die 1. Hauptdiagonale dort stimmt hier völlig mit der Tetraöderkante $D_{12} D_{34}$ überein, und jene erste Nebendiagonale wird hier durch die Ebene des Kreises e vertreten. Von der Ebene des Kreises e wird also ein Rotationsellipsoïd umhüllt, welches in jener Fig. 14 durch Rotation der Hüllellipse e um die Viereckseite c als Drehachse erhalten werden würde, vorausgesetzt, daß die Längen der Viereckseiten dort mit den in Fig. 7 völlig übereinstimmen.

Zur bequemeren Übersicht ist hier eine Fig. 8 hinzugefügt worden, welche jener Fig. 14 gestaltlich vollständig gleicht. Die Führungskreise und Hüllellipsen der Nebendiagonalen dort sind aber hier durch Führungskugelflächen und Hüllellipsoïde der Grundebenen der Begleitkegelpaare vertreten.

[1]) s. Verhandlungen 1904. S. 239 (Lehrsatz).
[2]) s. Verhandlungen 1904. S. 231.

Das ebene Gelenkviereck nach Fig. 8 kann aus dem räumlichen Gelenkviereck der Fig. 7 dadurch erhalten werden, daß entweder das Dreieck $D_{12} D_{31} D_{23}$ durch Drehung um die Kante $D_{12} D_{31}$ mit dem Dreieck $D_{12} D_{14} D_{31}$ in eine einzige Ebene gebracht wird, oder daß die beiden Dreiecke $D_{12} D_{14} D_{23}$ und $D_{14} D_{31} D_{23}$ entsprechend um ihre gemeinschaftliche Seite $D_{14} D_{23}$ gedreht werden. Ist dies geschehen, dann erscheint der Grundkreis e, Fig. 7, des Begleitkegelpaares in Fig. 8 als Strecke auf der Nebendiagonale e_0. Der Mittelpunkt M dieses Kreises ist im Schnittpunkt von e_0 und der Hauptdiagonale $D_{12} D_{31}$ gelegen. Die Strecke $M D_{23}$ ist dann der Radius des Grund-

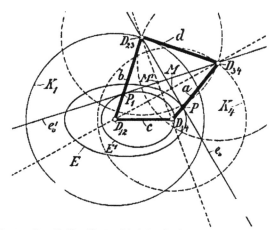

Fig. 8.   Doppelt ellipsoïdisches Gelenkviereck mit zwei Begleitkegelpaaren.

kreises jenes Begleitkegelpaares. Ferner ist der Schnittpunkt P von e_0 und der Seite $D_{14} D_{34} = a$ gleichzeitig der Berührungspunkt der Grundebene e jenes Begleit-kegelpaares mit demjenigen Rotationsellipsoïd, welches entweder von der Ebene e im räumlichen Gelenkviereck umhüllt wird, oder durch Rotation der Hüllellipse E der Nebendiagonale e um die Viereckseite $D_{12} D_{14} = c$ entsteht. Die Ellipse E ist nämlich die Meridiankurve des Rotationsellipsoïdes des Raumgelenkvierecks. Bei letzterem durchläuft der Punkt P der Fig. 8 einen Breitenkreis des Rotationsellipsoïdes E, wenn das Dreieck $D_{12} D_{14} D_{34}$ seine Gestalt festhält und sich dabei um die Seite c dreht. D_{14} ist der eine von den zwei Brennpunkten des Ellipsoïdes. Der Kreismittelpunkt M durchläuft bei dem Raumgelenkviereck die Fußpunktenfläche des Rotationsellipsoïdes E aus einem Punkt D_{12} seiner Rotationsachse. Diese Fußpunktenfläche ist eine Rotations-fläche IV. Ordnung, und es besitzt ihre Meridiankurve die Gleichung:

$$a^2 [y^2 - x (x - c)]^2 = [c y^2 - a N_J]^2 + y^2 [a N - c (x - c)]^2, \quad (21)$$

wenn

$$N = \frac{a^2 + b^2 + c^2 - d^2 - 2\,cx}{2\,a} \qquad (22)$$

gesetzt worden ist. Es ist dies dasselbe Resultat, welches in meiner ersten Arbeit[1]) die Gleichungen 37 und 38 in sich schließen.

Das zweite Begleitkegelpaar des in Rede stehenden Raumgelenkvierecks gehört in Fig. 8 zu der Nebendiagonale e_0', welche als Projektion derjenigen Ebene aufzufassen ist, in welcher der Grundkreis des Begleitkegelpaares liegt. M' ist der Mittelpunkt und die Strecke $D_{24} M'$ der Radius dieses Kreises. Die Ebene desselben umhüllt ein Rotationsellipsoïd, dessen Meridiankurve die Ellipse E' mit ihrer Hauptachse als Drehachse ist. Der Schnittpunkt P_i der Seite b mit der Ebene e_0' jenes Grundkreises des zweiten Begleitkegelpaares des Raumgelenkviereckes ist immer der Berührungspunkt der Ebene, welche das Rotationsellipsoïd E' als Hüllgebilde schafft. Bei dieser Hüllfläche ist auch D_{12} der eine von ihren beiden Brennpunkten. Der Fußpunkt M' durchläuft auch, wie der Punkt M, eine Rotationsfläche 4. Ordnung, welche eine Fußpunktenfläche des Ellipsoïdes E' aus einem Punkt seiner Drehachse ist.

Aus der durchgeführten Untersuchung geht klar hervor, daß alle beim ebenen Gelenkviereck gefundenen Resultate ohne weiteres auf das Raumgelenkviereck übertragbar sind, wenn, wie schon teilweise angedeutet worden ist, hier die Führungskugeln, die bewegten Kugelflächen, die Grundebenen der Begleitkegelpaare und die Rotationsflächen II. Ordnung durch die dortigen Führungskreise, bewegten Kreislinien, Nebendiagonalen und Hüllkegelschnitte ersetzt werden.

Ferner treten an die Stelle der dortigen Fußpunktenkurven der Kegelschnitte hier die Fußpunktenflächen der Rotationsflächen II. Ordnung. Die zusammengesetzten Diagonalsysteme (aus einer Haupt- und Nebendiagonale bestehend) dort sind hier durch räumliche Systeme vertreten, welche je eine veränderliche Kante des Tetraëders des Raumgelenkviereckes und die zugehörige Ebene des gemeinschaftlichen Grundkreises eines entsprechenden Begleitkegelpaares als Träger haben können.

Würden z. B. in Fig. 7 oder 8 die Tetraëderkante $D_{12} D_{34}$ und die Ebene des Kreises e (bezw. der Nebendiagonale e_0 in Fig. 8) mit einander starr verbunden, dann würde das zu der Tetraëderkante $D_{12} D_{34}$ als Drehachse gehörige starre Raumsystem durch das Raumgelenkviereck so geführt bezw. bewegt werden, daß die Ebene das Rotationsellipsoïd E umhüllen müßte, während die Drehachse $D_{12} D_{34}$ den Gelenkpunkt D_{12} als räumliches Hüllgebilde schaffen würde. Dabei ist freilich die Drehung dieses Raumsystems um seine bezeichnete Achse noch eine ganz willkürliche.

Das hierdurch erhaltene räumliche mathematische Getriebe besteht nur aus zwei Gliedern, wenn das Raumgelenkviereck durch das Rotationsellipsoïd E ersetzt wird, dessen Schaffung das Viereck veranlaßt hat, nämlich aus dem Raumsystem des Ellipsoïdes, als Bildsystem zu betrachten, und aus dem schon mehrfach genannten Raumsystem, dessen Träger die Kante $D_{12} D_{21}$ und die Ebene e des Grundkegelkreises des Begleitkegelpaares ist und noch so lange beliebig beweglich bleibt, bis man ihm eine gesetzmäßige Drehung um seine Achse $D_{12} D_{21}$ zugewiesen hat.

Der Fußpunkt M dieser Drehachse zu der bewegten Ebene, welche sich als die Nebendiagonale e_0 in Fig. 8 projiziert, durchläuft eine Rotationsfläche IV. Ordnung, welche ebenso gut wie das Rotationsellipsoid E zur Führung des dem zusammengesetzten Diagonalsystem entsprechenden Raumsystems benutzt werden kann. Es liegt dann ein zweigliedriges mathematisches Raumgetriebe vor, welches darin besteht, daß in einem Bildraumsystem eine Rotationsfläche IV. Ordnung (Fußpunktenfläche des Punktes M) ihre unveränderliche Stellung festhält, während von einem beweglichen Raumsystem eine Gerade mit einem ihrer Punkte (M) auf der genannten Fläche so geführt wird, daß sie dabei immer durch einen Punkt (D_{12}) der Rotationsachse der fraglichen Fläche IV. Ordnung hindurchgeht. Auch bei diesem mathematischen räumlichen Getriebe ist das bewegliche seiner beiden Glieder in bezug auf das feststehende Glied, welches von dem Bildraumsystem gebildet wird, noch innerhalb gewisser Grenzen willkürlich beweglich, indem es um die Achse $M D_{12}$ noch beliebig gedreht werden kann, während es im Raum durch den Punkt D_{12}, die Gerade $M D_{12}$ und die Rotationsfläche IV. Ordnung geführt wird.

Eines der einfachsten räumlichen mathematischen Getriebe der zuletzt entwickelten Art wird erhalten, wenn an Stelle der Fläche IV. Ordnung zur Führung des Punktes M eine Kugelfläche tritt. Fällt man in Fig. 8 aus dem Brennpunkt D_{14} des Rotationsellipsoïdes E ein Lot auf die Ebene der Nebendiagonale e_0, dann befindet sich der Fußpunkt dieses Lotes in jeder Stellung der das Ellipsoid E als Hüllgebilde erzeugenden Ebene auf einer Kugelfläche, von welcher die Rotationsachse des Ellipsoïdes gleichzeitig ein Durchmesser ist. Diese Kugelfläche berührt das Ellipsoïd E in den beiden auf seiner Rotationsachse liegenden Scheitelpunkten. Diese Kugelfläche kann dann als Führungsfläche für den Fußpunkt des aus D_{14} auf e_0 gefällten Lotes betrachtet werden, welches (in seiner unendlichen Ausdehnung) mit der Ebene von e_0 zusammen als Träger eines gesetzmäßig bewegten Raumsystems aufzufassen ist. Es liegt dann eines der zuletzt genannten einfachsten mathematischen Raumgetriebe vor.

Eine ausführlichere Besprechung von diesen einfachen mathematischen Raumgetrieben werde ich im letzten Teil vorliegender Arbeit durchführen, welcher die Entwicklung eines Systemes der Raumgetriebe vorangehen wird. Hier ist dasselbe nur erwähnt worden, weil es zur Beurteilung der Eigenschaften desjenigen räumlichen Gelenkvierecks dient, welches in Fig. 7 bezw. Fig. 8 bildlich veranschaulicht worden ist. Zur Vervollständigung dieser Eigenschaften mag noch erwähnt werden, daß die Meridianellipse E' ein zweites Rotationsellipsoïd des Gelenkvierecks liefert und daß eine Kugelfläche, welche dieses Ellipsoïd in den Scheitelpunkten seiner Rotationsachse (der Seite c nämlich) berührt, auch noch zur Schaffung eines zweigliedrigen Raumgetriebes der fraglichen einfachsten Art benutzt werden kann. Das mathematische Getriebe nach Fig. 7 und 8 nenne ich seiner Eigenschaften wegen ein „doppelt ellipsoïdisches Gelenkviereck".

Damit in den räumlichen Gelenkvierecken Rotationsflächen II. Ordnung als Hüllgebilde tatsächlich entstehen, müssen zwischen den Längen der Viereckseiten genau dieselben Bedingungen inne gehalten werden, welche ich schon bei dem ebenen Gelenkvierecke bezüglich der Hüllkegelschnitte ausführlich besprochen habe, da diese, wie schon gezeigt worden ist, die Meridiankurven der fraglichen Rotationsflächen II. Ordnung sind. Es genügt also bei dem zuletzt besprochenen Gelenkvierecke nicht bloß die Bedingung anzugeben, daß

$$a > c < b \qquad (23)$$

sein müsse, damit das Gelenkviereck wirklich ein „rotatiönselliptoïdisches" würde. Diesen Bedingungen kann nämlich auch dann noch genügt werden, wenn zwischen den vier Seiten des räumlichen Gelenkviereckes gleichzeitig folgende Bedingungsgleichung richtig ist.

$$a^2 + b^2 = c^2 + d^2 \qquad (24)$$

In diesem Falle und zwar einzig und allein dann, wenn ein Raum-Gelenkviereck gleichzeitig den Bedingungsgleichungen 23 und 24 genügt, schrumpfen die Hüllkegelschnitte, welche die Meridiankurven der Hüllflächen II. Ordnung bilden, zu Punkten zusammen, welche die Gelenkpunkte D_{12} und D_{14} in Fig. 7 und 8 des Vierecks sind. Diese Punkte werden dann einerseits als Hüllpunkte von den veränderlichen Tetraëderkanten $D_{12} D_{34}$ und $D_{14} D_{23}$ erzeugt, andererseits werden sie aber gleichzeitig auch noch als Hüllgebilde derjenigen zwei Ebenen geschaffen, welche durch die Gelenkpunkte D_{23} und D_{34} senkrecht zu jenen zwei Tetraëderkanten gelegt werden können.

Dadurch entsteht ein Raum-Gelenkviereck, welches dem ebenen Kreis-Gelenkvierecke[1]) entspricht. Bei demselben fallen die veränderlichen Kanten des Tetraëders in die Grundkreisebenen der beiden Begleitkegelpaare, und es stehen dann die beiden Ebenen der genannten Grundkreise senkrecht aufeinander, während die beiden veränderlichen Tetraëderkanten, selbst wenn sie im Raume sich nicht schneiden, auch in ihrer windschiefen Lage zueinander nur rechte Winkel miteinander bilden können, weil nur bei einem solchen Tetraëder es möglich ist, dasselbe durch Drehung um eine der veränderlichen Kanten in ein ebenes Gelenkviereck mit aufeinander senkrecht stehenden Diagonalen überzuführen, d. h. also ein Kreisgelenkviereck aus ihm zu schaffen. Die beiden aufeinander senkrecht stehenden Grundkreisebenen der beiden Begleitkegelpaare schneiden sich in einer Geraden (Achse), welche wenigstens auf einer der veränderlichen Tetraëderkanten senkrecht stehen muß, damit aus letzterem das Kreisgelenkviereck erhalten werden kann.

Werden nach je einem beliebigen Punkte dieser erhaltenen neuen Achse durch die Hüllpunkte D_{12} und D_{14} (Fig. 7 und 8) Strahlen gezogen, dann entstehen unendlich viele sich schneidende Strahlenpaare der beiden Strahlenbüschel mit den Zentren D_{12} und D_{14}, welche in den aufeinander senkrecht stehenden beiden Grundebenen der zwei Begleitkegelpaare liegen. Den beiden Strahlenbüscheln ist die neue Achse als ihre Durchschnittslinie gemeinschaftlich. Bei der Bewegung des räumlichen Gelenk-

---

[1]) Vergl. „Verhandlungen" 1904, S. 247, Fig. 12.

viereckes erzeugt diese Achse unendlich viele Regelflächen. Alle diese hüllen aber diejenige Kugelfläche ein, von welcher $c = D_{12} D_{14}$ ein Durchmesser ist.

Jedes Raumgelenkviereck, welches der Bedingung gemäß der Gleichung 24 genügt, ist hiernach zur Schaffung von Hüllkugelflächen geeignet, und zwar erzeugt
dasselbe diese Kugelflächen in entsprechender Weise, wie bei dem Kreis-Gelenk-
Viereck Hüllkreise geschaffen werden. Dieser Eigenschaft wegen nenne ich es als
mathematisches Getriebe ein „Hüllkugelflächen - Gelenkviereck", oder kurzweg ein
„Kugel-Gelenkviereck".

_____

Das Kugelgelenkviereck spielt bei allen räumlichen Gelenkvierecken dieselbe
Rolle, welche ich dem Kreisgelenkviereck bezüglich aller ebenen Gelenkviereck zugewiesen habe. Dasselbe bildet also hier, wie jenes dort, die Scheidegrenze zwischen
je zwei Gruppen von Gelenkvierecken, welche hier Rotationsflächen II. Ordnung, wie
jene dort Hüllkegelschnitte, tatsächlich zu erzeugen imstande sind.

Jedes räumliche Gelenkviereck ist zur Erzeugung von anderen Rotationsflächen
II. Ordnung, als es die Kugelfläche ist, wirklich brauchbar, wenn die Seiten desselben
folgenden Bedingungen genügen:

$$a^2 + b^2 \gtreqless c^2 + d^2 \qquad (25)$$

Diesen Bedingungen entsprechen aber zwei Gruppen derartiger Flächen, welche durch
das Kugelgelenkviereck voneinander geschieden werden. Ist nämlich:

$$a^2 + b^2 < c^2 + d^2, \qquad (26)$$

dann liegen die Brennpunkte der beiden Rotationsflächen II. Ordnung, welche von den
Grundebenen der beiden Begleitkegelpaare des Raumgelenkviereckes als Hüllgebilde
geschaffen werden, so zueinander, daß zu dem Punkte D_{14} als Brennpunkte der einen
von beiden Flächen, dann der zugehörige zweite Brennpunkt dieser Fläche (Fig. 7) in
einem Punkte auf der negativen X-Achse zu suchen ist. Für die zweite von den beiden
Rotationsflächen ist D_{12} der eine Brennpunkt, während der andere auf der positiven
X-Achse zu finden ist. Ist dagegen anderen Falles

$$a^2 + b^2 > c^2 + d^2, \qquad (27)$$

dann liegt der zu D_{14} zugehörige zweite Brennpunkt in Fig. 7 auf der positiven und
der mit D_{12} zusammen das Brennpunktpaar einer Rotationsfläche II. Ordnung bildende
zweite Punkt auf der negativen X-Achse.

_____

In Fig. 8 ist ein räumliches Gelenkviereck gezeichnet, bei welchem, wie schon
oben ausführlich dargetan worden ist, von den Grundebenen $(e_u\ e'_o)$ die beiden Begleitkegelpaare des Rotationsellipsoïdes umhüllt werden. Die Ellipsen E und E' sind die
Meridiankurven dieser Rotationsflächen, welche die Viereckseite $c = D_{12} D_{14}$ zur gemeinschaftlichen Rotationsachse haben. D_{11} ist der eine Brennpunkt der Ellipse E,
der andere ist in der Richtung von D_{14} nach D_{12} hin zu finden. Der Gelenkpunkt D_{12}
ist andererseits der eine Brennpunkt der Ellipse E', von welcher der andere in der
Richtung von D_{12} nach D_{11} hin, auf der Seite c liegend, gefunden werden kann.

Die Seitenlängen dieses räumlichen Gelenkviereckes genügen folgenden Bedingungen:

$$a > c < b \qquad\qquad (28)$$

und

$$a^2 + b^2 \gtrless c^2 + d^2, \qquad\qquad (29)$$

und zwar veranschaulicht Fig. 8 den Fall, wenn $a^2 + b^2 > c^2 + d^2$ ist. Infolgedessen liegen die beiden Rotationsellipsoïde ineinander. Würde dagegen $a^2 + b^2 < c^2 + d^2$ sein, dann würden dieselben auseinander liegen.

Die beiden auseinanderliegenden Rotationsellipsoïde würden einander von außen in Punkten ihrer Rotationsachse berühren, wenn die Seite d des Gelenkviereckes in bezug auf die übrigen Seiten a, b und c desselben in folgendem Verhältnis stände:

$$d^2 = a^2 + b^2 + \frac{c\,[(a + b)\,c + 2\,ab]}{a + b + 2\,c} \qquad\qquad (30)$$

Würden, z. B., in einem räumlichen Gelenkvierecke die Seiten $a = 38$, $b = 47$ und $c = 31$ mm lang gewählt werden, dann würde die Gleichung 30 für die vierte Seite den Wert $d = 70{,}5$ mm ergeben. Das dadurch bestimmte Raumgelenkviereck erzeugt dann zwei sich in einem Punkte ihrer gemeinsamen Rotationsachse von außen berührende Rotationsellipsoïde von verschiedener Größe.

Damit ein räumliches Gelenkviereck zwei Rotationsellipsoïde als Hüllgebilde erzeugen kann, müssen seine Seiten den Bedingungen 28 genügen. Damit es aber die genannten zwei Flächen auch wirklich schafft, muß gleichzeitig wenigstens eine der Bedingungen 29 von seinen Seiten erfüllt werden. Ein Gelenkviereck dieser Art nenne ich, wie oben, seiner geometrischen Eigenschaften wegen kurzweg ein „doppeltellipsoïdisches Gelenkviereck", obgleich es zutreffender ein „doppelthüllrotationsellipsoïdisches Gelenkviereck" genannt werden müßte.

Zu beachten ist bei demselben noch, daß die beiden Rotationsellipsoïde desselben um so kleiner werden, je weniger die Seiten a und b von der Seite c abweichen und je näher von den Vierecksseiten die Bedingungsgleichung 24 erfüllt wird. Beim Bestehen der Gleichung 24 zwischen den Viereckseiten schrumpfen beide Rotationsellipsoïde in Fig. 8 zu den Gelenkpunkten D_{12} und D_{14} zusammen, welche Punkte dann auch als „imaginäre Hüllrotationsellipsoïde" aufgefaßt werden können.

Dabei ist nicht aus dem Auge zu lassen, daß niemals eine der beiden Rotationsflächen allein, sondern stets beide zugleich zu je einem der Gelenkpunkte zusammenschrumpfen, und daß diese Punkte dann auch Hüllpunkte der Grundebenen der beiden Begleitkegelpaare des räumlichen Gelenkviereckes sind.

Im Hinblick darauf, daß jedes ebene in ein räumliches Gelenkviereck umgewandelt werden kann, wie obige Untersuchung ergeben hat, und darauf, daß auch für die Gestalt und Lage der Hüllkegelschnitte oder Hüllrotationsflächen zueinander nur die Längen der Seiten der Vierecke maßgebend sind, können hier auf das Raumgelenkviereck die dort bei dem ebenen Gelenkviereck gefundenen Resultate ohne weiteres übertragen werden, indem jene Hüllkegelschnitte hier durch die entsprechenden Rotationsflächen ersetzt werden.

Aus diesem Grunde werden die beiden Rotationsflächen II. Ordnung in einem räumlichen Gelenkvierecke immer kongruent ausfallen, wenn zwei einander gegenüberliegende Seiten desselben gleich sind, wenn also z. B. in Fig. 7 oder 8

$$a = b \qquad\qquad (31)$$

ist. Die in der Mitte der feststehenden Seite c auf letzterer errichtete senkrechte Ebene ist dann die Symmetrieebene zu den beiden kongruenten Rotationsflächen II. Ordnung, welche in dem gerade vorliegenden räumlichen Gelenkvierecke als Hüllgebilde erzeugt werden. Alle Raumgelenkvierecke, welche der Bedingungsgleichung 31 genügen, nenne ich daher „symmetrische räumliche Gelenkvierecke."

Genügt daher das in Fig. 8 gezeichnete Gelenkviereck außer den Bedingungen 28 und 29 gleichzeitig auch noch der Bedingung 31, dann ist dasselbe ein „symmetrisches doppelt ellipsoidisches Gelenkviereck".

Ein „symmetrisches Kugelgelenkviereck" wird hiernach folgenden Bedingungen genügen müssen:

$$\left.\begin{array}{c} a^2 + b^2 = c^2 + d^2 \\ a = b \\ c \gtrless d \end{array}\right\} \qquad (32)$$

Gelenkparallelogramme sind nur ebene Gebilde und können als solche auch nur symmetrische ebene Gelenkvierecke bilden, welche entweder Kreisgelenkvierecke oder doppelt elliptische oder doppelt hyperbolische Gelenkvierecke sind. Bei den räumlichen Gelenkvierecken, in welchen die Gegenseiten gleich sind, die also den Gelenkparallelogrammen entsprechen, gibt es ein dem Gelenkrhombus entsprechendes Raumgelenkviereck, welches ein „rhombisches Kugelgelenkviereck" ist, und gleichzeitig folgenden Bedingungsgleichungen genügt:

$$\left.\begin{array}{c} a^2 + b^2 = c^2 + d^2 \\ a = b \\ c = d \end{array}\right\} \qquad (33)$$

Ein dem ebenen Gelenkdeltoïd entsprechendes räumliches Kugelgelenkviereck mag ein „deltoïdisches" heißen.

In dem einem Gelenkparallelogramme entsprechenden Raumgelenkviereck kann entweder die kürzere oder die längere Seite festgestellt werden. Es sind hiernach zwei Gruppen derartiger Raumgelenkvierecke auseinander zu halten. Von der einen Gruppe wird folgenden Bedingungen gleichzeitig genügt:

$$\left.\begin{array}{c} a^2 + b^2 < c^2 + d^2 \\ a = b \\ c = d \end{array}\right\} \qquad (34)$$

Diese Gruppe entspricht den „hyperbolischen Gelenkparallelogrammen" und liefert hier die symmetrischen doppelthyperboloïdischen räumlichen Gelenkvierecke. Derartige Raumgelenkvierecke nenne ich kurzweg „symmetrische doppelthyperboloïdische Gelenkvierecke".

Eine Verkörperung eines Gelenkvierecks dieser Art bildet die Kreuzgelenkkupplung des Engländers S. H. Crocker, welche in Fig. 9 körperlich im Teile *a* und schematisch im Teile *b* dargestellt worden ist. Diese Kupplung bildet das britische Patent 5141 vom Jahre 1897. Die vier Gelenkpunkte des räumlichen Gelenkvierecks sind in beiden Teilen der Fig. 9 entsprechend den Figuren 7 und 8 bezeichnet worden, so daß also die Mittelpunkte D_{12} und D_{14} der Gelenke an den festliegenden Wellenenden die festgestellte Seite *c* jener räumlichen Gelenkvierecke darstellen. Die übrigen drei Seiten *a*, *b* und *d* sind alle unter sich gleich und werden durch völlig überein

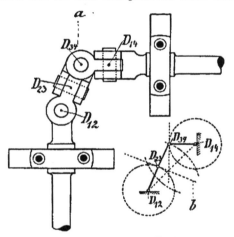

Fig. 9 (a u. b). S. H. Crockers Kupplung.

stimmende Gabel-Ösen-Kettenglieder verkörpert. Besonders zu erwähnen ist hier noch, daß die Achsen der zylindrischen Gelenkzapfen in den Punkten D_{23} und D_{34} die beiden gleichen Führungskugelflächen mit den Mittelpunkten D_{12} und D_{14} bei jeder Stellung der Kupplung berühren und dabei nur Kugelkalotten als Hüllgebilde schaffen, was besonders klar Fig. 9 b zeigt.

Eine zweite hierher gehörige Gruppe von Raumgelenkvierecken, welche den „elliptischen Gelenkparallelogrammen" entspricht, genügt gleichzeitig folgenden Bedingungen:

$$\left.\begin{array}{c} a^2 + b^2 > c^2 + d^2 \\ a = b \\ c = d \end{array}\right\} \qquad (35)$$

Räumliche Gelenkvierecke dieser Gruppe nenne ich ihrer geometrischen Eigenschaften wegen „symmetrische doppeltellipsoïdische Gelenkvierecke".

Unter den symmetrischen ellipsoïdischen und hyperboloïdischen Gelenkvierecken des Raumes nehmen diejenigen zwei Gruppen eine besondere Stelle ein, welche den ebenen Gelenkvierecken mit sich deckenden Ellipsen- bezw. Hyperbelscharen[1]) entsprechen. Es sind dies diejenigen Gelenkvierecke, welche gleichzeitig je drei gleiche Seiten haben. Auch bei derartigen Raumgelenkvierecken decken sich die beiden kongruenten Rotationsflächen II. Ordnung vollständig.

In der ersten Gruppe genügen die Viereckseiten gleichzeitig folgenden Bedingungen:

$$\left.\begin{array}{l} a = b = d > c \\ a^2 + b^2 > c^2 + d^2 \end{array}\right\} \qquad (36)$$

Räumliche Gelenkvierecke dieser Gruppe erzeugen ein und dasselbe Rotationsellipsoïd als Hüllgebilde der beiden Grundebenen ihrer zwei Begleitkegelpaare. Die in den Endpunkten der festgestellten Viereckseiten liegenden Gelenkpunkte sind dabei gleichzeitig die Brennpunkte des doppelt erzeugten Ellipsoïdes. Ich nenne Raumgelenkvierecke dieser Art „doppelt ellipsoïdische Gelenkvierecke mit sich deckenden Ellipsoïden".

In der zweiten Gruppe genügen die Viereckseiten gleichzeitig folgenden Bedingungen:

$$\left.\begin{array}{l} a = b = d < c \\ a^2 + b^2 < c^2 + d^2 \end{array}\right\} \qquad (37)$$

Die beiden Grundebenen der Begleitkegelpaare in den Gelenkvierecken des Raumes dieser Gruppe schaffen ein und dasselbe Rotationshyperboloïd als ein Hüllgebilde. Die Endpunkte der festgestellten Seite des Vierecks sind die beiden Brennpunkte des doppelt erzeugten Hyperboloïdes. Vierecke dieser Art nenne ich ihrer Eigenschaften wegen „doppelt hyperboloïdische Gelenkvierecke mit sich deckenden Hyperboloïden".

––––––––––

Aus den beiden zuletzt besprochenen Gruppen von räumlichen Gelenkvierecken, von welchen jedes drei gleiche und eine beliebig lange Seite hatte, können zwei neue Gruppen von Raumvierecken dadurch erhalten werden, daß immer die der beliebig langen Viereckseite gegenüberliegende Seite festgestellt wird. Es entspricht dieses Verfahren dem allgemein bekannten Verfahren der „Umkehrung der Bewegungen" in einem vorhandenen Getriebe.

Bei dieser Behandlung der beiden zuletzt besprochenen Gelenkviereckarten[2]) des Raumes wird zunächst eine Gelenkviereckgruppe erhalten, zu welcher alle diejenigen räumlichen Gelenkvierecke gehören, deren Seiten gleichzeitig folgenden Bedingungen genügen:

$$\left.\begin{array}{l} a = b = c > d \\ a^2 + b^2 > c^2 + d^2 \end{array}\right\} \qquad (38)$$

––––––––––

[1]) s. Verhandlungen 1904, S. 255 und 257, Fig. 16 und 17.
[2]) s. „Verhandlungen" 1904, S. 257 und 258, Fig. 18 und 19.

Räumliche Gelenkvierecke dieser Gruppe entsprechen den symmetrischen doppelt parabolischen Gelenkvierecken mit sich teilweis deckenden kongruenten Parabeln unter den ebenen Gelenkvierecken. Hier sind jene Parabeln die Meridiankurven von zwei Rotationsparaboloïden mit gemeinschaftlicher Rotationsachse. Es liegt also eine Gruppe von Raumgelenkvierecken vor, welche ich „symmetrische doppelt paraboloïdische Gelenkvierecke mit sich teilweis überschneidenden Rotationsparaboloïden" nenne.

Eine zweite Gruppe von Raumgelenkvierecken, welche in der angegebenen Weise erhalten werden können, bilden alle solche räumlichen Gelenkvierecke, deren Seiten gleichzeitig folgenden Bedingungen genügen:

$$\left. \begin{array}{l} a = b = c < d \\ a^2 + b^2 < c^2 + d^2 \end{array} \right\} \qquad (39)$$

Diese Raumgelenkvierecke entsprechen den symmetrischen doppelt parabolischen Gelenkvierecken mit auseinanderliegenden kongruenten Parabelscharen bei den ebenen Gelenkvierecken. Auch hier sind die Parabeln der Fig. 18[1] jener ersten Abhandlung die Meridiankurven der fraglichen Rotationsparaboloïde. Der geometrischen Eigenschaften wegen nenne ich diese Raumgelenkvierecke „symmetrische doppelt paraboloïdische Gelenkvierecke mit auseinanderliegenden Rotationsparaboloïden". Die beiden Paraboloïde berühren übrigens einander mit den Scheitelpunkten, wenn

$$d^2 = 3\, a^2 \qquad (40)$$

ist, was leicht aus Gleichung 30 gefunden werden kann.

Alle räumlichen Gelenkvierecke, welche den Bedingungen 31 bis 40 genügen, sind Sonderfälle eines allgemeinen Raumgelenkvierecks mit verschieden langen Seiten, wie z. B. dasjenige es war, dessen Seiten den Bedingungen 28 und 29 genügten, und welches ich ein „doppelt ellipsoïdisches Gelenkviereck" nannte. Es gibt aber noch andere allgemeine Raumgelenkvierecke mit spezifischen geometrischen Eigenschaften, welche nicht übersehen werden dürfen, wenn sie auch aus den entsprechenden ebenen Gelenkvierecken leicht ableitbar sind.

Zu dieser Art von räumlichen Gelenkvierecken können folgende vier gezählt werden:

A. Das dem doppelt hyperbolischen ebenen Gelenkvierecke entsprechende räumliche Gelenkviereck, dessen Seiten folgenden Bedingungen gleichzeitig genügen:

$$\left. \begin{array}{l} a < c > b \gtrless d \\ a^2 + b^2 \gtrless c^2 + d^2 \end{array} \right\} \qquad (41)$$

Dieses Raumgelenkviereck soll ein „doppelt hyperboloïdisches Gelenkviereck" genannt werden.

---

[1] s. Verhandlungen 1904, S. 257.

B. Das dem „elliptisch-hyperbolischen Gelenkviereck" der Ebene entsprechende räumliche Gelenkviereck, dessen Seiten gleichzeitig folgenden Bedingungen genügen:

$$a < c < b \lessgtr d \\ a^2 + b^2 \lessgtr c^2 + d^2 \Big\} \qquad (42)$$

Dieses räumliche Gelenkviereck nenne ich ein „ellipsoïdisch-hyperboloïdisches Gelenkviereck".

C. Das dem „elliptisch-parabolischen Gelenkviereck" der Ebene entsprechende Raumgelenkviereck, dessen Seiten gleichzeitig folgenden Bedingungen genügen:

$$a = c < b \lessgtr d \\ a^2 + b^2 \lessgtr c^2 + d^2 \Big\} \qquad (43)$$

Dieses Raumgelenkviereck soll ein „ellipsoïdisch-paraboloïdisches Gelenkviereck" heißen.

D. Das dem hyperbolisch-parabolischen Gelenkvierecke der Ebene entsprechende räumliche Gelenkviereck, dessen Seiten gleichzeitig folgenden Bedingungen genügen:

$$a = c > b \lessgtr d \\ a^2 + b^2 \lessgtr c^2 + d^2 \Big\} \cdot \qquad (44)$$

Dieses Viereck des Raumes mag entsprechend ein hyperboloïdisch-paraboloïdisches Gelenkviereck" genannt werden.

Unter den vier zuletzt genannten räumlichen Gelenkvierecken gibt es solche, bei welchen die beiden Rotationsflächen II. Ordnung, die in jeder derselben vorkommen, einander berühren. Ihr Berührungspunkt liegt auf der gemeinschaftlichen Drehachse der genannten Flächen und ist immer dann vorhanden, wenn die bewegliche Seite d zu den übrigen drei Seiten· eines der Vierecke in dem Verhältnisse steht, welches in der Gleichung 30 zum Ausdruck gebracht worden ist.

Übrigens dürfte aus dem Gesagten auch noch leicht zu erkennen sein, daß in allen räumlichen Gelenkvierecken nur die „zweischaligen Rotationshyperboloïde" als Hüllgebilde der besprochenen Art vorkommen können. Die reellen Achsen derjenigen Hyperbeln, welche die Meridiankurven jener Rotationsflächen II. Ordnung sind, sind nämlich immer die Drehachsen der fraglichen Flächen.

Alle Rotationsparaboloïde, welche hier als Hüllgebilde geschaffen werden, sind nur solche, welche durch Rotation einer Parabel um deren Hauptachse erhalten werden.

Alle Rotationsellipsoïde, welche in den Raumgelenkvierecken von den Grundebenen ihrer Begleitkegelpaare als Hüllflächen erzeugt werden, sind nur solche, deren Rotationsachse mit der kleinen Achse der Meridianellipse zusammenfällt.

Damit die genannten Rotationsflächen II. Ordnung von einem räumlichen Gelenkvierecke in der angegebenen Weise in ihrer vollen Ausdehnung als Hüllgebilde erzeugt werden, müssen zwischen den Viereckseiten dieselben Beziehungen herrschen,

welche bei den ebenen Gelenkvierecken bestehen mußten, damit in diesen die Hüllkegelschnitte von den Nebendiagonalen in ihrem vollen Umfange umhüllt wurden.
Diese Beziehungen[1]) lauten in bezug auf Fig. 7 und 8 also:

$$a + c = b + d,$$

oder
$$a + d = b + c, \tag{45}$$

oder auch
$$a^2 - b^2 = c^2 - d^2.$$

Die letzte dieser drei Gleichungen ergibt sich leicht aus den beiden ersteren.
Erfüllen die Seiten eines räumlichen Gelenkviereckes die Bedingungsgleichungen 45
nicht, dann sind die Vierecke nur zur Erzeugung von Zonen und Abschnitten der
Rotationsflächen II. Ordnung als Hüllflächen brauchbar. Dabei sind 3 Fälle besonders
auseinander zu halten, nämlich:

A. Ist gleichzeitig
$$a + c > b + d$$

und
$$a + d < b + c \tag{46}$$

dann kann das dazu gehörige räumliche Gelenkviereck nur Zonen von den beiden
Rotationsflächen II. Ordnung (als Hüllgebilde) schaffen, für welche es sonst geeignet
ist. Diese Zonen liegen zwischen je zwei parallelen und gleichzeitig auf der Rotationsachse der Flächen senkrecht stehenden Ebenen.

B. Ist ferner gleichzeitig:
$$a + c < b + d$$

und
$$a + d > b + c \tag{47}$$

dann werden von dem dazugehörigen räumlichen Gelenkvierecke nur zwei Scheitelabschnitte der fraglichen Flächen II. Ordnung geschaffen werden können, Fig. 8, welche
durch zwei zu der gemeinschaftlichen Rotationsachse der Flächen senkrecht stehende
Ebenen von letzteren abgeschnitten gedacht werden können.

C. In jedem anderen Falle, in welchem gleichzeitig ist:
$$a + c \lessgtr b + d$$

und
$$a + d \gtrless b + c \tag{48}$$

schafft das dazugehörige räumliche Gelenkviereck eine Zone in der einen und einen
Scheitelabschnitt in der anderen der beiden Rotationsflächen II. Ordnung, zu deren
Erzeugung als Hüllgebilde es sonst geeignet ist.

Die bis jetzt besprochenen Gelenkvierecke, bei denen die beiden räumlichen
Kurbeln durch zwei ein und demselben Raumsysteme angehörige Führungskugelflächen
ersetzt werden können, um sie auf mathematische Gebilde zurückzuführen, welche nur
aus zwei gegen einander beweglichen starren Raumsystemen bestehen, sind ganz bestimmte „mathematische Getriebe", obgleich ihnen noch eine willkürliche Beweglichkeit innerhalb gewisser Grenzen eigen ist. Diese Grenzen sind vollständig bestimmt
durch die Art und Ausdehnung der Rotationsflächen II. Ordnung, welche jedes dieser

----

[1]) s. Verhandlungen 1904, S. 259, und zwar die Gleichungen 69 und 70.

Gelenkvierecke als Hüllgebilde zu schaffen geeignet ist. Auf Grund der vorstehenden Untersuchung ist jedes räumliche Gelenkviereck zur derartigen Führung von zwei Ebenen (Trägern von zwei anderen starren Raumsystemen) brauchbar, daß diese in dem Raumsysteme des festgehaltenen Gliedes des Vierecks (dem Bildraume) nur Rotationsflächen II. Ordnung als Hüllgebilde zu schaffen vermögen. Dabei steht jede der beiden beweglichen Ebenen (Träger eines Raumsystems) auf je einer der beiden veränderlichen Kanten des Tetraëders, Fig. 3, 4 und 5, senkrecht, aus welchem das Raumgelenkviereck abgeleitet worden ist, oder zu welchem es durch Hinzufügung von zwei Diagonalen zwischen den vorhandenen vier Ecken ergänzt werden kann.

Jede dieser hinzugefügten veränderlichen Tetraëderkanten und die zu ihr senkrechte Ebene, welche eine jener Rotationsflächen II. Ordnung umhüllt, können mit einander starr verbunden werden, um je einem starren Raumsysteme als Träger zu dienen, welches dann von dem räumlichen Gelenkvierecke geführt wird.

In Fig. 8 z. B. ist die eine hinzugefügte Tetraëderkante $D_{12} D_{31}$ mit der auf ihr senkrecht stehenden Ebene, welche sich dort als die Gerade e_0 projiziert, die Träger des einen und die zweite hinzugefügte Tetraëderkante $D_{14} D_{23}$ mit der auf ihr senkrecht stehenden zweiten Ebene, welche sich dort als die Gerade e_0' projiziert, die Träger des anderen Raumsystems, welche Raumsysteme beide von dem räumlichen Gelenkvierecke $D_{12} D_{14} D_{24} D_{23}$ so geführt werden, daß das erstere das Rotationsellipsoïd mit der Ellipse E als Meridiankurve und das zweite das Rotationsellipsoïd mit der Ellipse E' als Meridiankurve, bei gemeinschaftlicher Rotationsachse $D_{12} D_{14}$ für beide, als Hüllgebilde der entsprechenden Ebene schafft. Die erzeugten Rotationsellipsoïde haben in dem Raumsystem des festgehaltenen Gliedes $c = D_{12} D_{14}$ eine unveränderliche Lage, werden aber von den bewegten Ebenen nicht in ihrer vollen Ausdehnung umhüllt. Es ist nämlich in Fig. 8

$$a + c < b + d$$

und $$a + d > b + c,$$

was den Bedingungsgleichungen 47 entspricht, sodaß also die Ebenen e_0 und e_0' hier nur Scheitelabschnitte ihrer Rotationsellipsoïde umhüllen können. Gerade die Länge der Seite d hat zur Folge, daß die Ebenen ihre Ellipsoïde nicht in ihrer vollen Ausdehnung umhüllen können. Würde aber die Seite d so gewählt werden, daß ihre Länge gemäß der Gleichung 45

$$d = \sqrt{b^2 + c^2 - a^2}$$

ist, dann würde damit die vorhandene Beschränkung in der Beweglichkeit des Gelenkviereckes zwar aufgehoben worden, aber gleichzeitig würden dann auch die Ellipsoïde ihre Gestalt ändern.

Von den beiden mittels des Gelenkviereckes in Fig. 8 geführten Systemen werden die Gelenkpunkte D_{12} und D_{14} als Hüllpunkte der hinzugefügten Tetraëderkanten $D_{12} D_{14}$ bezw. $D_{14} D_{23}$ erzeugt. Diese Hüllpunkte liegen auf den Rotationsachsen der beiden Ellipsoïde, ohne gleichzeitig Brennpunkte derselben zu sein, wiewohl die Gelenkpunkte D_{12} und D_{14} je einen Brennpunkt dieser zwei Rotationsellipsoïde bilden.

Aus dem Gelenkviereck kann jedes der Rotationsellipsoïde mit dem dazugehörigen von dem Vierecke geführten Raumsysteme herausgegriffen werden, dann werden zwei neue mathematische Getriebe erhalten, welche nur aus je zwei Gliedern bestehen, die aber in bezug aufeinander so beweglich sind, daß die das dazugehörige Rotationsellipsoïd einhüllende Ebene dasselbe nach Belieben in seiner vollen Ausdehnung als Hüllgebilde schaffen kann. Dabei können aber nur die Punkte einer beschränkten in der Ebene e_0 liegenden Kreisfläche, welche den Mittelpunkt M (Fig. 8) hat, mit den Oberflächenpunkten des entsprechenden Rotationsellipsoïdes in Berührung gebracht werden. Die Größe dieser Kreisfläche ist von der Gestalt des Ellipsoïdes und von der Lage des Hüllpunktes auf der Rotionsachse desselben abhängig.

Das räumliche Gelenkviereck ist hiernach, genau so wie das ebene Gelenkviereck, ein aus zwei einfacheren mathematischen Getrieben zusammengesetztes Gebilde. Diese beiden einfacheren mathematischen Getriebe werden am Ende dieser Abhandlung noch ausführlicher behandelt werden.

Hier mag nur noch darauf hingewiesen werden, daß durch geeignete Verkörperungen der räumlichen Vierecke auch entsprechende maschinelle Getriebe oder Maschinengetriebe erhalten werden können, welche sich zur Führung von ebenen Schleifkissen (Hüllebenen der Rotationsflächen II. Ordnung), bei Schleifmaschinen zur Herstellung von Hohlspiegeln mit kegelschnittigen Meridiankurven ganz besonders eignen würden, weil diese Kissen oder Schleifscheiben bei richtiger tangentialer Führung zu den zu erzeugenden Flächen, nach jeder Richtung hin beliebig beweglich erhalten bleiben würden. Maschinengetriebe dieser Art sind meines Wissens bis jetzt noch nicht bekannt geworden.

Aus jedem räumlichen Gelenkvierecke lassen sich unendlich viele verschiedene räumliche mathematische Getriebe schon dadurch ableiten, daß man seine Beweglichkeit beschränkt. Dies kann zunächst in der Weise geschehen, wie es bereits am Anfang dieser Abhandlung angedeutet worden ist. Es können also z. B. in dem Gelenkviereck nach Fig. 8 den auf den Kugelflächen K_1 und K_4 geführten Punkten D_{23} und D_{34} beliebige sphärische Bahnen zugewiesen werden, welche sie durchlaufen müssen. Alsdann würde jeder Punkt der Viereckseite $d = D_{23}D_{34}$ gezwungen sein, eine ganz bestimmte Raumkurve zu beschreiben, welche nicht allein von der Gestalt der sphärischen Führungskurven und ihrer Lage zueinander, sondern auch von der Länge der Viereckseite d abhängig wäre. Hier sind folgende drei Fälle zu unterscheiden:

α. Bei gegebenen sphärischen Führungskurven und gleichzeitig gegebener Länge der Seite d würden dann aber nicht nur die auf der Viereckseite d liegenden Punkte, sondern alle auf deren Verlängerungen über D_{23} und D_{34} hinaus befindlichen Punkte ganz bestimmte analytisch deutbare Raumkurven durchlaufen, mag dabei das zu der Seite d gehörige starre Raumsystem um diese Seite als Drehachse Drehungen ausführen, welche es nur wolle. Bezüglich dieser Achse liegt alsdann ein räumliches mathematisches Getriebe vor, welches ich ein „räumliches Punktbahnengetriebe einer Drehachse", oder kurzweg ein „Drehachsen-Punktbahnengetriebe" nenne.

β. Im Falle in einem Drehachsen-Punktbahnengetriebe die Drehungen um die Achse gesetzmäßige werden, sodaß also das zu dieser Achse gehörige starre Raum-system nur ganz bestimmte analytisch definierbare Drehungen um dieselbe auszuführen imstande ist, macht das System bezüglich des Bildraumes nur noch solche Bewegungen, daß jeder Punkt des Systemes in diesem nur noch ganz bestimmte Bahnen durchlaufen kann. Dadurch gelangt man zu räumlichen mathematischen Getrieben, welche ich „räumliche Punktbahnengetriebe" nenne.

Verkörperungen derartiger Getriebe sind „Maschinengetriebe des Raumes", welche nach Reuleaux[1]) sehr zutreffend „zwangläufige räumliche Maschinengetriebe" genannt werden können.

γ. Aus einem räumlichen Gelenkvierecke lassen sich als rein geometrische Gebilde nicht nur unendlich viele „Drehachsen-Punktbahnengetriebe" und „räumliche Punktbahnengetriebe" bilden, sondern auch noch unendlich viele Getriebe einer dritten Art schaffen. Werden nämlich in Fig. 8 die in den Kugelflächen K_1 und K_4 auf ganz bestimmten sphärischen Kurven geführten Punkte D_{23} und D_{34} als Gelenkpunkte aufgelöst, sodaß sich die mit der Viereckseite d zusammenfallende Drehachse des beweglichen starren Raumsystemes entweder zugleich durch beide Punkte oder auch nur durch einen von beiden hindurchschieben läßt, und werden dabei die Punkte selbst auf ihren Kurven gesetzmäßig bewegt, dann entstehen die fraglichen neuen mathematischen Raumgetriebe. In denselben bestreicht die in der jetzt veränderlichen Viereckseite d liegende Drehachse eine Regelfläche, welche von der Gestalt der sphärischen Führungskurven und von den Gesetzen abhängig ist, nach welchen die Punkte D_{23} und D_{34} auf ihren gegebenen sphärischen Bahnen bewegt werden. Diese Regelfläche wird auch von jeder Ebene des Ebenenbündels geschaffen, dessen Achse in der Seite d liegt; es mag dabei das Raumsystem jede beliebige Drehung um die Achse d ausführen. Mathematische Getriebe dieser Art will ich „räumliche Achsenführungsgetriebe" nennen. Die Verkörperungen der Regelflächen nennt Reuleaux[2]) „Axoide".

———

Die aus dem räumlichen Gelenkvierecke soeben entwickelten drei Arten von räumlichen mathematischen Getrieben gehören zu den einfachsten Raumgetrieben; sie sind nämlich alle zweigliedrige Getriebe, und weniger als zwei Glieder kann ein Getriebe überhaupt nicht haben. Auch sind der Kreis und die Kugelfläche, vom Standpunkte der Bewegungsgeometrie aus betrachtet, die einfachsten geometrischen Elementargebilde, in welcher mathematischen Disziplin die Gerade als ein unendlich großer Kreis betrachtet und die Ebene für eine unendlich große Kugelfläche gehalten wird. Indem man in einem räumlichen Gelenkvierecke die Führungskugelflächen von dem kleinsten bis zum größten Werte ändert und auch die Viereckseiten entsprechenden aber zulässigen Änderungen unterwirft, gelangt man zu einem System aller räumlichen Getriebe, welche die einfachsten sind.

[1]) s. Reuleaux Theoretische Kinematik 1875, S. 90 und 597.
[2]) s. Reuleaux Theoretische Kinematik, 1875, S. 84.

An dieses System der einfachsten zweigliedrigen Raumgetriebe könnten dann sofort noch diejenigen zweigliedrigen Raumgetriebe angeschlossen werden, welche statt der Führungs-Kugelflächen die übrigen Flächen II. Ordnung zu Führungszwecken für Punkte verwenden. Alsdann kann auf die Flächen III. Ordnung ein entsprechendes Getriebesystem gestützt werden. Die Flächen IV., V. usw. Ordnung könnten in gleicher Weise zur Vermehrung der zweigliedrigen Raumgetriebe verwendet werden. Die mathematischen Schwierigkeiten, die sich diesem Entwickelungsgange eines Systems aller zweigliedrigen räumlichen mathematischen Getriebe entgegenzusetzen scheinen, werden mittels der Bewegungsgeometrie und insbesondere mittels einer Bewegungsgeometrie des Kreises und der Kugelfläche sehr leicht behoben, von welcher Bewegungsgeometrie ich schon bei der Behandlung des ebenen und räumlichen Gelenkviereckes einige Sätze in Anwendung gebracht habe. Ich will hier nur darauf hinweisen, daß die zweigliedrigen Raumgetriebe mit Führungsflächen höherer Ordnung, als es die Kugelfläche ist, durch Verminderung der Anzahl der Glieder eines mehrgliedrigen Getriebes bis auf zwei desselben erhalten werden können.

Unter den unendlich vielen „Drehachsenpunktbahnengetrieben", welche aus dem räumlichen Gelenkvierecke entwickelt werden können, sind die einfachsten diejenigen, bei welchen die in den beiden Kugelflächen liegenden sphärischen Führungskurven durch Kreise vertreten sind, weil der Kreis die einfachste Kurve in einer Kugelfläche ist. Dadurch wird ein Drehachsen-Punktbahnengetriebe erhalten, bei welchem im allgemeinsten Falle auf zwei im Raume beliebig liegenden, beliebig großen, aber ihre Lage zueinander nicht ändernden Kreisen je ein Punkt einer starren Geraden beweglich ist. Die starre Gerade ist als Drehachse eines starren Raumsystems zu betrachten. Jeder Punkt dieser Achse beschreibt im Raume eine unveränderliche Bahn, welche durch die Größe und Lage der Führungskreise und durch den unveränderlichen Abstand der beiden geführten Punkte der Achse vollständig bestimmt ist. Da die Führung eines Punktes auf einem Kreise am einfachsten mittels des Radius des Kreises zu bewirken ist, welcher Radius auch am einfachsten durch eine Kurbel verkörpert werden kann, so will ich das in Rede stehende mathematische Getriebe ein „räumliches Kurbel-Gelenkviereck" nennen. Jede Verkörperung eines solchen rein geometrischen Gebildes bildet dagegen ein „räumliches Kurbelgetriebe".

Bei einem räumlichen Kurbelviereck, welches in Fig. 10 bildlich dargestellt ist, kann die Führung der Punkte D_{23} und D_{34} auf den Kreisen k_2 und k_4 entweder mittels der Kurbeln $D_{12} D_{23}$ und $D_{14} D_{34}$, welche gleich den Radien der Führungskugelflächen K_2 und K_4 in dem ursprünglichen räumlichen Gelenkvierecke sind, und daher im Raume die Mäntel von zwei Kegeln mit den Grundkreisen k_2 und k_4 und den Spitzen D_{12} und D_{14} bestreichen, oder mittels der Radien $M_2 D_{23}$ und $M_4 D_{34}$ der beiden Kreise k_2 und k_4 selbst bewegt werden. Da die Kreismittelpunkte M_2 und M_4 ebenso wenig ihre Lage im Raume zueinander verändern, wie die Mittelpunkte D_{12} und D_{14} der Führungskugelflächen, so bilden die vier Punkte M_2, M_4, D_{34} und D_{23} die Ecken eines zweiten räumlichen Gelenkviereckes, welches zur Untersuchung der Bewegung der Achse

D_{23} D_{34} in bezug auf das feststehende Bildraumsystem des Gliedes $c = D_{12}$ D_{14} benutzt werden könnte.

Nicht bloß die bereits genannten zwei, sondern sogar unendlich viele räumliche Gelenkvierecke sind zu der fraglichen Untersuchung der Bewegung des Gliedes $d = D_{23}$ D_{34} brauchbar. Verbindet man nämlich die Punkte D_{12} und M_2 sowie D_{14} und M_4 in Fig. 10 durch je eine Gerade, dann liegen auf diesen Geraden die Mittelpunkte von zwei Kugelscharen, deren Kugelflächen alle entstehen durch den Kreis k_2,

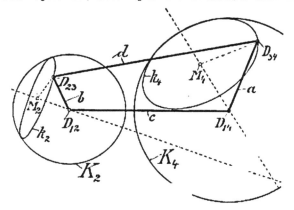

Fig. 10. Räumliches Kurbelgelenkviereck.

oder alle durch den Kreis k_4 hindurchgehen. Je zwei Kugelflächen dieser zwei Kugelscharen können aber als Führungsflächen für die Viereckseite $d = D_{23}$ D_{34} gebraucht werden. Letztere Seite, die Radien der beiden gewählten Kugeln und der Abstand der Mittelpunkte der zwei Kugeln von einander bilden hierbei die Seiten eines von den genannten unendlich vielen räumlichen Gelenkvierecken, welche ich „Hilfsgelenkvierecke" zu demjenigen räumlichen Gelenkvierecke nenne, aus welchem das Kurbelgelenkviereck abgeleitet worden ist.

Unter diesen Hilfsgelenkvierecken sind folgende Sonderfälle von besonderer Bedeutung: Von den Führungskugeln, deren Mittelpunkte auf den Geraden M_2 D_{12} und M_4 D_{14} liegen, kann entweder die eine oder die andere, oder es können beide zugleich unendlich groß werden.

Ist z. B. diejenige Führungskugel unendlich groß, welche den Kreis k_2 in ihrer Fläche aufnimmt und deren Mittelpunkt daher der unendlich ferne Punkt der Geraden M_2 D_{12} ist, dann ist die Oberfläche dieser Kugel völlig übereinstimmend mit der Ebene des Kurbelkreises k_2. Ist auch noch die zweite Führungskugel unendlich groß, dann fällt ihre Oberfläche mit der Ebene des Kreises k_4 zusammen.

Das räumliche Kurbelgelenkviereck kann daher auch als ein Gebilde der Bewegungsgeometrie betrachtet werden, in welchem zwei nicht zusammenfallende Punkte einer starren Geraden auf zwei Kreisen beweglich sind, welche in zwei in einem starren Raumsysteme zueinander beliebig stehenden Ebenen liegen. Umgekehrt kann auch jedes Gebilde der Bewegungsgeometrie von der zuletzt besprochenen Beschaffenheit in unendlich viele voneinander verschiedene räumliche Gelenkvierecke gebracht werden. Bei allen diesen Umgestaltungen bleibt das Getriebe aber das, was es anfänglich war, nämlich ein „Drehachsen-Punktbahnengetriebe", welches schon oben erläutert worden ist.

Der allgemeinste Fall eines räumlichen Kurbelviereckes liegt dann vor, wenn die Kurbelkreise desselben im Raume so zueinander liegen, daß die Senkrechten in ihren Mittelpunkten zu den Kreisebenen einander nicht schneiden und auch zueinander nicht parallel sind. Diese Senkrechten sind dann zwei windschiefe Geraden in dem feststehenden oder Bildraume. Jedes jener unendlich vielen räumlichen Gelenkvierecke, in welche das Kurbelgelenkviereck gebracht werden kann, hat zwei Rotationsflächen II. Ordnung zu Hüllgebilden, welche von den Grundebenen seiner zwei Begleitkegelpaare erzeugt werden.

Diese zwei Grundebenen werden aber von dem räumlichen Kurbelgelenkvierecke so bewegt, daß jede von beiden ihre eigene Rotationsfläche II. Ordnung nur in einer Kurve berührt, welche aber immer eine geschlossene Linie sein wird, mag die Rotationsfläche von ihrer Kegelgrundebene in der vollen Ausdehnung oder nur teilweis als Hüllgebilde erzeugt worden sein.

Während der Bewegung umhüllen hier die Grundebenen der zwei Begleitkegelpaare zwei Regelflächen, welche die dazugehörigen Rotationsflächen II. Ordnung eines herausgegriffenen räumlichen Gelenkviereckes derartig umschließen, daß sie die Flächen in den besprochenen Kurven berühren. Eine ausführliche Behandlung dieser Regelflächen und ihrer Berührungslinien mit den dazugehörigen Rotationsflächen II. Ordnung wird hier fortgelassen, weil dies zu weit führen würde.

———

Ein Sonderfall des räumlichen Kurbelgelenkviereckes wird erhalten, wenn die Ebenen der Kurbelkreise zu einander parallel sind. Alsdann bestreicht die bewegliche Seite des Vierecks, z. B. die Seite $d = D_{23} D_{34}$ in Fig. 10, eine Regelfläche, welche ein einschaliges Hyperboloïd ist, wenn die Seite d die Verbindungslinie der Mittelpunkte M_2 und M_4 der Kurbelkreise nicht schneidet. Schneiden aber diese Linien einander, dann wird eine schiefe Kreiskegelfläche als Spur der Viereckseite d geschaffen. Liegt endlich der Schnittpunkt der beiden Linien im Unendlichen, dann sind auch die Kurbelkreise k_2 und k_4 einander gleich und die Seite d erzeugt als Spur eine schiefe Kreiszylinderfläche, welche in eine gerade Kreiszylinderfläche übergeht, wenn gleichzeitig der Abstand der prallelen Kurbelkreise gleich der Seite d ist.

Für die Erzeugung der geraden Kreiszylinder- oder Kreiskegelfläche oder des einschaligen Rotationshyperboloïdes als Spur der bewegten Viereckseite d ist nebenbei die Bedingung maßgebend, daß die Verbindungslinie der Mittelpunkte der Kurbelkreise senkrecht zu den Kreisebenen stehen müsse.

Bei den Kurbel-Gelenkvierecken des Raumes, bei welchen die bewegte Viereckseite eine normale Kreiszylinder- oder Kreiskegelfläche als Spur bestreicht, werden in
jedem Gelenkviereck des Raumes, in welches das Kurbelgelenkviereck gebracht werden
kann, von den Grundebenen der Begleitkegelpaare desselben auch Rotationsflächen
II. Ordnung als Hüllgebilde erzeugt. Diese Grundebenen werden aber von dem Kurbelgelenkviereck so bewegt, daß sie die fraglichen Rotationsflächen in Kreisen berühren,
welche auf der gemeinschaftlichen Rotationsachse senkrecht stehen. Dabei umhüllen
diese Grundflächen gleichzeitig je eine senkrechte Kegelfläche, deren Achse ebenfalls
mit der Rotationsachse jener Flächen II. Ordnung, d. h. mit der Seite c in Fig. 10 zusammenfällt.

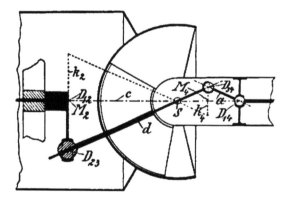

Fig. 11. Elmer Stillmann Smith's Dampfmaschine.

Die beiden räumlichen Kurbeln dieser und auch derjenigen räumlichen Kurbelgelenkvierecke, bei welchen die Viereckseite d eine schiefe Zylinder- oder Kegelfläche
bestreicht, sind während der Bewegung ihrer zugehörigen mathematischen räumlichen
Getriebe immer parallel zueinander. Infolgedessen können derartige Getriebe auch
sehr zutreffend „Parallelkurbel-Gelenkvierecke des Raumes" genannt werden, und zwar
im Gegensatze zu den „hyperboloïdischen Kurbel-Gelenkvierecken des Raumes", bei
welchen sich die beiden Kurbeln in parallelen Ebenen bewegen, ohne dabei zueinander
parallel zu sein.

Ein Beispiel zu einem räumlichen Kurbelgelenkviereck, dessen bewegte Seite
die Oberfläche eines normalen Kreiskegels als Spur schafft, bildet dasjenige mathematische Getriebe, welches der äußeren Steuerung der Dampfmaschine von E. S. Smith in
Boundbrook (Grafsch. Middlessex, Staat New-Jersey), V. St. A., vgl. das deutsche
Patent 64069 (aus Klasse 14) vom 18. August 1891, zu Grunde liegt.

Die Anordnung der Maschine, welche den Figuren 32 und 34 der Patentschrift entspricht, ist in nebenstehender Fig. 11 schematisch gezeichnet, um das mathematische Getriebe leichter übersehen zu können. Auch sind die Gelenkpunkte und Seiten des Gelenkvierecks der Fig. 10 entsprechend bezeichnet. Die Seite b jenes Gelenkvierecks fällt hier mit dem Kreisradius des Führungskreises k_1 für die bewegte Viereckseite d zusammen, welche den Mittelpunkt S einer Kugelfläche als Spitze der bestrichenen Kegelfläche umhüllt. Die Kugelfläche mit dem Mittelpunkt S bildet den Dampfzylinder der Maschine, in welchem ein von zwei Kugelausschnitten begrenzter Kolben von der verkörperten Seite d durchdrungen wird. Durch letztere wird die Maschine nicht nur gesteuert, sondern kann auch umgesteuert werden.

(Schluß folgt.)

Die Goldproduktion des Jahres 1903
nebst besonderer Berücksichtigung der Verhältnisse am Witwatersrand in Transvaal.
Von Hütteningenieur Bruno Simmersbach.

In der Geschichte der Goldproduktion bedeutet das Jahr 1891 den Beginn einer neuen Periode, die sich durch eine beträchtliche Steigerung der Produktion kennzeichnet. Während der zehn Jahre von 1881—1890 schwankte die Produktion an Gold zwischen 4 825 794 Unzen in 1882 und 5 711 451 Unzen im Jahre 1890; das mittlere Ausbringen dieses Jahrzehnts bezifferte sich auf 5 117 192 Unzen. Die Produktion des Jahres 1891 überschritt dann zum ersten Male die Ziffer von 6 Millionen Unzen. Mit der Aufschließung der Goldfelder des Transvaal stieg dann die Goldproduktion in raschem Tempo aufwärts und erreichte im Jahre 1896 schon fast 10 Millionen Unzen. Das folgende Jahr 1897 bedeutet eine neue Etappe; die Goldproduktion hob sich plötzlich auf 11 483 712 Unzen, also auf das Doppelte des Jahresmittels des vergangenen Jahrzehnts. Diese enorme Steigerung findet ihre Begründung in der Aufschließung der Goldfelder am Rand und am Yukon, sowie in einer bedeutenden Produktionszunahme der Goldfelder Australiens und der Vereinigten Staaten Amerikas. Mit dem Ausbruch des Transvaalkrieges im Oktober 1899 trat eine jähe Unterbrechung in der Zunahme der Goldproduktion der Welt ein. Zwar blieb die Gesamtproduktion immer noch über jener des Jahres 1897, doch fiel sie von 15,2 auf 12,6 Millionen in den beiden Jahren 1899—1900. Die Goldproduktion der Welt zeigte im Einzelnen folgende Entwicklung:

Goldproduktion der Welt in Unzen fein			
Jahr		Jahr	
1881—1890	5 117 192	1897	11 483 712
1891	6 286 235	1898	14 016 374
1892	7 041 822	1899	15 220 263
1893	7 675 236	1900	12 681 958
1894	8 655 222	1901	12 894 856
1895	9 652 003	1902	14 437 669
1896	9 820 075	1903	15 894 541

Die Produktion des Jahres 1903 hat also das bisherige Maximum des Jahres 1899 bereits wieder überholt und wahrscheinlich wäre die Ziffer noch höher ausgefallen, wenn nicht besondere Umstände hemmend auf die Entwicklung der Goldindustrie eingewirkt hätten.

In dieser Beziehung ist besonders der Arbeitermangel in den Rand-Distrikten hervorzuheben; ebenso herrschte, wenn auch in weit geringerem Maße, in Australien fühlbarer Mangel an Arbeitskräften und in Nordamerika haben ausgedehnte Arbeiterstreiks, besonders in den Bergwerksgebieten von Colorado, den Grubenbetrieb in schwerer Weise geschädigt. Nach den Zusammenstellungen, wie sie das Commercial and financial Chronicle regelmäßig bringt, verteilte sich die Goldproduktion der letzten Jahre in folgender Weise auf die einzelnen beteiligten Länder, in Unzen fein:

	Vereinigte Staaten	Australien	Canada	Afrika	Rußland	Mexiko	Andere Länder	Total
1896—1900 Jahresdurchschnitt	3 145 714	3 189 895	696 467	2 620 300	1 088 993	394 689	1 509 458	12 645 076
1901	3 805 500	3 792 364	1 183 362	474 696	1 135 100	497 527	2 006 307	12 894 856
1902	3 870 000	3 949 804	1 003 359	1 098 811	100 000	491 156	2 024 949	14 437 669
1903 vorläufige Angaben	3 000 331	4 299 234	943 314	3 317 662	1 134 000	500 000	2 100 000	15 894 541

Australien liefert demnach die höchste Goldmenge, und zwar ist es hier besonders das westliche Australien, dessen Produktion von der Gesamtproduktion jenes Kontinents fast 50 % ausmacht. Die nachfolgende Tabelle gibt hierüber ein anschauliches Bild. Es betrug die Goldproduktion der einzelnen Goldbezirke Australiens nach Unzen fein:

	Viktoria	Neu-Süd-Wales	Queensland	West-australien	Neu-Seeland	Süd-australien	Tasmania	Total
1902	728 380	254 432	653 362	1 769 176	459 408	23 662	60 974	3 949 394
1903	760 700	254 256	701 469	2 065 023	456 707	24 401	36 678	4 299 234

Es ist dabei jedoch zu bemerken, daß nach den Angaben des Marché financier, dem diese Ziffern entnommen sind, die Produktionsmengen für das Jahr 1903 noch nicht absolut festgestellt sind, sondern hier nur die vorläufigen Ergebnisse der statistischen Erfassung gegeben werden konnten. Es sind daher eventuelle Abweichungen gegenüber den späteren definitiven Ziffern — wie sie gewöhnlich die Direktion der amerikanischen Münze zu Washington zuerst bringt — nicht ausgeschlossen.

Die Goldproduktion der Vereinigten Staaten Amerikas wurde, wie bereits erwähnt, durch die ausgebrochenen Bergarbeiterstreiks in Colorado in nicht unbeträchtlichem Maße nachteilig beeinflußt, zudem hat auch die Produktion in Californien nachgelassen und ebenso jene Alaskas. Die Goldproduktion Nordamerikas verteilte sich auf die einzelnen Distrikte, wie folgt:

Staaten	Unzen fein	
	1902	1903
Colorado	1 377 175	1 064 252
Californien . . .	812 319	799 907
Alaska	403 730	334 812
Süd-Dakota . . .	336 952	333 271
Montana	211 571	200 000
Arizona	198 933	231 426
Utah	173 886	245 000
Nevada	140 059	173 000
Idaho	71 352	100 000
Oregon	87 881	66 000
Neu-Mexico . . .	25 693	18 000
Washington . . .	13 166	21 000
Südstaaten . . .	15 283	13 232
Andere Staaten . .	2 000	431
Total	3 870 000	3 600 331

Um nun zu der Goldproduktion des Transvaal im besonderen überzugehen, so
ist zunächst allgemein zu bemerken, daß das Jahr 1903 eine gesteigerte Wiederaufnahme
der Arbeiten auf den Gruben des Witwatersrand mit sich brachte, und wenn trotzdem
die Produktion sich nicht in dem Maße vermehrte, wie es den Randmagnaten wohl
wünschenswert erschien, so liegt dies an der Unzulänglichkeit der Arbeitskräfte. Von
100 000 schwarzen Bergarbeitern, welche 1899 vor Ausbruch des Krieges auf den Gold-
gruben beschäftigt waren, fiel die Zahl auf 37 000 gegen Ende Mai 1902 und auch
später waren noch keine 50 000 Kaffern auf den Bergwerken tätig. Diese schwierige
Arbeiterfrage hat bekanntlich Veranlassung zur Einfuhr von Chinesen gegeben.

Über den bergbaulichen Betrieb in den Golddistrikten am Witwatersrand enthält
die umfangreiche Denkschrift der Minenkammer von Johannesburg, welche zu Ehren
Chamberlains bei seiner südafrikanischen Reise ausgearbeitet wurde, folgende Angaben.

Als man die Golderzlagerstätten am Witwatersrand aufzuschließen begann, hatte
man noch an keiner Stelle unserer Erde Erfahrungen auf großer industrieller Basis
über den technischen Betrieb in goldhaltigen Konglomeraten gesammelt. Aus diesem
Mangel an Erfahrung entsprangen auch die vielfachen Irrtümer und Mißlingen, welche
anfänglich, sowohl in technischer wie auch finanzieller Hinsicht, den Goldbergbau im
Transvaal begleiteten. Eine der Hauptschwierigkeiten, welche sich einstellten, bestand
in der Unvollkommenheit der damals bekannten Goldextraktionsprozesse. Dieser Umstand wurde hier noch besonders verschärft, weil der Goldgehalt der Witwatersrand-
Erze im allgemeinen nur gering ist. Anfänglich gewann man aus den Erzen mittels
des Amalgamierungsverfahrens höchstens 50—60 % des Goldgehaltes; später verbesserte
man allerdings dieses Ergebnis durch Anwendung der Chlorierungsmethode, doch erreichte man erst wirklich zufriedenstellende Resultate nach erfolgter Einführung des
Cyanidverfahrens. Eine gut eingerichtete und geleitete Anlage, welche nach dem Cyanid-
verfahren arbeitet, gewinnt heute durchschnittlich 85—90 % des in dem Erze enthaltenen
metallischen Goldes.

Die industrielle Ausrüstung eines Goldbergwerkes erfordert ein ganz beträcht-
liches Anlagekapital. Man schätzt die durchschnittlichen Aufwendungen, welche von
den Goldgesellschaften für technische Einrichtung und an Betriebskapital geleistet
worden sind, auf ~ 5000 £ pro Erzstampfe. Da nun die Mindestzahl der aufgestellten
Erzpocher etwa 6000 Stück betrug, so beziffern sich die finanziellen Ausgaben der Gesellschaften, welche in Betrieb stehen, auf mindestens 30 Millionen Pfund Sterling. Das
Kapital der neugegründeten und der im Abteufen begriffenen Goldwerksgesellschaften
ist hier nicht mit einbezogen. Der Bericht der Johannesburger Bergwerkskammer
führt an, daß zu Anfang die Kosten der Aufschließung von Goldfeldern ganz enorm
hohe gewesen seien, wozu in erster Linie die hohen Transportkosten beigetragen hätten.
Trotzdem nun auf diesem Gebiete eine erhebliche Verringerung im Laufe der Zeit eingetreten sei, so könne man doch nicht hoffen, daß die niedrigeren Frachtkosten nun
auch das Gesamtergebnis günstig beeinflußten, denn inzwischen seien die Schacht-
anlagen bedeutend tiefer geworden, die Ansprüche an das Material der Betriebseinrichtungen seien erhöht usw., so daß aus all diesen Gründen wiederum eine Erhöhung der Unkosten herangewachsen sei. Die verschiedenen Bergwerksgesellschaften
selbst schätzen das erforderliche Gesamtkapital, welches in ihren Betrieben angelegt

sei, auf mindestens 50 Millionen £, was durch die kostspieligere Ausrüstung, notwendige Verbesserungen und vor allem durch den Tiefbausohlenbetrieb (deep levels) hervorgerufen sei.

Die gegenwärtig größte Teufe erreicht das Robinson Deep, auf welchem man bei 2400 Fuß die Golderze abbaut. Selbst bei dieser Teufe zeigt das Flöz alle jene charakteristischen Merkmale, welche auch den zu Tage ausgehenden Flözen eigen sind. Man hat natürlich bereits mit der Möglichkeit gerechnet, noch tiefere Schächte abzuteufen, doch wird dies von dem Goldgehalt der Erze und den Aufschließungskosten abhängig sein; die Ingenieure des Transvaal — worunter leider fast gar keine Deutsche! — halten es nicht für ausgeschlossen, noch bei 6000, ja selbst stellenweise bei 12000 Fuß Teufe einen wirtschaftlich rentablen Goldbergbau einrichten zu können. — Wichtiger jedoch als diese Zukunftsfrage ist augenblicklich das Problem der Selbstkosten. Nach einer amtlichen Untersuchung, welche man im Jahre 1898 bei 58 Goldbergbaugesellschaften angestellt hatte, verteilten sich die Selbstkosten zu 53,44 % auf Gehälter und Löhne; 10,95 % auf Explosivstoffe; 8,23 % auf das Brennmaterial.

Die Kosten für Dynamit sind nun seit dem letzten Kriege ganz erheblich zurückgegangen. Die vergleichsweise Gegenüberstellung der Durchschnittskosten für Explosivstoffe zwischen 1899 und Oktober 1902 ergab eine Verringerung von 30 % im Mittel. Neben dieser Preisreduktion kommt der Entwickelung des Goldbergbaues am Witwatersrand ein Umstand besonders zu statten, nämlich das Vorkommen von Steinkohle in nächster Nähe der Goldfelder. Ohne diese Steinkohlen würden die Gewinnungskosten des Goldes ganz beträchtlich höher ausfallen. Glücklicherweise aber besitzen sowohl Transvaal wie auch der Orange-Staat bemerkenswerte Steinkohlen-Ablagerungen. Im Gebiete von Vereeniging beginnt nördlich des Vaalflusses — nahe bei Vereeniging selbst — die Steinkohlenformation, welche sich in bisher noch nicht näher untersuchter Ausdehnung weit in die jetzige Orange-Kolonie hinein fortsetzt. Man hat hier Flöze von 10—20 Fuß Mächtigkeit angefahren. Die Sektion Brakpan-Springs des Steinkohlengebietes liegt eng an dem äußersten östlichen Ende des Golderzgebietes. Die Steinkohlenflöze dieser Partie liegen in einer mittleren Teufe von 120' und ihre Mächtigkeit schwankt zwischen 18' bis 22'. Eine andere Sektion, Middelburg-Belfast, erstreckt sich sehr wahrscheinlich bis in die Gebiete von Ermelo und Wakkerstroom. Endlich liegt noch im Süden von Heidelberg die Sektion Südrand, welche sich bis an den Vaalfluß hin ausdehnt. Die Steinkohlenproduktion seit 1893 zeigt folgenden Entwickelungsgang:

Jahr	Produktion Tonnen à 200 Pfd.	Wert pro Tonne am Produktionsorte shilling pence	
1893	548 534	9	4,64
1894	791 358	9	1,04
1895	1 133 466	9	1,80
1896	1 437 296	8	6,25
1897	1 600 212	7	7,94
1898	1 907 808	7	0,67
1899	1 735 282	7	1,66
1900	506 794	7	9,48
1901	797 144	8	3,06
1902	663 596	8	0,64

Im Oktober 1899 begann der Krieg, der einen ganz rapiden Rückgang der Produktionsziffer zur Folge hatte. — Der Steinkohlenbedarf der sämtlichen Goldbergwerke während des Fiskaljahres 1901/1902 — Ende, am 30. Juni 1902 — betrug 469 841 Tonnen, welche einen Kostenaufwand von 366 685 £ verursachten.

Die monatliche Goldproduktion des Witwatersrand in. Unzen fein betrug im Jahre 1903:

Januar	. . . .	192 935	Juli	242 070
Februar	. . .	187 978	August. . .	262 569
März	. . . .	208 456	September .	267 513
April	. . . .	218 900	Oktober . .	275 664
Mai	. . . . .	224 409	November .	272 107
Juni	. . . . .	228 168	Dezember. .	278 710

Die bisher erreichte monatliche Höchstproduktion fällt mit 459 710 Unzen fein in den Monat August des Jahres 1899. Vor Beginn des Krieges, im Jahre 1899, standen 77 Bergwerke in Betrieb, welche mit 5930 Erzstampfen arbeiteten; Ende 1903 zählte man 55 Bergwerke mit 4300 Erzstampfen.

Außer dem Witwatersrand-Distrikte ist wohl als das bedeutendste Goldproduktionsgebiet Afrikas Rhodesia anzuführen, doch scheint die hier erfolgende äußerst langsame Entwickelung nicht jene hohen Hoffnungen zu rechtfertigen, welche man seitens der Besitzer erwartet hatte. Heute wenigstens kann man über die Entwickelung und Bedeutung von Rhodesia noch kein definitives Urteil abgeben, zudem steht die Goldproduktion noch weit hinter jener des Witwatersrand-Gebietes zurück.

Die Gesamt-Goldproduktion Afrikas läßt sich in folgender Zusammenstellung überblicken, deren Ziffern Unzen fein bedeuten.

Jahr	Witwatersrand	Übriges Afrika	Insgesamt
1898	3 562 813	341 908	3 904 721
1899	3 300 001	305 784	3 605 875
1900	395 385	166 922	562 307
1901	238 995	235 701	471 696
1902	1 691 525	307 286	1 998 811
1903	2 859 479	458 183	3 317 662

II. Abhandlungen.

Die Flächen II. Ordnung in den mathematischen Getrieben.
Ein System der Raumgetriebe.

Von **Joh. Torka**, Ingenieur,
Berlin-Friedenau.

(Schluß von Seite 217.)

Eine besonders interessante Sonderart von räumlichen Kurbelgelenkvierecken bilden diejenigen, deren Kurbelkreise so zu einander liegen, daß sich die in den Mittelpunkten der Kurbelkreise auf deren Ebenen errichteten Senkrechten, „Kurbelachsen" genannt, in einem Punkte schneiden. Je nach der Lage dieses Schnittpunktes zu den Kurbelkreisen, sind zwei Gruppen dieser Art von Raumgetrieben von einander zu unterscheiden. Durch jeden Kreis, also auch durch einen Kurbelkreis, kann eine Kugelfläche gelegt werden, und zwar liegt dann der Mittelpunkt der Kugel immer auf der Kurbelachse.

Bei den Kurbelgetrieben der in Rede stehenden Art kann nun der Schnittpunkt der Kurbelachsen entweder der Mittelpunkt einer einzigen Kugelfläche sein, in welcher die beiden verschieden großen Kurbelkreise liegen, oder er ist der Mittelpunkt von zwei konzentrischen Kugelflächen, von denen die eine den einen und die andere den anderen Kurbelkreis in sich trägt. Durch zwei gleich große Kurbelkreise, deren Kurbelachsen sich gleich weit von den Kreisen schneiden, kann immer „eine" Kugelfläche gelegt werden.

Der allgemeinere von beiden ist der Fall, bei welchem die beiden Kurbelkreise in konzentrischen Kugelflächen liegen. Ein Kurbelgelenkviereck des Raumes dieser Art ist in Fig. 12 parallelperspektivisch gezeichnet.

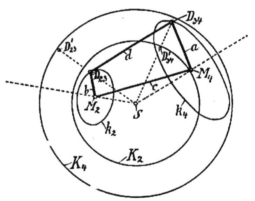

Fig. 12. **Sphärisches Kurbelgelenkviereck.**

S ist der fragliche Schnittpunkt der Kurbelachsen SM_2 und SM_4, welche die Kurbeln $M_2 D_{23} = b$ und $M_4 D_{34} = a$ tragen. $D_{23} D_{34} = d$ ist die bewegte Gelenkviereckseite, während die feststehende, d. h. dem Bildraumsystem angehörige Seite $M_2 M_4 = c$ sein mag. SD_{23} ist der Radius der einen und SD_{34} der Radius der anderen der beiden konzentrischen Kugeln K_2 und K_4, welche den Punkt S zu ihrem Mittelpunkt haben.

Die Untersuchung des Beweglichkeitsgebietes dieses Kurbelgelenkvierecks kann schon in der Weise durchgeführt werden, daß man dasselbe zunächst als ein freies räumliches Gelenkviereck betrachtet und die bei einem solchen schon kennen gelernten Rotationsflächen II. Ordnung als Hüllgebilde der Grundebenen seiner Begleitkegelpaare ermittelt. Mittels dieser Flächen ist es dann leicht, das fragliche Gebiet abzugrenzen. Zu dieser Untersuchung kann jedoch auch noch irgend eines der Hilfsgelenkvierecke zur Hilfe genommen werden, von denen das Kurbelgelenkviereck bekanntlich unendlich viele besitzt.

Eines von diesen Hilfsgelenkvierecken hat in Fig. 12 die konzentrischen Kugelflächen K_2 und K_4 zu Führungskugeln für die Punkte D_{23} und D_{34}. Bei diesen schrumpft aber die vierte Viereckseite c zu Null zusammen und an Stelle eines wirklichen Hilfsgelenkvierecks tritt das Gelenkdreieck $SD_{23} D_{34}$. Wird in demselben, dessen Seiten Drehachsen von drei starren Raumsystemen darstellen können, die freie Drehbarkeit dieser Achsen vollständig zerstört, dann ist das fragliche Gelenkdreieck der Träger eines starren ebenen Systems, welches den Punkt S zum Mittelpunkt eines Ebenenbündels bei seiner Bewegung im Raume macht.

Bei der Bewegung des ebenen Systems des Gelenkdreiecks $SD_{23} D_{34}$ bestreicht die Seite $d = D_{23} D_{34}$ eine Regelfläche, welche eine „Keilfläche mit kreisbogenförmiger Kante" ist, wenn nämlich einer von den Punkten D_{23} und D_{34} nur einen Bogen, der andere dagegen seinen ganzen Kurbelkreis durchlaufen kann. Eine nähere Untersuchung dieser Regelflächen würde hier zu weit führen und mag daher fortbleiben.

Dagegen muß hier die Führung der Seite d mittels der Dreiecksebene noch eingehender besprochen werden. Diese Ebene schneidet nämlich die konzentrischen Kugelflächen in zwei größten Kugelkreisen, in welchen die Kugelradien SD_{23} und SD_{34} ähnliche aber unveränderliche Kreisausschnitte begrenzen. Diese Kugelradien bestreichen die Mäntel zweier gerader Kreiskegel, für welche die Kurbelkreise die Grundkreise bilden. Mehr als die Kegel interessieren hier die von den Kugelradien auf den größten Kugelkreisen herausgeschnittenen unveränderlichen Kreisbögen, welche auf den Kugelflächen K_2 und K_4 liegen.

Diese Bögen seien $D_{23} D'_{34}$ und $D_{34} D'_{23}$ in Fig. 12, und zwar ersterer auf der Kugel K_2 und letzterer auf K_4 liegend. Jeder dieser Kreisbögen bezw. jeder dazugehörige größte Kugelkreis umhüllt auf seiner Kugelfläche eine sphärische Kurve, welche für die Bewegungen der Viereckseite d maßgebend ist. Ist nämlich diese sphärische Hüllkurve der Gestalt nach bekannt, dann kann aus ihr die Art und Weise der Bewegung der Seite d des räumlichen Kurbelgelenkviereckes leicht abgeleitet werden.

Der Punkt D'_{23} durchläuft dabei auf der Kugel K_4 auch einen Kreis von unveränderlicher Lage und Größe, so daß durch diesen Kreis, den Kreisbogen $D'_{23} D_{34}$ und den Kurbelkreis k_4 die Bewegung des ursprünglichen räumlichen Kurbelgelenk-

vierecks auf die Bewegungen eines sphärischen Gebildes in der Kugelfläche K_4 zurückgeführt worden sind. Es kann jedoch auch ein ähnliches sphärisches Gebilde in der
Kugelfläche K_3 leicht angegeben werden.

   Dieses sphärische Gebilde gehört zu denjenigen räumlichen Kurbelgelenkvierecken, welche auf ein und derselben Kugelfläche gebildet werden können und daher
den besprochenen gegenüber als ein Sonderfall derselben zu betrachten sind. Dieselben
bestehen aus zwei auf ein und derselben Kugelfläche liegenden Kurbelkreisen und einem
starren größten Kreise dieser Kugelfläche, von welchem zwei Punkte, deren Kreisbogen-
entfernung voneinander unveränderlich ist, auf den beiden Kurbelkreisen geführt
werden. Wird durch die beiden Schnittpunkte der Kurbelachsen mit der Kugelfläche
ein größter Kugelkreis und durch dieselben zwei Punkte und die beiden auf den Kurbelkreisen geführten Punkte je ein Bogen je eines größten Kugelkreises gelegt, so daß
diese beiden letzten Bogenstücke als sphärische Kurbeln gelten können, dann liegt ein
aus großen Kugelkreisbogen gebildetes Gelenkviereck auf einer Kugelfläche vor.   Dasselbe ist ein vollständig sphärisches mathematisches Gebilde, welches der Bewegungsgeometrie des Raumes angehört und ein „sphärisches Kurbelgelenkviereck" heißen soll.
Die Verkörperung desselben nennt Reuleaux ein „konisches Kurbelviereck[1]"; und es
hat mein hochverehrter Lehrer in seinem bekannten Werk an der genannten Stelle nicht
nur einige Abarten des sphärischen Gelenkviereckes, sondern auch noch Verkörperungen
dieser angegeben.
   Das sphärische Kurbelgelenkviereck ist mit dem ebenen Gelenkviereck insofern
innigst verwandt, als aus ersterem sofort letzteres entsteht, wenn die Kugel des
sphärischen Gebildes unendlich groß wird. Hiernach kann das ebene als ein Sonderfall des sphärischen Kurbelgelenkvierecks aufgefaßt werden.
   Bei dieser Auffassung liegt es auf der Hand, daß zu jedem ebenen Gelenkviereck
und zu jeder Abart desselben ein entsprechendes sphärisches Gelenkviereck von bestimmter Gestalt gebildet werden kann. Es wird überhaupt ein System von sphärischen
Getrieben aufgestellt werden können, welches System dem von mir in meiner ersten
Arbeit[2] enthaltenen System der ebenen Getriebe vollständig entspricht. Dieses System
von sphärischen Getrieben schon hier zu entwickeln und zu untersuchen, würde zu
weit führen, doch behalte ich mir vor, dasselbe nebst allen anderen noch möglichen
„sphärischen Getrieben" zum Gegenstand einer besonderen Abhandlung zu machen.
   Hier wird beispielsweise auf das deutsche Patent 103261 vom 28. Juli 1898
(Klasse 88) hingewiesen, welches die Regelung von Achsialturbinen von W. Suchowiak
zum Gegenstand hat, die als Fink'sche Regelung sonst nur für Radialturbinen verwendbar war. Diese neue Turbinenregelung stützt sich auf die als ebenes Getriebe
schon bekannte rotierende Schleifenkurbel, welche hier in ein sphärisches Getriebe umgewandelt worden ist.

------

   [1] s. Reuleaux Theoretische Kinematik 1875, S. 326 u. ff.
   [2] s. Verhandlungen 1904, S. 225 u. ff.

Auf einer Kugelfläche sind ebenso, wie in einer Ebene, unendlich viele verschiedene sphärische Gelenkvierecke möglich. Die Größe der Kurbelkreise ist hier aber
nach oben hin insofern begrenzt, als auf der Kugel der größte mögliche Kurbelkreis
nur gleich dem größten Kugelkreis werden kann.

Jedes sphärische Kurbelviereck, also auch das, dessen beide Kurbelkreise zwei
größte Kugelkreise sind, ist, wie aus Voranstehendem hervorgeht, ein mathematisches
räumliches Getriebe, welches sich zur Führung einer um einen Punkt (S in Fig. 12)
drehbaren Ebene eignet; es ist also ein allgemeines räumliches Gelenkviereck nicht
mehr. Bei demselben schrumpft die festgestellte Seite c in Fig. 12 zu dem Kugelmittelpunkte S zusammen.

Wird die Kugelfläche K_4, d. h. der Träger dieses sphärischen Getriebes, unendlich groß, dann werden die Kurbelkreise zu zwei sich schneidenden Geraden in der
aus der Kugelfläche entstandenen Ebene. Auch der größte Kugelkreis, von welchem
die beiden Punkte D_{24} und D'_{23} auf den Kurbelkreisen geführt werden und welcher die
Durchschnittslinie der geführten Ebene mit der Kugel K_4 bildet, degeneriert zu einer
Geraden. Aus dem sphärischen Gebilde wird hierdurch das allgemein bekannte mathematische Getriebe erhalten, dessen Verkörperungen als „Kreuzschleife"[1] oder „Ellipsen-
zirkel" schon sehr bekannt sind. Bei dem rein mathematischen Gebilde will ich die
Bezeichnung „Kreuzzirkel" festhalten und unterscheide dann einen „ebenen" und einen
„sphärischen" Kreuzzirkel voneinander, je nachdem das geometrische Gebilde ein ebenes
oder ein sphärisches mathematisches Getriebe ist.

Bei dieser Umwandlung ist aber zu beachten, daß die sphärischen Kreuzzirkel
durch Vergrößerung ihrer Kugelfläche bis ins Unendliche nur dann in ebene Kreuzzirkel
übergehen, wenn die beiden geführten Punkte D_{24} und D'_{23} in Fig. 12 einen endlichen
Abstand voneinander festhalten. Wächst dieser auf dem Kreisbogen gemessene Abstand
der beiden Punkte zugleich mit der Kugelfläche, dann entsteht aus dem sphärischen
Kreuzzirkel ein ebener Kreuzzirkel von unendlicher Größe, weil die geführten Punkte
dann unendlich weit voneinander abstehen.

Der sphärische Kreuzzirkel, bei welchem zwei größte Kugelkreise die Führungskreise für zwei Punkte D_{24} und D'_{23} des Quadranten eines dritten größten Kugelkreises
sind, hat in seinen Verkörperungen, d. h. als Maschinengetriebe schon vielfache Anwendung gefunden und wird „Hooke'scher[2] Schlüssel" genannt.

Dabei darf nicht aus dem Auge gelassen werden, daß jedes sphärische Kurbelgetriebe nicht nur jedes räumliche Kurbelgetriebe mit sich schneidenden Kurbelachsen
und konzentrischen Kugelflächen, in welchen die Kurbelkreise liegen, ersetzen kann,
sondern auch umgekehrt, durch ein Getriebe letzterer Art vertreten werden kann, wenn
es sich nur um die Untersuchung der Bewegungen des um den Kugelmittelpunkt drehbaren Bindegliedes beider Raumkurbeln handelt.

In einem sphärischen Kreuzzirkel können die auf den größten Kurbelkreisen
durch die beiden Kurbeln geführten zwei Punkte auch einen Abstand haben, welcher,

durch den Bogen eines größten Kurbelkreises gemessen, kleiner als ein Viertel dieses Kreises ist. Dieses Größenverhältnis zieht eine Einschränkung des Gebietes der Beweglichkeit sowohl bei den Kurbeln nebst ihren Achsen in bezug auf einander, als auch des Bindegliedes in bezug auf die Kurbelachsen nach sich. Hier kann die Drehung der einen Achse auf die andere nicht mehr unter jedem beliebigen Winkel, wie dies bei einem Hooke'schen Schlüssel immer möglich ist, übertragen werden. Diese Übertragung der Drehung von einer auf die andere Kurbelachse ist hier nur noch innerhalb eines gewissen Achsenwinkels möglich. Wird die Größe des Winkels überschritten, dann können die Achsen des Getriebes in bezug auf einander nur noch schwingende (oszillierende) Bewegungen ausführen, wenn nicht dafür gesorgt wird, daß wenigstens die eine von beiden Kurbelwellen in ihrer Längsrichtung verschiebbar ist. Das um den Kugelmittelpunkt drehbare Bindeglied führt mit seinem beweglichen Kreisbogen zwischen den Kurbelkreisen Bewegungen aus, welche den Bewegungen des beweglichen Gliedes eines ebenen Kreuzzirkels entsprechen. Getriebe dieser Art nenne ich „symmetrische sphärische Gelenkvierecke", welche immer dann vorliegen, wenn die beiden sphärischen Kurbel- oder Führungskreise gleich sind; sie entsprechen den ebenen symmetrischen Gelenkvierecken.

Außer den räumlichen Kurbelgelenkvierecken könnten aus dem allgemeinen räumlichen Gelenkvierecke noch unendlich viele Drehachsen-Punktbahnengetriebe bezw. Drehachsen-Führungsgetriebe entwickelt werden, wenn an Stelle der Kurbelkreise irgend welche andere sphärische Kurven, z. B. die sphärischen Cykloïden[1]), sphärische Kegelschnitte u. dergl. gesetzt werden würden. Dies würde hier aber zu weit führen, da die einfachsten Raumgetriebe zur Entwickelung eines Systems von Raumgetrieben schon genügen.

––––––––

Zu einer neuen Gattung von Raumgetrieben gelangt man aus dem auf zwei Glieder reduzierten räumlichen Gelenkvierecke dadurch, daß die eine Führungskugelfläche desselben unendlich groß, oder zu einer Ebene wird. Dieses Getriebe entspricht dann dem ebenen mathematischen Getriebe, welches zur Schaffung von Hüllparabeln geeignet war und von mir ein „parabolisches Getriebe" genannt worden ist.[2]) Das ursprüngliche räumliche Gelenkviereck ist hier zu einem solchen mit zwei unendlich langen Seiten degeneriert. Dasselbe ist zur Erzeugung eines Rotationsparaboloïdes als Hüllgebilde verwendbar, und wird daher ein „hüllparaboloïdisches räumliches Getriebe" oder kurzweg ein „paraboloïdisches Getriebe" genannt.

Dieses Getriebe hat nur „ein" Begleitkegelpaar, wie jenes ebene ihm entsprechende parabolische Getriebe auch nur ein Begleitviereck hatte. Den zwei Kreisen dort entsprechen hier zwei Kugelflächen und der Führungsgeraden für den Mittelpunkt jenes beweglichen Kreises, hier eine Ebene für den Mittelpunkt der beweglichen Kugel. Der Schnittkreis der beweglichen und der feststehenden Kugelfläche ist der gemeinschaftliche

––––––––

[1]) S. Reuleauxs Praktische Beziehungen der Kinematik zur Geometrie und Mechanik 1900, S. 87 u. ff., wo diese Kurvenart am ausführlichsten behandelt ist.
[2]) S. Verhandlungen 1904, S. 262.

Grundkreis zweier gerader Kegel, deren Spitzen die Kugelmittelpunkte sind und welche das fragliche Begleitkegelpaar des Getriebes bilden. Die Ebene dieses Grundkreises umhüllt das fragliche Rotationsparaboloïd, dessen Achse auf der Führungsebene senkrecht steht. Das zweite Begleitkegelpaar wird hier von einem Kegel und einem Zylinder gebildet, welche beide in der Führungsebene ihren gemeinsamen Grundkreis haben.

Zum Beweise der Richtigkeit der Behauptung, daß das Getriebe zur Erzeugung eines Rotationsparaboloïdes brauchbar ist, mögen hier die bei dem parabolischen Getriebe gewählten Bezeichnungen beibehalten werden. Es sei daher in Fig. 13 D_{12} der

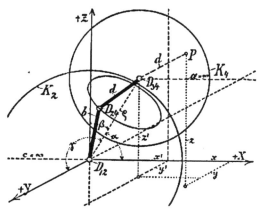

Fig. 13. Paraboloïdisches Getriebe.

Mittelpunkt der feststehenden Kugel K_2, welche einen Radius gleich b habe. Der Mittelpunkt dieser Kugel sei gleichzeitig der Nullpunkt eines rechtwinkeligen Koordinatensystems, dessen positive X-Achse auf der Führungsebene für den Mittelpunkt D_{34} der beweglichen Kugel K_4 mit dem Radius gleich $d = D_{24} D_{34}$ senkrecht stehen mag. Der Abstand dieser Führungsebene vom Ursprunge D_{12} des Koordinatensystems sei m. Ferner seien x' y' z' die Koordinaten des Mittelpunktes D_{34} der beweglichen Kugel in irgend einer ihrer Lagen und ϱ der Abstand dieses Punktes D_{34} vom Nullpunkte D_{12}. Die Richtungswinkel von ϱ seien schließlich mit α, β und γ und die Koordinaten eines beliebigen Punktes P der beweglichen Kugelflächen K_4 mit x y z bezeichnet. Die Gleichung der feststehenden Kugel mit dem Radius b lautet also:

$$x^2 + y^2 + z^2 = b^2; \qquad (49)$$

sie ist daher identisch mit der oberen Gleichung 1.

Dahingegen besteht für die bewegliche Kugel mit dem Mittelpunkte D_{2_1} und dem Radius d zunächst die Gleichung

$$(x - x_1)^2 + (y - y_1)^2 + (z - z_1)^2 = d^2 \qquad (50)$$

Aus der Fig. 13 sind leicht folgende Werte ablesbar:

$$\left.\begin{array}{l} x_1 = m = \varrho \cos \alpha \\ y_1 = \varrho \cos \beta \\ z_1 = \varrho \cos \gamma \end{array}\right\} \qquad (51)$$

Aus den letzten Gleichungen folgen ohne weiteres die Werte:

$$\left.\begin{array}{l} x_1 = m \\ y_1 = m \cdot \dfrac{\cos \beta}{\cos \alpha} \\ z_1 = m \cdot \dfrac{\cos \gamma}{\cos \alpha} \end{array}\right\} \qquad (52)$$

Werden diese Werte in die Gleichung 50 eingesetzt, dann lautet dieselbe also:

$$(x - m)^2 + \left(y - m \frac{\cos \beta}{\cos \alpha}\right)^2 + \left(z - m \frac{\cos \gamma}{\cos \alpha}\right)^2 = d^2 \qquad (53)$$

Nach einer kleinen Reduktion nimmt diese Gleichung folgende Form an:

$$b^2 - d^2 + m^2 - 2 m x = 2 m y \frac{\cos \beta}{\cos \alpha} + 2 m z \frac{\cos \gamma}{\cos \alpha} - m^2 \left[\frac{\cos^2 \beta}{\cos^2 \alpha} + \frac{\cos^2 \gamma}{\cos^2 \alpha}\right], \quad (54)$$

wenn dabei die bekannte Beziehung zwischen den Richtungswinkeln, nämlich

$$\cos^2 \alpha + \cos^2 \beta + \cos^2 \gamma = 1 \qquad (55)$$

nicht übersehen wird. Kürzer kann die Gleichung 54 auch so geschrieben werden:

$$N = y \frac{\cos \beta}{\cos \alpha} + z \frac{\cos \gamma}{\cos \alpha} - \frac{m}{2}\left[\frac{\cos^2 \beta}{\cos^2 \alpha} + \frac{\cos^2 \gamma}{\cos^2 \alpha}\right], \qquad (56)$$

wenn nämlich gesetzt wird

$$N = \frac{b^2 - d^2 + m^2 - 2 m x}{2 m} \qquad (57)$$

Wird schließlich in der Gleichung 56 gesetzt

und

$$\left.\begin{array}{l} \dfrac{\cos \beta}{\cos \alpha} = U \\ \dfrac{\cos \gamma}{\cos \alpha} = V \end{array}\right\} \qquad (58)$$

dann nimmt sie folgende Gestalt an:

$$\frac{m}{2}[U^2 + V^2] - y U - z V + N = 0 \qquad (59)$$

Diese Gleichung ist die Gleichung der Durchschnittsebene der beiden Kugelflächen mit den Radien b und d, oder die Ebene des Grundkreises des beweglichen Begleitkegelpaares des Getriebes. Die Gleichung enthält die beiden Parameter U und V.

Durch partielle Differenzierung dieser Gleichung 59 nach den beiden Parametern entstehen die Gleichungen:

$$m U - y = o$$
und
$$m V - z = o$$,   (60)

welche $U = \dfrac{y}{m}$ und $V = \dfrac{z}{m}$ ergeben. Werden diese Werte in die Gleichung 59 eingesetzt, dann entsteht die Gleichung:

$$\frac{m}{2} \cdot \frac{y^2 + z^2}{m^2} - \frac{y^2 + z^2}{m} + N = o,$$

oder
$$y^2 + z^2 = 2 m N$$ (61)

Durch Substitution des Wertes für N aus der Gleichung 57 entsteht die Gleichung

$$y^2 + z^2 + 2 m x = b^2 - d^2 + m^2,$$ (62)

welche die Gleichung der Hüllfläche ist, die von der beweglichen Grundebene des Begleitkegelpaares in vorliegendem mathematischen Getriebe als Hüllgebilde erzeugt wird. Die Form dieser Gleichung 62 läßt erkennen, daß diese Hüllfläche ein Rotationsparaboloïd ist, dessen Drehachse in die X-Achse fällt und dessen in der XZ-Ebene liegende Meridiankurve aus der Gleichung 62 sich ergibt, wenn in ihr $z = o$ gesetzt wird Diese Meridiankurve ist eine Parabel mit der Gleichung:

$$y^2 + 2 m x = b^2 - d^2 + m^2$$ (63)

Diese Parabel und also auch das Paraboloïd schneiden die X-Achse in einem Punkte, welcher von dem Nullpunkte des Koordinatensystemes folgenden Abstand X_0 hat:

$$x_0 = \frac{b^2 - d^2 + m^2}{2 m}$$ (64)

Die oben gewählte Bezeichnung für das in Rede stehende mathematische Getriebe, nämlich ein „paraboloïdisches Getriebe" entspricht also seinen geometrischen Eigenschaften.

————————

Aus dem allgemeinen räumlichen Gelenkviereck hatte ich eine Reihe von mathematischen Getrieben abgeleitet, welche weniger Bewegungsfreiheit der Glieder in bezug auf einander hatten als das Gelenkviereck selbst. Diese Getriebe hatte ich in drei Gattungen von Getrieben eingeteilt, nämlich:

α. Drehachsen-Punktbahnengetriebe,
β. Räumliche Punktbahnengetriebe und
γ. Räumliche Achsenführungen.

Daß aus dem soeben behandelten paraboloïdischen Getriebe, welches ein degeneriertes räumliches Gelenkviereck darstellt und ebenso wie dieses frei beweglich ist, den genannten drei Gattungen entsprechende Getriebe ableitbar sind, welche eine eingeschränkte Beweglichkeit besitzen, liegt auf der Hand. Auch ist leicht zu erkennen, daß jede der drei Getriebegattungen unendlich viele von einander verschiedene Getriebe umfassen muß, wie dies bei den aus dem allgemeinen Raumgelenkviereck abgeleiteten Getriebegattungen der Fall gewesen ist.

Die Drehachsen-Punktbahnengetriebe werden aus dem paraboloïdischen Getriebe erhalten, indem den beiden Endpunkten D_{14} und D_{24} des beweglichen Gliedes sowohl auf der Führungskugel K_2 als auch auf der Führungsebene je eine ganz bestimmte Bahn zugewiesen wird. In den dadurch geschaffenen mathematischen Getrieben beschreibt alsdann jeder Punkt der beweglichen Geraden d (Achse des beweglichen Gliedes) eine ganz bestimmte Raumkurve, obgleich die Drehung dieses Gliedes um seine Achse noch eine ganz willkürliche ist. Wird diese beliebige Drehbarkeit des beweglichen Gliedes d durch eine gesetzmäßige ersetzt, dann entsteht ein zweigliedriges räumliches Punktbahnengetriebe, in welchem jeder Punkt des beweglichen Gliedes in dem feststehenden oder Bildraumsysteme nur eine bestimmte vorgeschriebene Bahn durchlaufen kann. Bei den hier möglichen räumlichen Achsenführungen müssen die beiden Punkte auf ihren Bahnen gesetzmäßig bewegt werden, während die Achse des beweglichen Gliedes durch beide oder wenigstens einen von beiden Punkten hindurchschiebbar bleibt.

———————

Unter den Getrieben der Gattung α sind diejenigen die einfachsten, zu welchen die einfachsten Kurven als Bahnen für die geführten Punkte des beweglichen Gliedes gehören, wenn sie also Kreise oder ein Kreis und eine Gerade sind.

Sind die den beiden Punkten zugewiesenen Bahnen und zwar sowohl auf der Führungskugel als auch auf der Führungsebene je ein Kreis, dann liegt das schon ausführlich besprochene „räumliche Kurbelgelenkviereck" vor.

Im Falle aber auf der Führungskugel K_2 dem Punkte D_{14} (Fig. 13) des beweglichen Gliedes d eine Kreisbahn und dem anderen Punkte D_{24} auf seiner Führungsebene eine Gerade als Bahn zugewiesen wird, entsteht ein mathematisches räumliches Drehachsen-Punktbahnengetriebe, welches sich von dem ebenen parabolischen Getriebe dadurch wesentlich unterscheidet, daß der Kurbelkreis und die Schubrichtungslinie hier im Raume und nicht mehr, wie dort, in ein und derselben Ebene liegen.

Zu diesem Getriebe gehört ein bestimmtes Rotationsparaboloïd, welches in der oben angegebenen Weise gefunden werden kann, wenn man den Führungskreis und die Führungsgerade durch ihre Träger, nämlich die ursprüngliche Führungskugel und Führungsebene ersetzt.

Das auf diese Weise gefundene Rotationsparaboloïd wird von der Grundebene des Begleitkegelpaares in dem herrschenden Drehachsen-Punktbahnengetriebe nur noch in einer Kurve berührt, welche zugleich die gemeinschaftliche Berührungslinie zwischen dem Rotationsparaboloïde und derjenigen Fläche (Regelfläche) ist, die von der bewegten Grundebene des Begleitkegelpaares als Hüllgebilde erzeugt wird.

Bei diesem Drehachsen-Punktbahnengetriebe kann der Führungskreis durch eine Kurbel ersetzt werden, welche den Punkt D_{24} des bewegten Gliedes d, Fig. 13, auf der ihm zugewiesenen Geraden verschiebt. Seiner geometrischen Eigenschaften wegen nenne ich dieses Raumgetriebe ein „hüllparaboloïdisches Kurbelgetriebe" oder ein „räumliches Kurbel-Punktschubgetriebe". Jede Verkörperung dieses Getriebes mag ein „räumliches Schubkurbelgetriebe" heißen.

Unter den räumlichen Kurbel-Punktschubgetrieben gibt es „gerade" und „schiefe", je nachdem nämlich der Kurbelkreis zur Schubrichtungslinie „senkrecht" oder „schief" steht. Dieser Unterschied besteht auch bei den räumlichen Schubkurbelgetrieben. Bei den schiefen Getrieben dieser Art findet die Verschiebung eines Punktes der bewegten Drehachse tatsächlich immer statt, mag die Schubrichtungslinie durch den Mittelpunkt des Kurbelkreises hindurchgehen oder nicht. Bei den geraden räumlichen Schubkurbelgetrieben und den dazugehörigen räumlichen Punkt-Schubgetrieben findet dagegen die Verschiebung jenes Punktes der Achse in Wirklichkeit nur dann statt, wenn die Schubrichtungslinie durch den Mittelpunkt des Kurbelkreises nicht hindurch geht.

Ein gerades räumliches Schubkurbelgetriebe ist in Fig. 14 schematisch gezeichnet, um in ihm das mathematische Getriebe, aus welchem es abgeleitet worden ist, nämlich das paraboloidische Getriebe, leicht erkennen zu können.

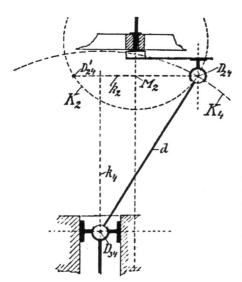

Dasselbe ist ein Drehachsen-Punktbahnengetriebe bezüglich der mathematischen Achse, welche die Punkte D_{24} und D_{34} verbindet, die in dem Maschinengetriebe durch Kugelgelenke verkörpert worden sind. Die Verbindungslinie $D_{24} D_{34} = d$ ist durch die Schubstange des Getriebes verkörpert, und es wird der Endpunkt D_{24} derselben mittels einer Kurbel auf einem Kreise k_2 bewegt, dessen Durchmesser $D_{24} D_{24}'$ ist und dessen Mittelpunkt sich im Punkte M_2 der Figur 14 projiziert. Dieser Kurbelkreis kann auf irgend einer Kugelfläche K_2 liegend gedacht werden, deren Mittelpunkt aber in der Senkrechten zur Ebene des Kurbelkreises liegen muß, welche durch den Mittelpunkt M_2 hindurchgelegt wird. Die Schubrichtungslinie für den andern Endpunkt D_{34} der Schubstange d ist die Gerade k_4, welche

Fig. 14. Gerades räumliches Schubkurbelgetriebe.

senkrecht zur Ebene des Kurbelkreises steht, aber nicht durch dessen Mittelpunkt M_2 hindurchgeht; sie kann als ein unendlich großer Führungskreis in der unendlich groß gewordenen zweiten Führungskugelfläche des ursprünglichen räumlichen Gelenkviereckes angesehen werden.

Infolge der Kugelgelenke D_{24} und D_{34} bei dem vorliegenden Maschinengetriebe kann die Schubstange d desselben um ihre mathematische Drehachse noch ganz beliebige Drehungen ausführen; die Bahnen der Schubstangenpunkte außerhalb der Achse sind daher noch unbestimmt, während die Bahnen aller Punkte der übrigen Glieder des Getriebes in bezug auf einander unveränderliche und ganz bestimmte sind. Es liegt daher ein „teilwais zwangläufiges" gerades räumliches Schubkurbelgetriebe vor.

Dieses Getriebe wird im Maschinenbau schon öfter benutzt. Ein Beispiel hierfür liefert die in Fig. 15 teilweis abgebildete doppelt wirkende Balancierpresse zum gleichzeitigen Schneiden und Prägen oder Lochen von Richard Wagner in Chemnitz, welche den Gegenstand des deutschen Patents 3823 in Klasse 49 gebildet hatte. Das gerade räumliche Schubkurbelgetriebe ist bei dieser Presse doppelt angewendet, und es ist das eine von beiden in Fig. 15 mit denselben Beziehungszeichen versehen worden, welche schon in Fig. 14 enthalten sind. Außerdem bedeutet S einen Schlitten der Presse, welcher von dem in Rede stehenden Getriebe verschoben wird und den Schnittstempel trägt, während die Schraubenspindel s den Halter h für den Präge- oder Lochstempel bewegt. Die Schubstangen d des doppelt angewendeten Getriebes sind um ihre Kugelzapfen an beiden Enden völlig frei drehbar, sodaß nur die Punkte der Drehachsen dieser Schubstangen völlig unveränderliche und bestimmte Bahnen in bezug auf das Gestell der Maschine (als das Bildraumsystem), oder ihren Schlitten S oder das Kurbelachsensystem derselben durchlaufen werden, während die Bahnen der übrigen Schubstangenpunkte noch beliebig sind.

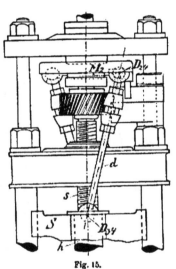

Fig. 15.

R. Wagners doppeltwirkende Balancierpresse.

Ein „räumliches Schubkurbelgetriebe" ist übrigens eine das deutsche Patent 27814 der Klasse 47 bildende Vorrichtung von H. A. Hülsenberg in Freiberg i. S. genannt worden, welche eine Verkörperung eines aus dem „räumlichen Kurbelgelenkviereck" leicht ableitbaren „räumlichen Punktbahnengetriebes" ist. Das zu dieser Vorrichtung dazugehörige ursprüngliche räumliche Gelenkviereck ist ein „doppelt hyperboloïdisches" denn die festgestellte Seite desselben ist die längste von allen.

Bei dem in Fig. 15 gewählten Beispiele einer Verkörperung des mathematischen räumlichen geraden Schubkurbelgetriebes wird die Schubstange d der Wagnerschen Presse nur auf Druck beansprucht. Es kann aber die Verkörperung auch so geschehen, daß diese Schubstange d nur auf Zug in Anspruch genommen wird.

Als eine Verkörperung dieser Art kann die bekannte Wrill- oder Wringfeder[1]

---

[1] s. Reuleaux Theoretische Kinematik 1875, S. 170.

aufgefaßt werden, welche schon bei den Katapulten der Alten in Anwendung gebracht war, und auch heute noch zum Spannen der Sägeblätter in Handsägen vielfach benutzt wird. Diese Verkörperung des räumlichen Schubkurbelgetriebes ist so zu deuten, daß vier Getriebe dieser Art zu zwei symmetrischen Paaren mit einander verbunden worden sind. Die Beweglichkeit in jedem dieser vier gleichen (sogar kongruenten) Getriebe ist hier so weit beschränkt, als es die Elastizität der verkörperten Glieder d und c in Fig. 14 fordert. Dieselbe ist bezüglich der Kurbel größer als bei der Wagnerschen Presse nach Fig. 15.

Ein weiteres Beispiel einer Verkörperung des räumlichen Schubkurbelgetriebes bildet die in Fig. 16 abgebildete Schmirgelschleifmaschine zur Herstellung von runden und ovalen Querschnitten an Matrizen und Stempeln der Firma Fontaine & Co., Bockenheimer Naxos-Schmirgelschleifräder- und Maschinenfabrik, G. m. b. H. in Bockenheim-Frankfurt a. M., welche Maschine den Gegenstand des deutschen Patents 135908 der Klasse 67a vom 20. April 1901 bildet. Das mathematische Getriebe nach Fig. 14 ist so verkörpert, daß die Schubstange d dort, hier die Welle für die Schleifscheibe s bildet. Dabei ist die Schubstange über den Kurbelzapfenpunkt D_{24} hinaus verlängert, welcher von einer ihrer Länge nach veränderbaren Kurbel $D_{24} M_2$ geführt wird. Der Kurbelarm wird nämlich von zwei in einander steckenden und durch je eine Schnecke nebst Schneckenrad bewegbaren Exzenterscheibe gebildet. Die durch M_2 hindurchgehende Kurbelachse liegt parallel zur Schubrichtungslinie k_4, auf welcher der Endpunkt D_{24} der Schubstange d verschiebbar ist. Die sonst willkürliche Drehbarkeit der Achse d des mathematischen Getriebes ist hier durch Einsetzen einer besonderen Spindel für die Schmirgelschleifscheibe s in die hohle Schubstange d zur beliebigen Bewegung der Scheibe s nutzbar gemacht. Der gezeichnete Teil der Schleifmaschine befindet sich auf einem Schlitten, welcher am Gestell der Maschine verschiebbar ist und gegen das auf einem verstellbaren Arbeitstische eingespannte Werkstück vor und von demselben ab bewegt werden kann.

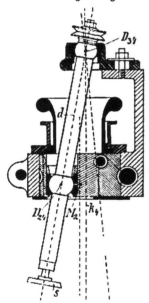

Fig. 16.
Fontaines & Co. Schleifmaschine.

Geht bei dem geraden räumlichen Schubkurbelgetriebe die Schubrichtungslinie durch den Mittelpunkt des Kurbelkreises, dann wird der auf der Schubrichtungslinie befindliche Endpunkt der Schubstangenachse seine Lage nicht verändern, wenn auch die Kurbel beliebig gedreht wird. Alle Punkte der Schubstangenachse durchlaufen dann Kreise, deren Mittelpunkte in der Schubrichtungslinie liegen. Diese Achse selbst erzeugt eine Kegelfläche als eigene Spur, mit dem seine Lage festhaltenden Endpunkt der Schubstangenachse als Spitze und dem Kurbelkreis als Leitlinie. Die Strecke $D_{24} D_{24}$ in Fig. 14 würde einen Teil dieser Kegelfläche als eigene Spur schaffen, wenn der Endpunkt D_{24} der Schubstange auf der durch M_2 hindurchgehenden Kurbelachse läge, d. h. wenn die Schubrichtungslinie k_4 mit der Kurbelachse sich deckte. Der in Rede stehende Kegelflächenteil wäre dann der Mantel eines geraden Kreiskegels.

Jedes mathematische Getriebe, welches eine Gerade (Drehachse eines starren Raumsystems) so bewegt, daß sie eine Kegelfläche bestreicht, nenne ich ein „Kegelflächengetriebe", welche, den oben entwickelten drei Getriebegattungen entsprechend, in folgenden drei Arten von Kegelflächengetrieben erscheinen:

    α) Drehachsen-Punktbahnengetriebe der Kegelflächen;

    β) räumliche Punktbahnengetriebe der Kegelflächen, und

    γ) räumliche Achsenführungsgetriebe der Kegelflächen.

Das aus dem räumlichen Kurbelgetriebe zuletzt abgeleitete Kegelflächengetriebe ist ein „Kreiskegelflächengetriebe", und zwar insbsondere ein „normales oder gerades Kreiskegelflächengetriebe", welchem das „schiefe Kreiskegelflächengetriebe" gegenüber gestellt werden kann, dessen Achse im Mittelpunkt des Leitkreises auf der Kreisebene schief steht.

Alle Kegelflächengetriebe lassen sich gemäß der ihnen zu Grunde liegenden Leitlinien weiter einteilen; sie bilden die einfachsten Raumgetriebe.

Jede Verkörperung eines Kegelflächengetriebes, also auch die des aus dem räum-lichen Schubkurbelgetriebe abgeleiteten Kreiskegelflächengetriebes ist nur zur Erzeugung eines Kegelmantels geeignet, welchen die Achse der Schubstange als ihre Spur schafft. Deswegen nenne ich diese Maschinengetriebe zum Unterschiede von den mathematischen Getrieben, welche ihnen zu Grunde liegen, „Kegelmantelgetriebe", so daß also das hierher gehörige aus dem räumlichen Schubkurbelgetriebe abgeleitete Maschinengetriebe zutreffend ein „gerades Kegelmantelgetriebe" genannt werden kann.

Für diese Maschinengetriebe sind schon sehr zahlreiche Beispiele vorhanden und zwar für alle drei oben unter α, β und γ genannten Abarten.

Ein Drehachsen-Punktbahnengetriebe, welches zugleich ein gerades Kegelmantel-getriebe ist, bildet die äußere Steuerung der schon oben erwähnten Dampfmaschine von E. St. Smith, vgl. Fig. 11.

Ein zweites Beispiel für diese Getriebeart bildet die in Fig. 17 (a und b) in Seitenansicht und Grundriß schematisch gezeichnete Plansichtmaschine von S. St. Récsei in Ratibor, Schlesien, welche dem deutschen Patent 63919 vom 17. Januar 1892 (Klasse 47) entnommen ist. Bei dieser Maschine wird die Führung des horizontal be-wegten Sichtkastens k von federnden Stangen c bewirkt, welche Kugelzapfen an beiden Enden tragen und durch den Antrieb der Maschine so bewegt werden, daß sie stets parallel zu einander bleiben und dabei Kreiskegelmäntel mit ihren geometrischen Achsen bestreichen. Um letztere sind diese Führungsstangen nach Belieben drehbar, so daß dieses Führungsgetriebe auch nur ein teilweis zwangläufiges ist, wie jenes bei der Smith'schen Dampfmaschine.

Beispiele für räumliche Punktbahnengetriebe, welche zugleich Kegelmantelgetriebe sind, kommen am häufigsten vor. Hierzu gehören nämlich alle Kegelrädergetriebe. Doch ist besonders darauf zu achten, daß bei denselben nur die Drehachse eines Umlaufrades den fraglichen geraden Kegelmantel in der Weise als ihre eigene Spur erzeugt, wie es bei dem aus dem räumlichen Schubkurbelgetriebe abgeleiteten Kegelmantelgetriebe der Fall war. Dagegen bestreichen alle übrigen durch die Spitze dieses

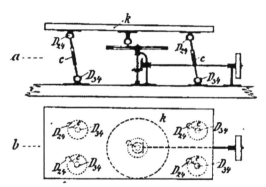

Fig. 17.   S. St. Récseis Plansichtmaschine.

Kegels hindurchgehenden Geraden, die dem starren System des Umlaufrades angehören, Kegelflächen, welche sphärische Cykloïden zu Leitlinien haben.   Das Getriebe ist nur zweigliedrig, denn es besteht nur aus Kegelrädern, von welchen das eine festgestellt ist, während das andere auf ihm rollt, sich auf ihm wälzt.

Ein Maschinengetriebe, in welchem ein derartiges Kegelräderpaar mit enthalten ist, hat Herbert Mc. Cornack in Westchester, Pennsylvanien, erfunden und in Amerika patentiert erhalten.   Es bildet das amerikanische Patent 692 696 vom 4. Februar 1902, welchem die Fig. 18 entnommen ist.   Dieselbe stellt das genannte Getriebe schematisch dar, um in ihr das Kegelmantelgetriebe leichter zu übersehen, welches hier als Beispiel angeführt werden soll.

Das Kegelrad Z^1, welches mit dem das Getriebe umschließenden Gehäuse g fest verbunden ist, und das doppelte Hohlkegelrad Z^2, so weit es mit Z^1 im Eingriff steht, bilden das fragliche Kegelräderpaar.   Die Räder Z^1 und Z^2 sind in der Spitze ihrer Grundkegel durch einen Kugelzapfen D_{34} miteinander verbunden.   Der Zapfen befindet sich auf der Drehachse d des Kegelrades Z^2.   Während sich letzteres bewegt, bestreicht die Achse d eine gerade Kegelmantelfläche mit dem Grundkreise $D_{24}^{'} D_{24} = k_2$, welchen der Punkt D_{24} der Achse d durchläuft.   Der Endpunkt D_{24} dieser Achse d greift mittels eines Kugelzapfens das auf einer Achse W^1 sitzende Schneckenrad s an, welches mit der Schnecke s^1 im Eingriff steht, um es schnell zu drehen, wenn das Getriebe von der

Welle W^2 aus mittels des Zahnrades Z in Bewegung gesetzt wird. Infolge der steilen Gänge der Schnecke s^1 verursacht das schnell gedrehte Schneckenrad s .eine noch raschere Drehung der Achse der Schnecke.

Dieses Cornack'sche Getriebe ist eine Kombination von drei Getrieben, nämlich: Des Schneckenradgetriebes ss^1, des Kegelmantelgetriebes $D_{2_4}\,d\,D_{2_4}$ und des Differentialräderwerkes ZZ^1, zu welchem das Doppelkegelrad Z^2 gehört.

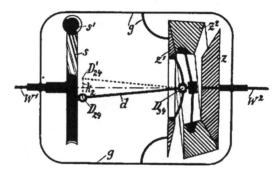

Fig. 18. H. Mc Cornack's Getriebe.

Das einfachste unter den Kegelflächengetrieben ist dasjenige zweigliedrige Getriebe, welches durch ein feststehendes und ein mit ihm im Eingriff befindliches zweites Kegelrad verkörpert werden kann, wie dies in Fig. 18 mit den Rädern Z^1 und Z^2 der Fall ist. Dieses Maschinengetriebe ist unter der Bezeichnung eines „konischen Umlaufräderpaares" schon allgemein bekannt.

Andere zweigliedrige Kegelflächengetriebe können als mathematische Getriebe mittels der sphärischen Polbahnen in den sphärischen Gelenkgetrieben entwickelt werden. Die sphärischen Gelenkvierecke und ihre Abarten würden daher bezüglich des soeben besprochenen Getriebes der Fig. 18 die nächsten einfachen zweigliedrigen Kegelflächengetriebe ergeben, was hier aber nicht weiter verfolgt wird.

Zur klaren Abgrenzung des Begriffes eines Kegelflächengetriebes sei hier noch darauf hingewiesen, daß in einem starren Systeme, welches in einem zweiten ebensolchen Systeme, einem Bildraumsysteme, um eine in ihrer Längsrichtung unverrückbare Achse drehbar ist, zwar jede Systemgerade, welche die Drehachse seines Systemes (schief) schneidet, in dem Bildraumsysteme eine Kegelfläche als ihre eigene Spur erzeugt, daß dieses mathematische Gebilde aber, welches auch nur aus zwei Raumsystemen besteht und Kegelflächen schafft, ein zweigliedriges Kegelflächengetriebe im obigen Sinne nicht ist. Bei einem zweigliedrigen Kegelflächengetriebe braucht nur eine einzige Gerade des beweglichen in dem feststehenden Systeme eine Kegelfläche zu bestreichen. Alsdann tun dies gleichzeitig auch alle Systemgeraden, welche durch die Spitze der

als Spur jener einzigen Geraden erzeugten Kegelfläche hindurchgehen. Hieraus folgt
auch, daß zweigliedrige Kegelflächengetriebe nur von zwei starren Raumsystemen gebildet werden, welche um einen gemeinschaftlichen Punkt gesetzmäßige Drehungen
in bezug aufeinander ausführen. Dies tun aber alle sphärischen Getriebe, bei welchen
der Mittelpunkt ihrer Kugelfläche der gemeinsame Drehpunkt ist.

Eine gemeinschaftliche Drehachse von zwei starren Raumsystemen verbindet
letztere auch zu einem Raumgebilde, welches mathematische Getriebe besonderer Art
zu bilden geeignet ist. Diese Getriebe nenne ich „Drehachsengetriebe", von welchen
hier nur einige Verkörperungen erwähnt werden sollen.

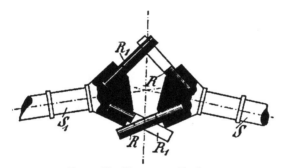

Fig. 19. **Max Mannesmanns Kupplung.**

Eines dieser Maschinengetriebe stellt die in Fig. 19 abgebildete Kupplung dar,
welchem zwei Drehachsengetriebe zu Grunde liegen, welche so mit einander verbunden
sind, daß zwei unverrückbar gelagerte Wellen S und S_1 die Verkörperung ihrer Drehachsen bilden. Diese Kupplung von Max Mannesmann in Remscheid-Bliedinghausen
ist dem deutschen Patente 57443 (Kl. 47) vom 9. April 1890, und zwar der Fig. 4 desselben, entnommen worden. Die zapfenförmigen Organe R und R_1 der Kupplung bilden
die Verkörperungen derjenigen starren Raumsysteme, deren Drehachsen die geometrischen
Achsen der Wellen S und S_1 schneiden. Die Organe R und R_1 sind in den Wellen-
köpfen drehbar und soweit sie mit einander in Eingriff kommen, abgeflacht, wie Fig. 19
zeigt. Dadurch wird zwischen den Organen R und R_1, welche eine Kraft von der
einen auf die andere Welle übertragen sollen, Flächenberührung erzielt. Die Achsen
dieser Organe R und R_1 bestreichen je eine Kegelfläche, während dabei die einander
treibenden Organe selbst gesetzmäßige Drehungen um diese Achsen ausführen, so daß
diese Kupplung ein zwangläufiges Maschinengetriebe ist. Dieser Zwanglauf ist bei der
Kupplung aber nur dann völlig vorhanden, wenn dafür gesorgt wird, daß die mit einander
arbeitenden Organenpaare $R R_1$ mit ihren ebenen Flächen fortwährend in Berührung
bleiben. Zu diesem Zwecke braucht man in Fig. 19 z. B. die Organe R_1 nur zweiseitig
so abzuflachen, daß sie in einem achsialen Längsschlitz der Organe R eingreifen können.

Das genannte Patent enthält eine zusätzliche Erfindung zu dem Patente 55 785 (Kl. 47) vom 31. Juli 1889, welche Räder- und Stangenverzahnung mit drehbaren Zähnen zum Gegenstande hat. In beiden der genannten Patentschriften sind übrigens viele Verkörperungen des obigen mathematischen Getriebes angegeben. Dabei sind auch solche nicht fortgelassen, welchen Kegelflächengetriebe zu Grunde liegen, deren Spitzen im Unendlichen liegen. Es sind dies mathematische Getriebe, bei welchen eine Drehachse so bewegt wird, daß sie eine Zylinderfläche, d. h. hier eine normale oder gerade Kreiszylinderfläche als eigene Spur erzeugt.

Bei den allgemeinsten dieser Art von mathematischen Getrieben tritt an Stelle der kreisförmigen Leitlinie für die bewegte Drehachse irgend eine Kurve, und ich nenne sie dann „Zylinderflächen-Getriebe". Die Verkörperungen dieser Getriebe, welche Getriebe dann nur Zylindermäntel zu erzeugen vermögen, nenne ich „Zylindermantel-Getriebe".

Die einfachsten unter diesen Getrieben sind die normalen oder geraden Kreiszylindermantel-Getriebe, von denen in den obigen Patenten 55 785 und 57 443 verschiedene Verkörperungsformen zu finden sind.

Andere Verkörperungen der Zylinderflächen-Getriebe, und zwar der geraden Kreiszylinderflächen-Getriebe, sind in der Technik auch schon mehrfach vorhanden. Hier sollen aber nur noch zwei Anwendungen derselben als Beispiel folgen.

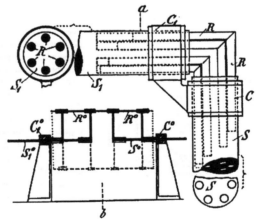

Fig. 20. D. R. Camerons Kupplung.

Das deutsche Patent 34 855 vom 20. Mai 1885 aus Klasse 47 enthält die Kupplung von dem Engländer Donald Roderich Cameron in Cherness, Grafschaft Kent in England, welche für sich unter einem beliebigen Winkel schneidende Wellen angewendet werden kann und in Fig. 20 (a und b) in zwei Ausführungsformen dargestellt ist.

Fig. 20a stellt die Kupplung bei sich rechtwinkelig schneidenden Wellen und Fig. 20b
bei zwei Wellen schematisch dar, deren geometrische Achsen zusammenfallen. Diese
zweite als Kupplung für die Praxis bedeutungslose Ausführungsform besteht aus zwei
in Lagern C^0 und C^0_1 liegenden Wellen S^0 und S^0_1, welche an ihren einander-
zugekehrten Enden kurbelartige Arme zur Aufnahme eines Wellenstückes R^0 tragen,
welches die Wellen S^0 und S^0_1 miteinander kuppelt, selbst wenn es dabei gleichzeitig
um eine geometrische Achse beliebig gedreht oder in seiner Längsrichtung so verschoben wird, daß es dabei immer noch in den Kurbelarmen stecken bleibt. Bei dieser
schematisch gezeichneten Kupplungsform der Fig. 20b bestreicht die Achse des Wellenstückes R^0, eine Cylinderfläche, deren räumliche Ausdehnung durch die Länge der
Kurbelarme bestimmt ist, die aber immer eine normale Kreiszylinderfläche ist.

In Fig. 20a, in welcher die beiden zu kuppelnden Wellen S und S_1 sich
rechtwinklig schneiden, ist die Verbindung derselben nur dadurch möglich, daß das
kuppelnde Wellenstück R^0 der Fig. 20b hier durch ein rechtwinklig abgebogenes
Stück R ersetzt wird, dessen Enden dann aber in entsprechenden Kurbelarmen drehbar
sein müssen. Jeder Schenkel des Kupplungsstückes R ist in einer zur Wellenachse
parallelen Bohrung dreh- und verschiebbar. Bei einer Übertragung der Drehung von
einer Welle auf die andere geht das Kupplungsstück in die für seine Schenkel bestimmten Bohrungen an den Wellenenden in letztere hinein und aus ihnen wieder
heraus. Dabei findet eine Verschiebung der Ebene, welche die geometrischen Achsen
der Schenkel des Kupplungsstückes R bestimmen, parallel mit sich selbst statt. Bei

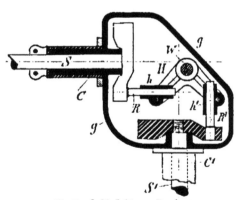

der Kupplung nach Fig. 20b
sind sechs Kupplungsstücke R
vorhanden. Diese Kupplung
unterscheidet sich von der Man-
nesmannschen nach Fig. 19
hauptsächlich dadurch, daß die
dort herrschende gleitende Reibung zwischen den Kupplungs-
organen hier in die Bohrungen
der Wellen verlegt ist.

Eine andre aus zwei Zylin-
dermantelgetrieben zusammen-
gesetzte Kupplung ist in Fig. 21
gezeichnet und bildet das amerikanische Patent 652 142 vom
19. Juni 1900. Hier sind die
Kupplungsstücke R und R' in
Hülsen h und h' von Kreuz-

Fig. 21. S. W. Robinsons Kupplung.

gelenken dreh- und verschiebbar, welche an einem auf der Welle W des Gehäuses g
dreh- und verschiebbaren Winkelhebel H drehbar angebracht sind.

Alle Drehachsen-Punktbahnengetriebe, welche aus dem paraboloïdischen Getriebe dadurch erhalten werden, daß in der Führungsebene desselben eine Führungsgerade und in dessen Führungskugelfläche irgend eine andere Kurve, als es der Kreis ist, zur Führungskurve gemacht wird, sind zur gesetzmäßigen Verschiebung eines Punktes der beweglichen Achse auf der Führungsgeraden geeignet, und können daher allgemein „räumliche Punktschubgetriebe" heißen.

Unter den unendlich vielen Getrieben dieser Art soll hier nur noch dasjenige Erwähnung finden, bei welchem der Führungskreis in den besprochenen Kurbelgetrieben durch eine sphärische Cykloïde vertreten ist. Sphärische Cykloïden sind nämlich in jedem Kegelflächengetriebe enthalten, welches ein zweigliedriges ist und dessen Verkörperung ein aus zwei Kegelrädern bestehendes Maschinengetriebe bildet, wie es die Zahnräder Z^1 und Z^2

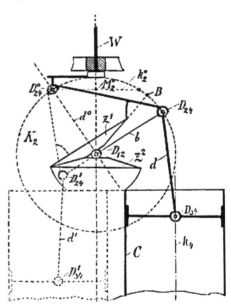

in Fig. 18 tun. Jeder Punkt des bewegten Kegelradsystems beschreibt hier in bezug auf das System des feststehenden Rades eine sphärische Cykloïde. Selbst die Kreise, welche von allen Punkten der Drehachse des bewegten Kegelrades (Umlaufrades) beschrieben werden und die Kegelfläche in dem erwähnten Kegelflächengetriebe bilden, können nämlich als degenerierte sphärische Cykloïden angesehen werden.

In Fig. 22 ist schematisch ein Maschinengetriebe gezeichnet, welches die konischen Umlaufräder Z^1 und Z^2 besitzt. Das Kegelrad Z^2 steht hier fest. Es beschreibt dann in bezug auf dieses Rad jeder Systempunkt D_{24} des Umlaufrades Z^1 eine sphärische Cykloïde in einer Kugelfläche K_2, welche den Radius $b = D_{12} D_{24}$ besitzt und von der Drehachse d^0 des Rades Z^1 in dem Punkte D_{24}^0 durchdrungen wird. Die vom Punkte D_{44} beschriebene sphärische Cykloïde ist eine verlängerte Epi-

Fig. 22. **Sphärisch-cykloïdisches Kurbel-Punktschubgetriebe in Verbindung mit einem Kegelflächengetriebe.**

cykloïde, zu welcher als normale sphärische Epicykloïde diejenige gehört, welche von dem Punkte B durchlaufen wird, der mit dem Punkte D_{24} zusammen auf ein und demselben größten Kreise der Kugelfläche K_2 liegt. Die Führung des Punktes D_{24} auf seiner

31*

verlängerten sphärischen Epicykloïde fällt dem Radius $b = D_{12} D_{24}$ zu. Dieser Radius vertritt eine Raumkurbel, deren Kurbelzapfenpunkt D_{24} jene sphärische Epicykloïde durchläuft und kann daher zutreffend eine „cykloïdische Raumkurbel" genannt werden. In Fig. 22 ist weiterhin k_4 die Schubrichtungslinie in einer Führungsebene für den zweiten Endpunkt D_{24} der Schubstange $d = D_{24} D_{24}$. Es bilden daher die Glieder b und d in Verbindung mit der Führungsebene für den Punkt D_{24}, in welcher die Gerade k_4 liegt, ein in seiner Beweglichkeit beschränktes paraboloïdisches Getriebe. Die Beschränkung in der Beweglichkeit dieses Getriebes ist dadurch hervorgebracht, daß sein Gelenkpunkt D_{24} nicht mehr auf der Führungskugel K_2 frei beweglich ist, sondern eine ihm zugewiesene Bahn, nämlich eine verlängerte sphärische Epicykloïde, durchlaufen muß. Seiner geometrischen Eigenschaften wegen nenne ich dieses mathematische Getriebe ein „sphärisch-cykloïdisches Kurbel-Punktschubgetriebe", im Gegensatze zu dessen Verkörperungen, welche „sphärisch-cykloïdische Schubkurbelgetriebe" heißen sollen.

Die Kurbel auf der Welle W in Fig. 22, welche den Punkt $D_{24}{}^0$ auf dem Kreise $k_2{}^0$ mit dem Mittelpunkte $M_2{}^0$ führt, die starre Verbindungslinie $D_{24} D_{24}{}^0$.

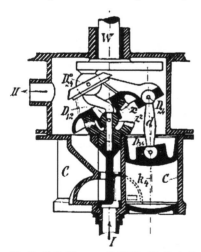

welche dem Raumsysteme des Umlaufrades Z^1 angehört, und die Kurbel b desselben Systems bilden ein räumliches Gelenkviereck, dessen Bildraumsystem durch das Gestell der schematisch gezeichneten Maschine vertreten ist. Von diesem Gelenkviereck sind aber zwei Glieder durch das System des Umlaufrades Z^1 starr mit einander vereinigt, sodaß dasselbe zu einem dreigliedrigen Getriebe geworden ist. Dieses Getriebe führt die Gerade d^0, welche durch die Punkte D_{12} und $D_{24}{}^0$ geht, so, daß sie eine Kegelfläche als ihre Spur erzeugt, sodaß also ein dreigliedriges Kegelflächengetriebe vorliegt. Dieses Getriebe kann von dem obigen zweigliedrigen derartigen dadurch unabhängig gemacht werden, daß die einander treibenden Zahnräder Z^1 und Z^2 ausgeschieden werden. Damit würde zwar ein neues Kegelmantelgetriebe geschaffen werden, aber auch zugleich das sphärisch-cykloïdische Kurbel-Punktschubgetriebe mit den Gliedern b und d völlig zerstört werden. Jene bestimmte sphärische Epicykloïde würde durch irgend eine willkürliche sphärische Kurve der Kugelfläche K_2 wieder vertreten sein. Die Anzahl der mathematischen Getriebe in Fig. 22 wäre wieder eine unbeschränkte, wie eine solche aus dem paraboloïdischen Getriebe abgeleitet werden kann.

Beim Vorhandensein der Zahnräder Z^1 und Z^2 in Fig. 22 dient die Kurbel auf der Welle W nur zur Umsetzung der Bewegungen des sphärisch-cykloïdischen Schubkurbelgetriebes und des zweigliedrigen Kegelmantelgetriebes in eine Kreisbewegung.

Das besprochene Raumgetriebe hat Anwendung gefunden bei dem in Fig. 23 gezeichneten Kurbelgetriebe für dreizylindrige Kolbenmaschinen mit parallel zu den Zylinderachsen gelagerter Welle von Ulr. R. Maerz und F. C. Schmidt in Berlin, welches das deutsche Patent 36944 vom 27. Januar 1886 in Klasse 47 bildet. C sind die Dampfzylinder, deren Kolben mittels dreier Schubstangen d, d' und des starren Systems des Rades Z', Fig. 22 und 23, die Kurbel der Welle W bewegen. I ist das Dampfeintrittsrohr und II das Auspuffrohr.

Das räumliche Gelenkviereck degeneriert zu einer andern Gattung von Raumgetrieben noch dadurch, daß die Führungskugeln desselben beide zugleich unendlich groß, d. h. zu Führungsebenen werden. Dadurch entsteht ein räumliches Getriebe, welches auch schon aus dem ebenen Kreuzzirkel dadurch abgeleitet werden konnte, daß bei demselben die beiden Führungsgeraden durch Führungsebenen ersetzt wurden.

Dieses Getriebe ist aus Fig. 5 abgeleitet und in Fig. 24 veranschaulicht worden. Die Führungskugelflächen K_1 und K_2 für die Endpunkte D_{24} und D_{34} der Seite d sind unendlich groß geworden. Ihre Mittelpunkte D_{12} und D_{14} liegen daher auf den unend-

lich langen Radien a und b im Unendlichen. Diese Radien stehen auf den Ebenen K_1 und K_2 senkrecht, welche sich in Fig. 24 als Gerade projizieren und aus den unendlich groß gewordenen Führungskugelflächen entstanden sind. Die Seite c des degenerierten Gelenkvierecks liegt vollständig im Unendlichen. Die veränderlichen Tetraëderkanten sind die beiden durch D_{24} und D_{34} punktiert gezeichneten Geraden, welche parallel zu a und b liegen.

Die Grundkreise der beiden Begleitkegelpaare projizieren sich als die Strecken

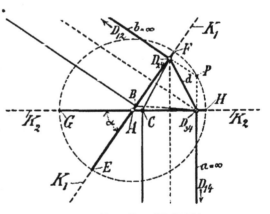

Fig. 24. Ebenen-Kreuz-Schubgetriebe.

D_{24} B und D_{34} C auf den Geraden K_1 und K_2, wenn $d = D_{24} D_{34}$ parallel zur Bildebene des Papieres liegend, also in wirklicher Größe erscheinend angenommen wird. Je einer der Kegel der beiden Paare hat seine Spitze im Unendlichen, wird also ein Zylinder, und zwar ein normaler Kreiszylinder, weil die Verbindungslinie der Spitzen

eines Begleitkegelpaares immer senkrecht auf ihrer gemeinschaftlichen Grundebene steht.
Wenn, wie vorausgesetzt worden ist, die Seite d in Fig. 24 in ihrer wahren Größe erscheint und die beiden Führungsebenen K_1 und K_2 den Neigungswinkel α miteinander
bilden, dann können die geführten Endpunkte D_{2_1}, D_{3_1} der beweglichen Seite d willkürliche Bewegungen nur innerhalb zweier gleichbreiter Ebenenstreifen ausführen, welche
durch eine normale Kreiszylinderfläche aus den Führungsebenen ausgeschnitten werden,
deren Zylinderdurchmesser $EF = GH$ ausgedrückt ist durch

$$EF = GH = \frac{2\,d}{\sin\,\alpha}.$$

Die Achse A dieses normalen Kreiszylinders fällt in die Durchschnittslinie der
beiden Ebenen K_1 und K_2. Auf den innerhalb der genannten Zylinderfläche liegenden
Ebenenstreifen EF und GH (in Fig. 24 stark ausgezogen) verschieben sich bei der
beliebigen Bewegung der Seite d die gemeinsamen Grundkreise der beiden Begleit-
zylinder-Kegelpaare des vorliegenden Raumgetriebes.

Diese Grundkreise ändern dabei ihre Durchmesser vom Wert Null bis zum Wert d.
Jeder der Kreise bleibt aber innerhalb seines unendlich langen Ebenenstreifens, aus
dem er infolge der unveränderlichen Länge der Seite d nicht heraus kann. Die beiden
Ebenenstreifen bilden ein Ebenenkreuz, welches für die Verschiebungen der Grundebenen der Begleitkegel-Zylinderpaare maßgebend ist. Das Ebenenkreuz kann dabei
ein „gerades" oder ein „schiefes" sein, je nachdem die Ebenen K_1 und K_2 senkrecht
oder schief zu einander stehen. An Stelle der Hüllflächen, welche als Rotationsflächen
II. Ordnung bei allen früheren räumlichen Gelenkvierecken gefunden worden sind, treten
bei dem Sonderfall der letzten Art willkürlich Verschiebungen von Ebenen innerhalb
eines Ebenenkreuzes auf. Ich nenne deswegen das vorliegende mathematische Getriebe
ein „Ebenenschubgetriebe im Ebenenkreuz" oder kurzweg ein „Ebenenkreuz-Schubgetriebe".

────────────

Aus dem „Ebenenkreuz-Schubgetriebe" lassen sich unendlich viele Drehachsen-
Punktbahnengetriebe ableiten, wenn den in den Ebenen K_1 und K_2, Fig. 24, geführten
Punkten D_{2_1} und D_{3_1} der Seite d, oder der mit ihr zusammengefallenen Drehachse des
beweglichen Raumsystems ganz bestimmte Bahnen zugewiesen werden, welche sie zu
durchlaufen haben.

Würden diese Bahnen Kreise sein, dann würden mathematische Getriebe erhalten werden, welche schon oben als räumliche Kurbelgetriebe ausführlich besprochen
worden sind. Auch in dem Fall, daß in der einen Ebene ein Führungskreis und in
der andern Führungsebene eine Führungsgerade als Bahnen für die bewegten Achsen-
punkte gewählt würden, käme man ebenfalls zu den bereits behandelten räumlichen
Punkt-Schubkurbelgetrieben.

Werden aber die nach Belieben zu wählenden Punktführungsbahnen entweder
beide als Geraden, oder irgend welche andere ebene Kurven angenommen, dann entstehen Drehachsen-Punktbahnengetriebe, welche noch nicht besprochen sind. Alle diese
Getriebe zu untersuchen, ist nicht die Aufgabe vorliegender Arbeit, ganz abgesehen

davon, daß die vollständige Lösung dieser mannigfaltigen Aufgabe undurchführbar wäre. Hier sollen nur noch diejenigen Drehachsen-Punktbahnengetriebe Erwähnung finden, welchen geradlinige Führungsbahnen für die Punkte D_{24}, D_{34} in Fig. 24 angehören.

Für diese zwei Punkte können die Führungsgeraden in den Ebenen K_1 und K_2 so liegen, daß sie einen oder keinen gemeinsamen Schnittpunkt haben. Haben dieselben einen Schnittpunkt gemein, dann kann derselbe nur in der Durchschnittslinie A der beiden Führungsebenen K_1 und K_2 liegen. Alsdann bestimmen aber die beiden sich schneidenden Führungsgeraden eine Ebene, in welcher sich die Seite $d = D_{24} D_{34}$ auch befindet. Letztere kann dann aus dieser Ebene nicht mehr herausgeben, und es liegt der bekannte ebene Kreuzzirkel als Getriebe vor, wenn gleichzeitig jede willkürliche Drehung um die Achse $D_{24} D_{34}$ des zu der Seite d gehörigen starren Raumsystemes vernichtet wird.

Anderen Falles liegt ein räumliches mathematisches Getriebe vor, welches zwei-gliedrig ist, zu der Getriebegattung der Drehachsen-Punktbahnengetriebe gehört und dessen bewegliches Glied eine Drehachse hat, welche mittels eines ebenen Kreuzzirkels in der Ebene des letzteren verstellt wird. Dieses Getriebe kann zutreffend ein ebenes „Kreuzzirkel-Drehachsenpunktbahnengetriebe" genannt werden.

Die Führungsgeraden können in den Führungsebenen K_1 und K_2, Fig. 24, auch so liegen, daß sie sich nicht schneiden; sie sind dann windschiefe Linien in dem feststehenden Bildraumsystem, in welchem das räumliche System mit der Seite d als Träger so beweglich ist, daß seine in dieser Seite liegende Drehachse mit allen ihren Punkten ganz bestimmte Raumkurven beschreibt. Die beiden Führungsgeraden kreuzen sich im Raum ohne sich zu schneiden, und es kann daher das hier vorliegende mathematische Getriebe ein „räumlicher Kreuzzirkel" genannt werden. Dieses Getriebe kann nämlich aus dem bekannten ebenen Kreuzzirkel auch dadurch abgeleitet werden, daß die eine der beiden sich schneidenden Führungsgeraden dieses bekannten Getriebes aus dessen Ebene herausgehoben wird, daß aber die beiden Führungsgeraden ihre neue Stellung zueinander auch noch unverändert beibehalten.

Der räumliche Kreuzzirkel ist entweder ein „gerader" oder ein „schiefer", je nachdem die beiden windschiefen Führungsgeraden desselben sich rechtwinklig oder spitzwinklig kreuzen. Die Projektion jedes räumlichen Kreuzzirkels auf eine Ebene, welche senkrecht zum kürzesten Abstand seiner windschiefen Führungsgeraden steht ist wiederum ein ebener Kreuzzirkel.

Zum Beweise der Richtigkeit dieses Verhältnisses wird der kürzeste Abstand $c = OQ$ in Fig. 25 der beiden windschiefen Führungsgeraden K_1 und K_2 zur $+Z$-Achse, der eine Endpunkt O dieses Abstandes zum Ursprung und die Führungsgerade K_1 zur X-Achse eines rechtwinkligen Koordinatensystems gewählt. Auf K_1 bewege sich der Punkt D_{24} und auf K_2 der zweite Punkt D_{34} der Drehachse des beweglichen zweiten Gliedes des Getriebes. Ein Punkt P dieser Achse, welcher die Strecke $D_{24} D_{34}$ in die beiden Abschnitte a und b zerlegt, habe die Koordinaten $OE = x$, $CE = y$ und $CP = z$.

Die Strecke $D_{21} D_{24}$ bezw. Drehachse des beweglichen Systems schließe mit den Koordinatenachsen bezüglich die Richtungswinkel uvw ein, während die windschiefen Führungsgeraden K_1 und K_2 sich unter dem Winkel α kreuzen mögen. Wird schließlich der veränderliche Abstand $OD_{24} = h$ gesetzt, dann sind aus der Fig. 25 sofort abzulesen folgende Gleichungen:

$$OQ = JG = D_{21} F = c = (a+b) \cos w, \text{ d. h.}$$

$$\cos w = \frac{c}{a+b}. \tag{66}$$

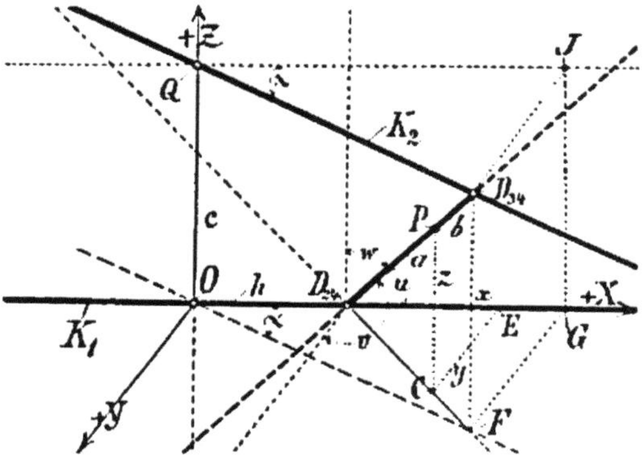

Fig. 25. Räumlicher Kreuzzirkel.

Es ist jedoch auch die Koordinate z ausdrückbar durch

$$z = a \cos w.$$

Durch Substitution des Wertes für $\cos w$ aus der Gleichung 66 wird daher

$$z = \frac{ac}{a+b}. \tag{67}$$

Hieraus folgt, daß diese Koordinate z bei der Bewegung der Drehachse $D_{21} D_{24}$ ihren Wert nicht ändert, d. h. daß der bewegte Punkt P dieser Achse eine Kurve durchlaufen wird, welche mit allen ihren Punkten in einer Parallelebene zur XY-Ebene liegt. Was aber für den beliebig gewählten Punkt P der Drehachse gefunden worden ist, gilt auch für jeden anderen Punkt derselben. Alle Punkte dieser Drehachse beschreiben also Kurven, welche in parallelen Ebenen zur XY-Ebene liegen.

Um nun die Gleichung der Bahn des Punktes P zu finden, ist zunächst die Strecke $OD_{24} = h$ zu berechnen. Ein brauchbarer Wert für diese Strecke wird aus folgender aus der Figur leicht ablesbaren Proportion erhalten:

$$D_{24} G : D_{24} E = G F : CE, \text{ oder}$$

$$(a+b) \cos u : a \cos u = [h + (a+b) \cos u] \operatorname{tg} \alpha : y, \text{ oder}$$

$$(a+b) : a = \left[h + \frac{(a+b)(x-h)}{a} \right] : y,$$

denn es ist gemäß Fig. 25 $\cos u = (x-h) : a$. Aus der letzten Form der Proportion läßt sich leicht der gewünschte Wert von h finden, und zwar zu:

$$h = \frac{a+b}{b} [x - y \operatorname{ctg} \alpha]. \qquad (68)$$

Zwischen den Koordinaten x, y, z und den Richtungswinkeln u, v und w bestehen folgende leicht ablesbare Gleichungen:

$$\left. \begin{aligned} \cos u &= \frac{x-h}{a} \\ \cos v &= \frac{y}{a} \\ \cos w &= \frac{z}{a} \end{aligned} \right\} . \qquad (69)$$

und

Bekanntlich ist auch

$$\cos^2 u + \cos^2 v + \cos^2 w = 1. \qquad (70)$$

Diese Gleichung liefert unter Zuhilfenahme der Werte aus den Gleichungen 67 bis 69 die gesuchte Gleichung der Bahn des Punktes P. Dieselbe nimmt zunächst die Form an:

$$\left[\frac{x}{a} + \frac{a+b}{ab} (x - y \operatorname{ctg} \alpha) \right]^2 + \frac{y^2}{a^2} + \frac{c^2}{(a+b)^2} = 1.$$

Eine kleine Reduktion führt zu folgender Gestalt dieser Gleichung:

$$a^2 x^2 - 2a(a+b) xy \operatorname{ctg} \alpha + [b^2 + (a+b)^2 \operatorname{ctg}^2 \alpha] y^2 = \frac{a^2 b^2}{(a+b)^2} [(a+b)^2 - c^2].$$

oder endlich zu der Gleichung:

$$[ax - (a+b) \operatorname{ctg} \alpha \cdot y]^2 + b^2 y^2 = \frac{a^2 b^2}{(a+b)^2} [(a+b)^2 - c^2]. \qquad (71)$$

Dies ist die Gleichung einer Ellipse, und es durchläuft daher der Punkt P in Fig. 25 die gefundene Ellipse in dem Abstande $z = ac : (a+b)$, Gleichung 68, von der XY-Ebene des gewählten rechtwinkligen Koordinatensystems.

Ist $a = b$, d. h. liegt der Punkt P in der Mitte der Strecke $D_{24} D_{34}$, dann nimmt die Gleichung 71 folgende Form an:

$$[x - 2y \operatorname{ctg} \alpha]^2 + y^2 = a^2 - \left[\frac{c}{2} \right]^2 \qquad (72)$$

Diese Gleichung definiert eine Ellipse, deren Hauptachse in der Halbierungslinie des Winkels α liegt; sie entspricht derjenigen Ellipse in einem schiefen ebenen Kreuzzirkel, welche die Mitte seiner bewegten Strecke beschreibt.

In dem räumlichen Kreuzzirkel, Fig. 25, in welchem die windschiefen Führungsgeraden einen beliebigen Winkel α miteinander bilden, gibt es einen Punkt, welcher der bewegten Strecke $D_{21} D_{31}$ angehört, jedoch außerhalb derselben liegt und einen Kreis beschreibt, dessen Mittelpunkt in dem kürzesten Abstande $OQ = c$ der windschiefen Geraden K_1 und K_2 sich befindet. Dieser Punkt kann mittels des ebenen Kreuzzirkels, der durch Projizierung des räumlichen Kreuzzirkels auf die XY-Ebene erhalten wird, leicht gefunden werden.

Bilden aber die Führungsgeraden K_1 und K_2 einen Winkel $\alpha = \dfrac{\pi}{2}$ miteinander, dann ist $\operatorname{ctg}\alpha = o$ und die Gleichung 72 lautet dann also:

$$x^2 + y^2 = a^2 - \left[\frac{c}{2}\right]^2. \tag{73}$$

Dies ist aber die Gleichung eines Kreises mit dem Radius $= \sqrt{a^2 - \left[\frac{c}{2}\right]^2}$, d. h. der in der Mitte der Strecke $D_{21} D_{31}$ liegende Punkt P beschreibt den durch die Gleichung 73 definierten Kreis. Der Mittelpunkt dieses Kreises liegt in der Mitte des kürzesten Abstandes c der Führungsgeraden K_1 und K_2.

Aus dieser Untersuchung dürfte zur Genüge klar hervorgehen, daß jede Projektion der oben angegebenen Art eines beliebigen räumlichen Kreuzzirkels einen ebenen Kreuzzirkel liefert.

In dem räumlichen Kreuzzirkel, Fig. 25, ist noch von besonderem Interesse die Regelfläche zu kennen, welche die bewegte Drehachse $D_{21} D_{31}$ des bewegten Gliedes des zweigliedrigen Drehachsen-Punktbahnengetriebes als ihre Spur in dem feststehenden Bildraumsysteme schafft.

Unter Beibehaltung des in Fig. 25 gewählten Koordinatensystems seien $x\, y\, z$ die Koordinaten eines beliebigen Punktes (also nicht die des festgelegten Punktes P) der beweglichen Achse $D_{21} D_{31}$. Der Abstand dieses Punktes von dem Punkte D_{21} sei gleich ϱ. Alsdann bestehen zwischen den Richtungswinkeln $u\, v\, w$ und der genannten Größe ϱ folgende bekannte Relationen:

$$\left.\begin{array}{l} \varrho \cos u = x - h \\ \varrho \cos v = y \\ \varrho \cos w = z \end{array}\right\} \tag{74}$$

Ferner ist aus der Figur leicht folgende Gleichung abzulesen:

$$h^2 + \varrho^2 + 2h\varrho \cos u = x^2 + y^2 + z^2,$$

welche unter Benutzung des Wertes für $\cos u$ aus der Gleichung 74 auch also geschrieben werden kann

$$h^2 + \varrho^2 + 2h(x - h) = x^2 + y^2 + z^2, \text{ oder endlich}$$

$$\varrho^2 = x^2 + y^2 + z^2 + h^2 - 2hx. \tag{75}$$

Nun ist aber $FD_{31} = c$ parallel zur Koordinate z, so daß auch aus der Figur leicht folgende Proportion abgelesen werden kann:

$$z : c = \varrho : (a + b),$$

d. h. also

$$\varrho = \frac{a + b}{c} \cdot z \tag{76}$$

Durch Einführung dieses Wertes in die Gleichung 75 folgt die Gleichung

$$\frac{(a+b)^2\,z^2}{c^2} = x^2 + y^2 + z^2 + h^2 - 2\,h\,x \qquad (77)$$

In dieser Gleichung ist nur noch die Größe h durch die gegebenen Stücke und die Koordinaten $x\,y\,z$ auszudrücken, um die gesuchte Gleichung der fraglichen Regelfläche zu finden.

Aus Fig. 25 folgt die Proportion:

$$(a+b) : \varrho = FG : y \text{ und } FG = (h + d \cos u)\, \mathrm{tg}\,\alpha,$$

folglich ist auch

$$\frac{a+b}{\varrho} = \frac{[h + (a+b) \cos u]\, \mathrm{tg}\,\alpha}{y}$$

und da $\cos u = (x - h) : \varrho$ ist, so folgt sofort

$$(a+b)\,y = h\,\varrho\,\mathrm{tg}\,\alpha + (a+b)\,(x - h)\,\mathrm{tg}\,\alpha$$

und hieraus ergibt sich der gesuchte Wert von h mittels Gleichung 76 zu

$$h = \frac{c}{z-c}\,(y\,\mathrm{ctg}\,\alpha - x) \qquad (78)$$

Durch Substitution dieses Wertes von h in die obige Gleichung 77 ergibt sich zunächst die Gleichung

$$\frac{(a+b)^2\,z^2}{c^2} = x^2 + y^2 + z^2 + \frac{c^2}{(z-c)^2}\,[y\,\mathrm{ctg}\,\alpha - x]^2 - \frac{2\,c\,x}{z-c}\,[y\,\mathrm{ctg}\,\alpha - x].$$

Nach einer kleinen Reduktion folgt die gesuchte Gleichung zu:

$$[(a+b)^2 - c^2]\,(z-c)^2\,z^2 - c^2\,(x^2 + y^2)\,(z-c)^2 + 2\,c^2 x\,(y\,\mathrm{ctg}\,\alpha - x)\,(z-c) - c^4\,(y\,\mathrm{ctg}\,\alpha - x)^2 = 0 \quad (79)$$

Die Regelfläche der geführten Achse des Systems des räumlichen Kreuzzirkels ist hiernach eine Fläche IV. Ordnung.

Nimmt in der Gleichung 78 die Ordinate z einen konstanten Wert an, welchen die Gleichung 67 ausdrückt, dann geht dieselbe in eine Ellipsengleichung nämlich die Gleichung 71 über.

Die durch Gleichung 79 definierte Regelfläche hat zwei sich unter dem Winkel α kreuzende Strecken als Keilkanten; sie ist also eine doppelte Keilfläche, welche in allen ihren Parallelschnitten zur XY-Ebene Ellipsen als Schnittfiguren zeigt, wenn die beiden Keilkanten derselben auch als degenerierte Ellipsen betrachtet werden.

Andere Drehachsen-Punktbahnengetriebe, welche zu der zuletzt besprochenen Gattung gehören, werden erhalten, wenn die beiden Führungsebenen sich nicht schneiden, sondern parallel zueinander liegen, so daß dann von ihnen ein Ebenenkreuz nicht mehr gebildet werden kann.

Je nachdem die in den Parallelebenen liegenden Führungskurven durch Geraden, Kreise oder irgend welche andere Linien vertreten werden, entstehen unendlich viele verschiedene Drehachsen-Punktbahnengetriebe. Unter denselben erscheinen jedoch auch solche wieder, welche schon im Vorstehenden behandelt worden sind.

32*

Der räumliche Kreuzzirkel entsteht z. B. bei geradlinigen Führungslinien, wenn dieselben in der Führungsebene so liegen, daß sie sich nicht schneiden, sondern nur kreuzen.

Ein räumliches Punktschubgetriebe wird durch eine Gerade und einen Kreis in je einer der Führungsebenen entwickelt werden können.

Das räumliche Kurbelgetriebe fordert je einen Führungskreis in den beiden Ebenen, zu welchen die ursprünglichen Führungskugelflächen degeneriert sind.

Zwei parallele Linien als Führungslinien in den beiden parallelen Führungsebenen ergeben ein Drehachsen-Punktbahnengetriebe, dessen Drehachse parallel mit sich selbst verschoben wird, so daß diese Drehachse eine Ebene als ihre Spur bestreicht. Jeder Punkt dieser Achse durchläuft eine Gerade in der erzeugten Ebene, so daß dadurch auch ein paralleles Strahlenbüschel geschaffen wird.

Andere Führungslinien als Gerade und Kreise können sowohl bei den beiden parallelen als auch bei den zwei sich schneidenden Führungsebenen am einfachsten dadurch zur Schaffung neuer Drehachsen-Punktbahnengetriebe benutzt werden, daß man bekannte ebene Getriebe anwendet, welchen die Erzeugung der gewünschten Führungskurven zufällt. Es entstehen dann neue Raumgetriebe, welche sich als Kombinationsgebilde auf ebene Getriebe stützen. Es können jedoch auch noch irgend welche zwei räumlichen Getriebe zur Erzeugung derartiger Kombinationsgetriebe des Raumes benutzt werden. Der räumliche Kreuzzirkel kann z. B. ebenso gut, wie der ebene Kreuzzirkel zur Führung eines Punktes auf einer ebenen Ellipse Anwendung finden. Sphärische Getriebe sind freilich nur zur Führung von Punkten auf sphärischen Kurven brauchbar.

Es würde aber zu weit führen, sollte dieser hier angedeutete Weg betreten und auch verfolgt werden. Für die Entwickelung eines Systems von räumlichen Getrieben ist dieser Weg auch nur von untergeordneter Bedeutung. Weit erfolgreicher und durchgreifender ist für die Ermittelung der einfachsten räumlichen Getriebe der Weg, den ich beim Beginn dieser Arbeit gezeigt habe, indem ich einem System von Raumgetrieben das in meiner ersten Abhandlung[1]) entwickelte System der ebenen Getriebe zu Grunde lege.

Beim Festhalten dieses Grundgedankens sind jetzt diejenigen räumlichen mathematischen Getriebe zu besprechen, zu welchen die Umkehrung der Bewegung eines räumlichen Gelenkvierecks führt. Auch hier leistet aber das bloß auf zwei Glieder reduzierte Gelenkviereck des Raumes die hervorragendsten Dienste.

Das zweigliedrige Getriebe, von welchem jetzt ausgegangen werden muß, um eine neue Gattung von Raumgetrieben zu schaffen, besteht hier, wie bei der schon ausführlich besprochenen Getriebegattung, aus einem starren Raumsysteme mit zwei in ihm befindlichen ihre Lage zu einander nicht ändernden Führungskugelflächen und einem zweiten starren räumlichen Systeme mit zwei einen unveränderlichen Abstand von einander besitzenden Punkten (Hüllpunkten). Diese zwei Punkte sind gezwungen

---

auf je einer der Führungskugelflächen zu bleiben. Dabei wird aber jetzt dasjenige Raumsystem festgestellt, d. h. also zu einem Bildraumsysteme gemacht, in welchem sich die genannten zwei Punkte befinden. Dagegen ist das mit den zwei Führungskugelflächen ausgestattete Raumsystem so weit frei beweglich, als es die beiden Punkte gestatten, die dabei ihre Kugelflächen nicht verlassen dürfen. Dadurch ist das ursprüngliche räumliche Gelenkviereck vollständig erhalten geblieben. Es durchlaufen hierbei nämlich die Mittelpunkte der beweglichen Führungskugelflächen zwei andere Kugelflächen in dem festgehaltenen Gliede, welche in ihm die zwei festen Punkte zu ihren Mittelpunkten haben und ebenso groß sind wie die beiden Kugelflächen im beweglichen zweiten Gliede des Getriebes. Diese entstehenden zwei Kugelflächen treten dann an Stelle der Führungskurbeln des räumlichen Gelenkviereckes, dessen bewegliche Seite von dem Abstande der Mittelpunkte der beiden Führungskugelflächen im beweglichen Gliede gebildet ist, während der Abstand der beiden festen Punkte in dem Gliede, welches den Bildraum bildet, die festgestellte Seite des fraglichen Gelenkviereckes darstellt.

Dieses vorliegende Gelenkviereck kann also zur Erzeugung von Hüllflächen II. Ordnung durch die Grundebenen seiner Begleitkegelpaare benutzt werden, wie es oben bereits ausführlich besprochen worden ist. Die Längen der Seiten des Viereckes bestimmen die Gestalt der Rotationsflächen II. Ordnung, welche von ihm als Hüllgebilde erzeugt werden können, in der oben angegebenen Weise. Je nach der Länge der Seiten zu einander werden also hier wiederum folgende Haupt-Gruppen von Gelenkvierecken des Raumes von einander zu unterscheiden sein:

1. doppelt ellipsoïdische Gelenkvierecke
2. -   hyperboloïdische Gelenkvierecke
3. -   paraboloïdische   -
4. elliptisch paraboloïdische   -
5. hyperbolisch paraboloïdische Gelenkvierecke und
6. elliptisch hyperboloïdische Gelenkvierecke.

Aus dem Gelenkvierecke als solchem wird also im vorliegenden Falle hiernach ein neues mathematisches Getriebe nicht erhalten. Dahingegen gelangt man zu noch nicht besprochenen räumlichen Getrieben aus dem zu einem zweigliedrigen Getriebe reduzierten Gelenkvierecke, wenn man in dem zuletzt besprochenen zweigliedrigen Raumgetriebe die beiden Führungskugelflächen entweder zugleich oder einzeln unendlich groß oder unendlich klein werden läßt.

Dadurch wird aber eine Gattung von räumlichen Getrieben erhalten, deren jedes Getriebe durch Umkehrung der Bewegung derjenigen zweigliedrigen Raumgetriebe erhalten wird, welche schon aus dem ursprünglichen Gelenkvierecke als besondere Gebilde abgeleitet und besprochen worden sind.

Alle auf diese Weise entwickelten mathematischen Getriebe unterscheiden sich ihren Bewegungsgesetzen nach ganz wesentlich von ihren zugehörigen Partnern. Leider würde es zu weit führen, hier alle diese Getriebe so ausführlich zu besprechen, wie es mit den Getrieben der ersten Gattung geschehen ist.

Erwähnen will ich hier nur, daß die Umkehrung der Bewegung des räumlichen Kurbelgetriebes, des sphärischen und räumlichen Kreuzzirkels und des räumlichen Schubkurbelgetriebes zu sehr interessanten räumlichen Getrieben führt, von welchen ich nur das letztgenannte Getriebe am Schlusse dieser Arbeit ausführlicher besprechen will, weil es zu den einfachsten räumlichen Getrieben gehört.

Ferner will ich es nicht unterlassen hier darauf hinzuweisen, daß unter allen diesen Getrieben wiederum die drei Gruppen auseinander gehalten werden müssen, nämlich solche, die den

α. Drehachsen-Punktbahnengetrieben, dann den

β. räumlichen Punktbahnengetrieben und den

γ.   -   Achsenführungen

entsprechen.

Auch will ich noch bemerken, daß Verkörperungen von Getrieben dieser Gattung weit seltener sind, als solche derjenigen Getriebegattung, welche ich schon oben ausführlicher besprochen und durch einige Beispiele auch erläutert habe.

———————

Das im letzten Absatze Gesagte gilt im vollen Umfange auch noch für alle Getriebe der dritten und letzten Gattung, welche aus dem räumlichen Gelenkvierecke noch abgeleitet werden kann und hier auch nur der Vollständigkeit halber Erwähnung finden soll.

Das räumliche Gelenkviereck läßt sich nämlich entsprechend dem ebenen Gelenkvierecke auch noch auf eine dritte Art in ein zweigliedriges Getriebe verwandeln, in welchem nur zwei einander gegenüberliegende Glieder des Vierecks vorkommen, ohne dadurch die Beweglichkeit dieser Glieder in bezug auf einander irgendwie zu beeinflussen.

Zu diesem Zwecke seien in dem Raumsystem sowohl des einen als auch des andern der beiden Glieder je ein Punkt und eine Kugelfläche, und zwar in unveränderlicher Stellung zu einander befindlich, angenommen. Die beiden Kugelflächen mögen Radien besitzen, welche den beiden Führungskurbeln des räumlichen Gelenkviereckes gleich sind. Die Abstände der genannten zwei Punkte von den Mittelpunkten der Kugeln ihrer Systeme seien je der Länge der festgehaltenen und der beweglichen Viereckseite gleich. Wird alsdann der eine und der andere der zwei Punkte gezwungen auf der einen bezw. der andern der beiden Kugelflächen zu bleiben, dann liegt das erwähnte zweigliedrige Getriebe vor, auf welches das ursprüngliche räumliche Gelenkviereck dadurch reduziert worden ist. Dabei sind die geometrischen Eigenschaften des Vierecks als solchen bezüglich der Beweglichkeit zweier Gegenseiten auch nicht in der geringsten Weise geändert worden.

Werden aber in diesem Getriebe die Kugelflächen in der Art verändert, daß entweder nur die eine von beiden oder beide gleichzeitig unendlich groß oder unendlich klein werden, dann entstehen viele neue zweigliedrige mathematische Getriebe, welche bis dahin, m. W., noch nicht besprochen worden sind. Freilich werden auch hierbei einige schon bekannt gegebene Raumgetriebe wieder auf der Oberfläche erscheinen. Es wird z. B. das schon besprochene Kegelmantelgetriebe dann entstehen, wenn nur die eine der beiden Führungskugelflächen zu einem Punkte, nämlich zu ihrem Mittelpunkte, zusammenschrumpft. Dieser Punkt wird dann die Spitze des Kegelmantels, während der Grundkreis des zugehörigen geraden Kegels sich auf der übrig gebliebenen einen Kugelfläche befindet.

Werden aber z. B. beide Kugelflächen zugleich unendlich groß, d. h. Ebenen, dann entstehen neue zweigliedrige Raumgetriebe, welche denjenigen schon bekannten ebenen Getrieben entsprechen, deren Verkörperungen als „geschränkte Winkelscheifenketten"[1] schon bekannt sind.

Auch dann, wenn nur eine der zwei Kugelflächen zu einer Ebene degeneriert, werden neue zweigliedrige Raumgetriebe erhalten, welche meines Wissens noch nicht untersucht worden sind.

Durch Einführung von bestimmten Kurven als Führungsbahnen für die beiden Punkte des in Rede stehenden zweigliedrigen Raumgetriebes werden ebenfalls, und zwar unendlich viele verschiedene Abarten desselben erhalten, deren Zwang in der Beweglichkeit auch noch soweit getrieben werden kann, daß sie zu räumlichen Punktbahnengetrieben werden, und dann zu denjenigen Getrieben gehören, welche den möglichst größten Bewegungszwang besitzen, ohne dabei die Eigenschaft eines Getriebes völlig einzubüßen.

Wie schon oben erwähnt wurde, sind diejenigen zweigliedrigen Raumgetriebe, welche zu den allereinfachsten gehören, in denjenigen Getrieben enthalten, welche aus den räumlichen Schubkurbelgetrieben durch Umkehrung der Bewegung derselben erhalten werden können. Diese einfachsten Raumgetriebe fordern aber, um möglichst frei beweglich zu sein, die Ersetzung des räumlichen Kurbelkreises durch eine Führungskugelfläche, welche den Kreis in sich aufnimmt.

Das hierdurch gebildete zweigliedrige Raumgetriebe besteht aus einer Führungskugel, einem Punkte in dem feststehenden Raumsysteme dieser Kugel, welcher zu ihr eine unveränderliche Lage festhält, und aus einer starren Geraden, welche sich durch den Punkt hindurchschieben kann, während ein bestimmter Punkt der sonst beweglichen Geraden auf der Kugelfläche zu bleiben gezwungen ist.

Jeder Punkt dieser beweglichen Geraden (Achse eines starren Raumsystems) beschreibt in dem Bildraumsystem, dem die Führungskugel nebst jenem Hüllpunkte des Getriebes angehört, eine ganz bestimmte Fläche, deren Gestalt von der Führungskugel und der Lage des Hüllpunktes zu derselben einzig und allein abhängig ist. Das

[1] s. Reuleaux Theoretische Kinematik 1875, S. 322 und 325.

diesem Raumgetriebe entsprechende ebene Getriebe ist als „Kreiskonchoïdengetriebe"
schon allgemein bekannt. Das Raumgetriebe aber hat als mathematisches Raumgebilde meines Wissens bis jetzt noch eine eingehendere Behandlung nicht erfahren,
was ich hier soweit nachholen will, als dies des Getriebes als solchen wegen von
Interesse ist.

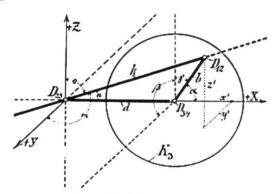

Fig. 26. **Hyperboloïdisches Getriebe.**

Dieses Getriebe ist in Fig. 26 dargestellt. D_{23} ist der erforderliche Hüllpunkt
desselben und K_3 seine Führungskugelfläche für den Punkt D_{12} der beweglichen
Geraden $D_{12} D_{23}$, welche den Hüllpunkt bei der Bewegung des Getriebes schafft. Der
Hüllpunkt D_{23} mag zum Nullpunkte eines rechtwinkligen Koordinatensystems gewählt
sein, dessen positive X-Achse die Gerade $D_{23} D_{34}$ ist, während die Y- und Z-Achse auf
ihr senkrecht stehen. Die Koordinaten des auf der Kugel K_3 geführten Punktes D_{12}
seien $x'\ y'\ z'$. Die Richtungswinkel des Kugelradius $b = D_{12} D_{34}$, seien $\alpha\ \beta\ \gamma$. Die
Länge der veränderlichen Strecke $D_{12} D_{23}$ habe den Wert k.

Von größtem Interesse für dieses Getriebe ist nun die Bestimmung des Hüll-
gebildes derjenigen Ebene, welche in dem geführten Punkte D_{12} auf der Geraden
$k = D_{12} D_{23}$ senkrecht steht.

Es seien daher $x\,y\,z$ die Koordinaten des beliebigen Punktes dieser Ebene.
Hat alsdann die unveränderliche Strecke $D_{23} D_{34}$ den Wert d, dann bestehen, wenn
schließlich $n\,m\,o$ die Richtungswinkel der Strecke k bezeichnen, zwischen den
genannten Größen folgende Beziehungen, welche mittels der bekanten Lehrsätze der
analytischen Geometrie des Raumes aus der Fig. 26 leicht abgelesen werden können:

$$
\left.
\begin{aligned}
k \cos n &= x' = d + b \cos \alpha \\
k \cos m &= y' = b \cos \beta, \\
k \cos o &= z' = b \cos \gamma
\end{aligned}
\right\}
\qquad (80)
$$

und

Hieraus folgt sofort

$$\cos n = \frac{1}{k}(d + b \cos \alpha)$$

$$\cos m = \frac{b}{k} \cos \beta,$$

und

$$\cos o = \frac{b}{k} \cos \gamma$$

$\qquad$ (81)

Ferner liefert das Dreieck $D_{12} D_{23} D_{34}$ folgende Gleichung:

$$k^2 = b^2 + d^2 + 2 b d \cos \alpha \qquad (82)$$

Die Gleichung der beweglichen Ebene, auf welcher die aus dem Nullpunkte des Koordinatensystems kommende Strecke senkrecht steht und die Richtungswinkel $n\,m\,o$ besitzt, lautet bekanntlich also:

$$x \cos n + y \cos m + z \cos o = k. \qquad (83)$$

Werden in diese Gleichung aus 81 und 82 die Werte für die Richtungswinkel und die Strecke k eingesetzt, dann nimmt sie zunächst die Form an

$$\frac{x}{k}(d + b \cos \alpha) + \frac{y\,b}{k} \cos \beta + \frac{z\,b}{k} \cos \gamma = k,$$

oder

$$x(d + b \cos \alpha) + b y \cos \beta + b z \cos \gamma = k^2,$$

oder

$$d\,x + b\,x \cos \alpha + b\,y \cos \beta + b\,z \cos \gamma = b^2 + d^2 + 2 b d \cos \alpha,$$

oder endlich

$$(x - 2 d) \cos \alpha + y \cos \beta + z \cos \gamma = \frac{d^2 + b^2 - d\,x}{b}. \qquad (84)$$

Der Kürze wegen kann diese Gleichung auch also geschrieben werden:

$$(x - 2 d) \cos \alpha + y \cos \beta + z \cos \gamma = R, \qquad (85)$$

wenn gesetzt wird

$$\frac{b^2 + d^2 - d\,x}{b} = R \qquad (86)$$

Unter Benutzung der bekannten zwischen den Richtungswinkeln bestehenden Gleichung 55, nämlich

$$\cos^2 \alpha + \cos^2 \beta + \cos^2 \gamma = 1$$

kann aus der Gleichung 85 der Winkel γ eliminiert werden, und es entsteht dann die Gleichung

$$\left. \begin{array}{l} [(x - 2 d)^2 + R^2] \cos^2 \alpha + 2 (x - 2 d) y \cos \alpha \cos \beta + [y^2 + R^2] \cos^2 \beta \\ \quad - 2 (x - 2 d) R \cos \alpha - 2 y R \cos \beta + R^2 - z^2 \end{array} \right\} = 0 \qquad (87)$$

Diese Gleichung ist von II. Ordnung in den Parametern $\cos \alpha$ und $\cos \beta$ und liefert die Gleichung der Hüllfläche der beweglichen Ebene, wenn aus ihren partiellen Differentialen nach diesen Parametern und aus ihr selbst die Parameter eliminiert werden.

Die partiellen Differenzierungen nach α und β liefern die Gleichungen:

$$[(x - 2 d)^2 + z^2] \cos \alpha + [x - 2 d] y \cos \beta = (x - 2 d) R$$

und

$$[x - 2 d] y \cos \alpha + [y^2 + z^2] \cos \beta = y R.$$

Aus diesen beiden letzten Gleichungen lassen sich leicht finden die Werte:

$$\cos \alpha = - \frac{(x-2\,d)\,R}{(x-2\,d)^2 + y^2 + z^2} \qquad (88)$$

$$\cos \beta = \frac{y\,R}{(x-2\,d)^2 + y^2 + z^2} \qquad (89)$$

Werden endlich die gefundenen Werte für $\cos \alpha$ und $\cos \beta$ aus den Gleichungen 88 und 89 in die Gleichung 87 eingesetzt, und wird das Ganze dann gehörig reduziert, so entsteht die Gleichung

$$(x-2\,d)^2 + y^2 + z^2 = R^2, \qquad (90)$$

welche folgende Form annimmt, wenn in dieselbe der Wert für R aus der Gleichung 86 substituiert wird:

$$(x-2\,d)^2 + y^2 + z^2 = \left[\frac{b^2 + d^2 - d\,x}{b}\right]^2 \qquad (91)$$

Diese Gleichung hätte übrigens aus der Gleichung 84 mittels deren Diseriminante direkt abgeschrieben werden können. Sie ist die Gleichung der Hüllfläche der von dem Getriebe bewegten Ebene. Aus der Form dieser Gleichung geht hervor, daß diese Hüllfläche eine Rotationsfläche II. Ordnung ist, welche die X-Achse zu ihrer Rotationsachse hat. Auch ist diese Fläche

für $b > d$ ein Rotationsellipsoïd
- $b < d$ - Rotationshyperboloïd.

Dahingegen folgt aus der Gleichung 91 für $b = d$, daß auch

$$y^2 + z^2 = 0$$

sein müßte, was nur möglich ist, wenn y den Wert

$$y = \pm i\,z$$

annimmt. In diesem Falle schrumpft die umhüllte Rotationsfläche zu einem einzigen Punkte zusammen, welcher auch als eine imaginäre Fläche II. Ordnung aufzufassen ist. Tatsächlich liegt dieser Hüllpunkt der Ebene, welche von dem Getriebe bewegt wird, in der $+X$-Achse, und zwar in dem Abstande $= 2\,b = 2\,d$, was aus der Fig. 26 leicht zu übersehen ist.

Jede Ebene des in Betracht gezogenen Getriebes, welche zu der den Hüllpunkt schaffenden Ebene parallel liegt und eine unveränderliche Lage zu ihr festhält, umhüllt während der Bewegung des Getriebes eine Kugelfläche, deren Mittelpunkt mit dem Hüllpunkte zusammenfällt und deren Radius gleich dem Abstande der beiden Parallelebenen von einander ist. Ich nenne daher das Getriebe, in welchem $b = d$ ist, d. h. in welchem der Hüllpunkt auf der Führungskugel selbst liegt, ein „Hüllkugel-Getriebe" oder kurzweg ein „Kugel-Getriebe".

Dagegen nenne ich ein Getriebe der in Rede stehenden Art, bei welchem $b > d$ ist, seiner gefundenen geometrischen Eigenschaft wegen, ein „Hüllrotationsellipsoïdisches Getriebe" oder kurzweg ein „Ellipsoïdisches Getriebe".

Ist schließlich in dem in Rede stehenden Getriebe $b < d$, wie z. B. in Fig. 26, dann ist es zur Erzeugung von Rotationshyperboloïden als Hüllgebilde geeignet. Ich nenne ein derartiges Getriebe deswegen ein „Hüllrotationshyperboloïdisches Getriebe", oder kurzweg ein „Hyperboloïdisches Getriebe".

Das kugelige, ellipsoïdische und hyperboloïdische Getriebe erzeugen ihre Rotationsflächen II. Ordnung in ihrer vollen Ausdehnung, und sind daher reelle mathematische Getriebe für alle Punkte dieser Flächen.

Dies war bei den oben behandelten räumlichen Gelenkvierecken, welche entsprechende Rotationsflächen II. Ordnung als Hüllgebilde zu schaffen geeignet waren, nicht immer der Fall. Zuweilen erstreckt sich ihre Schaffensfähigkeit nur auf ganz kleine Teile der fraglichen Flächen; für diese Teile sind sie reelle Getriebe; für die übrigen aber imaginär.

Es sei noch darauf hingewiesen, daß jedes räumliche Gelenkviereck als ein Kombinationsgebilde aus diesen drei zuletzt genannten Getrieben aufgefaßt werden kann. Je zwei dieser Getriebe genügen zur Zusammenstellung eines räumlichen Gelenkviereckes, indem sie mit den veränderlichen Strecken aneinandergefügt werden. In jedem vorhandenen räumlichen Gelenkvierecke können aber auch voneinander verschiedene derartige Getriebe angegeben werden.

Je zwei von diesen Getrieben, welche durch eine Diagonale des Gelenkviereckes auseinander gehalten werden, lassen sich zu einem resultierenden Getriebe zusammensetzen. Das Resultat der Zusammensetzung dieser beiden Getriebe ist eines der drei Getriebe, welche zuletzt besprochen worden sind oder ein paraboloïdisches Getriebe. Die zu der Trennungsdiagonale gehörige Rotationsfläche II. Ordnung in dem Gelenkvierecke gehört dem fraglichen resultierenden Getriebe an.

Am Schlusse vorliegender Abhandlung mag noch darauf hingewiesen werden, daß im Vorstehenden das Verhältnis eines ebenen Gelenkviereckes zu einem räumlichen Gebilde der nämlichen Art vollständig klargelegt worden ist. Auch ist in derselben gezeigt, daß die aus dem ebenen Gelenkviereck ableitbaren Getriebe als Sonderfälle derjenigen Raumgetriebe gelten, welche aus dem räumlichen Gelenkviereck gebildet worden sind. In letzterem treten Rotationsflächen II. Ordnung da auf, wo im ebenen Gelenkviereck die Kegelschnitte erschienen waren. Dabei sind die Kegelschnitte die Meridiankurven der hier ausführlich besprochenen Flächen.

Getriebe, welche nicht bloß zur Erzeugung von Rotationsflächen, sondern auch von beliebigen Flächen II. Ordnung geeignet sind, enthält vorliegende Arbeit nicht.

Bei der Entwickelung eines Systems von Raumgetrieben mußte, wie es hier geschehen ist, mit den zwei- und dreigliedrigen Getrieben begonnen werden. Durch geeignete Kombinierung der einfachsten Getriebe lassen sich dann verwickeltere leicht schaffen.

Ein einziges starres Raumsystem kann aber in einem ebensolchen zweiten (Bildraumsysteme) entweder um einen festen Punkt und eine feste Achse nur drehbar, oder um die Achse drehbar und in der Richtung derselben gleichzeitig verschiebbar sein. Haben diese zwei Systeme eine und dieselbe Ebene gemeinsam, dann sind sie

nach beliebigen Richtungen dieser gegeneinander verschiebbar und können dabei gleichzeitig um irgend eine Gerade als Achse, welche auf der Ebene senkrecht steht, gegeneinander gedreht werden. Diese soeben genannten Gebilde sind als die Elemente aller
Getriebe zu betrachten, welche durch geeignete Kombinierung dieser Elemente erhalten werden können. Auch die Rädergetriebe und Räderwerke sind hiervon nicht
ausgenommen. Diese sind übrigens auch durch Gelenkgetriebe ersetzbar.

Zur eingehenden Untersuchung von ebenen Getrieben werden die allgemein bekannten Polbahnenpaare benutzt. Diese Art der Untersuchung kann auf räumliche Getriebe nicht ohne weiteres übertragen werden. Wie dies aber geschehen kann und
welchen Wert dabei die Polbahnenpaare ebener Getriebe haben, werde ich später ausführlich klar legen.

Die Kleinbessemerei in Verbindung mit Martinofenbetrieb.

Von Professor Dr. H. Wedding, Geh. Bergrat.

Mit drei Tafeln.

———

Herstellung von Gußwaaren hoher Festigkeit.

Schon seit Jahrzehnten hat man sich bemüht, den aus umgeschmolzenem Roheisen hergestellten Gußwaren eine höhere Festigkeit dadurch zu geben, daß der Kohlenstoffgehalt durch Zusatz von kohlenstoffärmerem Eisen vermindert wird, ohne daß der Siliziumgehalt unter ein zulässiges Maß hinabgedrückt wird. Der Siliziumgehalt ist notwendig, um ohne Schwierigkeit einen dichten und leicht bearbeitbaren Guß zu erhalten.

Die gewöhnlichen Gußwaren, die sogenannten Graugußwaren, haben im Durchschnitt nur eine Festigkeit bis zu etwa 12 kg auf das qmm, während für viele Gebrauchsgegenstände, namentlich im Maschinenbau, eine erheblich höhere Festigkeit notwendig ist, die sich im allgemeinen nur durch Verminderung des Kohlenstoffgehalts erreichen läßt.

Graugußwaren werden der überwiegenden Regel nach aus einem im Kuppelofen umgeschmolzenen Roheisen erzeugt. Der unmittelbare Guß aus dem flüssigen Roheisen des Hochofens ist nur selten, meist nur bei kleinen Holzkohlenhochöfen möglich, weil weder die erzeugten Mengen, noch die chemische Zusammensetzung des Hochofeneisens jederzeit den Anforderungen der Gießerei entspricht, weil ferner, namentlich bei großen Erzeugungsmengen von Roheisen, die unmittelbare Nachbarschaft des Hochofens durch andere Vorrichtungen beansprucht wird und daher für die Aufstellung zahlreicher Gießformen ungeeignet ist, weil Gießereien besser in der Nähe des Hauptverbrauchs, d. h. in der Nähe der Maschinenfabriken, liegen und weil endlich die für eine gute Formerei nötigen geschickten Arbeiter leichter in und bei großen Städten zu erhalten sind.

Das Roheisen muß daher in zweckmäßiger Gattierung umgeschmolzen werden. Dies geschieht zur Zeit in Tiegeln, Flammöfen oder Kuppelöfen[1]).

Von diesen drei Umschmelzarten ist die im Tiegel mit den geringsten chemischen Veränderungen verknüpft, man kann daher mit größter Sicherheit eine bestimmte

---

[1]) Der Ausdruck Kuppelofen ist der alte deutsche Name, Kupolofen eine unnötige Nachahmung des französischen cubilot oder des englischen cupola.

chemische Zusammensetzung des erhaltenen flüssigen Gußeisens[1]) erhalten, aber die Kosten der Tiegel und des Brennstoffs verteuern diese Art der Arbeit so, daß sie nur für ganz bestimmte Zwecke, z. B. die Herstellung von Kunstguß, brauchbar ist.

Am meisten Veränderungen bringt das Flammofenschmelzen mit sich, weil der dabei unmittelbar mit dem Eisen in Berührung tretende Flammenstrom stets Sauerstoff mit sich führt und eine lebhafte Oxydation, namentlich des Siliziums und Mangans, zu Wege bringt. Als Vorteil steht allerdings dem Flammofenschmelzen zur Seite, daß man durch Zusätze beliebige chemische Veränderungen hervorrufen und sie durch Probenahme feststellen kann. Die Anwendung des Flammofens beschränkt sich einerseits auf die Herstellung von sehr großen Gußstücken, anderseits auf die von Hartgußgegenständen.

Am bequemsten zur Darstellung beliebiger Mengen von Graugußwaren ist der Kuppelofen. Er braucht die geringsten Mengen Brennstoff, weil dieser in unmittelbarer Berührung mit dem zu schmelzenden Eisen verbrannt wird.

Indessen unterliegt auch im Kuppelofen das Roheisen gewissen chemischen Veränderungen. Je mehr die Verbrennungswärme der hierbei als Regel angewendeten Koks[2]) ausgenutzt, d. h. je mehr Kohlendioxyd, je weniger Kohlenoxyd erzeugt wird, um so stärker ist das Roheisen der Oxydation ausgesetzt. Das schmelzende Roheisen ist allerdings dieser Einwirkung immer nur kurze Zeit unterworfen, fließt vielmehr stets in Berührung mit Koksstücken abwärts zum Sammelraum, wo es durch eine, wenn auch geringe Schlackenschicht, die sich aus den Aschenbestandteilen des Koks und dem Zuschlagskalkstein bildet, geschützt ist.

Am meisten ist von den Bestandteilen des Roheisens der Oxydation das Mangan ausgesetzt, welches sich mit der Kieselsäure der der Regel nach aus saurem Baustoff gebildeten Wandungen des Ofens verschlackt und dadurch das Silizium vor der Verschlackung schützt. Ganz ist indessen auch der Siliziumgehalt in diesem Falle nicht vor der Oxydation zu schützen, und so kommt es, daß man die Abfälle der Gußwaren (Einguß und Luftkanalausfüllungen, Ausschuß usw.) nicht beliebig oft umschmelzen kann, ohne den Siliziumgehalt durch Zusatz von schwarzem (siliziumreichem) Roheisen oder Ferrosilizium wieder anzureichern.

Da eine Graugußware der Regel nach einer Bearbeitung durch Hobeln, Drehen, Bohren usw. unterworfen wird, so muß sie weich, d. h. graphithaltig, sein. Die Graphitausscheidung hängt aber vom Siliziumgehalt ab, folglich muß auf dessen Bewahrung Bedacht genommen werden.

Sonst unterliegt der Kohlenstoffgehalt des Roheisens beim Kuppelofenschmelzen der Menge nach keiner wesentlichen Veränderung, da er vor Oxydation geschützt ist, so lange Mangan und Silizium gegenwärtig sind. Ja, ein kohlenstoffarmes Roheisen kann sich sogar mit Kohlenstoff anreichern. Dieser Umstand ist für die nachfolgenden Erörterungen von besonderer Wichtigkeit.

---

[1]) Das umgeschmolzene Roheisen heißt Gußeisen.

[2]) Holzkohle gelangt nur in abgelegenen waldreichen Gegenden, Anthrazit nur im östlichen Amerika zur Benutzung.

Ältere Verfahren zur Herstellung von gegossenen Waren mit geringem Kohlenstoffgehalt und hohem Siliziumgehalt.

Um ein Gußeisen von größerer Festigkeit, als sie der gewöhnliche Grauguß bedingt, herzustellen, dazu gehört, wie vorher angegeben, ein geringerer Kohlenstoffgehalt. Um aber ein solches Eisen in Waren ohne Lunkern und Blasenräume umzuwandeln, dazu ist ein verhältnismäßig hoher Siliziumgehalt nötig.

Man hatte versucht, das im Kuppelofen verschmolzene flüssige Gußeisen zu verblasen, d. h. es mit auf- oder eingeblasenen Luftstrahlen oder mit Eisenoxyden, namentlich Hammerschlag, zu behandeln, aber der Nachteil war, daß dabei stets zuerst neben dem Mangan der Siliziumgehalt verloren ging oder wenigstens stark vermindert wurde.

Die zweite Art war, eine Mischung von Roheisen und schmiedbarem Eisen, also von einem Eisen hohen mit einem Eisen geringen Kohlenstoffgehalts vorzunehmen. Ein Einschmelzen von Drehspänen und Abfällen schmiedbaren Eisens im Kuppelofen konnte nicht zum Ziele führen, denn das schmiedbare Eisen nahm dabei so viel Kohlenstoff auf, daß es zu Gußeisen umgewandelt wurde. Es blieb also nichts übrig, als zu dem fertig eingeschmolzenen Gußeisen Drehspäne oder andere Schmiedeisenabfälle zuzusetzen, was, wenn die Temperatur des flüssigen Eisens hoch genug ist und durch den Zusatz nicht zu stark hinabgemindert wird, also wenn der Zusatz ausreichend vorgewärmt ist, wenn ferner beides gut durcheinander gemischt wird, ganz günstige Ergebnisse hat.

Inzwischen hatte sich der Flußeisenprozeß im Flammofen, der sogenannte Martinprozeß, gut entwickelt und es gelang, mittels desselben fertige Waren, Flußwaren[1], zu erzeugen.

Alle diese Waren führen zum Unterschied vom Grau- und vom Hartguß den gemeinschaftlichen Namen: Stahlguß.

Der Martinofen gestattet, aus Roheisen und schmiedbarem Eisen durch Einschmelzen unter sehr hoher, durch Gasfeuerung und Benutzung von Wärmespeichern erzeugten Temperatur ein Produkt herzustellen, welches im sauren Herde auf den gewünschten Kohlenstoffgehalt, im basischen Herde zur Entfernung von Phosphor ganz entkohlt wird, und dann durch Zusatz von Ferrosilizium im ersten Falle, durch Ferrosilizium und Ferromangan im zweiten Falle den nötigen Siliziumgehalt wieder erhält, und so vorzügliche Flußwaren zu erzeugen, eine Darstellungsart, die immer weiteren Umfang annimmt.

Aber der Martinofen läßt sich nicht für kleinere Produktionen oder für den häufigen Abguß kleiner Gußstücke gebrauchen. Außerdem gestattet der basische Ofen keine längeren Betriebsunterbrechungen, ohne Nachteil für das Futter und das Gewölbe.

Man kam daher auf die Verwendung der Bessemerbirne.

---

[1] So zum Unterschied gegen die Gußwaren aus Roheisen genannt.

Anwendung der Bessemerbirne.

Nachdem der Erfinder des Bessemerns die Erfahrung gemacht hatte, daß mit kleinen Mengen Roheisen der Prozeß nur schwer auszuführen sei, weil dann die nötige Wärme nicht zu erhalten ist, kam man schnell auf Fassungsräume der Birnen von mindestens 6, dann 8, 10 und endlich 15—20 t Roheisen, aber man verwendete das entkohlte und durch Zusatz von Spiegeleisen oder Ferromangan desoxydierte und wieder gekohlte Eisen lediglich zur Herstellung von Blöcken, aus denen Stabeisen, namentlich Eisenbahnschienen, Träger und andere Handelsware, gewalzt werden.

Man hat allerdings auch Kleinbessemereien, d. h. Hütten mit Birnen von einer oder wenigen Tonnen Inhalt, errichtet, um daraus Flußeisen zu erzeugen, welches, namentlich für Feinbleche und ähnliche Zwecke, verarbeitet werden sollte. Indessen haben sich diese Anlage fast niemals auf die Dauer bewährt, sind vielmehr zum größten Teil wieder zu Grunde gegangen.

Kleinbessemerei zum Zwecke der Herstellung von Stahlgußwaren.

Ältere Anlagen.

Der Zweck der nachstehenden Arbeit ist die Beschreibung der Benutzung der Kleinbessemerei für diejenigen Waren, welche im Verkehr als Stahlformgußwaren, auch als Tempergußwaren bezeichnet werden, welche aber entweder verbesserte Graugußwaren oder Flußwaren sind.

Die Herstellung solcher Waren durch die Kleinbessemerei ist ziemlich alt. Carl Rott hat darüber in der „Zeitschrift Deutscher Ingenieure" [1]) einige geschichtlichen Angaben mitgeteilt, welche hier benutzt sind.

Bereits im Anfang der siebziger Jahre des 19. Jahrhunderts goß man auf der Königshütte in Oberschlesien Plättchen von 5 mm Stärke zu Straßenpflaster, welche bekanntlich u. a. in Berlin Unter den Linden auf kurze Zeit zur Verwendung kamen [2]). Die Stücke hatten ungefähr 200 mm Seitenlänge und waren mehrfach von Rinnen und Löchern durchzogen.

In Schweden, Frankreich und England ging man schneller auf dem Gebiete der Kleinbessemerei vorwärts und auch Österreich und Rußland folgten nach. In Frankreich ist das Verfahren der Kleinbessemerei hauptsächlich von Robert in Paris benützt worden, wobei die Bauart der Birne mit seitlicher Zuführung der Luft in das Eisen angewendet wurde. Tropenas dagegen blies die Luft auf die Oberfläche der zu entkohlenden Eisenmasse. In beiden Fällen wollte man eine ruhigere Arbeit bei den geringen Mengen, welche bei der Kleinbessemerei zur Verwendung kommen, erhalten, als es möglich war, wenn, wie bei der Großbessemerei, Luftströme durch den Boden oder nahe demselben von seitwärts, wie bei den schwedischen stehenden Bessemeröfen eingeführt

---

[1]) 1000 Seite 144.

[2]) Es geschah das übrigens aus jener alten Bessemerbirne, welche nach meinen Plänen als erste neben Hörde in Deutschland entstanden war. Nur Krupp in Essen hatte bereits vorher Bessemerbirnen eingerichtet.

wurden. Die Birne von Walrand unterscheidet sich von der Bessemers nur durch die geringeren Abmessungen. Es waren bei ihm die Bodendüsen beibehalten. Man hatte 400 bis 800 kg Einsatz, während die Birnen von Tropenas und Robert nicht unter 1000 kg heruntergingen. 1890 benutzten die Hagener Gußstahlwerke das Walrand'sche, durch Legenisel verbesserte Verfahren für 2 Birnen mit je 750 kg Inhalt. Am schnellsten entwickelte sich die Kleinbessemerei mit Erfolg in Belgien und Nordfrankreich, wo der Ingenieur L. Unckenboldt in Charleroi eine Anlage ausführte, während in Deutschland fast alle früheren Anlagen wieder kalt gestellt oder zugrunde gegangen waren.[1]) In Belgien standen 1903 5 Kleinbessemereien mit 14 Birnen in ständigem Betriebe. In Deutschland entstand im Jahre 1896 wieder eine Kleinbessemerei in Halle a. d. Saale, eine weitere in Hagen. Rott berichtet hierüber in der Zeitschrift deutscher Ingenieure.[2]) Die Birnen hatten 1300 mm äußeren Durchmesser und 600 mm lichte Weite bei 1800 mm Länge. Sie ruhten in zwei Drehzapfen auf seitlichen Ständern von 1,2 m Höhe. Der eine Drehzapfen war mit der Windleitung verbunden. Seitlich von der Birne stand der Kuppelofen von 500 mm lichter Weite zum Schmelzen des Roheisens, dessen Abstichrinne in die zu diesem Zwecke wagerecht umgelegte Birne führte, also die Einrichtung wie bei der Großbessemerei.

In Halle wurden Einsätze von nur 350 kg Größe verarbeitet. Es wird gar erblasenes deutsches Hämatit-Roheisen mit etwa 2,3 % Silizium, 3,5 % Kohlenstoff, 0,8 % Mangan, 0,07 % Phosphor mit einem Zusatz von 10 % Schrott von früheren Güssen (Eingüsse und Trichter) in dem angegebenen Gewicht abschnittsweise mit 8 % Koks eingeschmolzen. Der Wind dafür wird durch ein kleines Hochdruck-Flügelrad, die Preßluft für die Birne durch eine Dampfgebläsemaschine geliefert. Vorher und während des Schmelzens des zum Bessemern bestimmten Eisens wird die Birne mit Holz und Koks bei schwachem Windstrom rotwarm angeheizt. Nachdem die Winddüsen gesäubert sind, läßt man das geschmolzene Eisen in die Birne fließen. Das Gewicht kann durch Waage bestimmt werden, aber es genügt nach einiger Übung und bei ausreichender Geschicklichkeit von Seiten des Arbeiters auch das Messen. Nach Füllung der Birne wird die Preßluft mit dem Überdrucke von 2,5 bis 3 Atmosphären eingeführt, und dann wird die Birne senkrecht gestellt.

Vor allem ist einer zu geringen Temperatur des Stahlbades nach dem Entkohlungsprozesse vorzubeugen. Zu dem Zwecke erhöhte Walrand nach Verbrennung des Kohlenstoffes und Verschwinden der sogenannten Kohlenstofflinien im Spektrum den Siliziumgehalt im erblasenen Stahl. Es werden 5 bis 10 % Ferro-Silizium im geschmolzenen Zustande zugesetzt und dann wird rund 1 Minute nachgeblasen, bis die Temperatursteigerung eintritt. Erst darauf wird ein Zuschlag von 2—3 % Ferromangan gemacht zum Zwecke der Desoxydation und Rückkohlung. Nach dem Zusatz des Ferromangans wallt die vorher beim Guß blasige Stahlmasse auf und beruhigt sich erst nach einiger Zeit. Die Erzielung eines ruhigen, d. h. gasfreien Zustandes ist bei der kurzen Zeit besonders schwer zu erreichen. Eine Probe wird zum Zwecke der Untersuchung entnommen und in eine kleine eiserne Form gegossen. Ist der Stahl gasfrei, so erstarrt er mit ebener Oberfläche, sinkt nur in der Mitte ein, während die Ränder erhöht stehen. Enthält er dagegen Gase, so werden diese bei der plötzlichen Abkühlung ausgestoßen und das Metall steigt, wirft Blasen, ja tritt zuweilen über den Rand der Form. Die Entgasung erfolgt durch Zusetzen von Silizium, Mangan und Aluminium,[1]) und gewöhnlich gelingt dies ohne wesentliche Wärmeverluste.

Ein Nachteil dieser Kleinbessemerei liegt darin, daß bei den kleinen, rasch matt werdenden Massen die schnelle Erstarrung einen Einschluß von Gasen zur Folge hat. Es entstehen, wenn die Beruhigung des Stahls nicht sofort vollständig gelingt, Fehlstellen. Dies ist namentlich ein Nachteil gegenüber dem Flammofenprozesse mit seinen hohen Temperaturen.

In Halle hatte sich eine Verkleinerung und Vermehrung der Winddüsen am Boden als sehr zweckmäßig herausgestellt. Die Erfolge waren dann recht günstig. Indessen ist für eine ruhige Entkohlung die Anbringung der Düsen im Boden nicht vorteilhaft. Eine Verkleinerung und Vermehrung der Düsen ergab schon ein ruhigeres Blasen, aber man kam doch zu dem Ergebnis, daß es richtiger sei, die Düsen nicht in den Boden, sondern in den Umfang zu verlegen. Man hatte dadurch die Möglichkeit, geringere Pressung anwenden zu können, brauchte aber nicht, wie für den gleichen Fall Robert vorgeschlagen hatte, eine tangentiale Richtung der Windströme. Es stellt sich vielmehr als richtiger heraus, den Wind senkrecht zum Umfang einzuführen; denn dadurch wird vermieden, daß der Wind an dem Birnenfutter entweicht, während die kreisende Bewegung den Nachteil hat, daß der Windstrom zum Teil ohne Wirkung nach oben geht.

Eine weitere Erfahrung war, daß zwar der Vorgang durch besondere Erwärmung der Birne befördert werden kann, daß dies indessen viel Schwierigkeit macht. Ebenso hat sich eine Vorerhitzung des Roheisens, z. B. in einem Flammofen, als unnötig herausgestellt; besser ist eine unmittelbare Aneinanderlegung von Birne und Kuppelofen, welche Rott vorgeschlagen hatte, wenngleich sie die Ausbesserung der beiden Apparate, welche der Regel nach nicht genau zu derselben Zeit ausbesserungsbedürftig sind, erschwert.

Neuere Anlagen.

Einen erheblichen Fortschritt in der Kleinbessemerei bedeutet die Anlage von Otto Gruson in Buckau, welche der Verfasser genau studiert hat, und welche seiner Ansicht nach als Vorbild für derartige Neuanlagen dienen kann. Aus diesem Grunde ist sie mit Genehmigung der Direktion unter Benutzung von deren Mitteilungen, besonders des Herrn Direktors van Gent und Oberingenieurs Schuchart, sowie nach den Angaben der Maschinenbauanstalt Fr. Gebauer in Berlin[2]) und des Herrn Ingenieurs Zenzes[3]), welcher nicht nur diese Anlage, sondern auch Kleinbessemereien in Elberfeld und Leipzig entworfen und gebaut hat, besonders berücksichtigt worden.

---

[1]) Vergl. Wedding, Handbuch der Eisenhüttenkunde, 2. Aufl., Bd. I, S. 1132 und 1140.
[2]) NW. 87.
[3]) Charlottenburg, Friedbergstr. 21.

Ehe wir indessen auf die Beschreibung der Kleinbessemeranlage von Otto Gruson übergehen, ist es nötig, die Grundbedingungen im allgemeinen zu erörtern.

Der Kleinbessemerei-Betrieb für Stahlgußwaren kann nach drei Richtungen hin entwickelt werden:

1. als selbständiger Flußwarenbetrieb,
2. als Anhang an eine Eisengießerei,
3. in Verbindung mit dem Martinofenbetrieb.

Wir folgen hierin den Angaben des Ingenieurs Zenzes, welcher Betriebe der drei Arten eingerichtet hat.

1. Kleinbessemerei mit selbständigem Flußwarenbetrieb.

Eine Kleinbessemerei zur Herstellung lediglich von Flußwaren wurde im Jahre 1897 von Zenzes in Chemnitz eingerichtet. Sie war nach den Plänen und Zeichnungen von Tropenas in Paris erbaut. Die Anlage konnte erst in regelrechten Betrieb kommen, als man sich entschloß, systematische chemische und physikalische Untersuchungen anzustellen, namentlich inbezug auf die Reaktionen in der Birne bei der Verbrennung von Kohlenstoff, Silizium und Mangan. Es zeigte sich dann bald, daß die Qualität des erzeugten Flußeisens wesentlich von den physikalischen und chemischen Eigenschaften des aus dem Kuppelofen abgestochenen Eisens abhängig war.

Es gelang, an jedem Tage 6—10 Sätze zu verblasen, aber es mußten jedesmal genaue Analysen angefertigt werden. Unter der Leitung des Ingenieurs Zenzes wurden in 5½ Jahren mehr als 10000 Hitzen geblasen, d. h. etwa 6 bis 7 Sätze von 12 bis 1500 kg an jedem Tage. Zuweilen indessen stieg die Zahl der geblasenen Sätze auf 10 bis 12 und ausnahmsweise auch auf 15.

Das fertige Flußeisen wurde in kleine Handpfannen von etwa 75 kg Inhalt aus der Birne abgefangen und vergossen, während für größere Güsse mechanisch bewegte Pfannen vorhanden waren. Man hatte auch für schwerere Gußstücke bis zu 3000 kg Stückgewicht zwei Sätze zu einem Guß gesammelt, ohne daß dadurch Schwierigkeiten entstanden. Das Zusatzeisen, Silikospiegel und Ferromangan, war anfänglich im Tiegel geschmolzen und dem Metallbade flüssig zugefügt worden; später aber wendete man diese Stoffe ungeschmolzen an und warf sie einfach nach Beendigung des Blasens in die Birne.

Das genannte Werk besitzt 2 Kuppelöfen, welche so angelegt sind, daß das Eisen unmittelbar in die Birne fließen kann. Es wird dadurch ermöglicht, daß das Roheisen sehr heiß und schnell in die Birne gelangt.

Eine Kleinbessemerei als richtige Flußwarengießerei hat indessen den Nachteil, daß die Betriebskosten fast gleichbleiben, wenn auch eine kleinere Produktion als die, auf welche die Anlage eingerichtet ist, stattfindet. Man kann daher eine solche Anlage nur dann zweckmäßig betreiben, wenn man beständig volle Aufträge für sie hat. Freilich kann man sich einigermaßen helfen, wenn mit Hilfe der Birne ein auch für Grauguß geeignetes Eisen erzeugt wird. Ingenieur Zenzes hat zu diesem Zwecke ein Verfahren erfunden.[1] Es wurde dadurch möglich, daß dasjenige Eisen, welches nicht

---

[1] Beschrieben in No. 9 der Gießerei-Zeitung von 1904. (D. R.-P. 158 842.)

zum Stahlguß Verwertung fand, zu gewöhnlicher Gußware von hoher Zugfestigkeit benutzt werden konnte. Zenzes benutzte solches Produkt für Teile an Textilmaschinen, für Pumpengehäuse, Gas- und Dampfzylinder und für Werkzeugmaschinenteile. In seiner härtesten Form hatte das Eisen bis 2,50 % Kohlenstoff bei 1,00 % Silizium und einem beliebigen Mangangehalte. In dieser Zusammensetzung ist es auch für Walzen geeignet, enthält es dagegen weniger als 3,00 % Kohlenstoff bei 2,00 bis 2,50 % Silizium und weniger als 0,50 % Mangan, so ist es selbst für Stahlwerks-Blockschalen (Ingot-Coquillen) sehr geeignet.

Während die Zugfestigkeit gußeiserner Stäbe, welche in Sandformen gegossen und langsam erkaltet sind, bei gewöhnlichem aus dem Kuppelofen geschmolzenen Gußeisen im günstigsten Falle 20 kg auf 1 qmm beträgt, wenn das Gußeisen folgende Zusammensetzung hat:

$$
\begin{aligned}
3-3{,}4 \;&\% \;\text{Kohlenstoff,}\\
1{,}5 \;&\text{-}\; \text{Silizium,}\\
1{,}0 \;&\text{-}\; \text{Mangan,}\\
0{,}1 \;&\text{-}\; \text{Phosphor,}\\
0{,}07 \;&\text{-}\; \text{Schwefel,}\\
0{,}1 \;&\text{-}\; \text{Kupfer,}
\end{aligned}
$$

so kann man durch das Zenzes'sche Verfahren bei gleicher sonstiger Zusammensetzung ein Eisen mit geringerem Kohlenstoff erzielen, und man erreicht dadurch ein Eisen von hoher Zugfestigkeit, z. B. 20 bis 30 kg auf 1 qmm, wobei der Kohlenstoffgehalt also weniger als 3 % beträgt und der Siliziumgehalt über 1,5 %.

Zu diesem Zwecke wird ein gutes Roheisen (Bessemer- oder Hämatit-Roheisen) in einer Birne so lange verblasen, bis Silizium und Mangan größtenteils oxydiert sind und Kohlenstoff so weit verbrannt ist, daß beim Erstarren ein vollkommen weißes Gußeisen entstehen würde, ein Zeitpunkt, der an der Flamme leicht zu erkennen ist. Dann wird ein Zusatz von 100 bis 200 % geschmolzenen, siliziumreichen Roheisens gegeben, und dadurch ein beim Erstarren graues Gußeisen mit etwa 1,5 % Silizium und mit weniger als 3 % Kohlenstoff erzielt. Die beiden hoch erhitzten Eisenarten tauschen mit großer Energie Kohlenstoff und Silizium aus und es wird eine gleichmäßige, hocherhitzte Legierung erhalten, deren Siliziumgehalt dem des gewöhnlichen Gußeisens entspricht, während der Kohlenstoffgehalt bedeutend niedriger bleibt. Die Grenzwerte der so erhaltenen Legierung, mit welcher Graugußstücke von 20 bis 30 kg Zugfestigkeit auf 1 qmm und von großer Zähigkeit gegossen werden können, sind etwa durch folgende Mischungen gekennzeichnet:

1. 100 kg geblasenes Eisen enthalten:
    1,0 % Kohlenstoff und 0,5 % Silizium.
    100 kg flüssiges Roheisen enthalten:
    3,5 % Kohlenstoff und 2,5 % Silizium.
    also 100 kg Gußeisen enthalten:
    2,2 % Kohlenstoff und 1,5 % Silizium.

2. 100 kg erblasenes Weißeisen enthalten:
   2,0 % Kohlenstoff, 1,0 % Silizium.
200 kg flüssiges Roheisen enthalten:
   7,0 % Kohlenstoff, 5 % Silizium.
   zusammen 9 % Kohlenstoff, 6 % Silizium.
100 kg Gußeisen enthalten demnach:
   3 % Kohlenstoff, 2,0 % Silizium.

Das Verfahren ist daher dadurch gekennzeichnet, daß ein siliziumreiches Roheisen bis zu fast völliger Oxydation des Silizium- und Mangangehalts und teilweiser Verbrennung des Kohlenstoffes in der Kleinbessemerei verblasen und dann ein Eisen mit hohem Siliziumgehalt zugemengt wird.

Für eine Kleinbessemerei hat Rott folgende Kostenberechnung aufgestellt:
An einem Tage 5 Einsätze von 350 kg, welche rund 800 kg Guß ergeben.
Auf 100 kg Guß kommen dann:

1. Löhne:
   An Schmelzerlohn . . . . ℳ 1,20
   Lohn für Birnen-Arbeit . . . . . - 0,40
   Formerlohn und Kernmachen . . - 11,95
   Handarbeitslohn . . . . - 1,55
   Putzerlohn . . . . - 3,00
                        Zusammen ℳ 18,50

2. Materialkosten:
   Hämatitroheisen Mk. 7,50 für 100 kg
       mit 17 % Abgang . . . . . ℳ 8,04
   Ferrosilizium bis zu 6 % . . . . - 1,54
   Ferromangan bis zu 3 % . . . . - 1,27
   Schmelzkoks im Kuppelofen . . . - 1,75
   Sonstige Brennstoffe . . . . . . - 1,55
   Kalkstein und Brennmaterial . . . - 2,22
   Gemeine Kosten . . . . - 5,50
                     Zusammen ℳ 22,95
                     im Ganzen ℳ 40,45

Diesen Ausgaben soll eine Einnahme von ℳ 60 für 100 kg gegenüberstehen.

Die Erfahrung lehrt aber, daß die Kosten von 100 kg in der Kleinbessemerbirne erblasenen Flußeisens mindestens 1,50 bis 2 ℳ höher zu stehen kommen, als die des im Flammofen erzeugten.

Eine Kleinbessemerei erfordert zwar für Flußwarenerzeugung die geringsten Anlagekosten, gestattet leicht einen Wechsel inbezug auf die Beschaffenheit des Produkts, ist außerdem gegenüber dem Martinofen deshalb nützlich, weil man für kleine Mengen Flußwaren nur den sauren Martinofen, nicht den basischen verwenden kann, da derselbe einen längeren Stillstand nicht verträgt. Trotzdem aber hat sich bisher anscheinend selten die alleinige Anlage einer Kleinbessemerei ökonomisch bewährt.

C. Raapke in Güstrow[1]) setzt richtig die Anforderungen an kleine Mengen Stahlguß auseinander. Er sagt: Die heutige Gießereitechnik stellt die Anforderung, einen einfachen Stahlofen in der Gießerei zu besitzen. Der fertige Stahl soll die normalen Anforderungen an die Stahlgußformerei erfüllen; man soll die feinsten Teile gießen können und zwar in gut brauchbarer Flußeisenbeschaffenheit, so daß ein Nachglühen unnötig ist und der Stahl sofort nach dem Guß verarbeitet werden kann. Die Oberflächen des Stahls sollen sauber und glatt sein.

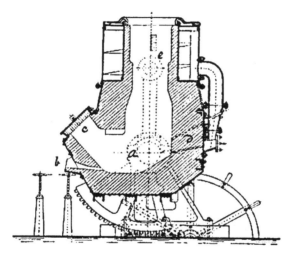

Fig. 1.

Raapke hat einen besonderen Ofen hierzu ersonnen, der in der vorstehenden Figur 1 für Einsätze bis zu 2000 kg im Durchschnitt abgebildet ist.

Dieser Ofen besteht aus dem Herd a, der vorn die Beschicköffnung c, sowie den Abstich b und hinten einen ansteigenden Boden hat, der die Düsen und den Windkasten trägt, d. Die Herdsohle, von rechteckiger Form hat eine Verlängerung durch die sich anschließende Düsenbodenfläche, so daß beim Kippen des Ofens eine Bedeckung dieser Fläche durch das flüssige Metall und ein Eintreten der Gebläseluft mitten in

[1]) Generalvertreter Ing. F. Hugo Hoppe, Berlin N. 4, dem die folgenden Angaben zu verdanken sind.

dieses ermöglicht wird. Auf dem Herd befindet sich ein Aufsatz e, welchen die Abgase durchziehen um den Gebläsewind zu erhitzen.

Nachdem der Ofen gut vorgewärmt und das Feuer beseitigt ist, beschickt man ihn mit geschmolzenem Eisen durch die Öffnung c unmittelbar aus dem Kuppelofen. Nunmehr stellt man den Gebläsewind an und neigt den Herd etwas nach hinten, so daß der Wind durch die Düsen unmittelbar ins Eisen tritt. Nach einiger Zeit, wenn die anfangs matte Flamme lebhaft wird, stellt man den Herd wagerecht. Der Wind bläst nun an der Oberfläche über das heiße Eisen hin und entkohlt es, unterstützt durch öfteres leichtes Bewegen des Herdes und die dadurch hervorgerufene wellenartige Bewegung des Einsatzes. Die Flamme wird zuletzt rein weiß. Man bricht dann den Prozeß ab und setzt Ferrosilizium zu. Hiernach tritt eine Flamme mit mächtiger schwarzer Rauchentwickelung aus dem Stahlofen, was den gewünschten Erfolg anzeigt. Man neigt dann den Ofen etwas nach vorn, stellt den Gebläsewind ab, versetzt das Bad mit Ferromangan zur Rückkohlung und öffnet den Stahlabstich.

Ich habe diesen Ofen nicht selbst arbeiten sehen und kann daher aus eigener Anschauung nicht sagen, ob und welche Vorteile er gegenüber der nachher ausführlich beschriebenen und abgebildeten Birne hat. Die Möglichkeit, einen Wechsel zwischen Durchblasen und Überblasen des Windes zu erzielen, hat vieles für sich, die Notwendigkeit aber, statt auszugießen, abstechen zu müssen, manche Bedenken. Praktische Versuche müssen die Entscheidung bringen.

Jedenfalls aber kann man aus den vorher angeführten Gründen nicht darauf rechnen, eine Gießerei allein mit diesem Ofen zu betreiben, ebensowenig wie mit irgend einer anderen Form der Kleinbessemerbirne.

2. Kleinbessemerei in Verbindung mit Graugußgießerei.

Die Schwierigkeit, durch Kleinbessemerei ein reines Stahlgußwerk zu betreiben, ist auseinandergesetzt. Die Abänderung des Betriebes durch das Zenzes'sche oder das Raapke'sche Verfahren gibt nur einigermaßen Abhilfe. Es erscheint daher zuvörderst zweckmäßiger, eine Kleinbessemerei im Anschluß an eine bestehende Eisengießerei zu treiben, um dadurch die Möglichkeit zu erzielen, verschiedene Qualitäten von Gußwaren herstellen zu können. Eine solche Einrichtung ist vom Ingenieur Zenzes bei Leipzig eingerichtet worden.

Diese Anlage sollte ein Ersatz für die Tiegelgießerei sein. Durch richtige Zusammenstellung der Schmelzstoffe in einem Tiegel kann man zwar sehr genau die chemische Beschaffenheit der Guß- oder Flußwaren feststellen und festhalten und daher Eisen verschiedenster Beschaffenheit erhalten, aber die Herstellungskosten sind infolge des sorgfältig auszuwählenden Rohstoffes, der vielen Löhne, der Schmelztiegelkosten, des hohen Koksverbrauches und der Schwierigkeit, fehlerfreie Gußstücke zu erhalten, so groß, daß sich dieses Verfahren nur ausnahmsweise lohnt. Man kann es durch Kleinbessemerei ersetzen. In Leipzig waren Kuppelöfen mit Vorherd von 4 t und 5 t Schmelzfähigkeit in der Stunde vorhanden, von denen noch jetzt abwechselnd einer täglich für die Graugießerei in Betrieb ist. Daneben wurde eine Kleinbessemerei und zwar in nächster Nähe der Kuppelöfen aufgestellt, um das flüssige

Roheisen nach Beendigung des Schmelzens für die Graugießerei abfangen und in die bereits heiß geblasene Birne gießen zu können. Der Einsatz in dem Kuppelofen beträgt 75 bis 85 % Roheisen und 15 bis 25 % Stahlschrott und wird mit 10 bis 12 % Schmelzkoks heiß eingeschmolzen. Die Pfanne, in welche das flüssige Roheisen abgestochen wird, gestattet, das nötige Quantum ziemlich genau abzumessen, sodaß größere Schwankungen in dem Eisenstand in der Birne vermieden werden. Im übrigen kann, wie später noch weiter gezeigt werden wird, der Stand des Roheisenspiegels besser vermittelst einer Skala mit Zeiger abgelesen werden, welcher bei der richtigen Füllung auf 0 stehen muß.

Wenn das flüssige Roheisen mit 2 bis 2,5 % Silizium in der Birne in richtiger Fülle da ist, beginnt das Blasen mit etwa $\frac{1}{3}$ Atmosphären Windüberdruck bis die Kohlenstoffflamme erscheint und die Entzündung beginnt. Ist der Prozeß beendet, so unterbricht man das Blasen und setzt die nötige Menge von Silizium- und Manganeisen hinzu.

Ich verdanke Herrn Ingenieur Zenzes die nachfolgenden Angaben aus dem November des Jahres 1903 bei Einsatz von 1000 kg.

lfd. No.	Blasezeit vor der Entzündung in Minuten.	nach der Entzündung in Minuten.	Gesamt-Blasezeit in Minuten	Zusatz an Ferro-Mangan und Ferrosilizium. im Tiegel geschmolzen kg	ungeschmolzen geschmolzen kg	Analyse des Produktes Kohlenstoff	Silizium	Mangan in Prozenten 0,
1	6	9	15	24	—	21	19	48
2	7	8	15	24	—	18	18	55
3	6	10	16	25	—	18	14	50
4	7	9	16	25	—	—	—	62
5	5	8	13	24	—	—	—	—
6	7	8	15	—	23	23	20	70
7	5	7	12	—	23	20	22	75
8	8	9	17	24	—	19	25	65
9	6	8	14	—	23	21	20	64
10	8	7	15	25	—	—	—	—
11	8	7	15	—	—	—	—	—
12	6	7	13	—	24	—	—	—

Man kann nun das so erhaltene Flußeisen für sich zu Stahlguß vergießen oder auch zu dem im Kuppelofen erschmolzenen Graugußeisen in beliebigen Mengen zusetzen und dadurch Mischungen von verschiedenem Kohlenstoff- und Siliziumgehalt erzielen. Indessen ist auch diese Art des Betriebes kostspielig und nur dann empfehlenswert, wenn eine Graugußgießerei nebenbei kleine Mengen Stahlguß zu liefern hat, bei denen es mehr darauf ankommt, die Kunden nicht abzuweisen und auch mit solchen Gegenständen zu versehen, als Gewinn aus der Darstellung des Stahlgusses zu ziehen.

Wenn eine reine Stahlgießerei mit Birnenbetrieb (No. 1) vorteilhaft sein soll, so muß eine tägliche Erzeugung mit vollem Betriebe möglich sein, was selten zutrifft; wenn eine mit Grauguß (No. 2) verbundene Kleinbessemerei vorteilhaft sein soll, so muß eine ganz gleichmäßige Beschaffenheit von Waren besonderer Festigkeitseigenschaft gewährleistet sein, was ebenfalls selten erfüllt wird. Eine Gießerei, in welcher täglich andere Anforderungen in bezug auf die physikalischen und chemischen Eigenschaften ihrer Erzeugnisse gestellt werden, kann weder die eine, noch die andere Art gebrauchen.

3. Kleinbessemerei in Verbindung mit Martinofenbetrieb.

Im Falle Stahlgußwaren verschiedener Beschaffenheit hergestellt werden sollen, ist die gegebene Verbindung der Kleinbessemerbirne die mit dem Martinofenbetriebe, der allein nicht ausreichen würde.

Mit dem heißen Birneneisen lassen sich kleine und dünnwandige Massenartikel im nassen und leicht getrockneten Sande bequem gießen, man kann verschiedene Qualitäten vom weichsten Dynamostahl bis zum härtesten Werkzeugstahl erzeugen, auch durch Ansammlung von 2 bis 3 Hitzen zu einem Gußstück schwerwiegende Produkte herstellen.

Den Vorteil einer solchen Einrichtung hat, wie gesagt, zuerst die Firma Otto Gruson & Co. in Magdeburg erkannt, welche im Januar 1904 eine Anlage herstellte und Anfang Mai in Betrieb setzte, und deren Betrieb mir eingehend zu studieren gestattet worden ist. Sie soll nachstehend beschrieben werden.

Die Flußwaren werden aus zwei sauer zugestellten Martinöfen erzeugt, von denen immer einer in Betrieb ist und in 24stündiger Schicht 4 Sätze von 7 bis 8 t flüssigem Stahl liefert. Da mit dieser Leistung den gestellten Forderungen nicht genüge geleistet werden konnte, und ein weiterer Martinofen bei sehr teuren Anlagekosten keine hinreichende Beschäftigung gehabt haben würde, so wurden 2 Kleinbirnen aufgestellt, von denen stets eine in Betrieb ist und nach Bedarf 10 bis 15 Hitzen von rund 1000 kg Stahl liefert, was nur bei einem flotten Schmelzbetrieb möglich ist, denn das Eisen muß stets sehr dünnflüssig sein.

Die beiden Birnen stehen in der Mitte, auf beiden Seiten je ein Martinofen, wie die Tafel I nach einer Photographie zeigt.

Auf Tafel II ist die Kleinbessemerei in Fig. 2 im Grundriß maßstäblich gezeichnet, aa sind die beiden Birnen, b die zugehörigen Kuppelöfen, alles übrige ergibt die Zeichnung.

Die beiden Kuppelöfen stehen in einer Entfernung von 3,70 m, die Birnen dagegen in einer Entfernung von 4,75 m ihrer Axen voneinander. Die Kuppelöfen haben an der Gicht 750 mm, in den Schmelzzonen 650, am Abstich 800 mm lichten Durchmesser. Ihre Gesamthöhe ist 7,50 m.

Zwei Arten von Roheisen werden verschmolzen. Die Zusammensetzung in Prozenten ist folgende:

	I	II
Silizium	1,5—2,5	2,5—3,5
Mangan	0,7	1 —1,12
Phosphor	0,01	0,01
Schwefel	0,00	Spur.

Beide Roheisensorten werden nach jedesmal gewonnenen Analysen so gattiert, daß der gewünschte Siliziumgehalt des Rinneneisens von 2 % erfolgt. Zu diesem Zwecke gattiert man auf 2,9 %, es gehen also 0,9 % beim Umschmelzen verloren.

Der Satz an geschmolzenen Roheisen für jede Birnenhitze soll 1000 kg betragen. Es werden Gichten von 200 kg genommen, wobei der Kokssatz 10 % des Roheisensatzes beträgt. Zum Anwärmen werden stets 400 kg verbraucht. Zur Verschlackung der Asche werden jeder Gicht ¹/₅ des Koksgewichts an Kalkstein zugesetzt.

Auf Tafel III ist in Fig. 4 und 5 der Kuppelofen in Längs- und Querschnitt abgebildet. Die Schlackenlöcher a und b werden der Reihe nach geschlossen, wenn das Eisen sich sammelt, der Regel nach bei 14 Minuten Blasezeit. Das untere liegt bei der jetzigen Zustellung 700, das obere 1080 mm über den Unterkanten des Blechmantels des Ofens.

Den Wind liefert ein elektrisch angetriebenes Jägergebläse in je 6 in zwei Reihen übereinander angeordnete Düsenreihen. Die oberen, welche 90 × 80 mm Durchmesser besitzen, liegen 1600 mm, die unteren, welche 110 × 90 mm Durchmesser besitzen, 1200 mm über der Unterkante des Blechmantels. Der Winddruck beträgt 40—65 mm Quecksilbersäule.

Vor jedem Kuppelofen hängt eine Birne, welche das flüssige Eisen nach der Mischung durch eine gekrümmte Rinne vom Kuppelofen erhält. Die Birne ist auf Tafel III in der Ansicht vom Kuppelofen aus, in einem Längsschnitt durch die Windformen und einem Querschnitt durch dieselben in den Figuren 6, 7 und 8 abgebildet. Die Abmessungen sind aus der Zeichnung ersichtlich. Das Futter, welches dort zu 300 und 350 mm angegeben ist, kann bis auf 100 mm abbrennen, ohne daß es erneuert zu werden braucht.

Man ersieht, daß die Birne in der Windformenhöhe nicht einen kreisförmigen Querdurchschnitt besitzt, sondern, bei einem allgemeinen Durchmesser von 750 mm, zwischen Düsen und Rückwand nur 700 mm Weite hat.

Die wichtigste Einrichtung ist die der Düsen. Sie sind in zwei Reihen von je sechs parallelen Öffnungen angelegt. Die oberen haben 35 mm Breite und 15 mm Höhe, die unteren sind bei 35 mm kreisrund. Die Anordnung der Düsensteine zeigt die der nebenstehenden Figur 9:

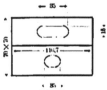

Fig. 9.

Die Länge der Steine beträgt, wie die des Futters 350 mm. Der untere Windkasten hat 300, der obere 120 mm lichte Höhe, die Breite der beiden Windkasten ist gleich, nämlich 700 mm, jeder Düsenstein hat daher rund 117 mm Breite. Die unterste Formenreihe liegt 500 m über dem Boden der Birne.

Jeder Windkasten hat ein Windzuführungsrohr, aber beide werden durch eine Leitung gespeist, in welcher sich an der Teilung ein Dreiweghahn befindet, sodaß man nur je einen oder beide Kästen zugleich mit Wind versorgen kann.

Die Windkästen sind durch Deckel geschlossen, die durch eine Klammer und Keile festgehalten und daher leicht gelöst werden können, wie die Zeichnung ergibt.

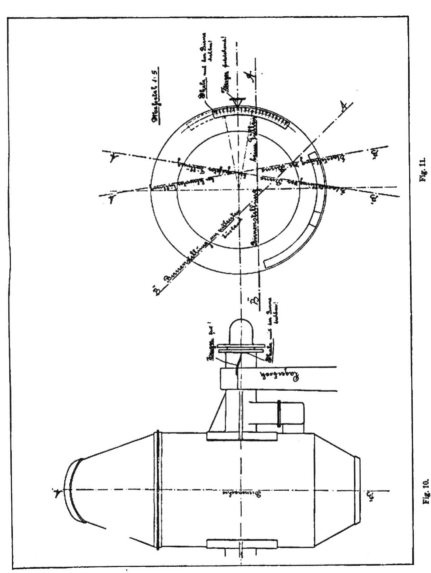

Maßstab 1 : 5

Fig. 11.

Fig. 10.

Die Birne ist mit einem Zeiger versehen, der an einem Gradbogen spielt. Liegt
die Birne mit ihrer Hauptaxe horizontal, so zeigt der Zeiger auf 0, wenn sie eine
Füllung von 1000 kg Roheisen enthält, eine höher und eine niedriger gelegene Marke
zeigt das zulässige Maximum und Minimum von ± 200 kg an.

Die Figur 10 stellt die Anordnung des Zeigers dar, der unbeweglich am
Lagerbock befestigt ist, während die Skala an dem drehbaren Zapfen der Birne sitzt.

Fig. 11 (in größerem Maßstabe) gibt die verschiedenen Stellungen wieder. Die
Stellung der ganz entleerten, d. h. ausgegossenen Birne, diejenige beim Füllen, diejenige
bei kleinster zulässiger Füllung und diejenige bei größter zulässiger Füllung zeigt die
Linie $A\,B$ an.

Im Falle die Birne genau senkrecht steht, geht der Wind bei richtiger Füllung
d. h. dem Zeigerstande 0, genau horizontal über das Eisenbad. Jeder Teilstrich = 1 cm
über 0 gibt an, daß 50 kg zu viel, jeder Teilstrich unter 0, daß 50 kg zu wenig in
der Birne sind. Man läßt ± 2 cm zu, so daß also eine Differenz im Gewichte des ein-
gelassenen Roheisens von im ganzen 200 kg zulässig ist; bei noch mehr gießt man ab,
bei noch weniger füllt man nach.

Das Gebläse für die Birne ist elektrisch durch eine 100 pferdige Maschine angetrieben, und ist imstande, 80 cbm in der Minute zu liefern, ohne daß diese Forderung gestellt wird.

Zenzes hielt unter den an verschiedenen Orten gebrauchten Antriebsmaschinen
die direkt gekuppelte Dampfmaschine (z. B. in Chemnitz) oder den Gleichstrommotor
(z. B. in Leipzig) für am besten, weil bei beiden Antriebsarten die Umlaufzahl, also
auch der Kraftverbrauch während des Blasens am leichtesten geregelt werden kann.

Nach ihm gebraucht man in diesen Fällen 60 cbm Wind in der Minute bei
einem Überdruck von 0,3 Atmosphären, und, wenn der Satz in der Birne 1000 kg beträgt, 50—55 PS, wenn er 1000—1500 kg beträgt, 55—60 PS.

Wenn dagegen Drehstrom (wie in Buckau) benutzt wird oder Transmission
(wie in Elberfeld) so braucht man nach ihm 80 cbm bei 0,3 Atmosphären und 65—70 PS.
bis 1200, 70—90 PS. bei 1200—1800 kg Einsatz.

Verlauf des Bessemerns.

Der Verlauf ist folgender:

Ist nach Ausweis des Zeigers die richtige Menge Roheisen in der Birne, so
wird sie aufgerichtet und es wird nun mit der unteren Düsenreihe geblasen; es entweicht
ein funkenreicher Gasstrom. Nach $2^{1}/_{2}$ Minuten zeigt sich eine lebhafte Flamme,
welche aber wieder sinkt, bis nach 5 Minuten eine neue stärkere Entwickelung mit
hellem Lichtkegel beginnt, die um 8 Minuten Blasezeit eine starke Ausdehnung genommen
hat. Je nach der Stärke dieser Flamme (meist nach 5 M.) wird die obere Düsenreihe
angestellt und es erfolgt innerhalb der Birne eine lebhafte Verbrennung von Kohlenoxyd, während im Spektroskop die Natriumlinie und bald darauf die Manganlinien im
grünen Feld deutlich erscheinen. In dem rechtzeitigen Anlassen der oberen Düsenreihe

liegt das Wesentliche des Verfahrens. Im Augenblick des Anzündens qualmt die Birne stark, aber der Rauch (hauptsächlich oxydiertes Mangan) hört bald wieder auf.

Sollte nach 8 Minuten die lebhafte Reaktion noch nicht begonnen haben, was eine übrigens seltene Ausnahme ist, so liegt hierin ein Beweis zu kalten Ganges, und man muß in diesem Falle durch Einsatz von Ferrosilizium nachhelfen, um durch die bei der Oxydation des Siliziums entwickelte Wärme die nötige Wärmung nachträglich zu erzeugen.

Nach etwa 8 Minuten also tritt die Kochperiode ein und veranlaßt eine lange Flamme, die bei etwa 10 Minuten das Maximum erreicht. Die Flamme sinkt aber wieder nach etwa einer Minute, um nach 13 Minuten Blasezeit die höchste, aber schwankende Entwickelung zu zeigen. Nach 15 Minuten ist der Vorgang vollendet und im Spektroskop, welches vom Meister stets benutzt wird, sind im gleichen Augenblick die Linien im grünen Felde verschwunden.

Das auf Tafel III in Fig. 12 abgebildete Diagramm, welches ich ebenfalls Herrn Zenzes verdanke, zeigt die Flammentwickelung und die damit zusammenhängende chemische Veränderung als Schaubild.

Nach der Kippung der Birne wird das vorher angefeuchtete Ferrosilizium und Ferromangan eingeworfen. Die Anfeuchtung hat den Zweck, daß die Stücke die Schlackendecke leichter durchdringen. Beim Einwerfen erscheinen im Spektroskop die Manganlinien noch einmal sehr deutlich.

Es muß noch bemerkt werden, daß der Winddruck beim Anlassen der oberen Düsenreihe in Buckau von 0,22 auf 0,20 kg erhöht wird.

In der halben Schicht von 12 bis 6 Uhr täglich werden 10 Sätze, oder von Beendigung der Frühstückspause um ½9 Uhr bis 6 Uhr abends 15 Hitzen erblasen und vergossen.

Man bläst mit der einen Birne bis eine Erneuerung des Futters bis an die Düsen nötig wird, dann bis zu vollendeter Ausbesserung der ersten Birne mit der zweiten. Nach 40 Hitzen muß die Schnauze ausgebessert werden, nach 70 Sätzen die vorerwähnte Erneuerung stattfinden. Nach 210 Sätzen wird die Birne kalt gelegt und das ganze Futter wird erneuert, während die zweite Birne in dauernden Betrieb gesetzt wird.

Im allgemeinen dauert die ganze Hitze bei 15 Minuten Blasezeit 30 Minuten, jedoch kommen auch längere Hitzen mit 45 Minuten im Anfange nach der Ausbesserung vor.

Das fertige Kleinbessemerflußeisen.

Das Flußeisen wird, je nach der für die Verwendung beabsichtigten Beschaffenheit, mit festem (manchmal nur angewärmtem) Ferro-Silizium, etwas Ferro-Mangan, seltener mit Aluminium oder nur zum bestimmten Zwecke hergestellten Legierungen aller drei Stoffe versetzt. Man erreicht ohne Schwierigkeit eine solche Dünnflüssigkeit, daß die kleinsten Gußstücke aller Art, z. B. Automobilzylinder mit 4 bis 5 mm Wandstärke, gegossen werden können, ohne daß Schalen angesetzten Eisens an der Gießpfanne zurückbleiben. Je nach Verwendungszwecken wird erblasen:

	Kohlenstoff	Silizium	Mangan
1. Weiches Dynamo-Flußeisen . .	0,10 · 0,15		
2. Flußeisenformguß	0,15—0,25		
3. Flußstahlformguß	0,30—0,40	0,10—0,15	0,12—0,18
4. Werkzeugstahlguß	0,50—1,50		

Der Silizium- und Mangangehalt wird also stets gleich hoch gehalten.

Die verschiedenen Kohlungsstufen können zwar entweder durch Unterbrechung der Blasezeit oder durch Rückkohlung des weichen Flußeisens gewonnen werden, indessen wählt man stets die letzte Methode, als die zuverlässigere.

Der Martinofen.

Ein Martinofen kann immer nur einen schweren Satz von bestimmter chemischer Zusammensetzung liefern und kann z. B. kein weiches Dynamoflußeisen und einen harten Stahl zugleich erzeugen, aber auch die genaue Einhaltung einer vorgeschriebenen Qualität ist sehr schwierig, weil sich das Eisen im Ofen, wenn es nicht in der ganzen Menge abgestochen wird, schnell verändert. Man müßte also Kippöfen (Talbotöfen) haben; aber diese empfehlen sich nicht für geringe Mengen. Die Birne dagegen kann mit jeder Hitze eine besondere Art Eisen von gewünschten Eigenschaften erzeugen, ja man kann aus einem weich erblasenen Dynamoflußeisen leicht harten Stahl durch Zusätze und durch Zurückkohlung in der Gießpfanne herstellen, auch kleine Mengen in der Gießpfanne umändern, ohne daß der Rest des erblasenen Eisens verändert zu werden braucht. Ebenso kann man durch Vermischung des im Martinofen erzeugten flüssigen Eisens mit dem Bessemereisen eine Menge von Abstufungen herstellen. Während ein großes Martinwerk schwerlich auf den Guß kleiner dünnwandiger Stücke eingerichtet werden kann, so ist dies bei der Verbindung beider Erzeugungsarten leicht möglich, und deshalb ist die Verbindung einer Kleinbessemerei mit einem Martinwerk von größter Bedeutung. Ein weiterer Vorteil liegt in der Unterstützung des Martinofens beim Gießen von schweren und dickwandigen Gußstücken durch die Kleinbessemerei. Das viel kühlere Martinflußeisen erstarrt schnell und gibt Anlaß zu Lunkern, die vermieden werden, wenn heißes Bessemerflußeisen vorrätig ist und nachgegossen wird. In der Zeit, in welcher das Eisen im Martinofen fertig ist, sind viele Sätze in der Bessemerei verblasen. Man kann daher dem Martinofen mit Bessemereisen stets zu Hilfe kommen. Aus einem im Betriebe befindlichen Martinofen werden in 6 Stunden rund 6 t Flußeisen fertig gemacht. In derselben Zeit erhält man in der Birne 10 Hitzen zu 10 t, von denen man sehr wohl die drei letzten für den Guß aus dem Martinofen verwenden kann.

Die beiden Martinöfen auf dem Otto-Gruson-Werk bestanden zuerst; aber sie reichten nicht aus, um den gesteigerten Anforderungen zu genügen. Es kam daher in Frage, ob ein dritter Ofen gebaut werden solle. Da aber der Bau sehr kostspielig ist und der dritte Ofen nicht volle Beschäftigung gehabt haben würde, entschied man sich für den Zubau einer Kleinbessemerei.

Man kann nun den Mehrbedarf bequem befriedigen und hat die vorerwähnten Vorteile, zu denen noch kommt, daß man die Köpfe, Steiger usw. der Bessemerflußwaren im Martinöfen verschmelzen und kleine und dünnwandige Flußwaren nach Belieben gießen kann.

Der Versuch, die Kleinbessemerei auch für Grauguß durch Verbindung mit dem einfachen Umschmelzkuppelofen zu verwerten, hatte aus den oben angeführten Gründen keinen Erfolg. Man überzeugte sich, daß die Kleinbessemerei nur als Ergänzung der Flußwarenerzeugung aus dem Martinofen rentabel war.

Die beiden Martinöfen auf dem Otto Gruson-Werk sind von der Firma Sauer zugestellt. Sie sind für 9000 kg Einsatz berechnet, fassen aber nötigenfalls auch 13000 kg. Der Herd ist 4,5 m lang, 1,9 m in der Mitte breit und 0,4 m tief. Man verschmilzt auf 10 Gew.-Teile frisches Roheisen 90 Gew.-Teile Bruch und Abfälle, (Trichter, Steiger usw). Es werden in 24 Stunden 4 Sätze verarbeitet. Vor dem Abstich wird Probe genommen, welche einen sehr feinkörnigen Bruch zeigen muß.

Schrott wird im Martinofen nur soweit gebraucht, als die Gußköpfe und andere Abfälle der eigenen Fabrikation nicht ausreichen. Je mehr Bessemereisen erblasen wird, um so mehr Köpfe fallen für den Martinofen ab.

Der Gießraum wird hier sehr vorteilhaft ausgenutzt, da die Gußstücke, die aus Bessemereisen gegossen sind, sofort nach dem Erstarren entfernt werden können, also der Platz wieder frei wird für die großen Gußformen, die mit Martineisen gefüllt werden sollen.

Die besonderen Vorteile der Verbindung der Kleinbessemerei mit dem Martinofenbetriebe, welche sich herausgestellt haben, sind für Gießereien von Waren höherer Festigkeitseigenschaften, als sie der Grauguß gewähren kann, erstens eine beliebige Ausdehnung oder Beschränkung der Produktionsmenge ohne Veränderung der Anlage, daher eine Anschmiegung an den Bedarf entsprechend dem jeweiligen Absatze; zweitens die Möglichkeit, ebenso dünnwandige, wie starke und grobe Flußwaren herzustellen, drittens die Möglichkeit, beliebig in der chemischen Zusammensetzung des Flußeisens zu wechseln, viertens mit den beiden Ofenarten Hand in Hand zu arbeiten.

Formstoffe.

Flußwaren der mit Martinbetrieb verbundenen Kleinbessemerei gießt man entweder in grünem oder nassem Sande, in getrocknetem Sande, in Ton mit Grafit oder in reinem Ton.

Große oder starkwandige (mehr als 8 bis 10 mm) Stücke, oder solche, die allseitig bearbeitet werden sollen, können nicht in nassen Sand gegossen werden. Man gießt sie aus dem Martinofen stets in gebrannte, d. h. ihres hygroskopischen Wassergehalts beraubte Formen, die aus Ton und Grafit bestehen, wenn die Stücke bearbeitet werden sollen, nur aus Ton, wenn sie der Bearbeitung nicht bedürfen.

Kleine oder dünnwandige (weniger als 8 mm bis herab zu 5 mm, seltener auch bis 3 mm) Stücke werden in Sand aus der Bessemerbirne gegossen. Nur bei ganz dünnwandigen Stücken, die keiner Nacharbeit bedürfen, wendet man nassen Sand an, die übrigen Formen für dünnwandige Stücke werden zwar auch in nassem Sande hergestellt, aber die Form wird kurz vor dem Gusse durch Gasflammen übergetrocknet.

Getrocknete Formen.

Die Herstellung der getrockneten Formen für die Flußwaren, welche namentlich aus dem Martinofen gegossen werden, muß mit größter Sorgfalt geschehen. Rott gibt hierfür folgende Zusammensetzungen an:

1. 6 Teile Schamottemehl, 6 Teile Quarzsand, 2 Teile gemahlene Koks, 3 Teile gebrannten blauen Ton, 2 Teile ungebrannten blauen Ton.

2. 5 Teile Tiegelmehl, 1 Teil blauen Ton.

3. 8 Teile Quarzsand, 1 Teil gemahlene Koks, 2 Teile Schamottemehl, 2 Teile blauen Ton.

4. 6 Teile Schamottemehl, 4 Teile Halleschen Formsand, 4 Teile Quarzsand, 2 Teile blauen Ton.

Diese Massen müssen gut durchgemengt sein und nach der Anfeuchtung längere Zeit, etwa 24 Stunden, liegen bleiben. Die frische Masse wird nur um das Modell gelegt, der übrige Raum wird mit alter Formmasse ausgefüllt, damit die Gase leicht abziehen können. Alle Waren, die man irgend stehend gießen kann, gießt man auch so und bildet auf dem höchsten Punkt einen Trichter zum Nachgießen. Jedenfalls stellt man diejenigen Formen, welche nicht senkrecht stehen können, schräg auf.

Gern nimmt man aber auch sorgfältig ausgeklaubte Masse alter Grafittiegel von der Gußstahldarstellung und mischt diese oft noch mit frischem Ton und Schamotte.

In solchen Formen gießt man Zahnräder, Lokomotivteile und zu vernickelnde Maschinenteile.

Sandformen.

Nasse Sandformen werden aus 50 % Hartsand mit eckigen Körnern, meist aus der Tertiärformation, und 40 % weißem Quarzsand, ohne oder mit 10 % getrocknetem Ton gebildet. Man gießt in ihnen Räder, flache Körper und Wagenbeschlagteile; in den halbtrockenen Sandformen, welche aus 70 bis 80 % weißem Quarzsand und 20 bis 30 % Ton bestehen, gießt man Dynamogehäuse und Maschinenteile verschiedener Art. Zuweilen setzt man dem Sande Bindemittel wie Melasse, gekochte Kartoffeln, zu.[1]

Behandlung der Flußwaren.

Nur wenige Flußwaren beläßt man im rohen Zustande, die meisten werden bei 750, höchstens 950° geglüht und langsam abgekühlt. Die Temperaturen, von denen sehr viel abhängt und welche für die verschiedenen Flußwaren nach gesammelten Erfahrungen wechseln, der Regel nach aber 750° oder wenig darüber betragen, werden genau mit dem le Chatelier'schen Pyrometer überwacht.

---

[1] Über das hierbei beobachtete Verfahren in Belgien findet man Angaben in „Stahl und Eisen". 1905, I, S. 355.

Produktion des Otto-Gruson-Werks.

Die Produktion des Otto-Gruson-Werkes beträgt im Monat durchschnittlich 500—600 t versandfähiger Flußwaren; davon werden $^1/_4$ durch die Kleinbessemerei' $^3/_4$ durch den Martinbetrieb hergestellt.

Im wesentlichen werden zwei Arten Flußeisen im verbundenen Kleinbessemer-Martinbetrieb dargestellt:

1. Flußeisen mit 45 kg/qmm Festigkeit und 20—25 % Dehnung
   mit 0,10 % Kohlenstoff beim Erblasen
   0,15—0,25 % Kohlenstoff nach dem Zusatz von Ferro-Mangan
   und Ferro-Silizium
   0,55—0,75 % Mangan
   0,15—0,25 % Silizium.

2. Dynamostahl von 30 kg/qmm Festigkeit und geringer Dehnung
   mit 0,04—0,07 % Kohlenstoff beim Erblasen
   0,10—0,15 % Kohlenstoff nach dem Zusatze
   0,15—0,25 % Mangan
   0,10—0,15 % Silizium.

Es sei hierbei bemerkt, daß der Regel nach ein Ferromangan mit 80 % Mangan, 6 bis 6,5 % Kohlenstoff und 0,8 % Silizium, ein Ferrosilizium mit 13 % Silizium, 1,0 % Kohlenstoff und 1,5 % Mangan als Zusatzeisen verwendet wird.

Das wichtigste Produkt sind Zahnräder, deren Formen auf Maschinen hergestellt werden.

Ein bedeutendes Produkt sind auch die Gestelle von Dynamomaschinen und Motoren, welche bekanntlich vorzügliche magnetische Eigenschaften haben müssen. Um dies zu erreichen, dazu gehört besonders ein gleichartiges Gefüge, welches sich durch Gußeisen nicht herbeiführen läßt. Durch Ausglühen wird der letzte Rest von Ungleichartigkeit beseitigt, denn durch Aufhebung der Molekularspannung wird eine geringe Remanenz erzielt. Die Stücke müssen poren- und lunkerfrei sein.

Dies wird durch den vorbeschriebenen Betrieb erreicht. Eine Prüfung der physikalisch-technischen Reichsanstalt an einem Stahe von 33 cm Länge und 0,500 cm Durchmesser ergab eine maximale Differenz in der elektrischen Leitungsfähigkeit von nur 0,5 %.

Der Wert des remanenten Magnetismus, d. h. der Wert der Induktion $\mathfrak{B}$ für die Feldstärke $\mathfrak{H} = 0$, betrug entsprechend der benutzten höchsten Magnetisierung ⚊ rund 10 200; der Wert der Koerzitivkraft, d. h. der Wert der Feldstärke $\mathfrak{H}$, für welche die Induktion $\mathfrak{B} = 0$ wird, beträgt 1,5, die Energievergeudung auf 1 cc des Materials entsprechend der benutzten höchsten Feldstärke ⚊ rund 13 600 Erg.

Außer der Flußwarenerzeugung durch den verbundenen Kleinbessemer-Martinbetrieb werden monatlich 180 bis 250 t versandfähige Graugußwaren in besonderen Räumen erzeugt. Es sind das hauptsächlich Zahnräder, deren Formen mit Maschinen hergestellt werden und eine besondere Werkstätte besteht für die Herstellung solcher Räder mit gefrästen Zähnen.

Eine andere Abteilung, die hauptsächlich für das Ausland arbeitet, umfaßt die Herstellung von Straßenbahnwagen und Automobilen, eine weitere die Herstellung von Alumininmgüssen, besonders für Automobile.

Die Werkstätten der Flußwarenformerei umfassen 7000 qm bebauter Fläche in 6 Parallelabschnitten von je 110 m Länge und enthalten neben der vorbeschriebenen Werkstätte mit Kleinbessemerei und Martinanlage 7 Glühöfen und Putzerei.

Die Anlage beweist, daß die Kleinbessemerei in Verbindung mit einer Martinanlage sich in Deutschland für die Flußwarenerzeugung sehr wohl empfiehlt.

Druck von Leonhard Simion M. in Berlin SW.

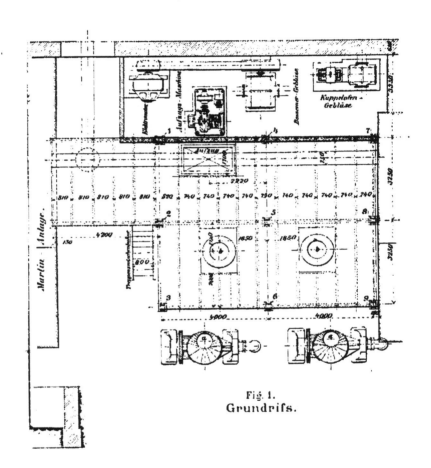

Fig. 1.
Grundriss.

ne

00 – 1200 kg.

2 5.

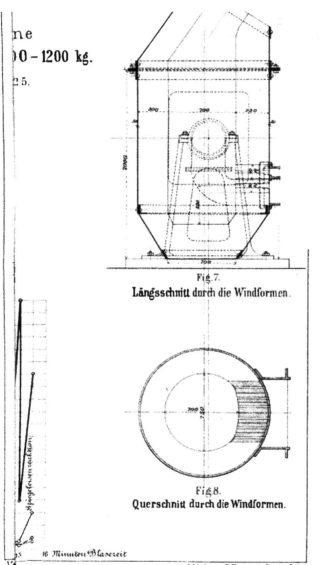

Fig. 7.

Längsschnitt durch die Windformen.

Fig. 8.

Querschnitt durch die Windformen.

16 Minuten Blasezeit

Spiegeleisenreaktion

Lith.Anst.v.F.Eyser in Berlin S.W.

II. Abhandlungen.

Ueber die Dimensionierung hydraulischer Zylinder und Steuerschieber.

Von Ingenieur **A. Böttcher** in Hamburg.

Gelegentlich einer längeren Informationsreise bot sich dem Verfasser die Gelegenheit, eine Anzahl in normalem Betriebszustand befindlicher hydraulischer Kräne zu indizieren. Die an diese Indizier-Versuche sich anschließenden theoretischen Untersuchungen führten zu Ergebnissen, welche nicht ohne Interesse sind, umsomehr, als sie nicht nur auf die Hubzylinder von Kränen etc., nebst ihren Steuerorganen, sondern allgemein auf hydraulische Arbeitszylinder in vielen Fällen angewendet werden können.

Für die Zylinder- und Steuerungsabmessungen sind möglichste Wasserersparnis und die zulässigen bezw. erforderlichen Arbeitsgeschwindigkeiten des Kolbens nach beiden Richtungen (Heben- und Senken) für Vollbelastung und Leerlauf bestimmend. Möglichste Wasserersparnis bedingt kleine Zylinderdurchmesser und Beschränkung der sog. toten Lasten, enge Geschwindigkeitsgrenzen für Leerlauf und Vollbelastung verlangen andererseits möglichst hohe Beträge der toten Last und große Kolbendurchmesser. Die einschlägigen Verhältnisse sind vorteilhaft und übersichtlich an Hand des Indikator-Diagramms in Verbindung mit einem Geschwindigkeits-(Parabel)-Diagramm zu untersuchen, dessen Entwicklung und Anwendung Zweck der vorliegenden Arbeit ist.

Für die Erläuterung der Diagramme seien zunächst folgende Voraussetzungen gemacht:

1. Der Schieberkastendruck sei annähernd konstant. Die Durchflußwiderstände der Zu- und Ableitungen (mit Ausnahme des Schiebers selbst) betragen bei den üblichen Durchflußgeschwindigkeiten von 1 m/sek in den Hauptleitungen und höchstens 4 m/sek in den Nebenleitungen, sowie Anordnung von schlanken Krümmern außerordentlich wenig (vergl. Fig. 1 und Tabelle I), so daß diese Voraussetzung gerechtfertigt erscheint.

Tabelle I.

μ m/sek	0,4	0,6	0,8	1,0	1,5	2,0	3,0	4,0
h_w m	0,001	0,003	0,005	0,0075	0,017	0,03	0,07	0,12

Verhandl. 1905.

36

Es soll im Folgenden der Schieberkastendruck (p'_0) zu 90 % des Akkumulatordrucks (p_0) angenommen werden.

2. Stopfbüchsenreibung und sonstige Reibungs- etc. Widerstände seien nicht vorhanden; ihr Einfluß wird später erörtert.

3. Der Durchflußkoeffizient des Steuerschiebers sei gleich 1; tatsächlich in der Praxis vorhandene Werte und entsprechende Folgerungen siehe später.

4. Der Steuerschieber werde bei jeder Belastung stets ganz geöffnet, so daß der Schieberkanal mit dem vollen Querschnitt f für den Durchtritt des ein- oder ausströmenden Wassers geöffnet ist.

Der indizierte Druck p_i eines hydraulischen Hubzylinders ist durch die gesamte Kolbenbelastung bestimmt, welche sich je nach der gewählten Anordnung aus den der Nutzlast und den toten Lasten (Fig. 2) entsprechenden Beträgen zusammensetzt. Hiernach ergeben sich die Durchflußgeschwindigkeiten im Schieberspiegel

$$v = \sqrt{2g \cdot 10\,(p'_0 - p_i)} \qquad (I)$$
für Aufwärtsgang und
$$v = \sqrt{2g \cdot 10 \cdot p_i} \qquad (II)$$
für Abwärtsgang der Last.

Die zugehörigen Kolbengeschwindigkeiten c ergeben sich aus der Gleichung für den Beharrungszustand

$$c \cdot F = v \cdot f \qquad (III)$$

worin F die wirksame Kolbenfläche bedeutet.

In Fig. 3 stellt die Strecke $OA = p'_0$ in einem bestimmten Maßstab den Schieberkastendruck $p'_0 = 0{,}9\,p_0$ dar. Die Kurve AB_1 ist eine Parabel, welche so entworfen ist, daß eine beliebige Horizontale $C_1 D_1$ in einem gleichfalls bestimmten Maßstab die Durchflußgeschwindigkeit v wiedergibt, welche sich bei einer Druckdifferenz $AC_1 = (p'_0 - p_i)$ ergeben würde. Es wird dann für jeden Wert des indizierten Druckes p_i die durch dessen Endpunkt gezogene Horizontale die Durchflußgeschwindigkeit des Wassers durch die Schieberöffnung darstellen und nach der Kontinuitätsgleichung

$$c = v \cdot \frac{f}{F}$$

in entsprechender Maßeinheit auch die Kolbengeschwindigkeit.

Für Abwärtsgang werden die Geschwindigkeitsverhältnisse nach Gleichung II durch eine Parabel mit Scheitel in O (Fig. 3) wiedergegeben, welche der Parabel AB_1 kongruent ist und die Ordinatenachse wie jene zum Durchmesser hat.

Nunmehr ergibt jede Horizontale zwei Geschwindigkeiten, und zwar eine für Aufwärtsgang und eine für Abwärtsgang der Last.

Das Diagramm ermöglicht eine übersichtliche Beurteilung der Druck- und Geschwindigkeitsverhältnisse eines hydraulischen Hubzylinders für die verschiedenen Belastungen, zunächst allerdings noch unter den eingangs gemachten beschränkenden Voraussetzungen. Ferner läßt es in einfacher Weise die Bedingungen formulieren, welche die tote Last und die äußersten Geschwindigkeitsgrenzen an die Größen der wirksamen Kolbenfläche stellen.

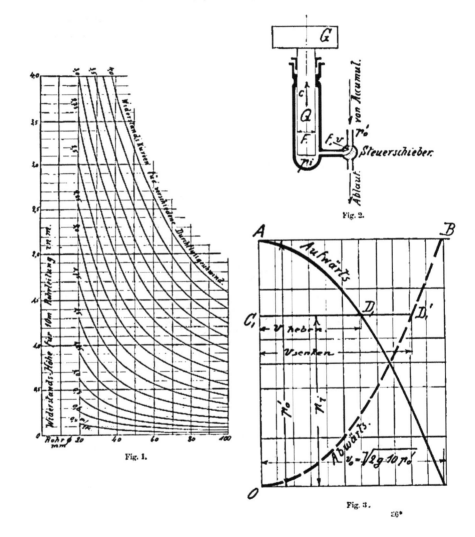

Fig. 1.

Fig. 2.

Fig. 3.

Bei dem in Fig. 4 beliebig angenommenen allgemeinen Fall sind die Geschwindigkeitsgrenzen sehr unregelmäßig. Soll das $\triangle v$ für Aufwärtsgang und Abwärtsgang denselben Wert erhalten, so muß der schraffierte Teil des Diagramms sich symmetrisch nach oben und unten um $\frac{p'_0}{2}$ entwickeln. (Fig. 4a.) Die Bedingung hierfür, in eine Formel gekleidet, lautet:

$$\left(Q + \frac{G}{2}\right) = \frac{D^2 \pi}{4} \cdot \frac{1}{2} p'_0 \qquad\qquad \text{(IV)}$$

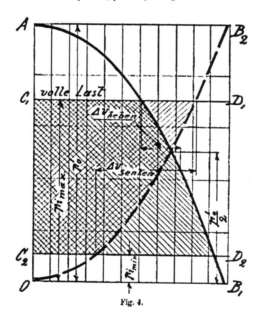

Fig. 4.

Hierin bedeutet

Q die auf die Kolbenachse reduzierte tote Last.

G die, gleichfalls auf die Kolbenachse reduzierte, maximale Nutzlast.

D den Plungerdurchmesser.

p'_0 den Schieberkastendruck, ca. $0.9\ p_0$ (p_0 = Akkumulatordruck).

Wie aus Fig. 4a ersichtlich, gibt es unendlich viele Möglichkeiten, welche symmetrische Lage der schraffierten Diagrammfläche zu $\frac{p'_0}{2}$ aufweisen; sie sind voneinander unterschieden durch den Betrag des Δv. Ist für diesen ein bestimmter Wert δ vorgeschrieben, so folgt daraus eine Bestimmungsgleichung für die tote Last:

Sind die vorgeschriebenen kleinsten und größten Hub- und Senkgeschwindigkeiten c_{min} und c_{max}, die zugehörigen Durchflußgeschwindigkeiten v_{min} und v_{max}, so ist

$$\delta = \frac{c_{max}}{c_{min}} = \frac{v_{max}}{v_{min}} = \frac{\sqrt{2g \cdot 10 \cdot p_{i\,max}}}{\sqrt{2g \cdot 10 \cdot p_{i\,min}}}$$

$$= \sqrt{\frac{p_{i\,max}}{p_{i\,min}}} = \sqrt{\frac{Q+G}{Q}}$$

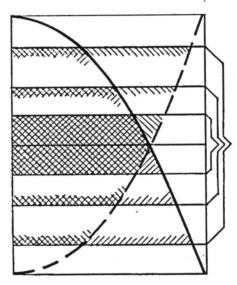

Fig. 1a.

Hieraus wird

$$Q = \frac{G}{\delta^2 - 1} \tag{V}$$

Diese Gleichung V in Verbindung mit IV legt zunächst für einen bestimmten Wert von δ den Plungerdurchmesser fest, gestattet aber überdies eine Beurteilung des Wasserverbrauchs bei verschiedenen Annahmen von δ. Durch Vereinigung von IV und V folgt:

$$\left(\frac{G}{\delta^2 - 1} + \frac{G}{2} \right) \cdot \frac{D^2 \pi}{4} \cdot \frac{p'_0}{2}$$

$$G \left(\frac{\delta^2 + 1}{\delta^2 - 1} \right) = \frac{D^2 \pi}{4} \cdot p'_0$$

$$\frac{D^2 \pi}{4} \cdot \frac{p'_0}{G} = \frac{\delta^2 + 1}{\delta^2 - 1} \qquad\qquad \text{(VI)}$$

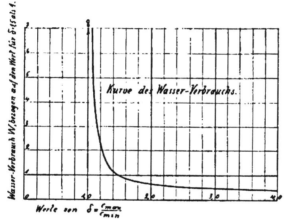

Fig. 5.

Der Wasserverbrauch V ist dem $\frac{D^2 \pi}{4}$ direkt proportional, so daß VI auch geschrieben werden kann

$$W = A \cdot \frac{D^2 \pi}{4} \cdot \frac{p'_0}{G} = A \frac{\delta^2 + 1}{\delta^2 - 1} \qquad\qquad \text{(VII)}$$

Setzt man für einen bestimmten Wert von δ, z. B. $\delta = 1,5$, wie er vielen Ausführungen entspricht, $W = 1$, so läßt sich V als Funktion von δ in Form einer Kurve auftragen (Fig. 5), welche die Abhängigkeit des V von den jeweils angenommen Geschwindigkeitsgrenzen deutlich erkennen läßt.

Da der Betrag der Totlast mit Rücksicht auf die konstruktive Durchbildung des Krangerüstes usw. von besonderem Interesse ist, so ist es zweckmäßig, nach Gleichung V das Verhältnis $\frac{Q}{G}$ für verschiedene Werte von δ zur Darstellung zu bringen; das ist in Fig. 6 geschehen; dieselbe ist so entworfen, daß der Abszissenmaßstab mit dem der Fig. 5 übereinstimmt.

Die beiden Diagramme geben in bislang unbekannter Übersichtlichkeit ein klares Bild der für die Wahl des Zylinderdurchmessers unter den eingangs aufgeführten Voraussetzungen maßgebenden Größen.

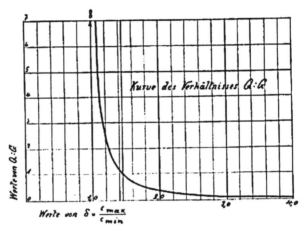

Fig. 6.

Einfluß des mechanischen Wirkungsgrades.

Die Reibungswiderstände wirken der Bewegung entgegen. Der indizierte Zylinderdruck wird daher für den Aufwärtsgang um den Reibungsbetrag größer, für

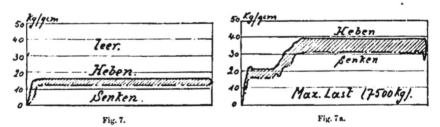

Fig. 7.   Fig. 7a.

Abwärtsgang um den Reibungsbetrag kleiner sein als der dem natürlichen Gleichgewicht entsprechende Wert.

In Fig. 7 sind Indikatordiagramme eines hydraulischen Hubzylinders zusammengestellt, welche die Reibungsbeträge für Heben und Senken bei verschiedenen Belastungen enthalten. Der Krantypus, von dem die Diagramme stammen, ist in Fig. 8 schematisch dargestellt. Andere Kräne ähnlicher Anordnung, z. T. direktwirkend, ergaben ähnliche Kurven.*)

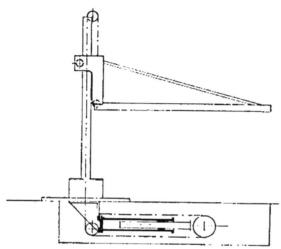

Fig. 8.

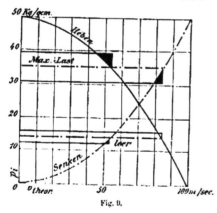

Fig. 9.

Trägt man das Ergebnis in das Parabeldiagramm ein (Fig. 9), so findet man, daß die Geschwindigkeitsgrenzen verschoben werden, daß die Beträge jedoch nicht beträchtlich ausfallen, wenn der theoretisch angenommene Wert von δ nicht wesentlich über 1,5 steigt, und wenn der Wirkungsgrad nicht wesentlich unter 85% sinkt. Für Leerlauf ist der Ein-

*) Verf. ist der Direktion des Hörder Bergwerks- und Hütten-Vereines (Herrn Kommerzienrat Thull) sowie der Direktion des Blechwalzwerkes Schulz Knaudt (Herren Knaudt und Rinne), ohne deren Genehmigung bezw. freundliche Unterstützung die Vornahme der Versuche nicht möglich gewesen wäre, zu besonderem Danke verpflichtet.

fluß der Reibung nur gering, für Volllast besteht jedoch die Gefahr, daß bei schlechtem mechanischen Wirkungsgrad der scharf gekrümmte Teil der Parabel für Aufwärtsgang erreicht wird.

Um bei Neuberechnungen dies möglichst auszuschließen, empfiehlt es sich, in Gleichung IV anstatt $\frac{1}{2} p'_0$ nur den Betrag $\beta \cdot p'_0$ einzusetzen, und den Wert δ_{theor} der Gleichung V nicht zu klein anzunehmen. Die in Tabelle II zusammengestellten Werte

Tabelle II.

η	0,9	0,8	0,7
β	0,48	0,44	0,40
δ	1,8	bis	3

ergeben für Neuberechnungen brauchbare Verhältnisse. Die Berechnung der toten Last und des Zylinderdurchmessers würde demnach nach den folgenden Gleichungen IVa und Va vorzunehmen sein, wobei die Werte von δ_{theor} und β der Tab. II zu entnehmen sind.

$$Q = \frac{G}{\delta_{theor}^3 - 1} \qquad (Va)$$

$$\left(Q + \frac{G}{2}\right) = \frac{D^2 \pi}{4} \cdot \beta \cdot p'_0 \qquad (IVa)$$

Einfluß der Durchströmungswiderstände der Steuerschieber oder -Ventile.

Der im Jahrgang 1893 der Zeitschrift des Vereins Deutscher Ingenieure veröffentlichte Bericht von Lang über Versuche an Steuerschiebern von hydraulischen Speicherwinden der Freihafen-Lagerhaus-Gesellschaft in Hamburg enthält wertvolle Angaben über den Durchflußkoeffizienten. Bezeichnet man mit f den durch die Schieberöffnung gegebenen Durchflußquerschnitt des Schieberkanales, mit v die durch die abgelesene Druckdifferenz bestimmte theoretische Durchflußgeschwindigkeit, mit v' die aus der beobachteten Hubgeschwindigkeit und dem Verhältnis der Kolbenfläche F zum Durchflußquerschnitt f errechnete Durchflußgeschwindigkeit, so ist der Durchflußkoeffizient

$$\alpha = \frac{v'}{v}$$

nach den Versuchen von Lang ca. 0,4 bei Schieberöffnungen von ca. 160 qmm und steigt mit Abnahme des f auf 10 qmm bis hinauf auf 0,9.

Versuche, die Verfasser mit Kolbenschiebern anstellte, ergaben für α ca. 0,85 bei einer Öffnung von ca. 250 qmm.

Aus diesen verhältnismäßig weit auseinanderliegenden Werten geht hervor, daß Berechnung von Schieberabmessungen an Hand eindeutiger Zahlen ausgeschlossen ist. Der einzig mögliche Weg, falls keine Anlehnung an Ausführungen möglich ist, ist der, die Grenzwerte der Querschnitte mit $\alpha = 0,8$ und $\alpha = 0,9$ zu rechnen, und den Schieber so zu entwerfen, daß genaue Einstellung des erforderlichen Durchflußquerschnittes bei Inbetriebsetzung vorgenommen werden kann. Es genügt die Einstellung für einen beliebigen Belastungsfall, z. B. bei unbelastetem Kran; die anderen Geschwindigkeiten stellen sich dann ohne Weiteres nach den gegebenen Geschwindigkeitsgrenzen, welche der Zylinder- und Schieberberechnung zugrunde gelegt sind, ein.

Die Einstellung des erforderlichen Durchflußquerschnitts vollzieht sich bei Muschelschiebern in einfachster Weise durch genaue Einstellung der Anschlagknaggen

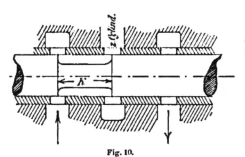

des Steuerhebels, bei Kolbenschiebern kann man zwei Wege einschlagen, entweder ändert man die Kantendistanz k (Fig. 10) oder man bohrt zunächst nur soviele Löcher, als dem kleinsten errechneten Wert von f entsprechen und ergänzt durch Nachbohren weiterer Öffnungen den Querschnitt bis auf den erforderlichen Wert.

Durch die Einführung des Durchflußkoeffizienten α ändern sich die der Schieberberechnung zugrunde liegenden Formeln I und II. Es wird

Fig. 10.

für Aufwärtsgang und

$$v = \alpha \sqrt{2\,g \cdot 10\,(p_0 - p_i)} \qquad \text{(Ia)}$$

$$v = \alpha \sqrt{2\,g \cdot 10\,p_i} \qquad \text{(IIa)}$$

für Abwärtsgang, worin α, der Durchflußkoeffizient, mit 0,8 und 0,9 einzusetzen ist.

Zur Illustration des Berechnungsganges sei ein Beispiel eines ausgeführten Kranes angeführt (Kran der Fig. 8).

Der Kran arbeitet mit einem Akkumulatordruck von 60 atm., die Nutzlast ist 7500 kg in max., Lastgeschwindigkeit beim Heben max. Last 0,12 m/sek.

Nach den vorstehenden Entwickelungen wird

$$p'_0 = 0{,}0 \qquad p_0 = 0{,}9 \cdot 60 = 54 \text{ atm.}$$

mit $q = 0{,}8$ wird nach Tabelle II

$$\delta_{theor} = 1{,}75$$

$$\beta = 0{,}44$$

Unter Berücksichtigung der Übersetzung 1 : 2 ergibt sich nach Gleichung Va

$$Q = \frac{G}{1{,}75^2 - 1} = \frac{7500}{2{,}06} = 3650 \text{ kg}$$

und nach Gleichung VIa

$$2\left(3650 + \frac{7500}{2}\right) = \frac{D^2\,\pi}{4} \cdot 0{,}44 \cdot 54$$

$$\frac{D^2\,\pi}{4} = \frac{14\,800}{0{,}44 \cdot 54} = 625 \text{ qcm}$$

$$D = 282 \text{ mm}$$

Mit dem Zylinderdurchmesser sind die indizierten Drücke mit $q = 0{,}8$ wiefolgt bestimmt:

Aufwärts:

$$p_{i\,max} = \frac{2\,(3650 + 7500)}{0{,}8 \cdot 625} = 44{,}7 \text{ atm}$$

$$p_{i\,min} = \frac{2 \cdot 3650}{0{,}8 \cdot 625} = 14{,}6 \text{ atm}$$

Abwärts:

$$p_{i\,max} = \frac{2\,(3650 + 7500)\,0{,}8}{625} = 28{,}6 \text{ atm}$$

$$p_{i\,min} = \frac{2 \cdot 3650 \cdot 0{,}8}{625} = 9{,}4 \text{ atm}$$

Durch diese Drücke berechnen sich die Durchflußgeschwindigkeiten nach Ia und IIa wie folgt:

Aufwärts: Max. Last $v = (0{,}8 \text{ bis } 0{,}9) \cdot \sqrt{2\,g \cdot 10\,(54 - 44{,}7)} = 12{,}8 \text{ bis } 38{,}4 \text{ m/sek}$

Leer $v = (0{,}8 \text{ bis } 0{,}9) \cdot \sqrt{2\,g \cdot 10\,(54 - 14{,}6)} = 26{,}4 \text{ bis } 79{,}3 \text{ m/sek}$

Abwärts: Max. Last $v = (0{,}3 \text{ bis } 0{,}9) \cdot \sqrt{2\,g \cdot 10 \cdot 28{,}6} = 22{,}5 \text{ bis } 67{,}5 \text{ m/sek}$

Leer $v = (0{,}3 \text{ bis } 0{,}9) \cdot \sqrt{2\,g \cdot 10 \cdot 9{,}4} = 12{,}9 \text{ bis } 38{,}7 \text{ m/sek}$

Der Schieberquerschnitt ist zu verstellen zwischen (zu berechnen nach Gleichung III)

$$f_{max} = \frac{c}{v} \cdot F = \frac{0{,}12}{2} \cdot \frac{625}{12{,}8} = 2{,}93 \text{ qcm}$$

und

$$f_{min} = \frac{0{,}12}{2} \cdot \frac{625}{38{,}4} = 0{,}97 \text{ qcm}$$

Ist der Schieber so justiert, daß bei Heben maximaler Last die Hubgeschwindigkeit $0{,}12$ m/sek erreicht wird, so stellen sich folgende Geschwindigkeiten ein:

Aufwärts: Max. Last $c' = 2\,c = 0{,}12$ m/sek

Leer $c' = 0{,}248$ -

Abwärts: Max. Last $c' = 0{,}212$ -

Leer $c' = 0{,}121$ -

Die Ausführung des Kranes zeigt folgende Zahlen:

Zylinderdurchmesser $D = 290$ mm

Tote Last 4000 kg

Schieberdurchflußöffnungen: aufwärts $f = 2{,}48$ qcm

abwärts $f = 2{,}93$ -

Geschwindigkeiten:

Aufwärts: Max. Last $0{,}110$ m/sek

Leer $0{,}18$ -

Abwärts: Max. Last $0{,}18$ -

Leer $0{,}115$ -

Wie aus der Gleichung Va und aus Fig. 6 hervorgeht, erhält die erforderliche tote Last beträchtliche Werte, um die Geschwindigkeitsgrenzen einigermaßen einzuengen. Es gibt eine bestimmte Sorte von Kranen, für welche nur ganz geringe Totlasten mit Rücksicht auf die hohen Lastgeschwindigkeiten und möglichst leichten Aufbau zulässig sind; das sind die Hafenkrane mit bis zu 10facher Übersetzung. Für diese Sorte Krane ist daher von vornherein mit beträchtlichen Geschwindigkeitsschwankungen zu rechnen, wie ohne weiteres aus Gleichung Va und IVa hervorgeht.

Die oben angeführte Abhandlung von Lang betrifft einen hydraulischen Hubzylinder mit 10facher Rollenübersetzung für 800 kg Max. Nutzlast und ca. 60 kg Hakengewicht. Die auftretenden Geschwindigkeiten bei voll geöffnetem Schieber liegen zwischen 0,75 und 3,0 m/sek entsprechend einem $\delta = 4$. In Fig. 11 ist das Parabel-

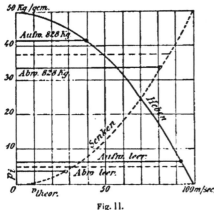

Fig. 11.

diagramm des Zylinders nach den Langschen Berichten wiedergegeben. Aus demselben geht zunächst der außerordentlich günstige mechanische Wirkungsgrad der untersuchten Anlage hervor. In den meisten Fällen wird man bei 10fachen Rollenzügen unter Berücksichtigung der Stopfbüchsenreibung und zweier Seilführungsecken mit Werten kaum über 80 % rechnen dürfen, wenn nicht für den Fall ungenügender Überwachung Störungen für das Heben maximaler Last befürchtet werden sollen. Da nun der kleinste indizierte Druck im Zylinder für Auf- und Niedergang von der toten Last allein abhängig ist, bezüglich Wahl der Lage der maximalen Drucke besonders für Aufwärtsgang Vorsicht geboten erscheint, um nicht dem Parabelscheitel zu nahe zu kommen, so tritt für Zylinder dieser Art zu dem Übelstand weit auseinander liegender Geschwindigkeitsgrenzen der weitere, daß diese Grenzen für Vollbelastung und Leerlauf sehr verschieden liegen. Es geht dies aus der Erörterung der Gleichung IV hervor.

Ungünstiger noch als für die Hubzylinder dieser Art liegen die Verhältnisse bei Schwenkzylindern, und zwar besonders solcher Krane, welche unter Umständen beim Schwenken starken Winddruck zu überwinden haben. Rechnet man derartige Zylinder mit ihren Steuerungen nach den Gleichungen Ia, IIa, IVa und Va aus, so stößt man entweder auf praktisch gefährliche Geschwindigkeiten, oder auf so kleine Schieberöffnungen, die in vielen Fällen als bedenklich bezeichnet werden müssen. (Vergl. Z. 1893 p. 1324.)

Um zu kleine Schieberöffnungen zu vermeiden, ohne andererseits zu hohe Geschwindigkeiten zu erhalten, setzt man bisweilen in die Rohrleitungen Scheiben mit kleinen Bohrungen ein. Dieselben sind jedoch der Abnutzung stark ausgesetzt und bedingen zur Erreichung intensiver Drosselung gleichfalls sehr kleine Abmessungen. Vorteilhafter in dieser Beziehung sind vorgeschaltete Rohre mit verhältnismäßig wenig verengtem Querschnitt, welche sehr günstige Wirkung ergeben und die Geschwindigkeitsgrenzen fast proportional ändern, so daß δ seinen Wert nicht, oder doch nur wenig ändert. Trägt man die Widerstandshöhen der Fig. 1 für einen bestimmten Rohrdurchmesser als Funktion der Durchflußgeschwindigkeit auf, so ergeben sich parabelartige Kurven von dem Charakter

$$v_{1,7} = 2\,p \cdot h_w \qquad \text{(VIII)}$$

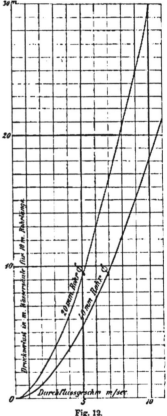

Fig. 12.

Unter der, zunächst allerdings nicht ohne weiteres berechtigten Annahme, daß an Hand dieser Gleichung eine Verlängerung der Kurven (Fig. 12) statthaft ist, läßt sich die selbstregulierende Wirkung eines verengten Einsatzrohres an Hand desselben in einfacher Weise untersuchen. Der Einfluß desselben ist direkt aus Fig. 12 erkennbar. Ein Rohr von 20 mm Durchmesser würde mit 10 m Länge bei 3 m Durchflußgeschwindigkeit ca. 4 m Widerstandshöhe erzeugen, bei 30 m Durchflußgeschwindigkeit ca. 200 m, d. h. würde ungefähr 20 atm abdrosseln.

In der hydraulischen Anschlußleitung eines Werkstattkranes, welche bei ca. 10 m Länge und 22 mm Durchmesser diesen Kran an ein Leitungsnetz von 120 atm anschloß, wurden bei ca. 25 m Durchflußgeschwindigkeit 40 atm Druckabfall vom Verfasser beobachtet.

Diese Beobachtung kann selbstverständlich nicht zur Prüfung des aus Fig. 12 gefundenen Exponenten der Widerstandskurve dienen, doch läßt sie die Vornahme eingehender Versuche gerechtfertigt erscheinen, welche zur genauen Festlegung der Widerstandskurven für hohe Durchflußgeschwindigkeiten führen.

Unter Verwendung von Gleichung VIII sei an einem Zahlenbeispiel die Wirkung eines Regulierrohres untersucht. Als Beispiel diene der Hubzylinder der vorerwähnten Versuche von Lang (vergl. Z. d. V. d. I. 1893, S. 1284).

Die indizierten Zylinderdrucke und die zugehörigen Durchflußgeschwindigkeiten des Schiebers sind für max. Last- und Leerlauf, und zwar für Auf- und Niedergang nach den Zahlen des Versuchsberichtes in Fig. 11 zusammengestellt. Die Zuflußleitung hat bis kurz vor den Schieberkasten 40 mm Durchm., der Rest bis zum Zylinder, ca. 5 m 30 mm. Das Parabeldiagramm ergibt für das Heben max. Last- bezw. bei Leerlauf Kolbengeschwindigkeiten von 0,06 und 0,23 m/sek, diesen entspricht eine Geschwindigkeit in der 30 mm Leitung von 2,88 und 8,24 m/sek. Fig. 1 und 12 liefern hierfür Verlust an Widerstandshöhe von ca. 1,8 und 8,3 m, die Beträge sind mit Rücksicht auf den Akkumulatordruck von 50 atm unerheblich. Es soll nun angenommen werden, daß ein Zuleitungsrohr von 20˙ mm Durchmesser und 20 m Länge eingebaut wird. Nach Fig. 12 und Gleichung VIII würde sich bei den vorhandenen Kolbengeschwindigkeiten bei Vollbelastung 2,8 atm und bei Leerlauf 17 atm Druckverlust ergeben. Die aus Diagramm Fig. 11 für Aufwärtsgang zu entnehmenden Druckdifferenzen $p'_0 - p_f$ würden sich hiernach für Vollbelastung von 5 auf 2,2 atm und für Leerlauf von 33³/₄ auf 16³/₄ atm reduzieren und die Kolbengeschwindigkeiten sich zu 0,053 resp. 0,102 m/sek ergeben. Der Betrag des δ wäre hiernach $\dfrac{0,102}{0,053} = 3,08$ gegenüber $\dfrac{0,23}{0,08} = 2,88$ für 30 mm Zuflußrohr; die größte Geschwindigkeit ist von 0,23 auf 0,102 m/sek, d. h. um ca. 30 % reduziert.

Über die Salpetersäuredarstellung mittels explosibler Verbrennungen.

Von Dr. ing. F. Häusser, Kaiserslautern.

Einleitung.

Es ist längst bekannt, daß bei genügend hohen Temperaturen Stickstoff direkt zu Stickoxyd verbrennt nach der Gleichung:

$$N_2 + O_2 = 2\,NO \qquad (1)$$

Das gebildete Stickoxyd geht bei gewöhnlicher Temperatur unter Bindung von Sauerstoff von selbst in Stickstoffdioxyd über, das sich in warmem Wasser zu Salpetersäure löst:

$$2\,NO_2 + O + H_2O = 2\,HNO_3 \qquad (2)$$

Zur Erzeugung der hohen Temperatur, die zur Verbrennung des Stickstoffs nötig ist, benutzte man seither die elektrische Funkenstrecke oder besser den elektrischen Flammenbogen, mit dessen Hilfe man in Nordamerika unter Verwendung der Kraftquellen des Niagara bereits industriell Salpetersäure herstellt und den auch Muthmann und Hofer[1]) bei ihren Untersuchungen über die Reaktion

$$N_2 + O_2 \rightleftarrows 2\,NO$$

vom Standpunkt des chemischen Massenwirkungsgesetzes aus verwendeten. Die genannten Forscher fassen die Wirkung des Flammenbogens als eine rein thermische auf, woraus sich die Berechtigung ableitet, ihre Versuchsresultate bei den folgenden Betrachtungen zu benutzen. Übrigens beobachtet man leicht bei Gasexplosionen an dem für Stickstoffdioxyd charakteristischen Geruch der Abgase die geschilderte Verbrennung des Stickstoffs, besonders bei gasreicheren Gas-Luftgemischen wegen der entsprechend höheren Explosionstemperaturen, was mir bei einer Experimentaluntersuchung über explosible Leuchtgas-Luftgemische auffiel und mich auf das neue Verfahren brachte. Die Stickoxydbildung bei der Verbrennung von Kohlgas oder Kohle in hochkomprimierten Stickstoff-Sauerstoffgemischen wurde übrigens schon 1890 von Hempel[2]) quantitativ studiert, ohne daß über eine technische Verwertung der Versuchsresultate, die mir erst später zu Gesicht kamen, näheres bekannt geworden wäre.

[1]) Ber. d. d. chem. Gesellsch. 438, 1903.
[2]) Ber. d. d. chem. Gesellsch. 1455, 1890.

Die Erzeugung der hohen Temperatur, die zur Oxydation des Stickstoffs nötig ist, auf elektrischem Wege bedeutet einen Umweg, welcher der Ökonomie des Prozesses sicherlich nicht günstig ist, und den ich durch folgendes Verfahren zu ersetzen vorschlage:

Man denke sich eine Art Kompressor K (Fig. 1), der durch ein selbsttätiges Ventil E ein Gas-Luftgemisch (Luft im Überschuß mit einem beliebigen Brenngas) bei

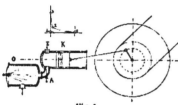

Fig. 1.

atmosphärischem Druck ansaugt und es möglichst adiabatisch auf 1—2 komprimiert; die Zündung erfolge bei 2 vor dem Hubende, sodaß das verbrennende Gemisch noch weiter bis ans Hubende auf dem Wege 2—3 komprimiert wird, wodurch die Temperatur im Kompressor so hoch getrieben werden kann, daß die geschilderte Verbrennung des Stickstoffs vor sich geht. Bei der Kolbentotlage wird das gesteuerte Auslaßventil A geöffnet; das stickoxydhaltige Abgasgemisch strömt aus dem Kompressionsraum in eine gekühlte Vorlage O, in der durch einen fein verteilten Wasser- oder Dampfstrahl die Abgase soweit abgeschreckt werden, daß keine Zersetzung des entstandenen Stickoxyds eintritt[1]) und in welcher die Oxydation zu Stickstoffdioxyd und Lösung zu Salpetersäure vor sich geht; nach Bedarf kann an die Vorlage noch ein Absorptionsturm angeschlossen werden. Nach der Drucksenkung 3—4 wird Ventil A geschlossen und das Spiel beginnt von vorne.

Der Kompressor, für den ich die Bezeichnung Verbrennungskompressor vorschlage, repräsentiert eine Umkehrung des Verbrennungsmotors; während hier chemische Energie in Wärme und diese in Arbeit sich umsetzt, wird dort Arbeit und Wärme, die allerdings auch durch einen Verbrennungsprozeß erzeugt wird, zum teil in die chemische Energie der Salpetersäure übergeführt.

Zur quantitativen Betrachtung des Verfahrens ist von einigen Gleichungen der physikalischen Chemie Anwendung zu machen, einer Disziplin, mit welcher die Ingenieure bisher wenig oder keine Veranlassung hatten, sich zu beschäftigen. Es wird deshalb nicht als Weitschweifigkeit erscheinen, an dieser Stelle die Herkunft und Bedeutung dieser Gleichungen und zwar gleich in Anwendung auf die Stickoxydbildung in Kürze zu erläutern.

Die physikalisch-chemischen Grundlagen der Untersuchung.

Die Reaktion $N_2 + O_2 \rightleftarrows 2 NO$ gehört zu jenen, deren Umkehrbarkeit experimentell nachgewiesen ist, d. h. je nach Wahl der Bedingungen kann sie von links nach rechts ($\longrightarrow$) also unter Zunahme der Stickoxydbildung, oder von rechts nach links ($\longleftarrow$) also unter teilweiser Zersetzung von Stickoxyd vor sich gehen. Damit

---

[1]) Diese Forderung wird weiter unten begründet.

ein Umsatz ———➤ vor sich geht, muß ein Molekül N_2 mit einem Molekül O_2 zusammentreffen; die Zahl dieser Zusammenstöße in der Zeiteinheit und damit die Geschwindigkeit des Umsatzes wird offenbar umso größer sein, je größer die Molekülzahl ist, mit der jede Molekülgattung im Liter vorkommt oder was auf dasselbe hinausläuft, je größer die Anzahl Gramm-Moleküle (oder Mole) pro Liter ist. Man nennt diese Größe die räumliche Konzentration der betreffenden Molekülgattung. Wird diese für die drei Molekülgattungen N_2. O_2 und NO mit c_1. c_2 und c_3 bezeichnet, so ist plausibel, daß die Geschwindigkeit v des Umsatzes ———➤ ist:

$$v = k \cdot c_1 \cdot c_2 \qquad (3)$$

wobei k ein Proportionalitätsfaktor ist.

Die analoge Betrachtung gilt für den Umsatz ◄——— ; die Geschwindigkeit v' desselben folgt zu

$$v' = k' \cdot c_3^2 \qquad (4)$$

da man die Gl. $N_2 + O_2 \rightleftharpoons 2\,NO$ auch in der Form $N_2 + O_2 \rightleftharpoons NO + NO$ schreiben kann. Ist die Reaktion äußerlich beendet, d. h. geht weder ein Umsatz ———➤ noch ◄——— vor sich, so sagt man, die drei Molekülgattungen befinden sich im chemischen Gleichgewicht. Indem man aber dieses als dynamisches Gleichgewicht auffaßt, d. h. annimmt, daß der Umsatz sowohl nach rechts als auch nach links fortdauert, obwohl äußerlich die Reaktion beendet ist, gelangt man zu der Bedingung

$$v = v'$$

oder

$$k \cdot c_1 \cdot c_2 = k' \cdot c_3^2$$

oder

$$K = \frac{k}{k'} = \frac{c_3^2}{c_1 \cdot c_2} \qquad (5)$$

Diese Gleichung ist der Ausdruck des chemischen Massenwirkungsgesetzes, das durch zahlreiche experimentelle Untersuchungen sehr verschiedenartiger Reaktionen bestätigt wurde, sodaß man an seiner Gültigkeit heute nicht mehr zweifelt. Das Gesetz gibt an, wie sich die Massen, diese im chemischen Sinne genommen, der drei Molekülgattungen N_2, O_2 und NO mit einander ins Gleichgewicht setzen; die Größe K heißt Gleichgewichtskonstante. Dieselbe ist unabhängig vom Massenverhältnis und ändert sich nur mit der Temperatur. Ist K für irgend eine Temperatur bekannt, so gestattet Gl. 5 die Berechnung der entstehenden Stickoxydmenge bei beliebig gegebener Stickstoff- bezw. Sauerstoffmenge, welche Aufgabe bei der weiteren Betrachtung des Verfahrens vorliegt.

Aus Gl. 5 lassen sich nun sofort einige wichtige Folgerungen ziehen.

Nach dem Daltonschen Gesetz drückt jedes Gas in einem Gasgemisch nach Maßgabe seiner Molekülzahl; also sind die Partialdrucke p_1. p_2 und p_3 der drei Molekülgattungen N_2, O_2 und NO proportional den Molekelzahlen, sodaß Gl. 5 sich auch in der Form schreiben läßt

$$K = \frac{p_3^2}{p_1 \cdot p_2}$$

Erhöht man den Gesamtdruck auf das n-fache, so wachsen in demselben Verhältnis auch die Partialdrucke und man erhält

$$K = \frac{(n \cdot p_a)^2}{n \cdot p_1 \cdot n \cdot p_2} = \frac{p_a^2}{p_1 \cdot p_2}$$

d. h. bei dem neuen Gesamtdruck besteht beim gleichen Mengenverhältnis Gleich-gewicht; dieses ist also unabhängig vom Druck. Gleichgültig wie groß dieser ist, bei demselben Mengenverhältnis des Stickstoffs und Sauerstoffs entsteht bei derselben Tem-peratur prozentual die gleiche Menge Stickoxyd.

Aus Gl. 5 folgt weiter, wie leicht zu übersehen ist, daß beim gleichen Wert von K, also bei derselben Temperatur c_a ein Maximum wird für $c_1 = c_2$. Eine An-reicherung der Verbrennungsluft des Verbrennungskompressors mit Sauerstoff oder Linde-Luft wäre also einer größeren Stickoxydausbeute bei gleichem Energieaufwand günstig. Wie weit dadurch die Wirtschaftlichkeit des Verfahrens beeinflußt wird, ist eine Frage, die durch den Marktpreis jener Zusatzstoffe entschieden wird; vorläufig soll dieselbe nicht weiter erörtert werden. Es wird vielmehr angenommen, daß der Verbrennungskompressor mit reiner atmosphärischer Luft arbeitet.

Für die weitere Verwendung von Gl. 5 ist noch die Bemerkung wichtig, daß man statt mit den Konzentrationen bequemer mit Volumprozenten rechnet, welche jenen entsprechen.

Über den Einfluß der Temperatur auf das chemische Gleichgewicht sagt Gl. 5 nichts aus; hierüber gibt die Van't Hoff'sche Gl. Aufschluß. Man gelangt zu dieser, indem man die Arbeit berechnet, die geleistet wird bei der isothermen umkehrbaren Überführung jeder der drei Molekülgattungen aus dem Zustand beliebiger Konzentration in die Konzentration, bei der sie miteinander im Gleichgewicht sind, und diese Arbeit nach dem zweiten Hauptsatz der mechanischen Wärmetheorie zur zugeführten Wärme in Beziehung bringt. Man kommt durch diese Betrachtung, die hier vollständig aus-einanderzusetzen zu weit führen würde,[1]) zur Van't Hoff'schen Gleichung über die Verschiebung des Gleichgewichts mit der Temperatur:

$$\frac{d \ln K}{d T} = - \frac{q}{R \cdot T^2} \qquad \qquad (6)$$

Darin bedeutet:

K die Gleichgewichtskonstante,

T die absolute Temperatur,

$R = 1{,}99$ die Gaskonstante pro Mol in cal.,

q die Wärmetönung der Reaktion pro Mol Stickstoff, d. h. die zur Überführung von 1 Mol (1 gr.-Molekül $= 28$ g) Stickstoff in Stickoxyd nötige Wärmemenge.

Aus Gl. 6 lassen sich folgende für das vorgeschlagene Verfahren wichtige Folgerungen ziehen.

Die Reaktion $N_2 + O_2 \longrightarrow 2\,NO$ verläuft unter Wärmeabsorption (endotherm.); die Wärmetönung ist also negativ, der Ausdruck $- \frac{q}{R \cdot T^2}$ positiv. Mit wachsendem T

---

[1]) Siehe Nernst, Theoret. Chemie, IV. Aufl. 630.

nimmt also $K = \dfrac{c_3{}^2}{c_1 \cdot c_2}$ zu und damit die Konzentration des gebildeten Stickoxyds, während die des Stickstoffs und Sauerstoffs abnimmt.

Die Stickoxydausbeute nimmt unter sonst gleichen Verhältnissen d. h. gleichen Mengenverhältnissen der Ausgangsstoffe mit wachsender Temperatur zu; für die Ökonomie des Verfahrens ist es also unter sonst gleichen Umständen günstig, die Verbrennungstemperatur des Stickstoffs möglichst hoch zu wählen.

Umgekehrt verschiebt sich bei abnehmender Temperatur das Gleichgewicht im Sinne einer teilweisen Zersetzung des Stickoxyds ($N_2 + O_2 \longleftarrow 2\,NO$); da jedoch zur Erreichung des einer niedrigeren Temperatur entsprechenden Gleichgewichts eine gewisse Zeit nötig ist, so ergibt sich hieraus die Möglichkeit, diese Zersetzung praktisch genommen zu verhindern, indem man das Reaktionsgemisch N_2, O_2, NO durch Erzeugung eines Temperatursprunges abschreckt; die reagierenden Bestandteile verharren dann in dem der höheren Temperatur entsprechenden Gleichgewichtsmengenverhältnis.

Aus diesem Grunde ist in der Beschreibung des Verfahrens S. 296 vorgeschlagen, das stickoxydhaltige Abgasgemisch rasch aus dem Verbrennungskompressor zu entfernen und in der gekühlten Vorlage O (Fig. 1) abzuschrecken.

Die Wärmetönung einer Reaktion muß im allgemeinen mit der Temperatur veränderlich vorausgesetzt werden. Für die Abhängigkeit zwischen beiden gilt die Gleichung:[1]

$$\frac{dq}{dT} = c - c'$$

worin c bezw. c' die spezifischen Wärmen der Stoffe vor und nach der Reaktion bedeuten. Da sich jedoch NO in seinem sonstigen physikalischen Verhalten gut dem eines vollkommenen Gases anschließt, so darf auch seine spezifische Wärme als dieselbe Funktion der Temperatur vorausgesetzt werden, wie die von N_2 und O_2. Also ist die Wärmetönung der Stickoxydbildung konstant und gleicht der bei gewöhnlicher Temperatur, also

$$q = -2 \cdot 21600 \; \text{cal}[2]$$

Mit dem von Muthmann und Hofer (a. a. O.) gefundenen Wert der Gleichgewichtskonstante

$$K = \frac{1}{119} \text{ bei } 1800^\circ \text{ C.}$$

liefert nun Gl. 6 integriert

$$\ln K - \ln \frac{1}{119} = \int_{2073}^{T} \frac{2 \cdot 21600}{1,99 \, T^2} \, dT$$

oder für den natürlichen Logarithmus den Brigg'schen eingeführt

$$\log K + \frac{9424}{T} = 2,47$$

---

[1] Nernst, Theor. Chemie, IV. Aufl. 584.
[2] Nernst, Theor. Chemie, IV. Aufl. 591.

Bezeichnet nun in Volum-%

N₂ den Stickstoffgehalt { des Abgasgemisches nach der Verbrennung im
O₂ den Sauerstoffgehalt { P. 3 des Diagramms (Fig. 1), wenn keine
Stickoxydbildung eintreten würde.

NO den Stickoxydgehalt des Abgasgemisches, so folgt dieser aus:

$$\log \frac{(NO)^2}{(N_2 - 0{,}5\,NO)(O_2 - 0{,}5\,NO)} + \frac{9424}{T} = 2{,}47. \qquad (7)$$

Diese Gleichung gestattet die quantitative Untersuchung des in Vorschlag gebrachten Verfahrens; sie erlaubt für irgend eine Temperatur und ein beliebiges Mengenverhältnis des Stickstoffs und Sauerstoffs die gebildete Stickoxydmenge zu berechnen.

Quantitative Untersuchung des Verfahrens.

1. Grundlagen für die Diagrammkonstruktion.

Das ideale Indikatordiagramm des Verbrennungskompressors läßt sich von der Gestalt erwarten, wie sie Fig. 2 zeigt:

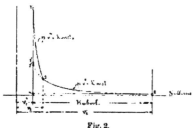

Fig. 2.

4.—1 Ansaugen von Luft und Gas bei atmosphärischem Druck,

1—2 adiabatische Kompression des Gemisches und Zündung bei 2 vor dem Totpunkte,

2—3 Verbrennung des Gemisches unter gleichzeitiger Kompression bis ans Hubende,

3—4 Ausströmen in die Vorlage bei der Kolbentotlage.

Für die weitere Berechnung läßt sich die Frage nach der Veränderlichkeit der spezifischen Wärme der Gemischbestandteile nicht umgehen; hierzu ist in dieser Untersuchung folgender Standpunkt eingenommen:

Die starke Veränderlichkeit der spezifischen Wärme der Gase mit der Temperatur haben bekanntlich Mallard und Le Chatelier aus der explosiblen Verbrennung von im wesentlichen CO- und H₂-haltigen Gemischen bei konstantem Volumen gefolgert; ihre Formeln sind in neuester Zeit von Langen,[1] der ebenfalls mit CO- und H₂-haltigen Gemischen arbeitete, weitgehend bestätigt worden. Andererseits hat Kalähne[2] aus der in hocherhitzter Luft gemessenen Schallgeschwindigkeit, also mit Ausschluß chemischer Zustandsänderungen, bis zu 900° C. nur eine geringe Zunahme der spezifischen Wärme gefolgert, welches Resultat wohl für alle Gase, die mit gleicher Annäherung wie Luft das einfache Gasgesetz befolgen, verallgemeinert werden darf. Da nun ohnehin die adiabatische Endtemperatur T_2' (die adiabatische Kompression

---

[1] Mitteilungen über Forschungsarbeiten, Heft 8.

[2] Ann. d. Phys. 11. 225. 1903.

auf $2-2'$ bis ans Hubende fortgesetzt gedacht) in den folgenden Beispielen nicht über 855° abs. steigt, konstante spezifische Wärme vorausgesetzt, so erscheint es richtiger, die Konstanz der spezifischen Wärme anzunehmen und somit die Adiabate nach der Gleichung:

$$p \cdot v^{\varkappa} = \text{Konstante}$$

mit $\varkappa = 1{,}41$ zu verzeichnen, auch bei Luft-Kraftgasgemischen, da deren CO_2-Gehalt nach den folgenden Annahmen nicht über 2,4 % steigt.

Hiernach berechnen sich, wenn man von den Drucken p_2 bezw. p'_2 als gegeben ausgeht:

$$\left.\begin{aligned}
v_2 &= v_1 \cdot \left(\frac{p_1}{p_2}\right)^{\frac{1}{\varkappa}} \\
v_2' &= v_1 \cdot \left(\frac{p_1}{p_2'}\right)^{\frac{1}{\varkappa}} \\
T_2 &= T_1 \cdot \left(\frac{p_1}{p_2}\right)^{\frac{\varkappa-1}{\varkappa}} \\
T_2' &= T_1 \cdot \left(\frac{p_1}{p_2'}\right)^{\frac{\varkappa-1}{\varkappa}}
\end{aligned}\right\} 8_a$$

T_1 und p_1 sind Temperatur und Druck im P. 1, als welche in allen Fällen 293° abs. (20° C.) bezw. 1 kg/qcm (735,5 m/m) angenommen werden soll.

Für die Berechnung der Verbrennungsendtemperatur T_3 dagegen soll die Veränderlichkeit der spezifischen Wärme nach Mallard und Le Chatelier berücksichtigt werden, was mit um so größerer Sicherheit geschehen kann, als die im folgenden betrachteten Gasgemische nur CO und H_2 als brennbare Bestandteile enthalten, für welche aber gerade die Langenschen Versuche die Mallard-Le Chatelierschen Werte gut bestätigten; dies entspricht auch der Herleitung derselben, die aus Explosionsversuchen gefolgert und folgerichtig auch nur für gleiche Vorgänge verwendbar sind, ein Standpunkt, auf den ich durch eine Experimentaluntersuchung[1] über explosible Leuchtgas-Luftgemische kam, wobei sich nicht ohne weiteres Anschluß an die Maliardschen Werte herstellen ließ, und den auch Langen einnimmt.

Zur Berechnung der Verbrennungsendtemperatur T_3 macht man folgende vereinfachende Annahme: Statt die Wärme unter gleichzeitiger Kompression auf 2—3 zuzuführen, denkt man sich die Kompression adiabatisch auf $2-2'$ bis ans Hubende fortgesetzt und die Wärme bei konstantem Volumen den Verbrennungsprodukten zugeführt. Man rechnet damit T_3 und demnach auch die Stickoxydausbeute etwas zu klein, da der Überschuß der polytropischen über die adiabatische Kompressionsarbeit vernachlässigt wird.

Bedeutet nun

Q die disponible Wärme,

g die Gewichte der einzelnen Verbrennungsprodukte,

c_v' die spezifischen Wärmen derselben, die bei der Temperatur T_2' als konstant angenommen wurden,

---
[1] Dissert. München 1905.

c_v die wahren spezifischen Wärmen derselben bei der Temperatur T_2 nach Mallard und Le Chatelier,

c' die spezifische Wärme des Gemisches der Verbrennungsprodukte bei der Temperatur T_2',

c die wahre spezifische Wärme des Gemisches der Verbrennungsprodukte bei der Temperatur T_3,

$G = \Sigma g$ das Gewicht der Verbrennungsprodukte,

so bestehen folgende Gleichungen:

$$c' = \frac{\Sigma g \cdot c_v'}{\Sigma g} \qquad (8)$$

$$c = \frac{\Sigma g \cdot c_v}{\Sigma g} \qquad (9)$$

$$Q = G \frac{c' + c}{2} (T_3 - T_2') \qquad (10)$$

Aus Gl. 10 muß T_3 durch eine Näherungsrechnung bestimmt werden, indem man für einen schätzungsweise gewonnenen Wert von T_3 den entsprechenden Wert von c berechnet und zusieht, ob der damit ermittelte Wert von T_3 mit dem angenommenen genügend genau übereinstimmt. Zur Erleichterung dieser Rechnung ist im Hinblick auf die folgenden Zahlenbeispiele nachstehende Tabelle berechnet auf Grund der Formeln[1]) für die wahren spezifischen Wärmen der Verbrennungsprodukte CO_2, H_2O, O_2 und N_2 und zwar mit

$c_v = 0{,}1485 + 0{,}00273\,t - 0{,}000000003\,t^2$ für CO_2

$= 0{,}3100 + 0{,}0003811\,t$ — H_2O

$= 0{,}1491 + 0{,}0000075\,t$ — O_2

$= 0{,}1704 + 0{,}0000128\,t$ — N_2

Zahlentafel I.
Tabelle der wahren spezifischen Wärme von:

	1700	1800	1850	1950	2000	2100° C.
CO_2	0,455	0,463	0,466	0,473	0,477	0,482
H_2O	0,960	0,996	0,984	1,020	1,000	1,075
O_2	0,213	0,217	0,219	0,222	0,224	0,228
N_2	0,242	0,247	0,250	0,251	0,254	0,260

Bei Berechnung des Enddrucks p_3 der Verbrennung ist noch die wenn auch geringe Kontraktion zu beachten, die mit der Verbrennung von CO und H_2 verbunden ist, und welche durch eine Verringerung des Anfangsdruckes der Verbrennung bei konstantem Volumen berücksichtigt werden kann. Auf Grund der Verbrennungsgleichungen

$$\left.\begin{array}{l} 2\,CO + O_2 = 2\,CO_2 \\ 2\,\text{Vol.} + 1\,\text{Vol.} = 2\,\text{Vol.} \\ \text{bezieh. } 2\,H_2 + O_2 = 2\,H_2O \\ 2\,\text{Vol.} + 1\,\text{Vol.} = 2\,\text{Vol.} \end{array}\right\} \qquad (11)$$

[1]) Zeuner, Tech. Thermodynamik, III. Aufl. 110.

läßt sich leicht für eine beliebige Gemischzusammensetzung das Volumen der Verbrennungsprodukte in Bruchteilen α des ursprünglichen Gemischvolumens bei gleichem
Druck und gleicher Temperatur angeben; denkt man sich umgekehrt die Verbrennungsprodukte bei konstant gehaltenem Volumen auf die Endtemperatur T_2' der adiabatischen
Kompression abgekühlt, so ist der Enddruck

$$p''_2 = \alpha \cdot p'_2$$

welchem der Punkt 2" des Diagramms entspricht. Mit diesem Wert folgt dann der
Enddruck der Verbrennung p_2 zu

$$p_2 = p''_2 \frac{T_2}{T_2'} \qquad (13)$$

Hiernach bestimmt sich der Punkt 3 des Diagramms; die Verbrennungslinie 2—3 selbst
werde als Polytrope angenommen, deren Exponent aus

$$p_2 \cdot v_2{}^n = p_3 \cdot v'_2{}^n \quad \text{folgt zu}$$

$$n = \frac{\log p_2 - \log p_3}{\log v_2 - \log v'_2} \qquad (14)$$

mit welchem Wert sich beliebige Zwischenpunkte bestimmen lassen. Die Annahme
der Verbrennungslinie als Polytrope ist allerdings mit einiger Willkür behaftet; allein

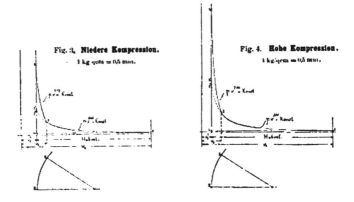

Fig. 3. Niedere Kompression.

1 kg/qcm = 0,5 mm.

Fig. 4. Hohe Kompression.

1 kg/qcm = 0,5 mm.

eine genauere Festlegung ist ausgeschlossen, da über das Gesetz der Wärmezufuhr
während der explosionsartigen Verbrennung nichts bekannt ist. Übrigens beeinflussen
selbst beträchtliche Abweichungen nur geringe Änderungen der Diagrammfläche und
damit der Betriebsarbeit des Verbrennungskompressors, wie man sich leicht an der
Hand des Diagramms Fig. 3 überzeugt.

Die Festlegung der Kompressions- und Verbrennungslinie kann auf ziemliche
Sicherheit Anspruch machen; dagegen ist die Annahme des Punktes 2, des Zünd-

momentes, nicht einwandfrei. Es taucht zunächst das Bedenken auf, ob die explosions-
artige Verbrennung innerhalb des Kurbeldrehwinkels II-III (Fig. 3) vollständig verläuft. Dieser ist allerdings von annähernd der gleichen Größe als der dem Indikatordiagramm entnommenen Dauer der sichtbaren Verbrennung von Kraftgasgemischen im
Motor entspricht[1]), wenn der Verbrennungskompressor mit derselben Tourenzahl (etwa
200 per Min.) angenommen wird; die Dauer der sichtbaren Verbrennung ist dabei als
Zeit der Kurbeldrehung von Beginn der Zündung bis zur Erreichung des vom Indikator
angegebenen Druckmaximums definiert. Der Vergleich dieser Zeit mit der Dauer der
Kurbeldrehung II—III setzt aber voraus, daß das Druckmaximum im Motor auch das
Ende der Verbrennung bedeutet, was sehr fraglich ist. Man muß vielmehr ein nicht
unbeträchtliches Nachbrennen als wahrscheinlich annehmen, was beim Motor noch keine
unvollständige Verbrennung zur Folge zu haben braucht, wohl aber beim Verbrennungskompressor, bei dem ein Nachbrennen einen beträchtlichen Wärmeverlust bedeuten
würde. Ich lasse die Frage offen, ob zur Vermeidung des Nachbrennens nicht eine
erheblich frühere Zündung als in Fig. 3 und 4 anzunehmen ist, was sich übrigens an
der ausgeführten Maschine leicht entscheiden ließe. Dem größeren Arbeitsbedarf des
Kompressors würde natürlich auch eine größere Stickoxydausbeute entsprechen, da
durch die früher einsetzende Kompression des verbrennenden Gemisches die Temperatur
T_3 höher getrieben wird.

Außer einem möglichen Nachbrennen ist noch ein zweiter Umstand bei der
Annahme des Zündmomentes zu beachten. Man kann bezweifeln, ob die Geschwindigkeit v des Umsatzes $N_2 + O_2 \longrightarrow 2\,NO$ der Temperatursteigerung nach der
Polytrope 2—3 entspricht, ob also im Punkte 3 auch wirklich das für die Temperatur
T_3 berechnete Gleichgewicht vorhanden ist. Schreitet der Umsatz $N_2 + O_2 \longrightarrow 2\,NO$
langsamer fort als die Temperatur ansteigt, so entspricht dem eine geringere Stickoxydausbeute als im Folgenden berechnet wird; umgekehrt könnte durch Verlegung des
Zündpunktes nach links der Arbeitsbedarf des Kompressors verringert werden, wenn
das Gleichgewicht sich rascher einstellt und kein Nachbrennen auftritt. Jedenfalls
bietet die Annahme des Zündpunktes ein vorzügliches Mittel, die Temperatur rascher
oder langsamer anwachsen zu lassen, je nachdem dies die Reaktionsgeschwindigkeit
verlangt, vorausgesetzt, daß die wirklich sich einstellende Verbrennungslinie genügend
genau als Polytrope aufgefaßt werden kann. Übrigens scheint die Geschwindigkeit der
Stickoxydbildung ziemlich groß zu sein, da nach einer Bemerkung von Nernst[2]) der
Nachweis erbracht ist, daß auf die Reaktion $N_2 + O_2 \longrightarrow 2\,NO$ die Gleichungen der
physikalischen Chemie auch für die kurzen Zeiten explosibler Verbrennungen angewendet
werden dürfen.

Läßt sich daraus schließen, daß die NO-Bildung auch bei einer Verbrennung
bei völlig konstantem Volumen gemäß der vorliegenden Theorie verläuft, so würde sich
eine zweite mögliche Ausführungsform des Verbrennungskompressors ergeben. Statt
die Verbrennung im Zylinder vorzunehmen, wäre das frische Gemisch durch ein selbst-

---

[1]) Zeitsch. d. V. d. Ing. 945 u. folg., 1902.
[2]) Chemiker-Zeitung 928, 1904.

tätiges Ventil in die Vorlage O zu drücken und dort bei konstantem Volumen zu verbrennen. Die Wassereinspritzung müßte im Moment des Höchstdruckes geschehen. Diese Anordnung hat jedenfalls den Vorteil, daß die Gase statt mit der hohen Temperatur T_2 nur mit der Temperatur T'_2 das Ventil A passieren; dem steht der Nachteil gegenüber, daß das Auslaßventil der Vorlage O dem Angriff der Salpetersäure ausgesetzt ist und sich deshalb kaum betriebssicher wird halten lassen. Bei der ersten Ausführungsform ist dieser Nachteil vermieden, da die Salpetersäurebildung im Zylinder selbst nicht vor sich gehen kann. Verdünnte Salpetersäure zersetzt sich schon bei etwa 100° C, auf welcher Temperatur sich aber die Zylinderwandungen mit dem Auslaßventil A leicht ohne üble Folgen halten lassen. Aus dem gleichen Grunde dürfte Gußeisen für den Zylinder völlig brauchbar sein; nur beim Auslaßventil A wäre wahrscheinlich ein hitzebeständigeres Material zu verwenden. Die Vorlage O könnte durch Emaillierung gegen die Säure geschützt werden. Es ist also nicht anzunehmen, daß die Materialfrage erhebliche Schwierigkeiten bieten wird, wenn sie sich auch nicht ohne Versuche lösen lassen dürfte.

2. Allgemeiner Fall und Zahlenbeispiel.

Als Brenngase können bei vorliegendem Verfahren nur billige Gase wie Generator- (Gicht-) oder Kraftgas in Betracht kommen, obwohl die Verwendung von Koksofengas, das in seiner Zusammensetzung dem Leuchtgas ähnelt, nicht ausgeschlossen sein soll. Um jedoch die Betrachtung einfach zu halten, sei als allgemeiner Fall die Verwendung von Kraftgas (Generatorwassergas) behandelt, einem Gase, das als brennbare Bestandteile fast nur CO und H_2 enthält von folgender Zusammensetzung in Volum %:

$$23{,}0 \text{ CO}, \ 19{,}0 \text{ H}_2, \ 6{,}0 \text{ CO}_2, \ 52{,}0 \text{ N}_2 \text{ [1]}.$$

Auf die Rückstände im Kompressionsraum werde keine Rücksicht genommen: Der Kompressionsraum fülle sich bei jedem Hub mit frischem Gemisch. Weiterhin soll sich die Betrachtung auf ein 1 cbm Gemisch ($V_1 = 1$ cbm) von motorischem Anfangszustand (20° C und 1 kg/qcm = 735,5 mm Druck) beziehen.

Für die Berechnung der durch die Verbrennung frei werdenden Wärme kommt der untere Heizwert von CO und H_2 bei konstantem Volumen in Betracht, den man ebenfalls am besten auf die Volumeinheit (cbm) bezieht.

Aus den Thomsonschen Werten des Heizwertes von CO und H_2 folgt der untere Heizwert bei konstantem Volumen von

CO zu 68 090 Cal pro kg-Molekül (28 kg)[2]
H_2 zu 57 670 „ „ „ „ (2 kg)

Auf Grund der spezifischen Gewichte dieser Gase bei 20° C und 735,5 mm folgt für

---

[1] Güldner, Entw. u. Berechn. der Verbrennungsmotoren, 519. Der geringe Methangehalt ist dem Wasserstoffgehalt zugefügt.
[2] Mitt. über Forschungsarbeiten Heft 8, 3.

CO: Unterer Heizwert bei konstantem Vol.: 2740 Cal pro cbm bei 20° C und 735.5 mm
H_2:   „   „   „   „   „ 2327 , „ „ „ 20° C „ 735,5 „
und damit für obiges Kraftgas

$$0{,}23 \times 2740 + 0{,}19 \times 2327 = 1073 \text{ Cal pro cbm.}$$

Die Betrachtung beziehe sich auf ein Gemisch von $X R. T.$ Kraftgas und $Y R. T.$
Luft von 21 % O_2 und 79 % N_2-Gehalt. (X und Y in Bruchteilen des Gesamt-
volumens $v_1 = 1$ cbm.) Die Werte p_2 und p'_2 seien angenommen.

Es berechnet sich dann unter Beachtung der Gleichung 11

Zahlentafel II.

		CO	H_2	CO_2	H_2O	O_2	N_2
Zusammensetzung des Gemisches vor der Verbrennung in %		23 X	19 X	6 X	—	21 Y	52 X + 79 Y
Zusammensetzung des Gemisches nach der Verbrennung	in cbm bei 20° C und 735,5 mm	—	—	0,29 X	0,19 X	0,21 (Y − X)	0,52 X + 0,79 Y
	in % des Gesamtvolumens $0{,}79 X + Y$	—	—	$\dfrac{29\,X}{0{,}79\,X + Y}$	$\dfrac{19\,X}{0{,}79\,X + Y}$	$\dfrac{21\,(Y - X)}{0{,}79\,X + Y}$	$\dfrac{52\,X + 79\,Y}{0{,}79\,X + Y}$

Zur Berechnung der Gewichte g der einzelnen Verbrennungsprodukte und der
spezifischen Wärme c' des Gemisches dient folgende Hilfstabelle:

Zahlentafel III.

	Spez. Gewicht bei 20° C u. 735,5 mm kg/cbm	Konst. spez. Wärme c'_g Cal/kg
NO	1.2110	—
CO_2	1.7827	0,171[2]
H_2O	0,7268 [1]	0,370[3]
O_2	1.2991	0,155
N_2	1,1325	0,173

Unter Benutzung von Zahlentafel II und III bestimmt man die Gewichte g der
einzelnen Verbrennungsprodukte und die spezifische Wärme c' des Gemisches nach
Gleichung 8, diese bei der Temperatur T'_2 noch als konstant angenommen.

Unter Schätzung der Endtemperatur T_2 der Verbrennung berechnet man die
wahre spezifische Wärme c des Gemisches nach Gleichung 9 unter Benutzung von

---

[1] Dieser Wert ist aus der Gasgl. des Wasserdampfes berechnet: $\gamma = \dfrac{p}{46{,}951\,T}$.

[2] Dieser Wert entspricht 200° C.

[3] Der Regnaultsche Wert ist der Einfachheit halber beibehalten.

Zahlentafel I; Gleichung 10 liefert dann T_3, welcher Wert nötigenfalls durch eine zweite Rechnung zu verbessern ist. Die disponible Wärme folgt aus

$$Q = 1073 \cdot X \text{ Cal}$$

Der Wert von p''_2 folgt aus Gleichung 12 mit $\alpha = 0{,}79\, X + Y$ und daraus der Verbrennungsenddruck p_2 nach Gleichung 13. Gleichung 14 liefert den Exponenten n der polytropischen Verbrennungslinie, worauf die Diagrammarbeit am besten durch Rechnung bestimmt werden kann.

Zur Berechnung der gebildeten Stickoxydmenge setzt man in Gleichung 7

$$\log K + \frac{9424}{T} = 2{,}17$$

$T = T_3$ und bestimmt K.

Der Stickoxydgehalt NO in Volum $\%$ folgt dann mit

$$N_2 = \frac{52\,X + 79\,Y}{0{,}79\,X + Y} \quad \text{u} \quad O_2 = \frac{21\,(Y - X)}{0{,}79\,X + Y}$$

aus

$$(\text{NO})^2 = K\,(N_2 - 0{,}5\,\text{NO})\,(O_2 - 0{,}5\,\text{NO})$$

als $+$ Wurzel einer quadratischen Gleichung, in der man das Glied $0{,}25\,K\,(\text{NO})^2$ vernachlässigen kann. (NO wird dadurch in den folgenden Beispielen um höchstens $0{,}01$ zu klein erhalten.)

Die gebildete Stickoxydmenge ist dann NO $(0{,}79\,X + Y)$ cbm bei $20\,°$ C und $735{,}5$ mm, woraus sich das Stickoxydgewicht berechnet (Zahlentafel III), aus dem man durch Multiplikation mit $2{,}1$ das entsprechende Salpetersäuregewicht findet. (1 Mol (30 g) NO entspricht 1 Mol (63 g) HNO_3.)

Zur Bildung von 2 Molen (60 g) NO sind $2 \times 21\,600$ cal nötig, also pro kg 720 Cal. Bezeichnet nun

g_{no} das gebildete Stickoxydgewicht in kg,
L die Diagrammarbeit in mkg,
Q die disponible Wärme in Cal,

so stellt das Verhältnis

$$\eta_{ch} = \frac{720\, g_{no}}{Q + A L}$$

den Bruchteil des in chemische Energie übergeführten gesamten Energieaufwandes vor, wenn NO als Produkt des Verbrennungskompressors angenommen wird.

Diese Größe wird man zweckmäßig als thermochemischen Wirkungsgrad des Verbrennungskompressors bezeichnen.

Zahlenbeispiel:

Es sei $X = 0{,}35$ (35 $\%$ Kraftgas) und $Y = 0{,}65$ (65 $\%$ Luft), welches Verhältnis ungefähr dem bei Sauggasmotoren üblichen entspricht. Weiter soll die adiabatische Kompressionsendspannung p'_2 so angenommen werden, daß der entsprechende Verbrennungsenddruck p_2 noch innerhalb der Grenzen liegt 50—60 Atm.), die der heutige Motorenbau ohne wesentliche Schwierigkeiten erreicht.

Demgemäß sei $p'_2 = 20$ kg/qcm

und der Zündungsdruck $p_2 = 10$ „

Die Betrachtung beziehe sich auf $v_1 = 1$ cbm Gemisch vom Druck $p_1 = 1$ kg/qcm und der Temperatur $T_1 = 293°$ abs.

Zunächst liefern Gleichung 8a:

$$v_2 = v_1 \cdot \left(\frac{p_1}{p_2}\right)^{\frac{1}{x}} = 0{,}1903 \text{ cbm}$$

$$v_2' = v_1 \cdot \left(\frac{p_1}{p_2}\right)^{\frac{1}{x}} = 0{,}1195 \text{ cbm}$$

$$T_2' = T_1 \cdot \left(\frac{p'_2}{p'_1}\right)^{\frac{x-1}{x}} = 700° \text{ abs. } (427° \text{ C}).$$

Sodann ergibt Zahlentafel II

		CO	H$_2$	CO$_2$	H$_2$O	O$_2$	N$_2$
Zusammensetzung des Gemisches vor der Verbrennung in %		8.05	6.65	2,10	—	13,65	69,55
Zusammensetzung des Gemisches nach der Verbrennung	in cbm bei 20° C und 735,5 mm	—	—	0,1015	0,0605	0,0630	0,0055
	in % des Gesamtvolumens 0,0265 cbm	—	—	10,05	7.20	6,90	75.05

Unter Benutzung von Zahlentafel III folgen die Gewichte g von

$$CO_2 = 0{,}1015 \times 1{,}7627 = 0{,}181 \text{ kg}$$
$$H_2O = 0{,}0605 \times 0{,}7268 = 0{,}048 \text{ „}$$
$$O_2 = 0{,}0630 \times 1{,}2901 = 0{,}081 \text{ „}$$
$$N_2 = 0{,}0055 \times 1{,}1325 = 0{,}788 \text{ „}$$
$$\overline{G = \Sigma g = 1{,}08 \text{ kg}}$$

und weiterhin die konstante spezifische Wärme c' des Gemisches nach Gleichung 8 zu

$$c' = \frac{\Sigma g \cdot c'_v}{\Sigma g} = \frac{0{,}181 \cdot 0{,}171 + 0{,}048 \cdot 0{,}37 + 0{,}081 \cdot 0{,}155 + 0{,}788 \cdot 0{,}173}{1{,}008} = 0{,}180$$

Die Verbrennungsendtemperatur werde zu 1800° C geschätzt; unter Benutzung von Zahlentafel I bestimmt sich dann die wahre spezifische Wärme c des Gemisches nach Mallard und Le Chatelier nach Gleichung 9 zu

$$c = \frac{\Sigma g \cdot c_r}{\Sigma g} = \frac{0{,}181 \cdot 0{,}463 + 0{,}048 \cdot 0{,}666 + 0{,}081 \cdot 0{,}217 + 0{,}788 \cdot 0{,}217}{1{,}008} = 0{,}312$$

Die disponible Wärme ist

$$Q = 1073 \cdot X = 376 \text{ Cal}$$

Gleichung 10 liefert hiernach

$$T_3 = 1390 + T_2' = 2090° \text{ abs. entsprechend } 1817° \text{ C}$$

in genügend genauer Übereinstimmung mit dem Schätzungswert.

Der Enddruck p_3 der Verbrennung folgt mit

$$p''_2 = \alpha \cdot p'_2$$
$$= 0{,}925 \cdot 20 = 18{,}5 \text{ kg/qcm}$$

zu

$$p_3 = p''_2 \frac{T_3}{T_2} = 55{,}2 \text{ kg/qcm}$$

Nach Gleichung 14 ergibt sich der Exponent der polytropischen Verbrennungslinie.

Man findet $n = 3{,}52$

Das Indikatordiagramm kann nun vollständig verzeichnet werden, was in Fig. 3 geschehen ist; der mittlere indizierte Druck bestimmt sich zu

$$p_m = 37400 \text{ kg pro qm } (3{,}74 \text{ kg pro qcm})$$

und damit die Diagrammarbeit zu

$$L = p_m (v_1 - v_2') = 37400 \cdot 0{,}8805 = 32930 \text{ mkg entsprechend } 0{,}122 \text{ PS.-Std.}$$

Die gebildete Stickoxydmenge folgt aus Gleichung 7; mit $T = 2090°$ ergibt sich die Gleichgewichtskonstante

$$K = 0{,}00915$$

Aus

$$(NO)^2 = K (N_2 - 0{,}5 NO)(O_2 - 0{,}5 NO) \text{ folgt mit}$$
$$N_2 = 75{,}05 \% \text{ und } O_2 = 6{,}90 \%$$
$$NO = 1{,}08 \%$$

und dementsprechend $0{,}0198 \times 926{,}5 = 18{,}84$ Ltr. NO, welchem $22{,}2$ g NO oder $46{,}6$ g HNO_3 entsprechen. Also sind zur Darstellung von $46{,}6$ g Salpetersäure $0{,}122$ PS.-Std. und 376 Cal aufzuwenden.

Der thermochemische Wirkungsgrad des Verbrennungskompressors bestimmt sich mit $A = \dfrac{1}{427}$ nach Gleichung 15 zu

$$\eta_{ch} = \frac{720 \cdot 0{,}0222}{376 + 77} = 3{,}5 \%.$$

3. Tabellarische Zusammenstellung von Zahlenbeispielen.

Die Abhängigkeit der Stickoxydausbeute von der Höhe der Kompression und einem bestimmten Mischungsverhältnis von Luft mit einem beliebigen Brenngas erscheint in den allgemeinen Formeln so wenig durchsichtig, daß man den Einfluß der Änderung einer dieser Bestimmungsgrößen am besten an Hand von Zahlenbeispielen verfolgt. In dieser Absicht sind die folgenden Tabellen berechnet für Kraft- und Generatorgas bei verschiedenen Mischungsverhältnissen und Kompressionen und zwar für

	Niedere Kompression	Hohe Kompression
Adiabatischer Enddruck	$p_2' = 20$ kg/qcm	40 kg/qcm
Vol. des Kompressionsraumes . .	$v_2' = 0{,}1105$ cbm	0,0781 cbm
Zündungsdruck	$p_3 = 10$ kg/qcm	15 kg/qcm
Zündungsvolumen	$v_3 = 0{,}1053$ cbm	0,1468 cbm
Endtemp. der adiab. Kompression	$T_2' = 700^\circ$ abs.	855° abs.

Ein Diagramm mit hoher Kompression zeigt Fig. 4. Der Verbrennungsenddruck p_J steigt bei hoher Kompression auf 90—100 kg/qcm; über die Überwindung derartiger Pressungen in Motoren fehlen die Erfahrungen, weshalb die Untersuchung mit „hoher Kompression" vorläufig nur theoretisches Interesse hat.

In der Tabelle über Kraftgas ist das obige Zahlenbeispiel nochmals mit angeführt.

Zahlentafel IV und V zeigen zunächst, daß in bezug auf den thermochemischen Wirkungsgrad Kraft- und Generatorgas ziemlich gleichwertig sind; es wird also nur der Preis der Wärme in der einen oder andern Form entscheidend sein. Weiter folgt, daß die Steigerung der Kompression nur eine mäßige Verbesserung von η_{ch} bewirkt, die in Wirklichkeit wegen des gleichzeitigen Anwachsens der zusätzlichen Reibung infolge der höheren Pressungen sowie einer wahrscheinlich stärkeren Dissoziation der Kohlensäure und des Wasserdampfes noch geringer ist. Die Spannungen wachsen eben nach Maßgabe der Formel $p_J' = p_1 \left(\dfrac{T_J'}{T_1}\right)^{\frac{x}{x-1}}$ sehr viel rascher, wie die adiabatischen Kompressionstemperaturen, sodaß man bald auf Drucke kommt, deren Überwindung Schwierigkeiten bieten wird. Weiter zeigen die Beispiele, daß es bei gleicher Kompression ein bestimmtes Mischungsverhältnis für jedes Gas gibt, bei dem der thermochemische Wirkungsgrad ein Maximum hat; ein erhöhter Brenngaszusatz bewirkt dann trotz der Steigerung der Verbrennungsendtemperatur eine Abnahme von η_{ch} wegen der Verringerung der Konzentration des freien Sauerstoffs. Gl. 5

$$K = \frac{c_3{}^2}{c_1 \cdot c_2}$$

läßt diese Verhältnisse leicht übersehen.

In dieser Richtung ist das elektrische Verfahren dem vorliegenden überlegen, da bei der Verbrennung im Flammenbogen zwischen Platinspitzen keine merkliche Verringerung der Konzentration des Sauerstoffs der Luft eintritt, sodaß bei gleichem Energieaufwand die Stickoxydausbeute größer wird. Trotzdem ist das Kompressorverfahren wegen des hohen Preises der elektrischen Energie wirtschaftlicher, wie weiter unten gezeigt wird.

4. Betriebsunkosten pro kg Salpetersäure.

Die vorhergehenden Zahlenbeispiele zeigen die geringe Größe des thermochemischen Wirkungsgrades; ob trotzdem das Verfahren wirtschaftlich ist, entscheidet der Preis des Produktes. Bei der Berechnung der Stickoxydausbeute sind nun allerdings die Reibungswiderstände und Wärmeverluste im Kompressor vernachlässigt;

Zahlentafel IV.
Kraftgas-Luftgemische.

Zusammensetzung des Kraftgases in Prozenten: 23, O CO, 19, O H_2, 6, O CO_2, 52, O N_2.
Unterer Heizwert bei konstantem Volumen: 1073 Cal/cbm bei 20° C. und 735,₅ mm.

			Niedere Kompression		Hohe Kompression	
			a	b	a	b
			$\lambda = 0{,}35$ (35 % Gas) $\mu = 0{,}8$ (65 % Luft)	0,₄₀ 0,₆₀	0,₃₁ 0,₆₉	0,₁₀ 0,₉₀
Gemischzusammensetzung vor der Verbrennung %			8,₀₅CO 6,₆₅H 2,₁₀CO₂ 13,₇₅ O₂ 69,₅₅ N₂	9,₂CO 7,₆H, 2,₄CO₂ 12,₆ O₂ 68,₂ N₂	wie a	wie b
Gemisch nach der Verbrennung	Zusammensetzung	in cbm bei 20° C. u. 735,₅ mm	0,₁₀₁₅ CO₂ 0,₀₆₀₅H₂O 0,₀₆₉₀ O₂ 0,₆₀₅₅ N₂	0,₁₁₆ CO₂ 0,₀₇₆ H₂O 0,₀₁₂ O₂ 0,₆₈₄ N₂	wie a	wie b
		in kg	0,₁₈₁ CO₂ 0,₀₄₈ H₂O 0,₀₉₁ O₂ 0,₇₆₆ N₂	0,₂₀₇ CO₂ 0,₀₅₅ H₂O 0,₀₅₄ O₂ 0,₇₆₂ N₂	-	-
		in %	10,₀₅ CO₂ 7,₃₀ H₂O 6,₈₀ O₂ 75,₁₂ N₂	12,₇ CO₂ 8,₃ H₂O 4,₆ O₂ 74,₄ N₂	-	-
		Volumen in cbm	0,₉₃₆₅	0,₉₁₀₀	-	-
		Gewicht in kg	1,₀₈₆	1,₀₇₈	-	-
Disponible Wärme Q Cal.			376	429	-	-
Konst. spez. Wärme des Gemisches c'			0,₁₈₀	0,₁₈₂	-	-
Wahre spez. Wärme des Gemisches c			0,₃₁₂ (1800° C.)	0,₃₃₄ (1950° C.)	0,₃₃₁ (1950° C.)	0,₃₄₂ (2100° C.)
Verbrennungsend- temperatur T_3			2090° abs. 1817° C.	2240° 1967°	2220° 1947°	2375° 2102°
Verbrennungs- enddruck p_3 kg/qcm			55,₄	58,₅	96,₃	101,₅
Exponent der polytropi- schen Verbrennungslinie n			3,₅₂	3,₆₃	2,₀₆	2,₇₃
Diagrammarbeit in mkg P.S. Std.			32 930 0,₁₂₂	33 650 0,₁₂₅	49 130 0,₁₈₂	50 250 0,₁₈₆
Gleichgewichtskonstante K			0,₀₀₀₁₅	0,₀₁₈₃	0,₀₁₈₈	0,₀₃₁₈
Stickoxydausbeute in % g			1,₉₈ 22,₂	2,₁₇ 24,₁	2,₆₁ 29,₃	2,₇₃ 30,₃
Salpetersäuregewicht g			46,₆	50,₅	61,₅	63,₆
Thermochemischer Wirkungsgrad η_{ch} %			3,₅	3,₄	4,₃	4,₀

Zahlentafel V.

Generatorgas - Luftgemische.

Zusammensetzung des Generatorgases in Prozenten: 35,0 CO, 65,0 N₂.[1]
Unterer Heizwert bei konstantem Volumen: 960 Cal/cbm bei 20° C und 735,5 %.

			Niedere Komp		
			a[2]	b	
			X = 0,35 (35% Gas)	0,40	
			G = 0,65 (65% Luft)	0,60	
Gemischzusammensetzung vor der Verbrennung %			12,3 CO 13,6 O₂ 74,1 N₂	14,0 CO 12,6 O₂ 73,4 N₂	15,8 CO 11,5 O₂ 72,7 N₂
Gemisch nach der Verbrennung	Zusammensetzung	in cbm bei 20° C. u. 735,5 mm	0,123 CO₂ 0,075 O₂ 0,741 N₂	0,140 CO₂ 0,066 O₂ 0,734 N₂	0,158 CO₂ 0,056 O₂ 0,727 N₂
		in kg	0,219 CO₂ 0,097 O₂ 0,889 N₂	0,270 CO₂ 0,072 O₂ 0,881 N₂	0,282 CO₂ 0,046 O₂ 0,823 N₂
		in %	13,1 CO₂ 8,0 O₂ 78,9 N₂	15,0 CO₂ 6,0 O₂ 79,0 N₂	17,1 CO₂ 3,9 O₂ 79,0 N₂
	Volumen in cbm		0,909	0,900	0,921
	Gewicht in kg		1,155	1,155	1,151
Disponible Wärme Q Cal.			336	384	432
Konst. spez. Wärme des Gemisches c'			0,171	0,171	0,172
Wahre spez. Wärme des Gemisches c			0,279 (1700° C.)	0,285 (1850° C.)	0,300 (2000° C.)
Verbrennungsend- temperatur T₂			2000° abs. 1727° C.	2130° 1857°	2265° 1992°
Verbrennungs- enddruck p₂ kg qcm			53,7	56,5	59,5
Exponent der polytropi- schen Verbrennungslinie n			3,48	3,58	3,67
Diagrammarbeit in mkg / P.S.Std.			32 600 0,121	33 200 0,123	33 800 0,125
Gleichgewichtskonstante K			0,00673	0,01112	0,02040
Salpetersäuregewicht g			1,79 20,4 42,8	2,07 23,1 49,1	2,12 23,6 49,6
Thermochemischer Wirkungsgrad η_ch %			3,5	3,7	3,9	4,1	4,2

[1] Güldner, Ent. u. Berech. der Verbrennungsmotoren 516. Diese Zusammensetzung ent-spricht einem von Kohlensäure freien Idealgas, das zur Vereinfachung der Rechnung angenommen wurde. Im übrigen ist das Generatorgas mehr als Repräsentant der Gichtgase aufzufassen, von denen es in bezug auf den Gehalt an nicht brennbaren Bestandteilen wenig abweicht.

[2] Gegen die Annahme dieses Mischungsverhältnisses kann eingewendet werden, daß damit die untere Explosionsgrenze, die bei normalen Verhältnissen bei etwa 16,5 % CO-Gehalt bei Kohlen-oxyd-Luftgemischen liegt, unterschritten ist. Allein gerade bei solchen ist eine beträchtliche Er-weiterung des Explosionsbereiches durch Temperatur- und Druckerhöhung nachgewiesen. (Journ. f. Gasbel. 838, 1901.)

betont muß aber werden, daß im Vergleich mit einem Dieselmotor, der zwischen ähnlichen Druckgrenzen arbeitet, diese Verluste wesentlich geringer erwartet werden dürfen, da die hohen Drücke und Temperaturen auf einen bedeutend kleineren Kolbenweg beschränkt sind, was besonders für den Wärmeverlust an die Kompressorwandungen wichtig ist.

Andererseits werde, um ungünstig zu rechnen, für die Kraft- und Generatorgasdarstellung als Ausgangsmaterial der teure Anthrazit vorausgesetzt, der sich leicht durch den billigeren Koks usw. ersetzen ließe. Angenommen werde nun nach Güldner:[1)]

   1 kg Anthrazit liefert 5,84 cbm Kraftgas   ⎰ bei 20° C. und 735,8 mm von .
   1 kg   -   -   5,03 cbm Generatorgas ⎱ obiger Zusammensetzung.

Bei einem Anthrazitpreis von ℳ 2,50 pro 100 kg kosten   .
   1000 Cal. 0,40 Pfg. in Form von Kraftgas
   1000 -   0,50 -   -   -   - Generatorgas.

Weiter werde eine P.S.Std. zu 3 Pfg. gerechnet; auf Grund dieser Festsetzung ergibt sich Zahlentafel VI, die ohne weiteres verständlich sein dürfte.

Zahlentafel VI.

Betriebsunkosten pro kg Salpetersäure in Pfg.

Kraftgas				Generatorgas					
Nied. Komp.		Hohe Komp.		Niedere Komp.			Hohe Komp.		
a	b	a	b	a	b	c	a	b	c
11,1	10,8	11,3	11,4	12,4	11,4	11,9	12,3	12,1	12,5

Anm. Aus Zahlentafel VI folgt, daß für die Wirtschaftlichkeit außer dem thermochemischen Wirkungsgrad auch das Verhältnis des Arbeits- und Wärmepreises maßgebend ist.

Zum Vergleich bemerke ich, daß Muthmann und Hofer (a. a. O.) bei einem Strompreis von 2,7 Pfg. pro K.W.Std. die Herstellungskosten nach dem elektrischen Verfahren zu 16 Pfg. pro kg Salpetersäure berechnen und den Marktpreis (Februar 1903 von 50prozentiger roher Salpetersäure zu ℳ 35,— per 100 kg entsprechend 70 Pfg. pro kg Salpetersäure angeben.

Der Vergleich dieser Zahlen mit denen der Zahlentafel VI macht die Wirtschaftlichkeit des neuen Verfahrens mehr als wahrscheinlich; es erscheint hiernach dem elektrischen und erst recht dem alten Verfahren mit Chilisalpeter als Ausgangsmaterial weit überlegen, wobei zu beachten ist, daß die Zahlen der Tabelle VI mit Rücksicht auf das angenommene Ausgangsmaterial (Anthrazit) für die Gasbereitung als obere Grenzen aufzufassen sind. Der Wärmepreis läßt sich aber durch Verwendung billigerer Ausgangsmaterialien wie Koks, Braunkohle usw. für die Kraftgasbereitung oder durch direkte Verbrennung von Koksofen- oder Gichtgasen[2)] im Kompressor noch wesentlich reduzieren.

[1)] Güldner, Entw. u. Berechn. der Verbrennungsmotoren 516 und 519.
[2)] In dieser Absicht, um die Verwendbarkeit der Gichtgase zu zeigen, ist die Rechnung mit reinem Generator-(Luft-)Gas als Repräsentant des Gichtgases durchgeführt.

Außer der Verwendung brennbarer Abgase gibt es noch eine Möglichkeit, die Ökonomie des Verfahrens zu erhöhen und zwar durch Regenerierung der Abgaswärme. Von der gesamten aufgewendeten Energie werden nur 3—4 % in chemische Energie umgesetzt, der Rest geht an das Kühlwasser der Vorlage O (Fig. 1) über. Durch Einschaltung eines Regenerators zwischen diese und den Verbrennungskompressor ließe sich diese Wärmemenge durch Vorwärmung des frischen Gemisches zum Teil nutzbar machen und der gesamte Energieaufwand wenigstens theoretisch wesentlich herabsetzen. Ob damit nicht eine unzulässig große Verschiebung des Gleichgewichts im Sinne einer teilweisen Stickoxydzersetzung eintritt, weil die Abgase beim Einströmen in den Regenerator sicher weniger energisch abgeschreckt werden, wie in der gekühlten Vorlage und ob die nützliche Kompressorarbeit pro Volumeinheit nicht zu sehr reduziert wird, sind Fragen, die der Versuch zu entscheiden hätte.

5. Einfluß endothermer Reaktionen.

Gegen den unter 2 angegebenen Rechenweg zur Bestimmung der Stickoxydausbeute kann eingewendet werden, daß darin der Wärmeverbrauch endothermer Reaktionen, in erster Linie der Stickoxydbildung selbst, nicht berücksichtigt ist; es wird damit allerdings die Verbrennungsendtemperatur und damit die Stickoxydausbeute zu hoch gerechnet. Es wird sich aber leicht zeigen lassen, daß der damit verbundene Fehler gering ist.

a) Berücksichtigung der Bildungswärme des Stickoxyds.

Der Wärmeverbrauch der Stickoxydbildung wird am einfachsten durch eine Näherungsrechnung berücksichtigt, indem man diesen schätzungsweise von der disponiblen Wärme Q in Abzug bringt und damit einen korrigierten Wert der Verbrennungsendtemperatur T_2 ermittelt, der einen genaueren Wert der Stickoxydmenge ergibt. Die Rechnung möge für Kraftgas, Fall a) und niedere Kompression, kurz angedeutet werden. Die Stickoxydausbeute wurde dort zu 1,os % bei einer Verbrennungsendtemperatur $T_2 = 2090°$ abs. bei Vernachlässigung der Bildungswärme gefunden; bringt man diese mit 14 Cal in Abzug, so ist die zur Temperatursteigerung disponible Wärme statt 376 Cal nur noch 362 Cal. Der entsprechende Wert von T_2 ist nach Berücksichtigung des nun auch verkleinerten Wertes der wahren spezifischen Wärme 2050° abs., womit sich die Stickoxydausbeute zu 1,ʀı % statt obigen 1,oᴴ % berechnet. Die Betriebskosten erhöhen sich darnach auf 12,ı Pfg. statt 11,ı Pfg. pro kg Salpetersäure.

Der Unterschied ist gering und darf um so eher vernachlässigt werden, als die Unsicherheit, mit der die experimentelle Bestimmung der Gleichgewichtskonstante K behaftet ist, die angedeutete genauere Rechnung nicht rechtfertigt.

b) Berücksichtigung der Dissoziationswärme der Kohlensäure und des Wasserdampfes.

Die Dissoziation der Kohlensäure und des Wasserdampfes, die bei den in Frage kommenden hohen Temperaturen zu erwarten ist, erfolgt im Sinne der Gleichungen:

$$2\,CO_2 \longrightarrow 2\,CO + O_2$$
$$\text{bezieh. } 2\,H_2O \longrightarrow 2\,H_2 + O_2$$

und wie die Stickoxydbildung unter Wärmebindung (endotherm). Es kann jedoch gezeigt werden, daß die entsprechende Korrektur wenigstens bei niederer Kompression, die bei einer eventuellen Ausführung anzuwenden wäre und wobei die Verbrennungsendtemperaturen nicht über 2000° C. steigen (Zahlentafel V und VI) gering ist.

Für obige zwei Reaktionen habe ich in einer früheren Arbeit[1] die Gleichungen angegeben:

$$\left. \begin{aligned} Q' &= 2 \cdot 68\,000 + 6{,}5\,T - 0{,}0054\,T^2 \\ \log \Re' &+ \frac{29\,670}{T} - 5{,}8 \log T + 0{,}0018\,T = 2{,}08 \\ \Re' &= \frac{p_2{}^2 \cdot p_3}{p_1{}^2} \end{aligned} \right\} \quad \begin{array}{l} \text{Gl. 16 für die} \\ \text{CO_2-Zersetzung} \end{array}$$

und

$$\left. \begin{aligned} Q'' &= 2 \cdot 56\,550 + 6{,}5\,T - 0{,}008\,T^2 \\ \log \Re'' &+ \frac{24\,678}{T} - 3{,}8 \log T + 0{,}000654\,T = 0{,}749 \\ \Re'' &= \frac{p_2{}^2 \cdot p_3}{p_4{}^2} \end{aligned} \right\} \quad \begin{array}{l} \text{Gl. 17 für die} \\ \text{H_2O-Zersetzung.} \end{array}$$

Darin bedeuten Q' und Q''[2]) die zur Zersetzung von zwei Molen CO_2 bez. H_2O bei konstantem Druck und der Temperatur T nötigen Wärmemengen, $\Re'$ und $\Re''$ die Gleichgewichtskonstanten als Funktionen der in Atm. gemessenen Partialdrucke (1 Atm. = 760 mm Q.S.), p_1, p_2, p_3, p_4 und p_5 die Partialdrucke des Sauerstoffs, Kohlenoxyds, Wasserdampfes und des Wasserstoffs, wobei p_1 und p_4 die Partialdruckwerte sind, die sich ohne Dissoziation einstellen würden. Als Partialdruck des Sauerstoffs ist derjenige Wert in die Formeln einzuführen, der sich nach Berücksichtigung der Stickoxydbildung ergibt.

$T = T_2$ ist die Gleichgewichtstemperatur, wofür man den nach Berücksichtigung der Bildungswärme des Stickoxyds korrigierten Wert einzusetzen hat.

Es wird auch hier genügen, für Kraftgas den Fall a) mit niederer Kompression durchzurechnen und zunächst die Kohlensäurezersetzung zu betrachten.

Das Gasgemisch enthält nach Berücksichtigung der NO-Bildung in Volumprozenten (Zahlentafel V)

$$10{,}05\,\% \; CO_2 \text{ u. } 6{,}8 - \frac{1{,}81}{2} = 5{,}9\,\% \; O_2.$$

Der Verbrennungsenddruck beträgt 52,8 Atm., wonach die Partialdrucke sich bestimmen zu

$$p_1 = 5{,}75 \text{ Atm. für } CO_2$$
$$p_2 = 3{,}10 \quad - \quad - \; O_2.$$

Die Gleichgewichtskonstante folgt mit $T_2 = 2050°$ abs. zu
$$\Re' = 0{,}00000704$$

---

[1] Dissert. München 1905.

[2] Q' und Q'' sind dabei nach der Gl. $\frac{dQ}{dT} = c - c'$ unter Benutzung der Mallard-Le Chatelierschen Formeln für c und c' berechnet, was mit Rücksicht auf die Auseinandersetzung S. 300 u. ff. nur dadurch gerechtfertigt erscheint, daß direktere Bestimmungen über die Veränderlichkeit der spezif. Wärme bei den in Frage kommenden hohen Temperaturen fehlen.

und damit der Partialdruck des Kohlenoxyds zu

$$p_3 = p_1 \, \Big/ \sqrt{\frac{\Re'}{p_2}} = 0{,}0006 \text{ Atm.}$$

Der Gehalt des Gasgemisches beträgt somit 0,02 % entsprechend 0,16 g Kohlenoxyd, zu dessen Erzeugung 0,2 cal nötig sind, welche Wärmemenge gegenüber der disponiblen Wärme von 376 cal gänzlich vernachlässigt werden kann.

Die Kohlensäurezersetzung ist somit bei niederer Kompression ohne Einfluß auf die bei der explosiblen Verbrennung frei werdende Wärme; dies gilt in noch höherem Grade für Generatorgas-Luftgemische, da hier bei gleichem Mischungsverhältnis die Verbrennungsendtemperatur niedriger und der Partialdruck der Kohlensäure höher ist, zwei Umstände, von denen jeder für sich den Dissoziationsgrad verringert.

Ich habe mich davon überzeugt, daß auch für Kraftgas, Fall b), obiges zutrifft, sodaß allgemein für die in Zahlentafel V und VI berechneten Verbrennungstemperaturen die Kohlensäurezersetzung vernachlässigt werden kann.

Für die Wasserdissoziation ist die analoge Rechnung auf Grund der Gl. 17 durchzuführen.

Das Gasgemisch enthält nach Zahlentafel V

7,2 % H_2O und 5,9 % O_2

Die entsprechenden Partialdrucke sind somit

$p_1 = 3{,}79$ Atm. für H_2O

$p_2 = 3{,}10$ - - O_2.

Die Gleichgewichtskonstante ergibt sich für $T_3 = 2050°$ abs. zu

$\Re'' = 0{,}0100$

und der Partialdruck des Wasserstoffs annähernd zu

$$p_3 = p_1 \, \Big/ \sqrt{\frac{\Re''}{p_2}} = 0{,}308 \text{ Atm.}$$

dem ein Gehalt von 0,57 % oder 0,33 g Wasserstoff entspricht. Da zur Bildung von 1 g Wasserstoff bei 2050° abs. 25 450 Cal. nötig sind, so werden durch die Wasserdampfdissoziation 9,4 Cal. oder 2,5 % der disponiblen Wärme gebunden.

Man erkennt, daß die Dissoziation des Wasserdampfes gegenüber der Kohlensäurezersetzung eine erheblich größere Wärmemenge bindet, was natürlich für Kraftgas, Fall b) und niedere Kompression in erhöhtem Maße zutrifft, wo die Dissoziationswärme des Wasserdampfes die Bildungswärme des Stickoxyds bereits übersteigt. Doch ist auch hier der Wärmeverlust noch so gering, daß die Ökonomie des Verfahrens nur unwesentlich verschlechtert wird, umsomehr, als durch die Wasserdampfzersetzung die Konzentration des freien Sauerstoffs vergrößert wird, was eine Erhöhung der Stickoxydbildung nach Gl. 5 zur Folge hat.

Immerhin läßt die Betrachtung die Verwendung der Generatorgase, die frei von Wasserstoff sind, als vorteilhaft gegenüber dem Kraftgas erscheinen, besonders wenn die Verbrennungstemperaturen 1900—2000° C. übersteigen und der Wärmepreis nicht wesentlich verschieden ist.

Schlußbemerkungen.

Faßt man die Ergebnisse der Untersuchung kurz zusammen, so ergibt sich theoretisch die Möglichkeit der rationellen Erzeugung von Salpetersäure durch Verbrennung des atmosphärischen Stickstoffs in explodierenden Gasgemischen. Bei Verwendung billiger Ausgangsmaterialien für die Gasbereitung oder brennbarer industrieller Abgase ist es nicht ausgeschlossen, den Salpetersäurepreis soweit zu erniedrigen, daß die Erzeugung von salpetersauren Düngersalzen wirtschaftlich wird. Bekanntlich ist der Chilisalpeter das wichtigste Stickstoff-Düngemittel, von dem Deutschland jährlich 400 000 Tonnen für 70 Millionen Mark einführt;[1] bedenkt man noch, daß die Salpeterlager Südamerikas der Erschöpfung nicht mehr zu fern sind (nach optimistischer Schätzung in etwa 40 Jahren), so sind damit alle Anstrengungen gerechtfertigt, den Salpeterbedarf unserer Landwirtschaft im eigenen Lande zu decken.

Nach Abschluß dieser Arbeit wurden mir die Untersuchungen von Nernst[2] über die Verbrennung des atmosphärischen Stickstoffs näher bekannt, nach denen die Stickoxydausbeute wesentlich kleiner ausfällt als sie im Vorhergehenden auf Grund der Muthmann-Hoferschen Gleichgewichtskonstante berechnet wurde. Zum gleichen Resultat bin ich inzwischen durch eine noch nicht veröffentlichte Experimentaluntersuchung über die Verbrennung des atmosphärischen Stickstoffs in komprimierten explodierenden Leuchtgas-Luftgemischen gekommen, die auch über die Geschwindigkeit der Gleichgewichtseinstellung bei der Stickoxydbildung Aufschluß gibt. Wenn somit die Wirtschaftlichkeit des Verfahrens wesentlich geringer erscheint, so läßt sich anderseits ausgehend von dem Umstand, daß das Abgasgemisch nur bis zu relativ noch hohen Temperaturen abzuschrecken ist, um praktisch die Stickoxydzersetzung zu verhindern, die Möglichkeit eines Verbrennungsmotors absehen, der Stickoxyd als Nebenprodukt liefert. Doch soll die weitere Verfolgung dieses Gedankens einer späteren Arbeit vorbehalten bleiben.

---

[1] Deutsche landwirtsch. Presse No. 9, 1904.
[2] Nachr. d. kgl. Ges. d. Wiss., math.-phys. Kl., Göttingen 2, Heft 4, 1904.

Druck von Leonhard Simion NF. in Berlin SW.

II. Abhandlungen.

Versuche mit einem Dampf-Automobilwagen.

Von Kgl. Reg.- und Baurat **Leitzmann** in Hannover.

Nach den auf einigen ungarischen Kleinbahnen mit Dampf-Automobilwagen erzielten Erfolgen dürften auch die im Bezirk der Königlichen Eisenbahn-Direktion Hannover angestellten Versuche in den betreffenden Kreisen einiges Interesse erwecken.

Fig. 1. **Perspektivische Ansicht des Wagens.**

Der nach dem System Ganz & Co. erbaute Wagen, dessen Abbildung in den Figuren 1 und 2 dargestellt ist, besitzt 2 freie Lenkachsen im Radstande von 5,8 m; die Achsdrucke sind 9,8 und 3,8 t.

Er enthält

      1 gepolstertes Abteil für 9 Personen,

      24 Sitze für die III. Klasse und

      6 Stehplätze,

demnach im Ganzen Plätze für 39 Personen.

An der einen Stirnseite des Wagens befindet sich der stehende Wasserröhren-kessel nach dem System de Dion et Bouton für 18 Atm. Überdruck, Fig. 3, mit einer Rostfläche von 0,8 qm und einer Heizfläche von 8,4 qm.

Der zweizylindrige Verbundmotor, dessen Bauart sich annähernd aus der Fig. 4 ergibt, liegt unter dem Wagen vollständig staubdicht eingekapselt und arbeitet mittels einer doppelten Zahnradübersetzung mit 2 Geschwindigkeitsabstufungen.

Die Kolbendurchmesser sind 116 und 170 mm,

der Kolbenhub 140 mm und

der Triebraddurchmesser 1000 mm.

Bei 40 km Geschwindigkeit in der Stunde macht die Triebachse 3,54

die Vorgelegswelle 6,88 und die Kurbelachse

a) bei schnellem Gange des Motors 15,9

b) bei langsamem Gange 8,7 Umdrehungen in der Sekunde, indem die beiden Zahnradübersetzungen

$$\frac{d'}{d''} = \frac{150}{348} = \frac{1}{2,32} \text{ bezw.}$$

$$\frac{222}{282} = \frac{1}{1,27} \text{ betragen.}$$

Die gesamten Kraftumsetzungsverhältnisse sind:

$$\frac{d''}{d'} \cdot \frac{d_2}{d_1} = \frac{348}{150} \cdot \frac{560}{288} = 4,50 \text{ bezw.}$$

$$\frac{282}{222} \cdot \frac{560}{288} = 2,46$$

die Umdrehungszahlen stehen daher im umgekehrten Verhältnisse.

Das Anfahren kann durch Umschalten eines Dampfhahns mit Zwillingswirkung erfolgen. Der Motor kann auch vom anderen Ende des Wagens aus an- und abgestellt werden. Der Wagen ist für Dampfheizung und zunächst mit einer von beiden Wagenenden aus zu betätigenden sehr wirksamen Handbremse eingerichtet.

Die auf 35 PS angegebene Leistung des Motors wurde durch die Versuche bestätigt. Um diese Leistung ohne umständliche Versuche ermitteln zu können, sind 2 Ablaufversuche angestellt worden, deren Ergebnisse in der Fig. 5 bildlich dargestellt sind; sie genügen, die verschiedenartigen Leistungen des Motors in der einfachsten Weise zu berechnen, während der Eigenwiderstand der Anhängewagen durch frühere Versuche bereits bekannt war. Näheres über solche Untersuchungen enthält die Ab-handlung des Verfassers: „die Ermittelung des Eigenwiderstandes von Eisenbahnfahr-zeugen" in den Verhandlungen des Jahrganges 1903, worauf hier Bezug genommen wird.

Die Auslaufkurven geben die Geschwindigkeit des Wagens auf horizontaler Bahn bei 40 km Anfangsgeschwindigkeit und zwar

a) bei schnellem Gange und

b) bei langsamem Gange des Motors.

Die hieraus ermittelten Eigenwiderstände sind durch die Kurven a_1 und b_1 dargestellt.

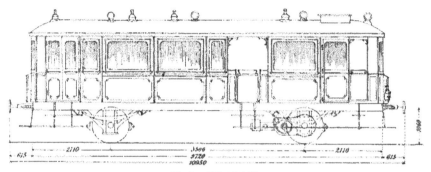

Fig. 2a. Seitenansicht.

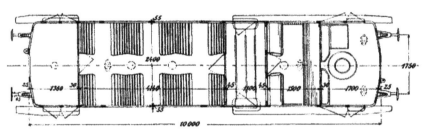

Fig. 2b. Grundriß.

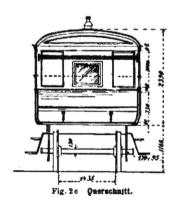

Fig. 2c. Querschnitt.

322

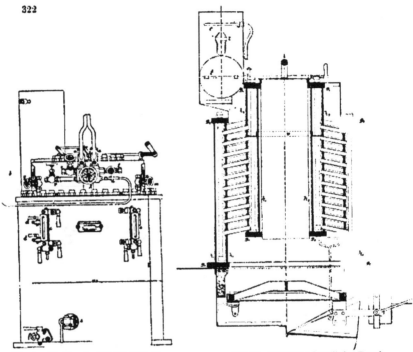

Fig. 3a. Vordere Ansicht des Kessels.   Fig. 3b. Vertikaler Schnitt des Kessels.

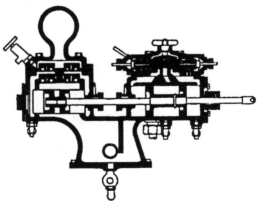

Fig. 3c. Längenschnitt der Speisepumpe.

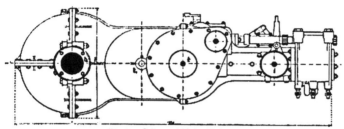

Fig. 4a. Seitenansicht des Motores.

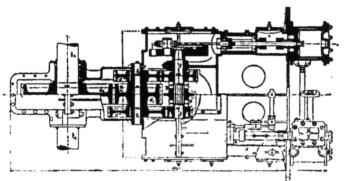

Fig. 4b. Grundriß und horizontaler Schnitt des Motores.

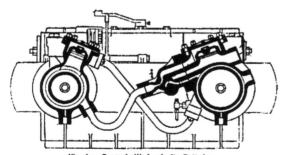

Fig. 4c. Querschnitt durch die Zylinder.

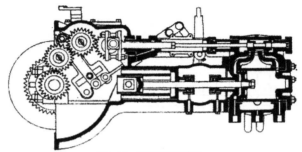

Fig. 4d. **Steuervorrichtung.**

Einströmung in den Schieberkasten
des Niederdruck-Zylinders.

Zum Anström.-Kanal des Niederdruck-Zylinders.

Vom Heizmantel des Niederdruck-
Zylinders.

Fig. 4e. **Anfahrvorrichtung.**

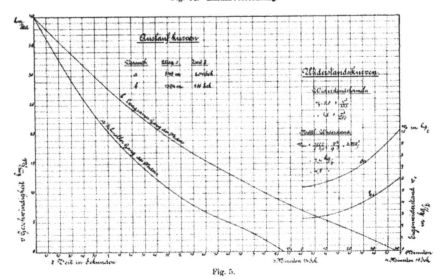

Fig. 5.

Es ist hieraus schon ersichtlich, in welchem Grade der Widerstand des Fahrzeugs und die erforderliche Zugkraft bei stärkerer Umsetzung wächst.

Ferner wurden auf derselben Versuchsstrecke noch 2 Beschleunigungsversuche angestellt, um auch hierbei den Einfluß der Kraftumsetzung kennen zu lernen.

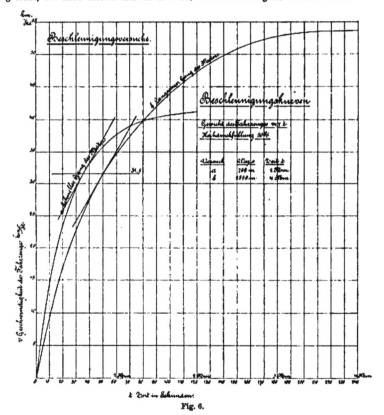

Fig. 6.

Diese Versuche werden in der Weise angestellt, daß das Fahrzeug bei konstanter Dampfspannung und Füllung in Gang gesetzt und die zunehmende Geschwindigkeit von 5 zu 5 Sekunden beobachtet und als Funktion der Zeit aufgetragen wird, wie dies in der Fig. 6 geschehen ist.

Die beiden Kurven beziehen sich wieder

    a) auf den schnellen Gang und

    b) auf den langsamen Gang der Maschine.

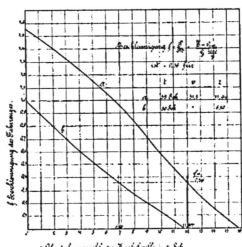

Fig. 7.

Wird mit

    Z die indizierte Zugkraft, mit

    W der Eigenwiderstand des Fahrzeugs im Dampfe bezeichnet, ist ferner

    M die bewegte Masse und

    f die Beschleunigung, so ist die bewegende Kraft

    $P = Z - W = M f$, daher

    $f =$ dem Differentialquotienten $\dfrac{d\,v}{d\,t} =$ der Tangente der Beschleunigungs-

        kurve $= \dfrac{Z - W}{M}$.

    Aus beiden Kurven ist wieder ersichtlich, daß die nach dem Grade der Kraft-umsetzung verstärkte Beschleunigung infolge der verringerten indizierten Kraft bei höheren Umdrehungszahlen der Maschine sehr schnell abnimmt, so daß

für $v = 31{,}5$ km/St.

und die Umdrehungszahlen

        a) $z = 11{,}04$ und

        b) $z = 6{,}40$ Umdreh./Sek.

die Beschleunigungen wieder gleich sind, was in den Zeitpunkten

$$t = 35 \text{ bezw.}$$
$$t = 50 \text{ Sek.}$$

eintritt und durch die beiden parallelen Tangenten gekennzeichnet ist.

Hiernach wurde beim schnellen Gang des Motors der Beharrungszustand schon fast bei

$$t = 2 \text{ Min.}$$
$$v = 41 \text{ km und}$$
$$z = 16{,}3 \text{ Umdreh./Sek.}$$

also viel früher erreicht, als beim langsamen Gange. In der Fig. 7 sind noch die Beschleunigungen f selbst nach der Zeit t aufgetragen, um das Urteil über die Einwirkung des Vorgeleges zu ergänzen.

Indikatorversuche konnten nicht angestellt werden, sonst hätte auch der Eigenwiderstand W selbst und zwar aus der Formel $W = Z - Mf$ für jede Geschwindigkeit v ermittelt werden können.

Während hiernach die erhöhte Umdrehungszahl des Motors zwar unzweifelhaft den wichtigen Vorteil bietet, daß die Zugkraft und also auch das Gewicht bedeutend geringer werden können, so tritt doch dabei der Übelstand ein, daß diese Werte durch den Kraftverlust beschränkt werden.

Die Versuchsfahrten wurden auf der Strecke Hannover-Soltau ausgeführt. Die Steigungs- und Krümmungsverhältnisse dieser 88 km langen Versuchsstrecke ergeben sich aus der Taf. 1 und die folgende Taf. 2 enthält den für die Versuchsfahrten festgesetzten Fahrplan.

Bei der ersten Versuchsfahrt ergab sich, daß der Gang des Wagens auch bei 60 km Zuggeschwindigkeit noch vollkommen befriedigte. Der Versuch wurde dann zunächst mit einem Anhängewagen, dessen Gewicht 13,6 t betrug, wiederholt; da aber dieser Versuch und auch ein dritter mit 2 Anhängewagen, im Gesamtgewichte von

$$13{,}6 + 12{,}5 = 26{,}1 \text{ t}$$

noch nicht zur Erschöpfung der Motorkraft führte, so wurde noch ein Versuch mit 3 Wagen = 36,5 t Zuglast ausgeführt, wobei die vorgeschriebene Fahrzeit bei 40 km Grundgeschwindigkeit noch ziemlich eingehalten werden konnte.

Die Versuchsergebnisse und ihre Berechnungen sind in den Taf. 3 und 4 enthalten. Die durchschnittliche Dampfentwickelung war 503 kg in der Stunde und daher etwa 60 kg für den Quadratmeter Heizfläche und Stunde.

Neben der Bestimmung des Materialverbrauchs glaubte ich hier auch das Verhältnis der Nutzleistung zur gesamten Leistung und auf die Raumausnutzung ein besonderes Augenmerk richten zu sollen, da an dieser Stelle der zu erwartende Vorteil des Automobilbetriebs zu suchen ist. Dieser wird gekennzeichnet durch das Verhältnis des Motorgewichts zur ganzen Zuglast und durch das auf jeden Fahrgast kommende beförderte Bruttogewicht.

Zu diesem Zweck möge ein Vergleich dieses vollbesetzten Motorwagens mit einem ebenfalls vollbesetzten durch eine Lokomotive beförderten Anhängewagen angestellt werden. Selbstredend muß bei diesem Vergleich die kleinste Lokomotive vorausgesetzt werden, also die im Jahre 1883 als Normalie für diese Zwecke erbaute 2 achsige Tender-Lokomotive für Nebenbahnen mit 5 t Raddruck.

Dieser Vergleich ist auf der Taf. 5 angestellt. Er erstreckt sich auch noch bis auf 2 voll besetzte Anhängewagen des Automobilbetriebs und einen durch die Lokomotive beförderten Zug von 3 Wagen.

Aus dieser Untersuchung geht hervor, daß zwar die Wirtschaftlichkeit in beiden Fällen mit wachsender Zugstärke sich verbessert, aber beim Automobilbetrieb in geringerem Grade, was bei seiner Verwendung wohl zu beachten ist; denn bei beiden Betriebsarten nähert sich das Verhältnis

$$y = \frac{G_1 + G}{n}$$

(das Bruttogewicht des ganzen Zuges für jeden zahlenden Reisenden) wie leicht nachzuweisen ist, derselben Grenze 347 kg. Im übrigen wird aber der Automobilbetrieb durch eine Bahnlänge von etwa 100 km und eine Zuggeschwindigkeit von etwa 70 km/St. begrenzt. Werden indessen schwerere Lokomotiven mit Tender verwendet, die 60 t wiegen und Züge von etwa 4 Wagen zu befördern haben, die auch nur schwach besetzt sind, so werden die Verhältnisse für den Lokomotivbetrieb allerdings noch weit ungünstiger. Ferner ist auf Steigungen die Leistungsfähigkeit des Automobilbetriebes noch enger begrenzt. Soll z. B. mit einem solchen Automobilwagen auf $^1/_{100}$ noch 1 besetzter Anhängewagen mit 25 km Geschwindigkeit befördert werden, so ist die erforderliche indizierte Zugkraft etwa

$$Z = (16 + 14)(10 + 3) = 390 \text{ kg}$$

und die indizierte Leistung

$$L = \frac{390 \cdot 25}{270} = 36 \text{ PS.}$$

Dies würde also mit dem beschriebenen Motor noch ausführbar sein, allenfalls auch noch der Betrieb auf $^1/_{50}$ mit derselben Geschwindigkeit, aber ohne Anhängewagen.

Als die Frage an uns herantrat, war es sofort klar, daß es zwar anzustreben sei, diese Motoren noch besser durch Spiritus oder Benzin zu betreiben, weil diese Verbrennungsmotoren durch den Wegfall des Kessels noch viel leichter hergestellt werden können; wir konnten uns aber dennoch nicht verhehlen, daß auch der Dampfbetrieb durch diese Umgestaltung wesentlich verbessert werden könnte und hatten mit Bezug auf die bisher mit Dampfwagen erlangten Erfahrungen nur das Bedenken, ob die Kraft des Motors ausreiche.

Wir erklärten daher auch sogleich dem Erbauer, daß einem Motor von 50 PS, oder gegebenenfalls nach ungarischem Muster, einem Automobilwagen mit doppelter Ausführung des Motors von insgesamt 100 Pferdestärken in symmetrischer Anordnung ein weit größeres Anwendungsgebiet zugesprochen werden müßte.

Indessen zeigte sich auch dieser 35 pferdige Motor beim Versuch doch leistungsfähiger, als erwartet werden konnte, so daß er unter Umständen schon in seiner jetzigen Gestalt und Größe eine praktische Verwendung auf verkehrsarmen Strecken finden dürfte. Solche und zwar kleinere Strecken sind auch im diesseitigen Eisenbahn-Direktionsbezirk vorhanden und zwar z. B.

Schieder—Blomberg, 6,0 km bei einer durchschnittlichen Zugstärke von 2 Wagen und einer Raumausnutzung von 18 % und

Visselhövede—Walsrode, 15,0 km mit 3 Wagen und 20 % Raumausnutzung.

Aber nicht allein auf dem Gebiete des Kraftverbrauchs ist ein Vorteil zu erwarten, sondern auch die Bauabnutzung und der Personalbedarf sind beim Dampf-Automobilbetrieb stets geringer, indem erfahrungsmäßig 2 Beamte genügen.

Wir denken uns die Anwendung dieser Motorwagen in der Weise, daß die Zahl der Personenzüge, unter Abtrennung des Güter-, gemischten und Postverkehrs, vermehrt und die Geschwindigkeit bei der gegenwärtigen Bahnbewachung bis zu 50 km erhöht wird. Aber auch auf den Hauptstrecken erscheint ein solcher Dienst zur Schaffung besserer Anschlüsse an die durchfahrenden Schnellzüge durch Einschiebung von Motorzügen in den Vollbetrieb keineswegs ausgeschlossen.

Es dürfte sich hiernach empfehlen, ein solches Fahrzeug mit einem Motor von 50 PS zunächst versuchsweise einzustellen und inzwischen mit allen Kräften dahin zu wirken, den Dampfbetrieb durch den der Verbrennungsmotoren zu ersetzen, bei denen die Dampfkessel entbehrlich werden, wenn es auch unzweifelhaft feststeht, daß der Dampfbetetrieb auf den Gebieten der Kondensation und des Heißdampfs noch einer erheblichen Verbesserung fähig ist.

Vom thermodynamischen Standpunkte aus betrachtet liegen die Verhältnisse so, wie sie in der folgenden Tabelle I zusammengestellt sind.

1	2	3	4	5	6	7	8	9
	Heizstoff 1 kg	Heizkraft in Wärme-einheiten	Träger der Kraft Art	Gewicht des erzeugten Dampfes kg	Wärmemenge für 1 kg	im ganzen Wärmeeinheiten Sp. 5×Sp. 6	Mechanische Arbeit theoretisch Pferdestärken Spalte 7 / 637	tatsächlich
1	Steinkohle	7 500	Naßdampf	7,0	668	4 676	7,3	0,50
2	"	7 500	Heißdampf	6,5	719	4 676	7,3	0,60
3	Spiritus	6 000	—	1,0	6 000	6 000	9,4	2,38
4	Benzin	11 000	—	1,0	11 000	11 000	17,3	4,00

II. Wirkungsgrade.

1	2	3	4
zu	Wirkungsgrad der Dampferzeugung Spalte 7 / Spalte 3 %	Thermodynam. Wirkungsgrad Spalte 9 / Spalte 8 %	Gesamt-Wirkungsgrad Sp. 2 × Sp. 3 der Tabelle II %
1	62	6,9	4,3
2	62	8,2	5,1
3	100	25,3	25,3
4	100	23,1	23,1

42*

Ist die Heizkraft der Kohle 7500 W.E. und erzeugt 1 kg derselben 7 kg Dampf

$$= 7 \cdot 668 = 4676 \text{ W.E.,}$$ so ist

a) der Wirkungsgrad der Dampferzeugung (Kessel)

$$= \frac{4676 \cdot 100}{7500} = 62 \,\%.$$

Erfordert ferner die Leistung von 1 PS und Stunde theoretisch

$$\frac{1}{424} \cdot 60 \, 60 \cdot 75 = 637 \text{ W E.}$$

und tatsächlich bei so kleinen Dampfmaschinen 14 kg Dampf, oder kommt auf 1 kg Kohle ½ PS, so ist

b) der thermodynamische Wirkungsgrad

$$= \frac{\text{Effektive Leistung}}{\text{Ideale Leistung des Dampfes}}$$

$$= \frac{0,5 \cdot 100}{\frac{4676}{637}} = \frac{0,5 \cdot 100}{7,3} = 6,9 \,\% \text{ und}$$

c) der Gesamtwirkungsgrad

$$= \frac{\text{Effektive Leistung}}{\text{Heizwert des Brennstoffs}}$$

$$= \frac{0,5 \cdot 100}{\frac{7500}{637}} = \frac{0,5 \cdot 100}{11,8} = 62 \cdot 0,07 = 4,3 \,\%.$$

Es ist bekannt, daß die Dampfverwertung bei großen Maschinen mit mehrstufiger Expansion (Schiffsmaschinen) und bei Maschinen mit Präzisionssteuerung und Kondensation 2 bis 3mal so groß ist und der Wirkungsgrad der Diesel-Motoren bis auf 35 % gesteigert werden kann.

Hierbei ist indessen zu beachten, daß Spiritus und Benzin etwa 15mal so teuer sind, als Kohle.

Die besonderen Vorteile der Verbrennungsmotoren sind als hinreichend bekannt hier wohl nicht näher aufzuführen; ich möchte aber auf die schnelle Anheizung und Bereitstellung auch der Dampfwagen, gegenüber größeren Lokomotiven hinweisen, was namentlich bei Hilfsgeräte- und Revisionswagen, sowie beim Vorortverkehr größerer Städte zweckmäßig sein würde.

Dennoch besitzt der ausprobierte Dampfwagen mehrere Mängel, so daß einige Abänderungen erwünscht erscheinen.

1. Der Motor scheint zwar gründlich durchkonstruiert zu sein; es sind jedoch die Dampfzylinder zur Verringerung der Hochdruckfüllungen bis auf 35—40 % und zur Vergrößerung des Raumverhältnisses beider Zylinder (1:2,1) etwas zu vergrößern. Ferner dürfte zu prüfen sein, ob die Bauart zur weiteren Vereinfachung so verändert werden kann, daß die beiden Dampfzylinder unter Anwendung einer doppelt gekröpften Kurbelwelle nach englischem Vorbild dicht nebeneinander gelagert werden.

2. Der Wechsel des Vorgeleges erfolgt nicht stoßfrei, so daß er nur im Stillstande des Motors bewirkt werden kann.

3. Es ist zwar nicht zu verkennen, daß die Kraftübertragung durch Rädervorgelege gewisse Vorzüge gegenüber dem unmittelbaren Antrieb der Treibachse durch einen Kurbelmechanismus besitzt, indem dieser hier durch eine stetig drehende, nur in einem unveränderlichen Angriffspunkt wirkende Kraftübertragung ersetzt ist. Diese ist zwar anscheinend mit einer gewissen zitternden Bewegung des Fahrzeugs verbunden, was indessen auch durch einen unrichtigen Elastizitätsgrad der Tragfedern verursacht sein kann; dafür sind aber die schlingernden Bewegungen infolge der an kleineren Hebelarmen wirkenden geringen Massenkräfte des inneren Triebwerks verschwindend klein, die bei anderen Lokomotivbauarten mehr als die senkrecht wirkenden Belastungen auf die Gleislage einwirken. Ferner, und dies scheint hier die Hauptsache zu sein, wird durch den schnellen Gang des Motors eine ganz erhebliche Verminderung des anderen Faktors der Motorleistung, nämlich der Zugkraft und hiermit auch eine entsprechende Gewichtsverminderung erreicht.

Der Dampfkessel wiegt . . . . 1088 kg
der Motor mit Transmission . . . . 890 -
demnach im ganzen . . . . 1978 kg
oder 14,5% des ganzen Fahrzeugs und für jede Pferdestärke 57 -
desgl. das ganze Fahrzeug bei 39 besetzten Plätzen . 472 -

Hiergegen ist die betreffende Ziffer bei den leichtesten Lokomotiven, selbst bei einer Leistung von 50 PS immer noch 400 kg ohne Plätze. Ferner gewährt diese Kraftübertragung auch eine bessere Ausnutzung der Adhäsion, was namentlich bei den Nebenbahnen sehr wichtig erscheint.

Hiergegen ist der Motor mit dem Nachteil verbunden, daß die erwähnten Vorteile nur mit einer entsprechenden Erhöhung des Eigenwiderstandes bezw. einem Kraftverlust erkauft werden muß, wie sich aus den Fig. 5 bis 7 ergibt.

4. Bei der Anwendung zweier Motoren mit gemeinschaftlichem Dampfkessel könnte die fehlende Symmetrie wieder hergestellt und das Drehen des Motorwagens auf den Endstationen bezw. der Rücklauf in entgegengesetzter Stellung vermieden werden. Dieser doppelte motorische Antrieb dürfte auch die Betriebssicherheit erhöhen.

5. Soll der Motorwagen allein ohne Anhängewagen benutzt werden, so wird in vielen Fällen auch die Einrichtung der IV. Wagenklasse nicht entbehrt werden können.

6. Die Anhängewagen könnten für diese Zwecke leichter gebaut werden, etwa zu 8 t Eigengewicht.

7. Die Achsen dürften mit Walzen- oder Kugellagern einzurichten sein, weil durch diese die Anzugskraft bis auf ¹/₆ und bei geringen Geschwindigkeiten auch die bewegende Kraft während der Fahrt wesentlich vermindert werden kann.

8. Schließlich ist es erwünscht, eine jetzt noch fehlende Verbindung zwischen dem Motorraum und den Abteilen herzustellen. Gegenwärtig ist nur eine elektrische Klingel vorhanden.

Es sei noch bemerkt, daß der Wasserstand im Kessel bei der energischen Dampfbildung schnellen Veränderungen unterliegt und daher das Personal gut aufpassen muß; eine kontinuierliche Kesselspeisung würde daher sehr zweckmäßig erscheinen.

Die bisherigen Versuche mit Dampfwagen (Rowan u. A.) scheiterten weniger an der Bauart, als an der unzulänglichen Zugkraft und unpraktischen Verwendung. Die Versuche mit dem Dampf (Serpollet-) Motorwagen scheinen noch nicht abgeschlossen zu sein. Beide haben die weniger vorteilhafte äußere Lage des Triebwerks. Ferner ist hier als neueste Bauart der Sicherheits-Rohr-Platten-Kessel von Stoltz anzuführen, der mit 50 Atm. Dampfspannung und einer Überhitzung bis zu 450° C. arbeitet. Der Benzin (Daimler-) Motor leidet noch an beschränkter Leistung und Unsicherheit beim Ingangsetzen. Elektrische Motoren gestatten wegen der unerläßlichen Vermeidung starker Erwärmung nur eine beschränkte Anzugskraft und Belastung. Auch die elektrischen Akkumulatorwagen haben sich anscheinend wegen der zu großen toten Last, also geringen Wirtschaftlichkeit nicht bewährt. Der Báuki-Motor und die Lavalsche Dampfturbine sollen erst ausprobiert werden.

Die am besten geeignete Art, Form und Größe des Motors ist also noch nicht einwandfrei festgestellt. So hat bisher der Dampfmotorwagen immer noch die größte Verbreitung gefunden und besonders in Ungarn ist man jetzt, bei einem allerdings noch viel geringerem Personenverkehr (10 t tote Last für den Reisenden), im Begriff, den ganz unwirtschaftlichen Lokomotivbetrieb hiermit zu beseitigen.

Der hier beschriebene Dampftriebwagen wurde hierauf bei der Hildesheim-Peiner Kreisbahn versuchweise in Dienst gestellt und hierdurch bei einer entsprechenden zweckmäßigen Änderung des Fahrplans eine Mehrleistung der Bahn in Personen-Zug-Kilometern um 38 %, eine Verminderung der toten Last um 6 % und ein beträchtlicher Mehrüberschuß der Einnahmen erzielt.

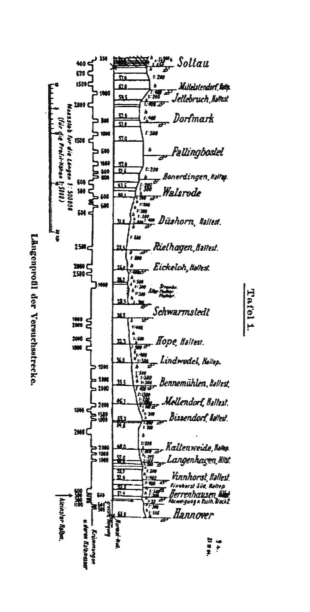

Längenprofil der Versuchsstrecke.

Tafel 1.

Tafel 2.

Fahrplan für Versuchsfahrten mit einem Dampfwagen

Grundgeschwindigkeit

1. Entfernung km	2. Stationen	3. Fahrzeit M.	4. Ankunft U.	4. Ankunft M.	5. Aufenthalt M.	6. Abfahrt U.	6. Abfahrt M.
	1. Hinfahrt.						
	Hannover		Vorm.			9	00
4,6	Herrenhausen	8				9	08
2,2	Vinnhorst Süd	4				9	12
1,2	Vinnhorst	3				9	15
3,4	Langenhagen	6				9	21
2,6	Kaltenweide	5				9	26
5,7	Bissendorf	10	9	36	2	9	38
2,9	Mellendorf	6				9	44
3,7	Bennemühlen	6				9	50
4,4	Lindwedel	7				9	57
3,9	Hope	6				10	03
5,5	Schwarmstedt	9	10	12	10	10	22
6,6	Eickeloh	11	10	33	3	10	36
4,2	Riethagen	6				10	42
5,1	Düshorn	8				10	50
6,0	Walsrode	9				10	59
3,4	Howerdingen	5				11	04
4,9	Fallingbostel	8				11	12
6,5	Dorfmark	10				11	22
4,0	Jettebruch	6				11	28
2,3	Mittelstendorf	4				11	32
4,8	Soltau	7	11	39		Vorm.	
		144			15		

Tafel 2.

von Hannover nach Soltau und zurück.

40 km in der Stunde.

1. Ent-fernung km	2. Stationen	3. Fahrzeit M	4. Ankunft U.	4. Ankunft M.	5. Auf-enthalt M.	6. Abfahrt U.	6. Abfahrt M.
				2. Rückfahrt.			
			Nachm.				
	Soltau	8				1	45
4,8	Mittelstendorf	4				1	53
2,3	Jettebruch	7				1	57
4,0	Dorfmark	7	2	04	2	2	06
		19			2		
6,5	Faltingbostel	11				2	17
4,0	Howerdingen	8				2	25
3,4	Walsrode	6	2	31	2	2	33
6,0	Düshorn	9				2	42
5,1	Riethagen	8				2	50
4,2	Eickeloh	7				2	57
6,0	Schwarmstedt	11	3	08	6	3	14
5,5	Hope	9				3	23
3,0	Lindwedel	6				3	29
4,4	Bennemühlen	7				3	36
3,7	Mellendorf	6				3	42
2,9	Bissendorf	6	3	48	16	4	04
5,7	Kaltenweide	9				4	13
2,6	Langenhagen	5				4	18
3,4	Vinnhorst	6				4	24
1,2	Vinnhorst Süd	2				4	26
2,2	Herrenhausen	4				4	30
4,6	Hannover	8	4	38			nachm.
		.47			26		

Tafel 3.

Versuche mit einem Dampfautomobilwagen
der Hannoverschen Waggonfabrik A.-G. auf der Strecke Hannover—Soltau
Länge der Strecke = 88,0 km.

Bemerkungen.

Gewicht des Dampfwagens . . .	13,575 t (mit 1000 kg Wasser und 150 kg Ko
Radstand	5,800 m
Kolben-Durchmesser	116/170 mm
Kolbenhub	140 mm
Treibrad-Durchmesser	1000 mm

Fahrt No.	Versuchsstrecke	Wind- richtung	stärke nach der 6teilig Beaufort- Skala	Beharrungszustand Fül- lungs- grad %	Dampf- über- druck kg/qcm	schwi km/St
1	Hannover – Soltau			40	18	über 60 km
2	Soltau – Hannover			50	18	
3	Hannover – Soltau	→		50	18,5	49
4	Soltau—Hannover			50	18,0	53
5	Hannover—Soltau			60	18	45
6	Soltau – Hannover			60	17,5	49
7	Hannover—Soltau	—		60	18	38
8	Soltau—Hannover (Leerfahrt)	←		50	18,5	55

Tafel 3

Rostfläche . . . . 0,3 qm
Heizfläche . . . . 8,4 qm (wasserberührt)
Dampfüberdruck . . . . 18 atm

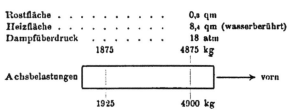

	1875	4875 kg
Achsbelastungen		→ vorn
	1925	4900 kg

Achsdrucke . . . 3,800 t 9,775 t

Geschwindigkeit				Materialverbrauch					
größte	mittlere			Zugkilometer			für 1000 Tonnenkilometer		
				Kohlen	Wasser	Öl	Kohlen	Wasser	Öl
km/Std.	km/Std.			kg	kg	gr	kg	kg	gr
62	34	210	1070	2,3	11,9		160		
						2,2			150
56	23	180	1320	2,0	14,7		137		
55	34	270	1530	3,0	17,0		108		
						2,7			90
60	32	234	1480	2,0	16,5		93		
54	27	300	1760	3,8	19,6		82		
						3,1			80
63	29	289	1700	3,2	18,9		79		
42	25	420	2170	4,7	24,1		91		20
60	28	230	1375	2,6	15,3		78	1061	90

0,320 0,490 0,550

Tafel 4.

Eigenwiderstände. Kraftverbrauch. Bewegte Zuglast und Motorleistung für jeden Reisenden.

Horizontale Strecke. Zuggeschwindigkeit 40 km/Std.

Fahrzeug	Eigen-gewicht	Gewichte Zahl der Plätze	im Ganzen	Eigenwiderstände Formel $a + b \cdot v^2$	für 40 km/Std.
Motor	14,6 t	39	17,5 t	$w_1 = 2,8 + \dfrac{v^2}{470}$	6,2 kg/t
Wagen a	13,6 -	50	17,4 -		4,0 -
- b	12,6 -	46	16,1 -	$w = 1,8 + \dfrac{v^2}{603}$	
- c	10,4 -	30	12,7 -		

Zuggewichte $G_1 + G$ in t   Zugkräfte in kg $Z = G_1 w_1 + G w$

Leistungen in PS $L = \dfrac{Z \cdot v}{270}$

	Gewichte Motor	Wagen	$G_1 + G$	Zugkräfte Z in kg			Leistungen L in PS			Für 1 Person Zug-last	Motor-leistung
1	17,5	+ —	= 17,5	109	+ .—	= 109	16	+ —	= 16	374	0,4
2	17,5	+ 17,4	= 34,9	109	+ 70	= 179	16	+ 10	= 26	317	0,3
3	17,5	+ 33,5	= 51,0	109	+ 134	= 243	16	+ 20	= 36	302	0,3
4	17,5	+ 46,2	= 63,7	109	+ 185	= 294	16	+ 27	= 43	310	0,3

Versuchsfahrt No. 7 mit 3 leeren Wagen für den Beharrungszustand.

| 14,6 | + 36,6 | = 51,2 t | 86 | + 135 | 221 kg | 12 | + 19 | = 31 PS |

Dieses Ergebnis entspricht etwa der größten Leistung des Motorwagens bei langsamem Gang der Maschine; bei schnellem Gang derselben ist die Leistung 39 PS.

Tafel 5.

Vergleich des Automobilbetriebes mit dem Lokomotivbetrieb.

Spalte No. Zahl der	Beamten	Vergleiche 1 Wagen	Fahrgäste	Vergleiche 2 Wagen	Fahrgäste	Vergleiche 3 Wagen	Fahrgäste
A Automobil . . .	2	—	39	2	89	2	139
B Lokomotive . . .	4	1	50	1	100	3	150

a) Gesamte Zuglast $G_1 + G$ auf 1 t des Motors und auf 1 Fahrgast.

Vergleich	Gewichte G_1 Motor	Gewichte G Fahrzeug	Gewichte G Wagen	Personal	n Fahrgäste	Gesamtgewicht $G_1 + G$	x $\frac{G_1+G}{G_1}$	y $\frac{G_1+G}{n}$	Verhältnis der x und y	
1 A	1,978 t	11,507 t	— t	2	39	16,550 t	8,42 t	427 kg	0,22	1,76
B	20,000		13,000 -	4	50	37,650 -	1,88 -	753 -		
2 A	1,978 t	11,507 t	13,000 -	-	89	33,850 -	17,11 -	380 -	0,16	1,48
B	20,000		27,900 ·	-	100	55,000 -	2,73 -	550 -		
3 A	1,978 t	11,507 t	27,200 -	-	139	51,550 -	25,96 -	369 -	0,14	1,81
B	20,000		40,900 -	-	150	72,850 -	3,62 -	482 -		

b) Zugkräfte und Leistungen für 1 Fahrgast.

Vergleich	Gewichte einschl. d. Personen Motor	Wagen	$G_1 + G$	Zugkräfte $G_1 w_1 + G w = Z$			Leistungen $L = \frac{Z \cdot v}{270}$ PS			$\frac{Z}{n}$	$\frac{L}{n}$
1 A	16,550 t	— t	16,550 t	103 kg	— kg	103 kg	15 PS	— PS	15 PS	2,6 kg	0,38 PS
B	20,150 -	17,500 -	37,650 -	115 -	70 -	185 -	17 -	10 -	27 -	3,7 -	0,54 -
2 A	16,650 -	17,350 -	34,000 -	103 -	69 -	172 -	15 -	10 -	25 -	1,9 -	0,28 -
B	20,150 -	34,850 -	55,000 -	115 -	139 -	254 -	17 -	21 -	38 -	2,5 -	0,38 -
3 A	16,650 -	34,700 -	51,350 -	103 -	139 -	242 -	15 -	21 -	36 -	1,7 -	0,26 -
B	20,150 -	52,300 -	72,850 -	115 -	209 -	324 -	17 -	31 -	48 -	2,2 -	0,33 -

Dynamische Theorie
der Verschwindelafetten und kinematische Schußtheorie.

Von Dr.-Jng. Max O. G. Schwabach.

Einleitung.

Das Problem der Verschwindelafetten.

Die Fortschritte der modernen Technik wären unmöglich ohne weitgehende Arbeitsteilung und Zusammenfassung aller Einzelergebnisse der Arbeiten auf getrennten Gebieten für einen gegebenen Zweck. „Getrennt marschieren und vereint schlagen" bezeichnet auch hier den Weg zum Erfolg. Insbesondere ist man für die Zwecke des Krieges von jeher eifrig bemüht gewesen, sich die Fortschritte auf allen möglichen technischen Gebieten, neuerdings namentlich auf dem des Maschinenbaues, dienstbar zu machen. Dabei kommt es vor, daß Probleme, die ihrem ursprünglichen Wesen nach als rein kriegstechnische anzusehen sind, in ihrer weiteren Entwicklung einen überwiegend maschinentechnischen Charakter annehmen. In ganz besonders hohem Maße ist dies der Fall bei den Geschützen mit sogenannten Verschwindelafetten. Das Problem der Verschwindelafetten, aus kriegstechnischen Bedürfnissen entsprungen, wendet sich geradezu an den Maschineningenieur, den es vor eine ebenso schwierige wie dankbare Aufgabe stellt. Deshalb folgte ich gern einer Anregung des Herrn Prof. Wilhelm Hartmann, die Verschwindelafetten zum Gegenstand einer Untersuchung vom maschinentechnischen Standpunkte aus zu machen.

Zunächst soll das Wesen und die Entwicklung des Problems der Verschwindelafetten kurz erörtert werden.

Ein Geschütz, das gegen einen ebenbürtigen Gegner kämpft, ist mindestens während der Zeit, die es zur Abgabe seiner Schüsse gebraucht, dem Feuer des Gegners ausgesetzt. Soll es in den Zwischenpausen zwischen zwei aufeinander folgenden Schüssen seine Stellung, abgesehen von dem notwendigen Rücklauf und etwaigem Richtungswechsel, beibehalten, so wird es auch in diesen Zwischenpausen, die zum Laden und Richten dienen, dem feindlichen Feuer erreichbar sein. Solche Geschütze können, soweit es erforderlich bezw. möglich ist, durch Panzerung oder Schutzschilde gesichert werden. Ein anderes Mittel, das eigene Geschütz der Einwirkung des Gegners zu entziehen, besteht darin, daß man es nach jedem Schuß gewissermaßen vom Kampfplatze schleunigst abtreten, daß man es hinter eine Deckung sich zurückziehen, also aus der Sicht und dem Schußbereich des Feindes verschwinden läßt. Dies kann auf zwei verschiedene Arten geschehen. Entweder stellt man ein Geschütz mit normaler Lafette auf einer versenkbaren Unterlage auf oder man lagert das Geschützrohr auf einer besonders dazu geeigneten hinter einer Deckung fest aufgestellten Lafette, die es ihm gestattet, nach Bedarf über der Deckung zu erscheinen oder hinter ihr zu verschwinden. Diesem Zwecke dienen die Verschwindelafetten und zwar hauptsächlich in der Küstenverteidigung zum Kampf gegen die schweren Flachbahngeschütze angreifender Kriegsschiffe[1].

Historische Entwicklung des Verschwindelafettenproblems.

Seit der Konstruktion der ersten Verschwindelafetten sind jetzt gerade 100 Jahre vergangen. Entsprechend der raschen Entwicklung der Technik im allgemeinen wie der Geschütztechnik im besonderen machen die ersten Konstruktionen gegenüber den modernen einen recht bescheidenen und unvollkommenen Eindruck. Man begnügte sich im Anfang damit, das Geschützrohr beim Schuß mit Hilfe des Rückstoßes hinter die Deckung zurücksinken zu lassen, während das Aufsteigen in die Feuerstellung von Menschenhand bewirkt werden mußte.

Der englische General Moncrieff[2] versuchte zuerst, die Rückstoßenergie auch zum Heben des Rohres nutzbar zu machen, indem er beim Herabsinken desselben Gegengewichte aufsteigen ließ und so in diesen die zum Wiederhochheben des Rohres erforderliche Energie aufspeicherte. Dieser Grundgedanke war gut, wie die spätere Zukunft lehrte, aber die Ausführung war, dem allgemeinen Stande der technischen Entwicklung entsprechend, unzureichend und nicht geeignet, dem System Eingang in die Praxis zu verschaffen.

Eine gewisse Verbreitung fanden die Verschwindelafetten erst nach der Einführung der hydraulischen Geschützbremsen. Der italienische Kapitän Biancardi entwarf im Jahre 1871 eine Lafette, bei der infolge des Rückstoßes der Kolben einer hydraulischen Bremse Druckflüssigkeit aus dem Bremszylinder durch ein Rückschlagventil in einen Luftbehälter hinüberdrückte. Die dadurch zusammengepreßte Luft gab das Mittel zum Wiederhochheben des Rohres in die Feuerstellung. Auf demselben Grundsatz beruhte eine verbesserte Konstruktion von Moncrieff[3] und ebenso die Verschwindelafette von Armstrong, die in den Abb. 1 und 2 dargestellt ist[4].

Abb. 1 zeigt die Lafette in der Ladestellung, Abb. 2 in der Feuerstellung. Das Rohr ruht mit den Schildzapfen in den oberen Enden zweier einarmigen Hebel, der sogenannten Schwinge, die ihrerseits unten am Lafettenrahmen drehbar gelagert ist. Ferner wird das Rohr nahe seinem hinteren Ende von zwei Lenkerstangen gehalten,

---

[1] Näheres über Zweck und Bedeutung der Verschwindelafetten s. J. Castner in „Schiffbau" 1902 Heft 15; desgl. Kriegstechnische Zeitschrift 1902 Heft 5, (Kritische Betrachtung der verschiedenen Systeme mit Ansätzen einer Theorie), ferner „Stahl und Eisen" 1894 Heft 9.

[2] Vergl. „Engineer" Bd. 57, S. 329.

[3] Vergl. „Le Génie civil" Bd. 8, S. 157.

[4] Die Abbildungen sind der Zeitschrift „Schiffbau" 1902 Heft 15 entnommen. Sie finden sich anscheinend zuerst in „Engineer" Bd. 63, S. 372.

die mit der Schwinge, dem Rohr und dem Lafettenrahmen eine Vierzylinderkette bilden. Gegen den mittleren Teil der Schwinge stützt sich die Kolbenstange der hydraulischen

Abb. 1.

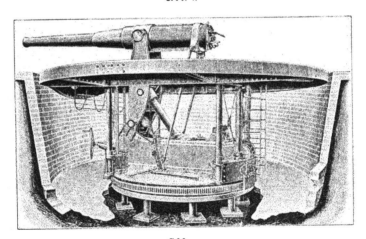

Abb. 2.

Bremse. Der Bremszylinder ist im Lafettenrahmen oszillierend gelagert. Die unteren Endpunkte der Lenkerstangen können in der Ladestellung in zwei am Rahmen angebrachten Kulissen verstellt werden, wodurch die Höhenrichtung des Rohres beim Schuß im voraus festgelegt wird. Die Seitenrichtung wird in gewöhnlicher Weise durch Drehen der Lafette auf einer Drehscheibe genommen. In der Ladestellung ist das ganze Geschütz, wie Abb. 1 zeigt, gegen Volltreffer aus Flachbahngeschützen durch die ausgemauerte Einfassung des unter dem Niveau der Umgebung liegenden Geschützstandes gedeckt.

Beim Abfeuern fliegt das Rohr in einer durch seine Seelenachse gehenden Vertikalebene, der Schußebene, rückwärts und abwärts, wobei die Schildzapfen Kreisbogen um die feste Drehachse der Schwinge beschreiben. Der Bremskolben dringt in den Bremszylinder ein und die Bremse tritt in der bereits erwähnten Weise in Wirksamkeit, wobei Luft in einem besonderen Behälter verdichtet wird. Nach diesem Zusammenwirken der Bremsflüssigkeit mit der Preßluft wird das System als hydropneumatisches bezeichnet. Um beim Rücklauf des Rohres einen zum Wiederhochbringen ausreichenden Energievorrat aufnehmen zu können, muß die Luft schon vor dem Schuß eine hohe Spannung (nach Angaben 60 at) besitzen, die sich beim Schuß dann noch beträchtlich erhöht. Nach vollendetem Rücklauf wird die Preßluft durch das schon erwähnte Rückschlagventil in ihrem Behälter zurückgehalten. Soll das Rohr zum nächsten Schuß in die Feuerstellung hochgehen, so muß durch ein besonderes Ventil die Verbindung zwischen dem Luftbehälter und dem Bremszylinder wiederhergestellt werden.

Nach dem hydropneumatischen System, zum Teil unter Zuhilfenahme von Gegengewichten, wurden noch eine ganze Reihe von Konstruktionen teils entworfen, teils ausgeführt. Aus neuerer Zeit sind einige Ausführungen von Schneider-Creuzot zu erwähnen[1]), die aber wie die übrigen grundsätzlich nicht von den Armstrongschen abweichen.

Als Mangel des hydropneumatischen Systems ist die verhältnismäßig geringe Betriebssicherheit der ziemlich komplizierten unter hohem Druck stehenden pneumatischen Einrichtung mit ihren empfindlichen Ventilen und Dichtungen zu bezeichnen. Ein geringer Defekt an diesen Teilen kann das ganze Geschütz auf längere Zeit außer Gefecht setzen.

So ist man denn in der jüngsten Zeit wieder auf das alte System der Gegengewichtslafetten zurückgekommen, ausgerüstet mit den modernen Errungenschaften auf den Gebieten der Materialerzeugung und der Konstruktion, allerdings auch begünstigt durch die veränderten taktischen Verhältnisse. Die neue Bewegung ging von den Vereinigten Staaten von Nordamerika aus. Dort hatte man sich zu einer außerordentlich starken Befestigung der atlantischen Küste entschlossen und dafür entschieden, an 30 Punkten der Küste Befestigungen mit insgesamt 478 schweren Geschützen von 8 bis 16 Zoll Kaliber anzulegen, von denen 397 Stück Verschwindelafetten erhalten und hinter offenen Brustwehren aus Sand und Beton aufgestellt werden sollten. Man hatte dabei zunächst die Konstruktion von Buffington-Crozier im Auge, eine

---

[1]) Vergl. „Scientific american Supplement" Bd. 50, S. 20610 und „La Nature" vom 26. 7. 1902.

Gegengewichtslafette mit hydraulischer Rücklaufbremse. Die Lafette ist in den Abb. 3 und 4 in der Lade- bezw. Feuerstellung wiedergegeben[1]).

Die Eigenart der Lafette von Buffington-Crozier besteht, wie aus den Abbildungen ersichtlich ist, in der Lagerung und Führung der das Rohr tragenden Schwinge. Diese ist nicht, wie bei allen anderen Systemen, um eine feste Achse drehbar, vielmehr ruht die Tragachse der Schwinge in Gleitstücken, die auf horizontalen Gleitbahnen zurücklaufen können. Dabei ist das untere Ende der Schwinge, an dem das Gegengewicht hängt, gezwungen, sich in einer vertikalen Führung zu bewegen, sodaß die Schwinge gegenüber dem Lafettenrahmen eine Cardanbewegung ausführt, wobei die Schildzapfen elliptische Bahnen beschreiben. Fliegt das Rohr beim Schuß aus der Feuerstellung in die Ladestellung zurück, so steigt das Gegengewicht senkrecht empor, wodurch ein Teil der Rückstoßenergie verzehrt wird. Der übrige beträchtliche Teil dieser Energie wird von hydraulischen Rücklaufbremsen aufgenommen. Die Bremszylinder sind fest mit den Gleitstücken verbunden, deren Rücklaufbewegung sie mitmachen, während die Bremskolben von den durchlaufenden Kolbenstangen, deren Enden mit den Lafettenrahmen starr verbunden sind, festgehalten werden. In der Ladestellung wird der Hubmechanismus durch eine besondere Vorrichtung festgestellt. Sobald diese gelöst wird, sinkt das Gegengewicht nieder und zieht das Rohr wieder in die Feuerstellung empor. Die Anordnung der Lafette schien so einfach und sicher, daß ihre allgemeine Einführung beschlossen wurde. Als aber bereits ein großer Teil fertig gestellt war, ergaben sich bei den angestellten Schießversuchen an einer größeren Zahl von Geschützen Schwierigkeiten, sodaß man sich veranlaßt sah, die Fabrikation zu unterbrechen. Namentlich soll es häufig vorgekommen sein, daß die Lafette beim Vorlauf infolge der Gleitbahnreibungen mitten in der Bewegung stecken blieb und erst mit Menschenkraft ganz in die Höhe oder zurück in die Ladestellung gebracht werden mußte[2]).

Man stellte deshalb weitere Versuche mit einer anderen Konstruktion an, die von Howell herrührte und bei der Gleitbahnen ganz vermieden wurden. Abb. 5 zeigt die Lafette in der Feuerstellung, Abb. 6 in der Ladestellung[3]). Bei der Lafette von Howell besteht die Schwinge aus zweiarmigen Hebeln (Abb. 6), deren Drehachse fest im Lafettenrahmen gelagert ist. Das obere Ende der Schwinge trägt das Rohr, am unteren Ende greift die Kolbenstange der hydraulischen Bremse an. Der Bremszylinder ist oszillierend im Lafettenrahmen gelagert. Das Gegengewicht ist nach der Patentschrift fest mit dem unteren Arm der Schwinge verbunden, in der Ausführung ist es jedoch für sich beweglich an der Drehachse der Schwinge aufgehängt und gegen das untere Ende der Schwinge durch einen hydraulischen Puffer und zwei Federpuffer abgestützt (vergl. Abb. 6), wodurch eine sanftere Beschleunigung des Gegengewichts

[1]) Die Abbildungen sind dem „Scientific american" vom 14. 3. 1896 entnommen.
[2]) Zu diesem Zwecke versah man die Lafettenrahmen mit Zahnstangen und die Bremszylinder mit Ansätzen als Stützpunkte für Hebel, die in die Zahnstangen eingreifen und so zur Bewegung des Mechanismus dienen konnten. Auch ein auf der Weltausstellung in St. Louis ausgestelltes 12-zölliges Geschütz war mit einer solchen Vorrichtung ausgestattet.
[3]) Nach „Scientific american" vom 25. 8. 1900.

Abb. 3.

Abb. 4.

beim Rückstoß erzielt werden soll. Aber auch diese Lafette fand nicht die allgemeine
Zustimmung und namentlich scheint die Puffervorrichtung begründeten Anlaß zu Be-

Abb. 5.

schwerden gegeben zu haben. Schließlich entschied man sich für die Konstruktion
Buffington-Crozier, nach der heute ein großer Teil der Küstengeschütze der Vereinigten Staaten ausgeführt ist.

Abb. 6.

In Deutschland wandte man sich erst in allerjüngster Zeit dem System der
Verschwindelafetten zu. Im Jahre 1902 trat die Firma Krupp auf der Ausstellung

in Düsseldorf mit einer Konstruktion auf, die in der Abb. 7 dargestellt ist[1]). Die Lafette von Krupp besitzt eine Schwinge mit fester Drehachse. Die Führung des Rohres und der Angriff der hydraulischen Bremse weisen nichts besonderes gegenüber der Lafette von Howell auf. Die Eigentümlichkeit der Kruppschen Konstruktion besteht in der Anordnung des Gegengewichts, die allerdings in Abb. 7 nicht zu erkennen ist. Sie geht aus Abb. 23 hervor. Die Schwinge ist nach unten über die Drehachse

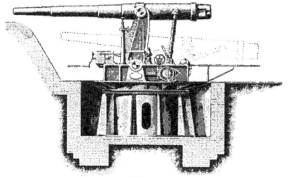

Abb. 7.

hinaus verlängert, an die unteren Enden der Schwinge sind zwei Zugstangen angeschlossen, die ihrerseits das senkrecht geführte Gegengewicht tragen. Die Abmessungen sind so gewählt, daß der Schwerpunkt des Gegengewichts senkrecht unter der Drehachse liegt. Durch die Anordnung des Gegengewichts soll ein sanftes Anheben des Gewichts und eine gleichmäßige Wirkung desselben während des ganzen Vorlaufs erzielt werden.

Der jetzige Stand des Verschwindelafettenproblems.

In ihrem gegenwärtigen Stande ist die Frage der Verschwindelafetten eine rein technische und zwar maschinentechnische. Je vollkommener es gelingt, die Lafetten, vor allem den Verschwindemechanismus kriegsbrauchbar zu gestalten, desto mehr werden sie im Wettbewerb mit den verschiedenen Formen des Panzerschutzes in die Küstenverteidigung Eingang finden. Die technischen Anforderungen, die an eine Verschwindelafette zu stellen sind, ergeben sich aus der Aufgabe, die größte Leistungsfähigkeit im Angriff mit möglichster eigener Unverletzlichkeit zu vereinigen.

Was zunächst die Offensiveigenschaften betrifft, so soll dabei ein bestimmtes Geschützrohr mit entsprechender Schußleistung als gegeben angesehen werden. Als-

[1]) Die Abbildung ist der Zeitschrift „Schiffbau" vom 23. 7. 1902 entnommen.

dann ist es Aufgabe der Lafette, einerseits durch die Führung des Rohres zu ihrem
Teil die Treffsicherheit des einzelnen Schusses zu gewährleisten, andererseits durch
die Schnelligkeit ihrer Bewegungen zu einer möglichst raschen Aufeinanderfolge der
Schüsse beizutragen. Auch hinsichtlich der Trefflähigkeit wird beim Schießen auf bewegliche Ziele insbesondere Schnelligkeit des Vorlaufs zu fordern sein, um die Zeit
zwischen dem Richten in der Ladestellung und dem Abfeuern in der Feuerstellung
klein zu halten.

Für die Defensive ist zu verlangen, daß die Deckung aller Geschützteile
einschl. des Rohres in der Ladestellung eine möglichst vollkommene, also für möglichst
große Einfallwinkel der feindlichen Geschosse ausreichende und daß die Zeit, während
der das Rohr aus der Deckung zum Schuß hervortreten muß, möglichst klein sei. Ist
das letzte der Fall, so ist nicht nur dem Feinde das Zielen auf das sichtbare Rohr
aufs Äußerste erschwert bezw. ganz unmöglich gemacht, sondern auch die Gefahr von
Zufalltreffern auf ein Minimum beschränkt. Also ist auch für die Defensive Schnelligkeit der Lafettenbewegungen erforderlich. Ferner ist notwendig, daß die Lafette allen
Beanspruchungen, namentlich beim Schuß, mit genügender Sicherheit gewachsen und
andauernd völlig betriebssicher sei.

Allen diesen Bedingungen hat eine brauchbare Verschwindelafette zu genügen
und zwar in möglichst hohem Maße. Die Erfüllung aller Bedingungen wird vor der
Annahme irgend eines Systems für den praktischen Gebrauch eingehend durch Versuche nachgewiesen werden müssen. Da jedoch solche Versuche, ebenso wie die Herstellung der Probelafetten kostspielig und zeitraubend sind, wird man sich zweckmäßig
zu beiden nur nach genauester theoretischer Prüfung der betreffenden Konstruktion
entschließen. Daher stellt sich die vorliegende Arbeit die Aufgabe, an einem allgemeinen Beispiel sowie au den bedeutsamsten vorhandenen Systemen die theoretische
Untersuchung von Verschwindelafetten vorzuführen und daraus die wichtigsten Gesichtspunkte für den Entwurf und die Beurteilung weiterer Konstruktionen herzuleiten.

Aufgaben einer Theorie der Verschwindelafetten.

Entsprechend den schon genannten an Verschwindelafetten zu stellenden Anforderungen wird sich die Untersuchung zu erstrecken haben:

1) in einem dynamischen Teil auf die Kraft-, Arbeits- und Geschwindigkeitsverhältnisse des Hubmechanismus, insbesondere die
   Aufnahme des Rückstoßes, die Ansammlung der Hubenergie in den Gegengewichten, die Verzehrung des Energieüberschusses in den Bremsen sowie
   mit Rücksicht auf die Betriebssicherheit auf die Reibungsverhältnisse, ferner
   auf die Geschwindigkeiten zur Ermittlung der für die verschiedenen Bewegungen erforderlichen Zeiten;
2) in einem kinematischen Teil auf den Einfluß der Lafettenbewegungen auf die Rohrführung und damit auf die Geschoßbahn
   und die Treffsicherheit.

Da die im zweiten Teil gebrauchte kinematische Methode meines Wissens in
der Schußtheorie noch nicht Anwendung gefunden hat, dabei aber geeignet scheint,

nicht nur bei Verschwindelafetten sondern ganz allgemein eine klarere und vollständigere Anschauung von gewissen Vorgängen beim Schuß zu geben, so soll sie allgemein abgeleitet und auf verschiedene Lafettensysteme, insbesondere auch auf Verschwindelafetten angewendet werden.

Dynamische Theorie der Verschwindelafetten.

Die Gegengewichtslafetten.

Die Gegengewichtslafetten nehmen gegenüber den hydropneumatischen heute das weitaus vorwiegende Interesse in Anspruch. Die stets vorhandene Gefahr einer Betriebsstörung durch Undichtigkeiten an der pneumatischen Einrichtung sowie die Notwendigkeit besonderer maschineller Einrichtungen zur Erzeugung von Preßluft nach längerem Stehen der Lafette in der Ladestellung werden der Verbreitung des hydropneumatischen Systems dauernd im Wege stehen, während ähnliche grundsätzliche Bedenken bei dem Gegengewichtssystem nicht vorhanden sind. Aus diesen Gründen und in Anbetracht der größeren Verbreitung, die sie in der neueren Zeit gefunden haben, soll nur von den Gegengewichtslafetten im folgenden die Rede sein. Was sich davon etwa auf die hydropneumatischen Lafetten anwenden läßt, wird im übrigen ohne weiteres klar sein.

Die dynamische Untersuchung der Lafettenmechanismen wird sich nach zwei Richtungen hin zu erstrecken haben:

Erstens sollen die Bewegungsvorgänge untersucht und dargestellt werden, wobei die auftretenden Kräfte nur insoweit zu berücksichtigen sind, als sie Einfluß auf die Bewegungen haben.

Zweitens aber sollen die Kräfte in einem besonderen Abschnitte nach ihrem Einfluß auf die Maximalbeanspruchungen der einzelnen Hauptkonstruktionsteile betrachtet werden. Diese Betrachtung ist ungemein wichtig wegen der Größe der beim Schuß auftretenden Gasdrücke.

Die dynamischen Vorgänge an den Gegengewichtslafetten sollen nun zunächst an einer möglichst einfachen Grundform dargestellt werden, die trotz ihrer Einfachheit die meisten Erscheinungen in einwandfreier Weise vorzuführen gestattet und gerade vermöge einiger durch ihre Einfachheit bedingter Unvollkommenheiten die Notwendigkeit gewisser Einrichtungen an den komplizierteren Lafetten begründet. Als eine solche Grundform bietet sich die in den Abb. 8 und 9 schematisch gezeichnete Lafette dar, die im Prinzip des Hubmechanismus mit der ursprünglichen Lafette von Howell übereinstimmt. Bezüglich der allgemeinen Wirkungsweise kann also auf die frühere Beschreibung dieses Systems verwiesen werden. Die Abb. 8 und 9 sind für ein 24 cm Rohr von 40 Kalibern Länge entworfen. Die Anordnung des Hubmechanismus gegenüber der Deckung gestattet, dem Rohr in der Feuerstellung eine Erhöhung von — 5° bis + 15° zu geben, während das Geschütz selbst mit allen seinen Teilen in der Ladestellung gegen Volltreffer gedeckt ist, deren Einfallwinkel 6° nicht übersteigen. In der Ladestellung hat das Rohr immer dieselbe Erhöhung von 5°, die Erhöhung beim Schuß kann durch Einstellung der hinteren Lenkstangen in ihren Kulissen vor dem Aufsteigen in die Feuerstellung festgelegt werden.

Den wichtigsten Teil des Hubmechanismus bildet die Schwinge, deren Drehachse in zwei am Lafettenrahmen befindlichen Lagern ruht. Die Schwinge trägt oben

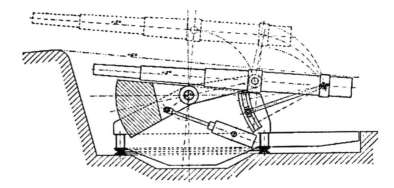

Abb. 8. Ladestellung.

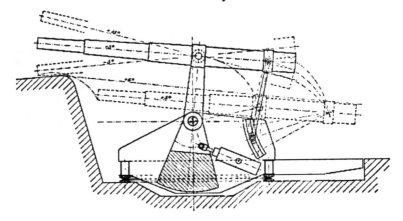

Abb. 9. Feuerstellung.

das Rohr, unten das Gegengewicht. Da auch die hydraulische Bremse an ihr angreift,
ist sie das Bindeglied aller Teile, von denen die wesentlichen Kraftwirkungen ausgehen.
Die Schwinge spielt somit im Hubmechanismus eine ähnliche Rolle wie die Kurbel im

Triebwerk unserer Kolbenmaschinen. Daher empfiehlt es sich auch, von den Bewegungsverhältnissen der Schwinge auszugehen und die Verhältnisse an den anderen Teilen des
Mechanismus auf die der Schwinge zurückzuführen. Ferner erweist es sich als vorteilhaft, die Bewegungen der Schwinge wiederum darzustellen durch diejenigen eines ihrer
Punkte, etwa des Schildzapfenmittelpunktes, der dann dem Kurbelzapfenmittelpunkt an
der Kurbel entspricht.

Die Bewegungsvorgänge.

Der Schildzapfenmittelpunkt A (s. Abb. 14) beschreibt einen Kreisbogen um die
Drehachse O und zwar bewegt er sich zwischen den Endlagen A_L und A_R, die der
Ladestellung und der Feuerstellung des Mechanismus entsprechen, hin und her. AO
schließt mit der Horizontalen durch O einen veränderlichen Winkel α ein. Beim Vorlauf wächst α von dem Wert α_L bis α_R, beim Rücklauf nimmt er von α_F bis α_L ab.
Es ist zweckmäßig, die einzelnen Bewegungen gesondert und zwar den Rücklauf zuerst
zu betrachten. Beim Rücklauf sind wiederum zwei Perioden zu unterscheiden, die getrennt von einander zu behandeln sind, der erste beschleunigte Teil der Rücklaufbewegung, der hier kurzweg als Rückstoß bezeichnet werden soll, und der weitere Rücklauf.

Der Rückstoß.

Der Rückstoß umfaßt den Teil der Bewegung, der sich unter der unmittelbaren
treibenden Einwirkung der Pulvergase vollzieht. Diese beginnt mit der Entzündung
der Ladung und hört auf, kurz nachdem das Geschoß die Mündung des Rohres verlassen hat. Eine ganz vollkommene Theorie der Bewegungsvorgänge während dieser
Periode läßt sich nur dann aufstellen, wenn über die Größe aller dabei auftretenden
Kräfte Klarheit herrscht. Leider besteht nun eine gewisse Unzulänglichkeit gerade
hinsichtlich der Kenntnis derjenigen Kräfte, die während des Rückstoßes die eigentlichen Triebkräfte für die Lafette darstellen, nämlich hinsichtlich der Gasdrücke.

Nach dem heutigen Stande der inneren Ballistik ist es nicht möglich, für ein
bestimmtes Geschütz- und Geschoßsystem auf Grund der gegebenen physikalischen und
chemischen Eigenschaften der Pulverladung den zeitlichen Verlauf des Gasdruckes auf
rein theoretischem Wege abzuleiten. Jedoch zeigt dieser Verlauf im allgemeinen eine
gewisse Gesetzmäßigkeit, die es gestattet, ihn aus einigen in jedem Falle besonders zu
bestimmenden charakteristischen Größen mit Hilfe empirischer Formeln und Tabellen
abzuleiten [1]).

Am leistungsfähigsten in dieser Beziehung scheinen die neueren Methoden von
Vallier und Heydenreich [2]) zu sein und man könnte sehr wohl mit ihrer Hilfe den
Verlauf des Gasdruckes und daraus weiter das Bewegungsgesetz für den vorliegenden

---

[1]) Näheres s. „Enzyklopädie der Math. Wissenschaften mit Einschluß ihrer Anwendungen IV 18.
Ballistik" von C. Cranz S. 243 ff.

[2]) Näheres s. ebenda S. 267 ff. oder „Sur la loi des pressions dans les bouches à feu" par M. E.
Vallier im „Mémorial des Poudres et Salpêtres", Paris 1899—1902. Ferner Heydenreich, „Neuere Methoden zur Berechnung des Verlaufes der Gasdruckkurven in Geschützrohren", Kriegstechnische Zeitschrift
1900 S 287 u. 334 und 1901 S. 292.

Lafettenmechanismus ermitteln. Es zeigt sich aber, daß man, wie im einzelnen der weitere Verlauf der Untersuchung ergeben wird, ohne Schaden für die Gesamttheorie der Verschwindelafetten überhaupt darauf verzichten kann, auf die Rückstoßtheorie in ihrem ganzen Umfange einzugehen. Vielmehr ist es möglich, alles für den vorliegenden Zweck erforderliche mit hinreichender Genauigkeit auf verhältnismäßig einfachere Art abzuleiten. Dabei kann sich die folgende Entwicklung mit Vorteil an die Darstellung des Rückstoßes anlehnen, die P. Sock in einer Arbeit über hydraulische Geschützbremsen gegeben hat[1]).

Die Entzündung der Geschützladung geht in einem ungefähr zylindrischen Raum vor sich, dessen Mantelflächen die Rohrwandung, dessen Stirnflächen einerseits der Geschoßboden, andererseits die durch den Verschluß gebildete hintere feste Begrenzung des Rohrinnern darstellt. Während die Drücke auf die Mantelflächen sich bei genügender Festigkeit des Rohres gegenseitig aufheben und keine Bewegung verursachen, bewirkt der Druck D auf die Stirnflächen eine relative Bewegung des Geschosses gegenüber dem Rohr in Richtung der Seelenachse. Von der Kraft D ist ein kleiner Teil W dazu erforderlich, um die Führungsteile des Geschosses in die Züge des Rohres hinein und durch sie hindurch zu pressen; der übrig bleibende Betrag $P = D - W$ dient dazu, Geschoß und Rohr nach entgegengesetzten Richtungen hin zu beschleunigen bezw. weitere äußere Bewegungswiderstände zu überwinden.

Das Geschoß erfährt dabei außer der Beschleunigung in der Schußrichtung infolge des Dralls der Züge noch eine Drehbeschleunigung um seine Längsachse. Diese Drehbeschleunigung erfordert aber nur einen so verschwindenden Bruchteil des Druckes P, daß man diesen vollständig als Beschleunigungsdruck für die fortschreitende Bewegung des Geschosses in Rechnung setzen kann. Ist G das Gewicht des Geschosses, L dasjenige der Ladung, so beträgt mithin die Geschoßbeschleunigung in der Schußrichtung unter der üblichen Annahme, daß die halbe Ladung mit dem Geschoß zu beschleunigen ist:

$$p_G = \frac{P}{\frac{G}{g} + \frac{1}{2}\frac{L}{g}} \quad \cdots \cdots \quad (1)$$

Wäre das Rohr vom Gewicht R in Richtung seiner Seelenachse frei beweglich gelagert, so würde es eine entsprechende Rückbeschleunigung vom Betrage

$$p_R = \frac{P}{\frac{R}{g}} \quad \cdots \cdots \quad (2)$$

erfahren. Nun stellen sich aber der Rücklaufbewegung Widerstände entgegen, vor allem der Widerstand der Rücklaufbremse, dann auch Reibungswiderstände und andere. Infolgedessen ist die Rohrbeschleunigung in Wirklichkeit etwas kleiner als Gl. (2) besagt.

Solange P die Bewegungswiderstände überwiegt, hält die Beschleunigung des Rohres an. Es erreicht seine Maximalgeschwindigkeit in dem Augenblick, in dem der

[1]) Vergl. „Zur Theorie der hydraulischen Geschützbremsen" von Sock in den Mitteilungen über Gegenstände des Artillerie- und Geniewesens 1899 S. 83 ff.

Druck P unter den Betrag der Widerstände sinkt. Von da ab erfährt die Bewegung eine Verzögerung. Begnügt man sich nun auch damit, der Einfachheit wegen lediglich die Maximalgeschwindigkeit und den zugehörigen Rücklaufweg zu bestimmen, so ist man doch imstande, den weiteren Verlauf der Rücklaufbewegung exakt zu behandeln. In scheinbar etwas gewaltsamer Weise müssen dabei zunächst die Bewegungswiderstände, solange der Gasdruck anhält, vernachlässigt und die Fehler durch empirische Korrekturen ausgeglichen werden. Es wird sich zeigen, daß dieses Verfahren für die Theorie der Verschwindelafetten vollständig einwandfrei ist.

Die Rücklaufgeschwindigkeiten v_R und die Rücklaufwege s_R können zurückgeführt werden auf die Geschoßgeschwindigkeiten v_G und die Geschoßwege s_G. Aus Gl. (2) folgt:

$$p_R = \frac{d v_R}{d t} = \frac{P}{\dfrac{R}{g}}$$

$$v_R = \frac{1}{\dfrac{R}{g}} \int P \, d t,$$

ebenso aus Gl. (1):

$$p_G = \frac{d v_G}{d t} = \frac{P}{\dfrac{G}{g} + \frac{1}{2} \dfrac{L}{g}}$$

$$v_G = \frac{1}{\dfrac{G}{g} + \frac{1}{2} \dfrac{L}{g}} \int P \, d t,$$

folglich:

$$\frac{v_R}{v_G} = \frac{G + \frac{1}{2} L}{R} \qquad \ldots \ldots \ldots (3)$$

Dieses Verhältnis gilt in jedem Augenblick, also auch beim Austritt des Geschosses aus der Mündung. Folglich:

$$v_R{}' = v_a \frac{G + \frac{1}{2} L}{R}, \qquad \ldots \ldots \ldots (4)$$

wenn $v_R{}'$ die Rücklaufgeschwindigkeit des Rohres in diesem Augenblick und v_a die gleichzeitige Geschoßgeschwindigkeit bezeichnet. Da v_a genau gemessen werden kann und G, L und R in jedem Fall bekannt sind, ist $v_R{}'$ durch Gl. (4) bestimmt.

Infolge der Nachwirkung der Pulvergase nach dem Geschoßaustritt wächst v_R noch weiter an. Dieser Zuwachs wird auf Grund von Messungen empirisch in verschiedener Weise ausgedrückt. Krupp drückt ihn durch Änderung des Koeffizienten von L aus, der dann zwischen 1,6 und 2,6 schwankt und im Mittel etwa 2 beträgt. Dementsprechend ist im folgenden als maximale Rücklaufgeschwindigkeit

$$v_{max} = v_a \frac{G + 2 L}{R} \qquad \ldots \ldots \ldots (5)$$

angenommen. Die Wege s_R und s_G verhalten sich wie die Geschwindigkeiten v_R und v_G. Folglich ist nach Gl. (3):

$$\frac{s_R}{s_G} = -\frac{G + \frac{1}{2}L}{R} \ldots \ldots \ldots (6)$$

Beim Austritt des Geschoßbodens aus der Rohrmündung seien die entsprechenden Wege s_R' und s_G', daher der relative Weg des Geschosses gegenüber dem Rohre bezw. die Entfernung des Geschoßbodens von der Rohrmündung vor dem Abfeuern:

$$l = s_R' + s_G'.$$

Dann folgt aus Gl. (6):

$$\frac{s_R'}{s_R' + s_G'} = \frac{G + \frac{1}{2}L}{R + G + \frac{1}{2}L} \ldots \ldots (7)$$

$$s_R' = l\frac{G + \frac{1}{2}L}{R + G + \frac{1}{2}L}.$$

Dieser Wert s_R' entspricht der Geschwindigkeit v_R'. Während diese auf v_{max} anwächst, nimmt s_R gleichfalls zu. Dieser Zuwachs wird geschätzt, indem man annimmt

$$s_r \geq l\frac{G + \frac{1}{2}L}{R + G + \frac{1}{2}L} \ldots \ldots \ldots (8)$$

Dieser Wert soll im folgenden als Rückstoßweg bezeichnet werden. Entsprechend ist dann unter Rückstoß der beschleunigte Teil, unter Rücklauf im engeren Sinne der verzögerte Teil der Rücklaufbewegung zu verstehen.

Hat das Rohr den Weg s_r zurückgelegt und dabei die Geschwindigkeit v_{max} erlangt, so besitzt es eine kinetische Energie

$$E_{max} = \frac{1}{2}\frac{R}{g}v_{max}^2. \ldots \ldots \ldots (9)$$

Diese muß während des weiteren Rücklaufes von den Bewegungswiderständen aufgenommen werden. Bevor hierauf eingegangen werden kann, muß erst untersucht werden, welche Besonderheiten sich beim Rückstoß für die Verschwindelafetten ergeben.

In Abb. 13 sei wieder O die feste Drehachse der Schwinge OA, O_1 diejenige der Lenkerstange $O_1 A_1$. Den Steg OO_1 der Vierzylinderkette bildet der Lafettenrahmen. Die Schwinge werde ebenso wie die Lenkerstange vorläufig als masselos angesehen, ein Gegengewicht sei nicht vorhanden. Dann beschreibt A beim Rückstoß einen Kreisbogen um O mit dem Halbmesser r. In der Feuerstellung schließt r mit der Horizontalen den Winkel α_r ein. Bezeichnet δ den Erhöhungswinkel der Seelenachse des Rohres gegen die Horizontale, so bildet die Seelenachse mit der Tangente an die Bahn von A einen Winkel

$$\varphi = \delta - \left(\frac{\pi}{2} - \alpha_r\right). \ldots \ldots \ldots (10)$$

Demnach ist nur die Tangentialkomponente $P \cos\varphi$ des Gasdruckes P als beschleunigende Kraft wirksam; die Radialkomponente $P \sin\varphi$ wird von der Lagerung in O aufgenommen und hat auf die Bewegung von A keinen Einfluß. Während der Bewegung ändern sich α und δ, mithin auch φ. In Wirklichkeit ist aber stets der Rückstoßweg s_r so klein, daß die Änderung von α den Betrag von etwa 2° nicht übersteigt. Die Änderung von δ ist noch viel kleiner, so daß auch φ sich nur entsprechend wenig verändert. Da ferner φ immer ein ziemlich kleiner Winkel ist (im vorliegenden Beispiel mit $a_r = 85°$ und d $= -5°$ bis $+15°$ liegt der Wert von φ zwischen $+10°$ und $-10°$), so kann $\cos \varphi$ mit sehr großer Annäherung als konstant angesehen werden. (Im Beispiel ändert sich $\cos \varphi$ während des Rückstoßes im ungünstigsten Fall um weniger als 0,4 v. H.)

Da der Punkt A zweckmäßig mit dem Schwerpunkt des Rohres zusammenfällt, kann man sich bei der Bestimmung der Tangentialbeschleunigung von A die gesamte Rohrmasse in diesem Punkt vereinigt denken. Die Arbeit der Kraft $P \cos \varphi$ ist dann umzusetzen in die kinetische Energie der auf der Bahn von A fortschreitenden Bewegung der in A konzentrierten Rohrmasse und in die Energie einer gleichzeitigen Drehbewegung des Rohres um die Schildzapfenachse A. Diese Drehbewegung, von der später noch genauer die Rede sein wird, muß aus dort genannten Gründen so klein gehalten werden, daß sie hier neben der fortschreitenden Bewegung des Schwerpunktes A nicht in Betracht kommt. Daher geht Gl. (2) über in

$$p_R = \frac{P \cos \varphi}{\dfrac{R}{g}}, \qquad \ldots \ldots \ldots \quad (11)$$

wenn p_R die Tangentialbeschleunigung des Punktes A bedeutet.

Bisher war angenommen worden, daß die Rohrmasse $\frac{R}{g}$ allein zu beschleunigen sei. Da jedoch außer $\frac{R}{g}$ in Wirklichkeit noch die sämtlichen anderen bewegten Massen des Hubmechanismus zu beschleunigen sind, so soll zunächst deren Einfluß auf p_R berücksichtigt werden. Die Kraft $P \cos \varphi$ hat nicht nur dem Rohre die lineare Beschleunigung p_R, sondern außerdem noch der Schwinge und dem Gegengewicht eine Winkelbeschleunigung $\varepsilon = \frac{p_R}{r}$ um die Drehachse O zu erteilen [1]. Bezeichnet man das Trägheitsmoment der Schwinge in Bezug auf die Achse O mit J_s, so ist zur Beschleunigung der Schwinge ein Drehmoment

$$J_s \varepsilon = J_s \frac{p_R}{r}$$

oder im Abstande r von der Drehachse eine Tangentialkraft $J_s \frac{p_R}{r_2}$ erforderlich. Ist ferner J_g das Trägheitsmoment des Gegengewichts in Bezug auf O, so ist entsprechend das erforderliche Drehmoment

$$J_g \varepsilon = J_g \frac{p_R}{r}$$

und die erforderliche Tangentialkraft im Abstande r von der Achse $J_g \frac{p_R}{r^2}$. Da außerdem für die Rohrbeschleunigung eine Kraft $\frac{R}{g} p_R$ nötig ist und alle diese Beschleunigungen von der einen Tangentialkraft $P \cos \varphi$ herrühren, so ist zu setzen:

---

[1] Die übrigen Massen sind verhältnismäßig so klein, daß sie hier außer Betracht bleiben können.

$$P \cos \varphi = \frac{R}{g} p_R + J_{\sigma} \frac{p_R}{r^2} + J_N \frac{p_R}{r^2}.$$

$$P \cos \varphi = p_R \left(\frac{R}{g} + \frac{J_{\sigma}}{r^2} + \frac{J_N}{r^2} \right).$$

Ist daher S das Gewicht der Schwinge und G das des Gegengewichts (eine Verwechslung mit dem Geschoßgewicht G dürfte wohl ausgeschlossen sein), so sind die wirklichen Massen $\cdot \frac{S}{g}$ und $\frac{G}{g}$ zu ersetzen durch die auf A reduzierten Massen.

$$\frac{S'}{g} = \frac{J_N}{r^2} \quad \text{und} \quad \frac{G'}{g} = \frac{J_{\sigma}}{r^2},$$

folglich:

$$p_R = \frac{P \cos \varphi}{\Sigma M}, \quad \ldots \ldots \ldots \quad (12)$$

wenn ΣM die Summe aller auf den Schildzapfenmittelpunkt A reduzierten Massen bezeichnet.

Tritt Gl. (12) in der früheren Entwicklung an die Stelle von Gl. (2), so geht Gl. (4) über in

$$v_R' = v_a \frac{G + \frac{1}{2} L}{\Sigma M g} \cos \varphi \quad \ldots \ldots \quad (13)$$

und an Stelle von Gl. (5) tritt

$$v_{max} = v_a \frac{G + 2 L}{\Sigma M g} \cos \varphi, \quad \ldots \ldots \quad (14)$$

an Stelle von Gl. (7)

$$s_R' = l \cdot \frac{G + \frac{1}{2} L}{\Sigma M g + G + \frac{1}{2} L} \cos \varphi \quad \ldots \ldots \quad (15)$$

und an Stelle von Gl. (8)

$$s_r \geq l \cdot \frac{G + \frac{1}{2} L}{\Sigma M g + G + \frac{1}{2} L} \cos \varphi. \quad \ldots \ldots \quad (16)$$

Bezeichnet endlich $\omega_{max} = \frac{v_{max}}{r}$ die maximale Winkelgeschwindigkeit der Schwinge und des Gegengewichts, so geht noch Gl. (9) über in

$$E_{max} = \frac{1}{2} \frac{R}{g} v_{max}{}^2 + \frac{1}{2} J_S \omega_{max}{}^2 + \frac{1}{2} J_q \omega_{max}{}^2$$

$$E_{max} = \frac{1}{2} v_{max}{}^2 \left(\frac{R}{g} + \frac{J_N}{r_1} + \frac{J_{\sigma}}{r_2} \right)$$

$$E_{max} = \frac{1}{2} \Sigma M v_{max}{}^2. \quad \ldots \ldots \ldots \ldots \quad (17)$$

Die Gleichungen (14), (16) und (17) kennzeichnen den Bewegungszustand des Hubmechanismus am Schlusse des Rückstoßes und bezeichnen gleichzeitig den Anfangszustand für die weitere Rücklaufbewegung.

Der weitere Rücklauf.

Für die Untersuchung von dynamischen Vorgängen, wie sie hier vorliegen, eignen sich ganz besonders graphische Darstellungen. Sie sind hervorragend geeignet, in einfacher und anschaulicher Weise fortlaufend für alle Stadien der Bewegungen über alles Notwendige Aufschluß zu geben. Deshalb werde ich mich im folgenden vorzugsweise graphischer Methoden bedienen, und zwar soll dabei die Behandlungsweise vorbildlich sein, die Professor Hartmann in seiner dynamischen Theorie der Dampfmaschine[1]) vorgeführt und speziell auf die Dampfmaschine angewendet hat. Die dort gebrauchte Methode läßt sich leicht den Bedürfnissen des Verschwindelafettenproblems anpassen.

Die Rücklaufdiagramme.

Die Kraft- und Bewegungsverhältnisse des Hubmechanismus der in Abb. 8 und 9 gegebenen Lafette sind in Abb. 10 bis 12 graphisch dargestellt und zwar als Funktionen des Weges $A_f A_L$ des Schildzapfenmittelpunktes A. Da einige wichtige Größen einfache Funktionen des Winkels α sind, den die Schwinge OA mit der Horizontalen durch O bildet, so sind die Wegeabszissen durch eine Anzahl Ordinaten mit einer Einteilung versehen, die den Winkeln α von 0° bis 90° entspricht. Für die Zeichnung der Diagramme erweist sich dabei eine Einteilung von 10° zu 10° als ausreichend. Mit den früheren Bezeichnungen ergibt sich der ganze von A beschriebene Weg $s = r\,(\alpha_f - \alpha_L)$. Davon entfällt die verhältnismäßig kleine Strecke $s_r = A_f A_r$ (Abb. 10) auf den eigentlichen Rückstoß, der übrige Teil $s - s_r$ auf den weiteren Rücklauf. Da der Rückstoß in den obigen Gleichungen für s_r, v_{max} und E_{max} seine Erledigung gefunden hat, so erstrecken sich die Rücklaufdiagramme in Abb. 10 nur auf die Strecke $A_f A_L = s - s_r$.

In Abb. 10a sind zunächst die für die Rücklaufbewegung maßgebenden Tangentialkräfte in ihrer Abhängigkeit vom Rücklaufwege dargestellt.

Treibend im Sinne der Rücklaufbewegung wirkt nur das Rohrgewicht R. Es greift unmittelbar in A an und liefert eine Tangentialkraft

$$T_R = R \cos \alpha \text{ (Abb. 14)}.$$

Außer der kinetischen Energie E_{max} ist also noch die Arbeit

$$\mathfrak{A}_R = \int T_R\,ds \qquad \dotfill \quad (18)$$

von den Bewegungswiderständen während des Rücklaufs aufzunehmen. Die Arbeit $\mathfrak{A}_R = \int T_R\,ds$ wird durch die Fläche zwischen der Grundlinie $A_f A_L$ und der T_R-Kurve dargestellt (Abb. 10a). Aus dem Längenmaßstab für s und dem Kräftemaßstab für T_R ergibt sich ein bestimmter Flächenmaßstab für die Arbeitsflächen. In demselben Flächenmaßstab können wir auch E_{max} darstellen. In Abb. 10a ist E_{max} durch ein Rechteck von der Höhe T_m über der Grundlinie $s - s_r$ ausgedrückt. $T_m = \dfrac{E_{max}}{s - s_r}$ wäre also ein konstanter Tangentialwiderstand, der in A angreifen müßte, um längs des Weges $s - s_r$ das Arbeitsvermögen E_{max} zu vernichten. Dann muß die Summe der Arbeitsflächen aller Bewegungswiderstände gleich der Summe der Flächen von E_{max} und $\mathfrak{A}_R$ sein.

---

[1]) Zeitschrift des Vereines deutscher Ingenieure 1892.

Die Bewegungswiderstände rühren her vom Gegengewicht, den Lagerreibungen und der Rücklaufbremse.

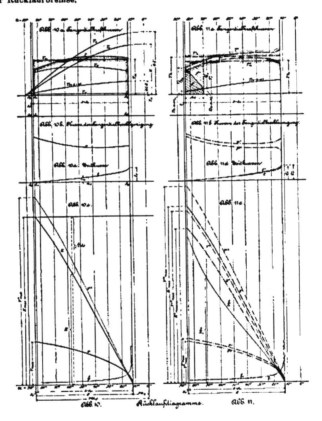

Rücklaufdiagramme.

Hat der Schwerpunkt des Gegengewichts (Abb. 14) den Abstand r' von der Drehachse O und schließt r' mit der Horizontalen durch O den Winkel α' ein, so setzt das Gegengewicht der Rücklaufbewegung einen auf A reduzierten Tangentialwiderstand

$$T_g = G \cos \alpha' \, \frac{r'}{r}$$

eutgegen. Der Einfachheit wegen ist hier $a' = a$ angenommen worden. Daher wird

$$T_g = G\,\frac{r'}{r}\cos\alpha \quad\ldots\ldots\ldots\ (20)$$

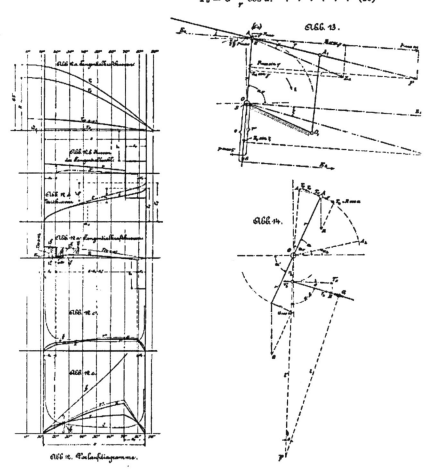

Die im Gegengewicht aufgespeicherte Hubarbeit $\mathfrak{A}_g$ wird wiederum durch die Fläche zwischen der Grundlinie $A_r A_L$ und der T_g-Kurve dargestellt (Abb. 10a). Soll das Gegengewicht imstande sein, beim Vorlauf das Rohr in die Feuerstellung emporzuheben, so muß die Arbeitsfläche $\mathfrak{A}_g$ größer sein als die Fläche $\mathfrak{A}_R$.

Zur genauen Ermittlung der in Zapfenreibung umgesetzten Energie müßten eigentlich zuvor die betreffenden Zapfendrücke genau festgestellt werden. Vor allem kommen die Drücke Z_0 an der Drehachse O und Z_A am Schildzapfen A in Betracht. Diese hängen aber nicht nur von den am Hubmechanismus angreifenden äußeren Kräften, sondern, da es sich um beschleunigte Bewegungen handelt, auch von den betreffenden Ergänzungskräften ab. Da jedoch die Beschleunigungen und folglich auch die Ergänzungskräfte ihrerseits wiederum von den Reibungsverhältnissen beeinflußt werden, so würde die exakte Berücksichtigung der Reibungen ziemlich kompliziert ausfallen. Weil aber die Reibungsverluste überhaupt nicht groß sind, liegt es nahe, der Einfachheit wegen nur die von den im voraus bekannten äußeren Kräften herrührenden Reibungsarbeiten zu berücksichtigen. Mit Hilfe der im folgenden entwickelten und in den Diagrammen der Abb. 10 bis 12 dargestellten Geschwindigkeiten und Beschleunigungen ist es leicht, die Ergänzungskräfte der Zentrifugal- und Tangentialbeschleunigungen zu ermitteln und daraufhin die Zapfendrücke zu korrigieren. Die Korrektionen erweisen sich als so unwesentlich, daß es sich nicht verlohnt, hier weiter darauf einzugehen. Es sollen daher nur die von den ruhenden Lasten herrührenden Zapfenreibungen berücksichtigt werden.

Bezeichnen wie früher R, G und S die Gewichte des Rohres, des Gegengewichts und der Schwinge, ferner μ den Zapfenreibungskoeffizienten, r_0 und r_A die Radien der Zapfen O bezw. A, so ist der auf A reduzierte von beiden Zapfenreibungen herrührende Tangentialwiderstand:

$$T_W = \mu\,(R + G + S)\,\frac{r_0}{r} + \mu\,R\,\frac{r_A}{r} \quad \ldots \quad (21)$$

Die Reibungsarbeit $\mathfrak{A}_W$ ist in Abb. 10a durch ein Rechteck über $s-s_r$ von der Höhe T_W dargestellt.

Um zu veranschaulichen, welche Aufgabe der hydraulischen Rücklaufbremse zufällt, empfiehlt es sich, die Kräfte T_G, T_R und T_W zu einer Resultierenden $T_{(G-R+W)}$ zusammenzufassen. In Abb. 10a ist dies geschehen. Die Fläche zwischen der $T_{(G-R+W)}$-Kurve und der Grundlinie $A_r A_L$ ist der Ausdruck des von der Resultierenden $T_{(G-R+W)}$ während des Rücklaufs verzehrten Teils $\mathfrak{A}_{(G-R+W)}$ der Rückstoßenergie E_{max}, daher ist die Fläche zwischen $T_{(G-R+W)}$ und T_m ein Maß des von der Bremse aufzunehmenden Energieüberschusses, der Bremsarbeit

$$\mathfrak{A}_B = E_{max} - \mathfrak{A}_{(G-R+W)} \quad \cdots \quad \cdots \quad (22)$$

Das Gesetz, das dabei der auf A reduzierte tangentiale Bremswiderstand T_B befolgt, ist noch näher festzusetzen. Es läge nahe, T_B so zu wählen, daß in jedem Augenblick $T_B = T_m - T_{(G-R+W)}$, also der resultierende Tangentialdruck

$$T = T_B + T_{(G-R+W)} = T_m = \text{konst.}$$

würde. Damit würde eine konstante Biegungsbeanspruchung der Schwinge erzielt werden, das heißt die maximale Biegungsbeanspruchung der Schwinge beim Rücklauf würde so klein wie möglich sein. Davon soll aus zwei Gründen hier abgesehen werden.

Erstens wird sich bei der besonderen Untersuchung der Maximalbeanspruchungen zeigen, daß die Schwinge schon während des Rückstoßes eine erheblich größere Beanspruchung erfährt, und zweitens soll die Gelegenheit benutzt werden, die graphische Berechnung einer hydraulischen Bremse mit konstantem Widerstande am Bremskolben vorzuführen, um zu zeigen, wie einfach die graphische Methode dabei zum Ziele führt.

Diese Berechnung der hydraulischen Bremse soll aber erst nach der Vorführung der gesamten Rücklaufdiagramme vorgenommen werden; zunächst soll einfach der Bremsdruck B (Abb. 14) als konstant angenommen werden. Ist b der Kolbenhub der Bremse, so muß

$$B = \frac{\mathfrak{A}_B}{b} = \text{konst.} \quad \ldots \ldots \ldots \quad (23)$$

sein. Da der Bremszylinder oszillierend zwischen den Lafettenwänden gelagert ist, geht die Kraft B immer durch die Oszillationsachse O_1. An der Schwinge greift B im Abstande r_b von der Drehachse O an und zwar mit einer wirksamen Tangentialkomponente $T_B' = B \cos \beta$, wenn β den veränderlichen Winkel zwischen der Richtung von B und der Richtung von T_B' bezeichnet. Da ferner $T_B = T_B' \cdot \frac{r_b}{r}$, so ergibt sich

$$T_B = B \frac{r_b}{r} \cos \beta. \quad \ldots \ldots \ldots \quad (24)$$

Bestimmt man $\cos \beta$ für verschiedene Stellungen der Schwinge, gekennzeichnet durch den Winkel α, so kann man den Verlauf von T_B in Abb. 10a eintragen, und folglich auch das Diagramm des gesamten resultierenden Tangentialwiderstandes:

$$T = T_B + T_{(G - R + W)}. \quad \ldots \ldots \ldots \quad (25)$$

Die Fläche zwischen der Grundlinie $A_r A_L$ und der T-Kurve muß dann gleich dem Rechteck $E_{\max} = T_m \ (s - s_r)$ sein.

Somit ist der Verlauf sämtlicher während des Rücklaufs wirkenden Kräfte in Abb. 10a festgelegt und die Rücklaufbewegung dadurch völlig bestimmt. Daher kann jetzt ohne weiteres der Verlauf der Rücklaufgeschwindigkeit, der Beschleunigung bezw. Verzögerung und der zeitliche Verlauf der Bewegung ermittelt werden.

Die Verzögerung p des Reduktionspunktes A ergibt sich am einfachsten unmittelbar aus dem resultierenden Tangentialwiderstand T. In jedem Augenblick ist

$$p = \frac{T}{\Sigma M}. \quad \ldots \ldots \ldots \quad (26)$$

In Abb. 10b ist p als negative Beschleunigung von der Grundlinie $A_r A_L$ aus nach unten hin aufgetragen. Die p-Kurve entspricht vollständig der T-Kurve, da ΣM konstant ist.

Zur Ermittlung des Geschwindigkeitsdiagramms Abb. 10c ist folgender Weg einzuschlagen. Die lebendige Kraft der Massen des Hubmechanismus ist in jedem Augenblick

$$E = \frac{1}{2} \Sigma M v^2,$$

wenn v die Geschwindigkeit des Punktes A bedeutet. E nimmt von dem Werte $E_{\max}$ bis auf 0 ab und an einem beliebigen Punkt A_1 des Weges s ist

$$E = E_{max} - \int_{A_r}^{A_l} T\, ds, \quad \cdots \cdots \cdots \quad (27)$$

wobei das Integral in Abb. 10a durch die Fläche zwischen der Grundlinie und der
T-Kurve zwischen den Grenzen A_r und A_l dargestellt ist. Zieht man also in Abb. 10c
zu der Grundlinie $A_r A_L$ im Abstande E_{max} (in einem passenden Maßstabe als Länge
ausgedrückt) eine Parallele und trägt von dieser aus nach unten hin die Integralkurve
zu der T-Kurve aus Abb. 10a auf, so ist diese Integralkurve zugleich die Darstellung
von E über der Grundlinie $A_r A_L$. Aus der E-Kurve folgt

$$v^2 = \frac{E}{\frac{1}{2}\, \Sigma M} \cdot \quad \cdots \cdots \cdots \quad (28)$$

Im vorliegenden Falle haben alle Massen ein konstantes Geschwindigkeitsverhältnis zum Reduktionspunkt A. Daher ist ΣM konstant und die v^2-Kurve unterscheidet
sich von der E-Kurve nur durch den Ordinatenmaßstab. Aus v^2 folgt unmittelbar v.
Da T nicht sehr schwankt, nehmen E und v^2 ziemlich geradlinig ab und die v-Kurve
ähnelt einer Parabel.

Es soll nun noch der zeitliche Verlauf der Bewegung dargestellt werden. Es ist

$$v = \frac{ds}{dt}$$

$$dt = \frac{ds}{v} = \frac{1}{v}\, ds$$

$$t = \int \frac{1}{v}\, ds. \quad \cdots \cdots \cdots \quad (29)$$

Da v durch eine Kurve als Funktion von s gegeben ist, können wir auch $\frac{1}{v}$
in Kurvenform als Funktion von s feststellen. Dann ergibt sich t nach Gl. (29) als
Integralkurve der Kurve von $\frac{1}{v}$. Eine Besonderheit ergibt sich, wenn v sehr klein
oder gleich 0 wird, also immer dann, wenn der Mechanismus sich aus einer Ruhelage
in Bewegung setzt oder zum Stillstande kommt. Für $v = 0$ wird $\frac{1}{v} = \infty$, wodurch
eine graphische Integration von $\frac{1}{v}$ durch Flächenmessung unmöglich wird. Bei den
Mechanismen der Verschwindelafetten liegt nun aber der Fall immer so, daß infolge
der starken Beschleunigungen $\frac{1}{v}$ bereits auf einem sehr kurzen Wege bequem meßbare
Werte annimmt und daß bis dahin die treibenden Kräfte mit größter Annäherung als
konstant und die Bewegungen daher als gleichförmig beschleunigte bezw. verzögerte
angesehen werden können.

Daraus ergibt sich folgendes Verfahren zur Bestimmung von t. In Abb. 15 sei die Kurve für $\frac{1}{v}$ gezeichnet. Die Bewegung beginne mit $v = 0$, $\frac{1}{v} = \infty$ und soll längs des Weges s_1 als gleichförmig beschleunigt angesehen werden. Dann ist zum Durchlaufen der Strecke s_1 die Zeit

$$t_1 = \frac{s_1}{\frac{1}{2} v_1} = s_1 \cdot 2 \frac{1}{v_1}$$

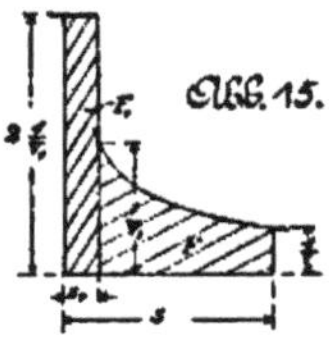

erforderlich. t_1 kann also durch die Rechteckfläche F_1 von der Höhe $2 \frac{1}{v_1}$ über der Grundlinie s_1 ausgedrückt werden. Dem Wege s entspricht dann die Zeit

Abb. 15.

$$t = t_1 + \int_{s_1}^{s} \frac{1}{v} \, ds = F_1 + F.$$

Längs des Weges s_1 wächst $t = f(s)$ nach einer Parabel an; denn es ist in jedem Augenblick

$$t = \frac{2 s}{v} = \frac{2 s}{\sqrt{2 p s}} = \sqrt{\frac{2}{p}} \, s$$

$$t^2 = \frac{2}{p} s,$$

wenn p die gleichförmige Beschleunigung bezeichnet. Bei verzögerter Bewegung ist das Verfahren ganz entsprechend anzuwenden.

Demgemäß ist in Abb. 10c der Verlauf von $\frac{1}{v}$ und in Abb. 10d derjenige von t dargestellt. Die t-Kurve beginnt bei A_r mit dem Wert $t = 0$, gilt also streng genommen nur für den verzögerten Teil des Rücklaufs längs des Weges $s - s_r$. Da aber der Rückstoßweg s_r in einigen hundertstel Sekunden zurückgelegt wird, kann die Zeitkurve ohne weiteres auch auf den ganzen Rücklaufweg s bezogen werden.

Um den Gang der Darstellung nicht zu unterbrechen, wurden bisher Zahlenangaben zu den einzelnen Vorgängen absichtlich vermieden. Ein Zahlenbeispiel ist aber notwendig, um eine Vorstellung von der Bedeutung des ganzen Problems und seiner Einzelheiten zu erlangen.

Zahlenbeispiel.

In Abb. 8 und 9 handelt es sich um ein 24 cm-Rohr von 40 Kalibern Länge. Die Schwinge bildet mit der Horizontalen in der Feuerstellung einen Winkel $\alpha_f = 85°$, in der Ladestellung den Winkel $\alpha_L = 12°$.

Es ist ferner

das Rohrgewicht	$R =$	25 800 kg
die Rohrmasse	$\frac{R}{g} =$	2 630 -
das Geschoßgewicht	$G =$	215 -
das Ladungsgewicht	$L =$	95 -
die Anfangsgeschwindigkeit des Geschosses	$v_a =$	630 m/s

der Weg des Geschosses in der Bohrung . . . . l $= 6{,}{}^{\text{M}}$ m
der Abstand des Schildzapfenmittelpunktes von der Drehachse r $= 2{,}5$ -
der Hub des Bremskolbens . . . . b $= 1{,}{}^{\text{M}}$ -
der Abstand des Bremsangriffs von der Drehachse . . . . r_b $= 1$ -
das Gegengewicht . . . . G $= 40\,000$ kg

seine Masse . . . . $\dfrac{G}{g} = 4\,080$

sein Schwerpunktsabstand von der Drehachse . . . . . . r' $= 2$ m
sein Trägheitsradius in Bezug auf die Drehachse . . . . . i_a $= 2{,}12$ -
seiu Trägheitsmoment in Bezug auf die Drehachse . . . . J_a $= 18\,350$

seine auf A reduzierte Masse . . . . $\dfrac{G'}{g} = 2940$

das Gewicht der Schwinge . . . . S $= 12\,000$ kg

ihre Masse . . . . $\dfrac{S}{g} = 1225$

ihr Schwerpunktsabstand von der Drehachse . . . . $\sim\, = 0$ m
ihr Trägheitsradius in Bezug auf die Drehachse . . . . . i_s $= 1{,}44$ -
ihr Trägheitsmoment in Bezug auf die Drehachse . . . . . J_s $= 2550$

ihre auf A reduzierte Masse . . . . $\dfrac{S'}{g} = 408$

die Summe aller auf A reduzierten Massen . . . . $\Sigma M = 5978$

Das Beispiel ist für einen Erhöhungswinkel $\delta = 5^{\circ}$ durchgeführt, daher wird nach Gl. (10)

$$\varphi = \delta - \left(\frac{\pi}{2} - \alpha_P\right) = 5 - (90 - 85) = 0^{\circ}.$$

$$\cos\varphi = 1.$$

Dann folgt aus Gl. (14) die maximale Rücklaufgeschwindigkeit $v_{max} = 4{,}36$ m/s, ferner aus Gl. (16) der Rückstoßweg $s_r \gtreqless 0{,}0308$ m. In den Rücklaufdiagrammen der Abb. 10 wurde angenommen $s_r = 0{,}05$ m.

Die Rückstoßenergie ergibt sich nach Gl. (17) zu $E_{max} = 56\,800$ kgm.

Der gesamte Rücklaufweg $A_P A_L$ wird gleich $s = 3{,}185$ m, daher $s - s_r = 3{,}135$ m und nach Gl. (19) $T_m = 18\,130$ kg.

Ferner wird nach Gl. (18) $T_2 = 25\,800 \cos\alpha$, nach Gl. (20) $T_g = 32\,000 \cos\alpha$ und der Reibungswiderstand nach Gl. (21) $T_w = 670$ kg.

Aus den Diagrammen in Abb. 10a ergeben sich dann die Arbeiten dieser Tangentialkräfte, nämlich die von dem herabsinkenden Rohrgewicht geleistete Arbeit $\mathfrak{A}_R = 50\,600$ kgm, die im Gegengewicht aufgespeicherte Hubenergie $\mathfrak{A}_g = 62\,800$ kgm, die Reibungsarbeit $\mathfrak{A}_w = 2100$ kgm und nach Zeichnung der Resultierenden $T_{(g-s+w)}$ die Arbeit $\mathfrak{A}_{(g-s+w)} = 14\,300$ kgm.

Demnach wird nach Gl. (22) die Bremsarbeit $\mathfrak{A}_B = 42\,500$ kgm, der Bremswiderstand nach Gl. (23) $B = 36\,000$ kg und nach Gl. (24) $T_b = 14\,400 \cos\beta$.

Die Verzögerung des Schildzapfenmittelpunktes A ist nach Gl. (26) $p = \dfrac{T}{6078}$.
Dem höchsten Wert von $T = 19\,700$ kg entspricht daher eine größte Verzögerung
$p = 3{,}2$ m/s².
Aus den Diagrammen der Abb. 10c und 10d ergibt sich endlich als Dauer des
Rücklaufs $t = 1{,}41$ sk.

Graphische Berechnung der Rücklaufbremse.

Bei der Behandlung des Rücklaufs wurde die erforderliche Bremsarbeit $\mathfrak{A}_B$ bestimmt und dann ein konstanter Bremswiderstand B angenommen, der diese Bremsarbeit ergibt. Davon aber, auf welche Weise der Bremswiderstand hervorgerufen wird,
war noch nicht die Rede. Welche Rolle die hydraulische Bremse im Lafettenmechanismus spielt, erhellt am besten aus der Größe des Bremsdruckes und der Bremsarbeit in
obigem Zahlenbeispiel. Dabei ist in diesem Fall infolge der Wirkung des Gegengewichts die Rückstoßenergie und damit auch die Bremsarbeit besonders klein. Die
hydraulische Rücklaufbremse ist im Lafettenmechanimus ein Element von der größten
Wichtigkeit und es ist unerläßlich, bei der theoretischen Behandlung eines Lafetten-
systems auf die Wirkungsweise der Bremse näher einzugehen. Da das Grundprinzip
der hydraulischen Bremsen bei Verschwindelafetten dasselbe ist wie bei allen anderen
Lafettensystemen, so soll zunächst das Wesen und die Einrichtung der hydraulischen
Geschützbremsen im allgemeinen kurz erörtert werden. Die Berechnung der Bremse
soll aber nicht auf dem üblichen analytischen Wege erfolgen[1]; vielmehr sollen für
die Berechnung und Untersuchung der Bremsen graphische Methoden angegeben
werden, die einfach und allgemein zum Ziele führen.

Das Wesen einer hydraulischen Geschützbremse besteht darin, daß die in einem
Bremszylinder (Abb. 18) enthaltene Bremsflüssigkeit (Glyzerin und Wasser) von einem
Bremskolben verdrängt und gezwungen wird, aus dem von ihr eingenommenen Zylinder-
raum durch enge Öffnungen unter entsprechend hohem Drosselwiderstand auszutreten.
Bremskolben und Bremszylinder müssen also eine Relativbewegung in Richtung der
Zylinderachse gegeneinander ausführen und es muß dabei einer von beiden mit den
zurücklaufenden Geschützteilen, der andere mit einem feststehenden Lafettenteil ver-
bunden sein. Dabei sind die verschiedensten konstruktiven Anordnungen möglich.

Bei den Verschwindelafetten, mit Ausnahme derjenigen von Buffington-
Crozier bewegt sich der durch eine Kolbenstange mit der Schwinge verbundene
Bremskolbens gegen den oszillierend im Lafettenrahmen gelagerten Zylinder. Für die
Bremswirkung bleibt die Drehung des Bremszylinders um die Oszillationsachse außer
Betracht; es kommt nur auf die axiale Relativbewegung des Kolbens gegenüber dem
Zylinder an. Einige Unterschiede in der Wirkungsweise der Bremsen ergeben sich, je
nachdem der Bremskolben beim Rücklauf von der Kolbenstange in den Zylinder hinein-
gedrückt oder aus ihm herausgezogen wird; man unterscheidet danach Druckbremsen
und Zugbremsen. Abb. 18 ist das Schema einer Zugbremse. Meistens läßt man die

---

[1] Vergl. die bereits erwähnte Arbeit von Sock.

verdrängte Bremsflüssigkeit in den auf der anderen Kolbenseite freiwerdenden Zylinder-
raum übertreten. Die Durchströmöffnungen können wiederum konstruktiv sehr verschieden ausgebildet sein. In dem Schema der Abb. 18 bestehen sie aus Kanälen
(Zügen), die in die Mantelfläche des Bremszylinders eingeschnitten sind. Da der Bremswiderstand von der Größe der Durchflußquerschnitte abhängt, müssen sie entsprechend
ermittelt werden.

Hat der Bremskolben die Druckfläche F und gegenüber dem Bremszylinder
die Relativgeschwindigkeit v_b, ist ferner q der Gesamtquerschnitt der Züge und v_q die
Durchflußgeschwindigkeit der Bremsflüssigkeit im Querschnitt q, so ist in jedem Augenblick $F v_b = q v_q$

$$v_q = \frac{F}{q} v_b. \quad \ldots \ldots \ldots \quad (30)$$

Macht man F beträchtlich größer als q, so wird v_q sehr groß. Es gehört dann
eine entsprechend große Kolbenkraft B dazu, um der Bremsflüssigkeit die Ausström-
geschwindigkeit v_q zu erteilen. Denken wir uns die Kraft B ersetzt durch das Gewicht
einer auf der Kolbenfläche F lastenden Flüssigkeitssäule von der Höhe H und dem
spezifischen Gewicht der Bremsflüssigkeit γ, so daß

$$B = \gamma F H \quad \ldots \ldots \ldots \quad (31)$$

wird, so müßte

$$H = \frac{v_q^2}{2g} (1 + \xi) \quad \ldots \ldots \ldots \quad (32)$$

sein, wenn ξ den Widerstandskoeffizienten, das heißt $\xi \dfrac{v_q^2}{2g}$ den Druckhöhenverlust durch
Flüssigkeitsreibung, Kontraktion usw. bedeutet.

Durch Verbindung der beiden letzten Gleichungen erhält man

$$B = \frac{\gamma}{2g} (1 + \xi) F v_q^2 \quad \ldots \ldots \quad (33)$$

und mit Gl. (30) folgt hieraus

$$B = \frac{\gamma}{2g} (1 + \xi) \frac{F^3}{q^2} v_b^2 = C \frac{v_b^2}{q^2}. \quad \ldots \ldots \quad (34)$$

wenn $C = \dfrac{\gamma}{2g} (1 + \xi) F^3$ gesetzt wird.

Gl. (34) ist die Grundgleichung der hydraulischen Rücklaufbremsen, sie enthält
den Zusammenhang zwischen dem Bremswiderstand, der Bremskolbengeschwindigkeit
und den Durchflußquerschnitten und gestattet, jede dieser Größen aus den anderen abzuleiten. Dabei ist zu beachten, daß zwischen B und v_b noch ein weiterer Zusammenhang insofern besteht, als die Bremskolbengeschwindigkeit in einem bestimmten Augenblick mit von der bis zu diesem Augenblick geleisteten Bremsarbeit abhängt.

Für die Verschwindelafetten ist dieser Zusammenhang in den Diagrammen der
Abb. 10 bereits enthalten. Da aber in diesen der Bremswiderstand B nur mittelbar
durch die auf A reduzierte Tangentialkomponente T_B und die Geschwindigkeit v_b des
Bremskolbens durch die Geschwindigkeit v des Punktes A zur Geltung kommt, so muß
v_b durch v ausgedrückt werden, gerade so wie B durch T_B (Gl. 24).

In Abb. 14 ist die Bewegung der Bremskolbenstange als Drehung um den Momentanpol $\mathfrak{P}$ dargestellt. Der eine Endpunkt der Kolbenstange bewegt sich auf einem Kreisbogen um O mit dem Radius r_b; außerdem gleitet die Mittellinie der Kolbenstange beständig durch den Punkt O_1. Folglich findet man $\mathfrak{P}$ als Schnittpunkt von r_b mit der in O_1 auf der Kolbenstangenmittellinie errichteten Senkrechten. v_b ist identisch mit der Gleitgeschwindigkeit der Kolbenstange durch den Gleitpunkt O_1. Hat der Endpunkt der Kolbenstange die Geschwindigkeit $v_b{}'$, so verhalten sich v_b und $v_b{}'$ wie die Polabstände l und l'.

$$v_b : v_b{}' = l : l' = \cos \beta,$$

da der von l und l' eingeschlossene Winkel gleich dem Winkel β ist. Ferner verhält sich $v_b{}' : v = r_b : r$, folglich

$$v_b = v_b{}' \cos \beta = v \frac{r_b}{r} \cos \beta \quad \ldots \ldots (35)$$

$\frac{r_b}{r}$ ist eine Konstante, daher läßt sich die Bremskolbengeschwindigkeit v_b für beliebige Stellungen des Hubmechanismus ausdrücken durch die entsprechende Rücklaufgeschwindigkeit v und den Winkel β. In Abb. 19 ist v_b als Funktion des Bremsweges s_b dargestellt.

Daher ergibt sich das folgende einfache Verfahren zur Berechnung der Bremse. Man verfügt über B bezw. T_β (etwa in der Weise, wie es oben geschehen ist), erhält mittels der Rücklaufdiagramme (Abb. 10) das Gesetz der Rücklaufgeschwindigkeit v und daraus mit Gl. (35) dasjenige der Bremskolbengeschwindigkeit v_b als Funktion des Bremsweges s_b (Abb. 19). Aus B und v_b folgen dann die Durchflußquerschnitte q nach Gl. (34) für jeden beliebigen Punkt des Bremskolbenhubes b.

Handelt es sich nicht um Verschwindelafetten, sondern um einfache Wiegenlafetten mit geradlinigem Rohrrücklauf in Richtung der Seelenachse, so wird T_β mit B, v_b mit v identisch und das Verfahren gestaltet sich entsprechend einfacher.

Um eine möglichst günstige Beanspruchung des Bremsgestänges zu erzielen, erstrebt man im allgemeinen einen konstanten Verlauf des Bremswiderstandes B längs des ganzen Bremsweges b.

Gl. (34)

$$B = C \frac{v_b{}^2}{q^2}$$

geht dann über in

$$q^2 = \frac{C}{B} r_b{}^2 = \text{konst.} \, v_b{}^2$$

folglich

$$q = \text{konst.} \, v_b = c v_b, \quad \ldots \ldots (36)$$

wenn

$$c = \sqrt{\frac{C}{B}} = \sqrt{\frac{\gamma}{2g} (1 + \xi) \frac{F^3}{B}}.$$

Das heißt, um einen konstanten Bremswiderstand B zu erzielen, müssen die Durchflußquerschnitte q längs des Bremsweges b proportional zur Bremskolbengeschwindigkeit v_b verlaufen. Daher stellt die Kurve der Geschwindigkeit v_b in Abb. 19 gleichzeitig das Gesetz dar, nach dem die Durchflußquerschnitte auszuführen sind

Zu beachten ist noch der Einfluß der Kolbendicke. Da es immer auf den kleinsten Zugquerschnitt in jeder Kolbenstellung ankommt, muß in Abb. 19 dort, wo der Zugquerschnitt ein Maximum ist, ein geradliniges Stück gleich der Kolbendicke eingeschaltet werden. Bis zu dieser Stelle bremst dann die eine Kolbenkante, von da ab die andere.

Abb. 19 liefert jedoch die Querschnitte q nicht für den Teil s_{br} des Bremsweges, der dem Rückstoßwege s_r des Reduktionspunktes A entspricht. Für diesen Teil gilt alles das, was oben über den Rückstoß gesagt ist. Wenn das Gesetz der Gasdrücke und folglich auch dasjenige der Rücklaufgeschwindigkeit während des Rückstoßweges s_r nicht ermittelt worden ist, müssen die Durchflußquerschnitte q der Bremse längs der Strecke s_{br} schätzungsweise so ausgeführt werden (etwa wie in Abb. 19), daß der Bremswiderstand auf dieser Strecke mit Sicherheit den Wert B nicht übersteigt, sondern möglichst allmählich gerade erreicht. Ist dies der Fall, so kann auch die Vernachlässigung der Bremswiderstände bei der Ermittelung der Rückstoßenergie E_{max} als völlig einwandfrei bezeichnet werden, denn Abb. 10a zeigt deutlich, daß die Arbeit von T_b längs des Rückstoßweges s_r selbst dann verschwindend klein gegenüber der Energie $E_{max} = T_m (s - s_r)$ sein würde, wenn der Widerstand von Anfang an in dem vollen Betrage B wirksam wäre.

Übrigens möge hier gleich eingeschaltet werden, daß auch die Vernachlässigung der Reibungsarbeiten und der Arbeiten des Rohrgewichtes R und des Gegengewichtes G während des Rückstoßweges s_r bei der Bestimmung von E_{max} durch Abb. 10a als zulässig erwiesen wird, da die Summe dieser Vernachlässigungen durch das verschwindend kleine Flächenstück unterhalb der Kurve $T_{(a - R + W)}$ längs des Weges s_r zum Ausdruck kommt.

(Schluß folgt.)

Berichtigung.

Heft V Tafel III lies an der Mündung der Birne „400" statt 700.

II. Abhandlungen.

Dynamische Theorie
der Verschwindelafetten und kinematische Schußtheorie.

Von Dr.-Jng. Max C. G. Schwabach.

(Schluß von Seite 368.)

Das Verhalten der Rücklaufbremse bei veränderlicher Rückstoßenergie.

Immerhin bleibt in Anbetracht der empirischen Berechnung der maximalen Rücklaufgeschwindigkeit v_{max} und der daraus folgenden Rückstoßenergie E_{max} noch die Frage zu beantworten, wie sich der Lafettenmechanismus verhalten wird, wenn E_{max} in Wirklichkeit etwas anders ausfällt als angenommen wurde. Diese Frage ist im folgenden für die hier behandelte Grundform einer einfachen Verschwindelafette beantwortet. Das dabei eingeschlagene Verfahren läßt sich aber ohne weiteres auf jedes andere Lafettensystem anwenden.

Zunächst ist nach Gl. (14) v_{max} und damit auch E_{max} abhängig von dem Winkel φ, den die Seelenachse des Rohres beim Schuß mit der Bahntangente des Schildzapfenmittelpunktes A bildet. Der Winkel φ hängt nach Gl. (10) seinerseits von dem Erhöhungswinkel δ ab, während der Winkel α_r bei ein und derselben Lafette immer denselben Wert besitzt. v_{max} und E_{max} ändern sich also mit den Erhöhungswinkeln δ. Sie sind am größten, wenn

$$\cos \varphi = 1,$$

$$\varphi = \delta - \left(\frac{\pi}{2} - \alpha_r \right) = 0,$$

also

$$\delta = \frac{\pi}{2} - \alpha_r$$

Für diesen Wert von δ sind die Diagramme der Abb. 10 entworfen; je mehr δ davon abweicht, desto größer wird φ, desto kleiner also $\cos \varphi$ und desto kleiner auch v_{max} und E_{max}. Im vorliegenden Fall ist für die normalen Verhältnissen entsprechenden Erhöhungsgrenzen $\delta = -5°$ und $\delta = +15°$

$$\varphi_{max} = 10°,$$

daher $\cos (\varphi_{max}) = 0{,}985$ und $v_{max\,10} = 0{,}985\, v_{max\,0}$, folglich $v^2_{max\,10} = 0{,}97\, v^2_{max\,0}$ und $E_{max\,10} = 0{,}97\, E_{max\,0}$, wenn die Zeichen $_0$ und $_{10}$ die Zugehörigkeit zu den Winkeln $\varphi = 0°$ und $\varphi = 10°$ bezeichnen.

Bei der größten und kleinsten Erhöhung von $+15°$ und $-5°$ ist also die Rückstoßenergie um 3 vH kleiner als bei der für die Diagramme der Abb. 10 vorausgesetzten mittleren Erhöhung von $+5°$. Rechnet man ferner mit der Möglichkeit, daß E_{max} sich bei dieser mittleren Erhöhung in Wirklichkeit bis zu 5 vH größer oder kleiner ergibt, als nach Gl. (17) berechnet und den Rücklaufdiagrammen zu Grunde gelegt worden ist, so ist das Verhalten des Lafettenmechanismus für alle Werte von E_{max} zu untersuchen, die zwischen einem höchsten Werte $E_{max}' = 1{,}05\,E_{max}$ und einem niedrigsten Werte $E_{max}'' = 0{,}95\,E_{max}$ liegen. Natürlich genügt die Untersuchung für die beiden Grenzfälle. Diese ist daher in Abb. 11 durchgeführt.

Im Tangentialkraftdiagramm, Abb. 11a, sind die Energiewerte E_{max}' und E_{max}'' durch die Rechtecke über der Grundlinie $s - s_r$ von der Höhe T_m' bezw. T_m'' dargestellt. Die Tangentialkräfte der Zapfenreibungen, des Gegengewichtes und des Rohrgewichtes T_W, T_G und T_R haben sich nicht geändert, daher ist die Kurve ihrer Resultierenden $T_{(q-g+w)}$ unverändert aus Abb. 10a übernommen. Dagegen kann der Bremswiderstand T_B nicht mehr derselbe sein wie in Abb. 10a. Es ist zu ermitteln, wie die Bremse, deren Durchflußquerschnitte q in der vorher angegebenen Weise für E_{max} berechnet und ausgeführt sind, sich bei der veränderten Rückstoßenergie E_{max}' verhält.

Nach Gl. (34) war der Bremswiderstand

$$B = C\,\frac{v_b^2}{q^2},$$

worin

$$C = \frac{\gamma}{2\,g}\,(1+\zeta)\,F^2.$$

C und q sind dieselben wie früher; dagegen hat sich die Geschwindigkeit v_b mit der Rückstoßenergie geändert, da ja die bewegten Massen unverändert geblieben sind. Der Energie E' entspricht die Geschwindigkeit v_b' und folglich ein Bremswiderstand

$$B' = C\,\frac{v_b'^2}{q^2} \quad \ldots \ldots \quad (37)$$

folglich

$$\frac{B'}{B} = \frac{v_b'^2}{v_b^2} \quad \ldots \ldots \quad (38)$$

Diese Beziehung gilt fortlaufend für alle Stellungen des Hubmechanismus, aber natürlich immer nur für solche Werte B und B', v_b und v_b', die zu ein und derselben Stellung gehören. Führt man in Gl. (38) statt der Bremsdrücke B und B' ihre auf den Schildzapfenmittelpunkt A reduzierten Tangentialkomponenten T_B bezw. T_B' und statt der Bremskolbengeschwindigkeiten v_b und v_b' die Geschwindigkeit v bezw. v' des Punktes A ein, so ist

$$\frac{T_B'}{T_B} = \frac{B'}{B} \quad \text{und} \quad \frac{v'}{v} = \frac{v_b'}{v_b}$$

folglich

$$\frac{T_B'}{T_B} = \frac{v'^2}{v^2},$$

oder da $\frac{1}{2} \Sigma M v'^2 = E'$,

$$T_{s}' = \frac{T_{s}}{v^2} \cdot \frac{2}{\Sigma M} \cdot E' = X E', \quad \ldots \ldots \quad (39)$$

wenn $X = \frac{2}{\Sigma M} \cdot \frac{T_{s}}{v^2}$ gesetzt wird.

Da $\frac{2}{\Sigma M}$ eine Konstante ist und T_{s} und v^2 für jede beliebige Stellung des Mechanismus aus Abb. 10 zu entnehmen sind, so ist X als eine bekannte Funktion des Rücklaufweges s anzusehen und Gl. (39) stellt einen Zusammenhang zwischen dem tangentialen Bremswiderstand T_{s}' und der Rücklaufenergie E' her.

Eine weitere Beziehung zwischen T_{s}' und E' ergibt sich, wenn man eine Arbeitsgleichung nach Art der Gl. (27) aufstellt.

$$E' = E_{\max}' - \int T' \, ds.$$

Setzt man den reduzierten Tangentialwiderstand

$$T = T_{(v-R+W)} + T_{s}' = T_{(s-R+W)} + X E',$$

so wird

$$E' = E_{\max}' - \int (T_{(s-R+W)} + X E') \, ds. \quad \ldots \quad (40)$$

Gl. (40) enthält als einzige Unbekannte E', da $T_{(s-R+W)}$ und X als Funktionen von s bekannt sind. Somit könnte E' durch Integration der Gl. (40), die als Eulersche Differentialgleichung zu behandeln wäre, ebenfalls als Funktion von s exakt bestimmt und aus E' die weiteren Rücklaufdiagramme wie früher in Abb. 10 entwickelt werden. Welche Schwierigkeiten die Integration der Gl. (40) etwa bietet, hängt von dem Charakter der Funktionen X und $T_{(s-R+W)}$ ab. Vorauszusehen

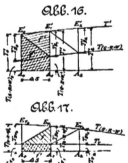

ABB. 16.

ist jedoch, daß die analytische Behandlung selbst in so einfachen Fällen wie in dem vorliegenden ziemlich kompliziert sein würde. Daher soll im folgenden ein graphisches Näherungsverfahren entwickelt werden, das die Diagramme von T_{s}' und E' einfach und sicher mit beliebiger Genauigkeit ergibt.

ABB. 17.

In Abb. 16 sei $\varDelta s = A_0 A_1$ ein beliebig herausgeschnittener Teil des Rücklaufweges s. Die entsprechenden Stücken der bekannten $T_{(s-R+W)}$-Kurve und der vorübergehend als bekannt angenommenen T'-Kurve sind eingezeichnet und liefern in A_0 die Ordinaten

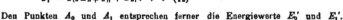

$$T_0' = T_{(v-R+W_0)} + T_{s0}' \quad \ldots \quad (41)$$

und in A_1 entsprechend

$$T_1' = T_{(v-R+W_1)} + T_{s1}' \quad \ldots \quad (42)$$

Den Punkten A_0 und A_1 entsprechen ferner die Energiewerte E_0' und E_1'. Dann ist

$$E_1' = E_0' - \varDelta E', \quad \ldots \ldots \ldots \quad (43)$$

wenn $\varDelta E' = \int_{A_0}^{A_1} T' \, ds = f.$

$\varDelta s$ sei so gewählt, daß die T'-Kurve längs des Weges $\varDelta s$ mit hinreichender Annäherung durch eine Gerade ersetzt werden kann. (Bei dem gestreckten Charakter der T'-Kurve kann $\varDelta s$ ziemlich groß gewählt werden.) Dann ist das Flächenstück f' ein Trapez von der Höhe $\varDelta s$ und den Grundlinien T_0' und T_1'. Folglich

$$\varDelta E' = f' = \frac{\varDelta s}{2}(T_0' + T_1')$$

also mit Gl. (43)

$$E_1' = E_0' - \frac{\varDelta s}{2}(T_0' + T_1'); \quad \ldots \ldots (44)$$

nach Gl. (39) ist aber

$$T_{B_1}' = X_1 E_1' = X_1 E_0' - X_1 \frac{\varDelta s}{2}(T_0' + T_1')$$

$$T_{B_1}' = X_1 E_0' - X_1 \frac{\varDelta s}{2}(T_0' + T_{(g-R+w)_1}) - X_1 \frac{\varDelta s}{2} T_{B_1}'$$

$$T_{B_1}' = \frac{X_1 E_0' - X_1 \frac{\varDelta s}{2}(T_0' + T_{(g-R+w)_1})}{1 + X_1 \frac{\varDelta s}{2}}$$

$$T_{B_1}' = \frac{E_0' - \frac{\varDelta s}{2}(T_0' + T_{(g-R+w)_1})}{\frac{1}{X_1} + \frac{\varDelta s}{2}}$$

$\frac{\varDelta s}{2}(T_0' + T_{(g-R+w)_1})$ ist gleich der Trapezfläche f von der Höhe $\varDelta s$ und den Grundlinien T_0' und $T_{(g-R+w)_1}$, somit

$$T_{B_1}' = \frac{E_0' - f}{\frac{1}{X_1} + \frac{\varDelta s}{2}}. \quad \ldots \ldots (45)$$

Sind also für eine beliebige Stellung A_0 die Energie E_0' und die Kraft T_0' bekannt, so läßt sich mit Hilfe der Gl. (45) die Kraft T_{B_1}' und also auch $T_1' = T_{(g-R+w)_1} + T_{B_1}$ bestimmen. Daraus folgt dann weiter die Energie $E_1' = E_0' - f$. In gleicher Weise ließen sich dann von E_1' und T_1' ausgehend für eine weitere Stellung A_2 die entsprechenden Werte E_2' und T_2' ermitteln. Nun läßt sich zu der Rückstoßenergie E_{max}' nach Gl. 39 der zugehörige Bremswiderstand $T_{B_0}' = X_0 E_{max}'$ berechnen. Von diesen bekannten Werten ausgehend kann man dann den Verlauf von E' und T_B' nach der soeben entwickelten Methode punktweise bestimmen.

Dabei ist noch folgendes zu beachten: $\frac{1}{X} = \frac{\Sigma M}{2} \frac{v^2}{T_B}$ hat die Dimension einer Länge. Drückt man $\frac{1}{X}$ in demselben Längenmaßstabe wie s aus und trägt es als Funktion von s in das Diagramm (Abb. 11c) ein, so ist der Nenner $\frac{1}{X_1} + \frac{\varDelta s}{2}$ in Gl. (45) unmittelbar aus der Abb. 11c als Länge abzugreifen. Der Zähler $E_0' - f$ der Gl. (45) besteht ebenfalls aus gleichartigen Größen, nämlich aus Arbeitswerten, die in den Diagrammen als Flächen erscheinen und unmittelbar zusammengefaßt werden können. Mißt man die Arbeitsflächen des Zählers in Quadratmillimetern, die Längen des Nenners in Millimetern, so erhält man die Kraft T_{B_1}' als Länge in Millimetern im richtigen Kräftemaßstab der Abb. 11a.

Demnach ergibt sich als Resultat folgendes Verfahren zur Bestimmung der Tangentialkraftkurven für eine von dem normalen Wert E_{max}' abweichende Rückstoßenergie E_{max}'.

Man bestimmt nach Maßgabe der Gl. (39) und der T_B- und v^2-Kurven der Abb. 10 die Kurve für die

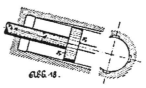

GUBG. 18.

Hilfsgröße $\frac{1}{X}$ (Abb. 11c). Sodann berechnet man aus

Gl. (39) zu E_{max}' den zugehörigen Wert T_{B_0}' und trägt ihn in Abb. 11a ein. Abb. 11a enthält bereits die Kurve für $T_{(s-s+w)}$. Dann wählt man beliebig die Strecke $\varDelta s$ (Abb. 11a), mißt die Fläche f, zieht sie von der Fläche $E_{max}' = T_{m}'(s-s_r)$ ab und bestimmt T_{B_1}' nach Gl. (45), wobei sinngemäß E_{max}' an die Stelle von E_0' tritt. Dann folgt sofort $E_1' = E_{max}' - f'$. Somit sind E_1' und T_1' bestimmt und das Verfahren wird wiederholt, indem E_1' und T_{B_1}' an die Stelle von E_{max}' und T_{B_0}' treten.

In Abb. 11a ist die Konstruktion nicht weiter ausgeführt, sondern nur als Resultat die Kurve T' und die der Rückstoßenergie E_{max}'' entsprechende Kurve T''. eingetragen. Aus diesen Kurven ergeben sich die Doppeldiagramme der Abb. 11.

Sobald die Kurven für E' und E' eingetragen sind, läßt sich eine einfache Probe des T_B'- bezw. T_B''-Diagramms ausführen. Nach Gl. (39) war $T_B' = XE = \dfrac{E'}{\dfrac{1}{X}}$.

Da sowohl T_B' wie E' und $\dfrac{1}{X}$ in Kurvenform vorliegen, kann man zusammengehörige Werte dieser drei Größen an beliebiger Stelle herausgreifen und prüfen, ob sie der Gl. (39) genügen.

Aus den Doppeldiagrammen der Abb. 11 geht deutlich hervor, daß der ziemlich bedeutende Unterschied der Rückstoßenergien E_{max}' und E_{max}'' nur einen verhältnismäßig geringen Einfluß auf die Rücklaufbewegung des Lafettenmechanismus ausübt, daß insbesondere die Dauer der Bewegung in beiden Fällen nicht sehr verschieden ist. In Fortführung des früheren Zahlenbeispiels ergibt sich nämlich für E_{max} die Zeit $t_r = 1{,}41$ sk, für $E_{max}' = 1{,}05\, E_{max}$ die Zeit $t_r' = 1{,}36$ sk und für $E_{max}'' = 0{,}92\, E_{max}$ die Zeit $t_r'' = 1{,}5$ sk. Die Differenzen $t_r - t_r'$ bezw. $t_r'' - t_r$ sind so gering, daß sie für die Beurteilung der Lafette nicht in Betracht kommen.

Ist somit durch die vorstehende Untersuchung der Nachweis geführt, daß die durch die mangelhafte Rückstoßtheorie verursachte Unsicherheit in der Bestimmung der Rückstoßenergie E_{max} die exakte Behandlung der weiteren Rücklaufbewegung nicht hindert, so folgt das gleiche hinsichtlich des Rückstoßweges s_r aus dem bloßen Anblick der Abb. 10 und 11. Die Strecke s_r ist so klein gegenüber s bezw. $s - s_r$, daß s_r ebensogut doppelt so groß oder auch gleich 0 sein könnte, ohne die Größe $s - s_r$ merklich zu beeinflussen. Ferner zeigt sich, daß eine hydraulische Bremse, die zur Vernichtung

einer bestimmten Rückstoßenergie konstruiert ist, sich selbst betrüchtlichen Schwankungen derselben gut anzupassen vermag, indem sie einer größeren Rückstoßenergie
größere Bremswiderstände entgegensetzt und umgekehrt, sodaß die Rücklaufgeschwindigkeit immer auf demselben Wege auf 0 zurückgeführt wird. So wird einerseits ein
Stehenbleiben des Mechanismus vor Erreichung der Ladestellung, andererseits ein zu
hartes Aufsetzen auf die zur Begrenzung der Bewegung dienenden Konstruktionsteile
vermieden. Immerhin empfiehlt es sich, diese letzteren federnd anzuordnen; dagegen

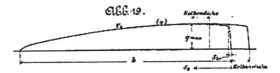

Abb. 19.

ist es vollkommen unnötig, die Wirkung der hydraulischen Bremse für verschiedene
Erhöhungen entsprechend dem Winkel φ zu regulieren, da φ niemals viel größer ist,
als in dem vorgeführten Beispiel. Dem entspricht auch die Tatsache, daß man eine
derartige Regulierung, die an der Lafette von Buffington-Crozier ursprünglich vorhanden war, später fortgelassen hat. Bei der Untersuchung eines neuen Lafettenmechanismus dürfte es sich stets empfehlen, die für eine bestimmte Rückstoßenergie
berechnete Bremse auf ihr Verhalten bei den Umständen entsprechend angenommenen
Schwankungen der Rückstoßenergie zu prüfen, wozu das angegebene graphische Verfahren ein bequemes Mittel darbietet.

Der Vorlauf.

Die Darstellung des Vorlaufes gestaltet sich dadurch einfacher als diejenige des
Rücklaufs, daß über alle auftretenden Kräfte vollständige Klarheit herrscht. Beim
Rücklauf wurde im Gegengewicht die Hubarbeit $\mathfrak{A}_G$ aufgespeichert, die in der Ladestellung des Hubmechanismus jederzeit verfügbar als potentielle Energie vorhanden ist
und ausreichen muß, die Vorlaufbewegung unter Überwindung aller Bewegungswiderstände auszuführen, sobald der Mechanismus von der Arretierung, die ihn in der Ladestellung festhält, freigegeben wird. Die einzige treibende Kraft ist somit die auf den
Schildzapfenmittelpunkt A reduzierte Tangentialkomponente des Gegengewichtes
$T_G = G \dfrac{r'}{r} \cos \alpha$ (Gl. 20). Im Vorlaufdiagramm Abb. 12a ist T_G dargestellt.

Als Bewegungswiderstände treten zunächst die Tangentialkomponente des Rohrgewichtes $T_R = R \cos \alpha$ und der Reibungswiderstand T_W im Sinne der Gl. (21) auf.
Hat sich somit an den Kräften T_G, T_R und T_W im einzelnen nichts geändert, so ist
doch ihre Resultierende beim Vorlauf $T_{(G-R-W)}$ in jeder Stellung um den Betrag $2 T_W$
kleiner als die Resultierende $T_{(G-R+W)}$ beim Rücklauf. Dies rührt daher, daß $T_G - T_R$
beim Rücklauf als Bewegungswiderstand, also in gleichem Sinne wie der Reibungswiderstand T_W, beim Vorlauf dagegen als treibende Kraft, also in entgegengesetztem
Sinne wie T_W auftritt.

Soll das Gegengewicht imstande sein, das Rohr unter Überwindung der Reibungswiderstände aus der Ladestellung in die Feuerstellung emporzuheben, so muß

$$\mathfrak{A}_o \gtrless \mathfrak{A}_R + \mathfrak{A}_W \quad \dots \quad (46)$$

sein, wenn $\mathfrak{A}_R = \int T_R\, ds$ im Sinne der früheren Bezeichnungen die Rohrhebungsarbeit, $\mathfrak{A}_W = \int T_W\, ds$ die Reibungsarbeit bezeichnet. Im Vorlaufdiagramm Abb. 12a kommt dies dadurch zum Ausdruck, daß die Fläche zwischen der T_o-Kurve und der Grundlinie s größer ist, als die Summe der Flächen unterhalb T_R und T_W oder, was dasselbe ist, daß die Kurve $T_{(o-R-w)}$ mit der Grundlinie oberhalb derselben ein größeres Flächenstück einschließt als unterhalb.

Ferner muß noch die Forderung gestellt werden, daß das Gegengewicht fähig sei, das Rohr aus jeder beliebigen Stellung, in der der Hubmechanismus aus irgend einem Grunde stehen geblieben ist, anzuheben und vollständig in die Feuerstellung hochzubringen. Dieser Forderung ist genügt, wenn in jeder Stellung $T_o \gtrless T_R + T_W$ oder

$$T_{(o-R-w)} \gtrless 0 \quad \dots \quad (47)$$

ist.

In Abb. 12a ist dies gegen Ende des Weges s nicht mehr der Fall, was aber so kurz vor dem Abschluß der Bewegung nicht sehr bedenklich erscheint.

Die Schnelligkeit des Vorlaufes hängt davon ab, in welchem Maße die treibende Kraft T_o die Bewegungswiderstände $T_R + T_W$ überwiegt. Denn es ist

$$\int T_{(o-w)}\, ds = E = \tfrac{1}{2} \Sigma M v^2,$$

da der Arbeitsüberschuß der äußeren Kräfte in Bewegungsenergie des Hubmechanismus umgesetzt wird. Soll nun die Bewegung nicht unzulässig lange dauern, so muß die Geschwindigkeit v alsbald eine ziemlich große werden. Sobald ferner die Bedingung der Gl. (47) dauernd erfüllt ist, muß E und damit v beständig wachsen. Daraus folgt die Notwendigkeit einer Vorlaufbremse, um die Massen gegen Ende des Vorlaufes ohne Stoß wieder zum Stehen zu bringen. Die ganze Bewegung wird um so kürzere Zeit beanspruchen, je schneller die Vorlaufgeschwindigkeit anwächst und je später die Vorlaufbremse in Wirksamkeit tritt. In dieser letzteren Hinsicht ergibt sich eine Grenze aus den zulässigen Bremswiderständen.

Das Verhalten der Rücklaufbremse beim Vorlauf.

Besondere Beachtung beansprucht noch das Verhalten der Rücklaufbremse beim Vorlauf. Beim Rücklauf ist die Bremsflüssigkeit von der einen Seite des Bremskolbens durch die Überströmöffnungen auf die andere Seite übergetreten. Während des Vorlaufes muß der ursprüngliche Zustand wieder hergestellt werden, d. h. die Bremsflüssigkeit muß wieder auf die Kolbenseite zurücktreten, auf der sie sich beim Schuß zu Beginn des Rücklaufes befunden hat. Führt man die Bremse nach dem Schema der Abb. 18 aus, so stehen der Bremsflüssigkeit beim Vorlauf dieselben Durchflußquerschnitte zur Verfügung wie beim Rücklauf. Da die Vorlaufgeschwindigkeit im allgemeinen kleiner ist als die Rücklaufgeschwindigkeit, so wird der Bremswiderstand beim Vorlauf auch entsprechend kleiner sein als beim Rücklauf. Immerhin stellt die Rücklaufbremse nach Art der Abb. 18 beim Vorlauf ein unerwünschtes Bewegungs-

hindernis dar. Die mannigfachen Gründe, die möglichste Schnelligkeit der Lafettenbewegungen, insbesondere des Vorlaufs, angezeigt erscheinen lassen, sind in der Einleitung auseinandergesetzt. Daher ist anzustreben, die hemmende Wirkung der Rücklaufbremse während des ganzen Vorlaufes, oder doch wenigstens während des beschleu-
nigten Teils desselben, möglichst ganz auszuschalten. Dadurch werden aber besondere
konstruktive Einrichtungen erforderlich; diese können sich auf ein besonderes Vorlauf-
ventil beschränken, das selbsttätig oder von Hand bedient der Bremsflüssigkeit beim
Vorlauf einen beträchtlichen Durchflußquerschnitt freigibt und infolgedessen nur so
unbedeutende Drosselwiderstände darbietet, daß diese ganz vernachlässigt werden
können. Ferner können die Durchflußquerschnitte im Bremszylinder selbst derart veränderlich eingerichtet werden, daß sie beim Vorlauf größer sind als beim Rücklauf.
In jedem Fall stellen derartige Einrichtungen eine Komplikation gegenüber den einfachen unveränderlichen Zugquerschnitten dar, sodaß sich die beiden wichtigen Anforderungen der Schnelligkeit und Einfachheit, d. h. Betriebssicherheit gegenüberstehen.

Um nun zu entscheiden, ob der Aufwand an besonderen Konstruktionen im
richtigen Verhältnis zu dem erreichten Zeitgewinn steht, muß im einzelnen Fall der
Einfluß der Rücklaufbremse auf die Vorlaufgeschwindigkeit und damit auf die Dauer
des Vorlaufes untersucht werden. Hier sollen die beiden äußersten Fälle einander
gegenüber gestellt werden, daß einmal der Einfluß der Rücklaufbremse als ganz aufgehoben angesehen, ein anderes Mal aber angenommen werde, daß der Bremsflüssigkeit
beim Vorlauf nur die für den Rücklauf berechneten Zugquerschnitte zur Verfügung
ständen.

Die Untersuchung für den zuletzt genannten Fall ist ganz ähnlich derjenigen
für den Rücklauf mit veränderter Rückstoßenergie E_{max}. Die Vorlaufgeschwindigkeit v
des Reduktionspunktes A ist bestimmt durch die seit dem Anfang der Bewegung in
den Massen ΣM des Hubmechanismus aufgespeicherte kinetische Energie $E = \frac{1}{2}\Sigma M v^2$
und diese ist gleich der Summe der während der Bewegung verrichteten Arbeiten der
äußeren Kräfte. Zu diesen gehört auch der tangentiale Bremswiderstand T_s, der
seinerseits wiederum von der Geschwindigkeit v abhängt. Dieses Abhängigkeits-
verhältnis ist zunächst näher festzustellen.

Im folgenden sind die den Rücklauf betreffenden Bezeichnungen aus dem früheren
übernommen worden, nur ist das Zeichen $_r$ hinzugefügt, während das Zeichen $_v$ sich
entsprechend auf den Vorlauf bezieht. Mit dieser Bezeichnungsweise folgt aus Gl. (34)
der Bremswiderstand für irgend eine Stellung des Mechanismus beim Rücklauf

$$B_r = C_r \frac{v_{br}^2}{q_r^2},$$

wenn

$$C_r = \frac{\gamma}{2g}(1 + \xi_r) F_r^3$$

und für dieselbe Stellung beim Vorlauf

$$B_v = C_r \frac{v_{bv}^2}{q_r^2},$$

wenn

$$C_v = \frac{\gamma}{2g}(1+\xi_v)F_v^2$$

gesetzt wird. Da im vorliegenden Falle immer $q_r = q_v$ ist, so wird

$$\frac{B_v}{B_r} = \frac{C_v}{C_r}\frac{v_{br}^2}{v_{br}^2}.$$

Nun kann wieder gesetzt werden

$$\frac{B_v}{B_r} = \frac{T_{Bv}}{T_{Br}} \quad \text{und} \quad \frac{v_{bv}}{v_{bv}} = \frac{v_v}{v_r},$$

somit auch

$$\frac{T_{Bv}}{T_{Br}} = \frac{C_v}{C_r}\frac{v_v^2}{v_r^2}$$

oder da $\frac{1}{2}\Sigma M v_v^2 = E_v$

$$T_{Bv} = \frac{T_{Br}}{v_r^2}\frac{C_v}{C_r}\frac{2}{\Sigma M}E_v.$$

Nun ist

$$\frac{C_v}{C_r} = \frac{(1+\xi_v)}{(1+\xi_r)}\frac{F_v^2}{F_r^2}.$$

Die beim Vorlauf wirksame Kolbenfläche F_v ist nach Abb. 18 um den Betrag des Kolbenstangenquerschnittes $\frac{d^2\pi}{4}$ größer als die früher mit F bezeichnete Fläche F_r. Die Koeffizienten ξ_v und ξ_r sind von der Durchflußgeschwindigkeit abhängig und daher etwas von einander verschieden. Da die Koeffizienten auch während eines Bremshubes nicht ganz konstant sind und eigentlich nur Mittelwerte darstellen und da sie ferner für jede Bremskonstruktion etwas anders ausfallen, so soll hier mangels bestimmter Annahmen $\xi_v = \xi_r$ gesetzt werden. Kennt man in einem bestimmten Fall ξ_v und ξ_r ganz genau, so ist das leicht zu berücksichtigen. Hier ist zu setzen

$$\frac{C_v}{C_r} = \frac{F_v^2}{F_r^2},$$

folglich

$$T_{Bv} = \frac{T_{Br}}{v_r^2}\frac{F_v^2}{F_r^2}\frac{2}{\Sigma M}E_v$$

$$T_{Bv} = Y E_v, \quad \ldots \ldots \ldots (48)$$

wenn

$$Y = \frac{2}{\Sigma M}\left(\frac{F_v}{F_r}\right)^2\frac{T_{Br}}{v_r^2}$$

gesetzt wird.

Da $\frac{2}{\Sigma M}\left(\frac{F_v}{F_r}\right)^2$ eine bekannte Konstante und T_{Br} und v_r^2 den Rücklaufdiagrammen der Abb. 10 zu entnehmen sind, so ist Y eine bekannte Funktion des Vorlaufweges s, ganz ähnlich wie die Hilfsgröße X in Gl. (39), von der sich Y nur durch den Faktor $\left(\frac{F_v}{F_r}\right)^2$ unterscheidet. Will man die Verschiedenheit der Koeffizienten ξ_v und ξ_r berücksichtigen, so hat Y einfach den Quotienten $\frac{1+\xi_v}{1+\xi_r}$ aufzunehmen. Sind ferner die Durchflußquerschnitte beim Vorlauf andere als beim Rücklauf, so tritt der Ausdruck $\frac{q_r^2}{q_s^2}$ zu den übrigen Faktoren von Y hinzu.

Gl. (48) gibt eine Beziehung zwischen T_{Br} und E_r; ein weiterer Zusammenhang folgt wiederum aus der Arbeitsgleichung

$$E_r = \int T_r \, ds = \int (T_{(a-k-w)} - T_{Br}) \, ds, \quad . \quad . \quad . \quad (49)$$

wenn T_r die Resultierende sämtlicher Tangentialkräfte bezeichnet. Durch Vereinigung der Gl. (48) und (49) entsteht dann

$$E_r = \int (T_{(a-k-w)} - Y E_r) \, ds. \quad . \quad . \quad . \quad . \quad (50)$$

Aus dieser Beziehung sollen in analoger Weise wie früher E_r bezw. T_{Br} auf graphischem Wege abgeleitet werden. In Abb. 17 sei wiederum $A_0 A_1 = \varDelta s$ ein beliebiger Teil des Vorlaufweges s. Die bekannte $T_{(a-k-w)}$-Kurve und die vorübergehend als bekannt vorausgesetzte T_r-Kurve haben in A_0 die Ordinaten

$$T_{r0} = T_{(a-k-w)_0} - T_{Br0} \quad . \quad . \quad . \quad . \quad (51)$$

und in A_1 entsprechend

$$T_{r1} = T_{(a-k-w)_1} - T_{Br1}. \quad . \quad . \quad . \quad . \quad (52)$$

Den Punkten A_0 und A_1 entsprechen ferner die Energiewerte E_{r0} und E_{r1} sowie von der Hilfsgröße Y die Werte Y_0 bezw. Y_1.

Dann ist

$$E_{r1} = E_{r0} + \varDelta E_r \quad . \quad . \quad . \quad . \quad . \quad (53)$$

wenn

$$\varDelta E_r = \int_{A_0}^{A_1} T_r \, ds = f.$$

$\varDelta s$ sei so gewählt, daß wieder die T_r-Kurve längs der Strecke $\varDelta s$ als Gerade angesehen werden kann. Dann ist f ein Trapez von der Höhe $\varDelta s$ und den Grundlinien T_{r0} und T_{r1}, folglich

$$\varDelta E_r = \frac{\varDelta s}{2} (T_{r0} + T_{r1})$$

also mit Gl. (53)

$$E_{r1} = E_{r0} + \frac{\varDelta s}{2} (T_{r0} + T_{r1}). \quad . \quad . \quad . \quad (54)$$

Aus Gl. (48) folgt aber

$$T_{Br1} = Y_1 E_{r1} = Y_1 E_{r0} + Y_1 \frac{\varDelta s}{2} (T_{r0} + T_{r1})$$

$$T_{Br1} = Y_1 E_{r0} + Y_1 \frac{\varDelta s}{2} (T_{r0} + T_{(a-k-w)1}) - Y_1 \frac{\varDelta s}{2} T_{Br1}$$

$$T_{Br1} = \frac{Y_1 E_{r0} + Y_1 \frac{\varDelta s}{2} (T_{r0} + T_{(a-k-w)1})}{1 + Y_1 \cdot \frac{\varDelta s}{2}}$$

$$T_{Br1} = \frac{E_{r0} + \frac{\varDelta s}{2} (T_{r0} + T_{(a-k-w)1})}{\frac{1}{Y_1} + \frac{\varDelta s}{2}}.$$

$\frac{\varDelta s}{2}(T_{v0}+T_{(a-R-W_A)})$ ist gleich der Trapezfläche f von der Höhe $\varDelta s$ und den Grundlinien T_{v0} und $T_{(a-R-W)1}$, so daß endlich

$$T_{Br1} = \frac{E_{v1}+f}{\dfrac{1}{Y_1}+\dfrac{\varDelta s}{2}} \quad \ldots \ldots \quad (55)$$

Gl. (55) entspricht der Gl. (45); daher ist auch das weitere Verfahren analog dem früheren. Sind für eine beliebige Stellung A_0 die Vorlaufenergie E_{v0} und die Kraft T_{Br0} bezw. T_{v0} bekannt, so lassen sich für eine andere um $\varDelta s$ entfernte Stellung A_1 die Werte T_{Br1} bezw. T_{v1} und E_{v1} bestimmen. Daraus folgen dann in gleicher Weise die zu einer weiteren Stellung A_2 gehörenden Werte T_{Br2} und E_{v2} usw.

Beim Beginn der Rücklaufbewegung ist der Bremszylinder ganz mit Bremsflüssigkeit gefüllt. Während des Rücklaufes tritt die Kolbenstange vom Durchmesser d (Abb. 18) aus dem Zylinder heraus und macht einen Raum $\frac{d^2\pi}{4}\cdot b$ frei. Beim Vorlauf wird zunächst auf einer Strecke s_{b0} die Flüssigkeit vom Bremskolben zurückgedrängt, bis das vom Kolben bestrichene Volumen $F_r\,s_{b0} = \frac{d^2\pi}{4}\,b$ geworden ist. Erst dann wird die Bremsflüssigkeit gezwungen, auf die andere Kolbenseite überzutreten. Daraus folgt, daß längs des dem Bremskolbenwege s_{b0} entsprechenden Weges s_0 (Abb. 12a') die Rücklaufbremse keinen Einfluß auf die Vorlaufbewegung hat.

Die auf dem Wege s_0 in den Massen des Hubmechanismus angesammelte Vorlaufenergie E_{v0} ist in Abb. 12a' durch das Flächenstück zwischen der $T_{(a-R-W)}$-Kurve und der Grundlinie s_0 dargestellt. T_{Br0} folgt daraus mit Gl. (48)

$$T_{Br0} = Y_0\,E_{v0} = \frac{E_{v0}}{\dfrac{1}{Y_0}}.$$

Durch T_{Br0} ist bei angenommenem $\varDelta s$ die Fläche f bestimmt. Danach ergibt sich sofort T_{Br1} nach Maßgabe der Gl. (55) in Millimetern, wobei wieder entsprechend dem früheren der Zähler $E_{v0}+f$ in Quadratmillimetern, der Nenner $\frac{1}{Y_1}+\frac{\varDelta s}{2}$ in Millimetern zu messen ist. $\frac{1}{Y}$ hat wie früher $\frac{1}{X}$ die Dimension einer Länge und ist im Längenmaßstab der Abb. 12 als Funktion des Weges s in Kurvenform aufgetragen (Abb. 12c). Ohne weiteres folgt dann noch

$$E_{v1} = E_{v0}+f.$$

Durch Wiederholung des Verfahrens erhält man punktweise die T_v-Kurve (Abb. 12a').

In Abb. 12 sind die Vorlaufdiagramme für die beiden obengenannten äußersten Fälle dargestellt, daß der Einfluß der Rücklaufbremse einmal vollständig aufgehoben, das andere Mal in voller Stärke wirksam sei. In beiden Fällen ist eine Vorlaufbremse vorgesehen, die auf dem Wege s_0 bezw. s_0' die lebendige Kraft der bewegten Massen

48*

des Hubmechanismus vernichtet. Die Tangentialkräfte sind für die erste Annahme in Abb. 12a, für die zweite in Abb. 12a' veranschaulicht. Der Widerstand der Vorlaufbremse ist so bemessen, daß er mit den übrigen äußeren Kräften eine konstante und in beiden Fällen gleiche resultierende Tangentialkraft T liefert. Daher ist der auf A reduzierte tangentiale Widerstand der Vorlaufbremse selbst in Abb. 12a $= T + T_{(G-R-W_h)}$ in Abb. 12a' $= T + T_{(G-R-W)} - T_{Rc} = T - T_v$.

Die Vorlaufbremse kann konstruktiv entweder mit der Rücklaufbremse verbunden oder für sich besonders ausgeführt sein. Die Berechnung der Durchflußquerschnitte der Vorlaufbremse ist ohne weiteres möglich und bietet gegenüber dem früheren nichts besonderes, da das Kraftgesetz wie das Geschwindigkeitsgesetz in den Diagrammen der Abb. 12 enthalten sind. Ähnlich steht es mit der Rücklaufbremse während des Weges s_v', da ihr Widerstand T_{Bv} während dieses Weges aus den bekannten Durchflußquerschnitten und dem gleichfalls bekannten Durchfluß von der Kraft T erzwungenen Geschwindigkeitsgesetz folgt. T_{Br} ist für jeden Punkt der Strecke s_v' wie früher durch die Gleichung (48) bestimmt. $T_{Br} = Y F_v = \dfrac{E_v}{\frac{1}{Y}}$, wobei E_v einfach der E-Kurve in Abb. 12c' zu entnehmen ist. Die Bremswege s_v und s_v' sind so gewählt, daß die Bremsarbeiten gleich der auf dem Wege $s - s_v$ bezw. $s - s_v'$ in den Massen aufgespeicherten Energie E sind. Da in Abb. 12a' die Rücklaufbremse schon während des ganzen Weges $s - s_0 - s_v'$ eine bremsende Wirkung ausgeübt hat, ergibt sich für die Endbremsung durch die Vorlaufbremse bei gleichem Bremswiderstand ein beträchtlich kleinerer Bremsweg als in Abb. 12a. Die resultierende Tangentialkraft ist in beiden Fällen durch größere Strichstärke hervorgehoben.

Den Tangentialkraftkurven entsprechen vollständig die Kurven der Beschleunigung p bezw. p' in Abb. 12b.

Die weiteren Diagramme sind genau so wie beim Rücklauf aus den Tangentialkraftdiagrammen hergeleitet. Abb. 12c bezw. 12c' enthalten die Kurven für E, v^2, v und $\frac{1}{v}$. Auf dem Wege s_0 sind die Kurven in beiden Fällen identisch. Von da ab macht sich in Abb. 12c' der Einfluß der Rücklaufbremse bemerkbar; die Geschwindigkeit nimmt nur noch wenig zu. Während der Endbremsung verlaufen E und v^2 in beiden Fällen infolge des konstanten resultierenden Tangentialwiderstandes T geradlinig, v dagegen parabolisch.

Die Zeitkurven sind des besseren Vergleiches wegen in Abb. 12d vereinigt. Als gesamte Dauer des Vorlaufes ergibt sich für den Fall, daß die Rücklaufbremse ganz ausgeschaltet ist, der Wert t_v, im anderen Fall t_v'. Die Zahlenwerte für das dem Diagramm zu Grunde liegende Beispiel sind $t_v = 3{,}28$ sk und $t_v' = 3{,}80$ sk. Durch die vollkommene Ausschaltung der Rücklaufbremse beim Vorlauf wurde also ein Zeitgewinn von $3{,}80 - 3{,}28 = 0{,}58$ sk erzielt. Die Zeit für die ganze Lafettenbewegung aus der Ladestellung zum Schuß und wieder zurück ist die Summe der Zeiten t_v und t_r. Im vorliegenden Beispiel ist $t_v + t_r = 3{,}28 + 1{,}41 = 4{,}69$ sk bezw. $t_v' + t_r = 3{,}80 + 1{,}41 = 5{,}27$ sk. Diese Zeit gibt an, wie lange das Rohr bei jedem Schuß teilweise oder ganz aus seiner Deckung hervortritt und also dem feindlichen Feuer ausgesetzt ist.

Von besonderer Wichtigkeit ist daneben noch die Feststellung, wie lange das Rohr sich in Sicht des Feindes befindet, weil davon für diesen die Möglichkeit abhängt, auf das Rohr zu zielen. Dabei kommt, genau genommen, der Standpunkt des Feindes in Betracht. Man kommt aber der Wirklichkeit sehr nahe, wenn man annimmt, daß der feindliche Beobachter sich in gleicher Höhe mit der Deckung der Verschwindelafette befindet. Ermittelt man aus den Abbildungen 8 und 9 den Winkel zwischen der Schwinge und der Horizontalen für den Augenblick, in dem die Mitte der Rohrmündung sich in Höhe der deckenden Brustwehr befindet, und bezeichnet ihn in den Abb. 10d und 12d mit α_s, so kann man unmittelbar die Zeiten t_{rv} bezw. t_{rs}' und t_{rv} abmessen, während welcher die Rohrmündung vor und nach dem Schuß über der Deckung sichtbar ist. Im Zahlenbeispiel ergeben sich die Werte $\alpha_s = 43°$, $t_{rv} = 1{,}46$ bezw. $t_{rv}' = 1{,}85$ und $t_{rs} = 0{,}5$ sk. Nach dem Schuß ist das Rohr also nur $0{,}5$ sk, im ganzen dagegen

$$1{,}41 + 0{,}5 = 1{,}96 \text{ sk bezw. } 1{,}85 + 0{,}5 = 2{,}35 \text{ sk}$$

sichtbar.

Nach den vorstehenden Ausführungen ist es klar, daß bei der Darstellung der Bewegungsvorgänge der Verschwindelafetten sowie bei der Berechnung und Untersuchung der hydraulischen Rücklaufbremsen die vorgeführten graphischen Methoden wesentliche Vorteile gegenüber der analytischen Behandlungsweise bieten. Die Vorteile wachsen natürlicherweise mit der Kompliziertheit des besonderen Falles, denn während die analytische Lösung der behandelten Probleme sich von Fall zu Fall erheblich ändert und leicht auf unüberwindliche Schwierigkeiten stößt, sind die hier angewandten graphischen Verfahren ganz allgemein anwendbar und den Eigentümlichkeiten der geometrischen Anordnung der Mechanismen und der Kraftgesetze stets leicht anzupassen.

Die Maximalbeanspruchungen.

Die Kraft, welche die im Vorstehenden behandelten Bewegungen verursachte, war der Druck P der beim Schuß entwickelten Pulvergase auf den Stoßboden des Geschützrohres. Infolge der eigentümlichen Behandlung des Rückstoßes konnten die Bewegungen des Rohres ermittelt werden, ohne die Größe der Kraft P zu kennen. Einen ungefähren Begriff von dieser Kraft erhält man, wenn man bedenkt, daß sie längs des kurzen Weges s_r imstande war, den zurücklaufenden Massen die Bewegungsenergie E_{max} zu erteilen. Es ist klar, daß diejenigen Konstruktionsteile, welche die Wirkung der Kraft P auf die bewegten Massen zu übertragen, d. h. sie zu beschleunigen haben, außerordentlich starke Beanspruchungen erleiden werden.

Bei einer gewöhnlichen Wiegenlafette wird nur das Rohr beschleunigt; die zur Beschleunigung der einzelnen Massenteilchen des Rohres erforderlichen Kräfte rufen Zugspannungen im Rohrkörper in Richtung der Seelenachse hervor, deren Aufnahme keine Schwierigkeiten bereitet. Zwischen dem zurücklaufenden Rohr und der feststehenden Wiege ist die hydraulische Rücklaufbremse eingeschaltet, so daß die Wiege und die übrigen Teile der Lafette nur durch den im Vergleich zu den Gasdrücken unbedeutenden Bremswiderstand beansprucht werden.

Ist das Rohr nicht in einer Wiege, sondern mit Schildzapfen in einer mit ihm zurücklaufenden Oberlafette gelagert, so ist der zur Beschleunigung der Oberlafette erforderliche Beschleunigungsdruck vom Rohr mittels der Schildzapfen auf die Oberlafette zu übertragen. Auch in diesem Falle ergeben sich noch keine erheblichen Schwierigkeiten in der Dimensionierung der Schildzapfen, wenn die Oberlafette nicht allzu schwer ist.

Anders liegt die Sache bei den Verschwindelafetten. Bei diesen ist die große Masse des Gegengewichtes zu beschleunigen und der Beschleunigungsdruck des Gegengewichtes beansprucht außer den Schildzapfen noch alle anderen zwischen Rohr und Gegengewicht eingeschalteten Teile, insbesondere die Schwinge und ihre Drehachse. Zahlreiche Versuche, Verschwindelafetten zu konstruieren, sind gescheitert, weil diese Verhältnisse nicht genügend beachtet wurden. Daher sollen im folgenden zunächst die Maximalbeanspruchungen für die Hauptkonstruktionsteile der in Abb. 8 und 9 dargestellten Lafette ermittelt werden. Zwar wird sich ergeben, daß die Beanspruchungen bei dieser Anordnung das zulässige Maß übersteigen, es wird sich aber auch zeigen, auf welchem Wege Abhilfe geschaffen werden kann.

In Abb. 13 sind die den Hubmechanismus beanspruchenden Kräfte für den Augenblick dargestellt, in dem der Gasdruck P seinen Höchstwert P_{max} besitzt. Da dieser Wert fast augenblicklich nach Entzündung der Ladung auftritt, bildet die Schwinge mit der Horizontalen den Winkel α_F. Da P_{max} in der Richtung der Seelenachse wirksam ist und diese mit der Bahntangente des Punktes A den Winkel φ einschließt, so liefert P_{max} die Tangentialkomponente $P_{max} \cos \varphi$ und die Radialkomponente $P_{max} \sin \varphi$. An äußeren Kräften sind außer P_{max} noch die Gewichte R, G und S vorhanden, die in den Komponenten $R \cos \alpha_F$ und $R \sin \alpha_F$ bezw. $G \cos \alpha_F$ und $G \sin \alpha_F$ bezw. $S \cos \alpha_F$ und $S \sin \alpha_F$ zu zerlegen sind. Die geringen Reibungswiderstände können hier ganz außer Betracht bleiben, ebenso der Bremswiderstand, der in diesem Augenblick jedenfalls noch sehr klein ist.

Da es sich um eine beschleunigte Bewegung handelt, müssen auch die Ergänzungskräfte der Beschleunigungen berücksichtigt werden. Hat der Punkt A in dem betrachteten Augenblick die Geschwindigkeit v und die Beschleunigung $p_{max} = \dfrac{P_{max} \cos \varphi}{\Sigma M}$ (vergl. Gl. (12)), so sind in A die Ergänzungskräfte

$$C_R = \frac{R}{g} \frac{v^2}{r}$$

für die Zentripetalbeschleunigung und

$$E_R = \frac{R}{g} p_{max}$$

für die Tangentialbeschleunigung hinzuzufügen und zwar jedesmal entgegengesetzt der Richtung der betreffenden Beschleunigung.

Der vom Rohr am Schildzapfen A auf die Schwinge ausgeübte Zapfendruck Z_A ist die Resultierende aus P_{max}, R und den Ergänzungskräften E_R und C_R. Da v in dem Augenblick, in dem P den Wert P_{max} besitzt, noch fast gleich 0 ist, so ist C_R gegenüber den übrigen Kräften zu vernachlässigen.

Dasselbe gilt von den Zentrifugalkräften der übrigen Massen.

Daher hat Z_A die Tangentialkomponente

$$Z_A \cos \gamma = P_{max} \cos \varphi + R \cos \alpha_F - E_R \quad . \quad . \quad . \quad (56)$$

und die Radialkomponente

$$Z_A \sin \gamma = P_{max} \sin \varphi + R \sin \alpha_F \quad . \quad . \quad . \quad . \quad (57)$$

und es ist

$$Z_A = \sqrt{(Z_A \cos \gamma)^2 + (Z_A \sin \gamma)^2} \quad . \quad . \quad . \quad . \quad (58)$$

Setzt man in Gl. (56)

$$E_R = \frac{R}{g} \, p_{max} = \frac{R}{g} \cdot \frac{P_{max} \cos \varphi}{\Sigma M},$$

so wird

$$Z_A \cos \gamma = P_{max} \cos \varphi \left(1 - \frac{\dfrac{R}{g}}{\Sigma M} \right) + R \cos \alpha_F. \quad . \quad (59)$$

Da φ immer ein kleiner Winkel ist, so bleibt $\cos \varphi$ nahezu konstant, während $\sin \varphi$ mit dem Winkel stark zunimmt. Daher wird auch der Schildzapfendruck Z_A am größten, wenn $\varphi = \varphi_{max}$ (in Abb. 13 ist $\varphi = \varphi_{max} = 10°$ angenommen).

Die Schwinge erfährt ihre größte Beanspruchung im Querschnitt O. Dieser Querschnitt wird auf Biegung beansprucht durch die Kraft $Z_A \cos \gamma$, von der ein Betrag

$$\tfrac{1}{2} \frac{S'}{g} \, p_{max} = \tfrac{1}{2} \frac{S'}{g} \cdot \frac{P_{max} \cos \varphi}{\Sigma M}$$

für die Tangentialbeschleunigung der halben Schwinge (von A bis O) abzuziehen ist. Unter $\frac{S'}{g}$ ist wie früher die auf A reduzierte Masse der Schwinge zu verstehen. Daher ist das Biegungsmoment der Schwinge im Querschnitt O

$$\mathfrak{M}_o = r \left(Z_A \cos \gamma - \tfrac{1}{2} \frac{S'}{g} \cdot \frac{P_{max} \cos \varphi}{\Sigma M} \right)$$

oder mit Gl. (59)

$$\mathfrak{M}_o = r \left[P_{max} \cos \varphi \left(1 - \frac{\dfrac{R}{g} - \tfrac{1}{2} \dfrac{S'}{g}}{\Sigma M} \right) + R \cos \alpha_F \right]. \quad (60)$$

Zu der Biegungsbeanspruchung tritt dann noch eine Druck- bezw. Knick-beanspruchung durch die Radialkraft $Z_A \sin \gamma$.

Zur Ermittlung des Zapfendruckes Z_o an der Drehachse O muß zunächst noch die Ergänzungskraft E_G der Tangentialbeschleunigung des Gegengewichtes festgestellt werden. Ein Massenteilchen m des Gegengewichtes im Abstande ϱ von der Drehachse erfordert eine Ergänzungskraft $m \varrho \varepsilon$, wenn $\varepsilon = \frac{p_{max}}{r}$ die Winkelbeschleunigung der Drehung um die Achse O bezeichnet. Daher ist

$$E_G = \Sigma m \varrho \varepsilon = \varepsilon \cdot \Sigma m \varrho.$$

$\Sigma m \varrho$ ist das statische Moment des Gegengewichtes in Bezug auf die Achse O, daher

$$\Sigma m \varrho = \frac{G}{g} \cdot r',$$

folglich

$$E_a = s \cdot \frac{G}{g} r'$$

$$E_G = \frac{G}{g} \cdot \frac{r'}{r} \cdot p_{max} = P_{max} \cos \varphi \cdot \frac{\frac{G}{g} \cdot \frac{r'}{r}}{\Sigma M} \quad . \quad . \quad . \quad (61)$$

Der Angriffspunkt der Kraft E_a ist nicht der Schwerpunkt des Gegengewichtes; vielmehr ist

$$E_a \cdot e = \Sigma m s \cdot \varrho = s \cdot \Sigma m \varrho^2.$$

$\Sigma m \varrho^2$ ist das Trägheitsmoment des Gegengewichtes in Bezug auf die Drehachse

$$\Sigma m \varrho^2 = J_a = \frac{G}{g} \cdot i_a^2,$$

wenn i_a den Trägheitsradius der Masse des Gegengewichtes in Bezug auf die Drehachse bezeichnet. Folglich

$$E_a \cdot e = s \cdot \frac{G}{g} \cdot i_a^2$$

$$e = \frac{s \cdot \frac{G}{g} \cdot i_a^2}{s \cdot \frac{G}{g} \cdot r'} = \frac{i_a^2}{r'}.$$

Zerlegt man den Zapfendruck Z_O ebenfalls in zwei Komponenten nach denselben Richtungen wie die übrigen Kräfte, so wird

$$Z_O \cos \zeta = Z_A \cos \gamma + E_a + (G + S) \cos \alpha_F$$

oder mit Gl. (59) und (61)

$$Z_O \cos \zeta = P_{max} \cos \varphi \left(1 + \frac{\frac{G}{g} \cdot \frac{r'}{r} \cdot \frac{R}{g}}{\Sigma M} \right) + (R + G + S) \cos \alpha_F \quad (62)$$

und

$$Z_O \sin \zeta = Z_A \sin \gamma + (G + S) \sin \alpha_F$$

oder mit Gl. (57)

$$Z_O \sin \zeta = P_{max} \sin \varphi + (R + G + S) \sin \alpha_F, \quad . \quad . \quad (63)$$

endlich

$$Z_O = \sqrt{(Z_O \cos \zeta)^2 + (Z_O \sin \zeta)^2}. \quad . \quad . \quad . \quad . \quad (64)$$

Auch Z_O ist aus demselben Grunde wie Z_A am größten, wenn $\varphi = \varphi_{max}$; dasselbe gilt von der Knickbeanspruchung der Schwinge. Dagegen ist das Biegungsmoment $\mathfrak{M}_O$ der Schwinge nur wenig von φ abhängig, Gl. (60), weil sich $\cos \varphi$ immer nur wenig von dem Wert 1 entfernt.

Es empfiehlt sich übrigens, die Zusammensetzung der Kräfte soviel wie möglich graphisch vorzunehmen. In Abb. 13 sind die Kräfte in Fortführung des früheren Beispieles mit $\varphi = 10°$ maßstäblich eingetragen. Dabei ist eine höchste Spannung der Pulvergase von 2800 kg/qcm angenommen, der bei dem Kaliber von 24 cm ein größter Gasdruck $P_{max} = 1\,266\,000$ kg entspricht. Daraus folgt die gleichzeitige maximale Rohrbeschleunigung $p_{max} = 208$ m/s² und die Ergänzungskräfte $E_R = 547\,000$ kg und $E_G = 680\,000$ kg. Die Radialkomponente des Gasdruckes wird $P_{max} \sin \varphi = 220\,000$ kg. Mit Hilfe der oben entwickelten Gleichungen bezw. durch graphische Zusammensetzung ergibt sich ferner

$$Z_A \sin \gamma = 246\,000 \text{ kg}, \quad Z_O \sin \zeta = 298\,000 \text{ kg}$$
$$Z_A \cos \gamma = 700\,000 \text{ -} \quad Z_O \cos \zeta = 1\,355\,000 \text{ -}$$
$$Z_A \quad\quad = 742\,000 \text{ -} \quad Z_O \quad\quad = 1\,450\,000 \text{ -}$$
$$\mathfrak{M}_O = 1\,645\,000 \text{ mkg.}$$

Die Zapfendrücke Z_A und Z_O und besonders das Biegungsmoment $\mathfrak{M}_O$ sind so groß, daß es praktisch unmöglich ist, den betreffenden Konstruktionsteilen die rechnungsmäßig erforderlichen Abmessungen zu geben. Daher ist der Mechanismus der im vorstehenden behandelten Lafette so, wie er in den Abb. 8 und 9 dargestellt ist, für die Praxis nicht brauchbar. Er stellt aber in seiner Einfachheit den naturgemäßen Ausgangspunkt für die Lösung des Verschwindelafettenproblems dar und es fragt sich nur, wie er umzugestalten ist, um zu einem brauchbaren Mechanismus zu gelangen.

Wie der Anblick der Abb. 13 lehrt, treten die Gewichte R, G und S weit zurück hinter den Gasdruck P_{max} und die Ergänzungskräfte E_R und E_G. Aus diesen drei Kräften setzen sich die Zapfendrücke Z_A und Z_O hauptsächlich zusammen. In radialer Richtung tritt an beiden Zapfen die Komponente $P_{max} \sin \varphi$ auf. Da P_{max} als gegeben anzusehen ist, läßt sich eine Verkleinerung der Kraft $P_{max} \sin \varphi$ nur erreichen durch Verkleinerung von $\sin \varphi$, also auch von φ. Da φ durch den Erhöhungswinkel d des Rohres und den Winkel α_F an der Schwinge bestimmt wird, müßten also entweder die Erhöhungsgrenzen des Rohres eingeschränkt oder der Winkel α_F der jeweiligen Erhöhung angepaßt werden, so daß möglichst immer

$$\varphi = \delta - \left(\frac{\pi}{2} - \alpha_F\right) = 0$$
$$\alpha_F = \frac{\pi}{2} - \delta$$

würde. Durch eine wesentliche Einschränkung der Erhöhungsgrenzen würde aber in den meisten Fällen der Gefechtswert des Geschützes in unzulässiger Weise herabgesetzt und die Veränderlichkeit des Winkels α_F bedingt ziemlich bedeutende konstruktive Komplikationen.

Da sich nun $P_{max} \sin \varphi$ immerhin in erträglichen Grenzen hält, ist es lohnender, auf eine Verkleinerung der viel größeren (vergl. Abb. 13) Tangentialkräfte hinzuarbeiten. Von diesen ist wiederum $P_{max} \cos \varphi$ als unabänderlich hinzunehmen, es bleibt also nur übrig, die Ergänzungskräfte E_R und E_G so zu beeinflussen, daß sie mit $P_{max} \cos \varphi$ zusammen eine günstigere Wirkung ergeben. Dies ist der Fall, wenn E_R vergrößert,

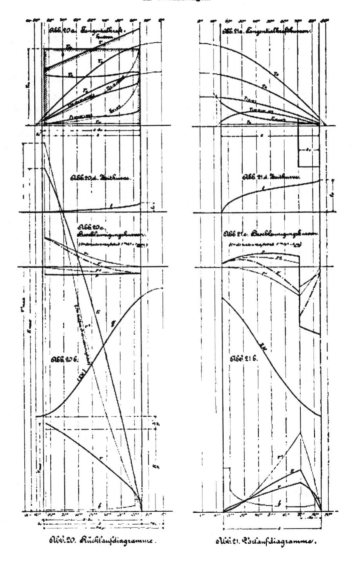

Abb. 20. Rücklaufdiagramme.

Abb. 21. Vorlaufdiagramme.

E_G dagegen verkleinert wird. Denn je größer E_R wird, desto kleiner wird $Z_A \cos \gamma$, also auch das Biegungsmoment $\mathfrak{M}_O$ der Schwinge und der Schildzapfendruck Z_A; je kleiner ferner $Z_A \cos \gamma$ und E_G werden, desto geringer wird $Z_O \cos \zeta$, also auch der Zapfendruck an der Drehachse Z_O.

Soll $E_R = \dfrac{R}{g} p_{max}$ größer werden, so muß $p_{max} = \dfrac{P_{max} \cos \varphi}{\Sigma M}$ vergrößert, folglich die Summe der auf A reduzierten Massen ΣM verkleinert werden. Da die wirklichen Massen nicht wesentlich kleiner gewählt werden können, bleibt nur der Ausweg übrig, den Mechanismus so anzuordnen, daß die auf A reduzierte Masse des Gegengewichtes möglichst klein wird. Das ist der Fall, wenn in dem Augenblicke, in dem der Gasdruck seinen höchsten Wert P_{max} erreicht, die Geschwindigkeit des Gegengewichtes klein im Verhältnis zu der des Punktes A ist. In diesem Falle ist dann auch die Beschleunigung des Gegengewichtes entsprechend gering im Verhältnis zu der des Rohres, so daß E_G den erforderlichen kleinen Wert annimmt. Natürlich muß die Geschwindigkeit des Gegengewichtes im weiteren Verlaufe der Bewegung hinreichend anwachsen, damit in angemessener Zeit die notwendige Hubhöhe erreicht wird. Daraus folgt, daß das Geschwindigkeitsverhältnis zwischen Gegengewicht und Rohr veränderlich sein muß. Es ist so einzurichten, daß das Gegengewicht möglichst gleichmäßig beschleunigt wird.

Die Lafetten mit veränderlichem Geschwindigkeitsverhältnis zwischen Rohr und Gegengewicht.

Die im ersten Abschnitte beschriebenen Verschwindelafettensysteme von Howell, Buffington-Crozier und Krupp lassen sich sämtlich unter dem Gesichtspunkt betrachten, daß sie von einer gemeinsamen Grundform, der in Abb. 8 und 9 dargestellten Lafette, ausgehend der soeben entwickelten Forderung des veränderlichen Geschwindigkeitsverhältnisses zwischen Gegengewicht und Rohr zu genügen suchen.

Die Abweichung von der Grundform ist äußerlich am wenigsten bemerkbar bei der Lafette von Howell, bei der einfach zwischen Schwinge und Gegengewicht ein hydraulischer Puffer eingeschaltet ist (vergl. Abb. 6). Dieser Puffer gestattet eine größere relative Bewegung der Schwinge gegenüber dem Gegengewicht, so daß dieses sich allmählich der Bewegung der Schwinge anschließen kann. Um aber vor jedem Schuß den Abstand zwischen Gegengewicht und Schwinge selbsttätig wieder herzustellen, ist eine besondere Vorrichtung in Gestalt mehrerer Federn notwendig, so daß die gesamte Anordnung ziemlich komplizirt und unsicher wird und von der Einfachheit der Grundform nicht viel übrig bleibt.

Diese ist in Wirklichkeit viel mehr gewahrt bei den Konstruktionen von Buffington-Crozier und Krupp. Bei Buffington-Crozier ist die unmittelbare zwangläufige Verbindung des Gegengewichtes mit der Schwinge beibehalten. Dagegen ist die Drehung der Schwinge um eine feste Achse aufgegeben und vermöge der Cardan-Führung der Schwinge (vergl. Abb. 22) durch die Drehung um eine wandernde Achse ersetzt, deren Lage in jedem Augenblick durch den Pol $\mathfrak{P}$ bezeichnet wird. Da die Geschwindigkeiten des Schildzapfenmittelpunktes A und des

Angriff-punktes B des Gegengewichtes sich in jedem Augenblick wie die Polabstände
$\mathfrak{P}A$ und $\mathfrak{P}B$ verhalten, ändert sich das Geschwindigkeitsverhältnis mit der Lage des
Pols in der angestrebten Weise.

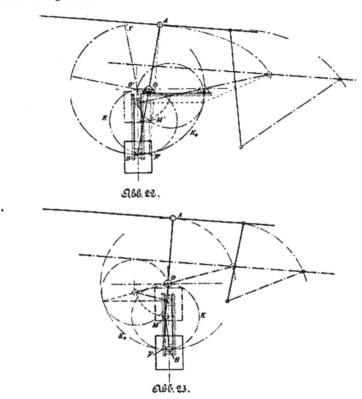

Abb. 22.

Abb. 23.

Sehr nahe steht dieser Anordnung diejenige von Krupp (Abb. 23), obwohl
beide Konstruktionen einander äußerlich wenig ähnlich sind. In Abb. 23 bewegt sich
der Aufhängepunkt B des Gegengewichtes in einer vertikalen Führung $B\,O$. Die Zugstange $B\,M$ ist gleich dem Hebelarm $O\,M$ der Schwinge $A\,O\,M$. In Abb. 22 ist der
Schnittpunkt der vertikalen Bahn des Punktes B und der horizontalen Bahn des
Punktes O mit O' bezeichnet und der Mittelpunkt der Strecke $O\,B$ mit M'. Dann beschreibt M' einen Kreis um den Mittelpunkt O' genau so wie in Abb. 23 der Punkt M

einen Kreis um den Mittelpunkt O. Folglich ist die Bewegung der Zugstange MB bei dem Mechanismus von Krupp identisch mit der Bewegung der Schwinge bei Buffington-Crozier; man könnte geradezu, wie es in Abb. 22 angedeutet ist, mit dem Punkte M' die in O' gelagerte Krupp'sche Schwinge $M'A'$ verbinden, ohne die Bewegung des Buffington-Crozierschen Mechanismus zu hindern. Die Gleichheit der Bewegungen wird am besten durch die Polbahnen veranschaulicht. In beiden Fällen ergibt sich die Bewegung des das Gegengewicht tragenden Gliedes MB bezw. $M'B$ als Rollung des mit ihm verbundenen Kreises K in dem feststehenden doppelt so großen Kreises K_O.

Es würde zu weit führen, hier jedes der erwähnten Lafettensysteme besonders zu untersuchen; es genügt auch vollständig, an einem Beispiel zu zeigen, welche Besonderheiten sich gegenüber der Untersuchung der früher behandelten grundlegenden Lafettenkonstruktion durch die Veränderlichkeit des Geschwindigkeitsverhältnisses zwischen Rohr und Gegengewicht ergeben. Im übrigen kann sich die Untersuchung immer eng an diejenige der in den Abb. 8 und 9 dargestellten Grundform anschließen. Als Beispiel sei hier die Konstruktion Krupp gewählt, weil sie dem Ideal einer Verschwindelafette am nächsten kommt, wie sich aus dem folgenden ergeben wird.

Um die Beziehungen zwischen den Bewegungsverhältnissen des Gegengewichtes und denjenigen des Rohres klarzustellen, kann man sich mit Vorteil kinematischer Methoden bedienen. Als besonders leistungsfähig erweist sich dabei die Beschleunigungstheorie, die Professor Hartmann in seinen kinematischen Vorlesungen an der technischen Hochschule zu Berlin seit einigen Jahren vorträgt. Zwar ist die vollständige Kenntnis dieser Theorie für die Behandlung des Verschwindelafettenproblems sehr wertvoll, doch soll hier nur das für den vorliegenden Zweck Notwendigste gebracht werden, um der Veröffentlichung durch den Urheber der Theorie nicht vorzugreifen.

Jede ebene Bewegung kann bekanntlich in ihrem augenblicklichen Zustand als Drehung um einen Momentanpol, in ihrem zeitlichen Verlauf als Rollung zweier Kurven, der Polbahnen, aufeinander aufgefaßt werden. Die Rollung der beiden Polbahnen aufeinander kann wieder in jedem Augenblick durch die Rollung ihrer Krümmungskreise ersetzt werden. In Abb. 24 rollt der dem bewegten System angehörende Krümmungskreis K auf dem ruhenden Krümmungskreise K_O. Der Momentanpol $\mathfrak{P}$ liegt dann auf der Verbindungslinie der Mittelpunkte M und M_O. Hat M die Geschwindigkeit v_m und vom Pol den Abstand r_m, so dreht sich das bewegte System um den Pol $\mathfrak{P}$ mit einer Winkelgeschwindigkeit $w = \dfrac{v_m}{r_m} = \operatorname{tg} \vartheta$. Der Pol wechselt dabei seine Lage mit der Polwechselgeschwindigkeit u. Ein beliebiger Punkt B des bewegten Systems, dessen Polabstand r ist, hat dann die Geschwindigkeit $v = rw = r \operatorname{tg} \vartheta$.

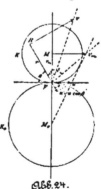

ABB. 24.

Die Beschleunigung des Punktes B setzt sich, wenn die Bahn von B gekrümmt ist, aus einer Tangentialbeschleunigung und einer Normalbeschleunigung zusammen.

Für den vorliegenden Fall genügt es, die Tangentialbeschleunigung zu betrachten. Es ist

$$p_t = \frac{dv}{dt} = \frac{d(rw)}{dt}.$$

Da im allgemeinen sowohl r als auch w veränderlich ist, wird

$$p_t = w\frac{dr}{dt} + r\frac{dw}{dt}.$$

r ist gleich der Strecke $B\mathfrak{P}$, daher ist $\frac{dr}{dt}$ auch aufzufassen als die Geschwindigkeit, mit der der Pol $\mathfrak{P}$ auf dem Strahl r fortschreitet, d. h. als die Seitengeschwindigkeit u' des Poles $\mathfrak{P}$ in Richtung von r. Schließt r mit der Polbahntangente den Winkel β ein, so ist $u' = u \cos \beta = \frac{dr}{dt}$.

$\frac{dw}{dt}$ ist gleich der Winkelbeschleunigung ψ. Die Tangentialbeschleunigung p_t setzt sich also zusammen aus einer Rollungskomponente

$$p_r = w\frac{dr}{dt} = w\,u\cos\beta$$

und einer Drehungskomponente

$$p_d = r\cdot\frac{dw}{dt} = r\,\psi.$$

$$p_t = p_r + p_d = w\,u\cos\beta + r\,\psi \quad\ldots\ldots\ldots (65)$$

Bei dem Hubmechanismus der Verschwindelafette von Krupp handelt es sich um die Bewegung des Gliedes BM, Abb. 25. Diese Bewegung stellt sich, wie bereits

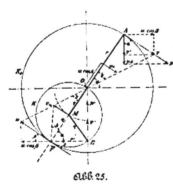

erwähnt, als Rollung des mit MB verbunden gedachten Kreises K in dem doppelt so großen feststehenden Kreise K_0 dar. Die Krümmungskreise sind also hier mit denPolbahnen identisch. Der Hebelarm $AO = r$ der Schwinge ist doppelt so groß wie der Hebelarm $OM = \varrho$, daher bewegt sich A auf dem Kreise K_0. Der Pol $\mathfrak{P}$ liegt immer auf der Verlängerung von OM.

M hat die Geschwindigkeit v_m und den Polabstand $M\mathfrak{P} = \varrho$, daher dreht sich der Kreis K mit dem Gliede BM um $\mathfrak{P}$ mit der Winkelgeschwindigkeit $w = \frac{v_m}{\varrho} = \operatorname{tg}\vartheta$. Andererseits gehört M auch der Schwinge MOA an und dreht sich mit dieser um die feste Achse O. Daher hat auch die Schwinge bei

Abb. 25.

dieser Drehung die Winkelgeschwindigkeit $w = \frac{v_m}{\varrho} = \operatorname{tg}\vartheta = \frac{v}{r}$, wenn v die Geschwindigkeit des Punktes A bezeichnet.

Der Punkt B bewegt sich im Abstande r' vom Pol $\mathfrak{P}$ mit der Geschwindigkeit

$$v' = r' \, w = r' \cdot \frac{v}{r}.$$

Folglich ist das Verhältnis der Geschwindigkeiten der Punkte B und A

$$\frac{v'}{v} = \frac{r'}{r} = \cos\alpha, \qquad (66)$$

wobei α wie früher den Winkel bezeichnet, den die Schwinge mit der Horizontalen einschließt. Ist demnach die Geschwindigkeit v bekannt, so erhält man v' als ihre Vertikalkomponente, Abb. 25.

Der Punkt B bewegt sich auf der Geraden BO, also gewissermaßen auf einem Kreise von unendlich großem Halbmesser. Daher erfährt B keine Normalbeschleunigung, sondern nur eine Tangentialbeschleunigung p'. Da die Schwinge AOM bei ihrer Drehung um O und der Kreis K bei seiner Drehung um $\mathfrak{P}$ stets die gleiche Winkelgeschwindigkeit w besitzen, so haben sie auch stets die gleiche Winkelbeschleunigung $\psi = \frac{dw}{dt}$. Nun hat nach Gl. (65) die Beschleunigung von B die Drehungskomponente

$$p_d = r' \, \psi;$$

es ist aber auch

$$\psi = \frac{p}{r},$$

wenn mit p die Beschleunigung des Punktes A bezeichnet wird.

Folglich ist

$$p_d = r' \, \psi = r' \, \frac{p}{r} = p \cos\alpha. \quad \ldots \ldots (67)$$

Ist also die Beschleunigung p des Punktes A bekannt, so ergibt sich die Drehungskomponente p_d der Beschleunigung des Punktes B als Vertikalkomponente von p, Abb. 25.

Da der Pol sich auf dem Kreise K_0 ebenso schnell wie der Punkt A fortbewegt, ist die Polwechselgeschwindigkeit $u = v$, und die Seitenkomponente $u \cos\beta$ in der Richtung des Strahles $B\mathfrak{P}$ gleich der Horizontalkomponente von v, da $\cos\beta = \sin\alpha$ ist. Trägt man ferner die Strecke $u \cos\beta$ auf OA von O aus ab, so erhält man sofort die Rollungskomponente der Beschleunigung von B,

$$p_r = u \cos\beta \, \mathrm{tg}\, \vartheta = w \, u \cos\beta.$$

Damit ist auch für den Punkt B die Gesamtbeschleunigung $p' = p_r + p_d$ bestimmt.

Ist demnach die Geschwindigkeit v und die Beschleunigung p des Reduktionspunktes A bekannt, so erhält man daraus mit wenigen Strichen die Geschwindigkeit v', die Rollungskomponente p_r und die Drehungskomponente p_d der Beschleunigung des Punktes B. Die erforderliche Konstruktion findet sich in dem rechten oberen Quadranten der Abb. 25; sie ist kennzeichnend für die Einfachheit der kinematischen Beschleunigungstheorie.

Die Reduktion der Massen des Hubmechanismus auf den Schildzapfenmittelpunkt A stellt sich nunmehr folgendermaßen dar. Die Rohrmasse $\frac{R}{g}$ und die auf A redu-

zierte Masse der Schwinge $\dfrac{S'}{g}$ sind wie früher während des ganzen Verlaufes der
Bewegung konstant (vergl. Abb. 20b); dagegen ist die auf A reduzierte Masse des
Gegengewichtes $\dfrac{G'}{g}$ veränderlich.

Es ist

$$\frac{G'}{g}\, r^2 = \frac{G}{g}\, v'^2$$

$$\frac{G'}{g} = \frac{G}{g} \left(\frac{v'}{v}\right)^2$$

oder mit Hilfe der Gl. (66)

$$\frac{G'}{g} = \frac{G}{g}\, \cos^2 \alpha.$$

In Abb. 20b ist $\dfrac{G'}{g}$ als Funktion des Rücklaufweges $r\alpha$ in Diagrammform dargestellt,
desgleichen

$$\Sigma M = \frac{R}{g} + \frac{S'}{g} + \frac{G'}{g}.$$

Es zeigt sich, daß in der Feuerstellung $\dfrac{G'}{g}$ infolge der geringen Geschwindigkeit des
Gegengewichtes fast gleich 0, folglich ΣM gegen früher stark verkleinert ist.

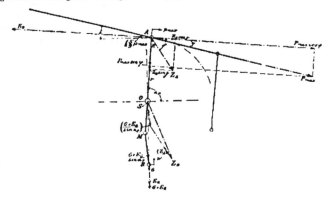

Abb. 26.

Die Veränderlichkeit des Geschwindigkeitsverhältnisses zwischen Rohr und
Gegengewicht bezweckte eine Herabsetzung der Maximalbeanspruchungen. Um zu
zeigen, in welchem Maße dieses Ziel erreicht wurde, sind in Abb. 26 die Beanspruchungen
für die Lafette von Krupp veranschaulicht und zwar in demselben Maßstabe und unter

denselben Annahmen wie in Abb. 13 für die dort behandelte Lafette mit konstantem Geschwindigkeitsverhältnis.

In Abb. 26 ist dasselbe Rohr, derselbe maximale Gasdruck und dieselbe geometrische Anordnung der Rohrführung angenommen wie in Abb. 13. Daher hat der Gasdruck P_{max} und seine Komponenten $P_{max} \cos \varphi$ und $P_{max} \sin \varphi$ denselben Wert wie früher, ebenso R, G und S, folglich auch $Z_A \sin \gamma$. Dagegen ist die Ergänzungskraft der Rohrbeschleunigung $E_R = \dfrac{R}{g} \, p_{max}$ viel größer als früher, weil $p_{max} = \dfrac{P_{max} \cos \varphi}{\varSigma M}$ durch die Verkleinerung von $\varSigma M$ in der Feuerstellung stark zugenommen hat. Die Vergrößerung von E_R hat eine erhebliche Abnahme der Kraft $Z_A \cos \gamma$ und damit auch des Schildzapfendruckes Z_A zur Folge. Das Biegungsmoment $\mathfrak{M}_O$ der Schwinge im Querschnitt O ist entsprechend stark verkleinert, weil der Bruch $-\dfrac{\dfrac{R}{g} - \frac{1}{2} \dfrac{S'}{g}}{\varSigma M}$ Gl. (60)

fast gleich 1 geworden ist. Da in dem Augenblick, in dem der Gasdruck seinen höchsten Wert P_{max} besitzt, die Geschwindigkeit v des Punktes A noch nahezu gleich 0 ist, wird die Rollbeschleunigungskomponente p_r des Gegengewichtes in diesem Augenblick ebenfalls fast gleich 0 (vergl. Gl. (68)), und als gesamte Beschleunigung des Gegengewichtes ist die Drehungskomponente $p_d = p_{max} \cos \alpha_r$ (vergl. Gl. (67)) anzusetzen. Weil nun $\cos \alpha_r$ sehr klein ist, fällt die Beschleunigung des Gegengewichtes trotz der Vergrößerung von p_{max} bedeutend kleiner aus als früher, desgleichen die Ergänzungskraft E_G der Gegengewichtsbeschleunigung. Durch graphische Zusammensetzung ergibt sich endlich in Abb. 26 die Belastung Z_O der Drehachse O ebenfalls gegen früher erheblich vermindert.

Das der Abb. 26 zugrunde liegende Zahlenbeispiel hat als Gesamtergebnis eine Verkleinerung des Schildzapfendrucks

$$Z_A \text{ von } 742\,000 \text{ kg auf } 305\,000 \text{ kg,}$$

der Belastung der Drehachse

$$Z_O \text{ von } 1\,450\,000 \text{ kg auf } 490\,000 \text{ kg,}$$

des Biegungsmomentes der Schwinge

$$\mathfrak{M}_O \text{ von } 1\,645\,000 \text{ mkg auf } 245\,000 \text{ mkg.}$$

Die Beanspruchungen sind immer noch recht hoch, führen aber jedenfalls zu annehmbaren Dimensionen der betreffenden Konstruktionsteile.

Die Bewegungsverhältnisse des Hubmechanismus sind wieder durch diejenigen des Reduktionspunktes A darzustellen. Für den Rückstoß sind wie früher die Gl. (14), (16) und (17) maßgebend, aus denen der Rückstoßweg s_r, die maximale Rücklaufgeschwindigkeit v_{max} und die Rückstoßenergie E_{max} hervorgehen. Dabei ist zu beachten, daß $\varSigma M$ jetzt nicht mehr konstant ist. Wie aber aus den Diagrammen für $\varSigma M$ in Abb. 20b zu ersehen ist, ändert sich $\varSigma M$ längs des Rückstoßweges s_r so wenig, daß man ohne erheblichen Fehler den der Feuerstellung entsprechenden Anfangswert von $\varSigma M$ in die Gl. (14), (16) und (17) einführen könnte. Will man genauer verfahren, so kann man den Wert von $\varSigma M$ benutzen, der etwa der Mitte des Weges s_r entspricht.

Dieser nahezu konstante Verlauf des Wertes ΣM während des Rückstoßweges s_r findet sich natürlich bei allen Mechanismen, die der Forderung nach einer sanfteren Anfangsbeschleunigung des Gegengewichtes genügen. Die für den Rückstoß früher aufgestellten Gleichungen sind also immer anwendbar. Da ΣM beim Rückstoß nur etwa halb so groß ist wie früher, erscheinen s_r, v_{max} und E_{max} nahezu verdoppelt. Dies kommt in den Rücklaufdiagrammen der Abb. 20, die in denselben Maßstäben wie die Diagramme der Abb. 10 bis 12 entworfen sind, zum Ausdruck.

    Abb. 20a enthält wieder die auf A reduzierten Tangentialkräfte.

$T_m = \dfrac{E_{max}}{s - s_r}$ erscheint entsprechend vergrößert; T_R ist unverändert, T_G geht aus

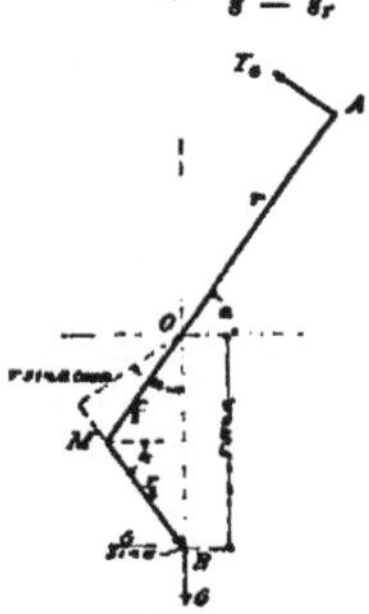

Abb. 27 hervor. Das Gewicht G ruft in der Stange BM einen Zug $\dfrac{G}{\sin \alpha}$ hervor, der mit einem Hebelarm $r \sin \alpha \cos \alpha$ an der Schwinge angreift. Daher ist zu setzen

$$T_G\, r = \frac{G}{\sin \alpha}\, r \sin \alpha \cos \alpha$$

$$T_G = G \cos \alpha.$$

T_G befolgt also dasselbe Gesetz wie früher.

    Besondere Beachtung erfordern die Reibungsverhältnisse. Die Zapfenreibungen erscheinen grundsätzlich unverändert mit dem konstanten Widerstande T_w, der nur diesmal etwas größer ausgefallen ist als in Abb. 10. Dazu kommt nun noch die Reibung in der senkrechten Führung des Gegengewichtes.

Abb. 27.

    Wäre die Führung gänzlich reibungslos, so würden die am Punkt B angreifenden Kräfte der Abb. 27a entsprechen, da das Gewicht G mit dem senkrecht zur Bewegungsrichtung stehenden Reaktionsdruck D der Führung und der in Richtung der

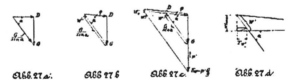

Abb. 27a.   Abb. 27b.   Abb. 27c.   Abb. 27d.

Stange BM wirkenden Zugkraft $\dfrac{G}{\sin \alpha}$ im Gleichgewicht wäre. Nimmt man dagegen einen Reibungskoeffizienten der Führung $\mu = \operatorname{tg} \varrho$ an, so weicht D von seiner ursprünglichen Richtung um den Winkel ϱ ab (Abb. 27b), sodaß die Kraft in der Stange BM um einen Betrag W' zunimmt, der am besten graphisch nach Abb. 27b bestimmt wird. Bewegt sich ferner das Gegengewicht nicht gleichförmig, sondern mit einer Beschleunigung p', so ist zu G die Ergänzungskraft $E_a = -p'\,\dfrac{G}{g}$ hinzuzufügen (Abb. 27c), sodaß der Führungsdruck D entsprechend zunimmt und in der Stange BM ein weiterer Betrag W_e' zur Ueberwindung der Gleitbahnreibung erforderlich wird.

Die Kräfte W' und W_e' haben an der Schwinge denselben Hebelarm wie die Kraft $\dfrac{G}{\sin \alpha}$ in Abb. 27, nämlich r sin α cos α. Daher sind W' und W_e' zu ersetzen durch die in A angreifenden Kräfte $T_{W'} = W'$ sin α cos α, und $T_{W_e'} = W_e'$ sin α cos α. $T_{W'}$ und $T_{W_e'}$ können am bequemsten graphisch aus W' bezw. W_e' abgeleitet werden, wie in Abb. 27d für W' angedeutet ist. $T_{W'}$ läßt sich sofort für jeden beliebigen Winkel α ermitteln und in das Tangentialkraftdiagramm Abb. 20a eintragen. In diesem ist gleich $T_{W'}$ und $T_{W'}$ zu der Resultierenden $T_{(W + W')}$ zusammengefaßt. Dagegen hängt $T_{W_e'}$ von der vorläufig noch unbekannten Beschleunigung p' des Gegengewichtes ab. Diese ist wiederum eine Funktion der Geschwindigkeit v und der Beschleunigung p des Punktes A. Daher ist in Abb. 20 folgendes Verfahren eingeschlagen:

Aus den bisher bekannten Tangentialkräften T_R, T_G und $T_{(W + W')}$ ist die Resultierende $T_{(G - R + W + W')}$ gebildet. Ferner ist der mittlere resultierende Tangentialwiderstand T_m durch eine geradlinig ansteigende Kraft T ersetzt, deren Arbeitsfläche ein Trapez von der mittleren Höhe T_m ist. Die Steigerung der T-Linie ist schätzungsweise so gewählt, daß für den Bremswiderstand $T_B = T - T_{(G - R + W + W' + W_e')}$ ein möglichst konstanter Verlauf zu erwarten ist. Aus diesem angenommenen resultierenden Tangentialwiderstand T sind dann in derselben Weise wie früher die Rücklaufdiagramme der Abb. 20, darunter diejenigen von p und v abgeleitet, wobei nur zu beachten ist, daß in den Beziehungen $p = \dfrac{T}{\Sigma M}$ (Gl. 26) und $v^2 = \dfrac{E}{\frac{1}{2} \Sigma M}$ (Gl. (28)) für ΣM jetzt der veränderliche durch das ΣM-Diagramm gegebene Wert einzuführen ist. Aus p und v ergibt sich mit Hilfe des kinematischen Verfahrens nach Abb. 25 die Beschleunigung p' des Gegengewichtes für den gesamten Rücklauf (Abb. 20c), zusammengesetzt aus der Rollungskomponente p_r und der Drehungskomponente p_d. Durch p' ist dann auch E_G und daraus nach Abb. 27c und 27d die Tangentialkraft $T_{W_e'}$ bestimmt. In Abb. 20a ist $T_{W_e'}$ gleich wieder mit den übrigen Reibungswiderständen zu der Resultierenden $T_{(W + W' + W_e')}$ und diese mit T_R und T_B zu der Resultierenden $T_{(G - R + W + W' + W_e')}$ zusammengefaßt. Diese ist durch den Bremswiderstand T_B auf den Betrag T zu ergänzen, sodaß $T_B = T - T_{(G - R + W + W' + W_e')}$ sein muß. Die Berechnung der Bremse hat dann auf Grund dieses für T_B ermittelten Kraftgesetzes in der früher angegebenen Weise zu erfolgen, sodaß tatsächlich der resultierende Tangentialwiderstand T und der daraus sich ergebende Bewegungsvorgang erzielt wird.

Aus dem Tangentialkraftdiagramm ist zu ersehen, daß die Reibungswiderstände an der Führung des Gegengewichtes anfangs zwar ganz gering sind, mit abnehmendem Winkel α aber beträchtlich wachsen (dem Diagramm ist der Reibungskoeffizient $\mu = 0{,}1$ zugrunde gelegt).

Es zeigt sich ferner, daß durch Berücksichtigung der Ergänzungskraft E_G der Reibungswiderstand zunächst, nämlich solange das Gegengewicht beschleunigt werden muß, etwas erhöht wird, daß aber später während der Verzögerung des Gegengewichtes eine ganz beträchtliche Verminderung der Reibungen eintritt, und zwar gerade in dem Stadium der Bewegung, in dem die Reibungen bei gleichförmiger Bewegung am größten sind. Wollte man hier den Einfluß der Beschleunigungen unberücksichtigt lassen, so würde man zu ganz falschen Ergebnissen gelangen; um so wertvoller ist daher die Hilfe der kinematischen Beschleunigungstheorie.

Beachtenswert ist noch, daß in den Beschleunigungsdiagrammen der Abb. 20c die Drehungskomponente andauernd als Verzögerung, die Rollungskomponente als Beschleunigung erscheint. Das Ergebnis beider ist, daß das Gegengewicht noch beschleunigt wird, nachdem die Verzögerung des Rohres längst begonnen hat, was auf die veränderliche Geschwindigkeitsübersetzung zwischen beiden Teilen zurückzuführen ist.

Im Vorlaufdiagramm sind die Tangentialkräfte T_R, T_u, T_w und $T_{w'}$, Abb. 21a, unverändert gegenüber dem Rücklauf. Die Vorlaufbewegung kann nur eingeleitet werden, wenn in der Ladestellung

$$T_{(u-R)} > T_{(w+u')}.$$

Daher bezeichnet der Schnittpunkt der $T_{(u-R)}$-Kurve mit der $T_{(w+u')}$-Kurve die untere Grenze für α_L, bis zu der das Anheben noch möglich ist. Mit Rücksicht auf sicheres Anheben ist α_L etwas größer angenommen. Tritt Bewegung ein, so wird das Gegengewicht beschleunigt. Der Einfluß dieser Beschleunigung auf die Reibungsverhältnisse ist hier in folgender Weise untersucht. Zunächst sind die Vorlaufdiagramme ohne Rücksicht auf die Gegengewichtsbeschleunigung aus der resultierenden Tangentialkraft $T_{(u-R-w-w')}$ abgeleitet worden, wobei eine angemessene Vorlaufbremsung längs des Weges s_v angenommen worden ist. Dabei ergaben sich die Diagramme der Beschleunigung p und der Geschwindigkeit v des Reduktionspunktes A und daraus wiederum nach dem kinematischen Verfahren das Diagramm der Gegengewichtsbeschleunigung p', Abb. 21c. Der daraus entwickelte zusätzliche tangentiale Reibungswiderstand $T_{w'}$ ist so klein, daß er vollständig vernachlässigt werden kann, die Vorlaufdiagramme also in ihrer ursprünglichen Gestalt in Geltung bleiben.

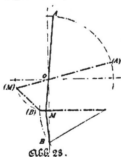

Durch die vorstehende Untersuchung ist zwar die Brauchbarkeit der Krupp'schen Lafette in der angenommenen Form nachgewiesen; bedenklich bleibt indessen die Höhe der Reibungswiderstände an der Führung des Gegengewichtes. Wenn man erwägt, daß der Reibungskoeffizient sich mit der Zeit leicht ändern und zwar zunehmen kann, so erscheint es fraglich, ob dann das Gegengewicht noch imstande sein wird, das Rohr unter Ueberwindung der Reibungen aus der Ladestellung emporzuheben.

Eine erhebliche Vergrößerung des Winkels α_L zur Vermeidung dieser Gefahr ist unvorteilhaft, weil dadurch die Deckung des Rohres in der Ladestellung außerordentlich verschlechtert wird. Eine Verbesserung der Reibungsverhältnisse unter Beibehaltung der Vorzüge der Lafette kann also nur durch Anwendung von Rollen oder durch Ersatz der Gleitbahnführung des Gegengewichtes durch eine Lenkerführung erfolgen. Gegen eine Rollenführung

Abb. 23.

spricht zunächst die Größe des Führungsdruckes D, der nahe der Ladestellung bei dem angenommenen Winkel α_L auf mehrere 100 t anwächst. Daher hat Krupp bei der ausgeführten Lafette zwar die Rollenführung gewählt, gleichzeitig aber den Winkel α_L um so viel vergrößert, wie es mit Rücksicht auf die Deckungsverhältnisse zulässig schien.

Vorteilhaft erscheint auch eine Lenkerführung, und zwar genügt ein sehr roher Ersatz der Geradführung durch eine einfache Kreisbogenführung, etwa nach Abb. 28. Die Gleitbahnreibung ist hier ersetzt durch die ganz geringe Zapfenreibung des Lenkers und im übrigen bleiben die Vorzüge der alten Anordnung, namentlich hinsichtlich der Beanspruchungen, gewahrt.

Betrachtet man unter diesen Gesichtspunkten die Konstruktion von Buffington-Crozier, so ist ohne weiteres klar, daß bei dieser außer an der Führung des Gegengewichtes auch noch an derjenigen der Drehachse O höchst ungünstige Reibungsverhältnisse auftreten müssen. Man hat deshalb auch hier Rollenführungen vorgesehen, die jedoch namentlich beim Schießen mit großer Erhöhung sehr stark beansprucht werden. Ein Ersatz der Gleitbahnen durch Lenkerführungen ist bei dieser Lafette vollständig ausgeschlossen.

Welche Gesichtspunkte bei dem Entwurf einer Verschwindelafette maßgebend sein müssen und was bei der Untersuchung einer neuen Konstruktion zu beachten ist, ergibt sich aus dem Vorstehenden von selbst.

Kinematische Schußtheorie.

Der Anfangszustand der Geschoßbewegung.

Ein Geschütz übt seine Wirkung am Ziel durch das von ihm abgeschossene Geschoß aus. Dieses gelangt ans Ziel vermittels eines freien Fluges, dessen Bahn unter Berücksichtigung der während des Fluges wirkenden Einflüsse der Schwerkraft und des Luftwiderstandes durch die Anfangsbewegung des Geschosses vorausbestimmt ist. Daher ist es die eigentliche Aufgabe des Geschützes, dem Geschoß die erforderliche Anfangsbewegung zu erteilen, und es gehört mit zur Untersuchung eines Geschützsystems, den Einfluß der Geschützkonstruktion auf die Anfangsbewegung des Geschosses in Rücksicht zu ziehen.

Dabei ist unter Anfangsbewegung der Bewegungszustand des Geschosses zu Beginn seines freien Fluges, also beim Verlassen der Rohrmündung, zu verstehen. Dieser Bewegungszustand besteht, wenn man zunächst von Nebenbewegungen, insbesondere von der Drehung des Geschosses um seine Längsachse absieht, aus einer fortschreitenden Bewegung in einer bestimmten Anfangsrichtung mit einer bestimmten Anfangsgeschwindigkeit.

Stände das Geschützrohr beim Schuß still, so würde die Anfangsrichtung der Flugbahn, die sogenannte Abgangsrichtung des Geschosses, mit der Richtung, die die Seelenachse vor dem Schuß hatte, zusammenfallen. Da sich aber das Rohr während des Schusses gleichfalls bewegt und dabei im allgemeinen aus seiner ursprünglichen Richtung abweicht, so wird auch das Geschoß gezwungen, eine veränderte Abgangs-

richtung einzuschlagen. Bezeichnet in Abb. 29 R die Lage des Rohres vor dem Schuß,
R' diejenige im Augenblick des Geschoßaustritts, so ist δ der Erhöhungswinkel des
Rohres, d. h. der Winkel zwischen der Seelenachse und der Horizontalen vor dem

Schuß, d' derjenige im Augenblick des Geschoßaustritts. Da sich nun das Geschoß im Rohr in
Richtung der Seelenachse fortbewegt, so wird in
der ballistischen Literatur vielfach ohne weiteres
R' als Abgangsrichtung des Geschosses, δ' als
Abgangswinkel und $\varepsilon = d' - \delta$ als Abgangsfehler
bezeichnet

Abb. 29.

Man übersieht dabei, daß durch die Abweichung des Rohres aus seiner ursprünglichen Richtung dem Geschoß eine Seitenbewegung erteilt wird, die nicht ohne Einfluß
auf seine Abgangsrichtung bleiben kann[1]).

Als ein vorzügliches Mittel zur Klarstellung dieser Verhältnisse erweist sich nun
die kinematische Betrachtungsweise, indem man die Geschoßbewegung bis zum Austritt
aus der Rohrmündung als resultierende Bewegung aus der Rohrbewegung und der
Relativbewegung des Geschosses gegenüber dem Rohr auffaßt. Man gelangt so zu Ergebnissen, die geeignet erscheinen, die Anschauungen über die Bewegungsvorgänge beim
Schuß in mancher Hinsicht zu ergänzen und zu klären. Dies soll im folgenden näher
dargelegt werden.

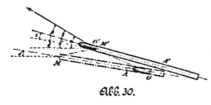

In Abb. 30 sei das Rohr wiederum
in den beiden Stellungen vor dem Schuß
bezw. im Augenblick des Geschoßaustritts
dargestellt. Dabei bewege sich das Geschoß relativ zum Rohr von seiner An-
fangsstellung G bis zur Mündung M.
Gleichzeitig beginne das Rohr seine Rücklaufbewegung, sodaß der Schildzapfenmittelpunkt die Bahn $A A'$, der Mündungsmittelpunkt die Bahn $M M'$ beschreibt. In

Abb. 30.

dem Augenblick, in dem das Geschoß die Rohrmündung verläßt, befindet es sich also
in der Stellung G'. Daher beschreibt das Geschoß in Wirklichkeit die Bahn $G G'$.
Von besonderer Wichtigkeit ist nun die genaue Erkenntnis des Bewegungszustandes des
Geschosses in der Stellung G', weil von diesem das ganze weitere Verhalten des Geschosses abhängt.

In Abb. 31 ist die Bewegung des Rohres im Augenblick des Geschoßaustritts
als Drehung um den Momentanpol $\mathfrak{P}$ aufgefaßt. Der Schildzapfenmittelpunkt A' habe
in diesem Augenblick die Rücklaufgeschwindigkeit $v_{N'}$ im Sinne der früheren Gl. (13)
und den Abstand r_a vom Pole $\mathfrak{P}$. Dann erfolgt die Drehung des Rohres um $\mathfrak{P}$ mit
der Winkelgeschwindigkeit $\varkappa = \dfrac{v_{N'}}{r_a} = \operatorname{tg} \vartheta$.

[1]) Hingewiesen wird auf diese Seitenbewegung des Geschosses im „Compendium der Theoretischen
äußeren Ballistik" von C. Cranz S. 342 (Leipzig 1896); ferner in den „Untersuchungen über die Vibrationen
des Gewehrlaufes" von C. Cranz und K. R. Koch S. 7 (München 1899).

Durch die Lage des Poles $\mathfrak{P}$ und die Winkelgeschwindigkeit w ist der momentane Bewegungszustand des Rohres vollständig bestimmt.

Das Geschoß war bisher im Rohre vollständig geführt und bewegt sich daher, wenn man wiederum von der Drehung um seine eigene Längsachse absieht, relativ zum Rohre geradlinig in Richtung der Seelenachse, und zwar im Augenblick des Geschoßaustritts mit der Geschwindigkeit v_{s_o}.

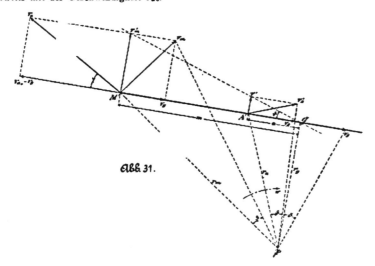

ABB. 31.

Die wirkliche Bewegung des Geschosses beim Austritt aus der Mündung setzt sich nun zusammen aus seiner Relativbewegung gegenüber dem Rohr und der Rohrbewegung. Für die Zusammensetzung beider Bewegungen ist es zweckmäßig, diejenige des Rohres in etwas anderer Form darzustellen.

Fällt man vom Pole $\mathfrak{P}$ auf die Seelenachse das Lot $\mathfrak{PG}$, so bewegt sich der Punkt $\mathfrak{G}$ in Richtung der Seelenachse mit der Geschwindigkeit $v_g = r_g w = r_g \operatorname{tg} \vartheta$. Zerlegt man nun die Geschwindigkeit aller anderen Punkte der Seelenachse in zwei Komponenten in Richtung der Seelenachse und senkrecht dazu, so zeigt sich, wie leicht zu beweisen ist, daß alle Punkte in Richtung der Seelenachse dieselbe Geschwindigkeit v_g haben, und daß sich die senkrechten Komponenten wie die Abstände der betreffenden Punkte von $\mathfrak{G}$ verhalten. Die Bewegung des Rohres kann also zerlegt werden in eine Gleitbewegung in seiner eigenen Richtung mit der Geschwindigkeit v_g und in eine gleichzeitige Drehung um $\mathfrak{G}$. Der Gleitpunkt $\mathfrak{G}$ selbst hat nur die Gleitbewegung in Richtung der Seelenachse. Die Drehung um $\mathfrak{G}$ erfolgt, wie ebenfalls leicht nachzuweisen ist, mit der Winkelgeschwindigkeit $w = \operatorname{tg} \vartheta$, daher hat A' die Seitengeschwindigkeit $v' = a \, \mathrm{tg} \, \vartheta$, der Mündungsmittelpunkt M' die Seitengeschwindigkeit $v_m' = m \, \mathrm{tg} \, \vartheta$, wenn a und m die Abstände der betreffenden Punkte von $\mathfrak{G}$ bezeichnen.

Beim Austritt aus der Rohrmündung ist das Geschoß derart in der Bohrung geführt, daß es die Seitenbewegung des Mündungsmittelpunktes mit der Geschwindigkeit v_m' vollständig mitmachen muß. Daher setzt sich die Anfangsgeschwindigkeit v_a zusammen aus den Komponenten $v_{a_0} - v_g$ in Richtung der Seelenachse und v_m' senkrecht dazu. Die Abgangsrichtung des Geschosses weicht dabei um einen Winßel γ von der Richtung der Seelenachse ab und es ist $\mathrm{tg} \, \gamma = \dfrac{v_m'}{v_{a_0} - v_g}$. Da γ immer nur ein sehr kleiner Winkel ist, kann mit größter Annäherung $v_a = v_{a_0} - v_g$ und

$$\mathrm{tg} \, \gamma = \frac{v_m'}{v_a}$$

gesetzt werden. Der Abgangswinkel ist also in Wahrheit nicht δ', sondern $\alpha = \delta' + \gamma$ (Abb. 30) und der Abgangsfehler nicht ε, sondern $\beta = \varepsilon + \gamma$.

Damit ist aber der Bewegungszustand des Geschosses noch nicht erschöpfend dargestellt. Da nämlich während der Bewegung im Rohre die Längsachse des Geschosses mit der Seelenachse andauernd zusammenfällt, so müssen beide ihre Richtung mit gleicher Winkelgeschwindigkeit ändern. Dreht sich nun die Seelenachse zur Zeit des Geschoßaustritts um den Gleitpunkt $\mathfrak{G}$ mit der Winkelgeschwindigkeit $w = \mathrm{tg} \, \vartheta$, so muß sich das Geschoß gleichzeitig mit derselben Winkelgeschwindigkeit um eine horizontale Querachse Q drehen (Abb. 32). Diese Drehbewegung sucht das Geschoß nach seinem Austritt natürlich beizubehalten, d. h. es überschlägt sich, wenn es nicht besonders daran verhindert wird. Dieses Überschlagen der Geschosse während des Fluges wird von der Ballistik auf den Luftwiderstand zurückgeführt. Es ist jedoch klar, daß auch die dem Geschoß vom Rohr erteilte Drehung um die Achse Q unter Umständen erheblichen Anteil daran haben kann.[1])

Abb. 32.

In welchem Maße das der Fall ist, hängt ebenso wie der Abgangsfehler von der Rohrführung während des Rücklaufes, also von der Lafette ab. Es soll daher im folgenden eine Übersicht über die verschiedenen Möglichkeiten der Rohrführung und ihren Einfluß auf die Geschoßbewegungen gegeben und nach den dabei gewonnenen Gesichtspunkten eine Betrachtung der wichtigsten Lafettensysteme vorgenommen werden.

Die Bewegung des Geschosses zu Beginn seines freien Fluges setzt sich im allgemeinsten Falle zusammen aus der fortschreitenden Bewegung unter einem von der Erhöhung δ um den Betrag des Abgangsfehlers $\beta = \varepsilon + \gamma$ abweichenden Abgangswinkel α, ferner aus der Drehbewegung um die Querachse Q mit der Winkelgeschwindigkeit w und aus der durch den Drall der Züge erzwungenen Drehung um die Längsachse des Geschosses. Die Drehung um die Achse Q ist immer schädlich

---

[1]) Über schon in der Mündung auftretende Rotationsgeschwindigkeiten um eine zur Geschoßachse senkrechte Achse als Ursache von Nutationsbewegungen vergl. „Theoretische und experimentelle Untersuchungen über die Kreiselbewegungen rotierender Langgeschosse während ihres Fluges" von Prof. Dr. C. Cranz in der Zeitschrift für Mathematik und Physik, Bd. 43, (Leipzig 1898) S. 133 und S. 169.

und möglichst zu vermeiden. Auch der Abgangsfehler ist mindestens unbequem und ebenfalls schädlich, sobald er nicht genau zu bestimmen oder Schwankungen unterworfen ist. Die ideale Rohrführung ist daher eine solche, bei der sowohl die Drehung um Q als auch der Abgangsfehler und zwar beide Bestandteile desselben, ϵ sowohl wie γ, vollständig vermieden sind. Die Rohrführung ist also gekennzeichnet durch ϵ, γ und w.

Hinsichtlich ϵ sind folgende Fälle besonders zu unterscheiden:

Ia) $\epsilon = 0$. Die Seelenachse hat beim Geschoßaustritt dieselbe Richtung wie vor dem Schuß.

Ib) $\epsilon > 0$. Die Seelenachse hat ihre Richtung bis zum Geschoßaustritt geändert. Ebenso hinsichtlich γ:

IIa) $\gamma = 0$. Das Geschoß geht in Richtung der Seelenachse ab. Daher auch

$$\operatorname{tg} \gamma = \frac{v_{in}'}{v_{it}} = \frac{mw}{v_{it}} = 0,$$

folglich $mw = 0$. Dies ist der Fall, wenn

1. $w = \frac{v_K}{r_a} = 0$, d. h. $r_a = \infty$. Der Pol $\mathfrak{P}$ liegt im Unendlichen. Dabei kann m jeden beliebigen endlichen Wert besitzen.
2. $w > 0$, d. h. $r_a < \infty$. Dann muß aber $m = 0$ sein.

IIb) $\gamma > 0$. Die Abgangsrichtung des Geschosses weicht von der Richtung der Seelenachse ab, folglich $mw > 0$. Dies ist der Fall, wenn

1. $w = 0$. Dann muß aber $m = \infty$ sein.
2. $w > 0$. Dann kann m jeden beliebigen endlichen Wert besitzen.

Endlich ist hinsichtlich der Drehung des Geschosses um die Querachse Q zu unterscheiden:

IIIa) $w = 0$. Das Geschoß hat nicht die Tendenz, sich zu überschlagen.

IIIb) $w > 0$. Das Geschoß hat die Tendenz, sich zu überschlagen.

Fall IIIa ist in den Fällen IIa) 1 und IIb) 1 enthalten, ebenso IIIb) in IIa) 2 und IIb) 2. Die beste Rohrführung ist diejenige, die den Bedingungen Ia) und IIa) 1 genügt, sodaß

$$\epsilon = 0, \gamma = 0, w = 0.$$

Die schlechteste Führung fällt unter Ib und IIb) 2, nämlich

$$\epsilon > 0, \gamma > 0 \text{ und } w > 0.$$

Dazwischen liegen die übrigen Kombinationen aus I) und II).

Anwendung auf die bestehenden Lafettensysteme.

Die theoretisch möglichen und die wirklich ausgeführten Arten der Rohrführung sind so mannigfach, daß es viel zu weit führen würde, sie alle hier vorzuführen. Deshalb sollen nur einige der wichtigsten Lafettensysteme als Beispiele hier kurz erwähnt werden.

Die Führung des Rohres in einer Wiegenlafette ist in Abb. 33 schematisch dargestellt. Da das Rohr in Richtung seiner Seelenachse geradlinig zurückläuft, ist

$s=0$, $r_u = \infty$, folglich $w=0$ und daher auch $\gamma = 0$. Dieses System genügt also allen Bedingungen einer idealen Rohrführung.

Abb. 34 ist das Schema eines Küsten- bezw. Festungsgeschützes, bei dem eine das Rohr tragende Oberlafette auf den schräg ansteigenden Laufschienen einer Unter-

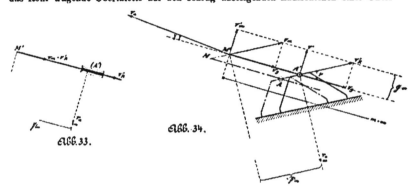

Abb. 33.   Abb. 34.

lafette zurückläuft. Hier ist infolge der Parallelführung des Rohres $s=0$ und $w=0$, da $r_u = \infty$. Trotzdem entsteht ein Abgangsfehler γ, da $m = \infty$. Es treffen also hier die Bedingungen der Fälle Ia) und IIb) 1 zu. Die Seitengeschwindigkeit des Mündungs-

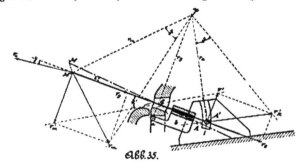

Abb. 35.

mittelpunktes M' ist $v_m' = v_R' \sin \varphi$, wenn φ den Winkel zwischen der Seelenachse und der Rücklaufrichtung bezeichnet. Der Abgangsfehler γ verschwindet nur, wenn $\varphi = 0$ ist.

Besonderes Interesse bietet die bekannte Minimalschartenlafette von Gruson, Abb. 35. Bei dieser ruhen die Schildzapfen A' in einer Oberlafette, die auf einer ansteigenden Bahn zurückläuft, während der vordere Teil des Rohres in einer um a drehbaren Führung b zurückgleitet, sodaß die Seelenachse beständig einen um a geschlagenen Kreis berührt. Aus der Abbildung ergibt sich der Winkel ε, die Winkelgeschwindigkeit $w = \operatorname{tg} \vartheta = \dfrac{v_R{}'}{r_a}$ und die Seitengeschwindigkeit $v_m{}'$ des Punktes M'. Daraus folgt dann weiter $\operatorname{tg} \gamma = \dfrac{v_m{}'}{v_a}$ und der Abgangsfehler $\beta = \varepsilon + \gamma$. Bemerkenswert ist, daß $v_m{}'$ hier immer nach unten gerichtet ist, sodaß γ ebenso wie ε eine Abweichung des Geschosses nach unten darstellt.

Bei allen bisher erwähnten Lafetten ist das Rohr beim Rücklauf zwangläufig geführt, daher ist es auch möglich, den Einfluß der Rohrführung auf die Geschoß-

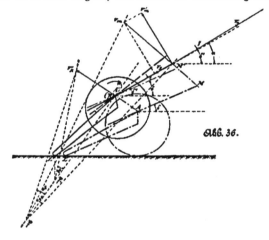

ABB. 36.

abgangsbewegung genau zu bestimmen. Anders liegt die Sache bei den starren Räderlafetten der Feldgeschütze. Abb. 36 ist das Schema einer solchen Lafette in der Stellung vor dem Schuß bezw. beim Geschoßaustritt. Da die zurücklaufenden Teile keine genau bestimmten Bahnen beschreiben, läßt sich der ganze Vorgang nur im Prinzip andeuten.

Bewegt sich der Lafettenschwanz auf der Bettung von L nach L' und heben sich gleichzeitig die Räder vom Boden ab, sodaß der Schildzapfenmittelpunkt von A nach A' gelangt, so läßt sich die Bewegung der Lafette in der Stellung $L'A'$ als Drehung um den Momentanpol $\mathfrak{P}_1$ mit der Winkelgeschwindigkeit $w_1 = \operatorname{tg} \vartheta_1 = \dfrac{v_R{}'}{\mathfrak{P}_1 A'}$ ansehen. Das Rohr ist in A' fest mit der Lafette verbunden, liegt aber mit seinem hinteren Ende frei auf der Richtsohle auf, sodaß es gegenüber der Lafette eine Relativdrehung um den Pol $\mathfrak{P}_2$ (der mit A' identisch ist) mit der Winkelgeschwindigkeit w_2 ausführen kann, wobei sich das Rohr von der Richtsohle abhebt (buckt). Die Bewegung des Rohres gegenüber dem Erdboden stellt sich dann als resultierende Bewegung aus den beiden Drehungen um $\mathfrak{P}_1$ und $\mathfrak{P}_2$ dar. Daher dreht sich das Rohr insgesamt um einen Pol $\mathfrak{P}$, der auf der Verlängerung von $\mathfrak{P}_1 \mathfrak{P}_2$ liegt, mit einer Winkelgeschwindigkeit $w_1 - w_2 = w = \operatorname{tg} \vartheta = \dfrac{v_R'}{\mathfrak{P} A'}$. Daher hat der Mündungsmittelpunkt M' die Geschwindig-

keit $v_m = \mathfrak{P} M' \operatorname{tg} \vartheta$. Daraus folgt die Seitengeschwindigkeit v_m' und $\operatorname{tg} \gamma = \dfrac{v_m'}{v_a}$. Da die Seelenachse sich außerdem um den Winkel $\varepsilon = \delta' - \delta$ gehoben hat, so ist der gesamte Abgangsfehler $\beta = \varepsilon + \gamma$. Bei den Räderlafetten kann ε sowohl wie γ unter Umständen ziemlich groß ausfallen, desgleichen die Winkelgeschwindigkeit w.

Bei den starren Räderlafetten besteht zwischen Rohr und Lafette bzw. zwischen Lafette und Erdboden „Kraftschluß", bei den Rohrrücklauflafetten dagegen „Paarschluß". Der Uebergang von der starren Lafette zur Rohrrücklauflafette wird also wie so mancher andere technische Fortschritt gekennzeichnet durch den Uebergang vom Kraftschluß zum Paarschluß.

Anwendung auf die Verschwindelafetten.

Die Anregung zu der kinematischen Betrachtung der Geschoßbewegungen gaben die Verschwindelafetten. Das über diese vorliegende Material gestattet nicht, die ausgeführten Verschwindelafetten unter dem Gesichtspunkt der Geschoßführung zu kritisieren, so sehr es auch vielfach zur Kritik herausfordert, solange nicht festgestellt ist, ob die Veröffentlichungen genau mit den Ausführungen übereinstimmen[1]). Deshalb sollen hier einfach die Regeln für eine sachgemäße Anordnung der Rohrführung angegeben und an einem Beispiel gezeigt werden, welche Fehler bei schlechter Anordnung zu gewärtigen sind.

Eine solche hinsichtlich der Rohrführung mangelhafte Anordnung ist in Abb. 37 wiedergegeben. Die Abbildung lehnt sich an die in Abb. 8 und 9 dargestellte Lafette an; nur die Lenkerstange ist etwas verändert. Die zur Ermittelung der Geschoßabgangsbewegung notwendigen Grundlagen sind dem in der dynamischen Theorie der Verschwindelafetten gegebenen Zahlenbeispiel (Krupp) entnommen.

Danach ist der bis zum Austritt des Geschosses vom Schildzapfen zurückgelegte Weg $A A'$ nach Gl. (15) $s_R = 0{,}059$ m[2]) und die Geschwindigkeit des Punktes A' in diesem Augenblick nach Gl. (13) $v_R' = 5{,}4$ m/s. Aus s_R ergibt sich die Stellung des Hubmechanismus für den Moment des Geschoßaustritts und somit der Winkel ε und die Lage des Poles $\mathfrak{P}$. Es ist $\mathfrak{P} A' = r_a = 7{,}7$ m, folglich $w = \operatorname{tg} \vartheta = \dfrac{v_R'}{r_a} = 0{,}702$. Da M' vom Gleitpunkt $\mathfrak{G}$ die Entfernung $m = 5{,}625$ m hat, so hat M' die Seitengeschwindigkeit $v_m' = m w = 3{,}94$ m/s. Daher wird

$$\operatorname{tg} \gamma = \frac{v_m'}{v_a} = \frac{3{,}94}{630} = 0{,}00625.$$

Dazu kommt noch die Erhebung der Seelenachse um den Winkel ε mit $\operatorname{tg} \varepsilon = 0{,}00775$. Demnach würde bei einer Entfernung des Zieles von 1000 m der Treffpunkt des Geschosses durch ε um 7,75 m und durch γ um 6,25 m, im ganzen also durch den gesamten

---

[1]) Verfasser hatte Gelegenheit, an amerikanischen Lafetten diese Festatellung zu machen.
[2]) Für die Vervielfältigung mußten die ursprünglichen Zeichnungen stark verkleinert werden

Abgangsfehler $\beta = \varepsilon + \gamma$ um 14 m nach oben verlegt werden. Außerdem dreht sich das Geschoß beim Verlassen des Rohres um eine horizontale Querachse mit der Winkelgeschwindigkeit $w = 0{,}702$, worunter die Präzision des Fluges auch dann leiden muß, wenn ein wirkliches Ueberschlagen des Geschosses durch verstärkten Drall der Züge verhindert wird. Dazu kommt noch, daß sowohl ε als auch γ und w sich mit der Erhöhung des Rohres ändern, also für jeden Erhöhungswinkel besonders ermittelt werden müssen.

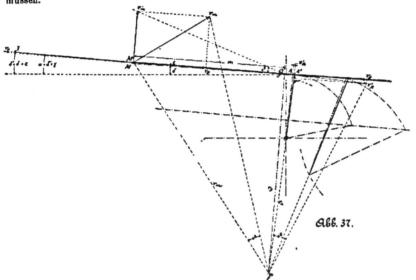

AßB. 37.

Diese Uebelstände lassen sich vermeiden, wenn man die Rohrführung nach Abb. 38 anordnet. In Abb. 38 ist die Anordnung der Schwinge unverändert gelassen, sodaß zunächst bei der besonders häufig zu erwartenden Erhöhung von etwa 6° die Schwinge $A'O$ im Augenblick des Geschoßaustrittes senkrecht zur Seelenachse $A'M'$ steht. Dann aber ist die Steuerstange $A_1 O_1$ hier gleich und parallel $A'O$ gewählt, sodaß der Polabstand $r_a = \infty$, daher w und folglich auch $\gamma = 0$ werden. Infolge der Parallelführung des Rohres ist auch $\varepsilon = 0$. Die Führung entspricht also bei einer Erhöhung von ungefähr 6° allen an eine ideale Rohrführung zu stellenden Anforderungen genau so wie die Wiegenlafetten.

Allerdings trifft das für die übrigen Erhöhungswinkel nicht zu, weil dann infolge der Verstellung des Punktes O_1 in der Kulisse die Steuerstange $A_1 O_1$ nicht mehr parallel zur Schwinge $A'O$ und beide nicht mehr senkrecht zur Seelenachse $A'M'$ sind. Am größten sind die Abweichungen von dem idealen Zustande bei den äußersten Erhöhungsgrenzen des Rohres. Aber auch für diese ergeben sich immer noch so kleine Werte s, w und γ, daß sie die Schußpräzision nicht beeinträchtigen. So wird z. B. bei der größten Erhöhung von 15° der Polabstand $r_a = 35{,}2$ m, die Winkelgeschwindigkeit $w = 0{,}153$ und die Seitengeschwindigkeit $v_m' = 0{,}2$ m, daher tg $\gamma = 0{,}00092$. Dazu kommt

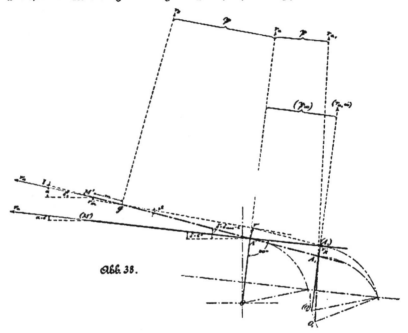

Abb. 38.

noch tg $s = 0{,}0016$. Also würde bei einem Zielabstand von 1000 m der Treffpunkt um $0{,}92 + 1{,}6 = 1{,}92$ m verschoben, was als größte Abweichung zulässig wäre. Demnach ist diese Art der Rohrführung zwar nur für eine bestimmte mittlere Erhöhung ganz vollkommen; die Unvollkommenheiten der Führung bei den übrigen Erhöhungen sind aber so klein, daß sie keine Veranlassung geben, von der in Abb. 38 dargestellten Anordnung, die eine sehr bequeme Bedienung der Lafette gestattet, abzugeben.

Die kinematischen Methoden zeichnen sich stets durch Einfachheit und Zuverlässigkeit aus; sie bewähren diese Vorzüge auch bei der Behandlung der Lafettenprobleme in solchem Maße, daß sie dafür als unentbehrlich angesehen werden müssen.

Der gewerbliche Unterricht in Preußen.

Von Regierungs- und Gewerbeschulrat a. D. K. Lachner.

———

Die Förderung des Gewerbes durch eigene Unterrichtsanstalten hat für unser Staatswesen eine hervorragende Bedeutung gewonnen. Heute gilt der gewerbliche Unterricht als ein wichtiger Faktor in unserer Kulturarbeit und zählt unbestritten zu den wirksamsten Mitteln, unserer Industrie und unserem Handel eine führende Stellung auf dem Weltmarkte zu gewinnen und zu sichern. Die gewerblichen Schulen erwerben sich aber gegenwärtig noch eine weitere nationale Bedeutung, indem sie nicht nur die fachliche Tüchtigkeit der gewerblichen Berufsklassen heben, sondern sich auch die staatsbürgerliche Erziehung der gewerblichen Jugend zur Aufgabe stellen; ihrer großen praktischen Bedeutung gesellen sie damit noch ein wichtiges ethisches Moment hinzu. Es dürfte daher wohl begründet sein, auch in dieser Zeitschrift den Stand der bisherigen Entwicklung des gewerblichen Unterrichts darzulegen und in Verbindung damit die erforderlichen Maßnahmen zu besprechen, die uns im Interesse der Sache, der beteiligten Kreise und des Wohlstands unseres Landes für notwendig erscheinen. Hierbei sollen sich die Ausführungen auf die niederen und mittleren gewerblichen Lehranstalten beschränken, ohne die technischen Hochschulen in den Kreis der Erörterungen hereinzuziehen.

Die ersten Keime zu einem gewerblichen Unterricht, d. h. zu einer fachlichen Unterweisung des gewerblichen Mittelstandes, lassen sich im heutigen Preußen gegen Ende des 18. Jahrhunderts nachweisen. In jener Zeit begann man in mehreren Städten sich zu bemühen, Unterrichtsgelegenheiten für den Handwerker zu schaffen und mit ihrer Hilfe seine Werkstattbildung zu ergänzen. Insbesondere erkannte man mit dem Eintritt in das Zeitalter der Maschinen die Notwendigkeit intelligentere Arbeiter heranzubilden, das Verständnis und die Fertigkeit des Zeichnens zu vermitteln und praktisches Können durch theoretisches Wissen zu vermehren. Es bereitete sich eine zwar allmähliche aber desto vollständigere Umgestaltung des Handbetriebes vor, welche neue Fertigkeiten fordern mußte. Richtigerweise wollte man indessen nicht nur den Unterricht auf fachliche Unterweisungen beschränken, sondern zur Hebung der Intelligenz der Arbeitskräfte sich auch der Vorzüge und des Einflusses der allgemeinen Bildung bedienen. Wie sehr man das Bedürfnis hierfür bei dem Mangel an geeigneten Volksschulen empfand, geht aus einem Aufsatz des Hannoverschen Magazins vom Jahre 1770 hervor, welcher „von den Lehrjahren der Lehrburschen" handelt und den Braunschweiger Anzeigen entnommen war. In diesem heißt es:

„Wollte man aber den zukünftigen Zeiten noch brauchbarere Meister verschaffen, so müßte man die Veranstaltung treffen, daß sowohl in großen als in kleinen Städten alle Lehrjungen noch einige Stunden in der Woche in solchen Stücken unentgeltlich unterwiesen würden, deren sie zu ihrem künftigen Stande höchst nötig haben. Aus der Schule bringen solche Jungen gemeiniglich nicht viel mit, und was sie gelernt haben, das verlernen sie bei dem Handwerk wieder. Werden sie dann losgesprochen, so wissen sie von Gott und der Welt nichts; sie können nicht mehr recht lesen, schreiben und rechnen. Wie hält dieses hernach die Gesellen und Meister zurück, daß sie ihr Glück nicht so machen können, wie sie wohl wünschten und auch dem gemeinen Wesen nicht so vorteilhaft sind, wie es bei besserer Zustutzung derselben leicht möglich wäre. Wie stünde es nun, den armen Lehrjungen in diesem Stücke aufs beste zu helfen? Gute Vorschläge hierzu, nebst richtiger Befolgung derselben müssen notwendig jedem Staate sehr heilsam sein."

Man sieht, wie schon vor mehr als 130 Jahren Anregungen zur Gründung von Sonntags- und Fortbildungsschulen gegeben wurden, aber erst sehr viel später sollten sie sich verwirklichen. Annähernd 60 Jahre mußten vergehen, bis sich in einzelnen deutschen Staaten aus diesen ersten Bemühungen, schulmäßige Einrichtungen für die gewerbliche Jugend zu schaffen, richtig organisierte Anstalten entwickeln sollten, und über 100 Jahre dauerte es, ehe man, durch die Macht der Verhältnisse getrieben, sie allerwärts in größerer Zahl gründete.

Die Entwicklung begann im letzten Jahrzehnt des 18. Jahrhunderts damit, daß einzelne einsichtsvolle Meister und berufliche Vereinigungen für die Angehörigen der Baugewerbe Sonntags-Zeichenschulen einrichteten und unterhielten, und daß um die Jahrhundertwende in einigen größeren Städten Bau- und Kunstschulen mit Tagesunterricht errichtet wurden. Auch entstanden Industrieschulen für Knaben und Mädchen mit Unterricht im Anfertigen von Seiden- und Wollwaren, im Spinnen, Nähen und Korbflechten und mit Unterweisungen im Obstbau.

Bei diesen frühesten Versuchen verblieb es, während die französischen Kriegsstürme und die darauf folgenden Freiheitskriege alle Kräfte des Reiches in Anspruch nahmen. Erst als die Notjahre vorüber waren und man wieder an die Besserung der Erwerbsverhältnisse denken konnte, wurden die Bestrebungen, Handel und Gewerbe zu fördern, energischer aufgenommen. Insbesondere waren es die Landes- und Provinzial-Gewerbevereine, soweit sich solche mittlerweile gebildet hatten, welche in den zwanziger Jahren des 18. Jahrhunderts auf die Gründung gewerblicher Lehranstalten und die Erweiterung ihrer Lehrpläne hinwirkten und das Verständnis für ihre Bedeutung verbreiteten. Infolgedessen sehen wir die Bewegung in den dreißiger Jahren anwachsen und sowohl staatliche als auch städtische Behörden sich mit der Aufgabe beschäftigen, gewerbliche Schulen zu errichten oder ihre Bildung anzuregen. So entstanden allmählich jene fachlichen Institute, welche in den fünfziger Jahren als Provinzial-Gewerbeschulen ausgebaut wurden und dem Handwerk im allgemeinen, dem Baugewerbe im besonderen brauchbare Kräfte zuführen sollten, in Wirklichkeit aber nur dem Maurer-

und Zimmergewerbe dienten. Durch ihre Wirksamkeit trat die Notwendigkeit nur noch mehr zu Tage, für die übrigen Handwerker durch andere Schuleinrichtungen zu sorgen, was denn auch in verschiedenen Städten durch sogenannte Gewerbsschulen geschah. Meist beschränkte sich der Unterricht in ihnen auf Zeichnen, Deutsch und Rechnen und wurde in der Regel Sonntags erteilt.

Schon derzeit führten die Erfahrungen dahin, daß der Schulbesuch nicht dem freien Ermessen der Meister und Lehrlinge überlassen werden dürfe, sondern einer bestimmten Regelung zu unterwerfen sei; nur war der Widerstand der Meister so groß, daß man sich noch nicht zu der gesetzlichen Einführung des Schulzwangs entschließen konnte. Immerhin war es ein bemerkenswerter Vorgang, daß die Regierung des derzeitigen Königreichs Hannover schon im Jahre 1838 auf die Einführung des Schulzwangs drang und diesen durch besondere Verordnung vom Jahre 1851 auch tatsächlich in allen Orten des Landes mit Gewerbeschulen einführte. Bei Geldstrafe wurden alle Handwerkslehrlinge zum Schulbesuch verpflichtet und ihre Zulassung zur Gesellenprüfung von einem Zeugnis über den fleißigen Besuch der Gewerbeschule abhängig gemacht.

Dieses Beispiel fand im damaligen Preußen keine Nachahmung; die frühzeitige Einführung der Gewerbefreiheit hatte hier die ehemaligen patriarchalischen Verhältnisse im Handwerk von Grund auf geändert und das Interesse der Meisterschaft für die Ausbildung der Lehrlinge und Gesellen erlahmen lassen. Nur verhältnismäßig wenige Kommunalverwaltungen fanden sich bereit, den früheren allgemeinen Fortbildungsunterricht in einen gewerblichen umzugestalten; bis zum Jahre 1866 läßt sich deshalb kein nennenswerter Fortgang in der Zunahme und der Entwicklung der gewerblichen Schulen in Preußen wahrnehmen. Als aber damals der preußische Staat durch die Übernahme der bestehenden hannoverschen, kurhessischen und nassauischen Anstalten veranlaßt wurde, die für jene Schulen bislang gewährten staatlichen Zuschüsse beizubehalten und weiter zu bestreiten und man nach vielen trüben Erfahrungen in Gewerbskreisen die Notwendigkeit, leistungsfähigere Arbeitskräfte heranzubilden, wieder erkannte, brach endlich auch hier die Zeit der Entwicklung des gewerblichen Unterrichts an. In den ersten 8 Jahren, bis zum Jahre 1874, blieben die Staatszuschüsse für das niedere gewerbliche Schulwesen allerdings noch in der bescheidenen Höhe von 34 582 ℳ bestehen; von da ab wurden sie auf 142 150 ℳ erhöht. Auch wurden gleichzeitig Grundzüge für die Einrichtung und Wirksamkeit gewerblicher Fortbildungsschulen erstmalig festgelegt und endlich wirkte man auf eine ortsstatutarische Regelung des Schulbesuchs hin.

Die folgenden 11 Jahre lassen in den stetig zunehmenden Zuschüssen deutlich erkennen, wie die Wertschätzung der gewerblichen Lehranstalten für unsere Industrie allmählich Boden und Verbreitung fand. Im Jahre 1885 waren die Beträge auf 573 686 ℳ gestiegen, wovon 182 000 ℳ für Fortbildungsschulen und 293 586 ℳ auf Baugewerkschulen, Webeschulen, Kunstgewerbeschulen und andere Fachschulen entfielen. Diese Ziffern sind insofern bemerkenswert, als sie ein entschiedenes Anwachsen des Fachschulwesens ankünden. In demselben Jahre ging auf Betreiben des Fürsten Bismarck die Verwaltung der gewerblichen Lehranstalten vom Kultusministerium in das Ressort des Handelsministeriums über, womit für sie eine Periode lebhaften Aufschwungs begann.

Von geschichtlicher Bedeutung, welche Erwartungen für unseren Außenhandel sich an
dieses Ereignis knüpfen, ist die bei dieser Gelegenheit dem Landtage vorgelegte Denkschrift. In ihr wird wörtlich betont: „Die Wichtigkeit der den einzelnen deutschen
Staaten verbliebenen Pflege und Förderung des Gewerbewesens ist infolge des Verlaufs,
den die Entwicklung der nationalen Wirtschaftspolitik in den letzten Jahren genommen
hat, in ungleich höherem Maße hervorgetreten als früher, und die erhöhten Anforderungen, welche seitdem an diesen Zweig der Verwaltung herangetreten sind, haben gezeigt, daß derselbe mit der Verwaltung des niederen und mittleren gewerblichen Unter-
richtswesens und mit der Pflege des Kunstgewerbes in engem Zusammenhange steht
und deshalb seine Aufgabe nicht genügend erfüllen kann, wenn der Schwerpunkt der
letzteren Verwaltung in einem anderen Ressort liegt. Bei der Frage, welche Maßregeln
zur wirtschaftlichen Hebung einzelner Landesteile durch Begründung neuer oder durch
bessere Entwicklung bestehender Erwerbszweige, zur Verbesserung der Lage des Kleingewerbes gegenüber dem Großgewerbe, zur Aufrechterhaltung oder Förderung der Kon-
kurrenzfähigkeit einheimischer Industriezweige gegenüber der ausländischen Industrie
zu ergreifen sind, spielt die Errichtung und Leitung gewerblicher Fachschulen vielfach
eine so entscheidende Rolle, daß die Gewerbeverwaltung, solange ihr in dieser Beziehung
die Initiative und maßgebende Einwirkung abgeht, sich in ihrer Tätigkeit fortwährend
auf das empfindlichste gehemmt sieht. Auf der anderen Seite können die Fragen, für
welche Gewerbszweige, in welchem Umfange und an welchem Orte gewerbliche Fachschulen zu errichten sind und welche Ziele dieselben zu verfolgen haben, in einer die
gewerblichen Gesamtinteressen allseitig berücksichtigenden Weise mit voller Sicherheit
auf die Dauer nur an derjenigen Stelle behandelt werden, welche zur Pflege des Gewerbewesens überhaupt berufen ist und allein in vollem Maße die Mittel besitzt, sich
über den Stand der gewerblichen Entwicklung und ihre Bedürfnisse einen umfassenden
Überblick zu verschaffen und dauernd zu erhalten, zumal ihr auch diejenigen Organe
unterstellt sind, von welchen, wie von Handelskammern, Innungen und sonstigen gewerblichen Körperschaften, eine Mitwirkung bei der Lösung dieser Aufgabe zu erwarten ist.“

Die Erwartungen sollten sich erfüllen; in den 5 Jahren, in welchen der Fürst
Bismarck als Handelsminister in der Lage war, seinen Ansichten Geltung zu schaffen,
wurden neue und sichere Grundlagen für die weitere Entwicklung des gewerblichen
Unterrichts in Preußen gewonnen, die bestehenden Anstalten verbessert und neue gegründet. Im Jahre 1890 waren im Staatshaushalt 1 727 863 ℳ oder 1 164 177 ℳ mehr
als vor 5 Jahren für denselben ausgeworfen; von diesen entfielen allein 736 763 ℳ auf
die Fachschulen, welche größtenteils aus Baugewerkschulen, Maschinenbauschulen, Webeschulen und verschiedenen kunstgewerblichen Lehranstalten bestanden.

Noch wichtiger als die Vermehrung der Fachschulen muß die durchgreifende
Veränderung in der Stellung des Staates zu den Unterhaltungskosten der gewerblichen
Schulen bezeichnet werden. Diese bestanden fast ausschließlich aus städtischen Anstalten, zu welchen der Staat bislang höchstens die Hälfte der erforderlichen Zuschüsse
übernahm. Fürst Bismarck erreichte es, daß von nun an, je nach den örtlichen Verhältnissen, die Staatskasse sich bis zu zwei Dritteilen der erforderlichen Unterhaltungs-

kosten beteiligte und bewirkte dadurch, daß nicht nur finanziell günstig gestellte Städte
neue gewerbliche Schulen zu errichten vermochten, sondern daß auch andere Städte
nicht damit zurückblieben, sowie daß auch die schon bestehenden Schulen umgestaltet
oder ausgebaut werden konnten.

An Stelle der früheren Provinzialgewerbeschulen, welche 1871 in sogenannte
„reorganisierte Gewerbeschulen" und 1879 teilweise in Oberrealschulen, bezw. in allgemeine, höhere Bildungsanstalten umgewandelt worden waren, traten jetzt vielfach reine
Fachschulen für bestimmte Berufsarten. So wurde ganz besonders den Baugewerkschulen und den Maschinenbauschulen erhöhte Aufmerksamkeit zugewandt und deren
spätere Verstaatlichung vorbereitet. Aber auch die Webeschulen fanden liebevolle Pflege,
und für das Handwerk und Kunstgewerbe wurden einzelne größere Institute gegründet.
Es ist deshalb nicht zuviel gesagt, wenn dem Fürsten Bismarck das Verdienst zugesprochen wird, die eigentliche Entwicklung des gewerblichen Unterrichts in Preußen
in Gang gebracht zu haben.

Abgesehen von einem schnell überwundenen finanziellen Stillstande im Jahre
1892 nahmen von 1890 ab die staatlichen Aufwendungen einen stetig wachsenden Fortschritt an, und nächst dem Fürsten Bismarck und seinen Nachfolgern darf man dem
jetzigen Finanzminister von Rheinbaben es in erster Linie danken, daß die gewerblichen Lehranstalten in ertragfähigen Mutterboden gepflanzt wurden. Im Jahre 1895
begann man eine größere Zahl von Baugewerkschulen und einzelne andere Fachschulen
zu verstaatlichen, die persönlichen Verhältnisse der an ihnen wirkenden Lehrkräfte zu
regeln, die Lehrpläne einheitlich zu gestalten und staatliche Reifeprüfungen einzuführen.
Auch führten die erhöhten Anforderungen und vermehrten Bedürfnisse dazu, außer den
an den Baugewerkschulen schon bestandenen Hochbauabteilungen noch Tiefbauabtei-
lungen einzurichten und in besonderen Vorklassen eine bessere allgemeine Vorbildung
der Schüler zu erstreben.

Neben der alljährlichen Vermehrung der staatlichen Baugewerkschulen sorgte
die Regierung in gleicher Weise auch für den Ausbau der maschinentechnischen Lehranstalten, die wie jene als Königliche Schulen vom Staate übernommen oder errichtet
und mit reichlichen Mitteln ausgerüstet wurden. Nach mehrjährigen Erwägungen und
Verhandlungen mit den technischen Berufskreisen, insbesondere mit dem Deutschen
Ingenieur-Verein, gelang es für sie eine als zweckmäßig anerkannte Organisation zu
schaffen, welche die Ausbildung aller von der Maschinenindustrie benötigten Techniker
und Hilfskräfte, soweit es sich nicht um akademisch gebildete Maschinen-Ingenieure
handelt, vermittelt. Besonders ist anzuerkennen, daß die praktische Berufsbildung in
den Maschinenbauschulen nicht zu kurz kommt und hierzu gut ausgestattete eigene
Maschinenhallen und Werkstatträume dienen.

Eine bemerkenswert lebhafte Tätigkeit entfaltete sich auf dem Gebiete der Webeschulen, die man verständigerweise mit den örtlichen Verhältnissen in engste Beziehung
brachte und zu Spezialschulen für die einzelnen Sondergebiete der Textilindustrie aus-
gestaltete, sowie mit den vollkommensten Betriebseinrichtungen versah. So besitzt jede
der bestehenden Webeschulen jene Eigentümlichkeiten und verfolgt solche Lehrzwecke,
wie sie die betreffende Lokalindustrie bedingt. Demgemäß sind die Lehrpläne der ein-

zelnen Schulen für ihre engeren Aufgaben zugeschnitten und die Anstalten mit allen
für die praktische Berufsbildung erforderlichen Maschinen- und Werkstatteinrichtungen
versehen, vielfach auch mit reichen Stoff-, Fabrikaten- und Materialiensammlungen
verbunden.

Für die größeren Städte hatte sich inzwischen immer mehr die Notwendigkeit
herausgestellt, für das Handwerk und das Kunstgewerbe in größerem Umfange als
bisher eigene Anstalten zu errichten. Man entschloß sich deshalb mit Hilfe des Staates
mehrere Handwerker- und Kunstgewerbeschulen zu gründen und durch sie dem drin-
gendsten Bedürfnis zunächst abzuhelfen. Es muß jedoch auf diesem Gebiete noch sehr
viel geschehen, um alle berechtigten Anforderungen zu erfüllen und die teilweise recht
verschiedenartigen Ansprüche an ihre Wirksamkeit zu verwirklichen. Mit der Vermehrung dieser Anstalten muß ihr innerer Ausbau, für den die Organisation der Webeschulen in gewisser Beziehung vorbildlich werden könnte, gleichen Schritt halten.
Ebenso bleibt die Bildung von Spezialfachschulen, deren nur einige wenige für Keramik
und Metallindustrie bestehen, für besonders entwickelte Industriezweige eine Aufgabe
der nächsten Zukunft.

Nicht minder erfreuten sich die Fortbildungsschulen einer wachsenden Anteil-
nahme; es war endlich das Eis gebrochen und vornehmlich in den Verwaltungskreisen
erkannt worden, welch hohe Bedeutung gerade diesen Schulen zuzumessen sei. Der
langjährige und teilweise recht heftige Streit über die Zweckmäßigkeit und Notwendigkeit des Schulzwangs brachte dessen Anhängern immer neuen Zuzug; man überzeugte
sich, daß hier Theorie und Praxis einander gegenüber standen und das schöne Bild
von der freien Selbstbestimmung nur zur Selbsttäuschung führen mußte. Nicht nur
die Haltung der Schüler in den fakultativen Schulen stand jener in den obligatorischen
Schulen nach, nein, auch die Leistungen waren geringer, und so gelang es denn in
stets steigendem Umfange die Zahl der obligatorischen Fortbildungsschulen zu erhöhen
und die städtischen Behörden für die Einführung des Zwangs zu gewinnen. Als letzte
und wichtigste Hochburg hatte den Gegnern des Zwangs die Landeshauptstadt Berlin
gegolten; allein nachdem die übrigen Großstädte des Landes, einschließlich Charlotten-
burgs, ausnahmslos vorangegangen waren, ließ sich auch diese Position nicht länger
halten, seit Ostern d. J besitzt auch Berlin die obligatorische Fortbildungsschule. Damit
ist aber der Kampf zu Ende und allerwärts rühren sich die Hände, um nunmehr an
dem verheißungsvollen Ausbau dieser Schulart mitzuwirken.

Den Sieg verdankt das Land unbestritten dem Handelsministerium, das in
milder und doch entschlossener Haltung unentwegt diesem Ziele zusteuerte, indem es
an den von dem Fürsten Bismark eingeführten Unterstützungsgrundsätzen in den letzten
15 Jahren festhielt und auf den Umschwung der Stimmung bei jeder Gelegenheit, besonders in den gesetzgebenden Körperschaften hinwirkte. Auf der einen Seite hat es
die erforderlichen Mittel zu beschaffen verstanden, auf der anderen hat es sie so verwandt und verteilt, daß auch weniger bemittelte Orte Fortbildungsschulen gründen
konnten. Ein weiteres Verdienst hat sich das Handelsministerium aber auch dadurch
erworben, daß es die gewerblich und kaufmännischen Sonderbedürfnisse richtig erkannt
und durch Scheidung der Fortbildungsschulen in gewerbliche und kaufmännische

wesentlich gefördert hat. Wo es die Zahl der Handelsbeflissenen irgend zuließ und die übrigen örtlichen Verhältnisse es nicht verhinderten, wurden besondere Handelsabteilungen oder eigene kaufmännische Fortbildungsschulen gegründet, eigene Lehrer auf Kosten des Staates in Ausbildungskursen herangebildet und der Unterricht ausschließlich nach Berufsinteressen eingerichtet.

Nicht minder geschickt und glücklich war die Handelsverwaltung darin, zur Förderung und Unterhaltung der gewerblichen Schulen die beteiligten Kreise zu gewinnen und deren Einfluß zu benützen. Das zeigt sich vornehmlich in der Zusammensetzung der Verwaltungskörper und in den großenteils neu erstandenen monumentalen Fachschulgebäuden. Zur Mitarbeit wurden berufene Vertreter des Gewerbes, der Industrie und des Handels herangezogen und durch sie dauernde Wechselbeziehungen zwischen Schule und Praxis hergestellt; gleichzeitig vermitteln sie aber auch die Beziehungen zu den Stadtverwaltungen, welche sich sonst schwerlich oft bereit gefunden hätten, die erforderlichen größeren Geldopfer für die, heutigen Verhältnissen angepaßten und zweckmäßig eingerichteten Schulneubauten zu bringen und sich an der dauernden Unterhaltung der Schulen zu beteiligen.

Nach diesem Entwicklungsgange betrugen die Aufwendungen des Preußischen Staates für das gewerbliche Schulwesen im Jahre 1904 im ganzen 7 391 186 $\mathcal{M}$, welche in diesem Jahre abermals um mehrere Hunderttausend Mark gestiegen sind. Zur Zeit bestehen 22 Baugewerkschulen, 19 Navigationsschulen, 22 Fachschulen für Metallindustrie und Seedampfschiffsmaschinisten, 25 Handwerker-, Kunstgewerbe- und keramische Schulen, 13 Fachschulen für Textilindustrie, 1209 gewerbliche Fortbildungsschulen, 272 kaufmännische Fortbildungsschulen, 42 Handels- und Gewerbe-, sowie Fortbildungsschulen für Mädchen, 34 Fachschulen für die Hausindustrie und 407 Innungs- und Vereinsschulen, zusammen also 2065 gewerbliche Schulen, welche teils staatlich sind, teils vom Staate unterstützt werden, während sich mindestens ebenso viele zur Ausbildung der männlichen und weiblichen Jugend bestimmten gewerblichen Unterrichtsanstalten vorfinden, die nur von Gemeinden, Vereinen und Privaten unterhalten werden. Mit Sicherheit läßt sich aber erwarten, daß ihre Zahl schnell weiter wachsen wird, sofern sich die hierzu erforderlichen Mittel beschaffen lassen. Hierbei kommt allerdings nicht nur der Staat in Frage, die Gemeinden müssen ebenfalls opferwillig sein, so haben sie allein für die von ihnen und vom Staate gemeinschaftlich zu unterhaltenden oder zu unterstützenden größeren Fachschulen 1 176 488 $\mathcal{M}$ zu leisten. Würde man die Unterhaltungskosten der Fortbildungsschulen und die festen Beiträge für die staatlichen Anstalten noch hinzurechnen; so käme man zu recht erheblichen Beträgen.

Die Notwendigkeit für solche Ausgaben liegt in der Erkenntnis der Bedeutung des gewerblichen Unterrichts und in den außerordentlichen Anstrengungen des Auslands, die Leistungsfähigkeit ihrer gewerblichen Lehranstalten zu heben, begründet. Allen außerdeutschen Staaten voran hat es Österreich verstanden, in zielbewußter und planmäßiger Weise seine gewerblichen Schulen zweckmäßig zu organisieren, und wie sehr unter seinem Einfluße die Überzeugung von der überaus großen Wichtigkeit ihrer erfolgreichen Wirksamkeit in auswärtigen leitenden Kreisen Boden gefaßt hat, mögen einige

Auszüge aus einem Ungarischen Originalbericht vom Jahre 1898 bekräftigen. Die Einleitung zu diesem Berichte lautet:

„Der Fachunterricht ist unstreitig einer der grundlegenden Faktoren der modernen Industrie. In Ungarn wird demselben jedoch eine noch höhere Wichtigkeit beigemessen; dort gilt er als der wesentlichste Hebel, der bei der wirtschaftlichen Ausgestaltung eines Staates zu allererst angesetzt werden muß."

Gleich darauf wird in dem Bericht betont:

„In dem Komplexe der großen Zeit- und Streitfragen, welche in den zwei Staaten der Habsburgischen Monarchie so lebhafte, oft leidenschaftliche Diskussionen erregen und bedeutsamen folgenschweren Entscheidungen entgegensehen, nimmt nämlich die Ausgestaltung der Organisation der nationalen Arbeit eine wichtige Stelle ein; sie steht geradezu im Vordergrund. In Österreich fordert eine hochentwickelte und vom Deutschen Wettbewerbe hart bedrängte Industrie weit ausgreifende Aktionen auf den ·Weltmärkten, und Ungarn bekundet in energischer Weise seine Aspiration ebenfalls ein Industriestaat zu werden. In den Wiener leitenden Kreisen erörtert man emsigst die Aktionsmittel des Welthandels, in Budapest sinnt man ohne Unterlaß auf Mittel und Wege zur Schaffung einer lebensfähigen nationalen Industrie, die den heimischen Markt beherrschen und auch in den benachbarten Ländern Erfolge erringen soll. Und die Ungarische Regierung beginnt die Bauarbeit beim Fundamente, indem sie in erster Reihe die Heranbildung intelligenter Arbeiter, technisch geschulter Werkführer erstrebt und den gewerblichen Unterricht nach jeder Richtung hin fördert und entwickelt, da sie voraussieht, daß die in großem Maßstabe projektierten industriellen Betriebe gar bald weitgehende Ansprüche stellen dürften."

Der Bericht beschäftigt sich alsdann weiter mit den bisher getroffenen Maßnahmen und mit der Wirksamkeit der bestehenden Anstalten, um im Anschluß hieran ihre rasche Vermehrung anzukündigen und zu bemerken:

„Dies alles ist jedoch nur der Anfang vom Anfang, das Ergebnis einer kaum zehnjährigen Arbeit, — daß für die Zukunft ein weitausgreifendes Programm entworfen ist, daß an der Förderung der nationalen Industrie mit potenzierter Energie gearbeitet werden soll, ist klar genug angedeutet."

Mit diesen markigen Worten ist die Sachlage in treffendster Weise gekennzeichnet. Unsere industrielle Weltmachtstellung, die von vielen Seiten bedroht wird, ist in erster Linie eine Bildungsfrage. Jener Staat wird den Weltmarkt beherrschen, der über die besten technischen Kräfte und Arbeiter verfügt, und wer hierüber noch im Zweifel sein könnte, der lasse sich durch das große Weltdrama des Russisch-Japanischen Krieges belehren. Was halfen die besten Schiffe, da die Ausbildung der Mannschaften fehlte, was halfen die guten Waffen und Kanonen, die Befestigungen und alles übrige vollwertige Kriegsmaterial, da ihre richtige Verwendung nicht erlernt war. So werden auch die besten Maschinen der Welt dem Staate nichts nützen, wenn nicht auch gleichzeitig die Ausbildung seiner Arbeiter die beste ist. Sicherlich würden die praktischen Engländer sich nicht jetzt zu den größten Anstrengungen, ihr technisches und gewerbliches Schulwesen zu reformieren, veranlaßt finden, wenn sie nicht dessen Wirksamkeit in anderen Staaten erkannt hätten. Deshalb trifft der Ungarische Bericht mit seinen Ausführungen, auch ins Schwarze, wenn er mit besonderem Nachdruck hervorhebt:

„Das Bemerkenswerte in dem Entwicklungsgange des gewerblichen Fachunterrichts ist das methodische, umsichtige und zielbewußte Vorgehen der Leitung."

Für uns enthält diese richtige Auffassung der Sachlage aber gleichzeitig die Mahnung, auch nachzuforschen, wie weit wir uns eines gleichen Vorzugs erfreuen, oder was noch geschehen muß, damit die immer reichlicher fließenden Mittel zur Förderung des gewerblichen Unterrichts wirklich planmäßig verwandt werden und möglichst nutzbringende Verwertung finden.

Wir sind hiermit an den Punkt angelangt, von wo aus wir Umschau über die gegenwärtigen Verhältnisse halten und näher prüfen müssen, wie weit ihre Form und ihr Inhalt Zweckmäßigkeitsgründen entspricht, und was im Interesse der wichtigen Sache noch zu wünschen übrig bleibt.

Als ein Vorzug kann es gelten, daß die Zentralverwaltung des gewerblichen Unterrichts in Preußen vom Handelsministerium versehen wird, da sich aus der Behandlung der praktischen Lebensaufgaben des Staates und seiner gewerblichen Interessen eine gesunde Rückwirkung auf die Schule geltend macht und sie in direkte Beziehung zu den gewerblichen Berufsklassen bringt. Zu beklagen ist nur, daß eine so wichtige Schule, wie die kunstgewerbliche Lehranstalt des Kunstgewerbemuseums in Berlin, hiervon ausgeschlossen ist und noch dem Ressort des Kultusministeriums angehört. Gerade diese Anstalt müßte in innigster Verbindung zu den übrigen Kunstgewerbeschulen stehen und für sie eine Art Hochschule bedeuten, an welche jene ihre tüchtigsten Schüler zur höchsten kunstgewerblichen Ausbildung abzugeben hätten. Ein solches Institut, dem gleichzeitig die Aufgabe zufallen müßte, geeignete Lehrkräfte für die Provinzial-Kunstgewerbeschulen heranzuziehen, mangelt noch in Preußen.

Dem Handelsministerium war bisher eine ständige Kommission für das technische Unterrichtswesen beigegeben; sie bestand aus Vertretern verschiedener Ministerien, Mitgliedern der gesetzgebenden Körperschaften und Sachkundigen aus dem Gewerbestande und dem gewerblichen Schuldienste. Ihre Tätigkeit hatte einen mehr parlamentarischen Charakter und ließ eine gründliche fachtechnische Behandlung der zu lösenden Fragen kaum zu. Sie ist deshalb im ganzen nur 4 mal einberufen und jetzt durch eine neue Behörde, das „Landesgewerbeamt", ersetzt worden. Das Landesgewerbeamt besteht aus ordentlichen oder hauptamtlichen und außerordentlichen oder nebenamtlichen Mitgliedern und soll insbesondere darüber wachen, daß die vom Minister festgesetzten oder genehmigten organisatorischen Bestimmungen, Lehrmethoden und und andere, den inneren Betrieb der Schulen betreffende allgemeine oder besondere Anordnungen durchgeführt werden. Von den hauptamtlichen Mitgliedern wird gefordert, daß sie den in den Schulen zu behandelnden Lehrstoff völlig beherrschen und neben gediegenen Fachkenntnissen über reiche Erfahrungen auf dem Gebiete des Schulwesens verfügen. Zu außerordentlichen Mitgliedern sollen besonders erfahrene Fachleute, die namentlich für Spezialfächer in Betracht kommen, berufen werden. Eine Ergänzung soll das Landesgewerbeamt durch einen „ständigen Beirat" finden, dem neben den ordentlichen Mitgliedern des Landesgewerbeamts Sachverständige aus den verschiedensten Fachgruppen und Interessentenkreisen angehören sollen.

Es ist damit eine wichtige Organisation geschaffen, die alle zur weiteren Förderung des gewerblichen Unterrichts erforderlichen Kräfte in sich vereinigen und großen Nutzen spenden kann. Der erwartete Erfolg wird aber in erster Linie davon abhängen, daß die aufgestellten Voraussetzungen auch tatsächlich zutreffen und man namentlich von der Forderung, daß die ordentlichen Mitglieder des Landesgewerbeamts reiche und vielseitige schultechnische Erfahrungen besitzen müssen, nicht abweicht. Auch die Einrichtung eines ständigen Beirats ist ein glücklicher Griff, der die neue Behörde in innige Verbindung mit der Praxis bringen wird.

Zu besonderen Bedenken muß aber die heutige Regelung des Aufsichtsdienstes führen. Seit 1899 sind hierfür einige Regierungs- und Gewerbeschulräte berufen worden, welche in erster Linie die Aufgabe haben, die Regierungspräsidenten zu beraten und die verschiedenen technischen Fachschulen sowie alle übrigen gewerblichen Lehranstalten in ihren Bezirken zu beaufsichtigen. Als besonders wichtige Aufgabe fällt ihnen außerdem nach den Ausführungen der dem Landtage vorgelegten Denkschrift über die Begründung eines Landesgewerbeamts und eines ständigen Beirats die Beaufsichtigung der gewerblichen Privatschulen zu, die neuerdings einer scharfen Überwachung unterzogen werden sollen. Zu diesen Stellen wurden bislang erfahrene Direktoren von Baugewerkschulen, Kunstgewerbeschulen und Maschinenbauschulen, letzthin sogar auch von Realschulen berufen. Mögen diese noch so tüchtig sein, so kann man doch unmöglich von ihnen solche vielseitigen Kenntnisse und Erfahrungen erwarten, daß sie alle gewerblichen Schulen ihres Bezirks sachgemäß zu beaufsichtigen vermöchten. Man erwäge doch, daß es sich hier um Baugewerkschulen, Maschinenbauschulen, Kunstgewerbe- und Handwerkerschulen, Webeschulen, Spezialfachschulen, gewerbliche und kaufmännische Fortbildungsschulen und um Mädchen-, Handels- und Haushaltungsschulen handeln kann; wie soll der frühere Baugewerkschul- oder sonstige Fachschuldirektor eine Mädchenschule oder eine andere ihm bisher unbekannte Schulart richtig beurteilen können. Soll er sich darauf beschränken, die äußere Ordnung, den Stundenplan und die Verwaltung der Schule zu überwachen, oder soll er, was doch von einem Aufsichtsbeamten zu fordern ist, den inneren Betrieb, d. h. den gesamten Unterricht fördernd beeinflussen. Er muß doch der „Gebende" sein, nicht der „Nehmende"; den Lehrern soll er erforderlichenfalls zeigen können, wie der Unterricht fruchtbringend zu erteilen ist, nicht darf er umgekehrt sich erst von jenen über den Unterrichtsstoff belehren lassen. Man täuscht sich in der Annahme, daß jeder tüchtige Techniker oder Schulmann sich neben seiner angestrengten Berufstätigkeit in die vielverzweigten Gebiete der gewerblichen Fachschulen, welche vielfach ein eigenes Spezialstudium erfordern, so einzuarbeiten vermöchte um diese Lehrgebiete wirklich beherrschen oder doch wenigstens richtig beurteilen zu können. Fehlt aber die Sicherheit, so fehlt auch die Autorität, und bestenfalls wird der zu beaufsichtigende Lehrer das Bewußtsein seiner Überlegenheit nicht zur Schau bringen.

In noch peinlichere Lagen müssen aber solche Aufsichtsbeamte geraten, welche aus Mangel an technisch gebildeten Schulmännern anderen, nicht gewerblichen Schulgebieten entnommen werden. Hier wird die Enttäuschung auf beiden Seiten sicherlich nicht ausbleiben. Wie groß muß die Verlegenheit für solche Aufsichtsbeamte werden, wenn sie in die mißliche Lage geraten, ein zutreffendes Urteil über etwa bestehende Mißstände im Unterricht abgeben zu sollen, oder wenn von ihnen die Revision von Privatschulen gefordert wird, auf Grund welcher die Aufhebung einer solchen Anstalt geschehen und mithin rechtliche Folgen nach sich ziehen kann.

Gegenüber dieser geographischen Einteilung von Revisionsbezirken dürfte der fachmännische Ausbau des Aufsichtsdienstes weit größere Vorteile bieten. In dem erfahrenen Handelsschuldirektor werden sicherlich alle Lehrkräfte in Handelsschulen den geeigneten Berater und Beurteiler erblicken, und in den anderen Fachschulen wird das in entsprechender Weise ebenso gehen. Betritt der Revisor eine Anstalt, so muß ein Jeder in ihr sofort dessen Überlegenheit empfinden und sich seinen Anordnungen aus Überzeugung unterordnen. Es dürfte deshalb zweckdienlicher sein, den Aufsichtsdienst von der Verwaltungstätigkeit ganz zu trennen, für die einzelnen Fachschulgruppen je einen oder nach Bedarf mehrere Aufsichtsbeamte zu bestimmen und diese selbst dem Landesgewerbeamt direkt zu unterstellen. Man würde dann sicher gehen, daß die Revisionen praktischen Nutzen bieten, die gewonnenen Erfahrungen innerhalb einer Schulgruppe allgemeine Verwendung fänden, und alle schultechnischen Entscheidungen sich auf nicht anzuzweifelnde Beurteilungen stützen würden.

Mindestens ebenso wichtig als die zweckmäßige Auswahl der Aufsichtsbeamten ist die einheitliche Ausführung des Aufsichtsdienstes. Heute bestehen hierüber noch keinerlei Vorschriften; sie werden aber immer notwendiger, je zahlreicher das Aufsichtspersonal wird. Es darf nicht dem Zufall überlassen bleiben, wie die einzelnen Aufsichtsbeamten ihr Amt auffassen, die Lehrpläne beurteilen und ihre Ausführung beeinflussen, sonst könnten die gegenteiligsten Ergebnisse amtlich gut geheißen werden. Je mehr der gewerbliche Unterricht sich entwickelt, desto notwendiger wird daher seine planmäßige generelle Ordnung nach einem einheitlichen Organisationsplane, in welchem namentlich auch die Frage über die Ausbildung und Beschaffung von Lehrern für die verschiedenen Schularten ihre Erledigung finden muß.

Es muß hier anerkannt werden, daß in den letzten 5 Jahren in dieser Hinsicht schon viel geschehen ist; für die Webeschulen, die Baugewerkschulen, die Maschinenbauschulen und die Handels- und Gewerbeschule für Mädchen bestehen einheitliche Lehrpläne und abgegrenzte Lehrziele, auch alle für den inneren Betrieb erforderlichen Bestimmungen sind für sie erlassen und in gewisse Beziehung zu einander gebracht. Ihr weiterer Ausbau und ihre einheitliche Gestaltung erscheint damit gesichert. Für die übrigen Schulen hingegen, welche wegen ihrer Vielartigkeit größere Schwierigkeiten bieten, fehlt noch die feste Prägung des Bestimmungszweckes. Es gilt dies insbesondere für die Handwerker- und Kunstgewerbeschulen sowie für die gewerblichen Fortbildungsschulen.

Auf den ersten Blick erscheint die Vereinigung von Handwerker- und Kunstgewerbeschulen als eine naturgemäße, weil sich ihre beiderseitigen Grenzen ebenso schwer bestimmen lassen, wie jene zwischen Handwerks- und Fabrikbetrieben und man sich vielfach vorstellt, jeder bessere Handwerksbetrieb ließe sich zu einem künstlerischen

ausgestalten. Mit dem Wörtchen „Kunst" wird leider nur zu häufig Mißbrauch getrieben und oft eine Leistung bezeichnet, die es gar nicht verdient. Mit allem Nachdruck muß hier betont werden, daß, was Professor Specht in Breslau für die Baugewerkschulen durchaus richtig ausführt[1]): „die Mehrzahl ihrer Schüler sei gar nicht
künstlerisch veranlagt, und man solle daher nicht künstlerische Leistungen von ihnen
verlangen", auch für die Handwerker- und Kunstgewerbeschulen gilt. Nur ein kleiner
Teil ihrer Schüler kann Anspruch auf künstlerische Befähigung erheben, und von
diesen sind es wiederum nur einige, welche die zu einer künstlerischen Ausbildung unbedingt erforderliche Zeit daran wenden. Auch ist der Bedarf an solchen Kräften weit
geringer als man im allgemeinen annimmt, wohingegen die Lehreinrichtungen für sie
desto kostspieliger sind, und es noch mehr werden, je höher die Ansprüche an die
künstlerische Ausbildung gestellt werden.

Ein dringendes Bedürfnis besteht nach eigentlichen Handwerkerschulen, worunter
wir solche Anstalten verstehen, welche ohne Anwendung des Schulzwangs die zeit-
gemäße Ausbildung des Handwerkerstandes bezwecken und diese sowohl im Tagesunterricht als auch im Abendunterricht, teils in belehrender, teils in ausübender Weise
vermitteln. In ihnen sind den verschiedenen Handwerkern, soweit es nicht in besonderen Fachschulen geschieht, alle Unterrichtsgelegenheiten zu bieten, deren sie zur
vollständigen Erlernung und zur selbständigen Ausübung ihres Berufes bedürfen. Unentbehrlich ist deshalb für sie der Werkstättenbetrieb, auf dessen Einführung erfreulicher-
weise neuerdings vom Handelsministerium hingewirkt wird, und der auch schon in
einzelnen Anstalten Eingang gefunden hat. Hierbei sei ausdrücklich betont, daß die
Schulwerkstätte die Meisterlehre nur ergänzen, nicht beseitigen oder beschränken soll.
Die Meisterlehre bleibt unersetzlich, weniger um der praktischen Ausbildung willen,
diese ließe sich in Lehrwerkstätten wohl schneller und systematischer vermitteln, als
vielmehr um das Pflichtbewußtsein anzuerziehen und den Wert der Zeit schätzen zu
lernen. Diese wichtige Erziehungsarbeit läßt sich nur im Berufsleben vollziehen, sie
schafft Werte, die das bürgerliche Leben nicht missen kann.

Unsere ganze neuere Gewerbeordnung verlangt mit gebieterischer Notwendigkeit
Handwerkerschulen; alle die schönen Meister-Prüfungsordnungen bleiben für die weitaus
große Mehrzahl der Handwerker unerfüllbar, wenn die darin geforderten Kenntnisse
nicht an irgend einer Stelle erlernt werden können. An Erfahrungen hierüber können
die Handwerkerkammern vielerlei berichten; wollte man auf eine strenge Innehaltung
der festgesetzten Anforderungen bestehen, würde der Meistertitel nur recht sparsam
verliehen werden können. Das liegt in der Natur des heutigen Ausbildungssystems der
Lehrlinge und Gesellen und ihrer Interessenpolitik begründet. Der frühere Lehrmeister
ist zum Arbeitgeber geworden, dem das persönliche Wohl der ihm dienenden Arbeitskräfte nur geringes Interesse abgewinnen kann; denn mehr und mehr sondern sich
diese von ihm ab und stellen sich in ihren organisierten Verbänden teils versteckt,
teils offen in direkten Gegensatz zu ihrem natürlichen Lehrherrn. Auch aus diesem
Grunde sind deshalb Schulen notwendig, welche außerhalb des Interessenstreites stehen

---

[1]) s. Zeitschr. für gew. Unterricht, XX. Jahrgang, S. 31.)

und den Lernwilligen eine umfassende und gründliche Fachausbildung, wie sie zur Meisterprüfung verlangt wird, ermöglichen. Stellt man den Handwerkerschulen aber eine solche Aufgabe, so ist damit auch ihr Bestimmungswerk, sowie ihr Lehrziel festgelegt, und als Rückwirkung hiervon ihre Trennung von der Kunstgewerbeschule ratsam.

Der Gründung von neuen Kunstgewerbeschulen können wir nicht das Wort reden, vielmehr halten wir deren Einschränkung auf einige wenige Anstalten, die weiter auszubauen wären, für geboten; dafür werden aber desto mehr Handwerkerschulen und Spezialfachschulen notwendig. Über ihre Organisation und ihre Lehrpläne kann man nicht im Zweifel sein, wenn man sie im Sinne der obigen Ausführungen in Beziehung zu der Gewerbegesetzgebung bringt. Damit würden auch die seit 1900 errichteten, für die Hebung des Kleingewerbes bestimmten Meisterkurse als selbständige Einrichtungen überflüssig, und ihre organische Verbindung mit den Handwerkerschulen, wie sie von verschiedenen Seiten gefordert wird, ergäbe sich von selbst. In dieser Hinsicht erscheinen uns die Ausführungen des Vorsitzenden der Erfurter Handwerkskammer, Jacobskötter, durchaus richtig, wenn er mit Rücksicht auf die erheblichen Kosten solcher Kurse und dem Streben, sie in allen Provinzen zu errichten, gegen ihre weitere Vermehrung auftritt, und aus der Wahrnehmung, daß von den Kursusteilnehmern die Zahl der selbständigen Meister abnimmt, die Beteiligung der Gesellen hingegen zunimmt, zu dem Schluß kommt, es fehle an Bildungsanstalten für Gesellen. Ob diese nun als Fachschulen für einzelne Gewerbe für sich bestehen, oder ob sie in mehreren Fachabteilungen vereint den Namen Handwerkerschulen führen, oder ob sie endlich als eigene Fachklassen gewerblichen Fortbildungsschulen angegliedert sind, kommt weniger in Betracht. Die Hauptsache bleibt, daß sie in solch ausreichender Zahl vorhanden sind, wie es der Fortbestand des Handwerks verlangt.

In Verbindung mit und abhängig von der Organisation der Handwerkerschulen ist die Frage, welche Aufgabe den gewerblichen Fortbildungsschulen zufallen muß, zu beantworten. Unserer Meinung nach kann diese nur in der Ausbildung aller gewerblichen Arbeiter, insbesondere der Handwerkslehrlinge zu brauchbaren Gehilfen, sein. Wie die Handwerkerschulen, so müssen auch sie in innigste Beziehung zu der Gewerbeordnung gebracht werden, das will sagen, daß ihr Wirkungskreis sich nach den neuen Gesellen-Prüfungsordnungen richten, damit aber auch seine Grenzen finden muß. Aus den verschiedensten Gründen halten wir es für durchaus notwendig, das Wirkungsgebiet dieser Art Anstalten nach oben abzugrenzen und ihnen nicht, wie es vielfach geschieht, die Möglichkeit zu den weitestgehenden Lehrversuchen offen zu lassen. Durch die Einführung des Schulzwanges ist zum Ausdruck gebracht, daß allen gewerblichen Arbeitern zur Ausübung ihres Berufs und zu ihrem Fortkommen neben ihrer praktischen Tätigkeit berufliche Unterweisungen unentbehrlich sind. Aus diesem Grunde sollen sie die Fortbildungsschule besuchen und in ihr jeden notwendigen Unterricht finden. Sobald es sich aber um einen Lehrstoff handelt, dessen Verwertung außerhalb ihres täglichen Schaffens liegt, muß der freie Wille, das Streben, es weiter zu bringen, den Einzelnen in den Unterricht führen, der ihm in der Handwerkerschule geboten wird.

Gewiß ist hierbei zu bedenken, daß die gewerblichen Fortbildungsschulen an vielen Orten die einzigen Anstalten sind, in welchen ein gewerblicher Unterricht erteilt und von den ortsansässigen Gewerbetreibenden besucht werden kann, sowie, daß es gewiß wünschenswert wäre, die Ausbildung selbständiger Geschäftsleiter allerwärts zu ermöglichen. Allein mit dem guten Willen und einem tiefgefühlten Wunsche ist es nicht getan, das Können muß gleichen Schritt halten. Die Einrichtungen und die zur Verfügung stehenden Lehrkräfte lassen dies aber nicht zu. Einstweilen ist die gewerbliche Fortbildungsschule noch viel zu sehr Kostgängerin der Volksschule, deren Räume und Ausstattung sie in den meisten Fällen mitbenutzen muß, als daß für sie besondere Einrichtungen für entwickelteren Fachunterricht möglich würden. Sodann müssen wir aber auch, so sehr wir im übrigen von der Unentbehrlichkeit seminarisch gebildeter Lehrer für unsere gewerblichen Fortbildungsschulen überzeugt sind, davor warnen, daß sie und andere ihre Leistungsfähigkeit überschätzen. Wohl kommen Fälle vor, daß besonders eifrige und tüchtige Lehrer sich auch eine praktische Berufsbildung aneignen, und man mit deren Hilfe fachlichen Unterricht in Sonderklassen einrichten kann; das sind aber nur Ausnahmen, auf die sich allgemein giltige Einrichtungen nicht bauen lassen. Will man hingegen in diesen Schulen für einzelne Unterrichtszweige Grundsätze aufstellen, die nur für größere Anstalten gelten können, so vernachlässigt man die kleineren Schulen, die mehr als jene der Hilfe bedürfen. Viel richtiger dürfte es sein, nur solche Anweisungen als Grundsätze zu bezeichnen, welche für alle gewerblichen Fortbildungsschulen gemeinschaftlich gelten können, und diese für größere oder entwickeltere Schulen entsprechend zu erweitern.

Die Zahl der gewerblichen Fortbildungsschulen ist in rascher Zunahme begriffen, und alles deutet darauf hin, daß die allgemeine Einführung des Schulzwanges durch Landesgesetz nicht mehr fern liegt. Wenn infolgedessen der Bedarf an geeigneten Lehrkräften dauernd im Wachsen begriffen ist, muß auch die Frage ihrer Ausbildung sobald als möglich entschieden werden. Seit mehr als 15 Jahren hat man damit begonnen, die Zeichenlehrer an gewerblichen Fortbildungsschulen in besonderen achtwöchigen Kursen auf Staatskosten auszubilden. Da diese Kurse ohne Beziehung zueinander stehen, erfolgt diese Ausbildung nach den verschiedenartigsten, sogar einander widerstreitenden Grundsätzen, je nachdem die einzelnen Kursusleiter sich ihre Meinung über den Zweck des Zeichenunterrichts an diesen Anstalten gebildet haben. Will man daher fürs Erste diese Einrichtung noch beibehalten, was man notgedrungen tun muß, weil zur Zeit jede Möglichkeit, sich anders zu helfen, fehlt, so wird, um weiterer Verwirrung vorzubeugen, eine baldige, einheitliche Behandlung des Unterrichts unbedingt notwendig.

Ferner müssen für den Unterricht im Deutschen und Rechnen ebenfalls Lehrerkurse errichtet werden, da allgemeine Vorschriften über den Lehrstoff und die Lehrweise es allein noch nicht verbürgen, daß die Lehrer sich die erforderlichen Kenntnisse auch wirklich aneignen, selbst wenn sie von dem besten Willen beseelt sind.

Aber alle diese Einrichtungen beseitigen nicht das Bedürfnis eines Lehrerseminars für Fortbildungsschullehrer; nur ein solches kann Wandel schaffen und alle Anforderungen des Unterrichts berücksichtigen lassen. Nach dem Bericht der letzten

Denkschrift für das Abgeordnetenhaus wirken bereits etwa 200 Lehrer an solchen Schulen im Hauptamte; damit wird ein neuer Stand geschaffen, dessen Ausbildung einer besonderen Pflege bedarf. Die Erfahrung wird es immer wieder bestätigen, daß, sobald Lehrer im Hauptamte in einer Fortbildungsschule wirken, deren Wirksamkeit eine vorher ungeahnte Entwicklung findet. Man wird deshalb, sowie infolge der einsichtsvollen Einwirkung der Zentralbehörde eine schnelle Vermehrung solcher Stellen annehmen dürfen. Will man es nun nicht dem Zufall überlassen, mit welchen Kenntnissen und Fertigkeiten diese Lehrer sich für ihren Beruf ausrüsten, muß man für ihre einheitliche und ausreichende Ausbildung Sorge tragen, wozu ein Seminar unentbehrlich wird.

An dieser Stelle würde es zu weit führen, auf die einzelnen Unterrichtsgebiete näher einzugehen, solche Fachfragen haben nur für die nächstbeteiligten Kreise Bedeutung. Dagegen dürften hier noch einige Worte über die Bemühungen des Handelsministeriums, die staatsbürgerliche Erziehung der gewerblichen Jugend insbesondere in den Fortbildungsschulen zu vermitteln, wohl angezeigt sein. Mit dieser Tat erwirbt sich der Minister den wohlverdienten Dank des ganzen Landes.

Der Staat darf seinen Bürgern nicht nur Freiheiten einräumen, er hat sie auch über ihren richtigen Gebrauch zu belehren. Wie wenige von unseren Mitbürgern sind von der Abhängigkeit der Existenzbedingungen jedes Einzelnen, von der sicheren Wirksamkeit unserer staatlichen Einrichtungen überzeugt, wie viele erblicken in dem Staate nicht ihren Schützer und Wohltäter, sondern nur einen hartherzigen Ausbeuter und lästigen Aufseher. Das richtige Einschätzen unserer Abhängigkeit von dem Staatswohle ist kein Allgemeingut; nur zu leicht wird übersehen, daß jeder Einzelne nur dann seine sichere Existenz findet, wenn der Staat auf starken Füßen steht, wenn Ordnung in allen seinen Teilen herrscht, wenn Fleiß und Umsicht für die notwendigen Arbeitsgelegenheiten sorgen und die verschiedenartigen Arbeitskräfte sich möglichst zweckmäßig betätigen können. Mit dem Fordern unbeschränkter Freiheiten wetteifert man, über ihren richtigen Gebrauch hingegen und die sich daraus ergebenden Folgen macht man sich keine Sorgen. Unbedenklich kann man behaupten, daß unsere Gesetzgebung mit unserer Volkserziehung nicht gleichen Schritt gehalten hat; das Gleichgewicht zwischen dem Recht freiheitlicher Betätigung und der Pflicht ihrer nutzbringenden Anwendung ist empfindlich gestört, das reife Verständnis für den Zweck dieser Güter mangelt. Das Volk muß erst lernen, was es an den gesetzlichen Freiheiten besitzt, daß sie nicht der Willkür des Einzelnen oder ganzer Bevölkerungsklassen die Möglichkeit bieten dürfen, die Schranken der Ordnung niederzureißen, sondern daß sie jedem ernste Pflichten auferlegen, die erkannt und geübt werden müssen.

Mit der Erweiterung des Lehrplanes der Fortbildungsschulen durch die Bürgerkunde, welche ihre Schüler mit den Einrichtungen des Staates in obigem Sinne vertraut machen soll, haben diese Anstalten eine weit über ihre Wirksamkeit gehende Bedeutung gewonnen. Man wird sicher erwarten dürfen, daß sie in dieser Beziehung auch vorbildlich wirken werden, und das übrige Schulwesen, von diesem Vorgang beeinflußt, sich zukünftig auch der geeigneten Behandlung dieser wichtigen Aufgabe unterziehen wird.

Werfen wir zum Schluß nochmals einen kurzen Umblick über die bisherige
Entwicklung des gewerblichen Unterrichts in Preußen, so können wir uns über das
Gesamtbild freuen. Bleibt auch noch viel zu bessern und neu zu richten übrig, ein
gewaltiger Bau wächst heran, der wetterhart zu werden verspricht, ein Bau zur nutz-
bringenden Verwertung unserer Volkskraft. Wir dürfen hoffen und erwarten, daß unser
Volk mit Hilfe des gewerblichen Unterrichts zu einer ausreichenden staatsbürgerlichen
Auffassung seiner Rechte und Pflichten erzogen wird, daß die im Gewerbe wirkenden
Kräfte möglichst vollkommen für ihren Beruf ausgebildet werden, sowie daß unsere
Stellung auf dem Weltmarkte sich weiter befestigt. In diesem Vertrauen können wir
den Gefahren und Wechselfällen der Zukunft ruhig entgegensehen.

Druck von Leonhard Simion N.f. in Berlin NW.

II. Abhandlungen.

Elementare Untersuchung der Kette mit Versteifungsbalken nach Anordnung von Ingenieur Langer.

Von Prof. Ramisch in Breslau.

I.

Die vom verstorbenen österreichischen Ingenieur vorgeschlagene Anordnung besteht aus drei geraden Balken, von denen der mittlere mit den beiden anderen in den Punkten A und B in Fig. 1 in gelenkartiger Verbindung sich befindet. Hierbei sind die Auflager A und B horizontal beweglich; ebenso ist das Auflager A_2 des linken Balkens horizontal beweglich, während das Auflager B_2 des rechten Balkens fest liegt. Die Konstruktion ist statisch bestimmt und bleibt es auch dann, wenn einer der drei Punkte A, B oder A_2 fehlt, jedoch das Auflager B_2 beweglich ist. Ist hierbei die Bewegungsrichtung von B_2 auch wagerecht, so ändert dies an der künftigen Untersuchung nichts; am bequemsten ist es jedoch B_2 oder A_2 als festliegend anzunehmen und wir haben uns hier für B_2 entschlossen. Genau senkrecht über A und B befinden sich ferner zwei horizontal bewegliche Auflager A_1 bezw. B_1, welche eine Kette $A_1 D_1 D_2 D_3 D_4 B_1$ tragen, deren Stäbe in diesen Punkten gelenkartig mit einander verbunden sind. Weiter sind zwei Stäbe mit den Punkten A_1 und A_2 und B_1 und B_2 in gelenkartiger Verbindung. Endlich sind die Punkte D_1, D_2, D_3 und D_4 durch vertikale Stäbe mit den mittleren Balken $\overline{AB}$ in den bezüglichen Punkten G_1, G_2, G_3 und G_4 in gelenkartiger Verbindung. Für die Untersuchung wird die Annahme gemacht, daß nur der mittlere Balken belastet wird. Da das Material, woraus die Konstruktion besteht, elastisch ist, so würden infolge der Belastung die Punkte A_2 und B_2 gehoben werden, was nicht statthaft ist, weil sonst die Anordnung der Kette wertlos wäre. Aus diesem Grunde müssen in A_2 und B_2 Gewichte angebracht werden, welche das Drehen der beiden Seitenbalken um A und B verhindern, also tatsächlich nur eine wagerechte Bewegung dieser Punkte zulassen. Wie groß diese Gewichte mindestens sein müssen, können wir sofort berechnen. In den Stäben $\overline{A_1 A_2}$ und $\overline{B_1 B_2}$ wirken Kräfte, welche einander gleich sind, wenn noch $\overline{A A_2} = \overline{B B_2}$ ist, was wir in dieser Untersuchung auch annehmen wollen, indem wir jede dieser Spannweiten gleich L_0 setzen. Wir nennen nun jede dieser Kräfte X und α den Winkel, welchen $\overline{A_2 A_4}$ mit $A A_1$ bildet.

Man zerlege X in eine wagerechte und in eine senkrechte Komponente und diese ist es, welche mindestens das Gewicht in A_2 oder B_2 haben muß; sie ist $X \cdot \cos \alpha$, während jene $X \cdot \sin \alpha$ ist.

Die Konstruktion ist einfach statisch unbestimmt und bezweckt die Verhinderung der Übelstände, die durch Einführung der Rückhaltkette in das Widerlagermauerwerk entstehen. Man erhält nun ein statisch bestimmtes System sofort, wenn man z. B. einen Stab durchschneidet und ist dann fähig die allgemeinen Gesetze der Mechanik darauf anzuwenden. Wir durchschneiden die Stange $\overline{A_1 A_2}$, bringen jedoch zwei gleiche entgegengesetzt gerichtete Kräfte in den beiden Enden dieser Stange an. Diese Kräfte sollen die in dem Stabe wirkende Spannkraft ersetzen, und jede ist gleich der vorher erwähnten Kraft X. Unsere Aufgabe ist zunächst die, X zu bestimmen und ist dies die statisch unbestimmte Kraft. Man kann jedoch ihre Größe nur dann angeben, wenn nicht blos die Länge der Stäbe und Balken, sondern auch deren Querschnitt, sowie das Material, woraus sie bestehen, bekannt sind. Ferner ist X auch abhängig von der Temperaturveränderung, so daß auch diese bekannt sein muß und in diesem Sonderfalle nennen wir X_t diese Kraft. Die Untersuchung läuft schließlich darauf hinaus festzustellen, wie groß die Beanspruchungen in den einzelnen Teilen der Konstruktion sind, so daß man sie eventuell ausführen kann, wenn die zulässigen Spannungen nicht überschritten werden und Änderungen vornimmt, wenn dies nicht der Fall ist oder eine zu kleine Ausnutzung des Materials geschieht. Dann muß die Untersuchung auf die Weise, wie wir es zeigen werden, wiederholt werden. Es geschieht dies so lange, bis man mit der Änderung zufrieden ist.

II.

In dem Angriffspunkt K der Kraft X denke man sich statt derselben die Kraft gleich Eins angebracht. Dieselbe ruft in den Gliedern der Kette und in den Hängestäben Kräfte hervor, welche wir in der Fig. 2 dargestellt haben. Es ist $\overline{V_1 U_1}$ gleich Eins und $\overline{V_1 O}$ mit $\overline{O U_1}$ sind parallel zu $A_1 D_1$ und zu $\overline{A_1 A}$. Es bedeutet dann $V_1 O$ die Spannkraft in $A_1 D_1$ und $\overline{O U_1}$ den Druck auf das Auflager in A_1. Diese Kräfte sind übrigens als Zahlen aufzufassen und mit der Einheit $\overline{V_1 U_1}$ zu messen. Wir wollen sie deswegen Spannungszahlen nennen und eine beliebige Spannungszahl mit S' bezeichnen.

Als Spannungszahlen, also in der Bedeutung Zahl sind auch alle übrigen Strecken in der Fig. 2 aufzufassen. Legt man durch O die Parallelen zu den Seiten $\overline{D_1 D_2}$, $\overline{D_2 D_3}$, $\overline{D_3 D_4}$ und $\overline{D_4 B}$, so erhält man in $O V'$, $\overline{O V''}$, $\overline{O V'''}$ und $O V_4$ beziehungsweise die Spannungszahlen für diese Stäbe. Weiter sind $\overline{V V'}$, $\overline{V' V''}$, $V'' V'''$ und $V''' V_4$ die Spannungszahlen für die bezüglichen parallelen Stäbe $\overline{D_1 G_1}$, $\overline{D_2 G_2}$, $\overline{D_3 G_3}$ und $\overline{D_4 G_4}$. Die Parallelen zu $B_1 B$ und $B_1 B_2$, nämlich $\overline{O U_2}$ und $\overline{U_2 V_2}$ sind die bezüglichen Spannungszahlen für das Auflager in B_1 und den Stab $\overline{B_1 B_2}$. Den Spannungszahlen könnte man auch Vorzeichen geben, insofern sie Zug oder Druck bedeuten, da dies aber für diesen Aufsatz ohne Belang ist, so soll es auch unterlassen werden. Wirkt nun die Kraft Eins in demselben Sinne wie X, so bringt sie eine Verlängerung sämtlicher Kettenglieder und der Hängestangen hervor, verkleinert jedoch den Abstand der Punkte

A_1 und A_2. Wir nennen nun $\varDelta s$ die Verlängerung eines beliebigen Stabes und nennen weiter $\varDelta b$ die Änderung in dem Abstande der Punkte A_1 und A_2, so muß:

$$1 \cdot \varDelta b = S' \cdot \varDelta s \quad \ldots \quad \ldots \quad \ldots \quad (1)$$

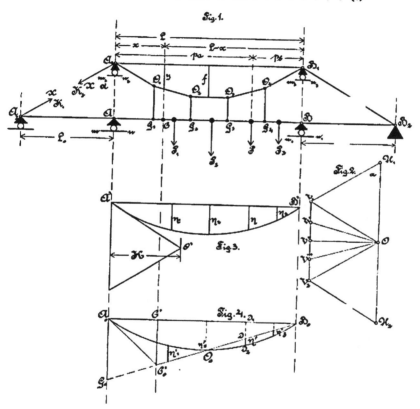

Fig. 1.

sein; denn die Arbeit, welche von der Kraft Eins geleistet wird, ist gleich der Arbeit, welche die Kraft S' vollbringt. Hierbei sind $\varDelta b$ und $\varDelta s$ zusammen entweder endliche oder unendlich kleine Strecken. Wir sind genötigt sie als sehr kleine Strecken auf-zufassen. — Die Kraft X bringt nun in dem Stabe die Spannkraft $X \cdot S'$ hervor, und nach dem Hookeschen Gesetze, das wir überall zu Grunde legen, ist, wenn E der Elastizitätsmodul und F der Querschnitt des Stabes ist:

$$\varDelta s = \frac{S' \cdot X}{F \cdot E} \cdot l,$$

wenn noch l die Länge desselben bedeutet. Es entsteht daher aus Gleichung (1)

$$\varDelta b = \frac{X \cdot S'^2 \cdot l}{F \cdot E}.$$

Hierbei ist stillschweigend angenommen worden, daß nur der betreffende Stab elastisch ist, auf diese Weise nehmen wir nach und nach alle übrigen Stäbe, also die Kettenglieder, die Hängestangen und die beiden Stangen $\overline{A_1\,A_2}$ und $\overline{B_1\,B_2}$ als elastisch, aber jedesmal die übrigen als starr an und erhalten für jeden Stab eine solche Formel, wie die letzte Formel ist. Die so entstandenen $d\,b$ bedeuten jedesmal eine Verkürzung in dem Abstande A_1 und A_2. Man darf daher sämtliche $\varDelta b$ addieren und ist b die Summe, so hat man:

$$b = X \cdot \Sigma \, \frac{S'^2 \cdot l}{F \cdot E} \quad \ldots \quad \ldots \quad (2)$$

Die Summe erstreckt sich natürlich auf alle Stäbe und ist sofort berechenbar, da ja für jeden Stab S', l, F und E bekannt ist, also ist es auch die Summe von vornherein. Außer auf die Stäbe übt diese Kraft X nur noch auf den mittleren elastischen Balken einen Einfluß aus, nicht jedoch auf die beiden Seitenbalken, aber dafür die andere Kraft X, von der wir jedoch erst später sprechen dürfen.

Die Kraft Eins bewirkt nun, daß wenn der mittlere Balken nur im Punkte C elastisch ist, sich der Querschnitt dieses Punktes mit dem unendlich kleinen Winkel $\varDelta \gamma$ dreht und zwar geschieht die Drehung um eine Schwerachse des Querschnitts. Bringt nun die Kraft Eins in C das Biegungsmoment M' hervor, so muß nach dem Prinzip der Arbeit:

$$1 \cdot \varDelta s = M' \cdot \varDelta \gamma \quad \ldots \quad \ldots \quad (3)$$

sein, wenn sich dabei der Abstand der Punkte A_1 und A_2 um $d\,b_1$ ändert. Sind nun E_1 der Elastizitätsmodul des Stoffes vom mittleren Balken, J_1 das Trägheitsmoment in Bezug auf die betreffende Schwerachse des Querschnitts und $\varDelta L$ das Längenelement der Spannweite L von A und B, so ist, weil die Kraft X das Biegungsmoment $X \cdot M'$ hervorbringt:

$$X \cdot M' = E_1 \, J_1 \cdot \frac{\varDelta \gamma}{\varDelta L}.$$

Hieraus folgt:

$$\varDelta \gamma = \frac{X \cdot M'}{E_1 \cdot J_1} \cdot \varDelta L.$$

und wir erhalten aus der vorigen Gleichung:

$$\varDelta b_1 = \frac{X \cdot M'^2}{E_1 \cdot J_1} \cdot d L.$$

Um M' zu deuten, ziehe man eine Senkrechte von C zu der vorher zu ziehenden Geraden $\overline{A_1\,B_1}$ und nenne darauf die Strecke zwischen ihr und der Kette y, so ist, weil für dieses Seileck $\sin \alpha$ der Polabstand in Fig. 2 ist: $M' = y \cdot \sin \alpha$, also eine Strecke und wir haben nunmehr:

$$\varDelta b_1 = \frac{X \cdot \sin^2 \alpha}{E_1 \cdot J_1} \cdot y^2 \cdot \varDelta L.$$

Der Einfachheit wegen gebrauchen wir für $\overline{AC}$ die Bezeichnung x und für dL die Bezeichnung dx. Die letzte Gleichung kann man nun für alle Querschnitte des mittleren Balkens bilden, indem man auch hier die stillschweigende Annahme macht, daß stets nur in diesem Querschnitt der Balken elastisch ist. Dabei ist auch noch zu erwähnen, daß die Schwerpunkte der Querschnitte auf der Verbindungslinie von A und B liegen; denn darin liegt ja die Charakteristik „Gerader Balken". Dasselbe gilt für die beiden Seitenbalken. Wir können nun auch hier sämtliche $\varDelta b_1$ addieren und zwar deshalb, weil sie alle eine Verkürzung in dem Abstande der Punkte A_1 und A_2 erzeugen. Ist nun b_1 die Summe, so entsteht:

$$b_1 = \frac{X}{E_1 \cdot J_1} \cdot \sin^2 \alpha \cdot \sum_A^B y^2 \cdot \varDelta x.$$

Um nun die Summe zu berechnen, führe man die Kettenlinie so aus, daß sie angenähert als flacher Kreis- oder besser Parabelbogen aufgefaßt werden kann. Ist nun f die Pfeilhöhe der Parabel, so ist bekanntlich:

$$J = \frac{4 \cdot f}{L^2} \cdot x(L-x).$$

Daher ist:

$$\sum_A^B y^2 \cdot \varDelta x = 2 \cdot \sum_o^{\frac{L}{2}} \left(\frac{4 \cdot f}{L^2} \right)^2 \cdot x^2 \cdot (L-x)^2 \cdot \varDelta x$$

$$= 2 \cdot \sum_o^{\frac{L}{2}} \frac{16 \cdot f^2}{L^4} \cdot (L^2 x^2 - 2 L x^3 + x^4) \cdot \varDelta x$$

also ist:

$$= 2 \cdot \frac{16 \cdot f^2}{L^4} \cdot \left(L^2 \cdot \frac{L^3}{3 \cdot 8} - 2 \cdot L \cdot \frac{L^4}{4 \cdot 16} + \frac{L^5}{5 \cdot 32} \right) = \frac{8}{15} \cdot f^2 \cdot L,$$

$$b_1 = \frac{X}{E_1 \cdot J_1} \cdot \sin^2 \alpha \cdot \frac{8}{15} \cdot f^2 \cdot L. \quad \ldots \ldots (4)$$

Nun gehen wir zum Einfluß der anderen Kraft X ein, die Komponente $X \cdot \cos \alpha$ wird, wie wir schon erwähnt hatten, von einem Gewichte mindestens gleich $X \cdot \cos \alpha$ vernichtet und es bleibt also nur die Kraft $X \cdot \sin \alpha$ übrig. Dieselbe bringt eine Verkürzung der drei Balken $\overline{A_2 A}$, $\overline{AB}$ und $\overline{B B_2}$ hervor und keine Biegung, weil die Schwerpunkte aller drei Balken in einer und derselben Geraden wirken, die zugleich Kraftlinie von $X \cdot \sin \alpha$ ist.

Auf etwaige Zerknickung kann man nicht eingehen. — Sind nun E_1 der Elastizitätsmodul auf den beiden Seitenbalken, F_0 deren Querschnitte und F_1 der Querschnitt des mittleren Balkens, so ist die Verkürzung aller drei Balken zusammengenommen:

$$b'_2 = \frac{X \cdot \sin \alpha}{E_1} \cdot \left(\frac{2 F_0}{L_0} + \frac{F_1}{L} \right).$$

Diese Verkürzung bringt aber auch eine Verkürzung des Abstandes der Punkte A_1 und A_2 hervor und dabei ist $b_2 = b'_2 \cdot \sin \alpha$, also haben wir:

$$b_2 = \frac{X \cdot \sin^2 \alpha}{E_1} \cdot \left(\frac{2 F_0}{L_0} + \frac{F_1}{L} \right). \quad \ldots \ldots (5)$$

Man darf nun b, b_1 und b_2 auch zusammenzählen, weil sie alle die eine Verkleinerung des Abstandes der Punkte A_1 und A_2 bedeuten. Nennen wir b_0 diese so entstandene Summe, so hat man:

$$b_0 = X \cdot \left[\Sigma \; \frac{S^2 \cdot l}{F \cdot E} + \frac{\sin^2 \alpha}{E_1} \cdot \left(8 \frac{f^2 \cdot L}{J_1} + \frac{2 F_2}{L_3} + \frac{F_1}{L_2} \right) \right]. \qquad (6)$$

III.

Das Gewicht der Kette und der Hängestangen vernachlässigen wir als zu gering im Verhältnis der Belastungen, welche auf dem mittleren Balken sich befinden sollen, ferner dürfen die Kette und die Hängestangen nicht belastet sein.

Es möge sich nun senkrecht zum Balken $\overline{AB}$ eine Last P befinden, welche am linken und rechten Auflager die Abstände p_a und p_b hat. Für den Querschnitt von C, welcher also von A den Abstand x hat, ergibt sich das Biegungsmoment:

$$M = \frac{P \cdot p_b}{L} \cdot x, \qquad \dots \dots \quad (7)$$

welches von der Last P allein hervorgerufen wird.

Wir setzen:

$$M = \frac{E_1 \cdot J_1 \cdot \varDelta \gamma}{\varDelta x}$$

und erhalten:

$$d\gamma = -\frac{P \cdot p_b}{L} \cdot \frac{x \cdot \varDelta x}{E_1 \cdot J_1}.$$

Weil sich nun infolge der Belastung der Querschnitt von C um seine Schwerachse dreht, verändert sich der Abstand der Punkte A_1 und A_2, indem er sich vergrößert. Nennen wir $(\varDelta b)$ diese Vergrößerung, so hat man:

$$(\varDelta b) = M' \cdot \varDelta \gamma = y \cdot \sin \alpha \cdot \varDelta \gamma$$

und es entsteht mittels voriger Formel:

$$(\varDelta b) = \frac{P \cdot p_b}{L} \cdot \frac{x \, y \sin \alpha \cdot \varDelta x}{E_1 \cdot J_1}.$$

Diese Gleichung kann man für alle Querschnitte zwischen A und dem Angriffspunkte D von P bilden, und weil alle so entstandenen $(\varDelta b)$ eine Vergrößerung von $\overline{A_1 A_2}$ bedeuten, so darf man alle diese (db) addieren und ist (b) die Summe, so hat man

$$(b) = \frac{P}{E_1 \cdot J_1} \cdot \sin \alpha \cdot \frac{p_b}{L} \cdot \overset{D}{\underset{A}{\Sigma}} \, x \, y \cdot \varDelta x.$$

Eine ähnliche Gleichung erhält man, wenn man diese Betrachtung für alle Querschnitte zwischen B und D anstellt. Nennt man jetzt (b') die Summe, so wird:

$$(b') = \frac{P}{E_1 \cdot J_1} \cdot \sin \alpha \cdot \frac{p_a}{L} \cdot \overset{D}{\underset{B}{\Sigma}} \, y \, x \cdot \varDelta x.$$

Hierbei ist $y \, \varDelta x$ das Element der Fläche, welche von der Kettenlinie von $\overline{A_1 B_1}$ begrenzt wird, nennen wir es $\varDelta f$ und beachten, daß man auch (b) und (b') zusammenzählen darf, so erhält man als Summe:

$$[b] = \frac{P}{E_1 \cdot J_1} \cdot \sin \alpha \cdot \left[\frac{p_n}{L} \cdot \frac{D}{A} x \cdot \varDelta f + \frac{p_a}{L} \cdot \frac{D}{B} x \cdot \varDelta f \right].$$

Man sehe die Fläche, welche von der Kettenlinie und von der Geraden $\overline{A_1 B_1}$ begrenzt wird, als Belastung eines einfachen Balkens, z. B. des Balkens $A_1 B_1$ an und zeichne mit einem beliebigen Polabstand H, hierzu die Seilkurve in Fig. 3 mit der Schlußlinie $\overline{A'B'}$. Die Strecke auf der Kraftlinie von P zwischen $\overline{A'B'}$ und dem Seileck nenne man η, so ist bekanntlich die Klammer in der Formel für $[b]$ gleich $H \cdot \eta$, wobei H als Fläche aufzufassen ist und es wird jetzt

$$[b] = \frac{P}{E_1 \cdot J_1} \cdot \sin \alpha \cdot H \cdot \eta, \quad \ldots \ldots \quad (8)$$

Damit nun, wenn X und P zusammenwirken, dennoch der Abstand der Punkte A_1 und A_2 erhalten bleibt, muß $b_0 = [b]$ sein und es entsteht aus dieser Gleichung und der Formel 6

$$X = \frac{P}{E_1 \cdot J_1} \cdot \sin \alpha \cdot \frac{H \cdot \eta}{\left[\Sigma \frac{S^2 \cdot l}{F \cdot E} + \frac{\sin^2 \alpha}{E_1} \cdot \left[\frac{8 f^2 \cdot L}{J_1} + \frac{2 F_0}{L_0} + \frac{F_1}{L} \right] \right]}$$

womit die statisch unbestimmte Kraft, die von P hervorgerufen wird, bestimmt ist. Wir setzen:

$$\frac{E_1 \cdot J_1}{\sin \alpha} \cdot \left[\Sigma \frac{S^2 \cdot l}{F \cdot E} + \frac{\sin^2 \alpha}{E_1} \cdot \left[\frac{8 f^2 \cdot L}{J_1} + \frac{2 F_0}{L_0} + \frac{F_1}{L} \right] \right] = \Omega, \quad (9)$$

wobei Ω ein dreidimensionaler Ausdruck ist und erhalten auch:

$$X = \frac{H}{\Omega} \cdot P \cdot \eta. \quad \ldots \ldots \ldots \quad (10)$$

Aus diesem Ausdrucke erkennt man, daß die Fläche, welche von der Seilkurve mit dem Polabstand H und der Schlußlinie $A'B'$ begrenzt wird, Einflußfläche zur Bestimmung der Kraft X ist und hat die Strecke $\frac{\Omega}{H}$ zum Divisor.

Befinden sich also auf dem Balken noch die Lasten P_1, P_2, P_3 usw. und sind deren entsprechende Ordinate η_1, η_2, η_3 usw. innerhalb der Einflußfläche, so erzeugen sie die statisch unbestimmte Kraft:

$$X = \frac{H}{\Omega} \cdot P_1 \cdot \eta_1 + P_2 \cdot \eta_2 + P_3 \cdot \eta_3).$$

Befindet sich auf dem Balken die Belastung g für die Längeneinheit und ist $[F]$ der Inhalt der Einflußfläche, so entsteht die statisch unbestimmte Kraft

$$X = \frac{H}{\Omega} \cdot [F] \cdot g.$$

Bemerkung. Es ist:

$$H \cdot \eta = \frac{1}{L} \cdot \left(p_b \cdot \sum_A^D \frac{4 f x^2 (L-x)}{L^2} \cdot \varDelta x + p_a \cdot \sum_D^D \frac{4 f x^2 \cdot (L-x)}{L^2} \cdot \varDelta x \right)$$

woraus man erhält:

$$H \cdot \eta = \frac{4 f \cdot p_a \cdot p_b}{3 L^2} \cdot (p_a^2 + 3 \cdot p_a \cdot p_b + p_b^2)$$

und weil
ist, so hat man:

$$p_a \cdot p_b \cdot (p_a^2 + 3 p_a \cdot p_b + p_b^2) = p_a L^3 - 2 L \cdot p_a^3 + p_a^4$$

$$X = \frac{F}{\Omega} \cdot \frac{4 \cdot f}{3 L^2} \cdot (p_a \cdot L^3 - 3 L \cdot p_a^3 + p_a^4).$$

Man setze:

$$\eta' = \frac{f}{3} \cdot \left(\frac{p_a}{L} - 2 \left(\frac{p_a}{L} \right)^3 + \left(\frac{p_a}{L} \right)^4 \right). \quad \ldots \quad (11)$$

so wird:

$$X = \frac{P \cdot \eta' \cdot L^2}{\Omega}. \quad \ldots \quad (11a)$$

Es ist Formel 11 die Gleichung der Einflußlinie, welche letztere parabelförmig aussieht, so daß man angenähert dafür die Parabel setzen darf. Wir machen es in der Weise, daß der Inhalt der Einflußfläche gleich dem Inhalt einer Parabelfläche von der Spannweite L und der Pfeilhöhe f' ist, so ist:

$$\frac{2}{3} f' \cdot L = \frac{f}{3} \cdot \int_0^L \left(\frac{p_a}{L} - 2 \left(\frac{p_a}{L} \right)^3 + \left(\frac{p_a}{L} \right)^4 \right) \cdot d p_a = \frac{f}{3} \cdot \frac{L}{5}$$

und man hat:

$$f' = \frac{f}{10}.$$

Es ist dann:

$$\eta' = \frac{2}{5} f' \cdot \frac{p_a \cdot p_b}{L^2} \quad \ldots \ldots (12)$$

d. h.

$$X = \frac{2}{5} \cdot \frac{P \cdot f}{\Omega} \cdot p_a \cdot p_b. \quad \ldots \ldots (13)$$

Die Formel 12 ist also die vereinfachte Gleichung der Einflußlinie, welche sehr genau mit der wirklichen übereinstimmt und läßt sich durch einen flachen Kreisbogen ersetzen. Übrigens entstehen desto genauere Ergebnisse, je mehr Hängestangen genommen werden; denn dann nähert sich die Kettenlinie desto genauer einem flachen Kreisbogen.

Es läßt sich übrigens leicht zeigen, daß die Kraft X, hervorgerufen von beweglicher Belastung, dann am größten ist, wenn der Schwerpunkt der Belastung in die Mitte des Balkens zu liegen kommt, wie es von Prof. Müller-Breslau zuerst bewiesen worden ist.

Wir gehen jetzt über zur Berechnung von X_t und nehmen an, daß alle Teile der Konstruktion eine Temperaturabnahme um t^o C. erfahren haben. Ist ε der Ausdehnungskoeffizient, so entsteht für einen beliebigen Stab die Längenveränderung $\varDelta s = \varepsilon \cdot t \cdot l$. Nach Gleichung (1) ist nun: $\varDelta b = \varepsilon \cdot t \cdot l \cdot S'$. Hierin ist db eine Vergrößerung des Abstandes der Punkte A_1 und A_2. Letzte Gleichung bilde man für sämtliche Stäbe und addiere alle so entstandene $\varDelta b$, deren Summe b ist. Es ist dann:

$$b = \varepsilon \cdot t \Sigma S' \cdot l. \quad \ldots \ldots (14)$$

Weil die Punkte $A_2 A$, B und B_2 auf einer Geraden liegen, so übt die Temperatur auf die Balken insofern keinen Einfluß aus, als keine Durchbiegung geschehen kann. Jedoch entsteht noch eine Längenveränderung aller drei Balken, welche $s \cdot t \cdot (2 L_0 + L)$ ist, es wird aber eine Verkürzung des Abstandes der beiden Punkte A_1 und A_2 geschehen und dieselbe ist: $b' = s \cdot t \cdot (2 L_0 + L) \cdot \sin \alpha$. Also ist die Änderung in dem Abstande dieser Punkte, welche allein von der Temperatur erzeugt wird:

$$b'' = s \cdot t \cdot (\Sigma S' l - (2 L_0 + L) \cdot \sin \alpha)$$

und kann eine Vergrößerung oder auch eine Verkleinerung bedeuten. Diesen Wert muß man gleich b_0 aus Formel (6) setzen, wobei X_t statt X eintritt und man hat:

$$X_t = \frac{s \cdot t \cdot [\Sigma S' l - (2 L_0 + L) \sin \alpha]}{\Sigma \frac{S'^2 \cdot l}{F \cdot E} + \frac{\sin^2 \alpha}{E_1} \cdot \left(\frac{s \cdot f^2 \cdot L}{J_1} + \frac{2 F_0}{L_0} + \frac{F_1}{L_1} \right)} \qquad (15)$$

Hiermit ist die statisch unbestimmte Kraft, hervorgebracht von der Temperaturabnahme, um $t°$ C. berechnet. Genau so groß, jedoch mit entgegengesetztem Vorzeichen ergibt X_t sich bei gleicher Temperaturzunahme. Man kann die Konstruktion so ausführen, daß

$$\Sigma S' \cdot l - (2 L_0 + L) \cdot \sin \alpha$$

ein Minimum wird, so daß die Temperatur einen geringen Einfluß auf diese Langersche Anordnung ausübt, was wohl auch als Vorzug derselben anzusehen ist.

IV.

Von der Belastung P entsteht im Querschnitt von C das Biegungsmoment $\frac{P \cdot p_h}{L} \cdot x$, von der statisch unbestimmten Kraft X das Biegungsmoment $X \cdot M = X \cdot y \sin \alpha$ und mit Rücksicht auf den Wert von X hat man:

$$\frac{H}{\Omega} \cdot P \cdot \eta = \frac{H}{\Omega} y \sin \alpha \cdot P \cdot \eta.$$

Es wird deshalb von den Kräften P und x das Biegungsmoment:

$$M = P \cdot \left(\frac{p_h}{L} \cdot x - \frac{H}{\Omega} y \sin \alpha \cdot \eta \right)$$

oder

$$M = P \cdot \frac{\Omega}{H \cdot y \sin \alpha} \cdot \left(\frac{p_t}{L} \cdot \frac{H \cdot y \sin \alpha}{\Omega} \cdot x - \eta \right)$$

im Querschnitte von C erzeugt. — Man zeichne in der Figur 4 unter der Wagerechten $A_0 B_0$ zwischen den Auflagern die Einflußlinie für die Kraft X hin und mache die Strecke

$$\overline{A_0 G_0} = \frac{H \cdot \sin \alpha}{\Omega} \cdot x \quad \cdots \cdots \quad (16)$$

auf $\overline{A A_0}$. Hierauf ziehe man $G_0 B_0$ und verlängere die Kraftlinie von P bis sie $\overline{A_0 B_0}$ in d_1 und $\overline{G_0 B_0}$ in d trifft, so ist, weil $\measuredangle B_0 d_1 d \sim \measuredangle B_0 \cdot A_0 G_0$ ist:

$$\frac{\overline{d_1 d}}{\overline{A_0 G_0}} = \frac{p_h}{L}$$

oder

$$d_1 d = \frac{p_h}{L} \cdot H \cdot \frac{\sin \alpha \cdot y}{\Omega}$$

und es entsteht:

$$M = P \cdot \frac{\Omega}{H \cdot y \sin \alpha} (d_1 d - \eta),$$

wobei $\overline{d_1 d} - \eta = d\, \overline{d_2} = \eta'$ ist, wenn d_2 der Schnittpunkt der Geraden $\overline{d_1 d}$ mit der Seil-kurve bedeutet und es ist:

$$M = P \cdot \frac{\Omega}{H \cdot y \sin \alpha} \cdot \eta'.$$

Diese Gleichung sagt uns, daß die Seilkurven und die Gerade $B_0\, G_0$ die Einfluß-fläche zur Bestimmung des Biegungsmomentes des Querschnitts von C begrenzen. Dieses gilt aber nur bis zum Schnittpunkt C_0' der Geraden $\overline{B_0\, G_0}$ mit der Senkrechten von C auf $A_0\, B_0$. Für den Rest des Balkens ist $\overline{A_0\, C_0'}$ die Begrenzungslinie statt $\overline{C_0'\, G_0}$. Für den ganzen Balken wird also die Einflußfläche begrenzt von der Seilkurve und den Geraden $\overline{A_0\, C_0'}$ und $\overline{B_0\, C_0'}$. Ferner ist die Zahl $\frac{\Omega}{H \cdot \sin \alpha \cdot y}$ Multiplikator der ganzen Einflußfläche. In dem Schnittpunkte O_0 der Seilkurve und von $B_0\, G_0$ ist die Ordinate gleich Null. Befindet sich also über O_0 eine Belastung, so wird im Quer-schnitt von C kein Biegungsmoment hervorgerufen, gleich viel, wie groß die Belastung ist. Durch O_0 geht also die Belastungsscheide. Setzen wir rechts von O_0 die Ordi-naten positiv, also links negativ, so lernen wir folgendes kennen: Ist die Ordinate positiv, so werden die oberen Fasern des Querschnitts von C gedrückt und die unteren gezogen, das entgegengesetzte findet statt, wenn die Ordinate negativ ist. Es wird deshalb von den Lasten P_1, P_2 und P_3 das Biegungsmoment:

$$M = \frac{\Omega}{H \cdot y \cdot \sin \alpha} \cdot (P \cdot \eta' + P_2 \cdot \eta_2' + P_3 \cdot \eta_3')$$

hervorrufen. Wirkt also noch die Last P_1, so entsteht als Biegungsmoment:

$$M = \frac{\Omega}{H \cdot y \cdot \sin \alpha} \cdot (P \cdot \eta' + P_2 \cdot \eta_2' + P_3 \cdot \eta_3' - P_1 \eta_1').$$

Um also das Maximalbiegungsmoment zu erhalten, wird man den Balken nur zwischen A_0 und O_0 und zwischen B_0 und O_0 beanspruchen.

Bezeichnen wir die Teile der Einflußfläche zwischen B_0 und O_0 und zwischen A_0 und O_0 beziehungsweise mit F_1 und F_2, und ist g die gleichmäßige Belastung für die Längeneinheit, so entsteht hiervon das Biegungsmoment:

$$M = g \cdot (F_1 - F_2).$$

Da jedoch die Seilkurve als Parabel aufgefaßt werden darf, so ist F_1 beinahe gleich F_2, so daß der Einfluß der gleichmäßig verteilten Last sehr gering ist.

Übrigens gilt auch hier, daß die ungünstige Laststellung dann entsteht, wenn der Schwerpunkt derselben in die Mitte von $\overline{B_0\, O_0}$ fällt.

Auf gleiche Weise muß man für viele Querschnitte so das Maximalbiegungsmoment aus der ungünstigsten Laststellung aufsuchen und kann dann den Querschnitt des überall gleich starken Balkens angeben, wobei noch die Temperatur und die Kraft $X \cdot \sin \alpha$ in Richtung der Achse zu berücksichtigen sein wird. Der mittlere Balken wird also auf zusammengesetzter Biegungs- und Druckfestigkeit in Anspruch genommen. Die beiden Seitenbalken aber nur auf Druckfestigkeit. Bringt man jedoch die Lasten zur Verhinderung der Drehung der Seitenbalken um A bezw. B nicht in A_2 und B_2, sondern wo anders an, so werden die Seitenbalken natürlich auch noch auf Biegung beansprucht.

Die Amerikanischen industriellen Verbände, welche nicht direkt dem Steel Trust unterstehen.

Von **Bruno Simmersbach**, Hütteningenieur.

Neben dem großen Stahltrust gibt es in den Vereinigten Staaten noch eine ganze Reihe bedeutender industrieller Verbände verschiedenster Art, die zum Teil völlig unabhängig sich erhalten haben, zum Teil jedoch auch wieder in gewissem Grade der Kontrolle oder dem Einfluß irgend einer großen Finanzgruppe oder dem Stahltrust unterstehen. Diese, bei uns in Deutschland weniger bekannten Gesellschaften, welche oft mit recht erheblichem Aktienkapitale arbeiten, sollen in Nachstehendem eine kurze Beleuchtung in bezug auf ihre finanzielle Struktur und die von ihnen umfaßten Einzelwerke erfahren. Die Grundlage für die statistischen und finanziellen Angaben der nachfolgenden Ausführungen bildet das eben erschienene große Nachschlagewerk von John Moody: The Truth about the Trusts, welches auf über 500 Seiten eine umfassende Zusammenstellung sämtlicher nordamerikanischer Trusts bringt.[1]

Bei der zunächst zu erwähnenden

American Steel Foundries Company

herrschen die Interessen des Stahltrusts vor. Die Gesellschaft wurde am 26. Juni 1902 auf Grund der gesetzlichen Bestimmungen des Staates New Jersey gegründet und umfaßt die folgenden Stahlwerke: American Steel Castings Co., Reliance Steel Castings Co., Leighton & Howard Steel Co., Franklin Steel Castings Co., the Sargent Co. of Chicago, American Steel Foundries Co., und the American Bolster Co.

Das nominelle Aktienkapital der American Steel Foundries Company zerfällt in 20 Millionen Dollar gewöhnlicher und ebenso viel Vorzugsaktien. Ausgegeben wurden bisher 15 000 000 $ gewöhnlicher Aktien und 15 500 000 $ Vorzugsaktien. Eine Obligationsschuld besitzt die Gesellschaft nicht.

Die

Cambria Steel Company

wurde nach pennsylvanischem Gesetz am 14. November 1898 gegründet und übernahm zunächst nur die Weiterführung der Geschäfte der Cambria Iron Co. Im Jahre 1901

------

[1] The Truth about the Trusts; Newyork 1904 von John Moody, the Moody Publishing Company, Nassau Street 35.

erwarb die Gesellschaft ferner die Kontrolle über die Conemaugh Steel Co. zu Johnstown, Pa. Das gefamte Besitztum der Gefellschaft ist bei Johnstown und in dessen nächster Nähe belegen. Das Aktienkapital, über welches die Gesellschaft verfügt, beziffert sich auf 50 Millionen Dollars nominal, wovon 45 000 000 $ ausgegeben sind. Eine Obligations-schuld besitzt auch diese Gesellschaft zur Zeit nicht. Einen hervorragenden Anteil der Aktien besitzt die Pensylvania Eisenbahngesellschaft und die mit dieser wiederum ver-bundenen Eisenbahnlinien, deren Einfluß auf die Cambria Steel Company somit maß-gebend ist.

Die nächste der in Betracht kommenden Vereinigungen ist die

Colorado Fuel and Iron Company,

an der die Gruppe Gould-Rockefeller in hohem Maße beteiligt ist. Die Gesellschaft wurde 1892 auf Grund der Gesetze des Staates Colorado gegründet und umfaßt die Colorado Fuel Co. und die Colorado Coal and Iron Co. Die Gesellschaft besitzt ferner sämtliche Aktien der Colorado and Wyoming Eisenbahn und verfügt somit über ein Schienennetz von 170 Meilen Ausdehnung. Die großen und ausgedehnten industriellen Anlagen besitzen eine jährliche Leistungsfähigkeit an fertigen Stahlprodukten von etwa 550 000 Tonnen. Früher stand die Gesellschaft unter der Kontrolle von John G. Osgood, neben welchem noch John W. Gates mit einigen anderen Finanzleuten in beträchtlichem Maße beteiligt waren. Seit dem Jahre 1903 wird jedoch die Kontrolle über die Ge-sellschaft fast gänzlich von der bekannten Finanzgruppe Gould und Rockefeller aus-geübt. Das Kapital der Colorado Fuel and Iron Company besteht aus 2 000 000 $ 8 prozentiger Vorzugsaktien und 38 000 000 $ gewöhnlicher Aktien. Von letzteren sind ungefähr im ganzen 24 Millionen Dollar begeben, doch haben dieselben bisher noch keine Dividende erzielt. Die Obligationsschulden verschiedener Emissionen erreichen die Gefamthöhe von 22 Millionen Dollar.

Die

Crucible Steel Company of America

steht völlig unter dem Einflusse des Stahltrusts. Sie wurde unter dem Gesetze des Staates New Jersey am 21. Juli 1900 gegründet und umfaßt ungefähr 13 verschiedene Werke, deren bedeutendstes die Park Steel Co. ist. Es wird behauptet, daß die Gesell-schaft zur Zeit über 95 % der gesamten amerikanischen Tiegelstahlproduktion verfüge. Später erwarb die Crucible Co. noch die Aktien und Obligationen der Clairton Steel Co., in welche bereits die St. Clair Steel Co. und die St. Clair Furnace Co. aufgegangen waren. Die Gesellschaft verfügt über ein Aktienkapital von 25 Millionen Dollar Vor-zugs- und die gleiche Summe gewöhnlicher Aktien. An Obligationen wurden bisher 10¹/₄ Millionen Dollar zur Ausgabe gebracht.

Als völlig unabhängige Gesellschaft steht heute noch die

Jones and Laughlins Steel Company

da, deren Gründung nach Pensylvanischem Gesetz im Juni 1902 erfolgte. Sie bildet eine Vereinigung der früheren Gesellschaften Jones and Laughlins Ltd. Die Gesell-schaft besitzt ausgedehnte Stahlwerksanlagen in der Nähe von Pittsburg zu Eigen und außerdem die Kontrolle über verschiedene Untergesellschaften, Eisenbahnlinien, sowie ausgedehnte Kohlen- und Eisenerzfelder. Außerdem besitzt die Gesellschaft eine Privat-eisenbahnlinie von den Pittsburger Werken nach dem Erie-See hin. Das Aktienkapital beträgt 30 Millionen Dollar. Die Gesellschaft hat ferner die Berechtigung zur Ausgabe von 10 Millionen Dollar Obligationen, ohne jedoch bisher von dieser Erlaubnis Gebrauch gemacht zu haben.

Unter der Aufsicht der Finanzgruppe Vanderbilt-Rockefeller steht die

Lackawanna Steel Company,

welche als Nachfolgerin der Lackawanna Iron and Steel Co. am 15. Februar 1902 in das Handelsregister des Staates New York eingetragen wurde. Früher besaß die Ge-sellschaft nur eine kleinere Anlage, jedoch wird zur Zeit ein großes industrielles Etablissement bei West Seneca in der Nähe von Buffalo im Staate New York gebaut. In demselben sollen alle Arten von Konstruktionsmaterial, Platten, Schienen und Knüppel hergestellt werden in einer jährlichen Menge von etwa 1 250 000 Tonnen Fertigfabrikat. Die Gesellschaft verfügt über ausgedehnte Erzlager in Minnesota, Michigan, Wisconsin und New York, deren Erzreichtum auf über 50 Millionen Tonnen geschätzt wird. Außerdem besitzt die Lackawanna Steel Co. noch ungefähr 22 000 acres Felder bitu-minöser Kohle in Pensylvanien, Hochöfen bei Colebrook in Pensylvanien, Koksöfen bei Lebanon und ist finanziell stark beteiligt an der Cornwall Iron Co. und der Cornwall Eisenbahngesellschaft. Schließlich besitzt sie noch etwa ein Drittel der Aktien der Cornwall and Lebanon Eisenbahn. Das nominelle Aktienkapital beträgt 60 Millionen Dollar, wovon 40 Millionen begeben sind und zwar, wie man sagt, reichlich die Hälfte zu 60 %. Die Gesellschaft hat von ihrer Erlaubnis zur Ausgabe von 20 Millionen Dollar Gebrauch gemacht; ebenso ist sie durch eine hypothekarische Anleihe in Höhe von 1 775 000 $ belastet.

Bisher noch völlig frei von irgend welcher fremdfinanzlicher Aufsicht ist die

National Steel and Wire Company.

Diese Gesellschaft wurde auf Grund der Gesetze des Staates Maine in das Handelsregister eingetragen und besitzt die Kontrolle über folgende Werksanlagen: National Wire Corporation zu New Haven in Connecticut; New Haven Wire Manu-facturing Co. zu New Haven; De Kalb Fence Co. zu De Kalb in Illinois; Union Fence Co. zu De Kalb und die Pacific Steel and Wire Co. zu Oakland in Kalifornien. Die jährliche Leistungsfähigkeit der beiden New Havener Werke erreicht 90 000 Groß-tonnen Drahtknüppel, 40 000 Tonnen Draht, 100 000 Kisten Drahtnägel und 10 000 Tonnen Geflechtsdraht und Drahtseile usw.; die De Kalb Fence Co. leistet jährlich 12 000 Tonnen, die Union Fence Co. 8000 Tonnen und die Pacific Steel and Wire Co. ungefähr 10 000 Tonnen. Dies ergibt zusammen eine Jahresleistung der National Steel and Wire Company von rund 268 000 Tonnen verschiedener Drahtfabrikate. Ferner gehören der Nationalgesellschaft auch noch die Kansas Steel and Wire Works zu Kansas City, die jedoch nicht in Produktion stehen. Das Aktienkapital der Muttergesellschaft betrug ursprünglich 5 Millionen Dollar, die zu 2 500 000 $ aus 7 prozentigen Vorzugsaktien und zu 2 500 000 $ aus gewöulichen Aktien bestehen. Dieses Kapital wurde später auf 10 Millionen Dollar erhöht und so die Ausgabe von Obligationen vermieden.

Der nächste der größeren Stahlwerksverbände ist die

Pennsylvania Steel Company,

bei welcher die Interessen der Pennsylvania Eisenbahngesellschaft vorwiegen. Die Gesellschaft wurde am 29. April 1901 nach dem Gesetze des Staates New Jersey handelsrechtlich eingetragen als die Vereinigung der früheren Pennsylvania Steel Co. und der Maryland Steel Co. Die Gesellschaft erwarb später zudem noch die Aktien der Spanish-American Iron Company, welche 5000 acres Land in der Nähe von Santiago auf der Insel Kuba besitzt. Mit einem hohen Interesse ist die Pennsylvania Steel Co. ferner noch beteiligt bei der Cornwall ore Banks Co. zu Lebanon in Pennsylvanien, der Lebanon Furnaces Co., ebenfalls zu Lebanon und endlich besitzt sie noch den größten Teil der Aktien der Cornwall and Lebanon Eisenbahngesellschaft. Die Pennsylvania Steel Company besitzt Werksanlagen bei Steelton und zu Sparrows Point; die Hochofenwerke können jährlich 750 000 Tonnen Roheisen leisten, die Stahlwerke 800 000 Tonnen Bessemerstahl. Des weiteren besitzt die Gesellschaft noch ein Martinwerk, zwei Schienenwalzwerke, Stahlgießereien sowie eine Schiffsbau- und eine Brückenbau-Anstalt. Das Aktienkapital der Pennsylvania Gesellschaft beträgt nominal 25 Millionen Dollar, wovon bis heute erst 10 750 000 $ emittiert sind. Der Hauptteil der Aktien befindet sich in den Händen der Pennsylvania Railroad. Ferner ist die Gesellschaft ausgerüstet mit 16 500 000 $ 7 prozentiger Vorzugsaktien und einer hypothekarisch festgelegten Obligationsanleihe von rund 14 Millionen Dollar.

Die

Republic Iron and Steel Company

steht zwar als selbständige Vereinigung da, doch hat der bekannte Finanzier Rockefeller sich hier einen gewissen Einfluß zu verschaffen gewußt. Die Gesellschaft ist am 3. Mai 1899 im Staate New Jersey handelsgerichtlich eingetragen worden und umfaßt 29 verschiedene Anlagen, welche Stab- und Schmiedeeisen herstellen. Die Republic Iron Co. besitzt fast alle jene Stabeisenwerke in den Bezirken der Zentral- und Südstaaten westlich und südlich von Pittsburg. Ferner hat die Company sieben Hochöfen, Eisensteinfelder im Mesabibezirke, sowie ausgedehnte Eisenstein- und Steinkohlenfelder bei Birmingham in Alabama und die Koksofenwerke der Connellsville Coke Co. Das Aktienkapital beziffert sich auf 20 416 900 Doll. Vorzugs- und 27 191 000 Doll. gewöhnlicher Aktien. Obligationen wurden bisher nicht ausgegeben.

Während bei der vorstehenden Gesellschaft der Einfluß Rockefellers nur gering ist, steht dagegen die

Tennessee Coal, Iron and Railroad Company

völlig unter dem Einflusse dieses Finanzmannes. Die Gesellschaft wurde 1860 im Staate Tennessee als die Tennessee Coal and Railroad Company eingetragen. Im Jahre 1862 nahm sie die Debardeleben Coal and Iron Co., die Calaba Coal and Mining Co. und die Excelsior Coal Co. in sich auf. Im Interesse der Gesellschaft wurde dann im Jahre

1898 die Alabama Stahl- und Schiffsbaugesellschaft gegründet und eine große Stahl-
werksanlage bei Ensley in Alabama, sechs Meilen westlich von Birmingham geschaffen.
Die Tennessee Company erwarb ferner die Ensley Land Co. und im Juni 1899 das Eigen-
tum der Sheffield Coal, Iron and Steel Co., die jedoch später wieder verkauft wurde.
Das Besitztum der Tennessee Coal Iron and Railroad Company umfaßt heute 20 Hoch-
öfen mit einer Leistungsfähigkeit von 850 000 Tonnen im Jahre; 450 acres Kohlen-,
Erz-, Kalksteinfelder und Waldungen, sowie aufgeschlossene und im Betrieb stehende
Kohlengruben mit einer Tagesförderung von 20 000 Tonnen. Das Aktienkapital beträgt
22 801 600 Doll., wovon 248 000 Doll. in Vorzugsaktien begeben sind; ferner ist eine
Obligationsschuld in Höhe von 14 850 000 Doll. vorhanden.

Die vorstehend angeführten industriellen Verbände zählen nächst dem Stahltrust
zu den größeren amerikanischen Vereinigungen und wenn auch einige von ihnen als
selbständige Unternehmungen anzusehen sind, so ist doch bei den meisten von ihnen
ein größerer oder geringerer Einfluß des Stahltrusts nicht zu verkennen. Anders ist es
dagegen bei den nunmehr zur Beschreibung gelangenden kleineren Ringbildungen.
Diese sind vom Einfluß des Stahltrusts völlig frei — zumeist auch noch ohne „ver-
wässertes Kapital" und umfassen eine ganze Anzahl verschiedener Werke und verschiedener Industriezweige.

Hier ist zunächst zu erwähnen, die

American Brake-Shoe and Foundry Company

oder, wie sie allgemeiner bezeichnet wird: der Brake Shoe Trust. Diese Gesellschaft
wurde am 28. Januar 1902 auf Grund der Gesetze des Staates New Jersey eingetragen
als die Vereinigung der Ramapo Foundry Co. zu New Jersey, der Sargent Co. zu
Chicago, der Lappin Brake Shoe Co. zu Bloomfield im Staate New Jersey, der Corning
Brake Shoe Co zu Corning und der Corning Iron Works zu Chattanooga in Tennessee.
Der Verband fabriziert jährlich etwa 150 000 Tonnen Bremsschuhe, sowie sonstiger
kleinerer Eisen- und Stahlgußartikel. Das genehmigte und vollgezahlte Aktienkapital
beträgt 3 000 000 Doll. in 7prozentigen Vorzugsaktien und 1 500 000 Doll. in gewöhnlichen
Aktien. Der Stückwert derselben beträgt 100 Doll. Die Dividenden für die Vorzugsaktien
sind bisher regelmäßig gezahlt worden und im Januar 1903 erhielten selbst die gewöhnlichen Aktien eine Dividende — allerdings nur 1 %. Die Anleiheschuld besteht aus
1 Million 5prozentiger Obligationen, tilgbar bis 1. März 1952. Die Zinsen für diese
Anleihe sind stets am 1. März und 1. September fällig und werden von der Farmers
Loan and Trust Co zu New York gezahlt. Die Zahl der industriellen Anlagen, welche
dem Verband gehören, beträgt fünf und umfaßt etwas mehr als 90 % der amerikanischen
Gesamtproduktion in den betreffenden Spezialartikeln. Das Nominalkapital von
5 500 000 Doll. — Vorzugsaktien, gewöhnliche Aktien und Obligationen — besaß am
2. Januar 1904 auf Grund des Börsenkurses der Papiere einen Wert von 2 400 000 Doll.

Mit einem recht bedeutenden Kapital arbeitet die

American Car and Foundry Company,

welche im Staate New Jersey am 20. Februar 1899 als handelsrechtlich inkorporierte
Gesellschaft ins Leben trat. Die Gesellschaft bezweckt die Herstellung und den Verkauf

von Eisenbahnwagen sowohl für Personen- als auch Gütertransport, Straßenbahnwagen, Viehwagen, Radsätzen, Wagenachsen und aller sonstigen Wagenausrüstungsgegenstände. Außerdem stellt sie auch Fertigprodukte in Eisen-, Stahl- oder Metallguß her, beteiligt sich an bergbaulichen Unternehmungen und übernimmt den Bau von Walzwerken und anderen Hüttenwerksanlagen. Die Zahl der verschiedenen Werke, welche dieser Gesellschaft angehören, beziffert sich auf 16, die zumeist in den atlantischen Staaten der Union belegen sind. Neben diesen Werken, auf deren Einzelaufzählung hier verzichtet werden mag, besitzt die Car Company bedeutende Posten Schienengeleise, Weichen, Kreuzungen, Lokomotiven, Waggons usw. Die Gesamtzahl der auf den Werken dieser Gesellschaft beschäftigten Arbeiter wird zu 26 000 angegeben. Das Aktienkapital besteht aus 30 Millionen Dollar 7prozentiger Vorzugsaktien und ebenso viel gewöhnlichen Aktien, deren Stückwert auf 100 Dollar nominal festgesetzt ist. Beiden Arten von Aktien ist das gleiche Stimmrecht bewilligt, jedoch haben die Vorzugsaktien ein Vorrecht auf Dividende. Eine Obligationsschuld besteht nicht. Seit Juli 1899 ist auf die Vorzugsaktien regelmäßig eine Dividende von 7 % gezahlt worden, dagegen erhielten die gewöhnlichen Aktien in den mit dem 30. April endigenden Geschäftsjahren 1901 und 1902 nur je 2 % und im Jahre 1903 3 % Dividende. Nach den Angaben der Gesellschaft belief sich der für Dividendenzahlungen zur Verfügung stehende Betrag

in dem Jahre 1901 auf 4 055 826 Dollar
- - - 1902 - 4 295 602 -
- - - 1903 - 7 059 002 -

Die jährliche Leistungsfähigkeit sämtlicher Werksanlagen der Car Company beträgt 100 000 Güterwagen, 500 Personenwagen, 350 000 Tonnen Radsätze, 300 000 Tonnen Schmiedestücke, 150 000 Tonnen Gußstücke, 90 000 Tonnen Stabeisen und 30 000 Tonnen Rohre.

Im Juli des Jahres 1902 machten sich Bestrebungen geltend, die eine Vereinigung dieser Gesellschaft mit der Preßed-Steel Car Company bezwecken wollten, doch verliefen die Verhandlungen damals ohne irgend welches Ergebnis und sind auch seither noch nicht wieder aufgenommen worden. Die Gesellschaft verfügt durch ihre Werke über etwa 65 % der betreffenden amerikanischen Gesamtproduktion an Dampf- und elektrischen Eisenbahnwagen, Güter- und Viehtransportwagen, sowie der einzelnen Ausrüstungsteile für Waggonbau usw. Der Marktwert des gesamten nominalen Kapitals von 60 000 000 Dollars wird zu 26 400 000 Doll. geschätzt.

Ein anderer großer amerikanischer Trust, der sich ebenfalls mit der Herstellung von Eisenbahnbetriebsmitteln befaßt, ist die

American Locomotive Company.

Dieser „Locomotive Trust" wurde auf Grund der Gesetze des Staates New York am 10. Juni 1901 errichtet zum Zwecke des Baues von Lokomotiven, der Herstellung und Ausbesserung von Eisenbahnwagen, sowie zum Ankauf von Kohlengruben, Steinbrüchen, Eisenerzfeldern, Öl- und Gasvorkommen. Die Gesellschaft erwarb durch Aufkauf die folgenden Werke: Brookes Locomotive Works in Dunkirk, Pittsburg Locomotive and Car Works in Pittsburg, Dickson Mfg. Co. in Scranton, Rhode Island

Locomotive Works in Providence und die Schenectady Locomotive Works zu Schenectady
im Staate New York. Neben diesen Werken erwarb die Gesellschaft ferner die sämtlichen Aktien der Richmond Locomotive and Machine Works in Richmond, die Manchester Locomotive Works in Manchester, die American Locomotive Co. of New Jersey
und die Cooke Locomotive and Machine Co. in Patterson. Alle diese genannten Werke
besitzen die nötigen Einrichtungen zur Herstellung von Lokomotiven und sonstigem
Eisenbahnbaumaterial. Die Anlagen bedecken insgesamt etwa 160 acres und leisten
jährlich 2000 Lokomotiven. Das Aktienkapital zerfällt in Vorzugs- und gewöhnliche
Aktien jeweils im Betrage von 25 000 000 Doll. bei einem Nominalwerte von 100 Doll.
pro Aktie. 24 100 000 Doll. der 7prozentigen Vorzugsaktien, sowie sämtliche gewöhnliche Aktien sind eingezahlt und die Vorzugsaktien haben bisher regelmäßig die aus-
gemachten 7 % Verzinsung abgeworfen. Eine eigene Obligationsanleihe besitzt die
Gesellschaft zwar nicht, aber sie hat beim Ankauf einzelner Unterwerke Obligationen
im Betrage von 1 512 000 Doll. mit übernehmen müssen. Der Reingewinn belief sich
auf 3 107 177 Doll. im Jahre 1902 und auf 5 053 410 Doll. im Jahre 1903. Die Gesamtzahl der im Eigenbesitze der Gesellscaft befindlichen Werke beträgt 7, während insgesamt 70 % der betreffenden amerikanischen Lokomotivproduktion unter der Kontrolle
des Lokomotive Trusts stehen. Das emittierte Aktienkapital in Höhe von 49 712 000
Dollar bewertet sich nach dem Jahresdurchschnittskurse an der New Yorker Börse
auf 25 500 000 Doll.

Eine berühmte Vereinigung von Maschinenfabriken ist unter dem Namen

The Allis-Chalmers Company

zustande gekommen und nach den Gesetzen des Staates New Jersey am 7. Mai 1901
handelsgerichtlich eingetragen worden. Die Gesellschaft umfaßt das Eigentum und die
Geschäfte folgender — meist schwere Maschinen bauender — Firmen:

Edw. P. Allis Company zu Milwaukee, Fraser and Chalmers in Chicago, Gates
Iron Works in Chicago und die Dickson Manufacturg Co. in Scranton. Die Geschäfte
dieser letzteren Firma sind jedoch nicht an die Allis-Chalmers Company, sondern an
die American Locomotive Co. übertragen worden; ebenso steht die Gesellschaft in enger
Verbindung mit dem Stahltrust, ohne sich jedoch unter dessen Kontrolle zu befinden.
Zur Zeit der Gründung der Gesellschaft wurde deren Vermögen zu 19 935 000 Doll.
angegeben. Diese Summe umschließt die vorhandenen Anlagen, Einrichtungen und
Patente, sowie die zur neuen Organisierung eingezahlten 10 000 000 Doll. Das Aktienkapital der Allis-Chalmers Company setzt sich aus 16 250 000 7prozentigen Vorzugsaktien und 20 000 000 Doll. gewöhnlichen Aktien zusammen. Diese Vorzugsaktien sind
auf Antrag der Inhaber jeweils am 1. Mai jeden Jahres bis zum Jahre 1921 in gewöhnliche Akten convertierbar. Die oben angeführten Beträge beider Sorten Aktien sind völlig
begeben worden, es steht jedoch der Gesellschaft das Recht zu, 50 Millionen Dollar
Aktien — je 25 Millionen jeder Art — ausgehen zu dürfen. Seit dem 1. August 1901,
also drei Monate nach der Gründung, sind schon regelmäßig Vierteljahrsdividenden
von $1^3/_4$ % auf die Vorzugsaktien bis heute gezahlt worden. Die Allis-Chalmers Company baut Maschinen aller Art, Dampfmaschinen, Bergwerksmaschinen, Stein- und

Erzbrecher, Zementwerkseinrichtungen, Sägewerke, Dampfmehlmühlen, Ölmühlen usw. Der Buchwert der noch zur Ausführung anstehenden Aufträge bezifferte sich nach den Ausweisen der Gesellschaft am 30. April 1903 auf 8 797 483 Doll. Der Reingewinn betrug für das mit dem 30. April 1902 abgelaufene Geschäftsjahr 1 442 259 051 Doll. und für das folgende Jahr, bis 30. April 1903 1 653 576 006 Doll. Die vier in dieser Gesellschaft vertretenen Machinenfabriken bauen fast 50 % aller in Betracht kommenden schweren Maschinen. Am 2. Januar 1904 berechnete sich auf Grund des Aktienkurses der Wert der ausgegebenen 36 250 000 Doll. nominal Aktien auf etwa 10 600 000 Doll. der Kurs derselben stand also sehr niedrig.

Eine andere Gesellschaft trat am 16. März 1899, ebenfalls auf Grund der Gesetze des Staates New Jersey, ins Leben als der sogenannte Schiffsbautrust der oberen großen Seeen, die

American Shipbuilding Company.

Dieselbe bildet eine Vereinigung der Schiffsbauwerften und Trockendocksgesellschaften an den großen Seen und zwar gehören zu ihr die Buffalo Dry Dock Co., Cleveland Shipbuilding Co., Globe Iron Works, Ship Owners Dry Dock Co., Chicago Shipbuilding Co., Detroit Dry Dock Co., Milwaukee Dry Dock Co., American Steel Barge Co., F. W. Wheeler und die Union Dry Dock Co. Das Gesellschaftskapital besteht aus 15 000 000 Doll. gewöhnlichen Aktien und ebensoviel 7prozentigen Vorzugsaktien. Es sind für 7,6 Millionen Dollar gewöhnliche und für 7,9 Millionen Dollar Vorzugsaktien begeben worden. Die Dividende für die Vorzugsaktien wurde bisher regelmäßig gezahlt; auf die gewöhnlichen Aktien entfiel eine 4 % Dividende für das September 1903 abgeschlossene Jahr. Die neun vereinigten Werke kontrollieren etwa 60 % der einschlägigen amerikanischen Gesamtproduktion und der Kurs der Aktien im Betrage vom 15 500 000 Doll. ergab am Anfang des Jahres 1904 eine Bewertung der Gesellschaft in Höhe von 8 700 000 Doll.

Die

Central Foundry Company

wurde am 13. Juli 1899 im Staate New Jersey gegründet und befaßt sich mit der Herstellung gußeiserner Dungrohre und Verbindungsstücke (Fittings). Die Gesellschaft umfaßt 13 verschiedene Werke und etwa 95 % der gesamten Dungrohrproduktion. Sie arbeitet mit einem Aktienkapital von je 7 000 000 Doll. gewöhnlicher und 7prozentiger Vorzugsaktien, hat jedoch noch nie eine Dividende abgeworfen. Eine Obligationsschuld besteht in Höhe von 3 863 000 Doll. in 6 %igen Schuldscheinen, tilgbar bis zum 1. Mai 1919. Der Reingewinn für das Betriebsjahr bis zum 30. Juni 1903 betrug 665 449 Doll. gegenüber 320 938 Doll. im Vorjahre. Das Gesamtkapital im Betrage von 17 863 000 Doll. wertet an der Börse nicht mehr wie 2 700 000 Doll.

Die nächste dieser kleineren Gesellschaften ist die

Chicago Pneumatic Tool Company.

Dieselbe wurde nach den Gesetzen von New Jersey am 23. Dezember 1901 gegründet und stellt pneumatische Werkzeuge, Luftkompressoren und Maschinen ähnlicher Art her. Die folgenden Werke bilden diese Vereinigung: Chicago Pneumatic Tools Co.,

Boyer Machine Co. in Detroit, Taits Howard Pneumatic Tool Co. in London, Chisholm & Moore Crane Co. in Cleveland sowie die Franklin Air Compressor Co. in Franklin. Außerdem erwarb die Gesellschaft im Juni 1902 auch noch die International Pneumatic Tool Company zu London. Das staatlich genehmigte Kapital beträgt 7½ Millionen Dollar, von denen 6 031 000 Doll. emittiert sind zum Parikurse von 100 Doll. Dividenden im Jahresbetrage von 8 % wurden bis jetzt regelmäßig vierteljährlich gezahlt. Es besteht eine Anleiheschuld von 2 300 000 Doll. in 5 %-Obligationen, kündbar bis 1921. Der Reinertrag des Jahres 1902 bezifferte sich auf 897 059 Doll., ergab also über die Dividenden hinaus noch einen Überschuß von 328 796 Doll. Die vereinigten sieben Werke kontrollieren etwa 80 % des betreffenden Industriezweiges. Das ausgegebene Kapital in Höhe von 8 330 000 Doll. wertet nach dem Börsenkurse der Aktien heute nur 3 300 000 Doll.

Um die verschiedenen amerikanischen Werke, welche Maschinen zur Preßlufterzeugung herstellen, zu vereinigen, wurde die

International Power Company

geschaffen. Sie trat auf Grund der gesetzlichen Bestimmungen des Staates New Jersey am 14. Januar 1899 ins Leben und führte ursprünglich den Namen International Air Power Company. Die Gesellschaft erwarb die Patente für die Preßluftherstellung nach dem System Hoadley-Knight, mit Ausnahme der Ausführung desselben bei Straßenbahnwagen in Nord- und Südamerika. Neben Preßluftmaschinen stellt die Gesellschaft noch her: elektrische Maschinen und Apparate, Lokomotiven, Maschinen, Waggons, Blockwagen, Maschinen zur Herstellung von Preßluft auf elektrischem Wege sowie sonstige Spezialwagen, Kraftmaschinen. Der Vereinigung der International Power Company gehören die folgen-Werke an: American Wheelock Engine Company zu Worcester; Corliß Steam Engine Co. zu Providence und die Rhode Island Locomotive Works zu Providence. Ferner hat die Gesellschaft die amerikanischen Patente für die Fabrikation der Dieselmotoren erworben. Das Kapital derselben beziffert sich auf 600 000 Doll. 6prozentig. Vorzugsaktien und 7 400 000 Doll. gewöhnliche Aktien im Stückwerte von je 100 Doll. Sämtliche Vorzugsaktien und 6 400 000 Doll. gewöhnliche Aktien sind an der Börse eingeführt. Die vorhandene Obligationsschuld beträgt 340 000 Doll. Nach der letzten Festsetzung betrug der Kurswert der ausgegebenen 7 340 000 Doll. in runder Zahl 2 Millionen Dollar.

International Steam Pump Company.

Diese Vereinigung, welche in Amerika allgemein die Bezeichnung des Dampf-pumpentrusts trägt, wurde laut Gesetz des Staates New Jersey am 24. März 1899 handelsrechtlich eingetragen und umfaßt die folgenden Einzelwerke, deren Eigentum entweder vollständig erworben wurde oder aber deren Aktien zu mindestens zwei Drittel käuflich erworben wurden. Es sind dies die Blake and Knowles Steam Pump Works Ltd.; Deane Steam Pump Works; Henry R. Worthington; Laidlaw-Duun-Gordon Co.; Snow Steam Pump Co., Holley Mfg Co. und die Clayton Air Compressor Works. Diese Vereinigung kontrolliert zur Zeit etwa 90 % der gesamten amerikanischen Produktion an

Dampfpumpen mit Ausnahme der Schnellläuferpumpen. Im Frühjahr 1903 wurde als Zweiggesellschaft zu London die Worthington Steam Pump Company gegründet, der die Pflege des gesamten europäischen Geschäftes der Worthington und Blake and Knowles Cos übertragen wurde. Das gesetzlich genehmigte Aktienkapital beträgt 12 500 000 Doll. in 6 prozentigen Vorzugsaktien und 15 000 000 Doll. in gewönlichen Aktien, von denen jeweils 10 850 000 Doll. und 12 287 300 Doll. begeben sind. Der Stückwert der Aktien lautet auf 100 Doll. nominell. Es besteht ferner eine 6 prozentige Obligationsschuld in Höhe von 2 500 000 Doll,. deren Tilgung bis 1. Januar 1913 aussteht. Die Bezahlung der Zinsen erfolgt am 1. Januar und 1. Juli bei der Colonial Trust Company zu New York. Der Marktwert der insgesamt 25 637 300 Doll. ausgegebenen Aktien beträgt nach dem Börsenkurse heute nur 14 100 000 Doll. Die Gewinnergebnisse der Gesellschaft lauten für die mit dem 31. März endigenden Jahre 1901 1 772 631 Doll.; 1902 1 795 153 Doll.; 1903 2 113 365 Doll.

Die

National Car Wheel Company

wurde laut Gesetz des Staates New York am 22. September 1903 geschlossen und umfaßt die Keystone Car Wheel Co. in Pittsburg, Rochester Car Wheel Works in Rochester, Cayuta Wheel and Foundry Co. in Sayre und die Maher Wheel and Foundry Co. in Cleveland. Man trägt sich seitens der Vereinigung mit dem Gedanken, späterhin noch weitere Werke in den Verband aufzunehmen, zumal heute erst 20% der Räder und Radsatzproduktion Amerikas unter der Kontrolle der National Co. steht. Das Aktienkapital der National Co. setzt sich zusammen aus 3 250 000 Doll. 7 prozentigen Vorzugs- aktien und 3 750 000 Doll. gewöhnlichen Aktien, von denen 751 400 Doll. und 1 304 800 Doll. bisher an den Markt gebracht wurden. Ferner besitzt die Gesellschaft das Recht auf eine Obligationsausgabe von 1 750 000 Doll. in 6 prozentigen Stücken bis 1. September 1923 tilgbar. Von diesen Obligationen wurden jedoch bisher nur 404 000 Doll. in Kurs gebracht. Auf Grund des heutigen Börsenkurses wertet das Aktienkapital der National Car Wheel Company 2 500 000 Doll.

Während diese letzteren hier angeführten industriellen Verbände mit einem durchweg geringeren Kapitalaufwande arbeiten, ist die nunmehr zur Erörterung gelangende Palastwagengesellschaft oder allgemein

The Pullman Company

genannte Vereinigung mit recht erheblichen finanziellen Mitteln ausgestattet. Das Aktienkapital beträgt nämlich 74 000 000 Doll. und die regelmäßige Zahlung von 8% Dividende im Jahr bedingt einen Kurswert desselben von 165 000 000 Doll. Die Pullman-Gesellschaft trat am 6. Februar 1867 auf Grund der Gesetze des Staates Illinois als die Pullman Palace Car Co. ins Leben. Die Änderung in den jetzigen Namen erfolgte am 30. Dezember 1899, nachdem die sämtlichen Besitzungen, Wagen, Ausrüstungsgegenstände und laufenden Kontrakte der Wagner Palace Car Company übernommen waren. Die Gesellschaft besitzt heute zu Eigen oder hat unter ihrer Kontrolle über 500 Schlafwagen und andere Eisenbahnwagen für Reisende, ferner die industriellen Anlagen in Pullman, St. Louis, Denver, Wilmington und Ludlow, sowie die Werke der ehemaligen Wagner Co.

zu Buffalo. Das Eisenbahnnetz, auf dem die Pullman-Wagen in Dienst stehen, umfaßt mehr als 170 000 englische Meilen. Die Gesamtzahl der Arbeiter betrug im vorigen Jahre 19 103; dieselben erhielten 10 633 788 Doll. an Löhnen. Die Jahreseinnahmen erreichten 1900 15 022 858 Doll.; 1901 17 996 783 Doll. und 1902 20 597 903 Doll. Am 31. Juli 1902 bestand ein Reservefonds von 10 788 000 Doll. Die Pullman Company kontrolliert etwa 85% der amerikanischen Luxuswagen-Erzeugung.

Eine Vereinigung der Waggonfedernfabrikanten wurde am 25. Februar 1902 auf Grund der Gesetze des Staates New Jersey als die

Railway Steel Spring Company

geschaffen. Sie umfaßte folgende 6 Gesellschaften: A. French Spring Works in Pittsburg; Chas. Scott Spring Works in Philadelphia; Pickering Steel Works in Philadelphia; National Railway Spring Works in Oswego; Detroit Steel and Spring Works in Detroit und das Railway Spring Dept. of Crucible Steel Co. in Pittsburg. Bald nach ihrer Begründung erwarb die Gesellschaft ferner noch folgende Werke der Steel Tired Wheel Co. zu Hudson, Depew, Scranton, Pullman, Denver, Chicago und Cleveland, so daß sie nunmehr 95% der Gesamtproduktion an Waggonfedern und Lokomotivfedern der Vereinigten Staaten vertritt. Endlich wurde noch im November 1902 die Railway Spring and Mfg Co. in Washington käuflich erworben. Das Aktienkapital der Gesellschaft besteht aus 13½ Millionen Doll. 7 prozentigen Vorzugs- und ebensoviel gewöhnlichen Aktien im Stückwerte von 100 Doll. Der Börsenwert dieser 27 000 000 Doll. Aktien beträgt etwa 13 500 000 Doll., da bisher nur die Vorzugsaktien eine Dividende erhielten. Die Gesellschaft umfaßt heute 14 verschiedene Anlagen, in welchen fast nur Lokomotiv- und Waggonfedern hergestellt werden.

Der nächste der hier zu besprechenden industriellen Verbände ist

The United States Cast Iron Pipe and Foundry Company,

welche nach den Gesetzen des Staates New Jersey am 13. März 1899 gegründet wurde und folgende Einzelfirmen umfaßt: Lake Shore Foundry in Cleveland; Mc. Neil Pipe & Foundry Co. in Burlington; National Foundry & Pipe Works Ltd. in Scottdale; Buffalo Cast Iron Pipe Co. in Buffalo; Ohio Pipe Co. in Columbus; Addiston Pipe and Steel Co. in Cincinnati; Dennis Long & Co. in Louisville und die American Pipe and Foundry Co. mit ihren Werken in Chattanooga, Pittsburg, Bessemer, Anniston und Bridgeport. Diese Vereinigung erzeugt jährlich etwa 75% der nordamerikanischen Gesamtproduktion. Das Aktienkapital von 30 Millionen Dollar besteht zur Hälfte aus 7 prozentigen Vorzugsaktien, der Rest in gewöhnlichen Aktien; je 12½ Millionen Doll. beider Arten von Aktien sind emittiert worden. In den Jahren 1902 und 1903 zahlte die Gesellschaft auf ihre Vorzugsaktien eine Dividende von 4%. Die Vereinigung hat keine direkte Obligationsschuld, doch übernahm sie 1 194 000 Doll. Obligationen der American Pipe and Foundry Co. Die Gesamtsumme an Aktien und Obligationen in Höhe von 26 194 000 Doll. wertet heute nach den Kursnotierungen der Börse 8 000 000 Doll. An Reinerträgen erzielte die Gesellschaft: 1902 901 949 Doll. und 1903 1 370 542 Doll.

Von großer Bedeutung im Wirtschaftsleben der amerikanischen Union ist die Vereinigung der Fabrikanten von Maschinen, welche zur Schuhfabrikation dienen. Dieser Schuhmaschinentrust wurde am 7. Februar 1899 nach New Jerseyer Gesetz unter dem Namen

United Shoe Machinery Company

begründet und umfaßt alle führenden Maschinenfabriken der Vereinigten Staaten, welche sich der Herstellung derartiger Specialmaschinen hingeben. Die bedeutenderen Mitglieder dieser Company sind: Consolidated & Mac Kay Lasting Maschine Co.; Mac Kay Shoe Machinery Co.; Goodyear Shoe Machinery Co.; International Goodyear Shoe Machinery Co.; Goodyear Shoe Machinery Co of Canada; Eppler Welt Machine Co.; International Eppler Welt Machine Co. und die Davey Pegging Machine Co. Außerdem hat die Gesellschaft eine ganze Reihe Filialen in Canada, Großbritannien, Frankreich und Deutschland errichtet, sowie auch ein Zweigbureau in Australien. Das Gesellschaftskapital zählt 12 500 000 Dollar 6prozentige Vorzugsaktien und ebenso viel gewöhnliche Aktien. Ausgegeben wurden bisher für 9 936 450 Doll. Vorzugs- und für 10 720 300 Doll. gewöhnliche Aktien, deren nomineller Stückwert auf 25 Doll. lautet. Die gewöhnlichen Aktien erhielten bisher regelmäßig 8 % Dividende, die Vorzugsaktien 6 % Dividende. Insgesamt besitzt die Gesellschaft zwölf große Werke und kontrolliert fast die gesamte amerikanische Produktion dieser Spezialmaschinen. Der Marktwert der ausgegebenen 20 656 750 Doll. Aktien beziffert sich auf Grund der Börsennotierungen zu 20 000 000 Doll.

Ein weiterer amerikanischer Sondertrust ist die

Otis Elevator Company.

Sie wurde am 28. November 1898 im Staate New Jersey handelsrechtlich eingetragen und umfaßt die folgenden sieben Werke: Otis Bros. & Co., New York; Otis Electric Co., New York; Crane Elevator Co. of Illinois; Hale Elevator Co. in Illinois; National Elevator Co. in Illinois; Smith Hill Elevator Co. in Illinois und die Standard Elevator and Mfg. Co., ebenfalls in Illinois. Ferner erwarb der Elevatorentrust noch im September 1902 die führende englische Elevatorenbaufirma R. Waggood & Company und im Januar desselben Jahres die Plunger Elevator Co. in Worcester. Die Gesellschaft befaßt sich mit der Herstellung von hydraulischen und anderen Elevatoren, Elevatorteilen und ähnlichem, worin sie 65 % der Gesamtproduktion vertritt. Das Aktienkapital von 13 Millionen Dollar besteht zur Hälfte aus 6prozentigen Vorzugsaktien und zur anderen Hälfte aus gewönlichen Aktien, deren Stückwert auf 100 Doll. nominal lautet. Ausgegeben wurden bisher 6 350 000 Doll. gewönliche und 5 489 800 Doll. Vorzugsaktien. Die Dividende auf die Vorzugsaktien wurde stets regelmäßig gezahlt; im März 1903 entfiel auch eine Dividende von 2 % auf die gewöhnlichen Aktien. Eine innerhalb fünf Jahren, von 1903—1908, zu tilgende Goldanleihe zu 4 % ist in Höhe von 1 100 000 Dollar aufgenommen worden. Die Reinerträge des Elevatortrusts betrugen für das Jahr 1901 842 096 Doll. und für 1902 978 410 Doll. Der Kassenüberschuß im Dezember 1902 betrug eine Million Dollar. Auf Grund der Kursnotierungen bewertet sich das ausgegebene Aktienkapital von 12 939 800 Doll., heute auf ∼ 7 Millionen Dollar.

Eine Vereinigung der Fabrikanten von Dampfheizkörpern kam am 14. Februar 1899 unter den gesetzlichen Bedingungen des Staates New Jersey zustande als die

American Radiator Company.

Diese Vereinigung führt fast 80 % des Geschäfts in Dampfheizkörpern in den Vereinigten Staaten und umfaßt folgende Werke: Radiator Dept. of the Titusville Iron Co. in Titusville; St. Louis Radiator Mfg. in St. Louis; Standard Radiator Mfg. Co. in Buffalo und die M. Stelle Co. in Springfield. Das Betriebskapital von 10 Millionen Dollar ist in 7prozentige Vorzugsaktien und in gewöhnliche Aktien jeweils zur Hälfte eingeteilt. Der Nominalwert der Aktien lautet zu 100 Doll. Eine Obligationsschuld besitzt dieser Trust nicht. Die Jahresreiuerträge bezifferten sich auf: 657 162 Doll. in 1899; 527 998 Doll. in 1900; 627 614 Doll. in 1901 und 701 094 Doll. in 1902. Zur Ausgabe gelangten 3 000 000 Doll. Vorzugsaktien und 4 893 000 Doll. gewöhnlicher Aktien, die auf Grund der Börsennotierung etwa 4 650 000 Doll. heute werten.

Eine der neueren Vereinigungen ist die

American Seeding Machine Company,

die erst im März vorigen Jahres (1903) gegründet wurde. Dieser Spezialtrust umfaßt die Werke der Superior Drill Co. in Springfield; Hoosier Drill Co. in Richmond; Empire Drill Co. in Shortsville; Bickford & Huffmann Co. in Macedon und die Southwestern Agricultural Works von Brennan & Co. in Louisville. Der Verband umfaßt ziemlich 90 % der gesamten Produktion derartiger landwirtschaftlicher Sämaschinen und arbeitet mit einem Kapital von 7½ Millionen Dollar 7prozentiger Vorzugsaktien und ebenso viel gewöhnlicher Aktien. Der Aktienstückwert lautet auf 100 Doll. nominal. Eine Obligationsanleihe ist nicht vorhanden. Der Kurswert der ausgegebenen 15 Millionen Dollar Aktien beträgt heute nicht mehr wie 3½ Millionen Doll.

Ebenfalls in der Herstellung landwirtschaftlicher Geräte findet ihr Arbeitsfeld die

American Fork and Hoe Company,

welche als einer der kleineren Trusts hier noch erwähnt werden mag. Die Gesellschaft trat nach gesetzlicher Genehmigung durch die Regierung des Staates New Jersey am 18. August 1902 ins Leben und bezweckt die gemeinsame Fabrikation von Schaufeln, Spaten und Gabeln, sowie sonstiger Handgeräte für die Landwirtschaft. Etwa 80 % der Gesamtproduktion werden von ihr bewältigt. Die einzelnen Verbandswerke sind die Wittington & Cooley Mfg. Co. in Jackson; Jowa Farm Tool Co. in Fort Madison; Geneva Tool Co. in Geneva; Brown, Hinman & Huntington Co. in Columbus; Batcheller & Sons Co. in Wallingford; Ely Hoe & Tool Co. in St. Johnsbury; Utica Tool Co. in Utica; Sheble & Klemm Co. in Philadelphia; L. Bolls Hos & Tool Co. in Binghampton; Smith Harpers & Co. sowie Myers Erwin & Co. in Philadelphia; Ashtabula Tool Co. in Ashtabula und die Otsego Fork Mills Co. in Gerard. Das Gesellschaftskapital zerfällt in 2 000 000 Doll. 7prozentige Vorzugsaktien und in 2 000 000 Doll. gewöhnliche Aktien im Stückwerte von je 100 Doll. Ausgegeben wurden bisher 1 928 800 Doll. an Vorzugsaktien und 1 661 200 Doll. an gewöhnlichen Aktien. Eine 6 prozentige

hypothekarische Anleihe von 746 000 Doll. ist bis zum 1. September 1917 tilgbar aufgenommen. Der Marktwert dieser Gesamtsumme von 4 336 000 Doll. beträgt nach den
Börsennotierungen etwa 2 000 000 Doll.

Neben diesen, hier in vorstehenden Zeilen geschilderten kleineren Trusts, gibt
es noch eine ganz bedeutende Anzahl weiterer kleiner industrieller Trusts in Amerika,
die sich auf alle möglichen verschiedenen Industrieen erstrecken. Insgesamt zählt man
in Amerika nach den neuesten statistischen Zusammenstellungen nicht weniger als
298 derartiger kleiner Trusts, die 3426 verschiedene Werke besitzen und mit einem
Gesamtkapital an Aktien und Obligationen in Höhe von 4 055 039 433 Doll. arbeiten.

Betrachtet man zum Vergleiche daneben die großen amerikanischen Trusts, so
sind deren nur 7 anzuführen. Diese 7 Gesellschaften verfügen über 1528 Werke und
2 662 752 100 Doll. Kapital. Es dürfte nun vielleicht nicht ohne Interesse sein, die
Kursschwankungen der Aktien einiger der bisher geschilderten kleineren Trusts während
des Jahres 1903 zu beobachten. Hierüber brachte das Wall Street Journal vom
24. Oktober 1903 eine ausführliche Zusammenstellung von etwa 100 verschiedenen Gesellschaften, der die folgenden Angaben entnommen sind. Nach dem Durchschnitt der
letzten drei Jahre wurde der Höchstkurs der Aktien ermittelt und daneben der
niedrigste Aktienkurs notiert, der zumeist aus den Börsennotizen des Jahres 1903
stammt.

Name der Gesellschaft.		Kapital Doll.	Höchster Kurs	Tiefster Kurs.	Gesamtdifferenz Doll.
Allis Chalmers		20 000 000	21	8	2 600 000
American Car and Foundry	G	30 000 000	41³/₄	17³/₄	7 200 000
"	V	30 000 000	93³/₈	61¹/₄	9 637 500
American Locomotive Co.	G	25 000 000	36³/₄	10¹/₂	6 593 750
"	V	24 100 000	100¹/₄	67¹/₂	7 892 750
American Shipbuilding Co.		7 600 000	63	28	2 660 000
American Steel Foundry Co.	G	15 000 000	15	5	1 500 000
"	V	15 500 000	70	48	3 410 000
Cambria Steel Co.		45 000 000	29¹/₂	18³/₄	9 337 500
Colorado Fuel and Iron Co.		24 000 000	136¹/₂	25	26 760 000
Crucible Steel Co. of America		25 000 000	27³/₄	5¹/₄	5 687 500
International Power Co.		5 047 000	199	29³/₄	8 542 048
International Steam Pump Co.	G	12 262 500	57¹/₄	33	2 973 656
"	V	8 850 000	95	70	2 212 500
Pennsylvania Steel Co.	V	16 500 000	105	48	9 405 000
Republic Iron and Steel Co.	G	27 191 000	27¹/₂	7¹/₄	5 506 178
"	V	20 356 900	83³/₈	54¹/₂	5 878 054
Tennessee Coal, Iron and Railroad		22 801 600	104	26¹/₄	17 728 244
United Shoe Machine Co.		10 720 300	57¹/₄	38³/₄	7 933 022

    G = gewöhnliche Aktien.
    V = Vorzugsaktien.

Am bedeutendsten ist die Kursschwankung bei der Colorado Fuel and Iron Co.,
hier beträgt die Differenz mehr als das gesamte Aktienkapital wertet. Im Übrigen ist
noch zu der Kurszusammenstellung im Wall Street Journal zu bemerken, daß bei den

sämtlichen angezogenen 100 Gesellschaften die Kursdifferenz stets mehr als 1 Million Dollar ausmacht.

Diese enormen Kursschwankungen der Aktien jener kleineren industriellen Trusts lassen erkennen, daß sie größtenteils recht wenige Vorteile von einem etwaigen Monopole haben, sondern durchweg den modernen wirtschaftlichen Schwankungen des amerikanischen Eisenmarktes unterliegen, wie dies ebenso auch bei dem großen Stahltrust der Fall ist. Seit Jahren hat sich der Stahltrust bemüht, die Preise der Rohmaterialien nach Möglichkeit hoch zu halten und ebenso jene der Fertigfabrikate; aber trotz und alledem hat der Trust es nicht verhindern können, daß Roheisen und Stahl andauernd im Preise fielen. Heute hat sich der bisher unnahbare, großherrische Trust längst dazu bequemen müssen, diese veränderte Sachlage anzuerkennen, und es ist offenbar, daß es durchaus nicht in der Hand des Stahltrusts liegt, die Preispolitik selbständig und eigenwillig festzusetzen. Da neben ihm selbst, besonders die Konsumenten einzusprechen haben und auch die größeren und kleinen Wettbewerbswerke hier eine gewisse Rolle mitspielten, wuchs natürlich deren Mut, sobald erst einmal die Lage des Stahltrusts allgemein in ihrer mißlichen Verfassung erkannt war. Es werden immer mehr kleine Eisengesellschaften gegründet, und so wird die Konkurrenz der Morgan'schen Stahltrusts eine stets größere. In amerikanischen Berichten wird häufig die Annahme aufgestellt, daß für die Lebensfähigkeit eines Trusts nicht allein ein, möglichst die ganze Konkurrenz umfassendes Monopol Bedingung sei, sondern, daß in ebenso hohem Maße der Erfolg von persönlichen Faktoren abhängig sei. Nun, es scheint mir dieser Grundsatz — vielleicht abgesehen von der Standard Oil Company — nicht ganz zutreffend zu sein. Denn es ist doch zweifelsohne eine alles umfassende Direktion,.welche dem Stahltrust vorsteht, und kaum ein Gebiet gibt es, wo Morgan nicht seine Hand im Spiele hätte. Wenn nun diese persönlichen Faktoren wirklich so mächtig wären, dann sind Kursschwankungen, wie sie der Stahltrust letzthin zu verzeichnen hatte, einfach unerklärlich. Fielen doch im Laufe des Jahres 1903 die gewöhnlichen Aktien des Stahltrusts von 55 auf 12½ und der Kurs der Vorzugsaktien von 101½ auf 57½ herab. In beiden Fällen bedeutet dies eine Differenz von 216 110 460 Doll. bei den gewöhnlichen und 191 900 000 Doll. bei den Vorzugsaktien. Aber allein schon aus dem Grunde sind die kleineren Industriegesellschaften günstiger gestellt, daß sie keine 12 Millionen Doll. monatlich zu verdienen haben, um nur die Dividenden auf das arg verwässerte Kapital zu erschwingen. Wenn auch natürlich bei einer Reihe dieser kleineren Industriegesellschaften der Einfluß Morganscher Interessen nicht zu verkennen ist, so sind doch die anderen um so weniger gehindert, und die ganz neuerdings erst fertiggestellten Werke haben erst recht nichts mit dem Stahltrust gemein, sondern haben sich eine absolute Selbständigkeit gewahrt. Es darf also schon jetzt, und besonders für die Zukunft, als völlig ausgeschlossen betrachtet werden, daß der Stahltrust jemals noch in der Lage sein wird, seine Konkurrenz zu meistern und ihr seine Preispolitik aufzudrängen. Diese zahlreich anwachsenden unabhängigen Werke bilden einen gewichtigen Faktor im amerikanischen Wirtschaftsleben und es hat den Anschein, als ob diese Gesellschaften Recht daran tun, das amerikanische Volk von dem Drucke des Stahltrusts zu befreien. Im

Grunde genommen hat der Stahltrust vielleicht niemals Sympathieen bei dem amerikanischen Volke besessen und wenn auch die Shermansche Antitrustbill nicht Gesetz geworden ist, und auch Präsident Roosevelt bewogen werden konnte, von gesetzlichen Maßnahmen gegen den Trust Abstand zu nehmen, so ist das immer noch kein Beweis für ein Schwinden des Mißtrauens, welches das amerikanische Publikum dem Trust allgemein entgegen bringt. Die geradezu enorm angeschwollene amerikanische Literatur über den Trust läßt diesen Gedanken jedenfalls nicht aufkommen, und wenn man auch heute noch nicht absehen kann, in welcher Weise die kleineren Industriegesellschaften sich merklichen Einfluß verschaffen werden, so muß man doch zugeben, daß sie im Laufe der nächsten — vielleicht zehn — Jahre die Veranlassung zu gewaltigen Verschiebungen auf dem amerikanischen Industriemarkte bilden werden.

Schließlich sei hier noch eines Umstandes gedacht, der vielleicht bisher nicht genügend beachtet worden ist, nämlich des vielfachen Besitzes verschiedener Eisenbahnlinien an Eisen- und Stahlwerken, Kohlengruben und Erzlagern. Hier herrschen die Interessen der Standard Oil Company fast durchweg vor, und eben weisen amerikanische Börsennachrichten daraufhin, daß in den letzten zehn Jahren in aller Stille die absolute Herrschaft über alle wichtigen amerikanischen Eisenbahnlinien in die Hände dreier Männer von der Standard Oil Company übergegangen ist: John Rockefeller, William Rockefeller und Henry Rogers. Diese drei Männer erhalten den Hauptteil der Dividende der Standard Oil Company von über 40 000 000 Doll. jährlich und außerdem weitere große Einnahmen aus anderen Unternehmungen. Damit kaufen sie immer weiter Aktien aller Eisenbahngesellschaften, die mit ihren Besitzinteressen an Eisen-, Kohlen- und Kupferbergwerken und Schiffen in Verbindung stehen. Ferner gehören diesem Triumvirat Banken, welche über eine Milliarde Dollar Deposition besitzen. Die amerikanischen Zeitungen kommen bei der Besprechung dieser Tatsachen zu dem Schluß, daß innerhalb der nächsten zehn Jahre diese drei Männer aus dem natürlichen Zuwachs ihrer Vermögen weitere 500 Millionen Dollar geschäftlich anlegen werden, was ihre absolute Herrschaft über die Vereinigten Staaten bedeuten würde.

Druck von Leonhard Simion NL in Berlin SW.

II. Abhandlungen.

Ueber Vakuumpumpen.

Von Privatdozent Dr. **Kurt Arndt** in Charlottenburg.

Während vor einigen Jahrzehnten Luftpumpen nur in physikalischen Sammlungen zu schauen waren, ist gegenwärtig die Erzeugung eines luftverdünnten Raumes für weite Gebiete der Technik von hohem Werte z. B. für die Hefefabrikation, chemische Fabriken, Zuckerfabriken, Imprägnieranstalten und Sprengstofffabriken. Indem man bei geringerem als dem gewöhnlichen Luftdruck arbeitet, spart man Zeit und gewinnt reinere Präparate, da Flüssigkeiten im Vakuum rascher und bei viel tieferer Temperatur verdampfen, als unter gewöhnlichem Luftdruck.[1]

Während es bei diesen Verwendungen genügt, den größten Teil der Luft aus den Gefäßen auszupumpen, ist bei der Herstellung der elektrischen Glühlampen, der Röntgenröhren und der doppelwandigen Dewarschen Gefäße (zur Aufbewahrung flüssiger Luft) ein sehr hohes Vakuum nötig.

Infolge der gesteigerten Ansprüche an Leistungsfähigkeit, Haltbarkeit und Handlichkeit der Luftpumpen sind in den letzten 20 Jahren eine Unzahl von neuen Pumpenkonstruktionen und Umänderungen älterer Systeme aufgetaucht. Im folgenden will ich eine Übersicht über dieses Gebiet geben, dabei nach allgemeinen Gesichtspunkten die wichtigsten Verbesserungen betrachten und einzelne Pumpen näher beschreiben.

Bei der mühseligen Arbeit, den umfangreichen Stoff zu sammeln und zu sichten, unterstützten mich durch freundliche Zusendung von Beschreibungen und Abbildungen die Firmen: Maschinenfabrik Burckhardt, Basel, A. G.; A. L. G. Dehne, Halle a. d. S.; Maschinen- und Armaturfabrik vormals Klein, Schanzlin & Becker, Frankenthal (Rheinpfalz); Gebr. Körting, Körtingsdorf bei Hannover; Wegelin & Hübner, Maschinenfabrik und Eisengießerei A. G., Halle a. d. S.; E. A. Krüger, G. m. b. H., Berlin N. 31, Glühlampenfabrik; R. Burger, Berlin N., Chausseestr. 2E; Dr. H. Geissler Nachf. Franz Müller, Bonn a. Rh.; Greiner & Friedrichs, Stützerbach i. Th.; Max Stuhl, Berlin N, Friedrichstr. 130; Siemens-Schuckert-Werke, Berlin. Den Herren Professoren Dr. Rubens, Dr. Kurlbaum und Dr. Kaufmann (Bonn) habe

---

[1] Vergl. diese Zeitschrift 1902, S. 8.

ich für einige freundliche Mitteilungen zu danken. Schließlich bin ich den Glasbläsern Herrn Burger und Herrn Kessler für manche wertvolle Auskunft zu großem Dank verpflichtet.

Der Erfinder der Luftpumpe ist bekanntlich ein Deutscher, Otto von Guericke (1650). Um ihre Verbesserung haben sich dann unter anderen Huygens, Boyle und Hooke Verdienste erworben. Ein Jahrhundert später konnte der berühmte Experimentator van Marum mit seiner Luftpumpe schon bis auf 1 mm Quecksilber[2]) auspumpen. Heutzutage sind dem Vakuum nur durch den Verdampfungsdruck der Stoffe, die im Apparat vorhanden sind, Schranken gesetzt.

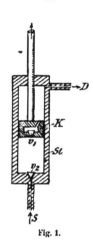

Fig. 1.

Die innere Einrichtung einer Kolbenluftpumpe ist in Fig. 1 schematisch im Längsschnitt dargestellt. In dem zylindrischen Stiefel St wird der dicht anschließende Kolben K auf- und abbewegt und dadurch jeweilig auf der einen Seite des Kolbens die Luft im Stiefel zusammengepreßt, auf der anderen ausgedehnt. Um dieser wiederkehrenden Bewegung der Luft eine bestimmte Richtung zu geben, dienen die Ventile v_1 und v_2. Bewegt sich der Kolben aufwärts, so öffnet sich das Ventil v_2 und durch den Saugweg S wird Luft in den Stiefel hineingesogen; das Ventil v_1 wird durch den Druck der über dem Kolben zusammengepreßten Luft fest auf seinen Sitz gedrückt, so daß der Unterschied des Luftdrucks über und unter dem Kolben bestehen bleibt und die verdichtete Luft durch die Öffnung D entweicht, bis der Kolben am oberen Ende des Stiefels angelangt ist. Beim Niedergange des Kolbens bleibt v_2 geschlossen, während v_1 sich öffnet und der in dem unteren Raume des Stiefels abgesperrten Luft durch den Kanal im Kolben einen Ausweg nach oben verstattet. Beim fortdauernden Spiel der Pumpe wird also stets durch S Luft angesogen, durch D hinausgetrieben und falls S mit einem geschlossenen Gefäß verbunden ist, in diesem die Luft immer mehr verdünnt.[3])

Beide Wege des Kolbens kann man zur Saugwirkung verwerten, wenn man zwei weitere Ventile anbringt. In der Luftpumpe von Bianchi, von der Fig. 2 einen schematischen Längsschnitt gibt, teilt sich zu diesem Zwecke der Saugweg S in zwei Arme, von denen der eine oben, der andere unten im Stiefel mündet. Geht der Kolben abwärts, wie in der Zeichnung angenommen wird, so ist der obere Weg durch das Ventil v_2 geöffnet, der untere durch v_3 geschlossen; die Luft unter dem Kolben entweicht durch v_1 und die hohle Kolbenstange ins Freie. Geht der Kolben aufwärts, so wird umgekehrt durch v_3 Luft angesogen, v_2 und v_1 sind geschlossen und die Luft über dem

---

[2]) Der normale Luftdruck hält einer Quecksilbersäule von 760 mm Höhe das Gleichgewicht; 1 mm Quecksilber ist also gleich $\frac{1}{760}$ Atmosphärendruck und entspricht nach dem Boyleschen Gesetze einer Luftverdünnung auf $\frac{1}{760}$ der normalen Dichte.

[3]) Verbindet man statt dessen D mit einem geschlossenen Gefäß, so wird in diesem die Luft verdichtet. Man kann also die Pumpe mit geringen Umänderungen auch als Kompressionspumpe benutzen.

Kolben entweicht durch ein Ventil v_4 im Deckel des Stiefels. Fig. 3 zeigt die äußere Ansicht dieser doppeltwirkenden Pumpe; der Stiefel dreht sich unten in einem Gelenke, so daß die Kolbenstange direkt durch Exzenter und Schwungrad bewegt werden kann.

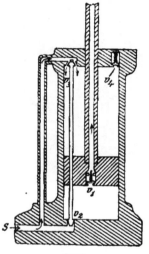

Fig. 2.

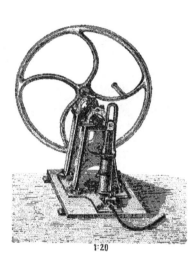

1:20

Fig. 3.

Der erreichbare Verdünnungsgrad wird durch die Gegenwart des „schädlichen Raumes" begrenzt, der sich bei der äußersten Stellung (im „toten Punkte") des Kolbens zwischen diesem und dem Stiefelboden, insbesondere unter dem Ventil v_1 (bezw. v_4) bildet und stets Luft von Atmosphärendruck enthält, die beim Rückgange des Kolbens in den zu entleerenden Raum eintritt.

Man kann diesen Übelstand dadurch erheblich vermindern, daß man den schädlichen Raum im toten Punkte des Kolbenweges nicht mit der Atmosphäre, sondern mit einem luftverdünntem Raum verbindet.

Dies geschieht bei den trefflichen Pumpen, die für industrielle Zwecke von der Maschinenfabrik Burckhardt in Basel geliefert werden. Fig. 4 zeigt eine Burckhardtsche Pumpe, die mit einer Dampfmaschie direkt gekuppelt ist, im Horizontalschnitt und Fig. 5 in Ansicht.

Bei der Burckhardtschen Pumpe haben wir keine frei beweglichen Ventile, da diese nicht selten zu Störungen und Ausbesserungen Anlaß geben, sondern eine zwangsläufige Schiebersteuerung wie bei den Dampfmaschinen. Der schädliche Raum besteht hier aus den Kanälen, die von den Zylinderenden zur Schieberfläche führen.

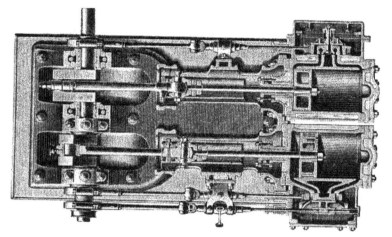

Fig. 4.

Fig. 5.

Durch einen kleinen Kanal, der in den Schieber eingegossen ist, den Burckhardt-Weißschen Überströmkanal, werden bei jeder Endstellung des Kolbens beide Zylinderseiten auf ganz kurze Zeit miteinander verbunden. Da die Pumpe doppelt wirkt, so herrscht auf der dem schädlichen Raum gegenüberliegenden Seite des Kolbens Unterdruck und die Luft wird aus dem schädlichen Raum herübergesogen; durch diesen Kunstgriff wird mit derselben Pumpe eine viel höhere Luftverdünnung erreicht. Ein weiterer Vorteil ist der, daß schon zu Beginn des neuen Hubes unter dem Kolben erheblicher Unterdruck herrscht, so daß die Pumpe sofort wieder saugt, während sonst erst die im schädlichen Raume aufgespeicherte Luft sich hätte ausdehnen müssen, bevor die Saugwirkung der Pumpe eintrat[1]). Nachdem sich der Luftdruck zwischen schädlichem Raum und Saugraum ausgeglichen hat, wird die Verbindung zwischen den beiden Zylinderseiten wieder gesperrt und der Schieber öffnet sofort auf der Saugseite den Ansaugkanal und auf der Druckseite den Ausstoßkanal.

Ein besonders eingerichtetes Rückschlagventil (Federklappe) mit äußerst geringem Hub, das auf dem Schieberrücken sitzt und vollkommen geräuschlos arbeitet, verhindert ein Zurücktreten von Luft in den Zylinder.

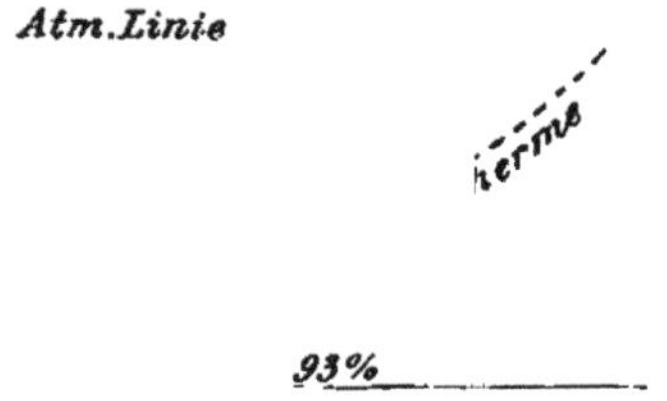

Atm.Linie

Atm.Linie

93%

Fig. 6.
Indikatordiagramm einer Luftpumpe mit Druckausgleich.

Fig. 7.
Indikatordiagramm einer Luftpumpe ohne Druckausgleich

Wie sehr durch den Überströmkanal die Ausnutzung des vom Kolben durchlaufenen Raumes erhöht wird, zeigen die Schaubilder Fig. 6 und 7. Fig. 6 gibt das Indikatordiagramm für eine Schieberluftpumpe mit Druckausgleich, Fig. 7 für eine Ventilluftpumpe ohne Druckausgleich. Im ersten Falle sind 93 %, im zweiten bei gleicher Luftverdünnung nur 46 % des Kolbenhubes zur Saugwirkung nutzbar gemacht. Diese 93 % werden von der Firma als Mindestnutzeffekt verbürgt.

Mit diesen Pumpen kann man bis auf etwa 5 mm Quecksilberdruck auspumpen.

Noch höhere Verdünnungen erreicht man, wenn man zwei Luftpumpen hintereinander schaltet, so daß die zweite Pumpe aus dem Druckraum der ersten die Luft heraussaugt. Fig. 8 zeigt eine solche zweistufige Luftpumpe für Riemenantrieb von Klein, Schanzlin und Becker zu Frankenthal in der Rheinpfalz. Diese Pumpe

---

[1]) Bei hoher Luftverdünnung kann der Fall eintreten, daß eine Luftpumpe ohne Ausgleichskanal überhaupt nicht mehr ansaugt.

saugt bis auf 1 mm Quecksilber. Alle Teile, namentlich der Steuerschieber, sind leicht
zugänglich; nach Abnehmen des Schieberkastendeckels liegen alle Steuerungsteile offen;
der Steuerschieber kann ohne weiteres herausgenommen werden.

Fig. 8.

Ähnliche Pumpen liefern unter anderen Wegelin und Hühner, sowie A. L. G.
Dehne, beide in Halle an der Saale[5]).

Mit diesen trefflich durchgebildeten Konstruktionen war man an der Grenze
des Erreichbaren angekommen. Ein Vakuum von 1 mm Quecksilber genügt auch weitaus für fast alle technischen Zwecke, bei denen es mehr auf das Absaugen größerer
Gasmengen als auf ein äußerst hohes Vakuum ankommt. Für die Glühlampenindustrie
freilich war dies Vakuum völlig ungenügend; ihr kam daher der Fortschritt in höchstem
Grade zu statten, der vor einigen Jahren durch die Einführung der Ölpumpe erzielt wurde.

In der Ölpumpe (Patent Elenß) wird aus dem schädlichen Raume die Luft
durch Öl verdrängt. Hermann Hahn-Machenheimer gibt in der Zeitschrift für
den physikalischen und chemischen Unterricht[6]) eine Beschreibung der Geryk-Pumpe
(Patent Fleuß), der ich die nebenstehende Zeichnung (Fig. 9) und einen Teil der nachfolgenden Angaben entnehme.

A ist das Saugrohr, das durch das Luftloch B mit dem Zylinderinnern in Verbindung steht. Der Kolben ist von einer Lederliderung C umgeben, die durch die
Ölschicht J, die über dem Kolben und im ringförmigen Raume D steht, sanft gegen
die Zylinderwand gedrückt wird.

---

[5]) Alle diese Pumpen sind „trockene" Luftpumpen, d. h. solche, in denen die Luft nirgends mit
Kühlwasser in Berührung kommt.
[6]) Bd. 14 (1901). S. 285. abgedruckt in der Deutschen Mechanikerzeitung 1901.

Das Kolbenventil E bewegt sich nur beim Beginn des Auspumpens und bleibt ganz untätig, wenn eine Verdünnung von etwa 13 mm erreicht ist. Das Saugrohr F soll den Kolben bei den ersten Pumpenzügen entlasten. Die Kolbenstange geht ohne Reibung durch eine Art Stopfbuchse, die durch die Liderung I und die Hülse G gebildet wird und, indem sie auf dem Deckel H durch eine Feder niedergedrückt wird, gleichzeitig als Auslaßventil dient. Über dieser Stopfbuchse steht auch eine Ölschicht (K).

Befindet sich der Kolben in seiner tiefsten Stellung, so sind durch die Öffnung B der Stiefel und das Saugrohr miteinander verbunden. Geht der Kolben aufwärts, so wird diese Verbindung abgeschnitten und die Luft über dem Kolben zum Auslaßventil G emporgetrieben. Durch die Luft wird beim Hinaufgehen des Kolbens seine Liderung fest gegen die Zylinderwand gedrückt, so daß in Verbindung mit der Ölschicht über dem Kolben ein völlig luftdichter Abschluß erzielt wird. Kommt der Kolben an seine höchste Stellung, so drückt er gegen das Ventil G und hebt es 6,5 mm hoch, so daß erst die Luft entweichen kann und dann eine beträchtliche Menge Öl durch das Ventil gedrückt wird, welche die letzten Reste Luft vor sich hertreibt und mit der Ölmasse X zu einer Schicht zusammenfließt.

Beim Niedergang des Kolbens kann sich das Ventil G erst schließen, wenn sich der Kolben um 6,5 mm gesenkt hat, so daß über ihn eine Ölschicht von dieser Höhe zurückfließt. War etwa beim Aufsteigen des Kolbens etwas Öl unter ihn getreten, so wird dies, sobald er wieder unten angelangt ist, durch das Ventil E nach der Oberseite hinaufgedrückt.

L ist ein Rohrstutzen zum Einfüllen des Öls in den Stiefel. Man gießt soviel ein, bis es im Stutzen überfließt. M ist eine ringförmige Kammer, die den oberen Teil des Zylinders umgibt und mit ihm durch einen Schlitz in der Zwischenwand in Verbindung steht; sie soll kleine Öltröpfchen abfangen, die von der Luft zu Anfang des Pumpens mitgerissen werden.

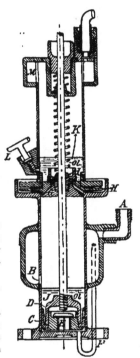

Fig. 9.

Die Ölfüllung reicht unbegrenzte Zeit; es darf aber nur eine bestimmte Sorte Öl verwandt werden, dessen Zusammensetzung Geheimnis ist und das ebenso wie die Geryk-Pumpe von der Pulsometer Engineering Co. limited, Nine Elms Iron Works, London S.W. geliefert wird.

Mit der einstiefeligen Geryk-Pumpe kann man Verdünnungen bis zu $\frac{1}{6}$ mm bequem erreichen. Schaltet man in der oben besprochenen Weise zwei Pumpen hintereinander, so daß die eine den Stiefel der anderen auspumpt, so gelangt man erheblich weiter[7]). Die Pumpe arbeitet jahrelang, ohne einer Reinigung oder einer Ausbesserung zu bedürfen. Wegen ihres fast reibungslosen Ganges ist ihr Kraftbedarf mäßig. Im Ruhezustande behält sie ihr Vakuum lange Zeit. Wegen aller dieser Vorzüge ist die Ölpumpe jetzt sehr beliebt geworden und hat in den Glühlampenfabriken die anderen Pumpenkonstruktionen verdrängt.

In Deutschland baut E. A. Krüger, G. m. b. H., Berlin N. 31 sehr gute Ölpumpen, über deren Wirkung und Behandlung mir diese Firma freundlichst einige Angaben übermittelt hat. Danach kann man mit der Excelsior-Vakuumpumpe eine

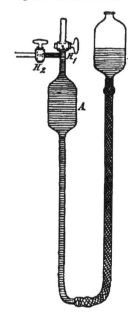

Fig. 10.

Luftleere bis zu 0,0014 mm erreichen. Die Pumpe ist fahrbar auf einen Tisch montiert und wird durch einen ½ PS.-Motor angetrieben. Ihr Gang ist geräuschlos. Die Umdrehungszahl soll 30 in der Minute nicht überschreiten, da sonst schlechtere Ergebnisse erzielt werden. Es ist darauf zu achten, daß das Öl in beiden Pumpenzylindern gleich hoch steht. Ohne ein luftdicht angeschlossenes Gefäß soll die Pumpe nicht arbeiten, da sonst sehr viel Öl anstritt.

Während in der Regel beide Zylinder hintereinander geschaltet sind, kann man sie auch nebeneinander schalten, wodurch aber der Wirkungsgrad geringer wird.

Auf das peinlichste ist die Pumpe vor Feuchtigkeit zu schützen[10]).

Noch größere Verdünnungen wie mit der Ölpumpe erreicht man mit Quecksilberluftpumpen. Hier wird die Stelle des Kolbens der bisher beschriebenen Pumpen durch Quecksilber vertreten.

Die älteste Quecksilberluftpumpe wurde von Geißler im Jahre 1855 konstruiert. Fig. 10 erläutert ihre Wirkungsweise. Ein Glasgefäß A (dem Stiefel entsprechend) setzt sich nach unten in eine lange Glasröhre fort, die durch einen langen Gummischlauch beweglich mit einem größeren Glasgefäß B verbunden ist. Der obere Fortsatz von A wird durch einen Hahn H_1 und seitlich durch einen Hahn H_2 verschlossen. Um die Pumpe in Betrieb zu setzen, öffne ich H_1 und H_2, fülle in B eine passende Menge Quecksilber ein, treibe es durch Anheben von B nach A empor und schließe die Hähne H_2 und H_1, sobald das

[7]) Fig. 9 stellt den einen Stiefel einer solchen Duplexpumpe dar.
[10]) Schon 1874 konstruierte Robert Gill eine Ölpumpe, von der Frick in seiner „Physikalischen Technik", 6. Aufl., Band I S. 368 eine Abbildung gibt. Noch früher (1867) fertigte Kravogl eine Pumpe, bei der der schädliche Raum durch Quecksilber ausgefüllt wurde; die Stiefel bestanden aus Glas, die Kolben aus Stahl. Nach v. Waltenhofens Angabe konnte man mit dieser Pumpe bis auf ¹/₃₀ mm auspumpen.

Quecksilber sie erreicht hat. Senke ich nun das Niveaugefäß B, bis der Höhenunterschied zwischen beiden Gefäßen größer wird als der Barometerstand (normal 760 mm), so entsteht in A ein luftleerer Raum. Ein auszupumpender Apparat wird an das seitliche Rohr angeschlossen und durch Öffnen von H_2 mit der Barometerleere in A verbunden. Ist die Luft nach A übergeströmt, so wird H_2 geschlossen, B wieder angehoben und die Luft aus A durch den Hahn H_1 ausgetrieben.

Dann schließt man H_1, erzeugt durch Senken von B wieder ein Vakuum in A, öffnet H_2 usw. So kann man immer weiter auspumpen. Schließlich werden sich aber die immer kleiner werdenden Luftblasen nur noch schwer durch den Hahn H_1 hinausdrängen lassen, weil sie gern am Glase kleben. Um das Ablösen dieser Bläschen zu erleichtern, ließ sie Geißler nicht direkt ins Freie, sondern in einen luftverdünnten Raum eintreten. · Er brachte über H_1 noch einen zweiten Hahn an und ließ das Quecksilber solange zu diesem emporsteigen, bis eine größere Luftverdünnung erreicht war. Dann schloß er beide Hähne, hob künftig das Quecksilber nur bis H_1 und ließ das Luftbläschen aus A in den luftverdünnten Raum zwischen den beiden Hähnen übertreten, bis dort eine größere Luftmenge angesammelt war, die er dann mit einem Male durch den oberen Hahn herausschob. Durch den neuen Hahn war gleichzeitig der luftdichte Verschluß der Pumpe noch besser gesichert.

Fig. 11 zeigt eine Geißlersche Pumpe, die sogar 3 Hähne übereinander enthält; der unterste von den dreien ist ein Dreiwegehahn, durch den man A entweder mit dem oberen oder dem seitlichen Rohr verbinden kann, wodurch der seitliche Hahn entbehrlich wird. Zwischen das seitliche Rohr (dem Saugrohr) und den auszupumpenden Apparat ist ein Trockengefäß T eingeschaltet, das am besten mit Phosphorsäureanhydrid als dem energischsten Trockenmittel beschickt wird. Da der Wasserdampf bei Zimmertemperatur (18°) schon eine Dampfspannung von 15 mm Quecksilber besitzt, so würde jede Spur von Feuchtigkeit die Wirksamkeit der Pumpe außerordentlich beeinträchtigen. Die Pumpe ist deshalb vor dem Gebrauch auf das sorgfältigste zu trocknen und nur mit ganz reinem, trockenem Quecksilber zu füllen. W ist eine Quecksilberwanne, über der die ausgepumpten Gase aufgefangen werden können.

Die kostspieligen Glashähne, die gelegentlich undicht werden oder sich gar festklemmen und durch deren Einfettung das Quecksilber verschmutzt wird, vermied Töpler in seiner 10 Jahre später konstruierten Pumpe, die Fig. 12 in ihrer einfachsten Form zeigt.

Hier werden die Verschlüsse durch Quecksilbersäulen von Barometerhöhe bewirkt. Der Hahn H_1, durch den die Luft austritt, wird durch das lange nach unten gebogene Rohr c ersetzt, dessen offenes Ende in Quecksilber taucht. das Saugrohr d ist am unteren Ende von A angeschlossen und geht fast 1 m in die Höhe.

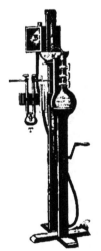

Fig. 11.

Wird das Gefäß *B* angehoben, so wird durch das aufsteigende Quecksilber zunächst das Saugrohr *d* abgesperrt und dann aus *A* die Luft durch *c* hinausgetrieben. Beim Senken von *B* bildet sich in *A* die Barometerleere, bei weiterem Senken wird die Einmündung des Saugrohrs wieder frei, aus dem auszupumpenden Gefäß, dem „Rezipienten", strömt Luft nach *A*; dann kann das Spiel der Pumpe von neuem beginnen. Die kugelförmige Erweiterung kurz unter der oberen Biegung von *d* soll das Überspritzen von Quecksilber bei raschem Heben von *B* verhüten.

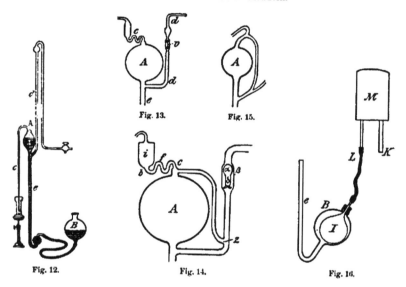

Fig. 13.   Fig. 15.

Fig. 12.   Fig. 14.   Fig. 16.

Unbequem ist die große Höhe der Töplerschen Pumpe, bedingt durch die Länge des Steigerohrs *e*, des Saugrohrs *d* und des Auslaßrohrs *c*.

Das Saugrohr *d* läßt sich erheblich verkürzen, wenn man in ihm ein Ventil anbringt, das den Aufstieg des Quecksilbers im Saugrohr hindert.

Läßt man die ausgepumpte Luft nicht ins Freie, sondern in einen luftverdünnten Raum treten, so wird das lange Austrittsrohr durch eine kurze einmal oder besser mehrfach U-förmig gebogene Glasröhre ersetzt, in deren unteren Biegungen das Quecksilber beim Senken von *B* liegen bleibt und einen luftdichten Verschluß gegenüber mäßigen Druckunterschieden bildet.

Diese beiden Verbesserungen zeigt Fig. 13: *c* ist die Abschlußkapillare, *v* das gläserne Ventil im Saugrohr *d*[16]).

---

[16]) Das Steigrohr *e* kann man verkürzen, wenn man in *B* die Luft verdünnt, wie es Weinhold tat der *B* luftleer machte, um den Übertritt von Luft durch den Schlauch zu hindern.

Um den Anprall des Quecksilbers gegen das obere Ende von A zu mildern, der besonders bei hohem Vakuum, wenn das Quecksilber hart mit hellem Klang an das Glas anschlägt, leicht die Pumpe zertrümmern kann, führte Neesen eine Abzweigung des Saugrohrs zum oberen Ende von A (Fig. 14)[*]; den gleichen Zweck verfolgte ein Vorschlag von Reimerdes, der die Spitze von A nach rechts umbog, so daß das ansteigende Quecksilber schräg auftrifft (Fig. 15).

Später ist von Neesen die Verzweigungsstelle z (Fig. 14) höher gelegt worden, damit beim Fallen des Quecksilbers das Saugrohr früher frei wird und dadurch länger mit dem Vakuum in A verbunden bleibt. Ist nämlich schon ziemlich weit ausgepumpt, so tritt entsprechend dem geringen Druckunterschied die Luft aus dem Rezipienten nach A nur langsam über.

Das Heben und Senken des Quecksilbergefäßes B ist auf die Dauer sehr ermüdend, auch wenn man es, wie in Fig. 11, durch eine Kurbel und ein Sperrrad erleichtert. Statt dessen kann man das Quecksilber durch eine Kolbenpumpe heben, wie das seinerzeit (1861) Kravogl in Innsbruck tat, bei dessen Konstruktion durch einen Mechanismus ein Stahlzylinder durch eine Stopfbuchse von unten in das Gefäß A hineingeschoben und wieder zurückgezogen und hierdurch das den Stahlzylinder bedeckende Quecksilber gehoben und gesenkt wurde[*].

Zweckmäßig wird man die Hebevorrichtung durch mechanische Energie statt durch Menschenkraft betreiben. In hübscher Weise benutzte Raps dazu den Druck der Wasserleitung. Fig. 16 zeigt die Anordnung seines Hebewerkes. In den Windkessel M strömt durch das Rohr k Wasser ein und preßt die Luft in ihm zusammen. Die gepreßte Luft tritt zum Teil durch den Schlauch L nach B über und zwar, damit das Quecksilber nicht feucht wird, in einen Gummiball I, der sich aufbläht und das Quecksilber aus B in das Steigerohr e und das Gefäß A hinaufdrängt. Unterbricht man die Verbindung von k mit der Druckwasserleitung und läßt das Wasser aus M abfließen, so zieht sich der Gummiball wieder zusammen und das Quecksilber sinkt. Statt durch Druckwasser kann man die gepreßte Luft natürlich auch durch eine Druckpumpe erzeugen; dies geschah in den Glühlampenfabriken, in denen man die Rapssche Pumpe benutzte.

Statt einer Druckpumpe verwendete Poggendorff eine Saugpumpe, die abwechselnd mit A und B verbunden wurde, um das Quecksilber zu heben und zu senken. Angenehm ist die mit diesem Verfahren verbundene Verkürzung des Steigrohres e. Ist die Verdünnung genügend weit vorgeschritten, so kann man die Verbindung der Pumpe mit A absperren (und B weiter abwechselnd mit der Pumpe und der äußeren Luft verbinden), so daß umgekehrt wie bei der Pumpe von Raps der Luftdruck das Quecksilber hebt, die Arbeit der Hilfspumpe es herabzieht. Dieses Poggendorffsche Prinzip wird bei vielen Quecksilber-Luftpumpen benutzt;[10] als Hilfspumpe benutzt man

---

[*] In Fig. 14 ist die Form des Ventils deutlich zu erkennen; die Kugel α und ihr Sitz β haben einen schmalen Schliffring, der vollkommen quecksilberdicht schließt. Die Kugel trägt unten einen Schwimmeransatz δ.

[*] Müller-Pouillet, Lehrbuch der Physik (9. Aufl.) I, S. 539.

[10] Auch Raps tat dies in einer Umänderung seiner Pumpe.

im Laboratorium gewöhnlich eine kleine Wasserstrahlpumpe, in größeren Verhältnissen eine Kolbenluftpumpe mit mechanischem Antrieb.

Steuerung. Um B abwechselnd mit der Hilfspumpe und der äußeren Luft zu verbinden, dient ein Dreiwegehahn, den früher ein Gehilfe immer im geeigneten Augenblick umstellte, wenn das Quecksilber den gewünschten Stand erreicht hatte. In Fabriken schloß man eine ganze Reihe von Pumpen an einen Dreiwegehahn an, bis zu 25, zu deren Bedienung dann zwei Arbeiter nötig waren, einer, der den Hahn umstellte, und einer um die Pumpen zu beobachten.[1])

Auch bei der Steuerung ist die Menschenkraft bald durch selbsttätige Vorrichtungen verdrängt worden, die den Hahn im geeigneten Augenblick drehen.

C. V. Schou und P. Bergsöe[2]) schmolzen an passenden Stellen der Pumpe Platindrähte ein, durch deren Berührung das Quecksilber den Stromkreis eines Elektromagnetes schloß, dessen Anker den Zutritt für Druckluft freigab oder sperrte.

Neesen und Boas betätigten die Steuerung durch einen Schwimmer, der durch den veränderlichen Stand des Quecksilbers gehoben und gesenkt wurde.

Raps benutzt das veränderliche Gewicht des Quecksilbers im Gefäß B zur Umstellung des Dreiwegehahnes, indem er ihn mit einer Wippe verbindet, auf deren linkem Arme das Gefäß B ruht, während der rechte Arm ein Gegengewicht trägt. Damit der Hahn in seinen beiden Stellungen längere Zeit verharrt, gleitet das Gegengewicht auf Schienen zwischen zwei Endlagen.

Fig. 17 gibt eine Ansicht der Rapsschen Pumpe; da diese Konstruktion mit großem Erfolge in die Industrie eingeführt wurde, so wollen wir ihre sinnreiche Einrichtung genauer betrachten. Der Schlauchstutzen k_1 wird mit der Wasserleitung verbunden; durch ihn gelangt das Druckwasser zum Dreiwegehahn K und wenn dieser geöffnet ist, nach dem Windkessel M. Wird der Hahn K umgestellt, so ist k statt mit k_1 mit k_2 verbunden und das nach M eingepreßte Wasser läuft durch einen an k_2 angesetzten Schlauch in den Ausguß.

Das Gefäß H ist auf der Wippe fest zwischen Brettern eingebettet und durch biegsame Schläuche mit M und dem Steigrohr V verbunden. Seine Mündung wird durch einen Gummistopfen fest verschlossen, den eine aus der Figur zu ersehende Vorrichtung gegen den inneren Überdruck sichert. An den Hahn t_1 (oben links) wird eine kräftige Saugpumpe angeschlossen, mit der zunächst der ganze Apparat möglichst weit entleert wird; erst dann öffnet man den Hahn der Druckleitung. Der Hebel T sei hochgeklappt und das Rad F am Gegengewicht C so gestellt, daß der Stift f in die Aussparung des Rades einfällt. Die Wippe sei durch das Quecksilber in H nach links gedrückt. Da die Wippe nach links liegt, so läßt der Hahn K das Druckwasser in den Windkessel ein und das Quecksilber wird in der Pumpe hochgedrückt. Q füllt sich und das weiter steigende Quecksilber treibt die Luft durch die Abschlußkapillare r_1 nach r_2 und weiter durch s_1 und S_1 bis zur kleinen Kugel n, aus der die Luft durch die an t_1 angeschlossene Saugpumpe fortgeschafft wird. Unterdessen hat sich das Niveaugefäß H entleert, die Wippe

[1]) E. A. Krüger, Die Herstellung der elektrischen Glühlampe. Leipzig 1894. S. 56.

[2]) Zeitschrift für Instrumentenkunde 24 (1904), 117.

schlägt nach rechts um, das Gewicht C rutscht bis zum Anschlag E, der Hahn K sperrt das Druckwasser ab und läßt das Wasser aus M abfließen; der Überdruck in M, I und H verschwindet, das Quecksilber fällt. Hat sich das Gefäß H wieder gefüllt, so kippt die Wippe nach links, das Gewicht C gleitet in seine linke Grenzlage, durch den Hahn tritt wieder Druckwasser ein und der ganze eben beschriebene Vorgang wiederholt sich (in der Minute ein- bis zweimal bei einem Stiefelinhalt von 600 c^3).

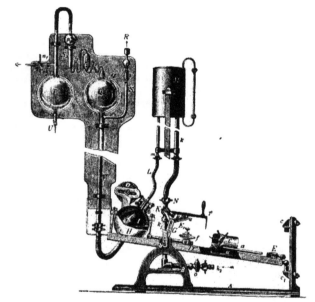

Fig. 17.

Ist die Verdünnung so weit getrieben, daß die durch s_1 getriebene Luftblase noch etwa 2 cm lang ist, so kann man die Saugpumpe durch Drehen des Hahnes t_1 absperren.[13]) Jetzt klappt man den Hebel T herunter; dadurch wird der Weg des Gewichtes C nach links beeinflußt. Bei jedem Gleiten nach links stößt das Rad F gegen den Hebel T und wird jedesmal um einen Zahn weitergedreht, bis schließlich beim sechsten Male die Lücke in F wieder nach links gerichtet ist und C endlich wieder seine äußerste linke Lage erreicht. Durch diese sinnreiche Einrichtung wird bewirkt,

---

[13]) Am besten stellt man sie in dem Zeitpunkt des Pumpenspiels ab, wenn das Quecksilber nicht in der Kugel Q steht. Überhaupt muß man beim Gebrauche des Dreiwegehahns t_1 sehr vorsichtig sein, weil man bei falschem Einstellen desselben leicht die Pumpe zertrümmert.

daß fünfmal das ansteigende Quecksilber nur bis r_2 dringt und erst beim sechsten Male die angesammelte Luftmenge nach S hinüberschafft. Dadurch soll vermieden werden, daß winzige Luftbläschen in r_2 hängen bleiben.

Durch Verstellen der Anschläge D, E, c und c_1 kann der Gang der Steuerung genau geregelt werden.[14]) Die Schnelligkeit des Quecksilbers läßt sich durch behutsames Drehen des Kontrollhahnes O derart beeinflussen, daß das ansteigende Quecksilber sanft ohne Stoß in r_1 auftrifft.

Gummipolster an den Anschlägen dämpfen den Gang der Wippe.

Auszupumpende Gefäße werden an den Schliff R angeschmolzen. Vor jeder Benutzung der Pumpe prüfe man, ob das Laufgewicht willig auf den Schienen gleitet, ob sich die Wippe in ihrem Spitzenlager leicht dreht und auch der Hahn K nicht klemmt. Wenn nötig, ölt man diese Teile von neuem. Unter den Hahn K stelle man ein Gefäß, um die bei der leichten Beweglichkeit des Hahnes und dem hohen Wasserdruck unvermeidlichen Tropfen aufzufangen.

Sollte nach längerem Arbeiten der Pumpe das Wasser im Windkessel M bis aus obere Ende des Wasserstandsrohres steigen, so stelle man die Pumpe ab, löse die Schlauchverbindung m gänzlich und halte mit dem Fuße die rechte Seite der Wippe solange herunter, bis alles Wasser aus M ausgelaufen ist. Ist auf dem Windkessel ein Hahn angebracht, so kann dieser statt m geöffnet werden.

Sollte die Wippe nicht willig umkippen wollen, so prüfe man, ob der untere Schlauch an H ganz frei und ohne Spannung hängt und ob er vollständig biegsam ist,[15]) ferner ob die Kapillaren r_1 und s_1 frei von Schmutz sind.[16])

Wenn das Vakuum so hoch ist, daß die Wasserluftpumpe abgestellt werden kann, so tauche man die Spitze des Hahnes U in ein Schälchen mit konzentrierter Schwefelsäure, öffne U vorsichtig und lasse die Schwefelsäure aufsteigen. Vor jedem Einfüllen von Schwefelsäure muß U gut gereinigt und gefettet werden.

Sollte das Quecksilber in s ablaufen, so ist das Vakuum in der Kugel P nicht hoch genug. Dies kann durch schlechtes Arbeiten der Saugpumpe oder durch Undichtigkeiten verursacht werden.

Sollte das Laufgewicht zu träge oder zu heftig gleiten, trotzdem die Gleitschienen rein und gut geölt sind, so muß man die Anschläge c bezw. c_1 verstellen; es ist dann aber die richtige Steighöhe des Quecksilbers wieder zu prüfen.

Will man die Pumpe zur Reinigung auseinandernehmen, so läßt man Luft ein, klemmt den unteren Schlauch der Kugel H mit einem Feilkloben fest zu, stellt eine große Porzellanschale unter und öffne darüber die Stahlverschraubung.

Die Pumpe wird von Max Stuhl, Berlin N., Friedrichstraße 130 angefertigt.

---

[14]) Durch Verstellen von E wird die Zeit bestimmt, während der das Saugrohr S mit der Kugel Q in Verbindung steht.

[15]) Einen hart gewordenen Schlauch kann man durch vorsichtiges Erwärmen oder Behandelung mit siedendem Wasser oft wieder geschmeidig machen.

[16]) Hat man sie neu angeschmolzen, so können Verengerungen störend wirken. Sollte sich etwa der Hahn K nicht leicht genug drehen, was man nach Lösung der im Schlitz des Hebels G befindlichen Schraube prüft, so nehme man das Küken heraus, reinige es und fette es ein. Nach dem Einsetzen ist auf die richtige Steighöhe des Quecksilbers zu achten.

Wie Raps angibt, wird mit seiner Pumpe ein Raum von 400 c^3 in zehn Minuten, ein Raum von vier Litern in einer Stunde auf etwa 0,001 mm Quecksilber ausgepumpt. Die verwandte Menge Quecksilber braucht nicht sehr groß zu sein. Man kann sehr schnell arbeitende Pumpen bauen, die nur 8 bis 12 kg Quecksilber fassen; denn wenn auch bei jedem Hube weniger Luft fortgeschafft wird, so kann man doch bei kleinerem Stiefel die Pumpenzüge rascher aufeinander folgen lassen als bei einer großen Kugel.

Statt mit Raps die Gesamtmenge des Quecksilbers zur Bewegung des Dreiweghahnes zu benutzen, kann man nach dem Vorgange von Schuller eine kleinere Menge des Quecksilbers abzweigen und so die ganze Steuerung zierlicher gestalten.

An einer von Neesen gegebenen übersichtlichen Konstruktion[17]) (Fig. 18) wollen wir uns diese Anordnung näher betrachten. Die beiden Gefäße A und B haben Röhrenform;[18]) B sei mit Quecksilber gefüllt, der Dreiweghahn H so gestellt, daß B mit der äußeren Luft verbunden ist. Dann saugt die angeschaltete Saugpumpe A luftleer und der Luftdruck hebt das Quecksilber aus B durch das Rohr e nach A, während das Rohr r durch das Ventil unten abgesperrt ist. Ist das Quecksilber durch die Abschlußkapillare bis f gestiegen, so hat sich das kleine Gefäß D entleert, das mit einem Kettchen an einem Ausleger des Hahnes H hängt und durch biegsame Schläuche mit B verbunden ist; das Gegengewicht C überwiegt und der Hahn H schlägt in die gezeichnete Stellung um. Dadurch wird B mit der Vorpumpe verbunden und das Quecksilber aus A durch das Rohr r unter Öffnung des Ventiles zurückgesogen.

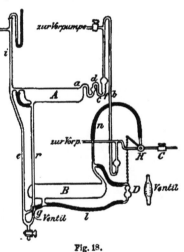

Fig. 18.

Hat sich das bewegliche Gefäß D wieder gefüllt, so ist links Übergewicht, der Hahn H schlägt wieder um und das Spiel beginnt von neuem.

Mit einer solchen Steuerung ist auch die neueste Neesensche Pumpe ausgerüstet, die von R. Burger, Berlin N., Chausseestraße 2E, angefertigt wird und sich in dessen Werkstatt beim Auspumpen von Röntgen-Röhren usw. vorzüglich bewährt, da sie sicher und ruhig ununterbrochen ohne Aufsicht ihre Arbeit verrichtet.

Die Abbildung dieser Pumpe in Fig. 19 dürfte nach dem Vorhergesagten nur weniger Erläuterungen bedürfen. Das untere Quecksilbergefäß G ist doppelt tubuliert, der

---

[17]) Z. f. Instrumentenk. 20 (1900). 205.

[18]) Die Röhrenform sollte die Herstellung vereinfachen (was nicht zutrifft) und den Apparat niedriger machen. In den horizontalen Röhren dürften Luftblasen leichter hängen bleiben als in Kugeln.

eine Hals dient zum Einfüllen von Quecksilber und ist für gewöhnlich verschlossen; in dem zweiten Hals mündet das Steigrohr (a), über dessen unteren Teil ein weiteres Rohr (b) geschmolzen ist, das in einen Schliff F ausläuft, der in den Hals von G eingepaßt ist. Von dem weiteren Rohre b zweigt sich eine Leitung t ab, die zu dem Steuerhahn n führt.

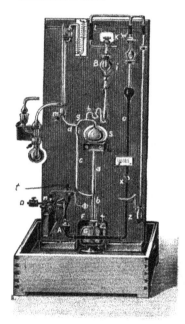

Fig. 19.

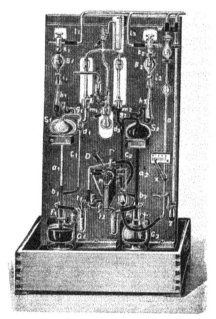

Fig. 19a.

Die Saugpumpe wird in z und am Steuerungshahn angeschlossen und zwar hat es sich als zweckmäßig erwiesen, 2 Wasserstrahlpumpen zu verwenden, von denen die eine in z, die andere am Hahn angeschaltet wird. Das zu entleerende Gefäß wird an den Schliff links angeschlossen. Das Trockengefäß vor diesem Schliff wird, wie üblich mit Phosphorsäureanhydrid beschickt. Die in B eingeschmolzene Vorrichtung i soll das Überspritzen von Quecksilber verhüten.

An der Steuerung ist insofern eine kleine Änderung zu bemerken, als das bewegliche Gefäß (hier A genannt) nicht aus dem großen Quecksilbervorrat gespeist wird, sondern aus dem kugelig erweiterten Rohre o. So kommt das Quecksilber in der Pumpe selber nur mit Glas, nirgend mit Gummi in Berührung, eine löbliche Vorsichtsmaßregel, um es rein zu erhalten.[16a])

Beim Gebrauch der Pumpe wird zunächst mit der Hilfspumpe vorgepumpt, während der Hahn in der Leitung t (zum Steuerhahn) geschlossen ist; durch Öffnen dieses Hahnes tritt die Quecksilberluftpumpe in Tätigkeit. Im Notfall kann man sich mit einer Hilfspumpe begnügen, indem man diese zunächst mit s verbindet, gründlich vorpumpt, dann durch Schließen des Hahnes k die Pumpe abschaltet und sie nunmehr mit dem Steuerhahn n verbindet.

Der Hahn w wird nach dem ersten Auspumpen ein für alle Mal geschlossen gehalten.

Um den Steuermechanismus einzustellen, muß beachtet werden, daß das Quecksilber in derselben Zeit von o nach A zurückfließen soll, in der es von A nach o übersteigt. Ist das nicht der Fall, so verlängert oder verkürzt man die Kette, mit der A an dem Steuerhahn hängt, und ändert so die Fallhöhe von o nach A. Entleert sich z. B. o rascher als es sich füllt, so daß der Hahn n umschlägt, bevor sich der Stiefel S ganz gefüllt hat, so hebt man A ein wenig, verlangsamt dadurch einerseits das Zurückfließen von o nach A und beschleunigt andererseits das Aufsteigen nach o. Sind diese beiden Zeiten gleichgemacht, so stellt man schließlich den Hahn x so ein, daß o gerade in der Zeit sich füllt, deren S zur Füllung bedarf.

Damit es zur Bewegung des Steuerhahns nur geringer Kraft bedarf, dreht dieser sich in Spitzen.

Fig. 19a zeigt zwei Neesensche Pumpen so zusammengeschaltet, daß abwechselnd der Stiefel der einen und der anderen Pumpe entleert wird, so daß die doppelte Pumpgeschwindigkeit wie bei einer einfachen Pumpe erzielt wird.

Diese Schaltung wird durch eine entsprechende Umänderung des Hahnes der gemeinsamen Steuerungsvorrichtung bewirkt (Fig. 19b). Die Bohrungen des Kükens

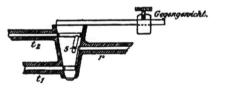

Fig. 19b.   Fig. 19c.

bestehen aus zwei ringsum laufenden Rinnen, auf welche die Leitungen t_1 und t_2 münden, und zwei von der oberen Rinne abzweigenden Längsrinnen und einer von der unteren Rinne abzweigenden Längsrinne. Der Hahn hat 4 Rohransätze, von denen t_1 und t_2 mit den von den Gefäßen G_1 und G_2 kommenden Leitungen verbunden sind, während Ansatz s (durch einen kleinen Kreis angedeutet) mit der äußeren Luft in Verbindung

---

[16a]) Raps gibt freilich an, daß Bedenken gegen die schwarzen Gummischläuche an seiner Pumpe nicht gerechtfertigt sind, da in mehreren Jahren keinerlei Verunreinigung des Quecksilbers bemerkt wurde.

steht; r führt zur Vorpumpe. Bei der in der Zeichnung angenommenen Stellung strömt
äußere Luft durch t_2 nach G_2, während die Vorpumpe die Luft durch t_1 aus G_1 saugt.

Fig. 19c zeigt das Küken gegen die Stellung a um den Abstand zweier Längsrinnen gedreht.

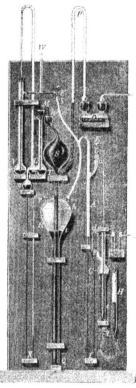

Fig. 20.

Da die Doppelpumpe nur wenig teurer ist als
eine einfache Pumpe (vom Quecksilber abgesehen),
so ist ihre Anschaffung bei Bedarf sehr zu
empfehlen.

Auf eigenartige Weise wird in der Pumpe von
Pontallié[19]) die Umsteuerung betätigt, indem die
ganze Pumpe um eine horizontale Axe hin- und
herbewegt wird, ähnlich wie es bei der kleinen
Pumpe von Wood[20]) geschah. Da diese Konstruktionen keine weitere Bedeutung gewonnen haben, so
mag es mit ihrer Erwähnung sein Bewenden haben.

In der Pumpe von Jaumann (Fig. 20) wird die
Steuerung ohne Hahn in folgender interessanter
Weise durch ein Röhrensystem bewirkt:

Bei der in der Figur gezeichneten Stellung des
Quecksilbers herrscht in dem Raum A und R der
größte Druck, der 50 bis 100 mm kleiner als der
Atmosphärendruck in C ist (C steht durch ein
Chlorcalciumrohr bei L mit der äusseren Luft in
Verbindung). Die Wasserluftpumpe bei W saugt
durch die kleine Öffnung b, das Quecksilber steigt
während 140 Sekunden aus C in dem Barometerrohr ca auf, bis es durch die kleine Öffnung a aus-
fließt. Während dieser Zeit ist in der Pumpe das
Quecksilber aus S nach R gesunken. Das Über-
rieseln des Quecksilbers aus C durch a nach A
dauert 25 Sekunden.

Endlich ist das ganze Quecksilber aus C nach
A gesogen und die Öffnung c wird frei Dies geschieht unter allen Umständen genau bei einem
Unterdruck in A und R, der der Höhendifferenz a c
(67 cm) gleich ist.

Nachdem c frei geworden ist, strömt Luft von
außen durch das Chlorcalciumrohr bei L nach A

und R, und das Quecksilber wird aus R nach S gedrückt und zwar steigt es — weil
die Öffnung a klein ist und weil die Wasserluftpumpe fortgesetzt bei b saugt — zum
Schlusse sehr sanft.

[19]) Z. f. Instrumentenkunde 8 (1888) 115.
[20]) Wiedemanns Annalen 58 (1896) 205.

Gleichzeitig fällt das Quecksilber in *A* und steigt in *fd*; endlich fließt eine gewisse von der Länge *dg* abhängige Menge plötzlich bei *d* über nach *C*, worauf das Spiel der Steuerung und der Pumpe von neuem beginnt.

Dieses Überfließen bei *d* findet bei einem Druck in *A* und *B* statt, der nur von der Menge des Quecksilbers abhängt, die in der Steuerung vorhanden ist; denn allein diese Quecksilbermenge bestimmt es, wie hoch das Quecksilber in *A* steht, wenn es in *d* überfließt.[20*)]

Strahlpumpen. Auf einer ganz anderen Anordnung wie die bisher besprochenen Pumpen beruhen die Strahlpumpen. Tritt ein Flüssigkeitsstrahl aus einem engeren in ein weiteres Rohr, so reißt er aus diesem die Luft mit sich. Je sorgfältiger die Form und Stellung der Austrittsöffnung, die Durchmesser des engeren und des weiteren Rohres und die Geschwindigkeit des Strahles gegeneinander abgemessen sind, um so kräftiger ist diese Saugwirkung.[21)]

Fig. 21a und 21b zeigen Wasserstrahlpumpen aus Glas; das Wasser tritt oben ein und fließt, ohne den Pumpenkörper zu erfüllen, unten ab, die Luft wird durch das seitliche Rohr eingesogen. Die Form 21a rührt von Geißler her, 21b von Finkener.

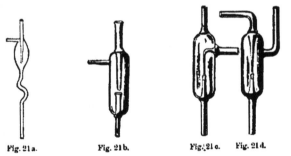

Fig. 21a.　　　Fig. 21b.　　　Fig. 21c.　　Fig. 21d.

Vertauscht man die Bestimmung des weiteren und engeren Rohres, indem man die Luft durch das engere Rohr in das Innere des Wasserstrahles einsaugt, so gelangt man zu den Formen 21c und 21d. Hier erfüllt das Wasser zunächst den Pumpenkörper und strömt aus diesem in das kegelförmig erweiterte untere Rohr; bei 21c tritt das Wasser von oben ein, bei 21d seitlich.

Über die Wirkungsweise beider Formen (a u. b gegen c u. d) macht R. Muencke folgende Angaben: „Je nach den Zwecken, die man erreichen will und je nach der

---

[20*)] Z. f. Instrumentenkunde 17 (1897) 243.
[21)] Will man ganz methodisch verfahren, so kann man jeden Flüssigkeitstropfen als einen kleinen Kolben ansehen, der auf seinem Wege etwas Luft vor sich her schiebt.

Größe des vorhandenen Wasserleitungsdruckes ist die eine oder die andere der bezeichneten Konstruktionen in Anwendung zu bringen. Dort, wo man weniger auf die Zeitdauer als auf energisches Saugen Bedacht nehmen will, empfiehlt sich die zweite Konstruktion; in den Fällen aber, wo die Evakuation beschleunigt werden soll, bedient man sich der ersteren."

Nach meinen eigenen Erfahrungen kommt es mehr auf die Abmessungen der Düse als auf die sonstige Form der Pumpe an. Bei der Form 21a erhöht eine Einschnürung an der Ansatzstelle des Abflußrohres die Saugwirkung bedeutend. Nennt man den inneren Durchmesser der Ausströmungsöffnung w, den kleinsten Durchmesser der Einschnürung a und die lichte Weite des Abflußrohres o, so erhält man nach den Messungen von Richards die beste Wirkung, wenn sich verhält $w:a:o = \sqrt{1}:\sqrt{2}:\sqrt{15}$.[22])

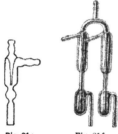

Fig. 21e.   Fig. 21f.

Wetzel erhöhte die Saugwirkung weiter bei sparsamerem Wasserverbrauch, indem er unter der ersten Einschnürung noch eine zweite anbrachte, so daß der Wasserstrahl zweimal saugend wirkte (Fig. 21e).

Eine doppelte Wasserluftpumpe (Fig. 21f) stellte Burger zum besonderen Gebrauch als Vorpumpe für die neue Neesensche Quecksilberluftpumpe her.

Wegen ihrer Handlichkeit, verhältnismäßig großen Leistungsfähigkeit und ihrer Billigkeit sind die gläsernen Wasserstrahlpumpen außerordentlich verbreitet, besonders in chemischen Laboratorien, da ihnen die lästigen Säuredämpfe nichts anhaben.

Die Pumpe wird durch ein kurzes Stück weiten Gummischlauches (mit Leinwandeinlage) an dem Wasserleitungshahn befestigt und der Schlauch durch Drahtschlingen vor dem Abgleiten gesichert.

Metallene Strahlpumpen haben vor den gläsernen den Vorzug der Unzerbrechlichkeiten, sind aber teurer und verstopfen sich leichter. Vorzüglich sind die von Gebr. Körting in Körtingsdorf bei Hannover gelieferten Wasserstrahlluftpumpen.[23])

Beim Gebrauch der Wasserstrahlpumpe ist folgendes zu beachten:

Dreht man den Wasserleitungshahn zur Strahlpumpe ab, während die Pumpe mit dem evakuierten Gefäß verbunden ist, so stürzt das Wasser aus dem Pumpenkörper in den luftverdünnten Raum; um das zu vermeiden, muß man vor dem Schließen des Wasserhahnes diese Verbindung unterbrechen; am bequemsten schaltet man einen Dreiweghahn ein, durch dessen Drehung man den Rezipienten absperrt und die Pumpe mit der äußeren Luft verbindet. Auch Schwankungen des Wasserdruckes können ein

---

[22]) C. Barus, Die physikalische Behandlung und Messung hoher Temperaturen, Leipzig 1892, S. 47.
[23]) Ebenso wie eine Kolbenluftpumpe kann man eine Strahlpumpe leicht zur Lieferung verdichteter Luft verwenden: man läßt das austretende Gemenge von Wasser und Luft in einen Windkessel treten, in dem es sich scheidet, und kann dann oben gepreßte Luft entnehmen, während unten das Wasser abläuft. Solche Wassertrommelgebläse sind gleichfalls überall zu finden.

„Zurücksteigen" des Wassers in den Rezipienten verursachen; dagegen schützt man sich, indem man eine Sicherheitsflasche (eine leere Waschflasche u. dgl.) oder ein Rückschlagventil in die Leitung von der Pumpe zum Rezipienten einfügt.

Mit einer Wasserluftpumpe kann man naturgemäß den Druck nicht weiter als bis zur Spannung des Wasserdampfes bei der betreffenden Wassertemperatur erniedrigen, auch im Winter kommt man nicht weiter als bis höchstens 9 oder 10 mm Quecksilber. Will man mit einer Strahlpumpe weiter entleeren, so muß man Quecksilber anwenden.

Sprengel war der erste, der eine Quecksilberstrahlpumpe konstruierte. Ein wesentlicher Vorzug solcher Pumpe ist ihr einfacher Bau. An Länge gibt sie freilich der anderen Form der Quecksilberluftpumpen (nach Geißler) nichts nach, da das Fallrohr etwa 1 Meter lang genommen wird. Ein Übelstand ist, daß bei weitgetriebener Verdünnung das Fallrohr nach kürzerem oder längerem Gebrauche springt. Kahlbaum führt dies auf die elektrischen Entladungen zurück, die beim Aufschlagen des fallenden Quecksilbers auf das die Barometerhöhe im Fallrohr haltende Quecksilber stattfinden. „Durch die beim Aufschlagen sich entwickelnden Funken wird das Glas in ganz feinen Kanälchen durchbohrt, die endlich dahin führen, daß das Glas bricht. Der Zeitpunkt, in dem dies Zerspringen stattfindet, hängt unter sonst gleichen Umständen von dem Verdünnungsgrad ab, in dem gearbeitet wird. Zeigen sich noch Luftbläschen im Fallrohr, so dienen diese als Luftkissen, verhindern das direkte Aufschlagen des fallenden Quecksilbers und vermindern dadurch die Entladungserscheinungen.

Den Zeitpunkt des Springens konnte Kahlbaum hinausschieben, indem er durch Heben oder Senken des Quecksilbergefäßes, in dem das untere Ende des Fallrohrs eintauchte, den Auffallpunkt des Quecksilbers im Fallrohr verschob.[34]) Schließlich gelangte er dazu, an der kritischen Stelle ein Rohrstück aus Stahl einzusetzen.

Gewöhnlich pumpt man mit einer Wasserluftpumpe vor, ehe man die Quecksilberstrahlpumpe in Betrieb setzt. Egon Müller versieht statt dessen seine Pumpe mit zwei Fallrohren, einem weiteren und einem engeren, die durch Umstellen eines Dreiweghahnes nach einander in Tätigkeit gesetzt werden. Mit der weiteren Röhre pumpt er bis 40 mm Druck herunter und schaltet dann zur weiteren Entleerung das enge Rohr ein.

Eine größere Anzahl von Fallrohren lassen Neesen und Boas nebeneinander arbeiten, um die Schnelligkeit des Pumpens zu erhöhen. Fig. 22 zeigt die eigenartige von Neesen in seiner „Tropfenpumpe" getroffene Anordnung. Das Rohr c, durch das das Quecksilber zuläuft, ist mit Ansätzen u versehen; es wird in das Sammelrohr z so

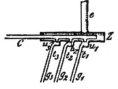

Fig. 22.

eingeschmolzen, daß die kapillaren Ausflußröhrchen u in kurze Glasansätze t hineinreichen. An diese sind die Fallröhren g angeschmolzen. In den Ansätzen t sammelt

[34]) Rood empfahl die Fallröhren dadurch widerstandsfähiger zu machen, daß man sie vorher fünf Stunden lang in einer eisernen Röhre einer Temperatur aussetzt, die etwa dem Siedepunkte des Zinks (433°) entspricht, und sie alsdann langsam ein bis zwei Stunden abkühlen läßt.

sich das aus u in feinem Strahl ausfließende Quecksilber, bis der Tropfen groß genug ist, um in g niederzufallen und dabei Luft mitzureißen. So lassen sich acht oder mehr Fallröhren nebeneinander schalten. e ist das gemeinsame Saugrohr, das zum Rezipienten führt.

Eine Pumpe mit mehreren Fallrohren hat ferner Nicol konstruiert; seiner Konstruktion ähnlich ist eine Pumpe, die E. A. Krüger in seinem Buche über die elektrische Glühlampe auf S. 47 abbildet.

Maxwell und Hughes bilden ihre Pumpe ganz aus Eisen; ihre Pumpe ist bei Frick, I, S. 627 zu sehen. Dann wäre die Pumpe von Donkin zu erwähnen, der ebenso wie Neesen das Quecksilber seitlich in das Fallrohr eintreten ließ.

Auch bei der Strahlpumpe kann man den Pumpenkörper niedriger machen, in dem man das Quecksilber aus dem Fallrohr in einen luftverdünnten Raum eintreten läßt, dann können die Fallröhren entsprechend verkürzt werden. Donkin erzeugte diesen luftverdünnten Raum durch die Pumpe selbst, indem er die Abflußröhre des unteren Quecksilbergefäßes als Fallrohr ausbildete; dadurch wird aber die ganze Pumpe wieder länger.

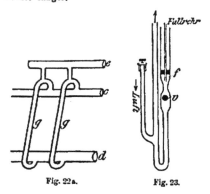

Solche auf etwa 20 cm verkürzten Fallröhren einer Neesenschen Pumpe sind in Fig. 22a dargestellt, die zugleich eine vereinfachte Zuführung des Quecksilbers zu den Fallröhren zeigt. Aus dem Zuflußrohr c steigt das Quecksilber durch kurze kapillare Rohrstücke in die oben umgebogenen Fallrohre g. An der Umbiegung zerreißt das Quecksilber in Tropfen und schiebt die aus c zufließende Luft nach dem Ausflußrohr d, vor dem die Fallrohre sich ein zweites Mal umbiegen.

Um das Quecksilber nach dem oberen Ende der Fallröhren wieder emporzuheben kann man sich einer der früher eingehend beschriebenen Hebevorrichtungen bedienen.

Fig. 22a.   Fig. 23.

Ganz besonders aber eignet sich für die stetig, nicht periodisch wirkende Strahlpumpe eine stetig, ohne Umsteuerung arbeitende Hebevorrichtung, die in sehr einfacher Weise durch eine Wasserstrahlpumpe betätigt wird. Die älteste Anordnung dieser Art stammt von Babo. Fig. 23 zeigt schematisch dieses Babosche Hebewerk.[25] Aus f fließt das

---

[24]) Das Fallrohr wird in zwei Teile zerschnitten, die durch einen gewöhnlichen Napfschliff mit Quecksilberverschluß mit einander verbunden werden; dicht unter dem Schliff, an der Anschlagstelle des fallenden Quecksilbers, wird das Fallrohr in einer Länge von rund 80 mm um etwa 1.5 mm erweitert und in diese Erweiterung ein Schutzrohr von Stahl eingepaßt, dessen lichte Weite genau der des Fallrohres entspricht. Mit dieser einfachen Anordnung ist erreicht, daß die Pumpe, man darf sagen, beliebig lange arbeiten kann, wenn nur etwa alle 300 Arbeitsstunden die Luftfänge neu gefüllt werden (Kahlbaum, Glossen zur selbsttätigen Quecksilberluftpumpe, Annalen der Physik (4. Folge) 6 (1901) 594.

[25]) Die verwickelte Anordnung des Fallrohres (zwischen 3 konzentrischen Röhren) ist in der Figur nicht berücksichtigt; man findet eine Beschreibung der Pumpe in den Berichten der naturforschenden Gesellschaft zu Freiburg i. B. 1878, in den Ber. d. Deutsch. chem. Ges. 28 (1895), 2583 und 29 (1896), 1143.

Quecksilber in ein *U*-Rohr, dessen linker Schenkel einen seitlichen Ansatz trägt. Der linke Schenkel ist bis über die Fallhöhe hinaufgeführt, und mündet oben in ein Gefäß, in dem durch eine Hilfspumpe dauernd Unterdruck gehalten wird. Durch das seitliche Ansatzrohr wird Luft in den linken Schenkel eingesogen, so daß in diesem ein Gemisch von Quecksilber und Luftblasen emporgesogen und durch diesen Kunstgriff das Quecksilber über die Barometerhöhe hinausgehoben wird. Im Gefäß oben sondern sich Luft und Quecksilber, die Luft wird durch die Saugpumpe entfernt, während das Quecksilber wieder in das Fallrohr stürzt. Im rechten Schenkel des *U*-Rohres ist ein Kugelventil *v* angeordnet, um das Rücksteigen in das Fallrohr zu verhüten.

Das seitliche Luftzuführungsrohr ersetzte Santel 1883 einfach durch ein feines Löchlein im Steigrohr. Da Santel seine Erfindung an abgelegenem Orte veröffentlichte, so wurde erst 8 Jahre später durch G. W. A. Kahlbaum diese Vereinfachung in die Technik eingeführt.

Fig. 24 zeigt eine von C. Kramer in Freiburg in Baden gefertigte Kahlbaumsche Pumpe. Aus dem Fallrohr *F* gelangt das Quecksilber in die Flasche *V*, durch deren seitlichen Stutzen es nach dem Sammelgefäß *S* überläuft. Hier taucht in das Quecksilber das Heberohr *H*, das 3 cm über seinem unten offenen, bis dicht an den Boden von *S* reichenden Ende die kleine Öffnung *o* trägt. Die durch *o* eingesogene Luft dehnt sich entsprechend der durch die Hülfspumpe erzielten Verdünnung aus und hebt damit einen Teil des in *H* befindlichen Quecksilbers, so daß sich in *H* Säulen von abwechselnd Quecksilber und verdünnter Luft bilden, deren Gesamthöhe die Barometerhöhe bei weitem übersteigt. Aus dem Steigerohr *H* gelangt das Gemisch von Quecksilber und Luft durch den seitlichen Ansatz *h* in das Barometerrohr *B*, an dessen Wand es in starkem Strahl anschlägt; *B* ist durch den Dreiweghahn *$3w_1$*, den Präzisionshahn *Pr*, einen zweiten Dreiweghahn *$3w_2$*, und eine Trockenflasche mit der Luftpumpe verbunden. Das untere Ende von *B* mündet hakenförmig nach

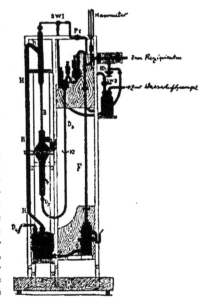

Fig. 24.

oben gekrümmt in das Reservoir *R*, aus dem das Quecksilber durch einen dickwandigen Gummischlauch *D*, der durch eine Klemme *Kl* geschlossen werden kann, nach einem oder zwei weiteren Luftfängen, in denen die letzten Spuren etwa mitgerissener Luft zurückbleiben, gelangt und schließlich aus einer Düse in das Fallrohr fließt. Die lichte Weite der Düse ist nur wenig geringer als die des Fallrohres. Um ein zersprungenes oder verschmutztes Fallrohr rasch herausnehmen zu können, ist das Fallrohr oben nicht angeschlossen, sondern durch einen leicht löslichen Schliff an die Pumpe angesetzt.

Mit Gummischlauch kommt das Quecksilber außer im langen Schlauche D_s noch zwischen V und S, H und h in Berührung. Durch diese Schlauchverbindungen wird die Pumpe leicht verstellbar und zerlegbar. Um das Quecksilber vor Feuchtigkeit zu schützen, wird die angesogene Luft in S durch Phosphorsäureanhydrid getrocknet, das sich in einem Einsatze von der Form eines umgestülpten Trichters befindet. An V und R sind seitlich Chlorcalciumröhren angebracht.

Der Präzisionshahn Pr dient dazu, die Saugtätigkeit der Wasserluftpumpe für deren mittlere Leistungsfähigkeit genau zu regeln; seine geteilte Trommel erlaubt es, die günstigste Stellung immer wieder leicht herzustellen. Läßt einmal der Druck in der Wasserleitung nach und arbeitet infolgedessen die Hilfspumpe schwächer, so wird weniger Quecksilber im Rohr H gehoben, das Quecksilberniveau in R sinkt und wegen des verminderten Drucks fließt auch weniger Quecksilber durch die Düse ins Fallrohr; arbeitet die Wasserluftpumpe stärker, so wird mehr Quecksilber gehoben, der Spiegel in R steigt und wegen des höheren Drucks fließt mehr Quecksilber aus. Steht einmal die Wasserluftpumpe still, so hört auch die Quecksilberluftpumpe zu arbeiten auf, um bei neuem Einsetzen der Wasserluftpumpe von neuem ihr Spiel zu beginnen. Die Pumpe bedarf also keiner Aufsicht.

Um die Pumpe in Betrieb zu setzen, füllt man R und V durch die seitlichen Stutzen mit Quecksilber, R etwa bis zum Beginn des Halses, V bis an die Ansatzstelle von G. Alsdann wird die Klemme Kl geschlossen und der Dreiweghahn $3W_1$ so gestellt, daß die Wasserluftpumpe durch den senkrechten Weg, der zu dem Hahne Hh führt, die Pumpe und den Rezipienten entleert. Ist möglichst weit vorgepumpt, so wird der Hahn Hh geschlossen, die Klemme Kl geöffnet und $3W_1$ so eingestellt, daß nunmehr die Wasserluftpumpe mit B und dem Heberohr H verbunden ist; sofort beginnt die Quecksilberluftpumpe ihr Spiel.

Mit der Kahlbaumschen Pumpe kann man ein Gefäß von 400 c³ in 15 Minuten auf 0,0002 mm auspumpen. Fig. 25 zeigt eine vereinfachte Form der Kahlbaumschen Pumpe von W. Kaufmann. Hier sind die beiden Gefäße V und S in eines vereinigt. Die Wasserluftpumpe wird in A, der Rezipient in D angeschlossen. Die angesogene Luft wird in dem Trockenturm K durch Chlorcalcium getrocknet; in E ist zwischen Pumpe und Rezipient ein Trockengefäß mit Phosphorsäureanhydrid geschaltet.[26] Durch die Quetschhähne 1 und 2, die auf kurze Stücken Gummischlauch wirken, kann der Zulauf und der Ablauf des Quecksilbers derart geregelt werden, daß es sich über dem Fallrohr nicht staut und daß noch im weiteren Teile des Rohres B Quecksilber steht. Quetschhahn 3 ist in der Regel geschlossen, durch ihn kann man

---

[26] Wird die Oberfläche des Phosphorsäureanhydrids durch längeren Gebrauch klebrig, so kann sie durch eine Drehung des Gefäßes auch während des Betriebes erneuert werden. In den Winkel bei M stopfe man etwas Watte. Auch das Chlorcalcium in K werde mit Watte bedeckt, um Staub zurückzuhalten.

das Quecksilber aus der Pumpe ablassen. Das Fallrohr ist auch hier mit Schliff angesetzt; eine schwache Einschnürung desselben unterhalb der Einmündung der Düse erhöht die Saugwirkung erheblich. *C* ist ein Luftfang.

Für die Behandlung dieser einfachen und billigen Pumpe gelten folgende Regeln: Vor der Füllung ist die Pumpe durch mehrstündiges Durchleiten trockener Luft gut zu trocknen. Das durch Erhitzen auf 110° vorher getrocknete reine Quecksilber wird durch einen bei *N* aufgesetzten Trichter eingefüllt; die Flasche *J* soll etwa zur Hälfte gefüllt sein, doch muß das Luftloch *L* im Steigrohr *G* noch frei bleiben. Dann schließt man alle Quetschhähne, stellt den Dreiweghahn *H* so, daß alle drei Wege offen sind und pumpt mit der Wasserluftpumpe möglichst weit vor. Nun dreht man *H* so, daß die Hülfspumpe nur noch mit *B* verbunden ist und öffnet den Quetschhahn *1*; dann steigt Quecksilber mit Luft gemischt in *G* empor; ist *B* zum großen Teil gefüllt, so öffnet man *2*; dann steigt das Quecksilber in *O* empor und fällt durch das Fallrohr *F* nach *J*, von wo es wieder durch *G* emporgesogen wird.

Fig. 25.

Um die Pumpe abzustellen, schließt man *2* und sperrt durch den Hahn *H* die Wasserluftpumpe ab.

Um Luft einzulassen, entfernt man durch Öffnen des Quetschhahns *3* soviel Quecksilber aus *O*, daß die Mündung des nach *C* führenden Ansatzrohres frei wird, dreht vorsichtig *H* so, daß *O* mit *B* verbunden ist[27]) und öffnet endlich *1*. Dann gelangt die Luft durch *K, J, G, B, H, C* nach *D*.

Es ist darauf zu achten, daß das untere Ende des Steigrohres *G* mindestens 5 mm höher steht, als das des Fallrohres *F*, damit stets genügend Quecksilber in der Flasche bleibt, um *F* von der äußeren Luft abzuschließen.

Die Pumpe ist von R. Burger, Berlin N., Chausseestr. 2E zu beziehen; zu ihrer Füllung sind 2–2½ kg Quecksilber nötig.

Von Einzelheiten sind an der Kahlbaumschen Pumpe noch die Schliffe und Luftfänge erwähnenswert. Will man das Einfetten von Schliffen vermeiden, wodurch Fettdämpfe in die Pumpe gelangen, das Vakuum beeinträchtigen und das Quecksilber verschmieren können, so muß man durch Überschichten von Quecksilber den Schliff luftdicht machen.[28]) Damit nun beim Lösen des Schliffes das Quecksilber nicht in die Röhren hineinläuft und Staub und Feuchtigkeit in die Apparate bringt, hat Kahlbaum den inneren Schliffteil nach unten gekehrt und mit einem Becher umgeben, in den der

---

[27]) Man achte darauf, ob der Weg zur Wasserluftpumpe (durch einen eingeschalteten Glashahn oder Quetschhahn) gesperrt ist, damit nicht etwa Feuchtigkeit in die Pumpe gelangt. Am besten schaltet man in den Weg zur Wasserluftpumpe dauernd eine Trockenflasche und einen Dreiweghahn.

[28]) Das Quecksilber wird durch Kapillarkräfte an dem Eindringen in den sehr engen Raum zwischen den Schliff-stücken gehindert

äußere Schliffteil hineintaucht (Fig. 26 a.) Fig. 26b zeigt, wie man einen Hahn entsprechend umformen kann. Burger bringt bei diesen Schliffen an dem Boden des
Bechers ein seitliches Ansatzröhrchen an, aus dem das Quecksilber abgelassen werden
kann, und das einfach mit einem Stückchen Gummischlauch und Glasstäbchen verschlossen wird.

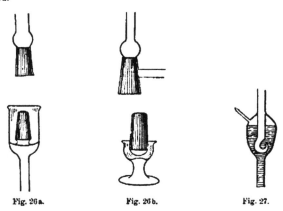

Fig. 26 a.   Fig. 26 b.   Fig. 27.

Fig. 27 zeigt die Einrichtung eines „Luftfanges", aus dessen oberen Teile durch
das seitliche Röhrchen von Zeit zu Zeit die aufgesammelte Luft wieder ausgepumpt
werden kann. In Fig. 24 sind die kleinen Luftfänge durch Schliffe verschlossen.

Größere Hähne, die oft gedreht werden, müssen schwach eingefettet werden;
man kann dazu ein dickflüssiges Gemisch aus reinem Wachs und Vaseline benutzen;
zusammengesetzt muß der Schliff wasserklar aussehen. Peinlich hüte man die Schliffe
vor eindringendem Staub, damit nicht durch feine Sandkörnchen Rillen in das Glas
gerieben werden und der Schliff undicht wird.

Schläuche, die mit Quecksilber in Berührung kommen sollen, sind sehr sorgfältig durch Durchziehen straffer Leinewandpolster zu reinigen. Die Polster sind so
oft zu erneuern, bis sich kein Schmutz mehr auf ihnen zeigt. Man setzt die Schläuche
warm an die erwärmten Röhrenenden; auch beim Ablösen der Schläuche erleichtert
man diese gefahrvolle Arbeit, bei der leicht die Pumpe zerbricht, sehr wesentlich durch
Erwärmen.

Schläuche, die nicht mit Quecksilber in Berührung kommen, fettet man außerdem
ein und zieht sie heiß über das ebenfalls eingefettete und erwärmte Rohrende. Hervorragend gasdicht werden Schläuche und Gummistopfen gemacht, wenn man sie einige
Zeit in dickes Öl legt oder mit geschmolzenem Wachs sich vollsaugen läßt.

Ist eine Pumpe allmählich verschmutzt, was in chemischen Laboratorien leider
nicht selten vorkommt, so muß man sie vorsichtig auseinander nehmen und die ein-

zelnen Glasteile mit starker Salpetersäure reinigen, mit gewöhnlichem und mit destilliertem Wasser nachspülen und schließlich durch Durchsaugen trockener, staubfreier Luft sorgfältig trocknen.[29]) Beim Zusammensetzen der Glasteile achte man darauf, daß nirgends Spannungen auftreten und daß alle belasteten Stellen genügend gestützt sind. Zerbricht ein Pumpenteil, so kann man sich oft den Schaden allein ausbessern, nicht selten auch an der montierten Pumpe, wenn man benachbarte Schliffe und Holzteile vor der Stichflamme durch Asbest schützt und eine kleine in der Hand zu haltende Gebläselampe benutzt.

Freilich Vorsicht und Sorgsamkeit erfordert die Behandlung der Quecksilberluftpumpe in jedem Falle; in den Glühlampenfabriken war man daher recht froh, als man statt ihrer die Ölpumpen einführen konnte.

Was den Vergleich zwischen Kolben- und Strahlpumpen angeht, so ist im allgemeinen zu urteilen, daß die ersteren zu Anfang rascher pumpen, bei hoher Verdünnung aber in der Schnelligkeit von den Strahlpumpen überholt werden. Das Anwendungsgebiet der beiden Pumpenarten ergibt sich also je nach dem Zwecke, den man verfolgt, von selbst. Das Zunehmen der Entleerungsgeschwindigkeit geht aus einer einfachen theoretischen Betrachtung, die Boas[30]) angestellt hat, hervor. Beide Pumpen entleeren nach einer geometrischen Progression, die Töplersche Pumpe aber in konstanten, die Sprengelsche Pumpe in variablen Zeitintervallen. Bei der Töplerschen Pumpe ist der Faktor der Progression gegeben durch das Verhältnis der Volumina von Rezipient plus Pumpenkugel zum Volumen des Rezipienten. Die Zeitdauer der Pumpenzüge bleibt in den verschiedenen Verdünnungsgraden konstant. Trägt man die Verdünnungsgeschwindigkeiten als Ordinaten, die Zeitdauer der Pumpenzüge als Abszissen auf, so nehmen die Ordinaten ab nach den Gleichungen

$$y_1 = \frac{t}{\left(\frac{v+k}{v}\right)}; \qquad y_2 = \frac{t}{\left(\frac{v+k}{v}\right)^2}; \qquad y_n = \frac{t}{\left(\frac{v+k}{v}\right)^n};$$

Darin bezeichnet t die Zeitdauer eines Pumpenzuges, v das Volumen des Rezipienten, k das der Pumpenkugel.

Dieselben Gleichungen gelten auch für die Sprengelsche Pumpe, wenn mit t die Durchflußzeit eines Tropfens durch das Fallrohr, mit v das Volumen des Rezipienten, mit k das der Fallrohre bezeichnet wird. Jetzt ist aber t variabel; im Allgemeinen abhängig von den Dimensionen der Fallrohre (Länge und Weite) und von der Geschwindigkeit, die der Tropfen beim Fall erlangt hat, wenn er in die eigentliche Fallröhre eintritt, wird der Zeitfaktor t des weiteren beeinflußt durch die geringe Reibung, die der Tropfen an der Fallrohrwand erfährt, außerdem aber bei höheren Drucken sehr wesentlich die vom fallenden Tropfen abgesperrte und komprimierte Gassäule. Dieser sehr beträchtliche Widerstand, den die Gassäule leistet, fällt stetig bis auf Null ab. Infolgedessen variiert t zwischen einer experimentell für jede Fallröhre besonders zu bestimmenden Anfangsgeschwindigkeit und einer Geschwindigkeit, die der fallende

---

[29]) Das Fallrohr kann man oft schon durch Durchstoßen einer Papierkugel genügend reinigen.
[30]) Z. f. Instrumentenkunde 16 (1896) 147.

Tropfen erlangt haben würde, wenn er die Fallrohrlänge frei herabgefallen wäre. Verlangsamend tritt die geringe Reibung an der Rohrwand hinzu. Um die Zeit des Durchflusses bei höheren Drucken abzukürzen, ist die lebendige Kraft des fallenden Tropfen ein vorzügliches Mittel, durch welches auch bei hohem Vakuum die noch übrige Reibung fast vollständig kompensiert werden kann. Der erreichbare Verdünnungsgrad dürfte bei beiden Pumpenarten wohl gleich sein. Die absolute Größe des Vakuums wird in jedem Falle durch die Dampfspannung des Quecksilbers begrenzt, die nach Bessel-Hagen bei Zimmertemperatur etwa 0,02 mm beträgt. Der Teildruck des auszupumpenden Gases kann freilich sehr viel kleiner gemacht werden, bis zu 0,00001 mm und weniger.

Eine Vereinigung von Kolben- und Strahlpumpe bildet die Pumpe von G. Jaumann, der das Austrittsrohr c der Töplerschen Pumpe (Fig. 12) in rationeller Weise als Fallrohr auszunutzen sucht.

Neben diesen Pumpenarten beginnt in neuester Zeit für die Erzeugung eines Vakuums eine dritte Gattung Geltung zu gewinnen, die Rotationspumpen, bei denen meist in einer Spirale durch Drehung Luft fortgeschoben wird.

Ein sehr einfaches Beispiel einer Rotationspumpe hat Prytz gegeben, der in netter Weise die Elastizität eines Gummischlauches zur Konstruktion seiner ventillosen stetig wirkenden Schlauchpumpe (Fig. 28 a) verwertete. Ein Gummischlauch ist um einen Zylinder in etwas mehr als einer Windung herumgeführt, so daß auf ein kurzes Stück des Umfanges zwei Windungen nebeneinander liegen. Die beiden Enden H und V des Schlauches sind durch Löcher in der Zylinderfläche nach dem Innern des Zylinders geführt. Um die Axe dieses Zylinders dreht sich ein Arm, der eine Rolle trägt, die den Schlauch quetscht, so daß sie eine den Schlauch erfüllende Flüssigkeit oder Gas vor sich her schiebt und hinter sich ansaugt. Durch Umkehr der Drehrichtung kehrt man auch die Saugrichtung um. Mit dieser einfachen Vorrichtung kann man ein angeschlossenes Gefäß bis auf etwa 30 mm Quecksilber auspumpen. Fig. 28 b zeigt eine äußere Ansicht dieser Pumpe, die von R. Fueß in Steglitz bei Berlin geliefert wird.

Das Prinzip der Archimedischen Spirale zur Konstruktion einer leistungsfähigen Quecksilberluftpumpe zu verwerten, ist jüngst W. Kaufmann gelungen, dessen Rotationspumpe auf der Ausstellung der physikalischen Gesellschaft zu Anfang dieses Jahres berechtigtes Aufsehen erregte. Über diese Pumpe, die tatsächlich andere Systeme ersetzen kann, berichtete Kaufmann kürzlich in der Zeitschrift für Instrumentenkunde (Mai 1905); diesem Berichte, von dem mir Herr Professor Dr. Kaufmann freundlichst einen Sonderabdruck zusandte, entnehme ich die folgenden Zeichnungen und Angaben[3]):

Fig. 29 gibt eine Ansicht der Pumpe in etwa $^1/_{10}$ natürlicher Größe; Fig. 30 zeigt in doppeltem Maßstabe einen Durchschnitt der Hauptteile (nur die Spirale in perspektivischer Ansicht).

---

[3]) Über andere Rotationsluftpumpen findet man Angaben: Z f. Instrumentenkunde 5 (1885) 253 (Pumpe von Stearn); 10 (1890) 38 (Spiralpumpe von Fritsche und Pischon); 10 (1890) 151 (Pumpe von Varaldi); 24 (1904) 331 (Florio); Wied. Ann. 50 (1883) 368 (Schulze-Berge).

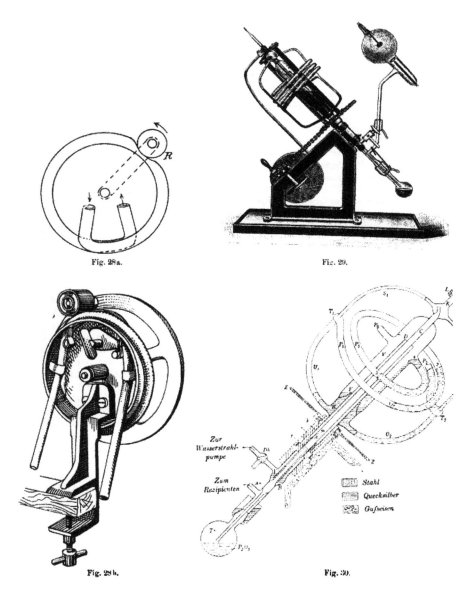

Fig. 28a.

Fig. 29.

Fig. 28b.

Zur
Wasserstrahl-
pumpe

Zum
Rezipienten

Stahl
Quecksilber
Gußeisen

Fig. 30.

Zunächst denke man sich den unterhalb des Zahnkranzes ZZ liegenden Teil der Pumpe fort und denke sich den auszupumpenden Apparat in K angeschlossen. Dreht man die Pumpe zunächst ein- bis zweimal der Pfeilrichtung entgegen, so läuft mindestens eines der beiden Spiralrohre P_1 und P_2 (in Fig. 30 ist der Deutlichkeit halber bloß P_1 vollständig gezeichnet) völlig aus und es besteht Verbindung zwischen dem Vorvakuum V und dem Hauptvakuum bei K durch die Spirale und die Röhren S_1 und S_2 hindurch. Das Ganze wird nun zunächst bis auf etwa 20 mm Quecksilber mit der Wasserluftpumpe vorgepumpt. Dreht man jetzt die Pumpe in Richtung des Pfeiles (mit einer Geschwindigkeit von etwa 20—25 Umdrehungen in der Minute und später, wenn der Druck unter etwa $^1/_2$ mm gesunken ist, 10—15 Umdrehungen), so gelangt das Steigerohr U_1 allmählich in seine tiefste Stellung, die vorher das dagegen um 180° versetzte andere Steigrohr U_2 innehatte; dabei steigt das Quecksilber im Rohre auf und sperrt, zum Punkte T_1 gelangend, die Spirale vom Saugrohr S_1 ab. Beim weiteren Drehen treibt dann das Quecksilber die Luft in der Spirale vor sich her in den Raum V hinein. Wenn sich der Punkt T_1 beim Drehen wieder über das Quecksilberniveau erhoben hat, befindet sich in P_1 eine Quecksilbersäule, die etwa eine halbe Windung der Spirale ausfüllt; die vordere Fläche 2 dieser Säule treibt dann die bereits abgesperrte Luft vor sich her, die Rückfläche 1 saugt weitere Luft aus dem Saugrohr S_1 nach, bis sich bei weiterem Drehen die Verbindung bei T_1 wieder schließt. Bei jeder Umdrehung wird also eine Luftmenge in die Spirale eingesogen, die etwa gleich dem Inhalt einer halben Spiralwindung ist. Bei fortgesetztem Drehen gelangt die Quecksilbersäule schließlich an das innere Ende der Spirale bei 4 und fällt dort in das Sammelgefäß R zurück. Sowie diese Quecksilbersäule ganz verschwunden ist, strömt Luft aus dem Vorvakuum V in die Spirale zurück, gelangt aber nur bis zum Punkte 2 der nächsten Quecksilbersäule und wird durch diese zusammen mit der zwischen 3 und 2 abgesperrt gewesenen Luft nach V getrieben. Da in V ein Druck von etwa 20 mm Quecksilber herrscht, wird im letzten Augenblick des Auslaufens der Säule 3—4 ein Teil des Quecksilbers zurückgeschleudert, wobei manchmal Luftblasen unter die Oberfläche gerissen werden, die dann am Glase haften und bei weiterer Drehung an der Fläche 1 wieder austreten; in das Vakuum K können sie aber nicht zurücktreten, weil in dem Augenblicke ihres Austrittes T_1 bereits wieder durch Quecksilber geschlossen ist. Das ins Sammelgefäß R fallende Quecksilber reißt auch etwas Luft mit sich; deshalb ist die trichterförmige Luftfalle F angebracht. Da die beiden Spiralen abwechselnd wirken, so wird die Luft fast ununterbrochen aus K angesogen.

Um die rotierende Pumpe mit der Wasserluftpumpe und dem auszupumpenden Apparat zu verbinden dient der feststehende Unterteil. Von dem Raume K aus reicht ein zentrales Rohr C durch die ganze Pumpe hindurch bis zum Barometerverschluß B, wo es im ringförmigen Raume V_1 unter Quecksilber endigt, so daß K durch C mit dem Trockengefäß Tr und weiter mit dem in Ar angesetzten Rezipienten verbunden ist. Das Vorvakuum V ist durch den engen ringförmigen Raum A und den weiteren Kanal zwischen C und dem Mantelrohr D mit V_1 und bei entsprechender Stellung des Dreiweghahnes Dh mit der Wasserluftpumpe verbunden.

Der rotierende Oberteil dreht sich mit dem glasharten hochpolierten Stahl-konus k[22]) in der ebenfalls glasharten und hochpolierten Scheide S. Das Quecksilber in dem ringförmigen Raume r dient zur völligen Abdichtung des Schliffes; damit kein Quecksilber aus r herausspritzt, ist der Spalt zwischen dem oberen Ende von k und s nur 0,2 mm weit gemacht, so daß das Quecksilber durch Kapillardepression zurück-gehalten wird.

Nach längerem Gebrauch der Pumpe bildet sich zwichen den Reibflächen eine Emulsion von Quecksilber mit dem Schmierfett, die als ganz vorzügliches Schmier-mittel wirkt. Die Manschette m soll das Eindringen von Fett in die Pumpe verhüten.

Um den Oberteil der Pumpe zu entlasten, ist er durch zwei T-förmige, der Achse parallel laufende eiserne Träger versteift, die oben einen Rohrstutzen L tragen, in dem das Glasrohr K eingekittet ist, und der in einem Rollenlager läuft.

Das Quecksilber (2½—3 kg) wird in die fertig aufgestellte Pumpe durch K ein-gefüllt, dessen Spitze nachher zugeschmolzen wird.

Die Pumpe kann von Hand oder durch einen ¹/₁₂ PS.-Motor betrieben werden. Sie besitzt, wie man sieht, keinerlei Ventile; die angesogene Luft wird nirgends kom-primiert, sondern bei konstantem Volumen ausgetrieben; wegen dieser Vorzüge arbeitet die Pumpe auch bei hohem Vakuum ganz regelrecht.

Dreht sich die Pumpe zu schnell oder zu langsam, so wird dadurch höchstens ihr Wirkungsgrad beeinträchtigt; steht die Pumpe still, so bleibt das Vakuum erhalten; durch einfaches Drehen wird sie wieder in Betrieb gesetzt.

Mit der Pumpe wurde eine Röntgenröhre von 12 cm Durchmesser in 12 Minuten von 20 mm Druck bis zum ersten Auftreten der Röntgenstrahlen ausgepumpt; nach weiteren 5—10 Minuten war das Vakuum so groß geworden, daß die Röhre keine Ent-ladungen mehr hindurchließ.

Wenn der Druck unter 1 mm gesunken ist, kann die Wasserluftpumpe abge-stellt werden.

Auf ähnlichen Grundsätzen wie diese Kaufmannsche Pumpe beruht die rotie-rende Quecksilberluftpumpe, die W. Gaede auf der letzten Naturforscherversammlung in Meran vorführte. Ihre Anordnung ist im wesentlichen folgende (Fig. 31a):[23])

In einer zylindrischen Kapsel gg, die mehr als zur Hälfte mit Quecksilber gefüllt ist, dreht sich um die einseitig gelagerte Achse a eine Porzellantrommel ptz, deren Inneres durch die Öffnung f und das gebogene Rohr R mit dem auszupumpenden Gefäße in Verbindung gesetzt wird. An r ist eine Vorpumpe angeschlossen, die den Zwischenraum zwischen der Trommel und der Kapselwand auspumpt. Im übrigen ist die Kapsel luftdicht abgeschlossen.

Die Trommel hat eine eigenartige doppelte Wandung $s\,t$, bei der, wie der in der Linie $x\,x$ geführte Querschnitt (Fig. 31b) zeigt, die eine Wand s auf den halben Kreis-umfang innen läuft, um dann mit der Außenwand t den Platz zu tauschen; nach der Mitte zu setzen sich s und t in radialen Rippen z' und t' fort.

---

²²) Er ist in den Konus mit Siegellack eingekittet.
²³) Zeitschrift für Elektrochemie II, S. 873 (1905).

Dreht man die Trommel in der Pfeilrichtung, so vergrößert sich der Luftraum w_1 der rechten Trommelhälfte; da er durch die Rippe z', die Wandung z und die Quecksilberoberfläche q abgesperrt ist und nur mit dem auszupumpenden Gefäße durch f_1 in Verbindung steht, so wird aus diesem Gefäße Luft nach w_1 gesogen. Zu gleicher Zeit verkleinert sich in der linken Trommelhälfte der Luftraum w_2 und die in ihm enthaltene Luft wird, da seine Öffnung f_2 zur Zeit durch das Quecksilber geschlossen ist,

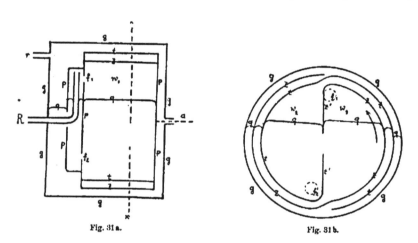

Fig. 31 a.   Fig. 31 b.

in den ringförmigen Raum zwischen z und t und bei weiterer Drehung durch das nachströmende Quecksilber in den Raum zwischen t und der Kapselwandung g getrieben, aus dem die Luft durch die Vorpumpe entfernt wird. Nach je einer halben Drehung vertauschen die beiden Trommelhälften ihre Wirkungsart.

Für die Leistungsfähigkeit seiner Pumpe macht Gaede folgende Zahlenangaben: Als das auszupumpende Gefäß einen Inhalt von $6^1/_2$ Litern hatte und die Pumpe etwa 20 Umdrehungen in der Minute machte, sank der Druck von 9 mm in 5 Minuten auf 0,03 mm, nach 10 Minuten auf 0,0015 mm, nach 15 Minuten auf 0,00028, nach 20 Minuten auf 0,0001 und schließlich nach 25 Minuten auf 0,00007 mm; dann blieb der Druck trotz weiteren Pumpens konstant.

Zu den Rotationspumpen gehört schließlich noch eine Pumpe mit umlaufendem Kolben, die kürzlich von den Siemens-Schuckert-Werken in den Verkehr gebracht wurde. Uns interessiert hier insbesondere diejenige Ausführung dieser Pumpe, die zur Herstellung einer hohen Luftleere bestimmt ist. Da ich über ihre Einzelheiten nicht die erwünschten Angaben erhalten konnte, so muß ich mich auf eine schematische Darstellung beschränken und den Stoff dazu teils einer Abhandlung entnehmen, die

Kammerer in der Zeitschrift des Vereins Deutscher Ingenieure[34]) über „Versuche mit einer schnelllaufenden Kapselpumpe" veröffentlicht hat, teils aus einem Aufsatze von Karl T. Fischer in Dinglers polytechnischem Journal[35]) schöpfen. Es läßt sich folgendes ersehen: In einer gußeisernen Kapsel dreht sich luftdicht gelagert eine Welle, die in der Mitte eine walzenförmige Verdickung besitzt. Wie der senkrecht zur Drehachse geführte Schnitt (Fig. 32) zeigt, berührt die Walze b das oval ausgedrehte Ringstück a des Gehäuses nur an einer Stelle, während im übrigen zwischen beiden ein sichelförmiger Raum c frei bleibt. Die Walze b wird von einem Längsschlitz durchdrungen, in dem die beiden Hälften eines Schiebers $s_1 s_2$ genau eingeschliffen sind. s_1 und s_2 werden durch Federn auseinandergehalten und mit ihren Köpfen an die Wandung von a gedrückt. Dreht sich die Welle in der Richtung des eingezeichneten Pfeiles, so wirkt der Schieberteil s_1 wie ein Pumpenkolben und saugt aus dem Raume hinter ihm, der durch den Weg r_1 mit dem auszupumpenden Gefäße verbunden ist, die Luft an, während er aus dem Raum c die Luft nach der Austrittsöffnung r_2 zutreibt; s_2 verrichtet die gleiche Arbeit eine halbe Umdrehung später. Naturgemäß müssen alle Teile sehr sorgfältig aufeinander geschliffen sein, um völlige Abdichtung zwischen den unter verschiedenem Druck stehenden Räumen zu erzielen. In der von Kammerer beschrie-

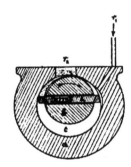

Fig. 32.

benen Kapselpumpe, die allerdings für Wasserförderung bestimmt ist, ist der Schieber aus einer Hartgummikomposition gefertigt, seine Gleitflächen im Schlitz sind mit Weißmetall ausgegossen, die Welle und die ausgeschliffenen Innenteile der Kapsel bestehen aus Phosphorbronze bezw. Rotguß.

Um höhere Luftleere zu erzielen, stellt man die ganze Pumpe in einen Kasten mit Öl und erzielt dadurch gleichzeitig eine bessere Kühlung der reibenden Teile.

Die angesaugte Luftmenge beträgt, wenn bei r_1 Atmosphärendruck herrscht, nach den Angaben der Firma für die Hochvakuumpumpe etwa 0,175 Liter bei jeder Umdrehung; das höchste erreichbare Vakuum ist 0,1 mm Quecksilber. Läßt man aus r_2 die ausgepumpte Luft nicht in die Atmosphäre, sondern in das Vakuum einer Vorpumpe eintreten, so sinkt der Druck bis auf etwa 0,003 mm. Die Pumpe steht also in Bezug auf den erreichbaren Verdünnungsgrad der früher beschriebenen Gerykpumpe kaum nach; ihr Gewicht (50 kg netto), ihr Preis und ihr Kraftverbrauch sind erheblich kleiner.[36]) Vorteilhaft ist auch ihr geringerer Raumbedarf und ihr gedrungener Bau.

[34]) Zeitschrift des Vereins Deutscher Ingenieure 49 (1905), 1040.

[35]) Dinglers Polytechnisches Journal 320, S 763 (1905).

[36]) Die von C. T. Fischer untersuchte Pumpe verbrauchte nebst der ihr gleichgestalteten Vorpumpe bei 400 Umdrehungen in der Minute weniger als $1/4$ PS Bei ihr betrug das Volumen des Raumes c etwa 200 ccm.

Fig. 33 zeigt die äußere Ansicht der im Ölkasten eingeschlossenen Hochvakuumpumpe der Siemens-Schuckert-Werke.   Am Umfange des als Riemenscheibe ausgebildeten Schwungrades wird für den Handbetrieb eine Kurbel eingeschraubt.

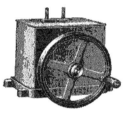

Maasstab 1:10

Fig. 33.

Zum Schluß kommen wir nun zu den chemischen Verfahren, ein Vakuum zu erzeugen, die nicht nur für die Wissenschaft, sondern auch für die Technik hohen Wert besitzen.

Wenn auch alle guten Quecksilberluftpumpen ein sehr hohes Vakuum in kurzer Zeit zu erreichen gestatten, so ist für die Glühlampenfabrikation erstlich die Verwendung von Quecksilber an und für sich sehr unangenehm, da beim Füllen oder Reinigen oder Zerbrechen von Pumpen die Gefahr der Quecksilbervergiftung für die Arbeiter vorliegt; zweitens ist eine Zeit von einer Viertelstunde für eine Massenproduktion, bei der es auf äußerste Sparsamkeit ankommt, schon viel zu lang. Die Langsamkeit, mit der die letzten Reste der Luft aus der Pumpe entfernt werden, ist weniger Schuld der Pumpen, sondern beruht darauf, daß bei sehr geringen Druckunterschieden die Luft sich durch Röhren, zumal wenn Verengerungen vorhanden sind, nur sehr langsam bewegt. Deshalb ging das Bestreben dahin, statt die letzten Gasmengen aus der Glühlampenbirne herauszusaugen, in sie hinein Dämpfe zu treiben, die mit den vorhandenen Gasresten sich zu festen Substanzen verdichten. Dieses Ziel ist in brauchbarer Weise nach langen Versuchen durch das Marignani-Verfahren erreicht worden. Um die flüchtigen Stoffe, die im Kohlenfaden und namentlich im Kitt sitzen, mit dem der Faden in den Zuführungsdrätchen befestigt ist, vor dem Zuschmelzen der Lampe auszutreiben, wird gegen Ende des Auspumpens Strom durch die Lampe geschickt; durch die Weißglühhitze werden Gase frei (wohl im wesentlichen Kohlenwasserstoffe), die zum großen Teil durch die Pumpe entfernt werden.   Zum Schluß wird die Pumpe abgesperrt und eine Spur Phosphordampf in die Lampe getrieben, durch dessen Eintritt sofort ein hohes Vakuum erzeugt wird.

S. E. Doane beschreibt diesen Vorgang in der Electrical World 43 (1904) 963 in anschaulicher Weise[37]) etwa folgendermaßen:

In den später abzuschmelzenden langen dünnen Glasstiel, der an der Spitze der Glühlampenbirne sitzt, wird ein wenig roter Phosphor gebracht, und der Stiel mit einem Gummipfropfen auf das zur Pumpe führende Rohr fest aufgesetzt. Nun pumpt man in wenigen Augenblicken mit der Pumpe bis auf $^{1}/_{4}$ mm Druck vor. Die ganzen übrigen Operationen dauern auch nur eine Minute; während dieser Spanne Zeit geht folgendes in der Birne vor sich: Etwa $^{1}/_{2}$ Minute, nachdem die Lampe an die Pumpe angesetzt war, wird Strom durch den Faden geschickt und zwar von erheblich höherer

---

[37]) Ein Auszug der Abhandlung von Doane: „A resumee of incandescent electric lamps exhausting" ist in der Elektrotechnischen Zeitschrift 1904, S. 891 erschienen.

Spannung, als mit der die Lampe später gebrannt werden soll. Man sieht zwischen den Befestigungsstellen des Fadens eine blaue Flamme spielen, die sich bald ausdehnt und fast die ganze Birne erfüllt, während sich ihre Farbe von einem schwachen Dunkelblau bis zu prächtigem Hellblau ändert. Nun erhitzt man vorsichtig mit einem Flämmchen den Phosphor, bis seine Dämpfe in die Birne treten und das blaue Glimmlicht verschwindet. Jetzt kann die Lampe abgeschmolzen werden.

So einfach dieser Vorgang erscheint, so viel Aufmerksamkeit erfordert er von seiten der Arbeiterin, damit nicht zu viel Phosphor in die Lampe gerät, der sich an ihren Wänden niederschlagen und die Lampe unverkäuflich machen würde.

Dieses Phosphorverfahren ist auch für die Lebensdauer der Lampe günstig, da jetzt die Lampe nur noch wenige Sekunden und nicht mehr wie früher 20 Minuten lang mit Überspannung brennt.[38])

Für physikalische Zwecke hat man ferner die niedrige Temperatur der flüssigen Luft zur Erzeugung eines hohen Vakuums ausgenutzt, indem man das betreffende Gefäß mit Kohlensäuregas füllte und dann mit seinem unteren Ende in flüssige Luft tauchte; dann schlägt sich rasch alle Kohlensäure als feste Masse nieder. Zum gleichen Zwecke kann man poröse Kohle (von Kokosnußschalen) benutzen, die auf die gleiche tiefe Temperatur abgekühlt, große Gasmengen an ihrer Oberfläche völlig verdichtet.

Die Eigenschaft des Lithiummetalles, beim Erhitzen sich mit Stickstoff zu festem Nitrid zu verbinden, läßt sich, wie Delandres[39]) fand, zur Evakuierung verwerten.

Das gegenwärtig in großen Mengen fabrikmäßig hergestellte Calciummetall läßt sich wegen der gleichen Eigenschaft, wie ich im vorigen Sommer zufällig entdeckte, dazu verwenden, um einen Apparat in wenigen Minuten bis zum Vakuum der Röntgen-Röhren und noch weiter auszupumpen.[40])

So hätten wir die vier Hauptarten der Vakuumpumpen kennen gelernt, die gewöhnlichen Kolbenluftpumpen, die Quecksilberkolbenluftpumpen (Neesen gab den Pumpen nach Geißlerscher Art diesen Namen), die Strahl- oder Tropfenpumpen und die Rotationspumpen und endlich die chemischen Evakuierungsverfahren. An verschiedenen Orten haben wir über die erreichbare Luftdünnung Zahlenangaben gemacht. Da liegt nun die Frage nahe, auf welche Weise man die Höhe der Luftleere bestimmt, wenn das gewöhnliche Quecksilbermanometer keine Ablesung mehr gibt.

Schätzen kann man den Druck, der in einem weit ausgepumpten Apparat herrscht, in roher Annäherung aus den Lichterscheinungen die in einer angeschlossenen Geißlerschen Röhre durch die Entladungen eines Funkeninduktors hervorgerufen werden. Das grüne Fluorescenzlicht des Glases tritt etwa bei $^1/_{30}$ mm Druck am kräftigsten auf, um bei weitergehender Verdünnung schwächer zu werden, bis die Röhre völlig dunkel wird, weil das hohe Vakuum ein äußerst schlechter Leiter der Elektrizität ist.

Messen kann man solche kleinen Drucke mit dem Manometer von Mac Leod. Fig. 34 zeigt diesen Apparat in der Form, die Kahlbaum zu seinen Arbeiten benutzte;

[38]) Statt Phosphor hat man Pyridin und zahllose andere Substanzen mit minderem Erfolge anzuwenden versucht.
[39]) Comptes rendus 121 (1895) 881.
[40]) Berichte der deutschen chem. Gesellschaft 37 (1904), 4738.

er hat Ähnlichkeit mit einer Töplerschen Pumpe. Die Kugel V steht durch $e\,f$ mit dem evakuierten Raum, dessen Vakuum gemessen werden soll, in Verbindung, so daß

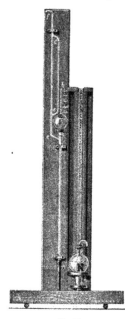

in ihr der gleiche Grad der Luftverdünnung wie in jenem herrscht. Durch Heben der mit Quecksilber gefüllten Niveaukugel N wird diese Verbindung unterbrochen und die in V abgeschlossene Luft in die oben geschlossene Kapillare $a\,b$ getrieben, die eine Teilung in Tausendstel Kubikzentimeter trägt. Nun liest man das Volumen der Luft in $a\,b$ ab und vermerkt zugleich den Niveauunterschied der Quecksilbersäulen in $a\,b$ und in dem mit Millimeterteilung versehenen Rohr $c\,d$. Ist dieser Unterschied $= \pi$, das Volumen der Luftblase in der Kapillare $= x$ und der Inhalt der Kugel $= V$, so beträgt der Druck im ausgepumpten Apparat $\pi \cdot \dfrac{x}{V}$ gemäß dem Boyleschen Gesetze. Ist $V = 500$ ccm und x durch entsprechendes Heben von $N = 10$ Teilstriche (Tausendstel ccm) gemacht worden, so ist π mit $\dfrac{1}{50\,000}$ zu multiplizieren; jeder direkt abgelesene Millimeter entspricht also in Wirklichkeit 0,00002 mm Druck. Durch Verkleinerung von x und verfeinerte Ablesung des Höhenunterschiedes läßt sich die Genauigkeit der Messung noch erheblich steigern. Um Fehler wegen verschiedener Kapillardepression des Quecksilbers zu vermeiden, ist $c\,d$ aus demselben Stück Glasrohr geschnitten wie $a\,b$.

Vorbedingung der Gültigkeit dieser Messungen ist freilich, daß jede Spur von Feuchtigkeit entfernt ist; ohne diese völlige Trockenheit kann man aber überhaupt nicht zu einer hohen Luftleere gelangen. Weitere

Fig. 31.

Maßnahmen sind nötig, damit in den evakuierten Gefäßen auch nach dem Abschmelzen von der Pumpe das gewünschte Vakuum erhalten bleibt.

An jeder Glasoberfläche sitzt eine Gasschicht, die hartnäckig festhaftet und nur durch längeres Erhitzen im Vakuum völlig entfernt wird; anderseits schließen Metallteile (Elektroden) Gase ein, die man durch andauerndes Durchleiten des Induktionsstromes austreibt. Alles dieses muß z. B. bei der Herstellung von Röntgen-Röhren beachtet werden. Dann stellt sich die entgegengesetzte Schwierigkeit ein, daß das Vakuum der Röntgenröhren im Gebrauch höher wird, wodurch die Röhre an Wirksamkeit verliert. Um das Vakuum zu regeln, ohne die Röhre wieder an die Luftpumpe zu schmelzen, sind zwei Hilfselektroden eingeschmolzen, von denen die eine ein Kohlenscheibchen, die andere eine Platin- (?) Spirale trägt. Geht durch die Kohlenelektrode Strom, so entwickeln sich aus ihr Gase; war etwas zuviel Gas entwickelt worden, so daß die Luftleere zu gering wurde, so schaltet man die Spirale ein, die nun Gas absorbiert, und stellt so den rechten Verdünnungsgrad her.

Die wirtschaftliche Entwicklung einiger Bergbaubetriebe in der Türkei.

Von Hütteningenieur **Bruno Simmersbach**-Berlin.

———

Unsere Kenntnis über die mineralischen Bodenschätze der Türkei ist eine recht bescheidene und häufig mit dem Wissen des Vorhandenseins irgend einer Lagerstätte auch bereits abgeschlossen. Da in der Türkei die kartographische Landeskenntnis bis zum heutigen Tage noch auf sehr niedriger Stufe steht und die geologische Erforschung des Landes über sehr bescheidene und sporadische Anfänge noch nicht hinausgediehen ist, so entziehen sich die genaueren bergbaulichen und wirtschaftlichen Verhältnisse und Betriebsergebnisse selbst der bedeutenderen mineralischen Bodenschätze der Türkei meistens unserer Kenntnis und nicht selten reicht das Bewußtsein des Wertes derartiger nutzbarer Mineralvorkommen über die nächstbeteiligten Kapitalistenkreise nicht hinaus.

Während heute sich jeder Kulturstaat bemüht, sein Landesgebiet kartographisch vermessen zu lassen und eine allgemeine Landesaufnahme zur Durchführung zu bringen, hat sich merkwürdigerweise die Türkei zu einer solchen amtlichen geologischen Landesaufnahme noch nicht entschließen können und man ist daher in Bezug auf den geologischen Aufbau des Landes auf die wenigen vorhandenen und meist schon stark veralteten Untersuchungen einzelner europäischer Reisender angewiesen; private Arbeiten über einzelne Sondergebiete liegen nur in den seltensten Fällen vor. Auf Grund zweier neuerer Arbeiten[1]) sollen nun im Nachstehenden einige der bedeutenderen kleinasiatischen Mineralvorkommen beschrieben werden, wobei andere Abhandlungen gegebenen Falles erwähnt werden sollen.

Während im Altertum Kleinasien als metallreiches Gebiet allgemein bekannt und geschätzt war, glaubte man in neuerer Zeit, daß die Türkei auf Grund ihres geologischen Aufbaues das Vorkommen von mineralischen Bodenschätzen, insbesondere Steinkohle und Metallen weniger begünstige, als die allgemeine Annahme sei. Es werden nämlich, soweit unsere heutige Kenntnis in dieser Richtung uns ein Urteil darüber ermöglicht, weite Strecken der Türkei von Schichten des Tertiärs und der Kreideformation

———

[1]) Das Minenwesen in der Türkei, Berichte über Handel und Industrie, 26. Novbr. 1904. E Pech, Manuel des sociétés anonymes fonctionnant en Turquie. Paris 1904.

gebildet und die ältesten Gesteine, wie Glimmerschiefer, Gneiß u. a., welche man vor allem als die Träger nutzbarer Mineralien bisher kannte, sind in der Türkei nur in sehr untergeordneter Verbreitung gefunden worden. Diese Ansicht wurde noch mehr gestärkt, als man von solchen Mineralien, die nur als an Urgestein gebunden bekannt waren, bisher nur eine einzige kleine Zinnerzfundstätte hatte nachweisen können.

Die moderne pessimistische Anschauung über den Metallschatz des türkischen Bodens geriet jedoch stark ins Schwanken, als man durch die reichen Erzvorkommen in Peru und Chile nachwies, daß in Tertiär- und selbst in Quartärschichten mächtige Metallablagerungen möglich seien. Es spricht also der ganze geologische Aufbau der Türkei dafür, daß das Land an mineralischen Bodenschätzen aller Art reiche Lager besitzen muß und die Untersuchungen und Aufschlüsse der letzten Jahre haben uns bereits gezeigt, daß diese Ansicht keine irrige ist. Die großen Steinkohlenlager bei Heraclea[1]) entwickeln sich in günstigster Weise und der Reichtum der Türkei an Chromerz ist ein solcher, daß damit der Bedarf des gesamten Weltmarktes gedeckt werden könnte. Bedeutend für die Türkei sind ferner die Vorkommen von silberhaltigem Bleierz, deren eine ganze Reihe bekannt ist. Das Vorkommen dieser Erze ist ein recht unregelmäßiges, sie treten teils gangförmig, teils nieren- oder taschenförmig auf und zwar an den Kontaktpunkten tertiärer oder der Kreideformation angehöriger Kalke mit Eruptivgesteinen und Porphyren, wie die Erzvorkommen der Staatsgruben bei Bulgar Dagh, Hadschi Köi bei Amasia und Keban am oberen Euphrat zeigen.

Die drei Hauptzentren der Bleisilbergewinnung bilden das Sandschak Karassi, der Taurus und das Küstengebiet des Schwarzen Meeres.

In Sandschak Karassi liegt

die Bergwerksaktiengesellschaft von Balia-Karaidin.

Die Gesellschaft wurde am 25. Mai 1892 mit dem Sitz in Konstantinopel gegründet zum Zwecke der Ausbeutung und Verwertung der folgenden Bergwerkskonzessionen, die im Sandschak Karassi des Vilayets Hudavendighiar ihr verliehen waren:

1. Vorkommen und alte Halden von silberhaltigem Bleierz bei Godja Gümüch in einer Gesamtausdehnung von 17 234 Deünüms. Der Bergwerksbetrieb auf diesem Bleierzvorkommen wurde der Gesellschaft durch kaiserlichen Firman vom 10./22. Juli 1878 bewilligt und zwar auf die Dauer von 99 Jahren, beginnend mit dem 1./13. Juni 1877.

2. Auf Grund desselben Firmans wurde ihr auch die Erlaubnis zum Bergwerksbetriebe auf dem silberhaltigen Bleierzvorkommen und den alten Halden von Kara-Aidin erteilt. Das verliehene Grubenfeld umfaßt 8654 Deünüms und die Zeitdauer beträgt gleichfalls 99 Jahre.

3. Die Braunkohlengrube von Mandjilik oder Mandschylyk, in einer Ausdehnung von 2763½ Deünüms, genehmigt laut Firman vom 7./19. Juni 1885 auf die Dauer von 99 Jahren vom Datum dieses Firmans ausgehend.

---

[1]) Vergl. Meine Abhandlung über das Steinkohlenbecken von Heraclea in Kleinasien. Zeitschr. für prakt. Geologie. 1903, Mai, Heft 5. Seite 109—112.

Die beiden Bleierzwerke waren früher Eigentum der Hüttenwerksgesellschaft Laurium in Attika — Société hellène des mines du Laurium, Sitz Athen — und das Braunkohlenvorkommen gehörte der Bank von Konstantinopel.

Die Dauer der Gesellschaft fällt mit jener der Mandjilik-Konzession zusammen, ist also im Jahre 1984 abgelaufen. Das Gesellschaftskapital beziffert sich auf 4½ Millionen Francs und ist in 9000 Aktien zu je 500 Francs eingeteilt. Auf Grund der Genehmigung der außerordentlichen Generalversammlung vom 11. August des Jahres 1892 hat die Direktion in demselben Jahre noch sämtliche ihr statutenmäßig zustehenden Obligationen in Höhe von 2250000 Francs emittiert. Diese 4500 Obligationen im Stückwerte von 500 Francs werden zu 5 % verzinst und die Zinsen gelangen halbjählich, am 1. Januar und 1. Juli, zur Auszahlung. Die Rückzahlung der Obligationen erfolgt zum Parikurse bis zum Jahre 1930 auf Grund von Serienziehungen. Am 31. Dezember 1902 betrug die Zahl der bereits getilgten Obligationen 495 Stück.

Die Verteilung des jährlichen Reingewinnes erfolgt statutengemäß in folgender Weise: 1. 10 % werden dem Reservefonds zugeführt, 2. erhalten die Aktien eine Dividende von 5 %. Von einem dann noch weiter zur Verfügung stehenden Betrage des Jahresgewinnes erhält 3. 12 % der Verwaltungsrat und 4. 88 % die Aktionäre als Superdividende.

Die Generalversammlung kann für jedes Jahr im Voraus von dem vorhandenen Guthaben den nötigen Betrag entnehmen, der zur Amortisation einer bestimmten Anzahl Aktien oder zur Schaffung eines Spezialamortisationsfonds vorgesehen ist, um die Höhe des Aktienbetrages zu verringern. Solche amortisierte Aktien gewähren dann nur noch das Anrecht auf die Dividende des betreffenden Jahres, aber nicht mehr auf irgend welche Zinsen.

Die Rohgewinnung an Erz und die Nettobeträge der Jahresgewinne der Gesellschaft seit dem Jahre 1893 sind in folgender Tabelle aufgeführt:

Jahr	Produktion Tonnen	Nettogewinne £ türkisch[1])
1893	26 514	12 057
1894	31 782	760
1895	31 606	4 225
1896	34 781	17
1897	40 075	3 991
1898	52 858	19 965
1899	62 497	50 414
1900	62 598	52 180
1901	61 163	19 013
1902	64 584	10 597
1903	64 070	

Bisher wurde den Aktionären nur eine einzige Dividende in Höhe von 10 % aus den Gewinnerträgnissen des Jahres 1900 gezahlt, der Rest aller übrigen Jahresgewinne wurde stets zur Weiterentwicklung der Bergwerke und zur Verringerung des

---

[1]) 1 £ türkisch = Mark 18,40.

Immobilienwertes verwandt. Auf die gesamten Immobilien wurden bisher folgende
Abschreibungen vorgenommen:

Auf die Gebäude-Grundstücke etc.	£	49 250
Auf Materialien und Werkzeuge	-	53 750
Auf die Vorrichtungsarbeiten	-	28 800
Auf die Eisenbahn zur Grube Mandjilik	-	7 509
	£	139 309
Hierzu noch die Abschreibungen für das Jahr 1902	-	9 537

so daß also seit Bestehen der Gesellschaft bis 1. Januar 1903 £ 148 846
oder 3 383 000 Francs abgeschrieben worden sind. Das Geschäftsjahr läuft vom
1. Januar bis 31. Dezember. Die ordentliche Generalversammlung tagt im Juni und
besteht aus Inhabern von mindestens 20 Aktien. Der Verwaltungsrat setzt sich aus
5 bis 11 Mitgliedern zusammen, deren jedes über 40 Aktien verfügen muß, die während
der Dauer ihrer Funktionszeit nicht veräußert werden dürfen.

Nach den Notierungen der Brüsseler Börse stellte sich der Kurs der Obligationen, jeweils am 31. Dezember, in: Jahre

1896	auf 412,50 Francs		1900	auf 460,00 Francs	
1897	- 387,50	-	1901	- 435,00	-
1898	- 362,50	-	1902	- 475,00	-
1899	- 432,50	-	1903	- 486,25	-

Der Kurs der Aktien betrug nach den Notierungen der Pariser Börse

im Jahre 1899	{ höchster	815,00 Francs	
	niedrigster	450,00	-
-	1900 31. Dezebr.	722,50	-
-	1901 -	365,00	-
-	1902 -	475,00	-
-	1903 -	629,00	-

In einer am 17. August 1904 stattgehabten außerordentlichen Generalversammlung
wurde beschlossen, die 500 Francs Aktienstücke in solche von je 100 Francs umzuwandeln und durch Schaffung von 15 000 Stück neuen Aktien zu je 100 Francs sämtliche noch im Umlaufe befindlichen 3420 Obligationen einzuziehen. Der Ausgabekurs
dieser neuen 100 Francs-Aktien betrug 115 Francs.

Die Belegschaft der Bergwerke beträgt etwa 1600 Mann. Die Produktion im
Jahre 1903 betrug: 64 070 Tonnen an Rohmaterial gegenüber 64 584 Tonnen im Vor-
jahre; Bleiglanz 4590 t (gegen 7249 t im Vorjahre) mit einem Bleigehalte von 70%,
1250 g Silber und 2 g Gold für die Tonne; Werkblei 7606 t (gegen 3676 t im Vorjahre),
Gehalt 2000 g Silber und 8 g Gold für die Tonne; ferner 1986 t Blende und einige
Hundert Tonnen Galmei.

Auch Manganerze werden bei Balia Maden[1]) gewonnen; sie dienen jedoch
lediglich als Zuschlagsmaterial in den Bleischmelzöfen des Baliahüttenwerkes, um da-

---

[1]) Maden = Hüttenwerk.

durch den beim Rösten noch nicht genügend entfernten Schwefel aus den Erzen zu beseitigen. Eine Gewinnung der dortigen Manganerze für andere Zwecke soll angeblich nicht lohnend sein.

Die Erze werden von Balia auf einer Schmalspurbahn von 60 cm Spurweite, die durch Lasttiere betrieben wird, nach Osmanlar gebracht und von dort dann mittelst Kameelkarawanen nach dem 66 km entfernten Hafen von Aktschai am Golf von Adramit. Die Transportkosten betragen bis hierher pro Tonne etwa 1 Ltq. = 18,40 ℳ.

Die Gesellschaft der Hüttenwerke von Balia-Karaidin zahlt an die Regierung eine Abgabe für die Verschiffung silberhaltigen Bleierzes, welche vergünstigungsweise von 5% auf 3% ermäßigt worden ist; ferner eine Abgabe von 5% für die Verschiffung anderer Mineralien, sowie endlich 1% des Warenwertes für die Ausfuhr. Die gesamte Produktion ging bis vor kurzem nach Genua, neuerdings jedoch soll ein Vertrag mit einer (Metall-) Gesellschaft in Frankfurt a. M. zustande gekommen sein, worin sich diese verpflichtet, die ganze Produktion aufzukaufen.

Abweichend von dem Verbot der Einfuhr elektrischer Maschinen wurde im Jahre 1901 dem Vorsitzenden des Verwaltungsrates, Th. Mavrogordato, persönlich das Recht verliehen, bei dem Braunkohlenbergwerke Mandjilik — oder Mandschylijk — eine elektrische Krafterzeugungsstation anzulegen mit Kraftübertragung nach dem 21 km entfernten Balia. Die elektrischen Maschinen entwickeln 900 PS. und wurden von einer deutschen Firma geliefert. Da die elektrische Anlage den Transport von jährlich über 30 000 t Brennmaterial von Mandschylyk nach Balia überflüssig macht, das Heizmaterial selbst auf nahezu die Hälfte reduziert, und so eine schonendere Ausbeutung des Braunkohlenvorkommens gestattet, so steht eine beträchtliche Erhöhung der Einnahmen dieser Gesellschaft zu erwarten, zumal der elektrische Betrieb eine Anzahl technischer Vervollkommnungen ermöglicht, deren Einführung bisher nicht angängig war.

Das nächste der hier zu besprechenden Bleisilbererzvorkommen, welches von einer Aktiengesellschaft bergmännisch ausgebeutet wird, liegt im Mütessariflik Ismid, Kasa Kandra, bei dem Dorfe Karassu, in einer Entfernung von etwa 25 km vom Meere. Dieses Vorkommen gehört der Société anonyme Ottomane des Mines de Karassou, welcher durch Firman vom 12. Juni 1898 verschiedene Silberblei-, Galmei- und Zinkerzvorkommen auf die Dauer von 99 Jahren konzessioniert wurden.

Die erteilte Konzession erstreckt sich jedoch auch auf alle innerhalb des verliehenen Gebietes sonst noch vorkommenden ähnlichen Mineralien, so daß also der bergmännische Wirkungskreis dieser Gesellschaft ein recht vielseitiger ist.

Im Einzelnen liegen darüber folgende Angaben vor:

Die Bergwerks-Aktiengesellschaft von Karassou.

Diese Gesellschaft mit dem Sitze in Konstantinopel wurde am 28. Mai 1900 gegründet, um die silberhaltigen Bleierzvorkommen und die Zinkerzlager, sowie die ähnlichen Erze, welche sich in diesen Lagerstätten sonst noch im Umkreise des Dorfes Karassou, im Bezirk Kandra des Sandschaks Ismid finden, auszubeuten. Die Betriebsgenehmigung wurde der Gesellschaft durch Firman vom 12. Juni 1898 für eine Zeitdauer von 99 Jahren bewilligt, beginnend mit dem Datum des Firmans.

Das Aktienkapital der Gesellschaft beträgt 3 200 000 Francs und ist eingeteilt in 12000 Vorzugsaktien und 20 000 gewöhnliche Aktien, beide im Nominalwerte von 100 Francs und volleingezahlt. Durch Beschluß der Generalversammlung kann das Aktienkapital um die Hälfte erhöht werden. 19 000 der gewöhnlichen Aktien befinden sich in den Händen der fünf Gründer der Gesellschaft, die zudem auch die sämtlichen 12 000 Vorzugsaktien gezeichnet haben. Die Verteilung des Jahresgewinnes erfolgt in der Weise, daß bestimmt sind:

1. 6 % Dividende auf die Vorzugsaktien.
2. Eine Summe zur Amortisierung der Vorzugsaktien innerhalb 20 Jahren.
3. 5 % des Jahresgewinnes zur Schaffung eines Reservefonds.
4. 6 % Dividende auf die gewöhnlichen Aktien.

Über diese Zahlungen hinausgehende Beträge des Reingewinnes entfallen zu

    12 % auf den Verwaltungsrat,
    3 % auf die Beamten,
    85 % auf sämtliche Aktien ohne Unterschied als Dividende.

Die Amortisation der Vorzugsaktien erfolgt durch Serienziehung; die gezogene Aktie verliert das Recht auf irgend welche Zinsansprüche und hat nur noch Anspruch auf die laufende Dividende.

In technischer Beziehung befindet sich die Gesellschaft noch in dem Stadium der Vorarbeiten, die jedoch in zufriedenstellender Weise fortschreiten, so daß bald alle Bergwerke der Gesellschaft in betriebsfähigem Zustande sein werden. Das Gesellschaftsjahr läuft vom 1. Januar bis 31. Dezember und im Laufe des ersten Halbjahres tritt regelmäßig eine ordentliche Generalversammlung zusammen, deren einzelne Mitglieder Inhaber von wenigstens 25 Aktien sein sollen. Der Verwaltungsrat setzt sich zusammen aus fünf bis elf Mitgliedern, welche während ihrer Amtsdauer ständig im unveräußerlichen Besitze von wenigstens 100 Aktien der Gesellschaft sein müssen.

Die Produktion im Jahre 1903 betrug 5 786 500 t Rohmaterial, aus welchem 359 855 t Galmei und 174 156 t Bleikarbonat und Werkblei gewonnen wurden.

Da es an einem natürlichen Anlegeplatze für Dampfer fehlt, müssen die gewonnenen Erze auf Segelschiffen nach Heraklea gebracht und dort auf Dampfer umgeladen werden. Die vorhandenen alten Galmeihalden lassen darauf schließen, daß diese Vorkommen schon im Altertum bekannt gewesen sind. Von den zahlreichen Manganerzvorkommen der Türkei sind die wichtigsten jene der

Bergwerks-Aktiengesellschaft von Kassandra.

Die türkische Aktiengesellschaft der Bergwerke von Kassandra hat ihren Sitz in Konstantinopel und wurde am 2./14. Oktober 1893 gegründet, um die Vorkommen von Mangan, silberhaltigem Blei, Antimon, Kupfer und verwandter Metalle in dem Bezirke von Kassandra im Vilayet Saloniki bergmännisch abzubauen. Die Genehmigung zum Abbau dieser verschiedenen Vorkommen war seitens der türkischen Regierung bereits früher erteilt worden, und zwar der Bank von Konstantinopel und dem Großindustriellen Enrico Misrachi. Erstere besaß laut kaiserlichem Firman vom 30./11. April 1888 das Bergbaurecht für ein Vorkommen bei Isvoros. Misrachi besaß folgende Konzessionen: laut Firman vom 5./17. Oktober 1891 auf ein Erzvorkommen bei Lindjasda; laut zweier weiterer Firmans vom gleichen Tage auf Erzvorkommen bei Varvara; für Huruda-Mahalla laut Firman vom 10./22. Januar 1891 und weiterer zweier Firmans vom 1./13. Januar 1892. Die Dauer dieser verschiedenen Konzessionen ist auf 98 Jahre bemessen und sie umfassen eine Oberfläche von 11 920 ha.

Ursprünglich war das Gesellschaftskapital auf drei Millionen Francs festgesetzt, welche in 2000 Vorzugsaktien zu 500 Francs und in 4000 gewöhnlichen Aktien gleichfalls zu 500 Francs bestanden, die beide vollständig eingezahlt waren. Um ein neues Betriebsprogramm größeren Stiles zur Ausführung bringen zu können, beschloß am 30. März 1898 eine außergewöhnliche Generalversammlung von Aktionären eine Vermehrung des Aktienkapitals auszuführen durch Schaffung von 2000 neuen Vorzugsaktien zu je 500 Francs. Gleichzeitig erhielt die Gesellschaft von der türkischen Regierung das Recht, ihre Aktien im Stückwerte von nur 100 Francs nominal begeben zu dürfen, so daß also heute das Aktienkapital der Bergwerksgesellschaft in Höhe von vier Millionen Francs sich zusammensetzt aus: 20 000 Vorzugsaktien und 20 000 gewöhnlichen Aktien, beide im Stückwerte von 100 Francs. Die Gesellschaft hat bereits 3095 Stück Vorzugsaktien zu je 100 Francs amortisiert und durch Genußscheine ersetzt.

Die Verteilung der Jahresgewinne hat statutengemäß in folgender Weise stattzufinden: 1. Ein Betrag für die Zahlung von 6% Dividende auf die Vorzugsaktien. 2. Ein Betrag, um die Vorzugsaktien in mindestens 20 Jahren zu amortisieren. 3. 5% des Jahresgewinnes zur Schaffung eines Reservefonds und 4. 6% Dividende auf die gewöhnlichen Aktien.

Wenn darüber hinaus noch weitere Gelder aus dem Jahresgewinne zur Verfügung stehen sollten, so erhalten: 7% der Verwaltungsrat, 5% die Gründer, 3% die Beamten, 85% sämtliche Aktien als zweite Dividende.

Die Produktion der sämtlichen Bergwerke, welche Eigentum der Aktiengesellschaft von Kassandra bilden, sowie das Gewinnergebnis betrug in den Jahren:

Jahr	Roherz Tonnen	Calciniertes Erz Tonnen	Reingewinn £ türkisch	Dividende auf beide Sorten Aktien %
1894	15 724	7 845	4 168	—
1895	30 394	21 147	5 240	—
1896	47 794	36 641	15 881	6
1897	35 589	24 395	9 719	6
1898	48 035	31 853	13 939	6
1899	68 025	42 520	19 048	7
1900	72 723	41 500	11 105	—
1901	60 000	40 500	10 188	—
1902	64 700	41 000	20 997	6
1903	49 417	36 488	—	—

Das Gesellschaftsjahr währt vom 1. Januar bis zum 31. Dezember. Die Inhaber von wenigstens 25 Aktien treten im Juni eines jeden Jahres zur ordentlichen Generalversammlung zusammen. Der Verwaltungsrat besteht aus 5 bis 12 Mitgliedern, deren

jedes Eigentümer von 50 Aktien sein muß, die während der Amtsdauer nicht veräußert werden dürfen.

Nach den Notierungen von Pariser Banken stellte sich der Kurs der Aktien:

Jahr		Vorzugsaktien Frcs.	Gewöhnliche Aktien Frcs.
1899	höchster	139	165
	niedrigster	80	95
1900	31. Dezember	96	—
1901	-	45	—
1902	-	90	110
1903	-	88	89

Der aus obiger Tabelle ersichtliche Rückgang der Manganerzförderung in den
letzten Jahren hat seine Ursache in dem gedrückten Markte für Manganerze, der zur
Zeit einen Verkauf der geringeren Qualitäten selbst zu niedrigem Preise unmöglich
macht und die Gesellschaft gezwungen hat, einige Öfen vorläufig außer Betrieb zu
setzen. Die große Konkurrenz auf dem Manganerzmarkte rührt her von den nahebei
im Kaukasus belegenen vielen Manganerzgruben der russischen Gesellschaften und auch
wohl zu einem nicht unbeträchtlichen Teile von der Aufschließung neuer hochhaltiger
Manganerzlager in Brasilien.

Die Beförderung des Erzes geschieht auf einer Schienenbahn von 14 Kilometern
Länge nach dem Verschickungshafen von Stratoni hin, woselbst die Gesellschaft verschiedene Calcinierungsöfen errichtet hat, um den Kohlensäuregehalt des Erzes zu ver-
treiben. Die gesamte maschinelle Einrichtung der Bergwerke wurde von deutschen
Firmen bezogen und hat allgemeine Anerkennung gefunden. Auf den Bergwerken
arbeiten etwa 600 Arbeiter, größtenteils Italiener und Dalmatiner, nur für die einfacheren Arbeitsleistungen niedrigerer Art finden Eingeborene Verwendung.

Neben den oben bereits angeführten Manganerzmengen wurden im Jahre 1902
noch 1090 t schwefelhaltiges Zinkblei und 2670 t Eisenkies gefördert. Letzterer wurde
im genannten Jahre zum erstenmal, und zwar auf der Grube Isworos gefördert, und
man hofft, seinen jährlichen Export bald auf 3500 bis 4000 t steigern zu können.

Die Ausfuhr der Bergwerksförderung erfolgt vorwiegend nach England und
Amerika, zum Teil auch nach Frankreich.

In geologischer Beziehung läßt sich über die Manganerzvorkommen in der
Türkei noch bemerken, daß die Vorkommen in der Regel an paläolithische Hornsteine,
Schiefer usw. gebunden sind und besonders in den Küstenstrichen des Schwarzen
Meeres, namentlich in den Kasas von Ordu und Fatsa, in der Gegend von Sabandscha,
ferner südlich der Dardanellen und auf Chios nachgewiesen sind. Die Qualität der
Erze muß im allgemeinen als gut bezeichnet werden, wenn auch die Erze mitunter
erhebliche Beimengungen von Quarz enthalten und dadurch schwer reduzierbar werden.

Die türkischen Manganerze finden Verwendung zur Darstellung von Sauerstoff
und Chlor, sowie zur Entfärbung; aber auch zum Färben von Glasmasse in der Art
der metallisch-farbig schillernden Gläser von Tiffany, sowie bei Steinzeug und Majolika,

wo ebenfalls solcher Lüsterdekor neuerdings vielfach zur Anwendung gelangt, benutzt man als Rohmaterial türkisches Manganerz.

Neben diesem Manganvorkommen der Gesellschaft Kassandra sind in der Türkei noch verschiedene andere Lagerstätten bekannt, besonders an der Bahnlinie Saloniki-Konstantinopel bei Drana, deren Förderung fast durchgehends nach Triest verschifft wird und im Jahre 1901 auf 12 000 Tonnen angegeben wird. Nähere Angaben über diese Erzlager sind jedoch nicht erhältlich.

Ein anderes interessantes Mineralvorkommen in der Türkei bildet der Asphalt, von dem an verschiedenen Stellen, insbesondere in der Provinz Bagdad bedeutende Ablagerungen angetroffen sind. Am bekanntesten dürfte jedoch wohl das Vorkommen von Selenitza sein, welches Eigentum der nachstehenden Bergwerksgesellschaft ist.

Die Bergwerksaktiengesellschaft von Selenitza.

Diese französische Aktiengesellschaft wurde laut Statut am 26. Februar 1891 gegründet, um das Vorkommen von Asphalt (Bitumen) auf dem Kaiserlichen Dominium von Selenitza, im Bezirke von Avlona in der Provinz Janina der europäischen Türkei gelegen, auszubeuten. Außerdem bezweckt die Gesellschaft den Erwerb und Betrieb aller bereits erteilter Konzessionen für Bitumen und Asphaltvorkommen, den Erwerb sämtlicher Patente bis zu einem gewissen Grade, um sich so das Monopol der betreffenden Spezial-Bergwerksindustrie in der Türkei zu sichern.

Die Erlaubnis zum bergbaulichen Betriebe des Asphaltvorkommens bei Selenitza wurde durch einen kaiserlichen Firman vom 12./24. August 1885 (13 Zilcadé 1302) der kaiserlichen Ottoman-Bank erteilt, die sie an die am 26. Februar 1891 gegründete Société des Mines de Sélénitza abgab. Die verliehenen Felder bedecken eine Gesamtfläche von 8738 Deünüms. Die Dauer der Gesellschaft ist in dem Firman auf 25 Jahre festgesetzt und der Sitz derselben in Paris. In Konstantinopel wird die Gesellschaft durch die Kaiserliche Ottoman-Bank vertreten.

Das Aktienkapital war ursprünglich auf 2½ Millionen Francs festgesetzt und in 5000 Aktien zu je 500 Frcs. eingeteilt. 1600 dieser Aktien sind volleingezahlt und der Rest zu 50 %. Außerdem hat die Gesellschaft 2000 Gründeranteile ausgegeben, deren Gewinnanteilsberechtigung weiter unten erörtert werden wird. Die außerordentliche Generalversammlung der Aktionäre am 29. Oktober 1898 zu Paris hat folgende Bestimmungen getroffen.

Das Aktienkapital wird auf 800 000 Frcs. herabgesetzt und 4000 Aktien zu je 200 Frcs. werden ausgegeben und gelten als volleingezahlt. Diese Herabsetzung wurde in folgender Weise gehandhabt: 1. Auf 4 alte Aktien zu 500 Frcs. volleingezahlten Betrages wurden 5 neue Aktien zum Nennwerte von 200 Frcs. ausgegeben. 2. Für 8 alte Aktien im Betrage von 500 Frcs. und zur Hälfte eingezahlt wurden 5 neue Aktien, zu 200 Frcs. voll, bewilligt. 3. Es wurden aus dem Besitze der Gesellschaft 125 neue Aktien im Nennwerte von 200 Frcs. — entsprechend 200 alten Aktien zu 250 Frcs. eingezahlt — vernichtet.

Die Verteilung des Jahresgewinns erfolgt in nachstehend angegebener Weise: 5 % werden für einen Reservefonds zurückgestellt und dann auf die Aktien eine Dividende von gleichfalls 5 % gezahlt.

Von einem eventuell weiter noch vorhandenen Überschuß erhalten der Verwaltungsrat 10 % und dieselbe Summe wird für einen Reservefonds zur Amortisation von Aktien bereit gestellt. Die ferner noch verbleibenden 80 % werden in Gemäßheit der Zahl der vorhandenen gewöhnlichen und der Gründeraktien verteilt, doch hat die Generalversammlung das Recht, vor Auszahlung dieser Summen einen bestimmten Betrag in Abzug zu bringen, der zur Bildung einer besonderen Reserve dienen soll.

Das Geschäftsjahr 1899/1900 ergab einen Reingewinn von 89 069 Frcs., welcher durch den Saldo des Vorjahres auf 106 560 Frcs. disponiblen Gewinn gebracht wurde. Für das mit dem 30. Juni endende Geschäftsjahr wurde diese Summe in folgender Weise zur Verteilung gebracht:

5 % von 89 069 Frcs. zum Reservefonds I	4 453 Frcs.
5 % Dividende auf das Kapital von 800 000 Frcs. . . .	40 000 -
10 % Tantième an den Aufsichtsrat	4 462 -
10 % zum Fonds für die Amortisation von Aktien . . .	4 462 -
Für besondere Betriebsvorrichtungs- und Abteufarbeiten .	10 000 -
Als Sonderbetrag auf Frachtenkonto	10 000 -
Als Spezialreservefonds für unvorhergesehene Fälle . . .	20 000 -
Vortrag auf neue Rechnung	13 183 -

Gesamtbetrag 106 560 Frcs.

Die' statutengemäß stattfindende Generalversammlung tritt im Monat Oktober jeden Jahres zusammen und wird von Aktionären beschickt, die wenigstens 15 Gesellschaftsanteile zu Eigen besitzen.

Der Verwaltungsrat zählt 5—9 Mitglieder, deren jedes während seiner Amtsperiode im unveräußerlichen Besitze von 25 Aktien sich befinden muß. Eine börsenmäßige Notierung der Aktien findet nicht statt.

Das Asphaltvorkommen, auf welchem die Gesellschaft baut, bildet ein ziemlich weit ausgedehntes Lager im Nummulithenkalkstein der Kasa Avrona; es hat ungefähr eine Stunde im Umfange und besitzt, in mehreren Schichten, eine Gesamtmächtigkeit von 10—15 m und tritt dabei an verschiedenen Stellen direkt zu Tage aus. Der gewonnene Asphalt befindet sich zumeist in festem Zustande, doch hat man an mehreren Punkten der Konzession Quellen einer ähnlich zusammengesetzten flüssigen Substanz angebohrt, deren Produkt ebenfalls gewonnen wird. Der Asphalt ist von sehr reiner Beschaffenheit und weist selten mehr als 1½ % fremde Beimengungen auf. Für den Versandt wird der Asphalt durch mehrmaliges Umschmelzen gereinigt und in die Form von Broten gegossen.

Die bedeutende Entwicklung der Tertiärformation mit ihren Braunkohlenlagern in der Türkei läßt das Vorhandensein von Asphalt noch an vielen anderen Stellen Kleinasiens vermuten.

Ferner ist hier zu erwähnen, die auf Borazit bauende Gesellschaft:

The Borax Company Limited.

Der Sitz dieser englischen Gesellschaft, die am 1. Dezember 1887 gegründet wurde, befindet sich in London: Gracechurch Street No. 77/78. An Liegenschaften in der Türkei umfaßt die Gesellschaft die Borazitgruben bei Sultan-Tschair im Sandschak Karassi des Vilayets Hudavendighiar. Die Genehmigung zum Betriebe dieser Gruben war durch kaiserlichen Firman vom 21. Juni 1887 den Herren Hanson & Co., Desmaszures und Groppler auf die Dauer von 40 Jahren, beginnend mit dem 1. Juli 1887 erteilt worden. Ferner in Frankreich das Borazitwerk von Desmaszures in Maisons-Lafitte bei Paris. Die Konzession für den Bergwerksbetrieb bei Sultan-Tschair wurde erhalten durch eine Vorschußzahlung von 80 000 £ türkisch à 18,40 ℳ an die ottomanische Regierung. Diese Summe soll vom Jahre 1887 ab in 24 Jahren ratenweise zurückgezahlt werden. Durch einen Beschluß der Aktionäre auf der Generalversammlung vom 10. Januar 1899 wurden alle Rechte und Besitzungen der Gesellschaft, rückwirkend vom 1. Oktober 1898 ab, an die Borax Consolidated Company in London übertragen, um somit alle Borazitgruben der Welt in eine einzige Hand zu legen. Diese Übertragung geschah durch Ausgabe folgender Werte seitens der Borax Consolidated an die Besitzer der alten Borax Limited:

7000 vollgezahlte gewöhnliche Aktien zu 10 £,

15 000 Vorzugsaktien und 100 000 £ in 4½ prozentigen Obligationen.

Das Kapital der Borax Company Limited bestand bis zum Jahre 1898 aus 1 000 000 £ (englisch), eingeteilt in 32 500 gewöhnliche und 67 500 Vorzugsaktien, beide im Stückwerte von 10 £. Nach den Statuten der Gesellschaft ist auf die gewöhnlichen Aktien eine Dividende von 10 % zu zahlen und dann erst erhalten die Vorzugsaktien eine Dividende von 5 %. Der überschießende Jahresgewinn wird unter beide Sorten Akten gleichmäßig verteilt. Im Jahre 1898 wurde das Kapital der Gesellschaft neu geregelt, indem jede alte gewöhnliche Aktie gegen 21 neue volleingezahlte Aktien von 6 sh 8 d und jede Vorzugsaktie gegen 1 solche neue Aktie von 6 sh 8 d umgetauscht wurde. Im August 1898 wurde des weiteren beschlossen, drei Aktien jeder Gruppe gegen eine neue Aktie von 1 £ auszuwechseln, so daß also nunmehr das Kapital aus 250 000 £ besteht, gleichmäßig in Aktien zu je 1 £ eingeteilt. Am 6. Dezember 1887 hatte die Gesellschaft 3250 Obligationen zu 100 £ begeben, die, zu 6 % verzinslich, auf Grund von Ziehungen zu 120 % zurückgezahlt werden sollten. Im Jahre 1898 wurde auch dieses Obligationskapital neu geregelt. Im Umlauf befanden sich damals noch 295 200 £, und man gab für den gleichen Betrag neue Obligationen in zwei Serien, A und B aus; jede Serie im Betrage von 147 600 £. Diese neuen Obligationen wurden zu 50 £ litera A und 50 £ litera B für je 100 £ alte Obligationen ausgegeben. Die Obligationen der Serie A werden zu 4 % verzinst, zahlbar am 1. Januar und 1. Juli jeden Jahres; sie sind rückzahlbar zum Parikurse im Wege der Verlosung oder können auch durch die Gesellschaft zur Rückzahlung innerhalb einer Frist von sechs Monaten öffentlich aufgerufen werden. Die Gesellschaft hat außerdem das Recht, zwecks Einziehung und Tilgung der Obligationen, derartige Stücke aus dem offenen Markte zu nehmen, wenn der Kurs unter Pari steht. Die Obligationen litera A sind durch das Vermögen der Gesellschaft garantiert und besitzen gegenüber den Obligationen litera B das Prioritätsrecht. Es soll jährlich, vor jeder anderen Gewinnabschreibung, die Summe von 8856 £ zum Zwecke der Amortisation dieser Obligationen bestimmt werden. Wenn das Gewinnergebnis eines Geschäftsjahres keinen Betrag in dieser Höhe aufweist, so ist die Summe durch das Ergebnis des folgenden Jahres aufzufüllen. Die Obligationen B sind zu 6 % verzinslich, doch ist dieser Zinsfuß erst zu zahlen, wenn die Obligationen A bereits mit den jährlichen Zinsen bedacht sind, und auch dann erhalten sie nur so viel Zinsen als überhaupt Gelder zur Verfügung stehen. Die Jahressumme, welche für diesen Zinsendienst nötig ist, beziffert sich auf 13 894 £. Nach erfolgter Zahlung der Zinsen und der vorgeschriebenen Amortisation der Obligationen A und B sind die letzteren an einem Drittel des noch übriggebliebenen Jahresgewinns dividendenberechtigt. Die Obligationen B werden ebenfalls zum Parikurse durch Verlosung getilgt oder sie können auch nach Aufruf innerhalb 6 Monaten von der Gesellschaft zur Rückzahlung eingefordert werden und ebenso steht es der Gesellschaft auch frei, solche Obligationen bei niedrigerem als dem Parikurse an der Börse aufzukaufen. Die Obligationen litera B bilden eine Art zweiter Hypothek, denen die Obligationen litera A voranstehen. Am 31. Dezember 1902 waren noch im Umlauf befindlich: 102 850 £ Obligationen litera A und 114 050 £ Obligationen litera B. So lange die Gesellschaft noch als die Borax Company Limited bestand, also bis zum Jahre 1898, betrugen die jährlichen Gewinnergebnisse seit der Gründung:

Jahr	Nettoertrag £	Dividende auf die gewöhnlichen Aktien %
1888	6 061	—
1889	14 985	5
1890	19 534	6
1891	23 749	6
1892	18 625	5
1893	19 990	5
1894	40	—
1895	1 347	—
1896	2 476	—
1897	− 1 234	—

Außer diesen fünf Dividendenzahlungen auf die gewöhnlichen Aktien wurden irgendwelche anderen Aktien nicht mit Dividenden bedacht. Im Oktober 1898 wurden dann die Borazitgruben und das französische Werk an die Borax Consolidated Ltd. zu London übertragen und seither sind die Gewinnerträge nur aus den Veröffentlichungen dieser großen Londoner Gesellschaft zu ersehen, die fast alle Borazitwerke der Welt unter seiner Direktion vereinigt. Für die alte Borax Company stellten sich die Jahresgewinne für die Jahresgewinne für die Jahre 1899 bis 1902 unter der Londoner Verwaltung wie folgt:

1899	Nettoeinnahme	£	16 046
1900	"	-	22 733
1901	"	-	22 845
1902	"	-	22 009

Diese Gewinne gestatteten es, auf die Obligationen zunächst folgende Zinsbeträge zu zahlen:

	Obligationen A	Obligationen B
1899	4 %	4 %
1900	4 %	6 %
1901	4 %	6 %
1902	4 %	6 %

und dann noch die vorgeschriebene gewöhnliche Amortisation vorzunehmen und zwar für die Obligationen A während aller vier Jahre und für die Obligationen B während der letzten drei Jahre. Das Gesellschaftsjahr der Borax Company Limited läuft vom 1. Januar bis 31. Dezember. Die ordentliche . Generalversammlung, zu welcher alle Aktionäre eintrittsberechtigt sind, findet im Monat Februar statt. Jede Aktie gibt ein Anrecht auf drei Stimmen. Während des Jahres 1901 notierten die Obligationen:

		A	B
am 31. Oktober 1901		$97^1/_2$	$97^1/_2$
Januar – Oktober 1901	höchster	$97^1/_2$	$97^1/_2$
	niedrigster	$89^1/_2$	$9.^1/_2$

Der Pandermit oder auch Borazit ist ein blendend weißes Bormineral, welches sonst nur noch in Amerika vorkommt und hier unter der Bezeichnung Colemannit in Californien und Prigëit in Oregon bekannt ist. Die berühmten Pandermitgruben von Sultan Tschaïr in Kleinasien liegen 70 km südlich von der Küste des Marmarameeres und 30 km nordwestlich von Balikkesser am Sossurlu-See in einem 100 m unter der Oberfläche gelegenen Ton-Gyps-Lager, welches mit 8 bis 10° nach Süden einfällt. In diesen Tongyps ist der Pandermit in Form von Bändern, Knoten, Knollen, Nestern und Linsen in großer Menge eingelagert. Die einzelnen Partien schwanken von der Größe eines Samenkornes bis zu Blöcken von einer halben Tonne Gewicht.

Der jährliche Export der kleinasiatischen Pandermitgruben, welcher fast durchweg über den Hafen von Panderma — daher der Name — erfolgt, beträgt etwa 16 000 Tonnen, die zumeist nach England, Deutschland, Frankreich, der Schweiz und Rußland gehen und in der Emailindustrie Verwendung finden. Der Preis für die Tonne schwankt von 250 bis 275 Francs und es ist bezeichnend für den trustartigen Charakter der Borax Consolidated Limited, daß nach deren Zustandekommen die Borazitpreise um etwa 25 % stiegen.

Die türkische Regierung erhebt eine Ausfuhrsteuer von 16 % des Wertes der exportierten Mengen.

Das bedeutendste Steinkohlenvorkommen in der Türkei liegt bei Heraklea und wird abgebaut von der

Steinkohlen-Bergwerksgesellschaft von Heraklea.[1]

Der Sitz dieser Gesellschaft ist zu Konstantinopel, die Verwaltung aber erfolgt von Paris aus, Rue de Londres No. 21. Die Heraklea-Gesellschaft wurde in Form einer

---

[1] Zeitschrift für praktische Geologie; Mai 1903. Heft 5. Seite 169—192. Das Steinkohlenbecken von Heraklea, B. Simmersbach.

Aktiengesellschaft im Mai 1896 gegründet von Zarifi und G. Auboyneau, um die Bergbaukonzessionen Seiner Hoheit Yanko Bey Joannidès, welche derselbe laut Firman vom 11. Djemasi-al-Akhir 1311 (1896) bewilligt erhalten hatte, technisch zu verwerten. Diese Konzessionen umfassen für die Dauer von 50 Jahren den Bau, die Verwaltung und die finanzielle Nutzbarmachung eines Hafens und der nötigen Quaianlagen bei Songhuldac, am Ufer des Schwarzen Meeres und im Gebiete der Steinkohlenfelder von Heraklea belegen; ferner den Bergbaubetrieb auf allen denjenigen Steinkohlengruben, welche die Gesellschaft gemäß den Bedingungen des kaiserlichen Firmans und dem türkischen Berggesetze zur Abteufung bringt, sowie endlich die Anlage und den Bau von Eisenbahnen zum Kohlentransporte von den Gruben zum neuen Hafen bei Songhuldac. Die Gesellschaft wurde bis zum Jahre 1946 genehmigt.

Das Aktienkapital der Heraklea-Bergwerksgesellschaft besteht aus zehn Millionen Francs und ist in 20 000 Aktien zu je 500 Francs eingeteilt. Außerdem sind 2000 Gründeranteile ausgegeben worden, auf deren Bezugsrechte bezw. Ansprüche ich weiter unten eingehen werde. Durch Beschluß der außerordentlichen Generalversammlung vom 10. März 1899 wurde die Direktion ermächtigt, 25 000 Obligationen im Stückwerte von 500 Francs zur Ausgabe zu bringen. Von dieser Anzahl wurden 18 334 Obligationen noch in demselben Jahre ausgegeben; der Rest von 6666 Stück gelangte im Jahre 1901 zur Ausgabe.

Eine zweite Generalversammlung vom 28. Juni 1901 ermächtigte die Direktion zur Ausgabe einer weiteren Obligationsanleihe in Höhe von fünf Millionen Francs. Man beschloß damals 12 500 neue Obligationen im Nominalwerte von 500 Francs zu schaffen und dieselben dann zu 400 Francs den Aktionären anzubieten oder sonstwie an den Markt zu bringen. 3665 Stück dieser Obligationen No. 2 wurden derart abgesetzt, während der größte Teil noch unbegeben im Portefeuille ruht.

Die Gesamtzahl der so geschaffenen Obligationen beträgt demnach 37 500 Stück, wovon 8835 Stück noch nicht begeben sind; im Umlaufe befinden sich daher 28 665 Obligationen, von denen 435 Stücke durch Aufkauf wieder eingezogen sind. Es verbleiben demnach als im Umlauf befindlich 28 230 Obligationen, die einen Wert von 14 115 000 Francs ausmachen. Diese Obligationen werden mit 5% verzinst und die Zinsen satzungsgemäß am 1. Januar und 1. Juli jeden Jahres gezahlt. Sämtliche Obligationen sollen im Wege der Ziehung bis zum Jahre 1939 zurückgezahlt sein.

Die Verteilung der Jahresgewinne hat statutengemäß in folgender Weise stattzufinden:

    1.   5% zum Reservefonds,
    2.   6% Dividende auf die Aktien,
    3. 15% dem Verwaltungsrat.

Von den weiteren Beträgen entfallen dann 50% auf die Aktionäre und ebensoviel auf die Gründer der Gesellschaft.

Die Generalversammlung kann jedes Jahr 10% des Reingewinnes zur Amortisation einer beschränkten Anzahl Aktien verwenden, die dann zwar noch ihre Dividende erhalten, aber keinerlei Bezugsrecht auf Zinsvergütung weiter haben.

Seit dem Jahre der Gründung betrug die Steinkohlenförderung und der Absatz der Heraklea-Bergwerksgesellschaft:

Jahr	Förderung Tonnen	Absatz Tonnen
1897	40 360	16 633
1898	122 739	66 096
1899	160 000	81 000
1900	255 000	220 046
1901	272 333	222 243
1902	289 095	224 978

Das Geschäftsjahr dauert vom 1. Januar bis 31. Dezember, und jeweils im Juli jeden Jahres tritt eine Generalversammlung zusammen, deren Mitglieder mindestens 25 Aktien besitzen sollen. Eine Dividende wurde bisher den Aktionären noch nie gezahlt. Der Verwaltungsrat besteht aus 5 bis 18 Mitgliedern, die während ihrer gesamten Amtsperiode im unveräußerlichen Besitze von wenigstens 50 Aktien der Gesellschaft sein müssen.

Der mittlere Kurs der Aktien ist aus folgenden Ziffern ersichtlich:

Jahr	Francs
1897	617,43
1898	287,80
1899	246,28
1900	353,51
1901	261,06
1902	190,19

Der Höchstkurs und der tiefste Kurs betrug 1901 Höchst 370 Frcs., tiefst 200 Frcs.
1902 - 250 - - 175 -

Bei seiner bevorzugten Lage und seinem großen Reichtum verspricht das Steinkohlenvorkommen von Heraklea eine großartige Entwicklung, und es ist nur zu bedauern, daß deutsches Kapital und deutsche Arbeitskraft hier noch keinen festen Fuß gefaßt haben, zumal doch durch die Bagdadbahn genügend deutsche Interessensphären hier aufgeschlossen worden sind. In den Kohlenbergwerken des Herakleadistriktes werden etwa 10 000 Menschen beschäftigt, die für einen Tagelohn von etwa 1,50 ℳ dort arbeiten. Sie arbeiten einige Zeit in den Kohlengruben und kehren dann wieder in ihre heimatlichen Dörfer zurück. Es gelangt so einerseits bares Geld in Umlauf und die Leute können ihre Steuern bezahlen, anderseits verhindert der regelmäßige Wechsel der Belegschaften das Entstehen eines Arbeiter-Proletariats. Die Leute bleiben gewissermaßen immer Bauern; sie bestellen ihre Felder, sie haben ihr Haus und ihren Acker.

IV. Kleinere technische Mitteilungen.

Jubiläums‑Stiftung der deutschen Industrie.

Wir teilen mit, daß Anträge auf Bewilligung von Geldmitteln aus dem Fonds der Jubiläums-Stiftung der deutschen Industrie, die in der im Mai 1906 stattfindenden ordentlichen Sitzung des Kuratoriums zur Beratung und Beschlußfassung gelangen sollen, spätestens bis zum 1. Februar 1906 an den Vorsitzenden des Kuratoriums eingereicht werden müssen, und daß Druckabzüge der Leitsätze für die Stellung usw. derartiger Anträge von der Geschäftsstelle der Jubiläums-Stiftung — Charlottenburg, Technische Hochschule, Berlinerstr. 151 — kostenlos zu beziehen sind.

D. R.

Druck von Leonhard Simion NE in Berlin SW.

SITZUNGSBERICHTE

des Vereins

zur

Beförderung des Gewerbfleißes.

1905.

In 10 Lieferungen mit 1 Porträt, 1 phototypischen Tafel und 107 in den Text gedruckten Abbildungen.

Redakteur: Prof. Dr. W. Wedding.

Berlin.

Verlag von Leonhard Simion Nf.

1905.

Inhalt.

Bericht über die Sitzung vom 2. Januar 1905.

Vorsitzender: Unterstaatssekretär Fleck.

Vorsitzender: M. H.! Ich habe die Ehre, Sie bei Beginn des neuen Jahres herzlich zu begrüßen mit dem Wunsche, daß das neue Jahr unserem deutschen Gewerbefleiße neue Erfolge bringen und unserem Verein und uns allen ein glückliches sein möge.

Sitzungsbericht:

Die Niederschrift vom 5. Dezember 1904 wird genehmigt.

Angemeldete Mitglieder:

Herr M. Schmidt, Direktor der Maschinenbau-Aktiengesellschaft vorm. Starke & Hoffmann in Hirschberg i. Schl.; Herr Geheimer Baurat Wittfeld in Berlin; Herr Geheimer Baurat H. Haas in Charlottenburg; Herr Geheimer Bergrat, Erster Direktor der Geologischen Landesanstalt und Direktor der Bergakademie Schmeisser in Berlin; Herr Hugo Berger in Berlin und Herr M. Poszonyi·in Wien, beide Mitinhaber der Firma Poszonyi· und Berger in Berlin, Kochstr. 3; Herr Dr. Mehner, Privatdozent an der Bergakademie in Berlin; Herr Richard Dyhrenfurth, Bankier in Berlin; Herr Regierungsrat Dr. Niebour, Mitglied des Patentamtes, in Wilmersdorf und Herr Otto Sorge in Berlin-Grunewald, Inhaber einer Fabrik für Condensations- und Wasserkühl-Anlagen und Entölungsapparaten.

Mitteilungen des Vorstandes:

Vorsitzender: Herr Geheimrat Prof. Martens, unser verehrtes Mitglied, hatte die Güte, am 19. Dezember den Verein zur Besichtigung der Königlichen Materialprüfungsanstalt in ihrem neuen Heim in Groß-Lichterfelde West einzuladen. Etwa 40 Mitglieder unseres Vereins waren der Einladung gefolgt und hatten Gelegenheit, die ausgedehnten Anlagen wie ihre reiche Ausstattung in Augenschein zu nehmen und einen Blick in die Arbeiten der Anstalt zu tun. Wenn ich Herrn Martens auch schon schriftlich meinen Dank ausgesprochen habe, so habe ich doch das Bedürfnis auch an dieser Stelle nochmals ihm und den Herren, welche die Güte gehabt haben, uns zu führen, den herzlichsten Dank hierfür zu sagen. Die Besichtigung der Anstalt kann nur angelegentlichst empfohlen werden.

Der Verein deutscher Fabriken, feuerfester Produkte wird, wie uns mitgeteilt wird, im nächsten Monat, am 21. Februar im Architektenhaus eine Generalversammlung abhalten.

Von der Direktion des Kunstgewerbemuseums ist das Programm der
Vorträge, die in diesem Vierteljahre im Kunstgewerbemuseum gehalten werden sollen,
mitgeteilt. Montag abends von 8½ bis 9½ Uhr, heute über 8 Tage beginnend, über
die „Geschichte der Porzellankunst“ von Dr. Adolf Brüning, Dienstag abends 8½ bis
9½ Uhr, am 10. Januar beginnend, über „Lübeck und die Kunst der Ostseeländer“ von
Dr. Wilhelm Behncke und Freitags, am 13. Januar beginnend, um dieselbe Zeit von
Dr. Richard Delbrück über „Römische Kunst“.

Der Etat für das Jahr 1905 ist von der Rechnungskommission vorgelegt. Er
schließt ab in Einnahme und Ausgabe mit ℳ 39 874,50 im wesentlichen den bisherigen Ansätzen entsprechend.

Etat für das Jahr 1905.

Ausgabe.

Titel I a. Verwaltung.

1. Verwaltungsbeamter . . . . ℳ 1 700,—
2. Vereinsdiener . . . . - 600,—
3. Remuneration des Bücherwart . . . . - 200,—
4. Remuneration für den Beamten des Rendanten für Buch- und
   Kassenführung . . . . - 300,—
5. Verschiedene Ausgaben für die Verwaltung z. B. Porto, Fracht,
   Depotgebühren . . . . - 320,—

Titel I b. Kosten der Sitzungen.

6. a) Miete der Vereinsräume im Hofmann-Hause . . . . . . ℳ 400,—
   b) Remunerierung des Personals im Hofmann-Hause . . . . - 40,—
   c) Für Reinigung der Bureauräume in Charlottenburg . . . - 20,—
7. Zur Deckung der Auslagen an die 4 Abteilungsschriftführer . - 900,—
8. Für Stenographie und unvorhergesehene Ausgaben, z. B. Miete
   für Apparate, Auslagen für Transporte und Reisekosten, Ent-
   schädigungen an Vortragende von außerhalb . . . . - 1 000,—
9. Druckkosten, (Einladungen zu den Sitzungen) . . . . - 250,—
10. Allgemeines, (Abonnement für Zeitschriften, Kranzspenden pp.) - 60,—

Titel II a. Kosten der Verhandlungen und Sitzungsberichte.

1. An die Verlagsbuchhandlung L. Simion Nf. für Herstellung der
   Verhandlungen und Sitzungsberichte . . . . ℳ 13 100,—
   Derselben Erstattung des halben Portos für die Versendung der
   Verhandlungen . . . . - 780,—
2. Dem Redakteur Gehalt . . . . - 1 200,—
3. Demselben für Schreibhilfe . . . . - 300,—
4. Honorar . . . . - 3 900,—

Titel II b. Für goldene und silberne Denkmünzen, sowie zur Förderung
   wissenschaftlich-technischer Zwecke . . . . - 627,50

                                                   ℳ 25 697,50

Transport $\mathcal{M}$ 25 697,50

Titel III. Für gelöste Preisausschreiben und Honoraraufgaben, sowie zur Durchführung größerer Versuche.

     1. Für gelöste Preisausschreiben . . . . } $\mathcal{M}$

     2. Zu Versuchen mit Eisenlegierungen . . . . } 14 177,—

       Die Titel III 1 und III 2, sind gegenseitig übertragbar.

       Ersparnisse können in das folgende Jahr übertragen werden.

Summa der Ausgabe $\mathcal{M}$ 39 874,50

Einnahme.

     1. Beiträge von 1200 Mitgliedern . . . . $\mathcal{M}$ 24 000,—

     2. Zinsen von $\mathcal{M}$ 48 500 Konsols zu $3^1/_2$ % . . . . . - 1 697,50

     3. Zuschuß aus Staatsfonds (Betrag des Titels III der

       Ausgabe) . . . . - 14 177,—

Summa der Einnahme $\mathcal{M}$ 39 874,50

Abschluß.

     Einnahme . . . . $\mathcal{M}$ 39 874,50

     Ausgabe . . . . - 39 874,50

Von Herrn Präsident Blenck als dem Vorsitzenden des Kuratoriums der Weber-Stiftung ist mir die Mitteilung über die Verteilung der Stiftungsgelder zugegangen. Im Jahre 1904 haben von den Zinsen $\mathcal{M}$ 1208 verteilt werden können. Von diesem Betrage sind durch das Kuratorium bewilligt worden:

     a) dem Berliner Handwerkerverein . . $\mathcal{M}$ 500

     b) der Schuldeputation des Magistrats

       zur Verwendung für Fortbildungs-

       und Fachschulen . . . . - 400

     c) der Gewerbedeputation des Magistrats

       für Modelle . . . . - 300

im ganzen $\mathcal{M}$ 1200,

sodaß ein kleiner Betrag von $\mathcal{M}$ 8 verblieben ist.

Herr Professor Kraemer und Herr Generalkonsul Zwicker haben die auf sie gefallene Wahl als zweiter Stellvertreter bezw. Rendant des Vereins angenommen.

An Druckschriften sind eingegangen und werden vom Technischen Ausschuß vorgelegt: Bericht des Verbandes deutscher Färbereien und chemischer Waschanstalten über das zweite Geschäftsjahr 1903/04, Hamburg 1904; Verein zur Förderung überseeischer Handelsbeziehungen zu Stettin, 32. Jahresbericht, Stettin 1904; Jahresbericht des Vereins für Technik und Industrie für die Vereinsjahre 1902 und 1903, Barmen 1904, und die Dissertation von Diplomingenieur Otto Unger, Beiträge zur Chemie der Cadmium-Gewinnung, Berlin 1904.

Wir kommen zu den Anträgen und Berichten des Technischen Ausschusses. Zunächst sind die Wahlen der Mitglieder der Abteilung für das Kassen- und Rechnungswesen, der Schriftführer der Abteilungen und der Mitglieder des Technischen Ausschusses vorzunehmen. Ich bitte die Herren Landau und Regierungsrat Gentsch als Skrutatoren zu fungieren.

Es sind 58 Stimmen abgegeben. Die auf den gedruckten Zetteln verzeichneten Herren sind gewählt.

Es sind gewählt in die Abteilung für das Kassen und Rechnungswesen die Herren: Stephan, O., Rentier, Vorsteher, Frank, A., Dr., Professor, Hausmann, W., Justizrat, Kraemer, Dr., Professor.

Zu Schriftführern der Abteilungen sind gewählt die Herren: v. Knorre, Dr., Professor, für die Abteilung für Chemie und Physik; Stercken, Regierungsrat, für die Abteilung für Mathematik und Mechanik; Hertzer, Dr., Professor, Geheimer Regierungsrat, für die Abteilung für Kunst und Kunstgewerbe; Fischer, Geh. Regierungsrat, für die Abteilung für Manufaktur und Handel.

In den Technischen Ausschuß sind gewählt:

I. Abteilung für Chemie und Physik.

Hiesige Mitglieder.

Behrend, M., Kommerzienrat.
Bork, Geheimer Baurat.
Börnstein, E., Dr., Chemiker.
Elkan, Dr., Chemiker.
Friedlaender, Immanuel.
Heinecke, Dr., Geheimer Regierungsrat.
Jeserich, Dr., Chemiker.
Leman, Dr., Professor.
Pufahl, Dr., Professor.
Sarnow, Dr.

Sprenger, Dr., Geheimer Regierungsrat.
von Velsen, Oberberghauptmann.

Auswärtige Mitglieder.

Bunte, Dr., Geh. Hofrat, Professor in Karlsruhe.
Pick, Dr., Direktor der k. k. chem. Ammoniak-Sodafabrik in Szczakowa in Galizien.
Precht, H., Dr., Direktor in Neu-Staßfurt.
Selve, Geheimer Kommerzienrat in Altena in Westfalen.
Stroof, J., Dr. in Frankfurt a. M.

II. Abteilung für Mathematik und Mechanik.

Hiesige Mitglieder.

Blanckertz, Fabrikbesitzer.
Büsing, Baurat.
Busley, Geheimer Regierungsrat, Professor.
Fehlert, Civil-Ingenieur.
Fischer, Geheimer Regierungsrat.
Gary, M., Professor.

Gentsch, Kaiserl. Regierungsrat.
Holz, Generaldirektor a. D. und Ingenieur.
Jäger, Geh. Ober-Regierungsrat.
Neuberg, Ingenieur.
Rathenau, Geh. Baurat und General-Direktor.
Schimming, G., Gasanstalts-Direktor.

III. Abteilung für Kunst und Kunstgewerbe.

Hiesiges Mitglied.

Sy, A., Hof-Goldschmied.

IV. Abteilung für Manufaktur und Handel.

Hiesige Mitglieder.

Alexander-Katz, Dr., Rechtsanwalt.
Delbrück, E., Geheimer Regierungsrat.
Fischer, Geheimer Regierungsrat.
Genest, W., Generaldirektor.
Haufs, Wirkl. Geh. Ober-Regierungsrat.
Henniger, M., Fabrikbesitzer.
Ide, H., Königl. Hoflieferant.

Landau, Verlagsbuchhändler.
Pintsch, J., Geh. Kommerzienrat.
Schomburg, H., Fabrikbesitzer.
Vensky, Ad., Stadtrat.

Auswärtiges Mitglied.

Fürst, Dr., Berghauptmann in Halle a. S.

Neugewählt sind:

Hiesige Mitglieder.

von Boelaner, Kaiserl. Regierungsrat.　　　*R. Habermann*, Ingenieur.

Herr Geh. Bergrat Prof. Dr. H. Wedding: M. H., in der letzten Sitzung hat unser Abgeordneter für das unter dem Protektorat Seiner Königlichen Hoheit des Prinzen Ludwig von Bayern stehende Museum von Meisterwerken der Naturwissenschaft und Technik in München, Herr Geheimer Regierungsrat K. Hartmann, die Ziele dieser Einrichtung erörtert und Mitteilung über die Eröffnung gemacht.

Wenn bei der Gründung des Museums auch noch vielleicht Zweifel an der Ausführbarkeit herrschten, so sind diese jetzt verschwunden und der Nutzen dieser deutsch-nationalen Schöpfung ist allgemein anerkannt.

Zur Erreichung solcher Ziele gehören erhebliche Geldmittel. Der Vorstand des Museums hat sich daher vornehmlich an die gewerblichen Vereine um dauernde Unterstützung gewendet. Der Technische Ausschuß unseres Vereins hat in seiner letzten Sitzung mit überwiegender Mehrheit es für angezeigt erachtet, dem Verein vorzuschlagen, einen Jahresbeitrag von 100 Mk. vorläufig für 1905 zu bewilligen. Unsere Verfassung steht dem nicht entgegen; wir haben ja einen gleich hohen Beitrag dem internationalen Verband für die Materialprüfungen der Technik zugebilligt. Freilich müssen wir mit solchen Bewilligungen sparsam sein und sie nur ausnahmsweise gewähren. Der Ausschuß für das Kassen- und Rechnungswesen hat auch seine Bedenken ausgesprochen, aber die hohe nationale Bedeutung des Museums und der Wunsch, an dieser in Süddeutschland errichteten Anstalt auch seitens unseres hauptsächlich in Norddeutschland Mitglieder zählenden Vereins teilzunehmen, hat den Technischen Ausschuß bestimmt, über diese Bedenken fortzusehen und Ihnen vorzuschlagen, die Bewilligung auszusprechen; im Namen des Technischen Ausschusses bitte ich Sie darum.

Vorsitzender: Wenn kein Widerspruch erfolgt, darf ich annehmen, daß der Antrag des Technischen Ausschusses auch Ihre Zustimmung gefunden hat.

Technische Tagesordnung.

Über radioaktive Stoffe.

Herr Prof. W. Marckwald: M. H.! Bald nach der Entdeckung der Röntgenstrahlen wurde die Vermutung ausgesprochen, daß die eigentümliche Phosphorescenz, welche man an der der Kathode gegenüberliegenden Glaswand in der bekannten Glasbirne auftreten sieht, vielleicht die Ursache der Röntgenstrahlung selbst bilden könnte, da es ja feststand, daß die Röntgenstrahlen etwas durchaus verschiedenes von den Kathodenstrahlen sind, und man sich eine Vorstellung darüber bilden wollte, woher nun außerhalb der Birne ganz andere Strahlen auftreten als innerhalb derselben. Dieser Gedanke war es, der verschiedene Physiker veranlaßte, der Frage näher zu treten, ob nicht vielleicht phosphorescierende Substanzen ganz allgemein, wenn auch selbstverständlich in sehr viel geringerem Maße als das phosphorescierende Glas der Kathodenbirne Röntgenstrahlen aussenden. Um diese Frage zu prüfen, wählte der französische Physiker Becquerel zufällig für seine Versuche das Uran-Kalium-Sulfat, welches ja wie viele andere Salze die Eigenschaft hat zu phosphorescieren, d. h. nach intensiver Belichtung im Dunkeln einige Zeit weiter zu leuchten, außerdem auch zu fluorescieren. Diese Begriffe können wir ja nicht ganz streng auseinander halten. Da anzunehmen war, daß die Röntgenstrahlung eine sehr geringe sein würde, so führte er den Versuch so aus, daß er eine photographische Platte in schwarzes Papier einwickelte, Uran-Kalium-Sulfat auf dieses Papier legte und tagelang in dieser Weise exponierte. Als er die Platte entwickelte, zeigte sich da, wo das Salz gelegen hatte, auf der Platte ein schwarzer Fleck. Als er aber mit anderen, phosphorescierenden Substanzen den gleichen Versuch ausführte, konnte er keinerlei Einwirkungen feststellen. Noch mehr, als er nun das Uran-Kalium-Sulfat monatelang im Dunkeln aufbewahrte, sodaß von einer Wirkung des Lichtes auf diese Substanz gar keine Rede mehr sein konnte, und den Versuch wiederholte, wurde gleichfalls die photographische Platte geschwärzt. Er ging weiter. Jetzt zu der Überzeugung gekommen, daß die Voraussetzung, die ihn zu seinem Versuche geführt hatte, unrichtig gewesen sei, nahm er andere Uransalze vor und Uranverbindungen, welche gar nicht die Eigenschaft der Phosphorescenz zeigen, z. B. Uranoxyd und schließlich das Uranmetall, und es zeigte sich, daß diese Substanzen nicht nur in demselben Maße, sondern sogar in höherem Maße auf die photographische Platte durch eine opake Schicht hindurch einwirkten, obgleich sie gar keine phosphorescierenden Eigenschaften haben. Da ferner sich herausstellte, daß alles Uran, ganz gleichgültig, welchen Erzen es entstammte, immer diese Eigenschaft in gleichem Maße zeigte, so blieb, so unwahrscheinlich auch die Beobachtung damals erscheinen mußte, kein anderer Schluß übrig, als daß das Uran unausgesetzt eine Energie aussende in Form von Strahlen, welche zunächst mit den Röntgenstrahlen jedenfalls eine gewisse Ähnlichkeit zeigen.

Damit war die Entdeckung der Becquerelstrahlen begründet. Die Strahlung des Urans und noch mehr seiner Salze ist eine so geringe, daß, wie ich schon erwähnte, man sie tage- und selbst wochenlang auf die photographische Platte wirken lassen muß, um durch Papier hindurch eine kräftige Schwärzung zu erzielen.

Es gibt noch ein zweites Mittel, diese Strahlen nachzuweisen. Röntgenstrahlen, ultraviolettes Licht, Kathodenstrahlen usw. besitzen die Eigenschaft, die Luft, die ja ein Nichtleiter der Elektrizität ist, in mehr oder minder begrenztem Maße leitend für Elektrizität zu machen. Diese Eigenschaften zeigten nun die Becquerelstrahlen auch, wenn man feine Elektroskope zur Prüfung anwandte. Lädt man ein solches, so gehen die Blättchen infolge der unvollkommenen Isolierung der Luft äußerst langsam zusammen, bei der Annäherung der Uranverbindungen hingegen ganz merklich schneller.

Die Entdeckung der Becquerelstrahlen hätte trotz ihrer hohen wissenschaftlichen Bedeutung sicherlich nicht so allgemein das Interesse weitester Kreise in Anspruch genommen, wenn ihr nicht eine zweite sehr wichtige Entdeckung gefolgt wäre. Im Laboratorium des Herrn Becquerel arbeitete als sein Assistent der französische Physiker Curie und dessen Frau, die an der Sarbonne Chemie studiert hatte. Sie waren von Becquerel veranlaßt worden, die Frage zu prüfen, ob alle uranhaltigen Mineralien die Erscheinungen der Becquerelstrahlen zeigten, und fanden dabei, daß die meisten von ihnen, besonders aber einige wohlbekannte, wie die Joachimsthaler Pechblende, die Becquerelstrahlung nicht nur in dem Maße zeigen wie das Uran, sondern ganz bedeutend stärker, ungefähr 6—8 mal so stark wirkten als das Uranmetall. Daraus zog nun das Ehepaar Curie den Schluß, daß in diesen Mineralien doch noch etwas anderes enthalten sein müsse, was „Radioaktivität" erzeuge, wie das Uran; denn sonst hätten die Mineralien ja schwächer und nicht stärker als Uran wirken müssen. Es wurde nun besonders die Joachimsthaler Pechblende untersucht, weil sie erstens besonders stark aktiv und außerdem in genügend reichlicher Menge zunächst zugänglich war. Dieses Mineral wurde gründlich analysiert. Gute Analysen von diesem Mineral gab es auch schon früher, und man wußte z. B., daß es ungefähr 0,3 % Wismut enthält. Als die Curies nun das Mineral analysierten und bei jeder einzelnen Abscheidung, die sie vornahmen, prüften: ist hier der Sitz der Aktivität? — da fanden sie, daß dieses Wismut aus der Joachimsthaler Pechblende sehr viel stärker radioaktiv war als das Uran, 100 mal so stark. Im übrigen zeigte dieses Wismut alle Eigenschaften des gewöhnlichen Wismuts, das seinerseits ganz und gar nicht radioaktiv ist. Die Entdecker vermuteten daher, daß sie noch nicht den reinen Träger der Aktivität in diesem Wismut in Händen hätten, sondern daß ihm ein dem Wismut sehr ähnlicher Stoff beigemengt sei, den vom Wismut zu trennen, ihnen zunächst nicht oder doch nur in ganz beschränktem Maße gelang, und für den sie den Namen Polonium in Vorschlag brachten.

Diese Entdeckung verlor nun aus zwei Gründen sehr bald an Interesse. Erstens zeigte sich, daß das Polonium seine Wirksamkeit im Laufe der Zeit, bisweilen schon im Laufe von Wochen, in anderen Fällen im Laufe von Monaten, größtenteils einbüßte. Zweitens aber fanden die Curies in der Pechblende einen darin in noch geringerer Menge enthaltenen Stoff auf, der dem gewöhnlichen Baryum in allen seinen bekannten chemischen Reaktionen durchaus glich, sich von ihm aber wiederum dadurch unterschied, daß er radioaktiv war, und zwar in demselben Maße wie das Rohpolonium, also ungefähr 100mal so stark wie metallisches Uran. Dieser Stoff nun, in welchem sie ein dem Baryum beigemengtes, radioaktives Element von ähnlichem chemischen Charakter vermuteten, dem sie den Namen · Radium gaben, zeigte sich konstant radioaktiv; er verminderte sein Strahlungsvermögen ebensowenig wie das Uran, nur daß das Strahlungsvermögen eben erheblich stärker war. Hier gelang es nun den Entdeckern, den radiaktiven Bestandteil, der zunächst nur einen ganz geringfügigen Teil des aus der Pechblende abgeschiedenen Baryumsalzes ausmachte, vom Baryum zu trennen. Sie machten nämlich die Beobachtung, daß, wenn man die salzsauren Salze umkrystallisiert, in dem zuerst Auskrystallisierenden sich der Träger der Radioaktivität anreichert, während die späteren Krystallisationen schwächer und schwächer aktiv ausfallen, und durch einen sehr schwierigen, langwierigen Krystallisationsprozeß gelang es ihnen alsdann, das Radium, indem sie ein ganzes Kilo und mehr von dem Rohradium verarbeiteten, soweit anzureichern, daß sie nun zwar immer noch alle chemischen Eigenschaften des Baryums an ihm fanden, aber gänzlich andere physikalische Eigenschaften. Das Salz hatte eine geringere Löslichkeit; es zeigte, was ja sehr wesentlich ist, ein ganz anderes Spektrum. Baryum färbt die Flamme gelbgrün, Radium färbt die Flamme rot. Sie konnten das Baryum soweit aus dem Salz entfernen, daß Demarcay, einer der größten Kenner der Spektrographie, erklärte, daß nur noch geringe Spuren von Baryum in dem Salz enthalten seien, sodaß sie mit einiger Berechtigung annahmen, nun reines Radium in Händen zu haben. Es mag dahingestellt sein, ob das wirklich ganz reines Radium ist; dafür fehlen die Beweise. Aber man kann das mit Sicherheit sagen, daß, wenn das Salz, welches die Curies in Händen hatten, nicht ganz reines Radium war, es doch höchstens mit ein wenig Baryum verunreinigt gewesen ist, und es besteht sicher zu mehr als 90 % aus Radium. Mit diesem Krystallisationsprozeß ging natürlich unausgesetzt eine Steigerung . der Wirkung her und die reinsten Präparate zeigten dann ein Millionen mal größeres Strahlungsvermögen als das Uran. Bei der Verarbeitung der großen Mengen von Pechblende, die zur Gewinnung einiger Decigramm von Radium nötig sind — dazu muß man schon mehrere Tonnen des Minerals verarbeiten — wurden nun in diesem Erz in viel untergeordneterer Menge noch als das Radium andere Stoffe aufgefunden, die ebenfalls die Eigenschaft der Radioaktivität zeigen. Man fand radioaktives Blei, ferner Erden, die man Aktinium und Emanium genannt hat, und auf die ich später noch kurz zu sprechen kommen werde. Aber von allen diesen Substanzen ist es doch noch unsicher, ob sie eigentliche, radioaktive Elemente darstellen. Ferner erwies sich ein längst bekanntes Element, das Thorium, der Hauptbestandteil der Glühstrümpfe im Auerbrenner, in ähnlich schwachem Maße wie das Uran radioaktiv. .

Vor einigen Jahren beschäftigte ich mich ebenfalls mit der Untersuchung von Joachimsthaler Pechblende. Da damals das Verfahren, nach dem die Curies die Pechblende verarbeiteten, noch geheim gehalten wurde, so arbeitete ich nach einem abweichenden Verfahren und schied dabei Wismut aus der Pechblende ab, welches ich ursprünglich für Polonium ansah. Bei der näheren Untersuchung gelang es mir, aus diesem Wismut eine Substanz abzuscheiden; die in mancher Beziehung, namentlich in analytischen Reaktionen dem Wismut sehr ähnlich ist, ein seltener Grundstoff, den man schon längst kannte: das Tellur. Dieses Tellur war sehr stark radioaktiv, zeigte aber im übrigen durchaus zunächst die Eigenschaften des gewöhnlichen Tellurs und es war deshalb von vornherein anzunehmen, daß diese schon sehr stark radioaktive Substanz in sehr wesentlichen Mengen gewöhnliches Tellur enthalten würde, von dem es sich zunächst nur durch die Radioaktivität unterschied. Ich fand damals gewisse chemische Reaktionen auf, die Ihnen mitzuteilen hier zu weit führen würde, durch die es aber gelang, die radioaktive Substanz von dem Tellur zu trennen, und ich habe vorläufig die so abgeschiedene Substanz Radiotellur genannt. An dieser Substanz ist nun die Pechblende noch viel ärmer als an Radium. Während man aus einer Tonne Pechblende etwa $^4/_{10}$ g Radium gewinnt, enthält sie kaum den tausendsten Teil davon an Radiotellur. Ich habe davon überhaupt nur Milligramme in Händen gehabt. Über die chemische Natur der Substanz ist noch wenig zu sagen, und wenn ich hier überhaupt davon spreche und damit experimentieren werde, so geschieht es deswegen, weil sie noch ungeheuer viel kräftiger als das Radium wirkt, sodaß man mit hunderteln Milligramm dieser Substanz genügende Wirkungen erzielen kann, um sie dieser zahlreichen Versammlung vorzuführen. Ich werde, soweit meine Versuche sich auf das Radiotellur beziehen, mich überhaupt nur einer solch geringen Menge dieser Substanz bedienen. Das ist bei dieser Substanz bequem möglich, weil sie ein Metall ist, das man auf elektrolytischem Wege auf andere Metalle niederschlagen kann, und ich werde mich hier einer Kupferplatte bedienen, auf die einige hundertel Milligram von diesem Radiotellur elektrolytisch niedergeschlagen sind. Mit dieser Substanz und mit dem Radium werden wir uns hier hauptsächlich zu beschäftigen haben.

Es ist nun sehr merkwürdig, daß sich in der Pechblende zwei Substanzen finden, die radioaktiv und dabei in der Art ihrer Strahlung ganz charakteristisch unterschieden sind. Ursprünglich hat man ja nicht gewußt, wie kompliziert die Strahlen sind, die das Radium aussendet; erst als zahlreiche Physiker sich eingehend mit dem Radium beschäftigten, ist man dahinter gekommen, daß das Radium mindestens zwei, vielleicht drei ganz verschiedene Strahlengattungen aussendet, ganz abgesehen davon, daß jede einzelne dieser Strahlengattungen nur etwa wie das Spektrum des Sonnenlichtes in eine große Anzahl feiner differenzierter Arten zerlegt werden könnte. Das Verdienst um diese Entdeckung kommt hauptsächlich dem kanadischen Physiker Rutherford zu. Mindestens zwei Arten von Strahlen, α- und β-Strahlen genannt, sendet das Radium aus. Man verzeichnet noch eine dritte Art, die γ-Strahlen. Die α-Strahlen sind solche, die durch feste Körper und Flüssigkeiten sehr stark absorbiert werden, sodaß sie nur durch ganz dünne Aluminiumfolien oder dergl. noch hindurchgehen. Die β-Strahlen sind durchdringend, insofern ähnlich den Röntgenstrahlen, aber sie unterscheiden sich von den Röntgenstrahlen sehr charakteristisch in einer Eigenschaft: die Röntgenstrahlen werden durch den Magneten nicht abgelenkt während die β-Strahlen durch den Magneten abgelenkt werden in demselben Sinne wie Kathodenstrahlen, sodaß es scheint, als ob die β-Strahlen Kathodenstrahlen sind, die sich von den in der Kathodenbirne erzeugten nur durch eine sehr viel größere Geschwindigkeit

2

unterscheiden. Die α-Strahlen werden ebenfalls durch den Magneten abgelenkt, aber in sehr geringem Maße und nach engegengesetzter Richtung wie die β-Strahlen, sodaß sie durch ihr Verhalten gegen den Magneten in ganz charakteristischer Weise von den β-Strahlen unterschieden sind. Dann gibt es noch sehr durchdringende Radiumstrahlen, die man als γ-Strahlen bezeichnet hat; sie werden durch den Magneten nicht abgelenkt, und man hat darin früher einen charakteristischen Unterschied zwischen den γ- und β-Strahlen sehen wollen. Neuerdings sind einige Physiker anderer Meinung geworden. Sie haben nämlich eingewandt: wenn das Radium Kathodenstrahlen von sehr verschiedener Geschwindigkeit und demgemäß auch sehr verschiedenem Durchdringungsvermögen aussendet, dann ist es möglich, daß die γ-Strahlen solche von allergrößter Geschwindigkeit sind, daß hier die Elektronen, um diese Hypothese zu gebrauchen, mit solcher Geschwindigkeit abgeschleudert werden, daß es lediglich an experimentellen Schwierigkeiten scheitert, wenn man die Ablenkung durch den Magneten nicht mehr nachweisen kann. Es ist das also eine offene Frage, und mit Sicherheit kann man nur zwischen α- und β-Strahlen des Radiums unterscheiden. Das Radiotellur sendet nur α-Strahlen aus, diese α-Strahlen aber in ganz außerordentlich starkem Maße. Die Curies hatten schon an ihrem Polonium beobachtet, daß es nur α-Strahlen aussendet. Ein anderes Polonium, das Giesel dargestellt hat, der ja sehr große Verdienste um die Entdeckung der radioaktiven Substanzen hat, sendete α- und β-Strahlen aus. Das Polonium ist eben ein sehr wenig definierter Begriff. Man hat früher die Vermutung ausgesprochen, daß es nichts anderes als durch Induktion aktiviertes Wismut ist. Durch die Entdeckung des Radiotellurs muß man an die Möglichkeit denken, daß das Polonium vielleicht auch Radiotellur enthalten hat, daß wenigstens ein Teil der Aktivität dieses Wismut daher gerührt hat. Es ist darüber vorläufig nichts sicheres zu sagen.

Ich möchte Ihnen nun einige Versuche vorführen, die zunächst das demonstrieren sollen, was ich Ihnen über die Strahlung gesagt habe. Ich projiziere eine Photographie, welche mit Radium hergestellt ist. Ein Schlüssel befand sich in einer Pappschachtel eingeschlossen, die auf der photographischen Platte lag. In einer Entfernung von 15 cm darüber lag das Radiumsalz in einer Aluminiumkapsel. Die Expositionszeit war etwa ¼ Stunde. Sie sehen an dem Bilde, daß die Strahlen die Pappschachtel mit sehr geringer Schwächung durchdrangen, von dem eisernen Schlüssel aber zurückgehalten wurden, sodaß die Aufnahme durchaus einer Röntgenphotographie gleicht. Siehe Fig. 1.*)

Ganz anders verhält es sich mit dem Radiotellur. Die Aufnahme, die ich nun projiziere, ist so entstanden, daß auf die photographische Platte ein kleines Blättchen von feinster Aluminiumfolie (höchstens ¹/₁₀₀ mm dick) und ein noch kleineres Blättchen gewöhnliches Schreibpapier aufgelegt wurde. Dicht darüber wurde diese Kupferelektrode mit dem Radiotellurüberzug gelegt und eine Minute exponiert. Sie sehen an dem

---

*) Die Abbildungen sind mit Genehmigung des Verlegers der Schrift des Vortragenden: „Über Becquerelstrahlen und radio-aktive Substanzen." Heft 7 der modernen ärztlichen Bibliothek, Berlin 1904. Verlag von Leonhard Simion Nf. entnommen.

Bilde, daß von der Aluminumfolie die Strahlen schon beträchtlich, vom Papier aber vollständig absorbiert worden sind. Siehe Fig. 2.

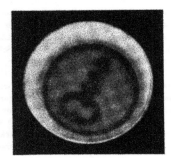 

Fig. 1. **Aufnahme mit β-Strahlen.**   Fig. 2. **Aufnahme mit α-Strahlen.**

Ich werde Ihnen jetzt die Wirkung der Becquerelstrahlen auf das Elektroskop vorführen. Wir werden dabei Gelegenheit haben, auch hier die Verschiedenheit zwischen α- und β-Strahlen zu erkennen.

Wir laden das Elektroskop und ich zeige Ihnen, daß schon bei der Annäherung eines Stückes Joachimsthaler Pechblende die Blättchen des Elektroskops deutlich zusammengehen. Die Luft wird unter der Einwirkung dieses Steins etwas leitend. Wir wollen nun ein Stäbchen nähern, auf dem sich schätzungsweise ein milliontel Milligramm von dem Radiotellur befindet. Sie sehen, wie bei der Annäherung die Blättchen sofort zusammenfallen. Jetzt wollen wir dasselbe Stäbchen in einfaches Schreibpapier einwickeln, und Sie werden dann sehen, daß bei der Annäherung die Blättchen stehen bleiben; sie gehen nicht zusammen. Also die Strahlen gehen durch das Papier nicht hindurch. Jetzt nehmen wir das Radiumpräparat. Es ist in eine Eisenblechschachtel eingeschlossen, und wir wollen diese annähern. Sie sehen, wie die Blättchen des Elektroskops zusammengehen, die Strahlen also die Metallhülle durchdringen.

Diese Versuche sollten Ihnen hauptsächlich den Unterschied der Strahlungen demonstrieren. Nun habe ich schon gesagt, daß das Radium auch α-Strahlen aussendet, aber mit diesen α-Strahlen läßt sich bei einer so kostbaren Substanz, wie es das Radium ist, sehr schlecht experimentieren, weil das Radium nicht ein solches Metall ist, das man elektrolytisch auf anderen Metallen niederschlagen kann; es ist ein Metall, das sich ähnlich verhält dem Ihnen wohlbekannten Natrium, das sich also an der Luft oxydieren und sowohl durch den Sauerstoffgehalt wie durch den Feuchtigkeitsgehalt der Luft zerstört würde. Man kennt das Radium nur in Salzen, und mit diesen Salzen in offenen Gefäßen zu experimentieren, ist bedenklich wegen der Gefahr, etwas durch Verschütten oder dergleichen zu verlieren. Man wird also zur Demonstration der α-Strahlen das Radiotellur bevorzugen.   .

2*

Nun haben Sie hier gesehen, daß sowohl Radium- wie Radiotellurstrahlen die Luft leitend für Elektrizität machen. Da aber die α-Strahlen diejenigen sind, die durch selbst sehr dünne Schichten von festen Körpern schon nicht hindurchgehen, so liegt es ja auf der Hand, daß sie auch nicht durch eine beliebig dicke Schicht von Gas hindurchgehen, sondern sie werden von allen Körpern, seien es Gase, flüssige oder feste Körper, sehr stark absorbiert, nur daß Gase viel weniger dicht sind als feste Körper, und infolgedessen können die Strahlen durch eine mehrere Centimeter lange Schicht von Gas hindurchgehen, während sie durch eine nur einige hundertel Millimeter dicke Schicht eines festen Körpers nicht hindurchdringen. Da sie aber auch von den Gasen stark absorbiert werden, so liegt es auf der Hand, daß sie auf die Gase stärker wirken können als die durchdringenden β-Strahlen, daß sie also das Ionisierungsvermögen für Gase in ganz besonders hohem Maße besitzen. Daher kann man eine Reihe von Experimenten mit den α-Strahlen ausführen, die man mit den β-Strahlen, die durch Gase nicht genügend absorbiert werden, und infolgedessen auch nicht genügend stark auf sie einwirken, gar nicht ausführen kann. Wir wollen nun eine Reihe solcher Versuche hier vorführen.

Ich lade hier zunächst eine Franklinsche Tafel, das bekannte Modell einer Leydener Flasche. Diese Tafel ist hier mit Hollundermarkkügelchen versehen, und wenn ich auf der einen Seite ableitend zur Erde berühre, so gehen die Kügelchen an der entgegengesetzten Seite hoch, während sie an der berührten herabsinken, und umgekehrt. Jetzt kann ich die Luft leitend machen und dieselbe Wirkung hervorrufen, indem ich das Radiotellur nähere, und zwar auf 1 dcm Entfernung. Es ist gerade, als ob ich mit der Hand berührte. Hier habe ich Radiumsalz auf einem offenen Uhrglas. Die Wirkung ist die nämliche. Wenn ich jetzt von der einen Seite das Radiotellur, von der anderen das Radium nähere, so wird die Tafel natürlich gänzlich entladen, und zwar ohne Funken durch die Luft hindurch.

Nur ein offenes Radiumpräparat, bei dem die α-Strahlen zur Wirkung gelangen, ruft so kräftige Ionisierung hervor. Wenn ich ein sehr starkes Präparat, welches in eine Aluminiumkapsel eingeschlossen ist, der Franklinschen Tafel näher bringe, so bleibt die Wirkung aus.

Hier setze ich das bekannte Seidenpapierbüschel mit der Influenzmaschine in Verbindung, lade auf und nähere das Radiumpräparat. Sie bemerken kaum eine Veränderung, während jetzt bei der Annäherung der Radiotellurplatte das Zusammenfallen des Büschels zeigt, wie schnell die ganze Elektrizität heruntergeht. Ein ganz ähnliches Resultat erhalten wir, wenn wir das Büschel durch ein elektrisches Läutewerk ersetzen. Wird die Maschine kräftig geladen, so läutet es minutenlang und wird durch das eingeschlossene Radiumpräparat, wie Sie sehen, darin nicht merklich gestört. Jetzt nähere ich das offene Salz und Sie sehen, daß die Elektrizität sofort abgeleitet ist und die Glocke schweigt. Ich will nun eine Leydener Flasche hier auf einen Isolierteller in die Nähe des einen Poles der Influenzmaschine bringen. Wenn diese Flasche wirklich völlig isolieren würde, was leider nicht der Fall ist, dann sollte, da jetzt die Ableitung der Außenbelegung zur Erde fehlt, nur ein einziger Funken übergehen, und sie dürfte sich nicht weiter aufladen. Das wird nicht ganz zutreffen, weil das Glas etwas leitend ist. Sie werden aber nur sehr selten Funken übergehen sehen; wenn ich hingegen der Außenbelegung das Radiotellurpräparat nähere, und so durch die Luft hindurch die Erdleitung herstelle, so werden Sie regelmäßig Funken übergehen sehen; sobald ich die Platte entferne, hören die Funken auf. So kann ich die Leydener Flasche vollständig laden. Nun will ich umgekehrt die jetzt geladene Flasche entladen und will das so machen, daß ich ihren Knopf mit der Klingel in Verbindung setze; solange der Strom gegen die Außenbelegung nicht geschlossen ist, schweigt die Klingel. Jetzt schließe ich den Strom dadurch, daß ich einerseits die Ableitung der Glocke berühre, andererseits das Radiotellur der Außenbelegung der Flasche nähere. Alsbald entladet sich die Flasche und die Glocke ertönt.

Ich möchte nun noch einen Versuch zeigen, der recht deutlich demonstrieren soll, daß die Luft wirklich durch das Präparat leitend wird. Ich bringe jetzt hier die Klingel in leitende Verbindung mit einem Stativ, das isoliert ist, und an dem ich die Radiotellurplatte befestige. In einer Entfernung von 10 cm befindet sich der eine Pol der Influenzmaschine, während der andere geerdet ist. Setze ich nun die Maschine in Gang, so geht der Strom durch die Luft auf die Radiotellurplatte und von dort weiter zur Glocke über und diese ertönt. Jetzt kann ich aber diese Luftleitung unterbrechen, indem ich ein Blatt Papier zwischen Pol und Platte halte. Dann gehen die Strahlen durch das Papier nicht hindurch, und infolgedessen wird die Luft nur an der einen Hälfte ionisiert, nicht auf der anderen. Wenn ich also mit dem Papier dazwischen komme, hört die Klingel sofort auf. Die Entfernung zwischen der Platte und dem Pol darf nicht allzu groß sein. Man wäre nicht imstande, mit dieser Substanz, selbst wenn ich sehr viel größere Quantitäten davon zur Verfügung hätte, sagen wir drahtlos zu telegraphieren auf beliebige Entfernungen hin, weil ja die Absorption der α-Strahlen durch das Gas so groß ist, daß die Wirkung in einer kurzen Entfernung bereits aufhört. Das vermag man am besten zu sehen, wenn man Photographien mit dieser Substanz macht. Die Entfernung schwächt ungeheuer viel mehr als im Quadrat der Entfernung, weil die dazwischenliegende Gasschicht schon die Strahlen größtenteils absorbiert. Im Vakuum wirkt natürlich die Substanz auf viel größere Strecken als unter Atmosphärendruck.

Ich habe vorhin schon eine chemische Eigenschaft der Becquerelstrahlen erwähnt: die Wirkung auf die photographische Platte. Die Becquerelstrahlen, namentlich die Strahlen des Radiums haben nun sehr viel kräftigere chemische Wirkungen als diese photochemischen. Wenn man ein Radiumpräparat in einem Glasgefäß aufbewahrt, nimmt dieses Glas eine je nach seiner Zusammensetzung dunkelviolette oder braune Farbe an, obgleich wir doch Glas als einen besonders widerstandsfähigen Stoff anzusehen gewohnt sind.

Eine andere chemische Wirkung, die auch die α-Strahlen des Radiotellurs ausüben, besteht darin, daß der Sauerstoff der Luft unter der Einwirkung dieser Strahlen in Ozon verwandelt wird. Wenn man eine Flasche, in der sich Radium befindet, öffnet, riecht man stets Ozon. Chemische Wirkungen können die α-Strahlen nur in äußerst geringem Maße ausüben, weil sie in die Substanzen nicht eindringen. Läßt man eine solche Radiotellurplatte einige Wochen in Papier eingewickelt liegen, so wird dieses

Papier ganz brüchig, und hat man reines Radiotellur etwa aus einer Lösung gefällt und auf einem Filter gesammelt, so darf man sie auf diesem Filter nicht allzulange aufbewahren. Als ich 14 Tage lang einen solchen Niederschlag auf dem Filter liegen gelassen hatte, merkte ich äußerlich dem Filter schon eine Veränderung an; als ich es aber berührte, zerfiel es vollständig. Ich glaube nicht, daß diese Wirkungen direkt von den α-Strahlen herrühren, sondern daß es sich um eine chemische Wirkung des Ozons handelt; denn Ozon wirkt ja zerstörend auf organische Stubstanzen ein, so daß ich hier nicht von einer direkten, sondern mehr von einer indirekten Wirkung des Radiotellers sprechen möchte.

Eine Wirkung, die wahrscheinlich nicht chemischer Natur ist, die aber sehr merkwürdig ist, und von der man theoretisch keine klare Vorstellung hat — man hat versucht, sie chemisch zu erklären —, ist die, daß Salze, die wir als farblose kennen, z. B. Kochsalz oder Chlorkalium, unter der Wirkung der Radiumstrahlen intensiv gefärbt werden. Ich habe hier ein Stück Kaliumchlorid, das unter der Einwirkung dieser Strahlen eine dunkelviolette Färbung angenommen hat. Wenn man dieses Kaliumchlorid — ich habe es deshalb in einer Schachtel aufbewahrt — dem Lichte aussetzt, verschwindet die Färbung sehr schnell; selbst bei elektrischem Licht würde es sehr bald erblassen; bringt man es ins Sonnenlicht, so verschwindet die Färbung schon in einigen Sekunden. Das Kochsalz wird nicht so intensiv gefärbt, es wird gelb; die Färbung geht durch den ganzen Krystall hindurch, wie dieser Steinsalzkrystall zeigt.

Ich komme nun zu Wirkungen ganz anderer Art. Wie man jede Energieform mehr oder weniger im stande ist, in jede beliebige andere Form umzuwandeln, so ist das natürlich auch der Fall bei der Energieform, wie sie uns in den Becquerelstrahlen vorliegt. Beispielsweise läßt sich diese Energieform in Wärme umsetzen. Wenn die Becquerelstrahlen, die das Radium aussendet, absorbiert werden, so muß ja irgend etwas daraus werden. Wenn sie durch den Eisenschlüssel, wie Sie es vorhin am Bilde sahen, nicht hindurchdringen, so erleiden sie irgend eine Veränderung, und es war von vornherein zu erwarten, daß Wärme dabei entstehen würde. In der Tat, bringt man in ein Eiskalorimeter Radium hinein, das in eine Metallhülse eingeschlossen ist, so kann man die Wärmemengen messen, in welche sich die ausgesandte Energie umwandelt, indem sie absorbiert wird. Man hat nun berechnet, wieviel Wärme dabei erzeugt wird, und hat gefunden, daß ein Gramm Radium — es ist natürlich weniger für den Versuch angewandt worden — in einer Stunde 80 kleine Kalorien entwickeln würde, woraus man geschlossen hat, daß 8 kg Radium einer Pferdestärke entsprechen würde. Wenn man also im stande wäre, sich 8 kg davon zu verschaffen, so könnte man einen Wagen damit dauernd ziehen. Wenn man in ein Gefäß, daß einige Decigramm Radium enthält, ein Thermometer eintaucht, so kann man direkt am Thermometer ablesen, daß die Temperatur in diesem Gefäß höher ist als in der Umgebung; das Thermometer steigt um mehrere Grade.

Viel interessanter noch als dies ist die Umwandlung in eine andere Energieform, in Lichtenergie. Ähnlich den Röntgenstrahlen wirken die Becquerelstrahlen auf phosphorescierende Substanzen, also auf solche Substanzen, die durch Belichtung mit Tageslicht zum Leuchten angeregt werden, übrigens auch auf manche, bei denen das nicht der Fall ist, phosphorescenzerregend ein. Gerade so also wie bei dem Auftreffen von Röntgenstrahlen auf einem Baryumplatincyanür-Schirm der Schirm aufleuchtet, so leuchtet er auf, wenn er von Becquerelstrahlen getroffen wird.

Nun habe ich Ihnen von dem Unterschied zwischen den α- und β-Strahlen gesprochen. Sie werden nachher sehen, daß, wenn ich mein Radiumpräparat diesem Ihnen von Röntgenversuchen her bekannten Schirme nähere, der Schirm leuchtet. Das kann man natürlich beim Radiotellur .nicht erwarten, denn die α-Strahlen gehen ja durch den Schirm gar nicht hindurch; nur bei direktem Auffallen der Strahlen auf einen Barymplatincyanür-Schirm wird er zum Leuchten gebracht. Um Ihnen die Phosphorescenz des Baryumplatincyanür in Radiotellur-Strahlen zeigen zu können, habe ich das Baryumplatincyanür auf einen Glasschirm gebracht. Wenn ich nun das Radiotellur der Salzseite nähere, werden Sie durch das Glas hindurch das Leuchten beobachten können.

Auch bei diesen Phosphorescenz-Erscheinungen zeigt sich ein bemerkenswerter Unterschied zwischen α- und β-Strahlen. Nicht auf alle Substanzen wirken die α- und β-Strahlen gleichmäßig phosphorescenzerregend ein. Sie werden sehen, daß sowohl in den Strahlen des Radiotellurs wie in denen des Radiums das Baryumplatincyanür leuchtet. Anders steht es mit dem Leuchten von sogenannter Sidotblende, hexagonalem Zinksulfid, das sich hier ebenfalls auf einer solchen Glasplatte befindet. Es leuchtet nur in den α-Strahlen; es leuchtet also, wenn man ihm die Radiotellurplatte oder ein offenes Radiumpräparat nähert. Dagegen leuchtet es nicht in den β-Strahlen des Radiums.

Die Sidotblende zeigt auch die Erscheinung des Nachleuchtens. Während das Baryumplatincyanür sofort erlischt, wenn die Strahlen des radioaktiven Stoffes nicht mehr darauf treffen, klingt das Leuchten des Sidotblendeschirmes langsam ab.

Zu den Stoffen, welche sowohl von α-, wie von β-Strahlen zu sehr schöner Phosphorescenz angeregt werden, gehören auch die Diamanten, deren Echtheit sich durch diese Eigenschaft leicht prüfen läßt. Um Ihnen auch diese Erscheinung zeigen zu können, habe ich Diamantstaub, wie er in den Diamantschleifereien abfällt, mit einem Bindemittel auf dieser Glasplatte befestigt. Natürlich bekommen Sie dadurch nur ein unvollkommenes Bild von der prächtigen Phosphorescenz, die ein großer Brillant zeigen würde.

Alle Radiumsalze senden ein geringes Eigenlicht aus, leuchten also beständig im Dunkeln, eine Eigenschaft, welche dem Radiotellur abgeht. Gewisse Radiumsalze aber, besonders das Chlorid und Bromid leuchten, namentlich wenn sie noch reich an beigemengtem Baryumsalz sind, ganz prächtig nach scharfem Trocknen. Die Erklärung für die letztere Erscheinung liegt darin, daß die Becquerelstrahlen das wasserfreie Baryumchlorid oder -bromid selbst zur Phosphorescenz erregen. Wenn man wasserfreiem Baryumchlorid, das an sich nicht phosphoresciert, die Radiotellurplatte nähert, leuchtet es ähnlich, wie die anderen phosphorescierenden Stoffe. Dagegen leuchtet das krystallwasserhaltige Salz nicht.

Es bleibt mir, bevor ich von einem anderen radioaktiven Stoffe noch ganz kurz spreche, nur noch übrig, mit wenigen Worten auf die merkwürdigen physiologischen

Wirkungen des Radiums hinzuweisen. Herr Curie hat zuerst an sich die unangenehme Beobachtung gemacht, daß, wenn man die Haut den Becquerelstrahlen aussetzt, wie sie das Radium aussendet, die Stelle, an der die Bestrahlung stattgefunden hat, sich nach einigen Tagen rötet. Mehrere Wochen nach der Bestrahlung treten sehr bösartige Entzündungen auf. Ferner haben Aschkinas und Caspary gefunden, daß ähnlich wie ultraviolette Lichtstrahlen die Becquerelstrahlen auf Bakterien sehr stark einwirken und sie töten. Nun wirken zwar die ultravioletten Lichtstrahlen schneller, aber sie dringen gar nicht ein, während auch die durchdringenden Radiumstrahlen noch eine gewisse bakterienvernichtende Wirkung ausüben.

Auch hoch organisierte Lebewesen können durch die Becquerelstrahlen bis zu tötlicher Wirkung beeinflußt werden. Mäuse, Frösche und Meerschweinchen gehen, wenn sie den Strahlen mehrere Tage ausgesetzt werden, unter Lähmungserscheinungen zu grunde. Es ist daher zu verstehen, wenn sich die Entdecker des Radiums dahin aussprachen, sie würden sich scheuen, ein Zimmer zu betreten, in welchem sich ein Kilo Radium befände.

Bei vorsichtiger Anwendung der Radiumstrahlung ist man nun im stande, die zerstörende Wirkung auf die Vernichtung ungesunder Neubildungen oder dergl. zu beschränken. So lassen sich Haare von der Haut dauernd entfernen, wenn die betreffende Stelle mehrmals kurze Zeit bestrahlt wird. Wichtiger sind die Ergebnisse, welche man bei der Behandlung bösartiger Hautkrankheiten, wie Lupus, und auch bei krebsartigen Erkrankungen erzielt hat. Doch reicht das Beobachtungsmaterial noch nicht hin, um sich über den therapeutischen Wert der Becquerelstrahlen ein endgültiges Urteil zu bilden.

· Es bleibt mir nun zum Schluß noch übrig, von einer höchst merkwürdigen, ich kann wohl sagen, mysteriösen radioaktiven Substanz zu sprechen, über deren Natur man eigentlich gar nichts weiß, für die man um so leichter einen Namen gefunden hat; man nennt sie Emanation. Das Radium selbst, in schwächerem Maße auch das Thorium, nicht aber das Radiotellur, haben die Eigenschaft, einen nicht recht faßbaren gasähnlichen Stoff beständig auszusenden, und diesen Stoff, der zuerst von Rutherford beobachtet worden ist, nennt man eben die Emanation. Die Emanation ist radioaktiv und übt ähnliche Wirkungen aus, wie die anderen aktiven Stoffe. Sie verhält sich insofern wie ein Gas, als sie sich mit meßbarer Geschwindigkeit verbreitet, etwa wie eine riechende Substanz. Wenn man ein Radium enthaltendes Gefäß öffnet, läßt sich diese Emanation in einer gewissen Entfernung erst nach einer gewissen Zeit nachweisen. Wenn man das Gas durch flüssige Luft leitet, wobei man ja erwarten konnte, daß, wenn es sich um ein Gas handelt, dieses Gas bei der niedrigen Temperatur kondensiert würde, so scheint dies in der Tat der Fall zu sein. Denn die Emanation geht durch ein in flüssige Luft getauchtes Rohr nicht mehr hindurch. Aber man hat sie trotzdem bisher nicht recht fassen können, weil die Menge zu gering ist.

Vielleicht ist eine ganz neue Entdeckung Giesels berufen, hier weitere Aufklärung zu bringen. Schon Debierne hat eine Actinium genannte Erde in der Pechblende aufgefunden, die in besonders hohem Maße Emanation aussendet. Nunmehr hat Giesel eine ähnliche, dem Lanthan nahestehende Substanz abgeschieden, welche so stark emaniert, daß man hoffen darf, aus ihr wägbare Mengen des merkwürdigen Gases zu gewinnen. Er hat sie eben dieser Eigenschaft halber Emanium genannt.

Eine sehr interessante Beobachtung hat Ramsay an der Radiumemanation gemacht. Wenn man Baryum-Bromid in Wasser auflöst, so findet, wie Giesel zuerst bemerkte, eine ständige, sehr langsame Gasentwicklung statt, die nicht etwa von der Emanation herrührt, sondern daher — es ist das wieder nur eine Umwandelung der von dem Salz ausgestrahlten Energie —, daß das Wasser elektrolysiert wird, denn es entwickeln sich Wasserstoff und Sauerstoff; allerdings Sauerstoff in viel geringerer Menge als dem Verhältnis entspricht, in dem Sauerstoff und Wasserstoff im Wasser gebunden sind. Das ist aber leicht zu erklären; der Sauerstoff wird teilweise zur Oxydation des Baryum-Bromids verbraucht; es entsteht aus dem Baryum-Bromid ein bromsaures Salz. Das entwickelte Gas hat Ramsay wochenlang aufgesammelt und so beträchtliche Mengen gewonnen. Den Wasserstoff und Sauerstoff hat er durch geeignete chemische Reaktionen entfernt und dann Spuren eines Gases übrig behalten, welches, ähnlich den von ihm in der Luft entdeckten Gasen die Eigenschaft hatte, völlig unfähig zu chemischen Reaktionen zu sein.

Dieses Gas führte er in ein evakuiertes Glasröhrchen von wenigen Kubikcentimetern Inhalt, das es so weit erfüllte, daß der elektrische Funke überging. So konnte er das Spektrum dieses Gases beobachten, und dieses Spektrum war nun ganz verschieden von den bekannten Gasen in der Luft. Das sprach also dafür, daß diese Emanation wirklich ein Gas ist etwa von der Gattung des Argons und des Heliums. Nun kommt aber das Merkwürdigste: nach einigen Tagen verschwand dieses Spektrum und machte dem so außerordentlich charakteristischen Spektrum des Heliums Platz. Diese Beobachtung ist von mehreren Forschern bestätigt worden.

Danach sieht es so aus, als ob hier eine Umwandlung von Materie stattgefunden hätte, daß nämlich das Radium in Emanation, diese weiter in inaktives Helium umgewandelt würde. Wir werden die wichtige Entdeckung Ramsays in ihrer theoretischen Bedeutung später noch würdigen, um hier zunächst eine andere Eigenschaft der Emanation zu besprechen.

Die Emanation vermag an alle Gegenstände, mit denen sie in Berührung kommt, ihre Radioaktivität abzugeben. Diese werden „induziert" aktiv. Daher kommt es, daß alle Gegenstände, welche sich in demselben Raum mit Radium befinden — durch keine für Gase undurchlässige Scheidewand getrennt — radioaktiv werden. Man kann so radioaktives Papier, Glas, Metalle erhalten. Diese Aktivität vermindert sich aber, sobald man die Gegenstände der Beeinflussung durch die Emanation entzieht, sehr schnell wieder und ist nach einem Tage kaum mehr nachweisbar. Man kann die induzierte Aktivität dadurch verstärken, ohne übrigens ihre Dauer zu erhöhen, daß man den zu induzierenden Gegenstand mit negativer, das Radiumsalz aber mit positiver Elektrizität belädt. Die Emanation wird nämlich von negativ elektrisierten Körpern angezogen, von positiv elektrisierten abgestoßen.

Diese Tatsache hat Anlaß zu Versuchen gegeben, welche es sehr wahrscheinlich gemacht haben, daß unsere Atmosphäre Emanation enthält. Daß die atmosphärische Luft niemals ein vollkommener Isolator für Elektrizität ist, wurde schon oben erwähnt.

Welches nun die Ursache der geringen, ihrer Größe nach wechselnden Leitfähigkeit der Luft ist, darüber gehen die Meinungen auseinander. Es liegt aber nahe, daran zu denken, daß die Luft Spuren eines radioaktiven Stoffes, etwa der Radiumemanation enthalten könnte. Um diese Frage zu prüfen, wurde ein 20 m langer Kupferdraht in freier Luft ausgespannt und stark mit negativer Elektrizität geladen. Nach einigen Stunden zeigte sich nun wirklich dieser Draht deutlich radioaktiv. Er wirkte sowohl entladend auf das Elektroskop, wie auch auf die photographische Platte ein. Das aktive Agens ließ sich von dem Draht mit einem Lederlappen herunterwischen, der nun seinerseits radioaktiv war, ohne daß etwa Substanz darauf sichtbar war. Nach einigen Stunden verlor sich die Aktivität vollständig. ·

Es entstand nun die Frage, wie die Emanation in unsere Atmosphäre gelangen kann. Es blieb kaum eine andere Annahme, als daß sie radioaktiver Substanz des Erdbodens entstammt. Diese Vermutung wurde zunächst dadurch bestätigt, daß solche Luft, welche dem Erdboden entnommen wurde, eine größere Leitfähigkeit für Elektrizität zeigte, als atmosphärische Luft. Man hat ferner in der Luft, welche in Quellwasser gelöst ist, Emanation nachweisen können. Endlich ließ sich durch feine Untersuchungen auch direkt nachweisen, daß der Erdboden radioaktiv ist. Diese Radioaktivität ist im allgemeinen sehr gering, gewisse Anzeichen sprechen aber dafür, daß unsere Erdrinde in größeren Tiefen reicher an radioaktiven Stoffen ist. Ein vulkanischer Schlamm, der unter dem Namen „Fango" schon längere Zeit für Heilzwecke Verwendung findet, ist erheblich stärker radioaktiv, als etwa Tonboden. Es ist ziemlich sicher nachgewiesen, daß dieser Schlamm Radium enthält, freilich in einer Verdünnung, die nur eben noch den Nachweis gestattet. Viele heiße Quellen, welche aus großer Tiefe stammen, wie z. B. der Karlsbader Brunnen, führen viel größere Mengen von Emanation mit sich, als gewöhnliche Quellwässer.

Nachdem wir im vorstehenden die wichtigsten Tatsachen, welche die Entdeckung und Untersuchung der radioaktiven Stoffe bisher zutage gefördert hat, kennen gelernt haben, bleibt uns zum Schluß noch übrig, die interessanteste Frage zu erörtern, deren Lösung seit der grundlegenden Entdeckung Becquerels die Naturforschung aufs lebhafteste beschäftigt. Woher stammt die Energie, welche von den radioaktiven Stoffen ständig ausgesandt wird, ohne daß deren Wirkungen sich abzuschwächen scheinen? Sollen wir an dem durch alle bisherigen Erfahrungen bestätigten Gesetze von der Erhaltung der Energie zweifeln, weil wir sehen, daß das Radium Wärme ausstrahlt, mit der wir eine Maschine dauernd treiben können, obwohl wir die ausgestrahlte Wärme nicht durch Zuführung von Energie in irgend welcher Form zu ergänzen brauchen? Liegt hier ein perpetuum mobile vor?

Die wenigen Jahre des Studiums dieser Erscheinungen haben noch nicht genügt, in diese sich aufdrängenden Fragen völlige Klarheit zu bringen. Daß wir indessen nicht genötigt sind, die naturwissenschaftlichen Grundanschauungen als erschüttert zu betrachten, kann schon jetzt als feststehend angenommen werden.

Eine sehr allgemein gehaltene Vorstellung über die Energiequelle, aus der die Becquerelstrahlung fließt, ist die folgende. Wir können Kräfte, die um uns wirksam sind, nur an denjenigen Wirkungen bemerken, welche unsere Sinne zu empfinden vermögen. Von den ultravioletten Lichtstrahlen, welche von der Sonne zu uns gelangen, haben wir, weil unser Auge sie nicht wahrzunehmen im stande ist, erst dadurch erfahren, daß diese Energie, in chemische umgewandelt, durch die Schwärzung der photographischen Platte für uns augenfällig gemacht wurde. Wir können uns nun vorstellen, daß aus dem Weltenraum noch mancherlei Energie zu uns gelangt, von der wir nur deswegen nichts wissen, weil wir ihre Wirkungen nicht wahrnehmen. Es könnte solche Strahlen geben, welche die meisten Körper unabsorbiert durchdringen, wie der Lichtstrahl die durchsichtigen Körper. Diese Strahlen nun könnten ausschließlich von den radioaktiven Stoffen absorbiert werden und diesen so Energie zuführen, welche sie in Form der Becquerelstrahlen wieder aussenden. Diese Hypothese ist so allgemein gehalten, daß sie sich kaum widerlegen, aber auch ebenso schwer bestätigen lassen dürfte.

In neuerer Zeit hat eine durch die Tatsachen mehr und mehr bestätigte Hypothese an Boden gewonnen, welche in der stofflichen Veränderung der radioaktiven Substanzen die Energiequelle sieht. Wir haben gesehen, daß das Radium Emanation aussendet. Diese auch ihrerseits radioaktive Emanation wandelt sich in ein inaktives Gas, das Helium, um. Man kann sich nun vorstellen, daß das Radium selbst unter Bildung des Emanation genannten Stoffes zerfällt, und daß bei dieser chemischen Veränderung Energie in Form sowohl von Wärme wie von Becquerelstrahlung frei wird. Wissen wir doch, daß bei chemischen Veränderungen der Stoffe häufig Wärme auftritt. Freilich müßte sich hier um ungeheure Energiemengen handeln, welche bei der chemischen Umwandlung einer verhältnismäßig geringfügigen Menge von Materie wirksam würden, um Energiemengen von ganz anderer Größenordnung als wir sie sonst bei chemischen Prozessen auftreten sehen. Denn während wir die Wärmemenge, welche ein Gramm Radium ausstrahlt, ohne Schwierigkeit messen und mit groben Hilfsmitteln nachweisen können, läßt sich eine Gewichtsabnahme des Radiums auch mit den feinsten Wagen nicht nachweisen.

Wenn wir diese Hypothese annehmen, so stellen wir uns also die Wirkung der radioaktiven Stoffe nicht als von ewiger Dauer vor. Vielmehr müßte diese Wirkung eine zeitlich begrenzte sein. Daß dies zweifellos für die Emanation gilt, haben wir oben gesehen. Dieses Gas verliert sein Strahlungsvermögen schon in wenigen Tagen. Dementsprechend sind seine Wirkungen, auf Masse berechnet, auch die größten; denn unwägbare Mengen bringen schon wahrnehmbare Licht- und Wärmeeffekte hervor.

Nächst der Emanation dürften Polonium und das ihm nahestehende Radiotellur die schnellste Umwandlung erfahren. Es scheint, als ob deren Lebensdauer nur nach Jahren zählt. Anders steht es mit dem Radium. Man hat berechnet, daß [der Zerfall des Radiums ein bis zwei Jahrtausende andauern würde.

Nun mußte man weiter die Frage aufwerfen, woher das Radium stammt, welches wir heute aus der Pechblende abscheiden. Dieses Mineral ist doch viel älter als ein paar Jahrtausende. Warum finden wir doch noch Radium darin? Da wollen wir uns daran erinnern, daß die Pechblende ein Uranmineral ist, und daß das Uran ebenfalls ein radioaktiver Stoff von verhältnismäßig geringer Wirksamkeit ist. Wenn radioaktive Stoffe in chemischer Umwandlung begriffene Stoffe sind, und wenn die wirksamsten

3*

Stoffe sich am schnellsten umwandeln, so wird die Lebensdauer des Urans eine viel
größere als diejenige des Radiums sein und Jahrmillionen umfassen. Man kann sich
vorstellen, daß in dieser Zeit das Uran in Radium umgewandelt wird, dieses zerfällt
weiter in Emanation und endlich in Helium.

Mit diesen Betrachtungen haben wir den gesicherten Boden der Tatsachen verlassen und einen Ausblick in das grenzenlose Reich der Phantasie getan. Solche
Spekulationen sind deswegen förderlich, weil sie, selbst wenn diese Vorstellungen sich
späterhin als unhaltbar erweisen sollten, die Anregung zu Untersuchungen bieten
können, welche weiteres Licht in diese interessanten Fragen bringen. So hat denn
gerade die zuletzt behandelte Hypothese ganz neuerdings zur Bestätigung einer Tatsache
geführt, welche zunächst nur theoretisch aus der Hypothese gefolgert werden konnte.
Wenn aus dem Uran Radium entsteht, um weiter zu zerfallen, so muß nach einem gewissen Zeitraum, der Jahrtausende umfassen mag, ein Gleichgewichtszustand eingetreten sein, so daß gerade so viel Radium entsteht, als zerfällt. Alsdann muß zwischen
dem vorhandenen Uran und Radium ein ganz bestimmtes Verhältnis bestehen. Dieser
Gleichgewichtszustand muß in den Uranmineralien im Laufe geologischer Epochen eingetreten sein, und demnach muß der Gehalt irgend eines Minerals an Radium direkt
von seinem Urangehalt abhängig sein. Diese Frage läßt sich, wenn auch mit großen
Schwierigkeiten durch das Experiment prüfen. Die chemische und physikalische Untersuchung vieler Uranmineralien hat zu Resultaten geführt, welche darauf hindeuten, daß
in der Tat der Gehalt an Radium zu dem an Uran in einem festen Verhältnis steht.

Vorsitzender: Wir haben wohl die Vorträge dieses Jahres nicht würdiger und
lehrreicher einleiten können als mit dem Vortrag, den wir der Güte des Herrn Prof.
Dr. Marckwald verdanken. Er hat uns mit geheimnisvollen Kräften und Erscheinungen
in der Natur bekannt gemacht und einen Blick tun lassen in ein bisher unerschlossenes
Gebiet, an dessen Pforten wir stehen, dessen Geheimnisse noch der Enthüllung harren.
Die Nationen wetteifern, ihre Pfadfinder auszusenden. Möchte es ihnen gelingen, zu
immer vollerer Erkenntnis durchzudringen! Ich danke Herrn Prof. Dr. Marckwald
im Namen des Vereins für den interessanten und lehrreichen Abend.

Rede Sr. Exzellenz des Herrn Unterstaatssekretär Fleck

bei der Feier des Stiftungsfestes am 23. Januar 1905.

Meine Herren, als vor nunmehr 20 Jahren unser verewigter Ehrenvorsitzender Dr. von Delbrück zum 25. Male den Präsidentenstuhl unseres Vereins bestieg, wurde ihm zu Ehren die Stiftung begründet, die uns heute befähigt, eine Denkmünze in gediegenem Golde dem zu überreichen, dem, wie die Satzungen besagen,

> „ein hervorragendes Verdienst um die Entwicklung der gewerblichen Tätigkeit im Deutschen Reiche während des abgelaufenen Zeitraums von 5 Jahren zuerkannt wird."

Das Recht der Verleihung stand, solange der verewigte Vorsitzende unter uns weilte, ihm allein und persönlich zu. Jetzt, da ihn Gott aus unserer Mitte heimgerufen, ist die Entscheidung nach den Satzungen der Stiftung von dem Vorstande auf Vorschlag des Vereins zu treffen. So ist diese Stiftung, die den Namen Delbrücks trägt, uns ein liebes Vermächtnis, das wir hochhalten und das uns heute in dieser festlichen Stunde zunächst in dankbarer Verehrung des teuren Heimgegangenen gedenken läßt. (Bravo!)

Die erste Denkmünze wurde 1885 verliehen an Werner Siemens, weil, wie damals der Vorsitzende proklamierte, „unter allen Zweigen der Gewerbsamkeit keiner so umfassende, so vielseitige, so in alle Verhältnisse des Lebens eingreifende Fortschritte und Eroberungen gemacht hatte, wie die Elektrotechnik im weitesten Sinne des Wortes" und weil Werner Siemens „mehr als jeder andere in diesem eminent wichtigen Zweige der Technik sich ein hervorragendes Verdienst um die Gewerbsamkeit erworben hatte".

Seitdem sind 20 Jahre dahin gerollt. Die Elektrotechnik hat ihren Siegeslauf, den sie wenige Jahre zuvor erst begonnen, in immer glanzvollerer, immer überraschenderer Entfaltung fortgeführt. Stolz steht sie da in noch jugendlicher Kraft und Schöne, viele ältere Zweige des Gewerbfleißes weit überragend und doch — allen dienstbar. Aus mächtigen Kraftquellen fließt weithin der segenbringende Strom. In großen Betrieben wie in der kleinen Werkstatt, auf Markt und Straßen wie in der Stille des Hauses, so auch in diesem festlichen Saale erglänzt ihr Licht, arbeitet ihre bewegende Kraft. Wissenschaft und Technik streben in innigem Verein, einander befruchtend und fördernd, zu immer neuen weiten Zielen und zu immer neuen Erfolgen. Bewundernd verfolgt die Mitwelt diese großartige Entwicklung und mit Stolz und Freude blicken wir auf unsere Landsgenossen, die in den ersten Reihen stehen, durch deren Genie und Tatkraft die deutsche Elektrotechnik auf den ersten Platz der Welt gestellt ist. (Bravo!)

So lenkte sich ganz von selbst die Wahl auf den hochverdienten, hochverehrten Mann, dessen Name auf dieser goldenen Münze in goldenen Lettern verzeichnet steht: Emil Rathenau! (lebhaftes Bravo), der uns einst vom Strand der Seine „mehr Licht" gebracht, der unermüdlich und tatenfroh in immer volleren Strömen die Zauberkraft entfesselt und sie in geordnete Bahnen zu segenbringendem Wirken zwingt, der den Ruhm der deutschen Elektrotechnik über den Erdball trägt und an fernen Küsten der deutschen Arbeit neue Stätten schafft!

So nehmen Sie, hochverehrter Herr Geheimrat, diese Denkmünze von uns als ein Zeichen hoher und herzlicher Verehrung freundlich an und lassen Sie es Sich gefallen, daß wir auch in fröhlichem Liede Sie und Ihre Taten feiern!

(Lebhafter allseitiger Beifall.)

Jahresbericht für 1904

erstattet am Stiftungsfeste des Vereins vom Redakteur Prof. Dr. W. Wedding.

M. H! Nach alter Gepflogenheit ist es dem Redakteur der Verhandlungen des Vereins zur Beförderung des Gewerbfleißes bei der Feier des Stiftungsfestes gestattet, auf kurze Zeit das an festlicher Tafelrunde in regem freundschaftlichen Verkehr ausgetauschte Wort zu unterbrechen, um einen kurzen Rückblick über die Vereinstätigkeit im verflossenen Jahre zu geben.

So mancher, der gern und freudig an den Arbeiten des Vereins jahrelang teilgenommen hat, weilt nicht mehr unter uns. Durch den Tod verlor der Verein den Dr. Ing. Friedrich Siemens in Dresden; den Königl. Geheimen Rat Prof. Dr. Clemens Winkler in Dresden, den Inhaber der goldenen Vereins-Medaille wegen seiner hervorragenden Verdienste um die Ausbildung der Gasanalyse; weiter folgten der Bergwerksdirektor Rud. Härche in Schweidnitz, Mitglied des Sonderausschusses für Eisen-Nickel-Legierungen; der Geh. Reg.-Rat Prof. Dr. Bertram, dessen Verdienste um die Ausbildung des gewerblichen Schulwesens unserer Stadt weit bekannt sind; der Fabrikbesitzer Richard Schwartzkopff; der Königl. Kommissionsrat und Fabrikbesitzer A. Spatzier und der Fabrikbesitzer C. Gebhardt. Allen diesen, um Gewerbe und Industrie hochverdienten Männern wird der Verein dauernd ein ehrendes Gedenken bewahren.

Unter den heute hier anwesenden Vereinsmitgliedern ist es für den Verein eine große Freude, drei Herren besonders begrüßen zu können. Es sind die Herren Geh. Bergrat H. Wedding, Geh. Reg.-Rat Reuleaux und Prof. Frank. Der Verein hat es sich zur besonderen Ehre angerechnet, diese drei Männer, von denen jeder in seiner Weise und auf seinem Gebiete selbstlos und unermüdlich seine Arbeitskraft und Zeit sowie seine reiche Erfahrung in den Dienst des Vereins gestellt und sich um die Förderung des Gewerbfleißes in unserem Vaterlande reiche Verdienste erworben hat, zu seinen Ehrenmitgliedern zu berufen. Zusammen mit Herrn Erneste Solvay in Brüssel zählt der Verein augenblicklich vier Ehrenmitglieder.

Die Sitzungsberichte und Verhandlungen des Vereins zeugen von der regen und vielseitigen Tätigkeit, die der Verein im verflossenen Jahre auf den verschiedensten Gebieten von Handel und Gewerbe entwickelt hat. Zum Teil sehr lebhafte Erörterungen haben sich an die gehaltenen Vorträge angeschlossen; es sei unter anderen nur an die

Vorträge über die Verwendung schmiedeiserner geschweißter Rohre, über die künstlichen Seiden, über Moorkultur, Dampfturbinen, Eisenbahnwagen-Kuppelungen usw. erinnert.

In den Verhandlungen nahm einen sehr umfangreichen Raum eine Arbeit des Herrn Prof. Heyn über die mikroskopische Untersuchung von Eisenlegierungen, in Sonderheit den Einfluß des Kohlenstoffgehalts auf das Kleingefüge des Eisens, ein, die sich eng an die Arbeiten des Vereins über die Nickel-Eisen-Legierungen anschließt.

Von dieser großen Arbeit sind bisher zum Abschluß gebracht worden die Versuche mit reinem Nickel, mit Legierungen aus möglichst reinem Eisen und wechselndem Nickelgehalt, und mit Nickel-Eisen-Kohlenstoff-Legierungen, während die vierte Versuchsreihe, betreffend Legierungen aus Eisen-Kohlenstoff-Nickel-Mangan in der Ausführung begriffen ist. Die Schwierigkeiten in der Untersuchung wachsen mit dem Umfang der Arbeit, namentlich wegen der außerordentlich großen Härte, die einige Eisen-Mangan-Blöcke gezeigt haben und wegen der Veränderungen, die der ursprüngliche Kohlenstoff- und Mangan-Gehalt durch das Schmelzen erfährt.

Dem Verein ist es eine angenehme Pflicht, auch am heutigen Tage Seiner Excellenz dem Herrn Minister für Handel und Gewerbe seinen besonderen Dank für die Förderung dieser Arbeiten durch die Gewährung staatlicher Beihilfe auszusprechen. Die Arbeiten erfordern durch die wachsenden Schwierigkeiten und den zunehmenden Umfang der Untersuchungen stetig größere Mittel. Daß aber der Industrie durch diese Arbeiten wesentliche Dienste geleistet werden, beweist das große und rege Interesse, das allseitig diesen Arbeiten entgegengebracht wird.

Betreffs der Stellung von Preisaufgaben hat der Verein eine Änderung eintreten lassen, da die bisherigen Bestimmungen als veraltet und nicht mehr den heutigen gewaltigen Fortschritten der Technik und des Gewerbes entsprechend zu betrachten waren. In Zukunft werden Vorschläge für Aufgaben und Arbeiten, welche die Beförderung des Gewerbfleißes bezwecken, vom Technischen Ausschuß gesichtet und dem Verein vorgelegt. Der Vorstand fordert öffentlich zur Beteiligung auf und der Technische Ausschuß trifft unter den Bewerbern eine Auswahl. Diese haben ein ausführliches Programm einzureichen, und der Vorstand wählt denjenigen Bewerber aus, dem die Bearbeitung der Aufgabe übertragen werden soll. Das ausgesetzte Honorar wird dem Bewerber zuerkannt, wenn seine Arbeit den gestellten Anforderungen genügt.

Den zwei eingegangenen Bearbeitungen zur Honorarausschreibung „Untersuchung von Explosionen und Zersetzungen, welche bei Acetylen ohne nachweisbare äußere Einwirkung auftreten", konnte der ausgesetzte Preis nicht erteilt werden. Die Aufgabe ist aber in einer etwas geänderten Form noch einmal zur Ausschreibung mit dem Lösungstermin bis zum 15. November 1905 gelangt. Der Preis beträgt 3000 ℳ und die silberne Denkmünze.

Eine zweite Preisaufgabe über die Furchung der Walzen für Träger aus Flußeisen hat keine Bearbeitung gefunden, und von einer weiteren Ausschreibung dieser Aufgabe ist Abstand genommen worden.

Die seit dem Jahre 1828 mit dem Verein verbundene von Seydlitzsche Stiftung besitzt einschließlich des abgesondert verwalteten Prämienfonds ein Vermögen von

515 573,₀₀ *M*. Aus dieser Stiftung beziehen 20 Studierende der Technischen Hochschule zu Charlottenburg neben freiem Unterricht Stipendien von je 600 *M* jährlich.

Das Vermögen der mit dem Verein seit 1831 verbundenen Weberschen Stiftung ist unverändert geblieben und beträgt 33 500 *M*. Die Zinsen werden für die Ausbildung von Handwerkern an den hiesigen Fortbildungsschulen verwendet.

Einem gleichen Zweck dient die Geygersche Stiftung mit einem Kapital von 1300 *M*.

Aus den Zinsen der Jubiläumsstiftung des Vereins konnten wiederum vier Stipendien zu je 300 *M* und ein Stipendium zu 150 *M* verliehen werden. Die Stipendiaten besuchten verschiedene Fachschulen.

M. H.! Der Verein zur Beförderung des Gewerbfleißes begeht heute sein 84. Stiftungsfest an dem Vorabend eines Tages, der seinerzeit für die Geschichte Preußens und daran anschließend für das Deutsche Reich von der weittragendsten Bedeutung gewesen ist. An einem 24. Januar wurde Preußens König Friedrich der Große geboren, jener weitsichtige Herrscher, unter dessen weiser Regierung auf blutdurchtränktem Boden das Samenkorn gelegt wurde, aus dem unter der Hohenzollern Pflege ein mächtiger Baum erwachsen ist. Dankerfüllten Herzens blicken wir auf zu den Stufen des Thrones, von dem aus uns Kaiser Wilhelm II. die Segnungen des Friedens in so reichem Maße zu teil werden läßt. Seinen Ahnherrn, Friedrich den Großen, hat der Verein zur Beförderung des Gewerbfleißes zu seinem geistigen Schirm- und Schutzherrn auserkoren. Seiner gedenkt der Verein auch heute in alter, schöner Sitte und bringt sein erstes Glas dar in weihevoller Stille — den Manen Friedrichs des Großen.

Bericht über die Sitzung vom 6. Februar 1905.

Vorsitzender: Unterstaatssekretär Fleck.

Sitzungsbericht:

Die Niederschrift der Sitzung vom 2. Januar 1905 wird genehmigt.

Aufgenommene Mitglieder:

Herr Geheimer Baurat H. Haas in Charlottenburg; Herr Geheimer Baurat Wittfeld in Berlin; Herr Hugo Berger in Berlin und Herr M. Poszonyi in Wien, Mitinhaber der Firma Poszonyi und Berger in Berlin; Herr Dr. Hermann Mehner, Privatdozent an der Königl. Bergakademie in Berlin; Herr Regierungsrat Dr. Niebour, Mitglied des Kaiserl. Patentamtes; Herr Otto Sorge, Fabrikbesitzer, Berlin-Grunewald; Herr Geheimer Bergrat Schmeisser, Erster Direktor der Geologischen Landesanstalt und Direktor der Bergakademie in Berlin; Herr M. Schmidt, Direktor der Maschinenbau-Aktiengesellschaft vorm. Stark & Hoffmann in Hirschberg i. Schl.

Angemeldete Mitglieder:

Herr Franz Cassler, Fabrikant in Berlin; Herr Karl Keferstein jr., Fabrikant in Berlin; Herr Dr. Fritz Krüger, Fabrikant in Charlottenburg; Herr Dr. Franz Peters, Privatdozent an der Königl. Bergakademie hier; Herr Friedrich Schwendy, Chemiker in Berlin; die Bücherei der Königl. Technischen Hochschule zu Danzig in Langfuhr; die Großherzoglich Badische Gewerbehalle in Karlsruhe (Baden).

Mitteilungen des Vorstandes:

Vorsitzender: Es ist mir die Mitteilung zugegangen, daß unser Mitglied Herr Rentier Albert Löblich hier in Berlin, Mitglied seit dem 2. Februar 1891, am 30. Januar verstorben ist. Der Verein wird dem Verstorbenen ein ehrendes Andenken bewahren.

Der Herr Staatsminister Möller hat schriftlich seinen Dank für die Begrüßung, die wir ihm an unserem Stiftungsfeste telegraphisch ausgesprochen haben, und wiederholt sein lebhaftes Bedauern darüber ausgedrückt, durch parlamentarische Verhandlungen genötigt gewesen zu sein, unserem Feste fern zu bleiben.

. Es ist vorgelegt von unserem Vertreter im Bezirkseisenbahnrat zu Berlin, Herrn Geheimen Regierungsrat W. Wedding, die Niederschrift über die am 2. Dezember 1904 abgehaltene 23. (außerordentliche) Sitzung des für die Bezirke der Königl. Eisenbahndirektionen Berlin und Stettin eingesetzten Bezirkseisenbahnrats in Berlin.

An eingegangenen Druckschriften, welche vom Technischen Ausschuß vorgelegt werden, liegen aus: Verwaltungsbericht des Magistrats zu Berlin für das Etatsjahr 1903, betreffend die Orts- und Betriebskrankenkassen; Jahresbericht der Handelskammer zu Berlin für 1904, I. Teil, in zwei Exemplaren; Bericht des V. Internationalen Kongresses für angewandte Chemie, Band I bis IV — die uns der Herr Minister für Handel und Gewerbe übersandte —; Jahresbericht der Industriellen Gesellschaft von Mülhausen, Straßburg 1904.

In den Vorstand des Technischen Ausschusses sind gewählt worden die Herren Geheimer Bergrat Prof. Dr. H. Wedding als erster und Prof. Dr. G. Kraemer als zweiter Stellvertreter des Vorsitzenden. Als Vorsitzende der Abteilungen des Technischen Ausschusses sind gewählt: Herr Chemiker Prof. Dr. A. Frank von der Abteilung für Chemie und Physik, Herr Geheimer Regierungsrat W. Wedding von der Abteilung für Mathematik und Mechanik, Herr Rentier O. Stephan von der Abteilung für Manufaktur und Handel, und Herr Hofjuwelier Wilm von der Abteilung für Kunst und Kunstgewerbe.

Herr Geheimer Bergrat Prof. Dr. H. Wedding: M. H., in Vertretung des durch kirchliche Pflichten verhinderten Herrn van den Wyngaert, habe ich über das Stiftungsfest zu berichten, das, wie der Festausschuß voraussetzt, zu Ihrer aller Zufriedenheit verlaufen ist.

Das Fest, welches durch die Verleihung der Delbrück-Denkmünze an Herrn Geheimen Baurat Rathenau eine besondere Weihe erhielt, war dementsprechend durch die Liebenswürdigkeit der Allgemeinen Elektrizitäts-Gesellschaft aufs prachtvollste elektrisch beleuchtet. Der Saal bot ein Beispiel, wie man, ohne die Augen der Festteilnehmer zu blenden, und ohne daß die Lichtquelle aufdringlich erscheint, einen großen Raum glänzend, ich möchte sagen, feenhaft erleuchten kann.

Die Tafel schmückten die schönsten Stücke der Silberschmiedekunst, welche die Firmen Sy & Wagner und Gebrüder Vollgold gestellt hatten. Wir haben auch unserem Verleger Herrn Landau, dem Nachfolger des Herrn Leonhard Simion, zu danken, für die unentgeltliche Lieferung der Drucksachen, die es uns ermöglichte, das Fest ohne Defizit abzuschließen.

Die Sammlung für die Armen ergab 534 Mk. 30 Pf., durch welche 14 Witwen eine erwünschte Unterstützung zuteil werden konnte.

Vorsitzender: Wir haben alle Ursache, Herrn van den Wyngaert als Vorsitzenden des Festausschusses und den Herren, die ihm geholfen haben, dafür zu danken, daß sie das Fest so würdig zugerüstet halten.

Technische Tagesordnung.

1. Die Vorschriften über den Baustoff und die Ausführung der Dampfkessel nach den in der Vorbereitung begriffenen allgemeinen polizeilichen Bestimmungen über die Anlegung von Dampfkesseln.*)

2. Über die Anwendung des Blutserums zur krimininalistischen Blut-Erkennung und Unterscheidung.

Herr Dr. Paul Jescrich, Gerichts-Chemiker, Berlin: M. H.! Ich beginne mit der Serumbehandlung im allgemeinen und der Wirkung des Serums in physiologischer Beziehung und will dann weiter, soweit es möglich ist, auf die Erkennung des Blutes an sich eingehen, denn die Serumbehandlung ist ja an sich nur eine Bluteiweiserkennung, keine direkte Bluterkennung.

Die Serumgeschichte hat sich verhältnismäßig langsam auf verschiedenen einzelnen Disziplinen aufgebaut. Sie ist gar nicht zu dem Zwecke erfunden, dem sie jetzt für die Bluterkennung dient. Es ist jetzt 14 oder 15 Jahre her, daß es Behring gelang, festzustellen, daß der menschliche Körper gegen alle fremden Eingriffe sich wehrt, und daß es Mittel gibt, welche die Bildung der Krankheitskeime hintanhalten. Damals dachte niemand daran, daß dieses selbe Mittel später dazu dienen würde, Blut zu unterscheiden und Blut erkennen zu lassen. Behring hatte gefunden, daß Gifte, wenn sie dem Blute zugeführt werden, im Stande sind, die Menschen in großen Mengen zu töten; in langsam gesteigerten Mengen können sie aber wohl vom menschlichen und tierischen Körper vertragen werden, und somit hat der tierische Körper in seinem Blute den besten Schild, die beste Wehr gegen solche Angriffe, indem er das Blut widerstandsfähig macht und im Blut das Mittel zur Abwehr findet. Es ist dies der Fall, um ein Beispiel anzuwenden, bei der Anwendung des Diphtherie-Giftes auf den tierischen Körper. Wenn z. B. Pferde mit Diphtheriegift geimpft werden, dann bildet das Blut ein Gegenmittel in dem Tiere selbst gegen das Gift; aber auch das dem Tiere entzogene Blut, d. h. das Blut dem Tiere entnommen und aus dem Blut das Serum des Blutes gewonnen, gab ein Mittel, welches im Stande ist, Diphtherie zu heilen und in starken Diphtheriefällen mildernd zu wirken.

Wir kommen jetzt zum Pfeiffer'schen Phänomen aus dem Jahre 1894: Wenn man Diphtheriebazillen züchtete und außerhalb des Körpers, durch Diphtherie-Serum von Pferdeblut behandelte, wurden die ganzen Diphtheriekulturen agglutiniert, wie der Mediziner sagt — wir sagen zusammengeballt. Im Körper ist die Wirkung noch anders: Es wird Diphtheriegift zugeführt, gleichzeitig aber auch das Antidiphtherieserum. Dann löst sich im Körper das Gift vollständig auf und wird durch sogenannte Hämatolyse unschädlich.

---

*) Der Vortrag des Herrn Geh. Regierungsrat Professor Busley erscheint demnächst.

Diese Versuche haben eine weitere Entwicklung durchgemacht und sich langsam
dahin entwickelt, die verschiedenen Eiweißarten zu unterscheiden. Man hat zunächst mit
der Milch angefangen, das Eiweiß der Kuhmilch durch Einspritzung in den Kaninchen-
leib gebracht und hat erkannt, daß das Serum, welches auf diese Art gewonnen
wurde, nur mit Kuhmilch und Kuhmilchserum einen Niederschlag gab. Man hat weiter
gearbeitet, — Uhlenhut und Wassermann haben fast gleichzeitig einen Beitrag geliefert zur Unterscheidung von Hühnereiweiß und Pflanzeneiweiß und haben gefunden,
daß die Lösung von 1 zu 10000 noch Wirkung ergab. Also wo die chemische Reaktion
nicht mehr ausreicht, genügt die physiologische Probe voilauf. Der nächste Schritt
war, daß Uhlenhut und eine kurze Zeit später Wassermann und Schütze vor nunmehr 4 Jahren vorschlugen, diese Unterscheidung dazu zu benutzen, die verschiedenen
Blutarten von einander zu erkennen.

Man hat Serum in der Weise dargestellt, daß man mit den verschiedensten Blutarten Kaninchen geimpft hat, bis ein wirksames Serum sich bildet, dann die Kaninchen
tötete und nun aus ihrem Blute Serum gewann. In diesem aus dem Blute gewonnenen
Serum haben wir das Reagens für die Erkennung desjenigen Blutes, mit dem das Kaninchen geimpft war. Es gab nur mit dem Blute dieser Tierart starke Niederschläge,
mit anderen nicht. Menschenblut gibt nur auf Menschenblut, Schweineblut auf Schweineblut, Ochsenblut auf Ochsenblut eine Wirkung. Ebenso ist es mit Ziegen oder bei verwandten Arten wie Pferden und Eseln, und wir haben dabei eine wunderbare Bestätigung der Darwin'schen Lehre gefunden, indem nämlich der einzige, der auf Menschenblut reagiert, der Affe ist und umgekehrt. Das klingt wunderbar, aber es ist bestätigt
worden. Es sind von vielen lebenden Affenarten Sera dargestellt worden, und man
hat Niederschläge von Menschenblutserum mit Affenblut und umgekehrt festgestellt. —

Nun zur Darstellung des Serums selbst! Zum besseren Verständnis muß ich
zunächst vom Blut und seiner Zusammensetzung sprechen. Damit Sie wissen, was
Serum ist und worauf es bei den Blutuntersuchungen ankommt, möchte ich Ihnen hier
zeigen, woraus Blut für uns wesentlich besteht: aus den weißen Blutkörpern, den roten
Blutkörpern mit dem Blutfarbstoff, aus dem Fibrinogen und aus dem Serum. Wenn
Sie Blut auf Eis fließen lassen (besonders gilt das für Pferdeblut), so teilt sich das
Blut in zwei Teile, oben ist Plasma, eine gelbliche klare Flüssigkeit, die sich dann
weiter in Fibrinogen und Serum teilen läßt, und unten scheiden sich die weißen und
roten Blutkörper ab. Eine andere Art der Scheidung hat bei Bildung des Blutkuchens
statt, Sie beobachten dieselbe bei jeder blutenden Wunde. Wenn Blut freiwillig ohne Kühlung gerinnt, so scheidet es den Blutkuchen aus, weiße und rote Blutscheiben, (die
letzteren mit dem Farbstoff) und Fibrin und als zweites bildet sich das Serum. Das Serum ist das Endprodukt aller unserer Darstellungsbestrebungen.

Wir können nun zum Kaninchen selber übergehen, um zu zeigen, wie die Gewinnung des Serums und seine Handhabung vor sich geht. Ich will bemerken, sämtliche Bilder habe ich selber aufgenommen; sie stammen aus meinem Betrieb für die
Darstellung von Serum und meiner Praxis. Der Stall sieht einem zoologischen Garten
recht ähnlich und Sie sehen, wie sauber die Tierchen gehalten werden müssen. Jedes
hat eine Schale unter dem Käfig, in die der Urin zusammenläuft, damit die Tiere nicht

so benäßt und erkältet werden. Die Tiere sind schwere Patienten, sie fiebern. Es muß deshalb die Fiebertemperatur gemessen werden (per annm, durch Einführung des Maximalthermometers von der hinteren Seite). Dann muß der Puls gezählt werden und die Atmungen müssen kontrolliert werden.

Nun zum Rohmaterial, das wir für die Impfung gebrauchen. Es ist leicht, Schweineblut, Rinderblut und sonstige Blutarten sich zu besorgen. Bedingung ist nur, daß das Blut absolut frisch und keimfrei ist; denn spritzt man Unreinlichkeiten ein, so gehen die Tiere ein. Deshalb muß sämtliches Blut vollständig steril aufgefangen und keimfrei behandelt werden. Schwieriger ist die Sache schon beim Menschenblut. Menschenblut frisch zu erhalten, ist sehr schwierig. Leichenblut zu nehmen, hat man versucht; man riskiert aber, daß die Tiere eingehen, weil mit dem Tode die Zersetzung des Blutes sofort beginnt. So haben wir uns nach anderen Quellen umsehen müssen, und nachdem ich vergebliche Versuche auf andere Art gemacht, blieb mir nichts anderes übrig, als mir selbst das Blut abzuziehen und dauernd die Kaninchen damit zu impfen. Den Apparat, mit dem ich das fertig gebracht habe, sehen Sie hier im Bilde. ich mußte mir jedesmal 50 bis 75 cbcm Blut abziehen und diese Prozedur habe ich 12 Wochen lang alle 6 Tage wiederholt. Sie sehen, daß man eine ganz erhebliche Blutmenge in seinem Körper nachbilden kann. Hier ist die bekannte übliche Injektionspumpe und hier ist ein Schlauch, der in ein T-Rohr geführt wird. Das führt zum Barometer einerseits, läßt uns den Druck des Vakuums erkennen, während hier andererseits Schröpfköpfe sitzen, die auf die Brust, die am wenigsten empfindliche und am wenigsten behinderte Stelle, aufgesetzt werden. Das Schröpfmesser schneidet vier Löcher in einer Tiefe von ungefähr 6 mm, dann fängt man an zu evakuieren und das Blut fließt wundervoll hervor, mit mehr Erfolg bei einem, als sonst bei 12 Schröpfköpfen.

Wenn wir das Blut gewonnen haben, kommt es für uns, wie wir im nächsten Bilde sehen, darauf an, das Blut den Kaninchen einzuverleiben. Sie sehen hier solch ein Kaninchen, wie es bereit gelegt ist, injiziert zu werden. Sie sehen, wie die übliche Spritze, welche, genau abgemessen das defibrinierte Blut enthält, dem Kaninchen eingeführt wird. Sie haben die lange Nadel, die durch das Fell in die Bauchhöhle geht, und mit der 5, 6, 8 cbcm Blut dem Kaninchen einverleibt werden. Eine solche Einspritzung ist nicht so einfach, wie Sie denken mögen; es können da alle möglichen Fehler vorkommen, die den Tod herbeiführen. Wird eine Spur Luft eingeführt, da gibt es Embolie im Herzen und tot ist das Kaninchen. Es gehört auch eine gewisse Kunstfertigkeit dazu, das Kaninchen so zu legen, daß die Därme bei der Einspritzung nicht verletzt werden.

Eine richtige Impfung, wie sie sein soll, will ich Ihnen im nächsten Bilde zeigen. Sie sehen das Kaninchen, bei dem die Bauchhöhle geöffnet ist, sehen die Spritze eingeführt und die Nadel haarscharf in die innere Bauchhöhle durchgehen. Die Bauchhöhle ist umkleidet mit dem Bauchfell. Kommt die Spritze nicht ganz durch, so wird das Serum zwischen Bauchfell und Bauchwand eingespritzt, setzt sich da fest und führt, da es nicht resorbiert wird, zu Eiterungsprozessen und sehr bald stirbt das Tier.

Wir sehen hier eine solche abnorme Spritzung. Das Bauchfell ist durch die Spitze der Impfnadel herausgestülpt. Wenn jetzt gespritzt wird, tritt der Mißerfolg ein, den ich vorhin schilderte.

Sie sehen also, mit dem Impfen ist die Sache schwierig. Dazu kommt, daß die besten Kaninchen nicht immer die besten sind, welche auf Impfung reagieren. Es gibt viele Kaninchen, die Sie 40 mal impfen können und die trotzdem nicht reagieren. Andere aber reagieren. Es kommt deshalb darauf an, feststellen zu können, ob das Blut des Kaninchens reaktionsfähig ist, und da muß man eine Probe möglichst wenig schmerzlich und leicht nehmen. Sie können hier die Ohrprobe sehen. Bei allen diesen Operationen fühlt das Kaninchen fast nichts, es zuckt kaum. Das Kaninchen liegt hier fest gebettet und Sie sehen aus dem Ohrstich das Blut auslaufen. Diese Marke hier ist die Marke, die dem Kaninchen als Ohrring eingesetzt wird, und auf der Marke steht die Journalnummer, sodaß eine Verwechselung der Kaninchen nicht stattfinden kann. Das Blut wird in absolut sterilen Gläsern, die mit Wattepfropfen verschlossen sind, aufbewahrt und nun geht es an die Serumgewinnung.

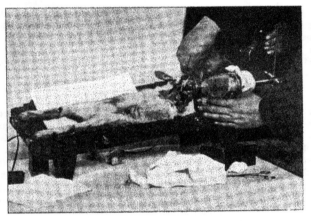

Fig. 1.   Blutentnahme aus dem Herzen des Kaninchens.

Ich will im nächsten Bilde noch für diejenigen Herren, welche nicht Chemiker und Hygieniker sind, zeigen, wie die keimfreien Gefäße hergestellt werden. Hier sind die mit Wattpropfen verschlossenen Gefäße, die Bazillen nicht einlassen. Der Trockenschrank wird auf 150 bis 180 Grad erhitzt und die Wattpropfen lassen wohl Luft, aber keine Keime durchtreten.

Im nächsten Bilde (Fig. 1) können wir sehen, wie das gut und brauchbar gewonnene Blut zur Serumdarstellung gewonnen wird. Hierbei ist nötig, sehr schnell zu arbeiten, weil das eine schmerzhafte Operation ist; es geht auf den Tod des Kaninchens. Andererseits muß man auch schnell arbeiten, damit wir keimfreies Blut bekommen, vor allem aber, damit das Herz des Kaninchens während der Operation nicht stehen bleibt. Die Kaninchen werden in tiefe Chloroformnarkose versetzt. Hier ist die Maske dazu. So ist jede Empfindung ausgeschlossen. Dann öffnen wir den Thorax, den Brustkorb, und sehen nun die Lunge und die übrigen Brusteingeweide. Mit der Zange gepackt, wird das Herz des Kaninchens, nachdem es von Fett auspräpariert ist, in ein kleines Röhrchen eingebracht; wir schneiden, während das Herz noch arbeitet, mit der Schere das Herz an. Auf diese Art gewinnen wir sämtliches Blut des Kaninchens, 40 bis 50 cbcm, keimfrei in keimfreien Gläsern.

Andere Forscher haben vorgeschlagen, das Blut direkt in die Brusthöhle auslaufen zu lassen und es dann durch Pipetten abzuziehen. Das ist gefährlich, weil dort Keime sein können, die das Blut zersetzbar machen, sodaſs dann die ganze Arbeit vergeblich wäre.

Haben wir das Serum in einem Glase gewonnen, so gilt es, dasselbe absetzen zu lassen. Dazu ist die Bildung des Blutkuchens nötig. Sie sehen ein solches Glas hier schräg aufgestellt und sehen das in Klumpen abgelagerte Blut als dunklen Blutkuchen liegen, der eine Ausscheidung von Serum noch nicht enthält. Wird ein solcher Blutkuchen bei seinem Entstehen oder kurz nachher bewegt, so löst sich der Blutfarbstoff auf und wir bekommen wenig brauchbares Serum. Deshalb ist große Ruhe nötig.

Im nächsten Bilde sehen Sie unten den Blutkuchen und darüber schon das wasserklar abgesetzte Serum, wie es für uns nötig ist. Meist ist es so klar, daß es kaum einer Reinigung bedarf. Öfter ist es durch eine Spur von Fibrin getrübt und muß weiter gereinigt werden. Im nächsten Bilde können Sie den Reinigungsprozeß in einer Form wahrnehmen, wie sie die elektrische Zentrifuge gestattet. Die Zentrifuge läuft mit sehr hoher Tourenzahl. Die trüben Bestandteile setzen sich in den Röhren ab. Oben erhalten wir das klare Serum. Oft erhalten wir's auch nicht und müssen es den im nächsten Bilde veranschaulichten neuen Reinigungsprozeß durchmachen lassen.

Das ist das sogenannte Kitasato-Filtrieren: Ein Trichter läuft in ein Rohr aus Chamotte aus. Die Serumflüssigkeit wird durchgedrückt und in dem unteren Rohre erhält man ein absolut klarfiltriertes Serum.

Jetzt sind wir bis zum klaren Serum gekommen und wollen es aufbewahren und zum praktischen Gebrauch weiter bereit erhalten.

Im nächsten Bilde sehen wir zunächst den Ablagerungsapparat, in dem größere Mengen des Serums in schräggestellten Gläsern ablagern. Sie sehen weiter die Röhren, in denen man das klare Serum gewinnt, und Sie sehen dieses zweite zur Handhabe dienende Glasrohr, mit dem wir das gefüllte Serumrohr über dem Gebläse in eine Spitze ausziehen und oben zuschmelzen. Das ist das Verfahren, das ich vor 3 Jahren vorgeschlagen habe, und das jetzt wohl allgemein angewandt ist. Man kann mit diesen Röhren die Reaktion wundervoll ausführen. Wenn Sie solch ein Rohr umdrehen und vorher öffnen, so tritt durch die Ausdehnung der Luft beim Anwärmen durch die Hand durch die abgebrochene Spitze das Serum tropfenweise und klar heraus und Sie können so die Reaktion mit absolut klarem Serum vornehmen.

Was wir für eine Rüstkammer von Serum brauchen, sehen Sie hier: Kinder-
serum, Serum des Schafes, Pferdes, des Hundes, Menschen, Huhnes, Schweines,
der Ziege, Taube, Gans usw., ein großer Vorrat von allen möglichen Arten. Das alles
muß man haben, und zwar aus dem einfachen Grunde, um auf die verschiedenen Blut-
sorten immer nebeneinander prüfen zu können.

Gibt Menschenblutserum einen Niederschlag, so kann der Niederschlag nicht
durch anderes Blut enstanden sein. Es sind aber Gegenkontrollen nötig, die wir mit
den Seren der am meisten vorkommenden Haustiere ausführen.

Im nächsten Bilde sehen Sie nun solche Reaktionen, wie sie entscheidend sind
für Menschenblut. Hier ist die klare Lösung, von der ein Rest übrig gelassen ist, um
zu sehen, daß dort von selbst keine Trübung eintritt. Hier sehen Sie auf Zusatz von
Menschenblutserum eine schwache Trübung, wie sie nach 5 Minuten eintritt. Hier
ist eine stärkere Trübung, die nach ¼ Stunde da war, und hier sehen Sie den unten
vollständig massiv sich absetzenden Niederschlag, der schließlich entstand. Hier sind
dieselben Lösungen auf Zusatz von Schweineblut- und Hundeblutserum ohne Trübung
geblieben als Gegenprobe, damit man sicher für seine Untersuchung eintreten kann.
In dieser Weise werden die Reaktionen durchgeführt und sind dann von höchster Bedeutung. Ich will gleich an dieser Stelle erwähnen, daß es mir gelungen ist bei einem
Fall nebeneinander an einem Kleidungsstück Menschenblut, Wildblut und Schweineblut
zu erkennen. Natürlich war ich, wie Sie sich denken können, im ersten Augenblicke
höchst erstaunt. In der Schwurgerichtssitzung stellte sich aber heraus, daß ich Recht
hatte; denn der Betreffende, von dessen Kleidern das Blut stammte, war, was ich vorher
nicht wußte, im Hauptgewerbe Schlächter, im Nebengewerbe Wilddieb und in noch
größerem Nebengewerbe Mörder. So erklärte sich das.

Ich möchte jetzt davon sprechen, daß man, außer daß man durch das
Serum das Blut der verschiedenen Spezies voneinander unterscheiden kann, auf dem
besten Wege ist, obgleich die Versuche noch nicht völlig beendet sind, auch das
individuelle Blut zu erkennen, und dazu hat man die sog. Isopräcipitation verwendet.
Man hat nämlich gefunden, daß, wenn ich Menschenblutserum habe, das aus meinem Blut
hergestellt ist, dieses Serum mit Blutlösung von jedem anderen Menschen einen Niederschlag gibt, aber nur bis zu einem gewissen Grade, dann nicht mehr. Man kann das
durch das Blut einer bestimmten Person gewonnene Serum mit dem Serum jeder andern
Person behandeln und die entstehenden Niederschläge daraus entfernen, dann bleibt ein
Serum übrig, das nur mit dem Blut derjenigen Person, durch deren Blut es gewonnen
wurde, selbst Niederschläge liefert. Daß solche Reaktionen von höchster Bedeutung sind,
können Sie sich denken. Wenn ein Beschuldigter behauptet, das Blut, das man an
seinen Kleidern gefunden hat, rühre von ihm oder von seiner Frau her — es wird gewöhnlich so erklärt —, so nimmt man eine Probe von dem betreffenden Blute und
macht die erwähnten Versuche und kann dann sagen, es stammt nicht von seiner Frau,
oder nicht von ihm selbst. In dieser Richtung gehen die Versuche von Weichardt,
von Klein, von Ehrnroot u. a., welche hierüber gearbeitet haben.

Blut enthält Blutscheibchen und zwar recht viele. In einem Bluttropfen
sind von solchen Blutscheibchen ca. eine Million und im menschlichen Körper

30 Milliarden. Sie sehen hier, wie gleichmäßig groß und wie gleichmäßig geordnet
sie sind. Aus ihrer Anordnungsform haben wir durch bestimmte Erkenntnis eine
zweite Unterscheidung für Blut ohne Serum, wenigstens ohne das Serum, wie wir
es jetzt eben kennen gelernt haben, gefunden. Man hat nämlich entdeckt, daß die
Blutscheibchen, die sich im frischen Blute, wie Sie hier sehen, wahrnehmen lassen,
durch Behandlung mit Blutlösungen anderer Individuen, die nicht derselben Art angehören, eine Änderung insofern erfahren, als sie sich anders gruppieren. Sie sehen hier

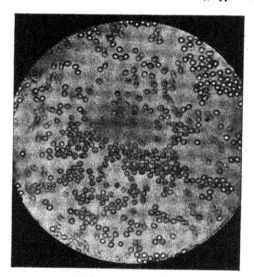

Fig. 2. Beginnende Iso-Agglutination.
500 fache Linearvergrößerung.

(Fig. 2) Blut von mir mit demselben, d. i. meinem Blute in Lösung behandelt und sehen
eine ganz eigentümliche Anordnung, immer gepaart, nirgends aber feste Zusammenballung. Diese Art der „geldrollenartigen Formierung" tritt nur ein bei dem Blute
desselben Individuums.

Daß diese geldrollenförmige Anordnung dazu dienen kann, Blut derselben Person
zu erkennen, ist klar. Ich nehme aus meiner Fingerspitze, wenn ich der Verdächtige
wäre, eine geringe Quantität Blut und bringe die fragliche Blutlösung dazu unter das
Objektiv. Finde ich eine geldrollenförmige Anordnung, so sehe ich, daß es mein Blut·
gewesen ist, finde ich die geldrollenförmige Anordnung nicht, so ist auszuschließen,
daß es mein Blut war.

Anders ist es mit der Behandlung von Blutlösungen bei Tieren. Wenn ich Menschenblut mit den Tierblutlösungen behandeln würde — mit Ochsenblut z. B., das sonst dem menschlichen Blute am ähnlichsten ist —, so erscheint folgendes Bild: Es tritt eine Zusammenballung ein, die Blutscheibchen gehen ineinander über und ballen sich zu festen Massen. (Fig. 3.) Finde ich also eine derartige Klumpung, so weiß ich genau, wenn ich mein Blut genommen habe, daß das andere Blut kein Menschenblut

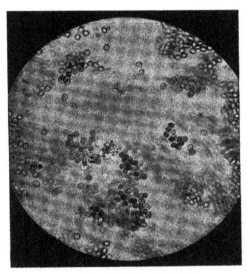

Fig. 3. Schwache Hetero-Agglutination.
500fache Linearvergröfserung.

sein kann. Man nennt dies Hetero-Agglutination. Bei fremdartigem Blute wird diese Klumpung mit der Zeit derartig stark, daß sie eine Auflösung der Blutkörper überhaupt bewerkstelligt. Sie sehen im folgenden Bilde ein vollständiges Zusammenbacken der Blutscheibchen. Das Stromafibrin bildet zusammenhängende Massen; solch eine Figur beweist uns immer, daß der Blutfleck, welcher in einem bestimmten Blute solche Erscheinungen hervorbringt, nicht von demselben Blute ist, sondern von anderer Art. (Fig. 4.)

Diese Erscheinungen sind in ihren ersten Anfängen durch Landois im Jahre 1875 beobachtet worden und von Landsteiner und von Richter für Diagnosenzwecke weiter ausgeführt, von Askoli im Jahre 1891 bestätigt und haben durch Dekastelli weitere Bestätigung gefunden. Für Diagnose sind sie durch Ehrnroot,

Marx usw. vorgeschlagen. Endlich hat Malckoff gefunden, daß solche Klumpungen durch Zusetzen gleichen Serums beim Menschen verstärkt, durch fremdes Serum vollständig aufgelöst werden. Man kann auf diese Art die Agglutination verstärken. Wenn ich also Agglutination erhalte, setze von meinem eigenen Serum etwas hinzu und sie wird verstärkt, so weiß ich sicher, es ist mein eigenes Blut und ich kann so die Isoagglutination von der Heteroagglutination unterscheiden.

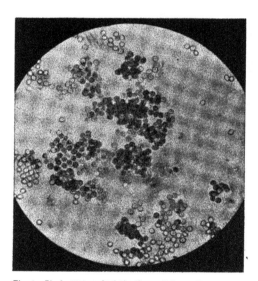

Fig 4. Starke Hetero-Agglutination und Stromafibrinbildung.
500fache Linearvergrößerung.

Ich möchte beim nächsten Bilde, das uns den mikrophotographischen Apparat zeigt, mit dem wir solche Beobachtungen photographisch fixieren, kurz darauf hinweisen, daß er einfache Knallgasbeleuchtung hat und daß dieser Apparat, welcher von mir 1879 gebaut worden ist, den Vorzug hat, daß er wagerecht und senkrecht in leichtem Wechsel arbeitet. Er ist, wie Sie sehen, auf einer festen Platte aufgebaut und mit dieser drehbar gemacht. Ich stelle jetzt die Beleuchtung usw. alles in horizontaler Lage scharf ein, fasse den Apparat und kippe ihn um. Er steht dann aufrecht und ich habe nun für meine flüssigen Präparate das geeignete Fundament zur Verfügung. Bei horizontaler Stellung des Apparates kann ich von den flüssigen Präparaten keine Aufnahme machen: es tropft die Präparationsflüssigkeit heraus und bei jeder Erschütterung würde

5*

es unscharfe Bihler geben.   Daß wir mit diesem Apparat gute Bilder erhalten, sehen
Sie im nächsten Bilde.

Ich komme nun zu demjenigen Teile meines Vortrages, welcher Sie den Nachweis erkennen läßt, daß das Eiweiß, welches wir durch Serum erkannt haben, nun
wirklich vom Blute stammt.   Deshalb gewinnen wir durch Eiweißentziehung den
Blutfarbstoff in dieser Form.   Sie sehen hier schwalbenschwanzförmige und kreuz-
förmig gepaarte Blutkristalle. Wer je solch ein Bild unter dem Mikroskop gesehen
hat, wird es wohl kaum mit einem anderen Bilde verwechseln können, noch viel weniger,
wenn wir dasselbe Bild in polarisiertem Lichte sehen.   Hier haben wir die Hämin-
kristalle als hellleuchtende Kristalle auf dunklem Gesichtsfelde. Auf diese Art werden
die Blutkristalle identifiziert und es bedarf nur einer weiteren Feststellung der Form-
elemente des Blutes.

Hier sehen Sie Blut bei doppelt so starker Vergrößerung wie vorher und können
bemerken, wie gleichmäßig die Blutkörperchen gelagert sind. Es ist Menschenblut.
Solch ein Blutscheibchen hat einen Durchmesser von 0,0078 mm.   Durch Messungen
erkannten wir früher Blut und unterschieden die verschiedenen Blut - Arten.   Die
Blutscheibchen sind sehr verschieden groß bei den verschiedenen Tieren.   In den
nächsten Bildern sehen Sie Schweine-, Hirsch- und Hundeblut. Trotz der geringen
Verschiedenheit in der Größe können wir die Blutscheiben immer noch genau messen
und differenzieren; sämtliche Säugetiere haben kreisrundes Blut.

Das nächste Bild läßt Sie das Blut der Ziege erkennen, welches halb so groß
ist wie Menschenblut. Durch diese Größendifferenz habe ich in einem Falle in Oels
feststellen können, (und zwar ohne Serum, weil wir es damals noch nicht hatten) daß
kein Ziegenblut vorlag. Der Betreffende wollte eine Keule durch Auflegen auf ein
blutiges Ziegenfell befleckt haben. Ich konnte ihm positiv beweisen, daß das Blut nicht
von der Ziege stammen konnte, denn die Scheiben waren zu groß!

Der Vollständigkeit wegen will ich Ihnen noch das Blut einer Vogelart zeigen.
Sie sehen hier Taubenblut. Die Blutscheibchen sind hier nicht kreisrund, sondern
elliptisch. Dieses Blut spielte in einem Kriminalprozeß zu Gleiwitz eine Rolle. Die
Wirtschafterin eines Pfarrers hatte ihren Pfarrer bestohlen und hatte Mordversuch
vorgeheuchelt. Als ich das Blut untersuchte, war es Gänseblut.   Sie hatte eine Gans
geschlachtet und sich mit dem Blute befleckt. — Einen anderen Fall, den ich vor
8 Tagen in Lyck hatte, war der: es hatte eine Frau ihren Mann getötet und, weil er
schwere Schädel - Verletzungen hatte, behauptet, daß er auf die eiserne Kochmaschine
gefallen wäre und sich so die schweren Verletzungen beigebracht hätte. Nun fand
sich von Haus aus kein Blut an der Kochmaschine, später jedoch viel. Man schickte
mir die Kochmaschine, und ich fand, als ich die Kochmaschine untersuchte, wohl Blut,
aber kein Menschenblut, sondern Hühnerblut. Die liebe Schwiegermutter hatte Hühnerblut auf den Maschinenrand gebracht, um ihren Schwiegersohn als Trunkenbold, der
im Rausch auf die Maschine gefallen, hinzustellen.

Das nächste Bild zeigt uns frisches Froschblut. Die Blutscheibchen haben
einen scharf granulierten, stark lichtbrechenden Inhalt; es ist ein Blut, das ohne Serum
schon durch die Form der Scheiben von den übrigen Blutarten zu unterscheiden wäre.

Im nächsten Bilde will ich Sie kurz einführen in die Wichtigkeit und Bedeutung der Form der Blutflecke. Sie sehen hier ein von mir gezeichnetes Schema und bemerken, daß die Flecken ganz verschiedene Formen haben: Sie wissen, daß in einem runden Tropfen alle Momente physikalisch gleichmäßig verteilt sind. Schlägt ein solcher Tropfen auf eine Fläche, so muß der Aufschlag rund werden, wenn er senkrecht gerichtet war. Fällt er schräg auf, so wird das eine Bewegungs-Moment verkürzt, das andere verlängert, der Fleck also gestreckt; fällt er noch schräger auf, wird sich der Fleck zerteilen und eine Reihe von Spritzern bilden. Nun kann man aus der Form und der Lage der Spritzer einen Rückschluß machen auf den Ort der Verspritzung.*)

Im nächsten Bilde sehen wir den Unterrand einer Hose. Ein Förster war durch zwei Kerle erschlagen worden, und die liebende Mutter hatte ihren Söhnen, den Mördern, da sie den Förster noch nicht ganz totgeschlagen hatten, den Rat gegeben, dies zu tun. Das hatten die Söhne getan. Nachher bestritten sie die Tat. Ich untersuchte die Hose des einen. Hier sehen Sie die Spritzer sämtlich nach der einen Richtung von unten her verlaufend. Damit war der Beweis geliefert, daß ungefähr hier, wo die Stockspitze sich befindet, der spritzende Gegenstand gelegen haben muß, daß also der Förster, während er an der Erde lag, erschlagen sein mußte. Man sagte den Mördern dies auf den Kopf zu und sie waren geständig. Originell ist noch für diesen Fall, daß die 80jährige Mutter, als die beiden Jungen hingerichtet waren, sich die Leichen zur Bestattung ausbat und jedem, der einen Groschen zahlte, die kopflosen Leichen, und demjenigen, welcher den zweiten Groschen zahlte, noch die Köpfe besonders zeigte. Sie sehen, wie groß die Gefühllosigkeit und Rohheit doch bei alten Leuten sein kann.

Auf dem nächsten Bilde sehen Sie Spritzer an der schon einmal erwähnten Keule. Der Mann, der im Verdachte stand, den Mord begangen zu haben, sagte, er hätte sein Ziegenfell auf die Keule gelegt. Ich sagte, daß davon keine Rede sein könne, sondern daß es Spritzer wären, die in einer ganz bestimmten Richtung lägen. Daraus folgerte ich, (abgesehen davon, daß es Menschenblut war) daß mit dieser Keule der Todtschlag ausgeführt worden war; trotzdem wurden die Leute — es waren Mann und Frau — freigesprochen, weil eine alte 75jährige Nachbarin — die die Tat mit angesehen hatte — unter ihrem Eide bestritten hatte, die Leute erkannt zu haben. Auf dem Krankenbette widerrief sie von Gewissensbissen gepeinigt ihren Schwur. Es fand daraufhin nochmals eine Wiederaufnahme des Verfahrens statt und nun wurden beide Mörder zum Tode verurteilt.

Im nächsten Bilde sehen Sie einen Fall, in dem ein Freund seinen Hausfreund erschlagen hatte, um in den Besitz des Geldes und seiner Frau zu kommen. Er selbst hatte kein Geld, aber die Frau des Freundes hatte viel. Er machte die Sache sehr einfach. Er fuhr mit dem Freunde über Land; auf einmal kam das eine Pferd allein losgerissen von den Strängen zurück und das andere fuhr mit dem Jagdwagen in die Stadt hinein. Man nahm an, die Pferde seien mit dem Wagen durchgegangen. Der Freund wurde tot auf der Landstraße gefunden. Ich wies nach, daß die Stränge, von

_____

*) Ich habe diese, jetzt allgemein anerkannte Theorie bereits 1879 aufgestellt.

denen der Angeklagte gesagt hatte, sie wären zerrissen, nicht zerrissen, sondern zerschnitten worden waren. Der Angeklagte behauptete, daß der Jagdwagen durchgegangen
war und der Freund sich den Kopf an einem Baume bei der rasenden Fahrt zerschlagen
hätte. Dies widerlegte ich klar: Ich fand nämlich hinten am Wagen diese Spritzer,
die Sie hier sehen. Diese beweisen, daß der spritzende Gegenstand von links unten
nach oben gespritzt hatte, sodaß also der blutspritzende Kopf unten am Wagen gelegen

Fig. 5. Blutiger Fingerabdruck mit Papillarien.

haben mußte! Folglich konnte die Tötung nicht auf dem Kutscherbock vor sich
gegangen sein, sondern der Freund mußte hinter dem Wagen erschlagen worden sein.
    Im nächsten Bilde will ich Ihnen nur noch einen Berliner Fall erwähnen. Er
betrifft den Fall Gönczy und zeigt, wie dort die Spritzer sich an dem Ladentisch
markiert haben. Der Tisch trug eine Querwand, die die Länge des Tisches teilte und
eine Horizontalwand. Sie sehen hier die Spritzer, die sich auf der Horizontalwand
finden. Denken Sie sich diese Seite stehend und diese um die Längsaxe gekippt. Da
finden wir, daß auf dieser Querwand diese Spritzer alle hier zusammenlaufen, sodaß
die Lage des spritzenden Gegenstandes hier gegeben ist, d. h. zwei oder drei Fuß

hinter dem Ladentisch. Die Querwand selbst zeigte folgendes Bild, von der Stirnwand gesehen in der Mitte gerade Spritzer und dann links abweichende, was beweist, daß der spritzende Körper sich nicht gerade, sondern schräg vor ihr befunden hat. Schließlich gab dies der Angeklagte wider Willen zu, in dem er ausrief: „Da hat sie ja gelegen!"

Ich kann Ihnen im nächsten Bilde zeigen, wie wichtig die Formen der Blutflecken sind. Es ist das hier das Bild einer Axt, von der man bestritt, daß sie gleich nach der Tat abgewischt worden sei. Sie sehen aber hier noch die Spritzerwischflecke, und so wurde die Unwahrheit der Behauptung des Angeklagten widerlegt,

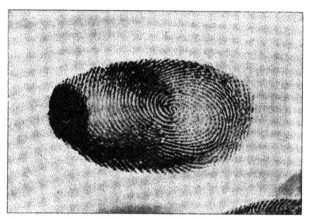

Fig. 6. Blutiger Fingerabdruck mit Papillarien.

daß er die Axt nicht abgewischt hätte. Wir fanden noch Blut und konnten ihn so überführen.

Noch besser ging es mit jemand, der seine hintere Hosenseite zum Abwischen seiner fünf Finger benutzt hatte. Die Hosen waren schwarz und Finger - Abdrücke waren zunächst nicht zu sehen, die Photographie nach meinem Verfahren ergab aber, wie sie hier sehen, deutlich die vier Fingerabdrücke.

Im nächsten Bilde sehen wir noch weiter, wie wichtig Fingerabdrücke bei blutigen Gegenständen sein können. (Fig. 5.) Auf die Wichtigkeit der Fingerabdrücke habe ich bereits im Jahre 1880 hingewiesen, und dieser Fall stammt aus dem Jahre 1881. Ein Steuerbeamter, der eingestiegen war, um zu rauben, hatte sich die Finger dabei verletzt. Die Fingerabdrücke wurden erst durch meine Behandlung sichtbar gemacht und ich konnte beweisen, daß jene Fingerabdrücke, da die Papillarien bei keinem Menschen gleich sind, nur von ihm herrührten. Sie sehen hier Spiralen gebildet in ganz bestimmter Form, und wenn Sie sich den nächsten Fingerabdruck hier ansehen, so werden Sie wahrnehmen, daß er viel exzentrischere Linien aufweist, viel kürzere Rundung und nicht so spiralig läuft.

Im nächstfolgenden Fingerabdruck werden Sie vollständig rund spiralig laufende Fingerabdrücke wahrnehmen können, die Abzweigungen in ganz anderen Formen erkennen lassen, in der Mitte mit fast kreisrunder Bildung. (Fig. 6.)

Nun kommen wir zu dem Spektrum, um in den letzten Bildern die Blutnachweisung durch die Spektralanalyse zu veranschaulichen. Hier sehen Sie die Spektralbänder, wie sie die Blutlösung, zwischen Lichtquelle und Prisma eingeschaltet, beim Photographieren scharf und deutlich abheben und als dunkles Band erkennen läßt. Hier ist Kohlenoxydblut, welches fast dieselben Bänder zeigt, aber sich doch anders verhält. Im nächsten Bilde sehen wir Sauerstoffblut reduziert: Zwei Bänder gehen zu einem Bande zusammen. Bei Kohlenoxydblut wird eine Vereinigung zu einem Bande nicht stattfinden. Solch ein Fall ist von Wichtigkeit gewesen, als in einem Hause Vater und Sohn sich befanden, als das Haus in Feuer aufging. Der Sohn rettete sich, den Vater fand man verkohlt vor. Die Beine waren weggekohlt, die Arme ebenfalls, nur noch der Rumpf war vorhanden, aber aufgeplatzt. Durch eine Sektion konnte die Schuld des Sohnes nicht nachgewiesen werden; man hatte ihn in Verdacht, seinen Vater erschlagen und das Haus in Brand gesteckt zu haben. Da mußte der Chemiker eingreifen: Man fragte bei mir an, ob ich nicht nachweisen könnte, daß der alte Mann erschlagen und dann erst verbrannt worden sei. Ich ließ mir einige Tropfen Blut kommen und fand nicht die Spur von Kohlenoxydgas darin vor. Daraus konnte ich schließen, da Kohlenoxydgas nicht in den Körper übergegangen war, daß der Mann in dem brennenden Hause nicht mehr geatmet haben konnte, sondern schon erschlagen war, als der Brand entstand.

In einem anderen Falle ist es mir gelungen, auf der Lunge auch noch mikroskopische Kohlenstoffteile nachzuweisen und so den Nachweis zu erbringen, daß Rauch eingeatmet worden war.

M. H., ich bin zu Ende mit den Bildern. Hoffentlich ist es mir gelungen, Ihnen das Neueste auf diesem Gebiete wenigstens einigermaßen klarzustellen!

Vorsitzender: Ich habe dem Herrn Vortragenden den herzlichen Dank des Vereins auszusprechen für die interessanten Mitteilungen, die er uns gemacht hat.

Nachtrag zum Bericht über die Sitzung vom 6. Februar 1905.

———

Technische Tagesordnung.

1. Die Vorschriften über den Baustoff und die Ausführung der Dampfkessel nach den in der Vorbereitung begriffenen allgemeinen polizeilichen Bestimmungen über die Anlegung von Dampfkesseln.

Herr Geh. Regierungsrat Prof. Busley: Meine Herren! Die Veranlassung zu dem heutigen Vortrage gab ein Brief, den Herr Geheimrat Reuleaux an den Technischen Ausschuß gerichtet hatte, und der mir in der Dezember-Sitzung desselben von dem Herrn Geheimen Bergrat Wedding mit der Bitte übergeben wurde, in der Januar-Sitzung des Ausschusses darüber zu berichten. Ich habe mich dieses Auftrags in jener Sitzung erledigt, worauf mich die Herren des Technischen Ausschusses baten, meine Ausführungen vor dem Verein in etwas erweiterter Form zu wiederholen.

Ehe ich zu diesen Ausführungen übergehe, habe ich vorerst zu bemerken, daß die gesamte deutsche Industrie, soweit sie Dampfkessel baut oder benutzt, Seiner Excellenz dem Herrn Minister für Handel und Gewerbe dafür dankbar sein muß, daß er die äußerst notwendige Revision der allgemeinen polizeilichen Bestimmungen über die Anlegung von Dampfkesseln vorgenommen hat, und sich im Bundesrat bemühte, dem neuen Entwurf für alle Bundesstaaten ohne besondere Ausführungsbestimmungen Gültigkeit zu verschaffen. Es ist ein Hoheitsrecht der einzelnen deutschen Staaten, daß sie zu den allgemeinen Vorschriften Ausführungsbestimmungen erlassen können. Diese Ausführungsbestimmungen zu den früheren allgemeinen polizeilichen Vorschriften indessen so abweichend von einander abgefaßt, daß beispielsweise ein in Preußen gebauter Kessel in Hamburg und ein in Anhalt gebauter in Bayern zurückgewiesen werden konnte. Hauptsächlich haben die deutschen Schiffswerften unter diesen vielgestaltigen Bestimmungen gelitten, weil sie für die Schiffskessel naturgemäß unbeschränkte Freizügigkeit nötig haben. Wenn es nun hiermit besser wird, so erwirbt sich der Herr Minister ein Verdienst, welches ihm die Werften hoch anrechnen werden.

Es ist ferner dankbar anzuerkennen, daß der Herr Minister, ehe er den Entwurf herausgab, eine Kommission von Sachverständigen berief, die sich aus den Vertretern der Industrie, der Kesselüberwachungsvereine usw. zusammensetzte. Mit dem Gutachten dieser Kommission, der auch ich angehörte, wurde dann der Entwurf vertraulich an den Verein deutscher Ingenieure gesandt, um von diesem eine Äußerung

6

darüber herbeizuführen.   Hierdurch ist er auch an den Verein deutscher Schiffswerften
und an die Schiffsbautechnische Gesellschaft gekommen, welche ebenfalls zu dem Entwurf Stellung nahmen und im großen und ganzen guthießen, was der Verein deutscher
Ingenieure gegen einzelne Bestimmungen eingewendet hatte.   Ich habe in den zahlreichen Kommissionssitzungen mitgearbeitet, und es besonders dankbar begrüßt, daß
der jetzt veröffentlichte endgültige Entwurf, welcher noch der Genehmigung durch den
Bundesrat bedarf und vorher im Reichsamt des Innern einer nochmaligen Durchberatung
unterzogen werden soll, den seitens der angeführten technischen Vereine gewünschten
Änderungen oder Verbesserungen im allgemeinen Rechnung trägt.   Wir haben nur
wenige Punkte gefunden, in denen wir dem Regierungsentwurf nicht zustimmen können;
aber diese Punkte sind außerordentlich schwerwiegend.   In erster Reihe handelt es sich
um den Baustoff.

Über diesen sagt der neue Entwurf in § 1 unter 4:

> Der Baustoff und die Ausführung der Dampfkessel müssen durch
> amtlich anerkannte Sachverständige nach amtlich anerkannten Regeln der
> Technik geprüft werden.

Herr Geheimrat Reuleaux, welcher die Veranlassung zu dem heutigen Vortrag
gab, hat sich in seinem Schreiben hierzu folgendermaßen geäußert:

> Von dem zur Verwendung gelangenden Blech sollen Abschnitte er-
> hoben und (kostenfrei) in der Technischen Versuchsanstalt geprüft werden.

Herr Geheimrat Reuleaux steht mithin in diesem Punkte auf der Seite des Entwurfs.   Die technischen Vereine, deren Namen ich vorhin anführte, sind dagegen zu
der Überzeugung gekommen und haben dies auch bei dem Herrn Minister zum Ausdruck gebracht, daß eine Prüfung des Baustoffes für Landkessel nicht zu empfehlen ist.
Die Gründe hierfür sind:

1. In dem Entwurf besteht eine gewisse Unstimmigkeit, während der § 1 unter
4 für neue Dampfkessel die Prüfung des Baustoffs verlangt, sagt § 20 unter 2:

> Bei der Genehmigung alter Kessel, deren Materialbeschaffung
> nicht bekannt ist, ist für Schweißeisen eine Festigkeit von 30 kg, für
> Flußeisen von 34 kg auf das Quadratmillimeter anzunehmen.

Ich will hierzu nur die Ausführungen mitteilen, welche Herr Professor Bach
in der Nummer 4 der Zeitschrift des Vereins deutscher Ingenieure, 1905, zu diesem
Punkt gemacht hat. Er sagt:

> Es kommt hiernach bei einem alten Kessel, gleichgültig, ob er ein
> Jahr oder 30 Jahre alt und im Betrieb gewesen ist oder irgend ein an-
> deres Alter besitzt, gar nicht auf die Zähigkeit des Materials an, welche
> doch den wesentlichsten Teil der Widerstandsfähigkeit eines Dampfkessels
> zu bilden pflegt!
> Ich habe das Material alter Kessel öfter zu untersuchen gehabt
> und dabei Bruchdehnungen gefunden herunter bis auf 0,5 v. H. und Festig-
> keiten weit unter 30 kg/qmm.

Meines Erachtens muß es dem Ermessen des sachverständigen Beamten anheimgestellt werden, welche Widerstandsfähigkeit er dem Material des alten Kessels zutraut, wenn er es nicht für notwendig erachtet, die Widerstandsfähigkeit durch den Versuch ermitteln zu lassen, falls sonstige ausreichend zuverlässige Unterlagen für die Beurteilung nicht vorliegen.

Bei der in § 20 für alte Kessel gegebenen Vorschrift, welche allerdings den Vorteil besitzt, schablonenhafte Behandlung durch das ganze Reich zu ermöglichen, drängt sich der Gedanke auf, was wohl die Ärzte sagen würden, wollte man ihnen zur Beurteilung der körperlichen Widerstandsfähigkeit eines Menschen, sagen wir beispielsweise im Alter von 45 Jahren, nicht bloß eine bestimmte Formel, sondern auch noch weiter vorschreiben, welchen Erfahrungswert sie in diese Formel einzusetzen hätten. Käme der gleiche Mensch nach 20 Jahren wieder zur Beurteilung, so würde der gleiche behördlich vorgeschriebene Erfahrungswert in die Formel eingesetzt werden müssen; die Widerstandsfähigkeit wäre die gleiche wie vor zwei Jahrzehnten u. s. f.!

Diesen Gründen, welche den Nagel auf den Kopf treffen, habe ich nichts hinzuzufügen.

2. Ich komme weiter auf einen Punkt, der bisher noch nicht berührt worden ist: Wie stellt sich die Prüfung des Baustoffes von Kesseln, welche vom Auslande importiert werden? Wir führen immer noch eine beträchtliche Anzahl besonders von Lokomobilkesseln für landwirtschaftliche Betriebe ein. In unseren neuen Handelsverträgen steht nichts davon, daß die importierenden Firmen einen Nachweis über die Prüfung des Baustoffs zu führen hätten. Sie oder ihre Abnehmer zahlen lediglich den Eingangszoll. Es ist mir aber von kompetenter Seite gesagt worden, daß es vielleicht durch diplomatische Verhandlungen möglich wäre, noch nachträglich eine Klausel in die Verträge zu setzen, wonach für importierte Kessel ein Attest über die Festigkeit ihres Baustoffs vorzulegen ist. Natürlich würden die anderen Staaten Repressalien ergreifen und wir Deutsche mit unserer Gründlichkeit und Zuverlässigkeit würden das Material für die zur Ausfuhr bestimmten Kessel gewissenhaft prüfen, während wir aus den Staaten, die Kessel bei uns einführen, vielfach Prüfungsatteste bekommen werden, welche vielleicht schon auf Vorrat ausgestellt und so billig sind wie die Brombeeren. Der notleidende Teil wird hierbei selbstverständlich immer die deutsche Industrie sein.

3. Taucht die Frage auf, ob die Prüfung des Baustoffes wirklich so zuverlässig ist, daß man regierungsseitig darauf bestehen muß. Herr Prof. Rudeloff, der doch gewiß sachverständig ist, hat in der letzten Sitzung des Technischen Ausschusses erklärt, daß nach seiner Erfahrung die Ungenauigkeit bei den Zerreißproben bis zu 12 % geht. Herr Professor Rudeloff meinte, es liege vielfach an der Unzulänglichkeit der Maschinen; und nach meiner Meinung kommt noch hinzu, ob die Untersuchung ein erfahrener, wohlgeschulter und zuverlässiger Mann ausführt oder ein wenig erfahrener junger und oberflächlicher Herr, das gibt ebenfalls große Differenzen. Unter solchen Umständen kann die Prüfung des Materials keine absolute Sicherheit bieten.

6*

4. Wir wissen auf Grund von jahrelangen Versuchen, welche das Prüfungsamt gemacht hat, daß Eisen bei einer Temperatur von 200° eine sehr viel höhere Festigkeit besitzt, als im kaltem Zustande; wobei aber die Dehnung ganz außerordentlich zurückgeht, unter Umständen bis auf 5 %. Das Material wird also sehr spröde. Diese Versuche sind in neuerer Zeit von Professor Bach wiederholt worden, wobei er zu demselben Ergebnis gekommen ist. Was nützt nun die Prüfung des Materials in kaltem Zustande? Wenn wir eine Überzeugung von dem wirklichen Verhalten des Materials haben wollen, müßten wir es eigentlich in dem Zustand prüfen, in dem es sich befindet, wenn der Dampfkessel im Betriebe ist, also bei einer Temperatur von ungefähr 200°, der Sättigungstemperatur des heute gebräuchlichen Hochdruckdampfes.

Es ist dies eine Frage, welche die Wissenschaft und die Technik lebhaft beschäftigt, und es wäre daher zu bedauern, wenn in einer polizeilichen Bestimmung, die jetzt für eine Reihe von Jahren festgesetzt wird, von seiten des Deutschen Reiches die Prüfung des Materials in kaltem Zustande vorgeschrieben wird, während wir vielleicht früher oder später zu der Überzeugung kommen, daß das Material in der Temperatur geprüft werden soll, in welcher es benutzt wird.

5. In der Begründung zu dem Entwurfe steht, daß für den Baustoff der Kessel die Würzburger Normen, für ihren Bau die Hamburger Normen des Internationalen Verbandes der Dampfkesselüberwachungsvereine gelten sollen. Beide Normen sind aufs Neue durchgesehen und mit den Regeln des germanischen Lloyd möglichst in Übereinstimmung gebracht worden, damit sie auch für Schiffskessel Anwendung finden können. Am 17. Februar soll in Amsterdam die Generalversammlung des Internationalen Verbandes der Dampfkesselüberwachungsvereine abgehalten werden, wobei wahrscheinlich die erwähnte eingehend vorbereitete Verbesserung angenommen wird. Hiernach wird es zwei Qualitäten je für Schweißeisen und für Flußeisen geben. Die erste Qualität wird für Feuerbleche und die zweite für Mantelbleche zu verwenden sein.

Es ist vorgeschrieben, daß jedes einzelne Kesselblech beider Qualitäten zunächst den Stempel des Hüttenwerks tragen muß, wo es gewalzt wurde. Es muß ferner den Stempel S 1 oder S 2 tragen, wenn es aus Schweißeisen, bezw. F 1 oder F 2, wenn es aus Flußeisen besteht, je nachdem es der Qualität 1 oder 2 angehört. Auf allen deutschen Hüttenwerken, welche Qualitätsbleche walzen, ist es heute Sitte, von jeder Charge eine Probe zu nehmen. Fällt diese Probe gut aus, so wird die Charge als Kesselblech geliefert. Stellt sich dagegen die Probe als zu hart oder zu weich heraus, so wird die ganze Charge verworfen und als gewöhnliches Blech veräußert. Hierdurch ist schon eine Garantie für die Festigkeit des Kesselbleches gegeben; außerdem lassen sich aber viele Kesselbauer, bei der Abnahme der Bleche die Versuchsresultate der Charge mitteilen. Aber auch, wenn dies nicht geschieht, ist man in der Lage, falls später an einem Kessel eine Beschädigung entdeckt wird, noch nach Jahren an das Hüttenwerk zu schreiben, und nach dem Chargenbuche, welches aufbewahrt wird, das Ergebnis der seinerzeit vorgenommenen Prüfung des Bleches festzustellen. Unleugbar liegt hierin schon eine große Sicherheit für die Güte des Baustoffes, die durch folgenden Umstand erhöht wird. Unsere Hüttenwerke sind sehr eifersüchtig auf einander — und das ist eine besonders gute Seite des deutschen Ingenieurs —, sie wachen ängstlich darüber, daß eines nicht besseres Material erzeugt als das andere; sollte nun wirklich ein Hüttenwerk bessere Bleche walzen als ein anderes, so müht sich dieses umsomehr — ich weiß es, von meiner Dienstzeit in der Marine —, mindestens eben so gute Bleche zu liefern, wenn möglich noch bessere. Diese Tatsache bildet eine so große Gewähr für die Brauchbarkeit des Kesselbaustoffes, daß es nicht nötig ist, was bisher auch nicht der Fall war, auf die Industrie zu drücken, das Material für die gewöhnlichen Landkessel amtlich prüfen zu lassen. Ich komme später auch noch zu der Sicherheitsfrage und hoffe, bei dieser ausführen zu können, daß durchaus kein Grund vorliegt, die jetzt länger als 30 Jahre gültigen Bestimmungen zu verschärfen.

Ganz anders aber liegt die Sache für Schiffskessel. Für diese muß das Material geprüft werden, aber nicht, wie ich ausdrücklich hervorhebe, aus Sicherheitsgründen, sondern aus rein wirtschaftlichen Gründen. Ein Dampfer ist ein internationales Handelsobjekt, er fährt heute unter deutscher Flagge und morgen unter einer anderen, wenn er ins Ausland verkauft wird. Deshalb muß er deutscherseits so eingerichtet werden, daß er vom Auslande abgenommen werden kann; was dies für eine Rolle spielt, will ich versuchen, mit wenig Worten klarzulegen.

Unsere deutsche Reederei kann sich auf die Dauer nur dann auf ihrer bisherigen Höhe halten, wenn sie immer über möglichst neue und gute Dampfer verfügt und im Auslande Abnehmer für ihre alten Dampfer findet. Kann eine Linie von sich sagen: „Meine ältesten Schiffe sind nicht älter als 7—8 Jahre", so hat sie einen gewaltigen Vorsprung vor anderen Reedereien, die ältere Dampfer in Fahrt halten müssen. Sie besitzt dann nicht bloß Schiffe mit den neuesten Einrichtungen, z. B. für die Passagiere, mit den neuesten und wirtschaftlichsten Maschinen, sondern sie hat auch den großen Vorteil, daß diese neuesten Dampfer so günstig gebaut sind, um schnelles Löschen und Laden zu gestatten. Die größten Frachtdampfer fassen 12 000 Tonnen und mehr, 12 000 Tonnen füllen aber `1200 Doppelwaggons, oder 24 Güterzüge von je 50 Waggons, welche mit ihren Lokomotiven auf den Schienen hintereinanderstehend eine Strecke von fast zwei deutschen Meilen einnehmen. Diese Riesenmenge von Gütern muß in möglichst kurzer Zeit aus dem Schiff herausgeschafft werden, und während dies geschieht, schüttet man schon Kohlen in die Bunker, damit der große Dampfer nach wenigen Tagen, mit neuer Ladung und Proviant versehen, wieder reisefertig ist. Bei der heutigen Geschwindigkeit der Dampfer, welche die Reisedauer immer mehr verkürzt, müssen die Liegetage äußerst beschränkt werden, sonst können die Reedereien bei den geringen Frachtsätzen nichts verdienen.

Um nun unsere älteren Dampfer für das Ausland verkäuflich zu machen, müssen wir uns in bezug auf die Schiffskessel den internationalen Gepflogenheiten anschließen. Ich muß etwas weit ausholen, um dies zu erläutern. Gegen Ende des 18. Jahrhunderts trafen sich am Themsestaden in London in dem Gasthause eines Wallisers — in Lloyds Coffeehouse — die Versicherer von Seeschiffen. Von dem Besitzer dieses Kaffeehauses hat der britische Lloyd seinen Namen. Es war die Zeit, wo der englische Handel anfing, ein weltumspannender zu werden. Diese Assekuradeure hatten Listen, welche sie handschriftlich herstellten, in denen Notizen über den baulichen Zustand der Schiffe

enthalten waren, wonach sie ihre Versicherungsprämie bemaßen. Später im 18. Jahrhundert fing man an, die Listen zu drucken. An den Listen und ihrem Zustandekommen waren nur Assekuradeure beteiligt, sie hatten die Macht, weil keine weitere
Konkurrenz bestand, und wurden, wie das immer so geht, derart übermütig, daß sie
im Jahre 1799 den Reedern erklärten: Schiffe, die älter als 13 Jahre sind — es gab
damals nur hölzerne und auch nur Segelschiffe — führen wir in unserem Register
nicht mehr auf. Dies hieß mit anderen Worten, daß ältere Schiffe, als solche von
13 Jahren, nicht mehr versichert wurden. Darüber empörten sich die Reeder und
bildeten eine eigene Gesellschaft. Im 19. Jahrhundert haben sich beide Gesellschaften
wieder vereinigt, weil ihnen durch die Franzosen der Boden heiß gemacht wurde. Im
Jahre 1828 hatte Charles Bal in Paris unter dem Namen „Bureau Veritas“ ein Institut
gegründet, welches heute noch besteht, und sich von vornherein sowohl von den Asse-
kuradeuren wie von den Reedern und Handelsherren unabhängig machte. Dieses Institut
stellte den baulichen Zustand der Schiffe durch Sachverständige fest und gab ihnen
dann je nach dem Ausfall der Untersuchung ein Klassenzeichen. Je höher die Klasse
des Schiffes ausfiel, in um so besserem baulichen Zustande es sich also befand, um so
niedriger konnte der Versicherer die Prämie bemessen; je niedriger die Klasse wurde,
um so höher stieg die Prämie. Das äußerst geschickte Vorgehen Bals grub den beiden
englischen Gesellschaften das Wasser ab und in der Not vereinigten sie sich. Sie
gründeten nun unter dem Namen „Lloyds Register“ das bekannte große Klassifikations-
Institut, welches jetzt auch die fremden Schiffe aufnahm, nachdem das Bureau Veritas
den Anfang damit gemacht hatte. Beide Gesellschaften klassifizierten auch die deutschen
Schiffe, bis sie im Jahre 1867 behaupteten, die in Deutschland gebauten Segelschiffe
nicht mehr als erstklassig anerkennen zu können, weil sie aus zu weichem Holze hergestellt wären.

      Die deutschen Reeder, Versicherer und Schiffsbauer errichteten darauf eine
eigene nationale Klassifikations-Gesellschaft, den „Germanischen Lloyd“, welcher es
dank seiner umsichtigen Leitung verstanden hat, sich in der kurzen Zeit seines Be-
stehens zum drittgrößten Klassifikations-Institut aufzuschwingen und unmittelbar hinter
dem Bureau Veritas zu rangieren. Es gibt noch einen österreichischen, einen italienischen,
einen nordischen und einen amerikanischen Lloyd; diese haben aber für den internationalen Verkehr nicht die Bedeutung wie der britische Lloyd, das Bureau Veritas
und der Germanische Lloyd. Die Klassifikations-Gesellschaften haben nun durch ihre
jahrelangen Erfahrungen erprobte Bauregeln aufgestellt, nach welchen die Schiffe, die
eine bestimmte Klasse erhalten sollen, ausgeführt werden müssen. Auch Regeln für
die Konstruktion der Schiffsmaschinen haben sie herausgegeben, diese sind aber nicht
sehr umfangreich und beschränken sich hauptsächlich auf die Wellendurchmesser.
Desto eingehender aber sind ihre Vorschriften für die Schiffskessel. Wenn wir uns mit
diesen für die drei großen Klassifikations-Gesellschaften nahezu gleichen, also internationalen Regeln nicht anschlössen, würden wir kein Schiff nach außerhalb verkaufen
können, denn es würde weder in Frankreich die entsprechende Klasse des Bureau
Veritas, noch in Norwegen die Klasse des Norske Lloyd usw. erhalten. Daraus ergibt
sich, daß der Verkauf eines alten Dampfers in ein anderes Land nur dann möglich ist,

wenn seine Kessel so gebaut sind, daß sie von dessen Klassifikations-Gesellschaft angenommen werden können.

Zwingen nun schon diese Verhältnisse zur Trennung der Schiffskessel von den Landkesseln, so sind diese noch um so dringender nötig, als in dem Entwurf die Vorschriften für beide Kesselarten immer durcheinandergehen. Bald stehen die Sonderbestimmungen für die Schiffskessel am Anfang eines Paragraphen, bald am Ende und dann wieder mal mitten drin. Für die Schiffbauer, die Reeder, die Versicherer und alle anderen Personen, welche mit Schiffskesseln zu tun haben, entsteht hierdurch eine große Zeitvergeudung, wenn sie immer die übrigen Bestimmungen über die Landkessel mitlesen müssen.

In einer Zeit, wo das Wort „Time is money" durch das neuere Wort: „Wir stehen im Zeichen des Verkehrs" überholt worden ist — sollten doch die Regierungen der Industrie bis aufs äußerste entgegenkommen und ihr nicht wegen formeller Gesichtspunkte solche Hindernisse bereiten. Ich bin der festen Überzeugung, wenn wir im Jahre 1871, als die ersten polizeilichen Bestimmungen über die Anlegung von Dampfkesseln für das Deutsche Reich aufgestellt wurden, mit unserer Reederei und mit unserem Schiffbau so dagestanden hätten, wie heute, niemand daran gedacht haben würde, die Schiffskessel mit den Landkesseln in eine Verordnung zusammen zu werfen. Damals hatten wir nur 147 deutsche Seedampfer mit 82000 Brutto Register Tonnen. Heute hat sich die Zahl der Seedampfer verzwölffacht; wir besitzen jetzt rund 1700 Seedampfer und marschieren mit dieser Zahl unmittelbar hinter England. Der Brutto-Raumgehalt unserer Dampferflotte hat sich aber nahezu siebenunddreissigfacht; denn sie hat heute ungefähr 3 Millionen Brutto-Register-Tonnen.

Ganz ähnlich ist der deutsche Schiffbau emporgeblüht. Im Jahre 1871 wurden in Deutschland nur so viel eiserne Seedampfer gebaut, daß man nicht einmal die Finger einer Hand brauchte, um sie abzuzählen. Heute werden dagegen alljährlich ungefähr doppelt so viel Dampfer in Deutschland gebaut als es im Jahre 1871 überhaupt an Seedampfern besaß und im deutschen Schiffbau sind einschließlich der drei kaiserlichen Werften rund 50000 Arbeiter beschäftigt. Der deutsche Schiffbau ist demnach ein Faktor geworden, der im großen Weltgetriebe mitzählt. Auch hierin sollte für die Regierungen ein Grund liegen, unserem einmütig geäußerten Wunsche nachzukommen und die Schiffskessel von den Landkesseln zu trennen.

Die Lokomotiven sind bezüglich der polizeilichen Bestimmungen niemals mit den Landkesseln zusammen gefaßt worden, sie unterstehen lediglich den Eisenbahnverwaltungen. Dabei bleiben die Lokomotivkessel, selbst wenn die Betriebsgemeinschaft der deutschen Eisenbahnen durchgeführt sein wird, immer innerhalb der Grenzen des Deutschen Reiches; unsere Schiffskessel aber gehen über alle Meere, und manche Reederei weiß nicht genau, wo sich heute ihre gesamten Schiffskessel befinden.

Die Kessel der Bergwerke, welche unter Tage stehen, unterliegen auch nicht der Genehmigung des Kreisausschusses oder der Magistrate der Städte, wie leider heute noch die Schiffskessel, sondern sie unterstehen den Oberbergämtern. Diese Ausnahmen rechtfertigen es endlich, daß die Regierungen dem Wunsche der Werften und Reeder

48

nachgeben, denn derselbe ist, wie ich hoffe bewiesen zu haben, kein unbilliger und unberechtigter.

Was nun die Bauregeln für die Dampfkessel anbelangt, so sagt derselbe Absatz 4 des § 1, welchen ich schon anfangs anführte:

> „Der Baustoff und die Ausführung der Dampfkessel müssen durch amtlich anerkannte Sachverständige nach amtlich anerkannten Regeln der Technik geprüft werden."

Herr Geheimrat Reuleaux äußert sich in seinem von mir erwähnten Briefe zu diesem Punkte folgendermaßen:

> „Als damals die polizeilichen Bestimmungen neu geregelt wurden, war einer der wichtigsten Gesichtspunkte der, daß Verantwortlichkeit hervorgerufen werden sollte, von welcher die früheren Bestimmungen entbanden, auch die Erhebung der „Normen" wieder entbinden würden."

Darin stimmen wir mit Herrn Reuleaux vollständig überein. Wir wollen vielmehr die Verantwortlichkeit des Konstrukteurs erhöhen und deshalb sollen die Hamburger Normen auch nicht amtlich anerkannt werden. Für uns genügt die Vorschrift:

> „Jeder neue Kessel muß in bezug auf Baustoff, Ausführung und Ausrüstung den anerkannten Regeln der Wissenschaft und Technik entsprechen."

Diese Regeln sind fortwährend in Fluß und in wenigen Jahren andere als heute. Ein freiwilliger Zusammenschluß an Ingenieuren, wie der Internationale Verband der Dampfkesselüberwachungsvereine, kann seine Regeln jederzeit ändern und sie stets auf wissenschaftlicher Höhe halten. Mit amtlich anerkannten Normen liegt die Sache indessen sehr viel schwieriger. Werden jetzt in Amsterdam die Hamburger Normen vom Internationalen Verbande angenommen und in den polizeilichen Bestimmungen als amtlich anerkannte Regeln hingestellt, so muß bei später nötig werdenden Abänderungen, welche der Verband jeden Tag frei beschließen kann, seitens des Bundesrates bei allen deutschen Regierungen angefragt werden, ob sie mit diesen Änderungen einverstanden sind, damit sie wieder als amtlich anerkannte Regeln im Sinne der polizeilichen Bestimmungen gelten können. Diese Umständlichkeit wollen wir vermeiden, dem verantwortlichen Konstrukteur sollen die doch immerhin elastischen Normen nur als Richtschnur dienen und dem Erfindungsgeiste freie Bahn lassen. Niemand würde mehr erfreut sein, als Professor Bach, der Vorsitzende des Internationalen Verbandes, wenn jemand mit einer großen, neuen Idee zu ihm käme, welche einen Fortschritt in der Dampfkesseltechnik anbahnen und eine dementsprechende Änderung der Hamburger Normen nötig machen würde, die in kurzer Zeit herbeigeführt werden kann.

Herr Geheimrat Reuleaux hat schließlich in einem Briefe noch einen Punkt angeführt, in dem er schreibt:

> „daß beim Genehmigungsgesuch für die Längsnähte das Verhältnis der Festigkeit der Nietung zu der des vollen Bleches dargelegt werden solle."

Er verlangt also gewissermaßen eine Vorprüfung der Kesselzeichnung. Diese Vorprüfung besteht bereits für Schiffskessel, wenn sie auch nicht polizeilich vorgeschrieben ist. Es wird kein Schiffskessel gebaut, dessen Zeichnung nicht vorher einer Klassifikations-Gesellschaft, d. h. bei uns wohl meistens dem Germanischen Lloyd zur Prüfung vorgelegt worden ist. Neben dieser Zeichnung ist immer in größerem Maßstabe die Vernietung der Längsnaht gezeichnet, und es muß rechnerisch nachgewiesen werden, wieviel Prozent die Festigkeit dieser Vernietung von der des vollen Bleches beträgt. Wird von jemand eine neue Nietung erdacht, der man trotz der Rechnung vielleicht nicht ganz traut, so kann der Fabrikant veranlaßt werden, ein Stück dieser Nietung herzustellen, die dann dem Prüfungsamte zur Erprobung übergeben werden kann. Nach dem Entwurfe der polizeilichen Bestimmungen besteht indessen keine Vorprobe. Die von mir genannten technischen Vereine hatten die Regierung gebeten, eine solche nicht obligatorische, sondern nur fakultative Vorprobe einzuführen, damit die Kesselfabrikanten bei neuen Konstruktionen dem amtlich anerkannten Sachverständigen vor der Ausführung des Kessels die Zeichnung zur Prüfung vorlegen können. Macht dieser Ausstellungen, welche der Fabrikant berücksichtigt, so wäre er sicher, daß der fertige Kessel auch für die Dampfspannung genehmigt wird, für die er ihn bestimmt hatte. Nach den Bestimmungen des Entwurfes wird der Kessel erst bei der Bauprüfung, von dem amtlich anerkannten Sachverständigen untersucht und mit der Zeichnung verglichen. Stoßen ihm hierbei irgend welche Bedenken auf, so kann er die Dampfspannung des Kessels heruntersetzen und ihn beispielsweise, nicht wie der Erbauer wollte, für 15 Atmosphären, sondern nur für 14 oder 14½ Atmosphären genehmigen. In einem solchen Falle ist es meistens sehr schwer, den Kessel zu verstärken oder irgend welche Änderungen anzubringen, die vorher, wenn eine Vorprüfung stattgefunden hätte, möglich gewesen wären. Wir sind daher der Ansicht, daß eine solche Vorprobe, welche indessen nur auf Antrag des Erbauers erfolgen soll, für die ganze Industrie von besonderer Wichtigkeit ist. Unser Antrag deckt sich mit dem Wunsche des Herrn Geheimrat Reuleaux, denn durch eine Vorprüfung wird auch die Nietung der Längsnähte einer gründlichen Untersuchung unterzogen.

M. H.! Ich hoffe nachgewiesen zu haben, daß die neuen polizeilichen Bestimmungen in bezug auf den Baustoff und die Bauausführung der Kessel eine bedeutende Verschärfung gegenüber den jetzt bestehenden enthalten und damit eine Belastung der Industrie herbeiführen müssen.

Angesichts dieser Tatsache fragt es sich: ob so schreiende Mißstände vorliegen, daß die von den Regierungen geplanten Verschärfungen gerechtfertigt erscheinen? In Deutschland sind mindestens 140 000 Dampfkessel im Betriebe, im Jahre 1899 waren es schon 139 278; 140 000 sind demnach wohl zu niedrig gegriffen, es werden nahezu schon 150000 sein. Davon sind im Jahre 1903 9 explodiert, wobei 11 Menschen verletzt wurden. Das ist keine erhebliche Zahl; wenngleich es am besten wäre, daß kein Kessel explodierte und niemand verletzt würde. Bei jedem Kessel wird nicht immer ein Mann zur Bedienung sein, allein bei den landwirtschaftlichen Betrieben stehen gewöhnlich mehrere Personen um den Kessel herum, und ebenso ist es an Bord von Dampfern, auch auf den Lokomotiven sind immer zwei Personen. Man kann also annehmen, daß sicher 110 000 Personen an den 150 000 Kesseln beschäftigt sind. Hiernach entfällt von den 11 Verletzten des Jahres 1903 einer auf 10 000. Demgegenüber waren in der gesamten deutschen Industrie in der gleichen Zeit rund 19 Millionen Personen versichert, von welchen rund 120 000 Verletzte zur Anmeldung gelangt. Mithin kommt ein Verletzter auf rund 160 Industriearbeiter, während nur ein Verletzter auf 10 000 Leute entfällt, die mit Dampfkesseln zu tun haben. Wollte man weiter gehen, so könnte man aus diesen Zahlen schließen, daß der Betrieb der Dampfkessel 60 mal sicherer ist als der allgemeine Industriebetrieb.

Jedenfalls steht fest, daß sich die Verhältnisse bezüglich der Sicherheit der Dampfkessel gegen früher ganz außerordentlich gebessert haben. Zu diesem Ergebnis sind wir gekommen durch die Anstrengungen unserer Eisenhüttenwerke, die sich bemühten, das Kesselbaumaterial zu veredeln; durch die Arbeit unserer Ingenieure, die bessere Konstruktionen ersannen und endlich durch die nutzbringende Tätigkeit unserer Revisionsbeamten in den Dampfkesselüberwachungsvereinen. Von allen Seiten und nach allen Richtungen ist geleistet worden, was von Menschen überhaupt verlangt werden kann. Deshalb finde ich keinen Grund, warum die Regierungen der Industrie durch die Verschärfung der polizeilichen Bestimmungen Erschwernisse bereiten wollen. In einer Zeit, in der die neuen Handelsverträge vor der Tür stehen, auf Grund deren die Industrie zu gunsten der Landwirtschaft zurückstehen muß, wogegen nichts eingewandt werden soll, in einer solchen Zeit hätten die Regierungen allen Grund, der Industrie in anderer Weise entgegenzukommen und sie nicht ohne Ursache weiter zu belasten.

M. H., wenn Sie sich meinen Ausführungen anschließen wollen oder können, so möchte ich Sie bitten, folgende Resolution anzunehmen:

> Seiner Exzellenz dem Königlich preußischen Minister für Handel und Gewerbe spricht der Verein zur Beförderung des Gewerbfleißes ehrerbietigen Dank dafür aus, daß er, einem allgemein gefühlten Bedürfnisse entsprechend, einen Entwurf neuer allgemeiner polizeilicher Bestimmungen über die Anwendung von Dampfkesseln aufstellen ließ; jedoch hält er in Übereinstimmung mit dem Verein deutscher Ingenieure, dem Verein deutscher Schiffswerften und der Schiffsbautechnischen Gesellschaft den Entwurf in folgenden Punkten für abänderungsbedürftig:
>
> 1. Es empfiehlt sich, die allgemeinen Bestimmungen für Landdampfkessel von denen für Schiffsdampfkessel zu trennen.
>
> 2. Es empfiehlt sich, eine amtliche Vorprüfung der Festigkeit des Kessels auf Antrag des Erbauers anzuordnen.
>
> 3. Eine amtliche Prüfung des Baustoffes ist lediglich für Schiffskessel, nicht aber für Landkessel anzuordnen, und eine amtliche Prüfung der Ausführung ist überhaupt nicht vorzuschreiben; statt dessen empfiehlt es sich, im Gesetz auszusprechen, daß jeder neue Kessel in bezug auf Baustoff, Ausführung und Ausrüstung den Regeln der Wissenschaft und Technik entsprechen soll.

Vorsitzender: M. H., wir können dem Herrn Vortragenden sehr dankbar sein, daß er uns auf dieses Gebiet geführt hat. Es ist ja von hoher Bedeutung für die Industrie und für den Gewerbefleiß, dem wir dienen wollen, wie für die öffentliche Sicherheit. Der Diskussion über die Frage wird daher, obgleich uns noch ein weiterer Vortrag bevorsteht, ausgiebiger Raum zu gewähren sein. Ich habe nur Bedenken dagegen, daß wir über eine Resolution sachlich beschließen, die uns nicht vom Technischen Ausschuß vorgelegt, von ihm noch nicht geprüft ist. Um aber dem Wunsche des Herrn Vortragenden möglichst gerecht zu werden, möchte ich anheimgeben, statt einer „Empfehlung" der in der Resolution bezeichneten Punkte diese zur Erwägung zu geben. Ich meine, daß den Absichten des Herrn Vortragenden Genüge geschieht, wenn in unseren Verhandlungen die Diskussion im stenographischen Bericht niedergelegt, dem Herrn Handelsminister überreicht wird, und wenn die angegebenen Punkte als erwägungsbedürftig bezeichnet werden.

Ich möchte bitten, sich zunächst hierüber zu äußern.

Herr Geh. Bergrat Prof. Dr. H. Wedding: Ich möchte auch empfehlen, heut keine Beschlüsse zu fassen. Wenn wir Beschlüsse fassen wollten, so hat bisher stets das, worüber wir beschließen wollten, den Vereinsmitgliedern gedruckt vorgelegen. Ich glaube, die Versammlung ist heute nicht in der Lage, sich den Inhalt der vom Herrn Vortragenden vorgeschlagenen Resolutionen so gegenwärtig zu halten, daß sie dieselben mit voller Überzeugung annehmen oder ablehnen könnte. Ich meine daher, dafs es richtiger sei, zuförderst die vorgeschlagenen Resolutionen an den Technischen Ausschuß zurückzuverweisen, dort zu beraten, um das, was der Technische Ausschuß beschließt, dann in gedruckter Form vor der Sitzung mit den Verhandlungen an die Mitglieder des Vereins zu verteilen und darauf hin erst in der nächsten Sitzung Beschlufs zu fassen.

Herr Geh. Regierungsrat Prof. Dr. Reuleaux: Ein kurzes Wort möchte ich mir erlauben. Ich möchte einen Irrtum berichtigen, der von dem Herrn Vortragenden ausgeht. Ich habe nicht an den Technischen Ausschuß geschrieben, das ist ein Irrtum. Ich habe einen Privatbrief in der Angelegenheit an Herrn Geheimrat Wedding gerichtet. Was Herr Kollege Wedding mit dem Brief gemacht hat, das höre ich heute näher zum erstenmal: er hat den Brief im Technischen Ausschuß zur Beratung gestellt. Aber ich habe keine solchen Anträge, wie die vorgetragenen, gestellt, nur privatim meine Meinung über einige Punkte geäußert.

Dann will ich hinzufügen, daß ich den zuerst hervorgehobenen Punkt bloß deshalb so betont habe, weil ich den Industriellen Kosten ersparen wollte. Das war meine Absicht. Das Materialprüfungsamt kann bei seinen vorzüglichen Einrichtungen sehr gut solche Prüfungen übernehmen. Im übrigen hat in den anderen beiden Punkten der Herr Vortragende sich der Meinung angeschlossen, die ich geäußert hatte.

Herr Geheimer Regierungsrat Prof. Busley: In bezug auf die Resolution möchte ich bitten, dieselbe nicht mehr an den Technischen Ausschuß gelangen zu lassen, wenn der Verein überhaupt gesonnen ist, der Industrie in der von mir angedeuteten Weise zu Hilfe zu kommen. Da von Woche zu Woche die Zusammenkunft der Sachverständigen im Reichsamt des Innern stattfinden kann, so könnten wir mit unseren Beschlüssen leicht zu spät kommen, wenn der Technische Ausschuß noch einmal gehört werden soll. Sobald die von mir erwähnte Versammlung des Internationalen Verbandes in Amsterdam stattgefunden hat, wird das Reichsamt des Innern wahrscheinlich gleich die Sachverständigen zusammenberufen, damit die polizeilichen Bestimmungen unter Dach und Fach kommen.

Herrn Geheimrat Reuleaux bemerke ich, daß unsere Versuchsanstalt kaum in der Lage sein wird, alle Kesselbleche zu prüfen, denn nach der Statistik des Grobblechverbandes sind im letzten Jahre 30 % der gesamten Blechproduktion Deutschlands als Kesselbleche geliefert worden. Es müßte also schon ein ziemlich großes Institut gebaut werden, um alle diese Bleche prüfen zu können.

Herr Baurat Dr. Ing. Peters: M. H., es liegen also jetzt drei Anträge vor: Der Antrag des Herrn Vorsitzenden, der dahin geht, daß wir keine bestimmte Meinung aussprechen, sondern nur sagen, es dürfte sich empfehlen zu erwägen; der Antrag des Herrn Geheimrat Wedding, der dahin geht, die Sache an den Technischen Ausschuß zu verweisen, und drittens der Antrag des Herrn Referenten, der den Wortlaut der von ihm empfohlenen Resolutionen zur Abstimmung gebracht haben möchte. Gegenüber dem Antrag des Herrn Geheimrat Wedding, der sich auf ein formelles Bedenken gegen den Vorschlag des Herrn Geheimrat Busley stützt, ist die Frage zu stellen, ob wir denn noch Zeit haben, die Sache an den Technischen Ausschuß zurückgehen zu lassen. Aber, m. H., wir haben die geeignetste Person zur Beantwortung dieser Frage in unserer Mitte: Herrn Geheimrat Jäger. Wenn er sagt, es ist Zeit genug, wenn wir unseren Beschluß erst im März fassen, so können wir ruhig im Technischen Ausschuß das durchberaten und in der nächsten Sitzung im Verein darüber beschließen. Bei dieser Sachlage ist es also vom höchsten Wert zu wissen, ob wir Zeit genug haben, den Gegenstand noch einmal auf die Tagesordnung der nächsten Sitzung zu setzen oder nicht.

Vorsitzender: Ich möchte nun bitten, in die sachliche Diskussion einzutreten und die formelle Erledigung vorzubehalten.

Herr Geh. Ober-Regierungsrat und vortragender Rat im Königl. Handelsministerium Jäger: M. H., bevor Sie einen Beschluß fassen und zu der ganzen Angelegenheit Stellung nehmen, ist es doch wohl nötig, auf die Ausführungen sowohl in technischer wie in formaler Beziehung mit einigen Worten einzugehen und einige Irrtümer aufzuklären, die untergelaufen sind.

Ich darf zunächst über den Dank quittieren, den der Herr Vortragende an den Minister für Handel und Gewerbe gerichtet hat. M. H., es ist offen gestanden das erstemal gewesen, für die mühsame Arbeit, daß uns von irgend einer Seite (—) Dank gesagt worden ist. Ich bin dem Herrn Vortragenden also dankbar für dieses Maß der Anerkennung, das er den neuen Vorschriften gezollt hat.

Der Herr Vortragende ist dann auf die Prüfung des Baustoffs eingegangen und zwar auf die in § 1 unter 4 des Entwurfs enthaltene Bestimmung, daß der Baustoff durch amtlich anerkannte Sachverständige geprüft werden soll. Er hat seinerseits empfohlen, diese Prüfung für Landkessel nicht vorzunehmen, hat dagegen zugegeben, daß eine solche für Schiffskessel mit Rücksicht auf die besonderen Verhältnisse derselben notwendig und auch durchführbar sei. Er hat dann zunächst die Unstimmigkeit zwischen neuen und alten Kesseln hervorgehoben, indem in § 20 der allgemeinen Bestimmungen vorgesehen ist, daß für alte Kessel eine Festigkeitszahl angenommen werden soll, mit der zu rechnen ist, ohne daß eine Prüfung des Baustoffs vorgenommen wird. Ja, m. H., wenn wir alte Kessel überhaupt rechnungsmäßig prüfen wollen, dann ist es auch notwendig, solche Zahlen festzusetzen. Denn würden wir eine Festigkeitsprüfung fordern, so würde der Verkauf eines jeden alten Kessels unmöglich werden, und ich meine, daß es die Industrie uns nicht danken würde, wenn alte Kessel — solche brauchen ja nicht so alt wie Methusalem zu sein, es kann sich auch um einen solchen handeln, der ein halbes Jahr im Betrieb war — nicht mehr verkauft werden können. Man muß also eine Norm für die Berechnung solcher Kessel schaffen.

Herr Geheimrat Busley hat gemeint, diese Norm könne man den Sachverständigen überlassen und je nach dem Zustande eines alten Kessels die Zahlen selbständig annehmen und feststellen. Das, m. H., führt zu Zuständen, die wir gerade durch die allgemeinen polizeilichen Bestimmungen haben vermeiden wollen. Die allgemeinen polizeilichen Bestimmungen sind ausgegangen von der Idee, im ganzen deutschen Reiche künftig solche Grundsätze zu schaffen, daß dem einzelnen ein möglichst geringer Spielraum für subjektive Auffassungen und Handlungen gelassen wird. Also der Wunsch des Herrn Vortragenden ist gerade das Gegenteil von dem, was die allgemeinen polizeilichen Bestimmungen anstreben, und ich glaube, daß Sie alle mit mir übereinstimmen werden, daß die Regierung auf dem richtigen Wege ist, wenn sie zu vermeiden sucht, daß dem einzelnen Sachverständigen ein so weiter Spielraum gelassen wird, wie Herr Geheimrat Busley anstrebt und zulassen will.

Er ist weiter auf die Kessel aus dem Ausland eingegangen und hat gesagt, er habe in den Handelsverträgen vergeblich danach gesucht, daß wir den fremden Nationen eine Verpflichtung auferlegt hätten, wonach sie das Material für Kessel nach Deutschland prüfen müßten. M. H., es erübrigt sich, in Handelsverträgen solche Bestimmungen einzuführen mit Rücksicht auf die Konzessionspflicht, die wir in Deutschland haben. Jeder Kessel, der aus dem Auslande eingeführt wird, muß wie jeder inländische Kessel von der zuständigen Behörde genehmigt werden, und bei dieser Genehmigung ist die geeignete Gelegenheit, den Nachweis dafür zu verlangen, daß das Material denselben Ansprüchen genügt, welche der inländische Kessel erfüllen muß; und daß wir die ausländischen Kessel nicht günstiger behandeln als die inländischen, ich glaube, das liegt im Interesse der deutschen Industrie. Wenn das Ausland sehr viel Kessel zu uns eingeführt hat, leider Gottes, so liegt das eben daran, daß unsere Bestimmungen das möglich machen. Wir tun dem Ausland kein Unrecht; denn es behandelt uns nicht anders, als wir das Ausland behandeln wollen. Wenn Sie die schwierigen Verhandlungen über die Schiffskessel kennen würden, die darauf abzielten, unseren Schiffskesseln namentlich in amerikanischen Gewässern bei jedem Anlaufen eine erneute Untersuchung zu ersparen, so werden Sie es als gutes Recht der deutschen Regierung anerkennen, wenn wir von ausländischen Kesseln verlangen, daß ihr Baustoff amtlich geprüft sein muß. Wie das Ausland dieser Bestimmung nachkommt, das lassen Sie seine Sorge sein.

Herr Busley ist ferner auf die Frage eingegangen, ob es überhaupt notwendig sei, eine allgemeine Prüfung des Baustoffs vorzuschreiben, und hat behauptet, für Landkessel wäre eine solche Notwendigkeit nicht anzuerkennen. Er ist zunächst auf die Unzulänglichkeit der Prüfung des Baustoffs durch mechanische Zerreißversuche eingegangen und hat da Angaben wiedergegeben, die von Herrn Professor Rudeloff gemacht worden sein sollen. Ich kenne sie nicht und bin nicht berufen, ein Urteil darüber abzugeben; ich muß Herrn Rudeloff selbst das Wort überlassen, sofern er glaubt, diese Zahlen berichtigen zu sollen.

Dann ist der Herr Vortragende eingegangen auf neuere Versuche über den Temperatureinfluß auf die Ergebnisse der Zerreißproben. M. H., diese Frage ist noch so sehr in der Schwebe, man ist über diese Verhältnisse noch so wenig orientiert und kennt so wenig die Beziehungen, die sich daraus für die Technik der Stahlfabrikation entwickeln sollen, daß ich nicht glaube, daß man in absehbarer Zeit auf eine solche Prüfungsmethode eingehen kann. Ich darf darauf hinweisen, daß der internationale Verband der Dampfkesselüberwachungsvereine, der augenblicklich an der Arbeit ist, seine bekannten Vorschriften, die Würzburger und die Hamburger Normen, zu revidieren, und dem diese neueren Versuche wohl bekannt sind, nicht im entferntesten daran denkt, seine Vorschriften hiernach umzugestalten und das Warmprüfungsverfahren etwa einzuführen. Einen Nutzen verspreche ich mir davon so lange nicht, bis man nicht weiß, wie man Stahl zu machen hat, der bei der Beanspruchung bei hoher Temperatur weder in seinen Festigkeitseigenschaften und noch weniger in seiner Zähigkeit größere Einbußen erleidet. Abgesehen von diesen Umständen, würde sich die Industrie über ein Warmprüfungsverfahren mit Recht beklagen, da es große Kosten verursacht und die Abnahme verzögert.

Die Notwendigkeit der amtlichen Prüfung des Baustoffs möchte ich Ihnen kurz im folgenden begründen. Wir haben in Deutschland nie den Zustand gehabt, daß wir dem Erbauer des Kessels unter voller eigener Verantwortung die Bemessung der Wandstärke eines Kessels und die Ausführung der Konstruktion überlassen haben, sondern wir haben nach § 24 der Gewerbeordnung eine Genehmigungspflicht für Dampfkessel in ganz Deutschland, und diese Genehmigungspflicht legt der Behörde die Pflicht auf, die Kessel daraufhin zu prüfen, ob sie dem Publikum nicht etwa gefährlich werden können. Diese Prüfung ist bisher von keinem Bundesstaat vernachlässigt worden. Wir haben dafür in allen Bundesstaaten amtliche Sachverständige, in Preußen sind es die Kesselüberwachungsvereine, die durch rechnungsmäßige Ermittelungen und nach ihren Erfahrungen ein Gutachten darüber abstatten, ob und mit welchem Druck der Kessel zu genehmigen ist.

Nun, m. H., jeder von Ihnen, der maschinentechnisch vorgebildet ist, weiß doch, daß, wenn er eine Konstruktion rechnungsmäßig prüfen soll, er doch zunächst eine Gewißheit darüber haben muß, welche Festigkeit das Material hat und von welcher Zähigkeit das Material ist. Diese Unterlage fehlte unseren Sachverständigen bisher vollständig. Man verließ sich darauf, daß das Material diese Festigkeit und diese

Zähigkeit besäße; aber irgend eine Gewähr, daß es sie hatte, lag und liegt bisher nicht vor; wir verlangen von dem Sachverständigen eigentlich ein Gutachten, das er garnicht abgeben kann. Er prüft den Kessel auf Grund einer als . vorhanden angenommenen Festigkeit und müßte der Behörde sagen, daß sein Gutachten nur unter der Voraussetzung des Nachweises der angenommenen Festigkeit und Zähigkeit Wert habe. Halten Sie es für richtig, m. H., daß wir so tun, als ob wir eine Sicherheitsprüfung des Dampfkessels vornähmen, während es in Wahrheit nur Schein ist? Ich habe das mit tun müssen, solange mich meine Stellung als Gewerbeinspektor und die Lage der Gesetzgebung dazu zwangen. Sobald ich aber in der Lage war, gegen diesen Gewissenszwang Einspruch zu erheben, habe ich darauf gedrungen, daß die Bestimmungen geändert werden. Man kann als Sachverständiger keine Verantwortung übernehmen, wenn die Unterlagen nicht vollständig sind.

Wie liegt nun die Sache in der Praxis? Ein Kesselerbauer pflegt sein Blech in einem Walzwerk entweder direkt unter Bezug auf die Würzburger Normen zu bestellen, oder wenn er es nicht tut, hält sich jedenfalls das Walzwerk für verpflichtet, nur solches Kesselblech zu liefern, das innerhalb der Würzburger Normen liegt. Das Walzwerk nimmt von allen Chargen eine bestimmte Zahl von Blechprüfungen vor, ist also ganz genau in der Lage, dem Besteller auf Grund seiner Zerreißergebnisse zu sagen: das Material, das wir liefern, hat die und die Festigkeit und die und die Dehnung.

Nun, m. H., was die Regierung verlangt, ist weiter nichts, als daß das Walzwerk die Ergebnisse der von ihm ausgeführten Prüfungen dem Kesselerbauer übergeben und dieser sie seinem Genehmigungsantrag bei der Behörde beifügen soll, damit der Sachverständige, der der Regierung zur Seite steht, in der Lage ist, eine wirkliche Prüfung der Wandstärken vorzunehmen. M. H., ist denn das etwas, was die Industrie belastet? Ist das überhaupt etwas so maßloses? Ich kann in dem ganzen Verfahren eigentlich nichts erblicken, was die Industrie auch nur mit einem Pfennig belastet. Die neue Vorschrift verändert den jetzt bestehenden Zustand nur dahin, daß das Walzwerk verpflichtet wird, das Prüfungsergebnis seiner Werkingenieure mit abzuliefern.

Was haben nun die Walzwerke erklärt, als ihnen die Bestimmung bekannt wurde? — Entbinden Sie uns von der Verantwortung, die wir mit der Aushändigung der Prüfungszeugnisse übernehmen sollen. Die Gründe für ihre Bitte anzugeben, das führt zu weit, und ich möchte sie nicht offen aussprechen. Aber Tatsache ist, daß die Walzwerke die Regierung gebeten haben, sie von der Verantwortung zu entbinden, die sie dadurch haben, daß sie ihre Namen als verantwortliche Redakteure unter die Prüfungszeugnisse setzen sollen, und es vorziehen, die Prüfung durch unabhängige Sachverständige ausführen zu lassen. Daher ist die Vorschrift gekommen, amtliche oder anerkannte Sachverständige für die Prüfung der Materialien zu verlangen. Ich kann aber im Auftrage meines Herrn Chefs erklären: wenn die Praxis den anderen Weg wünscht, wenn sie die Verantwortung übernehmen will für die Blechprüfungen durch den eigenen Ingenieur des Werks, so sind wir in jedem Augenblick bereit, auf die amtlichen Sachverständigen zu verzichten und die Werks-Ingenieure als Sachverständige anzuerkennen. — Das habe ich zu diesem Punkte zu bemerken.

Nun ist Herr Geheimrat Busley auf die Notwendigkeit einer Übereinstimmung der allgemeinen polizeilichen Bestimmungen mit den Vorschriften der Klassifikationsgesellschaften, namentlich auch derjenigen in den anderen Staaten übergegangen, also den Vorschriften von Lloyd und Bureau Veritas. Selbstverständlich, m. H., wäre es für unseren Schiffbau außerordentlich erschwerend, wenn unsere Vorschriften wesentlich von den genannten abwichen, so daß ein Schiff, das hier abgestoßen werden soll, im Ausland nicht verkäuflich wäre. Ist das aber bisher der Fall gewesen? Wir haben unsere älteren Schiffe bisher anstandslos nach dem Auslands verkaufen können! Also sind unsere Vorschriften nicht so gewesen, daß sie den Absatz unserer alten Schiffe nach dem Auslande unmöglich gemacht oder nur erschwert hätten. Und wir haben in den neuen polizeilichen Bestimmungen auf die Wünsche der Reeder noch ganz besonders Rücksicht genommen; wir haben z. B. in Bezug auf die Höhe des Wasserstandes in den Schiffskesseln gewisse Erleichterungen gerade mit Rücksicht auf das Ausland getroffen, wie Herrn Busley bekannt ist. Ich vermag daher nicht anzuerkennen, daß den Reedern durch die neuen allgemeinen polizeilichen Bestimmungen Erschwernisse im Sinne der vorgetragenen Bedenken erwachsen.

Herr Geheimrat Busley ist nun auf die Trennung der Schiffskessel von den Landkesseln eingegangen und hat dafür in erster Linie formale Gründe angeführt. Er sagt unter Hinweis auf die blauen Striche in seinem Exemplar des neuen Entwurfs, es würde den Schiffserbauern außerordentlich schwer sein, die sie betreffenden Vorschriften herauszufinden. M. H., die Zahl der Vorschriften, die wir in dem neuen Entwurf gegenüber den früheren vermehrt haben, ist außerordentlich gering und bisher haben die Schiffskesselerbauer es möglich gemacht, die Sondervorschriften für solche Kessel herauszufinden. Daß das ein triftiger Grund sein soll, die Vorschriften zu trennen, das kann ich nicht anerkennen. Es ist den Schiffskesselerbauern unbenommen, diejenigen Vorschriften, die für Schiffskessel gelten, besonders herauszuziehen, um sich die Übersicht zu erleichtern. Ich möchte aber doch eins nicht unterlassen Ihnen mitzuteilen. Der Wunsch nach einer Trennung der Schiffskessel von den Landkesseln hängt nicht damit zusammen, daß unsere Schiffe dadurch besser verkäuflich werden oder daß besondere technische Anforderungen eine solche Trennung notwendig machen, sondern von dem Verein deutscher Schiffswerften ist uns ganz ausdrücklich zugestanden worden, daß damit der erste Schritt getan werden solle für eine andere Art der Überwachung der Schiffskessel: durch den Germanischen Lloyd. Es ist gesagt worden, das wäre der Wunsch der Reeder und um diese Absicht zu erreichen, wäre die Trennung notwendig.

Dem Germanischen Lloyd soll danach die Vorprüfung aller Schiffskessel, ihre Abnahme und dauernde Überwachung, ja sogar die Genehmigung übertragen werden. Die Undurchführbarkeit dieser Forderungen nachzuweisen, ermangelt es mir hier an der Zeit. Tatsache ist aber, daß dies von den Schiffswerften bei uns in Antrag gestellt wurde, und daß damit die Forderung der Trennung der Schiffskessel von den Landkesseln zusammenhängt. Wir haben uns für verpflichtet erachtet, eine Umfrage darüber zu halten, wie die Schiffskesselbesitzer selbst über die Übertragung der gedachten Befugnisse an den Germanischen Lloyd denken; wir haben zu dem Zweck den Zentral-

verband der preußischen Dampfkesselüberwachungsvereine zu einem Bericht darüber
aufgefordert, ob die Meinung des Vereins deutscher Schiffswerften in den Kreisen der
Schiffsreeder geteilt werde, und da haben wir hören müssen, daß nach den angestellten
Ermittelungen des Zentralverbandes in den meist interessierten Vereinen von den preußischen See-Schiffskesselbesitzern nur zwei oder drei diesen Wunsch hatten; die anderen
waren zufrieden mit der heutigen Überwachung durch den Dampfkesselüberwachungs-
verein. Danach liegt für die Regierung durchaus kein Grund vor, den Wünschen der
Werftbesitzer nachzukommen. — Das, m. H., wollte ich Ihnen nur mitteilen; nach
meiner Überzeugung ist der wahre Grund für die aufgestellte Forderung der Trennung
der Schiffskessel- von den Landkesselvorschriften weder der, daß der Schiffskessel ein
ganz anderer als der Landkessel ist, noch der, daß dann die Schiffskessel besser verkäuflich würden, indem auf die Auslandvorschriften mehr Rücksicht genommen werden
könne; vielmehr handelt es sich bei dieser Forderung um die Wünsche eines eng
begrenzten Interessentenkreises, dessen Endziel von den preußischen Schiffskesselbesitzern
nicht einmal gebilligt wird.

Nun meint Herr Busley, wenn 1870 bei Erlaß der ersten allgemeinen polizeilichen Bestimmungen eine Trennung der Schiffskessel beantragt worden wäre, so würde
es ein leichtes gewesen sein, sie durchzusetzen. Er exemplifiziert dabei auf die Lokomotivkessel. M. H., die Sache liegt für Lokomotivkessel ganz anders. Warum diese
nicht unter die allgemeinen polizeilichen Bestimmungen gestellt sind, ist ein rein
formalistischer Grund gewesen: von 1838 ab, seit Erbauung der ersten Eisenbahnen
war in Preußen für die Genehmigung der Lokomotivkessel und für ihren Bau der
Minister der öffentlichen Arbeiten zuständig. Bei Errichtung des deutschen Reiches
wurden die preußischen Lokomotivkesselbestimmungen in das Bahnpolizeireglement für
die Eisenbahnen Deutschlands vom 3. Juni 1870 übernommen. Der Zeitpunkt des Er-
lasses der ersten allgemeinen polizeilichen Bestimmungen für die Anlegung von Dampfkesseln ist aber der 29. Mai 1871. Man stand also vor bestehenden, und zwar von
jeher bestehenden gesetzlichen Zuständigkeitsverhältnissen. Diese zu ändern, lag kein
Anlaß vor, umsoweniger als die Handhabung beider Vorschriften bei der Genehmigung
durch verschiedene Behörden erfolgte, die Eisenbahnbehörde, die ihre Lokomotivkessel
selbst genehmigt, und die allgemeinen Landesbehörden, die die übrigen Kessel genehmigen. Es wurden also durch den derzeitigen § 19 der allgemeinen polizeilichen
Bestimmungen bestehende Zustände sanktioniert.

Dasselbe Recht, welches die Schiffskesselerbauer beanspruchen, käme übrigens
auch den Erbauern beweglicher Lokomobilen zu. Wir bekämen also eine Trennung
für Landkessel, für bewegliche Kessel und für Schiffskessel.

M. H., ob das eine Vereinfachung gegenüber dem jetzigen Zustande wäre, das
weiß ich nicht. Gesetzestechnisch ist eine solche Trennung außerordentlich unbequem.
Wir haben seit 1871 einheitliche allgemeine polizeiliche Bestimmungen, die im wesentlichen, trotz der Veränderungen innerhalb der einzelnen Paragraphen, dieselben geblieben sind. Unsere Ausführungsbestimmungen nehmen immer Bezug auf die Paragraphen, wie sie seit der Einführung der polizeilichen Vorschriften bestehen, und man
weiß, wenn von § 12 oder 14 die Rede ist, was da gemeint ist. Die Kontinuität

8

unserer Instruktionen würde gestört. Das ist zwar ein äußerlicher Grund; aber aus diesen gesetzestechnischen Gründen sucht man bei allen Änderungen von Grundgesetzen, die Nummern der Paragraphen möglichst zu schonen.

Nun hat Herr Geheimrat Busley gemeint, außer den Lokomotivkesseln seien auch jetzt schon anderen Kesselgattungen gewisse Ausnahmen zugebilligt, z. B. unterlagen die in Bergwerken befindlichen Kessel der Genehmigung des Oberbergamts, während für andere Kessel die Genehmigung des Kreisausschusses vorgesehen sei. Das steht nicht zur Diskussion; denn die allgemeinen polizeilichen Vorschriften regeln nicht die Zuständigkeit der Behörden für die Genehmigung der Kessel, sondern nur die technischen Anforderungen bei der Genehmigung. Also dieser Umstand kommt für die Frage der Ausnahmestellung der Schiffskessel nicht in Betracht.

Um zu resumieren, so meine ich, daß technische Gründe für eine Trennung der Schiffskessel von den Landkesseln nicht angeführt sind, daß aber eine ganze Reihe von Gründen dagegen sprechen. Die Regierung hat sich von Anfang an auf diesen Standpunkt gestellt und wird auch auf dem Standpunkt stehen bleiben.

Herr Geheimrat Busley hat zuletzt die Forderung des preußischen Entwurfs zur Abänderung der allgemeinen polizeilichen Bestimmungen besprochen, wonach die Kessel nach „amtlich anerkannten Regeln" gebaut sein müssen. Er will wohl zugeben, daß die Kessel nach anerkannten Regeln der Technik gebaut werden sollen, nur nicht, daß diese Regeln amtlich anerkannt werden müssen. Das würde also bedeuten: künftig sollen die technischen Verbände diejenigen sein, die die bindenden Vorschriften für Kessel machen; die Regierung soll ihrerseits ganz abseits stehen und sagen: Schön, ihr wißt ja alles besser als wir, ihr habt ja die Praxis, wir sagen nur Ja und Amen dazu — und weiter nichts, aber auch weiter gar nichts! M. H., ich glaube nicht, daß sich dazu eine deutsche Regierung hergeben wird! Die Regeln der Technik in Ehren und die Industrie in Ehren, aber das Recht muß der Regierung gewahrt bleiben, daß in dem Augenblick, wo Änderungen an den Regeln der Technik vorgenommen werden, zunächst ernstlich erwogen wird, ob damit den Anforderungen der öffentlichen Sicherheit genügt wird. Sie werden der Regierung doch nicht jedes Maß von Kenntnis absprechen wollen! Es laufen dort so viele Fäden und so viele Erfahrungen von den einzelnen technischen Stellen zusammen, daß der Regierung doch wohl ein klein wenig Urteil über das zusteht, was die Praxis notwendig braucht. Wir können wohl zugeben und sogar wünschen, daß die Technik an den Regeln, die die Sicherheit des Dampfkesselbetriebs gewährleisten sollen, im Sinne des Fortschritts mitarbeitet, aber der Regierung muß das Recht vorbehalten bleiben, die von der Technik aufgestellten Regeln zu prüfen und nur insoweit anzuerkennen, als sie es mit ihrer Verantwortlichkeit zu vereinigen vermag. Sie muß ferner bei den Verhandlungen über solche Fragen zugezogen werden, damit sie orientiert ist.

Nun ist Herr Geheimrat Busley noch auf einen letzten Punkt zu sprechen gekommen und hat geklagt, daß die Regierung nicht dem Wunsche der Technik nachkommen wolle, eine sogenannte fakultative Vorprüfung einzuführen. Ich nehme an, daß er nicht geglaubt, wir hätten keine Vorprüfung. Jeder Kessel, der zur Genehmigung gestellt wird, wird heute auf Grund der einzureichenden Zeichnungen und

Beschreibungen bereits technisch für die genehmigende Behörde vorgeprüft. Die Vorprüfung, die Herr Busley wünscht, ist jedoch etwas anderes; er will nicht bei der Behörde einen solchen Vorprüfungsantrag stellen, sondern er will von dem Sachverständigen, der der Behörde beigegeben ist, zuvor wissen, ob der später zu genehmigende Kessel den Anforderungen genügt, die die Behörde auf Grund der gesetzlichen Bestimmungen stellen muß.

M. H., das ist eine Verschiebung der Zuständigkeitsverhältnisse, der die Regierung nicht zustimmen kann. Nachdem der Sachverständige irgend eine Konstruktion gut geheißen hat, soll die genehmigende Behörde verpflichtet sein, dies auch zu tun. Das ist ein Zustand, den die Regierung auf Grund der Landesgesetze gar nicht dulden könnte. Die Sachverständigen haben nach den Bestimmungen der Regierung zu handeln, und die Regierung behält sich die eigene Nachprüfung vor; wenn sie glaubt, daß das Gutachten des Sachverständigen mit dem Sinn der Bestimmungen nicht übereinstimmt, so übergibt sie die Sache einem anderen Sachverständigen. Wie können Sie glauben, daß die Behörden an den Sachverständigen gebunden sind, wenn er eine sogenannte fakultative Vorprüfung gemacht hat. In Preußen liegt die Sache leider meist so, daß der Kessel längst fix und fertig ist, wenn die Genehmigung dafür nachgesucht wird. Ich verkenne nicht, daß es nötig sein kann, Kessel auf Vorrat zu bauen, oder so schnell fertig zu stellen, daß der Beginn der Herstellung nicht lange hinausgeschoben werden kann, bis die Genehmigung erteilt ist. In den kleinen Staaten ist das anders. In Hamburg z. B. würde sich eine Kesselfabrik wohl hüten, einen Kessel in Arbeit zu nehmen, bevor die Zeichnungen genehmigt sind. Wenn die Industrie vorher sicher wissen will, welche Forderungen bei der Genehmigung gestellt werden, so muß sie rechtzeitig das Konzessionsgesuch einreichen. An der Beschleunigung der Angelegenheit fehlt es bei uns in Preußen nicht. Sie können die Genehmigung in wenigen Tagen erreichen, wenn nur die Papiere vollständig vorbereitet sind. Aber meist sind die Papiere nicht in Ordnung, und das liegt an den Kesselerbauern, die sich nicht genügend darum kümmern, wie die Papiere beschaffen sein müssen.

Ich kann nach allen den Einwendungen, die ich gegen die Ausführungen des Herrn Vorredners gemacht habe, nicht glauben; daß die Resolution des Herrn Vorredners der Industrie zweckdienlich ist, sondern ich meine, daß Industrie und Praxis sich wohl überlegen sollten, ob das, was die Regierung verlangt, nicht zu ihrem Besten ist. Ich für meine Person bitte Sie überhaupt von einer Resolution abzusehen.

Herr Prof. Rudeloff: M. H., Herr Geh. Rat Busley gab an, ich hätte mich im Technischen Ausschuß dahin ausgesprochen, daß den Ergebnissen der Zerreißversuche Fehler bis zu 12 % anhafteten, und schloß hieraus, daß der Festigkeitsversuch seiner Unzuverlässigkeit wegen nicht gefordert werden sollte. Ich kann nur annehmen, daß Herr Geh. Rat Busley mich mißverstanden hat und so dazu gekommen ist, mir die für den Materialprüfungstechniker unglaubliche Äußerung in den Mund zu legen.

M. H., der Umstand, der mich im Technischen Ausschuß veranlaßte, das Wort überhaupt zu nehmen, war, daß im Schreiben des Herrn Geh. Rat Reuleaux aus-

gesprochen war, sämtliche Versuche zur Kesselabnahme sollten im Materialprüfungsamt ausgeführt werden. Ich habe mich da wohl gehütet, für diese Versuche, d. h. pro
domo zu sprechen, und ich tue es auch heute nicht angesichts der wirtschaftlichen
Schäden, welche die Verzögerung leicht veranlassen kann, die mit Ausführung der. Versuche außerhalb des Werkes unvermeidlich verbunden ist. Ich habe im Technischen
Ausschuß nur darlegen wollen, daß es nicht ratsam ist, die Ergebnisse aus Versuchen,
welche auf den Werken vorgenommen wurden, in allen Fällen als maßgebend anzusehen. Ich habe dabei von Erfahrungen gesprochen, die wir in langjähriger Tätigkeit
gesammelt haben und zwar Erfahrungen dahingehend, daß es Maschinen im praktischen
Gebrauch gegeben hat, welche nicht weniger als 18 % Fehler hatten. Ich bin fest überzeugt, daß es nicht tunlich ist, die Werksversuche ohne weiteres als maßgebend anzunehmen, wenn nicht die Maschinen unter ständiger sachverständiger Kontrole stehen.
Zu fordern ist, daß die Maschinen die Belastungen auf 1 % genau anzeigen. Das verlangt das Materialprüfungsamt von seinen eigenen Maschinen und man muß. die gleiche
Genauigkeit auch von allen Maschinen fordern, auf welchen in der Praxis als maßgebend zu erachtende Versuche angestellt werden, zumal es durch sachverständige
Kontrolprüfungen unschwer zu erreichen ist.

    Die erste Veranlassung, daran zu zweifeln, daß diese Forderung nicht immer
erfüllt ist, gab die Maschine eines der größten der deutschen Hüttenwerke. Das Werk
hatte die Festigkeit seines Materials selbst als bedingungsgemäß gefunden, die abnehmende Behörde wies das Material jedoch zurück, weil die Festigkeit zu groß sei.
Ich empfahl dem Werk, die abnehmende Behörde zu veranlassen, ihre Maschinen prüfen
zu lassen oder die Prüfung der eigenen Maschinen zu beantragen. Da hieß es, letztere
sei erst vor kurzem von einer großen Wagenbauanstalt geprüft und für richtig befunden
worden. Schließlich entschloß sich das Werk doch zur Prüfung seiner Maschinen durch
das Amt und es fand sich, daß die Maschine die Last tatsächlich falsch anzeigte.

    M. H., ich wiederhole noch einmal, daß ich nicht behauptet habe, die Material-
prüfung als solche ließe nur eine Genauigkeit von 12 % zu, wohl aber daß Maschinen
im Gebrauch stehen, die nicht immer richtig sind, und daß es daher wohl geboten sei,
wenn die Proben von den Werkbesitzern gemacht werden sollen, wenigstens die
Forderung in den Bedingungen aufzunehmen, daß die Versuche auf anerkannten
Maschinen ausgeführt werden.

    Noch ein anderer Punkt ist unter Hinweis auf das Materialprüfungsamt berührt
worden; das ist die Frage nach dem Einfluß der Temperatur auf die Festigkeit des Eisens.
Der Herr Vortragende hat betont, daß die Frage entstanden sei, derartige Versuche
(Warmversuche) vorzuschreiben. Zu den ältesten und auch heute noch vollständigsten
Warmversuchen mit Flußeisen gehören diejenigen, welche die Verein selbst im Materialprüfungsamt noch in Charlottenburg hat anstellen lassen. Dort ist vor etwa 15 Jahren
festgestellt worden, daß die Festigkeit des Eisens am höchsten liegt bei etwa 250 Grad,
und zwar schwankt der Grenzwert zwischen 280 und 220 Grad. Die Dehnung liegt in
der Regel am niedrigsten bei etwa 250 Grad und zwar hat sich ergeben, daß die
Dehnung, die bei Zimmerwärme 28 % betrug, bei 250 Grad bis auf 5 % zurückging.
Die Sache ist nicht neu. Jeder verständige Kesselschmied bördelt sein Blech entweder

kalt oder rot warm. Er weiß, daß das Material die Bearbeitung bei Blauwärme, also bei 200—300 Grad, nicht verträgt. Aber diese Probe, den Warmversuch, in die Abnahmeprüfung einzuführen, dafür möchte ich, wenn man auch noch so sehr dafür schwärmen kann, doch nicht stimmen. Ich halte sie auch nicht für nötig. Alle seither ausgeführten Warmversuche bestätigen das vorgenannte Ergebniß. Es ist also dargetan, daß das bis jetzt zu Kesselblechen verwendete Material demselben Gesetz bezüglich des Wärmeeinflusses folgt. Daher erscheint es bis auf weiteres unnötig, den Warmversuch als Abnahmeprobe einzuführen. Der einfache Versuch bei Zimmerwärme reicht m. E. aus, solange das Material der Kesselbleche nicht verändert wird.

Herr Kommerzienrat Behrens: M. H., ich möchte nur über die Abnahme der Bleche vom Industriestandpunkt aus sprechen. Ich behaupte nach meinen Erfahrungen und ich habe hier in Berlin mehr als 2000 Kessel unter meiner Leitung erbauen sehen, daß die Sache doch erheblich mehr Zeit für die Genehmigung in Anspruch nimmt und in der Regel werden die Kessel recht schnell gebraucht und entweder erst dann bestellt, wenn der alte Kessel defekt ist und auf den anderen gewartet wird; oder, wenn Jemand den Betrieb vergrößern will, wird der Kessel auch schnell gebraucht. Ich glaube nicht, daß wir unter 6 Wochen an die Bauausführung kommen, wenn vorher erst die Konstruktionszeichnung einzureichen und die Genehmigung abzuwarten ist; diese Zeit fehlt uns dann sehr. Nun wird es als folgerichtig bezeichnet, daß gesagt wird: die Sache ist konzessionspflichtig, also muß das Material geprüft werden. Herr Geheimrat Jäger führt aus, daß man unter Umständen einverstanden sein würde, daß von den Werken die Chargenprüfung vorgenommen wird. Das ist ein Standpunkt, dem wir als Kesselerbauer zugestimmt haben, wenn das Material geprüft werden soll. Die Werke sollen das Material selbst prüfen, damit sie wissen, ob sie bedingungsgemäß und schnell liefern können und sie machen auch jetzt die Chargenprüfung, nur soll diese amtlich als ausreichend anerkannt werden. Daß die Werke damit einverstanden sind, daß das Material amtlich abgenommen wird, ist von ihrem Standpunkt sehr verständlich, denn sie haben dann keine Verpflichtung mehr und wir wissen, wenn das Material amtlich abgenommen wird, kann das nicht umsonst geschehen und die Werke stehen auf dem Standpunkt, jede Ausgabe, die neben dem Preis des Blechs herläuft, hat der Besteller zu zahlen, also auch die Kosten der Abnahmeprüfung. Früher war die Sache so, daß man den benachbarten Kesselverein bat, er möchte doch auf den in seinem Bezirk belegenen Werken die Blechabnahme vornehmen. Es dauerte aber nicht lange, daß die Vereine sagten: wir sind so überlastet, daß wir die Blechabnahmen in Ost- oder in Westdeutschland zu machen nicht in der Lage sind.

Einige Ingenieure, die amtlich vereidigt sind, übernehmen nun jetzt die Prüfung und berechnen für die Tonne 2 Mk., das ist ein Preis, der nicht sehr wesentlich ist; den kann man ausgeben; aber es ist immer noch eine Zeitvergeudung und werden jetzt solche Abnahmen nur auf Wunsch der Besteller vorgenommen.

Nun stehe ich auf dem Standpunkte, daß ich die amtliche Materialprobe überhaupt nicht für notwendig erachte. Ich bin der Meinung, daß man im Gesetze aussprechen kann, das zum Bau von Dampfkesseln verwendete Material darf nicht weniger als 34 Kilo Festigkeit und 25 % Dehnung haben, und es gibt eine ganze Menge Bestimmungen in den Gesetzen, die wir halten müssen; sonst sind wir strafbar. Das ist der Unterschied besonders gegenüber England, wir machen hier Gesetze und es wird geprüft, ob sie gehalten werden, dort ist es so: es wird erst gestraft, wenn das Gesetz gebrochen ist.

Ich könnte noch etwas ganz anderes anführen. Wir haben heute z. B. einen Dampfkessel, der für 10 Atmosphären geprüft wird zum Gebrauche. Dieser Dampfkessel liefert Dampf für eine Maschine mit einem Zylinder von bedeutender Größe. Die Maschine arbeitet mit großer Geschwindigkeit und der Zylinder ist aus Gußeisen. Das kann als ebenso gefährlich angesehen werden und der Zylinder kann ebensogut platzen wie der Dampfkessel. Wir können noch eine Menge anderer Fälle nehmen. Wir haben sehr schnell gehende Schwungräder, bei denen Sie den Ingenieuren die Verantwortung überlassen müssen und nicht amtliche Prüfung vorschreiben können. Nun will ich annehmen, daß, wenn ein Gesetz die Konzessionierung regelt und Vorschriften aufstellt, man verlangen kann, daß die Innehaltung letzterer nachgewiesen werden muß, aber es dürfte genügen, im Gesetz auszusprechen, daß eine Prüfung stattfinden muß, und als solche die Chargenprüfung auf den Werken gilt. Sie würden die Industrie schädigen, wenn man mit amtlicher Prüfung in der beabsichtigten Weise vorgeht; sie würde nicht schnell genug Kessel liefern können.

Es würde ferner bei der Unfallziffer, so gering sie für Dampfkesselbetriebe ist, doch noch zu fragen sein, aus welchem Grunde die Unglücksfälle entstanden sind. Häufig sind sie durch Wassermangel hervorgerufen. Passiert aber einmal ein Unfall, dann liegt das Werk still, die betreffende Firma muß wieder einen Kessel haben und bei allen den in Aussicht stehenden Vorschriften wird es doppelt so lange Zeit dauern, ehe sie einen neuen Kessel bekommt.

Für die amtliche Stempelung der Bleche kommt in Betracht, daß man sich für Reparaturen eine Anzahl Bleche hinstellen muß, die man schon früher bestellt hat. Aber nun wird es immer vorkommen, wenn von dem gestempelten Blech ein Stück abgeschnitten wird, der Stempel mit weggeschnitten wird, und man müßte dann das andere Stück wieder prüfen und stempeln lassen. Ich meine, wir haben in Preußen eine große Wandlung durchgemacht. Ich kann auf 40 Jahre zurückblicken. Früher haben wir es sehr bequem gehabt. Da stand in den amtlichen Tabellen z. B. Durchmesser 6', Druck 4 Atmosphären, also Blechstärke so viel. Das ging eine Weile, dann kam die Regierung und sagte, eigentlich haben wir die Verantwortung für die Kessel, und es wurde die Konstruktion dem Fabrikanten überlassen, aber mit der Verschärfung, daß mit dreifachem Druck die Kessel zu prüfen seien. Das ging nur eine zeitlang; mit dem dreifachen Druck haben wir die Kessel kaput gedrückt, sodaß sie nicht zu gebrauchen waren. Ich meine, wir sollten die Bestimmungen nicht so scharf machen. Der Dampfkessel ist nicht ein so gefährliches Objekt, wie er im Gesetze geschildert wird. Wir beklagen die Zahl der Unfälle gewiß; aber man braucht nicht solche Furcht vor dem Kessel haben. Wenn man eine Sicherheit für die Blechstärken haben will, so setzen Sie eine Zahl fest, die niemand unterschreiten darf, oder wenn Sie eine bestimmte Prüfung haben wollen, so beschränken Sie sich auf die Chargenprüfung im Werke!

Vorsitzender: Es ist der Antrag gestellt worden, die Sache noch einmal an den Technischen Ausschuß zur Erörterung zurückzugeben, damit dieser sachlich dazu Stellung nehmen und Vorschläge machen kann. Herr Baurat Peters hatte hieran den Wunsch geknüpft, festgestellt zu sehen, ob in dieser Verzögerung der Beschlußnahme des Vereins nicht eine gewisse Gefahr liege, daß die Regierung sich endgültig entscheide, ohne eine Äußerung des Vereins zu hören. Ich weiß nicht, wie die geschäftliche Lage der Sache ist. Soviel mir bekannt, ist der Entwurf bisher nur der Öffentlichkeit übergeben und an die Reichsbehörden noch nicht gelangt.

Herr Geh. Oberregierungsrat Jäger: Über den Zeitpunkt der Durchberatung des Entwurfs sind noch gar keine Bestimmungen getroffen. Wir haben den Herrn Reichskanzler gebeten, sie möglichst bald herbeizuführen, weil die Diskussion über den ganzen Gegenstand jetzt schon 4 Jahre dauert. Denn im Jahre 1901 haben wir zum ersten Male den Entwurf ausgegeben. Wir haben gedacht, daß die Diskussion eigentlich erschöpft sei. Um der Sache ein Ende zu machen, haben wir gebeten, die möglichste Beschleunigung herbeizuführen. Wir können aber selbstverständlich den Entwurf nicht eher beraten, als bis wir wissen, ob die in Amsterdam am 17. und 18. dieses Monats zu fassenden Beschlüsse über die Würzburger und Hamburger Normen mit den Regeln des Germanischen Lloyd in Einklang gebracht werden und ob wir ihnen zustimmen können. Wenn wir denselben zustimmen können, wird der Herr Reichskanzler — und das wird wahrscheinlich ganz von unserem Votum abhängen — die Beratung ansetzen. Da die ganze Sache schon 4 Jahre spielt, würde ich die Verzögerung von einem Monat kaum hoch einschätzen. Wenn Sie glauben, daß damit die Gründlichkeit der Beratungen hier gefördert werden kann, so würde ich bei meinem Herrn Chef befürworten können, den Zeitpunkt für die Beratung so lange hinauszuschieben, bis Sie in der Lage sind, dazu Stellung zu nehmen.

Vorsitzender: M. H., ich glaube, der Antrag, eine gründliche Beratung der Sache in unserem Technischen Ausschuß vorzunehmen, in dem die verschiedenen Zweige des Gewerbfleißes vertreten sind, kann nur förderlich sein zur gegenseitigen Aufklärung und der Sache dienlich. Ein förmlicher Beschluß des Vereins würde ohne eine entsprechende Vorlage des Technischen Ausschusses nicht wohl angängig sein.

Herr Geh. Bergrat Prof. Dr. Wedding: Es würde sich empfehlen, den Herrn Redakteur zu bitten, uns bereits für die Sitzung des Technischen Ausschusses den heutigen Vortrag einschließlich der Besprechung gedruckt vorzulegen.

Herr Baurat Peters: Ich hätte den Wunsch, daß Herr Geheimrat Jäger die Güte hätte, an den Beratungen des Technischen Ausschusses teilzunehmen; denn sonst wüßte ich nicht, wie wir zur Klärung der einander widersprechenden Meinungen kommen könnten.

Sodann weiß ich nicht, wie der Herr Vorsitzende darüber denkt; aber ich würde bitten, die heutige Verhandlung noch nicht in den „Verhandlungen" abzudrucken; denn die Verhandlung wird ja abgebrochen, ohne sachlich erledigt zu sein; sie würde ein ganz falsches Bild von dem liefern, was schließlich dabei herauskommen wird. In

dieser Auffassung werde ich, weil der Herr Vorsitzende die Verhandlung nicht fort-
zusetzen wünscht, jetzt auf das Wort verzichten.

Vorsitzender: Nach meinem Dafürhalten würde es nicht angehen, die heutige
Diskussion aus unseren „Verhandlungen" fernzuhalten. Sie ist sachlich von Wert und
formell als eine erste Lesung anzusehen, nach welcher die weitere Beschlußnahme durch
einen Ausschuß für eine zweite Beratung vorbereitet wird, wie es häufig geschieht.
Als solcher ist bei uns der Technische Ausschuß statutenmäßig gegeben. Der ausführliche Vortrag des Herrn Geh. Rat Busley und die eingehenden Erklärungen des
Herrn Geh. Rat Jäger, für die wir ihm und seinem Herrn Chef zu großem Danke
verpflichtet sind, werden den Erörterungen im Technischen Ausschuß gewiß zu statten
kommen.

Herr Geh. Regierungsrat Prof. Busley: Ich sehe mich gezwungen, noch einmal kurz zu wiederholen, wie ich überhaupt dazu gekommen bin, den heutigen Vortrag
zu halten. In der Dezember-Sitzung des Technischen Ausschusses legte Herr Geheimer
Bergrat Wedding den Brief des Herrn Geheimrat Reuleaux vor und fragte, ob einer
der Anwesenden bezüglich der geplanten polizeilichen Bestimmungen über die Anlegung
von Dampfkesseln Auskunft erteilen könnte. Ich meldete mich zum Wort und führte
kurz aus, daß ein Entwurf seitens des preußischen Handelsministeriums veröffentlicht
sei, der im Reichsamt des Innern noch zur Beratung gestellt werden würde. Darauf
bat mich Herr Geheimrat Wedding, ob ich nicht den Brief mitnehmen und darüber
im Ausschuß referieren möchte. Diesem Wunsch bin ich in der Januar-Sitzung des
Technischen Ausschusses nachgekommen. Meine Ausführungen schienen den anwesenden
Herren so interessant zu sein, daß sie mich baten, dieselben noch einmal im Verein
erweitert zu wiederholen. Ich erklärte mich hierzu bereit, und bat die Herren, falls
sie der Industrie helfen wollten nach dem Vortrage die von mir vorzubereitende Resolution anzunehmen, worauf ich nach Schluß der Sitzung von verschiedenen Seiten auf-
munternde Äußerungen hörte.

Nun weiß ich nicht, was dabei herauskommen soll, wenn ich meine heutigen
Bemerkungen zum dritten Male im Technischen Ausschuß wiederhole, denn die meisten
Herren desselben sind ja auch heute hier anwesend. Entweder schließt sich der Verein
den Ansichten der mehrfach genannten drei technischen Vereine an, deren Standpunkt
auch von Herrn Kommerzienrat Behrens verteidigt wurde, oder ich ziehe meinen Antrag zurück und der Verein nimmt zu diesen die Industrie bewegenden Fragen keine
Stellung.

Da ich verschiedentlich angegriffen wurde, möchte ich noch einige Worte zu
meiner Verteidigung anschließen.

In bezug auf die alten Kessel weiß ich in der Tat nichts Besseres zu bemerken
als die Äußerungen des Herrn Professor Bach. Es soll dabei bleiben, daß die Festigkeit des Materials eines alten Kessel, gleichgültig, ob er 10 oder 20 Jahre alt ist, bei
Schweißeisen immer mit 30 Kilogramm auf das Quadratmillimeter angenommen wird.
Dies gibt Herr Geheimrat Jäger zu, wenn ich richtig verstanden habe. Ich meine
dagegen, alte Kessel muß man gründlich untersuchen, denn die alten Kessel sind es

meistens, die explodieren, nicht die neuen. Man soll sie daher besser in das alte Eisen verweisen und an ihrer Stelle neue Kessel bauen.

Herr Geheimrat Jäger drehte es ferner so, als wenn ich den ausländischen Kesseln das Wort geredet hätte. Ich habe dagegen gesagt: Wenn wir über den Baustoff eingeführter Kessel bei deren Genehmigung Prüfungszeugnisse verlangen, dann würden unsere Kessel im Auslande ebenso behandelt werden. Ich fügte hinzu: während wir unseren Kesseln durchaus unantastbare Prüfungszeugnisse mit auf den Weg geben werden, wissen wir nicht, welcher Art die Zeugnisse sein werden, die mit den Kesseln vom Auslande kommen. Zum Schlusse habe ich behauptet: der Leidtragende bei diesem Verfahren ist jedenfalls die deutsche Industrie, und das wird jeder unterschreiben, der in der Industrie steht.

Dann habe ich über die Zerreißproben in kaltem und warmem Zustande gesprochen. Herr Professor Rudeloff hat mich falsch verstanden, wie ich ihn mit der Ziffer 12. Wenn die Zerreißmaschinen bis zu 18 % Ungenauigkeit aufweisen, dann ist auch eine dauernde staatliche Untersuchung derselben nötig, wenn sie amtliche richtige Zerreißproben liefern sollen. Eine solche Überwachung der Zerreißmaschinen bedingt aber wieder eine neue Belastung der Industrie.

Ich habe auch nicht behauptet, daß eine Prüfung des Baustoffes in warmem Zustande nötig wäre, sondern ich habe nur erwähnt, daß diese Frage noch im Fluß ist. Ich habe dabei ausdrücklich erklärt, daß die technischen Vereine gegen die Prüfung des Baustoffes für die Landkessel sind, und, als Grund hierfür mit angeführt, daß die Prüfung des Baustoffes im kalten Zustande wenig Wert hat, wenn sich seine Eigenschaften in der Wärme so beträchtlich ändern.

Herr Geheimrat Jäger meinte, die Behörde müßte es sich vorbehalten, den Kessel rechnungsmäßig zu prüfen, und hierfür müßte sie amtliche Regeln haben. Ich beschränke mich darauf, lediglich die Ausführungen von Herrn Prof. Bach wiederzugeben, denen ich mich rückhaltlos anschließe:

„Zur Begründung von § 1 Absatz 4 wird gesagt: „Der Grundsatz, dem Kesselerbauer die freie Wahl der Wandstärken unter seiner Verantwortung zu überlassen, ist mit dem Recht und der Pflicht der Behörden, bei der Genehmigung des Kessels zu prüfen, ob die Blechstärken ausreichend bemessen seien, nicht vereinbar" usw.

Diesem Satze gegenüber, dem man das Zeugnis eines gewissen Stolzes nicht wird versagen können, ist zunächst festzustellen, daß die Behörden nach dem heutigen Stande der Wissenschaft und Technik gar nicht in der Lage sind, z. B. in einem ebenen oder gewölbten Kesselboden mit Krempung, die an den verschiedenen Stellen des Bodens tatsächlich auftretenden Spannungen auch nur mit Annäherung zu berechnen, oder zu ermitteln, welche Beanspruchung am Umfang eines Mannloches im Blech des Kessels auftritt usw. Die Unmöglichkeit, alle Materialstärken zu berechnen, besteht schon bei bekannten Kessel-Konstruktionen häufiger, als gewöhnlich angenommen wird. Bei neuen Konstruktionen

9

tritt sie dem Konstrukteur, der im Interesse der Sache selbständige Bahnen geht, immer und immer wieder entgegen."

Herr Geheimrat Jäger hegt die Hoffnung, daß in Amsterdam die Vereinigung zwischen den Hamburger Normen und den Vorschriften des Germanischen Lloyd herbeigeführt werde. Soviel ich weiß, ergeben die Hamburger Normen für die Flammrohre immer etwas geringere Blechdicken als die Regeln des Germanischen Lloyds, und da der Germanische Lloyd hierin nicht nachgeben kann, weil er wenigstens annähernd dieselben Normen haben muß wie der britische Lloyd und das Bureau Veritas, so werden wir auch wahrscheinlich in den Hamburger Normen Sonderbestimmungen für Schiffskessel bekommen. Wären dagegen die Schiffskessel von den Landkesseln getrennt, so würden für die ersteren als anerkannte Regeln der Wissenschaft und Technik nur die Vorschriften des Germanischen Lloyd zu gelten haben.

Der Wunsch der deutschen Schiffswerften und weiter Kreise der deutschen Reederei, daß der Germanische Lloyd die Überwachung aller Schiffskessel übernehmen möchte, ist durchaus kein Geheimnis, wie Herr Geheimrat Jäger es hinzustellen beliebte. Ich habe es bloß nicht erwähnt, weil ich nicht wußte, ob man im Verein zur Beförderung des Gewerbfleißes Interesse dafür hat. Dieser Wunsch ist auch gar nicht so fürchterlich; denn der preußische Minister für Handel und Gewerbe hat bereits im Jahre 1892 dem Germanischen Lloyd auf ein dahingehendes Gesuch geantwortet, daß er mit der Bildung eines zunächst preußischen Schiffskessel-Revisionsvereins unter dem Germanischen Lloyd ganz einverstanden wäre. Damals waren in Preußen noch nicht so viele Schiffskessel — wenn ich nicht irre nur 228 — vorhanden, um einen besonderen preußischen Schiffskesselüberwachungsverein zu bilden. Wenn heute aber alle Seeschiffskessel und alle Flußschiffskessel im Deutschen Reiche zusammenkommen, dann können sie einen stattlichen Überwachungsverein ergeben. Steht dieser dann noch unter dem Germanischen Lloyd, so würden wir die für Schiffskessel erforderliche Freizügigkeit in Deutschland besitzen.

Herr Geheimrat Jäger mag es bestreiten, aber für mich ist ein Schiffskessel von einem eingemauerten Landkessel grundverschieden. Der letztere bleibt immer an seiner Stelle stehen. Der Schiffskessel ist heute im Hafen, morgen auf See, heute fährt er bei gutem Wetter, morgen bei schlechtem; bei jeder Neigung des Schiffes schwankt er seitlich hin und her; wenn das Schiff stampft, hebt er sich nach vorn und hinten und hat daher ganz andere Betriebseigentümlichkeiten als ein ständig ruhender Landkessel. Er ist auch viel größeren Gefahren ausgesetzt, wie sie verursacht werden durch die Grundberührungen, Kollisionen und Strandungen der Dampfer. Die Konstruktion der Schiffskessel ist deshalb im allgemeinen von derjenigen der gewöhnlichen Landkessel sehr verschieden. Ist es da nicht berechtigt, wenn wir eine einheitliche Überwachung für die Schiffskessel wünschen? Hätte ich annehmen können, daß sich die anwesenden Herren für diese Frage interessieren, so hätte ich dieselbe ebenfalls angeschnitten. Aber da ich zu einer Versammlung von Herren spreche, die es meist mit Landkesseln zu tun haben, wollte ich auf diesen Punkt absichtlich nicht eingehen; damit mir nicht der Vorwurf gemacht werden könnte, ich hätte hier nur die besonderen Wünsche der Reeder und Schiffbauer vorgebracht, was durchaus nicht in meiner Absicht lag.

Schließlich behauptet man wohl nicht mit Unrecht, daß die meisten Paragraphen des Entwurfs viel zu lang geworden sind. Wenn man einen dieser Riesenparagraphen durchliest, weiß man am Schlusse nicht mehr genau, was am Anfang gestanden hat. Ein Uneingeweihter braucht lange Zeit, ehe er begriffen hat, was in einem solchen Paragraphen eigentlich alles steht. So ist z. B. in dem Paragraphen über die Speisung der Kessel eine Vorschrift über die Entleerungs-Vorrichtung untergebracht, die ich nicht finden konnte, als wir die letzte Kommissionssitzung hatten. Der Hamburger Kesselrevisor, Herr Ingenieur Hartmann, mit dem ich alle Vorschriften eingehend durchgearbeitet hatte, sagte mir endlich lächelnd: „Ich habe auch eine Stunde suchen müssen, ehe ich sie fand."

Wie lange sollen nun erst diejenigen suchen, welche die polizeilichen Bestimmungen nicht täglich in der Hand haben? Vielleicht ist es gesetztechnisch richtig so, aber praktisch ist es nicht. Da lobe ich mir unser bürgerliches Gesetzbuch mit seinen kurzen und korrekten Paragraphen.

Vorsitzender: M. H., die Voraussetzung, die Herr Geheimrat Busley ausgesprochen hat, daß unser Verein gewillt ist, der Industrie zu helfen, wo er kann, und den Gewerbfleiß zu fördern, kann ich nur bestätigen. Ich meine aber, es dient gerade diesem Zwecke, wenn die Angelegenheit im kleineren Kreise noch einmal eingehend durchberaten wird, nachdem uns diese interessanten Ausführungen vorliegen, die sowohl von seiten des Herrn Geheimrat Busley wie von seiten des Herrn Geheimrat Jäger gemacht worden sind. Wir kommen zur Abstimmung über den Antrag, die Sache noch einmal an den Technischen Ausschuß zu verweisen. Ich bitte, diejenigen Herren, welche diesen Antrag annehmen wollen, die Hand zu erheben. (Geschieht.) — Ich bitte um die Gegenprobe. — Das ist die Minderheit; der Antrag ist angenommen.

Bericht über die Sitzung vom 6. März 1905.

Vorsitzender: Unterstaatssekretär Fleck.

Sitzungsbericht:

Die Niederschrift der Sitzung vom 6. Februar 1905 wird genehmigt.

Aufgenommene Mitglieder:

Herr Franz Cassler, Fabrikant in Berlin; Herr Richard Dyhrenfurth, Bankier in Berlin; Herr Karl Keferstein jr., Fabrikant in Berlin; Herr Dr. Fritz Krüger, Fabrikant in Charlottenburg; Herr Dr. Franz Peters, Privatdozent an der Königl. Bergakademie hier; Herr Friedrich Schwendy, Chemiker in Berlin; die Bücherei der Königl. Technischen Hochschule zu Danzig in Langfuhr; die Großherzoglich Badische Gewerbehalle in Karlsruhe (Baden).

Angemeldete Mitglieder:

Hiesige: Herr Dr. Adolf Braun, Direktor der Deutschen Hypothekenbank (Meiningen) in Berlin; Herr Erich Buchholtz, Fabrikbesitzer in Charlottenburg; Herr Max Cassirer, Stadtrat a. D., Fabrikbesitzer in Charlottenburg; Herr Hugo Diesener, Fabrikbesitzer in Berlin; Herr Werner Eichner, Direktor der Neuen Boden-Aktiengesellschaft in Berlin; Herr Adelbert Erler, Stadtrat a. D. in Schöneberg; Herr Herrmann Frenkel, Bankier in Berlin; Herr Julius Geisler, Direktor in Gr. Lichterfelde-West; Herr Georg Goldschmidt, Kaufmann in Berlin; Herr J. Hamspohn, Direktor der Allg. Elektr.-Ges. in Berlin; Herr Emil Heymann, in Fa. Meyer Cohn in Berlin; Herr Professor E. Heyn in Charlottenburg; Herr Paul Hopp, Direktor der Deutschen Wasserwerke Aktien-Gesellschaft in Berlin; Herr Jonas, Eisenbahn-Direktions-Präsident a. D. in Berlin; Herr B. Knoblauch, Direktor des Böhmischen Brauhauses, Vorsitzender des Vorstandes der Versuchs- und Lehranstalt für Brauerei in Berlin; Herr F. Klemperer, vorsitzender Direktor der Berliner Maschinen-Aktien-Ges. vorm. L. Schwartzkopff in Berlin; die Landwirtschaftskammer für die Provinz Brandenburg in Berlin; Herr S. Nathan, Direktor der Deutschen Gasglühlicht-Aktien-Gesellschaft in Berlin; Herr Dr. phil. Walther Rathenau, Geschäftsinhaber der Berliner Handelsgesellschaft in Berlin; Herr Max Richter, Bankier, in Fa. Emil Ebeling in Berlin; Herr Ad. Salomonsohn, Rechtsanwalt und Notar in Berlin; Herr Rudolf Schomburg, Fabrikbesitzer in Berlin; Herr Rudolf Steinlein,

Fabrikbesitzer in Berlin; Herr J. Stern, Direktor in Charlottenburg; Herr August Zwarg, Fabrik-Direktor der A. E.-G. in Berlin.

Auswärtige: Herr Georg Arnhold, Kgl. Kommerzienrat in Dresden-A.; Herr L. Aronsohn, Kommerzienrat und Stadtrat in Bromberg; Herr Bake, Regierungspräsident in Trier; Herr Alwin Bauer, Fabrikant in Aue i. S.; Herr Anton Daigeler, früher Direktor der Rositzer Zucker-Raffinade in Ulm a. d. Donau; Herr Richard Damme, Geh. Kommerzienrat in Danzig; Herr Conrad Eckert, Vorstand der Bleistift-Fabrik vorm. Joh. Faber Aktien-Gesellschaft in Nürnberg; Kgl. Eisenbahn-Direktion Halle a. S.; Kgl. Eisenbahn-Direktion in Stettin; Herr Dr. Leo Gottstein, Vorstand der Aktien-Gesellschaft Cellulosefabrik Feldmühle in Breslau; Herr Heinrich Haenisch, Direktor der Breslauer Diskontobank in Breslau; Herr Joh. Gottl. Hauswaldt in Magdeburg-Neustadt; Herr J. N. Heidemann, Kommerzienrat, General-Direktor a. D. in Köln; Herr J. H. Kissing in Iserlohn; Herr Dr. Carl Kraushaar, General-Direktor der Aktiengesellschaften Georg Egestorffs Salzwerke und Nienburger Chemische Fabrik in Hannover; Herr Carl Lehnkering, Kommerzienrat, in Fa. Lehnkering & Co. in Duisburg; die Magdeburger Feuerversicherungsgesellschaft in Magdeburg; Herr F. Mohr, Kommerzienrat, Vorsitzender der Handelskammer in Kiel; Herr C. Reichel, Kommerzienrat, Kgl. Bayrischer Konsul in Dresden; die Königliche Regierung zu Danzig; Herr Dr. Schneider in Potsdam; Herr W. Schneider in Neuendorf bei Potsdam; Herr Albert Schneider, Geh. Baurat in Bad Harzburg; Herr Ernst Schreyer, Rentier in Blankenburg-Harz; Herr Carl Spaeter in Koblenz; die Vereinigte Ultramarinfabriken A. G. vorm. Leverkus, Zeltner & Konsorten in Köln a. Rh.; die Versicherungsgesellschaft Thuringia in Erfurt; Herr Weyland, Kommerzienrat in Siegen; die Zellstofffabrik Waldhof in Waldhof b. Mannheim; Herr J. von der Zypen, Geh. Kommerzienrat in Köln; außerdem die Kgl. Eisenbahn-Direktion Posen; die Kaiserl. Generaldirektion der Eisenbahnen von Elsaß-Lothringen in Straßburg; die Bergwerksgesellschaft in Herne.

Mitteilungen des Vorstandes:

Vorsitzender: Von dem Museum von Meisterwerken der Naturwissenschaft und Technik zu München, dem wir unsere „Verhandlungen", so weit sie noch in unseren Beständen vorhanden waren, für die Zwecke des Museums zugesandt haben, ist dem Vereine der Dank für diese „bedeutsame Zuwendung, durch welche die Museumsbibliothek einen sehr wertvollen Zuwachs erfahre", ausgesprochen worden.

Von dem Vorstand des Internationalen Verbandes für die Materialprüfungen der Technik ist uns die Trauernachricht zugegangen von dem unerwarteten Hinscheiden des Verbandspräsidenten Hofrat Prof. Ludwig von Tetmajer, der am 31. Januar in Wien inmitten eines Vortrags, den er in Ausübung seines Berufes hielt, erkrankte und kurz danach einer Gehirnblutung erlegen ist. In unserem Verein wird das Andenken dieses hochverehrten Mannes in Ehren fortleben.

An Drucksachen sind eingegangen und werden vom Technischen Ausschuß vorgelegt: Bericht der Zentralstelle für die Kontrolle der Wohltätigkeitspflege für das Etatsjahr 1903 von der Städtischen Stiftungs-Deputation in Berlin; Rede zur Feier des Geburtstages Sr. Majestät des Kaisers und Königs Wilhelm II., gehalten in der Halle der Königlichen Technischen Hochschule zu Berlin am 26. Januar 1905 von dem zeitigen Rektor Miethe: „Die geschichtliche Entwicklung der farbigen Photographie"; Annual Report of the Smithsonian Institution usw. für das Jahr bis 30. Juni 1903, Washinghton 1904; Jahresbericht des Gewerbevereins zu Erfurt für 1903/4; Sociedade Scientifica de S. Paolo, Jahresbericht 1903/4; Mitteilungen der Berliner Elektrizitätswerke No. 1 und 2 des Jahrgangs 1 (1905). Außerdem folgende Dissertationen von der hiesigen Technischen Hochschule: Kurvenführung von Werkzeugmaschinen von Diplomingenieur Siegfried Werner; Betriebskosten der Verschiebebahnhöfe von M. Oder; Dynamische Theorie der Verschwindelaffeten und kinematische Schußtheorie von Diplom-Jngenieur Max Schwabach.

Es liegen vor die Kassenabschlüsse des Vereins und der von Seydlitzschen Stiftung für das letzte Jahr, aus denen ich folgende Ziffern mitteilen will. Die Kasse des Vereins schließt für das 4. Vierteljahr 1904 in Einnahme mit 17 324,07 ℳ, in Ausgabe mit 16 330,63 ℳ, sodaß ein Bestand verbleibt von 993,44 ℳ. Die Einnahmen des ganzen Jahres haben betragen 34 468,82 ℳ und die Ausgaben 33 475,38 ℳ, sodaß wir einen Kassenbestand haben von 993,44 ℳ und 48 500 ℳ in Effekten. Die Seydlitz-Stiftung schließt für das Jahr 1904 in Einnahme mit 24 901,48 ℳ, in Ausgabe mit 15 773,84 ℳ, sodaß ein Bestand von 9127,64 ℳ geblieben ist. Der Nennwert der Effekten und Hypotheken beträgt 507 872 ℳ. Die Jubiläumsstiftung hatte im Jahre 1904 eine Einnahme von 1709,90 ℳ, eine Ausgabe von 1420,50 ℳ, sodaß ein Bestand von 289,40 ℳ verbleibt. Der Fonds für die Delbrückmedaille besteht aus einem Barbestand von 335 ℳ und aus 2000 ℳ Effekten. Der Fond für das Beuthsche Grabdenkmal setzt sich zusammen aus einem Barbestand von 135 ℳ und 1575 ℳ Effekten.

Von der Buchhandlung Schneider & Co. ist mir die Mitteilung zugegangen, daß im Buchhandel die „Lebenserinnerungen von Rudolph von Delbrück 1817 bis 1867" erschienen sind, eine Mitteilung, die für unseren Verein gewiß von hohem Interesse ist.

In Mailand wird in diesem Jahre vom 24. bis zum 30. September ein Internationaler Schiffahrtskongreß stattfinden. Ich bin vonseiten der deutschen Mitglieder der Internationalen ständigen Kommission ersucht worden, das dem Vereine mitzuteilen. Ich stelle hier Exemplare der Einladung zur näheren Einsichtnahme des Programms zur Verfügung.

Am Donnerstag, den 16. März wird im Saale des Kaiserlichen Patentamts die Vereinsversammlung des Deutschen Vereins für den Schutz des gewerblichen Eigentums tagen. Auf der Tagesordnung steht ein Vortrag des Herrn Dr. Klöppel in Elberfeld über „die Zwangslizenz mit besonderer Beziehung auf den Ausübungszwang im internationalen Patentwesen".

Technische Tagesordnung.

1. Einige technische Anwendungen der Phasenlehre.

Dieser Vortrag wird später veröffentlicht.

2. Beschlussfassung über die Anträge des Technischen Ausschusses betreffend die neuen allgemeinen polizeilichen Bestimmungen über die Anlegung von Dampfkesseln.

Herr Geh. Bergrat Prof. Dr. H. Wedding: M. H., ich darf Ihnen ins Gedächtnis zurückrufen, daß im Ministerium für Handel und Gewerbe ein Schriftstück
ausgearbeitet worden war, betitelt: „Entwurf von Abänderungen der allgemeinen polizeilichen Bestimmungen über die Anlegung von Dampfkesseln vom 5. August 1890".
Dieser Entwurf ist in dankenswerter Weise vom Herrn Minister für Handel und Gewerbe veröffentlicht und damit der Kritik der Industrie anheimgegeben worden. Von
dem Rechte der Kritik hat auch unser Verein Gebrauch gemacht. In dem Technischen
Ausschusse hatte Herr Geheimrat Busley den Gegenstand ausführlich behandelt. Wir
hielten die Besprechung für wichtig genug, um den gesamten Verein daran teilnehmen
zu lassen. In der letzten Sitzung hat Herr Geheimrat Busley dem Wunsche des
Techn. Ausschusses Folge gebend, einen Vortrag über den Gegenstand gehalten, der,
wie Sie sich erinnern, zu einer lebhaften Auseinandersetzung geführt hat. Hierbei hatte
allerdings Herr Busley gleich von vornherein drei Thesen aufgestellt, von denen er
hoffte, sie würden zur Abstimmung gelangen. Dieses Vorgehen entsprach indessen
nicht den Gepflogenheiten unseres Vereins, es wurde vielmehr der Gegenstand in den
Technischen Ausschuss zurückgewiesen, welcher eine vielstündige Sitzung abgehalten
hat, in der er noch einmal den Entwurf besprochen und beschlossen hat, Ihnen heute
drei andre Thesen vorzulegen, deren Annahme Ihnen empfohlen wird. Ich bin beauftragt worden, Ihnen über die Ansichten des Techn. Ausschusses zu berichten. Ich muß
hierbei bemerken, daß Herr Geheimrat Jäger, der Dezernent in dieser Angelegenheit
im Handelsministerium, in dankenswertester Weise auch diesen Verhandlungen beigewohnt hat.

M. H.! Der Entwurf hat einen sehr wertvollen Zweck, den nämlich, daß die polizeilichen Bestimmungen über die Anlegung von Dampfkesseln in Zukunft gleichmäßig in ganz
Deutschland gehandhabt werden, während jetzt zwar die polizeilichen Bestimmungen
in allen einzelnen Staaten gleichmäßig sind, aber nicht die dazu gehörigen Ausführungsbestimmungen. Der gegenwärtige Zustand hat vielfach zu Mißständen geführt, weil es
oft nicht möglich war, einen Dampfkessel aus einem Staate ohne weiteres in den andern
zu bringen und ihn dort zu benutzen. Wenn dieser Übelstand aus der Welt geschafft
werden kann, so ist das gewiß ein sehr erheblicher Fortschritt und aus diesem Grunde
hat auch, wie das Ihnen gedruckt vorliegende Blatt zeigt, der Technische Ausschuß
beschlossen, Ihnen folgende erste Resolution vorzulegen:

Der Verein zur Beförderung des Gewerbefleißes beschließt folgendes:

    1. Er begrüßt den Entwurf von Abänderungen der „allgemeinen polizeilichen Bestimmungen über die Anlegung von Dampfkesseln" vom 5. August 1890 (RGBl. S. 163), weil er bezweckt, Gleichmäßigkeit der Vorschriften im Deutschen Reiche herbeizuführen.

    Wäre nun, m. H., dies erreicht, ohne damit erhebliche Mängel zu verbinden, so würde ja nichts richtiger sein, als daß wir beschlössen, diesen Entwurf unverändert anzunehmen. Aber dem ist leider nicht so. Der Entwurf enthält in seinem ersten Paragraphen erhebliche Verschärfungen in bezug auf die staatliche Einwirkung auf Bauart und Baustoff der Dampfkessel. Die Frage entstand naturgemäß in erster Linie: Sind denn solche Verschärfungen überhaupt notwendig geworden? Seit dem Jahre 1871, wo zuerst derartige polizeiliche Bestimmungen ausgearbeitet wurden, die dann 1890 eine andre Fassung gewannen, hat sich unsere Dampfkesselindustrie in erstaunlicher Weise entwickelt, Während im Jahre 1877 nur 60 000 Dampfkessel in Deutschland bestanden, war diese Zahl im Jahre 1903 auf 140 000 gestiegen, und während im Anfang schon Dampfkessel mit 40 Quadratmeter Heizfläche etwas besonderes waren, ist es gar nicht mehr erstaunlich, wenn wir jetzt solche von 250 Quadratmeter finden. Wenn anfangs 4 Atmosphären Druck schon recht erheblich schienen, baut man kaum noch Dampfkessel heute unter 10 Atmosphären Druck. Da, sollte man nun meinen, müßte natürlich auch die Zahl der Explosionen und die Zahl der dabei verunglückten Leute erheblich gestiegen sein. Aber gerade umgekehrt; trotz dieser Vermehrung in allen Beziehungen ist die Zahl der Explosionen immer weiter herabgegangen und ebenso die Zahl der Verunglückungen. Da fragt man sich: Sind denn die bisherigen Bestimmungen nicht ausreichend gewesen? haben sie nicht zu dem Ziel geführt, daß die Sicherheit erreicht worden ist, deren Überwachung Pflicht der Behörde ist?

    Aber man glaubt verschärfte Bestimmungen zur Überwachung eines brauchbaren Materials herbeiführen zu müssen. Fragen wir aber: Woher rühren denn die Explosionen der Dampfkessel? Wenn wir da die Reichsstatistik nachsehen, so ist die Zahl der Fälle, bei welchen das Material Ursache der Dampfkesselexplosionen gab, ungemein niedrig. Gewöhnlich ist es die schlechte Behandlung der Dampfkessel, meistens durch den Heizer, Versäumnis der Speisung mit Wasser. Natürlich, wenn kein Wasser darin ist, brennen die vom Feuer berührten Platten durch, das Material mag gut oder schlecht sein. Wenige Fälle sind es, namentlich solche, die aus der Zeit der Herstellung der Dampfkessel im Jahre 1873, einer Zeit der Überlastung der Eisenindustrie stammen. Meistens sind es ganz andre Gründe, welche Explosionen herbeiführen. Wenn dem so ist, ist es da nötig, dem Kesselerbauer die Verantwortung zu entziehen, der er in immer steigendem Maße gerecht geworden ist, und sie auf den Staat zu übertragen? Weil der Technische Ausschuß das nicht für richtig hält, so schlägt er Ihnen als zweite Resolution vor:

        Eine Verschärfung der staatlichen Einwirkung auf Bauart und Baustoff ist durch die Erfahrung nicht geboten.

    M. H., wenn nun trotz des Widerspruchs unseres Vereins, trotz des Widerspruchs der Industrie die Bestimmungen des Entwurfs dennoch angenommen werden sollten, so ist für diesen Fall die dritte These aufgestellt.

Gegenüber den früheren polizeilichen Bestimmungen ist in dem neuen Entwurf eine Nummer 4 aufgenommen:

> Der Baustoff und die Ausführung der Dampfkessel müssen durch amtlich anerkannte Sachverständige nach amtlich anerkannten Regeln der Technik geprüft werden.

Der Technische Ausschuß glaubt, daß beides ganz unausführbar ist. Denn amtlich anerkannte Regeln der Technik festzustellen, ist deshalb nicht wohl ausführbar, weil man ja beständig in diesen Erfahrungen wechselt. Erinnern Sie sich doch, wie man an Stelle des Schweißeisens das Flußeisen gesetzt hat, wie dieses in immer besserer Qualität hergestellt wird, wie man mit Recht immer höher in den Anforderungen gekommen ist, und trotzdem diesen Anforderungen auch gerecht geworden ist.

Dies alles sollen amtlich anerkannte Sachverständige prüfen. M. H.! Wer sich mit der Darstellung eines Industrieerzeugnisses beschäftigt, der wird natürlich alle die Dinge kennen, die notwendig sind zu einer guten Herstellung. Aber wer sich nur mit der Besichtigung und Untersuchung des Produkts beschäftigt, wie soll der das Gleiche leisten, wie der in den täglichen Erfahrungen der Industrie stehende Ingenieur? Sollte der nicht geneigt sein, immer tunlichst am Alten festzuhalten?

Es wird nun dieser Absatz 4 in der Vorlage des Herrn Ministers erläutert:

> Der Grundsatz

— nämlich der frühere —,

> dem Kesselerbauer die freie Wahl der Wandstärken unter seiner Verantwortung zu überlassen, ist mit dem Rechte und der Pflicht der Behörden, bei der Genehmigung des Kessels zu prüfen, ob die Blechstärken ausreichend bemessen seien, nicht vereinbar.

Bisher hat sich das als wohl vereinbar gezeigt! Ferner:

> Die Erfahrung hat gelehrt, daß der Mangel einheitlicher Festsetzungen über das Maß der zulässigen Beanspruchung der Kesselwandungen und die mangelnde Kenntnis der Festigkeitszahlen der zu dem Kessel verwendeten Bleche zu Schwierigkeiten bei der Bemessung der Wandstärken und ihrer behördlichen Prüfung geführt haben.

Auch dieser Anschauung kann der Technische Ausschuß nicht zustimmen.

> Auch die Praxis

— fährt die Erläuterung zu Absatz 4 fort —

> hat diese Mängel längst empfunden und durch Vereinbarung der sogenannten Hamburger und Würzburger Normen erträgliche Zustände zu schaffen gesucht. Diesen aus der Praxis hervorgegangenen Vereinbarungen soll nunmehr die gesetzliche Unterlage gegeben werden.

Da glaubt der Technische Ausschuß, daß das gerade das Unzweckmäßige wäre; man solle vielmehr gerade der freien Entwicklung überlassen, Fortschritte zu machen, denn auch diese sogenannten Hamburger und Würzburger Normen werden sich allmählich verändern, ohne daß es möglich wäre, daß stets die Abänderungen amtlich anerkannt würden.

Wenn man nun aber annimmt, es könnte in dieser Beziehung doch vielleicht dem Staat die Verantwortlichkeit zu groß erscheinen, als daß er diesen Grundsatz, den der Technische Ausschuß nicht für richtig hält, fallen ließe, so würde es erforderlich sein, daß etwas an die Stelle der jetzigen Bestimmung gesetzt wird, was diese Schwierigkeit wenigstens einigermaßen behebt. Man denkt in erster Linie an das Königliche Material-Prüfungs-Amt, aber wir haben ja von Herrn Professor Rudeloff gehört, daß es ausgeschlossen wäre, daß das Königliche Material-Prüfungs-Amt die Arbeit der Prüfung sämtlicher Kesselbleche übernehmen sollte. Es würde ganz unmöglich sein, eine so umfangreiche Arbeit auszuführen, und es würde wahrscheinlich die Folge davon sein, daß man dann monatelang, ja jahrelang zu warten hätte, bis ein Dampfkessel fertig gestellt werden könnte. Deshalb ist von dem Technischen Ausschuß die dritte Resolution vorgelegt:

Jedenfalls wird gewünscht, daß für die amtliche Prüfung des Baustoffes die Bescheinigung der Fabrikanten genüge.

Wenn der Fabrikant das bescheinigt, so, glaubt man, würde das doch auch der Behörde genügende Sicherheit bieten, daß ihren Anforderungen entsprochen wird. Denn, m. H., wenn, wie das bei der Verhandlung im Technischen Ausschusse vorgebracht wurde, wohl einmal auch ein leichtsinniger Fabrikant Kesselbleche liefern kann, so ist das doch, Gott sei Dank, bei uns in Deutschland eine so große Ausnahme, daß also man darauf nicht gute Bestimmungen zu ändern braucht. Wenn also die amtliche Prüfung stattfinden und diese nicht dem Fabrikanten überlassen bleiben soll, so wird jedenfalls gewünscht, daß für die amtliche Prüfung des Baustoffes die Bescheinigung der Fabrikanten genüge.

Übrigens hat Herr Geheimrat Jäger der Erfüllung dieses Wunsches zugestimmt, aber es ist doch nötig, da Herr Jäger nicht der Bundesrat ist, die Anschauung des Technischen Ausschusses zum bestimmten Ausdruck zu bringen.

Die drei Resolutionen heißen also:

1. Der Verein zur Beförderung des Gewerbfleißes begrüßt den Entwurf von Abänderungen der „allgemeinen polizeilichen Bestimmungen über die Anlegung von Dampfkesseln" vom 5. August 1890 (RGBl. S. 163), weil er bezweckt, Gleichmäßigkeit der Vorschriften im Deutschen Reiche herbeizuführen.

2. Eine Verschärfung der staatlichen Einwirkung auf Bauart und Baustoff ist durch die Erfahrung nicht geboten.

3. Jedenfalls wird gewünscht, daß für die amtliche Prüfung des Baustoffes die Bescheinigung des Fabrikanten genüge.

Herr Baurat, Direktor, Dr.-Ing. Peters: M. H., es sind ja erst zweimal 24 Stunden her, daß wir im Technischen Ausschuss über diesen Gegenstand eindringlich und lange beraten haben, und da glaube ich voraussetzen zu können, daß es Ihnen

10*

allen, die Sie daran teilgenommen haben, frisch im Gedächtnis ist, daß wir uns
eigentlich nur mit dem § 1 des Gesetzes beschäftigt haben. Wir sind auf den Gesetzentwurf in seiner Gesamtheit und weniger auf Einzelheiten der einzelnen Paragraphen
eingegangen und ich würde dringend die Bitte an den Herrn Vorsitzenden richten,
daß er bei Überreichung der Beschlüsse des Vereins die Güte hätte, diesen Umstand
dem Herrn Handelsminister mitzuteilen, damit nicht etwa die Meinung erweckt werden
könnte, als hätte der Verein zur Beförderung des Gewerbfleißes zu diesem Gesetzentwurf
nichts weiter zu sagen als die Aussprüche, die heute beschlossen werden sollen. Es
liegt das eben an dem Mangel an Zeit. Wir haben uns auf § 1 beschränkt.

Aber selbst innerhalb des § 1 sind meines Erachtens die heute vorgelegten
Aussprüche nicht vollständig ausreichend, um das wiederzugeben, was der Wille des
Technischen Ausschusses war. Es bedürfen meines Erachtens diese Aussprüche noch
zweier Ergänzungen, um vollständig ein Bild von dem zu geben, was wir am Sonnabend, wenn auch nicht formell beschlossen, aber zum Ausdruck unserer Meinung
gemacht haben.

Die erste Ergänzung betrifft den zweiten Teil der Resolution, der jetzt lautet:
„Eine Verschärfung der staatlichen Einwirkung auf Bauart und Baustoff ist durch die
Erfahrung nicht geboten". Ich bin ganz ohne Zweifel, daß es im Sinne unserer Verhandlungen vom Sonnabend liegt, wenn hier hinter dem Wort „Baustoff" noch eingefügt wird: „und Ausführung". Es hat niemand meines Erachtens das Wort dafür
ergriffen, daß die Ausführung gleichfalls vom Staate überwacht werden soll. Also ich
möchte hier gesagt wissen:

Eine Verschärfung der staatlichen Einwirkung auf Bauart, Baustoff und
Ausführung ist durch die Erfahrung nicht geboten.

Was die schon vom Herrn Referenten berührten „amtlich anerkannten Regeln
der Technik" betrifft, so bin ich der Meinung, daß auch da in unserer Mitte kein einziger der Auffassung, die heute der Herr Referent zu erkennen gab, widersprochen hat.
Wir waren darin einig, daß es nicht richtig sei, in dem Gesetz von amtlich anerkannten
Regeln der Technik zu sprechen, und hier möchte ich Ihnen als Zusatz vorschlagen zu
beschließen:

„In Bezug auf die Bestimmung in § 1 No. 4, wonach Bauart, Baustoff
und Ausführung von Dampfkesseln durch amtlich anerkannte Sachverständige
nach „amtlich anerkannten Regeln der Technik" geprüft werden sollen,
schließt sich der Verein dem Widerspruch des Senats der Königlichen
Technischen Hochschule zu Berlin an."

Es ist Ihnen gewiß allen bekannt, daß die Absicht der Staatsregierung, in das
Gesetz „amtlich anerkannte Regeln der Technik" aufzunehmen, einen Beschluß des
Senats unserer Hochschule herbeigeführt hat, der diesem Vorhaben widerspricht.

Herr Geh. Bergrat Prof. Dr. H. Wedding: M. H.! Dem ersten Antrage zu der
Resolution No. 2, zu sagen: „Eine Verschärfung der staatlichen Einwirkung auf Bauart, Baustoff und Ausführung ist durch die Erfahrung nicht geboten", schließe ich ·
mich an.

Dagegen hat uns in unserer letzten Sitzung nicht der Wortlaut des Beschlusses der Technischen Hochschule vorgelegen, und ich trage Bedenken, darauf jetzt Bezug zu nehmen.

Herr Prof. Dr. Kraemer: Eine kleine Änderung in Punkt 1 möchte ich vorschlagen. Es heißt, der Verein begrüßt den Entwurf, „weil" er bezweckt usw. Es scheint mir richtiger zu sein, dafür zu sagen: „soweit" er bezweckt.

Herr Baurat Direktor Krause: Ich möchte auch der Bitte Ausdruck geben, daß man doch dem Widerspruch gegen die Worte „amtlich anerkannte Regeln der Technik" deutlichen Ausdruck verleiht. Diese Ablehnung ist nicht klar genug in unserer Resolution ausgesprochen und ich möchte vorschlagen, daß wir uns dem Antrage und der Begründung des Senates anschließen.

Herr Rechtsanwalt Privatdozent Dr. Alexander-Katz: M. H., wenn ich in der Vorlesung über Baurecht die Bestimmung unseres Strafgesetzbuches erwähne, daß ein Architekt bestraft wird, wenn Unglück entsteht, weil er die „anerkannten Regeln der Baukunst" nicht befolgt hätte, dann entsteht ein Lachen unter den Studenten, weil es anerkannte Regeln der Baukunst im allgemeinen nicht gibt und die Gerichte doch nicht gerade in der Lage sind, festzustellen, welches denn nun eigentlich die anerkannten Regeln der Baukunst sind.

Ebenso wenig glücklich scheint mir der Ausdruck zu sein: „amtlich anerkannte Regeln der Technik".

Herr Baurat Herzberg: Ich erkenne die Schwierigkeit an, die darin liegt, daß uns der Beschluß des Abteilungsvorstandes der Technischen Hochschule nicht vorgelegen hat. Ich befürworte deshalb das, was Herr Peters jetzt vorschlägt.

Vorsitzender: Es liegt uns der Beschluß des Technischen Ausschusses vor; er ist die Grundlage für unsere Beratung. Es steht natürlich jedem frei, Amendements hierzu zu beantragen und der Beschlußnahme des Vereins zu unterbreiten.

Was den Wunsch des Herrn Professor Kraemer anlangt, so entspricht er, soweit ich mich erinnere, dem ursprünglichen Antrage.

Herr Baurat Herzberg: Ich habe das Wort „weil" im Ausschuß vorgeschlagen, weil ich in meiner Anerkennung etwas weitergehen wollte. Aber ich erkenne an, daß dieses Wort vielleicht zu dem Irrtum führen könnte, der Verein begrüße alle Bestimmungen des Entwurfs.

Herr Baurat Peters: M. H., wir können auch, wenn formelle Bedenken dagegen erhoben werden, in meinem Antrage die Bezugnahme auf den Senat der Technischen Hochschule fortlassen und nur sagen, was auch wir wollen, nämlich, daß wir es nicht für zutreffend halten, von amtlich anerkannten Regeln der Technik im Gesetz zu sprechen.

Herr Baurat Herzberg: Ein Ausdruck wie „hält es nicht für zutreffend" oder „nicht für zulässig" oder „nicht für ratsam" scheint mir nicht treffend. Man muß schon aussprechen: es ist „nicht richtig"!

Vorsitzender: Im Technischen Ausschuß war ein solcher Antrag nicht gestellt. Es lag dort nur die Mitteilung vor, daß der Senat der Technischen Hochschule

eine Erklärung in diesem Sinne abgegeben habe, ohne daß der Wortlaut bekannt gegeben wäre.

Herr Baurat Peters: Ich bin bereit, das Wort „nicht richtig" zu wählen und
zu sagen:

    Der Verein hält es nicht für richtig, in den Bestimmungen von „amt-
    lich anerkannten Regeln der Technik" zu sprechen.

Vorsitzender: Das Amendement des Herrn Baurat Peters würde No. 4 werden.
M. H., zu der No. 1 ist der Antrag gestellt, das Wort „weil" in „insoweit" zu
verwandeln. Ich bitte diejenigen, welche für dieses Amendement sich aussprechen
wollen, die Hand zu erheben. (Geschieht und wird angenommen.)

Ich bitte diejenigen, dasselbe zu tun, die nunmehr No. 1 mit diesem Amendement annehmen wollen. (Geschieht und wird angenommen.)

Es ist zu No. 2 beantragt, einzufügen das Wort „und Ausführung". Ich bitte
diejenigen, welche diese Ergänzung gut heißen wollen, die Hand zu erheben. (Geschieht
und wird angenommen.)

Ich nehme ohne weitere Abstimmung an, daß Sie mit No. 2 einschließlich
dieser Ergänzung einverstanden sind, sodaß es heißt:

    Eine Verschärfung der staatlichen Einwirkung auf Bauart, Baustoff und
    Ausführung ist durch die Erfahrung nicht geboten.

No. 3 lautet:

    Jedenfalls wird gewünscht, daß für die amtliche Prüfung des Baustoffes
    die Bescheinigung der Fabrikanten genüge.

Wenn niemand Widerspruch erhebt, nehme ich ohne Abstimmung an, daß dies
gut geheißen wird.

Als No. 4 ist von Herrn Baurat Peters der Antrag gestellt, zu sagen:

    Der Verein hält es nicht für richtig, in den Bestimmungen von „amtlich
    anerkannten Regeln der Technik" zu sprechen.

Ich bitte diejenigen Herren, welche diesem Antrag zustimmen wollen, die
Hand zu erheben. (Geschieht und wird angenommen.)

Die vom Vereine zur Beförderung des Gewerbfleißes angenommenen Beschlüsse
lauten nunmehr:

1. Der Verein zur Beförderung des Gewerbfleißes begrüßt den Entwurf von
   Abänderungen der „allgemeinen polizeilichen Bestimmungen über die Anlegung von Dampfkesseln" vom 5. August 1890, insoweit er bezweckt,
   Gleichmäßigkeit der Vorschriften im Deutschen Reiche herbeizuführen.
2. Eine Verschärfung der staatlichen Einwirkung auf Bauart, Baustoff und
   Ausführung ist durch die Erfahrung nicht geboten.
3. Jedenfalls wird gewünscht, daß für die amtliche Prüfung des Baustoffes
   die Bescheinigung des Fabrikanten genüge.
4. Der Verein hält es nicht für richtig, in den Bestimmungen von „amtlich anerkannten Regeln der Technik" zu sprechen.

Bericht über die Sitzung vom 3. April 1905

Vorsitzender: Geh. Bergrat Prof. Dr. H. Wedding, später Prof. Dr. Kraemer.

Sitzungsbericht:

Die Niederschrift der Sitzung vom 6. März wird mit der Maßgabe genehmigt, daß zwischen Bergwerksgesellschaft in Herne „Hibernia" eingeschaltet wird.

Aufgenommene Mitglieder:

Hiesige: Herr Dr. Adolf Braun, Direktor der Deutschen Hypothekenbank (Meiningen) in Berlin; Herr Erich Buchholtz, Fabrikbesitzer in Charlottenburg; Herr Max Cassirer, Stadtrat a. D., Fabrikbesitzer in Charlottenburg; Herr Hugo Diesener, Fabrikbesitzer in Berlin; Herr Werner Eichner, Direktor der Neuen Boden-Aktien-gesellschaft in Berlin; Herr Adelbert Erler, Stadtrat a. D. in Schöneberg; Herr Herrmann Frenkel, Bankier in Berlin; Herr Julius Geisler, Direktor in Gr. Lichterfelde-West; Herr Georg Goldschmidt, Kaufmann in Berlin; Herr J. Hamspohn, Direktor der Allg. Elektr.-Ges. in Berlin; Herr Emil Heymann, in Fa. Meyer Cohn in Berlin; Herr Professor E. Heyn in Charlottenburg; Herr Paul Hopp, Direktor der Deutschen Wasserwerke Aktien-Gesellschaft in Berlin; Herr Jonas, Eisenbahn-Direktions-Präsident a. D. in Berlin; Herr B. Knoblauch, Direktor des Böhmischen Brauhauses, Vorsitzender des Vorstandes der Versuchs- und Lehranstalt für Brauerei in Berlin; Herr F. Klemperer, vorsitzender Direktor der Berliner Maschinen-Aktien-Ges. vorm. L. Schwartzkopff in Berlin; die Landwirtschaftskammer für die Provinz Brandenburg in Berlin; Herr S. Nathan, Direktor der Deutschen Gasglühlicht-Aktien-Gesellschaft in Berlin; Herr Dr. phil. Walther Rathenau, Geschäftsinhaber der Berliner Handelsgesellschaft in Berlin; Herr Max Richter, Bankier, in Fa. Emil Ebeling in Berlin; Herr Ad. Salomonsohn, Rechtsanwalt und Notar in Berlin; Herr Rudolf Schomburg, Fabrikbesitzer in Berlin; Herr Rudolf Steinlein, Fabrikbesitzer in Berlin; Herr J. Stern, Direktor in Charlottenburg; Herr August Zwarg, Fabrik-Direktor der A. E.-G. in Berlin.

Auswärtige: Herr Georg Arnhold, Kgl. Kommerzienrat in Dresden-A.; Herr L. Aronsohn, Kommerzienrat und Stadtrat in Bromberg; Herr Bake, Regierungspräsident in Trier; Herr Alwin Bauer, Fabrikant in Aue i. S.; Herr Anton Daigeler, früher Direktor der Rositzer Zucker-Raffinade in Ulm a. d. Donau; Herr

11

Richard Damme, Geh. Kommerzienrat in Danzig; Herr Conrad Eckert, Vorstand
der Bleistift-Fabrik vorm. Joh. Faber Aktien-Gesellschaft in Nürnberg; Kgl. Eisen-
bahn-Direktion Halle a. S.; Kgl. Eisenbahn-Direktion in Stettin; Herr Dr.
Leo Gottstein, Vorstand der Aktien-Gesellschaft Cellulosefabrik Feldmühle in
Breslau; Herr Heinrich Haenisch, Direktor der Breslauer Diskontobank in
Breslau; Herr Joh. Gottl. Hauswaldt in Magdeburg-Neustadt; Herr J. N.
Heidemann, Kommerzienrat, General-Direktor a. D. in Köln; Herr J. H. Kissing
in Iserlohn; Herr Dr. Carl Kraushaar, General-Direktor der Aktiengesellschaften
Georg Egestorffs Salzwerke und Nienburger Chemische Fabrik in Hannover; Herr
Carl Lehnkering, Kommerzienrat, in Fa. Lehnkering & Co. in Duisburg; die
Magdeburger Feuerversicherungsgesellschaft in Magdeburg; Herr F. Mohr,
Kommerzienrat, Vorsitzender der Handelskammer in Kiel; Herr C. Reichel, Kommer-
zienrat, Kgl. Bayrischer Konsul in Dresden; die Königliche Regierung zu Danzig;
Herr Dr. Schneider in Potsdam; Herr W. Schneider in Neuendorf bei Potsdam;
Herr Albert Schneider, Geh. Baurat in Bad Harzburg; Herr Ernst Schreyer,
Rentier in Blankenburg-Harz; Herr Carl Spaeter in Koblenz; die Vereinigte
Ultramarinfabriken A. G. vorm. Leverkus, Zeltner & Konsorten in Köln a. Rh.;
die Versicherungsgesellschaft Thuringia in Erfurt; Herr Weyland, Kommer-
zienrat in Siegen; die Zellstofffabrik Waldhof in Waldhof b. Mannheim; Herr
J. von der Zypen, Geh. Kommerzienrat in Köln; außerdem die Kgl. Eisenbahn-
Direktion Posen; die Kaiserl. Generaldirektion der Eisenbahnen von Elsaß-
Lothringen in Straßburg; die Bergwerksgesellschaft Hibernia in Herne.

Angemeldete Mitglieder:

Hiesige: Herr Generaldirektor S. Bergmann in Berlin; Herr Generaldirektor
Emil Müller in Berlin; Herr M. Dräger, Direktor der Allgem. Deutschen Klein-
bahn-Gesellschaft A.-G. in Berlin; Herr Ingenieur Ernst Schlesinger in Fa. Robert
H. Guiremand in Reinickendorf; Herr Ingenieur Leopold Seydel, Prokurist in Firma
Brodnitz & Seydel in Berlin; Firma Friedrich Stolzenberg & Co., G. m. b. H. in
Reinickendorf-West; Herr Ströhler, Eisenbahndirektor a. D. in Wilmersdorf-Berlin.

Auswärtige: Herr Diplom-Ingenieur C. Canaris in Doisberg-Hochfeld,
Niederrheinische Hütte; Fa. Gollnow & Sohn in Stettin; Herr Alfred Gutmann,
Direktor der Akt.-Ges. für Maschinenbau Ottensen-Hamburg; Gewerbekammer in
Hamburg; der Magistrat in Luckenwalde; der Magistrat der Königlichen Haupt-
und Residenzstadt München; Osnabrücker Maschinenfabrik Robert Linde-
mann; die Königliche Regierung in Kassel; Herr Dr. Paul Schottländer,
Rittergutsbesitzer in Wessig, Regierungsbezirk Breslau; Herr Dr. Strube in Bremen.

Mitteilungen des Vorstandes:

Vorsitzender: M. H., leider habe ich heute zwei Todesfälle verdienter Mitglieder unseres Vereins mitzuteilen. Gestorben ist Fabrikbesitzer Gustav Rading in
Berlin, seit 1880 unser treues Mitglied, und dann unser langjähriger Kassenverwalter
und Rendant des Vereins Generalkonsul Zwicker in Fa. Gebrüder Schickler in Berlin.

Letzterer, der mit anerkennenswertester Gewissenhaftigkeit seit dem 6. Februar 1888 unsere Geschäfte geführt hat, ist uns allen gleichzeitig ein liebenswürdiger Genosse gewesen. Wir werden beiden Verstorbenen ein ehrendes Andenken erhalten.

Frau von Delbrück hat uns die Schrift „Lebenserinnerungen" gesendet, die unser heimgegangener Vorsitzender und Ehrenvorsitzender selbst aufgeschrieben hatte. Ich darf wohl das Schreiben verlesen; es ist an den ersten Vorsitzenden gerichtet, der heute leider durch Unwohlsein verhindert ist, zu präsidieren:

> Euer Exzellenz bitte ich die beifolgenden „Lebenserinnerungen" meines heimgegangenen Mannes gütigst für den Verein zur Beförderung des Gewerbfleißes, mit welchem er sich so innig verbunden fühlte, und der seiner bis über das Grab hinaus gedenkt, entgegennehmen zu wollen.

> In Dankbarkeit für den Verein bin ich usw.

Wir werden Ihrer Excellenz unsern tiefgefühlten Dank aussprechen.

Eingegangen und vom Technischen Ausschuß vorgelegt sind: Das Jahrbuch der Schiffsbautechnischen Gesellschaft, 6. Band 1905, Berlin 1905 und der Jahresbericht der Polytechnischen Gesellschaft zu Stettin für das 43. Vereinsjahr.

Technische Tagesordnung.

I. Die Herstellung von Eisen und Stahl auf elektrischem Wege und ihre wirtschaftliche Bedeutung.

Herr Dr. A. Neuburger: Der von Davy entdeckte elektrische Lichtbogen hatte bis in das zweite Drittel des vorigen Jahrhunderts hinein fast keine technische Verwendung gefunden. Zwar hatte bereits im Jahre 1849 Despretz in der französischen Akademie der Wissenschaften darauf hingewiesen, daß man aus einem Tiegel aus feuerfestem Material und einem Lichtbogen recht gut eine Art von Ofen darstellen könne, der sich für die Durchführung technischer Prozesse eignen würde. Die Anregung, die damals Despretz gegeben hatte, fiel aber zunächst auf keinen allzu fruchtbaren Boden. Erst am Beginn der siebziger Jahre des vorigen Jahrhunderts beschäftigte sich Werner Siemens wieder eingehender mit der Frage der Verwendung des elektrischen Lichtbogens für technische Zwecke und er sprach damals das prophetische Wort aus, daß es mit der Zeit gelingen werde, alle Metalle und darunter in erster Linie das Eisen auf elektrischem Wege darzustellen.

Dieses Wort ist auch in Erfüllung gegangen, aber nicht ganz so, wie Siemens es gemeint hatte. Es gelang in der Tat, viele Metalle, wenn auch nicht immer mit Hilfe des Lichtbogens, so doch auf elektrischem Wege darzustellen; ich erinnere nur an das Aluminium, Zinn, an das Nickel, das Kupfer usw. sowie an die vielen seltenen Metalle, die schon seit einer Reihe von Jahren elektrisch gewonnen werden. Aber gerade das Eisen hat ziemlich lange allen Versuchen, es elektrisch darzustellen, widerstanden. Daß Siemens selbst die Darstellung nach dem damaligem Standpunkte der Elektrotechnik

11*

für ausführbar hielt, geht daraus hervor, daß er Wilhelm Siemens veranlaßte, eingehende Versuche zur elektrischen Eisengewinnung anzustellen.

Diese Anregung fiel in die Mitte der siebziger Jahre des vorigen Jahrhunderts, also in eine Zeit, wo die Elektrotechnik von dem Stande, den sie heute erreicht hat, noch weit entfernt war. Es war damals noch nicht allzu lange Zeit verflossen, seit Siemens selbst das elektro-dynamische Prinzip entdeckt hatte. Von der Art der Transformation und Kraftübertragung, wie wir sie heute zu technischen Zwecken so oft und vielfach verwenden, hatte man damals noch keine Ahnung, und so war es mit allen Einzelheiten, die für die elektrische Darstellung des Eisens in Betracht kommen. Aber trotzdem glaubte Siemens bereits nach dem damaligen Standpunkte der Elektrotechnik an die Durchführbarkeit der Idee und veranlaßte, wie erwähnt, Wilhelm Siemens, die ersten Versuche anzustellen. Dieser widmete sich sofort mit Eifer der neuen Aufgabe. Er konstruierte den ersten Ofen zur Darstellung von Eisen auf elektrischem Wege, und es gelang ihm in der Tat, in diesem Ofen Eisen zu erhalten. Leider aber entsprach dieses Eisen nicht den an ein technisch brauchbares Material zu stellenden Anforderungen. Zunächst war es ein sehr unreines, starkgekohltes Roheisen, das für technische Zwecke absolut unbrauchbar war, und dann waren die Kosten viel zu groß. Jedenfalls ist aber das Verfahren von Siemens, welches als das erste in der Reihe der vielen war, die zum Zwecke der Eisengewinnung auf elektrischem Wege erdacht wurden, interessant genug, um es etwas eingehender zu besprechen.

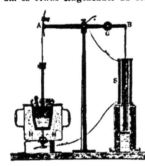

Erster Ofen von Wilhelm Siemens.

Dieses Bild zeigt den ersten Siemens'schen Ofen, auf den er im Jahre 1878 ein englisches Patent erhielt. Derselbe besteht aus einem Tiegel *T*, der mit feuerfestem Material *H* umkleidet ist. In diesen Tiegel ragt von oben ein Kohlenstab als die eine Elektrode herein, von unten ein Eisenstab als die andere Elektrode. Zwischen diese beiden Elektroden kam die Beschickung, die in derselben Weise wie beim Hochofen aus Erz, Zuschlag und Kohle bestand. Beide Kohlen wurden zunächst zum Zwecke der Erzeugung des Lichtbogens unter sich resp. mit der Beschickung in Berührung gebracht und wieder auseinandergezogen. Ich bemerke, daß damals von einer „Wechselstromtechnik" in unserem heutigem Sinne noch nichts bekannt war und daß man daher auf die Verwendung von Gleichstrom angewiesen war. Man mußte also auch den Lichtbogen dadurch erzeugen, daß man die beiden Elektroden einander näherte und daß man sie dann wieder auseinanderzog. Die untere Elektrode war mit einer Schraube versehen, sodaß ihre Entfernung geregelt werden konnte. Die obere hatte eine automatische Regulierung, die in ihren Grundzügen einigermaßen an die Regulierung erinnert, die kurz darauf Hefner-Alteneck für die Differenzialbogenlampe zuerst angab. Wenn sich der Lichtbogen gebildet hatte, schmolz der Kohlenstab ab, die Kohle desselben löste sich im Eisen auf und dieses wurde stark kohlehaltig. War das Kohlenende weit genug abgeschmolzen, so erlosch der Ofen. Um

das zu vermeiden, wurde die automatische Regulierung angebracht, deren Prinzip darin
besteht, daß, wenn infolge Veränderungen des Widerstandes die Stromstärke sich
ändert, ein Eisenstab in ein Solenoid S hineingezogen wird, dieser Stab wird durch
ein Gewicht G ausbalanziert.

Die Zugrichtung geht von unten nach oben; in dem Maße, wie der Kohlenstab
abschmilzt, wird der Eisenstab nach oben gezogen, wodurch sich der Kohlenstab wieder
senkt und der Lichtbogen bestehen bleibt.

Dies war der erste Ofen von Siemens.
Da er in keiner Weise genügte, konstruierte
Siemens noch in demselben Jahre seinen
zweiten Ofen, auf den er ebenfalls ein
englisches Patent erhielt. Sie sehen, aus
dem Bilde dieses Ofens, daß Siemens die
Fehler, die bei dem ersten Ofen vorhanden
waren, zu vermeiden suchte. Zuerst suchte
er das Abschmelzen der Stäbe dadurch zu
verhindern, daß er dieselben mit Kühlungen
versah. Der Kohlenstab, der mit einer Luftkühlung versehen ist, sollte ev. gleichzeitig

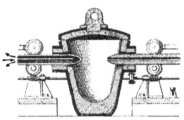

Zweiter Ofen von Wilhelm Siemens.

als Gebläse dienen. Es wurde das Gegenteil erreicht: durch Zufuhr der Luft schmolz
der Stab um so schneller. Der Metallstab hingegen hat Wasserkühlung. In die Mitte
kommt die Beschickung und die Regulierung, die beim ersten Ofen nicht gut funktionierte,
ist durch die automatische Regulierung ersetzt.

Auch mit diesem Ofen waren die Ergebnisse keineswegs
besser und Siemens konstruierte nun seinen dritten Ofen, der
wieder einigermaßen an den ersten erinnert und sich von ihm nur
dadurch unterscheidet, daß das Abschmelzen der Kohle dadurch
zu verhindern versucht wird, daß an Stelle der Luftkühlung eine
Wasserkühlung angebracht wird. Die Kohle ist zu einem Bassin
ausgebildet und in ihrer Höhlung findet ein fortwährender Zu- und
Abfluß von Wasser statt.

Soweit ist Siemens in seinen Versuchen gekommen, ohne
befriedigende Resultate erhalten zu haben. Immer war das Eisen
zu stark kohlehaltig, der Widerstand zu groß und das Verfahren
daher unrentabel.

Ich will hier gleich einige Worte darüber einfügen, warum
eigentlich der Widerstand zu groß war; denn dies erklärt uns
sogleich die Vorteile der Verfahren derjenigen Erfinder, die bei ihren
Versuchen bessere Resultate erzielten. Wenn nämlich in einem

Dritter Ofen
von Wilhelm Siemens.

Tiegel, wie der von Siemens verwendete, Erzzuschlag und Kohle
geschmolzen wird, so bildet sich flüssiges Eisen, das Kohlenstoff aus den Elektroden aufnimmt und sich dann unten am Boden des Tiegels ansammelt; über dem Eisen schwimmt
die Schlacke. Diese Schlacke ist ein schlechter Leiter der Elektrizität und bietet dem

Strom einen hohen elektrischen Widerstand. Um diesen Widerstand zu überwinden, ist die
Anwendung verhältnismäßig großer Beträge von elektrischer Energie nötig, und infolge-
dessen kann ein Verfahren, bei dem während der elektrischen Darstellung von Eisen oder
Stahl die Schlacke in den Stromkreis eingeschaltet wird, nur unter ganz bestimmten
Umständen, auf die ich noch zurückkommen werde, ein gutes Resultat ergeben. Den
Fehler, die Schlacke ohne weiteres als Widerstand in den Stromkreis einzuschalten,
machte nun Siemens, und er wurde von noch vielen anderen Erfindern gemacht, und
erst, als man anfing, ihn zu vermeiden, begannen die Verfahren rentabler zu werden.

Siemens war mit seinen im Jahre 1879 gemachten Versuchen bis zur Konstruktion des dritten Ofens gekommen. Es ist dies jenes in der Geschichte der Technik
so ewig denkwürdige Jahr, in dem die Entwickelung unserer modernen „Elektrotechnik" anfing — wurde doch auch das Wort „Elektrotechnik" in demselben von
Werner Siemens geprägt. Es wurde damals von Swan und später von Edison die
erste elektrische Glühlampe installiert, es wurde von Hefner-Alteneck die erste
Differenzialbogenlampe geschaffen. Es wurde in demselben Jahre die erste elektrische
Bahn auf der Gewerbeaustellung zu Berlin erbaut. Der erste elektrotechnische Verein
wurde gegründet — kurzum, es traten neue große Aufgaben in Hülle und Fülle an die
Elektrotechniker und damit auch an Wilhelm Siemens heran. Dieser gab daher die
Versuche zur elektrischen Eisengewinnung nunmehr auf, behielt sich aber vor, sie zu
einer späteren Zeit wieder aufzunehmen. Er ist nie dazu gekommen und in der Ge-
schichte der elektrischen Eisendarstellung treten nun andere Namen in den Vordergrund.

Aber noch 20 Jahre sollten vergehen, bis erfolgreiche Methoden zur Darstellung
des Eisens geschaffen wurden. Nicht, daß es in der Zwischenzeit an Versuchen gefehlt
hätte; es beschäftigte sich im Gegenteil eine große Anzahl von Erfindern mit der Sache:
in erster Linie Taussig, Urbanitzky, de Laval usw.; aber keiner konnte einen Erfolg erzielen, weil sie alle dieselben bereits besprochenen Fehler machten, daß sie
nämlich zunächst das Eisen zu lange in der Berührung mit den Kohlenelektroden
beließen, wodurch es zu stark kohlenstoffhaltig wurde und wodurch auch der Elektrodenverbrauch ein unökonomisch hoher wurde, und daß sie die Schlacke in den
Stromkreis einschalteten, wodurch die Gestehungskosten zu groß wurden.

Ich möchte bemerken, daß de Laval auf dem richtigen Wege war, eine
gute Methode zur Eisendarstellung zu finden; das Prinzip, das er entdeckte, wird heute
bei einer ganzen Anzahl von Verfahren angewendet. Er selbst aber hat die Früchte
seiner Entdeckung niemals mehr geerntet, weil er die Patente verfallen ließ. Hätte er
dieselben bestehen lassen, so würde jetzt vielleicht die ganze elektrische Eisendarstellung in seiner Hand liegen. Heute wird sein Prinzip von anderen ausgebeutet.

Mit erfolglosen Versuchen vergingen zwei Jahrzehnte, und erst im Jahre 1900
waren plötzlich auf dem Gebiete der elektrischen Eisendarstellung die ersten guten Erfolge zu verzeichnen. Es zeigte sich hierbei eine Tatsache, die in der Geschichte der
Technik ja sehr oft auftritt: gewisse Erfindungen liegen gewissermaßen in der Luft und
werden dann gleichzeitig von zwei oder noch mehr Erfindern ihrer erfolgreichen Ausgestaltung entgegengeführt. So war es auch bei der elektrischen Darstellung des
Eisens und die bekannte Duplizität resp. Triplizität der Ereignisse zeigte sich auch

hier. Im Jahre 1900 tauchten plötzlich drei Methoden auf, die alle drei vollständig voneinander unabhängig erfunden wurden, von denen jede auf einem anderen Prinzip beruhte, deren Erfinder jeder in einem anderen Lande lebte und die alle drei erfolgreich waren. Diese drei klassischen Methoden der elektrischen Darstellung des Eisens, die die Basis fast aller weiteren später erfundenen Methoden abgeben, wurden innerhalb eines verhältnismäßig kurzen Zeitraumes von wenigen Monaten bekannt.

Die Erfinder dieser Methoden sind der italienische Geniehauptmann Ernesto Stassano, der bekannte französische Elektrometallurge Héroult, für seine Verdienste um die Aluminiumdarstellungen 𝔇r. ing. honoris causa, und endlich der schwedische Ingenieur Kjellin.

Das Verfahren, das seitens seines Erfinders am sorgfältigsten durchgebildet wurde, ist das Stassanosche. Stassano arbeitete erst in einer kleinen Anlage zu Rom, dann in einer größeren zu Darfo am Lago d'Iseo in Oberitalien und heute ist sein Verfahren von der italienischen Regierung angekauft und wird im königlich italienischen Schmelzwerk zu Turin im großen ausgeführt. In der ersten Hälfte des Jahres 1900 hatte Stassano sein Verfahren so weit durchgebildet, daß es in bezug auf Eigenschaften und Gestehungskosten allen zu stellenden Anforderungen entsprach.

Stassano wurde bei seinen Versuchen in außerordentlicher Weise durch die Verhältnisse in Italien begünstigt. Dieses Land verfügt einerseits über bedeutende Wasserkräfte, die es ermöglichen, die Elektrizität zu billigem Preise zu erzeugen; anderseits hat es billige Arbeitskräfte und außerdem besitzt es eine große Masse außerordentlich reinen Eisenerzes. Ich erinnere nur an die berühmten Erze von der Insel Elba, sowie an die aus dem Val d'Aosta usw. Mit diesen Erzen arbeitete auch Stassano.

Diese Erze, wie sie Stassano zu seinen Versuchen verwendete, sind ein Magnetit und ein Hämatit von der Insel Elba, sowie Limonit von Val d'Aosta. Sie

sehen aus der Analyse dieser Erze, daß dieselben außerordentlich rein sind. Der Magnetit enthält nicht weniger als 78 % Fe_3O_4 und der Hämatit gar 88 %. Ich bemerke, daß die Erze, die in der deutschen Eisenhüttentechnik als gute gelten, höchstens 72 % Fe_3O_4 enthalten. Ein Erz mit 72 % Gehalt an Fe_3O_4 gehört schon zu den besten. Die Erze, die Stassano benutzte, haben einen Gehalt von 78, 88, 80 und 73 % Fe_3O_4. Sie sehen, daß das letztgenannte derselben, der Limonit, ungefähr den besten Erzen entspricht, die in Deutschland oder in Amerika verarbeitet werden.

Verfahren von Stassano.
Chemische Zusammensetzung italienischer Erze.

Ferner sind die Erze ziemlich frei von anderen, den Prozeß störenden Verunreinigungen: sie enthalten wenig Schwefel, wenig Phosphor und auch die übrigen Bestandteile sind keine solchen, daß sie wesentlich störend auf den Gang des Eisenprozesses einzuwirken vermöchten.

Stassano hat nun sein Verfahren außerordentlich sorgfältig ausgebildet. Er kann im voraus ganz genau sagen, welche chemische Zusammensetzung das von ihm dargestellte Eisen aufweisen wird. Er vermag z. B. Stahl mit einem ganz beliebigen Kohlenstoffgehalt sowie mit beliebigen Phosphor- und Schwefelgehalt herzustellen. Dies erreicht er dadurch, daß er zunächst Erze sowie Zuschlag und Kohle aufs sorgfältigste analysiert. Ich führe einige derartige Analysen vor, bei denen die der Erze den bereits aufbereiteten Erzen entspricht.

Zunächst werden nämlich die Erze einem magnetischen Aufbereitungsverfahren unterworfen und dadurch angereichert. Ihr Gehalt an Fe_3O_4 steigt hierdurch auf 93 %. Die Analyse des Zuschlags finden Sie in der zweiten Spalte. Es ist ziemlich reiner kohlensaurer Kalk; er enthält 43 % Calciumoxyd. Die Kohle (dritte Rubrik) ist reine Buchenholzkohle.

Die Erze sowie der Zuschlag und die Kohle werden zunächst gepulvert und aufs innigste durcheinandergemengt. Dann werden die gemischten Produkte mit Teer zu Briketts gebunden, und Stassano verwendet immer genau denselben Teer von ungefähr 49 % Kohlenstoffgehalt (dritte Rubrik) und berechnet genau, welche Rolle der Kohlenstoffgehalt des Teers bei der elektrischen Eisendarstellung spielt, sodaß er auch ihn mit in Rechnung setzen kann. Das Brikettieren ist ein Verfahren, das sich in einem Lande wie Deutschland, wo die Arbeitslöhne teuer sind, vielleicht nicht durchführen lassen würde. In Italien verursacht es verhältnismäßig wenig Kosten.

Die Briketts kommen in ein Pochwerk und werden in Stücke von Wallnußgröße zerstoßen. Sie haben dann gerade diejenige Größe, die nach den Versuchen von Stassano den Gasen den Durchzug am meisten erleichtert, sodaß im Ofen immer genügender Zug vorhanden ist. Die Zusammensetzung der Charge besteht auf Grund der erwähnten Analysen ihrer Bestandteile aus 100 kg Erz, 23 kg Kohle und aus 12,5 kg Zuschlägen (Spalte 4). Die analysierte Charge zeigt beistehende Zusammensetzung, die sich aus den bereits mitgeteilten Analysenzahlen ergibt. Das aus dieser Charge resultierende fertige Eisen enthält auf 99,704 % Eisen und 0,096 % Kohlenstoff. In seinen Eigenschaften entspricht es, worauf ich später noch zurückkommen werde, einem feinen Tiegelgußstahl. Die vorgeführten Analysen rühren von Goldschmidt her.

Sind das Erz, die Kohle und der Zuschlag durch Brikettierung und Zerkleinerung im Pochwerke genügend vorbereitet, so kommen sie in den elektrischen Ofen.

Der elektrische Ofen, den Stassano anwendet, wurde ebenso wie der Siemenssche, mehrmals abgeändert. Ein Blick auf das erste Modell des Stassano-Ofens zeigt Ihnen, daß sich Stassano bei der Konstruktion desselben eng an den Hochofen anlehnte. Sie sehen genau die Form des Hochofens mit der Gicht, dem Schacht, der Rast, dem Gestelle, dem Kohlensack usw. Oben ist eine Gichtvorrichtung vorgesehen, die es gestattet, zu gichten, ohne daß Luft in den Schacht treten kann. Die Beschickung wird in den Trichter T hineingeschüttet, dann wird die Glocke geschlossen, der Trichter unten geöffnet und die Beschickung fällt in den Ofen.

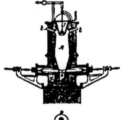

Unten befinden sich zwei Abstechöffnungen, die um 90 % gegeneinander versetzt sind. Der einzige Unterschied, den der Stassanosche Ofen gegen den gewöhnlichen Hochofen aufweist, ist der, daß hier in der sogenannten Formenebene, wo bei dem gewöhnlichen Hochofen die Gebläsedüsen angebracht sind, Elektroden hineinragen und zwar wieder Kohleelektroden. Diese haben eine geringe Neigung, und sind mit einer Regulierung versehen, durch die sie genähert und von einander entfernt werden können.

Dieser Ofen bewährte sich nicht und zwar aus einem sehr einfachen Grunde: hier, wo die engste Stelle des Ofens ist und wo die Elektroden hineinragen, sackte sich die Beschickung und infolgedessen war das Eisen wieder zu lange dem Einfluß des Kohlenstoffs der Elektroden ausgesetzt. Es hatte wieder Zeit, sich zu

Stassanoscher Ofen. Erstes Modell.

kohlen. Ferner sammelte sich an der Stelle des Lichtbodens Schlacke an und infolgedessen wurde der Widerstand zu groß.

Infolgedessen änderte Stassano seinen Ofen ab und konstruierte einen zweiten Ofen. Dieser Ofen gleicht nicht mehr dem Hochofen, sondern hat mehr die Form eines Flammofens. Der Schacht ist weggefallen. Statt-

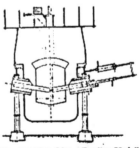

dessen ist ein ziemlich niedriger, aber ziemlich langer Flammherd angebracht. Die Beschickung wird durch einen Einfülltrichter zugegeben, der ein Gichten mit Luftausschluß gestattet. Durch den Kanal ziehen die heißen Gase ab und wärmen gleichzeitig die Beschickung vor. Unterhalb des Kanals erweitert sich der Ofen plötzlich und dadurch wird bewirkt, daß ein Sacken der Beschickung nicht stattfinden kann. Sie findet einen weiten Raum vor und gelangt ziemlich rasch durch die Stelle zwischen den Elektroden hindurch, die hier eine stärkere Neigung erfahren haben. Außerdem haben sie, um das Abschmelzen zu verhindern, noch eine Wasserkühlung bekommen. Es ist dies eine Messingfassung,

Stassanoscher Ofen. Zweites Modell.

in der fortwährend Wasser zu- und abfließt. Die Reguliervorrichtung ist verbessert und wird auf hydraulischem Wege betätigt. Mit diesem Ofen erhielt Stassano ein vorzügliches Eisen von der Qualität des Tiegelgußstahls zu einem außerordentlich billigen Preise.

Ich möchte noch bemerken, daß der Prozeß im elektrischen Ofen nur teilweise im Lichtbogen selbst stattfindet und daß er in eine Anzahl von Prozessen zerfällt, in

12

erster Linie in einen Vorwärmprozeß und einen Schmelz- sowie in einen Reduktions-
prozeß; die heißen Gase, in der Hauptsache aus Kohlenoxyd bestehend, wärmen die
Beschickung vor und schmelzen und reduzieren sie zum Teil. Die Beschickung kommt
dann in den Wirkungsbereich des Flammbogens und hier findet dann der letzte Teil
der Reduktion statt.

Ich bemerke, daß der Flammbogen in diesem Stassanoschen Ofen eine Länge
von einem Meter hatte und daß er unter mächtigem Sausen und Knattern den Hohl-
raum erfüllte.

Dieser Ofen, mit dem Stassano ziemlich gute Resultate erzielte, hatte aber
einen Nachteil, der darin bestand, daß man das Erz und den Zuschlag und die Kohle
brikettieren mußte. Hierdurch wird das Verfahren verteuert. Trotzdem in Italien die

Arbeitskräfte sehr billig sind und es nicht allzu viel ausmacht,
ob man die Beschickung vorher brikettiert oder nicht, so
würde die Brikettierung doch in anderen Ländern einen beträchtlichen Posten im Etat ausmachen und Stassano hat
sich deshalb bemüht, dieselbe zu vermeiden und zwar durch
eine andere Ofenkonstruktion, durch einen rotierenden Ofen,
der im Königlichen italienischen Schmelzwerk zu Turin aufgestellt ist. Hier ist wieder die seitwärts angebrachte Gicht
mit dem Einfülltrichter, hier der Flammenraum und hier
ragen die Elektroden hinein.

Auch dieser Ofen zeigt die Grundform des Flammofens, nur unterscheidet er sich dadurch von vorher er-
wähntem, daß er um eine schiefe zur Senkrechten geneigte
Achse drehbar ist. Hier unten befindet sich das Rollenlager,
auf dem der Ofen während des ganzen Prozesses gedreht
werden kann. Dieses Drehen des Ofens in Verbindung mit
der Wirkung einer geneigten Herdsohle soll vermeiden, daß
die Beschickung, die jetzt nicht mehr brikettiert wird, sich

**Stassanoscher Ofen, drittes
Modell (rotierender Ofen).**

während des Prozesses entmischt. Ob dieses Verfahren Erfolg hat oder nicht, vermag
ich nicht zu sagen; denn der Ofen wurde im Königlichen Schmelzwerk zu Turin aufgestellt und es ist seitdem nur wenig über ihn in die Öffentlichkeit gedrungen.

Um diesem Ofen den nötigen elektrischen Strom zuzuführen, sind besondere
Vorrichtungen angebracht und zwar Schleifkontakte. Der Strom wird auf einen Teller
geführt, auf dessen unterer Seite die Enden der Zuleitungsdrähte zu den Elektroden
schleifen. Während sich der Ofen dreht, findet so die Zuführung und ebenso durch
einen zweiten Schleifkontakt die Ableitung des Stromes ununterbrochen statt.

Über das Verfahren von Stassano liegen nun sehr zuverlässige Nachrichten
und Untersuchungen vor. Anläßlich eines Patentstreites wurde seitens des deutschen
Patentamts einer unserer bedeutendsten deutschen Metallurgen Dr. Hans Goldschmidt
in Essen nach Darfo gesandt, um die dortige Anlage zu studieren und um ein Gutachten über sie zu erstatten; er hat sich aufs genaueste über alle Verhältnisse orientiert
und insbesondere eine ganz genaue Kostenberechnung angestellt, die zeigt, daß das

dortige Verfahren in der Tat ein außerordentlich billiges ist und zwar ein billigeres, als bisher irgend ein Verfahren zur Erzeugung von Tiegelgußstahl.

Die Zahlen, die Goldschmidt an Ort und Stelle ermittelte, sind hier in dieser Tabelle wiedergegeben und zwar in Mark und Pfennige umgerechnet. Die Anlage, die Stassano damals benutzte, war für die Ausnutzung von 500 Pferdekräften geschaffen und es konnten in 24 Stunden 30 Tonnen Stahl ausgebracht werden. Der Nutzeffekt war 66⅔ %, d. h. von dem Strome, der in den Ofen geschickt wurde, kamen in diesem selbst 66⅔ % zur Ausnützung und der Rest, also ein Drittel des Stromes, ging nutzlos verloren.

Die Zahlen dieser Tabelle sind von Goldschmidt aufgestellt, mit Ausnahme des einzigen Postens über die Unterhaltung des Ofens, den Goldschmidt nicht feststellen konnte und bezüglich dessen er sich auf die Angaben von Stassano verlassen mußte. Es ergab sich, daß, wenn man den Wert der brennbaren aus der Gicht entweichenden Gase noch in Rechnung zieht, die Unkosten für die Gewinnung einer Tonne Stahl 75 ℳ betragen.

Wäre der erzeugte Stahl gewöhnlicher Bessemerstahl, so wäre das ziemlich teuer, denn Bessemerstahl kostet auch in Deutschland weniger als 100 Mk. Aber man muß die Qualität in Rechnung ziehen, die die des feinsten Tiegelgußstahls ist. Solcher wird in Deutschland mit ungefähr 300 ℳ. pro Tonne bezahlt; seine Herstellung kostet in Italien nach dem Stassanoverfahren 75 ℳ. Nun kommt allerdings in Betracht, daß bei diesem Preise die billigen italienischen Arbeitskräfte, die billigen Wasserkräfte usw. eine große Rolle spielen. Sie sehen, vor allem, wie ungeheuer billig (mit 0,0056 ℳ) die Pferdekraftstunde angenommen ist. In Deutschland kann man eine Pferdekraftstunde zu diesem Preise natürlich nicht erhalten. Bei uns kostet sie — es läßt sich schwer ein Allgemeinpreis angeben — in manchen Anlagen mit großen Maschinen usw. einen Pfennig, in anderen anderthalb, in dritten wiederum zwei Pfennige usw. Es gibt auch Anlagen an Wasserkräften, wie sie z. B. Baurat von Miller vor kurzem in einer dankenswerten Abhandlung berechnet hat, in denen die Pferdekraftstunde einschließlich aller Amortisationen nur auf 0,8 ℳ zu stehen kommt. Wie dem auch sei, in Deutschland wird auf keinen Fall ein Preis von 0,0056 ℳ erreicht. Nun würden diese Zahlen für deutsche Verhältnisse absolut nichts sagen, wenn sich nicht Goldschmidt der dankenswerten Aufgabe unterzogen hätte, sie auch für unsere heimatlichen Verhältnisse umzurechnen, indem er für die Pferdekraftstunde 2 bis 2½ Pf. annahm und die deutschen Arbeitslöhne einsetzte.

Es zeigt sich nun, daß ein derartiges Verfahren wie das Stassano'sche, wenn man es in Deutschland und zwar in Rheinland und Westfalen ausüben würde, es gestatten würde, die Tonne Stahl zum Preis von ungefähr 150 bis 175 ℳ darzustellen. Es ist das immer noch eine Zahl, die als ermutigend gelten kann; denn der Verkaufs-

12*

preis beträgt, wie gesagt, ungefähr 300 ℳ. Es würden also die Gestehungskosten
nur ungefähr 50 % des Verkaufspreises betragen.

Das Stassanoverfahren wird bis heute nur in Italien ausgeübt und scheint sich
dadurch, daß es von der italienischen Regierung für ihre eignen Zwecke angekauft
wurde, keine weitere Verbreitung erworben zu haben. Es ist aber ein Verfahren, das
für viele andere Verfahren vorbildlich ist und das seine außerordentlichen Vorzüge hat,
die vor allem darin bestehen, daß man die Qualität des Stahles vorher genau bestimmen
kann, was man bei den meisten anderen Verfahren nicht in demselben Maße vermag. Ich
werde noch darauf zurückkommen, wie man bei anderen Verfahren dem Stahl bestimmte
Eigenschaften verleiht. Ein weiteres Verfahren, das gleichzeitig mit dem Stassanoschen
entdeckt wurde, ist das des bekannten französchen Elektrometallurgen Héroult. Ehe
ich auf dasselbe genauer eingehe, möchte ich kurz auf das zurückkommen, was ich
bereits vorhin über das de Lavalsche Prinzip sagte. Ich führte aus, daß es ein
Fehler von Siemens und seinen Nachfolgern war, daß sie die Beschickung zu lange im
Bereich der Elektroden ließen, wodurch das Eisen zu stark kohlenstoffhaltig wurde.
Ich führte ferner aus, daß ein weiterer Fehler darin bestand, daß die Schlacke in den
Stromkreis als Widerstand eingeschaltet wurde. Diese beiden Fehler suchte nun de
Laval zu vermeiden. Er erfand eine prinzipielle Anordnung, die heute in der
Metallurgie des Eisens vielfach angewandt wird und zwar in erster Linie von Héroult;
ihrem Erfinder, der seine Patente fallen ließ, trägt sie keine Früchte mehr.

Das de Lavalsche Prinzip, das ich Ihnen hier in der Héroultschen
Anwendung demonstriere, besteht darin, daß zwei Kohlenelektroden *b b* in ein

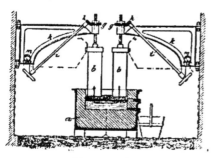

Bad eintauchen, in dem sich unten
das Metall befindet, während darüber
die Schlacke schwimmt. Die Verhältnisse sind so gewählt, daß der
Widerstand der Schlackenschicht, die
zwischen beiden Elektroden sich befindet, ein größerer ist als der Widerstand derjenigen Schlackenschicht, die
zwischen dem unteren Ende der Elektroden und der Metalloberfläche sich
befindet. Da nun der elektrische Strom
immer den Weg des besseren Leiters
wählt, so wird er, wenn man ihn durch
diese Anordnung hindurch schickt,
nicht direkt von einer Elektrode zur
anderen gehen, sondern er wird

**Héroultscher Ofen
zur Ausnützung des de Lavalschen Prinzips.**

in der Richtung des Pfeils vom unteren Elektrodenende durch die Schlacke zum Metall
und von diesem in die andere Elektrode abermals durch die Schlackenschicht hindurch
gehen. Der Strom geht also mit anderen Worten durch die dünne Schlackenschicht in das
Metall und von da wieder durch die dünne Schlackenschicht in die andere Elektrode.

Auf diese Weise kann niemals eine Kohlung des Metalls stattfinden. Es wird
dadurch die Qualität des Eisens verbessert und andererseits wird auch der Elektroden-

verbrauch, der eine große Rolle in der Ökonomie der Verfahren spielt, bedeutend verringert. Alle Verfahren, welche sich auf das de Lavalsche Prinzip stützen, zeichnen sich durch geringen Elektrodenverbrauch aus.

Die einen Widerstand darstellende Schlacke wird bei diesem Verfahren in den Stromkreis geschaltet und es wird so ein künstlicher Widerstand geschaffen. Dies klingt parodox und das Verfahren muß auf den ersten Blick als unrationell erscheinen. Das ist es aber nicht. Zunächst ist es überhaupt unmöglich, die Schlacke so zu entfernen, daß nicht eine kleine Schicht zurückbleibt, und dann ist die Schicht bei dem de Lavalschen Verfahren nur eine sehr dünne, ihr Widerstand ist deshalb kein sehr großer. Eine Vergrößerung des Widerstandes wird aber dadurch vermieden, daß hier in die Vorrichtung bei m, m Voltmeter im Nebenschluß eingeschaltet sind. (Die punktierten Linien zeigen die Leitung an.) Das im Nebenschlusse liegende Voltmeter ist also mit einem Pol mit dem Metallbad verbunden, mit dem andern mit der Elektrode. Der Arbeiter steht neben der Regulierungsvorrichtung k, i, h, g und beobachtet das Meßinstrument. Sobald die Schlackenschicht sich vergrößert, was er an der Veränderung des Voltmeterausschlags bemerkt, senkt er die Elelektrode tiefer ein. Er hat sein Augenmerk darauf zu richten, daß sich die Stellung des Zeigers im Meßinstrument nicht ändert.

Auf diese Weise ist es möglich, bei konstantem Widerstand dieser dünnen Schlackenschicht eine Kohlung des Metalls zu vermeiden und gleichzeitig den Stromverbrauch rationell zu gestalten.

Dieses de Lavalsche Prinzip, das von Héroult und verschiedenen anderen Erfindern wieder aufgenommen wurde, ist in jüngster Zeit auch von Siemens & Halske angewendet worden. Diese Firma hat sich ein Verfahren patentieren lassen, das sich von anderen dadurch unterscheidet, daß eine sehr gut leitende Schlacke hergestellt wird.

Der Apparat, den Héroult bei seinem Verfahren benutzt, ist die sog. elektrische Bessemerbirne, eine Vorrichtung, die im allgemeinen der Bessemerbirne gleicht. d, d sind die Elektroden, die mittelst der Reguliervorrichtung, an der der Arbeiter steht, gehoben und gesenkt werden können. Hier unten ist das Metallbad, hier darüber die Schlacke. Die ganze Birne ist kippbar. Das fertige Metall kann bei f ausgegossen werden. c ist eine Esse, durch welche die Rauchgase abziehen. x sind Winddüsen, die die Verwendung von Gebläsewind gestatten. Im ganzen und großen ist die Vorrichtung

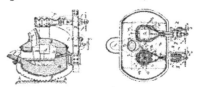

Elektrische Bessemerbirne.

weiter nichts, als der de Lavalsche Tiegel in die Bessemerbirne hineinkonstruiert.

Die Birne wurde früher von Héroult dazu benutzt, um aus den Erzen Roheisen auszuschmelzen. Das Verfahren erwies sich aber als ziemlich teuer und Héroult hat daher nunmehr zu diesem Zwecke einen besonderen Ofen aufgestellt. Die Birne benutzt er, um aus Roheisen oder aus Eisenschrott und Erzen gute und feine Stahlsorten zu erzeugen.

Sie sehen hier die Birne in Tätigkeit. Sie sehen die mächtigen Kohlenelektroden, die stärker und größer sind als ein Mann — zum Vergleich ist noch ein Arbeiter mit abgebildet. Sie erkennen leicht alle übrigen Teile, wie z. B. hier den Zahnkranz, der das Kippen gestattet, sowie die mächtigen Kabel, die den Strom zuleiten.

Die Anlage, in der die Birne aufgestellt ist, befindet sich in La Praz in Savoyen in dem Aluminiumwerk Héroults. Die Birne hat deshalb ein besonderes Interesse für uns in Deutschland, weil sie jetzt von der Neuhausener Aluminiumindustrie-Aktiengesellschaft, angekauft worden ist, und weil sich unter Führung dieser Gesellschaft in Deutschland

Elektrische Bessemerbirne in Tätigkeit.

eine andere Gesellschaft „Elektrostahl" gebildet hat, der hervorragende Firmen angehören und die zuerst das Héroultsche Verfahren in einer der Firma Richard Lindenberg in Remscheid-Hasten gehörigen Anlage zur Ausführung bringen will.

Ich zeige Ihnen nochmals diese Birne im Momente des Abstechens.

Die Charge wird in der Birne in der Weise erblasen, daß die aus Eisenabfällen, Erzen und Kalk bestehende Beschickung geschmolzen wird. Während der Schmelzung wird mehrmals die Schlacke abgekratzt, um sie nicht zu dick werden zu lassen, und dann wird während des Ganges der Operation, da die Schlacke auch ihre Zusammensetzung und damit ihren Widerstand ändert, die Bildung der Schlacke öfters erneuert. Es werden daher während des Prozesses noch

Elektrische Bessemerbirne beim Abstechen.

mehrmals Gemenge von Sand, Kalk und Flußspat zugegeben.

Der Prozeß verläuft genau so, wie der in der Bessemerbirne. Nach einiger Zeit wird Ferromangan zugegeben und dann, wenn die Zeit zum Abstechen herangekommen ist, was ungefähr 4¹/₂ bis 5 Stunden dauert, wird abgestochen. Das Eisen wallt ziemlich stark, weshalb das alte Hausmittel der Eisentechnik zur Anwendung kommt: man gibt Aluminium zu.

Ich bemerke noch, daß es nach allen Verfahren, die nach dem de Lavalschen Prinzip arbeiten, nicht möglich ist, die Qualität des Stahls vorher ganz genau zu bestimmen. Um den Kohlenstoffgehalt genau so zu erzielen, wie man ihn wünscht, verfährt man in der Weise, daß man vollständig entkohlt. Man läßt ein Eisen ausfließen, das vollkommen kohlenstofffrei ist, und bringt dasselbe dadurch auf den gewünschten Kohlenstoffgehalt, daß man die nötige Menge von Kohlenstoff abgewogen in Form von Koks oder Buchenholzkohle zugibt.

Was die Kosten des Verfahrens anbetrifft, so belaufen sich die Kosten für die Erhitzung bei dem Héroultschen Verfahren auf 7,90 Mark, während sie sich bei dem Material, das im Siemensofen unter Anwendung von Gasfeuer verbraucht wird, auf 12,75 Mark stellen. Die Gesamtkosten sind je nach der Örtlichkeit, wo das Verfahren ausgeübt wird, natürlich sehr verschieden; das hängt von den Arbeitslöhnen usw. ab.

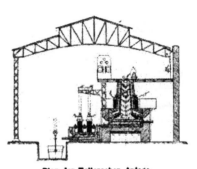

Plan der Kellerschen Anlage.

Im allgemeinen kann man sagen, daß die Tonne Stahl nach dem Héroultschen Verfahren bei heißem Einsatz und Verwendung von Wasserkraft ungefähr 90 Mark kosten würde. Der Stahl hat ebenfalls die Qualität feinsten Tiegelgußstahls.

Ich komme zu weiteren Verfahren, die das de Lavalsche Prinzip benützen, in erster Linie zu dem Verfahren von Keller, welches in Hennebont im Departement Morbihan in Frankreich ausgeübt wird und zwar ebenfalls unter Verwendung von Wasserkraft. Sie sehen bei demselben wieder eine Art Stassanoofen, einen Schacht, der sich hier plötzlich erweitert. An der Stelle der Erweiterung ragen Elektroden hinein, zwischen denen der Flammbogen spielt. Unten sammelt sich das Metall und die Schlacke an, die nach derselben Seite hin abgestochen werden. An dieser Seite steht ein kleiner Raffinationsofen, in dem das de Lavalsche Verfahren zur Anwendung kommt, nur mit der kleinen Änderung, daß die Elektroden nicht in die Schlacke eintauchen, sondern auf ihr aufstehen.

Das nächste Bild zeigt die gesamte Anlage in Hennebont. Sie sehen hier Schmelzofen zur Herstellung von Roheisen, und hier daneben den kleinen Raffinerieofen, in dem mit Hilfe der Elektroden, die Sie hier sehen, die Raffination des Stahles stattfindet. Ich bemerke, daß diese Anlage hier nur eine Versuchsanlage ist und daß sich große Anlagen in Chile im Bau befinden, in denen neuseeländische Erze verarbeitet werden sollen. In der Anlage in Chile wird nach den Angaben Kellers die Tonne Stahl zum

Kellersche Anlage (Ansicht).

Preise von 42 Mark produziert werden. — Ich werde am Schlusse meines Vortrages noch kurz auf die wirtschaftliche Bedeutung dieser beabsichtigten Produktion zu sprechen kommen und diese einer weiteren Kritik unterziehen.

Harmet in St. Etienne benützt drei Öfen, und zwar zunächst den Hochofen, der ähnlich dem Kellerschen und Stassanoschen ist, nur daß die Konstruktion des Schachtes eine andere ist, und hier einen zweiten Ofen, einen Schachtofen, der mit dem Hochofen durch eine Gichtbrücke verbunden ist. In diesen Schachtofen wird Koks eingefüllt.

Das Verfahren ist dadurch interessant, daß es mit einem in sich vollständig geschlossenen System der Ausnützung der Abgase verbunden ist; die Gase, die von der Gicht des zweiten Ofens abströmen, wärmen die Beschickung im ersten Ofen vor.

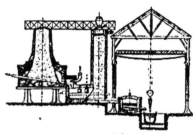

Harmetsche Anlage.

Es findet also eine sehr rationelle Ausnützung derselben statt. An verschiedenen Stellen des ersten Ofens sind Elektrodenkränze angebracht, die Harmet als Wärmeregulatoren bezeichnet. Reichen nämlich die der Gicht des zweiten Ofens entströmenden Gase nicht aus, um die Vorwärmung durchzuführen, dann wird der fehlende Wärmebetrag dadurch ergänzt, daß zwischen zwei oder drei Elektrodenkränzen Flammbögen erzeugt werden, sodaß immer die richtige Temperatur erhalten werden kann. Die im ersten Ofen geschmolzene Beschickung fließt unten ab und kommt an der Basis des zweiten Ofens mit dem glühenden Koks zusammen. Hier findet dann die Reduktion statt und es scheiden sich Metall und Schlacke; die beiden werden abgestochen und fließen nach dem dritten Ofen, dem Raffinierofen, ab.

Die Harmetsche Anlage in St. Etienne ist die einzige bis jetzt errichtete, die mit drei Öfen arbeitet.

Ich komme nun zur Besprechung eines Verfahrens, das sich durch die Eigenart und Genialität des Gedankens, der ihm zu Grunde liegt, vor allen anderen auszeichnet. Die sogleich zu besprechende Anlage lehnt sich an kein anderes Vorbild an und ist vorbildlich für eine Anzahl weiterer Verfahren und Patentanmeldungen geworden. Der ihr zu Grunde liegende Ofen ist vom schwedischen Ingenieur Kjellin konstruiert worden und ist in Gysinge in Schweden ebenfalls im Jahre 1900 in Betrieb gesetzt worden. Dieser Ofen ist ein sog. Transformatorofen und bildet das Vorbild für alle weiteren Transformatoröfen, wie sie z. B. später Frick in Schweden konstruierte und wie auch in neuester Zeit der bekannten Firma Schneider & Co. in Creusot in Frankreich, der berühmten Geschütz- und Panzerplattenfabrik, einer patentiert worden ist.

Kjellins Ofen hat eine ganz eigenartige Konstruktion. In einem Mauerwerk befindet sich eine mit a bezeichnete Rinne; hier unten ist die Rinne noch einmal von oben gesehen. Diese Rinne ist durch Deckel b verschließbar. Sie bildet die Sekundär-Wickelung eines Transformators. Der Transformator ist in der Weise konstruiert, daß in diese Rinne ein Viereck aus Eisenlamellen *e* eingreift in ähnlicher Weise wie ein Glied einer Kette in das andere. Das Eisenviereck ist nach demselben Prinzipe konstruiert, wie der Kondensator eines Induktionsapparates. Es wechseln immer eine Metallschicht und eine isolierende Papierschicht miteinander ab. An der einen Seite des Eisenkerns befindet sich die Primärwickelung. Die Verhältnisse zwischen Primär- und Sekundärwickelung sind so gewählt, daß der Strom die Primärwickelung mit einer Spannung von 10 000-Volt durchfließt und derart transformiert wird, daß er in der Sekundärwickelung mit einer Stromstärke von 30 000 Ampère zur Wirkung kommt. Eine so enge und schmale Rinne, die mit einem Leiter ausgefüllt ist — die Rinne wird, wie ich sogleich erörtern werde, mit Eisenschrott, Erz und Zuschlag usw. gefüllt — vermag natürlich einen Strom von 30 000 Ampère nicht zu tragen, sie wirkt deshalb als Widerstand und ihr Inhalt erhitzt sich. Infolgedessen gerät derselbe in so starkes Glühen, daß der Prozeß des Ausschmelzens des Eisens in ihm selbständig und ohne weiteres Zutun sich geht.

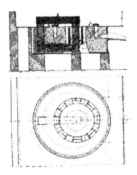

Durchschnitt und Grundriß des Kjellinschen Ofens.

Ich bemerke noch, daß hier (ebenso wie auch bei allen vorher besprochenen Verfahren, die nach dem de Lavalschen Prinzip arbeiten), Wechselstrom angewendet wird. Der Ofen selbst zerfällt in zwei Teile, die durch eine Arbeitsgallerie geschieden sind; von oben erfolgt der Einsatz und unterhalb der Gallerie wird abgestochen. Die Charge erfolgt in der Weise, daß man immer einen Teil des fertigen heißen Stahls in der Rinne beläßt, um an Strom zur Vorwärmung zu sparen. Die Rinne faßt ungefähr 5 Tonnen Stahl. Das Erblasen einer Charge dauert je nach den Verhältnissen etwa fünf bis sechs Stunden.

Kjellin ist ganz im Anfang seiner Versuche ebenfalls in der Weise vorgegangen, daß er vollständig kohlenstofffreien Stahl erzeugte und daß er den gewünschten Prozentsatz an Kohlenstoff zugab. Jetzt entkohlt er nicht mehr vollständig und bestimmt die Qualität des Stahls meist durch Schmiedeproben, sowie durch Berechnung der Zusammensetzung des Einsatzes.

Der Kjellinsche Transformatorofen ist eine geradezu geniale Konstruktion, weil bei demselben eine Kohlung des Eisens überhaupt nicht stattfinden kann — er ist der erste Ofen, der vollständig ohne Elektrode arbeitet — auch die Schlacke vermag keinen ungünstigen Einfluß auszuüben; sie wird im Verlaufe der Charge mehrmals abgekratzt und erneuert.

Der Stahl, der in diesem Ofen produziert wird, dürfte wohl zu den besten Sorten gehören, die überhaupt jemals hergestellt worden sind. Er hat ganz hervorragende physikalische Eigenschaften, auf die einzugehen hier zu weit führen würde, wie ich mir mit Rücksicht auf die Zeit ja leider auch versagen muß, nähere Details über die einzelnen Verfahren, Analysenresultate usw. mitzuteilen. Ich kann in diesem Vortrage daher

13

lediglich einen allgemeinen Überblick über die Verfahren geben. Ich habe hier verschiedene Proben von Gysinge-Stahl ausgelegt, die in verschiedenster Weise bearbeitet
sind. Der Kohlenstoffgehalt und die Art der Bearbeitung sind überall beigeschrieben.

Ehe ich auf die Kosten des Kjellin-Verfahrens eingehe, will ich Sie im Bilde
noch in die Werkstätte des Erfinders führen, in der Sie auf der Arbeitsgallerie deutlich
die Rinne sehen und hier das Vierkantstück. Hier befinden sich die Meßinstrumente.

Die Anlage zu Gysinge.

Das weitere Bild zeigt die Ansicht der Anlage unterhalb der Arbeitsgallerie und zwar
in einem Momente, wo gerade abgestochen wird.

Eine von Kjellin herrührende Aufstellung zeigt Ihnen die Kosten des Verfahrens
und zwar die Schmelzungskosten, die sich also pro Tonne Stahl auf 17,45 Mark stellen.

Bezüglich der übrigen Kosten möchte ich
noch bemerken, daß Kjellin selbst die gesamten Gestehungskosten als ziemlich hohe bezeichnet. Es ist bei einem solchen Transforma-
torverfahren nicht zu vermeiden, daß ziemliche
Verluste eintreten. So wird z. B. der Mantel
des Ofens magnetisiert, es finden große Verluste durch Streuungen statt, sodaß nur ein
verhältnismäßig geringer Teil des Stromes zur
Wirkung kommt. Außerdem ist es bei einem
derartig konstruierten Transformator nicht zu
vermeiden, daß ein beträchtlicher Teil des
Stromes durch den Widerstand verbraucht
wird. In bezug auf Stromverbrauch ist das
Verfahren also kein ideales und Kjellin selbst
gibt die Gestehungskosten pro Tonne Stahl auf 171,55 Mark an. Die von der kanadischen
Regierung ausgesandte Kommission berechnete dieselben auf 144,50 Mark. Dr. Viktor
Engelhardt, der in Gysinge das Verfahren ebenfalls studiert hat, berechnet die Kosten

hingegen auf nur 72,50 Mark. Es liegen also große Differenzen vor. Die Angabe von Kjellin (171,50 Mark) ist demnach die höchste. Für den Licenznehmer käme noch der Betrag für die Licenz hinzu. Außerdem ist die Pferdestärkenstunde wohl auch nicht überall zu dem eingesetzten Preise zu haben. Die Firma Siemens & Halske in Wien hat das Verfahren für Deutschland, Österreich und Frankreich erworben. Kjellin selbt ist gegenwärtig mit dem Bau einer Anlage in Frankreich beschäftigt.

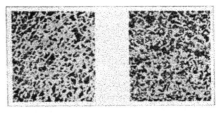

Tiegelgußstahl. Gysingestahl.

Ich zeige Ihnen hier noch einen mikroskopischen Dünnschliff von Gysinge-Stahl im Vergleich mit einem solchen von Tiegelgußstahl feinster Sorte. Sie sehen, daß das Gefüge beim Gysingestahl ein viel dichteres und feineres ist und daß vor allem alle Gaseinschlüsse und -blasen fehlen. Kjellin selbst hat es offen ausgesprochen, daß die Rentabilität seines Verfahrens nur in der Güte des produzierten Stahles liegt.

Die sämtlichen Verfahren, die ich Ihnen bisher vorführte, sind in wasserreichen Ländern zur Ausführung gelangt: das Stassanoverfahren in Italien, das Héroultsche in Savoyen, ebenso das Kellersche Verfahren, für das, wie ich erwähnte, in Chile große Anlagen gebaut werden, das Harmetsche an der Rhone und endlich das Verfahren von Kjellin in Gysinge in Schweden, wo ebenfalls die elektrische Kraft billig aus Wasserkräften gewonnen werden kann. In anderen wasserarmen Ländern, wie z. B. in Deutschland und England, wo derartige Wasserkräfte nicht zur Verfügung stehen, würden diese Verfahren aus dem einfachen Grunde sehr teuer sein, weil man die elektrische Energie aus Kohle gewinnen müßte und weil sie hierdurch ziemlich hoch zu stehen kommt. Wie Sie wissen, ist der Umweg über den Dampfkessel und über die Dampfmaschine zur Dynamo hindurch ein ziemlich weiter und ein mit großen Energieverlusten verknüpfter.

Diese Umstände lassen im ersten Augenblick die Aussichten für die elektrische Eisenindustrie in solchen Ländern als ungünstige erscheinen, die arm an Wasserkräften sind, und die für die Erzeugung der in ihrer Industrie benötigten Kraft hauptsächlich auf Kohle angewiesen sind. Derartige Länder, also in erster Linie wieder Deutschland und England, würden dann, wenn sich die Industrie in den wasserreicheren

Gegenden weiter entwickelt, unter schwerer Konkurrenz zu leiden haben, und bei dem
beträchtlichen Preisunterschied, der zwischen den nach den alten Methoden gewonnenen
und den elektrisch erzeugten Eisensorten herrscht, ist die Frage gewiß berechtigt, in
welcher Weise wasserarme, aber kohlenreiche Länder ebenfalls elektrisches Eisen zu
einem Preise zu erzeugen vermögen, der es ihnen gestattet, erfolgreich in einen Wettbewerb einzutreten, der voraussichtlich, wie die Zahl der in kurzer Zeit erstandenen
Anlagen ersehen läßt, ein intensiver werden dürfte.

Diese Frage, ob in derartigen Ländern überhaupt elektrisches Eisen hergestellt
werden kann und wie es erzeugt werden soll, ist bereits der Grund eingehender Untersuchungen von seiten namhafter Elektrometallurgen gewesen, die alle übereinstimmend
zu dem Resultat gelangten, daß auch in wasserarmen Ländern die Schaffung einer
elektrischen Eisenindustrie möglich ist, wenn man zur Erzeugung der Elektrizität
billige Gase, wie solche in den Abgasen der Hochöfen usw. zur Verfügung stehen, benutzt.   Es läßt sich dadurch eine Verbilligung bis zu einem gewissen Grade erzielen,
die jedoch noch weiter gesteigert werden kann, wenn man den Elektrizitätsverbrauch
einzuschränken vermag.   Bei allen bisherigen Ofenkonstruktionen und insbesondere bei
den Verfahren von Stassano, Héroult, Keller, Harmet usw., wird die ganze zur
Vorwärmung der Beschickung benötigte Wärme ebenso wie die ganze zur Einleitung
der Reduktion nötige Energie durch die teure Elektrizität geliefert.   Wenn es auch
möglich ist, die Elektrizität billig zu erzeugen, so läßt sich infolge der Eigenart dieser
Verfahren jedoch eine Verminderung des zur Durchführung des Prozesses nötigen Elek-
trizitätsquantums nicht herbeiführen, und es sind deshalb diese Verfahren in erster
Linie nur für wasserreiche Länder geeignet, und ihre Anwendung in wasserarmen
Ländern dürfte wohl im allgemeinen — von besonderen Fällen abgesehen — nicht angebracht sein.

Um nun auch in wasserarmen Ländern, die auf die Verwendung von Kohle angewiesen sind, die Schaffung einer elektrischen Eisenindustrie zu ermöglichen, habe ich
im Verein mit dem französischen Elektrometallurgen Adolphe Minet einen elektrischen
Ofen konstruiert, der es einerseits ermöglicht, mit einer ganz außerordentlich geringen
Menge von Elektrizität auszukommen und der außerdem die Erzeugung dieser Elektrizität
auf billige Weise, sowie die Verwendung von billigen Abgasen zur Eisenerzeugung
selbst gestattet.

Bei den bisherigen Verfahren wurde ein großer Teil, ja sogar der größte Teil
der dem Ofen zugeführten elektrischen Energie zur Vorwärmung der Beschickung verwendet.   Es erforderte also bereits die Vorwärmung einen beträchtlichen Teil der Kosten
des ganzen Verfahrens, die beim Neuburger-Minetschen Ofen dadurch erspart werden,
daß man zur Vorwärmung der Beschickung anstatt der teuren elektrischen Energie
billige Gase verwendet.   Es ist dann bei dem ganzen Prozeß nur noch der verhältnismäßig geringe Betrag an elektrischer Energie zuzuführen, der nötig ist, um die Reduktion bis zu Ende durchzuführen.   Auf diese Weise entsteht dann ein Produkt, das die
beiden hauptsächlichsten Vorzüge des elektrisch gewonnenen Eisens, nämlich die Billigkeit und die Reinheit vereinigt.   Die Billigkeit kann aber noch dadurch eine weitere
Steigerung erfahren, daß man die zur Verfügung stehenden Gase nicht nur allein zur

Vorwärmung, sondern anstatt der Kohle auch zur Erzeugung der Elektrizität, die im Ofen benötigt wird, verwendet.

Es entsteht so eine doppelte Ersparnis, nämlich einmal bei der Vorwärmung und des weiteren bei der Erzeugung der Elektrizität, die so groß ist, daß es mit Hilfe des Neuburger-Minetschen Ofens möglich sein wird, mit solchen Anlagen in Wettbewerb zu treten, die infolge ihrer günstigen Lage in wasserreichen Ländern oder in der Nähe von Wasserkräften im stande sind, ein Produkt von großer Billigkeit herzustellen.

Im Neuburger-Minetschen Ofen können nicht weniger als drei Wärmequellen entweder in gleichzeitigem oder in aufeinanderfolgendem Zusammenwirken ihre Ausnutzung finden, nämlich:

1. Die brennenden oder nicht brennenden Hochofengase, bei denen entweder ihre Eigenwärme, mit denen sie der Gicht des Hochofens entströmen, zur Ausnutzung kommt, oder die Verbrennungswärme, die sie beim Entzünden für sich allein oder zusammen mit Luft entwickeln, oder endlich beide Wärmearten zusammen und gleichzeitig.

2. Als zweite Wärmequelle kommen die armen oder reichen brennenden Gase in Betracht, die von Gaserzeugern geliefert werden, und die ebenfalls entweder für sich oder gemischt mit Luft verbrannt werden können, und deren Eigenwärme ebenso wie die der Hochofengase zur Ausnutzung gelangen kann. Derartige Gase, und zwar sehr billige Gase, hat man besonders in jüngster Zeit in ganz besonders ökonomischer Weise herzustellen vermocht. Man verwendet zu ihrer Erzeugung Abfälle der verschiedensten Art, wie sie sich in der Kohlenindustrie ergeben, z. B. Staubkohle, Kohlengrus, ferner billige Braunkohle, Torf, Rückstände der Erdölfabrikation, Bitumen usw. Bekanntlich hat gerade die Möglichkeit, derartige Gase billig zu erzeugen, einen mächtigen Aufschwung der Gasmotorenindustrie, sowie der Verwendung von Großgasmaschinen angebahnt.

3. Die dritte Wärmequelle bildet die Elektrizität in Form des elektrischen Lichtbogens, die, wie bereits erwähnt, mit Hilfe desjenigen Teiles der unter 1 und 2 erwähnten Gase, der nicht zur Vorwärmung dient, erzeugt werden kann.

Der Ofen selbst, dessen Prinzip aus den nächsten Bildern, von denen das erste den Vertikallängsschnitt, das zweite den Horizontallängsschnitt darstellt, hervorgeht, besteht aus einem zentral gelegenen Reaktionsherde W, der mit Abstichöffnung T versehen und an den Seiten mit Heizkammern SS ausgestattet ist, die durch feuerfeste Wände DD von dem Reaktionsherd W getrennt sein oder auch mit ihm einen Raum bilden können. Unterhalb der Heizkammern SS befinden sich die Kanäle CC, $C'C'$, durch die hindurch die Hochofengase oder die Gase der Gasgeneratoren geleitet werden. Diese Kanäle stehen mit den Heizkammern SS durch die Öffnungen $OOOO$ in Verbindung, und die Gase können, wenn sie diesen Öffnungen entströmt sind, in den Heizkammern SS entweder für sich allein entzündet und verbrannt werden, oder sie können zum Zwecke der Erzielung einer noch höheren Temperatur vorher mit heißer und gepreßter Luft vermengt werden. Um die Luft erhitzen und so ein sehr heißes Gasluftgemisch herstellen zu können, sind in der Mauer BB die Kanäle VV vorgesehen, durch die die Luft eingepreßt wird, die dann durch die Düsen UU in die Heizkammern SS einströmt und sich mit den aus OO kommenden Verbrennungsgasen mischt. Da nun bei den meisten der bisher konstruierten und zur Eisenerzeugung dienenden elektrischen Öfen die durch Ausstrahlung der Wärme nach außen hin entstehenden Wärme-

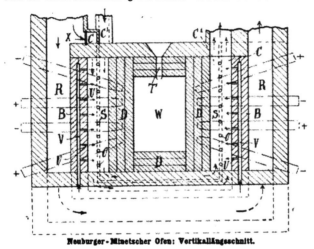

Neuburger-Minetscher Ofen: Vertikallängsschnitt.

verluste sehr beträchtliche sind, so ist, um beim Neuburger-Minetschen Ofen die Wärmeausstrahlung möglichst zu verhindern, das Kammersystem SS noch von einem

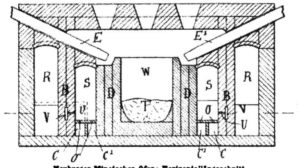

Neuburger-Minetscher Ofen: Horizontallängsschnitt.

zweiten Kammersystem RR umschlossen, in das die heißen Abgase hineingeleitet werden, ehe sie in die Kanäle CC, C'C' gelangen, ehe sie also in SS verbrannt werden und das

sie daher durch ihre Eigenwärme vorwärmen, wobei sie gleichzeitig selbst als Wärmeschutz gegenüber der von den Mauern BB stattfindenden Wärmeausstrahlung dienen. Zur Erwärmung dieses äußeren Kammersystems RR können aber auch die heißen, aus dem Raume SS oder dem Reaktionsherde W abströmenden, bereits im Ofen ausgenutzten Gase verwendet werden. Um die Verbindung zwischen R und C herzustellen, und die Gase in der geschilderten Weise beliebig umleiten zu können, ist bei X eine den Gaszutritt regulierende Klappe angebracht.

Die in den Ofen hineinragenden Elektroden E, E' dienen zur Zuführung des elektrischen Stromes und zur Erzeugung des Lichtbogens, so daß also im Ofen in der Tat drei Wärmequellen zur Verwendung kommen, nämlich zunächst der zwischen den Elektroden $E E'$ spielende elektrische Lichtbogen, dann die an die Kammersysteme $R R$ und $S S$ abgegebene Eigenwärme der Heizgase und endlich die in den Heizkammern $S S$ durch Verbrennen der Gase für sich oder mit Luft entstehende Verbrennungswärme.

Durch entsprechende Variation in der Menge der in jedes Kammersystem zugeführten Gase, sowie durch geeignete Regulierung des Gasluftgemisches in $S S$ und des elektrischen Stromes lassen sich mit diesem Ofen alle Temperaturen erzielen, die für die Elektrometallurgie des Eisens sowie für andere metallurgische Operationen, für die sich der Ofen ja ebenfalls eignet, in Betracht kommen. Man kann also z. B. zum Zwecke gelinder Erhitzung, wie sie für manche metallurgische Prozesse nötig ist, im ganzen Ofen dadurch eine Temperatur von 200 Grad Celsius herstellen, daß man einfach die von der Hochofengicht oder den Gasgeneratoren kommenden Gase unangezündet durch den ganzen Ofen hindurch leitet. Will man hingegen die hohen, für die Gewinnung des Eisens aus den Erzen oder die Stahlgewinnung nötigen Temperaturen erzeugen, so wird die Beschickung des Ofens mit Hilfe des Vorwärmesystems $R R$ und $S S$ auf 1500 Grad vorgewärmt und geschmolzen; der dann zur vollständigen Beendigung des Prozesses, nämlich zur Reduktion, noch fehlende geringe Wärmebetrag von 200 bis 300 Grad wird durch die Elektrizität geliefert, deren Verbrauch auf diese Weise nur ein sehr geringer ist, und die außerdem noch durch Verwendung der Abgase auf sehr billige Weise erzeugt werden kann.

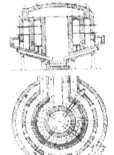

Aus den vorstehenden Ausführungen geht das Prinzip des Ofens in seiner Allgemeinheit klar hervor. Der auf diesem Prinzip beruhende, ganz besonders für die Eisenerzeugung konstruierte, jedoch auch für verschiedene andere metallurgische Zwecke verwendbare Ofen ist im nächsten Bilde im Prinzipe dargestellt. Bei demselben fällt zunächst ein um den ganzen, in runder Form ausgeführten Ofen herumlaufender Kanal auf, der dazu dient, die Gase, die aus dem Hochofen oder den Generatoren kommen, aufzunehmen und sie durch Öffnungen dem äußeren Kammersystem zuzuführen.

Ausführungsform des Neuburger-Minetschen Ofens.

Alle übrigen Teile des Ofens bedürfen nach den vorgetragenen Ausführungen über das Prinzip wohl keiner weiteren Erörterung. Der untere Teil des Bildes gibt einen

Horizontalschnitt wieder. Es sei noch bemerkt, daß die Elektroden auch nach dem de Lavalschen Prinzipe angeordnet werden können, wofür allerdings eine besondere Herdkonstruktion nötig ist.

Es fragt sich nun, wie hoch die Ersparnisse sind, die sich unter Verwendung dieses Ofens erzielen lassen. Dieselben werden natürlich, je nach dem Heizwert der verwendeten Gase, verschieden sein, und sie lassen sich aus diesem Heizwert von Fall zu Fall leicht berechnen. Nimmt man z. B. an, daß der Ofen zur Stahlbereitung dienen soll und zu diesem Zwecke in der Nähe eines Hochofens aufgestellt würde, von dem ihm einerseits das Roheisen, andererseits die zur Vorwärmung dienenden Gase zugeführt werden, oder daß der Ofen zur direkten Eisenerzeugung aus den Erzen Verwendung finden soll, wobei zur Vorwärmung ein sehr armes, vielleicht aus Staubkohle in einem Generator erzeugtes Gas benuzt wird, so hat man in beiden Fällen nur ein sehr armes Gas zur Verfügung, dessen Heizwert in ersterem Falle etwa 900 Kalorien, in letzterem Falle etwa 1200 Kalorien pro Kubikmeter beträgt. Nehmen wir den ungünstigeren Fall, also das arme Hochofengas von 900 Kalorien, so läßt sich auf Grund der bekannten Tatsache, daß eine Wattsekunde etwa 0,25 Grammkalorien entspricht, leicht berechnen, daß jeder innerhalb einer Stunde verbrannte Kubikmeter dieses Gases eine Kilowattstunde an elektrischer Energie ersparen wird.

Ich komme später noch darauf zurück, ob es vorteilhafter ist, größere oder kleinere Öfen aufzustellen, und ich möchte nur noch bemerken, daß dieser Ofen in Ostpreußen aufgestellt wird und zwar in einer Papierfabrik, welche nach dem Sulfitzelluloseverfahren arbeitet. Es haben sich dort ganze Berge von abgerösteten schwedischen Eisenerzen angesammelt, die als Abfälle bei der Darstellung der schwefligen Säure für das Sulfitzelluloseverfahren erhalten wurden. Ein Transport derselben lohnt sich nicht. Unter Verwendung eines Zieglerschen Torfgenerators können sie jedoch an Ort und Stelle mit Hilfe des Neuburger Minetschen Ofens auf Stahl verarbeitet werden.

Ich komme noch auf ein weiteres Verfahren zu sprechen, das außerordentlich eigenartig ist und das aus eigenartigen Verhältnissen hervorgegangen ist. Es kommen nämlich auf der Welt ziemlich reichlich Erze vor, die sich durch große Reinheit auszeichnen, die so rein sind, daß sie bei der magnetischen Aufbereitung ein Produkt liefern, das ziemlich genau der Formel Fe_3O_4 entspricht. Solche Erze finden sich u. a. auch ziemlich häufig in Amerika; sie lassen sich aber im Hochofen nicht verarbeiten. Sie zerfallen nach der Aufbereitung in ein ziemlich feines Pulver, in einen Staub, der sich im Hochofen sackt und diesen versetzt; die Gase können nicht mehr durchziehen und der Betrieb müßte stillstehen. Infolge dieser unangenehmen Eigenschaft sind diese äußerst hochprozentigen Erze ziemlich wertlos. Man hat nun verschiedene Verfahren erdacht, um sie doch verwerten zu können, in erster Linie Brikettierungs- und Zementierungsverfahren, wie ein solches z. B. Prof. Matthesius vor kurzem angegeben hat. Zu diesen Verfahren hat sich noch ein weiteres gesellt, nämlich ein elektrisches.

Die genannten Erze sind fast durchweg magnetisch, und wenn man sie nun, nachdem sie aufbereitet sind, in einen Trichter einfüllt und sie an Walzen vorbeifallen läßt, die die Pole eines Elektromagneten bilden, so werden sie angezogen, sie geraten durch den Strom ins Glühen und es bilden sich aus diesen pulverförmigen Erzen, die den Hochofen versetzen würden, kleine Bohnen. Dies ist das Prinzip des elektrischen, von Marcus Ruthenburg angegebenen Verfahrens zur Verarbeitung dieser Erze. Den hierzu dienenden Apparat sehen sie hier im Durchschnitt. *5* ist der Trichter, *6* ist der Pol eines Elektromagneten, der mit Wasserkühlung *8* versehen und mit einer rotierenden Walze *12* umkleidet ist, die selbst wieder mit einer Schicht von Retortenkohle *12* an ihrer Oberfläche versehen ist, die den Zweck hat, ein Anbacken der Bohnen zu verhindern. Die Walze dreht sich um den Magneten.

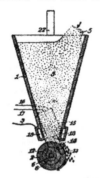 

Ruthenburgsches Verfahren.

Im nächsten Bilde sehen Sie die ganze Einrichtung noch einmal in der Ansicht: hier die Wasserkühlung, hier den Magnetpol, hier die beiden Bronzewalzen, die sich gegeneinander drehen und durch den Elektromotor angetrieben werden, und hier außen herum ist eine Schicht von Retortenkohle, die das Anbacken verhindert. Fallen nun die staubförmigen Erze oben aus dem Trichter zwischen diese beiden Walzen, so werden sie, weil sie magnetisch sind, angezogen; sie bilden dann eine Brücke zwischen den Walzen und geraten ins Glühen, hierbei schmelzen sie, die Bohnen tropfen hier unten ab und kommen in einen Schacht, in dem ihnen reduzierende Gase, die aus einem Hochofen genommen werden können, entgegenströmen.

Das nebenstehende Bild zeigt Ihnen die Versuchsanlage selbst, bei der die Walzen auf einem Schachtofen stehen, in dem den niederfallenden noch heißen Bohnen

Anlage nach Ruthenburg.

reduzierende Gase entgegenströmen, wodurch sich Eisenschwamm bilden soll. Auch die über dieses Verfahren bekannt gewordenen Einzelheiten, sowie die Aufnahmen, die ich

14

Ihnen über dasselbe vorführen konnte, sind Herrn Dr. Hans Goldschmidt zu verdanken. Bezüglich des Verfahrens selbst ist zu bemerken, daß sein Wert in erster Linie
darin liegt, daß die Erze, die man so nicht verwenden könnte, in eine andere Form
gebracht werden, in der sie im Hochofen verarbeitet werden können, ohne daß ein Versetzen desselben eintritt.

Ein elektrisches Ausbringen von Eisen selbst ist jedoch, wie die kanadische
Kommission feststellte, nach diesem Verfahren nicht möglich. Der Erfinder hat zwar
angegeben, daß er sehr gutes und reines Eisen erhalte; aber diese Angabe hat sich bei
der Nachprüfung als vollkommen unrichtig ergeben. Die Kosten für das Verfahren
sind ziemlich hohe. Es ist jedoch nicht ausgeschlossen, daß es mit dem Brikettierungs-
und Zementierungsverfahren in Wettbewerb treten kann, und jedenfalls ist es ein
interessanter Beweis dafür, wessen die Elektrizität auf dem Gebiete des Eisenhüttenwesens fähig ist und zu wie vielfachen Zwecken sie Anwendung finden kann.

Ich habe Ihnen nun die hauptsächlichsten Verfahren hier vorgeführt, auf denen
die heutige Elektrometallurgie des Eisens beruht. Alle anderen Verfahren schließen
sich mehr oder minder an eines der hier vorgeführten an, sie beruhen entweder auf
Stassanoschen oder de Lavalschen Prinzipien oder sie benutzen Transformatoröfen oder,
um Elektrizität zu sparen, Öfen mit Vorwärmung.

Ich bedaure noch einmal, daß ich Ihnen infolge der Kürze der Zeit nur einen in
großen und allgemeinen Zügen gehaltenen Überblick geben konnte, und daß ich jedes
Eingehen in oft sehr interessante Einzelheiten sowie die Vorführung eines großen
Zahlenmaterials vermeiden mußte.

Die moderne Elektrometallurgie des Eisens ist jetzt ungefähr 4 Jahre alt und
in diesen 4 Jahren sind etwa 20 Anlagen entstanden. Es ist dies ein Fortschritt, der
als ein ganz bedeutender bezeichnet werden muß, und es wird wenige derartige junge
Gebiete geben, die in so kurzer Zeit solche Fortschritte aufzuweisen haben.

Daß ein derartiger Fortschritt möglich war, liegt in den großen Vorzügen dieser
elektrischen Verfahren, die hauptsächlich darin bestehen, daß der elektrische Stahl gleichmäßiger in bezug auf seine Qualität und kompakter ist als gewöhnlicher feiner Stahl.
Ein weiterer Vorzug besteht darin, daß in einem und demselben Werke gleichzeitig verschiedene Qualitäten von Eisen und Eisenlegierungen dargestellt werden können. Bisher mußte man zur Roheisenerzeugung die großen Hochöfen benutzen, die man, wenn
man sich nicht ungeheuren Kosten aussetzen wollte, nicht ausgehen lassen konnte.
Das Wiederanheizen eines Hochofens verursacht bekanntlich große Kosten. In den
Werken, die Eisen elektrisch ausbringen, werden nur kleine Öfen aufgestellt, die 5,
höchstens 10 Tonnen fassen und es werden stets viele kleinere Öfen aufgestellt werden
müssen. Ich bemerke, daß z. B. in einer Anlage in der Nähe von Meran, das nach
dem Verfahren von Simon arbeitet, und in dem zunächst Eisenlegierungen dargestellt
werden sollen, nicht weniger als 96 5-Tonnen-Öfen vorgesehen sind. Durch diese große
Anzahl Öfen ist man in der Lage, sich allen Bedürfnissen anzuschmiegen. Liegen
wenige Bestellungen vor, so läßt man eine Anzahl Öfen ausgehen. Liegen viele Bestellungen vor, so setzt man viele Öfen in Tätigkeit. Werden Ferromangan oder Ferrosilizium oder andere Eisenlegierungen bestellt, so benützt man einen, zwei oder drei

der Öfen und stellt diese Legierungen her, während die Prozesse der Erzeugung von Roheisen und Stahl in den übrigen ruhig weitergehen. Derartige Anlagen besitzen also ein großes Anpassungsvermögen. Muß ein Ofen repariert werden, so wird er ausgeschaltet und alle übrigen arbeiten ungestört weiter, während bei Hochöfen oder Bessemeranlagen die Reparaturen bedeutende Betriebsstörungen verursachen. Gerade in diesem Anpassungsvermögen liegt ein großer Vorzug der elektrischen Verfahren.

Ein weiterer Vorzug liegt darin, daß man die Leistungsfähigkeit jedes einzelnen Werkes bequem steigern kann. Bis sich ein Werk entschließt, einen neuen Hochofen aufzustellen, müssen schon sehr gesteigerte Anforderungen an dasselbe herantreten. Die Aufstellung eines 5-Tonnen-Ofens der meisten Systeme kostet kaum mehr als 5000 Mark. Das läßt eine ganz allmähliche Vergrößerung eines Werkes zu und stellt nicht auf einmal zu große finanzielle Anforderungen.

Bei den elektrischen Verfahren sind ferner nur wenige geschulte Arbeitskräfte nötig, ferner sind die Kosten der elektrischen Kraft billiger; darin liegt ein weiterer Vorteil, und wo sie groß werden, werden sie durch die geringeren Kosten der Öfen teilweise aufgewogen. Endlich aber ist es als ein weiterer Vorteil zu bezeichnen, daß der Betrieb mit viel weniger Störungen verbunden ist.

Ich will nun noch mit einigen Worten auf die wirtschaftliche Frage der elektrischen Eisendarstellung eingehen. Es fragt sich: welche Zukunft hat die Elektrometallurgie des Eisens? Zweifellos eine große in allen denjenigen Ländern, wo man über billige Wasserkräfte verfügt. Dort wachsen die Anlagen für elektrische Eisendarstellung bereits jetzt sozusagen aus der Erde. In Chile, in Italien, in Tirol usw. wird eine große Anzahl derartiger Anlagen projektiert und ausgeführt. Es sollen u. a. auch alte Karbidwerke, die nicht mehr rentieren, in elektrische Anlagen zur Eisenerzeugung umgewandelt werden. In fast allen wasserreichen Ländern soll seitens gewisser Gesellschaften die elektrische Eisen- und Stahlgewinnung aufgenommen werden. So drängt sich denn die Frage auf: wie werden sich mit der Zeit die Verhältnisse in denjenigen Ländern gestalten, die nicht über reiche Wasserkräfte verfügen, wie in erster Linie — was uns ja am meisten interessiert — in Deutschland?

Wir in Deutschland müssen die Elektrizität auf teurem Wege aus Kohle erzeugen. Wir sind nicht in der glücklichen Lage, Elektrizität zum Preise von 0,0046 Pf. aus Wasserkraft herstellen zu können, und es scheint auf den ersten Blick in der Tat eine Gefahr vorzuliegen, die darin besteht, daß Länder, die in bezug auf Wasserkräfte günstiger gestellt sind als Deutschland, uns mit der Zeit in bezug auf Eisenproduktion überflügeln. Deutschland ist nach einer Statistik von Weiskopf, die im vorigen Jahre erschienen ist, unter den eisenproduzierenden Ländern an die zweite Stelle gerückt. Es gibt nur ein Land, das mehr Eisen produziert als Deutschland; das ist England, und es droht sonach die Gefahr, daß durch weitere Zunahme der elektrischen Eisengewinnung in wasserreichen Ländern allmählich Deutschland von der Stellung, die es sich errungen hat, zurückgedrängt wird.

Wenn wir uns nun fragen, ob diese Gefahr wirklich eine dringende ist, so müssen wir diese Frage verneinen. Es kommt nämlich in Betracht, daß von den

Erzen, die in Deutschland verarbeitet werden, nur ungefähr die Hälfte deutsche Erze
sind. Nach der erwähnten Statistik von Weiskopf für das Jahr 1902/1903 ver-
arbeitete Deutschland für 66 Millionen Mark inländische und für 59 Millionen Mark
ausländische Erze. Die ausländischen Erze wurden größtenteils auf dem Seewege aus
Spanien, aus Schweden, aus Österreich-Ungarn und aus Südrußland nach Deutschland
transportiert und sie müssen dann auf dem Wasserwege oder per Bahn an die Stelle,
wo sie verarbeitet werden, geschafft werden. Etwa die Hälfte der deutschen Eisenproduktion ist demnach auf die Verarbeitung inländischer Erze nicht angewiesen, sie
kann sich von denjenigen Gebieten, in denen heutzutage die Eisenindustrie blüht, frei-
machen und kann nach anderen Gebieten übersiedeln. Hierin liegt ein großer Vorzug,
der bereits einmal hier in diesem Verein zur Beförderung des Gewerbefleißes erwähnt
wurde und zwar anläßlich eines Vortrages, den am 4. Oktober 1897 Prof. Dr. Adolf
Frank hier hielt. Prof. Frank wies damals auf die Bedeutung der Moore für Deutschlands Industrie hin und legte dar, daß wir mit der Zeit genötigt sein werden, die
deutschen Moore in Industriegebiete umzuwandeln.

Ich will hier nicht noch einmal näher auf die Ausführungen Franks eingehen,
die Ihnen ja allen bekannt sein werden, und will nur noch darauf hinweisen, daß sich
in den Mooren unter Berücksichtigung der damals von Frank aufgestellten Grundsätze
recht gut eine Eisenindustrie schaffen ließe. Diejenigen Erze, die gegenwärtig aus dem
Auslande kommen, können in den Mooren, die in der Nähe unserer Meere liegen, in
Oldenburg, am Haff usw., auf dem Wasserwege bis an die Arbeitsstätte geführt werden.
Aus den Mooren kann durch Torfgeneratoren wie z. B. durch den Zieglerschen, ein
Gas erzeugt werden, das einen Wärmewert von 1200 bis 1500 Kalorien hat, und das
zur Vorwärmung der Erze einerseits und zur billigen Erzeugung von Elektrizität
anderseits benutzt werden kann. Es kann auf diesem Wege die Elektrizität wohl
ebenso billig erzeugt werden, wie aus Wasserfällen, besonders dann, wenn die Gas-
motorentechnik noch weitere Fortschritte macht.

Die von Frank aufgestellten Berechnungen lassen es möglich erscheinen, einen
großen Teil der Erze, die heutzutage in den alten Gebieten der Eisenindustrie verarbeitet werden, nach neuen Gegenden überzuführen und dort zu verarbeiten. Auf
diesem Wege kann die Gefahr, die von außen her der deutschen Eisenindustrie zu
drohen scheint, vermieden werden und es werden sich insbesondere unter Verwertung
der Moore für die deutsche Eisenindustrie diejenigen Hoffnungen erfüllen, mit denen
am 4. Oktober 1897 Professor Frank seinen Vortrag schloß und mit denen ich auch
schließen möchte:

„Jetzt sendet Deutschland alljährlich viele tausende arbeitswillige Menschen
und viele Millionen Kapital in fremde Länder. Wir bemühen uns unter Aufwendung
großer staatlicher und privater Mittel Kolonien in anderen Weltteilen zu gründen, und
hier finden sich im Vaterlande weite Gebiete, die der Fabrikation dienen können, die
die Volkskraft und das Nationalvermögen direkt vermehren können!"

Herr Prof. Heyn: In dem soeben gehörten Vortrag sind zugunsten der elektrischen Stahlgewinnung zwei Punkte in den Vordergrund gestellt.

1. Die angeblich bessere Qualität der elektrisch erzeugten Stähle gegenüber den nach den gewöhnlichen hüttenmännischen Verfahren gewonnenen;

2. die angeblich geringeren Gestehungskosten des elektrisch erzeugten Stahles. Es sind also sowohl die Qualitäts- wie auch die Kostenfrage ins Treffen geführt. Dadurch ist eine gewisse Verschiebung des Schwerpunkts eingetreten, der meiner Meinung nach ausschließlich auf dem Gebiete der Wirtschaftlichkeit, nicht auf dem Gebiete der Stahlqualität liegt. Sind die Elektrometallungen nicht imstande, im allgemeinen oder wenigstens in gewissen Sonderfällen ein bestimmtes Material billiger zu erzeugen, als die Eisenhüttenleute mit ihrem bisherigen Verfahren, so werden sie im Konkurrenzkampf unterliegen. Ob dies oder das Gegenteil eintritt, muß die Zukunft entscheiden. Jedenfalls werden noch manche Kapitalien geopfert werden müssen, bis die nötige Klarheit vorhanden ist.

Die Frage, ob die bisher angewandten hüttenmännischen Verfahren der Stahlgewinnung zur Erzeugung der besten Qualitäten nicht ausreichen, sodaß es notwendig ist, andere Verfahren, wie z. B. das elektrische, zu diesem Zweck heranzuziehen, muß meines Erachtens verneint werden. Wie die Ausführungen des Herrn Vortragenden über den Stassanoprozeß treffend beweisen, braucht auch der Elektrometallurg die besten Rohmaterialien, um ein gutes Enderzeugnis zu gewinnen. Mit besten Rohmaterialien kann man aber auch ohne Elektrizität in der gewöhnlichen Weise besonders gute Stahlqualitäten herstellen. Die Behauptung, daß der nach dem Gysingeverfahren hergestellte Stahl erheblich bessere Eigenschaften zeigt, als der gewöhnliche schwedische Stahl, wenn in beiden Fällen von dem gleichen Rohmaterial ausgegangen wird, ist durch die Vergleichsversuche Wahlbergs widerlegt worden. Darnach konnte kein Unterschied festgestellt werden. Es ist auch kein Grund für einen Unterschied vorhanden. Die vorgezeigten beiden Gefügebilder sind auch nicht imstande, die Überlegenheit des Gysingestahls zu beweisen; denn sie zeigten weiter nichts, als daß die beiden Stähle, denen die Gefügebilder entnommen wurden, ungefähr gleichen Kohlenstoffgehalt besitzen Bezüglich der Qualitätsverbesserung liegt zur Einführung der elektrischen Stahlgewinnung kein Bedürfnis vor; die Qualität läßt sich nach den bisherigen Verfahren ebenfalls erzielen, wenn man, wie dies auch für die elektrischen Verfahren zutrifft, die geeigneten Rohmaterialien zur Verfügung hat.

Die Qualität kommt bei der Konkurrenz zwischen elektrometallurgischen und gewöhnlichen Verfahren der Stahlerzeugung nur insoweit in Frage, als die ersteren überhaupt nur einige Aussicht auf Gewinn bieten können, wenn sie sich auf die Herstellung solcher Stahlsorten beschränken, die wegen besserer Qualität hohe Verkaufspreise erzielen. Daß die elektrischen Verfahren bei der Massenerzeugung der gewöhnlichen billigeren Stahlqualitäten vorläufig nicht in Betracht kommen, ist außer Zweifel. Ein Irrtum ist es aber, zu glauben, daß man die besseren Stahlsorten ausschließlich im elektrischen Ofen, nicht auch mit unseren gewöhnlichen Verfahren erzeugen könne.

Vorsitzender, Geh. Bergrat Prof. Dr. H. Wedding: Zuvörderst möchte ich einen Irrtum berichtigen: Deutschland ist allerdings das zweite Land in der Eisenerzeugung, steht aber nicht England nach, sondern voran; nur die amerikanischen Vereinigten Staaten liefern mehr.

Ferner glaube ich, daß die Befürchtungen für die deutsche Eisenindustrie sehr in der Ferne liegen, und zwar aus folgenden Gründen. Ob man durch eine sehr hohe Erhitzung, wie sie der elektrische Lichtbogen gegenüber Temperaturen gestattet, die man sonst durch Verbrennung von Kohle oder Gas erreichen kann, vielleicht einen Stahl oder ein Flußeisen erschmelzen kann, welches bessere Eigenschaften hat als das bisherige, das weiß ich nicht; das wird erst die genaue Untersuchung des Gefüges im Laufe der Zeit feststellen können. Daß aber die Möglichkeit, aus Eisenerz auf elektrischem Wege billiger Eisen zu erzeugen, als mit unseren bisherigen Verfahren, vorhanden sei, das möchte ich bestreiten. Wir sind beim Hochofenprozeß ja hauptsächlich darauf angewiesen, durch Kohlenoxydgas zu reduzieren. Nun wissen wir aber aus der chemischen Gleichgewichtslehre her, daß wir diese Reduktion (die sog. indirekte Reduktion) durch Kohlenoxydgas nur bei verhältnismäßig niedrigen Temperaturen bewirken können, etwa bis 900 Grad. Nachher müssen wir mit Kohle (durch die sog. direkte Reduktion) arbeiten. Beim elektrischen Lichtbogen bekommen wir aber eine so hohe Temperatur, daß wir immer durch Kohle reduzieren müssen. Wenn wir durch Kohle reduzieren, haben wir aber einen erheblichen Wärmeverlust, während wir bei der Reduktion des Eisenoxyds durch Kohlenoxyd und der gleichzeitigen Oxydation des Kohlenoxyds zu Kohlendioxyd annähernd keinen haben. Daher sucht man die direkte Reduktion gegenüber der indirekten tunlichst zu beschränken.

Wie Prof. Heyn angab, sind die Verhältnisse, die uns der Herr Vortragende für die Reduktion der Eisenerze vorgeführt hat, ganz ausnahmsweise. Solche Verhältnisse gibt es wohl hin und wieder, und ich gebe zu, daß einmal da und dort der Fall eintreten kann, daß wirklich mit ökonomischem Erfolg aus Eisenerz durch Elektrizität unmittelbar Eisen erzeugt werden kann. Das werden aber stets große Ausnahmen sein. Denken Sie doch daran, daß wir jetzt in unseren Hochofenwerken mit noch nicht 100 Kilogramm Kohlenstoff 100 Kilogramm fertige Eisenbahnschienen usw. erzeugen. Der Hochofenprozeß gibt uns allerdings stets ein hochgekohltes Eisen, Roheisen, und das muß nachher durch Frischarbeiten erst in schmiedbares Eisen umgewandelt werden. Das ist beim elektrischen Ofen günstiger, aber die Kosten der Frischarbeiten sind so gering, daß sie gegen die Kosten der Erzeugung des elektrischen Stromes, selbst bei Verwendung von Wasserkraft, ganz zurücktreten.

Ich möchte mich auf die Erörterung dieses Punktes nicht weiter einlassen, um Ihre Zeit nicht zu sehr in Anspruch zu nehmen. Ich glaube aber, daß für die Eisenerzeugung der elektrische Reduktions-Prozeß, wenigstens für die nächsten Dezennien, in Deutschland nicht brauchbar sein wird.

Auch die Geschichte der Eisenerzeugung führt uns auf den richtigen Weg. Der heutige Weg der Eisendarstellung aus Erzen ist nicht der, mit einem Prozesse alles fertig zu machen. Unsere Vorfahren haben mit den sog. Rennarbeiten stets schmiedbares Eisen unmittelbar aus den Erzen gemacht. Da hatten sie, wie es der Herr Vortragende will, ein Eisen mit geringem Kohlenstoffgehalt, ein schmiedbares Eisen. Das war aber unökonomisch. Deshalb kam man auf den Hochofen und macht darin ein Eisen in sehr großen Mengen, 200 Tonnen und mehr in 24 Stunden, aber dasselbe ist nicht weiter brauchbar als zur Gießerei, man muß es erst entkohlen. Dazu benutzte man die Schweißeisenarbeit, z. B. den Puddelprozeß. Damit brachte man das im Hochofen erzeugte Roheisen gerade auf den richtigen Kohlenstoffgehalt. Aber auch dies Verfahren wurde überholt durch die Flußeisenprozesse. Mit diesen stellt man ein Eisen dar, welches über den Punkt hinaus entkohlt ist, den man wünscht, welches vielmehr kohlenstofffrei ist, und setzt nun wieder den erforderlichen Kohlenstoff zu.

Das sind also drei Prozesse, welche an die Stelle des einen getreten sind. Danach ist das elektrische Verfahren ein Rückschritt.

Das ist der Grund, weshalb ich glaube, daß der Hochofenprozeß wenigstens in Deutschland nimmer verdrängt werden kann durch den elektrischen Prozeß. Aber ob — ich wiederhole das — fertiger Stahl wie in Gysinge, durch Schmelzung bei sehr hoher Temperatur andere und bessere physikalische Eigenschaften annehmen kann, das weiß ich nicht. Vielleicht kann der Herr Vortragende darüber weitere Auskunft geben.

Herr Dr. Neuburger: In bezug auf die Frage wegen der Qualität des Stahls möchte ich bemerken, daß natürlich das schlechte Lichtbild des Gefüges hier nicht dasjenige zeigen konnte, was es eigentlich zeigen sollte. Der Unterschied zwischen dem elektrisch ausgebrachten Stahl und dem gewöhnlichen Stahl liegt in der Hauptsache darin, daß elektrischer Stahl keine Gasblasen zeigt. Der Stahl, den ich als Tiegelgußstahl zeigte, war mit Gasblasen ziemlich durchsetzt. Bei dem Gysingeverfahren ist die Entstehung von Gasblasen, die ein undichtes oder ungleiches Gefüge erzeugen können, ausgeschlossen. Insbesondere gilt dies von Stickstoffblasen. Ein Zublasen von Luft findet nicht statt; es kann deshalb kein Stickstoff oder anderes Gas hineinkommen. Der Prozeß stellt sich also dem Tiegelprozeß an die Seite, übertrifft ihn aber noch, da verschiedene Unzulänglichkeiten desselben fortfallen und die Temperaturen höhere sind. Es ist durch die Analysen festgestellt, daß im Gysingestahl keine Gasblasen enthalten sind.

Die von Herrn Professor Heyn erwähnten Versuche, die in Schweden über die physikalischen Eigenschaften des Gysingestahls gemacht worden sein sollen, sind jetzt durch die Versuche überholt, die die kanadische Kommission einerseits, Dr. Engelhardt andererseits in größter Ausführlichkeit angestellt haben. Es liegen große und umfangreiche Tabellen über dieselben vor, auf die ich natürlich im kurzen Rahmen eines Vortrags nicht eingehen konnte. Der Zweck des Vortrags war nur, die Prinzipien zu zeigen, nach denen elektrischer Stahl hergestellt werden kann. Es geht aber aus den Tabellen unzweifelhaft hervor, daß dieser Stahl in bezug auf Qualität im allgemeinen und auf bestimmte Eigenschaften im besonderen dem gewöhnlichen Tiegelgußstahl überlegen ist, und die vorliegenden Proben, die zum teil im kalten Zustande ausgearbeitet sind, zeigen, was mit dem Stahl alles gemacht werden kann. Daß die Gesellschaften, die die Verfahren erworben haben, nicht nur mit den reinsten Erzen, sondern auch mit weniger reinen ihre Versuche angestellt und doch gute Resultate erhalten haben, ist zu selbstverständlich, als daß es noch besonderer Erwähnung bedürfte, umsomehr, da bei Verwendung billigerer Erze das Produkt bei gleicher Reinheit sich nur noch billiger stellt. Es sind, insbesondere in La Praz, Versuche mit allen Sorten von Erzen gemacht worden, stets mit gutem Erfolge, der den nicht in Erstaunen setzen kann, der die Eigenschaften kennt, die auch andere Metalle durch elektrische Ausbringung erhalten.

Was die von Herrn Geheimrat Wedding angeschnittene Frage anbetrifft, ob es möglich sein wird, daß in Deutschland jemals der Hochofen durch das elektrische Verfahren verdrängt werden kann, so ist diese Frage heutzutage natürlich noch nicht zu beantworten. Es ist dies keine Frage der Qualität, auch keine Frage sonstiger Verhältnisse sondern in erster Linie eine Frage des Elektrizitätspreises. Es wird niemals jemand elektrisch gewonnenes Roheisen oder Elektrostahl nur deshalb kaufen, weil es elektrisch gewonnene Produkte sind oder weil sie vielleicht einige Eigenschaften zeigen, die für die allgemeinen Bedürfnisse nicht absolut nötig sind, die aber vielleicht für ganz spezielle Zwecke, wie z. B. zur Herstellung feiner Werkzeuge, Uhrfedern usw. erwünscht sind, sondern man wird die elektrisch gewonnenen Produkte nur dann kaufen und produzieren, wenn sie billiger sind als die nach den gewöhnlichen Verfahren erhaltenen. Es läßt sich nun in der Tat durch den elektrischen Strom Stahl billiger ausbringen, sobald auch der Elektrizitätspreis ein billiger ist, was unter den heutigen Verhältnissen wohl stets der Fall ist wenn man die Elektrizität aus Wasserkräften erzeugt. Sobald die Elektrizität billig ist, sind in der Tat diese Verfahren billiger als die bisherigen, und in wasserreichen Ländern wie Chile, wo auch die Wasserkräfte noch sehr niedrig im Preise stehen, ist ein elektrischer Hochofenbetrieb sehr wohl denkbar, und es sind, wie ich erwähnte, derartige Anlagen bereits projektiert oder im Bau begriffen. Vor der Hand wird sich also wahrscheinlich eine reinliche Scheidung in der Form vollziehen, daß in den Ländern, die über billige Wasserkräfte verfügen und die keine Kohle haben, die elektrische Eisengewinnung eingeführt werden wird, während die anderen vielleicht erst später, durch die Konkurrenz dieser Länder gezwungen, zu derselben übergehen und sich vielleicht zunächst nur auf die Produktion von Elektrostahl beschränken werden. Vor der Hand heißt es also noch: Raum für alle hat die Erde! Wie sich die Sache aber im internationalen Wettbewerb entwickeln wird, läßt sich heute noch nicht voraussagen. Ich möchte nur noch bemerken, daß auch bei den elektrischen Verfahren zunächst eine Reduktion durch Kohlenoxyd und dann erst eine solche durch Kohle stattfindet.

Vorsitzender: Wenn es auch zweifelhaft sein mag, ob das elektrische Verfahren eine gute oder eine minder gute Zukunft im allgemeinen und im einzelnen hat so sind wir doch dem Herrn Vortragenden zu sehr großem Danke verpflichtet für seinen lichtvollen Vortrag, in dem er uns die vielen Versuche und Verfahren übersichtlich vorgetragen hat, die bisher in dieser Richtung angestellt sind.

Herr Professor Kraemer übernimmt den Vorsitz.

2. Das Laboratorium für Kleingefüge und physikalische Chemie an der Königlichen Bergakademie in Berlin.

(Mit Lichtbildern).

Herr Geb. Bergrat Prof. Dr. H. Wedding: M. H., ich habe von dieser Stelle aus Ihnen öfter von den Bestrebungen des Vereins·deutscher Eisenhüttenleute erzählt, den Unterricht im Eisenhüttenwesen intensiver und extensiver zu gestalten. Die Bestrebungen sind natürlich vollständig gerechtfertigt; indessen, um solche Bestrebungen in den einzelnen Lehranstalten durchzuführen, dazu gehören auch die erforderlichen Geldmittel. Diese Geldmittel können nur allmählich beschafft werden, sie müssen jedesmal in den Staatshaushalt eingesetzt und genehmigt werden. Trotzdem muß man im Rahmen der verfügbaren Mittel versuchen, mit den Fortschritten von Wissenschaft und Technik Schritt zu halten.

M. H., wenn man fragt, wie werden die der Technik dienstbaren sog. reinen Wissenschaften überhaupt gelehrt, so gibt es drei Methoden. Die eine Methode lehrt diese Wissenschaften nur ihrer selbst willen, ohne zu fragen, wie sie auf die Technik angewendet werden oder werden können, überläßt vielmehr diese Anwendung der Technik selbst. Das ist der Weg, den der Regel nach und mit vollem Rechte die Universitäten beschreiten. Eine zweite Methode benutzt die reinen Wissenschaften nur als unentbehrliches Hilfsmittel, gewissermaßen notwendiges Übel, zur Ausbildung des Technikers, der aus der Schule sogleich als fertiger Konstrukteur oder Ingenieur hervorgehen soll, dazu gewissermaßen dressiert wird. Das ist der Weg, den ebenso mit Recht die Fachschulen gehen, und der meiner persönlichen Überzeugung nach nur irrigerweise auch zuweilen auf Technischen Hochschulen benutzt wird. Wir an der Bergakademie verfolgen den Mittelweg, der meiner Ansicht nach von allen höheren technischen Lehranstalten verfolgt.werden sollte, wir lehren die reinen Wissenschaften so, daß gleichzeitig ihre Anwendung auf die Praxis vorgetragen wird. Die Wissenschaft darf deshalb nicht heruntergesetzt werden; wenn höhere Mathematik gelehrt wird, wird stets deren Anwendung auf Physik, Mechanik und Maschinenlehre im Auge behalten, wenn Chemie gelehrt wird, deren Anwendung auf Hüttenwesen, wenn Geognosie gelehrt wird, deren Anwendung auf Bergwesen usw.

Die zweite Methode kann immer nur untergeordnete Techniker ausbilden, die letztgenannte dagegen wird zwar niemals fertige technische Beamte geben, aber die jungen Leute, die die Bergakademie hinter sich haben, werden zu allen Stellungen befähigt sein, auch zu Generaldirektoren solcher Anlagen, die Bergwerke und Hütten zusammenfassen, zumal der Bergakademiker auch Gelegenheit findet, die Grundlehren der Jurisprudenz in sich aufzunehmen.

Nun gibt es gewisse Disziplinen, die sich nicht vom Katheder'allein her lehren lassen, bei denen vielmehr der junge Mann selbst Hand anlegen muß. Wenn jemand

15

konstruieren und entwerfen will, so muß er am Zeichenbrett arbeiten. Wenn jemand die chemischen Vorgänge, die wir unter dem Namen der Eisenprobierkunst begreifen, verwerten will, so muß er in Laboratorien arbeiten.

Nun haben sich die Hilfswissenschaften der Technik in der Neuzeit nach zwei Richtungen weiter entwickelt, die gewissermaßen eine Vereinigung von Physik und Chemie bringen: in der Lehre vom Kleingefüge der Metalle und in den Lehren der physikalischen Chemie. Mit Recht haben die praktischen Eisenhüttenleute betont, daß diese beiden Gebiete bisher an den höheren technischen Lehranstalten zu wenig gepflegt würden. Es ist das richtig. Ich, der ich an der Bergakademie Eisenhüttenkunde lehre, habe beiden Gebieten immer nur einen kleinen Raum in der Eisenhüttenkunde gewähren können, weil es an Räumlichkeiten gebrach. Endlich ist es mir gelungen, mit Zustimmung meines Direktors und im Rahmen der allerdings sehr beschränkten Mittel ein Laboratorium einzurichten, in welchem diese beiden Zweige eingehend gelehrt und getrieben werden können.

Wenn wir jetzt auch die beste Hoffnung haben, daß endlich unsere Wünsche in Erfüllung gehen und uns die nötigen Mittel bewilligt werden, um an der Bergakademie in Berlin die für eine größere Zahl von Studierenden nötigen Räumlichkeiten zu schaffen und zeitgemäß einzurichten, so haben wir doch nicht gezögert, mit kleinen Räumen zu beginnen und haben die Kellerräume zu Hilfe genommen.

Sie sehen hier auf der Abbildung Fig. 1 (Taf. A) die drei dazu eingerichteten Räume, welche nicht, wie auf der Tafel irrtümlich angegeben ist, im Maßstabe von 1 : 20, sondern in dem von 1 : 50 abgebildet sind. Ich will an der Hand dieses Planes kurz unsere Lehrmittel und Zwecke schildern, ohne auf die Einrichtungen der Instrumente im einzelnen einzugehen, und zwar will ich mit dem Laboratorium für Gefügelehre anfangen.

Ich brauche kaum daran zu erinnern, welche Fortschritte in dieser Richtung gemacht sind: Um die Eigenschaften der Metalle und der Legierungen aus dem Kleingefüge zu beurteilen, dazu gehört in erster Linie, daß das Stück, welches untersucht werden soll, auch auf richtige Weise von dem großen Stück, welchem es angehört, losgetrennt wird. Beim Lostrennen können gerade so viele Fehler gemacht werden, wie sie der Probierer macht, wenn er seine Erzprobe falsch nimmt. Gerade, wie scheinbar falsche Analysen geliefert werden, weil die Probe falsch genommen war, so werden falsche Urteile über das Kleingefüge abgegeben, weil die Abtrennung falsch ausgeführt wurde. In diesem Raume A sind die erforderlichen Maschinen aufgestellt, Säge, Ambos, Drehbank, Gasofen, Presse usw.

Sind kleine zur Untersuchung geeignete Stücke losgetrennt und in die wünschenswerte Form gebracht, so müssen sie geschliffen und poliert werden, um das Kleingefüge unter dem Vergrößerungsglase erkennen zu können. Die Schleif- und Poliervorrichtungen, welche nicht unerheblichen Staub machen, sind ebenfalls in diesem Raume aufgestellt. Man fertigt hier dünne Plättchen an, nicht Dünnschliffe, wie der Herr Vorredner irrig sagte, denn unter Dünnschliffen versteht man durchsichtige Schliffe, die sich aus Metallen natürlich nicht herstellen lassen.

H. Wed(der Königl. Bergakademie zu Berlin.

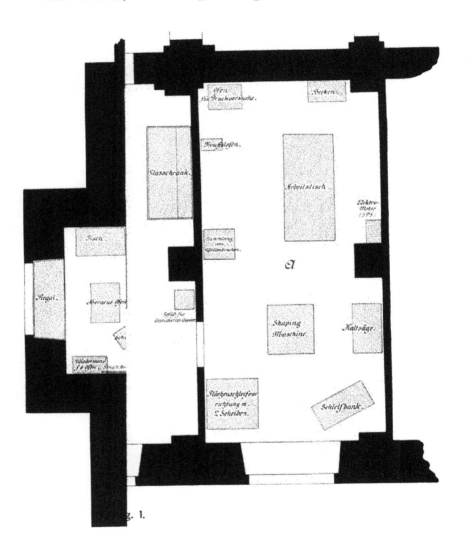

g. 1.

Ist das Schleifen und Polieren vollendet, so können die einzelnen Gefügeteile doch noch besser sichtbar gemacht werden, indem entweder das Stück schon beim Polieren so behandelt wird, daß durch entsprechenden Druck die einzelnen Gefügeteile reliefartig hervortreten, das nennt man Reliefpolieren, oder es wird beim Polieren gleichzeitig ein Ätzmittel benutzt, oder es wird — und das geschieht im zweiten Raume *B* — durch besondere Mittel geätzt. Es treten dann die einzelnen Gefügeteile deutlich hervor und man kann dann die Eigenschaften des Eisens beurteilen, welche der Regel nach durch sehr kleine Mengen von fremden Bestandteilen, Kohlenstoff, Silizium, Mangan, Phosphor, Schwefel, Nickel, Wolfram usw. bedingt werden.

Ferner ist noch die Methode des Anlassens zu erwähnen, die von Herrn Martens erfunden ist, und durch die die Gefügeteile mit verschiedenen Anlauffarben erscheinen.

Ist man so weit gekommen, daß man das Gefüge durch Polieren, Schleifen und Ätzen ausreichend hervorgehoben hat, so geht man an die Beobachtung. Diese findet in dem dritten Raume *C* statt. Man beginnt mit dem unbewaffneten Auge, benutzt darauf die Lupe, dann das Mikroskop mit immer stärkeren Vergrößerungen, die mit unseren Instrumenten unter Anwendung des Immersionsverfahrens mit Cedernöl bis zum 2000 fachen gehen.

Die Entwickelung der Mikroskope ist interessant. Die Mikroskope, einschließlich des sehr handlichen Martensschen Kugelmikroskops, gestatten uns die Beobachtung nur unter einem Winkel im reflektierten Lichte. Das kann aber nur bei verhältnismäßig geringen Vergrößerungen Nutzen bringen. Die wichtigste Entwickelung stärkerer Mikroskope ist der Firma Zeiß in Jena zu danken, von der auch unsere Linsensysteme herrühren, während die Firma Schmidt & Hänsch in Berlin die Zusammenstellung unserer Apparate besorgt hat. Ich komme hierauf noch einmal zu sprechen.

Gerade im Anfange meiner Tätigkeit auf diesem Gebiete im 9. Jahrzehnt des vorigen Jahrhunderts, also vor langen, langen Jahren, habe ich vielerlei Differenzen mit anderen Beobachtern gehabt, weil jeder etwas Verschiedenes zu sehen geglaubt hatte. Natürlich gingen die Ansichten über die Bedeutung des beobachteten Gefüges weit auseinander, nicht etwa, weil das Gefüge nicht dasselbe gewesen wäre, sondern weil jeder etwas anderes zu sehen glaubte. Das ist auch natürlich, ganz besonders, weil man bei Untersuchungen allzusehr geneigt ist, das zu sehen, was man sehen will. Daher erschien es mir gleich im Anfange meiner Untersuchungen notwendig, sich unabhängig von der persönlichen subjektiven Anschauung zu machen und, statt sich auf das Auge allein zu verlassen oder gar durch ein Zeichenprisma das anscheinend Vorhandene aufzunehmen, — die Hand irrt noch mehr als das Auge — lieber zu einem untrüglichen Mittel zu greifen, welches unwiderruflich das Sichtbare feststellt, das ist die Photographie.

Ich, als bereits alter Lehrer, wurde damals ein Schüler des verstorbenen berühmten Lehrers der Photographie, Professors Hermann Vogel, an der Technischen Hochschule und habe ein Jahr lang mit ihm experimentiert. Die Schwierigkeit war, das polierte Eisenmaterial senkrecht zu beleuchten und die Lichtstrahlen senkrecht in die Kamera zu führen. Da brachte mich, ich möchte sagen, ein glücklicher Gedanke auf die Benutzung eines planparallelen Glases, und damit baute Schmidt & Haensch

15*

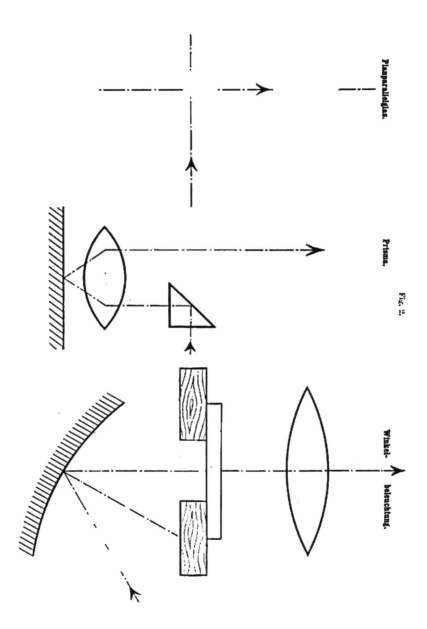

Planparallelglas.

Prisma.

Fig. 2

Winkel-

beleuchtung.

Fig. 3. Prismen-Beleuchtung.

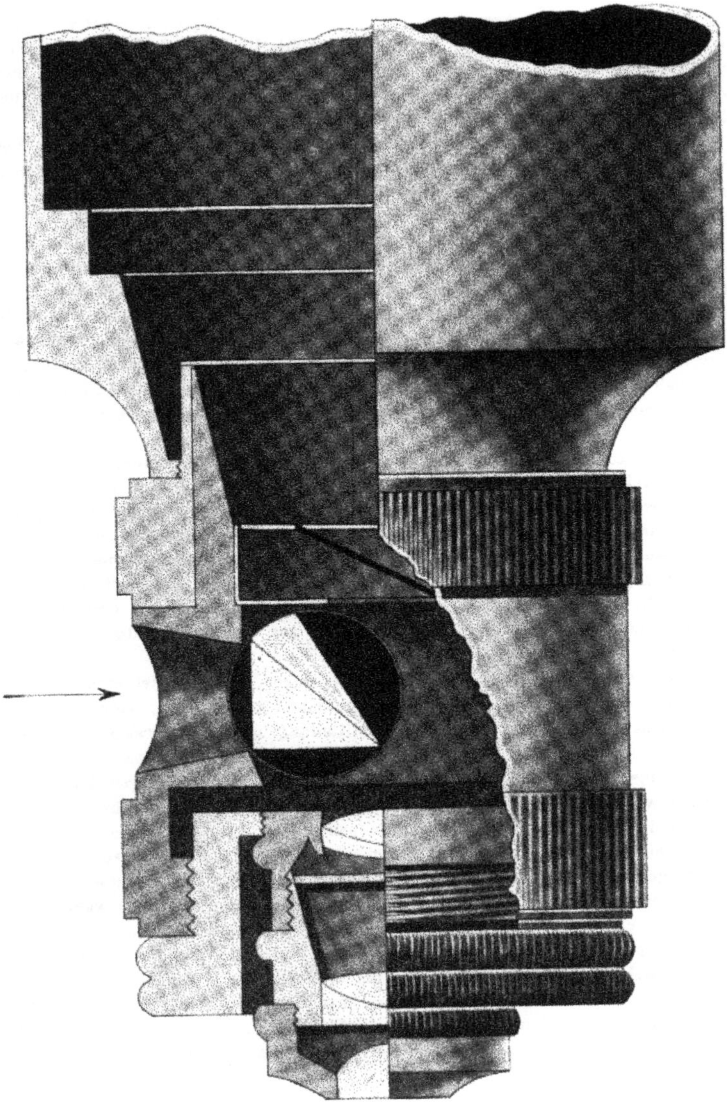

mir den überhaupt ersten brauchbaren photographischen Apparat. Sorby in England, welcher die ersten Grundlagen der Metallographie in den siebenziger Jahren des
vorigen Jahrhunderts schuf, — man vergleiche die Verhandlungen des Iron and Steel
Instituts — hatte bereits zu photographieren versucht, aber nur bei kleiner Vergrößerung
mit schräg auffallendem Lichte.

Hiernach war die Bahn gebrochen. Bald setzte man für noch stärkere Vergrößerungen das Prisma an Stelle des planparallelen Glases. Den Gang der Strahlen
in allen drei Fällen zeigt die umstehende Figur 2, die Anwendung des Prismas die
Figur 3 (Vertikalilluminator).

Die Räumlichkeiten der Bergakademie reichten zur weiteren Entwickelung nicht
aus, aber diese blieb nicht stehen. Es ist vielmehr das große Verdienst der früheren
mechanisch-technischen Versuchsanstalt, des jetzigen Material-Prüfungsamts, Intrumente
und Verfahren weiter vervollkommnet zu haben, und namentlich haben sich darum der
Leiter dieser Anstalten, Herr Martens, und sein Gehilfe, Herr Heyn, besonderen
Dank erworben. Der photographische Apparat in Verbindung mit dem Mikroskop ist
nun so ausgebildet, daß man ohne erhebliche Schwierigkeiten bis zu 2000facher Vergrößerung arbeiten kann. Wir haben alle diese Verbesserungen bei unserem Instrumente
benutzt.

Ich möchte bei dieser Gelegenheit nicht unterlassen, dem Institut dafür den
Dank auszusprechen, daß meinem eifrigen Assistenten, Herrn Dr. Bennigson, Gelegenheit geboten worden ist, alle Einrichtungen des kgl. Material-Prüfungsamtes genau
kennen zu lernen, sodaß mir meine Aufgabe durch seine Hilfe wesentlich erleichtert
wird. Jene Anstalt ist ja für ganz andere Zwecke eingerichtet, als die unsrige. Jene
soll Untersuchungen im Interesse des beteiligten Publikums machen; die unsrige ist
eine Lehranstalt, in welcher Studenten die zur Ausführung der Arbeiten nötigen Handgriffe kennen lernen sollen, damit sie sie später zur Beurteilung des Eisens verwerten können.

Ich werde Ihnen nachher einige Fortschritte zeigen, welche erzielt sind. Indessen
damit es nicht nötig ist, den Saal öfters in Dunkelheit zu versetzen, möchte ich mir
gestatten, Ihnen vorher noch eine weitere Mitteilung über den praktischen Zweck
dieser Einrichtung zu machen. Sie würden ohne dies vielleicht fragen: ist denn das
nicht gerade eine Wissenschaft, die man nur ihrer selbst wegen pflegen kann, ohne
damit irgend welche praktischen Zwecke zu verbinden? Da möchte ich zur Aufklärung
erwähnen, daß ich schon mit den unvollkommenen Instrumenten, mit denen ich im
vorigen Jahrhundert gearbeitet hatte, manche nützliche Erklärungen sonst dunkler
Verhältnisse gefunden habe, welche ich, da sie inzwischen historisch geworden sind,
jetzt ohne Verletzung des Amtsgeheimnisses ruhig erwähnen kann, während sie
seinerzeit aus leicht erklärlichen Gründen verschwiegen werden mußten.

So ist es mir z. B. gelungen, nachzuweisen, woher es kam, daß eine zeitlang
bei Militär-Gewehren die Hülsen sprangen, die Ursachen der elektrischen Leitfähigkeit
der Eisendrähte festzustellen, ferner nachzuweisen, warum bei dem Versuche, groß-
köpfige Schienen anzuwenden, die Köpfe so leicht eingedrückt wurden, nachzuweisen,
warum Schienen, welche vom Abnehmer völlig brauchbar. in bezug auf ihre Festig-

keitseigenschaften befunden waren, bei dem einfachen Abladen auf gefrorenem Boden zerbrachen. Das Beste, was ich glaube, durch meine Kleingefügeuntersuchungen geleistet zu haben, ist das, daß die Ergebnisse dazu führten, von den früher angewendeten Verbundpanzerplatten für Kriegsschiffe abzugehen und die ganz aus Flußeisen hergestellten Panzerplatten einzuführen.

Wiederum hat auch die Mechanisch-Technische Versuchsanstalt eine Menge Fortschritte aufzuweisen, namentlich hat sie gelehrt, — ich verweise auf die schönen Arbeiten von Heyn, die ja zum Teil in unseren „Verhandlungen" abgedruckt sind — wie man den Stahl durch das Kleingefüge auf seine Qualität beurteilen kann. Man kann wissen, ob und wie er gehärtet ist, man kann die Temperaturen des Anlassens und dergl. mehr beurteilen.

Ich glaube, wenn man einen jungen Mann zu einem Eisenhüttenmann ausbilden will, so muß man ihm jedenfalls beibringen, wie er das Gefüge des Eisens beurteilen kann. Dafür muß man ein Laboratorium haben. Jetzt können bei uns Studierende das ganze Semester hindurch sich in dem Laboratorium für Kleingefüge unter Anleitung von mir und meinem Assistenten beschäftigen.

Nun komme ich zur physikalischen Chemie. M. H., wenn wir von der Gefügelehre sagen müssen, daß sie trotz aller Fortschritte sich doch noch in den Kinderschuhen befinde, so müssen wir das von der physikalischen Chemie erst recht sagen: sie steht noch in den ersten Anfängen. Die Übertragung ihrer Lehren auf die Praxis ist noch äußerst unvollkommen. Die Untersuchungen auf diesem so hoch interessanten Gebiete sollen in dem dafür bestimmten mittleren Raume B ausgeführt werden. Es sollen dort ganz besonders thermochemische und die chemische Gleichgewichtslehre betreffende Arbeiten vorgenommen werden. Die bereits dafür vorhandenen Apparate müssen allerdings noch sehr erheblich ergänzt werden. Ich möchte noch bemerken, daß, während in dem Laboratorium für das Kleingefüge die jungen Leute im dritten oder vierten Jahre des Studiums arbeiten sollen, das Laboratorium für die physikalische Chemie, worin ich nur 6 Plätze zur Verfügung habe, allein für solche Herren bestimmt ist, welche bereits die Studien vollendet haben, daher reine und angewandte Wissenschaften beherrschen. Sie können hier die Doktorarbeit ausführen, gleichgültig, ob sie Dr. phil. oder Dr. ing. werden wollen.

Trotz der scheinbar rein theoretischen Seite ist die physikalische Chemie doch für den Eisenhüttenmann schon heutzutage von großem Interesse geworden. Sie hat gezeigt, daß wir bei unseren Hochöfen oft auf ganz falsche Wege geraten sind. Wir haben geglaubt, je höher man den Hochofen baue, um so besser nütze man das Kohlenoxyd zur Reduktion aus. Jetzt wissen wir aus der Phasenlehre gegründeten chemischen Gleichgewichtslehre, daß eine vollkommene Überführung des Kohlenoxyds in Kohlendioxyd ganz unmöglich ist. Jetzt wird man sich hüten, beliebig hohe Hochöfen zu bauen.

Eine noch weitergehende Bedeutung hat die physikalische Chemie bereits für die Heizgaserzeugung gehabt. Jetzt wissen wir, wie wir Vergaser einzurichten haben, um ein Gas mit möglichst hohem Kohlenoxydgehalt zu erhalten.

Fig. 4.

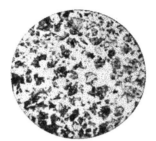

Fig. 6.

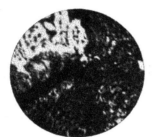

Fig. 7.

Fig. 5.

Fig. 8.

Freilich, m. H., werden wir im Eisenhüttenwesen noch manche Erfahrungen sammeln müssen, noch manche Instrumente, manche Vorrichtungen ersinnen müssen, um die schwierigen Probleme zu lösen, welche uns den Erstarrungspunkt des Eisens

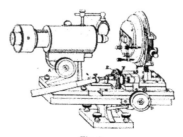

Fig. 9.

klar darstellen und zeigen, wie aus Überhitzung und Erstarrung die erwünschte Beschaffenheit des Eisens, namentlich des Flußeisens, zu erhalten ist. Es ist leider so schwierig, Pyrometer zu finden, mit denen man unmittelbar in das flüssige Eisen hineingehen kann. Es bleiben uns vorläufig nur die optischen Pyrometer und damit ist sehr schwierig zu arbeiten.

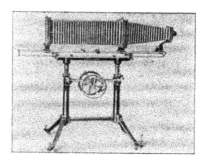

Fig. 10.

M. H., ich will Ihnen nun noch ein paar Bilder zeigen. Sie sehen zuerst ein graues Roheisen mit meinem alten Apparat photographisch in 15 facher Vergrößerung aufgenommen (Fig. 4), und erkennen die drei Gefügeelemente, Grafit, Perlit und Cementit, und in Fig. 5 den von mir erfundenen Apparat, von Schmidt & Haensch gebaut, wie gesagt den ersten derartigen Apparat, sodann ein kohlenstoffarmes Eisen in 150 facher Vergrößerung mit dem neuen Apparat aufgenommen, in dem Ferrit und Perlit

und ein wenig Schlacke schön zu unterscheiden sind (Fig. 6), endlich in 1500 facher
Vergrößerung dasselbe Eisen, wie in Fig. 4. Der Perlit (Fig. 7) ist hier in seine
beiden Bestandteile aufgelöst. Der neue Apparat in seiner Gesamtanordnung ist in
Fig. 8, das Mikroskop in Fig. 9, die Kamera in Fig. 10 abgebildet.

Ich möchte meinen Vortrag mit der Hoffnung schließen, daß dieses Laboratorium
nun recht eifrig benutzt werde; und Sie, m. H., die Sie Söhne haben, welche sich dem
Eisenhüttenfache widmen wollen, schicken Sie sie hierhin, damit sie etwas ordent-
liches lernen.

Ferner möchte ich noch hinzufügen, daß oft sehr befähigte junge Leute recht
mittellos sind, und ich möchte Ihnen daher empfehlen, für solche jungen Leute Stipendien
zu stiften.

Wenn ich mit meinem kurzen Vortrag diese Zwecke erreiche, wenn außerdem
uns die nötigen Mittel zum Ausbau dieser Werkstätten der technischen Wissenschaft
vom Staate bewilligt werden, dann will ich sehr zufrieden sein.

Vorsitzender Prof. Dr. Kraemer: Wir danken dem Herrn Vortragenden für
seine interessanten Mitteilungen. Ich hoffe auch, daß der Appell an die Väter und Berater der jungen Leute, welche sich dem technischen Studium widmen, nicht ungehört
verhallen wird. Ich glaube, wir können nur wünschen, daß die Studierenden Herrn
Wedding noch recht lange zum Lehrer behalten, und dieser sich die köstliche Frische
noch viele Jahre erhält, mit der er seine Anschauungen dem Hörer zu vermitteln weiß.

Druck von Leonhard Simion M. in Berlin SW.

Bericht über die Sitzung vom 1. Mai 1905

Vorsitzender: Geh. Bergrat Prof. Dr. H. Wedding.

Sitzungsbericht:

Die Niederschrift der Sitzung vom 3. April wird genehmigt.

Aufgenommene Mitglieder:

Hiesige: Herr Generaldirektor S. Bergmann in Berlin; Herr Generaldirektor Emil Müller in Berlin; Herr M. Dräger, Direktor der Allgem. Deutschen Klein-bahn-Gesellschaft A.-G. in Berlin; Herr Ingenieur Ernst Schlesinger in Fa. Robert H. Guiremand in Reinickendorf; Herr Ingenieur Leopold Seydel, Prokurist in Firma Brodnitz & Seydel in Berlin; Firma Friedrich Stolzenberg & Co., G. m. b. H. in Reinickendorf-West; Herr Ströhler, Eisenbahndirektor a. D. in Wilmersdorf-Berlin.

Auswärtige: Herr Diplom-Ingenieur C. Canaris in Duisberg-Hochfeld, Niederrheinische Hütte; Fa. Gollnow & Sohn in Stettin; Herr Alfred Gutmann, Direktor der Akt.-Ges. für Maschinenbau Ottensen-Hamburg; Gewerbekammer in Hamburg; der Magistrat in Luckenwalde; der Magistrat der Königlichen Haupt- und Residenzstadt München; die Osnabrücker Maschinenfabrik Robert Linde-mann; die Königliche Regierung in Kassel; Herr Dr. Paul Schottländer, Rittergutsbesitzer in Wessig, Regierungsbezirk Breslau; Herr Dr. Strube in Bremen.

Angemeldete Mitglieder:

Herr Friedr. C. Siemens in Berlin; Herr Geheimer Ober-Regierungsrat Krönig in Berlin; der Magistrat in Cottbus; die Stadtbibliothek M.-Gladbach; die Königl. Regierung zu Minden.

Mitteilungen des Vorstandes:

Vorsitzender: M. H., wir haben heute infolge des Ablebens unseres bisherigen Rendanten eine Neuwahl vorzunehmen. Die Wahlzettel liegen Ihnen vor, und ich bitte Herrn Rechnungsrat Müller, sie einzusammeln, und ersuche dann Herrn Landau und Herrn Regierungsrat Gentsch nachzusehen, ob sich irgend ein Widerspruch erhebt. (Die Wahl findet statt). Herr Bankier W. Keilich, der selbst bei der Firma Gebr.

16

Schickler beteiligt ist, also der Nachfolger unseres bisherigen Rendanten auch in seiner sonstigen Wirksamkeit ist, wird mit Stimmeneinheit zum Rendanten gewählt.

Von den eingegangenen Druckschriften werden vom Technischen Ausschuß vorgelegt: Jahresbericht für 1904 der Handelskammer zu Frankfurt a. M. 2. Bericht auf das Vereinsjahr 1904/5 und Abrechnung auf das Geschäftsjahr 1904 des Gewerbevereins zu Dresden; 3. Bericht des Professor Holz in Aachen vom 15. Dezember 1902 an den Herrn Handelsminister über die Wasserverhältnisse der Provinz Pommern, hinsichtlich der Benutzung für gewerbliche Zwecke; 4. Festschrift zum 100jährigen Bestehen der Firma Hensel & Schumann, Königl. Hoflieferanten zu Berlin, am 1. April 1905 — m. H., es ist vom Verein in der Voraussetzung Ihrer Zustimmung der Firma ein besonderes Glückwunschschreiben zugegangen; — 5. Programm der Königl. Höheren Maschinenbauschule in Breslau 1905; 6. vom Verein deutscher Eisen-Portlandzementwerke E. V. in Düsseldorf: Taschenbuch über die Erzeugung und Verwendung des Eisenportlandzements; 7. Dissertation: Beiträge zur Kenntnis des Kupfersilicils von Diplom-Ingenieur Moritz Philips aus Ruhrort a. Rh., übersandt von der Abteilung für Chemie und Hüttenkunde an hiesiger Technischer Hochschule.

M. H., leider muß ich mitteilen, daß die Technische Tagesordnung insofern sich erheblich ändert, als Herr Oberingenieur Remané nicht in der Lage ist, heute über die Osmiumlampe Vortrag zu halten. Er hat sich bereit erklärt, in einer späteren Sitzung, wenn es gewünscht wird, über dieses Thema hier zu sprechen.

Technische Tagesordnung.

Über das Tantal und die Tantal-Lampe von Siemens & Halske.

Herr Dr. Werner von Bolton: Meine Herren! Es war schon lange das Bestreben der Firma Siemens & Halske, die Kohlenfaden-Glühlampe, die nicht genügend ökonomisch brennt, die zu viel Kraft braucht, durch eine Lampe mit einem anderen Leuchtkörper zu ersetzen, der es gestattet, bei einem kleineren Energieverbrauch Licht zu erzeugen. Ich war mit dieser Aufgabe betraut. Nach langen Arbeiten kam ich zu dem Schlusse, daß es Metalle sein würden, welche es gestatten werden, zu diesem Ziele zu gelangen. Es war vor allen Dingen das Bestreben, ein Metall zu finden, welches sich in bequemer und praktischer Weise zu Draht ausziehen läßt, damit es in leichter Weise verarbeitet werden kann und nicht in der Weise der gewöhnlichen Kohlen-Glühlampe, wo nach verschiedenen Manipulationen der Glühkörper aus dem Ofen herauskommt und in die Lampen eingebracht wird.

Dieses Metall war nach verschiedenen Versuchen, die über Vanadin und Niob hinüber geführt hatten, das Tantal.

In Kopps Geschichte der Chemie findet sich über Tantal Folgendes verzeichnet:

„Das Tantal wurde zuerst durch den Engländer Hatchett wahrgenommen, welcher im Jahre 1801 der Londoner Sozietät Untersuchungen über ein Mineral aus Massachusets in Nordamerika vorlegte, in welchem er ein neues, von ihm Columbium genanntes Mineral entdeckt zu haben glaubte. Ekeberg stellte im Jahre 1802 Untersuchungen über die Yttererde an und fand diese als Bestandteil eines schwedischen Minerals, Yttrotantalits, welches außerdem ein neues Metall enthielt; dieses entdeckte er auch noch in einem anderen schwedischen Mineral, dem Tantalit. Ekeberg nannte das Metall Tantalum, teils um dem Gebrauch zu folgen, der die mythologischen Benennungen billigte, „teils um auf die Unfähigkeit desselben, mitten in einem Überfluß von Säure etwas davon an sich zu reißen und sich damit zu sättigen, eine Anspielung zu machen"; ebenso gab er den angeführten Mineralien die noch jetzt gebräuchlichen Namen."

Ich möchte heute gerade hier rühmend erwähnen, daß Ekeberg derjenige ist, welcher die Entdeckung des Tantal gemacht hatte, und nicht Hatchett, wie es vielfach in Dissertationen gesagt wurde.

Unreines Tantalmetall stellte Berzelius zuerst im Jahre 1824 her. Es enthielt 52% Tantal nach seinen Untersuchungen, und das ist sehr wahrscheinlich irgend ein höheres oder niedrigeres Tantaloxyd gewesen; denn er selbst sagt, daß das Tantal den elektrischen Strom nicht leitet. Aber er fand, daß Schwefeltantal ein Leiter sei, folglich reines Metall auch leiten müsse. Rose hatte den Versuch gemacht, Tantalmetall zu erzeugen, indem er Natriumtantalfluorid mit Natrium reduzierte, während Berzelius mit Kaliumtantalfluorid und Kalium operierte. Aus weiteren Arbeiten Roses wurde erwiesen, daß der schwedische und der finnländische Tantalit und der Yttrotantalit Tantalsäure enthielten, während der bayerische, russische, amerikanische, grönländische Columbit, der Samarikit usw. überwiegend Niobsäure führen. Da Hatchett gerade mit denjenigen Stoffen arbeitete, welche Niob enthielten, so war er der Entdecker des Niobs, das er Columbium nannte, obwohl der eigentliche Entdecker des Niobs Rose ist, das er 20 Jahre lang von Pelopium nicht unterscheiden konnte, welches sich zum Schluß als identisch mit dem Niob erwies.

Auch Marignac hat viel über Tantal gearbeitet und seine Arbeiten und die Arbeiten von Rose sind wohl zusammen die letzten gewesen, welche über Tantal verfaßt worden sind. Moissan hat dann im Jahre 1902 eine Arbeit veröffentlicht über die Darstellung des Tantal im elektrischen Ofen, indem er mit Kohle operierte und an der Luft arbeitete. Das Metall, das er erzielte, war ein sehr sprödes und hatte noch 0,5% Kohlenstoff — wenigstens nach den Angaben von Moissan. Also auch ihm gelang es nicht das Tantal in seiner wahren Natur zu entdecken.

Ich arbeite im Vacuum, also bei vollkommenem Abschluß von Luft und schmelze zwischen Elektroden aus Tantal.

Um reines Tantal darzustellen, gibt es zwei Wege. Erstens denjenigen, den ich beim Vanadin und beim Niob betreten habe. Auf diesen Weg führte mich eine irrtümliche Beobachtung von Berzelius, der beobachtet hatte, daß Vanadinsäure in kaltem Zustande nicht leite. Da nun viele braune Oxyde gute Leiter des elektrischen Stromes sind, schien mir diese Behauptung der Nachprüfung wert zu sein. Das Resultat eines angestellten Versuches war, daß Berzelius sich geirrt hatte und daß das braune Vanadinpentoxyd gut auch im nur schwachgepreßten Zustand leitet. Das Vanadinpentoxyd wurde mit Zuhilfenahme von Paraffin zu Fäden gepreßt, in Kohlepulver gebettet und bei ungefähr 1700° etwa zehn Stunden lang geglüht. Es resultierte

16*

Vanadintrioxyd. Es hat einen viel höheren Schmelzpunkt als das Pentoxyd. Das erstere schmilzt bei Beginn der Rotglut, während letzteres bei Weißglut nicht schmelzbar ist. Ein solcher Draht in eine Glasbirne eingeschmolzen, in der Art einer elektrischen Glühlampe, die evakuiert werden konnte, und elektrisch zum Glühen gebracht, ergab ein starkes Austreten von Gas. Dieses Gas konnte als Sauerstoff erkannt werden. Es resultierte ein grauer metallischer Körper, der aber bei 3½ Watt pro Kerze Kraftverbrauch schmolz, was einer Temperatur von 1680° entspricht.

Meine Aufgabe war nun, einen Körper zu finden, der weit höhere Temperaturen verträgt. Vanadin war nicht brauchbar, weil es bei der genannten zu niedrigen Temperatur schmolz. Es lag nahe, die Verwandten des Vanadins, die im Atomgewicht höher stehen, darauf zu prüfen, in der Voraussetzung, daß mit dem Atomgewicht auch die gewünschten Eigenschaften steigen. Versuche mit Niob ergaben das interessante Resultat, daß das entstandene Metall beim Hämmern nicht sofort zu Pulver zersprang, sondern eine Art Blech ergab und zwischen enggestellten Walzen durchgeschickt unter Knistern zu einem biegsamen Bande wurde. Der Schmelzpunkt des Niobs lag ungefähr bei einem Watt pro Kerze, was nach der Lummerschen Methode berechnet etwa 2000° entsprechen würde — auch noch zu wenig für unseren Zweck.

Schließlich blieb Tantal übrig. Ich behandelte es genau in derselben Weise. Ein Tantaltetroxydbügel wurde im Vacuum elektrisch zur Rotglut gebracht und es ergab sich zu Beginn der Rotglut eine starke Ausscheidung von Gas, aber nicht von Sauerstoff, sondern Luft. Zu Anfang der Weißglut, durch Gleichstrom erzeugt, wurde der Bügel nur an der Anode grau und metallisch, die Kathodenseite aber veränderte nur wenig ihre Farbe, sie wurde nur etwas heller gelb, während die andere Seite metallisch geworden war.

Um den ganzen Bügel womöglich in Metall zu verwandeln, versuchte ich es mit Wechselstrom, um ein permanentes Intermittieren hervorzurufen und es zeigten sich hierbei verschiedene Stellen, die weit heller glühten als andere. Die hellen Stellen verlängerten sich allmählich, bis sie zusammentrafen und der ganze Bügel gleichmäßig leuchtete. Nach dem Herausnehmen aus der Lampe war ein Körper entstanden, der sich biegen ließ und nicht sprang und sich zu einem feinen Blech auswalzen ließ.

Das würde nun eine umständliche Methode gewesen sein, um Glühkörper zu erzeugen. Da aber die Beobachtung vorlag, daß das Tantal biegsam ist usw., so verließ ich diesen Weg und beschritt den andern Weg, das Metall möglichst rein als Pulver darzustellen, um es dann zu einem Regulus zu schmelzen und diesen zu Draht zu ziehen. Ich darf Ihnen leider nicht viel verraten; jedenfalls gelingt es, Tantal so rein darzustellen, daß es über 98 bis 99% Tantalmetall enthält. Nach diesem Verfahren und Schmelzen im Vacuum kann man das Pulver zu einem Regulus verarbeiten, wie dieser hier ist, den ich Ihnen zeigen kann, der hämmerbar ist und zu einem feinen Draht sich ausziehen läßt.

Die Untersuchung dieses Tantals, der ein harter Körper ist, sich aber zu einem sehr feinen Draht ausziehen läßt, ergab verschiedene interessante Resultate. Zunächst etwas über die chemisch-physikalischen Eigenschaften des Tantals.

Eine wichtige Erscheinung bei der Reduktion des Tantalkaliumfluorids ist starke Entwicklung von Wasserstoff, die eine teilweise Legierung des Tantals mit Wasserstoff zur Folge hat. Jedoch läßt sich dieser durch Erwärmen im Vacuum zum größten Teil austreiben und hat bei der Schmelzung des Rohtantals zu Barren keine schädlichen Wirkungen. Wenn man aber Tantaldraht im Wasserstoff bei Rotglut nur kurze Zeit, nur eine Viertelstunde erhitzt, so wird es vollkommen brüchig. Es entsteht Tantalwasserstoff. Nach einer alten amerikanischen Patentanmeldung sollte Tantalchlorid durch Wasserstoff zu Tantal reduziert werden, es resultiert hierbei aber stets Tantalwasserstoff und kein Tantalmetall. Glühendes Tantal zersetzt Wasser.

Tantal läßt sich in dicken Stücken an der Luft ganz gut erhitzen, ohne besondere Einwirkung auf das Innere zu erleiden. Der Draht verbrennt ohne Feuererscheinung, nicht wie Magnesium mit Flamme, sondern es brennt, verglüht ohne Flamme. Stickstoff verbindet sich mit Tantal ebenfalls sehr leicht, wenn es bei einigermaßen heller Weißglut erhalten wird.

Legierungen bildet das Tantal ziemlich viel. Mit Silber vereinigt sich Tantal gar nicht, ebenso nicht mit Quecksilber, während es mit Molybdän sich in allen möglichen Prozenten verbindet, ebenso mit Wolfram. Mit mehr als 1% Kohlenstoff legiert nimmt Tantal noch Hammereindrücke auf. Moissan sagt, bei 0,5% Kohlenstoff sei es besonders spröde. Jedenfalls hat das Metall, das im Vacuum hergestellt wird, diese Eigenschaft nicht. Ich habe auch nach Goldschmidt Tantal reduziert: es war sehr spröde, aber nach dem Schmelzen im Vacuum und hierbei eintretender Verdampfung des beigemischten Aluminiums entsteht ein Körper, der hämmerbar und ausziehbar ist zu Draht.

Kochende Schwefelsäure, Salpetersäure, Salzsäure oder Königswasser, oder beliebige Gemische dieser Säuren sind auf kompaktes Tantal, sei es Barren, Blech oder Draht, ohne jede Einwirkung. Flußsäure greift es sehr träge an; wenn man aber die Einwirkung der Flußsäure auf Tantal bewirkt unter Berührung des Tantals mit Platin, indem man also eine Kette bildet, dann löst sich das Tantal ziemlich schnell auf, und wenn man es vor der völligen Lösung herausnimmt, erhält man einen brüchigen Draht von Tantalwasserstoff.

Wässrige Alkalien wirken weder in der Siedehitze noch in der Kälte auf Tantal ein, wohl aber zerfällt es in schmelzendem Alkali in Kristalle.

Die spezifische Wärme bestimmte ich nach der kalorimetrischen Methode an Tantalklumpen von 22 bis 24 Gramm zwischen 16 und 100 Grad. Es ergab sich als Mittel für drei gut übereinstimmende Messungen die Zahl 0,0365. Also spezifische Wärme $W = 0,0365$, Atomwärme $AW = 6,64$, was sich dem Gesetz von Dulong und Petit vollkommen unterwirft.

Das spezifische Gewicht des aus Tantalkaliumfluorid reduzierten Tantalpulvers mit 98,8% reinem Tantal ergab 14,08. Das des reinen, dehnbaren, zu Barren geschmolzenen Metalls hatte 16,64, das des Drahts von 0,05 mm Durchmesser 16,5; es sinkt also ein wenig, vielleicht infolge des Ausdehnens, nach dem Brennen wird das Tantal wieder dichter.

Der Ausdehnungskoëffizient wurde von der Normaleichungskommission bestimmt und beträgt 0,0000079. Der spezifische Widerstand, bezogen auf ein Meter Länge und ein Quadratmillimeter Querschnitt, wurde gefunden zu 0,165 im Mittel, der Temperaturkoëffizient zwischen 0 und 100 Grad 3 pro Mille, zwischen 0 und 850 Grad 2,6 pro Mille. Der Widerstand steigt mit der Temperatur, ist also ein positiver, und dieser positive Widerstand gestattet gerade, daß die Metallfadenglühlampen viel besser Strom·schwankungen vertragen können als Kohlefadenglühlampen, deren Widerstand ein negativer ist.

Hier will ich Ihnen die Lampen vorführen. Es sind drei Tantallampen und drei Kohlefadenlampen, die augenblicklich mit 110 Volt und 1,6 Watt eingestellt sind. Wenn die Spannung gesteigert wird, sehen Sie, daß die Tantallampen noch weiter leuchten, während die Kohlefadenlampen eine nach der andern durchbrennen. Die Tantallampen brennen noch bei 100 % Überspannung. Um die Konstruktion der Tantalglühlampe hat sich Herr Direktor Dr. Feuerlein von dem Glühlampenwerk von Siemens & Halske besonders verdient gemacht. Nach langen Versuchen resultierte eine Lampe gewöhnlicher Größe, die einen Draht von 650 mm Länge und 0,05 mm Durchmesser enthält. An einem Glasgestelle sind oben und unten im Kreise Haken aus Nickel angebracht, zwischen denen im Zickzack der Draht hin und her geführt ist. Die Lampen brennen normal mit 1,5 bis 1,6 Watt pro Kerze — Der Stromverbrauch der Tantalglühlampen bei 25 Normalkerzenstärke beträgt 0,34 Ampere.

Nun möchte ich Anlaß nehmen, ein Mißverständnis zu berichtigen. In der Presse ist von der Zähigkeit des Tantalblechs gesagt worden, Tantalblech habe eine derartige Härte, daß es mit den Diamanten nicht durchbohrbar wäre. Das ist ein Mißverständnis, das mir sehr unangenehm ist. Es hat sogar einen österreichischen Denker veranlaßt, zu behaupten, Tantal wäre der gefährlichste Feind der Geldschränke, man brauche sich nur eine Tantallampe zu kaufen, ein Stückchen vom Draht abzuschneiden, um damit jedes Eisen durchbohren zu können. Es ist die Sache nämlich so: wird ein Tantalklumpen, von dem Metall, wie es vor einem Jahre war — damals war das Tantal noch nicht so vollkommen rein, wie es heute ist — zur Rotglut erhitzt, unter den Dampfhammer gebracht und unter der Kraft von 80 Zentnern zusammengestaucht, dann bekommt man allerdings eine derartige Härte nach mehrmaligem Hämmern, daß man solches Tantal mit einem Diamantbohrer nicht durchbohren konnte; es ergab nur eine kleine Mulde von ¼ mm Tiefe. Ob das die Eigenschaft des Tantals selbst ist, steht noch nicht fest — vielleicht daß ein Oxyd entsteht, das mit verhämmert wird — oder ob es auf Verunreinigung beruht. Wird ganz reines Tantal so gestaucht, so wird es auch bedeutend härter, aber nicht so hart wie das Oxydhaltige. Solche Härte zeigt nicht das Blech, das aus dem Metall durch leisen Druck gewalzt wird, sondern es ist jenes Blech, das erzeugt wird durch einen plötzlichen starken Druck auf das Metall. Ersteres ist nur etwas härter als ungehärteter Stahl.

Im Vacuum tritt nur eine sehr geringe Zerstäubung ein. Diese Eigenschaft ermöglicht es, das Tantal als Antikathode in Röntgenröhren zu verwenden. Während Platin im Vacuum stark zerstäubt wird, zerstäubt das Tantal viel weniger, die Röhre hält außerordentlich lange und das Vacuum wird so gut wie gar nicht verändert.

Jedenfalls hat man Hoffnung auf verschiedene Verwendung der erwähnten Eigenschaften des Tantals, und das erhellt wohl am besten daraus, das die Firma Siemens & Halske darauf in Deutschland und im Auslande rund 200 Patente genommen hat!

Herr Geh. Regierungsrat Prof. Dr. Liebermann: Darf ich mir die Anfrage erlauben nach der Menge, in der man Tantal findet? Es handelt sich um die Frage: läßt es sich in großen Massen gewinnen? Wahrscheinlich wird sich nach und nach mehr davon finden. Darf ich dann noch die Anfrage stellen: wieviel wiegt der Faden?

Herr Dr. Werner von Bolton: Was die erstere Frage anlangt nach der Menge des Tantals, so wurde mir im Anfang auch vorgehalten, das Tantal sei äußerst selten. Aber da es so liebenswürdige Eigenschaften hat, glaubte ich, es würde nicht so selten sein, und das hat sich auch bewahrheitet. Tantal-Mineralien liefert uns Nordamerika, es kommt an vielen Stellen in Schweden, Australien, Frankreich, im Kaukasus usw. vor. Wir können jetzt schon auf 10 000 kg pro Jahr rechnen und zwar aus reicheren Erzen mit 20 bis 40% Gehalt.

Das Gewicht des Fadens ist 22 Milligramm.

Vorsitzender: Es ist die Nachricht durch die Blätter gegangen, daß die Abfälle von der Monazitgewinnung in Brasilien besonders tantalreich wären; ist das richtig?

Herr Dr. Schilling: Der Gehalt an Tantal in den Abfällen von Thor in Brasilien ist doch nicht so reich, daß es sich lohnte, es auszunutzen. Es kommen sonst noch genug Tantalerze vor.

Vorsitzender: Wie ist gegenwärtig der Preis einer solchen Lampe im Gegensatz zu anderen?

Herr Dr. Werner von Bolton: Die Lampe kostet 4 ℳ von der Fabrik aus, bei größeren Bezügen wird ein Rabatt gewäht. Aber sie verbraucht so wenig Strom, daß z. B. der Besitzer eines Lokals in Charlottenburg, das nur 40 Lampen enthält, mir sagte, nachdem er eine Prüfung gemacht, er könne ruhig fünf Lampen pro Monat neu kaufen und trotzdem würde er nur die Hälfte an Strom zu bezahlen haben. Wir bauen die Lampen für 110 und für 220 Volt. Das Letztere ist noch etwas schwierig, weil der Draht feiner gezogen werden muß. Die größere Fabrik zur Tantalgewinnung wird gebaut.

Vorsitzender: Wie verhält sich die Tantallampe gegenüber der Nernstlampe?

Herr Dr. Werner von Bolton: Das ist nicht mein Fach; was von der A. E. G angegeben wird, das kenne ich nur aus Prospekten!

Herr Professor Dr. von Knorre: Wir haben aus dem Vortrag gehört, daß auf die Beimengungen Bezug genommen wurde. Vielleicht könnte Herr von Bolton noch Einiges darüber mitteilen, wie er sein Tantal daraufhin prüft, ob es rein ist oder nicht und wie rein.

Herr Dr. Werner von Bolton: Bei Tantal sind Analyse und Synthese dasselbe, beide sehr schwierig und als Betriebsprüfung nicht möglich. Das aus dem

Schmelzofen kommende Metall wird nur mechanisch geprüft. Schlechtes Metall wird zurückgestellt und wieder eingeschmolzen. Es kommt sehr auf das Schmelzen an. Die Oxyde des Tantals, die viel leichter flüchtig sind als das Tantal, werden verflüchtigt und schließlich resultiert reines Tantal. Es kommt auch sehr auf die Geschicklichkeit des Arbeiters an. Merkwürdig ist, daß das höchste Oxyd des Tantals, das Tantalpentoxyd, ein Nichtleiter ist, während die nächstniedrigeren leiten, und die niedrigsten wiederum Nichtleiter sind.

   Vorsitzender: Ich danke Herrn Dr. von Bolton für seinen interessanten Vortrag, der uns die Aussicht eröffnet, daß wir an Stelle der immerhin hinsichtlich ihrer Lebensdauer beschränkten Kohlenfaden-Glühlampe eine vorzüglich leuchtende Lampe von langer Dauer erhalten.

Druck von Leonhard Simion NC. in Berlin SW.

Bericht über die Sitzung vom 5. Juni 1905

Vorsitzender: Unterstaatssekretär Fleck.

Sitzungsbericht:

Die Niederschrift der Sitzung vom 1. Mai wird genehmigt.

Aufgenommene Mitglieder:

Herr Geh. Ober-Regierungsrat F. Krönig, vortragender Rat im Königlichen Ministerium der öffentlichen Arbeiten; Herr Friedr. C. Siemens in Berlin; der Magistrat in Cottbus; die Königl. Regierung in Minden; die Stadtbibliothek in M.-Gladbach.

Angemeldete Mitglieder:

Die Stadt Köln a. Rhein; die Firma Unger & Hoffmann, Aktiengesellschaft in Dresden; die Königliche preußische Höhere Schiff- und Maschinenbauschule in Kiel; Herr Carl Jäger in Firma Pumpen- und Gebläsenwerk C. H. Jäger & Co. in Leipzig.

Mitteilungen des Vorstandes:

Vorsitzender: Ich habe dem Verein die schmerzliche Mitteilung zu machen, daß Herr Dr. ing. Carl Lueg, langjähriges Mitglied unseres Vereins als Generaldirektor der Gutehoffnungshütte in Oberhausen, am 5. vorigen Monats in Düsseldorf im Alter von 71 Jahren verschieden ist. Wir trauern mit der vaterländischen Eisenindustrie um den Heimgang dieses bedeutenden, um die Entwicklung des deutschen Eisengewerbes hochverdienten Mannes. Sein Gedächtnis wird auch in unserem Verein in hohen Ehren fortleben.

Am 28. Mai d. J. hat das Königlich preußische Statistische Amt das Jubiläum seiner hundertjährigen Wirksamkeit gefeiert. Ich habe dem verdienstvollen Präsidenten, unserem hochverehrten Mitgliede Herrn Blenck meinen Glückwunsch aus der Fremde telegraphisch ausgesprochen, als ich von dem Jubiläum hörte. Ich glaube, auch unser Verein hat Ursache, sich für den deutschen Gewerbfleiß dieser Jubelfeier zu freuen und dem preußischen Statistischen Amte, das den Pulsschlag des wirtschaftlichen und sozialen Lebens in Staat und Volk sorgfältig beobachtet, ein weiteres kraftvolles Gedeihen zu wünschen. Ich bitte daher, den Glückwunsch auch an dieser Stelle namens des Vereins herzlich wiederholen zu dürfen.

17

Von unserer Rechnungsabteilung ist das Protokoll über die Abnahme der Rechnung des Vereins für 1904 mit dem Antrag auf Erteilung der Entlastung an den Herrn Rendanten unter dem Ausdruck des Dankes für seine Mühwaltung vorgelegt. Die Jahresabschlüsse weisen für 1904 nach für die Vereinsrechnung eine Einnahme von 34 468,₄₂ ℳ, eine Ausgabe von 33 475,₃₈ ℳ und darnach einen Bestand von 993,₄₄ ℳ; daneben einen Effektenbestand von 48 500 ℳ. Die Delbrückstiftung schließt mit einem Bestande von 335,₂₅ ℳ in bar am 31. Dezember 1904 und 2000 ℳ in Effekten; der Fonds für das Beuthsche Grabdenkmal mit 135,₇₀ ℳ und 1575 ℳ in verschiedenen Rentenbriefen; die Jubiläumsstiftung des Vereins mit einer Einnahme von 1709,₉₉ ℳ, einer Ausgabe von 1420,₅₀ ℳ, einem Barbestand von 289,₄₉ ℳ und einem Effektenvermögen von 14 000 ℳ und 22 500 Frcs.

Das Gesamtvermögen der Seydlitz-Stiftung einschließlich des Prämienfonds betrug Ende 1904 518 662,₂₀ ℳ und hat sich i. J. 1904 um 3088,₅₇ ℳ vermehrt.

Gleichzeitig vorgelegt ist der Abschluß für das erste Quartal 1905, wonach der Verein eine Einnahme im ersten Quartal hatte von 26 823,₄₄ ℳ, eine Ausgabe von 8070,₈₁ ℳ, und ein Bestand von 18 752,₆₃ ℳ in das neue Quartal übernommen ist. Die Seydlitz-Stiftung hatte in dem ersten Vierteljahr 1905 eine Einnahme von 14 007,₅₅ ℳ, eine Ausgabe von 3584,₈₀ und einen Bestand am Schlusse des Vierteljahres von 10 422,₇₅ ℳ.

Die Herren Rechnungsrevisoren beantragen sowohl für die Seydlitz-Stiftung wie für das Vereinsvermögen die Entlastung unter dem Ausdrucke des Dankes zu erteilen. (Geschieht.)

Von Herrn Geh. Regierungsrat W. Wedding ist das Protokoll über die 19. Sitzung des ständigen Ausschusses des Bezirkseisenbahnrats zu Berlin am 2. Mai 1905 vorgelegt.

Von dem Deutschen Verein für den Schutz des gewerblichen Eigentums ist durch Vermittlung des Herrn Geheimrat Reuleaux uns eine Einladung zugegangen zu einer am 9. Juni d. J. in Görlitz bei Gelegenheit der Hauptversammlung des Vereins stattfindenden öffentlichen Sitzung, in der die Frage der „Reform des Gebrauchsmusterschutzes" einer eingehenden Beratung unterzogen werden soll. Da der Deutsche Verein mit Recht annimmt, daß auch unser Verein dieser Frage, mit der sich die Öffentlichkeit in den letzten Jahren schon häufig beschäftigt hat und die eine große wirtschaftliche Bedeutung für Handel und Industrie hat, sein Interesse zuwende, ist Herr Geheimrat Reuleaux gebeten, die Entsendung eines Vertreters unseres Vereins zur Teilnahme an diesen Beratungen zu vermitteln. Herr Geheimrat Reuleaux ist durch eine Reise verhindert, der Einladung selbst Folge zu leisten; sie ist auch so spät in meine Hände gekommen, daß der Technische Ausschuß sich mit der Frage nicht mehr beschäftigen konnte; die Versammlung steht schon am 9. Juni an. Ich frage, ob einer der Herren, die hier anwesend sind, etwa bereit ist, der Versammlung beizuwohnen. — Das ist nicht der Fall.

Es ist eine Einladung vom Internationalen Verbande für gewerblichen Rechtsschutz zum Kongreß in Lüttich vom 12. bis 16. September d. J. eingegangen und wird dem Technischen Ausschuß zugewiesen werden. Da wir inzwischen eine

Vollsitzung des Vereins nicht mehr abhalten werden, so würde ich vorschlagen, daß der Technische Ausschuß ermächtigt wird, in dieser Frage selbständig Entscheidung zu treffen. Dies ist genehmigt.

Vom Verein für deutsches Kunstgewerbe in Berlin ist uns von einem Preisausschreiben Kenntnis gegeben, welches auf Veranlassung der Firma Dittmars Möbelfabrik, Inhaber Otto Lademann, Berlin C., Molkenmarkt 6, ausgeschrieben wird zu einem „Wettbewerb für Entwürfe für Farbe und Teilung von Wand, Decke und Fußboden". Der Termin der Einsendung an die Geschäftsstelle des Vereins für deutsches Kunstgewerbe, Bellevuestraße 3, ist auf Sonnabend, den 24. Juni d. J., abends 6 Uhr festgesetzt. Ein erster Preis ist ausgesetzt von 400 ℳ, ein zweiter von 200 und ein dritter von 100 ℳ. Das Preisgericht wird gebildet von den Herren Richard Böhland, Maler und Lehrer am Kunstgewerbemuseum, Bruno Drabig, in Fa. Gebrüder Drabig, Dekorationsmaler, Otto Lademann, in Fa. Dittmars Möbelfabrik, Carl William Müller, Architekt für Innenausbau und Walter Ortlieb, Zeichner für Kunstgewerbe. Exemplare des Preisausschreibens stelle ich hier zur Verfügung.

An Druckschriften sind eingegangen und werden dem Technischen Ausschuß vorgelegt: Jahresbericht der Handelskammer zu Berlin für 1904, II. Teil, Wirtschaftliche Lage; Jahresbericht für das Eisenhüttenwesen III, Jahrgang 1902, im Auftrage des Vereins deutscher Eisenhüttenleute bearbeitet von Otto Vogel, Düsseldorf; Jahresbericht der technischen Staatslehranstalten in Chemnitz 1904/5; Pfälzisches Gewerbemuseum in Kaiserslautern, Bericht für das Jahr 1904; „die wichtigsten Faserstoffe der europäischen Industrie, von F. Zetzsche, Assistent an der Technischen Prüfungsstelle der Königl. Sächsischen Zoll- und Steuer-Direktion, Kötschenbroda-Dresden.

Von unserm hochverehrten Mitgliede Geh. Baurat Rathenau ist, „um die Heranbildung praktisch erfahrener und tüchtiger Techniker zu fördern und zu unterstützen", unserem Verein unter Mitteilung des Statuts einer „Rathenau-Stiftung" ein Kapital von 20 000 ℳ mit der Bestimmung überwiesen, es zinsbar anzulegen und die Erträgnisse nach den Grundsätzen des Statuts zu Stipendien zu verwenden. Die Stipendien sollen an Personen gewährt werden, die auf einer höheren preußischen Maschinenbauschule oder an einer deutschen, vom Minister für Handel und Gewerbe diesen gleichgeachteten technischen Schule studieren. Für die Verwaltung des Stiftungskapitals ist in dem Statut eine Kommission vorgesehen, die aus 3 Mitgliedern unseres Vereins bestehen soll: dem Vorsitzenden des Vereins, dem Vorsitzenden der Abteilung für Kassen- und Rechnungswesen und dem Rendanten. Das Kapital soll bei der Reichsbank besonders niedergelegt und die Zinsen zu dem angegebenen Zweck verwendet werden. Nach Anhörung des Technischen Ausschusses wird beantragt, daß der Verein sich bereit erkläre, die Stiftung zu übernehmen und das Stiftungskapital nach den Vorschriften des Statuts zu verwalten. Herrn Geh. Baurat Rathenau sind wir zu lebhaftem Danke für diese hochherzige Stiftung zum besten des deutschen Gewerbefleißes verbunden und ich bitte, nach dem Antrage unter dem Ausdruck des Dankes zu beschließen. (Geschieht.)

17*

5. Juni 1905.

Vom Technischen Ausschuß liegt ein Antrag vor auf Bewilligung von 500 ℳ und 100 ℳ für Herstellung eines Inhaltsverzeichnisses der letzten 20 Jahrgänge unserer Zeitschrift und Bibliothek-Nachtrag-Katalogs, umfassend 20 Jahrgänge bis einschließlich 1905.

Herr Geh. Bergrat Prof. Dr. H. Wedding: M. H., der Technische Ausschuß befürwortet, daß Sie die Summe von 500 ℳ bewilligen zur Herstellung eines Inhaltsverzeichnisses von den letzten 20 Jahrgängen unserer „Verhandlungen und Sitzungsberichte". Vor 10 Jahren ist bereits für die damals verflossenen 10 Jahre ein ähnliches allgemeines Inhaltsverzeichnis, geordnet nach Gegenständen und nach Personen, gegeben worden. Damals ging die Arbeit indessen notwendigerweise sehr eilig voran und das Verzeichnis ist nicht so vollständig geworden, wie wir es gewünscht hätten. Aus diesem Grunde wird es zweckmäßig und nützlich sein, daß wir diesmal 20 Jahre gleichzeitig umfassen. Ein solches Inhaltsverzeichnis einer großen Zeitschrift erscheint durchaus notwendig. Ich möchte nur ein Beispiel anführen: Eine unserer besten Fachzeitschriften ist „Stahl und Eisen"; ja, man darf wohl sagen es ist die beste Zeitschrift in Bezug auf Eisenhüttenwesen, die auf der ganzen Welt besteht, und trotzdem, m. H., ist das Studium dieser Zeitschrift für frühere Jahrgänge beinahe unmöglich. Es ist ein reiner Zufall, wenn man das Glück hat, irgend einen Gegenstand, den man sucht, zu finden. Das beweist, wie notwendig es für eine größere Zeitschrift, die doch nicht vergänglich sein soll wie eine Tageszeitung, ist, ein Inhaltsverzeichnis für eine lange Reihe von Jahren zu schaffen. Wir schlagen vonseiten des Technischen Ausschusses vor, ein über die letzten 20 Jahre sich ausdehnendes Verzeichnis, geordnet einerseits nach Verfassern, andererseits nach Gegenständen, versehen mit kurzen Erläuterungen des Inhalts, herauszugeben. Die Honorarkosten würden 500 ℳ betragen. Es würde dieses Honorar unserem Bibliothekar zugeben, der wohl am geeignetsten ist, ein solches Verzeichnis anzufertigen.

Außerdem ist es wünschenswert, daß unsere zwar nicht sehr umfangreiche, aber doch immerhin recht wertvolle Bibliothek besser benutzt werden kann. Es besteht kein gedrucktes Bücherverzeichnis und es ist erwünscht, ein solches zusammenzustellen. Der Herr Bibliothekar hat sich gleichfalls erboten, dies für ein Honorar von 100 ℳ zu tun. Es würden daher von Ihnen im ganzen 600 ℳ zu bewilligen sein, welche, da das Verzeichnis erst im Anfang des nächsten Jahres zu erscheinen haben würde, entweder aus dem diesjährigen oder aus dem folgenden Etat, je nachdem die Mittel vorhanden sind, zu zahlen wären.

Herr Rentier O. Stephan: Mir ist mitgeteilt worden — ich war leider in der letzten Sitzung des Technischen Ausschusses am Erscheinen verhindert —, daß die Druckkosten noch ungefähr 2000 ℳ betragen würden. Diesen Betrag können wir aber nicht mehr auf den diesjährigen Etat nehmen; das ist eine Unmöglichkeit. Wir müssen unbedingt diese ganze Summe auf den Etat für das kommende Jahr nehmen.

Vorsitzender: Ich glaube, es genügt, wenn der Verein sich über die Sache schlüssig macht und dem Technischen Ausschuß bezw. der Abteilung für Rechnungswesen überläßt, den richtigen Zeitpunkt zu finden.

Herr Geh. Bergrat Prof. Dr. H. Wedding: Wir haben, wie gesagt, darüber schon im Technischen Ausschuß Beschluß gefaßt. Es liegt kein Bedenken vor, daß wir erst im nächsten Jahre die Auszahlung bewirken.

Vorsitzender: Mit dieser Maßgabe darf ich annehmen, daß der Antrag die Billigung gefunden hat.

Herr Geh. Bergrat Prof. Dr. H. Wedding: M. H., es ist vom Technischen Ausschuß beschlossen worden, zu beantragen, wie gewöhnlich die Julisitzung aus-fallen zu lassen.

Vorsitzender: Der Antrag ist angenommen.

Technische Tagesordnung.

I. Aus dem Arbeiterleben Amerikas.

Herr Reg.-Baumeister Dinglinger: Meine Herren! Ein Stück aus dem Leben der amerikanischen Arbeiter möchte ich Ihnen vorführen. Keine theoretisch-sozial-politische Abhandlung, kein erschöpfender, statistischer Nachweis soll es sein. Nein, ich möchte Sie bitten, mir über das Wasser zu folgen, den amerikanischen Arbeiter in der Werkstatt und in seinem Heim aufzusuchen und mit mir die Bedingungen zu er-forschen, die ihm den Ruf der größeren Leistungsfähigkeit gegenüber dem europäischen Arbeiter einbrachten, die auch den amerikanischen Fabriken den Wettbewerb auf unserem Markte ermöglichen. Sie werden aber nichts oder nur wenig hören von dem Arbeiter-Proletariat, dem ungelernten Arbeiter (laborer), den Regierungsrat Kolb in seiner Schrift „Als Arbeiter in Amerika" treffend geschildert hat. Ich möchte Sie haupt-sächlich mit den Handwerkern, den gelernten Arbeitern (workmen) bekannt machen, wie ich sie während eines einjährigen Aufenthaltes in Amerika und besonders während meiner praktischen Tätigkeit in einer Lokomotivfabrik kennen gelernt habe. Aus meiner Studienreise möchte ich die hierauf bezüglichen Momente an Hand einiger selbst auf-genommenen Photographien herausheben.

Die Überfahrt schon bringt einen mit zukünftigen amerikanischen Arbeitern zu-sammen, wenn man einen der großen Auswandererdampfer benutzt, wie wir, d. h. mein Kollege Gutbrod, den das Studium elektrischer Anlagen nach Amerika führte, und ich, es taten. Wir fuhren mit dem der Hamburg-Amerika Linie gehörigen Postdampfer „Pretoria".

Diese Riesen von 12500 Tonnen Gehalt laufen etwa 13 Knoten und machen die Überfahrt in 12 bis 13 Tagen. Zur Flutzeit kann man in Kuxhaven von einem vor wenigen Jahren erbauten Steg unmittelbar an Bord gehen. Damals wurden wir Kajüts-passagiere noch mit einem Tender, der Blankenese, an das Schiff herangefahren und mußten über einen Holzsteg durch eine Luke des Zwischendecks den Weg nach den höher gelegenen Kajüten nehmen. Die Zwischendeckspassagiere, etwa 2500 an Zahl, waren schon in Hamburg an Bord gegangen, um die Abfahrt des Schiffes nicht zu ver-zögern. Untergebracht werden sie nach Männern, Familien und Frauen getrennt in weiten Räumen, in denen die Bettstellen wie in Kasernen zu zwei übereinander in langen Reihen aufgestellt sind.

Noch etwa je 100 Zwischendecks- und einige Kajütspassagiere wurden vor Boulogne und Plymouth an Bord genommen. Bei dem im Kanal oft herrschenden Nebel dauert es geraume Zeit, bis der Tender das Schiff findet, da beide Dampfer wegen der Gefahr eines Zusammenstoßes nur langsam fahren dürfen und der Nebel nicht genau die Richtung der Horn- und Glockensignale verfolgen läßt. Sobald die Schiffe erst Seite an Seite liegen, geht das Überladen so schnell wie irgend möglich vor sich. Die Gepäckstücke werden wie Fische in einem großen Netz mittels eines Dampfkrans hochgewunden und an Deck niedergelassen. Große Vorsicht ist dabei geboten, denn leicht kann bei nicht ganz glücklicher Lage der Kisten und Koffer ein Stück beim Schwenken ins Wasser fallen. Als wir beim Zuschauen vom hohen Promenadendeck die Betrachtung anstellen, wie betrüblich es für eine arme Familie sein müßte, so auf einmal ihr ganzes Hab und Gut zu verlieren, rollt wirklich ein großes, rundes, in eine wollene Decke verschnürtes Bündel herunter und fällt ins Wasser. Die Strömung treibt es schnell davon. Allgemein wird der Besitzer des Gepäckstückes bedauert, da jeder es schon verloren glaubt. Aber trotz des fieberhaften Wunsches, so schnell wie möglich weiterzufahren, wartet der Kapitän noch 25 kostbare Minuten, bis der Tender den Ausreißer den Armen des Meeres entreißt und ihn unter Beifallsklatschen der Passagiere an Bord befördert.

Bald ist die Südspitze von England mit der „drahtlosen Telegraphenstation" umfahren und der letzte Streifen Europas, die Scilly-Inseln, am Horizonte verschwunden; vor uns liegt der herrliche, weite Ozean. Wenn wir uns an seinem Anblick lange genug ergötzt, haben wir reichlich Zeit, uns unter den Passagieren umzusehen. Uns interessieren weniger die Vergnügungs- und Geschäftsreisenden, als diejenigen, welche in Amerika ihre neue Heimat suchen. Schon unter den Kajütspassagieren sind einige zukünftige Amerikaner. Ein Techniker, der sich auf vielen deutschen Bureaus umgesehen hat und nun einmal in Amerika sein Glück versuchen will. Noch blickt er siegesbewußt in die Zukunft; er ahnt nicht, daß er ohne die erforderlichen Empfehlungen, ohne Kenntnis der englischen Sprache nur unter den größten Schwierigkeiten eine Stellung finden kann, da Amerika eine Überproduktion an Ingenieuren mit Technikumbildung besitzt. Wenn er sich nicht vorab zu den einfachsten Paus-Arbeiten hergeben will, werden wir ihn wohl als Arbeiter in einer Fabrik wiederfinden. Mehr Aussichten besitzt schon ein junger Diplomingenieur, der mit Empfehlungen seines in Amerika wohlbekannten Professors ausgerüstet ist. Aber auch er kann nicht vollkommen sicher seiner Stellung sein, da eine Annahme von Ingenieuren nur dann stattfindet, wenn sie bereits in Amerika sind, ein Engagement über das Wasser dem Gesetz zufolge ausgeschlossen ist. Während wir uns auf dem Oberdeck ergehen, herrscht im Zwischendeck eitel Freude: Die Zwischendeckspassagiere müssen auch die guten Tage ausnutzen, denn bei stürmischem Wetter werden die Luken geschlossen und dann ist es recht traurig in der Gefangenschaft.

Sehen wir uns unter den Zwischendeckspassagieren um, so wundern wir uns darüber, daß wir so wenig deutsche Gesichter finden. Die deutsche Auswanderung, welche sich Ende der siebziger Jahre des vorigen Jahrhunderts auf ihrem Höhepunkt befand, ist bis Mitte der neunziger ständig zurückgegangen und hält sich seitdem auf einer sehr niedrigen Stufe. Hauptsächlich sind es Polen, Russen, Galizier und Ungarn, die an ihrem slavischen Gesichtsschnitt sofort zu erkennen sind, ihrem Berufe nach meist Landarbeiter, die bei den geringen Bedürfnissen drüben einer glücklichen Zukunft entgegensehen. Sie sind den Amerikanern in doppelter Hinsicht willkommen. Einmal sind sie für die niedrigen Handlangerarbeiten sehr gut zu verwenden, zu denen sich die Amerikaner nicht hergeben, wie z. B. zum Transport von Maschinenteilen und Verladen von Waren, zum Putzen der Gußteile und Reinigen der Gebäude, wenngleich man gerade nicht behaupten kann, daß diese Leute zu den saubersten der Welt gehören. Zweitens bleiben sie meist ganz in Amerika und verzehren dort das durch ihre Arbeit verdiente Geld, im Gegensatz zu den Italienern, welche von Vermittlern hinübergeführt, unter den erbärmlichsten Verhältnissen und bei bescheidensten Ansprüchen hauptsächlich im Bauhandwerk und bei Erdarbeiten so lange tätig sind, bis sie eine bestimmte Summe erspart haben. Ihre Sehnsucht ist ein kleines, schuldenfreies Anwesen, das sie selbständig verwalten und als Zufluchtsort für ihre alten Tage benutzen können. Aber ihr Häuschen muß unter dem sonnigen Himmel Italiens stehen, nie würden sie sich für immer in einem fremden Lande wohl fühlen.

Die Agenten in Italien nehmen auch Arbeiter an, welche die Überfahrt nicht bezahlen können, und schießen ihnen außer diesen Kosten die bei der Landung in Amerika erforderlichen 20 $ vor. Aber wehe denen, die sich auf ein solches Geschäft einlassen. Mit Zinsen und Zinseszinsen müssen sie ihre Schulden abtragen und brauchen bisweilen Jahre dazu, bis sie anfangen können, einen Cent auf die Saving-Bank zu tragen, da die Unternehmer ihre Forderungen ganz nach Belieben in die Höhe schrauben.

Die Italiener nehmen gewöhnlich die von Genua über Neapel und Gibraltar gehende südliche Linie.

Von den Deutschen auf unserem Schiffe sind die wenigsten Handwerker, viel mehr Landleute und Kaufleute, die drüben ihr Glück versuchen wollen.

Schon bei der Einfahrt winkt ihnen die Liberty als Zeichen der Freiheit. Kein Klassenunterschied, keine Nachfrage nach dem Stand der Eltern; Freiheit in der Religionsübung; keine polizeiliche Meldung, keine Nachfrage nach dem woher und wohin; nur noch das wirkliche Können entscheidet, die Persönlichkeit soll voll in den Vordergrund treten. Wie viele Herzen schlagen voll banger Erwartung beim Anblick jenes gewaltigen Häuserblocks an der Südspitze von New-York, in dem sämtliche Firmen der Vereinigten Staaten ihre geschäftliche Vertretung haben, in dem sich das gesamte Börsenleben abspielt.

Auch ich war gespannt, ob ich in einem dieser Wolkenkratzer eine Firma finden würde, welche mir Gelegenheit gäbe, Einblick in das Leben der Werkstättenarbeiter zu gewinnen.

Dem Rate derjenigen, welche Amerika schon durchquert, folgend, hatte ich mich mit Empfehlungsschreiben aller Art versehen, und begann schon in den ersten Tagen, mein Glück auf die Probe zu stellen. Am liebsten wäre mir eine Lokomotivwerkstatt gewesen, gleichgültig, ob ich als Volontär oder als Beistand des Betriebsingenieurs oder des Werkstättenvorstehers angestellt würde.

Auf Anraten des Leiters der Railroad Gazette, Mr. Prouth, an den mich Herr Professor von Borries empfohlen hatte, setzte ich meine Wünsche den Baldwin-Works und der American Lokomotive Company schriftlich auseinander und sandte die Briefe mit einem Begleitschreiben des Mr. Prouth ab. Bis zum Eingange der Antworten blieb mir genügend Zeit, mich über die Arbeiterverhältnisse New-Yorks etwas zu informieren.

Eine Fabrikstadt wie etwa Berlin, das die meisten Fabriken auf dem Kontinent einschließt, ist New-York nicht. Es ist wie Hamburg lediglich Handelsstadt. Infolge der gewaltigen Bauarbeit, die nur nach Norden und in die Höhe und Tiefe möglich ist, alle anderen Seiten sind durch das Wasser begrenzt, macht sich aber ein großes Bedürfnis nach Bauhandwerkern aller Art geltend.

Fig. 1. Flat iron building.

Das Flat iron building, Fig. 1, auf einem hufeisenförmigen Grundriß erbaut, ist eines der neuesten Wolkenkratzer in der oberen Stadt an der Ecke des Broadway und der V. Avenue. Dieses Gebäude ist insofern interessant, als es von vorn gesehen einer Wand gleicht, die kaum dem Winde standzuhalten vermöchte. Ich sah es zum ersten Male in dem Stadium, wo bereits an den Füllungen der obersten Etagen gearbeitet wurde, während die der beiden unteren Etagen noch offen gelassen waren, um den Eisenträgern erst die durch die Riesenbelastung eintretende Durchbiegung zu gestatten, die andernfalls eine starke Pressung auf die Füllung ausüben würde. Bei dem nachträglichen Einbau sind die Füllsteine an den gefährlichsten Stellen vollständig entlastet.

Nun wird zwar der hohen Arbeitslöhne wegen möglichst viel Maschinenarbeit angewandt; man stellt auch die Träger so weit wie möglich in der Werkstatt fertig. Aber ein derartiger Bau braucht doch noch Menschenhände genug vom Beginn der Ausschachtung bis zur Fertigstellung. Bei den Erdarbeiten und beim Fortschaffen des Bauschuttes sind viele Neger tätig, die sonst, ausgenommen in den Südstaaten, nur als Kellner, Diener und Kutscher angetroffen werden. New-York

besitzt eine eigene Negerkolonie, wie überhaupt jeder Volksstamm seine besonders bevorzugte Wohngegend hat. Ein Europäer wird es schwerlich in einer Negerwohnung aus-
halten; nicht daß ihn daraus ein so intensiver Geruch wie etwa aus den Chinesenhäusern
in San Francisco vertreibt, wo die Gelben dicht gedrängt neben und übereinander wohnen.
Nein, die für die Hitze stärker aufnehmfähige Haut dünstet auch um so stärker wieder aus,
und übergroßer Reinlichkeit erfreut sich dieser Volksstamm auch nicht. Es ist deshalb
nicht zu verwundern, wenn die Pullman Company einem Neger als Fahrgast das Mitfahren
im Schlafwagen nicht gestattet. Er gilt, trotzdem das Staatsrecht ihn gleich ansieht,
doch als inferior. Daß ein Neger als Zimmermann (wie hier bei der untersten Balken-
lage) mit einem Weißen Hand in Hand arbeitet, würde in den nördlichen Staaten ganz
unerhört sein. Die Arbeiter-Union, über die ich nachher noch einiges mitteilen werde,
nehmen die Neger als Mitglieder nicht auf. Man würde auch nicht gut daran tun,
Neger in engen Räumen zu beschäftigen, da ihnen die Arbeit nicht zusagt. Nebenbei
sollen sie, obgleich schlau, im allgemeinen nicht zuverlässig sein. Aber im Freien,
beim Bahn- und Straßenbau, stehen sie ihren Mann, selbst in der glühendsten Sonnen-
hitze, bei der ein Weißer nur noch als Aufseher zu verwenden ist. So fanden sie auch
bei den Arbeiten für die Untergrundbahn, die 1902 im vollsten Gange waren, vielseitige
Verwendung. Wir haben manchen Neger als Maschinisten gesehen, der von seiner
Kabine aus den Dampfkrahn zum Aufladen des aus dem Boden entrissenen Gesteins
leitete. Für die in dem felsigen Boden außerordentlich langwierige Bohrarbeit, zu der
ausschließlich Preßluftwerkzeuge Verwendung finden, waren meistens Italiener herangezogen. Der Verkehr der elektrischen Straßenbahnen durfte durch die Auschachtungs-
arbeiten nicht unterbrochen werden; so konnte man interessante Balkenkonstruktionen
als Träger für die Fahrbahn sehen, ehe die Eisenträger verlegt wurden, über die die
Kappen für den späteren Straßendamm angeordnet wurden. Die Sprengungen, die Tag
und Nacht stattfanden und derentwegen oft eine ganze Wagenburg warten mußte, haben
die im Bau befindlichen Wolkenkratzer nicht unerheblich gefährdet; so war kurz vor
unserer Ankunft ein 14 stöckiges Gebäude, von dem nur das Gerippe errichtet war, infolge der Stöße beim Sprengen in sich zusammengestürzt.

Teuer müssen die Handwerker am Bau bezahlt werden, welche die Einmauerung
der Eisensäulen und die sachgemäße Verbindung der Eisenkonstruktionen zu besorgen
haben. Unter 3 $ ist auch in guten Zeiten keiner zu haben. Wenn auch nach Mög-
lichkeit Luftdruck und elektrische Werkzeuge verwandt werden, so muß doch das letzte
Zusammennieten und Zusammenschrauben von Hand geschehen. Dagegen können zum
Betriebe der Krane und Winden sehr wohl Maschinen Verwendung finden.

Eine große Menschenmenge will dann abends nach den Wohnungsvierteln befördert werden, wobei sich elektrische Hochbahnen, Straßenbahnen und Untergrund-
bahnen jetzt in die Beförderung teilen. Damals war die Untergrundbahn im Bau begriffen und noch der größte Teil der Hochbahnen mit Dampf betrieben. Aber die
kleinen starken Lokomotiven, welche so viel Rauch und Staub verbreiteten, daß die von
der Hochbahn durchzogenen Straßen fast ganz entwertet waren, sind jetzt verschwunden.
Elektrische Züge von 5—7 Wagen eilen in dichter Folge ohne Zwischensignale hintereinander her. Die Arbeiter benutzen meistens die Schnellzüge, welche morgens bis

8 Uhr auf dem in der Mitte liegenden dritten Gleise nach der Stadt und abends von
5—7 nach den Vororten fahren. Erklärlicherweise sind die Züge um den Geschäfts-
schluß über und über besetzt; die Verteilung der Reisenden hat über ein sehr großes
Gebiet zu erfolgen, da in den eigentlichen Wohngegenden nach englischem Muster fast
nur zweistöckige Häuser existieren, der Typus der Mietskasernen dagegen auf die Ge-
schäftsviertel beschränkt bleibt. Den Verkehr nach Brooklyn, nach Hoboken und Staten
Island vermitteln die großen Ferryboote, welche bis zu 2000 Personen und 16 Fuhrwerke fassen können. Wer von Ihnen drüben gewesen ist, hat sicher die Gelegenheit
nicht versäumt, vom Oberdeck eines solchen Ferrybootes auf einem mühsam erkämpften
Klappstuhl den Riesenverkehr auf dem Hudson zu beobachten und hinauszufahren durch
die Festungswerke nach Long Island, Mary Island, Cony Island und wie die Badeorte
alle heißen, in denen sich in den Sommermonaten nach Beendigung der Arbeitszeit ein
Teil echten New-Yorker Lebens abspielt. Dort findet man nicht nur die besitzenden
Klassen, auch manche Arbeiterfamilie hat ihre Sommerwohnung in der Nähe des Strandes,
auf welchem besonders Sonnabends und Sonntags ein lebhaftes Treiben herrscht. Wenn
die Geldmittel einen solchen Badeaufenthalt nicht gestatten, dann bieten sich Erholungs-
spaziergänge in den großen Parks von New-York und Brooklyn, die mit großer Abwechslung angelegt sind. Der New-Yorker Central Park bietet sogar einen wenn auch
einfachen, aber sehr besuchten Zoologischen Garten. (Eintritt frei.) Und wer eine lange
Straßenbahnfahrt im überfüllten Wagen nicht scheut, der kann seine Belustigung in den
billigen im Norden gelegenen Vergnügungslokalen suchen. Im Fort George erfreut sich
besonders die unverheiratete Arbeiterwelt am Ponyreiten, am Kraftmessen und dann besonders am Scheibenschießen und am Verzehren von Eis-cream, von „Frankfurter und
Sauerkraut" usw. Eine echt amerikanische, aus dem beliebten base-ball Spiele entstehende Vergnügung ist das Werfen mit Lederbällen nach einem sich bewegenden
Negerkopfe, der getroffen mit leisem Jammern umklappt. Natürlich darf die bar auch
nicht vergessen werden, doch spielt das Trinken bei solchen Vergnügungsfahrten eine
viel geringere Rolle als etwa in der Umgegend von Berlin. Für den Fremden bietet
auch der Spaziergang über die alte, von unserem Landsmann Röbling erbaute
Brooklyn-Brücke mit dem Blick auf die Stadt und den East River einen Genuß.

    Alle diese Ausflüge in Abwechslung mit der Besichtigung der großen Kraft-
zentralen und Hafenanlagen ließen die beiden Wochen schnell vergehen, die ich auf
Bescheid seitens der Lokomotivgesellschaften warten mußte. Wie Mr. Prouth mir
vorausgesagt, war eine Stelle als assistant foreman nirgends frei, aber sowohl die
Baldwin Works als die American Locomotive Cy. erboten sich, mir in einer Werkstatt
eine Stellung zu verschaffen, ich sollte mich nur persönlich vorstellen. Ich wandte
mich zunächst nach Philadelphia an die berühmten, unweit des Rathauses gelegenen
Baldwin Works, die mit ihren 11500 Arbeitern im Jahre 1901 gegen 12700 Lokomotiven aller Art herausgebracht hatten. Und wenn auch Mr. Vanclain Herrn Gutbrod
und mich auf das liebenswürdigste aufnahm und sich bereit erklärte, mich nach etwa
dreimonatlicher Werkstättentätigkeit in dem technischen Büreau zu beschäftigen, so
fürchtete ich doch, den gewünschten Einblick in alle Teile des Lokomotivbaues in dem
Riesenwerk nicht bekommen zu können, in dem jeder Einzelteil seine Spezialwerkstätte

aufzuweisen hat, das man an einem Tage nur im Geschwindschritt in den wichtigsten
Teilen besichtigen kann. Um ganz offen zu sein, fürchtete ich mich auch ein wenig
vor den dunklen Arbeitsräumen; wo soll auch das Licht in den weiten vierstöckigen
Gebäuden mit den engen, schon vielfach überdachten und verbauten Höfen herkommen?

Fig. 2. Kesselschmiede der Schenectady Lokomotive Works, Neubau.

Da war es kein Wunder, daß ich vorzog, in den schönen luftigen Werkstätten
der Schenectady-Lokomotive-Works zu arbeiten, die damals gerade teilweise neu gebaut
wurden, Fig. 2. Im Jahre 1902 haben die Schenectady-Werke, allerdings unter Zuhilfenahme von Nachtschichten, mit gegen 4000 Arbeitern 450 Lokomotiven geliefert, unter
denen sich außer einigen Rangiermaschinen im Gegensatz zu den Baldwin Lokomotive
Works kleine Lokomotiven nicht befanden.

Auf meinen Aufenthalt in Schenectady, der im Mai begann und im August
endete, möchte ich etwas näher eingehen, ohne Ihnen indessen Bilder aus der Werkstatt vorführen zu können, da ich das dort verbotene Photographieren auch nicht heim-
lich betrieben habe, um mir das Wohlwollen meiner Arbeitgeber nicht möglicherweise
zu verscherzen und um nicht unnötig unter den Arbeitern aufzufallen.

Der Direktor der Fabrik, Mr. Deems, an den ich die Empfehlung von der Direktion erhalten hatte, ließ mich zunächst durch das Werk führen und erkundigte sich dann unter Zuhülfenahme eines Dolmetschers, um bei meinem noch etwas gebrochenen Englisch Mißverständnisse auszuschließen, nach meinen Absichten. Nachdem ich ihm auseinandergesetzt, daß es mir daran liege, den Gang der Arbeit in den einzelnen Werkstätten kennen zu lernen, fragte er, ob ich arbeiten könne, dann wolle er mir gestatten, ebenso wie ein Student die verschiedenen Werkstätten durchzumachen. Ich glaubte, daß dies wie in unseren deutschen Werkstätten als Volontär geschehen konnte, doch da kam ich schlecht an. Zunächst brauchte ich eine geraume Zeit, ehe ich Mr. Deems mit Hilfe meines Dolmetschers den Begriff Volontär klar machen konnte. Endlich gelang es uns mit dem Wort „look round“. Da aber brach Mr. Deems in ein schallendes Gelächter aus „Umhergucken, nichts tun und die Leute von der Arbeit abhalten, mein Herr, das giebt's bei uns nicht! Bei uns bekommt jeder seinen Lohn und muß dafür arbeiten, und ich denke, Sie können arbeiten? Außerdem lernen Sie alles gründlicher, und vor allem bleibt es besser im Gedächtnis haften, wenn Sie für das, was Sie leisten, verantwortlich gemacht werden. Arbeiten ist doch keine Schande. Mir gilt der Arbeiter ebensoviel, wie der Zeichner oder Kaufmann!“ Und in der Tat habe ich das später oftmals beobachtet. Wenn Arbeiter einmal wegen irgend einer Sache zu ihm berufen wurden, begrüßte Mr. Deems sie ebenso durch Händedruck, wie er mich begrüßt hatte, sie mußten auf demselben Stuhl Platz nehmen, ob auch der blaue Arbeitsanzug ihre Brust zierte, und nach der Verhandlung wurde der Mann wieder ebenso freundlich wie jeder andere Gentleman entlassen. — Es wurde abgemacht, daß ich zunächst drei Monate in verschiedenen Werkstätten arbeiten sollte und dann, wenn mir daran gelegen wäre, auf das technische Büreau übergehen könnte. Als ich darauf dem Betriebsingenieur, Mr. White, übergeben worden war, hatte ich das Bewußtsein, im Falle irgend eines Wunsches getrost zum Direktor gehen zu können. Dazu kam es aber in der ersten Zeit gar nicht, da Mr. Deems bei seinem täglichen Rundgang, bei dem er weniger die Arbeiter als die Arbeit zu sehen pflegte, doch bei mir Halt machte, um sich mit ein paar Worten zu erkundigen, wie mir die Arbeit schmeckte. Auch als ich später für meine Studienreise um einige Empfehlungen bat, wurden mir diese von Mr. Deems in der liebenswürdigsten Weise ausgestellt, so daß ich diesen Gentleman, der jetzt oberster technischer Leiter einer der größten amerikanischen Bahnen ist, im besten Andenken habe. — Ganz im Gegensatz hierzu konnte ich mich über zu große Liebenswürdigkeit seitens des Betriebsingenieurs nicht beklagen. Mr. White, dessen Eltern noch den guten deutschen Namen Weiß geführt hatten und der, wie ich von anderer Seite hörte, sehr wohl deutsch verstand, vermied es geflissentlich, mit mir deutsch zu reden, übergab mich vielmehr ohne viele Worte dem Meister der Werkstatt, in der die Lokomotivzylinder hergestellt werden. Mr. White kam oft in die Fabrik, sah dann weder nach den Arbeitern noch nach der Arbeit, sondern beratschlagte nur mit dem Meister, wie irgend ein Übelstand, der sich bemerkbar gemacht, zu beheben und für das nächste Mal zu vermeiden sei. Er kümmerte sich nicht im geringsten um Personalien, das war ganz allein Sache der einzelnen Meister, dafür war er um so ängstlicher auf Einhaltung des Arbeitssystems und auf genaue Regelung des Arbeitsganges bedacht.

Der Meister, dem ich zugeteilt worden war, machte einen sehr netten und gewandten Eindruck auf mich. Er war, wie ich später hörte, im Vorstande einer religiösen Sekte und wurde, noch während ich in seiner Werkstatt tätig war, als Vertreter zu einem in Stockholm stattfindenden Religionstage für acht Wochen beurlaubt. Er begrüßte mich freundlich bei meinem Eintritt in seine Arbeitsstube, schickte den Schreiber und den office-boy, ohne die eine amerikanische Werkmeisterstube nicht denkbar ist, mit einem Auftrage fort und erkundigte sich nun, welche Art von Arbeit mir die liebste wäre. Ich erklärte, jede Arbeit übernehmen zu wollen, bei der ich nicht zu schwer zu heben brauchte, da ich fürchtete, möglicherweise einer Transportkolonne zugeteilt zu werden. Nach kurzem Nachdenken sagte er: „Well, ich höre, Sie wollen den Arbeitsgang kennen lernen; ich glaube, daß Ihnen an einem sehr guten Verdienst weniger als an einem guten Platz gelegen ist; ich sehe, daß Sie noch recht schlecht englisch verstehen; ich werde Sie zu Mr. Tregurtha geben, das ist ein netter Mann, der versteht etwas Deutsch und mit dem werden Sie schon gut auskommen. Auf Wiedersehen morgen früh im Arbeitsanzuge!" Gesprochen habe ich den Meister erst wieder, als ich ihn bat, in eine andere Werkstatt übergeben zu dürfen; wohl merkte ich, daß er mich ebenso wie die anderen Arbeiter oftmals beobachtete, daß er mir ab und an einmal zunickte, aber an meinen Arbeitsplatz direkt heran kam er nur einmal, als meine Maschine infolge eines Riemendefektes stillstehen mußte. Im übrigen hatte Mr. Tregurtha die volle Verantwortlichkeit für mich, er allein hatte über meine Leistungsfähigkeit zu urteilen, er allein konnte mich im Werke halten.

Als ich am nächsten Morgen nach einem Platz suchte, an dem ich meine Kleider unterbringen konnte — .für die Fabrik hatte ich mir für 1 $ einen blauen Anzug erstanden — forderte mich Mr. Tregurtha auf, meinen Rock in sein Werkzeugspind zu hängen, damit er am Fensterriegel nicht zu sehr verschmutzte. Besondere Kleiderspinden oder gar Ankleideräume sind nur in ganz modernen amerikanischen Werkstätten zu finden. Ähnlich steht's mit allen Wohlfahrtsangelegenheiten. Alle die Dinge, die unsere Gewerbepolizei streng verlangt, werden drüben für überflüssigen Luxus gehalten. Die Arbeiter waschen sich auch ganz gerne in Holzeimern, wenn sie nur gute Luft in den Arbeitsräumen, gute und gerechte Behandlung und gute Löhne haben. Daß die Werkstätten in Schenectady sehr geräumig und luftig angelegt waren, habe ich bereits erwähnt. Was das Verhältnis zu den Vorgesetzten betrifft, so ist wohl schon aus dem vorhergesagten klar geworden, daß sich der Fabrikleiter, der Betriebsingenieur und selbst der Meister so gut wie gar nicht um den einzelnen Arbeiter bekümmerten. Dieser hatte nur mit seinem Vorarbeiter zu tun. Die strenge Einhaltung des Instanzenweges brachte ein angenehmes Arbeitsverhältnis mit sich und erleichterte das Arbeiten ungemein; zu einem Teil war sie durch das Arbeitssystem, die sogenannte Kontrakt-Arbeit begründet, über die vielleicht etwas näheres zu hören interessieren möchte.

Die Betriebsleiter der amerikanischen Fabriken wetteifern in der Einführung neuer Systeme, welche den Zweck haben, die Arbeiter zur größtmöglichen Leistung anzustacheln, um die Waren so schnell wie möglich hinauszubringen und ihre Anlage so gut wie möglich auszunutzen. Wenn es sich im allgemeinen auch nur darum handelt,

Stundenlohn und Akkordlohn an der richtigen Stelle anzuwenden, so sind aus diesem Bestreben doch auch ganz eigenartige Systeme entwachsen. U. a. haben sich das Prämien-System, das Bonus-System und die Kontrakt-Arbeit einen größeren Ruf erworben. Wegen der beiden ersten Systeme verweise ich Interessenten auf meinen im Jahre 1903 in Glasers Annalen veröffentlichten Aufsatz; nur auf die Kontrakt-Arbeit möchte ich hier näher eingehen. Überall dort, wo mehrere Arbeiter an einem Stück beschäftigt sind, oder wo gleichartige Maschinen zur Herstellung eines und desselben Gegenstandes Verwendung finden, ist die Arbeit einem Vorarbeiter, dem Kontraktor, übertragen. — Sie werden mir einwenden, daß es in jeder größeren Fabrik Sitte ist, eine Gruppe von Hobelmaschinen, Drehbänken oder Bohrmaschinen unter die Aufsicht eines Vorarbeiters zu stellen, daß auch in unseren Lokomotivfabriken je ein Mann die Verantwortung für richtige Zusammensetzung der Achsen, der Steuerungsteile oder für Anbringung der Armatur am Kessel hat. — Aber die Aufsicht ist es nicht allein.

Der Vorarbeiter verpflichtet sich kontraktlich dazu, die übernommene Arbeit für einen bestimmten Preis fertigzustellen, und falls nach Ablieferung sich Fehler zeigen sollten, diese unentgeltlich zu beseitigen. Der Kontraktor fordert sich von dem Meister Arbeiter je nach Bedarf an und entläßt sie wieder aus seiner Kolonne, wenn sie ihm nicht genug leisten oder wenn es weniger für längere Zeit zu tun gibt. So schaltet und waltet der Kontraktor wie ein Handwerksmeister der guten alten Zeit. Er ist bis zu einem gewissen Grade selbständig, vollkommen verantwortlich für die Arbeit seiner Kolonne und kann infolge seiner Machtbefugnis die Disziplin leicht aufrecht erhalten.

Ein Mißbrauch der Macht ist im allgemeinen nicht zu befürchten, da sich dann sofort die übrigen Arbeiter ihrer Kameraden annehmen.

Die Bezahlung erfolgt so, daß der Kontraktor seinen Leuten mindestens denjenigen Lohn gibt, für den sie von der Fabrik angenommen worden sind. Arbeiten die Leute gut, so wird er ihnen in seinem eigensten Interesse noch etwas dazu legen, um sie festzuhalten. Der Kontraktor bemüht sich, seine Leute so schnell wie möglich anzulernen; denn er kann z. B. mit 4 geübten Leuten eine Arbeit besser und schneller ausführen, als mit 6 weniger geschulten Kräften; so kann er seine Leute besser bezahlen und behält selbst mehr von seinem Gelde übrig.

Meinem Vorarbeiter, Mr. Tregurtha, unterstanden die Bohrmaschinen für die kleinen Arbeiten an den Lokomotivzylindern. Grade, als ich mich meldete, war etwas mehr zu tun, so daß ich zunächst an verschiedenen Stellen helfen mußte. Als sich aber am 3. Tage ein Arbeiter beim Umlegen eines der großen Zylinder die Hand so quetschte, daß er ins Krankenhaus gebracht werden mußte, erhielt ich dessen Bohrmaschine und konnte dort so recht beobachten, wie geschickt unser Vorarbeiter die Arbeit eingeteilt hatte. Arbeitsteilung im Kleinen wie im Großen! Mr. Tregurtha selbst achtete darauf, daß jeder Mann voll beschäftigt wäre, daß die Maschinen die richtige Geschwindigkeit hatten, und daß die richtigen Werkzeuge Verwendung fanden. Sollte der Zylinder in eine andere Lage gebracht werden, so mußte ich mich an einen älteren Arbeiter wenden, der sofort einen der Krahne heranpfiff, mit einer wahren Virtuosität die schwere Kette hantierte und den Zylinder im Nu auf die richtige Stelle gebracht hatte. Dieser selbe Mann versorgte uns auch mit neuen Werkzeugen.

Für Handlangerdienste war wieder ein besonderer Mann angestellt, der, wie ich in den ersten Tagen, bald hier bald dort half.

Nach Verlauf einiger Wochen hantierte ich meine Maschine schon so, daß Mr. Tregurtha erklärte bei mir nichts mehr zuzusetzen, und wahrscheinlich hätte ich schon bald etwas über meinen Lohn von 1,35 $ pro Tag = 5,50 Mk. erhalten, wenn ich nicht in eine andere Werkstatt gegangen wäre.

Daß ich mich so schnell in die Arbeit hineinfand, lag zumeist an der tatkräftigen Unterstützung durch die anderen Arbeiter, teils weil ihnen daran lag, daß die Arbeit so schnell wie möglich fertig wurde, teils wohl auch, weil sie mir gern halfen, da sie sahen, daß ich doch die Arbeit nicht mehr so ganz gewohnt war.

Bei der Kontraktarbeit hat die Fabrik den Vorteil, mit einem festen Arbeitslohn und mit sorgfältigen Arbeitsausführungen rechnen zu können, der Kontraktor dagegen steht sich in guten Zeiten brillant, — möglicherweise besser wie der Meister, der sein festes Gehalt bezieht — hat aber auch sein Auskommen, wenn das Geschäft abflaut. Im allgemeinen waren die Vorarbeiter gelernte, fast alle Gehilfen ungelernte Leute, ebenso wie ich auch später in den anderen Werkstätten beobachten konnte.

In eine ganz originelle Gesellschaft geriet ich in der Werkstatt, in der die Rahmen bearbeitet wurden. Ein riesiger Deutschamerikaner, einer von den wenigen gelernten Schlossern, (sein Vater hatte auf der Ausbildung bestanden) hatte die Rahmen vorzureißen, wobei ihm ein kleiner Amerikaner durch Zureichen der Meßwerkzeuge und Ankörnen der Löcher behülflich war. Sie waren ein berühmtes und gefürchtetes base-ball Paar, arbeiteten aber auch in der Werkstatt vorzüglich zusammen. Es tat mir leid, dieses herrliche Paar trennen zu müssen, aber der Meister wollte mich einem Deutschen zuteilen und den Kleinen für andere Zwecke zeitweilig verwenden. Mit dem Goliath kam ich aber ganz gut aus; ich mußte mich allerdings erst an das Maßsystem gewöhnen, habe dann aber mit dem praktischen 2 Fuß-Zollstock in der Hand begreifen gelernt, weshalb die Amerikaner nicht von ihrem Zollsystem lassen wollen. Hat sich doch bei einer allgemeinen Umfrage im vergangenen Jahre die überwiegende Mehrzahl der Fabriken gegen Einführung des metrischen Systems ausgesprochen.

Wie gesagt, zuerst vertrug ich mich mit meinem Partner gut; das Lesen der Zeichnungen machte mir keine Schwierigkeit, und das Zeichnen noch weniger, in ganz kurzer Zeit ersetzte ich nicht nur seinen früheren Partner, sondern besorgte auch zu seiner vollen Zufriedenheit das Anreißen selber, wenn er wo anders festgehalten wurde.

Als ich aber einmal einen aus dem technischen Bureau stammenden Fehler entdeckt hatte, und ihn bat, denselben doch abändern zu lassen, wurde er ganz ärgerlich: „Schau in Deine eigenen Sachen und laß unsere Zeichner nur machen!" Am nächsten Morgen fand ich aber die Zeichnung abgeändert. Dann ging's ein paar Tage ganz gut. Einmal aber zeichnete ich einen neuen Rahmen anders, als es nach seiner Ansicht richtig war. Als ich meine Handlung zu verteidigen wagte, hatte ich's aber mit ihm verdorben. „Du kommst übers Meer, um hier was zu lernen, und nun willst Du uns was lehren? Laß das, oder ich sage dem Forman, daß Du Dir ein anderes job (Beschäftigung) suchen magst. Du sollst den freien Amerikaner noch kennen lernen!" Nie habe ich den Goliath so wütend gesehen. Stolz ist der Amerikaner auf sein Vaterland, stolz aber auch auf alles, was er schafft, und man ist sein Freund nur solange, als man die Vorzüge unbedingt anerkennt.

Am nächsten Tage nahm mein Feind die versöhnende Hand an, der Friede wurde geschlossen und dadurch besiegelt, daß ich einmal die Stunde über Mittag im Werk blieb, während ich sonst in einem boarding-house meine Mahlzeit einnahm. Ich war ganz erstaunt, was da alles aus dem Frühstückskistchen (lunch basket) meines Freundes zum Vorschein kam. Ein Gläschen mit Fleischsalat, ein halbes kaltes Huhn, verschiedene Weißbrodstullen, ein Glas mit Preißelbeeren, eine Kanne Milch mit Kaffee und zwei Bananen. Na, der Riese brauchte eine gute Portion für seine Ernährung, aber bei den anderen Arbeitern sah ich die gleiche Mannigfaltigkeit in den Speisen. Ich wunderte mich, daß niemand gekochte Eier mitbrachte und hörte auf die Frage „Die bekommen wir morgens nach dem oat meal porridge, dazu ein paar Tassen Kaffee oder Tee und etwas Kompott, das gibt eine gute Grundlage." „Und abends?" „Da bekommen wir erst richtig warm zu essen „Suppe, Fleisch und Gemüse und Pie." „Und Sie trinken dazu?" „Wasser." Genau dasselbe Essen, wie ich es im boarding house erhielt. So kräftige Mahlzeiten und keine Spirituosen — da war es kein Wunder, daß die Leute auch bei der größten Hitze stets frisch bei der Arbeit waren.

Acht Tage nach der gemeinsamen Mittagsmahlzeit erklärte mein Partner: „Bei mir kannst Du nichts mehr lernen, geh' und such' Dir ein ander Job."

In der Montageabteilung, in die ich auf meine Bitte übersiedelte, mußte ich für einen Arbeiter eintreten, der bei den Arbeiten hoch in der Luft auf dem Kessel von einem Schwindelanfall betroffen war und jetzt nur noch auf der Erde beschäftigt werden durfte. Es war ein hartes Stück Arbeit, in das ich mich unter Leitung eines Angloamerikaners, eines sehr ruhigen, geschickten und klugen Menschen, mit zwei jungen Burschen von 19 und 21 Jahren zu teilen hatte, die beide ein Handwerk nicht gelernt hatten; der eine hatte als Zeitungsjunge nach Absolvierung der Volksschule angefangen, war dann Austräger in verschiedenen Geschäften und schließlich Gehilfe bei dem Reparaturschlosser in einer Spinnerei gewesen. Er war ruhig und umsichtig und trotz seiner Jugend schon sehr welterfahren im Gegensatz zu dem 2 Jahre älteren Gefährten; dieser hatte als Sohn wohlhabender Eltern mehrere Jahre eine High school (Gymnasial-Oberklassen), aber ohne rechten Erfolg, besucht, hatte dann Kaufmann werden wollen, aber dort nicht gut getan, und mußte nun so sein Geld verdienen. Ein rechter unreifer Luftikus. „Take it easy!" „Nur nicht zu hitzig!" war seine ständige Mahnung. Aber trotzdem brachten wir drei unsere Arbeit zur Zufriedenheit unseres Kontraktors fertig.

Eines besonderen Ereignisses möchte ich hier noch Erwähnung tun. Als ich mich in der Mittagspause einmal nach Mr. Tregurtha umsah, fand ich ihn ganz erregt. Er hatte in Vertretung des foreman am Vormittag einen tüchtigen Hobler hinausgeworfen, der betrunken zur Arbeit gekommen war. (Eine Kündigungsfrist für Arbeiter besteht nicht). Nachdem jener Mann sich ausgeschlafen, war er wiedergekommen und hatte gedroht, es seiner Union anzuzeigen, falls er keine Arbeit erhielte. Mr. Tregurtha hatte ihn aber abgewiesen und glaubte nun den Streik heraufbeschworen zu haben. Ich suchte ihn damit zu beruhigen, daß die Arbeiter sich des Trunkenboldes nicht annehmen würden. Und so geschah es auch. Die Angelegenheit verlief im Sande.

Anders wäre es gewesen, wenn es sich um einen Streit mit dem Meister gehandelt hätte, in dem ein Schein des Rechts auf Seiten des Arbeiters gewesen wäre. Das merkte man in einer Versammlung der Maschinist-Union, zu der auch ich eingeladen war. Der Wortführer, welcher der General Electric Cy. angehörte, pries den großen Nutzen des Zusammenschlusses der Arbeiter und führte als Beispiel an, daß erst kürzlich ein Meister der General Electric wegen schlechter Behandlung eines Mitgliedes der Union entlassen worden war, da der Vorstand der Union der Fabrikleitung mit dem Streik gedroht hatte, falls diese Behandlung ungesühnt blieb. Den bisweilen etwas sehr kühnen Worten folgte die Aufforderung an alle Außenstehenden zum Beitritte zur Union. Ich drückte mich mit mehreren anderen kurz vor Schluß der sehr ruhig und anständig verlaufenen Versammlung, hätte dies aber gar nicht nötig gehabt, da, wie ich später hörte, nur gelernte Arbeiter Mitglieder werden konnten, d. h. solche, die mindestens 2 Jahre in einer Fabrik gearbeitet hatten und mehrere Maschinen zu bedienen verstanden.

Daß die Arbeiter durch den Zusammenschluß, der auch über die einzelnen Berufszweige hinausgeht, den Fabriken in ihrer Verwaltung bisweilen große Schwierigkeiten bereiten, ist in der letzten Zeit durch Beispiele oftmals erläutert worden. Der Kampf zwischen Arbeit und Kapital wird jenseits des Ozean vollkommen bewußt und offen ausgefochten. Aber noch stehen die Arbeiter vollkommen auf vaterländischem Boden, noch hat die rote Internationale verhältmäßig wenig Eingang gefunden. Bestätigt fand ich dies bei dem großen Umzuge, der am 1. September, dem labor-day, allenthalben veranstaltet wird. Ich verlebte diesen Tag in San Francisco und sah dort gegen 40000 Arbeiter in einem nicht enden wollenden Zuge. Alle Gewerke waren vertreten und führten neben den Vereinsabzeichen durchweg das Sternenbanner in ihren Reihen, während patriotische Lieder gespielt und gesungen wurden.

Hier sei nur noch einiges den einzelnen Arbeiter betreffende angeführt. Der monatliche Beitrag zur Union beträgt etwa einen Tagelohn, also 1,50—3,00 $, je nach Verdienst und Gegend. Von einem Teil des Geldes werden die Generalunkosten gedeckt, ein Teil wandert in die Haupt-Streik-Kasse und vom Rest werden den Mitgliedern Unterstützungen im Krankheitsfall und bei Sterbefällen in der Familie gezahlt. Im übrigen würden Kranke und Verunglückte unversorgt bleiben, wenn sich nicht die Gemeinden oder kirchlichen Sekten ihrer annehmen. Die Fabriken tuen im allgemeinen weder freiwillig etwas für ihre Arbeiter, noch sind ihnen gesetzlich Leistungen auferlegt; sie zahlen aber dafür die hohen Löhne. Und die Arbeiter müssen, um dieselben Vorteile zu genießen, die den Arbeitern in Deutschland durch die staatlichen Wohlfahrtseinrichtungen bei Unfällen, bei Invalidität und im Alter zufließen, sich bei Privatgesellschaften versichern und außerdem einen Teil ihres Geldes auf die Saving bank (Sparkasse) tragen. So kommt es, daß die Arbeiter, trotzdem die Löhne etwa doppelt so hoch, der Lebensunterhalt im allgemeinen das anderthalbfache des unsrigen beträgt, doch nicht erheblich besser als die Leute bei uns gestellt sind, da das letzte Viertel des Lohnes für Union, Versicherungs- und Sparkassenbeiträge draufgeht.

Nur ein Unterschied: Sobald genügend Geld zusammengespart ist, wird es in einem Hause angelegt. Das eigene Heim ist das Ideal der meisten Ame-

19

rikaner, wenn es auch nur ein zweistöckiges Holzhaus ist, von dem ein Stockwerk
vermietet wird.

Manche von unseren Vorarbeitern waren sogar im Besitze von hübschen
steinernen Bauten, so Mr. Tregurtha, den ich in seiner Wohnung in der Nachbarstadt
Albany mehrmals aufgesucht habe. Er war sehr nett eingerichtet, bewohnte mit seiner
Frau und seinen beiden Buben — mehr als zwei Kinder trifft man in amerikanischen

Fig. 3. Personenzuglokomotive.

Familien selten an — das erste und zweite Stockwerk. Die Parterrewohnung
hatten seine Schwiegereltern inne. Die Mutter der Frau führte den Haushalt, ich habe
ihre vorzügliche Küche schätzen gelernt, die Frau sorgte für die Kinder und für die
Unterhaltung der Gäste. Die Eltern zogen sich nach dem gemeinsamen Essen regelmäßig zurück, während die Jugend im Schaukelstuhl Siesta hielt. Als ich das erste
Mal dorthin kam, hatte Mr. Tregurtha mich sehr neugierig gemacht, da er mich um
eine Unterredung unter vier Augen gebeten hatte. Ich mußte mit in die Dachkammer
kommen und fand dort ein sehr nett eingerichtetes Studierzimmer mit einer ganzen
Reihe von Büchern. Auch Zeichentisch und Reißbrett fehlten nicht. Dann kam er

aber erst mit seinem eigentlichen Wunsche heraus. Ich sollte ihm an einer statischen
Aufgabe helfen, die ihm viel Schwierigkeiten bereitete. Die Aufgabe hatte er aus einem
gedruckten Hefte, welches ähnlich wie bei unserer Toussaint-Langenscheidtschen Methode
zur Erlernung von Sprachen dort in einzelnen Folgen von einem Technikum zur privaten
Weiterbildung herausgegeben wurde. Aufgaben aus der Algebra, Geometrie, Physik,
und speziell der Mechanik mit praktischen Anwendungen auf den Maschinenbau und
auf alle Arten von Buchführung waren in jedem Hefte enthalten.

    Voll Stolz zeigte mir mein Wirt ein Diplom, welches er für die größte Anzahl
richtiger Lösungen im letzten Semester vom Kolleg erhalten hatte. Eine größere Anzahl Zeichnungen wurden mir auch zur Kritik vorgelegt, unter denen sogar ein eigener
Entwurf für eine Schieberkonstruktion enthalten war. Mr. Tregurtha photographierte
auch. Ihm habe ich unter anderen dieses Bild (Fig. 3) zu verdanken, das uns an der
Rauchkammertür einen echten amerikanischen Vorarbeiter zeigt; das Abzeichen an

der Weste des vor ihm stehenden
flagman (Winker zum Freihalten
der Kreuzungen in Schienenhöhe)
deutet auf seine Zugehörigkeit zu
einer der vielen Logen; im Hinter-
grunde sehen wir einige Hilfs-
arbeiter, mehrere Office-boys und
einen alten braven engine driver
auf seinem Kamelback (Lokomotive mit dem Führerhaus vor der
Feuerbüchse).

    Es gibt nun nicht so sehr
viele Arbeiter, die ihre Freistun-
den wie Mr. Tregurtha der theoretischen Fortbildung opfern. Nicht
jeder ist so ehrgeizig, Meister oder
Werkstättenvorsteher werden zu
wollen. Die meisten gehen im
Leben für ihre Familie und für
ihr Heim auf. Der Mann, mit
dem ich zuerst an der Bohrmaschine tätig war, ein echter
Amerikaner, baute sich gerade
damals ein hölzernes Haus, ganz
ähnlich demjenigen, das mich
einige Zeit beherbergt hat (Fig. 4),

Fig. 4. Hölzerne Wohnhäuser.

nur noch mit einer geräumigen
Vorhalle im ersten und Veranda im zweiten Stock. Er war ein fleißiger und, wie die
meisten Arbeiter, solider Mann, der nicht einmal Sonnabends in die bar ging; aber er
hielt sich ein recht gutes Flaschenbier zu Hause, bei dem er sehr nett von seinem viel-

bewegten Leben zu erzählen wußte. Er hat mir so manchen Wink und so manches schöne Wort mitgegeben, das auf ein tiefer veranlagtes Gemüt schließen ließ. Besonders im Gedächtnis blieb mir die goldene Regel „Did you find a friend that's good and true, don't change the old one for a new." Zu deutsch:

> Wenn Du einen Freund gefunden,
> Einen guten treuen,
> Halt ihn fest zu allen Stunden,
> Suche nicht nach neuen.

Das Sparen beginnt aber erst mit der Verheiratung, die Junggesellen geben all ihr Geld meist im Verkehr mit den jungen Mädchen aus, wozu ihnen die freieren amerikanischen Sitten Gelegenheit geben. Ihr Prinzip ist leben und leben lassen. Die Ausländer befolgen jedoch, so weit sie die Absicht haben, wieder in die Heimat zurückzukehren, das entgegengesetzte Prinzip, nämlich das des Sparens. Einen solchen Sparer lernte ich unter meinen Tischgenossen kennen. Auf einer unserer Fahrten auf dem Mohawk-Fluß, nach indianischer Weise im Kanoe über die Stromschnellen gleitend, erzählte er mir, daß er daheim, er war Modelltischler in einer englischen Werft gewesen, nicht hätte sparen können, trotz seiner bescheidenen Ansprüche. Hier in Amerika aber hatte er innerhalb dreier Jahre bereits über 1500 $ gespart. Das Ziel seiner Wünsche war ein bescheidenes Logierhaus an der Küste Old Englands, für das er nach weiteren 5—7 Jahren genügend zusammengebracht zu haben hoffte. Ich wünsche ihm, daß Krankheit oder Streik keinen Strich durch seine Rechnung machen, denn außerhalb der Arbeitsstunden hat er wie ein Einsiedler gelebt; die Fahrten auf dem Mohawk waren seine einzige Erholung. —

Meine Herren! Wie Sie aus meinen Darstellungen gesehen haben, ist es mir in allen drei Werkstätten nach kurzer Zeit gelungen, meinen Posten auszufüllen. Wie viel besser hätte das noch einer von unseren deutschen gelernten Arbeitern gekonnt!

Freilich hat mich die Arbeit tüchtig angestrengt und würde mich wahrscheinlich recht angegriffen haben, wenn ich den Alkoholgenuß nicht bis auf einen kleinen Nachtschoppen — und auch dieser fiel zuletzt aus — eingeschränkt hätte, und wenn der freie Sonnabend Nachmittag nicht gewesen wäre. Während an den übrigen Wochentagen, wie allgemein in Amerika üblich, zehn Stunden gearbeitet wird, wird im ganzen Osten Amerikas am Sonnabend um 12 oder 1 Uhr geschlossen. Die letzte Stunde wird zum Reinigen der Werkstatt benutzt.

Daß der freie Sonnabend Nachmittag eine vorzügliche Wohlfahrtseinrichtung ist, habe ich an meinem eigenen Körper verspürt. Wenn bei uns in Deutschland einmal an eine Verkürzung der Arbeitszeit gedacht werden sollte, so dürfte das nur am Sonnabend geschehen. Die übrigen Tage kann man ganz gut seine zehn Stunden und länger arbeiten, wenn nur einmal in der Woche eine längere Erholungspause eintritt. Der freie Nachmittag muß zu einer Menge häuslicher Arbeiten und zu Besorgungen aller Art benutzt werden, damit der Sonntag für den Kirchgang, fürs Lesen der reichhaltigen Sonntagsblätter, für Privatstudium und für Ausflüge freibleibt. In Schenectady hatten viele Leute ihre Hütte oder ein Zelt am Mohawk-Fluß, die sie am Sonnabend Nachmittag aufsuchten und bis Sonntag abend nur zum Baden oder Rudern verließen. Noch mehr Sitte ist das Leben im Camp (Fig. 5) weiter im Westen Amerikas, wo Familien aller Stände, begünstigt durch das gleichmäßig schöne Wetter, Wochen und Monate nicht zwischen ihren vier Wänden schlafen.

Fig. 5. Leben im Zelt.

Während ich zuerst den Sonnabend Nachmittag benutzte, um mich gründlich auszuschlafen und dann Sonntag früh auf den Beinen oder im Boot war, machten wir später in den anderthalb Tagen nette Ausflüge, zu denen ein Tag nicht genügt hätte, wie z. B. in das Katskill Gebirge oder nach dem Lake George.

(Folgt kurze Beschreibung dieser Ausflüge.)

Da sich die Arbeiter so regelmäßig erholen können, erhalten sie im allgemeinen keinen weiteren Urlaub. Wer sich dagegen durch Fleiß und Tüchtigkeit zum Meister emporgearbeitet hat, dem steht auch einmal ein längerer Urlaub und eine größere Reise frei, für die im Sommer zu besonderen Fahrpreisen von allen Eisenbahngesellschaften Sonderzüge eingelegt werden. Als Erholung von der anstrengenden Fabriktätigkeit wird es Ihnen, m. H., vielleicht nicht unerwünscht sein, eine solche Fahrt mit mir zu machen. (Eine kurze Vorführung der Reise nach San Francisco erfolgte am Schluß des Vortrages.)

Ehe wir jedoch die Erholungsreise antreten, möchte ich kurz das Ergebnis unserer Betrachtung zusammenfassen. Es sind im wesentlichen 4 Punkte, denen ich die große Leistungsfähigkeit der amerikanischen Werkstattsarbeiter zuschreibe. Vorab eine gute Arbeitsteilung, wodurch jeder Mann am richtigen Platze ausgenutzt wird. Sodann eine geschickte Anwendung der Systeme, welche den Arbeitern einen ihren Leistungen entsprechenden Lohn sichert. Drittens die gesunde Lebensführung, welche kräftige Speisen vorschreibt und alkoholische Getränke verbietet. Endlich die ständige gute Erholung, die dem Körper durch den freien Sonnabend Nachmittag zuteil wird. Manches hiervon ist bereits auf unsere Fabriken übertragen, manches wird auch noch im Laufe der Jahre geändert werden müssen, wenn wir im internationalen Wettbewerb standhalten wollen.

Vorsitzender: Ich spreche dem Herrn Vortragenden den herzlichen Dank des Vereins dafür aus, daß er uns in die Arbeitsstätten von Amerika geführt und in so fesselnder Weise einen Einblick in das dortige Arbeiterleben hat gewinnen lassen.

2. Moderne Zeichenapparate.

Herr Ingenieur A. Heilandt: Meine Herren! Das Bestreben, die Werkzeuge und Werkzeugmaschinen zu verbessern, tritt seit Jahren auf allen Gebieten menschlicher Tätigkeit zu Tage.

Was da bereits erreicht ist, kennzeichnet am besten die bekannte Tatsache, daß die gesamte Menschheit, Tag und Nacht spinnend und webend, nicht imstande wäre, den Bedarf der Neuzeit an Stoffen für unsere Kleidung zu decken, den unsere Textilmaschinen unter der Führung einer so verhältnismäßig geringen Arbeiterzahl spielend befriedigt.

Überall sucht man dem Arbeiter die physische Arbeitsleistung abzunehmen, die von der Maschine viel schneller und billiger erledigt wird, um ihn für mehr und mehr geistige Leistungen frei zu bekommen. Das gebieten aber nicht nur Menschlichkeitsrücksichten, nicht in erster Linie die Konkurrenz, sondern vor allem die Einsicht, daß die vorliegenden ungeheuren Arbeitsleistungen nur möglich und in um so kürzerer Zeit zu bewältigen sind, wenn und je besser wir es bei steter Vervollkommnung der Werkzeuge und Werkzeugmaschinen verstehen, dem Arbeiter nur solche Tätigkeit zuzuweisen, die Maschinen überhaupt nie oder nicht rationell werden übernehmen können.

Solche Erfahrungen wurden immer allgemeiner, in dem Bureau schafften besonders die Schreibmaschinen, Rechenmaschinen und neue Registrierverfahren große Erleichterungen und Mehrleistungen. Auch dem Techniker gab man mit dem modernen Zeichenapparat ein verbessertes Werkzeug, mit dem die rein zeichnerische Arbeit angenehmer und korrekter zu erledigen ist, in der Überzeugung, daß die Ermüdung und ungesunde Körperhaltung am alten liegenden Zeichenbrett die Lust an der Arbeit und damit Qualität und Quantität derselben wesentlich herabmindern.

Bei der verhältnismäßig großen Zahl von Konstruktionen der Zeichenapparate mit stehender Reißbrettanordnung kann ich Ihnen am schnellsten einen Überblick geben über die brauchbaren Lösungen, die auf diesem Gebiete unter den Händen einiger namhafter Fabrikanten entstanden, indem ich die Anforderungen, die an solche Apparate zu stellen sind, charakterisiere und Sie dabei auf die Eigenarten, Vor- und Nachteile der einzelnen Systeme aufmerksam mache.

Für den Artikel kommen in Betracht die Fabriken Liebau & Co., G. m. b. H., Berlin, A. Patschke & Co., Wurzen, J. Schröder, A.-G., Darmstadt, die Fortuna-Werke, Darmstadt, R. Reiß und C. Weiland, Liebenwerda. Zunächst spricht wohl die in der Neuzeit allgemeine Einführung des stehenden Systems dafür, daß die gerühmten Vorzüge gegenüber der liegenden Brettanordnung dem Käufer in erster Linie pekuniäre Vorteile verbürgen. Wenn nun auf anderen Gebieten unter Zugrundelegung des Anschaffungspreises und der garantierten Leistungsfähigkeit die angestellte Rentabilitätsrechnung direkte Zahlenwerte in Mark als Ersparnis oder Mehraufwand gibt, so müssen wir uns hier, da die in hohem Maße auch vom Willen abhängige Leistungsfähigkeit des geistig arbeitenden Zeichners sich überhaupt der Berechnung entzieht, mit Schätzungen begnügen, die aber unzweideutig die Überlegenheit des Modernen über das Alte dartun. Die Raumersparnis und die höheren Leistungen, sowohl hinsichtlich der Quantität infolge des gesünderen und schnelleren, bei weitem nicht so ermüdenden Arbeitens als auch bezüglich der Qualität bei der besseren Übersicht, die der stehende Zeichenapparat gewährt, bestätigen das, wenn Sie als Zins- und Amortisationsquote 15—20 $\mathscr{M}$ pro anno und Apparat ansetzen und damit das zu erwartende Plus vergleichen, ausgedrückt in Prozenten des Jahresgehalts des Zeichnenden, das im allgemeinen etwa zwischen 1500 und 5000 $\mathscr{M}$ liegt.

Da die Verhältnisse, denen sich ein bestimmter Typ anzupassen hat, ganz verschieden sind, je nachdem der Architekt oder der Patentanwalt, der Maschinenbauer oder der Studierende den Zeichenapparat benutzen will, so liegt direkt die Notwendigkeit vor, die Konstruktionen nach verschiedenen Richtungen hin durchzubilden. Ein sogenannter Universalapparat kann nur in wenigen Fällen rationell sein. Bezüglich der Vielseitigkeit der Ausführungen steht die Firma Liebau & Co. mit ihren Fabrikaten obenan, daneben A. Patschke & Co. und J. Schröder A.-G., während die übrigen hauptsächlich Universalapparate bauen.

Will man eine Einteilung der einzelnen Bauarten vornehmen, so könnte man unterscheiden:

1. Nur in der Höhenlage bewegliche Reißbretter (stehende verschiebbare),
2. Nur in der Schräglage veränderliche Reißbretter (stehende umlegbare),
3. In der Höhenlage bewegliche Reißbretter mit veränderlicher Schrägstellung (stehende, umlegbare und verschiebbare).

Ehe ich auf die Beschreibung der einzelnen Klassen eingehe, möchte ich noch auf einige Konstruktionsprinzipien hinweisen, die maßgebend sind für die Beurteilung der Apparate überhaupt. Je mehr der eine oder der andere Apparat den nachbenannten Anforderungen entspricht, um so höher wird er zu bewerten sein.

Ein Reißbrett muß erstens „zeichensicher" sein, d. h. es muß, in eine bestimmte Lage eingestellt, allen Kräften, die besonders auch durch das Auflegen des Körpers und in seitlicher Richtung durch das Radieren auftreten, gewachsen sein, sodaß unzulässige Federungen oder Schwingungen vermieden werden, zweitens muß von den beiden Bewegungsmechanismen für das Auf- und Niederschieben und für das Umlegen in andere Schräglagen derjenige die einfachste Handhabung besitzen, dessen Bewegung am häufigsten vorkommt, — das ist unstreitig das Auf- und Niederschieben des Brettes, — drittens sollen die einzelnen Bewegungen ohne größeres Geräusch vor sich gehen, viertens sollte jeder Apparat eine bequeme Schreibgelegenheit auf horizontaler Platte haben, und schließlich soll die Konstruktion, besonders der Holzteile, in sich Garantie für große Dauer bieten. Eine gute Parallelschienenführung vervollständigte den Apparat. Der zuerst genannte Typ, das stehende verschiebbare Reißbrett, ist die älteste Bauart. Sie finden sie bei Patschke & Co., Schröder und Liebau & Co. in prinzipiell gleicher Ausführung. Das Zeichenbrett läuft auf einer steilen Fläche des Gestells und ist ausbalanziert durch Eisengegengewichte oder wie bei Liebau & Co. durch eine Holzplatte, die auf dem Rücken des Gestells gleitet und gleichzeitig zum Ablegen von Zeichnungen oder zum Skizzieren verwendet werden kann. Bei Schröder ist das Gestell sehr hoch gehalten, bei Patschke ist, was man bei den reichlich langen Führungen des Brettes am Gestell allerdings als des Guten zuviel betrachten muß, das Brett mit einer besonderen Drahtseil-Parallelführung für die Auf- und Abwärtsbewegung versehen; der Preis dieser Apparate ist freilich wesentlich höher. Für den Transport lassen sich alle diese Zeichenapparate zerlegen. Diejenigen der Firma Liebau & Co. können auch mit einer Abstützung für eine Pultschräglage des Reißbrettes ausgerüstet werden.

Um die Anschaffung auch solchen Kunden zu ermöglichen, die gewohnt sind, nur wenig für Zeichenwerkzeuge auszugeben, oder bei denen nur eine zeitweise Benutzung vorliegt, liefert die Firma Liebau & Co. außer der Ausführung solcher Apparate mit Eisengestell und Eichenschreibtisch auch eine einfachere Bauart mit Kiefergestell und kiefernem Schreibtisch.

Bei der Besprechung dieses Typs möchte ich noch aufmerksam machen auf die Einfachheit der Konstruktion und der Handhabung für die Auf- und Abwärtsbewegung des Zeichenbretts, die bisher durch keine der anderen Lösungen erreicht ist, bei denen z. B. das Brett, auf Hebeln befestigt, um eine Achse auf- und niederschwingt und durch eine besondere Klemm- oder Bremsvorrichtung in den einzelnen Höhenlagen arretiert wird oder bei denen die Aufwärtsbewegung unter Zuhilfenahme von Zahnstangen mit Gesperren und Handkurbeln bewirkt wird.

Dabei kann man der einfachen Konstruktion nicht den Vorwurf machen, daß das Brett nicht zeichensicher sei, die Reibung auf den Führungsleisten des Gestells, der Seilrollen und evtl. der Ablegeplatte zur Ausbalanzierung auf ihrer Führerbahn sichern die eingestellte Lage genügend. Müssen die Zeichenapparate den Minimalraum einnehmen, wie es oft in Bureaus vorkommt, die eine Erweiterung bei zunehmender Zahl der Zeichnenden nicht zulassen, so findet die Ausrüstung des Gestells mit zwei für sich durch Eisengegengewichte ausbalanzierte Reißbretter statt; das Aussehen ist also ähnlich dem Liebauschen Apparat mit Ablegeplatte, nur daß das an Stelle der Ablegeplatte tretende Reißbrett unabhängig von der Bewegung der anderen Zeichentafel ist.

Das stehende verschiebbare Reißbrett dieser Anordnung findet namentlich in Maschinenfabriken und in den Bureaus der Zivilingenieure Verwendung, besonders wenn die Zeichnungen hauptsächlich in Blei ausgeführt werden und die Beschreibung keine Schönschrift zu sein braucht, sowie das Anlegen mit Farben ausfällt.

Endlich gehört in diese Gruppe noch der Zeichenapparat der Technischen Hochschule Charlottenburg. Das Zeichenbrett hat zwei Knaggen, die in die Lücken einer am Gestell befestigten Zahnleiste gesetzt werden, durch Anheben des unausbalanzierten Brettes ist die Veränderung der Höhenlage möglich, allerdings in sehr engen Grenzen bedingt durch die Eigenart der Reißschienenführung, auf die ich später zurückkomme im Gegensatz also zu den vorgenannten verschiebbaren Reißbrettern mit großer Verschiebbarkeit, die das Zeichnen sowohl im Sitzen als auch im Stehen an jeder Stelle des Brettes ermöglichen.

Die Bedeutung der nur in verschiedene Schräglagen einstellbaren Reißbretter ist nicht die der ersten und dritten Klasse; in Bau- und Montagebureaus, für untergeordnete Privatzwecke, auch für Schüler leisten sie indessen gute Dienste. Das Brettformat, das bei den zuerst beschriebenen Apparaten über die Größe 3000 × 2000 mm hinausgehen kann, ist hier gewöhnlich nicht größer als 1600 × 800 mm. Besonders die Höhe wird durch das Fehlen der Verschiebbarkeit begrenzt. Nur an den unteren Partieen kann man im Sitzen zeichnen.

Die Firma Liebau & Co. fertigt einige solcher Modelle, auch ohne Füße, zum Aufstellen auf einen Tisch und leicht zusammenlegbar für den Transport, an.

Hierher gehören auch die entsprechenden einfachen Böcke mit Einstellvorrichtung, wie sie im Handel üblich sind.

Wenn ich nun zum dritten Typ: „stehend verschiebbar und umlegbar" übergehe, so möchte ich vor Besprechung solcher Apparate, die die Einstellung beliebiger Schräglagen gestatten, auf eine einfache Konstruktion der Firma Liebau & Co. hinweisen, die für 4 Schräglagen eingerichtet ist, mit denen der Zeichner in den meisten Fällen auskommt. Die Abstützung des Zeichenbrettes geschieht durch zwei eiserne Kniehebel, die ohne das Lösen von Schrauben oder Muttern den Wechsel der Schrägstellung vermitteln. Das Reißbrett selbst ist ausbalanziert durch ein geführtes eisernes Gegengewicht. Der Unterbau wird in Bock und in Kastenform evtl. mit Zeichnungenzügen oder als Schreibtisch mit kleinen Schränken ausgeführt. — In jede Schräglage ein-

stellbare Zeichenbretter mit auf- und niederbeweglichem Brett bauen: Liebau & Co.,
G. m. b. H., A. Patschke & Co., J. Schröder, A.-G., die Fortunawerke, R. Reiß und
C. Weiland.

Liebau & Co. führen solche mit einer Dreieck-Mittelstütze und solche mit
Doppelabstützung und gemeinsamem Antrieb von einem Handrade aus.

Das ausbalanzierte Reißbrett gleitet wieder auf 2 kräftigen Hölzern, die, um
eine horizontale Achse drehbar, in der eben erwähnten Weise verschieden schräg abgestützt werden.

Die Stützung der Brettunterlage erfolgt in der Nähe der Endpunkte, ist also
eine gut zeichensichere. Die Bewegung des Brettes auf- und abwärts erfolgt, ohne daß
der Zeichnende seinen Stand wechselt, durch einen Handgriff, die Schrägstellung
mittels des hinter dem Apparat liegenden Sterngriffes oder Handrades.

Für kleine also leichte Reißbretter bis zur Größe 1350 × 850 wird auch an Stelle
der Ausbalanzierung für das Brett eine Klemmvorrichtung geliefert. Das Reißbrett
wird auf eine Zahnleiste gehängt, die Lösung der Verbindung geschieht, auch in diesem
Fall, ohne daß der Zeichner seine Stellung ändert, durch einen Fingerdruck auf eine
Stange hinter dem Reißbrett.

Bei fast allen Konstruktionen ist die Anbringung eines Schreibtisches mit
ausziehbarer Schreibplatte vorgesehen und dabei besonderer Wert darauf gelegt, daß
beim Zurückschieben der Platte alles darauf belassen werden kann.

Die Apparate von Patschke & Co. besitzen ein ausbalanziertes Reißbrett und
zwei Stützstangen, die in verschiedenen Lagen festgestellt werden können, der Kasten-
unterbau mit Schreibplatte ist sehr kräftig gehalten.

J. Schröder bewirkt die Abstützung durch zwei gebogene Zahnstangen, die
Aufwärtsbewegung des Brettes durch Kurbeltriebe und Zahnstangen von der Seite her.
Der Mangel jeder Diagonalversteifung macht sich beim Radieren besonders unangenehm
durch Schwanken des Brettes bemerkbar, die Auf- und Abwärtsbewegung ist umständlich und nicht geräuschlos.

„Parallelo" nennen die Fortunawerke ihren Zeichenapparat. Das Reißbrett, das
von der Seite gesehen einen Stab des Führungsparallelogramms bildet, ist auswechselbar,
was bei größeren Brettern jedoch selten erforderlich ist, es ist unten an zwei Hebeln
befestigt und schwingt um eine Achse, ausbalanziert durch ein entgegengesetzt
schwingendes Gegengewicht. Der obere Teil des Brettes ist an zwei Kniehebel an-
gelenkt. 2 Klemmschrauben dienen zur Arretierung der Lagen. Die Konstruktion, die
ein gefälliges Äußere zeigt, hat leider auch seitlich zu wenig Steifigkeit, weil die besonders bei dem Typ der Firma Liebau & Co. vorgesehene Diagonalverstrebung fehlt.

Auch die Einstellung ist etwas umständlich, da man hinter das Brett treten
muß, um nach Lösung der Sterngriffe die Brettbewegung zu bewirken. Die Schreib-
tischplatte ist niederlegbar, muß also jedesmal abgeräumt werden.

R. Reiß und C. Weiland haben das Reißbrett drehbar auf zwei vertikale auf-
und abbewegliche Stützen gelagert. Bei den Apparaten mit Holzkonstruktion des Ge-

stells der erstgenannten Firma erfolgt die Bewegung, indem nach Lösung einer Sperrklinke die mit Zahnstangen besetzten Stützen mittels Ritzel und Kurbel auf- oder abgetrieben werden. Die Sperrklinke sichert die gewünschte Stellung. Die Kurbel befindet sich an der Seite. Zur Einstellung der Schräglage des Brettes dienen 2 Halbkreisbogen aus Eisen und Klemmschrauben. C. Weiland verwendet an Stelle der Zahnstangen und Ritzel ein an Ketten gehängtes Eisengegengewicht, sodaß die Veränderung der Höhenlage des Zeichenbrettes durch einen Handgriff geschehen kann, allerdings auch erst, nachdem mittels Fußtritt die Sperrvorrichtung ausgelöst ist, die eine zeichensichere Lage herstellen soll. Das Gestell ist aus Eisen. Das hier verwendete Zahnsegment für das Umlegen des Brettes bietet aber ebensowenig, wie die Reißschen Klemmbügel eine genügende, allseitige Unterstützung. Das Reißbrett federt in der Flachlage, da die Arretierung zu nahe an der Drehachse bewirkt wird. Beide Apparate können mit einem Schreibtisch geliefert werden. Mangelhaft ist oder wird die Vertikalführung, besonders der Reißschen Stützen in Holzkonstruktion, sobald das Holz schwindet, dabei macht sich der schädliche Spielraum entsprechend der jeweiligen Hebelübersetzung in erhöhtem Maße für das Reißbrett ungünstig bemerkbar.

Eine andere Reißsche Konstruktion mit Auszugstangen, Klemmschrauben, Bandbremsen für das schwingende Brett will ich nur mit diesen wenigen Worten erwähnen, sie ist kompliziert in der Bauart und umständlich in der Handhabung.

Das Zeichenbrett aus Pappel, Linde oder Whitewood wird von den meisten Fabriken aus einzelnen Stücken verleimt und durch 2 Hartholzholme versteift. Das Krumm- oder Windschiefwerden ist dann allerdings auch die Regel. Entweder wirft sich das Pappelholz oder die Holme ziehen beim Krummwerden dieses mit.

J. Schröder sucht diesen Übelständen durch Anbringen von schmalen Längsnuten im Pappelholz abzuhelfen, ohne damit das Krummwerden der Holme zu beseitigen. A. Patschke & Co. verleimen das Reißbrett aus einzelnen dünnen Holzplatten kreuzweise, erhalten aber auch selten ein spannungs- und rißfreies Brett, da die einzelnen Schichten verschieden schwinden. In anderer Weise ist der Firma Liebau & Co. die Lösung dieser schwierigen Aufgabe zufriedenstellend gelungen. Sie arbeitet die Zeichenplatte auf Rahmen mit einer Füllung, die in zwei seitlichen Nuten beim Schwinden und Quellen sich frei bewegen kann, Holme für das Geradehalten werden überflüssig, die erforderlichen Gleitleisten werden nur oben und unten befestigt und können deshalb die Platte nie krumm ziehen. Ein solches Reißbrett kann sich nicht werfen. Auch die Reißschienen weiß diese Firma in einfacher Weise zu sichern, sie leimt nicht, wie das sonst geschieht, die Griffleiste auf das eigentliche Zeichenlineal, sondern verbindet beide durch Schrauben. Krümmt sich die Griffleiste, so kann nach dem Lösen der Schrauben leicht ein Nachhobeln stattfinden oder schon durch Zwischenlagen von Papier ein Geraderichten vom Zeichner selbst schnell vorgenommen werden.

Wennschon das Reißbrettgestell mit seinen Bewegungmechanismen für die Güte eines Zeichenapparates im allgemeinen bestimmend sein kann, so wird doch erst das Urteil über die Parallelschienenführung den eigentlichen Ausschlag geben.

Arbeitet diese nicht ebenso präzise, wie der Zirkel des Zeichners, ohne toten Gang, nach beiden Richtungen in gleicher Weise leicht beweglich, so kann durch solche Mängel der Wert des stehenden Zeichenapparates überhaupt in Frage gestellt werden.

Die Genauigkeit der Parallelführung ist sowohl durch die bekannten Schnurführungen, als auch durch Gelenkketten über Kettenrollen mit gemeinsamer Achse (Parallelo) oder durch zwei Hebel, die auf derselben Horizontalachse sitzen, wie bei den Apparaten in der Technischen Hochschule, Charlottenburg, leicht zu erreichen. Das Drahtseil verdient vor der geklöppelten Hanfschnur dabei den Vorzug, da besonders bei langen Reißschienen auch das geringe Federn der im übrigen sehr dauerhaften Hanfschnur in gewissen Fällen störend sein kann. Die Schnurführung ist als solche die älteste, und man muß immer wieder sagen, noch heute die beste, vorausgesetzt freilich, daß das Eigengewicht der Schiene ausbalanziert ist. Die neuerdings von C. Weiland und R. Reiß in den Handel gebrachten Führungen, bei denen die Schienen direkt oder durch Vermittelung zweier Eisenstangen so fest gegen das Reißbrett geklemmt werden, daß die Reibung größer als das Schienengewicht ist, bedeuten durchaus keinen Fortschritt. Das Abwärtsbewegen der Schiene geht sehr leicht, es kommt nur der Reibungsüberschuß in Betracht, bei der Aufwärtsbewegung ist dagegen die Schiene zu heben und die ganze Reibung zu überwinden, man hat dabei dasselbe Gefühl, wie bei einem Zirkel, dessen Schenkel leicht auseinander, aber schwer zusammengehen. Die Einstellung auf einen bestimmten Punkt wird hier wie dort sehr erschwert. Um die Kontraste einigermaßen abzuschwächen, ist das Schienengewicht durch leichte, nicht genügende und nicht praktische, stabile Bauart mit niedriger Griffleiste reduziert. Auch die sehr kleinen Drahtseilrollen geben zu Bedenken Veranlassung. Das Anpressen der Reißschiene gegen das Zeichenblatt, daß durch die Federklemmen erzielt werden soll, läßt sich in viel einfacherer Weise durch eine geeignete Verlegung der Schnurrollen und der Festpunkte der Schnur erreichen, wie bei der Parallelführung, mit der Liebau & Co. ihre Reißbretter ausrüsten. Die Schnur oder das Drahtseil greift an zwei vor der Zeichenfläche liegenden Punkten der Schiene an, sodaß durch die schräg laufenden Schnüre die Schiene gegen die Zeichenfläche gezogen wird. Die Führung hat nur sechs für Drahtseil besonders große Schnurrollen, die kräftige, schon oben besprochene Reißschiene ist ausbalanziert, die betreffenden Gegengewichte laufen mit Weißmetallfuttern auf blank gezogenen Eisenstangen. Die Regulierung der Schnurspannung, die Einstellung geringer Schrägen der Schiene, wenn nicht eine besondere Schienenschrägstellvorrichtung für Neigungen bis zur Diagonale der Bretter angebracht ist, erfolgen in bequemster Weise.

Auch die Parallelführung der Firma A. Patschke & Co. besitzt Gewichtsausbalanzierung, aber gewöhnlich ohne Führung. Ohne besondere Vorteile aufzuweisen, ist diese Führung komplizierter, als die eben beschriebene, sie benötigt 12 Rollen einschließlich der Schienenlaufrollen.

Schienenführungen, bei denen die Schiene an zwei Hebeln hängt, die fest auf einer oben im Gestell gelagerten Achse sitzen, kommen mit der Bewegung auf- und abwärts über 60 cm schwerlich hinaus, besser ist dann schon die auf dem gleichen Prinzip beruhende Kettenführung, wie sie die Fortunawerke ausführen.

Sie steht bezüglich der Bewegungsfreiheit den Schnurführungen nicht nach, die Parallelführung ist, solange Ketten und Kettenräder nicht abgenutzt sind, auch genau, aber die einseitige Verbindung der geführten Gegengewichte mit den Ketten mindert die Brauchbarkeit für Flachlagen bedeutend herab, die Gewichte laufen dann zu langsam abwärts beim Aufwärtsschieben der Schiene.

Meine Darlegungen dürften Ihnen ein Bild geboten haben von dem heutigen Stand dieses Fabrikationszweiges, sie werden gezeigt haben, daß der Zeichenapparat mit stehendem Reißbrett dem alten liegenden Zeichenbrett weit überlegen ist und die Beurteilung der einzelnen Fabrikate erleichtern helfen, weshalb ich mich, wie eingangs bereits bemerkt, bemüht habe, vor allem die Anforderungen, die an einen erstklassigen Apparat zu stellen sind, zu kennzeichnen unter Nennung der Vor- und Nachteile der heute hauptsächlich im Handel befindlichen Systeme. Die verschiedenen Konstruktionen sind größtenteils patentamtlich geschützt.

Vorsitzender: Ich danke dem Herrn Vortragenden für seine Mitteilungen, die gewiß für viele unserer Mitglieder erwünscht gewesen sind.

Nachtrag zum Bericht über die Sitzung vom 6. März 1905.

Ueber einige technische Anwendungen der Phasenlehre.

Prof. Dr. W. Meyerhoffer: Hochansehnliche Versammlung! Gestatten Sie mir mit einigen Worten des Dankes an den Vorstand dieses Vereins zu beginnen, dessen ehrenvoller Aufforderung ich es zu verdanken habe, heute vor einem Forum von Technikern über die Phasenlehre sprechen zu können, was schon lange mein Wunsch gewesen ist.

Zuvörderst, um den Begriff der Phase zu definieren, tun wir am besten, auf die Definition der chemischen Verbindung zurückzugreifen. Eine chemische Verbindung kann bekanntlich definiert werden als eine homogene Masse fest, flüssig oder gasförmig, in der zwei oder mehrere Elemente in ganzzahligen, meist kleinzahligen Multipeln ihrer Atomgewichte resp. Molekulargewichte zusammentreten. Lassen wir die letztere Bedingung fallen, so haben wir auch schon die Phase definiert, die daher nichts weiter ist als eine homogene Masse, fest, flüssig oder gasförmig. Wieviel Elemente und in welchen Verhältnissen in dieser homogenen Masse enthalten sind, ist ganz einerlei, solange nur die Bedingung der Homogenität erfüllt ist. Demnach ist jede Lösung, jedes Dampfgemisch eine Phase. Auch jede chemische Verbindung ist eine Phase, weil hier ebenfalls die Bedingung der Homogenität erfüllt ist. Die chemische Verbindung ist daher die engere, die Phase der weitere Begriff.

Mit der Einführung des Phasenbegriffs hat der mächtige Strom der chemischen Forschung nicht etwa seine Richtung geändert, wohl aber einen zunächst kleinen Zweigfluß entsandt, der seither sehr bedeutend angeschwollen ist. Im wesentlichen hatte die Chemie bis dahin sozusagen einen individualistischen Charakter getragen. Die Darstellung des chemischen Individuums, seine Eigenschaften, seine konstitutiven Beziehungen zu anderen Körpern waren die vornehmlichste Aufgabe namentlich der herrschenden organischen Chemie gewesen. Die Phasenlehre hingegen setzt Kenntnis der Körper und ihrer Eigenschaften voraus und bemüht sich, die Bedingungen des Zusammenseins von mehreren Körpern zu ergründen. Dieses Zusammensein, die sogenannte Koëxistenz von Körpern hatte auch bisher in der Chemie eine Rolle gespielt. Beruht doch jede Reaktion darauf, daß Körper sich eben nicht miteinander vertragen, nicht koëxistieren können, sondern aufeinander einwirken. Die näheren Gesetze dieser Koëxistenz interessierte aber die Chemiker weniger, da ihr Ziel die Darstellung der neuen Substanz war, und sie studierten die Koëxistenz höchstens so weit, als dies ihrem

21

Endzweck förderlich war. Die Phasenlehre hat das Studium dieser Koëxistenz zu einer eigenen Wissenschaft erhoben und die Schemata geschaffen, die solchen Untersuchungen zu Grunde liegen. Sie hat das Untersuchungsgebiet selbst wesentlich erweitert, indem sie neben der Koëxistenz von chemischen Individuen auch die Koëxistenz von Phasen mit in den Kreis ihrer Betrachtungen zog. So bildet beispielsweise ein Salz im Überschuß mit Wasser einen sog. Komplex, der aus drei Phasen besteht: Salz, Lösung und Dampf. Die Phasenlehre lehrt nun näheres über die Koëxistenz dieser drei Phasen, sie untersucht z. B. die Veränderlichkeit der variablen Lösungsphase in ihrer Abhängigkeit von Druck und Temperatur. Wir erfahren, was eintreten wird, wenn die Temperatur so hoch gesteigert wird, daß das Wasser in den kritischen Zustand eintritt oder daß das Salz zu einer zweiten Flüssigkeit schmilzt usw. Man beachte wohl, daß chemische Veränderungen hierbei nicht eintreten. Wir haben immer dasselbe Salz und dasselbe Wasser; wohl aber ändern sich die variablen Phasen, und diese Veränderungen zu studieren, ist die Aufgabe der Phasenlehre.

Hand in Hand mit diesen Gesetzen der Koëxistenz gehen eine Reihe anderer Fragen, von denen beispielsweise eine die Zerlegung der Phasen in ihre einzelnen Komponenten ist. Diese Fragen beanspruchen auch ein technisches Interesse, da es sich in der Technik häufig darum handelt z. B. ein Flüssigkeitsgemisch in seine Komponenten zu zerlegen. Wir wollen uns nunmehr mit der allgemeinen Frage nach der Zerlegung eines Flüssigkeitsgemisches beschäftigen, um hernach ein spezielles technisches Beispiel zu betrachten.

1. Die Spiritusrektifikation.

Wie bekannt, kommt einem jeden Flüssigkeitsgemisch, zum Beispiel Schwefelkohlenstoff (CS_2) und Benzol (C_6H_6) ein bestimmter Siedepunkt zu. Bestimmen wir bei allen möglichen Gemischen von diesen beiden Flüssigkeiten, anfangend von 0 bis 100 % Schwefelkohlenstoff die Siedepunkte, so erhalten wir eine Reihe vom Temperaturen, die wir uns in folgender Weise graphisch darstellen.

In Figur 1 bedeutet die linke Axe 100 % Schwefelkohlenstoff, die rechte 100 % Benzol. Als Ordinate ist die Temperatur aufgetragen. Für jedes dazwischen liegende Gemisch, z. B. ein 50 %iges gibt die die beiden Siedepunkte AB verbindende untere Linie AmB unmittelbar den Siedepunkt an. Diese Kurve AmB wird die Siedekurve genannt.

Fragen wir nun, welchen Dampf entsendet beispielsweise ein 50 %iges Gemisch bei der Siedetemperatur, so wäre die nächstliegende Annahme die, daß auch der Dampf 50 % Schwefelkohlenstoff und 50 % Benzol enthält. Das ist aber nicht der Fall; denn wäre ein Dampf gerade so zusammengesetzt, wie das Flüssigkeitsgemisch, so könnte keine fraktionierte Destillation vorgenommen werden, denn dann würde jedes Flüssigkeitsgemisch einfach denselben Dampf abscheiden. Dies ist bekanntlich nicht der Fall, woraus schon hervorgeht, daß der Dampf eine andere Zusammensetzung besitzt als die Flüssigkeit.

Jedenfalls aber muß der Punkt in der Figur, der die Zusammensetzung des Dampfes angibt, auf derselben Horizontale mit dem Flüssigkeitspunkte liegen, da die

Temperatur von Flüssigkeit und Dampf die gleiche sein muß. Die Erfahrung hat nun gelehrt, daß die Zusammensetzung der verschiedenen Dämpfe durch die Kurve An B (Fig. 1) wiedergegeben wird. Um die Zusammensetzung des Dampfes, der zu einer z. B. 50 %igen Flüssigkeit m gehört, zu finden, zieht man von m aus eine Horizontale. Diese trifft in n die Kurve An B, und jetzt gibt n die Zusammensetzung des Dampfes an, der, wie man sieht, reicher an CS_2 ist, als die zu ihm zugehörige Flüssigkeit. Die Kurve An B wird die Taukurve genannt, weil auf ihr das „Tauen" oder das Kondensieren des Dampfes eintritt, gerade so, wie auf Am B das Sieden stattfindet. Beim

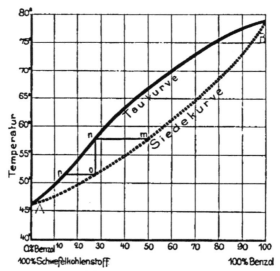

Fig. 1. C S_2 und C_6 H_6. (Die Kurven sind schematisch gezeichnet.)

partiellen Kondensieren des Dampfes von der Zusammensetzung n bildet sich natürlich die Flüssigkeit m, da ja die Flüssigkeit m und Dampf n koëxistieren.

Gestatten Sie, gleich an dieser Stelle zwei bequeme Ausdrücke einzuführen. Wir wollen einen Dampf, der anders zusammengesetzt ist als die Flüssigkeit, einen inkongruenten Dampf nennen, während wir unter kongruentem Dampf einen solchen verstehen wollen, der gleiche Zusammensetzung wie die Flüssigkeit hat.

Alle CS_2-Benzolgemische haben inkongruente Dämpfe. Wir werden aber später sehen, daß, wie reine Flüssigkeiten kongruente Dämpfe haben, auch Flüssigkeitsgemische kongruente Dämpfe haben können.

Verfolgen wir einmal die Destillation einer solchen Flüssigkeit. Nehmen wir wieder ein 50 %iges Gemisch, so entsteht ein Dampf n, der, wie gesagt, mehr CS_2 als

21*

Benzol enthält. Wenn man mit der Destillation fortfährt, wird die Flüssigkeit immer ärmer an C S₂, indem sie einen Dampf aussendet, der mehr Schwefelkohlenstoff besitzt, und schließlich wird sie 100 % Benzol enthalten. Der Punkt, der die jeweilige Zusammensetzung der Flüssigkeit angibt — man nennt ihn auch den figurativen Punkt, — wandert also während der Destillation immer weiter nach rechts, bis er in B anlangt. Das ist in der Praxis ja wohl bekannt: wenn man eine Flüssigkeit siedet, bleibt zuletzt der höchstsiedende Anteil übrig.

Kondensiert man n, den C S₂ reicheren Dampf der Flüssigkeit m, so entsteht bei totaler Kondensation natürlich eine Flüssigkeit von gleicher Zusammensetzung, also o. (Fig. 1). Verdampft man o, so bildet sich zunächst ein Dampf p usw., und man gelangt schließlich zu reinem C S₂ (Punkt A). Es ist ja bekannt, daß man durch Kondensierung der ersten Dampfanteile und wiederholter Destillation schließlich zu dem niedrigst siedenden Anteil gelangt.

Lassen Sie mich noch zwei Bemerkungen machen. Dieses Diagramm bezieht sich erstens auf den Druck von einer Atmosphäre. Verändert sich der Druck, wird er stärker oder schwächer, so werden die beiden Punkte A und B bekanntlich verschoben und damit auch die beiden Kurven $A m B$ und $A n B$. Zweitens ist zu beachten, daß dieses Diagramm hier gar keine Aufschlüsse gibt über die Menge von Flüssigkeit und Dampf, ob viel Flüssigkeit und sehr wenig Dampf oder viel Dampf und sehr wenig Flüssigkeit vorliegt.

Ich hatte gesagt, daß manche Flüssigkeitsgemische auch kongruente Dämpfe haben. In Fig. 2 sehen Sie solch einen Fall: eine 66 %ige Salpetersäure geht bei einer Temperatur von 120,5° unverändert in ihren kongruenten Dampf über. Es läßt sich nun zeigen, daß, von welchem Gemisch von Salpetersäure und Wasser man immer ausgeht, man schließlich zu dieser Flüssigkeit gelangt. Gehen wir von der Flüssigkeit m aus, so entwickelt sich ein Dampf n, der reicher an Salpetersäure ist; er steht näher zur rechten Ordinate. Infolgedessen wird die Flüssigkeit wasserreicher werden und schließlich den Punkt C erreichen.

Man hat solche konstant übergehende Flüssigkeiten früher vielfach und jetzt noch manchmal als chemische Verbindungen betrachten wollen. Das ist aber nicht richtig; denn man braucht bloß den Druck zu verändern, z. B. auf 800 oder 700 mm Hg zu setzen, dann verschiebt sich der Punkt C auf ein 65 oder 67 %iges Gemisch. Mithin hängt die Zusammensetzung des Kongruenzpunktes vom Druck ab. Hier liegt also der Kongruenzpunkt bei einem Temperaturmaximum. Es gibt aber noch einen dritten Typus, der in Fig. 3 gezeichnet ist und der die Verhältnisse bei Wasser-Alkohol-gemischen darstellt.[1]

Wie man sieht ist hier der Kongruenzpunkt ein Temperaturminimum und liegt bei etwa 96 Gewichtsprozenten Alkohol und bei 78°.[2] Dieses Minimum bedingt, daß

---

[1] Die Daten zu dieser Kurve hat größtenteils Gröning geliefert. Vergl. Hausbrand: Die Wirkungsweise der Rectificier- und Destillationsapparate, pag. 24, Berlin 1893.

[2] Nach W. A. Noyes und Warfel (Journ. Amer. Chem. Soc. 23, 463; 1901) liegt das Minimum bei 96 Gewichtsprozenten (= 97,45 Vol. %) und bei 78, 171°, während der reine Alkohol bei 78, 30° siedet.

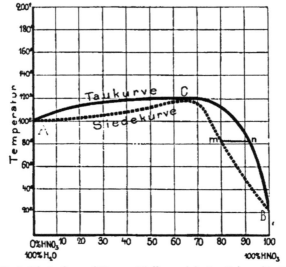

Fig. 2. **Salpetersäure und Wasser.** (Die Kurven sind schematisch gezeichnet.)

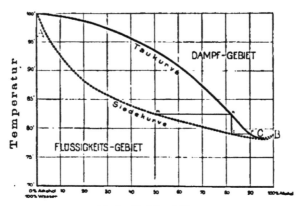

Fig. 3. **Alkohol und Wasser.**

der Dampf, den ein Wasseralkoholgemisch hervorbringt, niemals reicher werden kann als 96 %. Denn gehen wir von irgend einem Gemisch *m* aus, dessen Dampf *n* ist. Durch totale Kondensation desselben entsteht *o*, durch dessen Verdampfung *p* usw., und man sieht, daß man sich bald dem Kongruenzpunkt *C* nähert, ohne ihn zu überschreiten.

Ich will nunmehr auf die technische Rektifikation des Alkohols eingehen. Der dazu dienende Kolonnen- oder Rektifikationsapparat (Fig. 4) besteht im wesentlichen aus 3 Teilen.

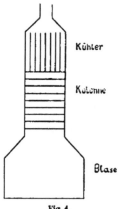

Fig. 4.
Spiritus-Rektifikationsapparat.

Der untere Teil, die Blase, enthält das mittelst indirekten Dampfes erhitzte Wasser-Alkoholgemisch. Der darüber stehende Teil, die Kolonne, enthält eine Reihe übereinander stehender Böden, deren Einrichtung gleich besprochen werden wird. In der Kolonne verdampft der Alkohol und wird im Kühler, einem System von vertikalen Röhren gekühlt und fließt auf die Böden zurück, während der möglichst niedrig siedende Anteil, also der alkoholreichste Teil dampfförmig entweicht und später in einem in der Fig. 4 nicht gezeichneten zweiten Kühler kondensiert wird. Die nähere Einrichtung der Böden ist in der Fig. 5 ersichtlich,[1]) welche einen Querschnitt durch einen Boden darstellt. Der Dampf strömt von unten in *e* herein, oberhalb *c* befinden sich zwei feststehende Glocken, Kapseln genannt. Der Dampf tritt in die Flüssigkeit ein und treibt dieselbe so lange vor sich her, bis er in *e* entweichen kann. Die Flüssigkeit kann nicht höher steigen, als bis zum oberen Ende des Stutzens *b*, da sie dann auf den nächst unteren Boden herabfällt. Die rechte Seite der Figur zeigt in *a* das untere Ende des Stutzens.

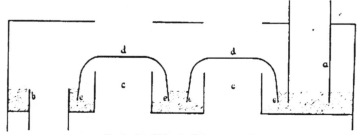

Fig. 5. **Die Böden im Kolonnenapparat.**

[1]) Ich verdanke diese Fig. einer Zeichnung von Herrn Direktor Hausbrand. Auch sonst hat mir derselbe verschiedene wertvolle Auskünfte gegeben, für welche ich auch an dieser Stelle meinen Dank zum Ausdruck bringen möchte.

Betrachten wir nunmehr die Rektifikation eines Gemisches von sagen wir 50 Gewichtsprozenten Alkohol. Zunächst wird durch die Erhitzung dieses Gemisch in Dampf verwandelt, der nach unserer Zeichnung (Fig. 3) 82 % Alkohol enthält. Dieser Dampf geht durch alle Böden nach oben, wird in dem Kühlapparat total kondensiert, also zu einer Flüssigkeit von 82 %, die ihrerseits zunächst den obersten, dann den darauffolgenden usw. Boden füllt, bis schließlich alle Böden von dieser 82 %igen Flüssigkeit voll sind.[1]

Die Dampfentwicklung aus dem Reservoir dauert jedoch fort und nun wird beispielsweise durch den untersten Boden, der also ebenfalls mit einer 82 %igen Flüssigkeit gefüllt ist, der 82 %ige Dampf hindurchströmen. Auf den ersten Blick würde man meinen, daß Flüssigkeit und Dampf von der gleichen Zusammensetzung nicht aufeinandereinwirken könnten. Trotzdem erfolgt die Einwirkung, da die beiden — Flüssigkeit und Dampf — eben nicht zueinander gehören. Und zwar erfolgt die Einwirkung in der Weise, daß der Dampf die Flüssigkeit in eine solche zu verwandeln sucht, mit der er selbst im Gleichgewicht ist, also in eine 50 %ige. Die Flüssigkeit hingegen will den 82 %igen Dampf in einen verwandeln, mit dem sie im Gleichgewicht ist, also in einen alkoholreicheren, nach Fig. 3 etwa in einen 90 %igen. Was eintreten wird, hängt von der relativen Menge von Flüssigkeit und Dampf ab. Ist, wie hier, der fortwährend aus dem Reservoir entströmende Dampf im Überschuß, so wird er allmählich die Flüssigkeit auf dem untersten Boden in eine fast 50 %ige verwandeln. Wir sagen, in eine fast 50 %ige Flüssigkeit, denn der in die kältere Kolonne heraufströmende Dampf hat nicht mehr die Temperatur des Reservoirs, sondern ist ein wenig kälter, steht daher auch mit einer etwas alkoholreicheren Flüssigkeit im Gleichgewichte, sagen wir mit einer solchen von 51 % Alkohol. In ähnlicher Weise wird sich auf dem zweituntersten Boden eine etwa 52 %ige Flüssigkeit bilden usw., kurz, die aufeinander folgenden Böden werden eine ganze Reihe von stetig alkoholreicheren Flüssigkeiten enthalten, anfangend von 51 % bis zum obersten Boden mit 96 % Alkohol. Die Temperatur der einzelnen Böden wird nach oben hin fortwährend abnehmen, anfangend von etwa 82°, dem Siedepunkt des 51 %igen Gemisches, bis nach oben mit etwa 78°, dem Siedepunkt des 96 %igen Gemisches.

Man gerät zu dem gleichen Resultat, wenn man sich um die Zusammensetzung der Flüssigkeiten in den einzelnen Böden gar nicht bekümmert und lediglich das Temperaturgefälle betrachtet. Die 50 %ige Flüssigkeit im Reservoir siedet bei 82,5°. In der Kolonne kühlt sich nach oben die Temperatur immer mehr ab, und dementsprechend haben die übereinander gelagerten Böden eine stets niedere Temperatur, in ihnen siedet daher eine stetig an Alkohol reichere Flüssigkeit.

Beim Fortgang der Verdampfung steigt der Siedepunkt des Blaseninhalts fortwährend an, da das Gemisch wasserreicher wird. Die Temperaturdifferenz zwischen dem untersten und dem obersten Boden wird daher auch stetig größer, da der oberste

Boden seine Temperatur beibehält. Die Differenz in der Zusammensetzung zwischen den einzelnen Böden wird daher eine immer größere werden, zum Schluß wird der unterste Boden fast reines Wasser sein, während der oberste Boden immer die kongruent siedende Flüssigkeit enthält. Die Siedetemperatur des Wassers beträgt mehr als 100° wegen des im Kolonnenapparat herrschenden, eine Atmosphäre übersteigenden Druckes.

Wenn daher das Prinzip der Rektifikation an der Hand der Fig. 3 leicht zu übersehen ist, so treten bei den technischen Arbeiten zwei Umstände auf, die nicht ohne weiteres in den Rahmen dieser Betrachtungen eingebracht werden können.

Zunächst ist da der Rücklauf zu erwähnen. Auch während der Destillation werden fortwährend die Dämpfe im Kühlapparat kondensiert und strömen auf die Böden herunter. Dadurch wird aber das früher besprochene Gleichgewicht gestört. Da sich jedoch das Gleichgewicht von unten nach oben einstellt, so tut die Störung nichts zur Sache.

In zweiter Linie weist die Tatsache, daß gute Kolonnenapparate 96 % igen Alkohol geben, darauf hin, daß der oberste Boden auch aus einer 96 % igen Flüssigkeit besteht. Denn das Kühlwasser hat eine viel niedrigere Temperatur als die des kongruenten Siedepunktes und würde mithin auch niedriggrädigen Dampf kondensieren. Der oberste Boden muß also 96 % ig sein. Auch hier tritt der Rücklauf störend dazwischen, da derselbe ja niedriggrädiger ist und zunächst auf den oberen Boden herabfließt. Man darf vielleicht annehmen, daß der herabfließende Rücklauf die Siedetemperatur des oberen Bodens nicht, oder nicht wesentlich verändert.[1]

Schließlich sei noch auf zwei theoretische Umstände hingewiesen.

Der Kongruenzpunkt liegt sehr nahe an der Alkoholachse (Fig. 3) — der Abstand beträgt ja bloß 4 % — und da ferner die Lage des Punktes mit dem Drucke variiert, so muß bei einem anderen Drucke als 760 mm der Typus III in Typus I (Schwefelkohlenstoff-Benzol) übergehen, bei dem also kein Kongruenzpunkt vorhanden ist. Ob dieser Druck größer oder kleiner ist als 760 mm, läßt sich a priori nicht voraussagen. Wenn die Umwandlung in den Typus I bei niederen Drucken eintreten sollte, so könnten vielleicht Vakuumsiedeapparate nützliche Dienste leisten.

Ferner ist zu bemerken, daß man entgegen der wohl allgemein angenommenen Ansicht, daß man bei der Rektifikation höchstens 96 % igen Alkohol erhalten kann, leicht bis zu einem 100 % igen Alkohol gelangen kann, vorausgesetzt, daß man einen Kunstgriff anwendet. Entzieht man nämlich dem rektifizierten 96 % igen Alkohol etwas Wasser, z. B. mit Ätzkalk, so wird jetzt das Gemenge rechts vom Kongruenzpunkt C liegen. Destilliert man aber ein solches Gemenge, so wird sich ein 96 % iger Dampf bilden, während absoluter Alkohol in der Blase zurückbleibt, gerade so, wie bei der Destillation von Gemengen links vom Kongruenzpunkt schließlich reines Wasser in der

---

[1] Dem Verfasser stehen keine praktischen Kenntnisse zur Verfügung, sodaß er auf diese Schwierigkeiten nicht näher einzugehen vermag. Eine Theorie der Spiritus-Rektifikation hat Hausbrand in seinem schon zitierten Werk gegeben. Dort werden neben den Quantitäten der Alkoholwassergemische auch noch die zum Verdampfen nötige Wärme berücksichtigt. Über beide sagt unsere Figur nicht aus.

Blase zurückbleibt. Gingen wir z. B. von einem 97 % igen Alkohol aus, so würde bei einer ideal geleiteten Fraktionierung 100 g desselben, wie eine leichte Rechnung lehrt zerlegt werden in 75 g 96 % igen und 25 g absoluten Alkohols.

2. Der Ammoniaksodaprozeß.

Die zweite Gruppe technischer Prozesse, die wir vom Standpunkte der Phasenlehre aus betrachten wollen, sind die der sogenannten doppelten Umsetzungen.

Fassen wir zwei Salzpaare ins Auge, von denen sich das eine in das andere verwandeln kann, wie

$$Ba\,CO_3 + K_2\,SO_4 \rightleftarrows Ba\,SO_4 + K_2\,CO_3.$$

Solche Salzpaare werden auch als „reziproke Salzpaare" bezeichnet. Bei einer bestimmten Temperatur ist nun entweder das eine oder das andere dieser Salzpaare existenzfähig oder stabil. In unserem Falle ist das Baryumkarbonatpaar stabil; mit anderen Worten also, das Baryumsulfatpaar kann nicht existieren und geht speziell als Bodenkörper einer, den Umsatz begünstigenden Lösung in das Baryumkarbonatpaar über. Man achte darauf, daß hier nur von den festen Salzen, den sogenannten Bodenkörpern, die Rede ist. Mit dem Zustande der Salze in der Lösung sich zu beschäftigen, liegt hier kein Anlaß vor.

Wenn nun das Baryumkarbonatpaar existenzfähig ist, so sollte man meinen, daß man von demselben auch eine gesättigte Lösung herstellen könne. Bringt man aber bei Zimmertemperatur Wasser mit einem Überschuß von $BaCO_3 + K_2SO_4$ in Berührung, so bleiben wohl die beiden Salze am Boden, daneben scheidet sich aber noch festes $BaSO_4$ aus, sodaß die Lösung nunmehr an 3 Salzen gesättigt ist. In die Lösung geht eine dem ausgeschiedenen $BaSO_4$ äquivalente Menge K_2CO_3, und zwar enthält die Lösung bei 25° auf 100 g H_2O 3,12 $K_2SO_4 + 22,8$ g K_2CO_3, während die Löslichkeit des $BaCO_3$ vernachlässigt werden kann.

Man bemerke, daß ein Art Gegensatz zwischen der Lösung und den Bodenkörpern besteht. Die Bodenkörper bestehen aus dem Baryumkarbonatpaar und $BaSO_4$, die Lösung aber enthält K_2CO_3.

Man bringt diesen Gegensatz zwischen Lösung und Bodenkörpern durch die Bezeichnung inkongruent gesättigte Lösung zum Ausdruck, womit gesagt wird, daß es nicht möglich ist, aus den Bodenkörpern + Wasser eine reine gesättigte Lösung ohne Bodenkörper herzustellen. Denn man kann unmöglich aus den Bodenkörpern $BaCO_3 + BaSO_4 + K_2SO_4$ eine K_2CO_3-haltige Lösung herstellen.

Eine Reihe ähnlicher Fälle ist bekannt. Bringt man z. B. $NaNO_3 + NH_4Cl$ mit Wasser bei Zimmertemperatur in Berührung, so löst sich von jedem Salz ein gewisser Anteil. Zugleich aber sieht man aus der Lösung $NaCl$ ausfallen und demgemäß zeigt die Analyse der Lösung, daß in derselben neben $NaNO_3 + NH_4Cl$ noch das 4te Salz oder NH_4NO_3 enthalten ist. Wieder ist diese Lösung inkongruent, denn man kann den Gehalt der Lösung in welcher Anordnung immer ausdrücken, man wird sie nicht in den Salzen wiedergeben können, die am Boden liegen.

168

6. März 1905.

Fragen wir uns nun nach dem Grund, weshalb diese Ausscheidung stattfindet, so liegt die Antwort darin, daß die Lösung, die an den drei Salzen: $BaCO_3 + K_2SO_4 + BaSO_4$ gesättigt ist, bei gegebener Temperatur eine ganz bestimmte Zusammensetzung haben muß, ebenso wie eine gesättigte KCl-Lösung bei jeder Temperatur eine bestimmte Zusammensetzung hat. Der Beweis hierfür ergibt sich aus dem wichtigsten Satze der Phasenlehre, der sogenannten Phasenregel, doch wollen wir auf diesen Beweis hier nicht weiter eingehen. Also hat die Lösung in Berührung mit dem Baryumkarbonatpaar $+ BaSO_4$ eine ganz bestimmte Zusammensetzung und sie enthält, wie wir vorhin sahen, neben K_2SO_4 und einer Spur $BaCO_3$ noch K_2CO_3. Damit nun die Lösung diesen K_2CO_3-Gehalt bekommt, muß sie eben $BaSO_4$ am Boden bilden, ohne diese Ausscheidung könnte sie nicht das für sie nötige K_2CO_3 erzeugen. Das dem so ist, ergibt sich daraus, daß ein vorheriger Zusatz von K_2CO_3 zu dem Wasser, mit dem das Baryumkarbonatpaar in Berührung gebracht wird, die Abscheidung von $BaSO_4$ entsprechend vermindert. Und bringt man gar $BaCO_3 + K_2SO_4$ mit Wasser in Berührung, das auf 100 g H_2O 22,3 oder mehr K_2CO_3 gelöst enthält, so scheidet sich gar kein $BaSO_4$ mehr aus. Ein reziprokes Salzpaar, das in Berührung mit Wasser ein drittes Salz absondert, wird auch aus hier nicht näher zu besprechenden Gründen als in seinem Umwandlungsintervall befindlich bezeichnet.

Auf Grund der gewonnenen Begriffe vom stabilen und labilen Salzpaar und des Umwandlungsintervalls wollen wir jetzt eine Klassifikation der technischen Prozesse vornehmen, bei denen ein Salz durch doppelte Umsetzung gewonnen wird.

Übersicht über die technische Gewinnung von Salzen auf dem Wege der doppelten Umsetzung.

Das zu gewinnende Salz gehört zum:

I. labilen Salzpaar.	II. stabilen Salzpaar.	
	A.	B.
a) Glaubersalzdarstellung in Staßfurt: $MgSO_4 + NaCl$ sind stabil und scheiden in Berührung mit Wasser $Na_2SO_4, 10H_2O$ ab. b) $MgSO_4 + KCl$ sind stabil und scheiden K_2SO_4, $2MgSO_4$ Langbeinit ab.	Das stabile Salzpaar befindet sich außerhalb des Umwandlungsintervalls: a) Beispiel: Konversionssalpeter. $KNO_3 + NaCl$ sind stabil.	Das stabile Salzpaar befindet sich innerhalb des Umwandlungsintervalls: a) Solvay-Prozeß: $NaHCO_3 + NH_4Cl$ sind stabil und scheiden in Berührung mit Wasser NH_4HCO_3 ab. b) $Ba(NO_2)_2$ nach Witt und Ludwig. $Ba(NO_2)_2 + NaCl$ sind stabil, und scheiden $BaCl_2$ ab.

Demnach sei die technische Gewinnung von Salzen mittels doppelter Zersetzungen in zwei Gruppen eingeteilt. Es kann sich nämlich handeln:

I. Um die Gewinnung eines zum labilen Salzpaar gehörigen Salzes.

II. Um die Gewinnung eines zum stabilen Salzpaar gehörigen Salzes.

I.

Hierbei handelt es sich stets um dasjenige Salz, welches vom stabilen reziproken Paar als drittes ausgeschieden wird, nach unseren früheren Beispielen des Baryumkarbonatpaares also um das $BaSO_4$. Ein Beispiel hierfür liefert die Gewinnung des Glaubersalzes aus Lösungen von $NaCl$ und $MgSO_4 \cdot 7\,H_2O$, wie sie in Leopoldshall im Winter vorgenommen wird.[1]) Hier ist $NaCl + MgSO_4$ das stabile System. Mit Wasser versetzt scheiden sie als drittes Salz — man könnte es das inkongruente Salz nennen — $Na_2SO_4 \cdot 10\,H_2O$ aus, und eine demselben äquivalente Menge von $MgCl_2$ bleibt in der Lösung zurück. Bei 0° sind die betreffenden Löslichkeiten nicht bekannt, wir wollen daher die Rechnung mit dem früheren Beispiel von $(BaCO_3 + K_2SO_4)$ durchführen, und annehmen, daß es sich um die Reindarstellung von $BaSO_4$ handelt. Bringen wir ein g-mol $BaCO_3$ (197,4 g) und 1 g-mol K_2SO_4 (174,4 g) mit 100 g H_2O bei 25° in Berührung, so scheidet sich $BaSO_4$ aus. Nun enthält die gesättigte Lösung (siehe oben) 3,12 g K_2SO_4 und 22,3 g K_2CO_3. Das ist in g-mol ausgedrückt $\frac{3,12}{174,4} = 0,0179$ g-mol K_2SO_4 und $\frac{22,3}{138,3} = 0,161$ g-mol K_2CO_3. Von dem angewandten g-mol K_2SO_4 sind mithin verbraucht: 0,0179, die in Lösung gegangen sind; ferner haben 0,161 dazu dienen müssen, K_2CO_3 für die Lösung zu bilden. Es verbleiben daher am Boden: $1 - (0,0179 + 0,161) = 0,821$ g-mol K_2SO_4. Ferner sind am Boden vorhanden 0,839 g-mol $BaCO_3$ und 0,161 g-mol $BaSO_4$, wenn wir wieder die sehr geringe Löslichkeit der beiden Ba-Salze vernachlässigen. Nun wollen wir aber $BaSO_4$ frei von anderen festen Salzen am Boden haben. Dazu brauchen wir offenbar bloß weniger $BaCO_3$ und K_2SO_4 in Anwendung zu bringen und müssen vom $BaCO_3$ bloß nehmen: $1-0,839 = 0,161$ und vom $K_2SO_4 = 1-0,821 = 0,179$. Bringen wir daher 0,161 Mol. $BaCO_3$ und 0,179 Mol. K_2SO_4 mit 100 g H_2O bei 25° zusammen, so resultiert eine Lösung mit lediglich 0,161 Mol. $BaSO_4$ als Bodenkörper, was unsere technische Aufgabe war.

Das Verfahren bei dieser Gruppe I ist also dadurch charakterisiert, daß man vom stabilen Salzpaar ausgeht, daß man ferner nichtäquivalente Mengen der beiden stabilen Salze anwendet, wobei die Kenntnis der anzuwendenden beiden Salzmengen gegeben ist durch die Zusammensetzung der bei der Arbeitstemperatur inkongruent gesättigten Lösung. Eine quantitative Ausbeute ist hier nicht möglich, d. h. es gelingt nicht alles angewandte Ba und SO_4 in $BaSO_4$ zu verwandeln.

Ein zweites Beispiel für diesen Fall liefert das bekannte Patent von Precht[2]) in Neustassfurt zur Aufschließung des Kainits $KCl\,MgSO_4 \cdot 3H_2O$. Oberhalb 85° verhält sich der Kainit wie ein Gemenge von KCl und $MgSO_4$. Dieses Salzpaar ist das stabile. In Berührung mit Wasser scheidet es K_2SO_4 ab; nur tritt hier die Komplikation auf, daß das K_2SO_4 sich mit dem $MgSO_4$ zu einem technisch wertvollen Doppelsalz, Langbeinit $K_2SO_4\,2MgSO_4$, verbindet. Man kann also nicht wie im vorigen Fall

---

[1]) Oberhalb 5° würde sich nicht Glaubersalz, sondern Astrakanit ($Na_2Mg\,(SO_4)_2 \cdot 4H_2O$) ausscheiden. Vergl. van't Hoff und van Deventer, Zeitschr. physik. Chem., 1, 183; 1887.

[2]) D.R.P. 10637 sowie 13421 und 19456.

22*

beliebig über die Menge der beiden stabilen Salze verfügen, sondern muß trachten, daß für das ausgeschiedene K_2SO_4 auch stets genügend $MgSO_4$ zur Laugbeinitbildung vorhanden ist. Die Gewinnung des 4ten, in der Lösung zurückgebliebenen Salzes gehört auch zu I, doch scheinen keine technischen Beispiele bekannt zu sein.

II.

Bei der zweiten Gruppe handelt es sich um Gewinnung eines der beiden stabilen Salze. Hier wird von den beiden labilen Salzen ausgegangen und durch Wechselzersetzung werden die beiden stabilen erzeugt. In der ersten Gruppe wurde also bloß ein neues Salz erzeugt, nämlich das inkongruente, hier aber werden zwei Salze dargestellt, wobei zu bemerken ist, daß das stabile Salzpaar das schwerlöslichere ist und als solches ausfällt.

Gruppe II zerfällt in 2 voneinander wesentlich verschiedenen Untergruppen.

II A. Das stabile Salzpaar bildet eine kongruente Lösung.

Dieser Fall liegt beim Konversionssalpeter vor. $NaNO_3 + KCl$ sind das labile Salzpaar, $KNO_3 + NaCl$ das stabile, gleichzeitig bilden letztere beiden kongruent gesättigte Lösungen.

Eine wichtige Charakteristik dieser Untergruppe sei sofort hervorgehoben. Man muß stets mit äquivalenten Mengen der labilen Salze arbeiten. Wenden wir z. B. $1^1/_2 NaNO_3$ auf $1 KCl$ an, so erhalten wir zwar $1 KNO_3 + 1 NaCl$, aber es bleibt noch $^1/_2 NaNO_3$ zurück, das ohne Wert ist und noch dazu von KNO_3 getrennt werden muß.

In der Technik werden äquivalente Mengen von $NaNO_3$ und KCl in Lösung gebracht. Bei Zimmertemperaturen würden sich KNO_3 und $NaCl$ ausscheiden, die nunmehr getrennt werden müssen. Diese Trennung wird dadurch sehr erleichtert, daß die beiden Salze bei verschiedenen Temperaturen sehr verschieden löslich sind. Selbstverständlich handelt es sich hierbei nicht um die Einzellöslichkeit im Wasser, sondern um die Löslichkeit bei Gegenwart auch des anderen Bodenkörpers. Nach Etard[1]) lösen 100 g H_2O in Berührung mit $KNO_3 + NaCl$

bei 11°: 27,4 g KNO_3 und 37,6 g $NaCl$.

bei 105°: 333,7 g KNO_3 und 42,0 g $NaCl$.

Wie man sieht, steigt die Löslichkeit des KNO_3 sehr rapide, die des $NaCl$ sehr langsam an. Erhitzt man daher die Lösung, so wird noch sehr viel KNO_3, aber nur wenig mehr $NaCl$ in Lösung gehen.

Filtriert man die an $KNO_3 + NaCl$ heißgesättigte Lösung und läßt sie erkalten, so krystallisieren auf rund 300 Teile KNO_3 nur 5 Teile $NaCl$, welch ersteres durch nochmaliges Umkrystallisieren gereinigt wird. In Wirklichkeit wird sofort auf eine Temperatur erhitzt, bei der alles KNO_3 gelöst bleibt. Durch Eindampfen, abermaliges Abfiltrieren von $NaCl$, gewinnt man eine neue Portion KNO_3, und wie man sieht, steht theoretisch nichts im Wege, des KNO_3 quantitativ zu gewinnen. Die Möglichkeit, die beiden durch die Umsetzung gewonnenen stabilen Salze voneinander zu trennen, beruht

---

[1]) Ann. chim. phys (7) 3, 275; 1894.

hier auf der verschiedenen Löslichkeit derselben bei einer oder bei verschiedenen Temperaturen.

II B. Das stabile Salzpaar bildet eine inkongruente Lösung.

Wir gelangen nun zu der letzten Gruppe II B. Hier handelt es sich wieder um die Gewinnung eines der beiden stabilen Salze, jedoch befindet sich das stabile Salzpaar in seinem Umwandlungsintervall, bildet also eine inkongruente Lösung.

Ein Beispiel hierfür ist die technisch sehr vollkommene Darstellung von $Ba(NO_3)_2$ nach der Methode von Witt und Ludwig.[1] Das stabile Salzpaar ist $Ba(NO_3)_2$ und NaCl. Geht man nun von äquivalenten Mengen $BaCl_2$ und $NaNO_3$ aus, so erhält man erst $Ba(NO_3)_2$ und NaCl, daneben aber auch noch $BaCl_2$, welches Salz inkongruent abgeschieden wird. Die über diesen drei Salzen entstehende Lösung enthält daher neben $Ba(NO_3)_2$ und NaCl noch $NaNO_3$ gelöst. Gibt man von vornherein der Lösung das $NaNO_3$ zu, so scheidet sich kein $BaCl_2$ mehr ab. Das kommt also darauf hinaus, auf 1 Äquiv. $BaCl_2$ mehrere Äquiv. $NaNO_3$ einwirken zu lassen, was auch Witt und Ludwig taten, wobei sie sich aber von ganz anderen Gesichtspunkten als den hier angeführten leiten ließen. Sie trennten dann das $Ba(NO_3)_2$ von NaCl vermittels deren verschiedenen Löslichkeit, ähnlich wie beim Salpeterkonversionsprozeß.

Bei dieser Gruppe II B wird nicht mit äquivalenten Mengen der beiden labilen Salze gearbeitet und eine quantitative Gewinnung des Salzes ist ausgeschlossen. Denn die Lösung enthält immer noch das vierte Salz, hier $NaNO_2$ und dieses NO_2 ist wenigstens durch einfache Krystallisation nicht zu gewinnen.

Das bedeutendste hierher gehörende Verfahren ist der Solvay-Prozeß, oder die Darstellung von Na-Bicarbonat aus $NH_4HCO_3 + NaCl$.

Beim Solvay-Prozeß handelt es sich um die beiden Salzpaare

$$NaHCO_3 \text{ und } NH_4Cl$$
$$\text{und } NH_4HCO_3 \text{ und } NaCl.$$

Von diesen beiden Paaren ist das erstere stabil; das zweite wandelt sich demnach speziell am Boden einer Lösung in das erstere um. Ferner befindet sich das stabile Paar $NaHCO_3 + NH_4Cl$ in seinem Umwandlungsintervall, es scheidet also in Berührung mit Wasser ein drittes Salz, und zwar NH_4HCO_3, ab.

Nach einem Patent von Schlösing[2] wird ein Block von NH_4HCO_3 mit einer Lösung von NaCl behandelt, während nach dem Solvay-Verfahren eine Lösung, die die beiden Salze enthält, erzeugt wird, worauf sich dieselben miteinander umsetzen. Diese Lösung wird hergestellt, indem man in eine NaCl-Lösung Ammoniak einleitet und dieselbe sodann mit CO_2 sättigt, worauf auch sofort das Natriumbikarbonat ausfällt.

Einer Arbeit von Fedotieff[3] über den Solvay-Prozeß verdanken wir eine wesentliche Aufklärung über die quantitativen Verhältnisse bei dieser Umsetzung. In Anlehnung an die Theorie der reziproken Salzpaare bestimmte er einige der hier in

[1] Ber. chem. Ges. 36, 4384; 1904.
[2] G. Lunge, Handbuch der Sodaindustrie, 3. Band, Braunschweig 1896, pag. 129.
[3] Ztschr. physik. Chem. 49, 162; 1904.

Betracht kommenden Löslichkeiten und zwar fand er (loc. cit. p. 173): die an $NaHCO_3$ + NH_4HCO_3 + NH_4Cl gesättigte (inkongruente) Lösung enthält in 1000 g H_2O:

bei 0° in Molen: 0,59 $NaHCO_3$ + 0,96 $NaCl$ + 4,92 NH_4Cl.

- 15° -   -   0,03 $NaHCO_3$ + 0,51 $NaCl$ + 6,28 NH_4Cl.

Diese Zahlen zeigen, daß mit steigender Temperatur die an diesen drei Salzen gesättigte Lösung immer weniger $NaCl$ enthält. Durch Extrapolation fand Fedotieff, daß bei etwa 32° der $NaCl$-Gehalt = Null ist, d. h., daß von dieser Temperatur ab festes $NaHCO_3$ + NH_4Cl mit Wasser in Berührung gebracht nicht mehr NH_4HCO_3 abscheiden. Die Löslichkeit von $NaHCO_3$ + NH_4Cl beträgt bei 32° (extrapoliert) in 1000 g H_2O: 1,96 g-Mole $NaHCO_3$ + 7,97 g-Mole NH_4Cl[1])

In der Technik wird die Karbonisation — Einleitung von CO_2 in die $NaCl$—NH_3 Lösung — bei 30° vorgenommen (manchmal bei 30°—40°). Der Grund, weshalb bei 30° gearbeitet wird, liegt darin, daß das bei dieser Temperatur auskrystallisierende Natriumbikarbonat grobkörnig krystallisiert ist und daher leichter gereinigt werden kann, als das außerhalb dieser Temperatur in mehr schlammiger Form ausfallende Salz. Der Grund ist also ein rein technischer, d. h. ein solcher, der z. Zt. noch nicht wissenschaftlich gefaßt werden kann.[2])

Obwohl das Karbonisieren nicht unter 30° vorgenommen wird, werden die Langen vor dem Abscheiden des gebildeten $NaHCO_3$ weiter abgekühlt,[3]) und so soll auch im Folgenden angenommen werden, daß die Trennung von $NaHCO_3$ bei 15° vorgenommen werde. Nun schreiten wir zur Beantwortung der Frage: Welche Mengen von $NaCl$, NH_4HCO_3 und H_2O müssen wir anwenden, um bei 15°, die größte

---

[1]) Alle Löslichkeitsbestimmungen von Fedotieff beziehen sich nicht auf reines Wasser, sondern auf solches, das mit CO_2 unter dem Drucke von 1 Atm. gesättigt war. Ob diese Sättigung an CO_2 angebracht war, ist fraglich. Vgl. Anm. pag. 175.

[2]) Beispielsweise würde eine eigene Untersuchung über den Einfluß der Lösungsgenossen, Temperatur, Krystallysationsgeschwindigkeit usw wohl ergeben, weshalb das Natriumbikarbonat gerade bei dieser Temperatur grobkörnig ausfällt. Um aber alle in einem komplizierten technischen Betriebe auftretenden Detailfragen wissenschaftlich zu ergründen, müßte dem Techniker ein fast unmögliches Maß von Kenntnissen in den heterogensten Disziplinen zugemutet werden. Man denke etwa nur an die maschinellen Konstruktionen im Solvay-Betriebe, die im Lungeschen Handbuch einen ungleich größeren Raum einnehmen, als die rein chemischen Betrachtungen. Der einzelne Techniker kann daher die ihm begegnenden Schwierigkeiten nicht jedesmal auf dem umständlichen Wege einer wissenschaftlichen Untersuchung lösen, sondern wählt andere, rascher zum Ziele führende Wege, wobei er von vornherein durch die Forderung der relativen Bequemlichkeit und Billigkeit an gewisse Methoden gebunden ist. Die so gewonnenen Ergebnisse, die häufig nur durch den größten Aufwand von Experimentierkunst und Geduld zu Tage gefördert werden, stellen, wie alle anderen exakten Erkenntnisse, ebenfalls wissenschaftliche Wahrheiten dar. Nur sind sie gleichsam bekannte Punkte in sonst unbekannten Gegenden, welch letztere methodisch zu durchforschen eine spätere Aufgabe der reinen Wissenschaft ist. Und so sind die Techniker auch meistens die Vortruppen der wissenschaftlichen Armee gewesen; sie hatten wichtige Punkte besetzt, und dadurch die Okkupation des ganzen Landes häufig sehr erleichtert.

[3]) Lunge, Handbuch der Sodaindustrie, 2. Aufl., Bd. III, pag. 68; 1806. „Die Abkühlung darf eine stärkere sein, um mehr Bikarbonat abzuschneiden." Ob durch die Abkühlung eine bessere Ausbeute erzielt wird, soll dahingestellt bleiben. Eine Diskussion darüber würde zu weit führen. Bemerkt sei nur, daß, wenn man auch oberhalb 32° arbeiten würde, doch nicht das frühere Schema II A zur Anwendung gelangen könnte (Beispiel: Konversionssalpeter), weil hier eine Verdampfung der Laugen der wegen CO_2-abgebenden Bikarbonate untunlich ist.

Ausbeute an reinem, von anderen festen Salzen freiem Natriumbikarbonat zu erhalten? Den folgenden Rechnungen liegen die Bestimmungen Fedotieffs zu Grunde.

Läßt man je 7 NH$_4$HCO$_3$ und 7 NaCl (wo kein g bei den Salzen steht, sind immer g-mole gemeint) mit 1000 g H$_2$O bei 15° aufeinander einwirken, so verwandeln sich die beiden labilen Salze in die beiden stabilen und man erhält schließlich eine Lösung, deren Zusammensetzung schon oben (pag. 172) mitgeteilt ist und die demnach mit folgenden Bodenkörpern in Berührung ist, mit 5,56 NaHCO$_3$ + 0,51 NH$_4$HCO$_3$ + 0,21 NH$_4$Cl.[1]) Wir setzen jetzt der Lösung 0,51 NaCl zu — hätten also insgesamt 7 NH$_4$HCO$_3$ + 7,51 NaCl in Anwendung gebracht. Diese 0,51 NaCl setzen sich mit dem NH$_4$HCO$_3$ am Boden zu NaHCO$_3$ + NH$_4$Cl um — welch letztere ja das stabile Salzpaar darstellen — und es sind daher am Boden: 5,56 + 0,51 = 6,07 NaHCO$_3$ und 0,21 + 0,51 = 0,72 NH$_4$Cl, wobei die Lösung unverändert bleibt. Um, wie wir es wollen, nur NaHCO$_3$ am Boden zu haben, haben wir bloß nötig, die Moleküle der aufeinander einwirkenden NH$_4$HCO$_3$ und NaCl um 0,72 zu verringern, also haben wir zu nehmen 6,28 NH$_4$HCO$_3$ und 6,79 NaCl. Diese mit 1000 g H$_2$O bei 15° zusammengebracht geben 5,35 (= 6,07 − 0,72) festes NaHCO$_3$ und die mehrfach genannte Lösung, enthaltend 1000 g H$_2$O + 0,06 NaHCO$_3$ + 0,51 NaCl + 6,28 NH$_4$Cl. Wir wollen die Mischung 1000 g H$_2$O + 6,28 g-mole NH$_4$HCO$_3$ + 6,79 g-mole NaCl als die theoretische Ausgangsmischung bei 15° (zur Herstellung von NaHCO$_3$) bezeichnen. In dieses Ausgangsmischung ist Na : NH$_4$HCO$_3$ wie 1,08 : 1. Sie arbeitet am ökonomischsten im Vergleich mit irgend einer anderen Ausgangsmischung bei 15°. Sie gewinnt 78,8 % der angewandten Mole Na und 85,2 % der angewandten Mole NH$_4$HCO$_3$ als NaHCO$_3$ wieder, wobei letzteres Salz als alleiniger Bodenkörper auftritt. Auch an dem Verhältnis zwischen H$_2$O und den Salzen NaCl und NH$_4$HCO$_3$ darf nichts geändert werden. Mehr Wasser würde neben der Verminderung des festen NaHCO$_3$ ein Ausfallen von NH$_4$HCO$_3$ bewirken, wie sich dies aus der Lehre der reziproken Salzpaare ergibt.

Zunächst ergibt sich aus den Mengenverhältnissen der Ausgangsmischung, daß mehr NaCl als NH$_4$HCO$_3$ oder mehr Na als NH$_4$ angewandt werden muß. Dies ist auch ein Grundsatz beim Solvay-Verfahren. Der theoretische Grund ist nach unseren früheren Ausführungen ein sehr einleuchtender. Unterhalb 32° befinden sich NaHCO$_3$ + NH$_4$Cl in ihrem Umwandlungsinterwall und scheiden NH$_4$HCO$_3$ ab. Um dieses vom Boden zu verdrängen, muß man NaCl zusetzen, wird also mehr NaCl anwenden müssen, als NH$_4$HCO$_3$ resp. NH$_4$.

Auf unser obiges Resultat zurückkommend, stellen wir uns jetzt die Frage: Ist es denn überhaupt möglich, die Ausgangsmischung in Form einer Lösung herzustellen, also in 1000 g H$_2$O 6,79 NaCl und 6,28 NH$_4$HCO$_3$ zu lösen? Nun, einzeln lösen sich von den Salzen nicht so viel auf: nämlich bloß 6,11 g-mol NaCl und rund 2,3 NH$_4$HCO$_3$. Wenn nun auch nach einem bekannten Satz der elektrolytischen Dissociationstheorie die Löslichkeit eines jeden Salzes hier durch den Zusatz des zweiten erhöht werden dürfte,

---

[1]) Man erhält diese Zahlen, indem man die in der Lösung befindlichen Mengen von den angewandten Mengen (7 g-mol) abzieht.

so ist es doch sehr fraglich, ob hierdurch beim NH_4HCO_3 eine Löslichkeitszunahme von 2,3 auf 6,28 eintreten wird. Die Herstellung einer solchen Lauge wird also wahrscheinlich unmöglich sein, weil erstens NH_4HCO_3 am Boden zurückbleiben wird und weil zweitens die Lauge auch an $NaHCO_3$ übersättigt ist, welch letzteres Salz sich bei der Herstellung dieser Lauge ausscheiden wird, da, soweit bekannt, die Krystallisation des $NaHCO_3$ keine Verzögerung erfährt. Schlösing,[1] der direkt mit NH_4HCO_3 und NaCl arbeitet, verwendet denn auch keine Lösung von $NaCl + NH_4HCO_3$, sondern läßt eine Soole auf festes NH_4HCO_3 einwirken, welch letzteres sich dadurch in einen Block von $NaHCO_3$ verwandelt. Die quantitativen Verhältnisse bei dieser Umsetzung werden nicht angegeben, aber jedenfalls können hier konzentrierte NaCl-Lösungen angewandt werden.

Beim eigentlichen Solvay-Prozeß, bei dem, wie erwähnt, zunächst NH_3 in eine NaCl-Lösung eingeleitet wird, tritt nämlich ein Übelstand auf, der die Herstellung NaCl-reicherer Lösungen erschwert: NH_3 vermindert merklich die Löslichkeit des NaCl. Folgende Tabelle enthält die umgerechneten Daten von Schreib[2].

An NaCl gesättigte Lösungen bei Zusatz von NH_3 bei 15°.

Gehalt pro Liter Lösung an	
Molen NaCl	Molen NH_3
5,43	0
5,04	2,05
4,89	2,93
4,78	3,81
4,58	4,60
4,39	5,57
4,24	6,45
4,12	7,03

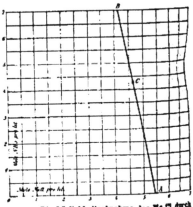

Fig. 6. Die Löslichkeitsabnahme des NaCl durch NH_3-Zusatz. Isotherme für 15°.

Fig. 6 gibt eine graphische Darstellung dieser Verhältnisse.

Bei A ist gar kein NH_3 in den Lösungen vorhanden. Man sieht den NaCl-Gehalt mit steigendem NH_3, wenn auch nur langsam, abnehmen.

Beim Punkte C verhält sich NaCl: NH_3 wie 1,08 : 1, also dasselbe Verhältnis, wie in unserer Ausgangsmischung. Aus einer ebenfalls von Schreib[2] für 18° bestimmten Dichte der Lösungen ergibt sich, daß diese Lösung ungefähr die Dichte (d_4^{18}) 1.145 = 18.4 Be° hat. Daraus berechnet sich, daß die Lösung in C enthält auf 1000 g

[1] Lunge, III, 130, 1800.
[2] Lunge, loc. cit., pag. 15.
[3] Bei Lunge, loc. cit., pag. 16.

H_2O 5,₆₃ Mole $NaCl$ und 5,₈₄ Mole NH_3. Diese Lösung erreicht also noch lange nicht unsere theoretische Ausgangsmischung, sondern ist viel wasserreicher, was nach unseren Ausführungen sehr unvorteilhaft ist.

Durch die Einleitung von CO_2 in diese Lauge wird nun eine wesentliche Verbesserung dieser Verhältnisse herbeigeführt, indem hierbei ein Teil des Wassers gebunden wird, sodaß die Laugen salzreicher werden.[1] Indem sich nämlich $NH_3 + CO_2$ in NH_4HCO_3 verwandelt, bindet jedes NH_3 ein Mol H_2O. 5,₈₄ NH_3 binden mithin 96,₉ g H_2O, und dadurch entsteht ein Gemenge, das auf 1000 g H_2O nunmehr 6,₄₄ Mole $NaCl$ und 5,₉₆ Mole NH_4HCO_3 enthält, also der theoretischen Ausgangsmischung schon ungleich näher ist. Wir sagen ausdrücklich, es entsteht eine Mischung, weil es aus den oben angeführten Gründen (pag. 174) unwahrscheinlich ist, daß sich wirklich die Lösung mit 6,₄₄ $NaCl$ und 5,₉₆ NH_4HCO_3 bildet.

Bei der obigen Rechnung ist angenommen worden, daß wasserfreies CO_2 eingeleitet wird. In Wirklichkeit ist das CO_2 aber feucht und dieses Moment wirkt verschlechternd ein, indem dadurch weniger Wasser gebunden zu werden braucht, also die Ausgangsmischung mehr Wasser enthält. Beide Momente, nämlich der wenn auch kleine Abstand von der Ausgangsmischung, sowie das feuchte Kohlendioxyd vergrößern die Wassermenge und rufen mithin eine Ausscheidung von NH_4HCO_3 hervor.[2] Die Technik arbeitet denn auch nicht mit der Lösung C (Fig. 6), sondern mit solchen, die noch mehr $NaCl$ enthalten (und weniger NH_3).[3] So empfiehlt Schreib[4] eine Lösung von 65 g NH_3 und 270 g $NaCl$ pro Liter, woraus sich, da diese Lösung etwa 18 Bé° hat berechnet: 1000 g H_2O, 4,₇ Mole NH_3 und 5,₇ Mole $NaCl$. Hier ist Na : NH_3 = 1,₂₁ : 1. Trotzdem scheint das NH_4HCO_3 stets in kleiner Menge mit auszutreten. Wenigstens sagt Ost[5]: „Eigentümlich ist, daß mit dem Natriumbikarbonat stets 3—5 % seines Gewichtes Ammoniumbikarbonat mit ausfallen, was bisher nicht hat verhindert werden können." Theoretisch kann man durch Vergrößerung des Überschusses des $NaCl$ über NH_3 dem Ausfallen von NH_4HCO_3 vorbeugen. Bei der beschränkten Löslichkeit des $NaCl$ in NH_3-Lösungen müßte man aber wenig NH_3 anwenden, wodurch die Ausbeute an $NaHCO_3$ eine kleine würde.

Zusammenfassend kann über die Ammoniak-Soda-Fabrikation folgendes gesagt werden. Es handelt sich um die Gewinnung eines stabilen Salzes $NaHCO_3$ aus dem labilen Paar $NH_4HCO_3 + NaCl$. Da bei Temperaturen unterhalb 32° gearbeitet wird — die technischen Gründe hierfür sind, wie gesagt, nicht ganz klar, — so befindet sich

---

[1] Auf diesen Umstand ist im Lunge kein Hinweis zu finden.
[2] Hierzu tritt vielleicht noch der Umstand, daß das CO_2 aus praktischen Gründen (vgl. Lunge, loc. cit., pag. 67) nicht bis zur vollständigen Neutralisierung des NH_3 eingeleitet wird. Welchen CO_2-Druck die Lösungen dann aufweisen, ist nur annähernd zu sagen, da keine speziellen Bestimmungen vorzuliegen scheinen. Nach Dibbits (Jahres-Berichte für Chemie 1874, pag. 99). ist der CO_2-Druck von an NH_4HCO_3 gesättigten Lösungen bei 15° 120 mm Hg. ebensogroß der an $NaHCO_3$ gesättigten Lösungen. Selbst die Addition beider Größen ergibt erst 240 mm, also ist der CO_2-Druck noch weit von 1 Atm. entfernt. Es erscheint also fraglich, ob Fedotieff (vergl. Anm. [1], pag. 172) recht getan hat, die Löslichkeiten bei einem CO_2-Drucke von 1 Atm. zu bestimmen, doch werden die Differenzen der Löslichkeiten wohl nicht sehr groß sein.
[3] Lunge, pag. 16.
[4] Lunge, pag. 32.
[5] Chemische Technologie, Hannover 1903, pag. 101.

das stabile Paar $NaHCO_3 + NH_4Cl$ hierbei in seinem Umwandlungsintervall, es muß
also $NaCl$ zugesetzt werden, um das ausgefallene NH_4HCO_3 zum Verschwinden zu
bringen, man muß also von vornherein mehr $NaCl$ als NH_4HCO_3 anwenden. Beim
Solvay-Prozeß, bei dem aber vor dem Einleiten von CO_2 eine ammoniakalische $NaCl$-
Lösung hergestellt wird, macht es die beschränkte Löslichkeit des $NaCl$ in der NH_3-
Lösung unmöglich, beides zu erreichen, sowohl die Lösung reich an NH_3 zu machen,
sowie auch den notwendigen Überschuß an $NaCl$ über NH_3 zu erhalten. Einer der
beiden Mißstände bleibt daher bestehen: entweder die Lösung ist arm an NH_3, wodurch
auch wenig NH_4HCO_3 und in weiterer Folge wenig $NaHCO_3$ gebildet wird, oder aber
es ist kein genügender Überschuß an $NaCl$ vorhanden, und dann erhält man ein durch
NH_4HCO_3 verunreinigtes Natriumbikarbonat. Welcher Weg in der Technik gewählt
wird, ist dem Verfasser nicht bekannt.

Die Besprechung anderer technischer Prozesse, bei denen es sich um doppelte
Umsetzungen handelt, soll hier unterlassen bleiben. Häufig geht aus den Angaben gar
nicht hervor, welches das stabile und welches das labile Salzpaar ist.

———————————

Es sei noch auf den Umstand hingewiesen, daß, wiewohl unsere Mitteilung mit
einer Definition des Phasenbegriffes eingeleitet wurde, doch in derselben der Ausdruck
„Phase" kaum angewandt worden ist. Das liegt daran, daß das Wort Phase ein viel zu
weiter Begriff ist. Man kann eine engere Definition gewinnen, wenn man von fester,
flüssiger, gasförmiger Phase spricht, aber es ist offenbar richtiger, und auch für das
Ohr der Abwechslung wegen wohlklingender, anschaulicherere Ausdrücke, wie Bodenkörper, Lösungen und Dampfgemische usw. anzuwenden, welche die spezielle Art der
festen, flüssigen und gasförmigen Phase definieren. Dabei darf aber nicht vergessen
werden, daß unsere früheren Auslassungen sich auf die allgemeinen Sätze der Phasenlehre stützen, auch wenn dies nicht besonders hervorgehoben ist. Die vorstehenden
Auseinandersetzungen sind also in der Tat Anwendungen der Phasen- oder Gleichgewichtslehre.

Am Schlusse angelangt, soll nur noch kurz darauf hingewiesen werden, daß
einzelne Prozesse der Technik und die Phasenlehre manche verwandte Seite haben. In
gewissen Fällen beschäftigen sich beide mit engbegrenzten chemischen Vorgängen,
deren allgemeiner Charakter ganz klar liegt. Die Phasenlehre erforscht bis ins Detail
alle Einzelheiten und Änderungen, die durch Druck, Temperatur oder Änderungen der
Konzentration der Lösungen hervorgerufen werden. Gerade diese Detailarbeit tritt aber
auch in der Technik zu Tage, die mittels kleiner Variationen der Versuchsumstände
häufig bedeutende Verbesserungen erzielt.

Hoffen wir, daß diese Gemeinsamkeiten bald zu einem engeren Zusammenschluß
beider Disziplinen führen werden.

Vorsitzender: Ich habe Herrn Prof. Meyerhoffer den Dank des Vereins für
den lehrreichen Vortrag auszusprechen, den er die Güte gehabt hat, uns zu halten.

Bericht über die Sitzung vom 2. Oktober 1905.

Vorsitzender: Unterstaatssekretär Fleck.

— · —

Sitzungsbericht:

Die Niederschrift der Sitzung vom 5. Juni wird genehmigt.

Aufgenommene Mitglieder:

Die Stadt Köln a. Rhein; die Königliche Höhere Schiff- und Maschinenbau-schule in Kiel; Herr Carl Jäger, in Firma: Pumpen- und Gebläsewerk C. I. Jäger & Co. in Leipzig und die Firma Unger & Hoffmann, Aktiengesellschaft in Dresden.

Angemeldete Mitglieder:

Die Gesellschaft m. b. H. „Gas-Generator" in Dresden; Herr Alfred Lindemann, Ingenieur in Hagen i. W.; der Magistrat in Beuthen O. S.; Herr C. W. Roediger, Direktor der Halleschen Maschinenfabrik und Eisengießerei in Halle a. S.; die Firma Sautter & Messner, Werkzeug- und Maßstäbe-Fabrik in Aschaffenburg; vom 1. Januar nächsten Jahres ab die „Westfälische Berg-gewerkschaftskasse" in Bochum; Herr Viktor Schmidt, Fabrikbesitzer, in Firma: C. T. Speyerer & Co., Maschinenbauanstalt in Berlin.

Mitteilungen des Vorstandes:

Vorsitzender: Indem ich die Ehre habe, Sie nach unserer Sommerpause zu neuer Arbeit zu begrüßen, habe ich leider die Mitteilung von schweren Verlusten zu machen, die unser Verein inzwischen durch den Tod erlitten hat.

Am 20. August d. J. verschied in Berlin unser Ehrenmitglied, Geh. Regierungs-rat Professor Dr.=Ing. Franz Reuleaux, Mitglied unseres Vereins und des Technischen Ausschusses seit mehr als 40 Jahren, allezeit ein unermüdlicher Förderer deutschen Gewerbfleißes, ein unerschrockener treuer Warner zu rechter Stunde. Unser verehrtes Vorstandsmitglied, Herr Geh. Bergrat Wedding, heute leider durch eine Reise nach England am Erscheinen verhindert, hat sich vorbehalten, in der nächsten Sitzung des Vereins das reiche Wirken des verewigten Freundes in einem umfassenden Lebensbild uns vor Augen zu führen. Mir bleibt heute die schmerzliche Pflicht, unserer tiefen Trauer darüber Ausdruck zu geben, daß der treffliche Mann von uns geschieden ist und daß wir seine tatkräftige Mitarbeit an den wichtigen Aufgaben unseres Vereins fortan entbehren müssen. Die hohe Meinung, die er selbst von diesen Aufgaben hegte und, bis ihn die Krankheit niederzwang, auch treulich betätigte, hat er in jener geistvollen Rede wiedergegeben, die er vor 33 Jahren an der 50. Jubelfeier des Vereins in festlicher

Versammlung gehalten hat, deren treffende Ausführungen und Mahnungen auch heute noch gelten. Die Lücke, die sein Heimgang gerissen, wird nur langsam sich schließen.

Am 17. Juli verstarb hier der Geh. Kommerzienrat Adolf Frentzel, Mitglied unseres Vereins seit 1881, Präsident des deutschen Handelstages, Mitglied des Herrenhauses und des preußischen Landeseisenbahnrates, ein Mann, der seine reichen Erfahrungen auf dem Gebiete des wirtschaftlichen Lebens stets gern und freudig in den Dienst des Gemeinwohls gestellt hat.

Am 21. Juli verschied in Hamburg der Ingenieur Hugo Hoppe, Mitglied unseres Vereins seit dem 1. Juni 1885, ein Sohn unseres verewigten Ehrenmitgliedes C. Hoppe.

Am 21. August starb in Breslau unerwartet bei Erprobung eines neuen Apparates zur Vergasung flüssiger Brennstoffe der Direktor Adolf Altmann, Mitglied unseres Vereins seit 1881. Mitten in der Arbeit ist er in der Blüte der Jahre auf dem Felde gefallen, das er für seine Lebensarbeit sich gewählt hatte. Er hat die treue Hingebung an das Erblühen des von ihm gepflegten Gewerbzweiges mit dem Tode besiegelt.

Am 22. August verschied in Berlin der königliche Hoflieferant Hermann Ide, Mitglied des Vereins seit 1901 und des Technischen Ausschusses seit 1902, Besitzer der bekannten großen Wäsche- und chemischen Reinigungsanstalt von Gardinen, Spitzen und Decken.

Das Handelsministerium und mit ihm unser Verein hat einen sehr schmerzlichen Verlust erlitten durch das Hinscheiden des Unterstaatssekretärs, Wirklichen Geheimen Rates Lohmann, der Anfang September d. J. in Thüringen verschieden ist, hoch verdient um die Förderung der Gewerbe in Preußen und um die sozialpolitische Gesetzgebung im Reiche.

Der Verein wird allen diesen verehrten Männern ein treues und dankbares Andenken bewahren.

Es wird vorgelegt von unserem Delegierten, Herrn Geh. Regierungsrat Wedding, das Protokoll über die am 30. Mai 1905 abgehaltene 24. Sitzung des Bezirkseisenbahnrates zu Berlin. — Bemerkungen sind dazu nicht zu machen.

Eine Reihe von Drucksachen ist vorgelegt vom Technischen Ausschuß und zwar folgende: Denkschrift über die Eröffnungsfeier der Königlichen Technischen Hochschule zu Danzig am 6. Oktober 1904; Programm der Königlichen Fachschule für die Eisen- und Stahl-Industrie des Siegerlandes, Siegen 1905; Die Neubauten der Königl. Sächsischen Technischen Hochschule zu Dresden 1905; Jahresbericht des Vereins für die bergbaulichen Interessen des Oberbergamtsbezirks Dortmund für das Jahr 1904, I. Allg. Teil Experiments relating to the effect on Mechanical and other Properties of Iron and its alloys, produced by Liquid air temperatures, by R. A. Hadfield President; Bericht der Bremischen Gewerbekammer, Bremen 1905; Jahresbericht des Polytechnischen und Gewerbevereins in Königsberg i. Pr. im 60. Vereinsjahre 1904; Festrede (Neuere Anschauungen über das Wesen der Elektrizität) zur Vorfeier des Geburtstages Sr. Majestät des Kaisers und Königs Wilhelm II., gehalten am 26. Januar 1905 von von Mangoldt in der Aula der Königlichen Technischen Hochschule zu Danzig; Dissertation von Diplom-Ingenieur Heinrich Wommelsdorf: Die Kondensatormaschine mit Doppeldrehung, Mitteilung ihrer Anordnung, Theorie und Wirkungsweise.

Der Verein deutscher Ingenieure bittet um schleunige Zusendung der Beiträge für das Technolexikon an die Adresse: Technolexikon, Dr. Hubert Jansen in Berlin NW. 7, Dorotheenstraße 49.

Vom Technischen Ausschuß liegt vor ein Antrag auf Bewilligung von 500 Mark für die March-Stiftung.

Herr Rentier Stephan: Im März vorigen Jahres machte der Verein für Ton-, Zement- und Kalkindustrie unserem Vereine die Mitteilung, daß eine March-Stiftung begründet werden sollte, und fragt an, mit Rücksicht auf die hohen Verdienste, die der verstorbene Geheime Kommerzienrat March sich auch um unsern Verein erworben, ob wir nicht bereit seien, einen Beitrag zu leisten. Der Technische Ausschuß beschloß damals, 500 Mark zu bewilligen, aber dann erst Mitteilung darüber zu machen, wenn die Stiftung überhaupt ins Leben getreten sein und das Statut vorliegen würde. Das ist nun geschehen und der Technische Ausschuß beantragt daher jetzt, diese 500 Mark zu bewilligen.

Wenn es vielleicht noch interessiert, so wäre aus dem Statut der Passus zu erwähnen, zu welchem Zweck die Stiftung begründet worden ist. Es heißt dort: Zweck der March-Stiftung ist, bedürftigen, strebsamen jungen Leuten den Eintritt in die Industrie durch Gewährung von Unterstützungen zu erleichtern und, sobald die Mittel reichlicher geworden sind, auch den Besuch auswärtiger Industrieanlagen und Lehranstalten zu ermöglichen.

Vorsitzender: Ich darf ohne förmliche Abstimmung feststellen, daß der Antrag Ihre Zustimmung gefunden hat.

Technische Tagesordnung.
Die Entwicklung der Automobil-Industrie.

Herr Zivilingenieur Ernst Neuberg: Meine Herren! Der Zweck meines heutigen Vortrages ist den Herren Mitgliedern des Ausschusses bereits bekannt. Hier vor dem Verein möchte ich ihn nochmals wiederholen.

Ich habe im technischen Ausschuß des Vereins ein Preisausschreiben angeregt über den Nutzeffekt von schnellgehenden Verbrennungskraftmaschinen für Selbstfahrer. Auf diese Anregung hin ist ein Rundschreiben an die größten Automobilfabriken Deutschlands erlassen, um bei denselben anzufragen, ob sie gewillt wären, innerhalb ihrer Fabrikräume einen Motor, resp. ein ganzes Chassis, einem oder mehreren vom Verein zu nennenden Herren zur Prüfung auf den Nutzeffekt zur Verfügung zu stellen. Es sollte bei diesen Prüfungen der totale Nutzeffekt der Maschine allein und der Maschine mit Getriebe und Cardan, resp. Kettenräder und Differential, d. h. der Total-nutzeffekt des Untergestelles, wenn man sich so ausdrücken darf, festgestellt werden. Es sollte die Frage beantwortet werden: Wieviel Liter Benzin sind erforderlich, einer-

23*

seits, um eine Pferdestärke am Schwungrad des Motors zu haben, anderseits, am Radumfang. Die meisten der angefragten Fabriken haben sich zur Prüfung bereit erklärt.

Die bisherigen Veranstaltungen zur Prüfung von Automobilen sind mehr auto-
mobilistischer als automobiltechnischer Natur gewesen. Die Automobilvereine und Klubs
haben bislang eine große Anzahl von Preisausschreiben erlassen und haben diese Preisausschreiben stets verlegt auf die Landstraße oder die Rennbahn. Die letzteren in
erster Beziehung, um das große Publikum heranzuziehen und für dieses neue Verkehrsmittel zu interessieren; auch die ersteren nicht zum wenigsten aus diesem Grunde, um
zu zeigen, was leistet wirklich in der Praxis ein Automobil. Rein technische Versuchsresultate über schnelllaufende Verbrennungsmaschinen über die einzelnen Untergestellteile
des Automobils liegen bislang kaum vor.

Wenn derartige Versuche vom Verein durchgeführt und ständig in gewissen
Zeitabschnitten wiederholt würden, dürften diese Arbeiten von grundlegender Bedeutung
werden für die internationale Automobilindustrie. Der Verein würde sich in der ganzen
Welt neue Freunde und neue Mitglieder erwerben.

Beginnen möchte ich meinen Vortrag damit, Ihnen zu zeigen, um eine wie große
Sache es sich beim Automobilismus handelt, wie rapide sich die Automobilindustrie in
den letzten Jahren entwickelt hat. Denn, ich glaube, unter Ihnen sitzen noch eine
ganze Anzahl von Herren, welche meinen, daß die Automobilindustrie hervorgerufen sei
durch das Bedürfnis einiger Sportsleute, die Straßen unsicher zu machen.

Von den neueren Industrieen, welche in Deutschland eine Rolle spielen, ist wohl
die größte die elektrotechnische Industrie. Ich möchte daher Zahlen aus dieser Industrie
in Vergleich setzen zu Zahlen aus der Automobilindustrie. Den Beginn der elektrotechnischen Industrie als Großindustrie möchte ich verlegen auf das Jahr 1891, beginnend mit der Ausstellung in Frankfurt a. M. Zu dieser Zeit waren 43 Elektrizitäts-
werke in Deutschland vorhanden, während diese Zahl bei der letzten Zusammenstellung
im Jahre 1904 auf 1108 angewachsen ist.

Im Jahre 1895 waren in der deutschen Elektrizitätsindustrie . . 26 321 Arbeiter,[1])
   - - 1898 - - -   -   -   . . 54 417   "
In diesem Jahre - - -   -   ca. 72 500   "

beschäftigt. Der Gesamtwert der elektrotechnischen Erzeugnisse im Jahre 1898 (Stark.
strom und Schwachstrom) bezifferte sich auf ca. 228 675 000 $\mathcal{M}$,[2]) wovon im Inlande
166 300 000 $\mathcal{M}$ verbraucht sind, während nach dem Auslande für 56 800 000 $\mathcal{M}$
exportiert ist.

Als zur Frankfurter Ausstellung parallel laufendes Ereignis für die Automobil.
industrie kann man vielleicht die erste internationale Motorwagen-Ausstellung in Berlin
im Herbst des Jahres 1899 im Königlichen Exerzierhaus in der Karlstraße anführen,
obgleich zu dieser Zeit keinesfalls die deutsche Automobilindustrie mit der elektrotechnischen Industrie im Jahre 1891 vergleichbar gewesen wäre. Jedoch war zu dieser
Zeit vielleicht die Automobilindustrie in Frankreich, welche auch noch heute auf einer

---

[1]) Die Geschäftslage der deutschen elektrotechnischen Industrie im Jahre 1904. Berlin. 1905.
[2]) Dr. R. Bürner. Zur wirtschaftlichen Entwickelung und Lage der deutschen elektrotechnischen
Industrie. Bochum. 1903.

höheren Entwickelung steht wie die deutsche, in einem Stadium, welches mit der deutschen Elektrizitätsindustrie vergleichbar wäre. Im folgenden will ich Ihnen einige Zahlen bezüglich des Welthandels der bedeutendsten Produktionsländer anführen, um Ihnen zu zeigen, daß dasjenige Land, welches in der Automobilindustrie am weitesten ist, nach ca. fünfjähriger großindustrieller Entwickelung nicht weit hinter dem zurücksteht, was die deutsche Elektrizitätsindustrie nach siebenjähriger Entwickelung an Werten produziert hat und an Arbeitskräften benötigte.

Frankreich.[1]

Jahr	Anzahl der in Frkr. erbauten Wagen	Gesamtpreis in ℳ	Durchschnitts· preis in ℳ	Ausfuhr in ℳ	Einfuhr in ℳ
1897	—	—	—	505 000	—
1898	1 850	6 700 000	3620	1 420 000	
1899	1 900	7 700 000	4050	3 450 000	
1900	5 000	22 200 000	4450	7 700 000	—
1901	8 800	43 000 000	4860	12 800 000	—
1902	16 500	80 000 000	4860	24 200 000	815 000
1903	19 500	110 000 000	5610	42 000 000	1 003 000
1904	22 000	142 000 000	6500	59 500 000	3 140 000

Frankreich hat im Jahre 1904 eine Gesamtproduktion an
    Automobilen gehabt von . . . . 142 000 000 ℳ
und einen Export von . . . . 59 500 000 -
dem also nach siebenjähriger Entwicklung der Elektrizi-
    täts - Industrie als Groß - Industrie eine Gesamt-
    produktion von . . . . 228 000 000 -
und ein Export von . . . . 56 800 000 -

gegenübersteht. Während also die Gesamtproduktion noch hinter der der Elektrizitätsindustrie zurücksteht, hat der Export bereits die Elektrizitätsindustrie geschlagen.

1903 waren in Frankreich in der Automobilindustrie 40 000 Arbeiter beschäftigt.
Im Jahre 1904 . . . . 55 000 Arbeiter
und . . . . 25 000 Meister, Monteure und Wagenführer.
    Insgesamt also 80 000 Arbeiter

gegenüber einer Arbeiterzahl in der Elektrizitäts-Industrie von 54 417 im Jahre 1898 in Deutschland.

In Frankreich kommt heute ein Automobil auf 3146 Einwohner.

Weniger günstig stellen sich die Zahlen der übrigen Automobile fabrizierenden Großstaaten.

Aber die deutschen Fabrikate werden nach der Überzeugung aller Sachverständiger in der Lage sein, den Vorsprung der französischen einzuholen. Die Zahlen des deutschen Außenhandels mit Motorfahrzeugen sind die folgenden:

---

[1] Documents statistiques concernant les industries du cycle et de l'automobile. Paris. 1904.

Deutschland.

Jahr	Einfuhr in ℳ	Ausfuhr in ℳ
1902	3 702 000	5 344 000
1903	5 198 000	6 027 000
1904	7 745 000	13 169 000

Dabei soll in diesem Jahr die Ausfuhr auf ca. 25 000 000 gestiegen sein. Produktionsziffern liegen nicht vor.

Das schlechteste Bild von allen Staaten bietet Großbritannien, welches noch heute eine Einfuhr hat von 51 800 000 ℳ gegenüber einer Ausfuhr von 11 700 000 ℳ.

Großbritannien.

Jahr	Einfuhr in ℳ	Ausfuhr in ℳ
1902	24 000 000	4 830 000
1903	41 000 000	10 300 000
1904	51 800 000	11 700 000

Dieses Beispiel sollte besonders anderen Staaten als warnendes Beispiel vorschweben bei Abfassung von Gesetzen.

Die bis noch vor kurzem in England bestehende Gesetzgebung konnte eine Automobilindustrie nicht groß werden lassen, und hat darunter die Automobilindustrie in diesem Lande noch bis zum heutigen Tage zu leiden.

Bei der bevorstehenden Automobilgesetzgebung in Deutschland sollte man daher vorsichtig sein, um nicht eine Industrie, die angetan erscheint, eine der größten des Landes zu werden, durch eine falsche Gesetzgebung in ihrer Fortentwickelung zu beeinträchtigen.

Die Automobilindustrie der Vereinigten Staaten befindet sich in rapider Entwickelung. Es gibt heute ca. 100 Automobilfabriken in den U. S.

Vereinigte Staaten.

Jahr	Einfuhr in ℳ	Ausfuhr in ℳ	Anzahl der erbauten Wagen	Gesamtpreis in ℳ
1900	—	—	—	ca. 20 000 000
1902	—	4 500 000	—	—
1903	4 300 000	6 900 000	—	—
1904	6 050 000	8 400 000	17 500	95 000 000
1905 1. Semester	—	—	26 601	150 000 000

In Amerika sind also im 1. Semester 1905 schon mehr Wagen fabriziert als im letzten Jahre in Frankreich. Die Statistik zeigt im Jahre 1904 einen Export von 8 400 000 und einen Import von 6 050 000 ℳ für Automobile. Dabei ist zu bemerken, daß der Einfuhrzoll in den Vereinigten Staaten 45 % beträgt.

Das Ihnen bisher bezüglich des Welthandels Mitgeteilte sollte Ihnen zeigen, einer wie großen Zukunft die Automobilindustrie entgegensieht.

Zur Automobilindustrie gesellen sich nun eine ganze Anzahl anderer Industrieen. Zuerst läuft mit ihr parallel die Motorzweiradindustrie.

Das Motorzweirad ist die billigste Form des Selbstfahrers und wird durch Anhänge- oder Beisteckwagen geeignet, mehr Personen als nur den Fahrer zu befördern, und desgleichen als Lieferungswagen zu dienen. 1903 gab es in Frankreich bereits 19 816 gegenüber 310 223 Fahrrädern.

Die Vervollkommnung und Verbilligung des schnelllaufenden, leichten Motors hat diesem Motor ein Feld eröffnet für den Kleinbetrieb. Es gibt hunderte von Villen und Landhäusern, welche sich mit Hilfe eines schnelllaufenden Automobilmotors beispielsweise ihr Licht erzeugen und ihr Wasser pumpen usw.

Die großen Fortschritte, welche die Luftschifffahrt im Laufe der letzten Jahre gemacht hat, rühren nicht zum wenigsten von der Vervollkommnung und Gewichtsverminderung der schnelllaufenden Benzinmotoren her. Ein gleiches gilt von der Motorbootindustrie, welche man heute geradezu mit der Automobilindustrie identifiziert, weil die gleichen Firmen, welche Automobilmotoren ausführen, auch Bootsmotoren bauen.

Die Hauptindustrieen, welche der Automobilismus gehoben hat, sind die Stahl-, Benzin-, Spiritus- und die Gummiindustrie, und die eigentlichen Wagenbauer, welche zu den maschinentechnischen Teilen die Carosserie liefern. Schließlich dürfen nicht unerwähnt bleiben die Zündapparate- und Laternenindustrie, die Brillen- und Bekleidungsindustrie.

Im Folgenden will ich Ihnen in großen Zügen darlegen, welches die Charakteristika des modernen Automobils sind.

Die Materie ist eine so große, daß es unmöglich ist, in einem Abend die vielen in Frage kommenden Details auch nur zu erwähnen. Ich beschränke mich daher darauf, wie schon oben gesagt, die Hauptgesichtspunkte bei Konstruktion eines Automobils vom Standpunkte des Motorenerbauers hier kurz zu charakterisieren.

Das Dampfautomobil hat sich in Deutschland nicht eingeführt, und zwar aus verschiedenen Gründen. Der Dampfkessel bringt Gefahren mit sich, die der Explosionsmotor nicht kennt, offene Feuerung mit Kohle, resp. Feuerung mit offenem Petroleum-, Benzin- oder Spiritusbrenner, welche besonders bei Zusammenstößen gefahrvoll werden können. Als zweiter Nachteil kommt die Kesselsteinbildung hinzu, welche geradezu unvermeidlich ist beim Ersatz des Wassers auf der Landstraße, wo man stark kalkhaltiges Wasser in den Kessel bekommen kann. Des Ferneren wird das Leckwerden des Dampferzeugers infolge von Wassermangel als ein erheblicher Nachteil empfunden, welchem neuerdings durch Anbringung eines Warnapparates abgeholfen ist. Der Konstrukteur macht es sich heute zum Hauptprinzip, beim Dampfwagen sehr hohe Dampfspannungen, die teilweise 50 Atm. überschreiten, zu verwenden, mit überhitztem Dampf zu arbeiten und durch möglichst vollständige Kondensation das mitzuführende Wasserquantum zu verringern. Der größte Übelstand beim Dampfmotor, welchem wohl niemals abgeholfen werden wird, ist der Umstand, daß derselbe angeheizt werden muß, und zu seiner Inbetriebsetzung heute noch ca. 7 Minuten erforderlich sind.

Demgegenüber stehen bedeutende Vorteile, die der Dampfmotor vor allem der Verbrennungskraftmaschine gegenüber hat.

Wenngleich der Explosionsmotor bedeutend ökonomischer arbeitet als der Dampfmotor, so sinkt bei letzterem bei Steigerung und Herabsetzung der Leistung nicht so stark der Wirkungsgrad, wie bei der Verbrennungskraftmaschine. Infolge der Expansionsausnutzung kann man von einem Übersetzungswechsel absehen. Das Rückwärtsfahren ist ohne Reversiervorrichtung möglich. Der Betriebsstoff für den Brenner, Petroleum und Spiritus, sind überall leichter erhältlich als Benzin. Vielleicht kommt das Dampfautomobil auch in Deutschland nochmal zum Ansehen. Daß es an Versuchen dieser Art nicht fehlt, haben Sie wohl aus dem Septemberheft der Verhandlungen d. V. z. B. d. G. gesehen, in welchem Herr Leitzmann Versuche beschreibt, welche die kgl. Eisenbahn-Direktion, Hannover, mit einem Kleinbahndampfautomobil der Firma Ganz & Co. angestellt hat.

Das Elektromobil ist mit sehr großen Vorteilen gegenüber anders betriebenen Motorfahrzeugen ausgestattet, besitzt einen sanften Gang, keine Stöße beim Anfahren und keine Erschütterungen beim Halten, jedoch hat es einen Mangel, den man bislang noch nicht abstellen konnte. Es fehlt die leichte Beschaffung des Betriebsstoffes. Dynamos, Elektromotoren, Schaltung, sind aufs Vollendetste ausgebildet, alles liegt am Akkumulator, dessen Gewicht proportional der Leistungsfähigkeit eines Wagens ist. Ihn bei gleicher Leistung leichter zu machen, muß das Hauptbestreben der Elektromobilfreunde sein. Durch den alkalischen Nickeleisenakkumulator von Junguer und Edison ist vieles zu erwarten, jedoch liegen noch keine abgeschlossenen Resultate aus der Praxis vor.

Bislang ist es nicht gelungen, Elektromobilen zu bauen mit einem weit größeren Aktionsradius als ca. 100 km.

Man unterscheidet drei Arten von Elektromobilen, solche mit reinem Batteriebetrieb, mit gemischtem Betrieb, wo das Gewicht des Wagens dadurch erleichtert wird, daß nicht nur Akkumulatoren vorhanden sind, welche die Elektromotoren betreiben, sondern außerdem noch eine Verbrennungskraftmaschine mit Dynamo. Dynamo und Akkumulatorenbatterie sind dann parallel geschaltet, und die Batterie wird im Betrieb nur als Pufferbatterie benutzt. Die dritte Art von Elektromobilen besitzt keine Akkumulatorenbatterie, sondern nur Verbrennungskraftmaschine, Dynamo und Elektromotoren.

Ein Elektromobil in Fiakerform mit reinem Batteriebetrieb und zwei Elektromotoren von 5—12 PS. benötigt, um 80 km in der Ebene bei einer stündlichen Geschwindigkeit von 25 km zurückzulegen, eine Batterie von 550 kg. Zur gleichen Leistung wiegt der Betriebsstoff eines Automobils mit Benzinmotor nur ca. den 15. Teil.

Das Elektromobil hat sich aus diesem Grunde bislang nur für den Stadtbetrieb einführen können.

Bei der dritten Art von Motoren, welche zum Antrieb von Automobilen benutzt werden, den Verbrennungskraftmaschinen, möchte ich etwas länger stehen bleiben, da ihnen meines Erachtens nicht allein die Gegenwart, sondern auch die Zukunft gehört. Ein modernes Automobil hat, je nach den Ansprüchen, welche man an dasselbe

stellt, eine ein-, zwei-, drei-, vier- oder sechszylindrige Verbrennungsmaschine von
maximal ca. 600—2000 Umdrehungen in der Minute. Als Betriebsstoff für diese
Motoren kommt in Deutschland nur Benzin und Spiritus in Frage. Dieser Betriebsstoff
ist in Reservoiren vorhanden, welche mit geringem Höhenunterschied gegen den Vergaser in eine dem Konstrukteur passende Stelle eingehängt sind. In Deutschland verwendet man, wie im stationären Maschinenbau, fast durchweg einfach wirkende Vier-
taktmotoren, d. h. solche Maschinen, zu deren vollem Kreisprozeß (Ansaugen, Kom-
premieren, Expandieren, Auspuffen) vier Kolbenhübe gehören, und bei welchen an der
zweiten Seite des Kolbens kein nutzbarer Arbeitsprozeß verrichtet wird. Es gibt
Firmen, welche sich auch mit dem Bau von Zweitaktmotoren befassen, die dadurch
charakterisiert sind, daß auch die zweite Seite des Kolbens zur Arbeitsleistung herangezogen wird und das Ansaugen und Komprimieren ausübt. Die ersten Motoren dieser
Art sind von Söhnlein gebaut; es werden in neuester Zeit auch von der Firma
Gebrüder Körting unter dem Namen Hardt-Motor Zweitaktmaschinen auf den Markt
gebracht. Diese Motore zeichnen sich dadurch aus, daß sie keine Ventile besitzen. Es
ist mir nicht bekannt, daß sich mit derartigen Motoren ausgerüstete Automobile in
größerem Maßstabe eingeführt haben. Jedoch bin ich selbst auf Motorbooten gefahren,
welche mit Zweitaktmotoren ausgerüstet waren.

Ein moderner Automobilmotor hat gesteuerte Ein- und Auslaßventile, nicht
mehr automatische Ventile, wie das in den ersten Jahren üblich war. Ein absolut zu-
verlässiges Arbeiten, eine richtige Ökonomie im Betrieb war mit denselben nicht zu
erzielen. Ein- und Auslaßventile, sowie sämtliche des Nachsehens und Schmierens
bedürftigen Teile mit Ausnahme der eingekapselten Kurbelwelle müssen oben auf dem
Motor liegen. Besonders ist dies bei Bootsmotoren erforderlich, wo der Unterteil des
Motors häufig im Wasser steht.

Man hat einen Automobilmotor mit Recht verglichen mit einem Zwerg, welcher
Riesenkräfte entwickeln soll. Um einen richtigen Maßstab zu haben, welches der
passendste Motor für ein Automobil ist, darf man jedoch nicht von dem Gesichtspunkt
ausgehen, daß derjenige Motor der ideale ist, welcher bei geringstem Gewicht am
meisten leistet, sondern vielmehr ist diejenige Maschine die geeignetste, welche nicht
als Nettomaschine diese Eigenschaften besitzt, sondern, wenn man sich so ausdrücken
darf, als Bruttomotor.

Hierbei spielen zwei Gesichtspunkte eine Rolle:

1. Der Betriebsstoff. Ist derselbe schwer erhältlich, so muß man sich eine große
Quantität mitnehmen und belastet dadurch das Bruttogewicht des Motors. Es entsprechen z. B. der Energie von 20 kg Benzin zum wenigsten ca. 300 kg Akkumulatoren.
Benzin ist schwerer erhältlich als Petroleum. Man muß sich daher mit Benzin mehr
ausrüsten als man das mit Petroleum nötig hätte, weil man dieses in jedem kleineren
Dorf erhalten dürfte. Dampfmotor und Benzinmotor haben ein Brennstoffreservoir
gemeinsam, dagegen hat der Benzinmotor anstelle des Brenners und Dampfkessels bloß
den Vergaser, welcher nur einen Bruchteil des Damfkessels wiegt. Anstelle der Kondensation hat die Verbrennungskraftmaschine die Rückkühlanlage.

24

Als 2. Punkt, welcher das Bruttogewicht erhöht, kommt das Gewicht des Arbeitsübertragungsmechanismus vom Motor auf die Räder hinzu.

Als Betriebsmaschine für Automobile ist die Verbrennungsmaschine die geeignetste, weil ihr Bruttogewicht am geringsten ist trotz schwerem Zahnradgetriebe, Differential, Ventilator, Wasserkühler, Auspufftopf. Für den Konstrukteur lautet nun die Aufgabe meistens so: Es ist ein Motorwagen zu konstruieren, welcher beispielsweise den Industriellen von seiner Villa zur Fabrik bringt. Der betreffende Besteller will außer dieser vierfachen Fahrt auch noch abends mit seinem Wagen ins Theater oder in Gesellschaft fahren. Hierfür ist erforderlich eine mittlere Geschwindigkeit von 15, eine maximale von 25 km ist ausreichend. Als Aktionsradius kommen höchstens 100 km in Frage. Welcher Motor ist brutto der leichteste und arbeitet am ökonomischsten, um diese Leistung auszuführen? Ist die Aufgabe so gestellt, kann außer dem Explosionsmotor noch der Elektromotor in Frage kommen. Aber meistens will dieser betreffende Industrielle, wenn ich bei diesem Beispiel bleiben darf, zwar sechs Tage lang diese Tour machen mit einer Geschwindigkeit von maximal 25 km und einem Aktionsradius von 100 km; er will aber am Sonntag eine größere Tour bei größerer Geschwindigkeit, und im Sommer mit Familie und entsprechendem Gepäck eine Reise im Automobil machen.

Hat er diese Tatsache zu berücksichtigen, entscheidet sich der Konstrukteur unter allen Umständen für eine Verbrennungskraftmaschine. Dann hat er sich zu entscheiden, wieviel Zylinder soll der Motor bekommen? Es kommen in Frage 1, 2, 3, 4 oder 6. Zur Vereinfachung der Fabrikation im Großbetrieb werden, genau so, wie sich dieses heute im Großmotorenbau bewährt hat, für den beispielsweise 4, 8, 12, 16 und 24 pferdigen Motor das gleiche Zylindermodell, die gleichen Ventile usw. genommen, man kann Schablonenfraiserei und Dreherei einführen, wodurch eine bedeutende Vereinfachung und Kostenersparnis in der Fabrikation erzielt wird. Es hat sich nun, vielleicht im Gegensatz zum Großmotorenbau, herausgestellt, daß die Betriebsmaschine für den Selbstfahrer um so sicherer ist, je mehr Zylinder sie hat. Setzt bei einem Zylinder beispielsweise die Zündung aus, oder ist ein Ventil oder Kolben undicht, so arbeiten statt vier Zylindern nur drei, statt sechs fünf usw. Schaltet man ein entsprechend höheres Übersetzungsverhältnis zwischen Motor und Wagenräder, so wird man, zwar auf Kosten der Ökonomie, in diesem Fall noch das gleiche leisten, d. h. der Motor seine Geschwindigkeit behalten, wenn auch ein oder mehrere Zylinder unexakt arbeiten, vorausgesetzt, daß man nicht die Höchstleistung beansprucht. Man kann, je mehr Zylinder man besitzt, desto mehr mit der Arbeitsleistung des Motors variieren und Übersetzungsverhältnisse ersparen. Mit als wichtigster Punkt kommt noch hinzu, daß bei einer Steigerung der Zylinderzahl das Tangentialdruckdiagramm gleichmäßiger wird, dadurch die Lager weniger beansprucht, das Schwungradgewicht und die durch den Motor erzeugten Stöße vermindert werden.

Daß sich tatsächlich der große Wagen gegenüber dem kleinen Wagen bedeutend vermehrt hat, geht aus folgender französischen Statistik hervor:

Der Fortschritt der Automobilfabrikation ist folgender:

	mehr als 2 Plätze	1— 2 Plätze	zusammen
1899	818	620	1 438
1900	1 399	955	2 354
1901	2 884	2 402	5 286
1902	8 000	3 000	11 000
1903	14 340	5 546	19 886

Die Zahl der großen Wagen ist 18 mal vergrößert, die der kleinen 9 mal. Von den vorhandenen Wagen sind nur 25 % kleine Wagen.

Im folgenden soll noch einiges über die Grundsätze bezw. die wichtigsten Bestandteile der „Motoren-Anlage" gesagt werden.

1. Der Vergaser. Die Ökonomie des Motors bei verschiedenen Belastungen und verschiedenen Umlaufzahlen hängt nicht zum wenigsten vom einwandsfreien Arbeiten des Vergasers ab. Der Vergaser ist derjenige Teil des Motors, in welchem sich der Brennstoff mit der Luft mischt. Das Mischungsverhältnis ist einerseits abhängig von den meteorologischen Daten, Barometerstand, Temperatur, Hygroskopie und dem Staubgehalt der Luft, die angesaugte Arbeitsflüssigkeit von der Kolbengeschwindigkeit und dem Unterdruck im Zylinder in der Ansaugperiode. Der letztere ist abhängig von der Dichtigkeit der Ventile, des Kolbens, dem richtigen Schließen und Öffnen der Ventile, der Temperatur des Zylinders. Es ist bislang nicht gelungen, Vergaser zu konstruieren, welche diesen Faktoren Rechnung tragen. Die heutigen Vergaser fußen auf empirisch gefundenen Resultaten, nicht aber auf theoretischen Grundlagen. Erforderlich ist, daß vor dem Vergaser gewissermaßen ein Flüssigkeitsstandregler eingeschaltet wird, welcher, unabhängig vom Benzinvorrat im Behälter, unter gleichem Druck dem Vergaser die Flüssigkeit zuführt. Es ist nötig, dem Vergaser künstlich Wärme zuzuführen, weil durch die Vergasung Wärme absorbiert wird, und ohne diese Wärmezuführung in einiger Zeit der Vergaser einfriert. Eine Erwärmung des Vergasers durch die Auspuffdämpfe ist einer Erwärmung durch das ca. 60—80° warme Kühlwasser vorzuziehen.

Die Hauptbetriebsstörungen beim Automobilmotor rühren vom Vergaser oder von der Zündung her. Es ist sehr leicht zu konstatieren, ob der Motor zündet oder nicht, viel schwieriger dagegen ist es, sich von dem guten Funktionieren des Vergasers zu überzeugen.

Zu diesen beiden Punkten kommt noch als Hauptübelstand die schwierige Gemischregulierung hinzu. Fast bei allen Automobilen kann man sich überzeugen, daß diese nicht richtig ist, da fast jedes in der Fahrt begriffene Automobil einen Benzingeruch zurückläßt. Dieser Umstand beweist, daß nicht sämtliches Benzin verbrannt ist. Das rührt daher, daß entweder zu spät gezündet und bis zum Auspuff nicht alles verbrannt, oder daß die Gemischbildung zu sauerstoffarm ist. Häufig hört man auch auf der Straße ein lautes Knallen der Automobilen, was daher rührt, daß eine Fehlzündung stattgefunden und das Gemisch sich erst im heißen Auspufftopf entzündet hat.

2. Die Regelung des Motors. Reguliert werden kann der Motor dadurch,

1. daß man Gemisch reguliert.

2. daß man Benzin reguliert.

3. daß man Benzin und Luft reguliert.

4.
5. } daß zu den Regulierungen 1, 2 und 3 noch eine Regulierung des
6.   Zündzeitpunktes hinzukommt.

Regelt man Benzin allein, so wird bei schwacher Belastung das Gemisch sehr arm und die Zündungsfortpflanzung in demselben sehr langsam. Daher wird zum Teil unausgebranntes Gemisch bei der Auspuffperiode aus dem Motor austreten. Dagegen ist infolge der ständigen hohen Kompressionsendspannung der Wirkungsgrad des Motors gut, falls das gesamte Gemisch verbrennt. Zündet man nun dieses Gemisch, wo die Quantität fast stets die gleiche ist, bei geringerem Benzingehalt des Gemisches vor dem Totpunkt, und erhält auf diese Weise eine vollständige Verbrennung auch bei geringerer Belastung, so wäre dieses wohl die theoretisch beste Regelung. Diese zu erreichen, ist das Bestreben der Konstrukteure.

Der moderne Automobilmotor besitzt einen Schwungkugelregulator, welcher zuläßt, daß der Motor mit einer mittleren Geschwindigkeit von ca. 400 und einer höheren von ca. 800 pro Minute läuft, je nachdem der Fahrer die Drosselklappe einstellt.

Von dem Regulator wird folgendes verlangt.

1. er hat zu fuktionieren beim Leerlauf, d. h. beim Andrehen und bei Auskupplung des Motors zur Einschaltung einer neuen Geschwindigkeitsübersetzung.
2. er hat in Funktion zu treten, wenn der Fahrer zu wenig Benzin gibt, um die Leerlaufarbeit des Motors zu leisten.
3. er hat außer Funktion zu treten beim Fahren und bei Drosselung des Motors zwecks Bremsung und Bergabfahren.

3. Die Zündung. Von offener Flammenzündung ist man vollständig abgekommen, da diesbezüglich von Polizei und Feuerversicherungen Schwierigkeiten gemacht sind, und man bei stationären Motoren auch in neuerer Zeit von dieser Zündung abgesehen hat. Als Stromquelle für die Zündung dienen entweder Akkumulatoren, Trockenelemente, Dynamos oder Elektromagnete. In neuerer Zeit werden bei größeren Motoren fast nur die letzteren beiden Arten angewandt, wobei der Magnetapparat unstreitig in kürzester Zeit die weiteste Verbreitung haben wird. Die Zündung erfolgt fast ausschließlich vermittels Zündspulen und Kerzen, da sich die bei stationären Motoren fast allgemein eingeführte Abreißzündung infolge der hohen Tourenzahl auf die Dauer nicht bewähren wird.

Bezüglich der Zündung kommt außer dem Dauerbetrieb noch der Moment des Ankurbelns für den Konstrukteur in Frage. Es dürfen nicht solche Stromquellen gewählt werden, welche erst bei höherer Tourenzahl Funken geben und erst bei dieser die Verbrennung einleiten, da sonst nur sehr kräftige Leute imstande sind, den Motor anzukurbeln. Dieses Ankurbeln ist natürlich besonders schwer bei großen Motoren, und schaltet man, um dieses zu erleichtern, die Kompression teilweise oder ganz zum Ankurbeln aus.

4. Die Kühlung. In Europa verwendet man für Automobile bislang nur Motore mit Wasserkühlung, d. h. die Zylinder, die Auslaßventile usw. werden mit

Wasser gekühlt. Dieses Wasser wird, nachdem es aus dem Zylinder tritt, mit einer Wasserpumpe in eine Rückkühlanlage hineingepumpt. Für derartige Rückkühler galten im Anfang Rippenrohre, welche am Kopfende des Automobils so gelagert waren, daß entsprechend der jeweiligen Geschwindigkeit des Automobils mehr oder weniger Luft durch die Kühlanlage durchgesaugt wird. Hierin ist schon der Übelstand gekennzeichnet, den derartige Rippenkühlanlagen mit sich bringen. Es wird Kühlwasser nicht proportional der Umdrehungszahl des Motors zugeführt, sondern proportional der Geschwindigkeit, mit welcher sich das Automobil bewegt, auf geradem Damm bei gleicher Geschwindigkeit bedeutend mehr als auf steilem Wege.

Aus diesem Grunde ist man dazu gekommen, Ventilatoren von den Motoren zwangläufig antreiben zu lassen. Es gibt noch zwei verschiedene Anordnungen, — entweder den Ventilator direkt hinter der am Kopfende gelagerten Kühlanlage einzubauen, oder hinter den Motor, sodaß also die luftansaugende Wirkung im letzteren Fall nicht allein zur Kühlung des Wassers in der Rückkühlanlage beiträgt, sondern auch die Maschinenzylinder bestreicht und somit kühlt. An Stelle der Maschinenrohre sind Zellenkühler getreten.

Es sei hier erwähnt, daß von einigen amerikanischen Firmen kupferne Zylindermäntel, wie sie in Europa meines Wissens nur von Panhard et Levassor benutzt sind, Anwendung finden. Die Vorteile, welche durch den Kupfermantel erreicht werden, sind Gewichtsersparnis, Beseitigung der Gefahr, daß der Motor durch Gefrieren des Wassers beschädigt wird und Verminderung des Ausschusses von Zylindergußstücken. Allerdings sind die Herstellungskosten eines Motors mit kupfernem Kühlmantel größer als diejenigen eines Motors mit angegossenem Mantel, wenn man Ausschußguß nicht berücksichtigt.

5. Getriebe. Zwischen Motor und Differentialwelle, resp. Motor und Räder ist es nötig, ein Zwischenglied zu schaffen, weil der Explosionsmotor im Gegensatz zum Dampf- und Elektromotor nicht belastet in Gang gesetzt werden kann. Es ist nötig, die Geschwindigkeit des Motors mit verschiedenen Abstufungen auf die Räder zu übertragen. Denn der höchsten Umdrehungszahl des Motors entspricht die kleinste Umlaufzahl der Antriebsräder.

Von den vielen durchkonstruierten und garantierten Getrieben haben sich in die Praxis nur Zahnradübersetzungen und Reibräder eingeführt. Diese Vorgelege sind wohl die schlechtesten Teile des modernen Automobils; sie haben einen schlechten Wirkungsgrad und ein großes Gewicht. Bei elektrischer Kraftübertragung, d. h., wenn Dynamo mit Explosionsmotor direkt gekuppelt ist und Elektromotoren zum Antrieb der Räder benutzt werden, ist zwar der Wirkungsgrad ein höherer, jedoch ist die Anschaffung teurer und das Gewicht höher als bei Zahn- und Reibrädern.

Außer dem schlechten Wirkungsgrad kommt noch die schlechte Handhabung der Getriebe hinzu. Beim gewöhnlichen Tourenautomobil genügen drei bis vier verschiedene Zahnradpaare, welche beim Lastwagen nicht ausreichen, da der Unterschied zwischen beladenem und unbeladenem Wagen zu groß ist. Man baut hier teilweise zwei Schaltungssysteme parallel; das eine für unbelasteten, das zweite für belasteten Wagen.

Bei den Reibrädern geht zu viel Arbeit durch Gleitung verloren. Die Einrichtung dieser Kraftübertragung ist so getroffen, daß das treibende Rad mit einer weichen Stirnfläche auf einer harten Scheibenfläche schleift.

6. Die Kupplung. Die betriebssicherste Kupplungskonstruktion ist nach wie vor die lederbesetzte konische Reibungskupplung, bei welcher die beiden Kupplungshälften durch eine Feder gegeneinandergepreßt werden, deren Stärke sich nach der Größe des Motors richtet. Amerikanische Konstrukteure haben mit Erfolg statt dieser einen Feder verschiedene Federn verwandt, wodurch eine größere Sicherheit des gleichmäßigen Anpressens gegeben wird.

7. Schmierung. Bei modernen Automobilen sieht man häufig mehr als zehn Tropföler, eine Fettpresse und eine Schmierpumpe am Armaturenbrett montiert. Je mehr Apparate, um so größer ist die Fehlerquelle. Die Ölrohre verbauen außerdem meist die Zugänglichkeit zu Teilen des Motors und Getriebes, welche häufig nachgesehen werden müssen. Daher ist es für den Konstrukteur ratsam, Selbstschmierung möglichst aller drehender und gleitender Teile einzuführen.

Soviel über das rein Maschinentechnische des Automobils! Auf andere wichtige Teile, wie Reifen, Räder, Rahmen, Federn, Lenk- und Bremsmechanismen, Karosserie, Wetterschutzeinrichtungen, Gepäcklagerung, Spritzschutzvorrichtungen, Beleuchtung, will ich hier nicht eingehen, weil sie auch nur bei kürzester Behandlung den Umfang meines Vortrages vermehrfacht hätten und schon das vorher von mir behandelte Kapitel aus dem eigentlichen Rahmen meines Vortrages „Die Entwicklung der Automobil-Industrie" herausgefallen ist, jedoch Erwähnung gefunden hat, weil der Automobilismus sich nur infolge der enormen Fortschritte der Motorentechnik so schnell entwickeln konnte.

Nachdem ich Ihnen im ersten Teil gezeigt habe, was von der Automobilindustrie produktiv geleistet ist, will ich Ihnen im folgenden die Resultate mitteilen, welche eben infolge der hohen Entwicklung des Motorenbaues erzielt sind.

Diesen Satz kann man auch umdrehen.

Die rapide Entwicklung des Automobilismus und die hohe Leistung, welche ein modernes Automobil zu vollbringen vermag, wird nicht zum wenigsten dem Abhalten der großen internationalen Rennen zu verdanken sein. Das klassisch gewordene Gordon-Bennett-Rennen hat die Anforderungen an die Wagen gestellt, daß sie bei zwei Sitzen und maximal 1000 kg Gewicht (ohne Brennstoff und Öl) das denkbar beste an Material und Geschwindigkeit leisten. Die Ökonomie ist allerdings bei diesem Rennen nicht pointiert. Nachdem in den ersten Jahren der Abhaltung des Gordon-Bennett-Rennens die Automobilindustrieen Frankreichs, Englands und Deutschlands schon das denkbar beste an Maschinen zum Start gebracht haben, sind in den letzten Jahren auch Belgien, die Schweiz, Italien und die Vereinigten Staaten als Konkurrenten erschienen.

Die letzten Rennen haben gezeigt, daß maschinentechnisch, wenn man den Faktor Ökonomie ausschaltet, das Automobil auf der Höhe steht, jedoch daß die Bereifungsfrage noch nicht gelöst ist. Sowohl beim Homburger Rennen im Jahre 1904 wie beim Rennen in der Auvergne im Jahre 1905 war nicht mehr die Rede von einem Kampf der „Motoren", sondern von einem Kampf der „Pneumatiks".

Die Resultate der bislang abgehaltenen sechs Gordon-Bennett-Rennen sind folgende :

	Strecke	Länge der Strecke km	Erzielte Durch-schnitts-geschwin-digkeit km pro Stunde	Sieger
I. Gordon-Bennet-Rennen im Juni 1900	Paris—Lyon	556	61	Charron auf 27 PS., Panhard (Frankreich)
II. Rennen im Juni 1901 . . .	Paris—Bordeaux	557	60	Girardot auf 24 PS., Panhard (Frankreich).
III. Rennen 25. Juni 1902 . .	Paris—Belfort	617	58	Edge auf Napier (England).
IV. Rennen 2. Juli 1903 . . .	Irland, Schleife bei Old-Kilcullen	593	61	Jenatzy auf 60 PS. Daimler-Mercedes (Deutschland).
V. Rennen 17. Juni 1904 . .	Homburg	513,₈	88	Thery auf 80 PS., Richard Brasier-Wagen (Frankreich).
VI. Rennen 5. Juli 1905 . . .	Auvergne	ca. 548	78	Thery auf 96 PS., Richard Brasier-Wagen (Frankreich).

Die Geschwindigkeits-Resultate der einzelnen Jahre sind folgende[1]):

```
1894  . . . . . . . . . . . . . . . . . . . . 21 km pro Std.
1895  . . . . . . . . . . . . . . . . . . . 24  -   -   -
1896  . . . . . . . . . . . . . . . . . . . 25  -   -   -
1897  . . . . . . . . . . . . . . . . . . . 38  -   -   -
1898  . . . . . . . . . . . . . . . . . . . 45  -   -   -
1899  . . . . . . . . . . . . . . . . . . . 48  -   -   -
1900  . . . . . . . . . . . . . . . . . . . 66  -   -   -
1901 Paris-Berlin . . . . . . . . . . . . . 71  -   -   -
1902 Paris-Wien . . . . . . . . . . . . . . 78  -   -   -
1902 Paris-Wien, auf der ersten Etappe Paris-Belfort 90  -   -   -
1903 Paris-Madrid (Paris-Bordeaux)  . . . . . .105  -   -   -
```

1904 ⎰
1905 ⎱ Erzielte Maximalgeschwindigkeit . . . . . 166 -   -   -

Nunmehr möchte ich einiges mitteilen über die Wirtschaftlichkeit und Bedeutung des Pferdeersatzes durch Motore zu Traktionszwecken.

---

[1]) Vergl. E. Neuberg, Jahrbuch der Automobil- und Motorboot-Industrie. Jahrg. I. Berlin. 1904.

Als Hauptanwendungsgebiete kommen das Privatfuhrwerk zur Beförderung von Personen, das Privatfuhrwerk zur Beförderung von Lasten, die Droschke, das Automobil im Heere und der Omnibus in Betracht, wobei ich gleich hervorheben möchte, daß in Deutschland ein Omnibusbetrieb in größerem Maßstab nirgends durchgeführt ist; dagegen ein solcher in Berlin schon in den nächsten Monaten zu erwarten steht. In England sind dagegen Omnibusse von den großen Eisenbahngesellschaften bereits zu hunderten seit Jahren eingestellt. Auch in den Vereinigten Staaten sieht man sowohl in New-York wie voriges Jahr auf der Weltausstellung in St. Louis eine größere Anzahl von Automobilomnibussen. So gibt es in New-York eine große Gesellschaft, die New-York Seeing Company. Die Gesellschaft stellt offene Omnibusse, welche in Halbtagestouren durch New-York fahren, um den Fremden New-York zu zeigen. Vorn neben dem Chauffeur steht ein Fremdenführer mit einem Megaphon und erklärt die einzelnen Bauten, Denkmäler usw. den hinter ihm sitzenden Personen.

1. Motordroschke. Wir haben heute in Berlin 8000 Pferdedroschken und 110 Motordroschken. Also nur etwas mehr als 1 % der öffentlichen Fuhrwerke ist automobil. Von diesen Automobildroschken verlangt man, daß sie auf Straßen, deren Damm 10 m breit ist, umkehren können, daß sie bei einer stündlichen Geschwindigkeit von 15 km auf mindestens 8 m bremsen. Bei diesbezüglichen Parallelversuchen mit Pferdedroschen- und Motordroschkenbetrieb ergab sich, daß eine Pferdedroschke bei 12 km Geschwindigkeit nach 10 m, eine Motordroschke nach 3 m stand. Man verlangt ferner in Berlin von einer Motordroschke, daß sie mit Spiritus betrieben wird. Über den wahren Grund zu dieser Maßnahme ist nichts in die Öffentlichkeit gedrungen. Es gibt nur zwei Möglichkeiten: Entweder will man die Verwendung des Spiritus zu motorischen Zwecken heben, oder man hat diese Vorschrift erlassen aus militärischen Gründen. Im modernen Krieg würde Brennstoff, wie Benzin und Spiritus, voraussichtlich Kriegskontrebande sein, wenn so und so viele Automobile in den Krieg ziehen. Wir sind nun in der Lage, in Deutschland größere Mengen von Spiritus selbst zu produzieren, während wir bei der Produktion des Benzin auf das Rohprodukt des Auslandes angewiesen sind.

Der Spiritusbetrieb hat den Vorzug der Geruchlosigkeit und der Sauberkeit. Ein Spiritusmotor arbeitet mit höherer Ökonomie als ein Benzinmotor, weil man die Kompressionsendspannung höher wählen kann als beim Benzinmotor. Man verwendet nun nicht reinen Spiritus, sondern Spiritus mit einem Benzol- oder Erginzusatz.

Drei Unannehmlichkeiten bringt der Verbrauch des Spiritus mit sich. 1. hat der Spiritus einen Heizwert, der nur ca. einhalb mal so groß ist wie der des Benzins. Infolgedessen muß man beim Spiritusbetrieb doppelt so viel Brennstoff mit sich führen, wie beim Benzinbetrieb. 2. liegt beim Spiritusmotor die Gefahr des Rostens vor. 3. für Spiritusautomobile muß man außer dem Spiritus noch Benzin mit sich führen, da die Vergasungstemperatur des Spiritus zu hoch liegt, um mit Spiritus unvorgewärmt anfahren zu können. Man fährt erst einige Minuten mit Benzin und schaltet dann auf Spiritus um. Die Droschken haben ein Spiritusreservoir von ca. 50 und ein Benzinreservoir von 5 l bei sich. (Jedoch kann man vielfach bemerken, daß das kleine Gefäß zum Spiritus und das große zum Benzin benutzt wird.) Ein derartiger Motor hat entweder zwei Vergaser, einen für Spiritus und einen für Benzin, nötig, oder einen für beide kombinierten, wodurch der an sich schon nicht gerade unempfindliche Vergaser noch empfindlicher wird.

Die meisten Automobile fahren mit Vollgummi. Es gibt Gesellschaften, welche dem Kutscher diese Vollgummireifen leihweise zur Verfügung stellen gegen eine Leihgebühr von 1,5 Pfg. pro Kilometer. Stellt man nun eine Rentabilitätsberechnung auf, so ist der fraglichste Punkt die Abschreibung, da zu dieser langjährige Erfahrungen vorliegen müssen, welche infolge der Neuheit der Sache selbstverständlich fehlen.

Eine Automobildroschke kostet 6500—12000 ℳ, im Mittel ca. 8000 ℳ. An Einnahmen werden erzielt heute im Mittel 48 ℳ pro Tag. Dabei ist zu bemerken, daß diese Einnahmen vor ein bis zwei Jahren, als die Anzahl der Motordroschken noch geringer war, höhere, ca. 75 ℳ, gewesen sind. Bei 300 Arbeitstagen, dabei wird gerechnet, daß 65 Tage das Automobil zur Reparatur und zur Revision in die Fabrik kommt, macht das eine Gesamteinnahme von 14 400 ℳ. Ich halte es für erforderlich, zum mindesten 25 % abzuschreiben. Das macht bei einem Anschaffungspreis von 8000 ℳ 2000 ℳ pro Jahr. Rechnet man 5 % Verzinsung für das Anlagekapital, so sind das . . . . 400 ℳ pro Jahr

Der Benzin- und Ölverbrauch berechnet sich auf 2400 - - -
Jede Motordroschke hat zwei Kutscher, einen für
den Tag und einen für die Nacht. Diese er-
halten je 1,50 ℳ und 10—25 % der Einnahme.
Ich rechne 20 %, so erhalten die Kutscher . 3780 - - -
Bereifung kostet . . . . 750 - - -
Versicherung . . . . 150 - - -
Reparatur . . . . 400 - - -
Das sind in Summa . . . . 9880 ℳ pro Jahr.

Eine Motordroschke kann daher nur dann rentieren, wenn sie mindestens pro Tag 35 ℳ bringt. Die letzten Automobilausstellungen haben nun gezeigt, daß die Anfrage nach Automobildroschken eine größere ist als das Angebot. Ich glaube nicht unrecht zu behalten, wenn ich behaupte, daß das Motordroschkenwesen im Laufe der nächsten Jahre ganz bedeutend zunehmen wird. Die hohen Einnahmen der Motordroschken von heute, 48 ℳ pro Tag, kommen aber nur daher, weil fast jeder, der eine Droschke benötigt, eine Motordroschke der Pferdedroschke vorzieht. Ich glaube nicht, daß die Motordroschke ein neues Bedürfnis beim Publikum geweckt hat, welches bei Behandlung dieser Frage besonders ausschlaggebend sein könnte. Hätten wir heute 8000 Motordroschken, so würden diese pro Droschke nicht bedeutend mehr einnehmen als die Pferdedroschken. Das ist ungefähr der vierte Teil der heute von der Motordroschke erzielten Tageseinnahme.

Aus diesem Grunde sehe ich bezüglich des Motordroschkenwesens etwas dunkel in die Zukunft. Ich glaube, daß hier noch viele Enttäuschungen den Unternehmern erwachsen dürften. Vielleicht kommen wir aber im Laufe der Zeit, wie jetzt schon bei den elektrischen Droschken, zu einem höheren Tarif, und dann ist die Rentabilität wieder zu steigern. Jedenfalls dürfte bei Umsichgreifen der Motordroschke die Reinlichkeit der

25

Straße infolge des Fortfalles des Pferdekotes, welcher bei nasser Straße zu der unangenehmen Schlüpfrigkeit beiträgt, bedeutend gesteigert werden.

2. Das Automobil im Heere: Da die modernen Heere bezüglich des Pferde-
materials nicht kriegsstark ausgerüstet sind, sondern im Kriegsfalle viele Pferde von
Privaten und Gesellschaften rekrutieren, so ist es neuerdings erforderlich, wo mit
Pferden bespannte Lastwagen vielfach in Lastautomobile umgewandelt sind, diese im
Mobilmachungsfalle ins Heer einzustellen. Wie stark z. B. die Zahl der Luxuspferde
abgenommen hat, sieht man aus folgender Statistik, welche sich auf französische Luxuspferde bezieht:

1889	. . .	180 759 Pferde	1897	. . .	177 938 Pferde
1890	. . .	180 954 -	1898	. . .	176 750 -
1891	. . .	180 854 -	1899	. . .	174 087 -
1892	. . .	180 306 -	1900	. . .	164 924 -
1893	. . .	180 185 -	1901	. . .	161 580 -
1894	. . .	179 732 -	1902	. . .	158 144 -
1895	. . .	178 666 -	1903	. . .	155 446 -
1896	. . .	178 892 -			

Während früher ständig bei der allgemeinen Steigerung des sozialen Wohl-
standes die Anschaffung von Luxuspferden zugenommen hat, sind seit den Jahren
1889—1903, wie aus der Statistik hervorgeht, 25 000 Luxuspferde in Frankreich abgeschafft worden. Statt ihrer sind ca. 20 000 Automobile eingestellt. Viele Brauereien,
Omnibusgesellschaften, Warenhäuser usw. haben die Pferde teils ganz, teils größtenteils
abgeschafft und durch Automobile ersetzt. Infolgedessen wird man im nächsten
kontinentalen Krieg viele Fuhrwerke, soweit sie zur Klasse der Kriegsfahrzeuge gehören,
welche von der Chaussee nicht abkommen dürfen, vor allen Dingen die Trains und
Munitionskolonnen, als Automobilwagen sehen.

3. Personenwagen. Wenn ich nun noch aus eigener Erfahrung angeben darf,
wie sich die Kosten eines Personen-Automobils stellen, so möchte ich Ihnen diesbezüglich aus meiner eigenen Buchführung folgendes mitteilen.

Ein kleiner 9 pferdiger Stadtwagen, mit dem tagaus, tagein in den Beruf, abends
ins Theater, in Gesellschaften usw. und Sonntags in den Grunewald gefahren wird,
kostet pro Jahr bei einem Anschaffungswert von 6000 $\mathcal{M}$

Abschreibung monatlich	200 $\mathcal{M}$
Verbrauch an Benzin und Öl	80 -
pro Jahr ein Satz Pneumatiks inkl. Samsons zum Preise von .	600 -
einen Chauffeur zum Preise von	1200 -
für Versicherung	150 -
für Reparaturen	300 -
rechnet man ferner für Garage	300 -

so kostet die Unterhaltung eines derartigen Automobils annähernd 6000 $\mathcal{M}$.

Ein zweites 24—28 pferdiges Automobil hat einen Anschaffungspreis von 16 000 $\mathcal{M}$.

Die Abschreibungskosten sind monatlich 400 $\mathcal{M}$
der jährliche Benzinverbrauch beträgt . 2000 - falls dieses Automobil
täglich fahren würde.

Pneumatik und Samsons	800 ℳ
Chauffeur	1200 -
Versicherung	150 -
Reparaturen	500 -
Garage	300 -

macht in Summa ca. 10 000 ℳ.

4. Lastwagen. An dieser Stelle möchte ich einen Vergleich ziehen zwischen die Betriebskosten für Lastwagenbetrieb mit Pferden und Motoren.

Erfahrungsgemäß kann man ohne Pferdewechsel nicht mehr als 20 km Lastweg zurücklegen, wobei dann der gleiche Weg mit leerem Wagen vom gleichen Pferdegespann zurückgelegt werden kann. Legt man einen achtstündigen Arbeitstag zu Grunde, so wird der übliche Motorlastwagen in 4½ Stunden einen Lastweg von 43 km zurücklegen und zum Rückweg mit unbelastetem Wagen 3½ Stunden gebrauchen. Legt man ferner zu Grunde, daß ein Automobillastwagen von 365 Jahrestagen 280 Tage im Betrieb ist, wobei Sonn- und Feiertage, sowie ca. 20 Reinigungs-, Revisions- und Reparaturtage in Abzug gebracht sind, so leistet der Motorlastwagen in 280 Tagen das gleiche wie zwei Pferdegespanne in 300 Tagen. Bei den üblichen Amortisations- und Anschaffungskosten kommt man dann zu folgenden Vergleichszahlen:

Die Betriebskosten pro t/km bei einer Nutzlast von 30 km stellen sich mit Pferd auf ca. 50, mit Automobil auf ca. 33 Pfg., bei 60 Zentnern bei Pferdebetrieb auf 26, beim Automobil auf 20 Pf., bei 80 Zentnern bei Pferdebetrieb auf 20, beim Automobil auf 16 Pfg.

Dabei verdient noch Erwähnung, daß es beim Motorlastwagen eher möglich ist, einen Lastträger zu sparen, als bei Pferden, die zum Teil eine ständige Aufsicht nicht entbehren können.

Ein englisches Transportgeschäft hatte im Jahre 1902 zwei Wagen und sieben Pferde, im Jahre 1903 statt dessen einen Fünftonnendampflastwagen, der das gleiche bewältigte. Die totalen Betriebskosten in den beiden Jahren stellten sich im Jahre 1902 auf 11 000 ℳ, im Jahre 1903 auf 8000 ℳ, wobei für das Lastautomobil nur 15 % Amortisation und 5 % Zinsen abgeschrieben sind. Auf das Pferdematerial sind nur 10 % abgeschrieben. Dabei ist zu bemerken, daß m. E. die Abschreibungen, besonders beim Lastautomobil, recht gering erscheinen, während sie wahrscheinlich auch für den Pferdebetrieb zu wenig sind, da ein Lastpferd nur vier Jahre lang seinen vollen Dienst leisten kann.

Besonders hervorzuheben ist für den Lastentransport noch, daß die Schleppkraft eines Pferdes bei Schnee und Eis bis zu 25 % seines Vollwertes sinkt. Des Ferneren ist noch zu bemerken, daß das Pferdematerial beim häufigen Anhalten und Wiederanfahren besonders ruiniert wird.

In Großstädten, wie Berlin, vermag ein Automobil pro Tag erfahrungsgemäß ca. an hundert Stellen Lieferungen austragen, eine Leistung, welche von mit Pferden bespanntem Lieferungswagen sicherlich nicht erfüllt werden kann.

Nach der Ihnen geschilderten bisherigen Entwicklung der Automobilindustrie wäre man berechtigt, auf eine große Zukunft dieser Industrie zu schließen. Jedoch schwebt über der Weiterentwicklung des Automobilismus eine unabsehbar große Gefahr, welche ich früher schon andeutete, eine unheilvolle, unangebrachte Gesetzgebung. Fast allgemein verbreitet ist die Ansicht, daß das Automobil das gefahrvollste Beförderungsmittel ist, welches es gibt. Eine allgemeine Statistik über die Automobilunfälle in Deutschland oder im Ausland liegt nicht vor. Jedoch habe ich eine Statistik der Stadt Berlin, auf welche ich hier noch einen Augenblick eingehen möchte und welche Ihnen zeigt, daß das Automobil im Stadtbezirk Berlin sich als das betriebssicherste Fahrzeug erwiesen hat.

Nach den statistischen Mitteilungen des Königl. Polizeipräsidiums und der Stadt Berlin haben selbst die durch Menschen oder Hunde gezogenen Wagen, deren Fahrgeschwindigkeit in keinem Verhältnis zu der des Automobils steht, mehr Unheil angerichtet und somit den besten Beweis geliefert, daß die Zahl der Unfälle nicht von der Geschwindigkeit des Fahrzeuges, sondern von dessen Lenkfähigkeit und der Geschicklichkeit des Führers abhängig ist.

In den Jahren 1901, 1902 und 1903 ergibt die Unfallstatistik der letzten 3 Jahre für das Automobil einen noch günstigeren Prozentsatz. Es ereigneten sich in Berlin (ohne Vororte) 11 631 Unfälle, von denen

5489 durch Straßenbahnwagen,
4782 -   Pferdefuhrwerke, und
72 -   durch Automobile

herbeigeführt wurden, das heißt in Prozenten ausgedrückt:

Straßenbahnwagen 47 %,
Pferdefuhrwerke 41¹/₅ %,
Automobile 0,62 %.

In Berlin stehen im Verkehr:

3177 Straßenbahnwagen,
8029 Droschken,
1270 Automobile.

Die Unfälle vom Jahre 1903 verteilen sich:

Straßenbahnwagen 1985,
Droschken 396,
Automobile 32.

Somit haben

von den Straßenbahnwagen . . 62,5 %,
- - Droschken . . . . . 4,93 %,
- - Automobilen : . . . 2,52 %,

einen Unfall verursacht. Die Betriebssicherheit des Automobils ist daher 24,8 mal größer als die der Straßenbahnen und 1,96 mal größer als die der Droschken. Dabei muß man berücksichtigen, daß in der Zahl der Straßenbahnwagen auch die Anhängewagen inbegriffen sind, was die Zahl der einzelnen Trains stark verringert, während bei den Automobilen nur die beim Polizeipräsidium angemeldeten aufgenommen wurden, und in Berlin doch viele Automobile von außerhalb im Verkehr stehen, daher die Zahl

Statistische Tabelle[1])

über die in den letzten drei Jahren im Polizeibezirk Berlin durch Fuhrwerke herbeigeführten Unfälle.

Fuhrwerk	Getötet, resp. an der Verletzung gestorben				Schwer verletzt				Leicht verletzt				Zusammen Unfälle			
	1901	1902	1903	Zusammen in den 3 Jahren	1901	1902	1903	Zusammen in den 3 Jahren	1901	1903	1903	Zusammen in den 3 Jahren	1901	1902	1903	Zusammen in den 3 Jahren
Straßenbahnen . . .					678	597	649	532	1541	1557	1776	4874	1758	1746	1985	5489
Droschken												958				1182
Leichtes Lastfuhrwerk												867				1149
Fahrräder												968				1142
Schweres Lastfuhrwerk				16												778
Omnibusse																
Personen-Fuhrwerk .																
Fuhrwerk nicht angegeben																
Bierwagen																
Schlächterwagen . .																
Kinder- ⎫																
Schiebe- ⎬ Wagen																
Hunde- ⎭																
Postwagen																
Kraftwagen																
Torwagen																
Feuerwehr																
Zusammen					678	597	649	1924	2633	3097	3417	9447	3695	3771	4165	631

Oskar von Schönfeld.

Anmerkung.

Die Zahlen beziehen sich nur auf den Polizeibezirk Berlin. Vororte, wie Charlottenburg, Schöneberg usw. sind nicht inbegriffen.

Die Daten wurden vom königl. Polizeipräsidium und dem Statistischen Amt der Stadt Berlin zur Verfügung gestellt.

In der Rubrik „Kraftwagen" sind auch alle Lasten-Automobile aufgenommen.

[1]) Vergl. E. Neuberg, Jahrbuch der Automobil- und Motorboot-Industrie. Jahrgang II. Berlin. 1905.

als zu niedrig gegriffen erscheint. Dagegen ist die Betriebszeit der meisten Automobile geringer als die der Straßenbahnen.

Was die Schwere der durch Unfall verursachten Verletzungen anbelangt, so kommt das Automobil am besten weg. Die Verletzungen in dem Jahre 1903 waren:

Straßenbahnen . . .	26 tötliche,	183 schwere,	1776 leichte
Droschken	3 -	76 -	317 -
Automobile	— -	12 -	20 -

Danach ist das Automobil das sicherste und die öffentliche Sicherheit am wenigsten gefährdende Verkehrsmittel.

Hierbei möchte ich noch hinweisen auf einen Vortrag des Herrn Geheimrat Borck, welcher die technische Aufsicht über die Kleinbahnen im Bezirke der Königlichen Eisenbahnen Berlins auszuüben hat. Herr Borck führte aus:

In der Übergangsperiode vom Pferde zum elektrischen Betrieb hat die Zahl der Unfälle erheblich zugenommen. Auf eine Million beförderter Personen kamen vor zehn Jahren 0,48, im Jahre 1900 1,13 schwere, bzw. tötliche Verletzungen. Neuerdings ist die Zahl von 1,13 auf 0,53 schwere, bzw. tötliche Verletzungen pro Million wieder herabgesunken. Dies liegt nicht an technischen Maßnahmen, welche die Große Berliner Straßenbahn getroffen hat, sondern an der Erziehung des Publikums infolge des ständig anwachsenden Verkehrs.

So dürfte das Publikum, d. h. in diesem Fall die Landbevölkerung, im Laufe der Zeit auch bezüglich des schnellfahrenden Personen-Automobils erzogen werden und auch auf der Landstraße das Automobil als verkehrssicherstes Fahrzeug gelten.

Soweit mein Vortrag! An denselben möchte ich noch die Hoffnung knüpfen, daß es mir durch meine Ausführungen gelungen ist, Ihnen, meine Herren, zu zeigen, daß es des Vereines, welcher bezweckt den Gewerbfleiß in Deutschland zu fördern, würdig wäre, mitzuarbeiten an der Fortentwicklung dieser Industrie, indem durch Arbeiten des Vereins der bislang unberücksichtigt gebliebene Faktor der Ökonomie festgestellt und die Industrie darauf hingewiesen wird, daß sie sich noch weit mehr entwickeln würde, wenn das von ihr gebaute Fahrzeug nicht allein betriebssicher und schnell, sondern auch ein billiges Beförderungsmittel würde.

Vorsitzender: Die große Entwicklung der Automobil-Industrie, deren Bedeutung der Herr Vortragende in Zahlen uns vorführte, bestätigt das Wort, daß unsere Zeit im Zeichen des Verkehrs steht. Wir sehen, daß der Verkehr begierig jedes Mittel erfaßt, das sich ihm für seine Zwecke neu darbietet. Für unseren Verein ist aber nicht nur dieser Gesichtspunkt von Bedeutung; es handelt sich auch um einen großen neuen Industriezweig, der viele Hände beschäftigt und der das weite Gebiet unserer Aufgaben um ein neues Feld erweitert hat.

Ich danke dem Herrn Vorredner im Namen des Vereins für seinen interessanten Vortrag.

Bericht über die Sitzung vom 6. November 1905.

Vorsitzender: Unterstaatssekretär Fleck,
später Geh. Bergrat Prof. Dr. H. Wedding.

Sitzungsbericht:

Die Niederschrift der Sitzung vom 2. Oktober wird genehmigt.

Aufgenommene Mitglieder:

Die Gesellschaft m. b. H. „Gas-Generator" in Dresden; Herr Alfred Lindemann, Ingenieur in Hagen i. W.; der Magistrat iu Beuthen O. S.; Herr C. W. Roediger, Direktor der Halleschen Maschinenfabrik und Eisengießerei in Halle a. S.; die Firma Sautter & Messner, Werkzeug- und Maßstäbe-Fabrik in Aschaffenburg; vom 1. Januar nächsten Jahres ab die „Westfälische Berggewerkschaftskasse" in Bochum; Herr Viktor Schmidt, Fabrikbesitzer, in Firma: C. T. Speyerer & Co., Maschinenbauanstalt in Berlin.

Angemeldete Mitglieder:

Die Direktion des Militärversuchsamtes, Berlin, Jungfernhaide; Herr Georg Jackwitz, Direktor der Rütgerswerke, Aktiengesellschaft in Berlin W; der Magistrat der Stadt Witten.

Mitteilungen des Vorstandes:

Vorsitzender: Ich habe vom den am 30. September 1905 erfolgten Ableben des Fabrikbesitzers Carl Arnheim, Hofkunstschlosser Sr. Majestät des Kaisers und Königs, Mitglied unseres Vereins seit dem 11. April 1904, Mitteilung zu machen. Der Verein wird seinem verehrten Mitgliede ein treues Andenken bewahren.

Seit meinem letzten Bericht (Jahrgang 1904, S. 235 der Vereinsverhandlungen) sind von den, beim Beginn des Lehrgangs in der Königl. Technischen Hochschule am 1. Oktober 1904 in dem Genusse eines Stipendiums befindlichen Studierenden nach Vollendung ihrer Studien ausgeschieden:

1. W. Fritze, 2. Hosemann, 3. Lehmann, 4. Roesler, 5. E. Schneider, 6. G. Schneider,

wegen Übertritts zur Danziger Techn. Hochschule: 9. Mitzlaff, und infolge anderer Ursachen:

10. von Falkenhayn und 11. von Nikisch-Roseneck.

6. November 1905.

Die durch das Ausscheiden der drei letztgenannten Personen freigewordenen
Stipendien sind folgenden Studierenden der hiesigen Technischen Hochschule verliehen
worden, deren Bewerbung bei der ersten Vergebung nicht berücksichtigt werden konnte:

1. vom 1. 10. 1904 ab Bruno Weißenberg aus Königsberg i. Pr. Der Vater
ist Oberlandesgerichtskanzlist daselbst;

2. vom 1. 1. 1905 ab Erich Gantzer aus Magdeburg. Der Vater ist Professor
in Magdeburg;

3. vom 1. 1. 1905 ab Martin Probst aus Lamspringe, Reg.-Bez. Hildesheim.
Der Vater ist Pastor zu Meine, Reg.-Bez. Lüneburg.

Nach dem Stande der Kasse konnten 10 Stipendien neu vergeben werden.

Auf die am 1. April d. J. erlassene öffentliche Ausschreibung zur Konkurrenz
meldeten sich 14 Bewerber, von denen, den Bestimmungen des Stifters gemäß, die Herren
Vorsteher der Abteilungen des Vereins in der am 19. Juni d. J. abgehaltenen Sitzung
die geeignet befundenen Kandidaten zur Wahl präsentierten.

Mit Rücksicht auf die vom Stifter gestellten Bedingungen, insbesondere auch
dessen Bestimmung, daß seine Absicht, durch das Stipendium Söhne aus den höheren
Ständen von den sogenannten Brotwissenschaften ab und dem Betriebe technisch bürger-
licher Gewerbe zuzuwenden, vor allem berücksichtigt werden sollte, fiel die Wahl auf:

1. Johannes Feiertag aus Mieste, Kreis Gardelegen. Der Vater war Super-
   intendent in Westeregeln.
2. Hermann Funke aus Flensburg. Der Vater ist Oberingenieur.
3. Fritz Holm aus Nettelgrund, Kreis Uckermünde. Der Vater ist Trigono-
   meter bei der Königlichen Landesaufnahme in Berlin.
4. Walter Meinhard aus Gnesen. Der Vater war Justizrat.
5. Arthur Müller aus Berlin. Der Vater ist Rendant der Kgl. Technischen
   Hochschule in Charlottenburg.
6. Walter Sellien aus Berlin. Der Vater ist Kaufmann in Berlin.
7. Julius Stäbner aus Kiel. Der Vater war Konsistorial-Sekretär.
8. Hans Strade aus Königsberg i. Pr. Der Vater war Kaufmann.
9. Paul Teige aus Görlitz. Der Vater ist Ober-Inspektor am Kgl. Polizei-
   Gefängnis in Berlin.
10. Franz von Voss, geboren in Ottynia i. Österr.-Galizien. Der Vater ist
    Zivil-Ingenieur in Darmstadt.

Ferner konnte ausnahmsweise, da die Mittel hierzu vorhanden waren, den
Stipendiaten:

Wilhem Fritze,
Paul Hosemann,
Rudolf Rösler und
Ernst Schneider

der Fortbezug der Stipendien noch bis 1. April 1906 bewilligt werden.

Am 1. Oktober d. J. sind weiter ausgeschieden die Stipendiaten Georg Karras
und Arthur Partzschfeld.

Die Stipendien sind jetzt wie folgt verteilt:

1. Hans Bender aus Köln a. Rh., Maschinenbau, 7. Semester.
2. Wolfgang Freiherr von Buddenbrock aus Bischdorf in Schlesien, Elektrotechnik, 7. Semester.
3. Kurt Erler aus Sprottau, Schiffsmaschinenbau, 6. Semester.
4. Johannes Feiertag aus Mieste, Kreis Gardelegen, Maschinenbau, 3. Semester.
5. Wilhelm Fritze aus Ragow bei Beeskow, Maschinenbau, 9. Semester.
6. Hermann Funke aus Flensburg, Maschinenbau, 5. Semester.
7. Erich Gantzer aus Magdeburg, Maschinenbau, 5. Semester.
8. Karl Grulich aus Magdeburg, Maschinenbau, 5. Semester.
9. Walter Hirt aus Berlin, Chemie, 6. Semester.
10. Kurt Höfer aus Berlin, Maschinenbau, 3. Semester.
11. Fritz Holm aus Nettelgrund, Maschinenbau, 5. Semester.
12. Paul Hosemann aus Berlin, Schiffbau, 9. Semester.
13. Erich Lampe aus Straelen, Kreis Geldern, Chemie, 6. Semester.
14. Walther Meinhardt aus Gnesen, Schiffbau, 5. Semester.
15. Arthur Müller aus Berlin, Maschinenbau, 1. Semester.
16. Wilhelm Neumann aus Neu-Ruppin, Hüttenfach, 5. Semester.
17. Martin Probst aus Lemspringe, Schiffbau, 7. Semester.
18. Rudolf Rösler aus Breslau, Maschinenbau, 9. Semester.
19. Ernst Schneider aus Berlin, Maschinenbau, 9. Semester.
20. Walter Sellien aus Berlin, Maschinenbau, 7. Semester.
21. Hans Strade aus Königsberg i. Pr., Maschinenbau, 5. Semester.
22. Otto Spiess aus Küstrin, Maschinenbau, 5. Semester.
23. Julius Staebner aus Kiel, Maschinenbau, 5. Semester.
24. Paul Teige aus Görlitz, Maschinenbau, 5. Semester.
25. Franz von Voss aus Ottynia, Österreich (Galizien), Maschinenbau, 3. Semester.
26. Bruno Weißenberg aus Königsberg, Maschinenbau, 3. Semester.

Von unserm Herrn Schatzmeister sind die Abschlüsse für die beiden Quartale vom April-Juni und Juli-September für die Vereinskasse und für die Kasse der Seydlitz-Stiftung vorgelegt.

Im zweiten Quartal d. J. betrugen die Einnahmen des Vereins 19911,30 ℳ, die Ausgaben 6934,60 ℳ, so daß am 30. Juni 1905 ein Bestand von 12 976,70 ℳ verblieb. Mit diesem Bestand betrugen die Einnahmen der Vereinskasse im dritten Vierteljahr 13 106,70 ℳ, die Ausgaben 7943,10 ℳ, so dass ein Bestand von 5163,60 ℳ am 30. September d. J. verblieb.

Die von Seydlitz-Stiftung schloß das zweite Quartal mit 17 943,25 ℳ in Einnahme, 8854,60 ℳ in Ausgabe und mit einem Bestand von 9088,65 ℳ. Im dritten Quartal betrugen die Einnahmen 103 972,11 ℳ und die Ausgaben 95 255,85 ℳ, so daß am 30. September d. J. ein Bestand von 8716,26 ℳ verblieben ist. Die Höhe dieser

Einnahme- und Ausgabeposten ergibt sich aus der Rückzahlung einer Hypothek von 90 000 ℳ, die wieder zinstragend angelegt worden sind.

Herr Geh. Regierungsrat W. Wedding, zweiter Kurator der von Seydlitz-Stiftung, hat sich aus Gesundheitsrücksichten genötigt gesehen, sein Amt niederzulegen, und an seine Stelle, wozu er nach den Bestimmungen der Stiftung berechtigt war, unser Mitglied Herrn Rentier Stephan berufen, der die Berufung angenommen hat.

An Druckschriften sind eingegangen und werden vom Technischen Ausschuß vorgelegt:

Jahresberichte der Königl. Preuß. Regierungs- und Gewerberäte und Bergbehörden für 1904. Eingesandt vom Herrn Minister für Handel und Gewerbe; Verzeichnis öffentlicher Vorträge vom Oktober bis Dezember 1905 im Königl. Kunstgewerbe-Museum in Berlin (ad 3—6), Programme für das Studienjahr 1905/6; der Königl. Technischen Hochschule zu Berlin; der Königl. Technischen Hochschule zu Danzig in Langfuhr; der Großherzogl. Hessischen Technischen Hochschule zu Darmstadt; des Reale Instituto Tecnico Superiore di Milano; die Tätigkeit der Physikalisch-technischen Reichsanstalt im Jahre 1904; Jahresbericht über den Zustand der Landeskultur in der Provinz Brandenburg für das Jahr 1904, erstattet durch die Landwirtschaftskammer für die Provinz Brandenburg, Prenzlau 1905; Bergischer Dampfkessel-Überwachungs-Verein, 32. Geschäftsbericht 1904; Jahresbericht des Vereins für die bergbaulichen Interessen im Oberbergamtsbezirk Dortmund für das Jahr 1904, II, Statistischer Teil, Essen 1905; Industrielle Gesellschaft von Mülhausen, Jahresbericht 1903, Straßburg 1904; Jahresbericht der Handelskammer für den Kreis Essen 1904, Teil II, Essen-Ruhr 1905; Handelskammer Graudenz, Jahresbericht für 1904, Graudenz 1905; Jahresbericht der Handelskammer in Limburg a. d. Lahn für 1902 und 1904; Berichte über den Stand und die Leistungen des Gewerbevereins für Nassau im Vereinsjahr 1904/5, Wiesbaden 1905; Fünfter Bericht über die gesamten Unterrichts- und Erziehungsanstalten im Königreich Sachsen, Erhebung vom 1. Dezember 1904, veröffentlicht im Auftrage des Königl. Ministeriums des Kultus, des Innern, der Finanzen und des Krieges, Dresden 1905; Verband deutscher Färbereien und chemischer Waschanstalten, Bericht über das 3. Geschäftsjahr 1904/5, Hamburg 1905; Jahresbericht der Handelskammern in Württemberg 1902 und 1903; Stuttgart 1903 und 1905; Statistik der Oberschlesischen Berg- und Hüttenwerke für das Jahr 1904, herausgegeben vom Oberschlesischen Berg- und Hüttenmännischen Verein, zwei Teile, Kattowitz 1905; Bericht des Vorstandes des Oberschlesischen Berg- und Hüttenmännischen Vereins über die Wirksamkeit des Vereins im Jahre 1904/5; Comptes rendus des traveaux du laboratoire de Carlsberg, 6me vol. 3me livraison, Copenhagen 1905; Festrede des Präsidenten Blenck zur Jahrhundertfeier des Königlichen Preußischen Statistischen Bureaus am 28. Mai 1905; Bericht über die 25. ordentliche Hauptversammlung des Vereins deutscher Fabriken feuerfester Produkte, eingetragener Verein, Berlin, Dienstag, den 21. Februar 1905; Königl. Geologische Landesanstalt und Bergakademie zu Berlin. Sonder-Kataloge des Museums für Bergbau und Hüttenwesen in Berlin;

I. Abteilung für Bergbau- nebst Aufbereitungs- und Salinenwesen, von G. Franke, G. Baum, Potonié und Dammer; II. Abteilung für Eisenhüttenwesen, von H. Wedding, Berlin 1905, 2 Hefte; Verband deutscher Elektrotechniker: 1. Bericht über die 13. Jahresversammlung des Verbandes deutscher Elektrotechniker in Dortmund und Essen am 4., 5., 6., 7. und 8. Juni 1905; Mitteilungen der Berliner Elektrizitäts-Werke Juni 1905. Von der hiesigen Technischen Hochschule: Dissertationen zur Erlangung der Würde eines Doktor-Ingenieurs a) von Dipl.-Jng. Fritz Kropf: Über Kondensationen des Coturnins; b) von Dipl.-Jng. Paul Herz: Über den Bidioxymethylenindigo, seinen Auf- und Abbau; c) von Dipl.-Jng. Walther Bauersfeld: Über die automatische Regulierung der Turbinen. Kassenbericht der Oberschlesischen Steinkohlen-Bergbau-Hilfskasse 1904; Programme de Prix, Société industrielle de Mulhouse etc., Mulhouse 1905.

Herr Geh. Regierungsrat Prof. K. Hartmann: In Vertretung des Vereins habe ich am 2. und 3. September d. J. der Sitzung des Vorstandsrates und des Ausschusses des Museums von Meisterwerken der Naturwissenschaft und Technik beigewohnt. Das Museum ist, wie Ihnen bekannt, bereits in der besten Vorarbeit begriffen, und das ist zu danken der ausgezeichneten Energie und Umsicht des Vorstandes, des Herrn Baurat von Miller und der Herren Professoren von Linde und von Dyck.

In den Sitzungen wurde zunächst der Name des Museums geändert. Von den zahlreichen Vorschlägen, die eingegangen waren, wurde die Bezeichnung „Deutsches Museum" gewählt, weil man ganz besonderen Wert darauf legte, einen recht kurzen Namen zu haben und einen Namen, der das Museum als eine deutsche Institution kennzeichnet. Wenn dabei der Hinweis auf Technik und Naturwissenschaft weggefallen ist, so begründete man das damit, daß es in erster Linie auf die beiden erwähnten Gesichtspunkte ankomme, und daß man im Laufe der Zeit lernen werde, was man unter dieser Bezeichnung „Deutsches Museum" zu verstehen habe, wie das auch der Fall ist bei dem Germanischen Museum in Nürnberg.

Es wurde ferner in den beiden Sitzungen Bericht erstattet über das abgelaufene Geschäftsjahr, und dieser Bericht und ebenso auch die zahlreichen Drucksachen, die uns im Laufe des Jahres von dem Vorstand zugegangen sind, zeigen recht deutlich, daß die Leitung des Museums in den besten Händen ist. Die bereits genannten Herren haben die Vorarbeiten in ausgezeichnetster Weise weiter geführt, sodaß nicht nur schon große Geldmittel zur Verfügung stehen, sondern auch eine Menge der wertvollsten Gegenstände für das Museum erhalten worden ist.

Um für diese Beschaffung eine sichere Grundlage zu gewinnen, hat die Museumsleitung eine große Zahl hervorragender Sachverständiger als Referenten und Mitarbeiter gewonnen, und diese Herren haben für die einzelnen Abteilungen und Gruppen Verzeichnisse aufgestellt, in denen zunächst angegeben ist, welche Gegenstände für das Museum wünschenswert seien, in welcher Form sie dargestellt werden sollen, ob als Original, in Nachbildung, als Modell oder in Zeichnung, und von wem und auf welche beste Weise diese Gegenstände erhalten werden können. Da dieses Verzeichnis durch die Fülle des Materials außerordentlich interessant ist, so möchte ich mir erlauben, es zirkulieren zu lassen.

Wie ich bereits erwähnte, sind nun schon auf Grund dieser Verzeichnisse und durch andere Anstrengungen, die die Museumsleitung gemacht hat, eine große Zahl Gegenstände gewonnen worden. Diese Gegenstände sind z. Z. provisorisch in den Räumen des alten Nationalmuseums in der Maximilianstraße in München aufgestellt und wurden auch am zweiten Tage besichtigt. Es ist natürlich nicht möglich, in dem kurzen Rahmen eines Berichts auch nur einen Überblick über das zu geben, was bereits vorhanden ist. Aber ich gestatte mir zur Kennzeichnung desjenigen, was das Museum bieten wird, einiges herauszuheben.

Von technischen Objekten ist z. B. aufgestellt: die erste dynamo-elektrische Maschine und die erste elektrische Lokomotive von Werner Siemens, eine der ersten Schuckert-Maschinen, der erste Telegraphenapparat von Werner Siemens, ferner das Original einer der ältesten deutschen Dampfmaschinen Wattscher Bauart aus dem Jahre 1813 sowie das Original eines Wattschen Kofferkessels, dann die erste Betriebsdampfmaschine der Kruppschen Gußstahlfabrik aus dem Jahre 1839, die erste Sulzer-Ventilmaschine und auch die neueste Konstruktion einer der ersten Parsons-Dampfturbinen, eine der ersten Gasmaschinen von Otto & Langen, der erste Daimler- und der erste Dieselmotor, der erste Daimler- und der erste Benzwagen usw.

Die unter der Leitung unseres verehrten Geh. Bergrats Wedding stehende Abteilung, welche die Entwicklung des Eisenhüttenwesens darstellen soll, hatte auch bereits sehr interessante Objekte aufzuweisen, von denen ich nur erwähnen möchte das von der Firma Friedrich Krupp gestiftete Modell eines ganzen Hochofenwerks, dann eine Reihe von Zeichnungen, welche die Fortschritte des Eisenhüttenwesens bildlich darstellen, ferner Proben von Tiegeln und darin dargestellten Gußstahls von den ersten Anfängen bis zur Gegenwart.

Nach Tausenden zählen die bereits vorhandenen Objekte in den Gruppen Mathematik, Meßwesen, Geodäsie, Astronomie, Physik und Chemie, ferner in der Bibliothek und in der Plansammlung. Es ist also sicher, daß bei der Eröffnung des Museums, die für nächsten Herbst in Aussicht genommen ist, die Räume im alten Nationalmuseum bereits mit den wertvollsten Objekten gefüllt sein werden.

Aber die Museumsleitung hat sich ein bedeutend weiteres Ziel gesteckt. Sie plant einen großartigen Neubau, um weit größere Räume zur Unterbringung der sicher schnell anwachsenden Sammlung zu erhalten. Der bekannte Münchner Architekt Gabriel von Seidl hat für diesen Neubau ein Projekt ausgearbeitet, das durch Zeichnungen und durch ein Modell in den Sitzungen vorgeführt wurde. Nach dem Kostenvoranschlag, den Herr von Seidl ausgearbeitet hat, werden die Baukosten 7 Millionen Mark betragen, und man erwartet nun, daß das Deutsche Reich und Bayern je zwei Millionen dazu hergeben, die Stadt München 1 Million Mark und die Industrie die übrigen 2 Millionen. Nach den in München abgegebenen Erklärungen von Regierungsvertretern kann gehofft werden, daß das Reich und Bayern die gewünschten Summen bewilligen werden, und zwar in Raten, die sich auf die Bauzeit verteilen, welche immerhin mehrere Jahre betragen wird.

Die Stadtgemeinde München hat bereits eine Million Mark bewilligt. Der Appell, den die Museumsleitung an die Industrie richten wird, wird sicher auch nicht ungehört verhallen; denn die Industrie muß ein lebhaftes Interesse an dem Gelingen dieses großen Werkes haben, das zeigen soll, welchen Anteil die Deutschen an der Entwicklung und Vervollkommnung der Technik besitzen. Den Bauplatz für das Museum im Werte von etwa 3 Millionen Mark hat die Stadtgemeinde bereits geschenkt.

Die Museumsleitung hatte neben den Sitzungen auch dafür gesorgt, daß den Teilnehmern sehr interessante Festlichkeiten geboten wurden. Am Abend des ersten Sitzungstages waren die Teilnehmer im Auftrage Seiner Königlichen Hoheit des Prinzen Ludwig von Bayern nach dem Wittelsbacher Palais eingeladen, um einem Vortrag des Professors van t'Hoff und einer darauffolgenden geselligen Vereinigung beizuwohnen. Am zweiten Abend gab der Stadtmagistrat von München ein Festmahl. Am Tage nach den beiden Sitzungen führte uns ein von dem Bayrischen Herrn Verkehrsminister und dem Württembergischen Herrn Minister für Auswärtige Angelegenheiten dargebotener Sonderzug nach Stuttgart in der verhältnismäßig kurzen Zeit von 3 Stunden 10 Minuten, also mit einer stündlichen Geschwindigkeit von etwa 100 Kilometer in der Ebene. In Stuttgart wurde das hochinteressante Landesgewerbemuseum und das Ingenieur-Laboratorium der Technischen Hochschule besichtigt und ein Frühstück eingenommen, welches im Auftrage Seiner Majestät des Königs von Württemberg dargeboten worden war.

So zeigt sich aus allen diesen Veranstaltungen, daß die Museumsleitung die verschiedensten Kreise für das Gelingen des großen Werkes zu interessieren versteht. Dafür sei ihr auch an dieser Stelle herzlicher Dank und aufrichtige Anerkennung gezollt, die aber nicht nur in Worten Ausdruck finden mögen, sondern in treuer Mitarbeit und meinerseits auch in der Bitte an Sie, meine Herren, und an alle anderen Mitglieder unseres Vereins, dem Deutschen Museum ihr Wohlwollen zuzuwenden und seine Aufgaben und Ziele zu fördern, daß recht viele dem Museum als Mitglieder beitreten. Diesen Wunsch möchte ich Ihnen ganz besonders ans Herz legen.

Vorsitzender: Die Mitteilungen waren für unseren Verein von hohem Interesse.

Technische Tagesordnung.

I. Professor Reuleaux.

Herr Geh. Bergrat Prof. Dr. H. Wedding: Meine Herren, der Herr erste Vereinsvorsitzende hat Ihnen bereits in der vorigen Sitzung von dem schmerzlichen Verlust Mitteilung gemacht, den unser Verein durch den Tod seines Ehrenmitgliedes, des Geheimen Regierungsrats, Professors Dr.-Ing. Reuleaux, erlitten hat. Der Verstorbene hat seine Wirksamkeit weit über die Grenzen nicht nur unseres Vereins, sondern des deutschen Vaterlandes hinaus erstreckt. Seine besonderen Leistungen liegen auf dem Gebiete des Maschinenbaus, auf einem Gebiet, welches mir nicht nahe genug steht, um die Bedeutung Reuleaux' hierin vollständig zur würdigen Darstellung bringen zu können. Dies muß berufeneren Kräften überlassen werden, aber gestattet sei es mir, einen Abriß seines technischen Lebens und seiner gerade für unseren Verein so hervorragenden Tätigkeit zur Förderung des deutschen Gewerbfleißes zu geben.

Franz Reuleaux ist am 30. September 1829 geboren als der vierte Sohn von Johann Joseph Reuleaux, welcher eine der ersten Maschinenfabriken in Deutschland zu Eschweiler bei Aachen gegründet hatte und damit einer jener Männer war, denen die deutsche Industrie die Grundlagen ihres heutigen Aufschwungs verdankt. Nach Vollendung seiner Schulbildung arbeitete Reuleaux in der väterlichen Werkstatt, sodann in einer Coblenzer Fabrik, zuvörderst praktisch. Er empfand hier alle die Mängel, mit welchen der damals von England völlig abhängige Maschinenbau Deutschlands behaftet war, und mehr noch als dies die Mängel der wissenschaftlichen Behandlung eines Feldes, in dem Frankreich bereits bedeutend vorangegangen war. Hier in Deutschland stand an der Spitze der Lehrer im Maschinenbau Redtenbacher in Karlsruhe. Sein Schüler wurde Reuleaux, und da damals die Zahl der Studierenden der Technik noch verhältnismäßig klein war, so entstand ein reger Verkehr zwischen Lehrer und seinem begabten Schüler. Es war zu jener Zeit leichter für einen Lehrer, die Fähigkeiten seiner Schüler zu beurteilen, als heutigen Tages, wo auf den großen technischen Lehranstalten Tausende von jungen Leuten studieren, mit welchen oft der Professor kaum in Berührung kommt, der leider oft genug seinen Assistenten den Verkehr mit den Studenten überläßt oder überlassen muß. Von 1850 bis 1852 saß Reuleaux zu den Füßen seines Lehrers Redtenbacher. Der philosophisch veranlagte Charakter Reuleaux' konnte sich indessen nicht mit der trockenen Konstruktionslehre begnügen. Es trat, was wiederum leider heutigen Tages nur noch in geringerem Maße von den Studierenden der Technik gewürdigt wird, an ihn das Bewußtsein heran, daß allein mit der technischen Ausbildung das höchste Ziel der Wissenschaft sich nicht erreichen lasse; er ging daher an die Universitäten in Berlin und Bonn (1852 bis 1854), um allgemein bildende Vorlesungen zu hören, ohne daß er dabei sein Hauptfach vernachlässigte; denn bereits in Bonn bearbeitete er unter dem Beistande eines Freundes, des Ingenieurs Moll, sein erstes Werk „Die Festigkeit der Materialien, namentlich von Guß- und Schmiedeisen" (Braunschweig, 1853) und „Die Konstruktionslehre für den Maschinenbau" (Braunschweig, 1854).

Hiermit begründete Reuleaux seinen wissenschaftlichen Ruf und wurde infolgedessen 1856 an die neue polytechnische Schule in Zürich als Professor berufen, nachdem er kurze Zeit hindurch einer Maschinenfabrik in Köln vorgestanden hatte. Dieses Polytechnikum überflügelte bald die deutschen Polytechniken durch die Anregung, welche die vortrefflichen Vorträge von Reuleaux und Zeuner gaben, zweier Männer, die sich ergänzten. Während Zeuner sich hauptsächlich mit Kraftmaschinen beschäftigte, trug Reuleaux das wichtige Gebiet der Mechanismen vor und rief durch seine Behandlung eine vollständige Umwälzung der Anschauungen auf diesem Felde hervor. Eine der Hauptaufgaben, die sich Reuleaux gestellt hatte, war die wissenschaftliche Synthese der Mechanismen. Die Grundzüge der Lehre von den Bewegungsmechanismen hatte er 1864 in der Züricher naturforschenden Gesellschaft vorgetragen; dieser Vortrag erregte allgemeines Aufsehen, und zwar in dem Maße, daß auf Grund der Veröffentlichung desselben die Berufung Reuleaux' nach Riga erfolgte, um dort die polytechnische Schule zu leiten. Er lehnte aber diesen Ruf ab, folgte dagegen einer Berufung als Professor an die Berliner Gewerbeakademie.

F. Reuleaux

Dies war auch für unseren Verein ein glücklicher Umstand, denn Reuleaux wurde sogleich am 1. Januar 1865 Mitglied unseres Vereins, dessen Abteilung für Mathematik und Mechanik man ihn zuteilte. Aus seiner fleißigen Feder flossen schon in dem ersten Jahre seines Aufenthalts in Berlin 7 Aufsätze. Ihm wurde bereits im gleichen Jahre die Redaktion der Zeitschrift unseres Vereins (Verhandlungen des Vereins zur Beförderung des Gewerbfleißes) übertragen. Im Jahre 1868 wurde er zum Direktor der Gewerbeakademie ernannt, blieb in dieser Stellung bis zur Gründung der Technischen Hochschule im Jahre 1879, war 1890/1891 Rektor derselben und behielt seinen Lehrstuhl bis zum Jahre 1896 inne.

Der Redakteur einer Zeitschrift drückt stets dieser den besonderen Stempel seiner Eigenart auf; so auch Reuleaux, der ganz besonders im Jahre 1871 seine wichtigen kinematischen Mitteilungen hier veröffentlichte. Das nachstehende Verzeichnis gibt (S. 210) die in den Verhandlungen veröffentlichten Aufsätze Reuleaux, in der Zeitfolge an.

Die ideal-philosophische Richtung Reuleaux' zeigte sich in allen seinen Schriften, auch in den zahlreichen umfangreicheren Werken, welche, abgesehen von den Veröffentlichungen in Zeitschriften, aus seiner Feder flossen,.und die in einer zweiten Anlage (S. 211) verzeichnet sind. Er konnte sich nicht damit begnügen, die Maschinenkonstruktion, trotzdem deren Vortrag seine Lebensaufgabe war, trocken in der Form von Erfahrungssätzen zu lehren, weil er die wohl richtige Ansicht hatte, daß am Ende jeder Studierende durch Übung in der Praxis die Einzelkonstruktion besser erlernen könne, als durch den Unterricht in der Hochschule; seiner Ansicht nach sollten die Jünglinge eine weitgehende allgemeine technische Bildung erhalten und nicht in einem Sonderfach für die Praxis gewissermaßen abgerichtet werden; nach ihm sollte der Studierende angeleitet werden, sich selbst eine eigene Auffassung über die Gegenstände seines Faches zu bilden.

Reuleaux legte ebenso wie auf die Bauart der Maschine, auf deren äußere Form einen besonderen Wert. Mit Recht, denn allerdings ist wohl diejenige Maschine am schönsten gebaut, deren Bauart dem Zwecke am besten entspricht. Das Gefühl, für die Schönheit in der Technik zu sorgen, war es, welches Reuleaux ganz besonders auch dem Kunstgewerbe zuwendete, das ihm unendlich viele Anregungen verdankt.

Reuleaux begnügte sich nicht mit seinem Lehramte; er war außerdem lange Jahre hindurch Mitglied der technischen Deputation für Gewerbe, des Patentamts und des technischen Oberprüfungsamts. Vielfache Anerkennungen wurden ihm zu teil. Er war Ehrenmitglied zahlreicher Vereine, abgesehen von dem unsrigen, des Vereins für Eisenbahnkunde, des Gewerbvereins in Riga und dessen in Erfurt, des technischen Vereins in Frankfurt a. Main, der Société des arts in Genf, der naturforschenden Gesellschaft in Zürich, der philos Society of mech. Engineers in den Vereinigten Staaten, des deutschen Uhrmacherbundes und mehrerer anderer. Die Akademie der Wissenschaften in Stockholm ernannte ihn zum auswärtigen Mitgliede, der schwedische Gewerbverein und das lombardische Institut zum korrespondierenden Mitgliede, die Universität in Montreal zum Ehrendoktor, die Technische Hochschule in Karlsruhe zum Dr. $\mathfrak{Ing}$. Überall wirkte Reuleaux, oft durch den augenblicklich geltenden Ansichten vollkommen widerstrebende Gedanken, fruchtbringend. Er war es z. B., welcher sich gleich beim Eintritt in die damals als Patentbehörde des preußischen Staates arbeitende technische Deputation für Gewerbe gegen den herrschenden Grundsatz erklärte, welcher im allgemeinen dahin ging, ein Patent als ein besonderes nur ausnahmsweis zu erteilendes Privilegium zu betrachten und wenn irgend möglich jede Erfindung wegen Mangels an Neuheit und Eigentümlichkeit abzuweisen, und von ihm gingen die vielen Anregungen aus, welche schließlich dazu führten, das deutsche Patentgesetz zu schaffen, bei dessen Aufstellung er wesentlich beteiligt war.

Wenn Reuleaux auch im allgemeinen, namentlich in seinem kräftigen Mannesalter nur Ehrungen und Auszeichnungen zu teil wurden, so konnten ihm doch auch mancherlei Enttäuschungen nicht erspart bleiben, namentlich, weil sein auf das Ideal gerichtetes Streben nicht in allen Kreisen die richtige Beurteilung fand. Es ist erklärlich, daß er als Kommissar zahlreicher Landes- und internationaler Ausstellungen nicht überall Lob erntete, denn daß derjenige, der geglaubt hatte, etwas Vorzügliches ausstellen zu können, und doch keinen Preis dafür bekam, nicht mit den Leistungen des Kommissars zufrieden ist, liegt auf der Hand. Aber es ging auch noch weiter. Reuleaux ließ sich vielfach dazu fortreißen, Urteile in die Öffentlichkeit zu bringen, welche ihm als Schädigungen der deutschen Industrie ausgelegt wurden. Wenn Reuleaux 1876 in Philadelphia den deutschen Teilnehmern das geflügelte Wort „billig und schlecht" vorwarf und 1893 aus Chicago den Mangel an Fortschritt der Feinmechanik in Deutschland tadelte, so geschah das doch lediglich, um seinem Vaterlande zu nützen, es aus dem Schlummer aufzurütteln und dazu zu wirken, daß bestehende Mängel beseitigt würden. Man mag die Art des Vorgehens bei ihm tadeln, auch mit Recht getadelt haben, aber es war falsch, ihm daraus den Vorwurf zu machen, seinem Vaterland geschadet zu haben oder gar schaden zu wollen. Die Anregungen sind im Gegenteil in allen Fällen auf fruchtbaren Acker gefallen.

Nicht nur in seinen Schriften, in denen ein vortrefflicher Satzbau sich mit Reinheit der Sprache und idealer Anschauungsweise parte, sondern auch in seinen Vorträgen, welche der Regel nach anscheinend nüchtern begannen und dann in ihrer Fülle von Gedanken den Zuhörer fortrissen, war Reuleaux unübertrefflich.

So war er auch in seinem gesellschaftlichen Leben. Jeder war gern sein Gast und sah ihn gern bei sich als Gast, weil aus seiner Unterhaltung stets neue Anregungen entsprangen. Manchmal allerdings ging seine Phantasie mit ihm durch, und eine neue geniale Erfindung ließ ihm die Zukunft in allzurosigem Lichte erscheinen. — Ich erinnere z. B. nur an seinen Vortrag, über die Darstellung der Röhren aus dem festen Stab nach Reinhard Mannesmann. Der geniale Gedanke, der dieser Erfindung zu Grunde lag, begeisterte ihn so, daß er schon hohlgewalzte Eisenbahnschienen das Festland durchkreuzen, gewalzte Schiffe das Meer furchen, aus dem festen Stück gewalzte Kessel Dampf entwickeln sah, kurz eine Verwirklichung von Vorgängen erträumte, die im Grundgedanken richtig, doch lange noch auf ihre Vollendung warten lassen mußten und zuweilen garnicht in Erfüllung gehen konnten.

In unserem Verein war er stets eifrig tätig und als derselbe, zwar keinen alten Grundsätzen getreu, aber doch in der Form eine nicht unwesentliche Veränderung seiner Verfassung erhielt, durch Stiftung des Technischen Ausschusses u. dergl. m., war er es, dem nicht nur die Anregung, sondern auch die tätige Mitwirkung zu verdanken war. Mit Recht ernannte ihn der Verein daher am 7. März 1904 zu seinem Ehrenmitgliede. Leider sollte er diese Auszeichnung nicht lange genießen. Im Sommer des laufenden Jahres befiel ihn eine Krankheit, von der er nach verhältnismäßig kurzem Siechtum am 20. August 1905 durch den Tod erlöst wurde.

Außer seinen Aufsätzen sind es besonders zwei Reden, die in unseren „Verhandlungen" veröffentlicht worden sind, welche Aufmerksamkeit verdienten und allgemeinen Beifall fanden. Die eine wurde im Jahre 1871 am 1. November bei der Jubelfeier der Königlichen Gewerbeakademie, die zweite am 24. Januar 1872 bei der Jubelfeier unseres Vereins gehalten. Beide Reden kennzeichnen in ihren philosophischen Bemerkungen recht deutlich den Charakter des Verstorbenen. Wir führen aus beiden nur je einen Satz zum Beweise an. In der zuerst erwähnten Rede sagte er: „Große schöpferische Männer aller Zeiten zeigen eine universelle Bildung. Weil sie die anderen Fächer bemeisterten, leisteten sie Großes in einem. Die Reflexe des einen Stoffes auf den anderen ermöglichen allein das Entdecken neuer Wahrheiten. Sie gestatten das Zusammenfassen der Erscheinungen, die Auffindung des allgemeinen Gesetzes, die Erklimmung der höheren Stufe. Darum ist die Erziehung, welche das Höchste leisten soll, nicht zu denken ohne die Ermöglichung universeller Bildung. Darum ist es verkehrt, das Höchste von der einseitigen, auch noch so scharfsinnigen Spezialbildung zu erwarten."

Welche allgemeine Bildung Reuleaux selbst besaß, dafür sprechen deutlich die Schriften, die sich nicht mit der Technik im besonderen, sondern mit Kunstgewerbe, kulturhistorischen Tatsachen und Reiseeindrücken befassen; ich erwähne nur die Schilderung seiner Reise quer durch Indien.

In der zweiten der gedachten Reden, in der er das Leben und Wirken unseres Vereins schilderte, sagte er: „Jeder einzelne in jeder Gesamtheit (er meint damit in unserem Verein), welcher am öffentlichen Leben teilnimmt, macht Geschichte, unabsichtlich und unbewußt. Durchblättert man die Jahrbücher des Vereins, die von regem und mannigfaltigem Leben Kunde geben, so sieht man ein Stück Geschichte unseres Gewerbfleißes vor sich dahinfließen."

Auch unser verstorbenes Ehrenmitglied, der treue Freund unseres Vereins, hat tatsächlich nicht nur ein Stück Geschichte des Maschinenbaues gemacht, sondern auch wesentlich teilgenommen an der geschichtlichen Entwicklung unseres Vereins. Nicht nur wir lebenden, sondern auch die nach uns kommenden Mitglieder des Vereins werden ihm daher stets ein dankbares und ehrenvolles Andenken bewahren.

Vorsitzender: Ich darf Herrn Geh. Rat Wedding den herzlichsten Dank des Vereins aussprechen für das reiche Lebensbild, das er uns mit so warmem Interesse von dem verewigten Freunde gezeichnet hat. Sein Andenken wird weder in unserem Verein noch in der deutschen Industrie vergehen.

27*

I. Verzeichnis

der in dem Vereinsorgan („Verhandlungen" und „Sitzungsberichte")[1]) veröffentlichten
Abhandlungen des verstorbenen Geheimen Regierungsrats Professor Dr. ing. Reuleaux.

---

[1]) Die in den Sitzungsberichten veröffentlichten Abhandlungen und Vorträge sind mit * bezeichnet.

II. Verzeichnis

der von dem verstorbenen Geheimen Regierungsrat Professor Dr. ing. Reuleaux
verfaßten Schriften:

Moll, C. L. und **Reuleaux, F.** Konstruktionslehre
für den Maschinenbau. (In 2 Bänden.) Braunschweig 1854.

Die Festigkeit der Materialien, namentlich des Guß-
und Schmiedeeisens. Braunschweig 1853.

Reuleaux, F. Der Konstrukteur. Ein Handbuch zum
Gebrauch beim Maschinen-Entwerfen. Braunschweig 1861—62. — 2. Aufl. 1865. — 3. Aufl.
1869—1871. 4. Aufl. Braunschweig 1881—89.
4. Aufl., 3 Abdr. 1895.

Die Konstruktion und Berechnung der für den
Maschinenbau wichtigsten Federarten. (Abdr.
aus der „Schweizerischen Politechnischen Zeitschrift".) Winterthur 1857—1861.

Über den Maschinenbaustil. Ein Beitrag zur Begründung einer Formenlehre für den Maschinenbau. (Aus des Verfassers „Konstruktionslehre
für den Maschinenbau" besonders abgedruckt.)
Braunschweig 1862.

Der Muirsche Vierrichtungsventilator. (Ohne Jahres-
zahl.)

Die Thomassche Rechenmaschine. (Aus: „Der Zivil-
ingenieur".) Freiburg 1862.

Vorträge über Maschinenbau, hrsg. von Studierenden
der Königl. Gewerbe-Akademie zu Berlin. Berlin
1868. — 2. Aufl. 1873. (Autogr.)

Theoretische Kinematik. Grundzüge einer Theorie
des Maschinenwesens. Braunschweig 1875. —
2. Bd.: Die praktischen Beziehungen der Kinematik zu Geometrie und Mechanik. Braunschweig 1900.

Über das Wasser in seiner Bedeutung für die Völker-
wohlfahrt. Ein akademischer Vortrag. Berlin 1871.

Vorträge über Regulatoren. 2. Aufl., hrsg. von den
Studierenden der Kgl. Gewerbe-Akademie. Berlin
1870. (Als Manuskript gedruckt.)

Briefe aus Philadelphia. Vom Verf. durchgesehene
und durch Zusätze vermehrte Ausgabe. Braunschweig 1877.

Die Maschine in der Arbeiterfrage. (Soziale Zeit-
fragen. Hrsg. von Ernst Henriet Lehnsmann.
Heft 2.) Minden 1885.

Eine Reise quer durch Indien im Jahre 1881. Er-
innerungsblätter. (Allgemeiner Verein für deutsche
Literatur. 8. Serie. Bd. 3.) Berlin 1884. 21. Aufl.
1885.

Kultur und Technik. Vortrag. (Abdr. aus der
„Wochenschrift des Niederösterreichischen Gewerbe-Vereins".) Wien 1884.

Buch der Erfindungen, Gewerbe u. Industrie. Neue
8. Prachtausgabe, hrsg. unter Oberleitung von
F. Reuleaux. Leipzig 1883—1888. 8 Bände. —
Ergänzungsband: Der Weltverkehr und seine Mittel.
Leipzig 1889.

Kurzgefaßte Geschichte der Dampfmaschine. Braunschweig 1891.

Deutschlands Leistungen und Aussichten auf tech-
nischem Gebiete. Rede zum Geburtsfeste Sr. Maj.
Kaiser Wilhelm II. am 26. Januar 1891 in der
Aula der Kgl. Technischen Hochschule zu Berlin
gehalten. Berlin 1892.

Die sogenannte Thomassche Rechenmaschine.
2. Aufl. Leipzig 1892.

Die Sprache am Sternenhimmel und Ost, West, Süd,
Nord. Zwei Abhandlungen. (Abdr. aus „Das
Weltall".) Berlin 1901.

Die mechanischen Naturkräfte und deren Verwertung.
(Sammlung populärer Schriften, hrsg. von der
Gesellschaft „Urania" zu Berlin, Nr. 56.) Berlin
1901.

Schellis, E. F., Führer des Maschinisten. Unter Mitwirkung von F. Reuleaux bearbeitet von Ernst
A. Brauer. 11. Aufl., 3 Abdr., 1896. — 4 Abdr.
1900

Weisbachs, Jul., Ingenieur, Sammlung von Tafeln,
Formeln und Regeln der Arimethik. 7. Auflage,
neu bearbeitet von F. Reuleaux. Braunschweig
1896.

2. Die Fortschritte in der Färberei von Fäden und Geweben.

Herr Chemiker Dr. C. F. Göhring: Hochansehnliche Versammlung! Der
technische Ausschuß des „Vereins zur Beförderung des Gewerbfleißes" hat den Wunsch
geäußert, meinerseits einen Vortrag über „Die Fortschritte in der Färberei von Fäden
und Geweben" zu beschaffen, um auch dieses Gebiet der Technik wieder einmal zu
behandeln, und das Interesse dafür bei den Gewerbtreibenden zu beleben.

Wenn ich diesem ehrenvollen Auftrage auch gerne entspreche, so bin ich mir
doch wohl bewußt, daß das Thema nicht geringe Schwierigkeiten bietet. Einmal ist

das weite Gebiet der Färberei, wie es ja in vielen ausgezeichneten Handbüchern und durch die Fachliteratur zerstreuten Sonderabhandlungen beschrieben ist, hinsichtlich seiner Fortschritte nicht im Rahmen eines Vortrages auch nur annähernd zu erschöpfen; und dann ist es nicht leicht, es von demjenigen seiner Hilfsindustrie, der chemischen Großindustrie, speziell der Farbstoffindustrie, vollständig zu trennen, ohne das Verständnis für den Nichtfachmann erheblich zu schmälern. Die aus den Fesseln der Alchemie befreite Naturwissenschaft hat im neunzehnten Jahrhundert unendlich befruchtend auf viele Gewerbe eingewirkt. Durch streng systematische Arbeitsweise, durch gründliche Vertiefung in den Stoff, durch bewundernswerten Auf- und Abbau der Körper, erlebten wir die Großtaten der Chemie, zu denen die Erschaffung der Farbstoffindustrie gehört. Insbesondere sind es unsere vaterländischen Farbenfabriken, welche in erster Linie heute der Färberei die Nahrung reichen, und ungemein dazu beitragen, daß aus einem Gewerbe, welches früher lediglich aus der Erfahrung heraus schaffen konnte, nunmehr eine Veredlungsindustrie mit eifrigem Streben nach wissenschaftlicher Erkenntnis emporblüht.

Ich weiß aber sehr wohl, daß auf dem ausgedehnten Feld der Textilindustrie, wo die Färberei die Hauptdienerin ist, nicht die Fortschritte der Wissenschaft allein maßgebend sind. Neben allgemeinen Zeitumständen spielt die Mode, besser gesagt, der moderne Konsum, eine wichtige, vielleicht die wichtigste Rolle. Und so kommt es, daß oft die scharfsinnigsten Erfindungen erst spät zu ihrem Rechte gelangen.

Auch gewerbliche Gepflogenheiten und Auswüchse des Handels ziehen oft von der ethischen Richtung der Wissenschaft ab, und es ist nicht immer Fortschritt, wo Regungen des Marktes vorhanden sind.

Ebenso bestehen gerade in der Textilindustrie individuelle Anschauungen über Fortschritte, so daß ich Sie bitten muß, meinen Vortrag mehr als eine zwanglose Exkursion ins Reich der Färberei zu betrachten. Die Zeit, während der Sie mir Ihr Interesse zu teil werden lassen, wird bestimmend sein für kürzeres oder längeres Verweilen bei einzelnen Etappen dieser Exkursion.

M. H.! In den Anfängen seiner Kultur hatte der Mensch der tropischen Länder sich wenig gegen Unbilden der Witterung zu schützen. Er bedeckte sich mit den Blättern der Bäume, den Federn der Vögel; fristete der Mensch in kälteren Gegenden sein Dasein, so waren seine ersten Kleidungsstücke die Felle der Tiere. Er paßte sich chromatisch an die Farben der Umgebung an, um, wie die andern Lebewesen, ein Schutz und Verbergungsmittel vor dem Feinde zu besitzen.

Mit der Ausbildung seines Sinnes für feinere Empfindung bemalt er seinen Körper, seine Waffen und Geräte. Hierbei waren wohl seine ersten Farben die Erde selbst, der Lehm, das Kakbi der Hindus.

Mit dem Erwachen des Selbstbewußtseins, mit dem Gefühl der Kraft und Macht, hat er das Bedürfnis auch äußerlicher Unterscheidung von anderen. Mit dem Fortschreiten der Zivilisation erfindet er die Kunst, Fäden und Gewebe aus Produkten der Natur herzustellen, und diese Gespinste mit Farben zu versehen, welche seiner seelischen Stimmung Ausdruck verleihen. —

Die ältesten Quellen, aus denen wir geschichtliche Daten der Färberei schöpfen, sind sehr spärlich. Aus Sagen und Liedern hören wir von Prachtgewändern. Die Bibel erzählt uns vom bunten Rock des Joseph. Aus den Gräbern der alten Ägypter, aus den Funden bei Ausgrabungen von Pfahlbauten lernen wir kennen, was die Alten konnten.

In der grauen Vorzeit des Altertums war schon im Reich der Mitte der Flachs und die Seide bekannt. Die Erfindung, die letztere Faser zu färben, schreiben die Chinesen ihrem Kaiser Hoang-te zu, welcher etwa 2650 Jahre vor Christus lebte, und welcher zuerst ein blau und gelb gefärbtes Kleid getragen haben soll, während die Frauen seines Hofes und der Adel sich in violette, blaue, rote und schwarze Seide kleideten. Die Chinesen dürfen also als unsere ersten Seidenfärber angesprochen werden. Sie benutzten Pflanzenfarbstoffe in Form von Extrakten, und hantierten die Seide in kurzer Flotte, ein Verfahren, welches auch heute noch in der Stückfärberei unter dem Namen „Klotzen" geübt wird.

Während von China aus die Seidenkultur sich nach den Nachbarländern ausdehnte, war in Alt-Ägypten die Leinenfaser, und in Persien die Baumwolle in Blüte. Nach Herodot dürfen wir annehmen, daß hier die Wiege der Baumwollfärberei und -Druckerei stand. Er berichtet uns, daß gewisse Völker des Kaukasus mit Extrakten aus Blättern Tierfiguren auf ihre Kleider malten, welche wasserecht und dauerhaft waren. Auch Plinius gibt uns Kunde davon, daß die Ägypter weiße Stoffe mit farblosen Substanzen bemalten, diese Stoffe dann in kochende Farbbäder tauchten, und nun, je nach der aufgemalten Beize, verschiedene Farben erhielten, welche durch Waschen nicht vergingen. Wir erkennen daraus, daß jenes Volk also bereits die Krappfärberei verstand.

Nachdem die Kulturvölker Asiens durch ihre Kriegszüge und auf dem Wege des Handels mit den einzelnen Textilfasern bekannt wurden, lernten sie sehr bald, auch gemischte Gewebe herzustellen, und die Weberei zu verfeinern. —

Die Frauen der Griechen und Römer haben lange, ehe sie die Seiden der Chinesen und die Baumwolle der Perser und Ägypter kannten, die Wolle der gezüchteten Schafe neben dem Flachs versponnen und verwebt.

Die Bürger trugen die Kleider ungefärbt, und nur die Vornehmen konnten mit teuren gefärbten Stoffen Aufwand treiben.

Die wichtigste Färberei des Altertums war bekanntlich die Purpurfärberei, wodurch man ein Violett von Blau bis Rot nuancierte. Interessant ist, daß der Naturforscher Lacaze-Duthiers mehrere Maler ersuchte, die Farbe des römischen Purpurs anzugeben. Beim Vergleich ihrer Studien fand sich, daß alle Skalen des Violetts zum Vorschein kamen.

Im Jahre 1867 entdeckte man in Aquileja die Stelle einer alten Purpurfabrik. Die Tausende von Schalen gehörten den Species Murex braudaris und Murex trunculus an. Erstere soll unechte, glänzende, rote Purpurfarben, letztere echte stumpfe, blaue Töne geliefert haben. Zum Zwecke des Färbens wurden die zerschnittenen Schnecken mit Salz überstreut und mit heißem Wasser ausgelaugt. In die geklärte, warme, grüne Brühe tauchte man die Stoffe ein. Am Licht und an der Luft entwickelte sich dann

die Farbe vom Grün zum Violett. Die von Witt geäußerte Ansicht, daß die Purpurfärberei eine Küpenfärberei und die Farbe ein durch rote Farbstoffe nuanciertes Indigoblau gewesen, stützt sich u. a. auf Untersuchungen von A. u. G. de Negri, welche aus
dem Saft der Purpurschnecken Indigo darstellten, und auf Bizio, welcher den Farbstoff des Purpurgewandes des heiligen Ambrosius bestimmt als Indigo erkannte.

Die Purpurfabriken dampften übrigens auch den Saft der Schnecken ein zu
einem Teig oder zu Pulver, um den entfernten Färbereien das Farbmaterial liefern zu
können, als erste Farbenfabriken. Wie dieses eingetrocknete Produkt zur Anwendung
kam, ist noch nicht genügend erwiesen. Nach W. v. Miller brauchte es nur direkt
in heißem Wasser gelöst zu werden, andere Forscher neigen jedoch der Ansicht zu,
daß ein zuckerhaltiges Reduktionsmittel, etwa Honig, Datteln, Rosinen u. dgl. nötig
war, um erst das Bad als Färbeflotte verwendbar zu machen.

Jedenfalls war die Purpurfärberei eine umständliche und nicht leichte, und für
das Pfund Purpurseide wurden horrende Preise bezahlt.

Neben Purpur wurde Karmesin mittelst Kermes als weit billigere Farbe gefärbt. Die Mode bevorzugte immer mehr und mehr das durch Kermes erzeugte Rot,
und nachdem die Sarazenen und die Türken den letzten Purpurfärbereien zu Tyrus
und zu Konstantinopel ein Ende bereitet hatten, verschwand der echte Purpur bald in
Vergessenheit.

Nach dem Verfall des byzantinischen Reiches blühte allmählich die Textilindustrie in Italien kräftig empor. Im 13. und 14. Jahrhundert genoß die Florentiner
Wollfärberei höchstes Ansehen. Namentlich war ein Fortschritt zu verzeichnen durch
den Färber Rucellai, welcher die Kunst besaß, aus gewissen Flechten prächtige
Farben, Orseille, herzustellen. Auch die Waidküpe, Rotholz, Wau, essigsaures Eisen,
Gerbstoffe, Alaun, waren schon im Gebrauch für Schwarz, Grün, Braun, Gelb
und Blau.

Nicht wenig trug zur Entwickelung der Färberei in Venedig und Florenz die
dort seinerzeit bestehende Organisation des Handwerks, welche Färberordnungen, strenge
Färbevorschriften und sogar reelle Preise für die gefärbte Ware vorsah.

In den Ländern nördlich der Alpen war damals die Buntfärberei noch sehr
primitiv, so daß man die besseren Färbereiaufträge nach Italien richtete.

Von einschneidender Bedeutung für die europäische Färberei wurde die Entdeckung Amerikas und eines neuen Seewegs nach Ostindien. Die Ureinwohner Amerikas
hatten zur Zeit des Columbus einen hohen Grad von Fertigkeit im Spinnen und Verweben ihrer Baumwolle und Wolle — Seide kannten sie nicht. Besonders wußten sie
ihre Wollen in schönen, satten Farben zu färben. Auch die Indigoküpe war bei ihnen
zu finden, vor allem aber erzeugten sie durch die Färberei mit Cochenille — einer
Schildlausart — ein in Europa seither in seiner Farbenpracht unbekanntes Rot, neben
ihren leuchtenden anderen Farben, die sie aus ihren Pflanzen herstellten. Leider ist
ihr Verfahren für ein äußerst echtes Schwarz, das wohl ein Blauholzschwarz war, verloren gegangen.

Die Cochenille, die amerikanischen Farbhölzer und die ostindischen Drogen
wurden bald außerordentliche Handelsartikel und traten in heftige Konkurrenz mit dem

in Frankreich, Holland, Thüringen und Schlesien hoch kultiviertem Waid- und Krappbau. Fast ganz Europa wehrte sich mit den schärfsten Edikten, manche Länder sogar bei Strafe des Todes, gegen die überseeische Invasion des Blauholzes und des Indigos.

Wie der Handel von Italien nach der iberischen Halbinsel übersiedelte, so zog auch die Färberei fort, und fand hauptsächlich in Holland mit Hilfe Spaniens einen Stützpunkt.

Nachdem der Holländer Drebbel und der Franzose Gobelin Verfahren gefunden, hatten mittelst Zinnverbindungen ein Cochenillescharlach mit einem Feuer zu färben, wie man nicht ahnte, war bald auch die Kermesfärberei vernichtet.

Von Holland verbreiteten sich die Fortschritte in der Kunst des Färbens während des niederländischen Krieges durch die Flüchtlinge nach England, Deutschland und Frankreich. In letzterem Lande fand die Gesamtfärberei an Colbert, dem Minister Ludwig des XIV., einen mächtigen Beschützer. Auch er erließ Färberordnungen und fixierte die Preise, wie es früher in Venedig und Florenz geschehen war.

Nachdem die Franzosen ostindischen Kolonialbesitz erworben, lernten sie, wie man auf baumwollenen Stücken mittelst Auftragens von Wachs bestimmte Stellen vor dem Anfärben schützt. Anfänglich küpten sie so vorbehandelte Leinen- und Baumwollwaren, und schufen den sogen. Porzellandruck. Die Wachsreserven ersetzten sie bald durch verschiedene Beizen, und die Küpenfarben kombinierten sie mit Krapp und andern Farben.

Hiermit war der Grundstein der mächtig aufstrebenden Druckerei gelegt, die sich seit jener Zeit als Spezialgebiet von der Färberei absonderte. Der weite Blick der französischen Regierung gegenüber den Färbern und Kattundruckern war von solchem Einfluß, daß seither die französische Textilindustrie auch für andere Länder tonangebend blieb.

Was übrigens den indischen Wachsreservedruck anlangt, „Batikfärberei" sagen die Malayen, so lege ich Ihnen hier derartig hergestellte Tücher vor, welche ich der Liebenswürdigkeit des Herrn Kunstmalers Fleischer-Wiemans in Grunewald verdanke. Herr Fleischer war 6 Jahre auf Java und hatte vielfach Gelegenheit, dort heimische Kunst und landesübliches Handwerk zu studieren. Mit diesen vorzüglich durchdachten kleinen Apparaten, die Sie hier sehen, zeichnen die Künstler und Künstlerinnen mit geschmolzenem Wachs auf das Tuch. Die nach dem Erkalten bei der Hantierung des Tuches entstehenden zufälligen Brüche des Wachses, welche auch künstlich vermehrt werden können, sind vom künstlerischen Standpunkte aus eine erwünschte Beigabe, weil beim Färben des Stoffes, der Farbstoff in die Risse eindringt und das prächtige Geäder erzeugt. Herr Fleischer ist hier anwesend und hat sich freundlichst bereit erklärt, den Herren, welche sich noch weiter für die schöne, geheimgehaltene Färberei interessieren, nachher einige kurze Erläuterungen zu geben.

Die Hugenotten brachten später die Erfahrungen der Franzosen in Färberei- und Druckerei nach den Nachbarländern. Die bedeutende Vermehrung der Baumwollfärberei führte zur Entdeckung der Kaltküpe, bestehend aus Indigo, Eisenvitriol und Kalk, während die warme Waidküpe sich für die Wolle reservierte.

Um die Mitte des achtzehnten Jahrhunderts hatte Barth die wichtige Entdeckung gemacht, daß Indigo durch Schwefelsäure sich in Lösung bringen läßt.

Wenn auch das Färben mit den derart hergestellten Präparaten keine so echten Töne als die Küpe gab, so war doch die Färberei mit Indigo außerordentlich vereinfacht und ein bedeutender Zweig der damaligen Industrie, die Sächsisch Blau- und Sächsisch Grün-Färberei, wuchs empor.

Fast gleichzeitig wurde wieder unter dem Schutz der Regierung in Frankreich die Türkischrot-Färberei aus Adrianopel eingeführt, während in Böhmen sich Druckereien mit dem Ölfarbendruck etablierten.

So standen die Dinge am Ende des achtzehnten Jahrhunderts, am Vorabend einer bedeutenden Epoche für die Entwickelung der meisten Gewerbe. Dem neunzehnten Jahrhundert, dem Jahrhundert der Erfindungen, hatte sein Vorgänger durch den Beginn des systematischen Forschens in Chemie und Physik schon vorgearbeitet. Die bekannt gewordenen Eigenschaften des Sauerstoffs und Schwefels warfen auch in die Werkstätten der Färber und Drucker ein helles Licht. Die fabrikmäßige Darstellung der Schwefelsäure, der Salzsäure, der Soda, des Chlorkalks, der Chromsalze usw., im Verein mit der Erfindung der Dampfmaschine veränderte das Handwerk der Verarbeitung der Spinnfasern völlig, schuf die Textil-Industrie und gliederte sie gleichzeitig in ihre Zweigbranchen.

Außerordentlichen Aufschwung nahm zunächst die Druckerei durch die Einführung mechanischer Druckverfahren. Das Drucken mit der Hand ist auch heute noch für gewisse Gattungen von Waren nicht ganz zu umgehen, aber die stetige Vervollkommnung der Walzendruckmaschine mit ihren Nebenapparaten, wie sie sich durch Umwandlung des Relief-Handruckmodells in eine gravierte Kupferplatte und Kupferwalze herausbildete, wies der Druckerei neue Bahnen und verbilligte die Artikel in unglaublichstem Maße durch Vielfarbendruck, Verfeinerung der Dessins und Massenproduktion.

Es läßt sich nicht leugnen, daß die Druckerei früher verstanden hatte, außer den Erfolgen durch die Mechanik auch die Errungenschaften der Chemie sich zu nutze zu machen und sich so auf Kosten der Garn- und Stückfärberei auszudehnen. Die Koloristen der Druckereien im Elsaß, in Augsburg, in Manchester, in Böhmen häuften Entdeckungen auf Entdeckungen. Sie führten die Metallsalze, namentlich die Salze von Eisen, Mangan, Kupfer, Chrom in ihr Gewerbe ein, verstanden Türkischrot und Indigoblau zu ätzen, und fanden, daß das Dämpfen der bedruckten Ware, die Farben erheblich echter machte. Hieran schloß sich die Befestigung der Farben durch Eiweiß.

Um jene Zeit spielte in der Buntfärberei der Seide, der sogenannten Couleurfärberei, die Hauptrolle, der „Physikansatz", ein mit einer Zinnauflösung angesetzter wässeriger Cochenille-, Rotholz-, Blauholz-Auszug. Die Zinnlösung stellte sich der Färber selbst her, indem er die Zinnstäbe zu Ketten zusammenfügte und sie in eine Mischung aus Salpetersäure und Salzsäure hing. Man erhielt so ein Gemenge von Zinnchlorür mit Zinnchlorid. Von dem Verhältnis dieser beiden Oxydationsstufen zu einander hing die Nuance ab. Blaue Violett verlangten mehr Chlorür, Rote Violett mehr Chlorid, Feine

Grau erhielten schwächeren Ansatz zu den Blauholzauszügen. Carmoisin färbte man auf alaunierte Seide und stellte dann auf Physik. Außer mit dem schon erwähnten Indigocarmin färbte man nun auch Kaliblau oder Berlinerblau mit gelbem Blutlaugensalz und Eisenbeize. Das Turnbulls Blau aus rotem Blutlaugensalz färbte man ebenfalls schon als Bleu de France oder „Verkehrtblau". In den andern Farben mit Wau, Curcuma, Gelbholz, Orleans, Orseille, hatte sich wenig geändert.

Um die Mitte des Jahrhunderts begann in der Seidenschwarzfärberei lebhaftes Treiben. Das soeben erwähnte Kaliblau führte zur Grundlage eines tieferen, schweren Schwarz mit viel schönerer Durchsicht in der Farbe, als die Gerbsauren Eisenschwarz sie besaßen.

Der Austausch der Söhne der großen Färbereien Deutschlands, Frankreichs, Englands und der Schweiz brachte eine Wechselwirkung der Erfahrungen und führte zu neuen Anregungen, die ihre guten Früchte trugen. Ich befinde mich hier im Gegensatz mit vielen Schriftstellern, welche gerade jene Zeit stiefmütterlich behandeln und als ohne viel Fortschritt mit Geheimniskrämerei verbunden bezeichnen.

Die Erfahrungen jedoch, die der Gewerbetrieb in seinen Spezialitäten mit großer Mühe und mit großen Opfern an Zeit und Geld erlangt, pflegt man freilich auch heute noch mit Recht für sich zu behalten.

Eine solche Spezialität der Firma Spindler, welche aus jener Zeit datiert, ist z. B. die Velpelfärberei, das ist eine Färberei der Seide für Zylinderhüte und Seidenplüsche, welche in dem Aufbringen von gerbsaurem Eisen in Verbindung mit Blauholz besteht. Als interessant darf ich vielleicht mitteilen, daß auch die Farbe der schwarzen Zylinderhüte der Mode unterworfen ist und in der Durchsicht bald ein grünerer, bald ein blauerer Stich begehrt ist, der möglichst bügelecht sein soll und daher nicht leicht zu färben ist.

Das Aufkommen des Schwerschwarz, welches der Seide einen ausgezeichneten „Fall" verlieh, im Verein mit der immer mehr im Handel erschienenen, aus Seidenabfällen auf dem Wege des Spinnens, statt das Abhaspeln, gewonnenen Chappe, führte bald zu einer neuen Mode für Besatzartikel, der Franzenmode, und aus dem einfachen „Kesselschwarz" tauchte durch ständige Wiederholung derselben Passagen, einmal durch Eisensalze, dann durch Gerbstoffextrakte mit Zinnsalz, die „Mi-soie" auf, mit 200—400, ja vereinzelt sogar bis 1000 % Erschwerung, also nur zum kleinsten Teil aus Seide bestehend und in dieser übertriebenen Chargierung nur kürzeste Zeit ihre Bestimmung als Posament aushaltend, sogar beim unachtsamen Verpacken sich selbst entzündend. —

Velpel und Mi-soie gestatte ich mir in diesen Proben vorzuführen.

Mittlerweile hatte man die schon früher entdeckte Pikrinsäure und das Murexid in die Couleurfärberei eingeführt, an deren Brillanz man staunend hing. Während die erstere bis in die neueste Zeit, sowohl für sich allein, als namentlich in Kombination mit Indigocarmin, sich halten konnte, blieb das schöne aber zu unechte Murexid nur kurze Zeit in Gebrauch.

Und nun, meine Herrn, beginnt das neue Zeitalter der Färberei, das wir mit erlebten. Wir verlegen seinen Anfang in das Jahr 1856, wo es Perkin gelang, das

Mauvein aus dem Steinkohlenteer darzustellen und wo dessen Versuche in der Färberei von Pullar in Perth in Schottland das größte Aufsehen hervorriefen. Bereits im nächsten Jahre wurde die erste englische Anilinfarbenfabrik errichtet. Dieses Anilin, das Unverdorben schon fast 30 Jahre vorher entdeckt und das Runge bereits 1834 aus dem Teer isoliert und dem er seine Zukunft voraus gesagt hatte, trat nun einen Siegeslauf ohne Gleichen an. Schlag auf Schlag folgten in zielbewußter Arbeit seine Abkömmlinge. Noch waren nicht 2 Jahre verflossen seit Installierung der ersten englischen Fabrik, als in Lyon die Großfabrikation des Fuchsins durch die Firma Renard unter ihrem Koloristen Verguin aufgenommen wurde. Als bisher nicht in der Literatur erwähnt führe ich an, daß in Deutschland Wilhelm Spindler als erster, und im Einverständnis mit Renard, Fuchsin darstellte, und daß sein Sohn Carl Spindler das erste Kilo fabrizierte, dessen Wert sich damals auf 300 Taler bezifferte, während es heute 1—2 Taler kostet. Auch durch seine Schwiegersöhne Brüning in Höchst und Gessert in Elberfeld beeinflußte Wilhelm Spindler die nun auch in Deutschland rasch entstehenden Farbenfabriken, welche Hand in Hand mit den Hochschulen gar bald den Färbereien die prächtigsten Farben aller Nuancen lieferten. Auf die Anilinfarbstoffe folgen neben einzelnen Individuen, die großen Gruppen der Alizarin-, der Azofarben, und als Kinder allerjüngster Zeit, die Schwefelfarben und Anthrenfarben.

Es ist nicht meine Aufgabe, Ihnen die Entwickelung der Farbstoffindustrie vorzutragen; wenn ich jedoch auf die frühere Zeit der Färberei einen längeren Rückblick geworfen habe, so wollte ich Ihnen besonders vorführen, daß im Laufe von Jahrtausenden zwei Färbeverfahren mit zwei Farbstoffen ständig in Anwendung blieben: Die Indigoküpenfärberei und die Färberei mit Alizarin. Als wahrscheinlich habe ich die erstere bezeichnet bei der Purpurfärberei, als sicher dürfen wir sie annehmen im alten Indien, dem Heimatlande der Indigopflanze, wo sie als primitive Gährungsküpe sich bis heute erhielt, während sie bei uns in der Hydrosulfitküpe sich vervollkommnete. Auch das Verfahren der Krappfärberei ist im wesentlichen geblieben, nur die Zeit der Ausführung des Türkischrot wurde von Wochen auf Tage gemindert. So groß die durch die Teerfarbstoffe veranlaßte Umwälzung in der Färberei an und für sich ist, so wenig vermochten gerade der Indigo und das Alizarin sich an der Abänderung der Färbeverfahren zu beteiligen. Durch die geniale Forschung von Gräbe und Liebermann, welche die großen Farbenfabriken alsbald in die Praxis übersetzten, wurde der Krapp überraschend schnell durch das künstliche Alizarin vernichtet, und auch die von Baeyer eingeleitete, von Heumann u. a. weiter ausgebildete Indigosynthese, hat durch die unermüdlichen Bemühungen der Fabriken die nahe Aussicht eröffnet, daß die Tage des natürlichen Indigos ebenfalls gezählt sind.

Nach den Mitteilungen Bruncks, des verdienten Forschers auf diesem Gebiet, welche er gelegentlich der Einweihung dieses Hauses machte, das seinen Namen nach dem Altvater der Farbstoffchemie, Hofmann, führt, beträgt die Fabrikation des künstlichen Indigos schon mehr Kilo, als auf einer Fläche von 400 000 Morgen im Mutterlande des Pflanzenindigos gewonnen werden. Dieses Land ist frei für Getreidebau, der in letzter Linie für Indien mit seiner periodischen Hungersnot empfehlenswerter ist. Doch brachte andererseits vor kurzem die „Chemikerzeitung" aus Kalkutta die Nachricht, daß **Leake** sich bemüht hat, die Indigopflanze auf dem Wege der Auswahl zu veredeln. Seine Anbauversuche sollen so erfolgreich gewesen sein, daß sich der Ertrag an gewissen Versuchsplätzen zu Dalsingh Serai seit dem Jahre 1903 verdoppelt hat.

Fragen wir uns, warum der Indigo und das Alizarin stets die Konkurrenz der anderen Farbstoffe überwanden, trotz der Umständlichkeit der Anwendung der beiden Farben, wodurch höherer Farblohn notwendig wird, trotz des Loslassens von Farbstoffpartikelchen beim Reiben, wodurch die gefärbten Zeuge leicht schäbig werden, oder weiße Stoffe anrußen, trotz der stumpfen Töne und anderer Dinge, so müssen wir uns sagen, daß nur die außerordentliche Dauerhaftigkeit der beiden Farben allein die Ursache des Sieges sein kann, wie sie bisher im Anilinschwarz ja ebenfalls zu Tage trat.

Das Studium der Echtheit der Farben wurde bereits begonnen, als die Theerfarben auf dem Markte erschienen. Besonders betrieben wurde es, als diese Farben ernstlich anfingen die Holzfarben zu verdrängen. Zum System wurde es ausgebildet, als die Azofarbstoffe in außerordentlicher Menge in die Färberei eindrangen, namentlich als man dieselben aus ihren Componenten auf der Faser selbst darstellte.

Leider ist dieses System kein einheitliches. Noch sind wir nicht imstande den Echtheitsgrad eines Farbstoffes so genau zu präzisieren, daß keinerlei Einwand mehr möglich ist. Wir sind gegenwärtig angewiesen auf vergleichende Prüfungen und diese sind individuelle Auffassungen.

Da die meisten Farben dem Licht ausgesetzt sind, so ist die Lichtechtheit eine der wichtigsten Eigenschaften eines Farbstoffes. Es hat nicht an Versuchen gefehlt, die Größe der Lichtechtheit an physikalischen Instrumenten zu messen, etwa wie die Lichtstärke an der Normalkerze, die Wärme am Thermometer, aber man hat keine überzeugende Gesetzmäßigkeit erzielen können. Erstens ist die Theorie des Färbeprozesses selbst durchaus noch nicht ganz klar. Die Anhänger der mechanischen Theorie befinden sich noch im Widerstreit mit derjenigen der chemischen; noch ist nicht allgemein gültig, daß die Fixierung des Farbstoffes auf der Faser, als eine starre Lösung, eine Absorption, eine Adhäsion oder eine sekundäre Erscheinung zu betrachten ist.

Wir dürfen annehmen, daß die Lichtechtheit von der Faser selbst abhängig ist, wie es für die Art und Weise der Befestigung der Farbstoffe nachgewiesen ist. Andererseits ist die Lichteinwirkung von ihren Begleitumständen beeinflußt. Es ist durchaus nicht einerlei, ob das Licht im Zimmer auf unsere gefärbten Sachen wirkt, oder im Freien, bei bedecktem oder heiterem Himmel, ob die Atmosphäre kalt oder warm, mit Feuchtigkeit, Salz, Rauch und dergl. behaftet ist. Dieses aber und vieles andere erschwert ungemein die exakte Beurteilung der Echtheit der Farben, und so müssen wir uns auf eine relative Taxierung der Licht-, Luft-, Wetterechtheit vorerst beschränken.

Weit einfacher zu prüfen sind die aus anderem Anlaß bedingten Anforderungen. Die Egalisierungsfähigkeit, die leichte Kombination mit anderen Farbstoffen, das Passen bei künstlichem Licht, die Wasser- und Regenechtheit, die Echtheit in der Wäsche und Walke, gegen den alkalischen Straßenschmutz, gegen Schweiß, gegen Säuren, die Chlor- und Schwefelechtheit, die Reibechtheit, Bügelechtheit, das Hineinlaufen, Bluten, in weiße Ware beim Waschen und Anderes mehr, kann immerhin eher durch chemische oder mechanische Reaktionen, welche sich eng an die Praxis anschließen, festgelegt werden.

Bei der Legion der heutigen Farbstoffe wird es daher im Bedürfnißfalle vor allem für den Färber darauf ankommen, zu wissen, für welchen Zweck die Ware gefärbt werden soll. Oft wird er aber merkwürdigerweise gerade darüber vom Auftraggeber nicht orientiert. Er erhält ein ganz kleines, abgegriffenes Muster, häufig nur einen Faden, wonach er genau die Nüance herstellen muß, und da er nebenbei, aber in der Hauptsache, so billig wie möglich färben soll, so kommen manchmal wunderliche Dinge vor. Hier hat ein Strumpfwirker oder ein Futterstofffabrikant, bei dem es auf Lichtechtheit seiner Ware nicht besonders ankommt, mit einem Farbstoff bisher ganz gute Resultate erzielt. Genau dieselbe Farbe wendet er nun für Blusenstoffe an. Die Blusen werden getragen, sind aber nach kurzer Zeit so mißfarbig geworden, daß der Färber die bittersten Vorwürfe erhält. Dort hat ein Seidenhändler seine Freude an den gefärbten Effektfäden für Kleiderstoffe gehabt und gibt dem Färber auf, ja genau dieselbe Nüance zu treffen. Nun verwendet er aber die Seide zu Stickereizwecken und siehe da, beim Waschen und Fertigmachen der sehr teueren Decke oder Fahne ist schon alles ausgelaufen.

Solche Mißhelligkeiten könnten leicht vermieden werden, sobald der Fabrikant mit dem Färber sich über den notwendigen Echtheitsgrad verständigen würde. In letzter Zeit ist daher das Bestreben intensiver aufgetreten, die Echtheit der Farben auf der Faser zu erhöhen. Albert Scheurer hat gefunden, daß man durch Kupfersalze Färbungen echter machen kann. Auch das Nachchromieren gewisser Farben hat sich in die Praxis gut eingeführt. Ebenso werden basische Färbungen auf der Baumwolle durch einen zweiten Tannin-Antimonlack waschechter fixiert. Auch Formaldehyd ist zum Echtermachen empfohlen. Die meisten derartigen Verfahren haben aber den großen Nachteil, daß die Farben die Nüance ändern. Und auf das genaue Einhalten der Nüance wird ja soviel Gewicht gelegt, daß oft der Färber alle erdenkliche Mühe und seine ganze Kunst aufbieten muß, um Färbungen zu erzielen, die bei Tages- und Abendbeleuchtung dem Muster entsprechen. Wenn wir uns aber vergegenwärtigen, daß man die Zahl aller möglichen Azofarbstoffe allein auf 3 159 000 geschätzt hat, von denen 25 000 durch Patente geschützt und 500 im Großen dargestellt sind, so werden wir gewahr, daß für den Färber das „nach Muster färben" immer schwerer wird. Die Farbenfabriken kommen zwar der Färberei entgegen und geben ihr die fertigen Verfahren in die Hand, wie sie nach universalen Grundsätzen ausgearbeitet sind, aber die lokalen Verhältnisse erschweren dem Färber häufig genug die Arbeit.

Unreinheiten oder Salze im Wasser, schädliche Beimengungen im Dampf, Mischungsverhältnisse der Fasern und der Zusammensetzung der Farben, Temperatur, Feuchtigkeit der Atmosphäre, Appretur u. a. verhindern manchmal geradezu das Erreichen bestimmter Nüancen. Ist der Färber in der Lage, die Farbstoffe an und für sich oder durch Auffinden event. charakteristischer Beizen zu erkennen, so hat er einen außerordentlichen Vorteil gewonnen, aber mir sind Fälle bekannt, wo es vielen gewiegten Koloristen nicht gelungen ist, die Natur einer zusammengesetzten Farbe zu erklären. Es soll jedoch nicht vergessen werden zu erwähnen, daß in der Neuzeit in der Bestimmung der Farbstoffe auf der Faser vieles geleistet wurde. In den Vordergrund zu stellen ist die, namentlich durch Formáneks unermüdliche Forschungen ausgebildete spektroskopische Analyse, welche darauf beruht, daß man die Lösungen der Farbstoffe auf ihre Absorptionsspektra untersucht, wodurch man wichtige Anhaltspunkte für das Unterbringen eines Farbstoffes in seine Gruppe gewinnt, da man weiß, daß einzelne Farbstoffe ganz bestimmte Absorptionsspektren zeigen und daß bestimmten chemischen Gruppen im Farbstoffmolekül bestimmte Formen der Absorptionsspektren eigentümlich sind. Wenn auch dieses Gebiet noch zu neu und die Arbeit auf demselben nicht einfach ist, so darf man doch erwarten, daß die Eleganz derselben und die Möglichkeit einer raschen und sicheren Erkennung der Farbstoffe diesem Verfahren Zukunft verspricht.

Für die Wissenschaft und für die Praxis der Farbstoffindustrie ist zweifellos von Bedeutung, die Farbstoffe richtig zu klassifizieren und ihre Muttersubstanzen festzulegen. Indes ist die nach chemischen Grundsätzen aufgestellte Ordnung für die Theerfarbstoffe der Technik der Färberei kaum anzupassen. Bis vor wenigen Jahren war die Einteilung der Farbstoffe in substantive, d. h. ohne Weiteres färbende, in adjektive, d. h. nur mit Hilfsstoffen, mit Beizen, zu befestigende Farben und in Pigmentfarben, welche erst auf der Faser gebildet werden, am Platze. Nachdem wir aber Farbstoffe kennen, welche man sowohl mit als ohne Beize ausfärben kann, ist diese Gruppierung hinfällig geworden.

Wir unterscheiden daher heute:

I. Substantive Farben, Salzfarben sind sie von Georgiewics getauft, welche auf vegetabilische und animalische Fasern ohne Beize aus Farbbädern, denen man Salze zusetzt, aufziehen,

II. Basische Farbstoffe, welche tannierte Baumwolle oder ungeheizte Wolle und Seide färben,

III. Saure Farbstoffe, welche insbesondere Wolle aus sauren Bädern anfärben.

IV. Beizenfarbstoffe, welche vegetabilische und animalische Fasern, hauptsächlich in gebeiztem Zustande anfärben,

V. Entwickelungsfarbstoffe, welche erst auf vegetabilischer oder animalischer Faser durch Oxydation, Entwickeln oder Kombination erzeugt werden.

Durch eine derartige Gruppierung ist die Verwendung der Theerfarben in großen Umrissen bereits angedeutet.

Die substantiven Farbstoffe nehmen naturgemäß den breitesten Raum in der Färberei ein, weil sie auf einfache und billige Weise anzuwenden sind. Vor allem eroberten sie sich die Baumwollfärberei. Hier haben sie die basischen Farbstoffe in der Hauptsache auf die Artikel der Buntweberei, der Stickfantasie und Kattunbranche verwiesen, wo man für größere Echtheit und Schönheit der Farbe etwas mehr anlegen kann, als für die Massenartikel, welche als Strumpfwaren oder Futterstoffe und dergl., weniger Ansprüche an Lichtechtheit machen oder als billige Surrogate eo ipso sich bescheiden. Seit Ihnen Herr Prof. Dr. Schultz vor 15 Jahren eine Perspektive auf das damals noch neue Kongo und auf das von Green in die Färbereipraxis übertragene Grießsche Verfahren der Diazotierung eröffnete, ist die Baumwollfärberei eine andere geworden. Die Holzfarben sind nahezu verschwunden, und auch Anilinschwarz und Türkisch Rot haben erhebliche Einbuße erlitten. Freilich schlossen sich dem Kongo, dessen Patentschutz inzwischen erloschen, eine ganze Reihe wesentlich echtere Salzfarben an, und auch die auf der Faser entwickelten unlöslichen Azofarbstoffe, die sogen. Eisfarben, welche bei der Diazotierung durch Eis gekühlt werden, befriedigen alle Anforderungen an Waschechtheit, wenn schon sie bezüglich der Lichtechtheit und Reibechtheit zu wünschen lassen.

Auch in der Seiden- und Wollfärberei haben die Salzfarben Anhang gefunden, namentlich seit sich gezeigt hat, daß dieselben auf der Wollfaser größere Echtheit besitzen, als auf Baumwolle.

Im übrigen spielen aber auf der animalischen Faser die sauren Farbstoffe nach wie vor die erste Rolle, während für ganz besondere Echtheitsansprüche die Alizarinfarbstoffe als Beizenfarbstoffe und der Indigo ihre Bedeutung behielten. Allerdings scheint den Alizarinfarben, über welche Ihnen der letzte Vortrag über Färberei von Herren Geheimrat Witt vor 13 Jahren gehalten wurde, gegenwärtig in den Einbad- oder Nachchromierungsfarbstoffen eine fühlbarere Konkurrenz zu erwachsen.

M. H.! Wir sehen, daß die Teerfarben auf der ganzen Linie die natürlichen Farben zurückgedrängt haben, nur in der Seidenfärberei hat das Blauholz seine dominierende Stellung noch inne. Wie schon erwähnt, erzielten die Teerfarben ihren Weg durch Vereinfachung und Verbilligen der Färbemethode. Diese Momente sucht man noch besonders zu fördern, durch Ausbildung der Apparatur. Seit langem strebt man darnach, auch in der Färberei die Handarbeit durch Maschinen zu ersetzen. Das Auswringen an der Cheville besorgt man durch die Zentrifuge; das Schlagen und Waschen durch Waschmaschinen; auch konstruierte man Maschinen, welche das Hantieren auf der Färbekufe selbsttätig bewirken. Im Vorbereiten und Fertigmachen leistete man hervorragendes durch die Verbesserungen, welche das Maschinenfach aufzuweisen hatte. Vakuum- und Dampfapparate, Hochdruckkessel, Aufdock- und Einsprengstühle, Spannrahmen, Trockenzylinder, Walk-, Seng-, Scheer-, Rauhmaschinen, Kalander, Appreturmaschinen für alle Warengattungen, Karbonisierapparate, Chevillier- und Trockenmaschinen und vieles mehr tragen ihr großes Teil dazu bei, die Waren besser, schneller und in Massen auszurüsten. Die Stapelartikel, welche besonders billig verlangt werden, förderten in der Gegenwart sehr die Apparatenfärberei für loses Material, für Fasern im Stadium des Spinnprozesses, für Garne in aufgewickelter Form.

Während beim Färben der Garne auf der Kufe das Material in der Flotte bewegt wird, bleibt letzteres in der Apparatenfärberei in Ruhe, und die Farbstofflösung wird durch das Gut gesogen oder gedrückt. Es ist klar, daß man durch ein derartiges Verfahren neben Zeit- und Arbeitsersparnis, auch eine größere Schonung des Materials erreicht, weil das Spulen in Wegfall kommt, oder durch Feinspinnen des bereits gefärbten Kammzuges direkt ein gefärbtes und aufgespultes Garn erhalten wird, welches weniger verfilzt und nicht mehr abgehaspelt zu werden braucht, daher von vornherein auch weicher zu verspinnen ist.

Bedingung für derartiges Färben ist, daß man klare Flotten hat, die sich nicht trüben, ebenso schlammfreies Wasser und gut egalisierende Farbstoffe, andernfalls erhält man höchst unansehnliche, scheckige Färbungen.

Man unterscheidet heute bereits 3 Systeme in der Apparatenfärberei, abgesehen von Kettenfärbemaschinen.

I. Das Packsystem, bei welchem die losen Materialien, oder die Garne, Kreuzspulen und Kopse ruhig in den Apparat eingepackt und die Farbflotte durchgesogen oder durchgepreßt wird.

II. Das Aufstecksystem, bei welchem man die Kopse, Spulen, Bobinen oder Kettenbäume auf hohle, durchlöcherte Spindeln aufsetzt, welche in den Kreislauf der Flotte eingeschaltet werden können.

III. Die Schaumfärberei, bei welcher man zur Farbflotte Schaum gehende Substanzen, wie Türkischrotöl oder Seife, zufügt, durch Kochen und Rühren starkes Schäumen erzeugt und die Garne, Kopse, Spulen so einhängt, daß sie nur im Schaum stecken. —

Die Teerfarben haben aber nicht nur die Färberei der losen Ware und der Garne vereinfacht, sie gaben auch der Färberei der Stücke, besonders der gemischten Gewebe, ein anderes Gepräge. Besteht der Stoff nur aus einer Faser, so schließt sich die Färberei eng an diejenige der Garne an, ein Unterschied besteht nur in der maschinellen Behandlung. Ein gemischtes Gewebe fordert dagegen das ganze Können des Färbers. Früher färbte man Halbseide, einen Stoff aus Seide und Baumwolle, überhaupt nicht im Stück, sondern beide Fasern für sich allein und verwebte sie dann. Das ist anders geworden. Man kennt heute eine Reihe von Methoden, beide Fasern in verwebtem Zustande, sowohl in gleicher Farbe, als auch verschieden zu färben, und zwar in 2 Bädern oder in einem Bade. Vor Entdeckung der substantiven Farbstoffe färbte man ausschließlich die Seide mit sauren oder basischen Farbstoffen, beizte die Baumwolle mit Tannin und Antimonsalzen und färbte mit basischen Farbstoffen aus. Heute benutzt man mit Vorteil, schon um das Beizen zu umgehen, die substantiven Farbstoffe und färbt, wenn irgend möglich, in einem Bade. Der mehr saure oder mehr alkalische Charakter des Bades gibt dem Färber die Möglichkeit, gewisse substantive Farbstoffe mehr an die Seide oder mehr an die Baumwolle zu binden, ja die eine oder die andere Faser sogar ungefärbt zu lassen. Auch das Anfärben der Seide mit sauren Farbstoffen läßt die Baumwolle weiß und man kann nun die Letztere in derselben oder in einer anderen Farbe färben, wodurch man die mannigfaltigsten Effekte erreicht.

Was die Halbwolle anlangt, welche aus wechselnden Mengen von Wolle und Baumwolle besteht, so sind an und für sich dieselben Methoden, wie für Halbseide anwendbar. Aber bei den Halbwollenwaren tritt ein so verschiedenes Quantitäts- und Qualitätsverhältnis der Wolle auf, daß diese Färberei sich nicht so einfach einrichtet, umsomehr, als man in der Regel nicht wie bei Halbseide zweifarbige Effekte wünscht, sondern eine einheitliche Farbe des Stoffes — unigefärbt — verlangt. In der Halbwollenfärberei muß der Färber in erhöhtem Maße die Kunst verstehen, die Rohware

29

richtig zu taxieren und die geeigneten Farbstoffe und Färbverfahren auszuwählen, wenn er sich vor dem Verderben der Stücke schützen will. Zu den gemischten Geweben gehören außer Halbseide und Halbwolle auch noch die Plüsche und Sammete. Stoffe, welche ein Grundgewebe aus Leinen und einen Flor aus Seide oder Wolle besitzen. Da die leinene Kette aber fast immer vorgefärbt zum Verweben kommt, so dreht es sich bei dieser Ware lediglich um das Färben von Seide und Wolle allein.

Noch schwieriger als die Färberei der gemischten Gewebe gestaltet sich aber das Spezialgebiet der Zeug-, Kleider- oder Lappenfärberei, wo es sich um Neu-, Auf- oder Umfärben verlegener oder bereits gebrauchter Stoffe handelt. Kleidungsstücke, Möbelstoffe, Vorhänge, Teppiche etc., welche bei der bisherigen Verwendung verschossen sind, oder in der Farbe nicht mehr gefallen, sollen wieder so aufgefrischt werden, daß sie „wie neu" aussehen. Hier muß vor allem eine gründliche Reinigung vorausgehen, denn dann ist erst der Grad der Verblichenheit der Farben richtig zu erkennen. Von großem Vorteil ist es, wenn die ehemalige Farbe, die Grundfarbe, bei der Umfärbung beibehalten werden kann. Ist das nicht möglich, dann muß die alte Farbe abgezogen werden.

Dabei ist aber in Rechnung zu ziehen, ob die Faser selbst noch intakt ist, um das Abziehen, Bleichen oder Färben auch auszuhalten. Ist das Gewebe im ganzen bereits mürbe, wird sich eine derartige Prüfung leichter ausführen lassen; ist es aber stellenweise angegriffen, durch Lichteinwirkung, Schweiß, Flecken u. a., wie es ja meist vorkommt, oder hat man gemischte Gewebe vor sich, wo einzelne Fasern verdeckt liegen, also nicht zugänglich sind, dann ist ein Probieren oft ausgeschlossen. Scheinbar ist der Stoff tadellos und siehe da, bereits beim Reinigen oder nach dem Färben findet sich, daß es doch nicht überall der Fall war und daß einzelne Stellen herausgefallen sind.

Auch das Einlaufen der Wollenstoffe muß man vor dem Reinigen und Färben bedenken, zumal ein in der letzten Zeit beim Fertigmachen der Konfektionsstoffe herausgebildet hat, der darin besteht, daß man dieselben über das ursprüngliche Maß bedeutend in Länge und Breite ausreckt, um mehr Fläche und größeren Glanz zu erhalten. Schon beim Feuchtwerden geht aber die Faser in ihren natürlichen Zustand zurück, der Stoff läuft ein und wird stumpfer. Die Unannehmlichkeiten vermeidet man, wenn man bereits beim Einkauf, wirklich dekatierte Ware verlangt, welche gedämpft, „gekrumpft" ist, wie man technisch sagt. Man erhält dann vielleicht keine so glänzenden Stoffe, aber man setzt sich auch nicht der Gefahr aus, daß ein durch Ausziehen und Pressen der Ware erhöhter Glanz bereits durch Regentropfen stumpf wird, das Kleidungsstück fleckig und faltig erscheint oder gar zu eng geworden ist.

Die allergrößte Sorgfalt hat aber der Färber beim Reinigen und Umfärben der heutigen Seidenwaren zu beachten. Die edelste und teuerste unter den Textilfasern hatte von jeher durch ihr vornehmes und glänzendes Äußere, gepart mit größter Haltbarkeit, an der Spitze der Gespinnstfasern gestanden. Da aber die reale, die echte Seide, wie sie vom Kokon des Maulbeerspinners durch Abhaspeln gewonnen wird, im rohen Zustande mit einer weißen oder gelben Hülle versehen ist, welche erst durch kochende Seife entfernt werden muß, um den glänzenden Faden freizulegen, und diese Entbastung das Gewicht der Seide um rund ein Viertel verringert, so war man seit Alters her darauf bedacht, den so entstandenen Verlust an Ware, welcher ja eine bedeutende Verteuerung mit sich bringt, zu vermeiden, oder künstlich mehr oder weniger wieder auszugleichen. Um ersteren Zweck zu erreichen, übte man frühzeitig das Souplieren, das ist ein Verfahren, welches den Bast nicht entfernt, sondern ihn nur erweicht. Derartige Seide läßt aber nur stumpfe Färbungen zu. Im siebzehnten Jahrhundert kannte man schon Leim-, Gummi-, Gerbstoff-Fetterschwerungen auf entbastete Seide, welche unschuldiger Natur waren, da sie die Haltbarkeit des Fadens nicht schädigten, sondern durch seine Leimung oder Gerbung eher noch erhöhten.

Später, als man immer mehr klarere, helle, feurige Farben färbte, griff man zum farblosen Zucker, der die Nüance weniger trübte als der Gerbstoff, und ebenfalls auf die Haltbarkeit keinen Einfluß ausübte. Da jedoch wässerige Flüssigkeiten, welche mit dem durch Zucker erschwerten Stoff in Berührung kamen, denselben klebrig und fleckig machten, und man gegen die Mitte des vorigen Jahrhunderts erkannt hatte, daß die Metallverbindungen neben der Fixierung von Farbstoffen auf der Faser auch ein höheres Gewicht ergaben, wie ich bei der Seiden-Schwarzfärberei schon hervorhob, da kam man zur Entdeckung, daß neben Eisen- und Bleisalzen, das Chlorzinn eine große Verwandtschaft zur Seide besitzt. Dieser chemische Körper verbindet sich aber nicht nur mit ihr, er macht sie auch noch glänzender, verleiht ihr ein noch reicheres Aussehen, gibt ihr Körper, Fall und Gewicht in jedem gewünschten Maße, sodaß daraus gefertigte Stoffe eine Schwere und Fülle vortäuschen, wie man sie kaum bei den wertvollsten Geweben sehen konnte. Daneben verbilligte sich naturgemäß die Fabrikation so außerordentlich, daß es der Konfektion möglich wurde, den Seidenkonsum ungemessen zu steigern. Durch Ausarbeiten der Beschwerungsmethode, insbesondere durch Kombination von Chlorzinn, phosphorsaurem Natron und Wasserglas (Phosphat-Silikatverfahren) konnte der Färber das beständig steigende Verlangen des Fabrikanten nach größerer Beschwerung befriedigen, und zuletzt gelangte man dahin, daß man nicht mehr Seide mit Zinn, sondern Zinn mit etwas Seide zu Markte brachte. Und dann kam ein böser Rückschlag. Das Publikum machte bald die empfindliche Erfahrung, daß die metallerschwerten Stoffe, wie der technische Ausdruck lautet, beim Reinigen und Umfärben bitter Not litten. Natürlich waren die Reinigungsanstalten an diesem Umstand scheinbar schuldig, denn die Seide war nur einmal getragen, war noch ganz neu, ja war überhaupt noch nicht getragen, sondern hing noch im Schranke, hatte nur einen ganz kleinen Fleck u. a. m. Man wußte doch, daß die gestickte seidene Weste, welche der Großvater als Bräutigam erhielt, noch ohne Tadel wie einst ihre Zwecke erfüllte, und die Enkelin erfreute sich noch ebenso an dem Seidenkleide, wie die Großmutter es ehemals tat. Es dauerte geraume Zeit, bis die Reinigungsanstalten anfingen, sich gegen die Ersatzansprüche der Kundschaft zu wehren und bewiesen, daß zwischen Seidenstoffen aus der Zeit der Großeltern und denjenigen von heute ein gewaltiger Unterschied bestände, und daß den alten Seiden eine außerordentlich hohe Haltbarkeit inne wohne, während auf modernen Stoffen, Schweiß, Licht, Luft, ja schon ein Wassertropfen, die berüchtigten gelben Flecke hervorrief, ein äußerliches Merkmal örtlicher Zersetzung der Beschwerung, und dadurch veranlaßten, gänzlichen Zerfalles der Faser.

Endlich begannen auch die Forscher, sich für die Sache zu interessieren und durch ausgezeichnete Untersuchungen von Sisley, von Gnehm u. a. wurde festgestellt, daß ein an und für sich unschuldiger Körper, das Kochsalz, welches ja auch im Schweiß und vielen Dingen vorhanden ist, besonders rasch die zinnerschwerte Seide vergilbt und zerstört.

Erst als Fabrikanten und Händlern ganze Seidenstücke bereits auf Lager mürbe wurden und die bedeutenderen Reinigungsanstalten die hoch erschwerten Seidenstoffe zurückwiesen, machte man Halt mit der ständigen Fortsetzung der Charge nach oben.

Als die Seide so im Mißkredit geraten war, daß ein Rückgang der ganzen Industrie drohte, trat man in Fabrikantenkreisen zusammen, um die Chargierung wieder herabzudrücken. Das ging kurze Zeit; bald aber erschienen die gleichen Beschwerungen wie früher, und im September dieses Jahres tagte sogar ein internationaler Kongreß in Turin, welcher sich mit der Frage beschäftigte, wie das alte Renommee der Seidenstoffe zurückzugewinnen wäre. Man schlug vor, den Stoff mit einer Webekante zu versehen, welche durch ihre, beim Färben nicht verloren gehende, Eigenart die Nichtbeschwerung oder einen bestimmten Beschwerungsgrad gewährleistet. Der Kongreß wird im Frühjahr in Como von neuem zusammentreten und weiter beraten.

Ich habe an anderen Orten mich vielfach dahin ausgesprochen, daß der moderne Markt sich so an billige Seidenstoffe gewöhnt hat, resp. dieselben verlangt, daß es vielleicht nicht mehr möglich ist, ohne Chargierung auszukommen, daß das Publikum für sein schweres Geld aber auch das Recht haben muß auf unbeschwerte, haltbare Seide. Ob eine Kravatte, ein farbiges Seidenband, ein anderer durch die Beschwerung sehr billig herzustellender Artikel der Mode längere oder kürzere Zeit hält ist gleichgiltig. Aber es ist traurig, wenn jemand in der Voraussetzung, echte, haltbare Seide zu besitzen, mit unendlicher Mühseligkeit eine kostbare Stickerei ausgeführt hat und dann nach kurzer Zeit sehen muß, wie diese ganze Arbeit umsonst gewesen, oder wenn das mit abgedarbtem, teuren Geld erworbene seidene Brautkleid nicht einmal das Nähen aushält.

Mag man die Preise erhöhen, mag man sagen, daß man für billiges Geld keine tragbare, haltbare Seide liefern kann, aber Aufklärung muß man dem Publikum zu teil werden lassen, darauf hat es doch wahrhaftig Anspruch.

Sind die beschwerten Seidenstoffe noch einigermaßen haltbar und nicht gar zu fleckig, so ist es manchmal noch möglich — freilich nicht auf gewöhnliche Weise — durch ein eigentümliches Verfahren, dieselben zu färben und noch einige Zeit verwendbar zu machen. Dieses Verfahren besteht darin, daß man nicht in wässerigen Farbbädern, sondern in Benzinbädern färbt, in welchen man die eigens zu diesem Zweck hergestellten fettlöslichen Farbstoffe auflöst. Das Verfahren ist auch, wie Sie sehen, anwendbar für Dinge, die kein Wasser vertragen, z. B. Krepp, Spitzen usw.; auch braucht man keine Gegenstände zu zertrennen, da die Benzinflüssigkeit leichter überall hindringt.

Freilich ist solches Färben teuer, und muß mit der nötigen Vorsicht verbunden sein. Bekanntlich wird Benzin beim Durchziehen von Seiden- oder Wollenstoffen leicht so elektrisch erregt, daß eine „Selbstentzündung" stattfinden kann. Es ist aber heute wohl überall in den chemischen Wäschereien bekannt, daß diese Brände durch gewisse sogenannte benzinlösliche Seifen verhindert werden können. Da natürlich Benzin als feuergefährlicher Körper par excellence sich auch durch Licht und Flamme entzünden kann, so schließen wir diese Gefahr aus, wenn wir den unentzündlichen Tetrachlorkohlenstoff anwenden. (Experimente).

Leider gestattet der relativ hohe Preis und das um das doppelte höhere spez. Gewicht keine Konkurrenz mit dem Benzin, wenn es sich um offene Gefäße oder Arbeiten, bei denen Verdunstung stattfindet, handelt. Abgesehen vom materiellen Verlust besitzen aber auch viele Arbeiter, welche 30 und mehr Jahre unbeschadet ihrer Gesundheit, tagtäglich in einer Benzinatmosphäre atmen, gegen den Tetrachlorkohlenstoff, gegen Benzol, Xylol und ähnliche Körper, welche wie Benzin zu handhaben wären, eine Idiosynkrasie und refüsieren diese Mittel in der Praxis. —

Durch diese Bemerkung stelle ich meine Privatäußerung gegen Herrn Freys von der Société industrielle de Mulhouse gelegentlich seines Besuches in Spindlersfeld im Jahre 1903, welche in viele Fachzeitschriften und auch in die vor wenigen Tagen erschienene Broschüre des Herrn Dr. Margosches in Brünn übergegangen ist, ins richtige Licht.

Wenn es darauf ankommt, Stoffe zu schonen, oder fleckige oder beschädigte Stellen zu „decken", so darf ich hier vielleicht des „Zerstäubungsverfahrens" Erwähnung tun. Persoz wandte dasselbe 1871 zum ersten Male zum Färben von Anilinschwarz an. Aufsehen erregten die prächtigen Muster, welche Lepetit gelegentlich seines Vortrages über das (D.R.P.) Cadgène'sche Zerstäubungsverfahren auf dem V. Internationalen Kongreß für angewandte Chemie zu Berlin vorzeigte. Auch Knapstein in Crefeld, Wenck und Stoob, Duverger, Valourd, Burdik und andere wenden solche Verfahren an. Die Methode beruht darauf, daß aus einer oder mehreren Düsen, den Zerstäubern, Farbstofflösungen mit Hilfe von Preßluft als feiner Dunst gegen den Stoff strömen. Die Düsen können feststehen oder sich bewegen, der Stoff selbst kann am Apparat mit größerer oder geringerer Geschwindigkeit ein- oder mehreremal vorbeipassieren, zwischen Zerstäuber oder Stoff können Schablonen oder Harzreserven eingeschaltet werden, so daß man Ombréaffekte, Unifärbungen und Reserven zu erzeugen vermag. Die schönen Muster, weche Sie hier vor sich sehen, sind mit diesem kleinen Apparat der hiesigen Ärograph-Compagnie ausgeführt.

Das Zerstäubungs-Verfahren ist ein solches, bei dem der Effekt nicht allein durch das Färben, sondern vorzüglich durch Verfeinerung mechanischer Hilfsmittel erzielt wird. Ein auf gleicher Basis beruhendes Erzeugnis sehen wir hier im Wirbelplüsch, den die Konfektion in den letzten Jahren so flott in Mode brachte. Rotierende Bürsten drücken den Flor in verschiedenen Formen nieder und fixieren in Verbindung mit Dampf das Relief. Durch dessen weiteres Überpressen erhält man Fellimitationen, die nur der Kenner von wirklichen Fellen zu unterscheiden vermag. —

Gerade das so eifrige Streben nach Imitationen hat aber die Färberei und in gewissem Maße auch die Druckerei auf immer größere Vervollkommnung in der Ausrüstung der Gespinnste und Gewebe hingewiesen, so daß dieses Gewerbe ganz von selbst in die Textilveredlungsindustrie hineingewachsen ist. Und so wird es uns verständlich, daß das Gebiet der Anwendung der Farbstoffe heute nicht mehr zu trennen ist von demjenigen der Vorbereitung und demjenigen der Fertigmachung der Faser. Die Rohstoffe, mit welchen es der Färber zu tun hat, sind von der Natur mit unscheinbaren Farben versehen. Eine direkte Färbung auf diese Rohfaser vornehmen zu wollen, würde oft unausführbar sein, wie bei der Rohseide, oder keineswegs gestatten, auf roher Baumwolle oder roher Wolle reine, zarte, glänzende Farben hervorzubringen. Das Reinigen der Faser und das Beseitigen ihres natürlichen Farbstoffes durch eine Bleiche ist daher die erste Arbeit, die der Färber vornehmen muß, wenn er Weiß oder helle, klare Farben färben will. Die abgekochte reale Seidenfaser ist zwar an und für sich schon hervorragend weiß, und doch hat man es verstanden, den Ton in seiner Reinheit noch zu erhöhen durch Bleichen mittelst schwefliger Säure oder Wasserstoffsuperoxyd. Nach einem der Firma Spindler von den Kulturländern patentierten Verfahren ist man aber sogar imstande Rohseide mittelst alkoholischen Wasserstoff superoxydes zu bleichen, und ich bin in der Lage, Ihnen derartig gebleichte, gelbbastige Mailänder Traue zu zeigen, welche nur wenig (ca. 2 Prozent) an Gewicht eingebüßt hat. Sogar Cocons kann man auf diese Art bleichen. Von ungleich größerer Wichtigkeit ist aber die Bleicherei der Tussah-Seide, eines braunen, sehr festen, natürlichen Gespinstes des Eichenspinners.

Diese Seide bleibt auch nach dem Abkochen noch braun und muß für die meisten Farben vorgebleicht werden, was durch Wasserstoffsuperoxyd oder Natriumsuperoxyd bewerkstelligt wird. (Muster.)

Auch die Chappe, das künstliche Gespinnst, bleicht man vielfach auf gleiche Weise. —

In der Baumwoll- und Leinenbleiche ist nach wie vor die Chlorbleiche an der Tagesordnung, jedoch hat man auch bereits an Stelle von Chlorkalk und Eau de Javelle, Bleichagentien, die man heute auch elektrolytisch darstellt, eine tatsächlich auf Elektrizität basierende Ozonbleiche, vereinzelt in die Praxis eingeführt.

In der Wollbleiche verdrängt seit mehreren Jahren die Wasserstoffsuperoxydbleiche die alte Schwefelbleiche mehr und mehr für feinere Artikel. Bei der Bleiche mit schwefliger Säure kommt der alte, gelbe Ton der Wolle auf Lager wieder, weil nur eine Reduktion des Farbstoffes stattfand, während bei der Wasserstoffsuperoxydbleiche die Farbe oxydiert wird und dauernd verschwindet.

An einer hierher gehörigen Spezialmarke, dem Spindlerschen Viktoriaweiß das ich Ihnen hier vorführe, erkennen wir aber noch eine andere wichtige Eigenschaft: nämlich diejenige, daß das Viktoriaweiß auch bei künstlichem Licht weiß bleibt, die auf andere Art gefärbten Weiß dagegen bei Licht naturgemäß mehr oder weniger grau erscheinen, weil die Farben hierbei die Nuance ändern.

Das Chlor, welches in der Wollfärberei zum Bleichen nicht gebraucht werden kann, verleiht aber, richtig angewendet, der Wollfaser seidenartigen Glanz. Darauf baute man die Erzeugung der „Seidenwolle" auf, und ich war seinerzeit der Meinung, das Verfahren sei berufen, für die Strumpfgarnbranche von einiger Bedeutung zu werden, weil Seidenwolle die Filzfähigkeit beim Waschen verloren hat. Allein die etwas größere Rauhheit des Gewebes, der nicht unerhebliche Gewichtsverlust, (durchschnittlich 10%), und die, wenn auch nur ganz geringe, Verminderung der Haltbarkeit des Fadens hemmen wohl die vermehrte Einführung.

Von ganz anderer Tragweite war aber die Erfindung des Seidenglanzes auf der Baumwollfaser durch die Mercerisation. Bereits 1844 hatte John Mercer beim Filtrieren von starker Natronlauge durch Baumwollzeug beobachtet, daß die filtrierte Lauge an Dichte abgenommen, dafür aber die Baumwolle dicker geworden war, und in Länge und Breite einschrumpfte. Sein Studium dieses Umstandes führte ihn zu dem weiteren auffallenden Ergebnis, daß Abkühlen der Lauge die Reaktion beschleunigte. Der verdichtete Baumwollfaden war außerdem fester geworden und färbte sich im Färbebade dunkler an, als ein unbehandelter. Er lief aber um 25 Prozent und mehr ein, und darin liegt wohl der Hauptgrund, daß man dem Verfahren damals keine besondere Beachtung schenkte. Im Jahre 1884 erhielten die beiden Depoully-Patente auf „bossierte Gewebe", dadurch hergestellt, daß man vegetabilische Faser für sich oder gemischt mit Seide oder Wolle mit alkalischer Lauge behandelt. Durch diese Patente wurden die so gangbaren Kreppartikel und die Erzeugung kreppartiger Effekte auf Halbseide und Halbwolle unter Schutz gestellt. Dies war die erste Merkwürdigkeit, denn schon 1851 hatte auf der Londoner Industrieausstellung, wie Kurrer in seiner „Druck- und Färbekunst" 1859 mitteilt, Mercer einen Mädchenhut aus Krepp ausgestellt, der nicht auf dem Wege des Webens, sondern dadurch hervorgerufen war, daß man mittelst Stärke und Lauge Streifen auf das Zeug aufdruckte. Die bedruckten Stellen liefen ein, blieben glatt, die nichtbedruckten liefen nicht ein, und wurden durch den verursachten Zug der ersteren kraus. Als man später diese Tatsache entdeckte, und die Patente bekämpfen wollte, war die fünfjährige Einspruchsfrist verflossen, und die Patente nicht mehr anfechtbar.

Die zweite größere Merkwürdigkeit war aber die, daß seit Mercers Zeiten niemand auf die Idee kam, das Einlaufen der Baumwolle zu verhindern, mit anderen Worten, in gestrecktem Zustande zu mercerisieren, bis in den Jahren 1889 und 1890 Lowe in England hierauf Patente erhielt. Aber auch Lowe ging es wie Mercer; auch sein Verfahren wurde nicht beachtet, weil er ebenfalls den Kernpunkt der Laugenbehandlung nicht erkannte, sei es, daß er seine sonst eingehenden Versuche nicht mit ägyptischer, langstapeliger Makko-Baumwolle, welche allein den so wichtigen Seidenglanz gibt, vornahm, sei es aus anderen Gründen. Er ließ seine englischen Patente verfallen. Erst im Jahre 1895, als die Firma Thomas & Prevost deutsche, französische und englische Patente auf das Mercerisieren von Baumwolle in gestrecktem Zustande nahm, und bald Garne mit Seidenglanz im Handel erschienen, welche der Chappe kaum nachstanden, kam die Mercerisation in eine neue Phase und nahm einen ungeahnten Aufschwung. Aber durch Lowes offenkundige Vorwegnahme der Neuheit, und dadurch, daß auch Thomas & Prevost in ihren Patenten nicht oder zu spät den Anspruch eines neuen technischen Effektes, die Erzielung des Seidenglanzes, beanspruchten, wurden alle Patente in Deutschland durch endgültige Entscheidung des Reichsgerichts für nichtig erklärt, nachdem das englische Appellgericht die englischen Patente ebenfalls vernichtet hatte. Damit war die so hochbedeutsame Veredlung der Baumwollfaser frei.

Das Mercerisieren wurde nun auf alle nur mögliche Art variiert. Man mercerisierte ohne Spannung, reckte die eingelaufene Baumwolle auf die ursprüngliche Länge und wusch, bis die Spannung nachgelassen, man überstreckte und wusch in ungestrecktem Zustande, man machte der Lauge Zusätze, man mercerisierte in Schleudermaschinen unter Benutzung der Zentrifugalkraft usw. Ein weiteres Eingehen auf diese Materie muß ich mir bei der vorgeschrittenen Zeit versagen, nur bitte ich aus den vorliegenden Proben zu entnehmen, wie eminent wichtig die Mercerisation heutzutage für die Veredelung der Baumwollfaser geworden ist.

Als Vorbild dieser Imitation dient, wie schon gesagt, die edelste der Fasern, die Seide. Aber die Charaktere der drei Hauptfasern sind doch zu verschieden, als daß es jemals gelingen dürfte, auf einfachem Wege die Baumwolle in Seide umzuwandeln. Auch wird es kaum wünschenswert sein, das weiche, zarte Zephyrwollgarn seidenartig zu gestalten. Es läuft daher mit den Imitationen ein anderes Streben parallel, nämlich das, die Seide selbst durch ein künstlich dargestelltes Surrogat zu ersetzen. Die Kunstseiden, d. h. Fäden aus einer Art Collodium, werden bereits gegenwärtig in großen Fabrikbetrieben dargestellt und bilden schon einen bedeutenden Handelsartikel. Welchen hohen Grad der Vollkommenheit die künstlichen Seiden bereits besitzen und wie ihre Erzeugung und Färberei bewirkt wird, darüber hat Ihnen im vorigen Jahre Herr Geheimrat Witt in so hervorragender Weise berichtet, daß ich über dieses wichtige Gebiet hinweggehen kann. l. c.

Meine Herren! Es gäbe noch manchen interessanten Fortschritt in der Textilveredelungsindustrie, welcher der Besprechung lohnte, wie das Moirieren, der Vigoureuxdruck als Imitation der Melangengewebe, das Wasserdichtmachen der Stoffe, das Feuersichermachen der Gewebe, die Ombréfärberei, Jaspures, Changeants, Seidenfinish u. a. m., aber ich darf Ihre Geduld nicht länger in Anspruch nehmen.

Nur noch einen Augenblick bitte ich mit mir auf das Feld der eigentlichen Färberei zurückzukehren.

Ich habe schon angeführt, daß als Kinder allerjüngster Zeit die Schwefelfarbstoffe von den Farbenfabriken der Färberei dargeboten werden. Diese Farbstoffe erregen zur Zeit die größte Aufmerksamkeit, weil sie fast ebenso einfach und billig, wie die Azofarbstoffe auf ungeheizte Baumwolle gefärbt werden, dagegen aber zum Teil eine so außerordentliche Echtheit aufweisen, daß sie vielfach als Ersatz für Anilinschwarz, Indigo und Catechu dienen.

Bereits über 500 Patente sind auf dem Gebiete dieser Farbstoffgruppe genommen, ein Beweis, welche Wichtigkeit man denselben beimißt.

Die Farbstoffe haben ihren Namen von ihrem Gehalt an Schwefel; fast jede Fabrik belegt sie jedoch mit einem anderen Namen, und so hören wir von Sulfin-, Immedial-, Pyrogen-, Thiogen-, Vidalfarbstoffen usw. Sie charakterisieren sich als

Mercaptane oder Polysulfide, die Konstitution ist aber noch nicht aufgeklärt, und so ist plötzlich die so zielbewußte Farbstoffsynthese wieder in Empirie versetzt.

Croissant und Bretonnière entdeckten bereits 1873 den typischen Vorläufer der Schwefelfarben — das Cachou de Laval. Bald war bekannt, daß es ganz bedeutende Echtheit besaß und namentlich als Untergrund für dunkle Mode, Braun und Schwarz dienen kann. Leider färbte es, wie man sagt, nicht egal, und daher waren die Färber nur schwer zu bewegen, es anzuwenden.

Im Jahre 1893 nahm Vidal Patente auf das nach ihm benannte Schwarz und arbeitete ein passendes Färbeverfahren aus. Ende des verflossenen Jahrhunderts erschienen dann auch die deutschen Farbenfabriken auf dem Markte, und seit der verflossenen kurzen Zeit weisen die Musterkarten schon beinahe alle Töne auf.

Die Farbstoffe müssen zum Färben in Schwefelalkali gelöst werden. Es sind daher nur hölzerne, eiserne, verbleite Kufen zu benutzen. Da die Luft von großem Einfluß auf die Oxydation der Farben ist, so muß man auf gebogenen Eisenstäben unter der Flotte, ähnlich der Küpe, färben und durch Abquetschen der überschüssigen Farbstofflösung und rasches Waschen ein Bronzieren und Unegalfärben möglichst zu vermeiden trachten. Doch sind in letzter Zeit die Farbstoffe etwas luftbeständiger geworden, sodaß wohl ein bequemeres Hantieren mit ihnen schon Platz gegriffen hat.

Um die Schwefelfarben noch echter zu machen, kann man sauer überfärben oder mit Metallsalzen nachbehandeln, muß dann aber eine alkalische Arivage geben, um das Mürbewerden der Faser zu vermeiden. Auch basische Farben fixieren sie, und so ist die Nüancierung völlig gegeben.

Die Schwefelfarben gewinnen täglich an Terrain. Erhält man vielfach auch nur stumpfe Töne mit ihnen, die vorerst sich auf Modefarben werfen, so scheinen aber gerade diese nicht leuchtenden Farben in den nächsten Jahren vielleicht dazu berufen zu sein, den Schwefelfarben die allergrößte Bedeutung zuzumessen. Beim Beginn meines Vortrages habe ich darauf hingewiesen, daß die Menschen in den Anfängen ihrer Kultur sich durch ihre Kleidung chromatisch an die umgebende Natur anschlossen, um Schutz vor dem Feinde zu finden.

Nun, meine Herren, dieses Prinzip scheint in der Gegenwart besonders aktuell zu werden. Die Feldzüge der letzten Jahre lehrten uns, daß leuchtende Uniformen und blitzende Bestandteile derselben in Ländern mit heller Sonne bei den heutigen, weittragenden Feuerwaffen unangebracht sind, und daß der Soldat, wenn er mehr geschützt sein soll, sich dem Gelände anpassen muß. Und so entstanden die Kakhi-Uniformen mit erdfarbigen Tönen aus demselben Grunde, wie die ersten Farben, die die Menschen anwandten. Die naturgemäß von England ausgehende Tropenuniform färbten sich die englischen Soldaten anfangs selbst nach Art der Hindus auf primitivste Weise in Kuhmistbädern. Später gebrauchte man Cichorie. Diese wenig Wert besitzende Färbung wurde aber bald so vervollkommnet, daß sie den an sie gestellten Anforderungen der Wetterechtheit völlig entsprach. Nicht mit Pflanzen oder mit Teerfarben erreichte man sein Ziel, sondern durch Fixation von Metalloxyden, insbesondere Eisenoxyd und Chromoxyd und mit einer Nachbehandlung von Dampf- und Wasserglas, also durch eine Mineralfarbe. Da jedoch diese so echte Färbung den baumwollenen Kakhistoff hart

30

und spröde macht, sodaß er sich schwer verarbeiten läßt, auch die Nadeln leicht brechen und die Nähte ausreißen, so suchte man nach anderen Färbemethoden. Für Wolle und Seide wußte man Kakhitöne eher herzustellen durch organische Farbstoffe, welche genügende Echtheit besaßen. Für Baumwolle, Leinen, Jute, welche ungleich mehr in Frage kommen, hatte es aber seine Schwierigkeiten, da die Holz- und Teerfarben zwar dem Übelstand der Brüchigkeit der Ware abhalfen, aber nicht im entferntesten hinsichtlich der Wetterbeständigkeit an die Mineralfärbung heranreichten. Da, im richtigen Augenblick, erscheinen die Schwefelfarbstoffe, denen man wohl eine glänzende Zukunft in dieser Richtung prophezeien darf, umsomehr, als auch die in Deutschland beliebten feldgrauen Töne damit zu färben sind.

Wenn auch die Chrom-Eisen-Silikat-Kakhi-Färbung kaum je durch eine organische Färbung an Echtheit erreicht werden dürfte, so bietet doch die Färberei mit Schwefelfarben in der Militärtuchbranche einen mächtigen Fortschritt dar, welcher dadurch angeregt wurde — wie Theis in seiner Monographie über diese Materie sagt — „daß Transvaalkrieg und Chinawirren dem Färber unvermutet und unvermittelt eine Farbe ins Rezeptbuch diktierten", deren richtige Herstellung sein momentanes Studium bildet.

Aber noch ein anderes Studium hat die Marineverwaltung soeben aufgenommen, das Studium der nur ein paar Jahre alten Anthreufarbstoffe. Diese kleine, vorerst fünfköpfige Familie besitzt ihr Haupt in Indanthren, einem geradezu epochemachenden, schönen und idealechten Blau. Schon dürfen die Kragen unserer Matrosen nur mehr mit diesem Farbstoff gefärbt werden. Gelingt es mit ihm auch dunkle Nüancen herzustellen, dann mag sich der König der Farbstoffe, der Indigo, vor diesem Rivalen in acht nehmen.

Geh. Bergrat Prof. Dr. H. Wedding: Ich bitte zuvörderst Herrn Fleischer, die Erläuterungen zu geben, die in Aussicht gestellt worden sind.

Herr Kunstmaler Max Fleischer-Grunewald: M. H., wenn ich mir erlaube, hier einiges über die Batiktechnik vorzutragen, so muß ich allerdings gestehen, daß ich für einen Vortrag nicht vorbereitet bin, da ich nur Anfragen über die Technik, die mir aus der Mitte der hochgeehrten Versammlung eventuell gestellt werden würden, zu beantworten erwartet hatte. Ich möchte mich daher sehr kurz fassen und kann mich im großen Ganzen nur den Ausführungen meines verehrten Herrn Vorredners anschließen. Es ist von ihm schon gesagt worden, daß die javanische Batiktechnik im Prinzip eine Reservefärberei ist, d. h. in dem Sinne, daß diejenigen Stellen des Stoffes, die keine Farbe aufnehmen sollen, mit Wachs bedeckt werden. Sie haben hier ein Stück vor sich, welches eine reine Leinwand ist, die mit den Anfängen der Wachszeichnung bedeckt ist. Es ist dies dasselbe Ornament, welches Sie auf dem andern Stück fertig sehen. Die weißen Stellen der Leinwand werden, soweit dies zur Hervorhebung des Ornamentes notwendig ist, wieder mit Wachs bedeckt und dann gebrochen, damit Wachssprünge verursacht werden, in welche bei dem Färben der Farbstoff hineindringt und auf diese Weise das zufällige Geäder verursacht. Die Stellen, welche irgend eine Farbe aufnehmen sollen, werden unbedeckt gelassen.

Die Wachszeichnung wird mit dem Tjanting, einem kleinen Schöpfgefäß aus Kupfer, auf den Stoff gebracht. Aus diesem Kupfergefäß, das an einem Holzstiel befestigt wird, läuft das eingeschöpfte, erwärmte, also flüssige Wachs durch den Schnabel heraus, wie z. B. beim Konditor das Verfahren mit dem Zuckerguß für die Zeichnung geschieht. Der Tjanting ist demnach gewissermaßen der Pinsel, mit dem der zeichnerische Teil des Batikverfahrens geschieht, also die gewünschten Figuren oder Ornamente auf den Stoff gezeichnet werden.

Nun aber — im farbentechnischen Sinne, — zur Hauptsache der Batiktechnik, nämlich der Färberei mit Pflanzenfarben, welche auf kaltem Wege geschieht, und die ich besonders betonen möchte, da sie sich auf alle Stoffe, ganz abgesehen von vorangegangener Wachsbemalung, anwenden läßt.

Dieses große Stück, das Sie in Rot gefärbt sehen, stellt eigentlich ein Mittelstadium der Technik dar, weil das Wachs nach dem Färben noch nicht entfernt ist. Auch auf dem kleinen Stück vor der Lampe ist das Wachs noch darauf befindlich. Die Zeichnung und das Leuchten der Farbe ist dann besonders schön bei durchfallendem Lichte zu sehen.

Alle ausgelegten Stücke sind von mir selbst mit Holz- und Pflanzenfarben eingefärbt und gibt gerade diese Färbemethode dem Batik sein eignes künstlerisches Cachet, wie es auch z. B. bei den echten Perserteppichen der Fall ist, weil durch die Holzfarben der Tonwert der Färbung ein anderer wird, als man ihn gewöhnlich durch Anilinfarben erzeugt. Es ist ein sanfterer, mehr körperhafter Farbton, und ist vielleicht vorläufig nicht für den allgemeinen Geschmack unseres Publikums geeignet; aber ich glaube, daß man sich mit zunehmendem künstlerischen Verständnis an diese stumpferen Farben gewöhnen wird, überhaupt wenn man sieht, daß sie haltbarer sind, und daß vielleicht die deutsche Färbetechnik eine Anregung daraus ziehen kann, indem sie für künstlerische Färbezwecke sich wieder mehr der Holzfarben bei dem Stofffärben befleißigt. Es würde das etwas teurer zu stehen kommen, aber dieser Umstand wird durch die Vorteile für gewisse Zwecke mehr als aufgehoben. Besonders ist die Haltbarkeit der Holzfarben, wenn sie richtig eingefärbt und richtig gebeizt werden, sehr groß; sie sind sehr lichtbeständig und sind auch waschecht. Leider ist das Pflanzenfarbenverfahren in Europa nur teilweise oder gar nicht mehr in Anwendung, weil man die technische Bearbeitung der Farbstoffe überhaupt sehr unvollkommen kannte und weil es etwas umständlich ist. Es würde besonders für künstlerisch zu färbende oder bessere Stoffe zur Anwendung kommen können, wobei es weniger auf Schnelligkeit und Billigkeit als auf künstlerisch harmonische Farbenwirkungen und Haltbarkeit ankommt.

In diesem Sinne bin ich bestrebt, die Vorteile, welche die echte Batiktechnik mit dem daran verbundenen Färbeverfahren bietet, dem deutschen Kunstgewerbe sowie der Industrie dienstbar zu machen.

II. Vorsitzender: Ich spreche Herrn Dr. Goehring den verbindlichsten Dank im Namen des Vereins für seinen schönen und interessanten Vortrag aus.

Druck von Leonhard simion NC in Berlin SW.

Bericht über die Sitzung vom 4. Dezember 1905.

Vorsitzender: Unterstaatssekretär Fleck.

———

Sitzungsbericht:

Die Niederschrift der Sitzung vom 6. November wird genehmigt.

Aufgenommene Mitglieder:

Die Direktion des Militärversuchsamtes, Berlin, Jungfernhaide; Herr Georg Jackwitz, Direktor der Rütgerswerke, Aktiengesellschaft in Berlin W; der Magistrat der Stadt Witten.

Angemeldete Mitglieder:

Herr Dr. phil. Heinrich Winter, Privatdozent und Chemiker an der Königl. Bergakademie zu Berlin; Herr Eisenbahn-Direktions-Präsident a. D. Becher zu Berlin; Hüttenverwaltung Laurahütte in Laurahütte.

Mitteilungen des Vorstandes:

Vorsitzender: Ich habe von dem Tode zweier Mitglieder Mitteilung zu machen: des Herrn Fabrikbesitzers Ernst Wartenberg zu Eberswalde, Mitglied seit 7. April 1884 und des Herrn Fabrikbesitzers Dr. Oskar Knöfler in Charlottenburg, der seit 1899 unser Mitglied war. Der Verein wird den verewigten Mitgliedern ein treues Andenken bewahren.

Es ist vom Technischen Ausschuß vorgeschlagen, das 84. Stiftungsfest unseres Vereins in gewohnter Weise im Englischen Hause am Montag, den 22. Januar 1906 stattfinden zu lassen. — Ich nehme an, wenn kein Widerspruch erfolgt, daß vom Verein so beschlossen wird und richte an Herrn Direktor van den Wyngaert die Bitte, in der bisherigen freundlichen Weise mit seinem Stabe das Fest zurüsten zu wollen.

Es sind an Druckschriften eingegangen und werden vom Technischen Ausschuß vorgelegt: Programm der Königl. Bergakademie zu Berlin für das Studienjahr 1905/06; Jahresbericht des Gewerbevereins zu Erfurt 1904/05; Protokoll der 13. Vorstandssitzung des Internationalen Verbandes für die Materialprüfung der Technik, abgehalten den 19. und 20. Januar 1905 in Wien; Dissertation von Dipl. Ing. G. Hilpert: Über die Trägheit der von elektrischer Energie beeinflußten Massen und ihre einfache Ermittelung auf graphischem Wege.

31

Herr Regierungsrat Gentsch: M. II., auf Anregung unseres Herrn Neuberg hatte sich zunächst die Abteilung für Mathematik und Mechanik und darauf der Technische Ausschuß mit der Frage einer Kraftwagenprüfung beschäftigt. Der Technische Ausschuß hat eine Sonderkommission bestellt, die sich mit der Frage befaßt hat. Die Sonderkommission hat in der letzten Sitzung des Technischen Ausschusses berichtet, und darauf hin bin ich beauftragt worden, Ihnen die Sache hier vorzutragen.

Ihnen allen ist bekannt, in welcher großartigen Weise sich die Kraftwagenindustrie in den letzten Jahren entwickelt hat. Aus den statistischen Zahlen, die Herr Neuberg vor zwei Monaten in einem Vortrage*) an dieser Stelle uns gegeben hat, ist zu ersehen, daß die Industrie nicht stetig vorgeschritten ist, sondern sich ganz sprungweise entwickelt und jetzt einen Stand erreicht hat, der allgemeines Interesse erregt. Während vor drei oder vier Jahren noch der Kraftwagen ein Fuhrwerk war, welches sich nur der reiche Mann erwerben konnte, ist er jetzt als ein Beförderungsmittel ersten Ranges aufgetreten. Der Wagen dient zur regelmäßigen Beförderung von Personen, dient dem Handel, und auch die Verkehrstruppen haben ihn als ein Beförderungsmittel eingeführt. Damit ist aber das Interesse auf die Leistungsfähigkeit der Selbstfahrer gelenkt worden. Die Technik prüft bekanntlich schon Maschinen, die weniger Bedeutung besitzen. Wieviel mehr müßte es notwendig sein, Kraftwagen zu prüfen, und zwar sowohl die Motore und ihre Leistungsfähigkeit, als auch die Übertragung der Kraft auf die Gestelle. Wir sind deshalb der Anregung des Herrn Neuberg, die Triebwagen einer derartigen Prüfung zu unterziehen, gefolgt.

Um einen Überblick zu bekommen, ob und welche Firmen geneigt sind, ihre Maschinen zur Verfügung zu stellen, haben wir ein Rundschreiben erlassen an 8 Firmen, die dabei in Betracht kommen. Diese 8 Firmen, deren Namen ich hier sagen kann, sind: Max Hasse & Co. in Berlin, die Berliner Motorenfabrik in Tempelhof, die Allgemeine Elektrizitäts-Gesellschaft Automobilfabrik in Ober-Schöneweide, die Bielefelder Maschinenfabrik vorm. Dürkopp & Co. in Bielefeld, Gebrüder Stoewer in Stettin, Solos, Motoren-Gesellschaft m. b. H. in Wiesbaden, H. Büssing in Braunschweig und die Daimler Motoren-Gesellschaft in Marienfelde. Diese Firmen haben sich sämtlich bereit erklärt, uns die Motore zu dem erwähnten Zwecke zur Verfügung zu stellen und uns jede Unterstützung zu teil werden zu lassen.

Nun kam es darauf an, festzulegen, was geprüft werden soll. Das Programm lautet dahin, zunächst die Motore, von jedem Kraftwagen die Kraftmaschine zu prüfen, und zwar ihre Dimensionen zu notieren, den Verbrauch des Motors bei Leerlauf, bei $1/4$-, $1/2$-, $3/4$- und Vollbelastung zu bestimmen. Und nun war noch die Frage die: Womit soll geprüft werden? Allgemein wird Benzin als Betriebsmittel gebraucht. Es ist festgestellt worden, daß Benzin in außerordentlich verschiedenen Sorten sich im Handel befindet. Andererseits hat sich aber gezeigt, daß die Kraftwagenbesitzer selbst sich nur zweierlei Benzinsorten käuflich erwerben und damit ihre Wagen betreiben. Um deshalb den Prüfungen eine wissenschaftliche Grundlage zu geben, gedenken wir in der Weise zu verfahren, daß die zwei wichtigen Sorten Benzin zur Prüfung benutzt

---

*) Verhandlungen, Sitzungsbericht 1905 S. 179.

werden. Die Benzinmenge, welche zu den Prüfungen verwendet wird, wird vorher
analysiert, sodaß jeder der Motore sicherlich mit denselben Benzinsorten geprüft wird.
Es wird das Vorgehen analog dem bei Dampfkesselprüfungen sein, bei denen zwei
Sorten Kohle für alle Systeme zur Verwendung gelangen.

Als wir noch in Beratung über die Prüfungen mit Benzin standen, tauchte ein
zweiter Vorschlag auf, der von Herrn Prof. Dr. Kraemer gemacht wurde, nämlich
auch Benzol in die Prüfungen mit aufzunehmen. Benzol ist ein Erzeugnis, das im Inlande hergestellt wird, während sich bezüglich des Benzins Deutschland im wesentlichen an das Ausland halten muß. Der Sonderausschuß hat sich auch mit dieser
Frage beschäftigt, und es hat sich herausgestellt, daß das Benzolsyndikat selbst schon
Versuche für den Betrieb von Motoren mit Mischungen von Benzin und Benzol gemacht
hat, und wir haben erkannt, daß es wohl in dem Bereiche unseres Unternehmens liegen
würde, wenn wir die Prüfung der Selbstfahrer nicht allein mit Benzin, sondern auch
mit Mischungen von Benzin und Benzol durchführen. Dabei wird es sich darum
handeln, die Prüfungen so weit mit diesen Mischungen vor sich gehen zu lassen, als
die Motore keiner Änderung bedürfen. In dem Augenblicke, wo Benzol beispielsweise
eine Änderung des Verdampfers oder des Vergasers bedingen würde, würden natürlich
unsere Versuche abzubrechen sein.

Daran schließt sich aber ein anderer Vorschlag, der von Herrn Geheimrat
Delbrück, dem Vorsteher des Instituts für Gärungsgewerbe, gemacht ist. Das Institut
für Gärungsgewerbe strebt dahin, festzustellen, in welcher Weise sich Spiritus für den
Betrieb von Motoren, d. h. von den jetzt gebräuchlichen Verbrennungskraftmaschinen
eignet. Der Spiritus ist natürlich ein von Benzin grundverschiedener Körper, und es
ist ohne weiteres ersichtlich und verständlich, daß die Motore, die mit Benzin betrieben
werden, sich nicht ohne weiteres für Spiritus eignen. Aber es ist nicht ausgeschlossen,
daß man Benzin mit Spiritus mischen kann, ohne die Maschinen einer Änderung unterziehen zu müssen, und vielleicht ohne daß die Motore eine Einbuße an Wirtschaftlichkeit des Betriebes erleiden.

Es würde sich also um Mischungen von Benzin und Spiritus, und Benzol und
Spiritus handeln, und es wäre deshalb in Vorschlag zu bringen, unsere Versuche nicht
allein auf Benzin- und Benzol-Mischungen zu beschränken, sondern sie auf Mischungen
von Benzin und Spiritus, bezw. Benzol und Spiritus auszudehnen, soweit es die Motore
gestatten, ohne daß sie einer Änderung bedürfen.

Wir wollen also mit dem Benzin, Benzol und Spiritus, bezw. den Mischungen
der genannten Betriebsmittel die Motore auf ihre Leistungsfähigkeit prüfen und dann
dazu übergehen, die Motore im Zusammenhang mit den Gestellen zu beobachten, also
festzustellen, welcher Wirkungsgrad den Übertragungsmitteln zukommt. Dabei wird
es natürlich nicht notwendig sein, alle genannten Brennstoffe zu verwenden, sondern
vielleicht Benzin zu nehmen oder Benzin-Benzol, je nachdem. Es handelt sich ja
dann bloß darum, für die Leistung des Motors festzustellen, wie viel man vom Rade
abnehmen kann.

Es ist nun die Frage aufgeworfen worden, ob das, was wir anstreben, als ein
Preisausschreiben behandelt werden soll oder nicht. Nach dem § 3 unserer Verfassung

238   4. Dezember 1905.

hat der Technische Ausschuß das Recht, ihm geeignet erscheinende Personen zur Bewerbung aufzufordern. Ursprünglich war dem Sonderausschuß eine Reihe Personen namhaft gemacht worden, sodaß er in der Lage war und das Recht haben sollte, aus dieser Reihe von Sachverständigen geeignete Personen auszusuchen. Wir haben aber in der Sitzung des Sonderausschusses erkannt, daß es zweckmäßiger ist, wenn wir eine uns als sachverständig bekannte Person unmittelbar mit dieser Aufgabe betrauen, sie also auffordern, sich darum zu bewerben, und wir haben geglaubt, den Herrn Diplom-Ingenieur Fehrmann vorschlagen zu sollen, der ja bekannt ist als ein Sachverständiger auf diesem Gebiete, der in der Prüfung von Verbrennungskraftmaschinen große Praxis besitzt, und der als Beamter des Instituts für Gärungsgewerbe zu diesem Zweck beurlaubt werden wird.

Um sicher zu gehen, daß alle Motore mit denselben Mitteln geprüft werden, ist es notwendig, Herrn Fehrmann einen Chemiker beizugeben, der die Analysen vornimmt. Herr Dr. Hönisberger wird von dem Benzol-Syndikat dazu zur Verfügung gestellt.

Nun kommt die wichtigste Frage. Das ist die Kostenfrage, die mich gerade vor Ihnen sprechen läßt. Es handelt sich hier um eine ganze Reihe von Versuchen. Es sind 8 Firmen, von denen je ein Vierzylindermotor zur Verfügung gestellt wird. Jeder Motor muß mit zwei Benzinsorten, mit Benzin, Benzol, Spiritus und Mischungen davon geprüft werden. Man dachte sich, es würden die Brennstoffe anzuschaffen sein und es würden die Reisekosten in Betracht kommen. Herr Fehrmann und Herr Dr. Hönisberger müßten die Maschinenprüfungen in den Fabriken selbst ausführen. Der Vorschlag, die Prüfungen hier etwa im Institut für Gärungsgewerbe vorzunehmen, fand keinen Anklang, weil die Vorkehrungen daselbst nicht so getroffen werden können, wie sie notwendig sind, um die Prüfungen vorzunehmen. Diese Einrichtungen erfordern viel mehr Kosten, als wenn man die Fabriken aufsucht und dort die Untersuchungen durchführt.

Wir haben den ganzen Betrag, den die Sache kosten würde, auf 6000 ℳ geschätzt. Das Institut für Gärungsgewerbe ist bereit, zu diesem Zweck einen Beitrag von 1000 ℳ beizusteuern und das Benzolsyndikat, einen solchen von 2000 ℳ, sodaß also der Verein zur Beförderung des Gewerbfleißes einen Zuschuß von 3000 ℳ zu leisten hätte.

Meine Herren! Mit Rücksicht auf die Bedeutung, die diese Sache hat — ich darf darauf hinweisen, daß auch die Verkehrstruppen durch ein Schreiben ihr außerordentliches Interesse zum Ausdruck gebracht haben, das sie für die Sache hegen — gestatte ich mir zu bitten, für unser Vorhaben den Betrag von 3000 ℳ zu bewilligen, nachdem der Technische Ausschuß mir erlaubt hat, diesen Antrag hier zu stellen.

Vorsitzender: Es handelt sich zunächst um die Frage, ob überhaupt für die Zwecke, die eben vorgetragen sind, eine Summe zur Verfügung gestellt werden soll. Die Höhe der Summe ist auf 3000 ℳ in Vorschlag gebracht; aber ob diese verfügbar sind, ist noch nicht sicher. Es würde also der Beschluß ein vorläufiger sein müssen für den Fall, daß nach Prüfung der Geldfrage durch die Eisen-Nickel-Kommission mit der Abteilung für das Kassen- und Rechnungswesen es sich ergibt, daß wir für das nächste Jahr 3000 ℳ dazu verfügbar haben. Dahin ging auch der Beschluß des Technischen Ausschusses. Es handelt sich jetzt um die grundlegende Frage, ob der Gegenstand der Art ist, daß wir diese Summe unter dem Vorbehalt, daß wir sie verfügbar haben, bewilligen können.

Herr Baurat Krause: Ich bitte um Verzeihung, wenn ich zu diesem Punkte das Wort ergreife. Ich habe die letzte Sitzung des Technischen Ausschusses leider nicht mitgemacht; sonst hätte ich mir erlaubt, meine Ansicht dort schon auszusprechen, die dahingeht, daß eigentlich eine so glänzend dastehende Industrie wie die Benzol- und die Automobil-Industrie einer solchen Unterstützung seitens des Vereins zur Beförderung des Gewerbfleißes kaum bedarf. Ich erinnere mich, daß vor einiger Zeit bei der Jubiläumsstiftung der deutschen Industrie der Antrag gestellt worden war, daß diese Stiftung sich an einem Preisausschreiben für einen Geschwindigkeitsmesser für Automobile auch mit einem Betrage von 3000 ℳ beteiligen sollte. Dieser Antrag wurde damals abgelehnt mit dem Hinweis, daß für solche Zwecke doch überreichlich Geldmittel aus der Automobil-Industrie und den Sportkreisen verfügbar zu machen aeien. Noch ehe eine Mitteilung des ablehnenden Bescheides erfolgte, hörten wir, daß man des Betrages nicht mehr bedürfe.

Wenn nun außer den Automobil-, Sport- und Fabrikantenkreisen auch noch die sehr kapitalkräftige Benzol-Industrie zur Verfügung steht, so meine ich, sollten die Herren auf einen Geldbeitrag des Vereins zur Beförderung des Gewerbfleißes verzichten, zumal wir hören, daß es sehr fraglich ist, ob wir überhaupt die Mittel hierfür zur Verfügung haben.

Herr Regierungsrat Gentsch: Meine Herren! Es handelt sich nicht darum, ob die Kraftwagen-Industrie außerordentlich reich ist, und ob das Syndikat für Benzol außerordentlich reich ist. Ich glaube auch, daß beide ausreichende Mittel würden beschaffen können. Aber es kommt darauf an, daß ein Verein, der vollständig unparteiisch dasteht, Anregung zu diesem Schritte gibt, und das wollen wir. Wir wollen die Anregung geben; und wenn wir das tun, können wir nicht verlangen, daß die Fahrzeugbesitzer Beiträge liefern. Wir stehen auf dem Standpunkte, daß zur Hebung des Ansehens der deutschen Kraftwagen-Industrie der Verein sehr wohl in der Lage ist, diese Anregung zu geben, und deshalb auch die Summe bewilligen kann.

Herr Baurat Herzberg: Ich will gegen die Sache nicht sprechen, weil ich nicht in der letzten Sitzung des Technischen Ausschusses anwesend war, deshalb die Gründe, die für den Antrag sprechen, nicht voll würdigen kann. Ich meine nur, wenn es sich um Bewilligung einer Summe für einen bestimmten Zweck handelt, müßte man bessere Unterlagen für die Höhe des Betrages haben. Es fehlt ein Kostenanschlag. Meinem Gefühl nach wird für diese umfassenden Arbeiten die Summe von 6000 ℳ nicht ausreichen und 3000 ℳ von unserer Seite erst recht nicht. Ich gestatte mir die Frage, wie diese Summe ermittelt ist, für Diäten, für Versuche usw. Nach meinen Erfahrungen in diesen Dingen reicht der verlangte Betrag bei weitem nicht aus. Es kommt zweifellos zu Nachforderungen, die, wenn man die angefangene Sache nicht fallen lassen will, bewilligt werden müssen.

Ich empfehle keinen Beschluß zu fassen, bevor nicht ein ausführlicher Voranschlag über die Kosten vorliegt.

Herr Regierungsrat Geutsch: Es ist nicht möglich gewesen, einen ausführlichen Anschlag vorzulegen. Wir haben in der Sitzung, die sich sehr lang ausgedehnt hat, mit dem Sachverständigen Herrn Fehrmann gesprochen und die einzelnen Punkte uns vergegenwärtigt. Man nahm an, daß die Sache ein Vierteljahr dauern würde. Es handelt sich um acht Firmen, also begrenzt ist die Sache. So wie bei den Nickel-Prüfungen wird sie nicht ausfallen. Es kommen acht verschiedene Firmen in betracht, deren Maschinen geprüft werden. Ich meine, daß 6000 $\mathcal{M}$. ausreichen würden. Es ist sogar die Rede davon gewesen, daß 6000 $\mathcal{M}$. zuviel seien. Aber ich habe geglaubt, doch lieber den höheren Betrag einsetzen zu müssen als einen zu niedrigen. Im übrigen hat sich das Benzol-Syndikat bereit erklärt, wenn die 6000 $\mathcal{M}$. nicht ausreichen würden, noch weitere Zuschüsse machen zu wollen.

Herr Rentier Stephan: Es ist sehr wichtig, daß diese Frage heute zur Lösung kommt, weil wir entschieden mit unserem Gelde zurückhalten müssen. Mir wird eben mitgeteilt, daß eine Preisbewerbung für die Acetylen-Aufgabe eingegangen ist, so daß wir vorläufig noch nicht über die ausgesetzten 3000 $\mathcal{M}$. verfügen können. Wenn außerdem der Zuschuß vom Herrn Minister nicht bewilligt wird, was auch nicht ausgeschlossen ist, dann können wir unmöglich den gestellten Antrag annehmen.

Herr Regierungsrat von Boehmer: Ich wollte mich gegen die Worte des Herrn Baurat Herzberg wenden. Aber da ich eben höre, daß doch kein Geld zur Verfügung steht, so scheint mir die Sache erledigt zu sein. Sonst wollte ich der Meinung Ausdruck geben, daß die Kostenfrage von seiten der Kommission so weit geklärt ist, wie man das nur verlangen kann.

Vorsitzender: Der heutige Vorschlag würde, wie ich mir vorhin auszuführen erlaubte, ein bedingter sein. Es würden 3000 $\mathcal{M}$. gegeben, wenn sie verfügbar sind.

Herr Regierungsrat von Boehmer: Dann hätte ich zu sagen, daß mit dem von der Kommission in Aussicht genommenen Sachverständigen vereinbart ist, daß er ein Honorar von 1200 $\mathcal{M}$. zu erhalten hätte. Er selbst und die sämtlichen Mitglieder der Kommission sind der Überzeugung, daß die im Programm bereits genau bezeichneten acht Maschinen in der angegebenen Zeit untersucht werden können, und daß dabei einschließlich der Reisekosten für den Sachverständigen und seine Mitarbeiter und einschließlich seines Honorars keine größeren Kosten entstehen werden als höchstens 6000 $\mathcal{M}$. Ich glaube, wenn Herr Herzberg das anzuzweifeln beabsichtigt, dann mußte er mit bestimmten Angaben kommen. Die im Programm genannten acht Firmen haben sich bereit erklärt, die zu untersuchenden acht Maschinen und die Hilfswerkzeuge auf ihre Kosten zu stellen. Die Reisekosten sind berücksichtigt. Ich wüßte nicht, was ein genauerer Kostenanschlag noch für einen Zweck haben sollte. Nach Ansicht der Kommission lassen sich die Versuche für 6000 $\mathcal{M}$. so durchführen, wie sie im Programm genau dargelegt sind.

Herr Chemiker Professor Dr. Frank: Meine Herren! Ich bin noch nicht über den Anfang der Frage weg. Es ist hier auch von dem Herrn Berichterstatter schon darauf hingewiesen worden, daß er es für eine Aufgabe des Gewerbfleißes betrachtet, gerade dieser Industrie besondere Aufmerksamkeit zuzuwenden. Damit können wir aber unter Umständen in eine ziemlich peinliche Lage kommen. Es wird hier immer nur von acht Firmen gesprochen, obgleich gerade in diesen Kreisen der Wettbewerb der entstehenden Fabriken ein sehr heftiger ist, wie wird das nun erst werden, wenn die verschiedenen Versuchsergebnisse zur Veröffentlichung kommen.

Es ist gesagt worden, man könnte das alles ohne Namensnennung machen. Ja, meine Herren, dem Glauben wollen wir uns doch nicht hingeben; wenn die Fabrikanten mit A, B, C usw. bezeichnet werden, dann weiß jeder ganz genau, was der Buchstabe bezeichnet, und namentlich werden es die am besten wissen, die sich zurückgesetzt fühlen, und wir können, wie schon anfangs gesagt, so in eine recht peinliche Lage geraten. Zur Sache selbst erkenne ich zunächst an, daß die Bedenken, die ich vom chemischen Standpunkte aus bei dem ersten Teil der Versuche geltend gemacht habe, namentlich durch das Eingreifen des Herrn Professor Kraemer beseitigt sind. Aber dieser andere Punkt scheint mir noch nicht genügend erledigt zu sein. Ich möchte doch bitten, die Sache noch etwas abklären zu lassen, namentlich da der Geldpunkt auch noch unsicher ist; uns heute mit einem Beschlusse zu binden, erscheint mir gewagt. Eine Menge neuer Automobilfabriken, die im Entstehen begriffen sind, haben genau dasselbe Recht wie die acht ausgewählten Firmen. Es ist ferner nicht abzusehen, warum nicht auch die kleinen und vielleicht wirtschaftlich ebenso bedeutsamen Fahrrad-Motore mitgeprüft werden sollen. Alles das sind Punkte, welche durch die Vorlage noch nicht ausreichend sichergestellt zu sein scheinen.

Nun ist vom Herrn Berichterstatter weiter gesagt, der Voranschlag sei richtig, aber auch das möchte ich bezweifeln. Was haben wir denn für eine Sicherheit, daß bei den vorgeschlagenen Prüfungen sofort unanfechtbar sichere Ergebnisse gewonnen werden, daß nicht Nachprüfungen und Vergleiche nötig sind, daß es sich im Laufe der Untersuchungen ergibt, daß nach neuen Methoden gearbeitet werden muß? Letzteres passiert uns ziemlich jeden Tag gerade bei Prüfungen, von denen man anfangs glaubte, daß die Sache hinreichend sicher sei. Ich stehe dem Plane selbst keineswegs abweisend gegenüber, aber wir müssen doch in einer solchen Sache, namentlich wenn der Verein als solcher sich dafür engagiert, alles genau vorprüfen. Ich möchte deshalb raten, uns heute noch nicht durch einen Beschluß festzulegen, umsoweniger, als auch die Geldfrage noch nicht geklärt ist.

Vorsitzender: Wie ich höre, wird vor dem Februar die Geldfrage nicht wohl entschieden werden können, da wir dann erst übersehen können, ob wir von dem Herrn Handelsminister in der bisherigen Weise mit einem Zuschuß bedacht werden. Da würde ich mir den Vorschlag gestatten; die Beschlußnahme auch über die Sache selbst bis zum Februar zu verschieben, so interessant die heutige Erörterung und wertvoll sie auch für den Beschluß jedenfalls gewesen ist; seine Ausführung würde immer von der Entscheidung über die Geldfrage abhängig bleiben.

Herr Regierungsrat Gentsch: Ich möchte einen Punkt erwähnen, den Herr Professor Frank angeregt hat, ob nämlich die betreffenden Firmen uns die Sachen zur Verfügung stellen. Darüber haben wir uns natürlich genau unterrichtet, und ich habe zu Beginn meines Vortrages ausdrücklich erklärt, daß wir ein Rundschreiben an die Firmen gerichtet haben, und daß die Firmen samt und sonders uns alles Erforderliche zur Verfügung stellen. Ich habe das Schreiben vor mir von der gewiß sehr vorsichtigen Daimler-Gesellschaft, welches lautet: .... „und teilen ergebenst mit, daß wir sehr gern bereit sind, eine unserer schnelllaufenden Verbrennungs-Kraftmaschinen, sowie einen kompletten 3-Tonnen-Lastwagenrahmen für Versuchs- und Bremszwecke einem Ihrer Herren auf unserem Werke zur Verfügung zu stellen, und werden wir es uns angelegen sein lassen, dem Genannten jede nur mögliche Unterstützung zu Teil werden zu lassen. Selbstverständlich wollen wir über die Ergebnisse in diskreter Weise verfügen, ebenso wie andere darüber verfügen würden." Dieser Punkt ist doch wohl erledigt.

Herr Baurat Herzberg: Ich habe nicht aus einem hohlen Fasse geredet hinsichtlich der Kosten. Ein Mann, der in der Prüfung von Motoren usw. die größte Erfahrung hat, Herr Professor Wilhelm Hartmann, der zahlreiche Leistungs- usw. Prüfungen, insbesondere von Klein-Motoren gemacht hat, hat mich über die Kosten solcher Prüfungen aufgeklärt; er hat mir Summen genannt, die ganz anders lauten, als die im Antrag ausgeworfenen. Zu der Prüfung der Motoren auf der letzten landwirtschaftlichen Ausstellung hat er nicht weniger als elf Ingenieure gebraucht, um die Einzelfeststellungen authentisch zu machen. Auch kenne ich aus Erfahrung, daß man bei Dampfkesselprüfungen auch sechs oder sieben Personen als Gehilfen gebraucht. Ich gebe den Rat, man soll sich bei Herrn Wilhelm Hartmann einmal erkundigen, was eine solche Prüfung, wenn sie Wert haben soll, auf sich hat und welche Kosten sie verursacht.

Herr Regierungsrat von Boehmer: Es ist keine Frage, daß eine derartige Arbeit um so besser gemacht werden kann, je größere Mittel zur Verfügung gestellt werden. Herr Baurat Herzberg hat nichts angegeben, woraus hervorginge, daß die Arbeit für 6000 ℳ nicht so gut gemacht werden könnte, daß sie ihren Zweck erfüllt. Durch das Programm ist genau begrenzt, wie weit die Versuche durchgeführt werden sollen. Die Bedenken des Herrn Professor Frank ließen sich gegen jede derartige Untersuchung anführen und können wohl nicht stichhaltig sein, da trotzdem jahraus jahrein zahlreiche Untersuchungen derart ausgeführt werden, ohne daß sich die von Herrn Professor Frank befürchteten Nachteile zeigen. Die bei einem Wettbewerbe unterlegene Konkurrenz kann und wird immer unzufrieden sein, und daß man an Versuche der in Aussicht genommenen Art noch andere anknüpfen kann, trifft für jede derartige Untersuchung zu, ebenso, daß später gefundene Methoden in der Regel besser sind, als ältere. Aber dadurch kann und darf sich niemand abhalten lassen, nach den vorläufig besten Methoden zu arbeiten. Ich wüßte durchaus nicht, weshalb — abgesehen von der Frage, ob der Verein die geforderten Mittel zur Verfügung hat — die Sache nicht spruchreif wäre. Wenn der Verein glaubt, daß Herr Professor Wilhelm Hartmann die Untersuchungen besser auszuführen im Stande ist, dann wäre darüber zu verhandeln. Dagegen, daß sie überhaupt ausgeführt werden sollten, scheinen mir aber keine triftigen Gründe vorgebracht worden zu sein, es sei denn, daß gesagt wird, wir haben durchaus kein Geld dazu.

Vorsitzender: Meine Herren! Ich habe mir den Vorschlag gestattet, die Beschlußnahme bis zur Februar-Sitzung zu vertagen und werde ihn als Vertagungsantrag zuerst zur Abstimmung bringen und dann unter Umständen über die Sache selbst abstimmen lassen. Ich bitte diejenigen Herren, die dem Vertagungsantrage zustimmen, die Hand zu erheben. (Geschieht.) Es ist so beschlossen.

Ich möchte jetzt vorschlagen, in die Wahl des Vorstandes und des Rendanten einzutreten, und bitte Herrn Professor W. Wedding und Herrn Präsident Blenck, die Stimmzettel einsammeln zu lassen und zu zählen. (Geschieht.)

Zu der Wahl des Vorstandes und des Rendanten sind 28 Stimmen abgegeben, die übereinstimmend auf die Wiederwahl des bisherigen Vorstandes und des Rendanten lauten. Ich für meinen Teil nehme die Wahl mit bestem Danke an. Ebenso hat mir Herr Bankier Keilich mitgeteilt, daß er eine Wiederwahl annehmen würde. Die beiden anderen Herren, Geheimer Bergrat Professor Dr. H. Wedding, der zum ersten Stellvertreter, und Professor Dr. Kraemer, der zum zweiten Stellvertreter gewählt ist, werden benachrichtigt werden.

Herr Rentier Stephan: Meine Herren! Ich hatte mir erlaubt, im Technischen Ausschuß darauf aufmerksam zu machen, daß es jetzt wohl an der Zeit wäre, auch Wünsche für die Jagor-Stiftung kundzugeben. Darauf ist in erster Linie ein Antrag des Herrn Baurat Herzberg eingegangen, der dem Technischen Ausschuß bereits vorgelegen hat. Herr Herzberg wünscht, daß eine vergleichende kritische Abhandlung über die Ausnutzung des Brennmaterials für motorische Zwecke durch Vergasung und durch Erzeugung von Wasserdampf nach dem alten Verfahren geliefert werden möchte. Es würde sich empfehlen, dieselbe durch eine dazu besonders befähigte Persönlichkeit wie Herrn Professor Josse ausführen zu lassen und für die Arbeit von der Jagor-Stiftung einen Preis in Höhe von 3000 $\mathcal{M}$ zu beantragen. Der Technische Ausschuß hat in dieser Weise beschlossen, und ich glaube, der Verein kann dem nur zustimmen. Dem letzteren entstehen dadurch keine Kosten. Sollte die Jagor-Stiftung den Vorschlag nicht annehmen, so wäre das bedauerlich, jedenfalls werde ich ihn dort nach Kräften vertreten.

Herr Chemiker Professor Dr. Frank: Ich hatte noch einen Zusatzantrag in der nämlichen Ausschußsitzung gestellt, durch welchen, ohne den bisherigen Antrag zu berühren, nur eine kleine Erweiterung desselben bezweckt wird. Ich empfahl noch hinzuzufügen: „Wenn die Abhandlung auch die Vergasung von geringwertigen Brennstoffen wie Torf und Braunkohle zur Krafterzeugung in den Kreis der Nachweisung ziehen könnte, so würde das erwünscht sein".

Ich möchte das mit ein paar Worten erklären, weil es die Berliner Betriebsverhältnisse weniger berührt. Hier bei uns wird für Sauggasmotore das hauptsächlichste Brennmaterial Koks oder Anthrazit sein, weil dies hier die handlichsten und relativ billigsten Brennstoffe sind. Ganz anders stellt sich, wie ich schon früher im Verein darlegte, die Sache in bezug auf Groß-Gasmotore, bei denen doch in erster Reihe geboten ist, sie auch für solche Brennstoffe verwertbar und brauchbar zu machen, die nicht konzentriert und nicht leicht transportabel sind, also namentlich so geringwertiges Material wie Torf und Braunkohle. Mittels Generatorbetriebes kann man auch daraus Kraftquellen gewinnen, aus denen man auf weitere Entfernung hin die Kraftversorgung durchzuführen, im Stande ist. Wenn nun die Jagor-Stiftung, die ja in finanzieller Beziehung besser gestellt ist als wir, doch einmal größere Mittel zur Verfügung stellt, dann wäre es doch wohl wünschenswert, daß wir diese Erweiterung gleich mit in den Bereich der Aufgabe zögen, um so mehr, da uns für die Bearbeitung eine Kraft genannt ist, die durchaus befähigt ist, auch diese Frage zu bearbeiten. Ich glaube, Herr Professor Josse würde dieser Sache auch großes Interesse zuwenden.

Herr Baurat Herzberg: Ich hatte geglaubt, daß ich das Wort nicht zu nehmen brauchte, weil ich mich auf die Anfrage, die Herr Stephan als Mitglied des Kuratoriums der Jagor-Stiftung an mich gerichtet hat, ausführlich schriftlich geäußert habe. Ich habe das Schriftstück leider nicht bei mir, weil ich nicht wußte, daß diese Angelegenheit heute zur Sprache kommen werde. Herr Stephan hat mich um eine passende Aufgabe für die Jagor-Stiftung ersucht. Ich habe gemeint, man sollte immer Aufgaben stellen, deren Lösung den Industriellen und den Konsumenten etwas Positives in die Hand gebe. Von diesem Gesichtspunkte bin ich ausgegangen. Nicht nur die ganze industrielle Welt, sondern auch die Gemeinden, die Staatsverwaltung, jeder Landwirt usw., die sich jetzt eine Maschinenanlage anschaffen wollen, werden sicher gegenwärtig vor die Frage gestellt, soll ich eine Dampfanlage oder eine Sauggasanlage einrichten? Nun kann man natürlich von den Interessenten nicht verlangen, daß sie durchaus objektiv die Vorteile und Nachteile oder die Zweckmäßigkeit für den bestimmten Fall ganz objektiv hinstellen, weil die Sauggasfabrikanten in der Regel keine Dampfkessel und Dampfmaschinen bauen und umgekehrt. Diese Auseinandersetzungen sind in der Regel einseitig; und der arme Besteller weiß nicht, was er machen soll. Ich habe die Aufgabe gestellt — ich kann sie Ihnen leider nicht wörtlich vorlesen, sie ist eingehend behandelt und begründet; die Bearbeitung der Frage muß jemand übertragen werden, der nicht nur durchaus unparteiisch, sondern der auch sehr sachverständig ist, der insbesondere aus zahlreichen Anlagen, die er selbst als unparteiischer Sachverständiger genau kennt, die erforderlichen Feststellungen macht. Als solchen habe ich Herrn Professor Josse, Vorsteher des Maschinen-Laboratoriums der Technischen Hochschule in Charlottenburg vorgeschlagen. Er hat mir zugesagt, sich der Aufgabe, wenn sie an ihn herantritt, zu unterziehen.

Herr Prof. Frank hatte gewünscht, man möchte eine Erweiterung dieser Aufgabe dahingehend annehmen, daß auch Sauggasanlagen für geringwertiges Brennmaterial (Torf usw.) von Herrn Prof. Josse behandelt werden möchten.

Ich will zunächst hervorheben, daß der Verbrauch an Brennstoff allein nicht ausschlaggebend für den wirtschaftlichen Wert und die Tüchtigkeit einer Anlage ist. Es gibt zahlreiche andere Umstände, die für den bestimmten Fall ausschlaggebend sein können, z. B. Scheuer- und Putzmaterial-, Kühlwasserverbrauch sowie die Abnutzung und, dieser entsprechend, die Höhe der erforderlichen jährlichen Amortisation, ob die Anlage andauernd und gleichmäßig oder mit vielen Unterbrechungen und wechselnder Belastung betrieben wird, und noch vieles andere. Es soll eine Abhandlung sein, die dem Besteller an die Hand gegeben werden, und aus welcher er sich selbst ein Urteil bilden kann, welche Art der maschinellen Einrichtung für seine Verhältnisse die beste und wirtschaftlichste ist.

Während es nun zahlreiche Sauggasanlagen, die mit Koks und Anthrazit betrieben werden, gibt, aus denen der Bearbeiter sichere Schlußfolgerungen ziehen kann, sind Anlagen für geringwertiges Brennmaterial nur wenig im Gebrauch, und diese sind aus dem Versuchsstadium noch nicht heraus, wie das aus einem interessanten Vortrag von Herrn Prof. Schöttler aus Braunschweig im Ingenieurverein klar hervorging; die Vergasung von minderwertigem Material steckt eben noch in den Kinderschuhen Aus diesem Grunde möchte ich Herrn Prof. Dr. Frank bitten, vor der Hand von der von ihm beantragten Erweiterung der Aufgabe Abstand zu nehmen, um die Abhandlung nicht mit etwas „Unbewiesenem" zu belasten. Auch weiß ich nicht, ob Herr Professor Josse die gewünschte Erweiterung zu bearbeiten bereit sein würde.

Herr Chemiker Prof. Dr. Frank: Ja, m. H., wenn eine solche Teilung beliebt wird, dann stimme ich Herrn Baurat Herzberg durchaus zu. Er hat vollkommen recht, daß es nicht angenehm wäre, wenn das eine Gebiet ungleich besser durchgearbeitet würde als das andere. Wenn ich heute gefragt würde, so könnte ich auch nur wenige Anlagen für Torf und Braunkohle nennen. In Westfalen und am Rhein ist man bemüht, die Kraftgasgewinnung aus Steinkohle durchzuführen. Dagegen kann die Verwertung von Koks und Anthrazit schon heute als etwas abgeschlossenes betrachtet werden, so daß die größte Anzahl der Interessenten einstweilen die beiden Heizstoffe benutzt. Deshalb stimme ich nun auch dafür, daß zunächst dieser erste Teil der Arbeit durchgeführt wird, aber mit dem Vorbehalt, daß späterhin, wenn erst genügend Material vorhanden ist, auch an den zweiten Teil herangetreten werden soll. Ich hoffe bis dahin auch in der Lage zu sein, hierfür einige Beiträge zu liefern.

Herr Rentier Stephan: Der Antrag lautet:

Eine vergleichende kritische Abhandlung über die Ausnutzung des Brennmaterials für motorische Zwecke durch Vergasung und durch Erzeugung von Wasserdampf nach dem gegenwärtigen Stand der Technik.

Die Abhandlung soll nicht eine theoretische Studie sein, sondern hauptsächlich Ergebnisse aus dem praktischen Betriebe zur Grundlage haben. Es ist auch nicht nur der Brennmaterialverbrauch vergleichend in Betracht zu ziehen, sondern es sind auch alle sonstigen Momente zu berücksichtigen (Anlagekosten, Betriebssicherheit, Anpassungsvermögen an wechselnden Kraftverbrauch, Steigerungsfähigkeit der Leistung, Instandhaltung, Abschreibung, Schmier- und Putzmaterial, Bedienung, Kühlwasser usw.). Insbesondere ist zu entwickeln, in welchen Fällen zweckmäßig die eine oder die andere Be-

32*

triebsart zu wählen ist. — Die Abhandlung soll den Interessenten in objektiver Weise einen Wegweiser bei der Wahl der Betriebsart weisen.

Vorsitzender: Wir nehmen an, daß Herr Stephan die Güte haben wird, diese Aufgabe bei der Jagor-Stiftung zu vertreten.

Technische Tagesordnung.
Arbeitsparende landwirtschaftliche Maschinen.

Herr Professor Dr. Fischer: Meine Herren! Das landwirtschaftliche Maschinenwesen nimmt in dem Reiche der Technik nur den Rang eines Kleinstaates ein, und von Leistungen, die sich den Großtaten auf anderen Gebieten an die Seite stellen könnten, habe ich nicht zu berichten. Das wird erklärlich, wenn wir einen Blick auf die großen Schwierigkeiten mancherlei Art werfen, die der landwirtschaftliche Produktionsprozeß der Benutzung maschineller Hilfsmittel hindernd in den Weg stellt.

Die Aufgabe einer jeden Maschine ist die Verrichtung einer bestimmten Arbeit; der wirtschaftliche Nutzen der Maschinenarbeit wird also um so erheblicher sein, je größer der zur Herstellung eines Produktes erforderliche Arbeitsaufwand ist. Die Erzeugung der pflanzlichen (und der tierischen) Stoffe ist nun aber vorzugsweise das Werk der Natur, Arbeit ist nur zur Vorbereitung des Prozesses und zum Einsammeln der Erzeugnisse nötig; deswegen kann die Maschine in der Landwirtschaft niemals so tiefgreifende Umwälzungen herbeiführen wie in der Industrie. Außerdem werden die meisten landwirtschaftlichen Arbeiten alljährlich nur einmal, und dann in kurzer Zeit, ausgeführt; die Maschinen, die ihnen dienen, stehen deshalb lange unbenutzt, und wenn ihre Anschaffungskosten hoch sind, verschlingen Zinsen und Abschreibung leicht die Ersparnisse der kurzen Arbeitszeit. Endlich sind die landwirtschaftlichen Maschinen trotz der kurzen Benutzungszeit durch Staub, Schmutz und Witterungseinflüsse und durch die oft genug recht unsachgemäße Behandlung seitens der Bedienungsmannschaft einer starken Abnutzung ausgesetzt, die Folgen davon sind Betriebsstörungen und unangenehme Reparaturkosten.

Andere Hindernisse gegen den maschinellen Betrieb in der Landwirtschaft werden großenteils mit der Zeit schwinden; dahin gehören z. B. die Abneigung und geringe Sachkenntnis mancher Landwirte und die technischen Unvollkommenheiten vieler Maschinen.

Daß trotz dieser Hindernisse die Zahl der landwirtschaftlichen Maschinen heute schon recht bedeutend ist, kommt hauptsächlich daher, daß bei dem Mangel an brauchbaren Arbeitskräften auf dem Lande jedes Mittel willkommen ist, das hierin Abhilfe schafft. Wer eine der großen landwirtschaftlichen Ausstellungen besucht, findet den größeren Teil mit Maschinen besetzt, während die Tiere und die Erzeugnisse räumlich zurücktreten. Und nicht weniger überrascht den Besucher die Vielseitigkeit der landwirtschaftlichen Maschinenindustrie, die schon gelernt hat, sich die neuesten technischen Fortschritte zu nutze zu machen. Explosionsmotoren für Petroleum-, Benzin-, Spiritus- und Sauggasbetrieb sind in großer Zahl vertreten, mit ihnen wetteifern Dampflokomobilen mit Überhitzern, und selbst die Dampfturbine findet in kleinen Typen zum Antrieb von Milchzentrifugen und Pasteurisierapparaten schon Verwendung. Windräder haben sich in der Landwirtschaft mehr als in anderen Betrieben eingebürgert, und wo Wasserkräfte verfügbar sind, trifft man neben altertümlichen, primitiven Rädern auch die besten Turbinen mit empfindlicher Regulierung. Die letzteren sind meistens mit elektrischer Kraftübertragung verbunden, die Schritt für Schritt an Boden gewinnt; schon besteht in Wangerow-Breitenfelde in Pommern ein großes Unternehmen, das, genossenschaftlich betrieben, fast ausschließlich der Landwirtschaft dient und von der Zentrale mit 300 PS. durch ein Leitungsnetz von über 100 km mehr als 30 Güter mit Kraft versorgt. Zur Zeit ist die Erweiterung auf etwa 140 km Leitungslänge im Bau.

Die vielseitige Verbindung des allgemeinen Maschinenbaues mit der Landwirtschaft, die hier für die Kraftmaschinen dargelegt wurde, findet sich auch auf dem Gebiet der Arbeitsmaschinen, namentlich wenn die eng mit der Landwirtschaft verbundenen Nebengewerbe berücksichtigt werden. Diese letzteren Maschinen sollen aber bei meinen weiteren Ausführungen außer betracht bleiben, und nur die Hilfsmittel zur mechanischen Bewältigung der rein landwirtschaftlichen Arbeiten sollen uns beschäftigen.

Schon früh hatte man solche Hilfsmittel erfunden. Seit dem 17. Jahrhundert gab es Säemaschinen; 1785 gelang einem Schotten die erste brauchbare Dreschmaschine; eine primitive Mähevorrichtung, die allerdings noch nicht als Maschine bezeichnet werden kann, benutzten sogar schon die Gallier zu Beginn unserer Zeitrechnung, und die ersten praktisch verwendeten Mähemaschinen entstammen den 20er Jahren des 19. Jahrhunderts. Diese ganze Erfindertätigkeit blieb aber fruchtlos, solange in der Landwirtschaft noch Arbeiter in ausreichender Anzahl zur Verfügung standen. Erst als von der Mitte des vorigen Jahrhunderts an die Anwendung der wissenschaftlichen Forschungsergebnisse eine intensivere Ackerwirtschaft mit höherem Arbeitsaufwand herbeiführte, und anderseits die Abwanderung von Landarbeitern in die Industriestädte begann, stiegen die Löhne der Tagelöhner und des Gesindes so, daß die Landwirte sich nach arbeitsparenden Maschinen umzusehen begannen. Diese waren, wenigstens in vielversprechenden Anfängen, vorhanden, sie wurden auf den Industrieausstellungen vorgeführt, und auf die erste Weltausstellung in London 1851 müssen wir den Beginn des internationalen Ideenaustausches verlegen, der die Entwicklung des landwirtschaftlichen Maschinenwesens außerordentlich gefördert hat. In Deutschland benutzte man damals ausschließlich, und noch lange in überwiegender Menge, englische Maschinen, später traten auch amerikanische hinzu. Allmählich lernte unsere heimische Industrie, die schon früh in der Pflugfabrikation eigene Wege ging, auch kompliziertere landwirtschaftliche Maschinen den fremden Mustern nachzubilden, bis sie mündig wurde und mit manchen Erzeugnissen auf dem Weltmarkt Erfolge erzielen konnte.

Der Landwirt ist im allgemeinen kein Freund der Maschinen, vielleicht mit Ausnahme des amerikanischen Farmers, der nie einen Betrieb ohne Maschinen kennen gelernt hat. Der Deutsche betrachtete sie jedenfalls anfangs, und oft noch jetzt, als ein notwendiges Übel, das ihm der Arbeitermangel aufzwang. Die Arbeitsersparnis ist daher auch der Zweck der meisten landwirtschaftlichen Maschinen, neben dem

248

248   4. Dezember 1905.

andere, wie die Erzielung eines besseren Produkts, an Bedeutung zurücktreten. Von diesem Standpunkte aus sind deshalb auch die Beispiele gewählt, die ich Ihnen jetzt in einigen Bildern vorführen möchte. Ich übergehe dabei die Kraftmaschinen und alle Arbeitsmaschinen, die nicht ausschließlich für landwirtschaftliche Arbeiten benutzt werden.

Zur ersten, vorbereitenden Bearbeitung des Ackerbodens benutzt man teilweise noch heute Pflüge von einfachster Gestalt, früher in rohen Formen aus Holz, jetzt aus Eisen gefertigt, bei denen das in Fig. 1 gezeichnete Kräftespiel (Zugkraft, Widerstand des Bodens gegen das Durchschneiden, Widerstand des aufwärts und seitwärts umzuwendenden Bodenstreifens) ein fortwährendes Nicken und Schwanken hervorrief. Um einen ruhigen Gang des Pfluges und damit eine ebene Schnittfläche als Furchensohle zu erzielen, mußte der Pflüger sein Gerät an zwei Handhaben (Sterzen) sicher führen, seine Muskelkraft mußte die Schwankungen der Komponenten ausgleichen. Durch die in Fig. 2 wiedergegebene modernere Pflugbauart ist dem Pflüger diese mechanische Arbeit abgenommen. Der Pfluggrindel stützt sich auf den Sattel der Vorderkarre, an welcher die Anspannung erfolgt und wird durch eine Doppelkette gezogen. Die Unterstützung des Grindels durch die Karre vor dem Angriffspunkt der Zugkraft verhindert das Nicken des Pfluges; bei Schwankungen um eine horizontale Achse wird das Querstück, an welchem die

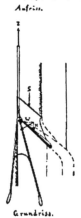

Grundriss.

Fig. 1.

Fig. 2.

Doppelkette angreift, aus der horizontalen Lage gedreht und die dadurch verursachte stärkere Spannung der einen Zugkette liefert ein Drehmoment, das den Pflug in die normale Lage zurückzwingt. Die Arbeit des Pflügers beschränkt sich also auf das Einsetzen und Ausheben am Anfang und Ende der Furchen und auf die Führung der Pferde. Zuweilen werden daher zwei solcher Pflüge von einem Mann bedient.

Die zweckentsprechende Durchbildung der Pflugformen, insbesondere der Streichbleche ermöglichte eine gesteigerte Leistung bei gleicher Bespannung. Bei geringerer Furchentiefe konnte daher die Breite vergrößert werden, und da bei einfacher Verbreiterung des Pflugkörpers der abgeschnittene Erdbalken nicht richtig umgewendet wird, vereinigt man zwei, drei, ja bis sechs Pflugkörper in einem Gestell. Natürlich ist bei diesen Mehrscharpflügen das Umlegen des Pfluges am Ende der Furche wegen der großen Breite und des hohen Gewichtes nicht mehr möglich; man stellt deshalb das Gestell auf Räder, deren Achsschenkel an schwingenden Armen sitzen, und hebt die Pflugkörper dadurch aus dem Boden, daß man die Kröpfungen der Achsen niederdrückt. Bei der Arbeit läuft das eine Rad auf dem ungepflügten festen Lande, das andere auf der Sohle der zuletzt vorher gepflügten Furche, also notwendigerweise in der durch die Scharunterkanten gelegten Horizontalebene; die Höhendifferenz beider Räder bestimmt die Tiefe der Pflugfurche. Bei der Leerfahrt müssen beide Räder gleich tief unter den Scharen stehen. Um den Pflug aus der ausgehobenen Stellung in die Arbeitstellung zu bringen, müssen beide Räder annähernd gleichmäßig gehoben werden. Soll aber in der Arbeitstellung die Furchentiefe geändert werden, so muß das „Furchenrad" in der Höhe der Furchensohle bleiben, während das „Landrad" verstellt wird. Um eine möglichst einfache Handhabung zu erreichen, ergibt sich die Aufgabe, diese Verstellungen durch Bewegung eines einzigen Handhebels ausführbar zu machen.

Fig. 3.

Eine einfache Lösung dieser Aufgabe rührt von Ed. Schwartz & Sohn in Berlinchen her. Bei Veränderungen der Arbeitstiefe bewegt sich der untere Arm des an der Landradkropfachse festen Handhebels über einem Kreisbogen, der zentrisch zur Hebelachse an der Furchenradstellachse sitzt und als Stellbogen dient. Bei dem Niederlegen des Handhebels wird das Furchenrad mittels eines Anschlages mitgenommen, der Pflug also ausgehoben. Fig. 3 gibt diese Einrichtung wieder.

Bei der Laackeschen Konstruktion wird die freie Verstellung des Landrades durch einen am Handhebel sitzenden Kreisbogenschlitz ermöglicht, der über einen Zapfen am Furchenradhebel gleitet. Das Ausheben erfolgt dadurch, daß ein auf dem unteren Ende der Schlitzführung mit einer Schneide ruhender Sattel auf den Furchenradhebelzapfen trifft und ihn mitnimmt; dabei schwingt der Sattel in einer Aussparung am Ende des Schlitzes. Hier ist stets Paarschluß der Getriebe vorhanden. (Fig. 4a und b.)

Bei dem Eckertschen Zweischarpflug läßt sich der Mechanismus in zwei Vierzylindergetriebe auflösen, deren gegenseitige Lage für die Veränderung der Furchentiefe eine sehr geringe Verstellung des Furchenrades bei gleichzeitig starker Höhen-

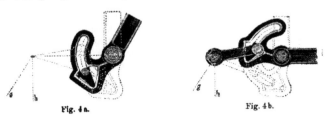

Fig. 4 a.   Fig. 4 b.

verstellung des Landrades bewirkt. Fig. 5 gibt eine Ansicht des Pflugs, Fig. 6 das Schema.

Nach anderer Richtung ist eine Arbeitsersparnis durch die amerikanischen Pflugbauer erzielt worden. Sie bringen nämlich auf den Pflügen einen Sitz für den

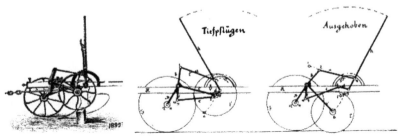

Fig. 5.   Fig. 6.

Arbeiter an und erreichen dadurch eine höhere Tagesleistung ohne stärkere Ermüdung des Mannes. Drei Hebel, die ihm bequem zur Hand liegen, dienen zur Verstellung der drei Fahrräder. Die deutschen Landwirte verwenden diese Sitzpflüge nicht, weil sie fürchten, daß ihre Arbeiter zu nachlässig sind, um vom Sitz aus den Gang des Pfluges richtig zu leiten.

Die stärkste Arbeitsersparnis wird bei dem Pflügen durch Benutzung mechanischer Kraftquellen erzielt, denn mit den größten Dampfpflugmaschinen wird in einer Stunde eine mindestens 15 mal so große Fläche tief gepflügt wie mit vier Pferden. Diese Maschinen entwickeln durchschnittlich eine Leistung von 50 bis 60 PS., die aber nicht selten bis auf 80 PS. und noch weiter hinaufgeht, bezeichnet werden sie nach längst veralteter Regel als 20pferdige Maschinen.

Trotz aller Veruche mit anderen Systemen hat sich das Pflügen mit zwei Lokomotiven, zwischen denen der Pflug an einem Drahtseil hin- und hergezogen wird, bis jetzt am besten bewährt, obwohl es schwerwiegende technische Mängel besitzt. Denn eine Anlage, bei der zwei Kraftmaschinen aufgestellt werden, von denen jeweils nur eine in Betrieb ist, ist entschieden unvollkommen. Aber die Versuche, mit einer Kraftmaschine zu arbeiten und auf der anderen Seite des Feldes nur eine Seilscheibe auf einem Ankerwagen anzuordnen, führten alle zu komplizierteren Konstruktionen, deren Aufstellung auf dem Felde mühsam und zeitraubend ist, weil ein Drahtseil im Dreieck oder Viereck von der Lokomotive über Eckanker und Ankerwagen ausgelegt werden muß. Infolgedessen ist die Leistungsfähigkeit der Einmaschinensysteme gering und die Abnutzung des Drahtseiles hoch. Fig. 7 zeigt das Schema des Zweimaschinensystems.

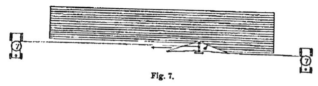

Fig. 7.

Das Pfluggerät der mechanischen Pflüge ist, um ein Umwenden an den Furchenenden zu vermeiden, symmetrisch gebaut und wird durch Kippen in die entsprechende Lage gebracht. Bei Steinen und harten Bodenstellen springen die Pflugkörper leicht aus dem Acker, wenn man nicht das Radgestell so verschiebt, daß jedesmal der Schwerpunkt des Pflugrahmens hinter dem Unterstützungspunkt, also hinter der Achse liegt, sog. Antibalance-Kipppflüge. Diese Verschiebung erfolgt durch Anziehen des vorher schlaffen Seilstücks, wobei Bolzen, die am Radgestell sitzen, in Schlitzen des Pflugrahmens geführt werden. Unbequem ist dabei, daß das Kippen erst dann durch die Arbeiter ausgeführt werden kann, wenn das Radgestell durch die an der anderen Feldseite stehende Lokomotive in die Mittellage gezogen ist. Die neuste, von Ventzki-Graudenz herrührende Konstruktion vermeidet diesen Übelstand dadurch, daß bei dem Nachlassen des Seilzuges, also nach dem Anhalten des Pfluges am Ende der Furche, das Fahrgestell von selbst in die Mittellage zurückgeht. Das Achsgestell trägt lose 2 auf die Spitze gestellte miteinander verbundene Dreieckstützen, deren obere Seite an beiden Enden in Zahnbogen ausläuft. In der Mittellage ruht der Pflugrahmen symmetrisch auf den beiden inneren Zähnen und kann daher leicht mit den Stützen gekippt werden. Sobald nun der Seilzug beginnt, verschiebt sich das Achsgestell, und der in der Richtung des Seilzuges liegende Zahnbogen wälzt sich in den Zahnlücken am Pflugrahmen ab, sodaß die Last des Pfluges auf dem äußersten Zahn (f in Fig. 8 und 9) ruht. Bei f wirkt das Gewicht des Pflugrahmens senkrecht nach unten, bei a bezw. d der Stützdruck des Achsgestells, der gleich dem Gewicht ist, aufwärts. Dadurch

33

entsteht ein Drehmoment, das das Dreieck wieder in die Mittellage drängt, wenn nicht bei d der Seilzug wirkt. der ein entgegengesetztes Drehmoment ergibt.

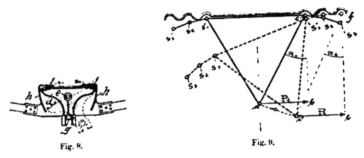

Fig. 8.   Fig. 9.

Ist das Gewicht des Pflugrahmens $= G$ und der Teil des Seilzuges, mit welchem die Dreieckstütze der Wirkung von G entgegen in Ausschlagstellung gehalten wird, $= P$, so ist

$$G \cdot de = P \cdot ef$$
$$\text{also } P = G \cdot \tan\alpha \cdot$$

Nach Aufhören des Seilzuges wird die Stütze durch das Moment $G \cdot de$ in die Mittellage geschoben.

Man hat nun neuerdings versucht, statt der schweren und teuren Dampfmaschinen auch andere Antriebsarten für den Pflug zu verwenden, z. B. Explosionsmotoren. Die Versuche haben noch zu keinem Erfolge geführt, wenn man von den elektrischen Pflügen absieht. Bei elektrischem Betriebe ist die technische Frage zwar gelöst, aber es gehört eine große Kraftstation dazu, die man nicht immer hat. Die Wirtschaftlichkeit großer Zentralen ist meistens deswegen so gering, weil die große Kraft, die der Pflug braucht, in den übrigen Jahreszeiten keine Verwendung finden kann.

Wenn wir uns von diesen einfacheren Geräten zur Bearbeitung des Bodens nun den weiteren landwirtschaftlichen Maschinen zuwenden, dann würden in der Reihenfolge der Arbeiten. die der Landwirt auszuführen hat, zunächst die Sämaschinen zu nennen sein. Die Arbeit des Säens hat man schon früh dem Arbeiter abgenommen und durch Maschinen verrichtet. Zwar ist die Ersparnis an Menschenkraft nicht groß, aber für die Handarbeit sind geschickte Leute nötig, die nicht immer in genügender Anzahl zur Verfügung stehen. Die Sämaschinen bestehen aus einem Fahrgestell, über dessen Achse der Saatkasten liegt. Aus diesem wird das Saatgut durch umlaufende Räder verschiedener Konstruktion entweder geschöpft oder geschoben und durch ein Verteilbrett, das mit Klötzchen oder Stiften besetzt ist, auf den Acker breit verstreut. Diese Breitsämaschinen leisten also dasselbe wie die Handsaat. Besser gelingt die Ausnutzung der im Boden befindlichen Pflanzennährstoffe, und intensiver wird die Sonnenbestrahlung und der Einfluß der Atmosphärilien, wenn die Samenkörner in einzelnen parallelen Reihen ausgelegt „gedrillt" werden. Hierdurch kann also eine Ersparnis an Saatgut von mindestens 25 % erzielt werden. Bei den Drillmaschinen, von denen eine von Rud. Sack in Leipzig gebaute Form in Fig. 10 dargestellt ist, gleiten die Körner, nachdem sie durch das Säerad aus dem Kasten befördert sind, durch

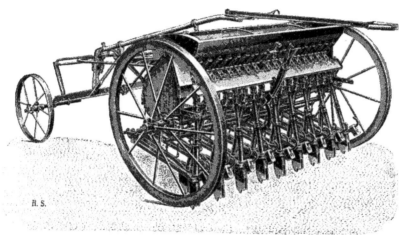

Fig. 10.

Röhren in eine Furche, die durch ein vor jeder Röhre sitzendes schmales Schar gezogen wird. Die Welle, die die Säeräder trägt, wird von einem Fahrrade aus durch ein Rädervorgelege angetrieben, und die Saatmenge, die auf eine bestimmte Ackerfläche fällt, ist bei sonst gleichen Verhältnissen offenbar abhängig von der Breite der Säeräder und von ihrer Umdrehungszahl, bezogen auf eine Fahrradumdrehung. Bei den älteren Maschinen änderte man die Umdrehungszahl durch Wechseln der Vorgelegeräder. Neuerdings neigt man mit Rücksicht auf die größere Bequemlichkeit der Einstellung mehr dazu, durch Verschieben der Säeräder in ihren Gehäusen die Arbeitsbreite zu verändern wie Fig. 11 zeigt. Beide Methoden haben ihre Fehler, die in verschiedenen Ungenauigkeiten in der Verteilung der Körner bestehen. Überhaupt läßt die Gleichmäßigkeit der Verteilung der Saat auf die einzelnen Reihen und innerhalb der Reihen auch bei den besten Maschinen noch sehr viel zu wünschen übrig, und wenn im

Fig. 11.

hügeligen Gelände gedrillt wird, ist die ausgestreute Saatmenge bei der Bergfahrt stets höher als bei der Talfahrt, weil die Körner nicht völlig zwangläufig aus dem Saatkasten herausbefördert werden.   Trotz des relativ hohen Alters der Drillmaschinen ist ihre Aufgabe also noch keineswegs befriedigend gelöst.

       Manche Saaten, z. B. Zuckerrüben, müssen wegen der Größe der sich entwickelnden Wurzeln einzeln ausgelegt werden. Man kann sie drillen und nach dem

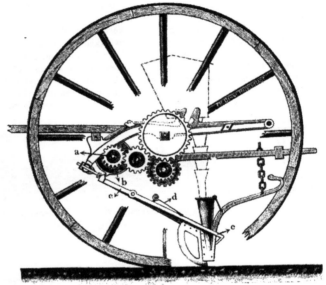

Fig. 12.

Fig. 13.

Aufgehen der Saat verziehen, also die überflüssigen Pflanzen mit der Hand entfernen. Man kann aber auch, um diese Mühe zu sparen, an die Drillmaschine eine „Dibbelvorrichtung" ansetzen, die die durch die Saatleitungsröhren fallenden Körner mit einer Klappe auffängt, die nur in bestimmten Abständen durch einen Schnepper geöffnet wird (Fig. 12). Statt dessen wird auch (nach Patent Meinshausen) ein kleines Rad über die Drillschar gesetzt, das die Körner in einzelnen halbrunden Zellen aufnimmt und unter einem dicht auf dem Radumfang anliegenden Deckstück hin bis zur Scharöffnung führt, vgl. Fig. 13.

Noch schwieriger als die Verteilung der Saatkörner ist diejenige der künstlichen Düngesalze, weil die Körner, bei aller Unregelmäßigkeit der Form doch wenigstens leicht an einander gleiten, während die Düngesalze z. T., wie gemahlene Thomasschlacke, ungemein beweglich sind und durch die feinsten Spalten ausfließen, zum anderen Teile aber schmierig und kleberig werden, z. B. Ammoniaksuperphosphat mit Chilesalpeter. Da nun naturgemäß alle Düngerarten mit derselben Maschine gestreut werden sollen, so sind die Anforderungen recht hohe. Sehr einfach ist die in Fig. 14

Fig. 14.   Fig. 15.

skizzierte Maschine von Hampel in Haunold bei Gnadenfrei, bei der der Dünger durch eine mit Stiften besetzte Transportwelle aus einem stellbaren Schlitz herausgeschoben wird. Darüber liegt ein Rührwerk, das die Bildung von Hohlräumen in backendem Dünger verhindert. Die Unvollkommenheit dieser und vieler ähnlicher Konstruktionen, die nur für trockene, nicht staubfeine Düngerarten gut geeignet sind, hat eine endlose Reihe neuer Versuche veranlaßt, die noch immer wieder neue Systeme zu Tage fördern. Am besten bewährte sich bis jetzt die Maschine „Westfalia" von Kuxmann in Bielefeld und die Maschine von Schlör. Erstere (Fig. 15) ist ebenfalls eine sog. Schlitzmaschine, der Schlitz liegt in der Kastenwand unmittelbar über dem Bodenbrett und das Hinausschieben des Düngers erfolgt durch eine endlose Kette, bei der jedes zweite Glied einen schrägen durch den Schlitz hindurchreichenden Ansatz trägt. Durch diese Nasen werden die Düngerpartikelchen über die Kante des Bodenbretts hinausgeschoben. Die Streumenge wird durch Veränderung der Schlitzweite und der Kettengeschwindigkeit geregelt. Da bei dieser Maschine stets nur die unterste Düngerschicht fortgeschoben wird, findet kein Durchkneten statt, wie bei Transportwellen, infolgedessen läßt sich auch

klebriger Dünger gut streuen. Nur wenn es sich um das Ausstreuen sehr geringer Dünger-
mengen handelt (und neuerdings streut man zuweilen 25 Pfd. Chilesalpeter auf 1 preuß.
Morgen), ist die Verteilung nicht ganz gleichmäßig genug. Bei dem Düngerstreuer
von Schlör wird der Dünger durch eine Streuwalze von der Oberfläche fortgenommen, der
Boden des Düngerkastens mit Vorder- und Seitenwänden wird dabei durch einen Zahn-
trieb aufwärts bewegt. Von der Geschwindigkeit dieser Bewegung hängt die Streumenge ab. Die vorzügliche Arbeit dieser Maschine wird nur dadurch beeinträchtigt,
daß ein Stoß, den die Maschine bei dem Fahren etwa erleidet, die Düngermasse etwas
zusammensinken läßt und dadurch eine kurze Unterbrechung hervorruft. Außerdem ist
die Füllung umständlich, zumal da die Oberfläche, der Streuwalze entsprechend, mit
einer Lehre ausgerundet werden muß. Fig. 16 zeigt schematisch die Schlörsche Maschine in der Arbeit, Fig. 17 dieselbe ganz entleert.

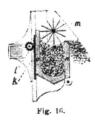

Fig. 16.

Fig. 17.

Fig. 18.

        Die Düngerstreuer sind ein sprechendes Beispiel für die Schwierigkeiten,
die als Folge der großen Verschiedenheit der zu bearbeitenden Stoffe sich bei dem Bau
der landwirtschaftlichen Maschinen einstellen.
        Eine zeitraubende und große Sorgfalt erfordernde Arbeit ist auch das Verteilen
des Stalldüngers. In Nord-Amerika benutzt man dazu Maschinen, bei denen der Mist
durch eine auf dem Boden eines Wagenkastens liegende Lattenbahn nach hinten bewegt
und dort durch eine rasch umlaufende Streuwalze fein verteilt hinausgeschleudert wird.
Die Wirkung ist vorzüglich, nur ist die Anschaffung kostspielig, und bei weiten Entfernungen zwischen der Düngerstätte und dem Acker entstehen durch das Hin- und
Herfahren erhebliche Zeitverluste, die eine ungünstige Ausnutzung der Streuwagen zur
Folge haben. Fig. 18 stellt einen solchen Wagen dar.

Außerordentlich groß ist die Arbeitsersparnis der Hackmaschinen, die durch flach unter der Bodenfläche vorwärts bewegte Messer die harte Kruste ablösen und zerkrümeln und Unkrautpflanzen durchschneiden. Die Ausführung dieser für das Ge-

Fig. 19.

Fig. 20.

deihen der Pflanzen und die Reinigung des Ackers ungemein wertvollen Arbeit mit der Handhacke erfordert sehr viel Personal. Die Hackmaschine ersetzt durchschnittlich etwa 20 Arbeiter. Die Hackmesser der Maschine sind an einem quer und vertikal beweglichen Rahmen befestigt, der durch einen Mann so gesteuert wird, daß die Nutzpflanzen nicht beschädigt werden.. Um dies zu ermöglichen, sind um so feinere Einrichtungen nötig, je enger der Raum zwischen den Drillreihen ist. Der einfache alte Hackpflug hat sich daher zu teilweise recht komplizierten Formen entwickelt, die außer der Lenkung der ganzen Maschine auch eine leichte Verschiebung des Messerrahmens ermöglichen. Die Messer sitzen an einzelnen vertikal beweglichen Hebeln oder werden, um ein leichtes Anschmiegen der Messer an die Bodenunebenheiten zu ermöglichen, ohne daß der Anstellwinkel sich ändert, mit einer Parallelogrammführung versehen. Zwei Typen sind in den Figuren 19 und 20 dargestellt.

Von ganz besonderer Bedeutung sind die Erntemaschinen. Bei der großen Abhängigkeit des Erntegeschäfts von der Witterung kommt außerordentlich viel darauf an, es in möglichst kurzer Zeit zu beendigen. Die Mähemaschinen für Gras und Getreide haben daher sehr weite Verbreitung erlangt. Allen Konstruktionen gemeinsam ist die Schneidevorrichtung. An einer durch Schubkurbel betriebenen Messerstange sind drei-

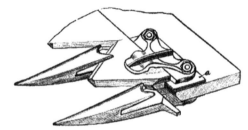

Fig. 21.

eckige Klingen befestigt, die sich über Gegenschneiden bewegen. Vgl. Fig. 21. Diese Vorrichtung hat sich als die günstigste erwiesen. Bei Grasmähemaschinen fallen die Halme hinter dem Schneidebalken auf den Boden und bleiben in breiter Schicht liegen, um gut zu trocknen. Dies sind die einfachsten Maschinen. Das Getreide dagegen soll zu Garben gebunden werden, und um das zu erleichtern, sind besondere Einrichtungen nötig. Verhältnismäßig einfach sind die Ablegemaschinen nach Fig. 22, bei denen die geschnittenen Halme sich auf einer Plattform sammeln, bis genug Stoff für eine Garbe vorhanden ist. Rechenarme, die sich um eine vertikale Achse drehen, schieben das angesammelte Getreide von der Plattform auf den Boden. Da diese Arme auch dazu dienen müssen, die stehenden Halme gegen die Messer zu drängen, müssen sie in so kurzen Abständen auf einander folgen, daß nicht jeder Arm Getreide von der Plattform ablegen darf. Sie dienen also alle als Raffer, aber nur einer oder wenige als Ableger. Bei besseren Maschinen verlangt man, daß je nach der Dichte des Getreidewuchses entweder jeder oder jeder zweite, dritte, vierte usw. Arm zum Ablegen eingestellt werden kann. Dazu ist ein besonderer Mechanismus nötig, der aus einer Rechenbahn mit stellbarer Weiche und Einstellvorrichtung besteht. Fig. 23 gibt eine Ansicht des Rechenkopfs von

Fig. 22.

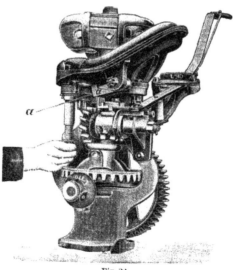

Fig. 21.

31

W. Siersleben & Co. in Bernburg. An den Rechenarmen sitzen an kurzen Querarmen Rollen, die auf der Rechenbahn laufen. Die Bahn hat eine Ausweichung soweit wie sie zur Führung der Rechen über die Plattform dient. Ist die Weiche auf den unteren Zweig eingestellt, so gleiten die Rechen dicht über der Plattform entlang und legen ab. Sollen sie nur raffen, so wird die Weiche durch einen einstellbaren Daumen auf den oberen Zweig umgestellt. Die Leistung dieser Maschinen, die von einem Mann bedient werden, beträgt pro Tag durchschnittlich etwa vier Hektar, auch mehr, zum Binden und Aufstellen der Garben sind dann noch etwa acht bis zwölf Frauen nötig. Bei Handarbeit würden etwa sieben Männer mehr erforderlich sein. Hierin liegt der große Wert der Mähemaschinen.

Fig. 24.

Noch größer ist der Nutzen der selbstbindenden Getreidemähemaschinen, die das Getreide als fertige Garbe abwerfen. Die interessante Entwicklung, die diese Maschinen durchgemacht haben, ist sehr gut an den vorzüglichen Modellen veranschaulicht, die von der Fabrik Deering in Chicago auf der Weltausstellung in Paris 1900 vorgeführt wurden und jetzt im Museum der hiesigen landwirtschaftlichen Hochschule stehen. Bei den modernen Bindemähern ist die Plattform der Ablegemaschinen durch ein endloses Tuch ersetzt, welches das geschnittene Getreide einem aus zwei solchen Tuchbahnen gebildeten Elevator zuführt. Zwischen den Elevatortüchern gelangt das Getreide nach oben und auf einen geneigten Tisch, der es dem Bindemechanismus zuführt. Dieser hat die Aufgabe, eine Hanfschnur um die Mitte der Garbe zu legen und die Enden zu verknüpfen.

In Fig. 24 ist die Hinteransicht eines Bindemähers von Walter A. Wood wiedergegeben, der ihr gehörige Bindemechanismus ist in Fig. 25 noch besonders dargestellt.

Der Antrieb des Bindeapparates erfolgt von dem Fahrrade aus. Eine unter dem Bindetisch liegende Welle bewegt durch Kurbelkröpfungen zwei Packerarme, die

soviel Getreide zusammenpacken, daß eine volle Garbe gebildet wird. Dabei wird das
Getreide durch einen federnden Arm gestützt, der bei genügender Größe der Garbe
durch den Druck der Packer bewegt wird und eine Kupplung betätigt. Die Kupplung

Fig. 25.

löst die Verbindung des Antriebskettenrades mit der Packerwelle und rückt dafür den
Antrieb einer Binderwelle ein. Diese macht nur eine Umdrehung, worauf die Kupplung
von selbst wieder in die erste Lage umspringt. Durch die Binderwelle wird erstens

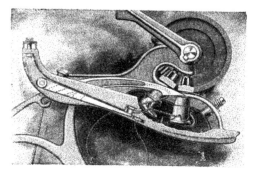

Fig. 26a.

eine Nadel bewegt, die einen Faden von unten um die Garbe schlingt. Das eine Ende
des Fadens sitzt schon vorher in einem Halter über dem Bindetisch, jetzt gelangt das
um die Garbe greifende Fadenstück also ebenfalls dorthin (Fig. 26a). Der Knüpfer erhält
seine zur Schlingung des Knotens nötige Drehung ebenfalls von der Binderwelle. Da beide

Stränge des Fadens auf dem Knüpfer liegen, werden sie bei dessen Drehung zur Schleife
geschlungen; kurz ehe der Knüpfer eine ganze Drehung ausgeführt hat, öffnet er sich
und nimmt die Fadenstücke zwischen seine obere und untere Lippe, dann schließt er
sich wieder (Fig. 26b). Nun gelangt ein neben dem Knüpfer an dem Fadenhalter sitzendes
Messer durch Drehung des Fadenhalters zur Wirkung und zertrennt die Fäden. Wenn
jetzt die Abwerferarme die Garbe vom Bindetisch herunterdrücken, zieht sich die Schlinge
vom Knüpfer, der die Fadenenden zwischen seinen Lippen noch etwas länger festgeklemmt hält, sodaß der Knoten sich zuzieht (Fig. 26c).

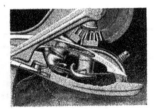   

Fig. 26 b.   Fig. 26 c.

    Der Bindemechanismus besteht aus einer großen Anzahl von Einzelteilen, deren
richtiges Arbeiten sehr von der Genauigkeit ihrer Form und Stellung abhängig ist.
Die Abnutzung durch Staub und Sand, zu der sich bei dem Knüpfer noch diejenige
durch den reibenden Hanffaden, bei den Kupplungsklinken die Schlagwirkung gesellt,
führt daher leicht zu Störungen. Hierzu kommen noch Unterbrechungen durch das
Verstopfen der Schneidevorrichtung, durch das Zerreißen des Bindfadens, bei wirrem
Getreide durch Verwirren der Halme, so daß eine gute Sachkenntnis und sorgfältige
Beobachtung des Binders nötig ist um gute Leistungen zu erhalten. Wenn man nun
auf deutschen Gütern weit mehr einfache Mähemaschinen mit Ablegevorrichtung findet
als Garbenbinder, während in Nord-Amerika die letzteren sehr allgemein im Gebrauch
sind, so beruht das nicht ausschließlich auf einem wesentlich höheren Verständnis des
Amerikaners für mechanische Dinge, obwohl dieses durchschnittlich tatsächlich drüben
besser entwickelt ist als bei deutschen Landwirten. Weit größeren Einfluß hat die
Tatsache, daß das deutsche Getreide infolge sorgfältigerer Aussaat und besserer
Düngung viel dichter steht und längere Halme hat als das amerikanische, das auf einem
preußischen Morgen nur etwa 5 bis 5½ Zentner Weizen trägt, wo deutsche Landwirte
das Doppelte oder Dreifache, ja in guten Jahren mehr als 20 Zentner erzielen. Den
Maschinen wird also bei uns erheblich mehr zugemutet als in ihrer Heimat. Die
Bindemäher sind nämlich ganz überwiegend in Amerika gebaut, England fabriziert nur
wenig, Deutschland so gut wie gar keine. Die amerikanischen Fabriken haben auch
erst allmählich gelernt, ihre anfangs zu schwachen Maschinen den deutschen Anforderungen anzupassen. Und der Garbensammler, der die fertig gebundenen Garben so
lange auf der Maschine mitschleppt, bis vier bis sechs beisammen sind, die er dann

auf einmal abwirft, erleichtert wohl auf schwach bestandenen Feldern das Zusammen-
tragen in Mandeln, in Deutschland aber, wo die Garben bei dem dichten Getreidestand
sehr nahe beieinander liegen, kann er eine nennenswerte Arbeitsersparnis nicht bieten.
Verwendung finden die Garbenbinder für Weizen und Hafer, am wenigsten läßt sich
Roggen damit mähen, weil er sehr lange Halme bildet.

Die Mähemaschinen sind das erste Beispiel dafür, wie man durch mechanische
Hilfsmittel die großen Stoffmengen, die bei der Ernte auftreten, in kurzer Zeit bewältigen kann. Noch schärfer tritt dieses Prinzip bei der weiteren Bearbeitung des
geernteten Getreides, dem Dreschen und Fertigmachen, hervor.

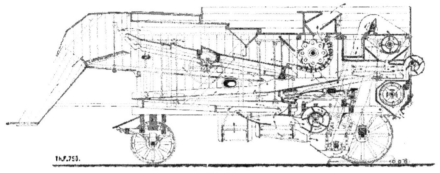

Fig. 27.

Keine andere Maschine ist so weit in alle, selbst kleine Wirtschaftsbetriebe ein-
gedrungen, wie die Dreschmaschine. Der Flegeldrusch war eine geisttötende, ermüdende
Handarbeit, die fast den ganzen Winter hindurch ausgeübt werden mußte. Ein Drescher
erreicht mit dem Flegel pro Tag höchstens eine Leistung von drei Zentnern Getreide,
eine Dreschmaschine mit etwa 12 PS Kraftverbrauch bei Bedienung durch etwa 13 Leute
ungefähr 250 Zentner. In Fig. 27 ist der Längsschnitt durch eine Dreschmaschine von
Th. Flöther in Gassen wiedergegeben.

Durch eine rasch umlaufende, mit Stiften oder gerippten Stäben, sogenannten
Schlagleisten, besetzte Trommel werden die Körner von den Halmen getrennt. Das
Stroh fällt auf Schüttler, die zu fünf oder sechs Stück nebeneinander liegen und durch
versetzte Kurbeln in schwingende Bewegung versetzt werden, so daß das Stroh aus-
geschüttelt und an der einen Schmalseite aus der Dreschmaschine abgeworfen wird.
Die aus dem Dreschkorb fallenden und die aus dem Stroh geschüttelten Körner ver-
einigen sich auf einem schwingenden Boden, der sie den Reinigungsapparaten zuführt.
Zunächst wird durch ein schwingendes Sieb das Kurzstroh abgeschieden, während die
Körner abermals durch einen Boden gesammelt und einem Luftstrom ausgesetzt werden,
der die leichten Spreuteilchen abbläst. Durch Siebe werden größere Unkrautsamen,

Steine einerseits und Sand, kleine Samen anderseits von den Körnern getrennt, die nun durch einen Becherelevator entweder dem Entgranner (zum Abscheiden der Gersten-grannen) oder mittels einer Transportschnecke einem zweiten Gebläse und dann einem Sortierzylinder zugeführt werden. Der letztere liefert die Körner, nach der Größe sortiert, völlig gereinigt in Säcke.

Es gibt in einzelnen großen Wirtschaften heute Dreschmaschinen, die 800 Zentner und unter günstigen Umständen bis zu 1000 Zentner in einem Tage erdreschen. Man braucht dazu eine Lokomobile, die etwa 30 bis 40 Pferdekräfte stark ist und vorüber-gehend einmal 50 Pferdekräfte hergeben muß. Die Dreschmaschine hat dieselbe Ein-richtung wie die schon beschriebene, nur größere Abmessungen. Es kommt nur noch ein Kaffgebläse hinzu, durch welches die kurzen Stroh- und Ährenstücke an eine be-liebige Stelle gefördert werden, so daß auch für deren Beseitigung keine weitere Hand-arbeit nötig ist.

Fig. 28a.

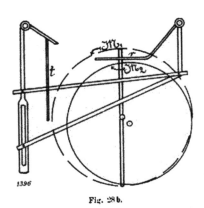

Fig. 28b.

Fig. 28 zeigt eine Vorrichtung, durch die das schwierige und unangenehme Ge-schäft des Einlegens erleichtert wird. Sie rührt von Schaeffer her und wird von Heinrich Lanz in Mannheim hergestellt; sie kann auf eine beliebige Mengenleistung eingestellt werden. Sie besteht aus einer Blechtrommel mit Zinken, die zur Trommel-achse exzentrisch sitzen und das Getreide von einem horizontalen Rechen abziehen. Bei der Weiterdrehung der Trommel ver-schwinden die Zinken im Innern, damit die Halme sich nicht um sie wickeln. Sobald zuviel eingelegt ist, kommt die Garbe gegen die senkrechte, schwingende Rechenwand t und durch Hebelübertragung wird der obere wagerechte Rechen r angehoben, sodaß das Zuführen von Getreide zur Dreschmaschine unterbrochen wird. Man erreicht durch diesen Selbsteinleger eine Erleichterung der

Arbeit, eine Sicherung des Arbeiters, der das Einlegen besorgt, gegen Unfälle, und einen gleichmäßigen Betrieb.

Fig. 29 zeigt einen Einleger *t*, der noch den weiteren Zweck hat, durch ein Transportband vom Wagen aus oder von der Scheune oder dem Diemen das Getreide

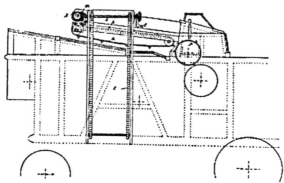

Fig. 29a.

auf die Dreschmaschine zu schaffen, er muß kombiniert werden mit einem Einleger, wie er eben beschrieben wurde, oder einem ähnlichen.

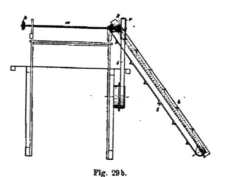

Fig. 29b.

Zur Fortschaffung des Strohes, das annähernd das Doppelte des Körnergewichts beträgt, dient am einfachsten der Strohheber, der aus einem Transportband besteht. Aus der Dreschmaschine fällt das Stroh in den unten am Heber sitzenden trichterförmigen Einwurf hinein und wird oben auf die Scheune oder den Diemen abgeworfen.

S. Fig. 30. Diese älteren Konstruktionen sind neuerdings mehr zurückgedrängt worden durch andere, die gleichzeitig eine bessere Verarbeitung des Strohes gestatten, nämlich durch die Strohpressen. Diese formen das Stroh zu Ballen, die dann so stark gepreßt sind, daß man die Ladefähigkeit eines Güterwagens ausnutzen kann. Die Maschine besitzt einen Stopfer und einen Preßkolben, der den Ballen preßt, das Binden der Ballen mit Draht erfolgt durch Leute mit der Hand. Die Presse wird neuerdings unmittel-

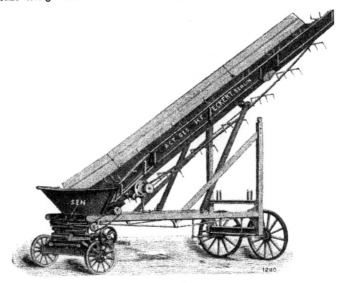

Fig. 30.

parl hinter der Dreschmaschine in derselben Achse aufgestellt. Fig. 31 zeigt die Presse von Laaß in Magdeburg.

Diese älteren sogenannten Kurzstrohpressen sind neuerdings verdrängt durch die Langstrohpressen, die die starke Verdrückung und das Krummlegen der Halme vermeiden. Es wird eine bessere Erhaltung der natürlichen Form des Strohes, die vielfach, z. B. beim Häckseln, erwünscht ist, herbeigeführt, allerdings auf Kosten der Zusammenpressung, denn die Ballen sind bei gleichen Abmessungen leichter. Das Ladegewicht normaler 10-Tonnen-Wagen wird also nicht voll ausgenutzt. Man hat aber den Vorteil, daß man mit Bindfaden binden kann, und neuerdings sind auch Einrichtungen getroffen, die ähnlich wie bei den Mähemaschinen selbsttätig diese Bindung vollziehen, sodaß die Handarbeit hier auf ein Minimum beschränkt ist. Der Arbeitsbedarf beträgt bei Krummstrohpressen 7 bis 8 PS, bei Langstrohpressen 3 bis 5 PS.

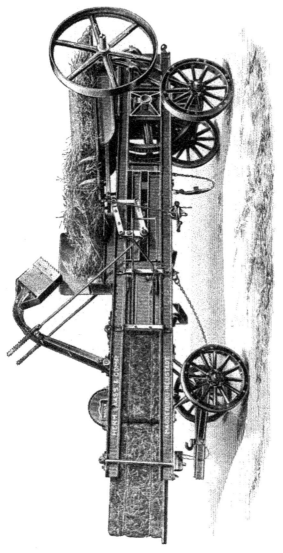

Fig. 31.

Für erstere sind zwei Mann, für letztere ein Mann nötig, bei selbstbindenden wird auch dieser gespart. C. A. Klinger in Altstadt-Stolpen hat das Verdienst, die Langstrohmaschine erfunden zu haben, eine Maschine von ihm ist in Fig. 32 dargestellt.

Fig. 32.

Fig. 33.

Eine andere Einrichtung, um das Stroh gleich hinter der Dreschmaschine zu verarbeiten, besteht aus einer großen Häckselmaschine, die das Stroh sofort zerschneidet. Zwei Mann legen ein, von der Schneidevorrichtung wird das Häcksel auf eine Siebvorrichtung gebracht. Was kurz genug ist, fällt in den Einsackelevator; was zu lang ist,

wird durch den sogenannten Stummelelevator wieder in die Häcksellade gebracht, sodaß es noch einmal vor das Messer kommt. Der Kraftbedarf beträgt 4 bis 6 PS. und
steigt bei stumpfen Messern bis auf 8 und mehr Pferdekräfte. Eine solche Maschine
von Kemna-Breslau zeigt Fig. 33.

Zuweilen werden diese Häckselmaschinen gleichzeitig mit einem Strohbläser
versehen, sodaß das Häcksel gleich auf die Scheune hinaufgeblasen werden kann, oder
auch auf den Wagen, um dann weiter transportiert zu werden. Hierzu Fig. 34.

Fig. 34.

Es bleiben noch einige Spezialkulturen zu besprechen. Bei der Kartoffelkultur
hat man sich bemüht, Maschinen zu bauen, die wie die Drillmaschinen für das Getreide
die Kartoffeln gleichmäßig in den Boden bringen. Das ist noch nicht gelungen, weil
die Form und Größe der Kartoffeln zu ungleich ist. Man muß sich nach dem heutigen
Stand der Technik mit den Pflanzlochmaschinen begnügen. Vgl. Fig. 35, die die Oster-
landsche Bauart wiedergibt. Durch Schare, die an dem Maschinenrahmen sitzen, werden
Furchen gezogen, hinter jedem Schar folgt ein vier- bis sechsarmiger Stern, der mit
scharfen Löffeln besetzt ist, und jede Löffelspitze hebt eine Vertiefung in dem Boden
aus, die mit einer Kartoffel belegt wird. Nach Entfernung der Schare und Löffelsterne
kann man Häufelschare anbringen und die Maschine zum Zudecken der Kartoffeln
benutzen, sodaß Dämme angehäufelt werden. (Fig. 36). Durch diese Maschinen ist
eine Arbeitsersparnis erzielt, die aber noch nicht die wünschenswerte Größe erlangt hat,
denn es ist zum Auslegen der Saatkartoffeln noch viel Handarbeit nötig.

35*

            4. Dezember 1905.

      Für die Kartoffelernte hat man Maschinen, wie sie in Fig. 37 dargestellt sind, die durch ein Schleuderrad den Damm zertrümmern und die Kartoffeln offen hinlegen. Die Maschinen haben hauptsächlich mit dem Kartoffelkraut schwer zu

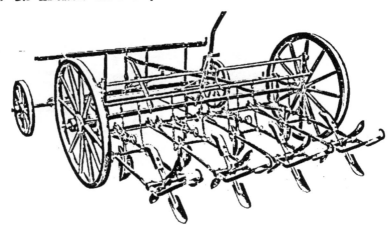

Fig. 35.

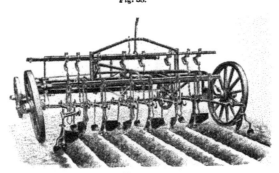

Fig. 36.

kämpfen, deshalb hat Quegwer an seiner Maschine eine Scheere angebracht, die das Kraut vor dem Rad fortschneiden soll.

      Eine andere Konstruktion rührt von Harder in Lübeck her. Sie hat eine Eigentümlichkeit insofern, als sie kein umlaufendes Schleuderrad besitzt, vielmehr

Fig. 37.

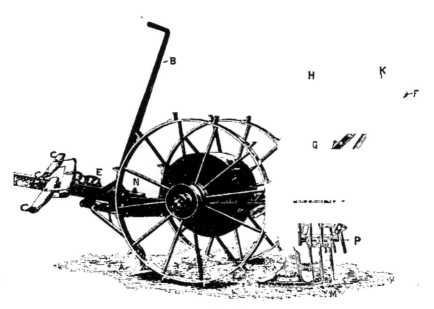

Fig. 38.

werden die an dem umlaufenden Rade in Zapfen gelagerten Schleudergabeln durch
Stangen geführt, die oben in einem Ring gleiten. Dadurch werden die Gabeln
annähernd parallel geführt, wenigstens beschreiben sie nur einen kleinen Winkel. Dabei
werden die Kartoffeln erheblich mehr geschont und der Zugwiderstand ist geringer als
bei umlaufenden Gabeln. Fig. 38 zeigt diese Maschine.

Für die Rübenkultur handelt es sich hauptsächlich darum, die bei hartem
Boden sehr schwere Arbeit des Aushebens der Zuckerrüben zu erleichtern, und das
geschieht am besten durch solche Rübenheber, bei denen zwei spitze Bolzen die Rüben
umfassen. Die Bolzen stehen so, daß sie schräg nach hinten ansteigen und gleichzeitig
ihren Abstand von einander verringern. Dadurch wird die oben breite, unten spitze
Rübe angehoben und gelockert. Bei der Konstruktion von Laaß ist die Einrichtung
für die Beseitigung des Krautes ziemlich kompliziert. Es sind nämlich schwingende
Messer neben jedem Bolzen angeordnet, zu deren Antrieb ein mehrgliedriges Getriebe
nötig ist. Die Bewältigung des Krautes ist hier aber ausgezeichnet gelungen. (Fig. 39).

Eine einfachere Einrichtung zum Krautschneiden verwendet Siedersleben in
Bernburg, nämlich rotierende Messerscheiben vor den Bolzen; die Vorrichtung hat sich
recht gut bewährt.

Zum Schluß noch ein Wort über die Heubereitung, bei der die Hilfe von
Maschinen zum Durchlüften und Wenden des Grases in ausgiebigster Weise in Anspruch
genommen wird. Ein Trommelheuwender ist in Fig. 40 dargestellt, bei dem die mit
Zinken besetzte Trommel in rascher Zirkulation das Heu vom Boden aufhebt und
wieder fallen läßt. Eine andere Konstruktion ahmt mehr die Tätigkeit der Hand nach.
Sie besitzt Gabeln, die am Stielende um Zapfen schwingen und weiter unten durch
Kurbeln angetrieben werden, sodaß genau die Bewegung, die bei der Handarbeit hervor-
gerufen wird, wiederholt wird.

Die gewonnenen Heumassen werden nachher auf den Heuboden zu befördern
sein. Am einfachsten geschieht dies durch einen oder zwei Strohheber, die durch
einen Göpel oder eine andere kleine Kraftmaschine angetrieben werden. Bei hohen
Böden befördert der erste Heber das Heu bis in die Bodenluke, und der zweite hebt
es hinauf in das Dach.

Noch vollkommener sind die Einrichtungen der Heuaufzüge, die die Anlage
einer Laufschiene im Dach erfordern. Auf dieser ist eine Laufkatze verschiebbar, die
feste Rollen trägt. Sie wird über das Heufuder gefahren, der Heuballen durch Zangen
oder Harpunen erfaßt, hochgehoben und seitwärts gezogen. Der Antrieb geschieht sehr
oft durch ein Pferd, kann aber auch durch einen Motor erfolgen. Auf der Laufschiene
können ein oder mehrere Haltestücke angebracht werden, die die Laufkatze solange
an der Seitwärtsbewegung hindern, bis der Ballen hochgezogen ist und durch einen
Anschlag die Laufkatze freimacht. Durch den fortdauernden Seilzug wird diese jetzt
verschoben, bis sie wieder auf ein Haltestück aufläuft. Hier wird durch einen Zug an
einem zweiten Seil der Heugreifer geöffnet, und der Ballen fällt herab.

Die größte Arbeitsersparnis wird durch solche Einrichtungen erzielt, die das
ganze Fuder mit einem Male entladen. Die modernste rührt vom Freiherrn von

Fig. 39.

Fig. 40.

4. Dezember 1905.

Bechtolsheim her. Sie ist in Fig. 41 in der Gesamtansicht dargestellt, während Fig. 42 das Getriebe zeigt. Es werden auf den Wagen Stricke gelegt, die die Heumasse umgreifen und in Haken an den Hebeseilen eingehängt werden. Drei Handgriffe genügen zur Bedienung des ganzen Apparates. Zunächst wird durch den Motor der Mechanismus

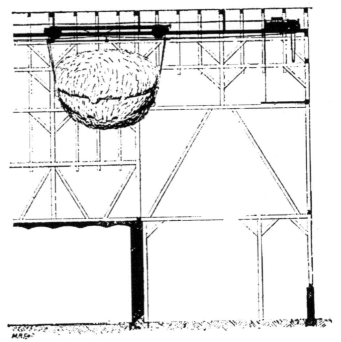

Fig. 41.

so in Bewegung gesetzt, daß die Heuballen hochgehoben werden. Dann wird eine Kupplung durch einen an den Hebeseilen sitzenden Anschlag selbsttätig ausgelöst und gleichzeitig eine andere Kupplung eingeschaltet, die die Laufkatze mit dem Heu an die Stelle bewegt, wo es abgelagert werden soll. Selbsttätig öffnen sich die Haken und das Heu fällt herab. Mit Hilfe dieser Einrichtung ist es möglich, innerhalb sechs Minuten einen ganzen Heuwagen abzuladen. Dabei ist nur ein Mann nötig zum Abladen und Bedienen des Apparates. Der Kutscher hat sich nur 2½ Minuten in der

Schenne aufzuhalten und kann sofort wieder zur Arbeit zurückkehren. Der Kraftbedarf beträgt vier Pferdekräfte.

Meine Herren! Ich habe die Zeit, die ich für meinen Vortrag bestimmt hatte, schon wesentlich überschritten und möchte nur noch ein paar Worte zum Abschluß sagen.

Die Maschinen, die ich gezeigt und beschrieben habe, sind nur typische Vertreter der einzelnen Gruppen gewesen, deren Grundformen die verschiedenartigsten Umwandlungen erfahren haben. Es ließe sich auch die Zahl der Typen leicht noch

Fig. 42.

stark vermehren, wenn man die Transportgeräte, die Trockenapparate für Körnerfrüchte, Rübenschnitzel und Rübenblätter und für Kartoffeln und andere, nicht unmittelbar zum rein landwirtschaftlichen Betrieb gehörende Maschinen berücksichtigen wollte.

Der Überblick sollte darlegen, daß die Landwirtschaft ohne Maschinenanwendung heute nicht mehr auskommt, und daß auch kleine Betriebe von manchen der mechanischen Hilfsmittel (z. B. Drillmaschinen, Dreschmaschinen) Gebrauch machen können. Die Fabriken der landwirtschaftlichen Maschinen haben sich infolge der zunehmenden Nachfrage auch aus den unscheinbaren Anfängen heraus zu teilweise sehr bedeutenden Unternehmungen entwickelt. Die beiden größten Spezialfabriken Mc. Cormick und Deering, beide in Chikago, die nur Erntemaschinen für Gras und Getreide bauen, beschäftigen Tausende von Arbeitern, Mc. Cormick z. B. 1900 5500. In Deutschland haben wir 1200 Fabriken landwirtschaftlicher Maschinen, von denen etwa 70 mehr als 50 Arbeiter, die größten etwa 1000 Arbeiter beschäftigen. Riesenfabriken besitzen wir allerdings nicht; uns fehlt der große einheimische Markt, auf den die amerikanische Produktion sich stützen kann, weil die landwirtschaftlichen Verhältnisse in den Vereinigten Staaten klimatisch und ethnologisch lange nicht so differenziert sind, wie bei uns.

Unsere heimische Industrie hat die meisten Maschinensysteme aus England und Amerika übernommen. Aber das darf gesagt werden, daß wir heute mit Ausnahme der Bindemähemaschinen und des Dampfpfluges vom Auslande unabhängig sind. Auf dem Gebiete des Dampfpflugbaues ist durch die deutschen Fabriken von Sack, Heucke, Ventzki und Kemna die Stellung des Auslandes, das durch John Fowler vertreten wird, heute schon stark bedroht. Und auch die amerikanischen und englischen Mähemaschinen werden vielleicht in absehbarer Zeit den noch nicht lange begonnenen Anstrengungen Deutschlands weichen müssen.

Wer sich von dem Stande der landwirtschaftlichen Maschinentechnik eigene Anschauung verschaffen will, dem wird dazu im Sommer 1906 durch die Ausstellung Gelegenheit geboten, die die D. L. G. auf Schöneberger Gebiet, nahe dem Bahnhof Friedenau veranstalten wird.

Vorsitzender: Der Herr Vortragende hat aus dem lebhaften Beifall das Interesse entnehmen können, das seine Mitteilungen über einen Gegenstand erweckt haben, der die deutsche Landwirtschaft wie den Gewerbfleiß in gleichem Maße beschäftigt. Ich habe ihm den besten Dank des Vereins für seine wertvollen Mitteilungen auszudrücken.

Druck von Leonhard Simion Nf. in Berlin SW.

Lightning Source UK Ltd.
Milton Keynes UK
UKHW020346090119
334943UK00008B/1313/P

9 780332 726229